国家出版基金项目

"十四五"国家重点出版物出版规划项目

中国耕地土壤论著系列

中华人民共和国农业农村部　组编

中国红壤

Chinese
Red Earths

U0194763

徐明岗　张扬珠　段英华　邵　华　等◆著

中国农业出版社

北　京

内容简介

　　本书系统总结了红壤研究近40年来的成果，包括红壤的形成和分布，红壤的分类及其形态特征，红壤酸化的趋势及其影响因素，红壤的物理性质、化学性质和生物学性质，红壤有机质及其提升技术，红壤氮与氮肥合理施用技术，红壤磷与磷肥合理施用技术，红壤钾与钾肥高效施用技术，红壤典型中量元素的特征及合理施用技术，红壤主要微量元素的特征及合理施用技术，红壤养分循环、肥力演变与提升技术，红壤面源污染与防控，红壤水土流失与保持，红壤耕地质量等级与改良利用，红壤耕地测土配方施肥技术及应用，信息技术在红壤管理中的应用。本书既注重红壤研究的基础性和系统性，又重视红壤耕地保护和可持续利用的技术与模式，对促进红壤耕地质量提升和可持续利用、确保国家粮食安全和生态安全具有重要意义。

　　本书可供土壤学、植物营养学、农学、生态学、环境科学等专业的科技工作者和大专院校师生参考。

著者名单

主要著者　徐明岗　张扬珠　段英华　邵　华　张会民

任　意　黄铁平　张淑香　艾绍英　李永涛

蔡泽江　黄庆海　黄运湘　徐仁扣　陈家宙

张文菊　孙　楠　柳开楼

其他著者　（以姓氏拼音为序）

蔡崇法　陈延华　成艳红　郭　熙　韩天富

何阳波　洪志能　胡　诚　胡丹丹　胡志华

黄　晶　黄　旭　黄亚萍　姜　军　李大明

李伏生　李芳柏　李国良　李九玉　李林峰

李盟军　李　奇　李清华　李亚贞　李祖章

梁　丰　刘东海　刘淑军　刘益仁　刘增兵

罗　涛　宁建凤　倪世民　倪治华　申　健

石伟琦　时仁勇　宋惠洁　孙凤霞　谭宏伟

汤　利　田正超　陀少芳　王伯仁　王　飞

王　果　王军光　王利民　王荣辉　王艳红

魏宗强　文　慧　文石林　邬　磊　吴远帆

谢红霞　徐　虎　徐会娟　荀卫兵　姚宝全

于孟生　袁　红　叶会财　张　木　张瑞福

张仙梅　张　振　赵会玉　赵小敏　周凯军

周柳强　周　清　朱安繁

耕地是农业发展之基、农民安身之本，也是乡村振兴的物质基础。习近平总书记强调，"我国人多地少的基本国情，决定了我们必须把关系十几亿人吃饭大事的耕地保护好，绝不能有闪失"。加强耕地保护的前提是保证耕地数量的稳定，更重要的是要通过耕地质量评价，摸清质量家底，有针对性地开展耕地质量保护和建设，让退化的耕地得到治理，土壤内在质量得到提高、产出能力得到提升。

新中国成立以来，我国开展过两次土壤普查工作。2002 年，农业部启动全国耕地地力调查与质量评价工作，于 2012 年以县域为单位完成了全国 2 498 个县的耕地地力调查与质量评价工作；2017 年，结合第三次全国国土调查，农业部组织开展了第二轮全国耕地地力调查与质量评价工作，并于 2019 年以农业农村部公报形式公布了评价结果。这些工作积累了海量的耕地质量相关数据、图件，建立了一整套科学的耕地质量评价方法，摸清了全国耕地质量主要性状和存在的障碍因素，提出了有针对性的对策措施与建议，形成了一系列专题成果报告。

土壤分类是土壤科学的基础。每一种土壤类型都是具有相似土壤形态特征及理化性状、生物特性的集合体。编辑出版"中国耕地土壤论著系列"（以下简称"论著系列"），按照耕地土壤性状的差异，分土壤类型论述耕地土壤的形成、分布、理化性状、主要障碍因素、改良利用途径，既是对前两次土壤普查和两轮耕地地力调查与质量评价成果的系统梳理，也是对土壤学科的有效传承，将为全面分析相关土壤类型耕地质量家底，有针对性地加强耕地质量保护与建设，因地制宜地开展耕地土壤培肥改良与治理修复、合理布局作物生产、指导科学施肥提供重要依据，对提升耕地综合生产能力、促进耕地资源永续利用、保障国家粮食安全具有十分重要的意义，也将为当前正在开展的第三次全国土壤普查工作提供重要的基础资料和有效指导。

相信"论著系列"的出版，将为新时代全面推进乡村振兴、加快农业农村现代化、实现农业强国提供有力支撑，为落实最严格的耕地保护制度，深入实施"藏粮于地、藏粮于技"战略发挥重要作用，作出应有贡献。

中华人民共和国农业农村部副部长　张兴旺

耕地土壤是最宝贵的农业资源和重要的生产要素，是人类赖以生存和发展的物质基础。耕地质量不仅决定农产品的产量，而且直接影响农产品的品质，关系到农民增收和国民身体健康，关系到国家粮食安全和农业可持续发展。

"中国耕地土壤论著系列"系统总结了多年以来对耕地土壤数据收集和改良的科研成果，全面阐述了各类型耕地土壤质量主要性状特征、存在的主要障碍因素及改良实践，实现了文化传承、科技传承和土壤传承。本丛书将为摸清土壤环境质量、编制耕地土壤污染防治计划、实施耕地土壤修复工程和加强耕地土壤环境监管等工作提供理论支撑，有利于科学提出耕地土壤改良与培肥技术措施、提升耕地综合生产能力、保障我国主要农产品有效供给，从而确保土壤健康、粮食安全、食品安全及农业可持续发展，给后人留下一方生存的沃土。

"中国耕地土壤论著系列"按十大主要类型耕地土壤分别出版，其内容的系统性、全面性和权威性都是很高的。它汇集了"十二五"及之前的理论与实践成果，融入了"十三五"以来的攻坚成果，结合第二次全国土壤普查和全国耕地地力调查与质量评价工作的成果，实现了理论与实践的完美结合，符合"稳产能、调结构、转方式"的政策需求，是理论研究与实践探索相结合的理想范本。我相信，本丛书是中国耕地土壤学界重要的理论巨著，可成为各级耕地保护从业人员进行生产活动的重要指导。

中 国 工 程 院 院 士
中国科学院南京土壤研究所研究员　张桂宝

耕地是珍贵的土壤资源，也是重要的农业资源和关键的生产要素，是粮食生产和粮食安全的"命根子"。保护耕地是保障国家粮食安全和生态安全，实施"藏粮于地、藏粮于技"战略，促进农业绿色可持续发展，提升农产品竞争力的迫切需要。长期以来，我国土地利用强度大，轮作休耕难，资源投入不平衡，耕地土壤质量和健康状况恶化。我国曾组织过两次全国土壤普查工作。21 世纪以来，由农业部组织开展的两轮全国耕地地力调查与质量评价工作取得了大量的基础数据和一手资料。最近十多年来，全国测土配方施肥行动覆盖了 2 498 个农业县，获得了一批可贵的数据资料。科研工作者在这些资料的基础上做了很多探索和研究，获得了许多科研成果。

"中国耕地土壤论著系列"是对两次土壤普查和耕地地力调查与质量评价成果的系统梳理，并大量汇集在此基础上的研究成果，按照耕地土壤性状的差异，分土壤类型逐一论述耕地土壤的形成、分布、理化性状、主要障碍因素和改良利用途径等，对传承土壤学科、推动成果直接为农业生产服务具有重要意义。

以往同类图书都是单册出版，编写内容和风格各不相同。本丛书按照统一结构和主题进行编写，可为读者提供全面系统的资料。本丛书内容丰富、适用性强，编写团队力量强大，由农业农村部牵头组织，由行业内经验丰富的权威专家负责各分册的编写，更确保了本丛书的编写质量。

相信本丛书的出版，可以有效加强耕地质量保护、有针对性地开展耕地土壤改良与培肥、合理布局作物生产、指导科学施肥，进而提升耕地生产能力，实现耕地资源的永续利用。

中国工程院院士
中国农业大学教授　张福锁

　　土壤是农业生产和社会经济发展的基础，是粮食安全和可持续发展的保障。我国在20 世纪 80 年代开展了第二次全国土壤普查，系统查明了我国土壤的类型、分布、主要特性及利用，出版了《中国土壤》《中国红壤》等。20 世纪 90 年代以来，随着我国社会经济的发展特别是农村经营方式、农业结构调整的重大转变，土地管理和利用方式等发生了巨大变化，耕地质量也发生了较大变化。鉴于此，农业农村部种植业管理司、农田管理司、中国农业出版社、全国农业技术推广服务中心、耕地质量监测保护中心等决定组织出版"中国耕地土壤论著系列"。《中国红壤》是该系列专著中的一册，系统总结和提炼了近 40 年来对红壤的研究成果。

　　我国南方红壤地区，泛指长江以南的广阔区域，包括广东、海南、广西、云南、贵州、福建、浙江、江西、湖南、台湾 10 个省份，以及安徽、湖北、江苏、重庆、四川、西藏和上海 7 个省份的部分区域，总面积 2.18×10^6 km²，占全国土地总面积的 21.8%。该区域水热生物资源丰富，是我国粮、果、油、菜、茶、特色经济作物等农产品主产区。《中国红壤》中的红壤区指的是中国红壤土类主要分布区域，包括江西、湖南、福建、湖北、云南、广西和广东，共 7 个省份。该专著是红壤分类分等、特性与利用等方面近 40 年来研究成果的系统总结。其主要数据来源：一是参加专著撰写者在科研、教学、推广中累积的数据和资料；二是全国农业技术推广服务中心、农业农村部耕地质量监测保护中心 2010 年前后开展的耕地地力调查、测土配方施肥等的相关数据。

　　全书共分十八章，每章内容及撰写人员如下：

　　第一章　红壤的形成和分布，周清、谢红霞、张扬珠。

　　第二章　红壤的分类及其形态特征，黄运湘、袁红、刘东海、张扬珠、胡诚。

　　第三章　红壤酸化的趋势及其影响因素，蔡泽江、徐明岗、周柳强、孙楠、文石林、谭宏伟、王伯仁、李芳柏。

　　第四章　红壤的物理性质，陈家宙、何阳波、田正超。

　　第五章　红壤的化学性质，徐仁扣、姜军、李九玉、洪志能、时仁勇。

　　第六章　红壤的生物学性质，荀卫兵、徐会娟、段英华、张瑞福、李永涛、李伏生。

　　第七章　红壤有机质及其提升技术，黄亚萍、徐虎、张文菊、徐明岗、邬磊、王伯仁、柳开楼、张仙梅。

第八章　红壤氮及氮肥合理施用技术，艾绍英、王艳红、段英华、孙楠、徐明岗、柳开楼、李亚贞、宁建凤、李盟军、申健、王荣辉、李林峰、周凯军、李奇。

第九章　红壤磷与磷肥合理施用技术，孙凤霞、陈延华、黄晶、魏宗强、张淑香、徐明岗。

第十章　红壤钾与钾肥高效施用技术，张会民、柳开楼、刘淑军、韩天富。

第十一章　红壤典型中量元素的特征及合理施用技术，王飞、徐明岗、李祖章、孙楠、李伏生、王利民、李清华、周柳强、石伟琦、刘增兵、张仙梅、刘益仁。

第十二章　红壤主要微量元素的特征及合理施用技术，张木、李国良、黄旭、艾绍英。

第十三章　红壤养分循环、肥力演变及提升技术，黄庆海、李大明、柳开楼、叶会财、胡志华、成艳红、胡丹丹、宋惠洁、汤利、赵会玉。

第十四章　红壤面源污染与防控，张振、李永涛、王果、罗涛。

第十五章　红壤水土流失与保持，王军光、蔡崇法、倪世民、文慧。

第十六章　红壤耕地质量等级与改良利用，邵华、任意、陀少芳、黄铁平、姚宝全、倪治华。

第十七章　红壤耕地测土配方施肥技术及应用，黄铁平、陀少芳、吴远帆、于孟生、朱安繁、邵华。

第十八章　信息技术在红壤管理中的应用，郭熙、赵小敏、梁丰。

本专著既注重红壤研究的基础性和系统性，又重视红壤耕地保护和可持续利用的技术及模式。本专著是集体智慧的结晶。参加专著编写的相关人员近百人，均是长期从事红壤研究和利用的专家学者。全书由徐明岗、谢建华、张扬珠、张会民、任意、黄铁平、邵华、张淑香、艾绍英、李永涛、段英华、蔡泽江、黄庆海、黄运湘、徐仁扣、张瑞福、张文菊等审核修改，最后由徐明岗审核定稿。

本书在编写过程中，得到许多领导专家的指导和支持，尤其是农业农村部农田管理司、耕地质量监测保护中心、中国农业出版社等有关领导专家的大力支持，在此表示衷心感谢。本书的出版还要感谢农业行业科技项目"粮食主产区土壤肥力演变与培肥技术研究与示范"（201203030）、国家重点基础研究发展计划（973计划）项目"东南丘陵区红壤酸化过程与调控原理"（2014CB441000）、国家重点研发计划项目（政府间重点专项）"中欧农田土壤质量评价与提升技术"（2016YFE0112700）、国家重点研发计划项目"耕地地力影响化肥养分利用的机制与调控"（2016YFD0200300）等的支持。感谢中国农业科学院创新工程项目、土壤培肥与改良创新团队及祁阳红壤国家农田生态站全体成员的大力支持！

由于著者水平有限，加上时间仓促，书中有不妥之处，敬请批评指正！

著　者

2020年8月19日

目录 CONTENTS

第一章 红壤的形成和分布 >>>

　　全球红壤地区（即红壤系列或富铝化土纲分布地区，包括砖红壤、赤红壤、红壤、黄壤等土类分布地区）总面积约为 $6.4 \times 10^7 \text{ km}^2$，占全球土地总面积的 45.2%，主要分布于热带和亚热带区域，在发展中国家分布居多。红壤地区人口约有 25 亿，占全球人口总数的 48%。我国红壤地区总面积为 $2.18 \times 10^6 \text{ km}^2$，包括广东、海南、广西、云南、贵州、福建、浙江、江西、湖南、台湾的全部，以及安徽、湖北、江苏、重庆、四川、西藏和上海的部分区域（赵其国等，2002）。

　　根据土壤的发育程度、土壤性质和利用上的差异，红壤土类可分为典型红壤、黄红壤、棕红壤、山原红壤、红壤性土 5 个亚类。典型红壤和黄红壤亚类分布最广，山原红壤、棕红壤、红壤性土亚类次之。典型红壤亚类分布面积较大的省份是江西、湖南、福建、浙江等，江西、湖南两省份典型红壤亚类面积占这两个省份红壤土类面积的一半以上；黄红壤亚类主要分布于安徽、浙江、江西等省份；棕红壤亚类主要分布在江西、湖南两省份；山原红壤亚类主要分布于云南、重庆、四川；红壤性土主要分布在云南、湖南、浙江等省份。

第一节　红壤区自然环境

一、红壤区地形与地貌

（一）地形地貌特征

　　红壤区的地质和地形背景复杂，在大地构造上属于横断山块断带、康滇地轴、扬子准地台及华夏陆台等单元。由于受地质时期不断抬升、褶曲、断裂、湖凹冲积及剥蚀等作用影响，整个地区的地势呈现西高东低，中间较高、南北低的特点（全国土壤普查办公室，1998）。区内主要地貌有平原、台地、丘陵、山地（包括低山、中山、高山、极高山），其中中山地貌分布最广，平原、极高山、低山、丘陵、高山次之，台地面积最小。红壤分布最广的省份中，湖南、江西以低山、丘陵、平原、中山、台地地貌为主，福建、浙江以低山、中山、平原、丘陵、台地地貌为主。

（二）地形地貌发育的地质基础

　　红壤区分布着大面积的花岗岩、石灰岩、紫色页岩、紫色砂页岩、沙砾岩、片岩板岩、千枚岩、流纹岩、玄武岩及第四纪红土等。多种基岩在高温多雨的条件下形成了深厚的风化层，或因构造运动（断裂、褶皱）形成了大量的碎屑岩层，这些都为侵蚀过程创造了物质基础。第四纪以来，西南山地受喜马拉雅山抬升影响，新构造运动强烈，重力侵蚀（滑坡、崩塌、泥石流）非常活跃（李庆逵，1983）。

（三）地形地貌对红壤形成的影响

　　在成土过程中，地形是影响土壤与环境之间进行物质和能量交换的一个重要条件。它与母质、生物、气候等因素的作用不同，它不提供任何新的物质，主要通过影响其他成土因素对土壤的形成起作用。例如：地形能重新支配母质，使母质分布在不同的地形部位；地形支配地表径流，对地下水的活动情况有着重要影响；地壳的上升或下降影响土壤的侵蚀与堆积过程及气候和植被状况，使土壤形成过程、土壤和土被发生演变（黄昌勇等，2010）。各种地貌类型及不同的地形部位均有不同的母岩母质、气候、植被、生物和水热状况，都能直接或间接地影响土壤的类型、性状及肥力特性（湖南省农业厅，1989）。

1. 地形地貌对水热状况的影响

红壤区地形复杂，大部分以山丘为主，丘陵、台地地势平缓。由于地处我国亚热带地区，常受东南季风影响，一般都具有高温多雨、干湿季明显的特点。土壤富铝化程度较深，淋溶作用强烈。这种高温多雨、湿热同季的特点，有利于土壤物质的强烈风化和生物物质的迅速循环（李庆逵，1983）。

地形一般分为正地形和负地形。正地形是物质和能量的分散地；负地形是物质和能量的聚集地（龚子同，2014）。在较高的地形部位，部分降水受到径流的影响，从高处流向低处，部分水分补给到地下水源，土壤中的物质易淋失；在地形低洼处，土壤获得额外的水分，物质不易淋失，腐殖质较易积累。此外，坡面的形态是光滑的还是粗糙的，是凹面的还是凸面的，对水分的影响很大。凸坡和光滑的坡面不易保存水分，而凹坡和粗糙的坡面水分充足。地形的差别还可导致地形雨，在热带、亚热带低山区，随着海拔的升高，降水量也逐渐增加。地形对水分状况的影响在湿润地区尤为重要，因湿润地区降水丰富，地下水位较高；而在干旱地区，因降水少且地下水位较深，由地形引起的水分状况差异较小（黄昌勇等，2010）。在北半球，南坡土壤温度较北坡土壤温度高，南坡土壤的昼夜温差也较北坡土壤的大；在大气降水量相同的情况下，由于阳坡接受了较多的太阳辐射能，土壤蒸散量高于阴坡，造成阳坡的土壤水分条件较阴坡的土壤水分条件差（龚子同等，2014）。

地形影响着地表温度，不同的海拔、坡度和方位对太阳辐射能的吸收和地面散射不同（黄昌勇等，2010）。一般而言，海拔每升高 100 m，气温下降 0.5～0.6 ℃。就直接辐射与总辐射而言，它们随海拔的升高有增强的现象。纬度越高，南北坡受到的太阳直接辐射差别越大。地形的凹凸和形态的不同也对气温和土壤具有影响，在凸起地形，如山顶，因与大气接触面积小，受到地面日间增热、夜间冷却的影响较小，湍流交换较强，再加上夜间地面附近的冷空气可以沿坡下沉，交换来自大气中较暖的空气，因此气温日较差、年较差皆小；凹陷地形则相反，气流不通畅，湍流交换弱，又处于周围山坡景观的围绕之中，白天在强烈的日照下地温急剧上升，影响下层气温，夜间地面散热快，又因冷气流的下沉，谷底和盆地底部气温特别寒冷，因此气温日较差很大（龚子同等，2014）。

2. 地形地貌对红壤形成及其性状的影响

地形对地表物质再分配的各种自营力具有非常大的影响，如潜在迁移物质势能、径流与水系的流向与流速、风的方向与强弱等。地势越高，地表物质发生迁移的潜在风险越大；相反，地势越低，地表承接迁移物质的机会越大。例如，坡上部的表土不断被剥蚀，使得新风化层总是暴露出来，延缓了土壤的发育，产生了土体薄、有机质含量低、土层发育不明显的土壤或粗骨性土壤；坡麓地带或山谷低洼部位，常接受由上部侵蚀搬运来的沉积物，也阻碍了土壤的发育，产生了土体深厚、整个土体有机质含量较高、发生土层不明显的土壤。正地形上的土壤遭受淋洗，一些可溶的盐分进入地下水随地下径流迁移到负地形，造成负地形的地下水矿化度增大。在干旱、半干旱、半湿润地区，负地形区的土壤易发生盐渍化（龚子同，2014）。

我国热带、亚热带地区的土壤，由于受生物气候及地形条件的影响，在分布上表现出明显的水平地带、垂直地带及相应的规律性。热带、亚热带土壤水平地带的形成，主要受不同经纬度及生物因素的影响，加之整个地形中间高、南北低，西高而东低，因而自南向北依次分布着砖红壤、赤红壤与红壤和黄壤 3 个土壤纬度带，在南部，由东向西又依次分布着赤红壤、红壤（黄壤）及山原红壤 3 个不同的土壤经度带（李庆逵，1983）。

据江西、福建、浙江、安徽和江苏 5 省统计，分布于山地的红壤约占其红壤面积的 78%、分布于丘陵的红壤占 22%，两者在自然条件、土壤性质以及农林业生产方面均有很大差别。山地红壤植被一般较好，因而表土层较厚，土壤肥力较高，但土层较薄，土体中常杂有较多的母岩碎块。丘陵平缓地区的红壤，目前尚未利用者一般都有不同程度的侵蚀发生，矿质养分含量不高，但地势平缓（熊毅等，1987）。

红壤（典型红壤）亚类主要分布于江西、湖南、福建、浙江、湖北南部等低山丘陵及云南昆明、贵州西南高原，是该土类中范围最广、面积最大的亚类，海拔均在600 m以下，成土母质以第四纪红土为主。此外，大部分山地丘陵则为砂岩、花岗岩、千枚岩等。第四纪红土和风化壳上发育的红壤，土层厚达数米，黏粒含量高达40%，并有显著的淀积现象；花岗岩、砂页岩、千枚岩风化物发育的土壤土层厚度因地形而异，山地上部、陡坡往往不足50 cm，山地下部的缓丘、台地可厚达1 m以上；玄武岩风化物发育的土层较浅，坡度大，易遭侵蚀（李庆逵，1983）。

棕红壤亚类主要分布于亚热带北缘，是红壤向黄棕壤过渡的土壤类型，位于28°30′N以北、111°30′E以东的丘陵低山地区，江西、湖南、湖北和安徽面积较大，浙江和江苏面积较小（全国土壤普查办公室，1998）。

黄红壤亚类主要分布在安徽、浙江、江西、福建、湖北、湖南、广东、广西、云南、贵州、重庆四川和西藏境内的中低山区，为红壤向黄壤或黄棕壤的过渡类型。在垂直带谱上，它位于黄壤或黄棕壤之下、红壤或棕红壤之上，是红壤区山地土壤垂直带谱中的重要类型，其分布海拔一般在400～800 m。但是，由北向南和从东至西，其海拔范围呈逐步上升的趋势（全国土壤普查办公室，1998）。黄红壤的热量较前述典型红壤和棕红壤稍低，湿度相对较大，土壤发育程度较微弱，土体中铁、铝含量稍低，硅的含量稍高，黏粒部分的硅铝率比一般红壤高（李庆逵，1983）。其成土过程以脱硅富铝化作用为主，由于处在山地相对湿润的气候条件下，土壤和空气湿度增加，呈现黄化附加过程。原因是土体内氧化铁的结晶水增加，土体渐变为橙黄色（全国土壤普查办公室，1998）。

山原红壤亚类主要分布于云南高原的中部，24°—26°N、海拔1 500～2 400 m的残存高原面、湖盆边缘以及丘陵低山。此外，在四川省西南部与云南毗邻的凉山彝族自治州和攀枝花市等山地也有零星分布。山原红壤地区自第三纪末以来，伴随着新构造运动，大面积间歇性均衡抬升隆起，形成高原面。此后，侵蚀、剥蚀作用又较弱，使残存的高原面和古红色风化壳较多地保留下来。山原红壤的形成是在早期高温高湿条件下，经脱硅富铝风化，形成了大面积深厚的高富铝风化壳，由于大陆的抬升，残存于海拔1 800～2 200 m的高原面上。由于高原面隆起至如此高度，长期以来，在明显的干旱季节的影响下，改变了土壤的成土过程，出现了明显的复盐基现象（全国土壤普查办公室，1998）。

红壤性土亚类是一种发育不完全的幼年土壤，多分布于低山和丘陵，其所在地形破碎，坡度较陡，水土流失严重，常与红壤、黄红壤组成复区分布。红壤性土富铝化作用和铁的游离度均低于红壤，其成土时间短，土壤发育不完全。由于处在陡坡易受冲刷（湖南省农业厅，1989），土层浅薄，一般不足30 cm，砾石、碎石甚多，表层有机质含量达2%左右。侵蚀严重的山丘红壤，表土流失，质地偏沙，心底土裸露，有机质仅0.5%，肥力极低（李庆逵，1983）。

二、红壤区成土母质

红壤主要成土母质为花岗岩风化物、板岩或页岩风化物、石灰岩风化物、砂岩风化物、第四纪红土等。

（一）花岗岩风化物

花岗岩是由地下深处的高温岩浆侵入到地壳的岩层中，温度降低冷凝而形成的酸性岩浆岩类。华南深成酸性花岗岩的分布很广，大多是燕山期花岗岩，主要岩石为黑云母花岗岩、花岗闪长岩和二长花岗岩等。分布最广的是中粗粒斑状黑云母花岗岩。据估算，花岗岩红色风化物的面积在福建、广东占30%～40%，在湖南、广西、江西占10%～20%，风化物的厚度在10～80 m，分布高度可超出海拔1 000 m。花岗岩类主要由长石、石英、云母及角闪石等矿物组成，常为粒状结构、块状构造。在红壤区高温多湿的中亚热带气候条件下，由于花岗岩各种矿物膨胀系数不一，极易发生粒状崩解，使之变散，花岗岩风化物发育的土壤具有土层深厚、土体疏松、淋溶现象十分明显、盐基不饱和、呈酸性反应等特点。一般全钾含量较高，全磷含量较低。由于花岗岩风化物结构疏松，当植被遭受破坏时，常造成严重的水土流失。一般在强烈风化条件下，花岗岩风化壳可以发展为砖红壤或砖红壤性土，但在我国的自然条件下，花岗岩风化壳胶体部分的 SiO_2/Al_2O_3 很少在 1.70 以下，黏土矿物中含三水铝矿的也极少。花岗岩风化壳地区从残积层到坡积层，风化壳的地球化学特性有明显差异。从残积层到坡积层，地形由高到低，黏粒增加，pH 升高，有机质、氮含量依次增加。

（二）板岩或页岩风化物

板岩主要有泥质板岩、千枚状板岩、硅质板岩、粉砂质板岩、炭质板岩和砂质板岩等。页岩主要有钙质页岩、炭质页岩、粉砂质页岩和砂质页岩等。页岩是黏土岩中固结程度最高的岩石，其特点是有平行分裂的薄层状结构，典型的页岩层理薄如纸页，称为页理。页岩致密，硬度低，表面光泽暗淡，颜色不一，一般为灰色或灰黄色，含有机质的呈灰色或灰黑色，称为黑色页岩，含有一定的砂质成分，称为砂质页岩。

板岩、页岩风化物发育的土壤一般土层较厚，磷、钾等矿质养分含量较丰富。板岩、页岩常与砂岩成互层，故质地较好、沙黏适中，土壤通透性和保水保肥性能较好，有利于农林生产。

（三）石灰岩风化物

石灰岩风化物主要分布在云南、贵州和广西境内的喀斯特盆地。在广东、江西、湖南、湖北、四川等省份也有分布。它们在地表常呈不连续分布状态，特别是在起伏的山地，大部分地面几乎都为裸露的石灰岩、白灰岩的石芽所占据。细土物质只堆积在岩石缝隙和谷地中，其厚度可达 1 m 以上。在石山山麓坡地和谷地中的剥蚀阶地上，也可见到厚几十米的细土物质。

由于石灰岩种类多，成分较为复杂。一般主要由方解石组成。此外，常含有沙粒、黏土以及白云石和二氧化硅等混入物，故易化学风化。由石灰岩风化物发育的土壤土层厚薄不一，多数质地较黏重，透水性能差，含钙质较多，凝聚力强，耕性不良，但保水保肥能力强，矿质养分较丰富，钾（K_2O）含量为 2.0%～2.3%，磷（P_2O_5）含量为 0.1%～0.2%。因钙质被淋溶的强弱不同，所成土壤呈微酸性至微碱性，部分有石灰反应。

（四）砂岩风化物

砂岩的主要类型有粉砂岩、砂岩（石英砂岩、长石石英砂岩、泥质砂岩、钙质砂岩和含砾砂岩）、沙砾岩及砾岩等。

砂岩由于沉积环境及所含杂质的不同，其色泽与风化物、机械组成也有很大差异。不过，砂岩多由石英砂粒、长石沙粒和铁、硅质等胶结物组成，其风化物发育的土壤土层较薄，质地粗松，多为沙土或砂质壤土。这种土壤通透性能好，保水保肥力弱，易遭干旱，养分缺乏，钾（K_2O）含量为 1.5%左右，磷（P_2O_5）含量在 0.1%以下，呈酸性反应。如果地面植被遭受破坏，则水土流失严重。搞好水土保持，是砂岩风化物分布地区综合开发的根本问题。

（五）第四纪红土

新生代第四纪冰期过后的间冰期，气候热湿，冰川融化，冰水将冰碛物中的大量泥沙和砾石搬运到他处沉积下来。在当时热湿的气候条件下，矿物的化学风化强烈，矿物彻底分解，淋溶作用强，盐基、硅酸流失，铁、铝相对富集，母质层含有大量 Fe_2O_3、$Fe_2O_3 \cdot nH_2O$ 等使土色变红，这就是第四纪红土。第四纪红土主要分布在江西、湖南、湖北南部以及浙江、广西、福建等局部地区的低丘陵，而在湖南、江西分布较多。风化壳的厚度一般只有数米，最大厚度可达 10～20 m。第四纪红土风化壳的基本层次为砾石层、网纹层、红色黏土层和黄棕色土层。由于地形、新构造运动和侵蚀等原因，其层次的排列顺序和多少各地不同。同为第四纪红土风化壳，由于受到不同气候条件的影响，其风化程度有由北向南增强的趋势。

三、红壤区气候条件

（一）气候特征

1. 热量

红壤区主要分布在秦岭-淮河以南的长江流域和华南大部分地区，其中长江以北为北亚热带，无霜期 8 个月，≥10 ℃积温为 4 500～5 300 ℃；长江与南岭之间的广大地区为中亚热带，无霜期 9～10 个月，≥10 ℃积温为 5 300～6 500 ℃；南岭以南和云南南部基本上无冬无雪，为南亚热带，≥10 ℃积温为 6 500～8 000 ℃。该区年平均气温为 16～18 ℃，1 月最冷均温 4～7 ℃，7 月最热均温 26～30 ℃。

2. 降水量

红壤分布地区气候温暖湿润，热量丰富，雨量充沛，干湿季节交替明显。年平均降水量为 1 300～1 700 mm，4—6 月为雨季，7—9 月为旱季。

(二) 气候对红壤形成的影响

1. 气候对红壤有机质的影响

在红壤地区，由于特殊的气候条件，一方面，在正常的情况下，物质生物循环的速率较大；另一方面，其成土母质大都已遭受强度的风化，而且淋溶作用较强烈，导致物质较易淋溶损失（李庆逵，1983）。在气温较高、降水量大、季节性强、干湿季明显的红壤区，微生物活动非常活跃，不利于有机质的积累；而在气温低、雨量大、蒸发量少且湿度大的红壤区，微生物活动弱，利于有机质的积累。在年平均温度高（一般大于 16 ℃），土壤以黄壤、红壤为主的典型中亚热带气候区，有机质含量较低；在年平均温度小于 16 ℃，土壤以暗黄棕壤为主的山地湿润亚热带气候区，土壤有机质含量则较高。

土壤有机质是物质生物循环中的一个重要因素，有机质状况与土壤的成土条件和肥力水平均有密切的关系。土壤有机质包括各种简单化合物和大分子化合物，主要的大分子化合物可分为碳水化合物、含氮化合物和腐殖质。腐殖质的形成一般可认为是氧化聚合过程，各种微生物的酶以及土壤矿质胶体均可催化该聚合反应。生物气候带和植被类型不同，反应物质的种类、浓度和微生物活性不同，将导致腐殖质组成不同。但生物气候条件不是决定腐殖质组成的唯一因素，土壤母质也与腐殖质组成有关。

2. 气候对红壤矿物质的影响

土壤矿物质是土壤的主要组成物质，构成了土壤的"骨架"，一般占土壤固相部分重量的 95%～98%，主要由岩石矿物变化而来（黄昌明等，2010）。在中亚热带气候条件下，岩石矿物的物理风化、化学风化和生物风化均甚强烈。原生矿物在长期的风化过程中发生分解、转化，形成次生黏土矿物，如高岭石、水云母、蛭石及铁铝氧化物。在长期风化作用的影响下，岩石及其矿物都发生了深刻的变化。

在典型中亚热带气候条件下，由于充沛的降水，土壤物质淋溶作用强烈，风化产物和土体中的钾、钙、钠、镁等盐基被淋失，而铁、铝三氧化物则相对富集，脱硅富铝化作用明显。山地湿润气候区温暖、潮湿，有利于矿物的物理风化和化学风化。

四、红壤区植被

(一) 红壤区植被类型

红壤区的原生植被为亚热带常绿阔叶林，其中壳斗科的栲属、石栎属和青冈栎属占优势。其次为常绿阔叶落叶阔叶混交林和针叶阔叶混交林，马尾松林的分布面积也很大。红壤上的生物生长量很大，在亚热带常绿阔叶林，每年掉落于地表的枯枝落叶干物质有 3 750～4 500 kg/hm² （全国土壤普查办公室，1998）。

红壤是我国热带亚热带林木、果树和粮食作物的生产基地。除杉木、柚木、楠木、樟木等优质木材及橡胶、椰子、剑麻、菠萝、香蕉、柑橘、茶等热带亚热带果木可大力发展外，水稻一年可两熟至三熟，其他如甘薯、花生、甘蔗、油菜等均宜种植，生产潜力甚大。

(二) 红壤区植被分布特点

秦岭-淮河以南亚热带为常绿阔叶林区，台湾、广东、广西、云南最南部则为热带季雨林、雨林区。亚热带常绿阔叶林区地域广大，东西气候状况不尽相同，植被类型也互有差异，东部包括四川盆地、贵州高原及其以东地域，可分为：秦巴山、大别山和江淮丘陵北亚热带常绿阔叶林亚区，浙江、安徽、湖南、江西丘陵和四川盆地中亚热带常绿阔叶林亚区，台湾、广东、广西、贵州丘陵山地南亚热带季风常绿阔叶林亚区。西部分为两个亚区：云南中、西部中亚热带常绿阔叶林亚区，云南中南部、贵州、广西石灰岩峰林南亚热带季风常绿阔叶林亚区。此外，青藏高原东南部还有山地寒温带针叶林区。

广阔的中亚热带主要为常绿阔叶林，其中多樟、栲等，还残存着"活化石"植物如水杉、银杉、珙桐等，并盛产柑橘、茶叶、油桐、油茶、毛竹、漆、香樟等。北亚热带属于落叶阔叶林和常绿针叶林过渡带，如桦木科、槭树科与黄杉、栎混交林等。农作物为一年两熟或一年三熟，稻稻轮作，冬种作物为油菜或绿肥，旱地作物有棉花、花生、玉米、甘薯等。

（三）植被与红壤形成

红壤的形成是富铝化和生物富集两种过程长期作用的结果。红壤区植被组成丰富，以常绿阔叶林为主，另有各种亚热带作物与果木。这些植被生长茂密，种类繁多，四季常青，为土壤发育与肥力增长提供了丰富的物质基础。根据安徽、浙江、福建、湖南、广东、云南、四川等省份的资料，在植被覆盖较好的常绿阔叶林下，凋落物（干物质）每年可达 12.63 t/hm²，但因植被类型和生境条件的差异，生物富集情况也不相同。在自然植被下，红壤地区每年每公顷植物吸收灰分元素 246.3～1 344.3 kg、有机质 5.53～17.18 t、氮 74.01～276.89 kg、磷 26.80～58.06 kg、钾 82.94～468.93 kg，通过生物吸收使营养元素重新回归土壤的作用参差不齐。在亚热带生物气候条件下，土壤有机质虽有一定量的积累，但矿化分解也很快。腐殖质组成以富里酸为主，土壤有机质腐殖化程度低，腐殖质的芳构化度、缩合度和分子量也低（全国土壤普查办公室，1998）。

林下红壤的有机质含量可达 5%～6%，草地红壤在 1%～2%，侵蚀红壤则不足 1%。低丘陵区目前尚存的一部分红壤荒地，自然植被以耐旱的禾本科草类为主，部分有零星的马尾松和一些灌木散生，覆盖稀疏，表土层较薄，有机质含量在 1% 左右，并以未分解的粗有机质为主，心土中有机质含量更低。红壤旱地种植 3 年绿肥后，耕层土壤有机质可由 0.6% 提高到 1.2%，说明红壤耕地施用有机肥料十分有必要（熊毅等，1987）。

从整体上看，我国红壤分布的地形以山地和丘陵为主。红壤土类的各亚类分布于各种地形，其中典型红壤亚类是红壤土类中分布最广、面积占比最大的亚类，成土母质以第四纪红土为主；棕红壤和黄红壤亚类主要分布在低山区，为红壤向黄棕壤的过渡类型；山原红壤亚类主要存在于云南高原中部；红壤性土主要分布在山丘区，地形破碎，水土流失严重，有机质含量偏低。红壤的主要成土母质有花岗岩风化物、板岩或页岩风化物、石灰岩风化物、砂岩风化物和第四纪红土。风化物剖面分层的理化性质因地形和新构造运动等原因而有着很大差异。花岗岩风化物发育的土壤呈酸性反应、土层深厚；板岩或页岩发育的土壤质地较好，通透性和保水保肥性能较强；石灰岩发育的土壤虽然保水保肥能力强，但透水性和耕性较差；砂岩风化物分布地区容易发生水土流失；第四纪红土的风化程度南强北弱，北部水云母与钾含量较高，而南部较低。红壤地区气温高、雨水足，是我国热带亚热带的林木、果树、粮食作物生产基地，脱硅富铝化、黏化过程和生物富集过程是红壤的主要成土过程。

第二节　红壤的主要成土过程

红壤主要分布于长江以南广阔的低山丘陵区，因其分布地区地质和地形背景复杂，气候高温高湿，从而脱硅富铝化过程、黏化过程、生物富集过程为红壤的主要成土过程，旱地红壤还受耕作熟化的影响。

一、脱硅富铝化过程

红壤的形成主要是脱硅富铝化和生物富集两种相互矛盾的过程长期作用的结果，脱硅富铝化过程是红壤形成的基础,而生物富集过程是土壤肥力不断发展的前提。

脱硅富铝化过程是红壤形成的主要过程,也是一种地球化学过程。其特点是在岩石风化成土过程中,硅酸盐类矿物强烈分解,硅和盐基遭到淋失,而铁、铝等氧化物则明显积聚,黏粒与次生矿物不断形成。据研究,亚热带的红壤中硅的迁移量可达 $50\%\sim70\%$,钾、钙、钠的迁移量更高,可达 90% 以上。同时,铁、铝氧化物从风化体到土体都有明显积聚;氧化铁和氧化铝的富集系数分别为 $1.09\sim7.49$ 和 $1.34\sim2.27$(表 1-1)。土壤黏粒矿物的组成也能充分说明红壤的脱硅富铝化过程。据研究,在红壤的黏粒矿物中,高岭石占 30%,三水铝石约占 5%,氧化铁约占 6%。

红壤的脱硅富铝化过程除与生物气候条件有关外,也受不同母岩性质的影响。例如,富含碳酸盐的石灰岩长期风化后,其铝的含量较铁高,SiO_2 的含量相对较低。玄武岩多形成铁质富铝风化壳,而第四纪红土多为硅铁质富铝风化壳,花岗岩及浅海沉积母质分别形成硅铝质及石英质富铝风化壳。这些不同的特性与差异也是红壤富铝化过程所具有的特点(表 1-2)。

二、黏化过程

黏化过程是指由于淋溶淀积或土内风化等作用而使土体的部分土层黏粒含量相对增加的过程。土壤黏化过程可分为淀积黏化和残积黏化。

(一)淀积黏化

淀积黏化是指在暖温带或北亚热带的湿润气候地区,由于化学风化作用盛行,原生矿物强烈分解,次生黏土矿物大量形成,表层的黏土矿物向下淋溶和淀积,形成淀积黏化土层。即土壤表层(亚表层)的层状硅酸盐黏粒经过分散,随着土壤水悬浊液向下迁移至下层土体并淀积的过程。淀积黏化所形成的黏化层具有明显的泉华状光性定向黏粒,结构面上有明显的胶膜。在此过程中,黏粒只做迁移淀积而本身未发生变化,因此也称原生黏化。浙江省地处亚热带,土壤的黏化过程以淀积黏化(即原生黏化)为主。

(二)残积黏化

残积黏化是指在温暖的半湿润半干旱地区,土壤中的原生矿物在土体内继续风化形成黏粒并就地聚集的过程,也称为次生黏化。在这个过程中,黏粒可以由原生矿物蚀变而来,也可以由可溶性或无定形风化产物合成。水、二氧化碳和有机酸是这些原生矿物发生风化的主要动力。在水解作用、溶解作用、离子交换作用和氧化还原作用的影响下,这些原生矿物经降解变质,形成了以 2:1 型或 2:1:1 型黏粒矿物为主的残积黏化层。

三、生物富集过程

生物富集过程是在自然植被覆盖下的红壤中所进行的生物物质循环过程。由于在湿热条件下,繁茂的草木及其凋落物参与土壤强烈的生物物质循环,所以这一过程包括下面三个作用。

(一)残落物的大量聚集

在热带雨林中,枯枝落叶凋落物(干物质)每年可达 770 kg/亩*,在热带次生林下达 680 kg/亩,比温带小兴安岭地区高 1.5 倍;江西南昌亚热带次生阔叶林每年凋落物的数据为 567.2 kg/亩,介于热带与温带之间。这说明,红壤地区植物凋落物的积聚量甚大。这样大量的生物残体提供了土壤物质循环与养分富集的基础,在红壤形成中起着明显的促进作用(表 1-3)。

---

* 亩为非法定计量单位,15 亩=1 hm²。——编者注

表1-1 红壤土体化学组成、元素迁移量和富集系数（花岗岩风化物母质）

地点	样品	土体化学组成（g/kg）								元素迁移量（%）					富集系数		
		SiO₂	Al₂O₃	Fe₂O₃	CaO	MgO	K₂O	Na₂O	TiO₂	SiO₂	CaO	MgO	K₂O	Na₂O	Al₂O₃	Fe₂O₃	TiO₂
安徽潜山白水	土壤	568.7	218.8	56.9	4.8	4.2	32.8	14.9	6.2	52.87	75.04	34.49	62.35	77.51	1.64	6.27	3.10
	风化体	627.1	200.1	42.3	5.6	3.3	41.4	24.8	4.2	43.18	68.16	43.72	48.04	59.07	1.50	4.45	2.10
	母岩	774.7	133.1	9.5	11.7	3.9	53.0	40.3	2.0	—	—	—	—	—	—	—	—
浙江松阳石仓	土壤	618.5	219.6	41.9	0.9	5.1	25.4	1.3	—	56.11	92.84	56.16	62.45	97.54	1.59	3.52	—
	风化体	612.4	216.0	32.2	0.9	5.2	45.0	2.7	—	52.31	92.72	54.49	32.35	94.80	1.57	2.71	—
	母岩	711.6	138.8	11.9	7.9	7.3	42.5	33.2	—	—	—	—	—	—	—	—	—
江西崇义	土壤	467.8	261.5	137.9	0.2	2.4	13.3	0.5	7.0	67.91	99.03	57.14	84.61	99.16	1.99	6.27	2.69
	母岩	732.9	131.5	22.0	7.7	2.8	43.2	31.7	2.6	—	—	—	—	—	—	—	—
湖南道县蜡烛口	土壤	483.0	280.5	38.0	2.0	—	27.4	24.1	4.1	71.80	78.30	78.10	75.00	45.50	2.25	2.08	—
	母岩	761.3	124.6	18.3	4.1	6.1	48.6	27.8	—	—	—	—	—	—	—	—	—
福建崇安黄溪口	土壤	501.5	277.1	50.0	0.6	8.9	32.1	7.6	4.1	70.79	96.18	—	70.69	90.63	2.27	1.57	4.56
	母岩	755.5	122.3	31.9	6.8	3.3	48.2	35.7	0.9	—	—	—	—	—	—	—	—
福建漳浦金刚山（海拔580 m）	土壤	598.6	217.6	56.8	2.4	3.0	11.2	2.9	6.8	54.74	56.37	33.30	84.92	96.28	1.72	7.47	13.60
	母岩	769.6	126.6	7.6	3.2	1.8	43.2	45.4	0.5	—	—	—	—	—	—	—	—
广东乐昌长塘	土壤	626.4	183.4	50.9	1.0	3.1	27.4	—	7.1	33.06	96.30	77.16	39.51	—	1.34	1.09	1.25
	母岩	696.0	136.4	46.9	20.1	10.1	33.7	—	5.7	—	—	—	—	—	—	—	—

表1-2 不同母质红色富铝风化壳的特点

风化壳类型	母岩	土壤	土体（<1 mm）部分（占约烧土百分比）（%）			超过常量的微量元素	主要矿物
			SiO₂（%）	Al₂O₃（%）	Fe₂O₃（%）		
铁质富铝风化壳	玄武岩、钙质岩	砖红壤	33~40	28~47	20~29	Mn, Cu, Zn, Co, Ni, Cr, V	高岭石、氧化铁、三水铝石
铝质富铝风化壳	石灰岩、白云岩	砖红壤、赤红壤（红色石灰土）	24~36	34~42	22~28	Mn, Zn, Co, Ni, Cr, V	三水铝石、蛭石、高岭石、氧化铁
硅铝质富铝风化壳	花岗岩、片麻岩	典型红壤、赤红壤	63~80	13~25	1~5	Ba, Zn	石英、高岭石
硅铁质富铝风化壳	第四纪红土	典型红壤	71~80	10~19	5~14	B, Mn, Co	石英、高岭石、斜长石、氧化铁
石英质富铝风化壳	浅海沉积物、砂岩	典型红壤、砖红壤	80~87	8~15	2~5	B	石英、高岭石、二氧化物、三氧化物

表1-3 不同地带凋落物数量的比较

地带	土类	植被	地点	凋落物数量				
				全年总量（kg/亩）	占全年百分比（%）			
					春季	夏季	秋季	冬季
热带	砖红壤	雨林	云南西双版纳	770.0	41.00	24.90	18.40	15.70
		次生林	广东海南	680.0	25.00	30.70	27.90	16.40
亚热带	红壤	栎、樟林	江西南昌	567.2	24.40	24.10	28.90	22.60
温带	暗棕壤	柞树、红松林	黑龙江小兴安岭	296.0			48.98	
	森林土	云冷杉、红树林	黑龙江小兴安岭	272.0			49.87	

注：热带及温带信息为引用中国科学院云南热带森林生物地理群落站1968年及中国科学院林业土壤研究所1964年的资料。

（二）灰分元素的吸收与富集

红壤地区每年积聚的生物残体数量较大，所以生物对灰分元素的吸收与积聚十分明显。在热带雨林中，凋落物中灰分元素约占17%，N约占1.5%，P_2O_5约占0.15%，K_2O占0.35%。若以1 hm^2 凋落物10.88 t计，则每年每公顷通过植物吸收的灰分元素达1 852.5 kg，N162.8 kg，$P_2O_5$16.5 kg，K_2O38.25 kg，所以在红壤地区自然林下，通过生物吸收使营养元素重新回到土壤中的"生物自肥"作用十分强烈。红壤地区水热条件从南到北有所不同，因而生物对元素的吸收与归还强度也有差异。热带地区的生物归还作用最强，其中氮、磷、钙、镁的归还率超过240%（表1-4），而亚热带地区则较弱。

表1-4 热带雨林土壤的生物循环与元素迁移

项目	SiO_2	Al_2O_3	MnO	CaO	MgO	K_2O	P_2O_5	N
鲜叶化学组成（%）	2.67	0.31	0.10	1.60	1.42	0.48	0.22	1.90
凋落物化学组成（%）	8.29	0.44	0.07	1.62	0.79	0.52	0.23	1.79
残落物化学组成（%）	11.59	1.07	0.08	1.62	1.02	0.35	0.15	1.50
表土化学组成（%）	62.81	20.26	0.02	0.16	0.24	0.18	0.06	0.28
生物吸收率（%）	4	2	588	1 000	592	267	353	679
生物分解率（%）	23	29	125	99	139	137	147	127
生物归还率（%）	18	5	471	1 013	425	194	242	536

在同一地区，不同植被对元素的吸收与归还情况也不相同。例如，在亚热带地区，竹林对硅的归还率最高，其次为马尾松林及常绿阔叶林及马尾松，而杉木林最低。常绿阔叶林和杉木林对钙、镁的归还率较高（表1-5）。这说明，不同植被对土壤中的元素有不同的选择吸收，因而不同植被对土壤中的养分含量有不同影响。根据红壤的这些养分循环特点，可以根据土壤情况采取不同措施，以不断提高土壤肥力。

表 1-5　不同植被下红壤的生物归还率

植被	地点	项目	SiO$_2$	Al$_2$O$_3$	Fe$_2$O$_3$	CaO	MgO	K$_2$O	Na$_2$O
常绿阔叶林	广东仁化	残落物化学组成（%）	3.57	0.32	0.05	1.08	0.59	0.16	0.03
		表土化学组成（%）	59.55	19.75	—	0.10	0.22	4.39	—
		生物归还率（%）	6	2	—	1 080	268	4	—
常绿阔叶林	云南昆明	残落物化学组成（%）	2.18	0.37	0.18	1.66	0.11	0.14	0.01
		表土化学组成（%）	72.13	12.8	5.12	0.76	0.05	1.54	—
		生物归还率（%）	3	3	4	218	220	9	—
马尾松林	广东梅县	残落物化学组成（%）	3.72	0.87	0.04	0.01	0.05	痕迹	0.01
		表土化学组成（%）	46.53	25.05	15.00	0.21	0.15	0.72	0.16
		生物归还率（%）	8	3	<1	5	333	—	6
杉木林	广西龙津	残落物化学组成（%）	0.41	0.14	0.04	1.35	0.83	0.08	0.03
		表土化学组成（%）	60.89	11.80	—	0.11	0.15	1.88	0.24
		生物归还率（%）	<1	1	—	1 227	553	4	13
竹林	广西凌乐	残落物化学组成（%）	5.53	0.01	0.01	0.13	0.39	0.07	0.01
		表土化学组成（%）	54.15	18.81	7.61	0.10	0.58	0.33	0.12
		生物归还率（%）	10	<1	<1	130	67	21	8

（三）生物与土壤间强烈的物质交换

从鲜叶-凋落物-残落物-表土的元素组成变化看，土壤植物间物质交换元素的生物吸收、分解、归还情况很不相同。另外，从热带雨林植被由鲜叶转变为残落物的过程看，原来鲜叶吸收量较多的 CaO、MgO、N 等，正趋于明显的分解和淋失状态，其损失量达 20%～40%。反之，植物鲜叶吸收量较少的 Al$_2$O$_3$、Fe$_2$O$_3$、SiO$_2$ 等则处于相对积累之中。在残落物中，这类元素比鲜叶增加了。上述情况说明，在红壤发育过程中，虽然进行着元素的淋失与富铝化过程，但生物的富集和土壤与植物间的物质循环与交换大大丰富了土壤养分物质的来源，促进了红壤肥力的发展。

四、耕作熟化过程

我国农业生产历史悠久，漫长的人为灌溉、耕作、施肥和收获，对土壤的形成条件、成土过程均带来了深刻影响。而红壤具有巨大的生产潜力，随着农业、林业的发展，土壤的耕种面积日益扩大，丰富的红壤资源已成为农田。人为活动的结果使起源土壤逐步形成具有人工培育特征的土壤，这种特殊的成土过程称为熟化过程，是人为土的主要成土过程。并且，根据利用方式和发育方向的不同，可将熟化过程分为水耕熟化和旱耕熟化。

（一）水耕熟化及其特点

水耕熟化是指水耕人为土特有的成土过程，包括有机质的分解和合成、还原淋溶和氧化淀积、黏粒的淋移和淀积、盐基淋溶与复盐基等一系列矛盾统一过程。我国红壤多分布于热带、亚热带等高温多雨地区，所以红壤分布区域温光资源充足，种稻历史悠久，稻田种植以双季稻为主，土壤淹水时间长，水耕熟化具有以下特点。

1. 物质能量投入增加，生物物质产量增加

人为的耕作、灌溉、施肥和管理增加了物质能量的投入，改善了土壤物质转化的条件，大大加快了土壤物质的循环和养分的转化，从而能形成较高的生物产量，超过自然植被的生物产量，甚至是热带茂密森林植被也无法比拟的。所以要从农田土壤里持续获得较高的生物产量，就必须投入较多的物质能量，才能维持和提高土壤的物质基础，这就大大增强了生物物质的循环和养分的转化。近年来，

随着化肥施用量的增加，粮食产量也大幅度提高。水田淹水时间长，矿化作用减弱，腐殖化系数高于自然土壤和旱作土壤，有利于腐殖质的形成和有机质的积累。与起源土壤相比，水耕人为土有机质含量常常较高，变幅较小。同时，淹水条件有利于胡敏酸的形成。随着熟化度的提高，土壤有机质含量相应增加，H/F（胡敏酸/富里酸）明显提高，表明腐殖质质量有所改善（章明奎，2017）。

2. 季节性灌溉加剧土壤氧化还原过程

季节性灌溉造成土壤干湿交替的环境，使土壤氧化还原过程明显加剧，铁、锰的还原淋溶和氧化淀积尤为活跃。随着水耕人为土发育度的提高，铁、锰在剖面中的分异渐趋明显。稻田中淋溶层段，尤其是耕作层和犁底层，铁、锰及游离铁的含量较低，表明铁、锰的淋溶明显，而水耕氧化还原层铁、锰及游离铁含量普遍高于上下土层（章明奎，2017）。

3. 淋溶作用加强，复盐基过程明显

淹水灌溉增加了土壤渗漏水量，加剧了水田土壤中钙、镁、钾、钠等盐基元素及磷、硅等元素的淋溶。另一方面，生物的积累和人为的灌溉与施肥又不断给土壤带来大量有机养分和无机矿质元素，使土壤中盐基元素得到补充和重新分配。这不仅改善了作物的营养条件，还使土壤系列性状产生了深刻的变化。福建地带性土壤盐基饱和度一般在30%以下，pH为4.5～5.5，交换性酸一般＞5 cmol/kg，种植水稻之后，随着熟化度的提高，盐基饱和度可提高到50%～80%，pH也相应提高到5.5以上，交换性酸总量明显下降，一般＜1 cmol/kg。但盐基饱和的滨海地区盐成土，垦殖种水稻后，由于引淡洗盐和生物的吸收，盐基饱和度则随熟化度的提高而有所下降，一般都稳定在85%～95%。钙在复盐基过程中起着十分重要的作用。富铁铝化土壤垦殖前，A层交换性钙离子一般＜1 cmol/kg，占交换性盐基总量的50%以下，而不同熟化度的水耕人为土交换性钙可达3 cmol/kg以上，占交换性盐基的70%以上。随着熟化度的提高，不仅耕层交换性钙离子增加，而且逐渐向土体下层扩展。镁离子在土体中的积累比钙离子强。土壤中交换性钙、镁离子的增加，对改善土壤结构有着十分重要的意义（章明奎，2017）。

4. 土壤颗粒重新分配，耕层质地趋向改善

在水耕熟化过程中，一方面由于灌溉水的浸渍和下渗导致土壤黏粒的机械淋移和化学淋溶，使耕层黏粒明显减少，而淀积层盐粒增加，黏粒的淀积层位逐渐下移，有利于形成较为理想的既爽水又保水的土体构型。另一方面，由于长期灌溉水携带泥沙的沉积和施用河泥、塘泥的影响，稻田耕层逐年提高，颗粒组成明显改变。如平原地区水稻土，随着耕作历史的延长和熟化度的提高，灌淤层不断增厚，耕层质地多向中壤-重壤方向发展（章明奎，2017）。

（二）旱耕熟化及其特点

自然土壤经人为耕垦，种植茶、果树及旱作物之后，在长期人为耕作、施肥等的影响下，逐步形成与自然土壤形态和性状不同的旱作土壤，这个过程称为旱耕熟化过程。有些地区旱作土壤面积不大，成土历史久暂不一，其形成很大程度上受地带性生物气候条件所制约，地带性烙印相当明显。与水耕熟化过程相比，旱耕熟化过程较为缓慢。但耕垦之后，人们因土因作物制宜进行改良和培育，其成土条件、成土的方向和速度均有明显变化。在生物物质的分解和合成、土壤复盐基作用上表现突出。在植被茂密、有机质含量丰富的自然土壤上进行垦殖，自然植被被栽培植被代替，有机质供给源减少，疏松耕层形成，水热条件明显改变，有机质矿化作用得到加强，耕垦初期有机质含量急剧下降，只有再增加物质投入，才能维持一定的物质基础水平，并在人们的定向培育下，肥力才能逐步提高。例如，果园土壤从局部穴垦种植，扩穴增肥到最后全园熟化。反之，在植被稀疏、土壤侵蚀、有机质贫乏的自然土壤上进行耕垦种植时，往往需要同时进行改良培育措施，如增肥改瘠、客土改质（地）、施灰改酸等，方能获得经济效益。因此，耕垦之后，随着熟化度的提高，土壤有机质含量显著提高。由于施肥和生物积累作用，旱作土壤复盐基作用十分明显。与起源土壤相比，旱作土壤盐基饱和度较高，一般在50%～70%，交换性钙占交换性盐基总量的50%以上。随着熟化度加深，两者均有提高的趋势，pH亦相应提高，钾、钙、镁等矿质营养有所改善（章明奎，2017）。

第三节 红壤的主要形态特征

一、红壤的剖面形态特征

典型红壤具有深厚的红色风化层，颜色因母质、地形不同而稍有差异，多呈棕红色（2.5YR 4/6）。土体构型为 A-B-C 或 A_1-A-B-C 型，植被茂密的林地，地表有枯枝落叶层（A_0）和较明显的腐殖质层（A_1），呈暗棕色，粒状结构明显。淋溶层（A）多为均质土层，颜色稍暗，碎块状和屑粒状结构，较疏松，是植物根系集中分布层。淀积层（B）质地较黏重紧实，块状或棱块状结构，颜色呈红色或棕红色，有黏粒胶膜，铁锰胶膜淀积，间有铁离子或铁锰结核。底层铁锰淀积较多或为红、白、黄交错相间的网纹层和砾石层。不同母质发育的典型红壤土层厚薄不一，花岗岩、板岩、页岩风化物和第四纪红土母质发育的典型红壤，土层厚度一般可达 1.0～1.5 cm；石灰岩风化物发育的典型红壤随地形和坡度不同而有差异，山脊和陡坡土层厚度一般为 60～80 cm，坡脚可达 80～100 cm；砂岩风化物发育的典型红壤，土层厚度一般为 60～80 cm。

典型红壤的颗粒组成因发育的母岩母质而异。第四纪红土及石灰岩、页岩风化物发育的典型红壤，土质较黏重，特别是淀积层，因接受上层淋溶下来的黏粒而更为紧实。典型红壤土体紧实，加上有机质含量低，土粒遇水吸湿膨胀分散成糊状，水分蒸发散失，土块变得坚硬板结。土壤结构性差，通气透水性不良，虽然孔隙度可达 40%～50%，但大孔隙少，在多雨季节土粒遇水糊化，阻滞水分下渗，地表常渍水或形成地表径流，冲刷表土（湖南省农业厅，1989）。

典型红壤表面吸附的盐基往往易被 H^+、Al^{3+} 代换而流失。同时，铝的大量积累易于产生水解性酸，致使土壤呈酸性反应。典型红壤的矿物组成一般以硅、铁、铝或硅、铝、钾为主，土壤发生层（B）与母岩或母质比较，明显地表现为脱硅、富铁铝现象。典型红壤的黏土矿物类型因不同母质而有一定差异，一般花岗岩、板岩、页岩、第四纪红土母质发育的土壤以高岭石为主，其次是水云母和 14 nm 过渡矿物或 12 nm 间层矿物，少量石英、三水铝石；砂岩、石灰岩发育的土壤则以高岭石、水云母为主，其次是 14 nm 过渡矿物，少量石英、三水铝石或 12 nm 间层矿物（湖南省农业厅，1989）。

棕红壤一般土层深厚，红色风化层可达 1 米至数米，土体结构多为 A-B-C 型。表土层厚 20～30 cm，暗棕色至红棕色，粒状结构，较松，硬度 <1 kg/cm³，根系中到少；心土层厚 50～60 cm，红棕色，块状结构，较紧实，硬度为 1～2 kg/cm³，根系少，有少量铁锰斑纹及斑块；底土层厚 50～100 cm，核块状及块状结构，硬度 >2 kg/cm³，网纹层或其他母质层有铁锰胶膜或半风化岩片。土壤质地因发育的母质不同而差异较大，为黏土至沙壤，全剖面呈酸性反应，pH 为 4.8～5.8。

土体中黏粒含量因母质不同而有差异，小于 0.002 mm 的黏粒含量以第四纪红土母质发育的土壤为最高，砂岩和板岩、页岩次之，含量最少的是花岗岩风化物发育的土壤。棕红壤的酸碱度，无论是水浸还是盐浸、上层还是下层，都比附近典型红壤高。由砂岩、花岗岩、板岩、页岩风化物、第四纪红土发育的棕红壤 pH 都高，其中砂岩最高，花岗岩次之，板岩、页岩最低（湖南省农业厅，1989）。

黄红壤土体颜色上黄下红，受较热湿气候的影响，表层受到水化而呈黄色，但心土层仍以红色为主（湖南省农业厅，1989）。黄红壤土层厚度常比典型红壤薄，大致在 70～80 cm（全国土壤普查办公室，1998）。植被较密的林地，地表常有 2～3 cm 厚枯枝落叶（A_0）；腐殖质层厚 5～10 cm，暗棕色，粒状结构明显；表土层 20～30 cm，多为黄棕色，粒状、碎块状结构疏松，根系较多；心土层 30～60 cm，黄红或黄棕色，块状结构，较润，根系中等；底土 50～150 cm，黄橙色，块状结构，较紧实，部分夹有半风化母岩碎块。土体构型为 A_1-A-B-C、A_1-A-BC-C 或 A-B-C（湖南省农业厅，1989）。

黄红壤的成土母质主要有砂岩、板岩、泥岩、页岩、凝灰岩和花岗岩风化物，其次为基性岩浆岩、中性岩浆岩、石灰岩等风化物。黄红壤质地以壤质沙土为主，粉黏比略高于典型红壤。黏粒矿物以高岭石、蛭石为主，伴有水云母和少量三水铝石，有别于典型红壤，黏粒硅铝率比典型红壤低。土壤中铁的游离度低于典型红壤，而活化度和活性铁铝的水合系数高于典型红壤（全国土壤普查办公室，1989）。

在较热湿气候条件下，土粒表面吸附的盐基易淋失，氢、铝的大量积累使土壤呈酸性反应。除灰岩发育的黄红壤外，一般都有明显的脱硅、富铁铝现象。不同母岩发育的黄红壤，黏土矿物组成各异，有以水云母或高岭石为主的矿物组成，也有以 14 nm 过渡矿物和水云母为主的矿物组成，次要矿物也各不一致（湖南省农业厅，1989）。

山原红壤主要分布于云南高原的中部，在早期高温高湿下，经脱硅富铝风化，形成了大面积深厚的高富铝风化壳。由于大陆抬升至海拔 1 800～2 200 m 的高原，长期以来受到干旱季节影响，改变了土壤的成土过程，出现了明显的复盐基现象。山原红壤质地一般为壤质沙土，<0.002 mm 的黏粒含量一般小于 40%，粉黏比为 0.5 左右。中性至酸性反应，pH 为 5.3～6.3。阳离子交换量和盐基饱和度均显著高于红壤中的其他亚类（全国土壤普查办公室，1998）。

红壤性土大部分土层浅薄，一般只有 40～60 cm，发生层次不完整，土体构型为 A-B-C 型或 A-C型。表土层厚 10～15 cm，暗棕色或棕色，碎块状结构，根系较多；心土层 20～30 cm，红棕色或棕黄色，块状结构，根系少，部分夹有 10%～20% 的半风化岩片或砾石；底土层 10～20 cm，灰白，棕黄或黄红相间的网纹，块状结构，较紧实，含砾石及半风化岩片较上层多。土壤质地因母质不同而有差异，由黏壤至沙壤，全剖面呈酸性反应，pH 为 4.5～5.5。无论是第四纪红土母质，还是花岗岩、砂岩风化物发育的红壤性土，与同母质的典型红壤相比，物理性沙粒含量都较高（湖南省农业厅，1989）。

二、红壤的诊断特征

红壤较突出的诊断特征有均质红土表层、腐殖质表层、肥熟表层三个诊断表层，以及铁铝层、聚铁网纹层两个诊断表下层。

（一）均质红土表层

均质红土表层一般呈棕红色或暗红色（7.5YR6/6～7.5YR6/8），颜色较为均一，厚度为几厘米到四十几厘米，在其中下部常见铁锰胶斑、胶膜和颗粒细小圆润的结核（杨立辉，2006）。

（二）腐殖质表层

腐殖质表层分为暗沃表层、暗瘠表层和淡薄表层。暗沃表层是在部分石灰岩地势较高的丘陵山区，植被生长茂盛，植被群落多为喜钙灌丛草被，土壤腐殖质积累多，成土母质中盐基物质丰富，形成有机碳含量高、盐基饱和、结构良好的暗色腐殖质表层。土壤具有较低的明度和彩度：土壤润态明度<3.5，干态明度<5.5；润态彩度<3.5；有机碳含量≤6 g/kg；盐基饱和度（NH₄OAC法）≥50%；土壤主要呈粒状结构、小角块状结构和小亚角块状结构；干时不呈大块状或整块状结构，也不硬。暗沃表层仅出现在普通黑色岩性均腐土亚类的石潭系，分布在石灰岩地山坡上，草灌植被，暗沃表层平均厚度为 39 cm，润态颜色为暗橄榄棕色（2.5Y 3/3），干态颜色为棕色（10YR 4/4），有机质含量为 19.5 g/kg，盐基饱和，粒状结构。

暗瘠表层为有机碳含量高或较高、盐基不饱和的暗色腐殖质表层。除盐基饱和度<50% 和土壤结构的发育比暗沃表层稍差外，其余均同暗沃表层。主要出现在植被盖度较高、人为干扰较少的次生林地，土壤有机质积累较多，但由于强淋溶作用以及酸性母质，腐殖质层盐基饱和度较低（<50%），暗瘠表层仅出现在腐殖铝质常湿雏形土亚类的飞云顶系，地处海拔>1 000 m 的中山地形，植被盖度高，主要为灌丛草本植物；因气温较低，气候非常湿润，土壤腐殖质积累多，表层有机碳含量为 60.5 g/kg，但因成土母质为花岗岩风化物，土壤淋溶作用强烈，腐殖质层盐基饱和度极低（<10%），形成暗瘠表层。

发育程度较弱的淡色或较薄的腐殖质表层满足以下一个或一个以上条件：搓碎土壤的润态明

度≥3.5，干态明度≥5.5，润态彩度≥3.5；有机碳含量＜6 g/kg；颜色和有机碳含量同暗沃表层或暗瘠表层，但厚度条件不能满足。这样的表层出现在铁铝土、富铁土、淋溶土、雏形土、新成土 5 个土纲的 58 个土系中，其厚度为 5～38 cm，平均为 16 cm，干态明度为 3～8，润态明度为 2～8，有机碳含量为 1.8～39.1 g/kg，平均为 15.3 g/kg（中国科学院南京土壤研究所土壤系统分类课题组，2001）。

（三）肥熟表层

肥熟表层是指长期种植蔬菜，大量施用人畜粪尿、厩肥、有机垃圾和土杂肥等，精耕细作，频繁灌溉而形成的高度熟化人为表层。它具有以下全部条件：①厚度＞25 cm（包括上部的高度肥熟亚层和下部的过渡性肥熟亚层）。②有机碳加权平均值＞6 g/kg。③0～25 cm 土层内 0.5 mol/L $NaHCO_3$ 浸提有效磷加权平均值＞35 mg/kg。④有大量蚯蚓粪，间距＜10 cm 的蚯蚓穴占一半或一半以上。⑤含煤渣、木炭、砖瓦碎屑、陶瓷片等人为侵入体（中国科学院南京土壤研究所土壤系统分类课题组，2001）。

（四）铁铝层

铁铝层、低活性富铁层都是高量铁富集的土层，其形成与富铁铝化过程有关，是在湿热或者温热气候条件下，土壤脱硅、脱盐基、铁铝相对富集的结果。其中，铁铝层是土壤矿物高度风化、铝硅酸盐矿物单硅铝化（矿物以 1∶1 型为主）（中国科学院南京土壤研究所土壤系统分类课题组，2001）。

（五）聚铁网纹层

聚铁网纹层是由黏粒与石英等混合并分凝成多角状或网纹呈红色的富铁、贫腐殖质聚铁网纹体组成的土层，是聚铁网纹化过程的结果。其诊断标准：厚度＞15 cm，聚铁网纹按体积计≥10%，土壤裸露地表硬化成不可逆的硬盘或不规则形聚集体（中国科学院南京土壤研究所土壤系统分类课题组，2001）。

第四节　红壤的分布特征

一、分布与面积

红壤主要分布于长江以南广阔的低山丘陵区，其范围大致为 24°—32°N。东起东海诸岛，西达云贵高原及横断山脉，包括江西、湖南、福建、浙江、广东、广西、云南等省份，以及江苏、安徽、湖北、上海、四川、重庆、西藏等省份的部分区域，约占全国土地总面积的 21.8%。其中在江西、湖南两省分布最广，分别为 15 797.0 万亩和 12 956.8 万亩（全国土壤普查办公室，1998）。

根据土壤发育程度、土壤性质和利用上的差异，将红壤土类划分为典型红壤、棕红壤、黄红壤、山原红壤和红壤性土 5 个亚类。

（一）典型红壤

典型红壤主要分布在江西、福建、湖南、广东、广西、云南、浙江和贵州 8 省份境内的低山丘陵区。总面积为 46 089.4 万亩，其中，浙江 481.7 万亩，江西 11 547.5 万亩，福建 8 533.7 万亩，湖南 8 111.6 万亩，广东 4 798.4 万亩，广西 6 234.2 万亩，云南 5 951.5 万亩，贵州 430.8 万亩（全国土壤普查办公室，1998）。

（二）棕红壤

棕红壤主要分布于亚热带北缘，位于 28°30′N 以北、111°30′E 以东的丘陵低山地区。总面积为 4 143.9 万亩，江西、湖北、安徽面积较大，分别为 2 225.2 万亩、1 085.0 万亩和 781.0 万亩（全国土壤普查办公室，1998）。

（三）黄红壤

黄红壤主要分布在安徽、浙江、江西、福建、湖北、湖南、广东、广西、云南、贵州、四川、重庆和西藏 13 省份境内的中低山区。总面积为 26 150.6 万亩。主要有：安徽 1 767.1 万亩，浙江

4 927.9 万亩，江西 1 819.3 万亩，福建 2 346.8 万亩，湖北 116.9 万亩，湖南 3 451.0 万亩，广东 58.1 万亩，广西 3 494.7 万亩，云南 6 240.0 万亩，贵州 1 114.8 万亩，四川（含重庆）774.6 万亩，西藏 37.4 万亩。黄红壤是红壤向黄壤过渡的一类土壤。在垂直带谱上，它位于黄壤或黄棕壤之下、红壤或棕红壤之上，是构成红壤区山地土壤垂直带谱的重要类型。其分布海拔一般在 400～800 m，但是由北向南和从东至西，其分布海拔呈逐步上升的趋势（全国土壤普查办公室，1998）。

（四）山原红壤

山原红壤主要分布于云南高原的中部，24°—26°N、海拔 1 500～2 400 m 的残存高原面、湖盆边缘以及丘陵低山。此外，四川省西南部与云南毗邻的凉山彝族自治州和攀枝花市等山地也有零星分布。总面积为 4 461.3 万亩，其中云南省 3 737.3 万亩，四川省 724.0 万亩（全国土壤普查办公室，1998）。

（五）红壤性土

红壤性土面积为 4 507.2 万亩，主要分布在红壤地区的丘陵和山地，常与典型红壤、棕红壤和黄红壤以及石质、粗骨土交错呈复区分布（全国土壤普查办公室，1998）。

二、分布特征

（一）红壤的水平分布特征

红壤是亚热带地区具有富铝化特征的一类主要土壤类型。红壤分布区的带幅宽阔，土壤性状南北分异明显。在中亚热带北缘为棕红壤向黄棕壤渐变过渡，并同黄褐土交错分布，南缘为红壤向赤红壤渐变过渡（全国土壤普查办公室，1998）。

红壤水平方向上自南向北依次分布砖红壤、赤红壤、红壤和（黄壤）3 个土壤纬度带（何园球等，2008）。

（二）红壤的垂直分布特征

红壤区的土壤垂直带谱结构虽有变化，但其基本谱式为红壤—黄红壤—黄壤。北部、西部为红壤—黄红壤—黄棕壤或黄壤；南部为赤红壤—红壤、黄红壤—黄壤（全国土壤普查办公室，1998）。

红壤垂直分布在不同的水平纬度带内表现不同：砖红壤地带（以五指山东北坡为例）从地面到山顶依次为砖红壤—山地赤红壤—山地黄壤—山地表潜黄壤—山地灌丛草甸土，赤红壤地带（以十万大山马耳夹南坡为例）依次为赤红壤—山地红壤—山地黄壤，红壤和黄壤地带（以武夷山西北坡为例）依次为红壤—山地黄壤—山地黄棕壤—山地灌丛草甸土；红壤相性分布，由东往西又依次分布于赤红壤、红壤（黄壤）及山原红壤 3 个不同的经度带（李庆逵，1983；何园球，2008）。

红壤分布还具有明显的区域性组合特点。如在红色盆地区内，红壤常与紫色土、石质土、粗骨土以及水稻土呈镶嵌状分布，在金沙江、雅砻江及安宁河下游河谷，常见红壤与燥红土、赤红壤呈渐变性过渡分布等（全国土壤普查办公室，1998）。

（三）中、微域分布特征

1. 中域分布

岩层、地形、水文地质等因素引起土壤空间分异，常表现在一定区域范围内，若干发生特征相差明显的土壤类型组合存在。中域组合是指土壤组合分异由于地形及其他地域性因素的改变而重复出现几种土壤类型的组合，一旦某一个或某几个成土条件改变，其土壤组合情况会发生变化。但其分异范围比上述全国性的或较大山系的广域土壤分布区域范围小，而又比微域与土链等所占范围大，通常在数十千米，甚至百余千米范围内，均可见到中域土壤组合。而红壤主要分布于长江以南广阔的低山丘陵区，最为典型的中域组合则是盆形土壤组合：盆形土壤组合多出现于地形由四周向中心倾斜的盆形地区，这种土壤组合以四川盆地最为明显。盆地内广大区域为侏罗纪、白垩纪红土层占据，盆周为山地环抱，盆内为紫色土、水稻土，盆周为黄壤，形成有规律的盆形土壤组合。如川西的盐源盆地，盆地内一、二级河谷阶地上分布着由全新统冲积物发育的潮土和水稻土；三、四级阶地一般为更新统堆积物，多发育为红壤，两者构成"盐源坝子"；"坝子"四周又有山地土壤环绕，从而自高至低形成有规律的盆形土壤组合（全国土壤普查办公室，1998）。

2. 微域分布

（1）梯田式土壤复域　在丘陵山区，为了防止水土流失、充分利用土壤资源，广大农民把相当一部分坡地建成水平梯田，从而将原来枝形土壤组合改造成梯田式土壤复域。在梯田式土壤复域中，各类土壤形成阶梯式的层状分布，这在南方山地丘陵沟谷区尤为常见。

在江南红壤丘陵沟谷区，丘陵顶部常为红壤或紫色土，沿冲沟的丘陵缓坡是梯级明显的水稻田（排田），土壤为淹育水稻土，而沟谷中的冲田大部为潴育水稻土，部分低洼处的畈田为潜育水稻土。在山区，山高谷深，坡度较陡，谷地上部山地为红壤或黄红壤；谷坡下部梯田丘块小，梯级高，土壤为淹育水稻土或潴育水稻土；谷底窄，水分充足，多为山阴冷浸的潜育水稻土（全国土壤普查办公室，1998）。

（2）其他形式的土壤复域与土链　在南方低丘红壤区，由于新构造运动的不均衡性，地形发生相应变化，随之土壤的侵蚀、天然植被的生长以及人为活动影响的强度等也不相同，致使这些红壤土体构型及剖面土层的厚度和层位段的组成也有所变化，即使同类母质发育的土壤，其微域分布的土链也各异（全国土壤普查办公室，1998）。

第五节　红壤资源优劣势分析

一、红壤资源优势分析

（一）水热资源丰富

红壤形成于亚热带生物气候条件下，气候温暖，雨量充沛，无霜期 240～280 d，雨量分配不均，集中于 3—6 月，且多暴雨，热带和亚热带地区广泛分布着红壤性土。该地区水热条件十分优越，促进了土壤矿物组成的强烈风化和生物物质的迅速循环，从而构成了红壤性土壤所具有的独特的化学性质和物理行为（李庆逵，1985）。

红壤地区受季风气候控制，一般具有高温多雨、干湿季明显的特点。在作物生长季节（4—10月），光、热、水资源量占全年总量的 70%～86%，既有利于作物的生长，又有利于多熟种植。山原红壤分布区的水热条件较好，地势平缓，土体深厚，适宜多种林木、牧草和农作物生长。山原红壤现有耕地 626.1 万亩，其中云南就有 559.3 万亩，是全省粮、烟、油、果、桑与蔬菜的主产区和高产区（全国土壤普查办公室，1998）。

（二）植被资源多样

目前，红壤地区的植被类型以常绿阔叶林为主，优势树种为壳斗科的青冈属、石栎属，山茶科的木荷属，樟科的润楠属等。南部出现栲属等喜温属种。东部为湿性常绿阔叶林，由青冈、栎类、木荷等组成；西部为半湿润常绿阔叶林，主要有滇青冈、云南松。林下灌木有檵木、映山红、白栎等。草丛多为禾本科及蕨类。山地为常绿针阔叶混交林。

红壤地区是我国野生和栽培植物资源最丰富的地区之一。人工林有马尾松、杉树、竹等，以及大宗的名特优产品，如茶、油茶、油桐、乌桕、漆树、甘蔗、柑橘等亚热带经济作物。此外，尚有肉桂、茯苓、砂仁等多种药用植物。红壤地区农垦历史悠久，低丘缓坡大多被辟为旱耕地。根据相关统计结果，红壤旱耕地面积共有 4 451.88 万亩，主要种植玉米、甘薯、花生、豆类、小麦、油菜等粮油作物，以及肥田萝卜、苕子、红豆、绿豆、箭筈豌豆等绿肥作物和黑麦草、象草等多种饲草（全国土壤普查办公室，1998）。

（三）红壤类型多样

红壤地区的地势为西高东低，山地、丘陵、平原之比大体为 7：2：1。根据土壤发育程度、土壤性质和利用上的差异，将红壤土类划分为典型红壤、棕红壤、黄红壤、山原红壤和红壤性土 5 个亚类（全国土壤普查办公室，1998）。

（四）红壤地区经济条件较好

红壤地区气温高、雨量充沛、自然条件优越，是我国热带亚热带林木、果树和粮食作物的生产基地。除杉木、柚木、楠木、樟木等优质木材及橡胶、椰子、剑麻、香蕉、柑橘、茶等热带亚热带果木可大力发展外，水稻一年可二熟至三熟，其他如甘薯、花生、甘蔗、油菜等均宜种植，生产潜力甚大（李庆逵，1985）。

新中国成立以来，各级政府很重视南方红壤资源的开发、利用和改良，相继建立了一批农林养殖场，红壤地区成为我国粮食、林业、亚热带经济作物和果木的主要生产基地，并提供了大量的农、林、牧产品。

二、红壤资源利用的主要制约因素

（一）水土流失严重

红壤地区降雨大部分集中在3—6月，且多暴雨。不仅浪费了大量的水资源，还常常引起水土流失。7月、8月蒸发量大而降水量减小，造成水热不同步。因此，经常出现伏旱、伏秋连旱等季节性干旱问题，影响作物生长和复种指数的提高。此外，春季多雨也影响了冬季作物（如油菜）的成熟和收获。

江西省鹰潭市余江区45年的统计结果表明，气候有向冷、湿、少日照和旱涝年频繁交替变化的迹象，并且四者的相关性达到显著水平；同时，季风气候的年际变异增大，导致灾害的频率和强度也越来越大。主要表现为：炎夏年与凉夏年频繁出现，干旱与洪涝频繁发生，冷冬年与暖冬年交替发生，作物生长发育临界温度的初终日变异大等。

（二）土壤退化堪忧

由于雨量分配不均，集中于3—6月，且多暴雨，常引起水土流失，7—8月常出现干旱，影响作物生长。长期以来，农业生产活动主要局限于丘间、盆地和沟谷地区，而对面积比沟谷大2～4倍的低丘红壤的利用重视不够。随意开垦、重用轻养，导致红壤大面积退化。根据江西省鹰潭市余江区第二次土壤普查资料，红壤退化主要表现在以下几个方面：侵蚀红壤面积扩大、程度加剧；土壤肥力衰减，抗逆性差；红壤酸化、水稻土潜育化；污染加重、类型多样。

上述问题相互影响，植被逆向演替、侵蚀加剧，引起肥沃表土流失；酸雨加速了土壤养分离子的淋失，同时释放了铝离子和重金属等污染物；重金属污染降低了土壤酶活性，促进了养分淋溶，这些都引起了土壤肥力的退化；而土壤肥力的退化又导致土壤和植物生态功能的失调，如土壤微生物和动物种群减少、功能衰退，植物物种消失，土壤元素生物循环减少，降低了土壤对退化过程的缓冲能力，加速了土壤的退化。

在山丘岗地，砍伐森林、土地开垦，造成较为严重的水土流失。与20世纪50年代相比，目前土地侵蚀面积和侵蚀强度增加了2～3倍，有些地方出现了裸岩。土地用养不平衡和掠夺式经营导致土壤养分含量下降，如耕地粗放经营、绿肥面积几乎减少了一半、化肥投入量只有全国的60%～70%。这些导致土壤养分储量低、酸度大，土壤元素特别是磷、钾亏缺，中低产田约占耕地面积的2/3以上。该地区酸沉降较为严重，这不仅造成了土壤质量的下降，还提高了一些有害物质（如铬和镉等重金属）的活性。

（三）土地利用方式及农业结构不尽科学

红壤低丘岗地的农业利用方式主要有林地、果（茶）地、农地、农林间作和自然荒地等。其组合类型一般为林胶茶复合类型、桑基鱼塘类型、果粮间作类型和立体农林复合类型等。如广东、海南的"林、胶、茶、粮"模式，湖南的"岗上松、窝里杉、山坡种油菜"模式以及江西的"丘上林草丘间塘，河谷滩地果与粮"模式等。在现有红壤农耕地中，广种薄收、垦而不种、用而不养的现象较为普遍。加之一年中降水分布不均，伏旱、秋旱连续发生，干旱缺水严重，作物产量较低，一般亩产在110 kg左右。亚热带经济作物和果木单产也低，品质优劣不一。缺乏商品竞争能力，经济效益低。

因此，如何合理开发利用红壤资源，充分发挥其生产潜力，使广大红壤地区农民获得更大的经济效益，具有很大的现实意义。

主要参考文献

龚子同，2014. 中国土壤地理［M］. 北京：科学出版社．

何园球，孙波，2008. 红壤质量演变与调控［M］. 北京：科学出版社．

湖南省农业厅，1989. 湖南土壤［M］. 北京：农业出版社．

黄标，潘剑君，2017. 中国土系志：江苏卷［M］. 北京：科学出版社．

黄昌勇，徐建明，2010. 土壤学［M］. 北京：中国农业出版社．

李庆逵，1983. 中国红壤［M］. 北京：科学出版社．

刘凡，2009. 地质与地貌学［M］. 北京：中国农业出版社．

卢瑛，2017. 中国土系志：广东卷［M］. 北京：科学出版社．

全国土壤普查办公室，1998. 中国土壤［M］. 北京：中国农业出版社．

熊毅，李庆逵，1987. 中国土壤［M］.2 版. 北京：科学出版社．

杨立辉，2006. 中国南方第四纪红土中结核的理化特征及形成环境［D］. 金华：浙江师范大学．

章明奎，麻万诸，2017. 中国土系志：福建卷［M］. 北京：科学出版社．

赵其国，2002. 红壤物质循环及其调控［M］. 北京：科学出版社．

中国科学院南京土壤研究所土壤系统分类课题组，2001. 中国土壤系统分类检索［M］. 合肥：中国科学技术大学出版社．

第二章 红壤的分类及其形态特征 >>>

红壤是中国南方地区主要的地带性土壤类型，广泛分布于广东、广西、湖南、江西、云南、贵州、福建、浙江、湖北、安徽等地。成土母岩母质有酸性结晶岩、中性结晶岩、基性结晶岩、泥质岩、石灰岩、红色砂岩、石英质岩和第四纪红土等。第四纪红土分布于低丘和阶地，其间交错分布着红砂岩，起伏较大的丘陵和山地通常为砂页岩、花岗岩、片麻岩、石灰岩等。红壤原生植被为中亚热带常绿阔叶和落叶阔叶林。次生植被为马尾松、杉树、竹、灌木林，经济作物有茶、油茶、油桐等。大多数平缓地已开垦为耕地，种植麦、薯、棉和麻类，一年两到三熟。在湿热气候条件下，土体脱硅富铝和黏化作用强烈，生物生长积累迅速，有机质分解快，氧化铁游离脱水，致使土体呈红色，成为红壤的基本特征。黏土矿物以高岭石为主，黏粒硅铝率一般在 2.0～2.6，铁的游离度＞50%，铁的活化度＜10%，土体呈酸性反应，盐基饱和度＜30%。红壤具有深厚的风化层，典型红壤的土体构型为 A_1-A-B-C 型。其中 A 为淋溶层，位于土壤表层，B 为心土层，呈红色或黄红色，黏粒胶膜、铁锰胶膜较多，间有铁锰结核，C 为母质层，一般为岩石风化物（包括残积物和坡积物）或为红、白、黄相间的网纹层。

红壤表层土壤基本理化性质和养分平均值结果统计：pH 4.2～6.8（$n=208$），有机质15.2 g/kg（$n=854$），阳离子交换量9.0 cmol/kg（$n=254$），容重1.32g/cm³（$n=114$），全氮0.84 g/kg（$n=974$），全磷0.43 g/kg（$n=182$），全钾16.8 g/kg（$n=186$），有效磷3.9 mg/kg（$n=845$），速效钾95.0 mg/kg（$n=863$），全铁35.0 g/kg，全锰524.2 mg/kg，全铜32.3 mg/kg，全锌76.2 mg/kg，全硼101.4 mg/kg，有效铁12.2 mg/kg，有效锰45.7 mg/kg，有效铜0.67 mg/kg，有效锌1.36 mg/kg，有效硼0.32 mg/kg。以上分析结果表明，红壤酸性强，保肥能力差，有机质含量低，磷、硼养分严重缺乏，大部分土壤氮、钾缺乏，局部锌、铜、锰、铁缺乏，主要的障碍因素是黏、酸、瘦。

红壤土类按其发育程度，可划分为典型红壤、黄红壤、棕红壤、山原红壤、红壤性土5个亚类；根据成土母质、水文条件等地方性因素，将亚类划分为若干土属；根据土体构造、障碍层次及土壤性质的量级差异，将土属划分为若干土种（表2-1）。

表2-1 红壤主要亚类、土属和土种

亚类	土属	土种	母岩	主要分布区
典型红壤	泥沙红土	红黏泥土、红沙泥土、沙泥红土、水红土、厚沙红土、薄片红土、黄扁渣土、燎原黄沙泥、泗里河红沙泥、肖家黄黏泥、兴义红沙泥、黄红泥土、黄沙泥、厚沙黄沙泥、灰黄沙泥、厚黄沙泥	砂岩、石英砂岩、石英岩、板岩、砂页岩、千枚岩、页岩、粉砂岩	广东、广西、湖南、贵州、福建、江西
	麻红泥	九峰麻红泥、杂沙红土、厚麻红土、西昌红泥土、崇安红泥土、厚乌麻沙红泥、厚灰麻沙红泥、厚麻沙红泥、麻沙红泥、乌麻沙红泥、红松泥、沙黏红泥	花岗斑岩、石英斑岩、花岗岩、片麻岩、片岩、混合岩	广东、广西、湖南、四川、福建、江西、浙江

（续）

亚类	土属	土种	母岩	主要分布区
典型红壤	麻红泥土	邵东麻沙土、红麻沙土	粗晶质花岗岩、花岗斑岩、花岗岩	湖南、湖北
	灰红土	英德灰红土、灰红土、灰黏红土、灰红沙土、石灰泥	石灰岩、砂质灰岩	广东、湖南、江西
	黏红泥	红泥黏土、死红土、润红土、从江红黏泥、邵武红泥土、厚灰黄泥、黏底红黄泥、灰黄泥、红黄泥、褐斑黄筋泥、网纹黏红土	第四纪红土、古红土	广西、湖北、云南、贵州、福建、江西、浙江、安徽
	黏红土	熟红土、厚红土、浅红土、三阁司红泥土、靖外红土、油红大土、盖洋红泥土、红黏泥	第四纪红土、玄武岩、辉绿岩、辉长岩、安山岩、闪长岩	湖南、云南、福建、浙江
	红泥土	罗甸红泥、赤水黄红泥土、红泥土、鳝泥、灰鳝泥、乌鳝泥、泥红土、沙红泥	页岩、泥岩、板岩、英安质凝灰岩、流纹岩、细晶花岗岩、石英闪长岩	贵州、福建、江西、浙江
	红沙泥	灰红沙泥、红沙泥、薄红沙泥、厚红沙泥	红砂岩	江西
黄红壤	麻黄红泥	杂沙黄红土、黄红麻沙土、麻黄红土、黄白沙土、沙黏黄泥、四合红土	花岗岩、花岗斑岩、石英斑岩	广西、湖南、湖北、浙江、安徽
	泥沙黄红土	沙泥黄红土、砂质黄红泥土、沙黄红土、黄红沙土、黄红泥、薄黄红泥、黄泥沙土	砂岩、砂页岩、石英岩、凝灰岩、石英砂岩、细晶花岗岩	广西、湖南、福建、江西、浙江
	沙泥黄红土	于潜黄红泥土、橙泥土	泥页岩、片板岩、千枚岩、硅质泥岩、粉砂岩	浙江、安徽
	泥沙黄红泥	厚黄红土、黄红土、黄红沙泥、三都黄红沙	板岩、粉砂质板岩、千枚岩、泥质页岩、石英砂岩	湖南、贵州
	黄红砾泥	墨脱黄红土	洪积物	西藏
	黄红泥	丘北黄红泥、桐木关黄红泥土、乌麻沙黄泥、麻沙黄泥、乌黄鳝泥、黄鳝泥、壤黄泥、夹砾橙泥土、罗田橙泥土、祁山橙泥土	页岩、砂页岩、凝灰岩、酸性结晶岩、泥质岩、流纹岩、千枚岩、板岩	云南、福建、江西、浙江、安徽
	黏黄红土	西昌黄红泥土、黄黏泥	玄武岩、安山玢岩	四川、浙江
	黏黄红泥	潮红土、舟枕黄筋泥	第四纪红土	浙江
棕红壤	棕红泥	乘风棕红泥、棕糯红土	第四纪红土	湖南
	泥沙棕红泥	红硅泥土、红硅沙泥土、红硅沙土	石英岩	湖北
	麻棕红泥	灰棕麻沙土、厚棕麻沙土、棕麻沙土、白粉土、白沙土和红麻骨土	酸性结晶岩、花岗岩	江西、湖北
	黏棕红泥	薄棕黄泥、棕红土、铁子红土、棕黄泥、棕沙黄泥、棕黄筋泥、高禹亚棕黄筋泥、敬亭棕红土、网纹棕红土、焦斑棕红土	第四纪红土	江西、浙江、安徽
	红岩泥土	红岩泥土、砾质红岩泥土、糠头土、红岩渣土	碳酸盐岩	湖北
	棕红沙泥	红赤泥土、红赤沙泥土、红赤沙土、红褐沙土、红乌沙泥土	红砂岩	

（续）

亚类	土属	土种	母岩	主要分布区
山原红壤	山红泥	红泥、瘦红泥、攀枝花山红泥	泥质岩、砂岩、砂页岩	云南
	黏山红土	大红土	玄武岩	云南
	黏山红泥	华宁红土、越州红泥、厚涩红土	灰岩、白云岩、白云灰岩等碳酸盐类、古红土	云南
	灰山红泥	磷沙土	磷灰岩	云南
红壤性土	砾红土	扁沙砾红土、金龙砾红土、鳞皮土、水城红砾泥、砾质红泥土	砂页岩、千枚岩、板岩、泥质页岩	贵州、安徽
	黏砾红土	砾石红大土	玄武岩	云南
	麻砾红土	薄红麻沙土、砾质红土	花岗岩、花岗斑岩	湖北、安徽
	黄泥红土	黄泥红土	第四纪红土	江西

第一节　典型红壤亚类

一、分布与成土条件

典型红壤亚类主要分布在江西、湖南、湖北、福建及浙江南部，其中在鄱阳湖、洞庭湖、吉泰、金衢等盆地的分布面积最大。水平分布地形以海拔 300 m 以下的丘陵岗地和海拔 500 m 以下的低山下部为主，垂直带上与黄红壤相接。成土母质主要有第四纪红土、砂页岩风化物、花岗岩风化物以及千枚岩、片岩风化物等。

二、主要成土特点

（一）脱硅富铝化作用明显

在风化成土过程中，受高温多雨、干湿交替明显的气候条件影响，硅酸盐矿物被强烈分解，二氧化硅被淋溶，铁、铝氧化物明显富集，铁的游离度高，红壤化程度高。

（二）风化淋溶作用强烈

在高温多雨、干湿交替明显的气候条件下，土壤中矿物被强烈分解，钾、钠、钙、镁被 H^+ 和 Al^{3+} 代换而淋失，钙、钠淋失更甚。花岗岩发育的典型红壤风化淋溶系数（ba 值）仅为 0.14，砂岩和板页岩发育的典型红壤 ba 值较高，可达 2.8 和 2.9。

（三）铁的游离度高

典型红壤富含氧化铁等矿物质，全铁含量为 4.02％～15.97％。在长期干湿交替气候条件下，氧化铁的淋溶和沉积、活化和迁移反映了典型红壤成土过程的重要特性。铁的游离度反映了土壤的红壤化程度，典型红壤铁的游离度高的可达 70％～80％，低的也有 30％～40％。

三、剖面形态特征

典型红壤亚类具有深厚的红色风化层，颜色因成土母质、地形不同稍有差异，多呈棕红-灰红色。土体构型为 A-B-C 型和 A_0/A_1-A-B-C 型。植被状况良好的林地，地表有枯枝落叶层（A_0）或腐殖质层（A_1），粒状结构明显。淋溶层（A 层）多为均质土层，碎块状或屑粒状结构，较疏松。淀积层（B 层）黏粒淀积明显，有黏粒胶膜、铁锰胶膜，间有铁离子或铁锰结核。质地紧实，块状或棱块状结构，红色或棕红色。底层为母质层（C 层），为岩石风化碎屑物或为红、白、黄交错相间的网纹层和砾石层，发育程度强的典型红壤底土层有明显的铁锰淀积。

四、基本理化特性

典型红壤亚类水稳性团聚体多为由无机胶结物质和黏粒形成的团聚体，土壤孔隙度较低，有效含水量范围窄，自然肥力较低，有机质 10.0~15.0 g/kg，全氮 0.9~1.2 g/kg，全磷 0.6 g/kg 左右，有效磷含量低，微量元素中铜、铁、锰、钼含量较高，锌、硼含量较低。土壤表面吸附的盐基易被 H^+、Al^{3+} 代换而淋失，铝的大量累积易产生水解性酸，土壤偏酸性，pH 在 4.0~6.5。主要黏土矿物为高岭石，其次是水云母和少量石英、三水铝石。负电荷量在 15~25 cmol/kg，土壤胶体的表面电荷密度（pH 为 7 时）在 15~20 $\mu C/cm^2$。

五、主要土属及土种

典型红壤亚类主要包括泥沙红土、麻红泥、麻红泥土、灰红土、黏红泥、黏红土、红泥土、红沙泥等 8 个土属，包括红黏泥土、红沙泥土、沙泥红土、水红土、厚沙红土、薄片红土、黄扁渣土、燎原黄沙泥、泗里河红沙泥、肖家黄黏泥、九峰麻红泥、杂沙红土、厚麻红土等土种。

（一）泥沙红土

泥沙红土发育于砂岩、石英砂岩、粉砂岩、板岩、页岩等岩石的风化物，多分布于海拔 500 m 以下的丘陵岗地和低山中下部，土体构型多为 A-B-C 型，厚薄不一。母质含沙粒较多。质地多为壤土-黏土，物理性沙粒含量多在 50% 及以上，土壤呈酸性，结构面上有胶膜、褐色斑块出现，阳离子交换量平均为 8.0 cmol/kg，交换性盐基总量为 1.3 cmol/kg。黏土矿物以高岭石为主。土壤瘠薄，养分含量低，表层土壤有机质 12.0 g/kg，全氮 0.9 g/kg，全磷 0.75 g/kg，全钾 2.2 g/kg。

1. 红黏泥土

红黏泥土发育于砂页岩风化的残坡积物。主要分布于广东海拔<600 m 的低山丘陵中下部的山腰和坡脚，在韶关、梅县、惠阳、肇庆等地分布较多，面积为 12.7 万亩。剖面构型为 A-B-C 型。土体深厚，棕红色，质地均一，壤质黏土，pH 为 5.5 左右，呈酸性。A 层深暗红棕色，壤质黏土，小块状结构，疏松，根系多，由于耕种，交换性酸含量为 2~3 cmol/kg，盐基饱和度比 B 层高；B 层红棕色，壤质黏土，块状结构，稍紧，有少量有机质胶膜，粉黏比为 0.65 左右，交换性酸为 4~5 cmol/kg，盐基饱和度较低。土壤养分含量中等。红黏泥土表层土壤基本性质和微量元素含量见表 2-2 和表 2-3。

表 2-2 红黏泥土表层土壤基本性质

项目	土层厚度 (cm)	耕层厚度 (cm)	质地	容重 (g/cm³)	pH	有机质 (g/kg)	全氮 (g/kg)	有效磷 (mg/kg)	速效钾 (mg/kg)
统计剖面（n=69）	30~150	10~60	黏土	0.9~1.4	4.0~6.0	5.4~81.5	0.10~4.00	0.4~756.8	32.8~333.0
典型剖面（浙江绍兴）	80	30	黏土	1.0	5.3	81.5	4.02	1.5	53.0

表 2-3 红黏泥土表层土壤微量元素含量 （mg/kg）

项目	有效铜	有效锌	有效铁	有效锰	有效硼	有效钼	有效硫	有效硅
统计剖面（n=69）	2.70~6.80	1.10~3.30	63.6~301.0	20.0~133.0	0.10~0.60	0.04~0.20	14.80~41.70	35.2~245.1
典型剖面（浙江绍兴）	6.76	3.33	301.0	47.1	0.42	0.17	22.06	233.1

红黏泥土土体深厚，但耕层较浅，质地较黏重，因人为利用管理较精细，土壤熟化度较高。利用中应坡改梯，防止水土流失；增施有机肥、绿肥，配施磷、钾肥，用养结合。

2. 红沙泥土

红沙泥土发育于板岩风化的残坡积物。主要分布在广东梅县、韶关、江门等低山丘陵区，面积为 18.3 万亩。剖面构型为 A-B-C 型。土体厚度>1 m，质地为砂质黏壤土至壤质黏土，强酸性，pH 为

4.5～5.0。A层亮棕色，砂质壤土，含少量砾石，碎块状结构，稍松，根系多，有机质、全氮含量高，其他养分含量均较低；B层橙色，壤质黏土，块状结构，稍紧，根系少，有胶膜，还有砾石，粉黏比为0.4～0.7，盐基饱和度较低，为12%左右。利用上宜封山育林或发展多种经营（林、果、药材），防止水土流失。红沙泥土表层土壤基本性质和微量元素含量见表2-4和表2-5。

表2-4 红沙泥土表层土壤基本性质

项目	土层厚度 （cm）	耕层厚度 （cm）	质地	容重 （g/cm³）	pH	有机质 （g/kg）	全氮 （g/kg）	有效磷 （mg/kg）	速效钾 （mg/kg）
统计剖面 （n=9）	55～84	15～25	沙壤	1.00～1.40	4.4～6.9	13.6～34.3	0.9～2.1	6.8～58.1	62.0～342.0
典型剖面 （湖南怀化）	55	20	沙壤	1.26	6.0	13.6	0.9	44.3	315.0

表2-5 红沙泥土表层土壤微量元素含量（mg/kg）

项目	有效铜	有效锌	有效铁	有效锰	有效硼	有效钼	有效硫	有效硅
统计剖面 （n=9）	1.00～9.40	1.00～6.00	89.4～236.9	6.9～112.2	0.20～0.40	0.20～1.50	19.7～72.7	94.3～184.9
典型剖面 （湖南怀化）	2.03	2.42	174.4	11.6	0.39	1.52	33.5	114.1

3. 沙泥红土

沙泥红土主要分布在海拔50m以下的砂页岩低山丘陵区，分布地区为广西柳州、河池、百色地区24°N以北，面积为1 348.1万亩。其母质为砂页岩风化的残坡积物。沙泥红土风化层厚，均在1 m以上，剖面构型为A-B-C型，土壤呈酸性，pH为4.0～5.0，质地为壤质黏土至黏土。A层棕色，壤质黏土，屑粒状结构，根系多，有机质及全钾、全磷含量较高，速效养分含量低；B层浊黄橙色-亮黄棕色，以亮黄棕色为主，质地为黏土，块状结构，孔隙多，粉黏比为0.5～0.6，有效阳离子交换量（CEC）为7～9 cmol/kg，盐基饱和度为5%～10%，黏粒硅铝率为2.16，铁的游离度为60%～70%，下部有少量岩石碎屑。BC层或C层橙色，黏土，夹有半风化岩屑，根系极少。沙泥红土表层土壤基本性质和微量元素含量见表2-6和表2-7。

表2-6 沙泥红土表层土壤基本性质

项目	土层厚度 （cm）	耕层厚度 （cm）	质地	容重 （g/cm³）	pH	有机质 （g/kg）	全氮 （g/kg）	有效磷 （mg/kg）	速效钾 （mg/kg）
统计剖面 （n=14）	100	13～22	沙土	1.0～1.6	3.7～7.6	14.9～51.6	0.6～3.7	7.9～250.0	17.0～245.0
典型剖面 （广西柳州）	100	13	沙土	1.3	5.0	35.2	1.9	105.1	62.0

表2-7 沙泥红土表层土壤微量元素（mg/kg）

项目	有效铜	有效锌	有效铁	有效锰	有效硼	有效钼	有效硫	有效硅
统计剖面 （n=14）	0.1～6.5	0.3～9.4	37.2～624.0	1.3～259.1	0.09～1.10	0.02～0.70	16.9～85.6	4.5～94.3
典型剖面 （广西柳州）	1.7	6.3	5.5	53.4	1.70	1.10	0.2	40.8

沙泥红土土体较深厚，质地适中，养分含量较高，多分布于低山和丘陵中下部，土壤管理较方

便，水热条件好，是农、林、牧业发展的主要土壤资源，利用中应保护现有森林植被，防止水土流失，因土种植，合理布局，低丘或缓坡宜农地应修筑水平梯地。

4. 水红土

水红土发育于板岩、页岩风化的坡积物，主要分布在湖南怀化地区以及城步、绥宁等地针阔混交林基本保存的中山区，面积为 47.0 万亩。剖面构型为 A-B 型，有效土体厚度＞80 cm，质地均一，通体为壤质黏土。因多分布于谷地，土壤有机质积累较多，表层有机质达 25 g/kg。土体呈浊橙色至亮红棕色，红化率＜5。土体呈酸性反应，pH 为 4.6～5.2，土壤交换性能低，有效阳离子交换量为 4～7 cmol/kg。

典型剖面位于湖南省板岩、页岩高丘中坡地带永州市东安县水岭乡枧田村，26°24′33″N，111°15′42″E，海拔分布区间为 160～250 m，平均为 209 m，成土母质为板岩、页岩风化物。

A：0～20 cm，浊黄橙色（10YR 7/4，干），浊橙色（7.5YR 6/4，润），大量细根，粉黏壤土，发育强的小块状结构，中量细粒间孔隙、根孔、气孔和动物穴，土体稍坚实，向下层平滑渐变过渡。

B：20～70 cm，黄橙色（10YR 7/8，干），橙色（7.5YR 6/8，润），中量细根，黏土，发育中等的大块状结构，中量细粒间孔隙、根孔、气孔和动物穴，土体坚实，大量黏粒胶膜，向下层波状清晰过渡。

C：70～140 cm，板岩、页岩风化物。

R：140 cm 以下，板岩、页岩。

水红土剖面物理性质及化学性质见表 2-8、表 2-9。

表 2-8 水红土典型剖面物理性质

土层	深度（cm）	砾石（>2mm, V/V,%）	细土颗粒组成（g/kg）			质地	容重（g/cm³）
			沙粒（2～0.05mm）	粉粒（0.05～0.002mm）	黏粒（<0.002mm）		
A	0～20	5	55	578	367	粉黏壤土	1.69
B	20～70	13	89	341	571	黏土	1.42

表 2-9 水红土典型剖面化学性质

深度（cm）	pH（H₂O）	pH（KCl）	游离铁（g/kg）	CEC（cmol/kg，黏粒）	Al（KCl）（cmol/kg，黏粒）	铝饱和度（%）	有机碳（g/kg）	全氮（g/kg）	全磷（g/kg）	全钾（g/kg）
0～20	4.6	3.4	26.4	38.8	20.9	80.5	21.19	1.44	0.18	7.2
20～70	4.7	3.5	49.9	41.2	23.5	92.0	5.89	0.78	0.16	12.7

水红土土体深厚，有机质含量较高，是开发利用潜力较大的土壤类型之一，可重点规划茶、柑橘等经济林、果木林基地。

5. 厚沙红土

厚沙红土发育于砂岩风化的坡积物，主要分布在湖南零陵、邵阳、衡阳等地中低山山麓地带或丘陵坡地，海拔高度在 500 m 以下，面积为 537.9 万亩。剖面构型为 A-B-C 型，土体厚度 70 cm 以上，富含中细粒石英砂粒，黏粒含量小于 23%，质地以砂质黏壤土为主。土壤 pH 为 4.5～5.1，盐基饱和度低于 20%。A 层红棕色，砂质黏壤土，屑粒及碎块状结构，疏松，根系多；B 层亮红棕色，砂质黏壤土，块状结构，结构面有中量胶膜，较紧，根少，红化率为 8；BC 层亮红棕色，砂质黏壤土，小块状结构，紧实，含少量砾石。

典型剖面地处湘中砂岩丘岗中坡地带新邵县太芝庙镇新岭村，27°26′21″N，111°44′26″E，海拔为 360～390 m，成土母质为砂岩风化物，50 cm 土温 18 ℃。土地利用状况为林地，植被有松树、杉树、竹等，植被盖度为 90%～95%。中亚热带湿润季风气候，夏无酷暑，冬无严寒。年均气温 16～17 ℃，年均降水量 1 300～1 400 mm，年均无霜期 290～300 d。土层较深厚，土体厚度＞150 cm，其剖面构型为

A-B$_1$-B$_2$-R 型。表层厚度较大，达 30 cm 以上；B$_1$ 层结构面上有中量黏粒胶膜，黏化率＞1.20；土体 160 cm 以下有整块状砂岩；B$_1$、B$_2$ 层铝饱和度均≥60％。pH（H$_2$O）和 pH（KCl）分别为 4.7～4.8 和 3.9～4.0。有机碳含量为 9.25～16.85 g/kg，全铁含量为 23.0～24.0 g/kg，游离铁含量为 17.4～18.8 g/kg，铁的游离度为 74.7％～80.5％。

A：0～40 cm，浊橙色（7.5YR 7/3，干），浊棕色（7.5YR 5/3，润），大量细根，粉壤土，发育有较好的中团粒状结构，大量中根孔、气孔、动物穴和粒间孔隙，土体疏松，中量粗砂岩碎屑，向下层波状清晰过渡。

B$_1$：40～80 cm，亮黄棕色（10YR 7/6，干），黄棕色（10YR 5/6，润），中量细根，粉壤土，大量中根孔、气孔、动物穴和粒间孔隙，发育程度强的小块状结构，土体疏松，大量粗砂岩碎屑，向下层波状渐变过渡。

B$_2$：80～160 cm，浊黄橙色（10YR 7/4，干），黄棕色（10YR 5/6，润），少量细根，黏壤土，发育程度中等的中块状结构，中量细粒间孔隙和动物穴，土体疏松，大量粗砂岩碎屑，中量黏粒胶膜，向下层平滑模糊过渡。

R：160～180 cm，砂岩半风化物。

厚沙红土典型剖面物理性质和化学性质见表 2-10、表 2-11。

表 2-10 厚沙红土典型剖面物理性质

土层	深度（cm）	砾石（＞2 mm，V/V，%）	细土颗粒组成（g/kg）			质地	容重（g/cm³）
			沙粒（2～0.05 mm）	粉粒（0.05～0.002 mm）	黏粒（＜0.002 mm）		
A	0～40	25	147	595	257	粉壤土	1.01
B$_1$	40～80	45	200	551	249	粉壤土	1.22
B$_2$	80～160	55	218	468	313	黏壤土	1.27

表 2-11 厚沙红土典型剖面化学性质

深度（cm）	pH（H$_2$O）	pH（KCl）	游离铁（g/kg）	CEC（cmol/kg，黏粒）	Al（KCl）（cmol/kg，黏粒）	铝饱和度（%）	有机碳（g/kg）	全氮（g/kg）	全磷（g/kg）	全钾（g/kg）
0～40	4.7	3.9	17.4	58.0	15.9	91.9	16.85	1.60	0.54	6.5
40～80	4.8	3.9	17.4	48.0	14.2	86.8	11.68	0.99	0.56	6.5
80～160	4.7	3.9	18.8	34.9	11.9	85.6	9.25	0.84	0.62	6.5

厚沙红土土体较厚，有机质及全氮含量中等，缺磷、钾，下层土壤涵养较多水分，林木生长繁茂，是较好的竹木发展基地。但质地较粗，结持较松散，抗蚀能力较差。利用时须保持生态平衡和防止水土流失。

6. 薄片红土

薄片红土发育母质为板页岩风化的残坡积物，主要分布于湖南怀化、邵阳、郴州等地的中低山区，面积为 1 508 万亩。剖面构型为 A-B-C 型，层次逐渐过渡，土体较浅，有效土体厚度一般小于 50 cm，以红棕色壤质黏土为主，砾石及岩片含量高，自上而下增多。土壤有机质含量及其他养分含量中等及偏上，有效阳离子交换量偏低，为 5～6 cmol/kg，交换性酸中交换性铝占 93％，盐基饱和度 16.0％左右，更低可至 14％。A 层有机质含量较高，呈黄棕色，轻砾质壤质黏土，屑粒状-碎块状结构，较松，根系多；B 层呈淡红棕色，红化率为 8.0，重砾质壤质黏土，块状-小块状结构，稍紧实-紧实，有岩片。

薄片红土土体浅薄，质地黏重，岩片含量高，水分保蓄力强，土壤肥力较高，植被速生快长，可发展人工用材林、经济林，如杉树、楠竹等。利用中应采取穴垦造林、封山育林等措施。

7. 黄扁渣土

黄扁渣土发育于板岩、千枚岩、页岩风化残坡积物上，主要分布于湖南山丘区山麓缓坡、山谷或山坳地段，以岳阳、湘西山区面积较集中，怀化、娄底、长沙等地均有分布，约51.2万亩，主要为耕作旱地。土体厚度 60 cm 左右，剖面构型为 A-B-C 型，土体中夹有较多半风化黄色岩渣碎片，部分手摸即成粉渣，一般含量大于 10%。土壤质地以壤质黏土为主。A 层亮棕色，轻砾质壤质黏土，小块状结构，较紧实，有机质含量大于 20 g/kg，交换性酸含量低，而交换性盐基及盐基饱和度明显高于下部土体；B 层橙色，重砾质壤质黏土，块状结构，结构面上有灰褐色有机质胶膜，紧实，碎岩渣含量增多，盐基饱和度在 22% 左右；C 层黄橙色，重砾质壤质黏土，碎岩渣含量继续增多。采集于湖南湘西典型土样的有效土层厚度为 83 cm，表层土壤厚度为 19 cm，容重为 1.45g/cm³，重壤，pH 为 5.0，有机质含量为 20.9 g/kg，全氮 1.3 g/kg，有效磷 1.6 mg/kg，速效钾 47.0 mg/kg。有效微量元素含量：锌 1.1 mg/kg，铜 2.3 mg/kg，硼 0.29 mg/kg，钼 0.10 mg/kg，铁 150.0 mg/kg，锰 66.7 mg/kg，硫 24.0 mg/kg，硅 116.9 mg/kg。该土种耕层浅，质地黏重，岩渣含量高，不便耕种。养分含量也不高，缺磷，作物产量较低。改良利用上应增施有机肥，秸秆还田，补充磷，提高土壤肥力，同时进行土地整理。

8. 燎原黄沙泥

燎原黄沙泥母质为砂岩风化的坡积物，主要分布在湖南除湘西以外的丘陵或低山缓坡地带，在邵阳、娄底、零陵等地的分布面积较大，共 137.8 万亩。该土种土体深厚，剖面为 A-B 构型。全剖面以棕色为主，底层呈红棕色。土壤质地为黏壤土至壤质黏土，粉沙粒占 30% 左右，黏粒占 20%～30%，底层略高。沿剖面自上而下，有机质含量、交换性酸含量、盐基饱和度逐步降低。A 层棕色，黏壤土，屑粒状及碎块状结构，疏松，根系多；B 层亮棕色-亮红棕色，黏壤土，碎块状-块状结构，稍松-紧，结构面上有灰色有机质胶膜，pH 为 4.8～5.8，盐基饱和度为 20% 左右。

燎原黄沙泥土体较疏松，质地沙黏适中，通气透水性好，耕作方便，适耕期长，适种性广，是熟化程度较高的旱地土壤之一，适宜柑橘、黄花菜、甘薯等作物生长。利用中应适当深耕、加厚耕作层，增施有机肥及磷、钾肥，并改善灌溉条件、增强抗旱能力。

9. 泗里河红沙泥

泗里河红沙泥是由红色砂岩、沙砾岩风化的残坡积物母质发育而来，经人工熟化而成的旱作土壤，主要分布于湖南零陵、长沙、娄底、常德等地的丘陵或低山坡地下部或缓坡地带，面积为 30.2 万亩。剖面构型为 A-B-C 型。土体较浅，一般为 40～60 cm。全剖面土体结持松，质地多为砂质黏壤土，粉沙粒及黏粒含量均为 20% 左右。夹有较多砾石和石英砂粒。土壤呈酸性，pH 为 5.0～5.6，有的呈强酸性，土壤有效阳离子交换量低，盐基饱和度除耕层为 40% 左右外，下部土层均低于 20%。越接近母质层，土壤酸度越大，盐基饱和度越低。有机质、全氮、全钾含量中等，磷及微量元素缺乏。A 层 20 cm 左右，暗棕红色或红棕色，屑粒状结构，砂质黏壤土，疏松；B 层亮棕色及亮红棕色，红化率为 12.0，碎块状结构，结构面具有少量有机胶膜，较紧。

泗里河红沙泥质地较轻、粗，松散，耕性良好，但养分含量低，酸性强，保水保肥能力较差，作物发苗快，后期容易脱肥早衰。改良利用中：应通过施用绿肥、有机肥、氮磷肥、微肥等多种方式增强保肥性能，并注重后期追肥；酸度大的土壤需施用石灰；防止水土流失。

10. 肖家黄黏泥

肖家黄黏泥的母质为板岩、页岩风化物，主要分布于湖南益阳、岳阳、怀化等地海拔 600 m 以下的低山丘岗地区，面积为 147.9 万亩。剖面构型为 A-B-C 型。土体较深厚，一般大于 60 cm，质地较黏，粉砂质黏土至壤质黏土，pH 为 4.8～5.6。A 层亮棕色，粉砂质黏土，小块状结构，稍紧，根系多，有机质、氮、盐基含量较高，盐基饱和度为 35% 左右，锌、硼极缺；B 层黄橙色，粉砂质黏土，块状结构，紧实，有铁锰胶膜，盐基饱和度明显低于 A 层；C 层黄橙色，粉砂质黏土，紧实，含母岩碎片。

肖家黄黏泥土体较深，质地较黏重，有较强的供肥保肥能力，是发展旱粮作物及经济作物较好的一种土壤资源。利用改良中要防止水土流失，补充磷及微量元素。

此外，泥沙红土属还有兴义红沙泥、黄红泥土、黄沙泥、厚灰黄沙泥、灰黄沙泥、厚黄沙泥等土种。

（二）麻红泥

1. 九峰麻红泥

九峰麻红泥是发育于花岗岩残坡积物，经垦殖后发育而成的旱耕地土壤。主要分布在广东梅县、惠州、韶关、肇庆等地海拔 300～700 m 的低山丘陵坡地，面积为 3.8 万亩。剖面构型为 A_{11}-B-C 型，耕作时间久的可见亚耕层。土体厚度＞1 m，质地偏黏，多为壤质黏土。耕层土壤亮棕色，壤质黏土，粒状结构，疏松，根系多，呈微酸性至中性，pH 为 5.5～6.3，有效阳离子交换量为 6.5 cmol/kg，其中交换性酸为 3.47 cmol/kg，交换性铝占 90% 以上，盐基饱和度较低。B 层发育较好，呈灰红色，壤质黏土至砂质黏土，块状结构，稍紧至紧实，根系少，有铁锰斑纹和结核，酸性反应，粉黏比小于1.0，黏粒硅铝率为 1.96，有铁锰结核。

九峰麻红泥表层土壤基本性质及微量元素含量见表 2-12、表 2-13。

表 2-12　九峰麻红泥表层土壤基本性质

项目	土层厚度 (cm)	耕层厚度 (cm)	质地	容重 (g/cm³)	pH	有机质 (g/kg)	全氮 (g/kg)	有效磷 (mg/kg)	速效钾 (mg/kg)
统计剖面 (n＝5)	100	22	壤土	1.16	4.6～6.8	21.7～47.9	0.6～2.7	6.2～51.0	29.0～82.0
典型剖面 (广东河源)	100	22	重壤	1.10	4.8	47.8	2.7	51.0	55.0

表 2-13　九峰麻红泥表层土壤微量元素含量（mg/kg）

项目	有效铜	有效锌	有效铁	有效锰	有效硼	有效钼	有效硫	有效硅
统计剖面（n＝5）	0.80～1.30	2.20～3.30	123.4～162.4	15.6～29.5	0.06～0.14	0.37～0.53	14.3～21.3	132.0～321.0
典型剖面（广东河源）	1.32	2.37	162.4	18.6	0.10	0.38	21.3	321.0

2. 杂沙红土

杂沙红土主要分布在广西东部、北部和中部等地海拔 500m 以下的花岗岩低山丘陵区，面积约为147.4 万亩。主要由花岗岩风化物发育而成，土体深厚，剖面层次分异明显，为 A-B-C 型。土体中含有石英、长石、云母碎屑，其数量自上而下增多，母质层半风化碎屑含量在 20%～30%，质地为壤质黏土，粉黏比为 0.5～0.8，pH 为 4.5～5.0，有效阳离子交换量为 3～8 cmol/kg，盐基饱和度为30% 左右，黏粒矿物以高岭石为主，伴有中量三水铝石和少量石英。A 层棕色，壤质黏土，屑粒状或块状结构，疏松，根系较多；B 层黄橙色为主，红化率为 2.5，块状结构，紧实，根系少，有少量石英颗粒；C 层黄橙色，块状结构，壤质黏土，紧实，夹有较多石英颗粒。

杂沙红土表层土壤基本性质及微量元素含量见表 2-14、表 2-15。

表 2-14　杂沙红土表层土壤基本性质

项目	土层厚度 (cm)	耕层厚度 (cm)	质地	容重 (g/cm³)	pH	有机质 (g/kg)	全氮 (g/kg)	有效磷 (mg/kg)	速效钾 (mg/kg)
统计剖面 (n＝105)	53～120	8～35	壤土-黏土	0.92～1.60	3.8～7.0	5.6～66.5	0.5～2.4	5.1～197.5	18.0～220.0
典型剖面 (广西贺州)	100	12	重壤	1.14	5.3	5.6	1.3	11.0	98.0

表 2 - 15　杂沙红土表层土壤微量元素含量（mg/kg）

项目	有效铜	有效锌	有效铁	有效锰	有效硼	有效钼	有效硫	有效硅
统计剖面（n=105）	0.4～5.1	0.60～10.70	5.90～144.70	7.6～82.1	0.04～0.80	0.06～0.40	2.8～148.3	33.9～173.7
典型剖面（广西贺州）	114.0	0.68	2.26	23.6	41.30	0.16	0.4	148.3

杂沙红土土体深厚，质地适中，养分含量较丰富，适合多种作物和林木生长，但土壤结构较松散，易发生土壤侵蚀和水土流失。利用中应合理规划布局，坡地须实行等高种植，修筑水平梯地，防止水土流失。

3. 厚麻红土

厚麻红土主要分布在湖南宁乡、资兴、衡山、浏阳等地海拔 500 m 以下的低山丘陵区，面积为 372.4 万亩。发育母质为花岗斑岩、石英斑岩、花岗岩风化物的残坡积物。剖面构型多为 A-B-C 型，土体深厚，一般＞80 cm，为砂质黏壤土，粗颗粒较多，沙粒含量＞55%，结持疏松，但层次发育明显，呈红棕色-棕红色，强酸性-酸性反应，pH 为 4.5～5.5。A 层橙色，砂质黏壤土，碎块状结构，疏松，根系多；B 层亮红棕色或亮棕色，砂质黏壤土，块状结构，土体疏松，结构面上有棕色胶膜，盐基饱和度在 16.1% 左右，黏粒硅铝率为 1.95，硅铁铝率为 1.52，风化淋溶系数为 0.1，黏土矿物以高岭石为主。该土种土体深厚，结持疏松，林业立地条件优越，是发展松树、杉树、毛竹、茶、果树等作物的重要基地。利用中应防止水土流失、土壤酸化。

典型剖面位于湖南省炎陵县沔渡镇大江村，26°34′25″N，113°52′49″E，海拔 253 m，花岗岩岗地上坡地带，成土母质为花岗岩风化物，土地利用状况为有林地，植被类型为常绿针阔叶林，植物盖度为 70%～80%。50 cm 深度土温为 19.3 ℃。中亚热带湿润季风气候，年均气温为 17.0～18.0 ℃，年均降水量为 1 500～1 600 mm。全铁含量为 46.2～60.8 g/kg，游离铁含量和铁的游离度分别为 23.6～31.0 g/kg 和 48.0%～64.1%。

A：0～20 cm，棕色（7.5YR 4/3，干），暗红棕色（5YR 3/3，润），大量粗根，黏壤土，发育程度很强的中团粒状结构，大量中根孔、动物穴和粒间孔隙，极少量小石英颗粒，土体松散，向下层平滑渐变过渡。

B_1：20～50 cm，橙色（7.5YR 6/6，干），红棕色（5YR 4/8，润），中量粗根，黏壤土，发育程度强的小块状结构，大量细根孔和粒间孔隙，少量小石英颗粒，土体疏松，向下层平滑渐变过渡。

B_2：50～90 cm，亮棕色（7.5YR 5/8，干），亮红棕色（5YR 5/6，润），少量中等根，黏壤土，发育程度中等的大块状结构，中量细根孔、动物孔隙和粒间孔隙，中量小石英颗粒，土体疏松，结构面上少量黏粒胶膜，向下层平滑清晰边界。

B_3：90～145 cm，橙色（7.5YR 7/6，干），亮红棕色（5YR 5/8，润），少量细根，砂质黏土，发育程度中等的大块状结构，中量细根孔、动物孔隙和粒间孔隙，中量小石英颗粒，土体疏松，结构面上少量黏粒胶膜，向下层平滑突变边界。

C：145～180 cm，花岗岩风化物。

厚麻红土典型土样土壤物理性质和化学性质见表 2 - 16、表 2 - 17。

表 2 - 16　厚麻红土典型土样土壤物理性质

土层	深度（cm）	砾石（＞2 mm，V/V，%）	颗粒组成（g/kg）			质地	容重（g/cm³）
			沙粒（2～0.05 mm）	粉粒（0.05～0.002 mm）	黏粒（＜0.002 mm）		
A	0～20	8	406	229	365	黏壤土	1.10
B_1	20～50	12	402	205	392	黏壤土	1.12
B_2	50～90	13	437	164	399	黏壤土	1.35
B_3	90～145	20	469	176	355	砂质黏土	1.33

表 2-17   厚麻红土典型土样土壤化学性质

深度 (cm)	pH (H₂O)	pH (KCl)	游离铁 (g/kg)	游离度 (%)	CEC (cmol/kg，黏粒)	有机碳 (g/kg)	全氮 (g/kg)	全磷 (g/kg)	全钾 (g/kg)
0~20	4.7	4.0	23.6	48.0	32.8	11.36	0.92	0.46	18.1
20~50	4.9	4.1	28.3	61.3	22.9	6.62	0.55	0.45	14.7
50~90	5.3	4.2	31.0	64.1	29.1	3.70	0.40	0.42	14.4
90~145	5.3	4.1	29.5	48.5	48.7	3.17	0.29	0.47	17.5

4. 西昌红泥土

西昌红泥土母质为花岗岩风化的残坡积物。主要分布于四川省西南部凉山彝族自治州、攀枝花及雅安地区境内低、中山中部缓坡，海拔为 1 700~2 200 m，面积为 140.7 万亩。土体 1 m 左右，剖面构型多为 A-B-C 型，通体呈红棕色，质地多为壤质黏土或黏土。B 层呈酸性反应，pH 为 5.0~5.5，黏粒粉黏比为 0.5~0.7，有效阳离子交换量为 10 cmol/kg 左右，盐基饱和度小于 20%，铁的游离度为 70%~80%，黏粒硅铝率为 2.2~2.4，具铁锰斑。依据 17 个剖面样品的分析结果可知：有机质 40.8 g/kg，全氮 1.70 g/kg，全磷 0.72 g/kg，全钾 16.9 g/kg，碱解氮 154 mg/kg，有效磷 7.8 mg/kg，速效钾 182 mg/kg。有效微量元素含量（n=6）：锌 0.6 mg/kg，铜 0.9 mg/kg，硼 0.12 mg/kg，钼 0.2 mg/kg，锰 22.0 mg/kg。该土种土体深厚，区域水热条件较好，宜发展云南松、油松、华山松、青冈、桤木、槭树、桑、苹果、花椒等用材林和经济林。由于季节性干旱缺水严重，应保护好现有植被，提高林被密度，防止冲刷和减少蒸发，在林被差的地方积极推广飞播造林技术。

5. 崇安红泥土

崇安红泥土的成土母质为花岗岩风化的坡积物，主要分布于福建西北的崇安、沙县、龙岩等地的低山、丘陵地带，面积为 1 589.9 万亩。剖面构型为 A-B-C 型。土体厚，色调鲜艳（5 YR~7.5 YR），质地黏重，B 层发育明显，pH 为 4.5~5.5。红化率为 5.0，有发亮胶膜，盐基饱和度<20%，阳离子交换量为 7~10 cmol/kg，粉黏比为 0.3，网纹层在 2m 以下才出现。农化样分析（n=103）有机质 43.9 g/kg，全氮 1.71 g/kg，有效磷 2 mg/kg，速效钾 114 mg/kg。该土种土体深厚，有机质和全氮含量中等，但土壤为酸性，供磷强度弱。由于水热条件优越，林业产地环境好，是福建用材林、毛竹、茶、果树、油茶、油桐等的主要生产基地，应保护和改造现有的用材林，积极营造，合理采伐，建立和扩大杉树、松树、毛竹等速生丰产林基地，提高出材量。丘陵缓坡部位也适于发展茶（如"武夷岩茶"等名优产品）、水果等经济作物，须做好规划，提高梯田质量，并重视改土培肥等工作。

6. 厚乌麻沙红泥

厚乌麻沙红泥母质为花岗岩类风化的坡残积物，多分布于江西抚州和赣州地区高丘中部，面积为 589.0 万亩。剖面构型为 A-B-C 型。土体较厚，一般在 70 cm 以上，土体石英砂粒较多，砾石含量在 5%左右，壤质黏土。土壤呈酸性，pH 为 4.6~5.2。土壤有效阳离子交换量低，一般为 6.5 cmol/kg 以下，盐基饱和度低，表层在 15%左右，而心土层以下则逐步降低。交换性酸中主要为交换性铝离子。B 层亮棕色，壤质黏土，块状结构，结构面上有较多铁锰胶膜，铁的游离度为 60.3%；C 层为壤质黏土，块状结构，夹有 10%左右的砾石及半风化岩石碎屑，紧实。

典型土样取自江西省南昌市进贤县衙前镇衙前村，地处丘陵中部，重壤，紧实，一年二熟的油—花生耕作制。有效土层厚度为 99 cm，表层土壤为 15 cm，容重为 1.4 g/cm³，pH 为 7.0，土壤有机质 18.0 g/kg，全氮 0.76 g/kg，有效磷 11.2 mg/kg，速效钾 77.0 mg/kg；有效微量元素：铜 5.1 mg/kg，锌 1.9 mg/kg，铁 39.1 mg/kg，锰 29.4 mg/kg，硼 0.1 mg/kg，钼 0.18 mg/kg，硫 25.0 mg/kg，硅 132.2 mg/kg。

厚乌麻沙红泥目前主要为毛竹、杉木生产基地，立地条件较好，杉木亩年平均蓄积量约增

0.72m^3。由于土质疏松，抗侵蚀能力弱，容易引起水土流失，利用上应重视抚育工作，定量砍伐，防止烧山和全垦造林，提倡种植针阔叶混交林；定期封山，保持植被郁闭度，涵养水源，培肥地力。

7. 厚灰麻沙红泥

厚灰麻沙红泥母质为花岗岩风化的坡残积物，主要分布于江西抚州、赣州、宜春等地的丘陵缓坡处，面积为1 608万亩，在抚州、赣州两地的分布面积最大。剖面构型为A-B-C型。土体厚度一般在60 cm以上，其中表土层15 cm左右，B层多呈棕红色，具明显胶膜，游离铁达62%左右；底土层多含砾石，为半风化的母质层，土体砾石含量为10%左右。土壤A、B层质地为壤质黏土，而底土层含沙量较高，质地偏轻。土壤呈酸性，pH为5.0左右，表土层pH低，向下则稍高。土壤有效阳离子交换量约为5 cmol/kg，其中交换性酸含量高，交换性铝占绝对优势，盐基饱和度在15%以下。根据887个农化样品的分析结果可知：土壤有机质25.0 g/kg，全氮1.66 g/kg，碱解氮98 mg/kg，有效磷4 mg/kg，速效钾96 mg/kg。上述结果表明，土壤养分除有效磷缺乏外，其他养分均达中等水平。该土种土体深厚，疏松，氮、钾养分含量中等偏高，磷较缺，保水保肥性一般，是发展用材林的重要土壤资源。由于林木砍伐量大，抚育更新工作跟不上，导致植被盖度趋于下降，水土流失现象加剧。因此，当务之急是要保护好现有的松树、杉树、竹、油茶等次生林木，合理采伐，有计划地营造松树、杉树等用材林；对水土流失较严重的地段，要坚持封山育林，使之尽快恢复植被；在坡度平缓处可因地制宜地发展茶叶及果树等经济作物。

8. 厚麻沙红泥

厚麻沙红泥母质为花岗岩类风化物，主要分布在江西各地的低山、丘陵缓坡地段，共有264.8万亩，在赣州地区的分布面积最大。剖面构型为A-B-C型。土体厚度在60 cm以上，B层厚40 cm左右，紧实，有明显的铁锰淀积；C层厚达1m，为淡橙黄色的半风化物。土体中夹有少量的麻色石砾和较多石英砂粒，质地为轻砾质壤黏土。土壤的有效阳离子交换量为4.0～5.5 cmol/kg，并为交换性铝所饱和，盐基饱和度在25%以下。pH（H_2O）为5.0～5.4。根据91个农化样品的分析结果可知：土壤有机质14.7 g/kg，全氮0.66 g/kg，碱解氮67 mg/kg，有效磷1.0 mg/kg，速效钾70.0 mg/kg。该土种土体深厚，目前植被主要有松树、杉树、竹、木荷、栎、油茶、南烛、杜鹃、赤楠、铁芒箕等，但植被盖度较低，一般小于50%。土壤有机质、氮、磷、钾等养分均较为缺乏，自然肥力偏低，结持力差，抗蚀能力弱。为了提高其生产力，必须保护好现有植被；对宜林地要进行规划，平缓坡地宜发展用材林和经济林，丘陵顶部宜发展能源林，涵养水源，防止水土流失。

9. 麻沙红泥

麻沙红泥母质为花岗岩坡残积物，分布于江西各地低山丘陵区，共有165万亩，其中在赣州地区的分布面积最大。剖面构型为A-B-C型。土体较浅薄，含较多的砾石和石英砂粒，轻砾质沙壤土至轻砾质沙黏壤土。土壤呈酸性反应，pH（H_2O）为5.0～5.5。B层有效阳离子交换量为5 cmol/kg左右，盐基饱和度低于20%。在江西省南昌市进贤县下埠集乡龙坊村、前东村的丘陵中下部采集了2个土壤样品，平均有效土层厚度为98 cm，耕层厚度为15 cm，容重为1.02g/cm³，土层紧实，为一年二熟的油菜—芝麻种植模式，pH为7.15，有机质含量为5.52 g/kg，全氮0.28 g/kg，有效磷34.5 mg/kg，速效钾87 mg/kg。有效微量元素含量为：铜5.50 mg/kg，锌2.99 mg/kg，铁40.25 mg/kg，锰30.2 mg/kg，硼0.09 mg/kg，钼0.18 mg/kg，硫28.75 mg/kg，硅94.95 mg/kg。该土种土体浅，质地偏沙，自然肥力低，水土流失严重，宜工程措施和生物措施相结合，实行撩壕、鱼鳞坑等保水措施，结合发展能源林、油茶等林木，以提高其经济效益。

10. 乌麻沙红泥

乌麻沙红泥是花岗岩坡残积物经开垦利用发育而成的耕作土壤，主要分布在江西抚州、上饶、南昌等地的丘陵中下部，共有3万亩，其中在抚州地区的分布面积较大。剖面构型为A-B-C型。耕作层较厚，达15 cm以上，棕灰色或灰棕色，屑粒结构、疏松，容重为1.1～1.2g/cm³，孔隙度为53%～56%；B层呈红棕色，块状结构，结构面上有少量灰色胶膜。土体紧实，质地多为黏壤土，并夹有较多砾石和石英砂粒。土壤 pH 为 5.4～6.6，呈上高下低趋势。土壤有效阳离子交换量较低，但 A 层复盐基作用明显，盐基总量显著提高，盐基饱和度达 80% 以上，B 层的盐基饱和度为 20%～25%，比 C 层略高或与其相近。根据 34 个农化样品的分析结果可知：土壤有机质含量为 29.3 g/kg，全氮 1.02 g/kg，碱解氮 122 mg/kg，有效磷 19.0 mg/kg，速效钾 123 mg/kg。该土种是熟化程度较高的旱地土壤之一，土体深厚、疏松，质地沙黏适中，供肥能力强。通气透水，耕性良好，适耕期长，作物产量较高。目前为甘薯、大豆的一年二熟或三熟制。甘薯常年亩产在 1 000 kg 左右。今后改良利用应扩种旱地绿肥，增施有机肥及磷、钾肥，培肥土壤，并积极开辟水源，改善灌溉条件，增强抗旱能力，以利于持续高产稳产。

此外，麻红泥土属还有红松泥、沙黏红泥等。

（三）麻红泥土

1. 邵东麻沙土

邵东麻沙土的成土母质为粗晶质花岗岩、花岗斑岩、花岗岩风化坡积物，主要分布在湖南岳阳、长沙、邵阳等地的低山丘陵区，面积为 31.8 万亩，是一种经垦殖长期耕种发育的旱作土壤。剖面构型多为 A-B 型，土体厚度 >80 cm，质地以砂质黏壤土为主，石英砂粒含量高，为 50%～55%，黏粒含量为 20%～25%。A 层灰棕色，黏壤土，屑粒状-碎块状结构，疏松多孔，根系多；B 层红棕色-亮红棕色，红化率为 7.5～8.0，黏壤土，块状结构，有棕色胶膜，较紧实，往下层紧实，盐基饱和度为 20%～25%，风化淋溶系数为 0.17～0.19。

邵东麻沙土表层土壤的基本性质和微量元素含量见表 2-18、表 2-19。

表 2-18　邵东麻沙土表层土壤基本性质

项目	土层厚度 (cm)	耕层厚度 (cm)	质地	容重 (g/cm³)	pH	有机质 (g/kg)	全氮 (g/kg)	有效磷 (mg/kg)	速效钾 (mg/kg)
统计剖面 (n=22)	45～141	15～30	壤土-黏土	0.88～1.46	4.5～7.0	12.9～51.5	0.7～2.6	2.5～140.5	30～251
典型剖面 (湖南株洲)	100	20	沙壤	1.10	4.5	30.1	1.8	133.7	98

表 2-19　邵东麻沙土表层土壤微量元素含量（mg/kg）

项目	有效铜	有效锌	有效铁	有效锰	有效硼	有效钼	有效硫	有效硅
统计剖面 (n=22)	2.90～8.00	2.70～9.70	77.00～381.00	22.00～48.00	0.10～0.40	0.10～0.20	—	—
典型剖面 (湖南株洲)	8.02	9.66	88.74	22.51	0.12	0.23	—	—

邵东麻沙土土体较深厚，石英砂粒含量高，黏结性弱，疏松，通气透水性好，有机质及全氮含量中等，宜种性广，适宜花生、豆类、棉花、薯类等作物生长，但质地较粗，水土流失较严重，保水保肥能力弱，磷及微量元素缺乏。利用时应坡改梯，改造灌溉设施，冬种绿肥，注重磷、锌、钼、硼、铜等肥料的施用。

2. 红麻沙土

红麻沙土主要发育于花岗岩风化的残坡积物，主要分布于湖北东南部的咸宁、黄冈和鄂州等地海拔 100～500 m 的低山丘陵区，面积为 63.1 万亩，其中耕地 9.7 万亩。剖面构型多为 A-B-C 型，有效土体厚度为 30～100 cm，平均为 60 cm，层次分异不明显，主要呈淡棕色至红棕色，红化率为 3.0～3.1。质地轻，沙粒含量为 65%～75%，其中粗沙粒含量占 40% 以上。土壤呈酸性，pH 为 5.0～5.7。土壤脱硅富铝化作用明显，硅铝率和硅铝铁率分别为 2.5 和 2.1 左右。阳离子交换量小于 10 cmol/kg，盐基饱和度为 20%～30%。

典型剖面位于湘东地区株洲市攸县网岭镇木贾山社区油铺村，27°14′52″N，113°19′25″E，海拔 149 m，低丘上坡地带，成土母质为花岗岩风化物，50 cm 深度土温为 19.4 ℃，土地利用状况为其他林地，种植竹、杉树等常绿针阔叶植物，植被盖度为 70%～80%，中亚热带湿润季风气候，年均气温为 18～19 ℃，无霜期为 280～290 d，年均降水量为 1 400～1 500 mm。土壤剖面构型为 A-B₁-B₂-BC-C 型。土壤表层枯枝落叶丰富，厚度为 25～35 cm，有机碳含量为 20～30 g/kg，B₂ 层结构面上有中量黏粒胶膜，黏化率大于 1.2，土壤通体为砂质黏壤土。pH（H₂O）和 pH（KCl）分别为 4.4～4.5 和 3.4～3.8。有机碳含量为 3.32～29.52 g/kg。全铁含量为 16.0～21.3 g/kg，游离铁含量为 8.4～12.0 g/kg，铁的游离度为 35.1%～40.0%。

A：0～25 cm，暗棕色（10YR 3/3，润），浊黄棕色（10YR 5/4，干），中量细根，砂质黏壤土，发育程度强的中团粒状结构，大量细根孔、粒间孔隙、气孔和动物穴，中量小石英颗粒，土体极疏松，向下层平滑渐变过渡。

B₁：25～60 cm，棕灰色（10YR 6/1，干），黄棕色（10YR 5/6，润），少量细根，砂质黏壤土，发育程度强的中块状结构，大量细根孔、粒间孔隙、气孔和动物穴，中量中石英颗粒，土体极疏松，向下层波状渐变过渡。

B₂：60～110 cm，浊黄棕色（10YR 7/4，干），亮黄棕色（10YR 6/6，润），很少量中根，砂质黏壤土，发育程度中等的中块状结构，中量细根孔和粒间孔隙，中量中石英颗粒，土体稍坚实，结构面上有少量黏粒胶膜，向下层波状渐变过渡。

BC：100～170 cm，淡黄橙色（10YR 8/4，干），亮黄棕色（10YR 6/8，润），很少量中根，砂质黏壤土，发育程度弱的中块状结构，少量极细粒间孔隙，中量中石英颗粒，土体疏松，向下层波状渐变过渡。

C：170～200 cm，花岗岩风化物。

红麻沙土典型剖面的物理性质和化学性质见表 2-20、表 2-21。

表 2-20　红麻沙土典型剖面物理性质

土层	深度（cm）	砾石（>2mm，V/V，%）	颗粒组成（g/kg）			质地	容重（g/cm³）
			沙粒（2～0.05 mm）	粉粒（0.05～0.002 mm）	黏粒（<0.002 mm）		
A	0～25	20	590	247	163	砂质壤土	0.85
B₁	25～60	20	613	194	193	砂质壤土	1.42
B₂	60～110	25	574	185	241	砂质黏壤土	1.52
BC	110～170	35	517	264	219	砂质黏壤土	1.43

表 2-21　红麻沙土典型剖面土壤化学性质

深度（cm）	pH（H₂O）	pH（KCl）	游离度（%）	CEC（cmol/kg）	有机碳（g/kg）	全氮（g/kg）	全磷（g/kg）	全钾（g/kg）
0～25	4.4	3.4	36.8	13.9	29.52	1.67	0.28	30.1
25～60	4.4	3.7	40.0	9.5	9.06	0.54	0.22	30.1
60～110	4.4	3.8	39.3	9.0	3.87	0.10	0.20	27.9
110～170	4.5	3.7	35.1	12.1	3.32	0.20	0.19	29.6

红麻沙土土体较厚，但沙性重，结构差，保蓄能力弱，土性燥热，易旱；除含钾较丰富外，养分贫瘠，供肥严重不足。利用上应多施有机肥，并种植养地作物；林荒地应保护植被，防止水土流失。

（四）灰红土

1. 英德灰红土

英德灰红土主要分布在广东北部海拔 300 m 左右的丘陵缓坡和坡麓，连州、乐昌、连南、英德等县（市）居多，面积约为 44.0 万亩。其母质为石灰岩风化形成的坡积物。剖面构型多为 A-B 型，土体较厚，一般 >80 cm，通体质地黏重，为壤质黏土，有明显铁锰胶膜或结核。A 层为橙色，湿润，小块状结构，稍松，根系多，有机质和全量氮、有效磷、速效钾含量较高，速效养分含量较低；B 层为红橙色，润，壤质黏土，小块状-块状结构，稍紧，根系少，有石块，有铁锰胶膜或结核等新生体。

英德灰红土表层土壤基本性质和微量元素含量见表 2-22、表 2-23。

表 2-22 英德灰红土表层土壤基本性质

项目	土层厚度 （cm）	耕层厚度 （cm）	质地	容重 （g/cm³）	pH	有机质 （g/kg）	全氮 （g/kg）	有效磷 （mg/kg）	速效钾 （mg/kg）
统计剖面 （n=105）	45～150	13～35	壤土-黏土	0.81～1.51	4.5～7.0	10.5～51.8	0.68～3.02	0.5～119.9	38.0～313.0
典型剖面	60	16	重壤	1.35	5.2	22.6	1.4	16.2	86.0

表 2-23 英德灰红土表层土壤微量元素含量（mg/kg）

项目	有效铜	有效锌	有效铁	有效锰	有效硼	有效钼	有效硫	有效硅
统计剖面 （n=105）	0.13～2.39	0.30～5.72	3.43～95.69	0.31～107.41	0.08～0.49	0.12～0.43	18.61～42.18	1.29～1.76
典型剖面	4.99	4.29	140.40	9.80	0.55	0.30	72.70	185.38

英德灰红土土体较厚，养分含量中等，但水源缺少，易受旱害。利用上应封山育林，发展用材林、能源林，或适当扩大水源林，涵养水源；坡地应修筑梯田，发展多种经营。

2. 灰红土

灰红土母质为石灰岩风化物，分布于湖南邵阳、怀化、郴州等地的低山、丘陵坡脚地带，面积为 130.5 万亩，为农用旱作土壤。剖面构型多为 A-B 型，土体厚度一般 >100 cm，为红棕色黏土，壤质黏土-粉砂质黏土，黏粒含量为 40% 左右，紧实黏重。A 层厚 20 cm 左右，暗红棕色，粉砂质黏土，块状结构，紧实，根系多，有机质含量约 21.8 g/kg，盐基饱和度为 20%；B 层棕红色，粉砂质黏土-黏土，块状结构，紧实，结构面上有暗红色胶膜，有机质含量与盐基饱和度明显降低，分别约为 10 g/kg 和 10%。

灰红土表层土壤基本性质和微量元素含量见表 2-24、表 2-25。

表 2-24 灰红土表层土壤基本性质

项目	土层厚度 （cm）	耕层厚度 （cm）	质地	容重 （g/cm³）	pH	有机质 （g/kg）	全氮 （g/kg）	有效磷 （mg/kg）	速效钾 （mg/kg）
统计剖面 （n=95）	27～100	14～22	壤土-黏土	1.20～1.60	4.5～6.1	10.8～37.3	0.9～2.3	3.3～64.5	59.0～255.0
典型剖面 （湖南郴州）	61	25	重壤	0.94	5.4	51.3	2.2	1.4	193.0

表 2-25　灰红土表层土壤微量元素含量（mg/kg）

项目	有效铜	有效锌	有效铁	有效锰	有效硼	有效钼	有效硫	有效硅
统计剖面 （$n=95$）	2.20~5.50	1.00~4.30	34.50~260.20	6.50~99.40	0.14~0.55	0.07~0.82	21.4~79.7	76.4~220.4
典型剖面 （湖南郴州）	2.39	5.72	95.69	15.65	0.26	0.12	26.0	132.0

灰红土耕层较厚，质黏，缺磷富钾，适宜烤烟、辣椒、黄花等喜钾作物的生长。利用中应增施有机肥，重视磷肥及铜、锌肥的施用；坡地改梯地，防止耕层土壤流失。

3. 灰黏红土

灰黏红土发育于石灰岩风化物之上，主要分布在湖南郴州、常德、娄底、邵阳等地的低山、丘陵地带，面积为 426.9 万亩。剖面构型为 A-B 型。土体厚，均为黏土，<0.02 mm 土粒含量为 78%~86%，细而均一。土壤 pH 为 4.2~5.6，呈酸性-强酸性。有机质及其他养分含量中等偏低，锌、硼、钼缺乏，土壤生产潜力较大。A 层颜色稍暗，多为亮棕色-黄棕色，黏土，块状结构，疏松，盐基饱和度稍高；B 层多为亮红棕色，黏土，块状结构，紧实，盐基饱和度<15%，红化率为 8.0，块状结构，有暗棕色铁锰斑块淀积，部分土体底部有红黄交错网纹及石灰岩碎块。由于土体干燥、紧实，养分含量中等偏低，可适当发展油茶林（图 2-1）。

图 2-1　灰黏红土典型剖面

典型剖面位于湖南省涟源市石马山街道东轩村张娄组，27°42′14″N，111°43′34″E，海拔为 174 m，低丘坡顶，成土母质为石灰岩风化物，50 cm 深度土温为 19.1 ℃，土地利用状况为林地，植被有杉树、竹、油桐等，植被盖度为 50%~60%。中亚热带湿润季风气候，年均气温为 14~15 ℃，年均降水量为 1 100~1 200 mm，年均无霜期为 284 d。

A：0~30 cm，橙色（5YR 6/6，干），亮红棕色（5YR 5/8，润），中量中根系，黏土，中量中根孔、气孔、动物穴和粒间孔隙，发育程度强的大块状结构，土体稍坚实，向下层平滑渐变过渡。

B_1：30~65 cm，橙色（5YR 6/6，干），亮红棕色（5YR 5/8，润），少量中根，黏土，少量细根孔、动物穴和粒间孔隙，发育程度强的大块状结构，土体很坚实，结构面和孔隙有大量黏粒胶膜，向下层平滑渐变过渡。

B_2：65~100 cm，橙色（5YR 6/6，干），亮红棕色（5YR 5/8，润），少量细根，黏土，少量细粒间孔隙，发育程度强的大块状结构，土体很坚实，结构面和孔隙有大量黏粒胶膜，少量石灰岩碎屑，向下层平滑渐变过渡。

B_3：100～160 cm，橙色（5YR 6/6，干），亮红棕色（5YR 5/8，润），很少量细根，黏土，很少量细粒间孔隙，发育程度中等的大块状结构，土体很坚实，结构面和孔隙有少量黏粒胶膜，少量石灰岩碎屑。

灰黏红土典型剖面土壤物理性质和化学性质见表 2 - 26、表 2 - 27。

表 2 - 26　灰黏红土典型剖面土壤物理性质

土层	深度（cm）	砾石（>2mm，V/V，%）	颗粒组成（g/kg）			质地	容重（g/cm³）
			沙粒（2～0.05mm）	粉粒（0.05～0.002mm）	黏粒（<0.002mm）		
A	0～30	0	13	186	801	黏土	1.33
B_1	30～65	0	20	150	831	黏土	1.27
B_2	65～100	5	18	141	841	黏土	1.27
B_3	100～160	15	182	166	652	黏土	1.20

表 2 - 27　灰黏红土典型剖面土壤化学性质

深度（cm）	pH（H₂O）	pH（KCl）	游离铁（g/kg）	CEC（cmol/kg，黏粒）	Al（KCl）（cmol/kg，黏粒）	铝饱和度（%）	有机碳（g/kg）	全氮（g/kg）	全磷（g/kg）	全钾（g/kg）
0～30	4.9	3.6	55.9	37.8	10.9	89.2	5.90	0.61	0.63	8.1
30～65	5.2	3.7	56.8	38.2	9.6	78.9	4.92	0.65	0.67	8.9
65～100	5.3	3.7	59.1	42.9	12.5	79.3	5.01	0.73	0.60	9.3
100～160	5.3	3.7	41.1	35.4	13.3	86.9	3.45	0.52	0.46	6.6

4. 灰红沙土

灰红沙土母质为砂质灰岩风化物，主要分布于湖南娄底、常德、郴州等地的低山、丘陵坡麓地带，面积为 18.3 万亩，主要为旱作土壤。剖面构型为 A-B 型。受母质的影响，土壤质地较粗，>0.02 mm 土粒含量为 52%～58%，砂质黏壤土-黏壤土，质地区别于灰红土，土壤呈酸性反应。A 层熟化度较高，疏松，有机质含量大于 20 g/kg，呈暗棕色，碎块状结构，低磷中钾，钙、镁元素较丰富；B 层棕色-亮红棕色，为块状结构，紧实，有少量铁锰斑块及结核，盐基饱和度低于 20%。

灰红沙土泥沙比例适中，耕性良好，养分含量中等偏高，适种性广。由于土质疏松，适宜种植花生、百合等作物。不利之处在于耕层较浅，缺磷与锌、铜等微量元素。因此，利用上应适当深耕，合理增施磷、锌肥和有机肥，防止水土流失。

5. 石灰泥

石灰泥母质为石灰岩风化的坡残积物，多位于丘陵中下部坡度平缓的地段。主要分布在江西萍乡、吉安和新余等地，共 51.40 万亩。剖面为 A-B-C 型。土体深厚，心土层棕红色或亮红棕色，块状结构。酸性强，pH（H₂O）为 5.0 左右。心土层盐基饱和度仅 18.5% 左右。土壤有效阳离子交换量低，为 6 cmol/kg 左右，心土层交换性酸以交换性铝离子为主。质地为轻砾质壤黏土。通体含有较多砾石。除有机质、全氮含量稍高外，土壤缺磷少钾。根据 47 个农化样品的分析结果可知：土壤有机质 28.3 g/kg，全氮 1.50 g/kg，碱解氮 134 mg/kg，有效磷 2.0 mg/kg，速效钾 59 mg/kg。该土种养分含量虽然较高，但磷、钾缺乏，质地偏黏，保肥性能较好。植被为疏林草地，在改良利用方面应大力提倡种植耐酸、耐瘠性强的树种，如马尾松、湿地松。采用穴垦造林，苗期补施磷肥，使苗木加速生长，尽快郁闭成林。

（五）黏红泥

黏红泥土属主要成土母质为第四纪红土和古红土，主要分布在河流沿岸及盆地、丘陵岗地、环湖丘陵等区域。土层深厚，质地较黏重，物理性黏粒含量 55% 左右，通气透水性差，土体构型多为 A-B-C 型，受风化淋溶作用强烈，B 层常可见铁锰胶膜、结核、铁子等，pH 为 4.5～5.5。阳离子交换量低，交换性酸含量在 4.7 cmol/kg 左右，土壤有机质含量为 12.0 g/kg，全氮 0.6 g/kg，缺锌、硼。

1. 红泥黏土

红泥黏土广泛分布于海拔 500m 以下的低山丘陵区，分布地区主要为广西桂林、柳州、河池等地及梧州和百色的北部各县，面积为 222.3 万亩。其成土母质为第四纪红土，剖面构型为 A-B-B$_v$ 型。通体红色至红棕色，黏粒含量高，质地多为重黏土。土体呈酸性反应，pH 为 5.0 左右，从表层往下，土壤酸性渐强。A 层亮红棕色，重黏土，小块状结构，稍紧实，少量根系，土壤阳离子交换量为 4～10 cmol/kg，盐基饱和度偏高，一般为 30% 左右，铁的游离度为 80%～90%；B 层亮红棕色，重黏土，块状结构，紧实，夹有少量卵石，粉黏比 0.2 左右，盐基饱和度在 25% 左右；B$_v$ 层暗红棕色，重黏土，块状结构，紧实，为红白网纹层。

典型剖面采自广西河池的山间盆地，有效土层厚度为 100 cm，表层土壤 20 cm，重壤，容重为 1.18 g/cm³，pH 为 4.8，土壤有机质 39.1 g/kg，全氮 1.98 g/kg，有效磷 95.7 mg/kg，速效钾 90.0 mg/kg，有效微量元素：铜 117.0 mg/kg，锌 0.42 mg/kg，铁 1.07 mg/kg，锰 72.14 mg/kg，硼 4.16 mg/kg，钼 0.27 mg/kg，硫 0.07 mg/kg，硅 42.14 mg/kg。

红泥黏土所处地形平缓，水热条件好，适宜发展亚热带林果业。利用中应防止水土流失，加强因土施肥和耕作管理；当 pH 低于 4.7 时，土壤产生大量活性铝，铝含量在 5 mg/kg 以上时，果树根系会出现中毒现象，因此应防止土壤酸化。

2. 死红土

死红土发育于第四纪红土，主要分布在湖北东南部的咸宁地区和枝城-黄梅的长江沿岸海拔 100 m 以下的缓岗地区，面积 23.5 万亩，其中耕地 0.9 万亩。剖面构型为 A-B-B$_v$ 型，土体深厚，质地黏重，脱硅富铝化作用较明显（B 层黏粒硅铝率和硅铝铁率分别为 2.8 和 2.2）。土壤呈酸性，pH 为 5.0～6.0。有机质及全量养分含量低，微量元素缺乏。A 层亮棕色，黏土，小块状结构，较松，根系较多；B 层浊红棕色，黏土，块状结构，较松-紧，根系少，有少量-中量铁锰胶膜和斑纹，红化率为 6.0 左右，有效阳离子交换量为 8～10 cmol/kg，交换性酸在 7～8 cmol/kg，盐基饱和度为 15% 左右；B$_v$ 层淡黄橙色，黏土，大块状结构，紧实，有黄白网纹。

死红土表层土壤基本性质和微量元素含量见表 2-28、表 2-29。

表 2-28　死红土表层土壤基本性质

项目	土层厚度 (cm)	耕层厚度 (cm)	质地	容重 (g/cm³)	pH	有机质 (g/kg)	全氮 (g/kg)	有效磷 (mg/kg)	速效钾 (mg/kg)
统计剖面 (n=12)	60～100	20～30	壤土	0.9～1.4	4.3～6.6	12.8～35.2	0.2～2.3	3.5～29.8	50.0～309.0
典型剖面 (湖北咸宁)	80	25	重壤	0.97	6.1	20.2	1.2	9.8	99.0

表 2-29　死红土表层土壤微量元素含量（mg/kg）

项目	有效铜	有效锌	有效铁	有效锰	有效硼	有效钼	有效硫	有效硅
统计剖面 (n=12)	2.30～9.70	1.60～3.60	29.2～238.7	19.8～81.7	0.20～0.40	—	19.00～135.00	98.0～174.0
典型剖面 (湖北咸宁)	2.72	2.19	29.2	77.6	0.36	—	19.04	110.5

死红土适宜发展用材林或能源林，局部可种植茶。利用中应注意水土保持，防止水土流失；不宜开垦为耕地，已开垦的死红土耕层浅、土质极黏，难以耕作，适耕期短，"天晴一块铜，天雨一包脓"，易旱，易断垄缺苗，养分贫乏，作物产量低，应退耕或深耕晒垄，增施有机肥，选种耐旱耐瘠的杂粮。

3. 润红土

润红土由古红土发育而成，主要分布在云南鹤庆、南涧、宾川三地金沙江、黑惠江河谷海拔1 500～1 700 m 的缓坡地段。面积为 1.2 万亩。土体厚度为 1 m 左右，剖面为 A-B 型。层次分异不太明显。B 层暗棕红色，壤质黏土，土壤 pH 为 5.6 左右，呈微酸性反应，阳离子交换量小于10 cmol/kg，盐基饱和度小于 30%，受干热气候影响，盐基有向表土富集的趋势。根据 15 个农化样品的分析结果可知：有机质 21.2 g/kg，全氮 0.95 g/kg，碱解氮 90 mg/kg，有效磷 5 mg/kg，速效钾 77 mg/kg。有效微量元素含量（$n=11$）：锌 2.0 mg/kg，铜 3.52 mg/kg，硼 0.21 mg/kg，钼0.18 mg/kg，锰 18.0 mg/kg。该土种所处地区热量条件好，土壤有机质分解和养分供应快。由于缺水灌溉，一般一年一熟，宜种玉米、花生、小麦、大豆等作物，部分地方也可种植甘蔗。一般亩产玉米、小麦 100～150 kg，花生 50 kg 左右。主要问题：一是干旱缺水，特别是冬春干旱严重，作物不易全苗，后期有高温干旱威胁；二是耕层较浅，养分不协调，特别是缺磷，供肥前劲稍足、后劲弱，作物后期易脱肥早衰；三是表土板结，宜耕期短，难耕作。因此，丰富的热量资源未能被充分利用，土地利用率不高，作物产量亦低。应加强造林护林，固土防冲，改善农田生态环境。在增施有机肥的基础上，逐年加深耕层，促进土壤熟化，选用良种，抢墒播种，以保全苗。合理施肥，氮、磷肥配合施用，特别注意增施磷肥和补施硼肥。大力发展亚热带经济作物，增加收益。

4. 从江红黏泥

从江红黏泥母质为古红土，主要分布于贵州从江的平洞一带海拔 500m 以下的丘陵中上部，面积为1.1 万亩。土体深厚，多在 1m 以上，剖面为 A-B-C 型。通体质地黏重，为黏土。A 层红棕色，黏土，小块状结构，稍紧，盐基饱和度为 19%；B 层以红色为主，土壤 pH 为 4.0～4.6，呈酸性反应，粉黏比为 0.8～0.9，有效阳离子交换量为 5～7 cmol/kg，交换性铝离子占交换酸的 90%～92%。

在贵州省黔西南布依族苗族自治州望谟县乐元镇纳尖村、边饶镇播东村，海拔分别为 784.6m、595.7m 的山地坡中、坡下采集了 2 个土壤样品，质地分别为黏土、重壤，作物为一年一熟的玉米，有效土层厚度为 95 cm，表层土壤为 21 cm，容重为 1.5g/cm³，pH 为 6.3，土壤有机质 19.0 g/kg，全氮 1.2 g/kg，有效磷 9.9 mg/kg，速效钾 99.5 mg/kg。有效微量元素：铜 5.76 mg/kg，锌0.72 mg/kg，铁 119.2 mg/kg，锰 22.1 mg/kg，硼 0.38 mg/kg，硫 66.4 mg/kg。

从江红黏泥土体深厚，质地黏重，保水保肥力强，所处地区水热条件优越，地势开阔，阳光充足，是宝贵的土壤资源。可开辟为经济林和水果基地，生产柑橘、甜橙、黄果、香蕉或油茶、油桐。在水源条件好的地区也可开辟为稻田、旱地。施用石灰改良土壤酸性，种植绿肥，增加有机质，改善土壤结构，增施磷肥和微肥。

5. 邵武红泥土

邵武红泥土成土母质为第四纪红土，主要分布于福建建阳、宁德的低山丘陵区，海拔<800 m，面积为 48.4 万亩。剖面构型多为 A-B 型。土体厚度在 1 m 以上，红色黏土层深厚，橙色（7.5YR 7/6），质地以砂质黏壤土为主，SiO_2 含量一般>65%，层次过渡不明显，黏粒含量 20% 左右，黏粒硅铝率为2.2，硅铁铝率为 1.66，铁的游离度为 75%，盐基饱和度为 35%，pH 为 5.5～6.0，黏土矿物以高岭石为主，其次为伊利石、石英、赤铁矿，有少量三水铝石。底部砾石层交接处有网纹出现。土壤有机质、全氮较丰富，缺磷。根据农化样品分析（$n=8$）可知：有机质 39.6 g/kg，全氮 1.48 g/kg，有效磷4 mg/kg，速效钾 94 mg/kg。该土种水热条件优越，适于杉树、茶、油茶、果树等作物生长。中下部较平缓处宜发展茶、油茶、果树等经济作物。在发展茶园时要注意扩种绿肥，增施有机肥和磷肥。如果开辟为柑橘园，应注意套种绿肥及推广硼、钼、铜微量元素施用，逐步培肥地力，提高果园产量；同时搞好水土保持，防止水土流失。

此外，黏红泥土属还有厚灰黄泥、黏底红黄泥、灰黄泥、红黄泥、褐斑黄筋泥、网纹黏红土等土种。

（六）黏红土

1. 熟红土

熟红土主要分布在湖南益阳、岳阳等地的环湖丘岗地，共 56.9 万亩，成土母质为第四纪红土。剖面构型多为 A-AB-B 型，土体深厚，>100 cm，pH 为 4.7～5.7，有效阳离子交换量较低。A 层厚度>20 cm，灰黄棕色，屑粒-碎块状结构，黏壤土，疏松，根系密集，孔隙度在 56%～58%，有机质及有效磷较丰富，该层复盐基作用明显，盐基饱和度在 40% 以上；B 层呈红棕色至亮棕色，块状结构，壤质黏土，结构面上有亮色胶膜，有中量铁锰斑块及少量铁锰结核，盐基饱和度为 10%～20%，风化淋溶系数为 0.16。

熟红土表层土壤基本性质和微量元素含量见表 2-30、表 2-31。

表 2-30　熟红土表层土壤基本性质

项目	土层厚度 （cm）	耕层厚度 （cm）	质地	容重 （g/cm³）	pH	有机质 （g/kg）	全氮 （g/kg）	有效磷 （mg/kg）	速效钾 （mg/kg）
统计剖面 （n＝31）	50～120	13～31	壤土-黏土	0.82～1.48	4.5～7.0	9.5～50.0	0.7～3.1	0.5～135.5	43.5～240.0
典型剖面 （湖南益阳）	100	14	中壤	1.26	7.0	44.9	3.1	17.7	108.5

表 2-31　熟红土表层土壤微量元素含量（mg/kg）

项目	有效铜	有效锌	有效铁	有效锰	有效硼	有效钼	有效硫	有效硅
统计剖面 （n＝31）	1.20～8.40	1.00～4.40	17.70～197.40	11.70～78.90	0.20～0.50	0.1～0.3	—	—
典型剖面 （湖南益阳）	8.43	1.02	52.65	11.65	0.31	0.1	—	—

熟红土土体深厚，耕层疏松，耕性较好，养分较丰富，肥力中上，加之中亚热带光温条件好，土壤生产潜力大。利用上存在水源不足、酸度大等问题，在改良利用上应进一步改土培肥，提高土壤供肥能力，合理布设灌溉系统，提高抗旱能力，合理轮作。

2. 厚红土

厚红土发育于第四纪红土母质，主要分布于湖南洞庭湖滨的常德、岳阳、益阳等地的平缓丘岗区，一般海拔为 40～200 m，相对高度为 10～30 m，面积为 429.9 万亩。剖面构型为 A-B 型，土体深厚，质地较均一，为壤质黏土-黏土，<0.02 mm 粒级颗粒的含量大于 65%，粉黏比为 0.7～0.9，土色鲜红，红化率为 12～15；酸度强，pH 为 4.0～5.2，上高下低。根据剖面数据分析，Fe_2O_3 含量为 5%～16%，自上而下增高，铁的游离度为 83%～90%，盐基饱和度为 20.5%，黏土矿物以高岭石为主，在深厚的棕红色土体底部可见网纹层。A 层多呈亮红棕色，壤质黏土，小块状结构，较松，根系多；B 层红棕色-亮棕色，壤质黏土，块状结构，紧实，有铁质胶膜及铁锰结核。该土种黏性重，酸度大，养分较缺，但土体深厚，光热充足，林木立地条件好，是开发利用潜力较大的土种之一。

厚红土表层土壤基本性质和微量元素含量见表 2-32、表 2-33。

表 2 - 32 厚红土表层土壤基本性质

项目	土层厚度（cm）	耕层厚度（cm）	质地	容重（g/cm³）	pH	有机质（g/kg）	全氮（g/kg）	有效磷（mg/kg）	速效钾（mg/kg）
统计剖面（n＝10）	56～106	15～23	壤土-黏土	1.0～1.4	4.6～6.5	10.4～30.5	0.7～1.9	2.0～81.2	59.0～355.0
典型剖面（湖南常德）	60	15	黏土	1.15	5.8	30.5	1.9	81.2	185.0

表 2 - 33 厚红土表层土壤微量元素含量（mg/kg）

项目	有效铜	有效锌	有效铁	有效锰	有效硼	有效钼	有效硫	有效硅
统计剖面（n＝10）	0.20～10.60	0.30～10.70	18.2～133.6	6.1～104.9	0.12～0.55	0.03～0.50	11.6～117.9	85.9～199.4
典型剖面（湖南常德）	1.86	2.88	110.0	38.8	0.23	0.36	20.0	154.7

3. 浅红土

浅红土的成土母质为第四纪红土，主要分布在湖南邵阳、长沙、株洲等地的红土丘陵区，一般海拔为 100～300 m，面积为 260.9 万亩。剖面构型为 A-B 型，土体深厚，质地较均一，为壤质黏土-黏土，以块状结构为主，紧实，有机质、氮养分含量低，磷极缺。土壤酸性强，pH 为 4.4～5.1，交换性酸含量为 9 cmol/kg 以上。交换性酸中铝离子占 90％左右，底层或可见磨圆度高的卵石层。A 层橙色，壤质黏土，屑粒-碎块状结构，稍紧，根系多；B 层亮棕色，壤质黏土，块状结构，紧实，结构面上有铁质胶膜，盐基饱和度为 17％～19％（表 2 - 34、表 2 - 35）。

表 2 - 34 浅红土表层土壤基本性质

项目	土层厚度（cm）	耕层厚度（cm）	质地	容重（g/cm³）	pH	有机质（g/kg）	全氮（g/kg）	有效磷（mg/kg）	速效钾（mg/kg）
统计剖面（n＝10）	56～100	15～20	壤土	1.00～1.36	4.2～6.5	15.1～33.8	0.5～1.9	1.7～51.4	48.0～248.0
典型剖面（湖南怀化）	73	20	中壤	1.15	5.3	23.0	1.9	51.4	185.0

表 2 - 35 浅红土表层土壤微量元素含量（mg/kg）

项目	有效铜	有效锌	有效铁	有效锰	有效硼	有效钼	有效硫	有效硅
统计剖面（n＝10）	1.10～6.70	0.90～5.20	5.5～335.1	6.4～37.2	0.14～0.45	0.09～0.88	11.2～49.3	117.20～288.50
典型剖面（湖南怀化）	3.98	5.16	177.9	26.3	0.39	0.85	33.4	218.13

浅红土具有黏、酸、瘠、浅等不良特性，如林木植被破坏，则土壤侵蚀明显，直至红土裸露。但因所处低海拔丘陵区温光及立地条件好而具有较高利用价值。在改良利用上，应搞好封山育林，提高植被盖度；因地制宜，植树造林，种植油茶等经济作物或湿地松、刺槐等耐瘠耐旱树种。

4. 三阁司红泥土

三阁司红泥土是第四纪红土经开垦利用发育而成，主要分布于湖南长沙、邵阳等地湘江、资江两岸的丘陵区，以及岳阳、常德等地的环湖丘岗地带，海拔为 40～300 m，坡度为 5°～15°，面积为 105 万亩。剖面构型为 A-B 型，土体较深，质地黏重，多为壤质黏土，pH 为 5.2～6.0。有效阳离子交换量为

5~7 cmol/kg，盐基饱和度在 15％以下，风化淋溶系数为 0.16。A 层厚度平均为 16~20 cm，亮红棕色，壤质黏土，小块状结构，根系多；B 层淡红色至棕红色，壤质黏土，块状结构，结构面上有红色铁质胶膜，具有少量铁锰斑块。

三阁司红泥土质地黏重，养分含量较低，易形成地表径流，造成水土流失。据祁阳红壤实验站测定，三阁司红泥土每年有 20％左右的降水从地表流失，带走 2％左右的耕层土壤，使耕层变浅。由此导致土壤板结，雨后闭气，作物易死苗；同时，土壤有效水含量低，作物易受旱，影响产量。利用上应修建梯田，增施有机肥，保持水土，改善结构，提高养分含量。

5. 靖外红土

靖外红土由玄武岩风化物发育而成，集中分布在云南曲靖、昆明、昭通等地海拔 1 600~2 300 m 的高原缓丘与低中山缓坡地段中上部，面积为 29.7 万亩。剖面为 A-AB-B 型。质地黏重，多为壤质黏土或黏土，各层颜色差异不大，以棕红色为主。B 层土壤 pH 为 5.3~6.4，呈酸性反应，粉黏比为 0.42~0.57，盐基饱和度低，结构面可见灰色胶膜。根据 53 个农化样品的分析结果可知：有机质 30.4 g/kg，全氮 1.37 g/kg，碱解氮 143 mg/kg，有效磷 7 mg/kg，速效钾 300 mg/kg。有效微量元素含量（$n=8$）：锌 3.0 mg/kg，铜 0.68 mg/kg，硼 0.22 mg/kg，钼 0.18 mg/kg，锰 14 mg/kg。该土种耕层较浅，灰地黏重板结，干时硬，湿时黏，宜耕期短，耕性差，不耐旱，养分有效性差，有效磷贫乏，供肥性不平稳。玉米苗期多紫苗，秆细棵矮，籽粒不饱满。小麦苗瘦分蘖少，易早衰，产量不高。宜种性较窄，以玉米为主，兼种马铃薯、小麦、肥田萝卜等。多为一年一熟，常年亩产玉米 150~200 kg、小麦 50 kg，属下等肥力旱地。利用改良中，应抓好农田基本建设，将坡度在 10°以上坡地改为梯地。平整土地，四周种草植树，团上防冲，改善农田生态环境。同时，应广辟肥源，重施有机肥，种植绿肥，提倡秸秆还田，增加粗有机质，有条件的也可掺沙改良质地，改善土壤物理性状。

此外，黏红土属还有油红大土、盖洋红泥土、红黏泥等土种。

（七）红泥土

1. 罗甸红泥

罗甸红泥由页岩、泥岩、板岩等泥质岩类风化物发育而成，主要分布于贵州从江、榕江、罗甸、荔波、三都、贞丰、望谟等地，海拔 500 m 以下的低山和丘陵中下部，面积为 52.3 万亩。土体剖面为 A-B-C 型。B 层厚 35 cm 左右，以红橙色为主，壤质黏土-黏土，粉黏比小于 1.0，土壤 pH 为 5.0~5.5，呈酸性，阳离子交换量为 15 cmol/kg 左右，盐基饱和度为 30％~40％，黏粒硅铝率为 2.30。该土种土体厚，保水保肥能力强，自然肥力较好，水热条件优越。适宜发展松树、杉树和竹类，也可辟为草场发展大牲畜，还宜发展柑橘、夏橙、香蕉等亚热带水果以及桑、油菜、紫胶、大叶茶、茉莉花等经济作物。开发利用上，坡度较缓地段可作耕地后备资源，但要特别注意加强水土保持，严防植被破坏，引起水土流失。

统计土样主要采集于贵州黔东南苗族侗族自治州、铜仁、遵义等地的从江、江口、黎平、三都、思南、松桃、贞丰等地，地处山地、丘陵坡地，海拔为 322~1 009 m，平均海拔 450 m。典型土样取自贵州省铜仁市江口县双江镇城郊村，海拔为 394 m，地形部位为山地坡中。具体如表 2-36、表 2-37 所示。

表 2-36 罗甸红泥表层土壤基本性质

项目	土层厚度 （cm）	耕层厚度 （cm）	质地	容重 （g/cm³）	pH	有机质 （g/kg）	全氮 （g/kg）	有效磷 （mg/kg）	速效钾 （mg/kg）
统计剖面 （$n=28$）	40~110	16~30	沙土-黏土	1.00~1.60	4.4~7.1	11.2~34.7	0.6~2.1	1.1~139.7	43.0~375.0
典型剖面 （贵州铜仁）	80	16.0	重壤	1.29	4.8	16.0	1.4	38.5	110.0

表 2 - 37　罗甸红泥表层土壤微量元素含量（mg/kg）

项目	有效铜	有效锌	有效铁	有效锰	有效硼	有效钼	有效硫	有效硅
统计剖面 （n＝28）	0.05～4.90	0.06～2.19	0.1～265.5	0.3～114.5	0.12～0.88	0.04～0.96	8.90～168.50	42.3～170.7
典型剖面 （贵州铜仁）	2.78	1.83	265.5	15.9	0.19	0.25	36.80	60.2

2. 赤水黄红泥土

赤水黄红泥土母质为英安质凝灰岩风化的坡残积物，主要分布于福建晋江地区的中、低山地带，面积为 31.6 万亩。主要剖面构型为 A-B-C 型。土体厚度在 70 cm 以上，表层暗棕色，酸性，pH 为 4.5～5.2，壤质黏土。由于分布位置高，湿度大，心土、底土经水化作用呈黄橙色，心土层呈淡黄橙色，红化率为 1.8。底土仍为红色或棕红色。农化样分析结果（n＝22）：有机质 55.2 g/kg，全氮 1.88 g/kg，有效磷 2 mg/kg，速效钾 101 mg/kg。该土种土体深厚，质地黏重，具有良好的保肥保水性能。适合发展毛竹、茶及用材林和经济林。可向针阔叶混交林发展，使植被多层次、高密度。缓坡地可垦辟为茶园，但要注意增施磷肥，改善养分结构，提高茶叶产量。

3. 红泥土

红泥土的成土母质为凝灰岩风化的坡积物，主要分布于福建的建阳、三明、宁德地区的低山丘陵地带的缓坡部位，面积为 16.57 万亩。系旱作土壤，土体剖面为 A-B-C 型。土体深厚，在 1 m 以上。耕层呈浅灰棕色，壤质黏土，土壤的 pH 为 4.5～5.5，小块状结构，疏松；B 层深厚，在 1 m 左右，土色鲜艳呈棕红色，红化率为 15.0，并有厚层胶膜，垂直裂隙发育，壤质黏土，但黏粒含量有所增高，土体紧实，黏粒硅铝率为 2.3～2.6，硅铁铝率为 1.6～2.0，风化淋溶系数为 0.12～0.17，铁的游离度为 50%～60%，盐基饱和度<15%。向下逐渐过渡到母质层色略浅，呈红棕色，结持力逐渐转松。养分含量稍高。

统计土样主要采集于福建福州、泉州、宁德、三明、龙岩、罗源、永泰、闽清、德化、蕉城、霞浦、沙县等地，山地、丘陵、平原地形皆有分布，海拔范围为 50～812 m，平均海拔为 396 m。典型土样取自福建省三明市将乐县高塘镇楼杉村，海拔为 173.8 m，地形部位为平原低阶地带，红泥土表层土壤基本性质见表 2 - 38。

表 2 - 38　红泥土表层土壤基本性质

项目	土层厚度 （cm）	耕层厚度 （cm）	质地	容重 （g/cm³）	pH	有机质 （g/kg）	全氮 （g/kg）	有效磷 （mg/kg）	速效钾 （mg/kg）
统计剖面 （n＝28）	28～150	8～40	沙土-黏土	1.00～1.60	3.8～6.9	6.6～43.2	0.6～2.5	5.0～213.0	13.0～250.0
典型剖面 （福建三明）	150	15	轻壤	1.21	5.4	21.7	1.4	6.0	22.0

红泥土目前多种植茶、果、甘薯、小麦、花生、大豆等旱作物。生产上存在的主要问题是水源不足、缺磷、过酸。因此，要搞好水利建设，提高灌溉能力，并结合深耕增施有机肥；或套种豆科绿肥，不断压青，提高基础地力，并适当用石灰中和酸性土壤。

4. 鳝泥

鳝泥的母质为泥质岩风化的坡残积物，多见于江西境内低山高丘间的缓坡地段。分布范围广，其中，吉安地区面积最大，赣州次之，上饶、宜春、抚州、萍乡、新余、南昌、鹰潭等地均有分布。共 784.47 万亩。剖面为 A-B-C 型。土体一般达 60 cm 以上，心土层为亮红棕色（5YR 5/8），红化率为 8.0，可见少量灰色胶膜；底土层在 70 cm 以下出现。质地均一，多为壤质黏土，土壤手感润滑，群众多称其鳝泥；表土容重小，为 1.09g/cm³，孔隙度达 57.2%。土壤呈酸性反应，pH 为 4.4～5.5。心土层盐基饱和度为 10% 左右，铁的游离度为 55%，黏粒硅铝率为 2.50，硅铁铝率为 2.0。土壤有机质、氮和速效钾含量较高，全磷、全钾含量中等，有效磷含量较低。采自江西省南昌市进贤县钟陵乡巷里村丘陵中部的鳝泥，有效土层厚度为 96 cm，耕层厚度为 14 cm，重壤，容重为 1.22g/cm³，土体紧实，为一年二熟的油菜—芝麻种植区域。pH 为 5.9，有机质 58.51 g/kg，全氮 1.98 g/kg，有效磷 23.0 mg/kg，速效钾 117 mg/kg。有效态微量元素含量：铜 6.12 mg/kg，锌 1.66 mg/kg，铁 38.5 mg/kg，锰 25.5 mg/kg，硼 0.13 mg/kg，钼 0.09 mg/kg，硫 22.9 mg/kg，硅 85.26 mg/kg。

膳泥地处低山高丘的缓坡地段，立地条件较好，土体深厚肥沃，保蓄性能较好，适合多种林木生长，主要有马尾松、杉树、竹、木荷、樟、枫、油茶等乔灌木和斑茅等，生长繁茂，植被盖度达 80%～90%。地表有较多的枯枝落叶，水土流失极轻，是目前主要的用材林和经济林基地，也是今后发展林业生产的优良土壤资源。要合理利用这类土壤资源，应严禁乱砍滥伐，有计划采伐现有林木，加强残次林的更新。根据土壤立地条件的特性，因地制宜、适地适树地安排种植，建立多林种多树种的林业经营体系。要合理安排豆科灌木的种植，以利于林木生产和地力的提高。

5. 灰鳝泥

灰鳝泥的母质为泥质岩类风化物，多处于低山丘陵坡度平缓地段。分布范围很广，以江西吉安、赣州地区面积最大，上饶、宜春和抚州次之，共 2 100 万亩。剖面构型为 A-B-C 型。土体厚达 70 cm 左右，土层浊橙色（7.5YR7/3），块状结构，少量灰色胶膜。质地为壤质黏土。土壤呈强酸性至微酸性反应，pH 为 4.4～6.2。土壤有效阳离子交换量及盐基饱和度均较低，铁的游离度为 75%，黏粒硅铝率为 2.38，硅铁铝率为 1.98。

统计土样主要采集于江西上饶、南昌、余干、进贤、信州、分宜等地，丘陵和平原低阶地，利用方式有花生、油菜—芝麻、菜—菜、茶园、柑橘、水稻—水稻。典型土样取自江西省上饶市余干县江埠乡毛坊村，地形部位为平原低阶地带，作物为一年一熟的花生。

灰膳泥土体深厚，质地偏黏，除磷较缺乏外，有机质及其他养分均达中量水平，宜种性较广，具备发展林业较好的立地条件。目前利用上存在的主要问题是过量砍伐，树种结构不合理。要发挥该类土壤在林业生产上的优势，应做到有计划地合理采伐，积极改造更新残次林，因地制宜发展松树、杉树、竹、栎、樟等针阔叶混交林，重点发展一些经济价值较高的油桐、棕榈树、漆树、油茶等经济作物。在植树造林或垦复工作中，应等高作业，减少和防止水土流失。

此外，红泥土土属还有乌鳝泥、泥红土、沙红泥等土种。

（八）红沙泥

1. 灰红沙泥

灰红沙泥的母质为红砂岩风化坡残积物，多分布于低残丘、岗地的缓坡地段。在江西宜春、抚州、上饶三地分布得最多，共 596.64 万亩。土体分异较明显，剖面为 A-B-C 型。表土层厚度一般为 15 cm 左右，心土层为 50 cm 以上，偶见铁锰胶膜，底土层在 70 cm 以下出现。质地以壤质黏土为主。土壤为酸性，pH 为 4.4～5.2。土壤有效阳离子交换量、盐基饱和度均低，红化率为 4.3，铁的游离度为 66%，黏粒硅铝率为 2.7，硅铁铝率为 2.3，风化淋溶系数为 0.20。除磷缺乏外，其他养分为中等水平。

典型土样采自江西省上饶市婺源县中云镇中云村，采样部位为丘陵下部，土体厚 60 cm，耕层厚 18 cm，中壤，容重为 1.47 g/cm³，土体紧实，种植有一年一熟的西瓜。pH 为 5.0，有机质 22.7 g/kg，全氮 1.17 g/kg，有效磷 36.9 mg/kg，速效钾 145.0 mg/kg。有效微量元素含量：铜 1.35 mg/kg，锌 2.39 mg/kg，铁 49.5 mg/kg，锰 20.0 mg/kg，硼 0.13 mg/kg，钼 0.22 mg/kg，硫 20.3 mg/kg，硅 70.7 mg/kg。

灰红沙泥养分含量中等，质地适中，地面坡度小而平缓，有很好的农用前景，为引进外资开发红壤的主要土种之一。有水源的地方，通过土地平整、修筑灌溉沟渠、扩种绿肥、种植水稻，5 年左右可达高产稳产要求。利用中需加强水土保持，实行封山育林，保护好现有植被，种植湿地松、油茶、油桐、马尾松等，增加地面覆盖，改良土壤。

2. 红沙泥

红沙泥母质为红砂岩风化的坡积物，分布地形多为低丘岗地，主要分布在江西吉安、宜春、赣州等地，以上饶至鹰潭沿浙赣线一带最为集中连片，其他地区面积则较小，共33.06万亩。剖面为A-B-C型。土体较厚，可达50～70 cm，底土层多出现在60 cm以下，呈红色或红棕色。土体细沙含量高，可达50%左右，多为砂质黏壤土，并常伴有一定数量的较粗的砾石。土壤呈酸性，pH4.7～5.4。土壤的阳离子交换量较低。其盐基饱和度除表土层稍高外，心土层及底土层均较低，铁的游离度为63%，红化率为6.6，黏粒硅铝率为2.14，硅铁铝率为1.81。有机质及氮、磷、钾养分较贫乏。

统计土样主要采集于湖南怀化、辰溪、洪江、石门等地丘陵中下部，海拔为99～276 m。利用方式为一年一熟的橘园、油菜—玉米。典型土样取自湖南省怀化市辰溪县锦滨镇周家湾村，地形部位为丘陵下部，海拔140 m，利用方式为橘园。

红沙泥表层土壤基本性质和微量元素含量见表2-39、表2-40。

表2-39　红沙泥表层土壤基本性质

项目	土层厚度 (cm)	耕层厚度 (cm)	质地	容重 (g/cm³)	pH	有机质 (g/kg)	全氮 (g/kg)	有效磷 (mg/kg)	速效钾 (mg/kg)
统计剖面 (n=10)	55～84	15～25	沙壤	1.0～1.4	4.4～6.9	13.6～34.3	0.90～2.10	6.8～58.1	62.0～342.0
典型剖面 (湖南怀化)	65	20	沙壤	1.26	5.3	15.3	1.10	47.2	210.0

表2-40　红沙泥表层土壤微量元素含量（mg/kg）

项目	有效铜	有效锌	有效铁	有效锰	有效硼	有效钼	有效硫	有效硅
统计剖面 (n=10)	1.0～9.4	1.0～5.8	89.4～236.9	6.9～112.2	0.20～0.40	0.20～1.50	19.7～72.7	94.3～184.9
典型剖面 (湖南怀化)	2.9	1.0	170.8	18.9	0.39	1.04	72.7	150.8

红沙泥处在较低平丘岗地区，多临近村庄，附近人烟稠密，燃料缺乏，原有植被遭受过量砍伐，其土壤均遭受较严重的侵蚀。土壤养分有机质及氮、磷、钾养分均较贫乏，土壤的酸度也较高。因此，要改变这种现状，必须在推广沼气利用的同时，狠抓封山育林，积极营造能源林和草皮，增加植被盖度，严禁乱砍滥伐。此外，根据土体较厚的特点，在林间种植豆科作物和绿肥以培肥地力。

3. 薄红沙泥

薄红沙泥的母质为红砂岩风化的坡积物，地处低丘岗地坡度较大的地段。主要分布在江西吉安、赣州、上饶、鹰潭等地，共386.03万亩。剖面为A-B-C型。土体浅薄，A层仅5 cm左右，B层25 cm左右，C层常在30～40 cm处出现。质地为轻砾质砂质壤土。土壤酸性强，pH（H_2O）为4.8左右。土壤有效阳离子交换量低，其中交换性铝占绝对优势，盐基饱和度除表土层稍高外，心土层在20%以下，铁的游离度为60%左右，黏粒硅铝率为2.38，硅铁铝率为1.89，风化淋溶系数为0.18。

统计土样主要采集于湖南省湘西、张家界、保靖、慈利、泸溪、石门等地的丘陵中下部，海拔为126～288 m。利用方式为一年一熟的橘园。典型土样取自湖南省湘西土家族苗族自治州保靖县清水坪镇清水坪村，地形部位为丘陵中部，海拔为288 m，利用方式为橘园。

薄红沙泥表层土壤基本性质和微量元素含量见表2-41、表2-42。

表 2 - 41　薄红沙泥表层土壤基本性质

项目	土层厚度 (cm)	耕层厚度 (cm)	质地	容重 (g/cm³)	pH	有机质 (g/kg)	全氮 (g/kg)	有效磷 (mg/kg)	速效钾 (mg/kg)
统计剖面 (n＝8)	52～84	13～20	沙壤	1.20～1.50	4.8～6.5	7.3～22.8	0.6～1.4	1.2～54.8	43.0～187.0
典型剖面 (湖南湘西)	65	16	沙壤	1.32	6.5	7.3	0.6	5.1	75.0

表 2 - 42　薄红沙泥表层土壤微量元素含量 （mg/kg）

项目	有效铜	有效锌	有效铁	有效锰	有效硼	有效钼	有效硫	有效硅
统计剖面 (n＝8)	1.80～5.10	0.90～2.80	9.9～289.0	5.9～35.8	0.07～0.50	0.06～0.27	11.6～73.5	94.20～197.30
典型剖面 (湖南湘西)	5.06	0.98	259.2	8.6	0.16	0.13	41.9	187.58

薄红沙泥有效土体浅薄，养分含量较低，植被盖度低，多为草本植物，兼有少量灌木或稀疏马尾松，土壤受侵蚀较普遍，局部地段多成沟蚀。因此，要搞好封山育林，保护现有植被，以利于自然更新。严禁铲草皮及陡地开垦。可结合工程措施营造能源林，防止水土流失。

4. 厚红沙泥

厚红沙泥的母质为红砂岩坡积物，是经耕种而形成的旱地土壤。多处在低丘岗地区地面坡度微起伏的地段，主要分布在江西赣州地区，鹰潭、九江、上饶、南昌等地也有少量分布，共 22.04 万亩。剖面构型为 A-B-C 型。土体厚度可达 80 cm 左右，其中耕作层约 15 cm，B 层 60～80 cm，土壤多为砂质壤土，细沙含量较高。耕作层容重大，孔隙度低。土壤呈酸性至微酸性反应，pH （H₂O） 为 4.9～6.1，耕作层的 pH 接近 7。土壤交换性能低，盐基饱和度在 50％以上，而心土层盐基饱和度仍较低。有效磷、速效钾变幅大，部分土壤缺磷少钾。

典型土样采自江西省九江市永修县立新乡黄婆井村，采样部位为丘陵下部，土体厚 54 cm，耕层厚 14 cm，重壤，容重为 1.3g/cm³，土体紧实。种植制度为一年二熟的棉花种植。pH 为 4.6，有机质 25.4 g/kg，全氮 1.5 g/kg，有效磷 23.3 mg/kg，速效钾 72.0 mg/kg。有效微量元素含量：铜 4.99 mg/kg，锌 1.91 mg/kg，铁 79.0 mg/kg，锰 34.2 mg/kg，硼 0.11 mg/kg，钼 0.15 mg/kg，硫 35.6 mg/kg，硅 141.8 mg/kg。

厚红沙泥有机质含量较低，氮养分缺乏，磷、钾含量中等偏低。土壤质地偏沙，通透性强，是熟化程度低的旱地。种植花生、甘薯、大豆、芝麻、柑橘等，作物产量低，鲜甘薯亩产仅 1 000 kg，芝麻和油菜籽亩产仅 20～30 kg。在改良利用上，应修筑梯地，等高种植，实行以春大豆为主要作物的换茬方式，起到减少地表径流的效果，达到提高作物产量、增加收入及改土的目的。

第二节　黄红壤亚类

一、分布与成土条件

黄红壤亚类主要分布于湘西、皖南、黔南、赣北、浙西一带的中低山丘陵区（海拔范围为 500～700 m），上部与黄壤亚类相接，下部与典型红壤亚类相连，即红壤分布带的西部和北部边缘地区。分布区多为中亚热带气候，年平均温度为 15～16 ℃，≥10 ℃积温为 4 500～5 000 ℃，年平均降水量为 1 300～1 500 mm，年平均相对湿度一般为 80％左右。虽较湿润，但仍有干湿季之分。自然植被有常绿阔叶林和落叶阔叶林及针阔叶混交林，如栲、青冈、枫香树、白楠、马尾松、杉树、樟，以及毛竹、杜鹃、狗脊、铁芒箕等灌丛草地。母质类型包括砂页岩风化物、花岗岩风化物、千枚岩风化物、石灰岩风化物等。自然植被有常绿阔叶林、针阔叶混交林、林灌木和草地等。

二、主要成土特点

受地形与气候条件的影响,黄红壤发育程度较典型红壤亚类弱,铁、铝含量稍低,硅含量稍高,硅铝率在2.5左右。土壤颜色上黄下红,表层受到水化作用显黄色,心土层仍以红色为主,表层水化系数高于底层,且整个土体水化系数远高于典型红壤,黄红壤A层和B层质量含水量比同母质典型红壤高0.88%~0.91%,说明土壤已经由地带性的红壤向垂直分布的黄壤过渡。在较湿热的气候条件下,风化淋溶作用较强,土壤中矿物被分解,钙、镁、钾、钠淋失,阳离子交换量较高,自然肥力较典型红壤亚类好。黏土矿物以高岭石、水云母为主,还有少量蒙脱石,黏粒淋溶淀积现象明显。其中,花岗岩发育的黄红壤以高岭石、埃洛石为主,板岩和页岩发育的黄红壤以高岭石、水云母为主,石灰岩发育的黄红壤则以水云母、高岭石为主,砂岩发育的黄红壤以过渡矿物和水云母为主。

三、剖面形态特征

黄红壤土层厚度为60~150 cm,其厚度与地形坡度有关,自然植被比典型红壤亚类好。土体构型为A_0/A_1-A-B-C型、A_0/A_1-A-BC-C型或A-B-C型。土体呈酸性反应,pH为5.0~5.5。富铝化作用较明显,但较典型红壤亚类弱,因而pH较典型红壤亚类高。质地与母质密切相关。植被较好的林地黄红壤地表有2~3 cm枯枝落叶层和5~10 cm左右的腐殖质层,暗棕色,粒状结构明显。淋溶层20~30 cm,多为黄棕色,粒状、碎块状结构,疏松,有根系,有机质含量>20 g/kg,盐基饱和度和交换性钙、镁含量较典型红壤亚类土壤高,淋溶程度略低,干时易板结。淀积层30~60 cm,黄红色或黄棕色,块状结构,较润,根系中等。母质层50~150 cm,黄橙色,块状结构,较紧实,或夹有半风化母岩碎块。

四、基本理化性质

黄红壤A层和B层的物理性沙粒比同母质发育的典型红壤高13.4%、6.6%,黏粒含量则相应降低,孔隙度按同母质发育的土壤也比典型红壤亚类略高,A层和B层分别增加了3.1%、2.0%。在较湿热的气候条件下,土粒表面吸附的盐基易淋失,氢、铝大量累积使土壤呈酸性反应,pH都在4.9~5.8。除砂岩风化物母质发育的黄红壤pH略低外,其他都比典型红壤亚类高2.0%~15.2%。阳离子交换量较高,比花岗岩、板页岩、砂岩风化物母质发育的典型红壤分别高出15.2%、268.8%、97.6%。交换性盐基总量,除花岗岩风化物母质发育的黄红壤外,一般比典型红壤高。交换性酸中,交换性铝占总量的75.3%~100.0%。除灰岩发育的黄红壤外,一般都有比较明显的脱硅富铁、铝现象,表现于B层硅的含量只及母质层的84.2%~94.2%,而铁、铝则分别为母岩层的103.6%~143.8%和107%~181%。由于黄红壤的自然植被一般较典型红壤亚类好,植被覆盖良好林地的表土有机质可达30~40 g/kg;但森林破坏、水土流失严重的地方,有机质可低至10 g/kg左右。一般黄红壤养分含量中等,有效磷含量较低。

五、主要土属及土种

根据其母质的发育特点及土壤性质的不同,黄红壤亚类主要可分为麻黄红泥、泥沙黄红土、沙泥黄红土、泥沙黄红泥、黄红砾泥、黄红泥、黏黄红土、黏黄红泥等土属,杂沙黄红土、黄红麻沙土、麻黄红土、黄白沙土、沙黏黄泥、四合红土、沙泥黄红土、砂质黄红泥土、沙黄红土、黄红沙土、黄红泥、薄黄红泥、黄泥沙土、于潜黄红泥土、橙泥土、厚黄红土、黄红土、黄红沙泥、三都黄红沙等土种。

（一）麻黄红泥

1. 杂沙黄红土

杂沙黄红土由花岗岩风化的残坡积物发育而成，主要分布在广西的桂林、梧州、柳州、玉林等地的花岗岩山区海拔为 500～900 m 的地段，面积为 161.7 万亩。土体风化深度均在 1 m 以上，剖面构型为 A-B-C 型。A 层灰棕色，有机质含量高，壤质黏土，粒状结构，疏松，根系多呈网状，有少量石英砂，pH 为 5.0～5.6；B 层橙色-黄橙色，红化率为 2.1～3.3，壤质黏土，粉黏比小于 1.0，碎块状-块状结构，紧实，上部含少量石英、云母片，下层含较多石英砂，酸性，pH 为 5.0～5.5，有效阳离子交换量为 3～4 cmol/kg，盐基饱和度为 35％～40％，黏粒硅铝率为 1.20～1.33，黏土矿物中高岭石含量中等，三水铝石多，有微量伊利石、少量石英，铁的游离度为 70％左右；C 层橙色，为半风化的母质层。该土种土体深厚，养分含量丰富，是发展亚热带用材林和经济林的适宜土壤。

典型剖面位于湖南省浏阳市大围山山坡下部，28°24′53″N，114°03′48″E，海拔为 721 m，植被为乔木、竹、灌木混杂林，土表有 7 cm 左右的枯枝落叶层，其他理化性质见表 2-43 至表 2-46。

表 2-43　杂沙黄红土典型剖面物理性质

采样层次	深度（cm）	干湿度	颜色（润）	质地	结构	松紧度	孔隙	植物根系	新生体	侵入体
枯枝落叶层	0～7									
A	0～20	润	黑	沙壤	团粒	松	大、多	多	无	无
AB	20～43	润	黄	沙壤	小块状	较松	小、多	较多	无	无
B₁	43～80	润	红	沙壤	块状	较松	小、少	少	无	无
B₂	>80	润	红	沙壤	块状	较紧	小、少	很少	无	无

表 2-44　杂沙黄红土典型剖面化学性质

层次	pH	有机质（g/kg）	全氮（g/kg）	碱解氮（mg/kg）	全磷（g/kg）	有效磷（mg/kg）	全钾（g/kg）	速效钾（mg/kg）	阳离子交换量（cmol/kg）
A	4.48	63.51	1.53	139.12	0.24	4.97	15.22	93.28	16.05
AB	4.76	17.11	0.49	39.04	0.21	3.49	15.97	40.78	14.74
B₁	5.26	5.75	0.30	17.95	0.16	1.82	16.77	35.69	13.68
B₂	5.49	5.52	0.23	6.00	0.22	2.93	20.69	38.22	14.64

表 2-45　杂沙黄红土典型剖面颗粒组成

层次	2～1mm（％）	1～0.5mm（％）	0.5～0.25mm（％）	<0.05mm（％）	<0.02mm（％）	<0.002mm（％）
A	9.07	8.86	5.95	0.59	0.64	0.420
AB	8.24	8.95	5.59	0.45	0.48	0.322
B₁	9.03	10.59	6.27	0.40	0.41	0.280
B₂	13.76	13.03	7.41	0.41	0.36	0.770

表 2-46　杂沙黄红土典型剖面盐基特征

层次	交换性酸（cmol/kg）	交换性盐基总量（cmol/kg）	交换性钾（cmol/kg）	交换性钠（cmol/kg）	交换性钙（cmol/kg）	交换性镁（cmol/kg）	游离氧化铁（mg/kg）
A	0.74	410.70	1.25	2.84	2.74	0.17	15.14
AB	0.60	409.45	1.07	3.63	2.56	−0.03	3.98
B₁	0.44	411.29	0.71	1.21	3.00	0.71	2.19
B₂	0.37	410.41	0.71	1.21	2.59	0.35	0.94

2. 黄红麻沙土

黄红麻沙土是成土母质为花岗岩风化的坡积物经耕作熟化而成的旱作土壤,主要分布在湖南邵阳、长沙、岳阳等地海拔 450～750 m 的中低山区,面积为 9.03 万亩。剖面构型为 A-B 型,土体厚度 >1 m。质地较粗,>0.02 mm 的沙粒含量大于 62%,以砂质黏壤土为主,有时表层为砂质壤土。pH 为 4.8～5.5。A 层暗棕色,疏松,沙壤土,屑粒状及碎块状结构;B 层亮黄棕色,砂质黏壤土,块状结构,结构面上有厚亮的胶膜,盐基饱和度低于 20%。该土种以坡地地形为主,梯地少,有不同程度的水土流失,但土体厚、养分较丰富。可种植甘薯、马铃薯、玉米等粮食作物和茶、果树等经济作物。利用中应重视磷肥与石灰的施用,适当补充微量元素肥料。

黄红麻沙土表层土壤基本特征见表 2-47。

表 2-47　黄红麻沙土表层土壤基本特征

项目	地形部位	土层厚度 (cm)	耕层厚度 (cm)	质地	容重 (g/cm³)	pH	有机质 (g/kg)	全氮 (g/kg)	有效磷 (mg/kg)	速效钾 (mg/kg)
统计剖面 (n=8)	丘陵山地	56～150	15～30	沙土-壤土	0.80～1.50	5.2～7.0	23.6～41.8	1.2～2.1	4.3～49.7	11.0～187.0
典型剖面	山地坡上	100	25	沙壤	0.82	5.5	31.1	1.7	4.5	137.2

3. 麻黄红土

麻黄红土的成土母质为花岗岩、花岗斑岩、石英斑岩等风化的残坡积物,在湖南郴州地区分布最多,邵阳、株洲、岳阳等地次之,分布地形为 500～800 m 的低山缓坡地段,共 305.7 万亩。该土种剖面发育完整,为 A-B-C 型,土体厚度大于 1 m,上部有机质含量在 30 g/kg 左右,呈暗红棕色,往下有机质降至 5 g/kg 左右,土体颜色为红橙色。土壤质地较轻,以砂质黏壤土为主,沙粒占 62%～72%,部分底土含少量砾石。土壤呈酸性反应,pH 为 4.9～5.1。A 层屑粒状-碎块状结构,疏松,根系多,盐基饱和度为 20% 左右;B 层沙壤土,块状结构,较紧实,结构面上有胶膜,盐基饱和度降至 15% 左右,黏粒硅铝率为 2.04,硅铁铝率为 1.66,风化淋溶系数为 0.17。该土种土体厚,质地轻,酸度大,养分含量较高,植被生长茂盛,多为针阔混交林。开发利用中要保护植被,固土封沙(图 2-2)。

图 2-2　麻黄红土典型剖面

典型剖面位于湖南省浏阳市大围山镇大围山自然保护区森林公园大门附近的山坡上，剖面点地理坐标为 28°25′42″N、114°04′02″E，海拔为 650 m，花岗岩低山中坡地带，母质为花岗岩风化物，土地利用状况为林地，多为松树、杉树人工林地，人为干扰作用强烈。土面以下 50 cm 处土温为 17 ℃。该区域属于湘东北花岗岩低山中下坡地带，坡度较大（25°～35°），中亚热带湿润季风气候，年均气温为 16～18 ℃，年均降水量为 1 500～1 600 mm。土壤质地以砂质黏壤土为主，土体颜色色调以 7.5YR 或 10YR 为主。土体内砾石体积含量＞10％，在土体＞50 cm 以下，出现准石质接触面。土体上黏粒淀积作用较弱。表土腐殖质积累作用较强，土壤有机质含量为 4.2～34.6 g/kg，pH（H$_2$O）和 pH（KCl）分别为 4.7～5.5 和 4.1～4.6，全铁含量为 49.4～61.4 g/kg，游离铁含量为 24.9～30.4 g/kg，铁的游离度为 47.8％～56.4％。

A：0～11 cm，暗棕色（10YR3/4，润），浊黄橙色（10YR7/3，干），润，有大量 2～5 mm 的根系，砂质黏壤土，少量 0.5～2 mm 的孔隙，粒间孔隙分布于土壤结构内，有发育程度很强的直径为 1～2 mm 的粒状结构，有中量 5～20 mm 的石英颗粒，土壤结构疏松，稍黏着，中塑性，边界模糊平滑。

BC：11～51 cm，亮棕色（7.5YR5/6，润），橙色（7.5YR6/6，干），润，有大量 2～5 mm 的根系，砂质黏壤土，有很少量＜0.5 mm 的根孔，粒间孔隙分布于土壤结构内，有发育程度很强的直径 2～5 mm 粒状结构，有大量 20～70 mm 的石英颗粒，土壤结构疏松，稍黏着，强塑性，边界模糊平滑。

麻黄红土典型剖面物理性质和化学性质见表 2－48、表 2－49。

表 2－48　麻黄红土典型剖面物理性质

| 土层 | 深度 (cm) | 砾石 (>2 mm，V/V，%) | 细土颗粒组成 (g/kg) | | | 黏化率 | 质地 | 容重 (g/cm³) |
			沙粒 (2～0.05 mm)	粉粒 (0.05～0.002 mm)	黏粒 (<0.002 mm)			
A	0～11	14	497	239	264	—	砂质黏壤土	1.41
BC	11～51	24	624	141	236	0.9	砂质黏壤土	1.50

表 2－49　麻黄红土典型剖面化学性质

深度 (cm)	pH (H$_2$O)	pH (KCl)	全铁 (g/kg)	游离铁 (g/kg)	游离度 (%)	CEC (cmol/kg，黏粒)	有机质 (g/kg)	全氮 (g/kg)	全磷 (g/kg)	全钾 (g/kg)
0～11	5.5	4.6	52.1	24.9	47.8	55.8	34.6	1.63	0.58	41.5
11～51	4.7	4.1	49.4	27.9	56.4	59.8	10.6	0.59	0.37	39.0

4. 黄白沙土

黄白沙土发育于花岗岩风化物，主要分布于湖北通城、通山等地的低山区，海拔为 500～800 m，面积约 14.7 万亩。土体剖面构型为 A-B-C 型，层次发育明显，土体较深厚，多达 1 m 以上；质地较轻，以砂质黏壤土为主，并夹有 20％～40％的砾石；土壤呈酸性，pH 为 5.0～5.5，有效阳离子交换量为 6～8 cmol/kg，其中交换性酸 5.0～6.5 cmol/kg，盐基饱和度为 22％～30％。植被覆盖较好的土壤表层有 0～2 cm 枯枝落叶层；A 层棕黑色，重砾质砂质黏壤土，粒状结构，疏松，根系多；B 层橙色，重砾质砂质黏土，粉黏比为 0.4～0.9，块状结构，较松，结构面上有铁锰胶膜。该土种土体较厚，潜在肥力中等，目前多为林地。应保护植被，封山育林，防止水土流失。

5. 沙黏黄泥

沙黏黄泥的母质为粗晶花岗岩风化残坡积物，主要分布在浙江杭州、湖州、丽水、台州、温州等地的丘陵低山区，一般海拔在 200～800 m，共有 87.8 万亩（其中，耕地 0.4 万亩）。剖面为 A-B-C

型。土体厚度在 50 cm 左右，浊黄棕色（10YR 5/3，干）-淡黄棕色（10YR 6/6，干），黏壤土至壤质黏土。因侵蚀作用及受母质组成矿物质的影响，土体内含有明显的石英和长石颗粒，粉黏比也是上层高、下层低。

统计土样主要采自浙江的台州、丽水、温州等地，地貌类型有山地、平原等，利用方式多为种稻、种菜等。典型土样采自浙江省台州市天台县坦头镇框树村，为平原中阶，种植单季稻，有效微量元素含量：锌 0.6 mg/kg，铜 0.9 mg/kg，硼 0.12 mg/kg，钼 0.2 mg/kg，锰 22.0 mg/kg。

沙黏黄泥结持性能差，易侵蚀，水土流失严重。目前植被仍以疏林及草丛为主，局部地段和普陀佛顶山尚有蚊母树和世上稀少的鹅耳枥等名贵树种生长，部分山麓缓坡处开垦为旱地，多为小麦—甘薯一年两熟制；也可种植杨梅、柑橘、黄桃等果树及茶、毛竹等。利用应以护林、封山育林为主，提高植被盖度，减少水土流失。在土体较厚的缓坡地段，可适度垦种旱粮或发展经济林果业。

6. 四合红土

四合红土发育于花岗岩、花岗斑岩等风化残坡积物上，主要分布于安徽黄山、芜湖、宣城、铜陵、安庆、池州等地丘陵的中下部，海拔为 100～500m。面积 312.7 万亩。剖面为 A-B-C 型。各发生层分异明显。土体深厚，平均为 68 cm（$n=19$），B 层发育良好，厚度为 42 cm，块状结构，结构体面上被覆胶膜。土壤质地为黏壤土或壤质黏土，粗沙粒含量较高。土壤阳离子交换量为 7～15 cmol/kg，盐基饱和度小于 30%，pH 为 4.4～5.5。B 层黏粒的硅铝率为 2.30，氧化铁的游离度大于 45%。养分缺乏，硼、钼、锌均属较缺或极缺水平。

四合红土所处丘陵缓坡土体厚，潜在养分丰富，水热条件好。由松树、杉树、毛竹等组成的人工用材林的盖度大于 60%，由槠、栎、枫香、松树等组成的杂木林盖度大于 50%，森林生产力高，著名的"广德毛竹"多产于该土种。开发利用上应以林业为主，发展多种经营，合理布局。地形稍陡，侵蚀较重的应加强植被保护，严禁乱砍滥伐，以保持水土；平缓地段除大力植造湿地松树、杉树、毛竹等的用材林外，还应适当发展梯地，种植茶、水果、桑等。

（二）泥沙黄红土

1. 沙泥黄红土

沙泥黄红土由砂页岩风化的残坡积物发育而成，主要分布在广西砂页岩山区海拔 500～1 000 m 的地段，以百色、柳州、桂林、河池等地为主，面积约为 1 050.5 万亩。剖面构型为 A-B-C 型，土体风化深厚，均在 1m 以上。土壤呈酸性，pH 为 4.0～5.5，质地以黏壤土为主。铁的游离度在 50% 左右，比典型红壤低，比黄壤高，铁的活化度则相反。A 层棕黑色，砂质壤土，屑粒状结构，疏松，根系交错呈网状，根粗；B 层亮黄棕色，黏壤土-砂质壤土，粉黏比为 1.0 左右，碎块状结构，有效阳离子交换量为 6.0～8.0 cmol/kg，盐基饱和度小于 10%，黏粒硅铝率为 2.34，接近底层含有半风化碎屑。

典型剖面位于广西壮族自治区柳州市融水苗族自治县永乐镇荣山村，由砂页岩风化物发育而成，地形部位为丘陵中部。利用方式为一年一熟的甘蔗，有效土层厚度为 100 cm，耕层厚度为 20 cm，黏土，容重为 1.47g/cm³，pH 为 7.1，有机质 15.5 g/kg，全氮 2.23 g/kg。有效磷 10.4 mg/kg，速效钾 120.0 mg/kg。有效微量元素含量（$n=13$）：锌 1.0 mg/kg，铁 74.5 mg/kg，硼 0.14 mg/kg，钼 0.08 mg/kg，锰 17.2 mg/kg，硅 36.96 mg/kg。

沙泥黄红土土体深厚，质地适中，养分均衡，水热条件好，适合多种经济林及土特产发展。利用中应加强封山育林，对于缓坡地带，可有计划开垦梯田，防止水土流失。

2. 砂质黄红泥土

砂质黄红泥土是发育于砂页岩风化物、经开垦种植熟化而成的旱作土壤，主要分布在广西百色、桂林、河池、柳州等地砂页岩山区海拔 500～1 000 m 的地带，面积为 44.4 万亩。剖面构型为 A-B-C 型，土体较深厚，达 1 m 左右。A 层有机质含量较高，呈灰棕色，质地为砂质壤土，粒状结构，松散，根系粗、多；B层红棕色，红化率为6～7，黏壤土，块状结构，紧实，有效阳离子交换量为8～10 cmol/kg，盐基饱和度为3％～15％。

砂质黄红泥土表层土壤的基本性质和微量元素含量见表2-50、表2-51。

表2-50　砂质黄红泥土表层土壤基本性质

项目	土层厚度 (cm)	耕层厚度 (cm)	质地	容重 (g/cm³)	pH	有机质 (g/kg)	全氮 (g/kg)	有效磷 (mg/kg)	速效钾 (mg/kg)
统计剖面（$n=5$）	100	16～21	黏土	1.2	5.0～5.4	16～32	1.2～2.0	11～76	106～282
典型剖面（广西桂林）	100	20	黏土	1.2	5.3	32	2.01	57.2	138

表2-51　砂质黄红泥土表层土壤微量元素含量（mg/kg）

项目	有效铜	有效锌	有效铁	有效锰	有效硼	有效钼	有效硫	有效硅
统计剖面（$n=5$）	1.40～8.60	1.1～2.8	26.9～108.7	7.2～130.4	0.01～0.58	0.16～0.28	11.1～51.5	35.8～88.8
典型剖面（广西桂林）	8.64	1.2	108.7	7.2	0.22	0.26	21.9	40.7

砂质黄红泥土土体深厚，质地适中，酸性，养分含量中等，水分条件好，适合玉米、甘薯等多种旱作杂粮作物生长。利用时应坡改梯，防止水土流失；豆科作物间种、套种，培肥地力；配合化肥增施有机肥，施用石灰调节酸性。

3. 沙黄红土

沙黄红土发育于砂岩风化的残坡积物，主要分布于湖南南岭、越城岭、罗霄山脉所在的零陵、邵阳、郴州等地的中低山坡地，海拔为500～800 m，面积为395万亩。剖面构型为A-B-C型，土体较深厚，一般在60 cm以上，植被生长良好，有一定厚度的半腐解的枯枝落叶层。土壤呈酸性反应，pH为4.5～5.3。盐基饱和度低于20％，粉黏比小于1，氧化铁游离度在40％～50％，黏粒硅铝率为2.2～2.6，表明脱硅富铝化作用稍弱。A层厚度为20 cm左右，疏松，灰棕色，砂质黏壤土，屑粒状结构，疏松，根系多；B层40 cm以上，亮棕色-橙色，砂质黏壤土，碎块状-小块状结构，紧实，含有较多石英砂粒，底土粗砾石含量较高。该土种土体较深、较松，理化性质较好，适合多种林木生长。由于含沙量较高，抗蚀能力较弱，水土流失较严重。改良利用上，林地要加强封山育林，缓坡地应注意保持水土，增施有机肥，补充磷肥。

4. 黄红沙土

黄红沙土成土母质为石英砂岩风化的残坡积物，主要分布在福建建阳、三明地区海拔900～1 100 m的中低山地带，面积为137.0万亩。剖面为A-B-C型。土体厚度>60 cm，由于岩性影响，石英碎屑含量多，有少量长石及云母，SiO_2含量>65％，而铁铝含量相对较低，粉黏比<1.0，质地以壤质黏土为主。B层主要性状：红化率为3.3，黏粒硅铝率为2.0，硅铁铝率为1.6，铁的游离度<30％，盐基饱和度<20％，底层母质为暗棕红色，砂质黏土，石英砂含量略高。根据26个农化样品分析结果可知：有机质50.8 g/kg，全氮1.95 g/kg，有效磷4.0 mg/kg，速效钾94.0 mg/kg。有效微量元素含量（$n=2$）：锌1.5 mg/kg，铜2.3 mg/kg，铁93.7 mg/kg，硼0.33 mg/kg，钼0.31 mg/kg，锰45.7 mg/kg，硫35.5 mg/kg，硅125.0 mg/kg。该土种土体深厚，有机质、全氮含量高，全磷、有效磷缺乏，盐基饱和度低。生产上要以林业利用为主，建立毛竹、杉树等用材林和经济林基地，发展针阔混交林。部分缓坡地可辟为茶园，发展优质名茶。同时，应增施磷肥，套种绿肥，增加地面覆盖，培肥地力，促进林木生长。

此外，泥沙黄红土土属还有薄黄红泥、黄泥沙土等土种。

（三）沙泥黄红土

1. 于潜黄红泥土

于潜黄红泥土的母质为泥页岩、片板岩、千枚岩、硅质泥岩、粉砂岩等风化物的残坡积物，主要分布在浙江杭州、衢州、绍兴等地的低山丘陵区，一般海拔在 500～600 m，共有 599.6 万亩（其中耕地 11.9 万亩），在杭州的分布面积最大。剖面为 A-B-C 型。土体厚度在 50 cm 以上，并夹有较多的半风化母岩碎片，大于 1 mm 的砾石含量超过 20%。呈浊橙色（7.5YR 6/4，干）或橙色（7.5YR 7/6，干）。重砾质黏壤土至重砾质粉砂质黏土，以重砾质黏壤土为主。块状结构，酸性反应，pH 为 4.9～5.5。B 层发育较差，红化率为 3.7，粉黏比为 1 左右。有效阳离子交换量略高，黏土矿物以高岭石与伊利石为主，硅铝率及硅铁铝率较高。

统计剖面主要采自浙江的杭州、绍兴、衢州等地，地貌类型有山地、丘陵、平原、盆地等。利用方式多样，如果园、茶园、水田、菜地等。典型土样采自浙江省衢州市衢江区廿里镇黄山村，为丘陵中部，种植水稻。具体性质如表 2-52、表 2-53 所示。

表 2-52　于潜黄红泥土表层土壤基本性质

项目	土层厚度（cm）	耕层厚度（cm）	质地	容重（g/cm³）	pH	有机质（g/kg）	全氮（g/kg）	有效磷（mg/kg）	速效钾（mg/kg）
统计剖面（n=54）	50～150	12～25	壤土-黏土	0.80～1.40	4.3～7.5	8.1～54.1	0.70～5.90	1.1～325.2	39.6～230.0
典型剖面（浙江衢州）	70	17	重壤	1.15	4.7	28.6	3.39	9.5	68.0

表 2-53　于潜黄红泥土表层土壤微量元素含量（mg/kg）

项目	有效铜	有效锌	有效铁	有效锰	有效硼	有效钼	有效硫	有效硅
统计剖面（n=7）	2.70～75.60	2.80～100.50	87.8～571.0	7.3～46.3	0.10～0.50	0.04～29.00	17.2～133.6	50.7～445.7
典型剖面（浙江衢州）	4.94	9.75	447.4	31.3	0.26	1.12	133.6	117.0

于潜黄红泥土土体较厚，质地适中，适种性广，如茶叶（淳安县"鸡坑大叶种"）、杉树、松树、旱粮作物（如小麦、大豆、玉米等）。由于母岩硬度低，易遭冲刷风化，水土流失严重。对坡度大于 25°的陡坡地，应退耕还林、封山育林；旱地及茶、桑、果园要实行等高种植；在幼林、茶园、桑园、果园积极套种旱地绿肥。

2. 橙泥土

橙泥土母质为泥质页岩，主要分布于安徽黄山、宣城、芜湖、安庆等地，多处于低山丘陵的中下部，面积 90.2 万亩，为耕种旱地。剖面为 A-B-C 型。土体较厚，耕层厚度为 14 cm，呈浊棕色（7.5YR 5/3），容重为 1.23g/cm³，孔隙度为 53.8%。盐基饱和度为 40%～65%，pH 为 4.7～6.5，阳离子交换量为 7～15 cmol/kg。土壤质地为壤质黏土，黏粒含量为 25%～36%，粉黏比为 1.1～1.5。根据 230 个农化样品的分析结果可知，有机质 24.5 g/kg，全氮 1.4 g/kg，有效磷 5.0 mg/kg，速效钾 110.0 mg/kg，明显缺磷。有效硼含量为 0.16 mg/kg，有效钼含量为 0.12 mg/kg（n=11），均属极缺。该土种土体厚度中等，潜在养分较丰，但质地黏重，磷素缺乏，有效硼、钼不足。利用方式主要为园地、旱地，以种植茶、果树、桑和甘薯、玉米、油菜、大豆为主。利用改良上，应改顺坡种植为等高种植，加强园地改造；套（间）种绿肥，增施灰肥、饼肥，配施氮、磷肥，补施硼、钼肥，以协调土壤养分。

(四)泥沙黄红泥

1. 厚黄红土

厚黄红土由板岩、粉砂质板岩、千枚岩、页岩等风化物发育而成，分布范围较广，主要分布区域在湖南雪峰、武陵山系所在的怀化、湘西、邵阳等地海拔为 450~800 m 的山腰中部及缓坡地段，共 929.9 万亩。剖面构型为 A_0-A-B-C 型，土体厚度一般在 70 cm 以上，均质壤质黏土，粉沙粒含量 30% 以上。土壤有机质积累作用较强，地面覆盖有厚度约为 3 cm 的暗棕色的半分解枯枝落叶层；A 层厚约 20 cm，有机质含量为 30 g/kg 左右；B 层较深厚，可达 80 cm 以上，黄橙色及红棕色，有机质含量高达 17 g/kg，壤质黏土，粉黏比为 0.7~0.9，块状结构，盐基饱和度<20%，铁的游离度>40%，风化淋溶系数为 0.16，1 m 土体以下可见少量半风化岩块。该土种土体较厚，并有不同厚度的腐殖质层，土壤孔隙状况和透水性较好，土壤蓄水性能强，养分含量较高，自然肥力较好，适合油茶、松树、杉树等林木生长。

典型剖面位于湖南省浏阳市大围山镇永幸村白面石组，28°24′14″N，114°04′41″E，海拔 739.0 m，土地利用状况为林地。50 cm 土温为 16.4 ℃，成土母质为板岩、页岩风化物。中亚热带湿润季风气候，年均气温 15~16 ℃，年均降水量在 1 400~1 600 mm。土体较厚，深度≥100 cm，土壤发育较成熟，剖面构型为 A-AB-B_1-B_2-R 型，土壤表层受到轻度侵蚀，有机质和养分含量较高，土壤表层质地为粉黏壤土，B_1 层黏化率大于 1.2，土壤润态色调为 5YR，剖面底部有 25%~80% 的板岩碎屑。pH（H_2O）和 pH（KCl）分别为 4.7~5.0 和 4.1~5.1，有机碳含量为 2.11~19.53 g/kg，铁含量为 31.4~45.2 g/kg，游离铁含量为 17.5~22.2 g/kg，铁的游离度为 49.0%~55.6%。

A：0~27 cm，浊橙色（7.5YR 6/4，干），红棕色（5YR 4/8，润），大量中根，粉黏壤土，发育程度很强的小团粒状结构，中量中根孔、气孔和粒间孔隙，中量小岩石碎屑，土体松散，向下层平滑渐变过渡。

AB：27~50 cm，浊橙色（7.5YR 6/4，干），亮红棕色（5YR 5/6，润），中量细根，黏壤土，发育程度强的小块状结构，中量中根孔和粒间孔隙，大量小岩石碎屑，土体松散，向下层平滑渐变过渡。

B_1：50~75 cm，黄橙色（7.5 YR 7/8，干），浊红棕色（5YR 5/4，润），中量细根，粉黏壤土，发育程度强的中块状结构，少量细根孔和粒间孔隙，大量中岩石碎屑，土体松散，向下层波状渐变过渡。

B_2：75~140 cm，亮棕色（7.5YR 5/8，干），亮红棕色（5YR 5/8，润），少量细根，黏土，发育程度中等的大块状结构，少量细粒间孔隙，大量粗岩石碎屑，土体松散，结构面上有中量黏粒胶膜，向下层平滑渐变过渡。

R：140~180 cm，板岩和页岩岩块。

厚黄红土典型土壤物理性质和化学性质见表 2-54、表 2-55。

表 2-54　厚黄红土典型土壤物理性质

土层	深度 （cm）	砾石 （>2mm，V/V，%）	细土颗粒组成（g/kg）			质地	容重 （g/cm³）
			沙粒 （2~0.05mm）	粉粒 （0.05~0.002mm）	黏粒 （<0.002mm）		
A	0~27	9	147	481	372	粉质黏壤土	0.99
AB	27~50	27	238	399	363	黏壤土	1.32
B_1	50~75	48	133	479	388	粉质黏壤土	1.29
B_2	75~140	65	190	366	444	黏土	1.21

表 2-55　厚黄红土典型土壤化学性质

深度 （cm）	pH（H_2O）	pH（KCl）	游离铁 （g/kg）	游离度 （%）	CEC（cmol/kg，黏粒）	有机碳 （g/kg）	全氮 （g/kg）	全磷 （g/kg）	全钾 （g/kg）
0~27	5.0	4.1	17.5	55.6	42.5	19.53	1.37	0.33	24.7

（续）

深度 (cm)	pH（H₂O）	pH（KCl）	游离铁 (g/kg)	游离度 (%)	CEC（cmol/kg，黏粒）	有机碳 (g/kg)	全氮 (g/kg)	全磷 (g/kg)	全钾 (g/kg)
27～50	4.8	4.4	19.0	55.4	29.3	7.98	0.75	0.23	27.5
50～75	4.7	4.5	21.0	53.6	27.7	3.65	0.54	0.23	30.5
75～140	4.9	5.1	22.2	49.0	23.1	2.11	0.60	0.31	28.6

2. 黄红土

黄红土的成土母质为板岩、泥质页岩、千枚岩风化的残坡积物，是经长期耕作发育的旱作土壤，主要分布在湖南湘西、益阳、怀化等地的低山、丘陵坡麓及缓坡地，面积为 17.1 万亩。剖面构型为 A-B 型，土体深厚，全剖面浊黄棕色-淡黄橙色，壤质黏土，黏粒含量为 26%～27%，粉沙粒含量较高，占 35% 左右。A 层浊黄棕色，壤质黏土，碎块状结构，疏松，根系多，有机质含量高，可达 35 g/kg 以上，盐基饱和度高；B 层颜色为黄橙色-淡黄橙色，块状结构，紧实，有机质含量骤降，在 10 g/kg 左右，交换性酸增加至 5～6 cmol/kg，盐基饱和度降至 10%～20%，结构面上有明显胶膜。

统计土样共 14 个，有效土层厚度为 30～130 cm，耕层厚度为 14～33 cm，壤土-黏土，容重为 0.9～1.4 g/cm³，pH 为 4.4～7.0，有机质含量 9.0～67.4 g/kg，全氮 0.6～3.0 g/kg，有效磷 1.9～134.8 mg/kg，速效钾 40.0～251.0 mg/kg。典型剖面位于湖南省冷水江市渣渡镇利民村的丘陵上部，海拔 330.7 m，常年耕作制度为一年二熟的玉米—油菜轮作，有效土层厚度为 99 cm，耕层厚度为 18 cm，黏土，容重为 1.12 g/cm³，pH 为 7.0，有机质 67.4 g/kg，全氮 1.82 g/kg，有效磷 57.2 mg/kg，速效钾 92.5 mg/kg。有效微量元素含量：铜 1.97 mg/kg，锌 2.1 mg/kg，铁 25.31 mg/kg，硼 0.26 mg/kg，钼 0.22 mg/kg，锰 5.88 mg/kg。

黄红土耕层较深，有机质含量较高，保水保肥能力较强。但质地较黏，适耕期短，坡土易流失，有效硼、锌、钼不足。改良利用上应坡改梯，增施有机肥和磷、钾肥，补充硼、锌、钼肥，合理间种、套种绿肥。

3. 黄红沙泥

黄红沙泥的成土母质为砂岩风化的坡积物，经长期旱耕发育而成，主要分布在湖南益阳、湘西、邵阳等地，在零陵、娄底、郴州等地也有分布，面积约 12.4 万亩。剖面构型为 A-B 型，土体厚度 100 cm 以上，为砂质黏壤土-黏壤土，黏粒及粉沙粒含量均在 20%～25%。土壤 pH 为 5.6～6.4，交换性盐基总量与盐基饱和度沿剖面自上至下逐渐下降。A 层有机质含量较高，呈暗棕色，砂质黏壤土，屑粒状-碎块状结构，疏松，根多；B 层有机质含量逐渐降低，土色相应变化为亮棕色-红棕色，黏壤土-砂质壤土，小块状-块状结构，有铁质胶膜，稍紧-紧实，盐基饱和度为 14%～18%。该土种质地较轻，疏松，通气透水，耕性好，土壤供肥性较好，易发小苗，但缓冲性能差，保肥能力弱。土壤有机质含量一般较高，钾充足，磷缺乏，宜种植薯类作物。改良利用时应坡改梯，防止水土流失；施用有机肥，补充磷肥，合理施用锌、钼、硼肥。

4. 三都黄红沙

三都黄红沙的成土母质为石英砂岩风化物，主要分布于贵州铜仁、松桃、三都等地海拔 500～700 m 的低山中下部，面积为 10.36 万亩。剖面构型为 A-B-C 型，土体厚度在 80 cm 以上。通体含大量石英砂粒，其含量为 50%～60%。B 层呈黄棕色，砂质黏壤土，粉黏比在 0.8 左右，块状结构，紧实。土壤呈酸性反应，pH 为 4.5～5.0，有效阳离子交换量为 15.5 cmol/kg，盐基饱和度低于 30%。表层土壤有机质和全氮均较丰富，但磷缺乏。有效微量元素：锌 1.0 mg/kg，铜 0.64 mg/kg，硼 0.47 mg/kg，钼 0.16 mg/kg，锰 7.0 mg/kg。该土种土体深厚，质地轻，水热条件好，宜种杉树等速生林木。酸性较强，也宜种茶、油茶。平缓地段可垦为耕地，注意做好水土保持工作，重视磷、钾肥的施用和硼的补充。实行多熟制，充分利用水、热、光条件。

（五）黄红砾泥（墨脱黄红土）

黄红砾泥母质为洪积物，主要分布在西藏墨脱深切高山窄谷洪积扇上，海拔 1 500 m 以下，面积为 0.6 万亩。受亚热带湿润气候影响，土壤脱硅富铝化作用较强，形成黄红壤，经垦种为旱耕地。剖面构型为 A-B-C 型。土壤呈棕色、黄棕色，质地为砂质壤土，底部含较多砾石。B 层粉黏比小于 1.0，土壤 pH 为 5.0 左右，呈酸性反应，阳离子交换量为 10 cmol/kg 左右，结构面上可见明显的铁锰斑。根据典型剖面样品分析结果可知：A 层有机质 111.1 g/kg，全氮 4.3 g/kg，碱解氮 266 mg/kg，有效磷 12 mg/kg，速效钾 169 mg/kg。该土种所处海拔低，热量条件好，土体深厚，耕性好，适耕期长，土壤养分含量高，有机质和氮含量极高，有利于作物生长。种植玉米、小麦等作物，产量较高，一年两熟。常年亩产玉米 250～300 kg，亩产小麦 200～250 kg。改良利用中，应深耕增厚耕作层，进一步提高土壤的保肥供肥性能。同时要充分利用光热资源，在水源有保证的地段做到精耕细作，增加复种面积；或实行水旱轮作，以便提高粮食产量。

（六）黄红泥

1. 丘北黄红泥

丘北黄红泥由页岩、砂页岩等泥质岩类风化的残坡积物经耕作熟化发育而成，主要分布在云南文山、玉溪、怒江、大理、曲靖、红河等地的中山下部及山麓平缓地段，海拔 1 400～2 100 m，面积为 106.2 万亩。剖面构型为 A-B-C 型。耕层厚 18 cm 左右，多呈黄棕色或暗红棕色，壤质黏土，小块状结构，疏松，根多；B 层多为红棕色或黄色，质地较黏，壤质黏土-黏土，粉黏比小于 1.0，pH 为 5.0 左右，呈酸性反应，阳离子交换量为 10 cmol/kg 左右，盐基饱和度小于 30%。根据 82 个剖面样品的分析结果可知：A 层有机质含量为 43.2 g/kg，全氮 1.96 g/kg，碱解氮 175 mg/kg，有效磷 5 mg/kg，速效钾 168 mg/kg。有效微量元素含量（$n=9$）：锌 4 mg/kg，铜 2.25 mg/kg，硼 0.18 mg/kg，钼 0.17 mg/kg，锰 137 mg/kg。该土种质地偏黏，但表土结构较好，疏松易耕，但通透性稍差，有较强的保水能力，供肥较好，宜种性较广，一年一熟或二熟，主产玉米、陆稻、薯类、豆类、小麦、油菜及烤烟等粮食和经济作物。亩产玉米 150～250 kg，陆稻 100～150 kg，薯类 150～200 kg（折粮），小麦 50～150 kg，油菜 30～35 kg。属中下等肥力旱耕地。改良利用中，应坡地改梯地，配合深耕，增施农家肥和磷肥等，增产潜力很大。

2. 桐木关黄红泥土

桐木关黄红泥土的成土母质为凝灰岩风化的坡积物，主要分布于闽北宁德、南平海拔 700～1 000 m 的中低山地带，面积为 651.46 万亩。剖面为 A-B-C 型。土体厚度＞60 cm，以壤质黏土为主，心土层因水化而呈黄橙色-黄棕色，红化率为 2.8 左右，pH 为 5.0～5.7，盐基饱和度＜20%，黏粒硅铝率为 2.4，硅铁铝率为 2.0，铁的游离度＜35%。据统计（$n=38$），表土层有机质 46.0 g/kg，全氮 1.76 g/kg，全磷 0.22 g/kg，全钾 15.4 g/kg。该土种水热条件好，土壤肥力也比较高，是用材林和经济林基地。适于发展杉树、松树、毛竹及壳斗科、樟科等阔叶林树种，提倡针、阔叶林混交。局部缓坡地适合种茶，应注意水土保持。在建设茶叶高产基地时，应逐步配置喷灌设施并深耕改土、科学施肥，发挥土壤增产潜力。

3. 乌麻沙黄泥

乌麻沙黄泥的母质为酸性结晶岩坡残积物，分布在 500～800 m 的低山缓坡地段，分布范围较广，其中，在江西赣州地区的分布面积最大，在抚州、吉安、宜春等地次之，共 506.73 万亩。有效土体多在 1 m 左右，为 A-B-C 型。A 层上覆盖有厚度不一的枯枝落叶层，表土层 20 cm 左右，厚的可达 30 cm，心土层厚度在 50 cm 以上。一般 85 cm 以下为紧实的母质层。该土种的沙粒含量占 50% 以上，根据 9 个剖面的统计结果可知，黏粒含量 B 层 26.46%，A 层 21.87%，土壤质地多为黏壤土-壤质黏土，但由于土层中含粗砾石较多，故手感较粗。表土容重 1.1 g/cm³ 左右。孔隙度为 55% 左右，通透性较好。土壤呈酸性反应，pH 在 5.0 左右，有效阳离子交换量为 10 cmol/kg，以交换性酸为主，盐基饱和度仍较低。根据 203 个农化样品的分析结果可知：有机质 47.8 g/kg，全氮 1.8 g/kg，碱解氮 173.0 mg/kg，有效磷 3.0 mg/kg，速效钾 124.0 mg/kg。除磷含量稍低外，其他养分含量较高，是肥力较高的土种之一。该土种区内植被茂盛，多为松树、杉树、毛竹等针叶林及针阔叶混交林和油茶林，林下杂灌丛生。植被盖度多在 90% 以上，除局部地段有轻度面蚀外，无明显水土流失。土壤有效土体深厚，结构良好，保水保肥能力较强，自然肥力高，为林木生长提供了较好的立地条件，特别适合营造喜荫蔽的杉木林，是发展林业的重要土壤资源。对现有林应合理采伐、更新。防止乱砍滥伐，应有计划地发展杉木林及其他针阔叶用材林。地势平坦、土体深厚的凹地可以种植茶或猕猴桃等经济林木，增加经济效益。

此外，黄红泥土属还有麻沙黄泥、乌黄鳝泥、黄鳝泥、壤黄泥、夹砾橙泥土、罗田橙泥土、祁山橙泥土等土种。

（七）黏黄红土

1. 西昌黄红泥土

西昌黄红泥土的母质为玄武岩风化的残坡积物，经垦种成为旱耕地，主要分布在四川南部凉山彝族自治州的大部分县（市）和雅安市石棉县的海拔 1 300～2 500 m 的中低山中上部缓坡地带，面积为 29.9 万亩。剖面为 A-B-BC 型。土体呈橙色，质地为壤质黏土-黏土。B 层土壤 pH 为 5.0～6.4，呈酸性至微酸性反应，粉黏比为 0.8～0.9，阳离子交换量为 18 cmol/kg，可见铁锰斑和软硬铁子。

统计土样主要采自四川省攀枝花市盐边县、米易县、西昌市、雷波县、金阳县、盐源县、美姑县等地，海拔在 623～3 214 m，地貌类型为山地，母质为玄武岩风化物和红砂岩风化物的残坡积物。典型土样采自四川省凉山彝族自治州盐源县盐井街道洞桥村，海拔为 2 388 m，为山地坡下地段。

西昌黄红泥土表层土壤的基本性质和微量元素含量见表 2-56、表 2-57。

表 2-56　西昌黄红泥土表层土壤基本性质

项目	土层厚度 (cm)	耕层厚度 (cm)	质地	容重 (g/cm³)	pH	有机质 (g/kg)	全氮 (g/kg)	有效磷 (mg/kg)	速效钾 (mg/kg)
统计剖面 (n=49)	30～150	10～25	沙土-黏土	1.00～1.80	5.5～8.4	12.5～53.1	0.14～1.74	3.5～7.8	42.0～350.0
典型剖面 (四川凉山)	60	20	中壤	1.23	6.9	32.9	0.18	5.6	84.0

表 2-57　西昌黄红泥土表层土壤微量元素含量 （mg/kg）

项目	有效铜	有效锌	有效铁	有效锰	有效硼	有效钼	有效硫	有效硅
统计剖面 (n=5)	0.4～4.4	0.4～3.8	2.5～54.8	4.7～21.4	0.0～0.3	0.02～0.13	18.4～27.1	—
典型剖面 (四川凉山)	2.2	1.62	54.8	21.1	0.2	0.04	24.2	49.5

西昌黄红泥土土体较厚，但耕层薄，熟化度低，质地黏重，耕性及通透性均较差，但保水保肥能力较强，供肥缓慢，前劲差、后劲足。土壤养分含量虽较高，但磷和微量元素较缺，加之季节性干旱严重，多为一年一熟，种植玉米、甘薯、豆薯等作物，有水源的地方，可种植小麦，亩产 300～400 kg。改良利用上，应首先解决灌溉用水，提高复种指数；深耕结合重施有机肥、灰渣肥和磷肥，改良土壤结构，提高供肥能力。大力提倡利用冬闲地发展绿肥和饲料作物，提高土壤生产力。

2. 黄黏泥

黄黏泥的母质为玄武岩、安山玢岩等基中性岩的残坡积物，主要分布在浙江绍兴、金华等地的玄武岩台地和安山岩丘陵，海拔为 200～600 m，共有 6.6 万亩（其中，耕地 0.6 万亩）。剖面为 A-B-C

型。土体较深厚，一般在 50 cm 以上，呈浊棕色（7.5YR 5/3，干）-亮黄棕色（10YR 7/6，干），质地黏重，壤质黏土或黏土。表土层疏松，核粒状或碎块状结构，微团聚体发育；心、底土层紧实，块状结构，有细粒状的铁锰结构，酸性至微酸性反应，黏粒含量高而粉黏比低，比 A 层及 C 层分别低 0.15 和 0.19，但盐基饱和度高，可能与母岩质地匀细、富含盐基有关。

采自浙江省丽水市缙云县胡源乡（丘陵中下部，有效土层厚度为 67 cm，表土层 18 cm，容重为 0.9 g/cm³，黏土，pH 为 4.8，种植作物为油茶）的 2 个农化样品的分析结果如下：有机质 29.3 g/kg，全氮 0.16 g/kg，有效磷 5.3 mg/kg，速效钾 88.5 mg/kg。有效微量元素含量：锌 4.6 mg/kg，铜 0.3 mg/kg，铁 41.7 mg/kg，硼 0.09 mg/kg，钼 0.09 mg/kg，锰 80.3 mg/kg，硫 30.9 mg/kg，硅 71.8 mg/kg。

黄黏泥土体较深厚，质地黏重，保蓄性能好，供肥性较差。目前，大部分种植马尾松，少部分已开垦种植茶或旱粮。

（八）黏黄红泥

1. 潮红土

潮红土的母质为第四纪红土及其再积物。主要分布在浙江湖州、杭州等地河谷一级阶地或山麓坡积裙上，一般海拔在 30 m 以下，仅有 2 万亩（全部为耕地）。潮红土是红壤向潮土过渡的一种土壤类型，上体中部或中下部受地下水和侧渗水的双重影响，处于氧化-还原交替状态，形成铁锰新生体，具有潮土化发育过程的特征。剖面 A-B 型，上部土体厚度可在 70 cm 以上，黏壤土至砂质黏壤土，酸性至微酸性反应，盐基饱和度为 58%～70%，剖面盐基饱和度自上而下呈逐步增大的趋势。心土层硅铝率为 3.2，硅铁铝率为 2.7，红壤成土作用弱。表土层有机质 18.1 g/kg，全氮 0.95 g/kg，有效磷 35.0 mg/kg，速效钾 49.0 mg/kg。有效微量元素：铜 2.34 mg/kg，锌 1.35 mg/kg，铁 179.0 mg/kg，锰 39.0 mg/kg，钼 0.18 mg/kg，硼 0.12 mg/kg。

黏黄红泥土体较厚，疏松，水分、光热条件好，有的具夜潮性，是发展经济作物比较理想的一种土壤资源。目前都已开发利用为桑园、竹笋园、茶园和果园等。分布在坡麓处的潮红土，剖面中常有铁锰胶结层，容易造成土体内滞水，影响茶、果树扎根生长。有机质含量低，养分贫乏，改良利用上应逐步做到深翻，广积土杂肥，增施有机肥，扩种、套种旱地绿肥。

2. 舟枕黄筋泥

舟枕黄筋泥的母质为第四纪红土（中、晚更新世），主要分布在浙江杭州、宁波、金华等地的谷口洪积扇和一级河谷阶地上，仅有 8.4 万亩（其中，耕地 4.2 万亩）。剖面为 A-B 型。土体较深厚，一般可达 60 cm 以上，呈橙色（7.5YR 6/8，干）-淡黄棕色（10YR 6/8，干）。显沙砾性，结持松，酸性至微酸性反应，pH 为 4.8～6.1。B 层粉黏比为 0.96，盐基饱和度略高，平均为 38.6%，黏粒硅铝率为 2.8，黏土矿物伊利石、高岭石占优势。剖面下部可见分异不明显的黄白或红白网纹层。土壤的富铝化作用较弱。在浙江宁波、金华等地采集的 2 个土样（丘陵下部，有效土层厚度为 80 cm，表层厚度为 20 cm，黏土，容重为 1.1 g/cm³，pH 为 5.3，种植花木、蔬菜）的分析结果显示：有机质 13.7 g/kg，全氮 1.5 g/kg，有效磷 56.2 mg/kg，速效钾 68.1 mg/kg。该土种地处缓坡地段，目前多垦为旱地或栽植茶、桑及果树。由于舟枕黄筋泥易受侵蚀，土壤保蓄性能也较差，在发展茶、桑、果的同时，应注重水土保持，并扩种或套种豌豆、绿豆等旱地绿肥，不断培肥地力。

第三节　棕红壤亚类

一、分布与成土条件

棕红壤是红壤土类向黄棕壤过渡的一个土壤亚类，地处中亚热带北部，大体分布于湖南、湖北、江西、安徽长江沿岸红壤丘陵区和低山区，海拔一般在 500 m 以下。该区域气候温暖湿润，干湿交替，四季分明，年均温为 16～17 ℃，年降水量为 1 300～1 400 mm，年蒸发量为 1 219～1 424 mm，≥10 ℃积温为 5 198～5 360 ℃，最低月均温＜4.4 ℃，极端最低气温－18.1～－11.8 ℃。植被以常绿阔叶或常绿针阔混交林为主。由于人类活动的影响，自然植被几乎绝迹，人工植被以马尾松、杉树、油菜为主。成土母质以第四纪红土为主，也有花岗岩、砂岩、板岩、页岩风化物。

二、主要成土特点

在温暖湿润的气候条件下，土壤中的原生矿物强烈风化，次生矿物大量形成。脱硅富铝化作用、淋溶作用、铁的游离度比典型红壤亚类低，发育度较典型红壤弱。硅淋失，铁、铝相对富集，但富集程度比典型红壤亚类低，黏粒硅铝率及硅铁铝率比典型红壤高。在矿物风化分解的过程中，因风化淋溶而流失的碱金属和碱土金属的含量比典型红壤高，一般高出 18%～200%；风化淋溶系数比典型红壤大，棕红壤风化淋溶系数一般在 0.2～0.4，而典型红壤一般在 0.2 以下，平均为 0.18。棕红壤铁的游离度比典型红壤低，活化度比典型红壤高，黏土矿物以水云母、高岭石为主。

三、剖面形态特征

棕红壤一般土层深厚，红色风化层可达 1m 至数米，土体构型多为 A-B-C 型。全剖面呈酸性反应，pH 为 4.8～5.8。A 层厚 20～30 cm，暗棕色至红棕色，粒状结构，疏松；B 层 30～60 cm，红棕色，块状结构，较紧实，有少量铁锰斑纹及斑块；底土层 50～100 cm，块状结构，紧实，网纹层或其他母质层有铁锰胶膜或半风化岩片。土壤质地因发育的母质不同而差异较大，为黏土-沙壤。

四、基本理化性质

由于棕红壤发育的母质不同，土体中的黏粒含量差异较大：＜0.002mm 的黏粒含量以第四纪红土母质发育的为最高，一般都在 45% 以上；砂岩、板岩、页岩风化物发育的次之，一般为 30%～35%；花岗岩风化物发育的黏粒含量最少，一般小于 30%。棕红壤的 B 层一般都有黏粒的淋溶淀积现象，沙性母质上发育的棕红壤尤为明显。土壤呈酸性反应，但 pH 比典型红壤亚类要高。土壤的阳离子交换量、盐基总量、交换性酸、盐基饱和度因母质而异。一般阳离子饱和度为 8～14 cmol/kg，盐基总量为 5～8 cmol/kg，与土壤中钙、镁的含量成正比。交换性酸为 1～3 cmol/kg，盐基饱和度为 40%～60%。土壤化学组成中 SiO_2 的含量最高，占 60%～70%；Al_2O_3 次之，约占 12%～29%；Fe_2O_3 较少，一般为 4.5%～6.5%。土壤的风化淋溶系数一般在 0.3 左右。在棕红壤的风化成土过程中，原生矿物风化作用强烈，产生大量的次生黏土矿物和游离氧化物。特别是第四纪红土母质发育的土壤，游离铁可占全铁量的 40%～60%；砂岩、板岩、页岩风化物发育的土壤游离铁占全铁量的 40%～50%；花岗岩风化物发育的土壤游离铁占全铁量的比例较低，一般在 30% 以下。土壤中的黏土矿物脱硅富铝化程度较低，以水云母、高岭石为主，且高岭石结晶不好。土壤有机质含量一般在 20.0 g/kg 以下，全磷含量也低，一般都小于 1.0 g/kg，而全钾含量则因母质的不同而有较大的差异，速效养分、有效磷含量都很低。根据棕红壤表层土壤的分析结果可知：有机质 15.7 g/kg（n＝694），全氮 0.9 g/kg（n＝814），全磷 0.51 g/kg（n＝l50），全钾 18.24 g/kg（n＝149），有效磷 4.7 mg/kg（n＝693），速效钾 106.0 mg/kg（n＝705），有效锌 l.61 mg/kg（n＝l36），有效硼 0.34 mg/kg（n＝28），pH 为 4.2～6.8（n＝1 878），阳离子交换量为 10.42 cmol/kg（n＝224），容重为 1.28g/cm³（n＝100）。

五、主要土属及土种

根据土壤发育母质和特性的不同，棕红壤主要可分为棕红泥、泥沙棕红土、麻棕红泥、黏棕红泥、红岩泥土、棕红沙泥等土属，主要土种包括乘风棕红泥、棕糯红土、红硅泥土、红硅沙泥土、红硅沙土、灰棕麻沙土、厚棕麻沙土、棕麻沙土、白粉土、白沙土、红麻骨土、薄棕黄泥、棕红土、铁子红土、棕黄泥、棕沙黄泥、棕黄筋泥、高禹亚棕黄筋泥、敬亭棕红土、网纹棕红土、焦斑棕红土、红岩泥土、砾质红岩泥土、糠头土、红岩渣土、红赤泥土、红赤沙泥土、红赤沙土、红褐沙土、红乌沙泥土等土种。棕红泥、黏棕红泥土属的成土母质主要是第四纪红土（以中更新统为主，另有上更新统和下更新统），主要分布在湖盆低岗地，土层深厚，但质地较黏，土壤通气透水性较差，肥力较低，有机质一般在 20.0 g/kg 以下，速效养分、有效磷缺乏，微量元素较充足。泥沙棕红土、棕红沙泥土属主要发育于各类型砂岩风化物，主要分布于低山丘陵中下部，土壤中 SiO_2 的含量特别高，可达70%，土壤机械组成中 0.02~0.002 mm 的粉粒含量较高。土层较厚，质地较轻，土壤疏松，通气透水，土壤肥力不高，特别是速效氮、磷、钾含量较低。麻棕红泥土属主要发育于花岗岩风化物，沙粒含量较高。土壤化学组成中，SiO_2 的含量在各种棕红壤土属中最低，Al_2O_3、K_2O 的含量高，有效磷含量极低，缓效钾含量高。红岩泥土土属由碳酸盐岩类风化物发育而成，分布区域小，土层较浅，质地较黏，肥力不足。

（一）棕红泥

1. 乘风棕红泥

乘风棕红泥母质为第四纪红土，多分布于湖南临湘、岳阳、华容等地的丘陵和岗地，面积为62.4 万亩，是经开垦耕种发育而成的农用旱地。剖面为 A-B-B$_v$ 型，土体较深，耕作层约 20 cm，心土层可见铁锰胶膜；底土为黄红相间的网纹层。质地黏重，壤质黏土-黏土，B 层粉黏比为 0.62。pH为 4.7~5.2，有效阳离子交换量为 9 cmol/kg，盐基饱和度为 50% 以上。养分含量低，对 3 个剖面样品进行分析可知，A 层有机质 16.9 g/kg，全氮 1.09 g/kg，全磷 0.55 g/kg，全钾 13.7 g/kg，速效钾65.0 mg/kg。该土种质地黏，通透性差，耕作困难，肥力低，严重缺磷，酸度大，理化性质均差。同时，由于耕作粗放、有机肥施用少，出现耕作层紧实度大于下部土壤的现象，表土易结壳，不利于幼苗存活。改良利用上，宜精耕细作，多施有机肥，合理增施磷肥和石灰。

2. 棕糯红土

棕糯红土母质为第四纪红土，多分布于湖南省洞庭湖东西两侧海拔 200 m 以下的丘陵岗地，在湘阴、岳阳、临湘等地的分布面积较大，共 65.6 万亩。剖面为 A-B-B$_m$ 型，土体焦斑在 70 cm 以下出现。土体以红棕色为主，<0.02 mm 的土粒含量占 81%~86%。其中，黏粒含量大于 40%。质地为壤质黏土-黏土，黏土矿物以水云母、高岭石为主，有少量石英。pH 为 4.6~5.2。B 层盐基饱和度为 39%，黏粒硅铝率为 2.64，硅铁铝率为 2.69，风化淋溶系数为 0.17，铁的游离度为 65%。土壤有机质含量低，速效养分中氮、钾含量中等，磷极缺。该土种土体较厚，地面坡度小，温光条件好，林木立地条件优越，有利于农林业的发展，但质地黏重，养分贫乏，高度缺磷，侵蚀性强。改良利用上，应加强植被保护，保持水土，加强土壤培肥，特别是要增施磷肥。

（二）泥沙棕红土

泥沙棕红土土属的成土母质为石英质岩类风化物，以石英砂岩、石英质砂页岩、石英砾质岩为主。主要分布于湖北嘉鱼、阳新、通山、蕲春、武穴、黄梅、鄂州、黄石、武昌、宜都等地。由于石英质岩类抗风化能力强，多形成丘陵的岭脊，土层浅薄，沙性重，水土流失较严重。土体中一般含20% 左右的石英、燧石砾石，养分供应全期不足，禾苗黄瘦，林草稀疏。其表土理化性质（n=60）：pH 为 5.0~6.8，有机质 16.3 g/kg，全氮 0.87 g/kg，全磷 0.33 g/kg，全钾 13.5 g/kg，有效磷5.5 mg/kg，速效钾 140 mg/kg（n=74）。有效微量元素（n=3）：硼 0.28 mg/kg，锰 51.3 mg/kg，铁 8.14 mg/kg。阳离子交换量为 11.15 cmol/kg（n=16），容重为 1.24 g/cm^3（n=11）。

石英质岩棕红壤土属划分为红硅泥土、红硅沙泥土和红硅沙土 3 个土种。

1. 红硅泥土

红硅泥土的成土母质为石英质岩类风化物，经开垦而成耕地，零星分布于湖北武穴、黄石、鄂州等地丘陵的岗脚，由坡积物或洪积物发育而成，约 0.9 万亩。地形部位低，风化程度较高。种植小麦—甘薯、小麦—豆类等。土体构型为 A-B-C 型或 A-B$_1$-B$_2$ 型，厚 40~100 cm，平均 60 cm，表土质地为重壤，含少量小颗粒白色石英、燧石碎石。表土层厚 13~24 cm，平均厚 17 cm，灰棕色（5YR 5/2）

或黄棕色（10YR 5/8），块状或小块状，较紧，根系多，pH 为 5.5～6.8。心土层厚 13～87 cm，平均厚 42 cm，棕红色（2.5YR 4/7）或淡红色（10R 6/8），中壤至黏土，以轻黏居多，块状，极紧，根系少，有少量铁锰斑块和结核。

典型剖面采自湖北省武穴市大法寺镇刘叶村，位于丘岗下部。耕地提水灌溉。表土层 0～16 cm，黄棕色（10YR 5/8），壤质黏土，块状，较散。心土层 B_1，16～25 cm，灰棕色（5YR 5/2），粉砂质黏土（轻黏），块状，极紧，有少量铁锰斑块。心土层 B_2，25～100 cm，棕红色（2.5YR 4/7），粉砂质黏土（重壤），块状，极紧，有少量铁锰斑块。

红硅泥土典型剖面土壤的化学性状和颗粒组成见表 2-58、表 2-59。

表 2-58　红硅泥土典型剖面化学性状

发生层	深度（cm）	有机质（g/kg）	全氮（g/kg）	全磷（g/kg）	全钾（g/kg）	pH
A	0～16	1.26	0.86	0.86	0.52	6.4
B_1	16～25	0.45	0.45	0.45	0.40	6.2
B_2	25～100	1.07	1.07	0.71	0.63	6.4

表 2-59　红硅泥土典型剖面颗粒组成

发生层	颗粒组成（g/kg）			
	2～0.2 mm	0.2～0.02 mm	0.02～0.002 mm	<0.002 mm
A	147.2	132.9	426.8	292.9
B_1	5.2	148.0	483.6	363.2
B_2	173.5	68.5	493.6	264.4

红硅泥土所处位置地势平坦，土层较厚，耕种历史悠久，故土壤养分含量中等偏高，比较肥沃。但质地较黏，紧实，容重大，且含少量砾石，适耕期短，较难耕作，通透性较差，易受旱，经常缺苗。改良利用上应深耕炕土，抢墒整地播种；轮种绿肥，多施砂质土杂肥，促进土壤团粒结构的形成，降低土壤容重，改善土性，作物苗期应追施速效肥，确保全苗壮苗，促早发是提高产量的关键措施，宜种小麦、大豆，不宜种花生和甘薯等块茎作物。

2. 红硅沙泥土

红硅沙泥土的成土母质为石英质岩类风化物，主要分布于湖北嘉鱼、阳新、通山、武穴、蕲春、黄梅、武昌、宜都、鄂州等地低山丘陵的中下部，少数居于顶部。湖北东部以麦棉为主，其他地区以麦（小麦、大麦）、薯（马铃薯、甘薯）、豆（蚕豆、豌豆）、芝麻、苎麻为主；林荒地以松树、杉树、绿茶、油茶为主，面积约 2.7 万亩。土体构型为 A-B-C 型或 A-B_1-B_2 型，厚 3～100 cm，平均厚 48 cm。表土质地中壤至轻壤，多含少量小颗粒石英石，表土层厚 8～35 cm，平均厚 17 cm，淡棕色（7.5YR 5/6）或黄棕色（10YR 5/8），团粒状或碎块状，稍散，根系多，pH 为 5.0～6.5。心土层厚 8～95 cm，平均厚 31 cm，暗棕红色（2.5YR 4/8）或棕红色（2.5YR 4/7），轻壤至黏土，块状或棱块状，较松或紧实，根系较少，含石英石，有大量铁锰胶膜和结核，母质层较厚，夹砾石多。表土理化性质（$n=40$）：有机质 15.4 g/kg，全氮 0.85 g/kg，全磷 0.37 g/kg，全钾 13.0 g/kg，有效磷 4.0 mg/kg，速效钾 160 mg/kg。阳离子交换量为 11.10com/kg，容重为 1.22g/cm³（$n=9$）。

典型剖面表土层（A）0～15 cm，淡棕色（7.5YR 5/6），粉砂质黏壤土（中壤），中度片蚀，耕地，麦、薯两熟为主。心土层 B_1 15～43 cm，暗棕红色（2.5YR 4/8），黏土（重壤），块状，紧实，根系较多。心土层 B_2 43～100 cm，暗棕红色（2.5YR 4/8），黏土（重壤），块状，较紧实，有中量铁锰结核。

红硅沙泥土化学性质和典型剖面颗粒组成见表 2-60、表 2-61。

表 2-60　红硅沙泥土化学性质

发生层	深度（cm）	有机质（g/kg）	全氮（g/kg）	全磷（g/kg）	全钾（g/kg）	pH	容重（g/cm³）
A	0～15	18.0	1.05	0.40	13.3	5.5	1.31
B₁	15～43	10.5	0.78	0.37	15.3	5.5	1.43
B₂	43～100	9.1	0.66	0.34	14.9	5.6	—

表 2-61　红硅沙泥土典型剖面颗粒组成

发生层	颗粒组成（g/kg）			
	2～0.2 mm	0.2～0.02 mm	0.02～0.002 mm	<0.002 mm
A	41.6	301.8	462.0	194.6
B₁	2.7	208.1	291.5	494.7
B₂	4.4	125.7	397.3	472.6

　　红硅沙泥土质地适中，疏松透气，耕性好。但土层厚度和肥力高低差异悬殊，且二者关系密切，厚则肥，薄则瘦。土壤养分含量差异也很大，一般状况是有机质和氮含量偏低，磷贫乏，钾丰富，全期供肥不足，但施肥效果好。土壤结构较差，保蓄能力弱，加之多数地方无灌溉条件，旱灾经常发生。改良利用上，应进行坡改梯，变望天收为水浇地；增施有机肥和种植郁蔽度大的豆科作物，氮、磷配合施用；适种小麦、大豆、芝麻等。林荒地红硅沙泥土所处位置地形较平，气候湿热，林木立地条件优越。但土层厚薄不均，厚层土壤上林草茂盛，是发展林牧业的宝地，也可作耕地后备资源；薄层土壤多因林木破坏、水土流失而面积大、质地偏轻、砾石增多，利用难度大。利用上，首先应划片封山，抚育草灌，保持水土；然后逐步抽槽种植耐瘠的栗、栎、松树等树种，建立混交林。幼树要抗旱保苗。

3. 红硅沙土

　　红硅沙土的成土母质为石英质岩类风化物。主要分布于湖北黄石、鄂州、蕲春、黄梅、武穴、嘉鱼等地低山丘陵的丘岗上部或陡坡，多居于浑圆山体的脊岭，面积约 18.1 万亩。根据198 个土壤剖面的综合分析结果，土体构型为 A-B-C 型或 A-C 型，厚 30～60 cm，平均为42 cm，表土为沙壤土至沙土，含较多的粗石英砂粒。表土层厚 8～30 cm，平均厚 14 cm，黄棕色（10YR 5/8）或淡红黄色（7.5YR 7/8），单粒状或碎块状，松散，根系较多，pH 为 5.0～5.3。心土层厚 16～54 cm，平均厚 28 cm，棕红色（2.5YR 4/7）或暗棕红色（2.5YR 4/8），沙壤至重壤，一般比表土黏重一二级，块状或碎块状，稍紧或紧实。根系少，夹石英石多，有少量至中量铁锰胶膜和结核。部分地方由于土壤侵蚀严重，表土经常被冲刷，心土层因更迭频繁而无明显发育，土体为 A-C 构型。表土（n=8）：有机质 15.6 g/kg，全氮 0.91 g/kg，全磷 0.22 g/kg，全钾 14.82 g/kg，有效磷 8.1 mg/kg，速效钾 89 mg/kg。阳离子交换量为 11.29 cmol/kg，容重为1.3 g/cm³（n=3）。

　　典型剖面采自湖北省嘉鱼县官桥镇丘陵顶部，石英砂岩残积，强度片蚀。林地为新造梨园、柑橘园，因土壤酸性强，梨树生长不好。表土层（A）0～22 cm，淡红黄色（7.5YR 7/8），沙土，粒状，松散，根系多，少量铁锈，砾石较多。心土层（B）22～58 cm，暗棕红色（2.5YR 4/8），中壤，块状，稍紧，根系少，有铁锰胶膜，砾石较多。底土层（C）58～100 cm，暗棕红（2.5YR 4/8），重壤，块状，较紧，无根系，砾石较多。

　　红硅沙土化学性质见表 2-62。

表 2-62　红硅沙土化学性质

发生层	深度（cm）	有机质（g/kg）	全氮（g/kg）	全磷（g/kg）	全钾（g/kg）	pH
A	0～22	21.80	1.01	0.28	0.98	5.1
B	22～58	14.10	0.66	0.32	1.26	5.2
C	58～100	4.88	0.36	0.57	1.40	5.4

红硅沙土土层薄，质地轻，土体松散，含粗石英砂粒多，土性燥热，稳温性差，高温灼苗；保水保肥能力差，贫瘠易旱，全期供肥不足；作物黄瘦，产量低，且多居岗顶和上坡，灌溉条件差，伏、秋旱经常发生。改良利用上：一是多施有机肥和泥质土杂肥，冬季挑泥压沙；二是宜种花生、甘薯等喜沙、耐瘠、覆盖度大的作物；三是补施速效肥，少量多次，并实行氮、磷、钾肥配合施用；④搞好农田基本建设，实行坡地改梯地以保持水土，改善灌溉条件。林荒地红硅沙土处坡度大，植被稀少，水土流失严重，土地生产力很低。土壤管理的关键是保护和增加植被。首先要坚决封山，育林育草；然后栽植松树、杉树。红硅沙土生态脆弱，破坏容易，改良困难。因此，不宜全垦造林。幼树要抗旱保苗，提高造林质量。

（三）黏棕红泥

黏棕红泥的成土母质为第四纪红土，多分布在海拔 100m 左右的丘陵垄岗。土体深厚，质地黏重，重壤和黏土占 50％以上。表土层为红色黏土，心土层紧实，且有铁锰胶膜和结核，底土层为发育完好的红白相间的网纹层。表土分析结果：$n=237$，有机质 14.7 g/kg，全氮 0.91 g/kg，有效磷 5.1 mg/kg，速效钾 121.0 mg/kg，pH 为 4.2～6.7；$n=38$，全磷 0.29 g/kg，全钾 15.89 g/kg，容重为 1.37g/cm³。有效微量元素（$n=4$）：锌 1.55 mg/kg，硼 0.31 mg/kg，铜 1.28 mg/kg，锰 45.46 mg/kg，铁 9.96 mg/kg；阳离子交换量为 12.62 cmol/kg（$n=109$）。其土壤营养状况与红壤土类基本一致，钾较丰，磷含量很低，但有效性尚好。

1. 薄棕黄泥

薄棕黄泥的成土母质为第四纪红土，主要分布于湖北咸宁全境和黄石、鄂州、浠水、武穴、蕲春、黄梅、松滋、公安、石首、宜都等地，多为海拔 100m 以下的低山丘陵的岗顶或缓坡。雨热充沛，耕作便利，农业生产条件良好。土体构型为 A-B-C 型，厚 50 cm 以上，多数在 100 cm 以上，表土质地为重壤。根据 729 个土壤剖面综合分析结果可知，表土层厚 5～38 cm，平均厚 16.0 cm，红黄色（7.5YR 4/8）、棕色（7.5YR 6/8）或黄棕色（10YR 5/8），碎块状或块状，粒状，稍紧，根系较多，pH 为 4.2～6.4。心土层 6～100 cm，平均厚 54.5 cm，淡棕红色（2.5YR 5/8）或红棕色（5YR 5/8），重壤以上，块状或棱块状，紧实，有明显的铁锰淀积物，根系较少。底土层有红白相间的网纹。

典型剖面采自湖北省武穴市石佛寺镇，缓丘，海拔 50m，南坡，坡度为 20°，轻度片状侵蚀。耕种时间长，熟化程度高，种植油菜、小麦。表土层（A）0～28 cm，棕色（7.5YR 6/8），粉沙黏壤土（重壤），粒状，较松，根系多，有瓦片、碎石；心土层（B）29～50 cm，暗红棕色（5YR 3/6），壤质黏土（黏土），块状，较干，较紧，根系少，有碎石；底土层（C）50 cm，暗红色（10YR 3/6），壤质黏土（黏土），块状，较干，紧实，有红白相间的网纹。

薄棕黄泥相关性质见表 2-63、表 2-64、表 2-65。

表 2-63　薄棕黄泥化学性质

发生层	深度（cm）	pH（H₂O）	pH（KCl）	有机质（g/kg）	全氮（g/kg）	全磷（g/kg）	全钾（g/kg）
A	0～28	6.1	5.2	14.38	0.93	0.61	9.12
B	28～50	5.6	4.5	13.47	0.85	0.60	9.47
C	>50	5.5	4.3	1.66	0.32	0.21	8.68

表 2-64 薄棕黄泥有效养分

发生层	碱解氮 (mg/kg)	有效磷 (mg/kg)	速效钾 (mg/kg)	CEC (cmol/kg)	盐基饱和度 (%)	交换性酸 (cmol/kg)		
						总量	H^+	Al^{3+}
A	103.60	20.65	112.49	11.65	46.70	0.32	0.03	0.29
B	107.42	8.85	51.66	14.95	49.16	1.96	0.15	1.75
C	20.80	4.72	37.49	14.65	44.85	1.26	0.28	0.98

表 2-65 薄棕黄泥颗粒组成

发生层	颗粒组成 (g/kg)				水分 (%)	容重 (g/cm³)
	2~0.2 mm	0.2~0.02 mm	0.02~0.002 mm	<0.002 mm		
A	65.1	319.6	456.9	158.4	1.81	1.34
B	36.0	190.4	436.7	336.9	3.30	1.34
C	58.5	214.6	389.3	337.4	2.92	—

耕地薄棕黄泥土体深厚，但耕层厚薄不一，土性酸，质地黏重，土壤胶体品质差，宜耕期短，结构差，透水能力弱，失水迅速，干后易结块龟裂，农民称之为"皮进水肚不进水""湿时黏如胶，干时硬如刀"，抗旱能力差。土壤养分缺乏，尤为缺磷，供肥力差。宜种性窄，只宜种小麦、甘薯、芝麻、豆类，产量中等偏低。针对其黏、酸、瘦的特点：①采取冬深耕炕土，春免耕套种，夏浅耕防旱，增施有机肥和磷肥，轮种绿肥和豆科作物等措施，使耕层土壤由死变活、由薄变厚，增进地力；②对 pH 在 6.0 以下的土壤，合理施用石灰和粉煤灰改良土性；③坡耕地应防止水土流失，可采取等高种植、修筑梯田、退耕还林或营造防护林等措施，以避免因表土流失使黏重的底土外露而演变为肥力更低的死红土；④旱改水也有明显效果。林荒地薄棕黄泥深厚肥沃，养分含量较耕地红土高，植被茂盛，具有发展多种经济林木的良好条件。局部地段植被破坏严重，水土流失加剧，土性恶化。丘岗顶部和陡坡地宜营造松树、杉树、檫等用材林，或兼营能源林；平缓地宜发展茶、桑、柑橘等经济林，重点在增加植被盖度，防止水土流失，提高土地生产力。

2. 棕红土

棕红土的成土母质为第四纪红土，分布于湖北武昌、洪山、鄂州、黄石、松滋、石首、公安、宜都、蕲春、浠水、武穴、黄梅和咸宁等地。地形部位较薄棕黄泥低，处于垄岗平畈或低丘岗地的缓坡。雨热充沛，耕作便利，农业生产条件十分优越，是红壤地区的主要农业用地。种植作物以小麦、芝麻、大豆、苎麻或棉—麦连作为主；林荒地生长有松、杉、杂灌及茶等。

根据 181 个土壤剖面综合分析可知，土体构型为 A-B-C 型或 A-B₁-B₂-C 型，厚度 1 m 以上，表土质地为中壤，其中耕地土壤因长期耕作熟化，肥力较高，表土层 9~48 cm，平均厚 17 cm，淡棕色（7.5YR 5/6）或灰黄色（2.5YR 7/3），粒块或碎块状，疏松，根系多，pH 为 5.5~6.7。心土层厚 10~90 cm，平均厚 46 cm，淡红色（10R 6/8）或暗红棕色（5YR 3/6），柱块状或块状，重壤以上，紧实，根系较多，有中量铁锰胶膜和结核。母土层黏重，紧实极硬。表土分析结果统计：$n=123$，有机质 17.9 g/kg，全氮 1.06 g/kg，有效磷 5.6 mg/kg，速效钾 140 mg/kg；$n=11$，全磷 0.39 g/kg，全钾 15.63 g/kg；有效硼 0.25 mg/kg（$n=3$），阳离子交换量为 16.05 cmol/kg（$n=82$），容重为 1.42 g/cm³（$n=8$）。

棕红土土体深厚，耕作历史悠久，熟化程度高。耕层质地适中，耕性较好。土壤缺磷、硼。因复种指数高，土壤消耗大，肥力呈下降趋势，部分土壤心土层、底土层黏重，通透性差，根系下扎受阻。利用上应用养结合，增施有机肥，轮作或套种绿肥；适当深耕晒垡，加富表土。实行氮、磷、钾肥配合施用。林荒地棕红土适合松树、杉树、檫、茶等多种林木生长。

3. 铁子红土

铁子红土的成土母质为第四纪红土。主要分布在湖北宜都、鄂州、黄石、嘉鱼、武昌等地。居于岗顶及侵蚀严重的坡地。因表土含大量铁锰结核，大粒状如鸡眼珠，小粒状如乌梅而俗称红乌梅子土。耕地多种植杂粮，林荒地疏生有马尾松、茶等。

根据 20 个土壤剖面综合分析结果可知，土体构型多为 A-C 型或 A-B-C 型。因土壤侵蚀严重，其土体较薄。表土层厚 5～18 cm，平均厚 12 cm；淡棕色（7.5YR 5/6）或淡棕红色（2.5YR 5/8），重壤至黏土，块状，较紧，根系较多，pH 为 4.2～6.0，有大量铁锰结核。心土层薄，发育差。母土层出现部位高，有些有红白相间的网纹层，铁锰淀积物多。表土理化性质统计：$n=11$，有机质 14.0 g/kg，全氮 0.87 g/kg，全磷 0.3 g/kg，全钾 13.02 g/kg，有效磷 7.1 mg/kg，速效钾 112 mg/kg，阳离子交换量为 10.17 cmol/kg，容重为 1.12 g/cm³。

典型剖面采自湖北省大冶市保安镇黄海村低丘上坡，强度片蚀。耕地种植麦、薯或麦、豆，产量低。表土层（A）1～11 cm，淡棕红色（2.5YR 5/8），黏土（轻黏），碎块状，松，根系多，有大量铁锰结核。底母土层（C）11～100 cm，红棕色（5YR 5/8），黏土（轻黏），块状，紧实，有少量铁锰结核。

铁子红土养分含量及物理组成见表 2-66、表 2-67。

表 2-66　铁子红土养分含量

发生层	深度 （cm）	有机质 （g/kg）	全氮 （g/kg）	全磷 （g/kg）	全钾 （g/kg）	pH	碱解氮 （mg/kg）	有效磷 （mg/kg）	速效钾 （mg/kg）
A	0～11	15.7	0.8	0.3	13.0	4.8	103	8.0	97
C	11～100	15.9	0.7	0.3	13.6	4.5	67	7.0	74

表 2-67　铁子红土物理组成

发生层	容重 （g/cm³）	孔隙度 （%）	CEC （cmol/kg）	颗粒组成（g/kg）		
				2～0.02 mm	0.02～0.002 mm	<0.002 mm
A	1.12	58.0	9.95	19.2	32.4	48.4
C	1.36	48.7	15.06	18.1	33.2	48.7

铁子红土土层浅薄，质地黏重，土性偏酸，阳离子交换量低，保肥性差，养分贫乏，肥力极低，土壤侵蚀严重。耕地复种指数低，一年两熟或一熟，以麦、薯、麦—豆为主，产量极低，应针对其黏、酸、瘦、薄和蚀的特点，逐步加深活土层，增施有机肥，种植绿肥，选种耐瘠的甘薯、杂粮。退耕还林，发挥其雨热充沛、底土层深厚的特征。林荒地铁子红土适合马尾松，部分坡地适合绿茶、油茶生长。

此外，薄棕黄泥土属还有棕黄泥、棕沙黄泥、棕黄筋泥、高禹亚棕黄筋泥、敬亭棕红土、网纹棕红土、焦斑棕红土等土种。

（四）棕红沙泥

棕红沙泥的成土母质为第三纪红砂岩、红色底砾岩风化物。主要分布于湖北东南部的低丘、岗地或沿江平原二级阶地及其与低丘的衔接地带，呈点片状分布，比第四纪黏土棕红壤分布海拔略高，海拔为 50～150 m，坡度为 5°～25°。由于这类土壤抗蚀力差，易受侵蚀，故土层较薄，质地偏轻。表土理化性质统计：有机质 12.3 g/kg（$n=97$），全氮 0.83 g/kg（$n=118$），全磷 0.34 g/kg（$n=15$），全钾 15.9 g/kg（$n=15$），有效磷 7.3 mg/kg（$n=97$），速效钾 94 mg/kg（$n=98$）。有效微量元素：

$n=4$，锌 0.73 mg/kg，硼 0.29 mg/kg，锰 41.60 mg/kg，铜 1.56 mg/kg，铁 22.53 mg/kg。pH 为 4.5～6.5（$n=358$），阳离子交换量为 11.43 cmol/kg（$n=15$），容重为 1.47g/cm^3（$n=9$）。棕红沙泥土属划分为红赤泥土、红赤沙泥土、红褐沙土、红乌沙泥土和红赤沙土 5 个土种。

1. 红赤泥土

红赤泥土的成土母质为第三纪红砂岩、红色底砾岩风化物。以红色砂页岩为主，且多为坡积物，局部地方还有第四纪红土混入，故土壤质地较黏。主要分布于湖北通山、崇阳、蕲春、浠水、武穴等地的低丘和阶地的中下坡。雨热丰富，耕作便利，农业条件优越。耕地以种植麦、薯为主，林荒地生长有茶、果树等。

根据 86 个土壤剖面的综合分析结果可知，土体构型为 A-B$_1$-B$_2$ 型或 A-B-C 型，土层 50 cm 以上，表土质地重壤至黏土。表土层厚 11～36 cm，平均厚 17 cm，棕色（7.5YR 4/6）或紫棕色（5YR 5/4），粒状、碎块状或块状，稍紧，根系较多，pH 为 4.8～6.4。心土层厚 16～86 cm，平均厚 36 cm，棕红色（2.5YR 4/7）或淡棕红色（2.5YR 5/8），中壤至轻黏，块状或小块状，紧实，有少量铁锰结核。母土层比较深厚。表土理化性质统计：有机质 20 g/kg，全氮 1.29 g/kg，全磷 0.34 g/kg，全钾 13.97 g/kg，有效磷 7.9 mg/kg，速效钾 72 mg/kg（$n=21$）。阳离子交换量为 8.05 cmol/kg，容重为 1.46g/cm^3（$n=2$）。

典型剖面采自湖北省武穴市石佛寺镇张岭上村低丘缓坡。耕地提水灌溉。表土层（A）0～15 cm，棕色（1.5YR 4/6），壤质黏土（重壤），块状，较紧。心土层（B$_1$）15～24 cm，棕红色（2.5YR 4/7），壤质黏土（轻黏），块状，紧实，有少量铁锰斑块。心土层（B$_2$）24～100 cm，红棕色（5YR 5/8），壤质黏土（轻黏），块状，紧实，有少量铁锰结核。

红赤泥土典型剖面化学性质和颗粒组成见表 2-68、表 2-69。

表 2-68 红赤泥土典型剖面化学性质

发生层	深度（cm）	有机质（g/kg）	全氮（g/kg）	全磷（g/kg）	全钾（g/kg）	pH	容重（g/cm^3）	CEC（cmol/kg）
A	0～15	13.0	0.82	0.46	9.2	5.7	1.49	6.7
B$_1$	15～24	6.0	0.47	0.29	11.3	4.8	1.48	—
B$_2$	24～100	5.2	0.39	0.26	13.0	4.7	1.49	—

表 2-69 红赤泥土典型剖面颗粒组成

发生层	颗粒组成（g/kg）			
	2～0.2 mm	0.2～0.02 mm	0.02～0.002 mm	<0.002 mm
A	99.1	169.5	424.8	306.5
B$_1$	76.9	136.5	365.1	421.5
B$_2$	89.5	111.3	376.1	423.1

耕地红赤泥土土体深厚，质地偏黏，通透性差，宜耕期短，易旱。土壤养分含量中等偏低，且变幅较大。改良利用上，应轮作炕土，套种绿肥，适量施用石灰；抢墒耕作，提高耕作质量；作物苗期施速效肥，后期看苗追肥，实行氮、磷、钾配合施用，促进作物正常发育；水源条件好的地方可实行旱改水或水旱大轮作。林荒地红赤泥土肥力较耕地高，地势平坦，是发展果、茶、麻等多种经济作物的宝地。利用上应注意水土保持，套种绿肥，有计划地进行林种更新。

2. 红赤沙泥土

红赤沙泥土的成土母质为第三纪红砂岩、红色底砾岩风化物。主要分布于湖北崇阳、通山、阳新、嘉鱼、浠水、蕲春、武穴、黄梅、鄂州等地的低丘垄岗的中上部。土体构型为 A-B-C 型、A-B$_1$-B$_2$ 型或 A-（B）-C 型，厚 70 cm 左右，全层 pH 差异小，表土质地为中壤-轻壤，但<0.02 mm 的粉沙粒明显高于一般的中壤或轻壤，达 40%～70%。表土厚 3～60 cm，平均厚 16.8 cm，暗灰棕色（5YR 4/2），淡棕

色（7.5YR 5/6）或棕红色（2.5YR 4/7），粒状或碎块状，疏松，根系发达，pH 为 5.3～6.2。心土层厚 7～95 cm，平均厚 47 cm，暗红棕色（5YR 3/6）、暗棕红色（2.5YR 4/8）或棕红色（2.5YR 4/7），沙壤至轻黏，以中壤和重壤为主，块状或棱块状，紧实，根系少，有中量铁结核。心土层和局部地方的表土层仍带有明显的母质特征。

典型剖面采自湖北省浠水县万寿村的低丘岗地，耕地。表土层（A）0～15 cm，褐色（2.5YR 6/3），粉砂质黏壤土（轻壤），粒状，较松，根系多，有铁锰斑纹。心土层（B）15～51 cm，灰黄色（2.5Y 7/3），壤质黏土（中壤），棱块状，较松，有中量铁锰结核。底土层（C）51～100 cm，淡红黄色（7.5YR 4/7），黏壤土（轻壤），紧实，有少量铁锰结核。

红赤沙泥土典型剖面化学性质和颗粒组成见表 2-70、表 2-71。

表 2-70　红赤沙泥土典型剖面化学性质

发生层	深度（cm）	有机质（g/kg）	全氮（g/kg）	全磷（g/kg）	全钾（g/kg）	pH	容重（g/cm³）
A	0～15	14.9	0.89	0.37	20.1	5.6	1.52
B	15～51	6.5	0.46	0.45	14.2	6.0	1.65
C	51～100	4.2	0.27	0.21	8.8	5.7	—

表 2-71　红赤沙泥土典型剖面颗粒组成

发生层	颗粒组成（g/kg）			
	2～0.2 mm	0.2～0.02 mm	0.02～0.002 mm	<0.002 mm
A	91.6	251.8	474.0	182.6
B	134.6	200.8	402.6	252.0
C	107.7	296.0	401.7	194.6

耕地红赤沙泥土因受地域地形影响而土体厚薄不等，岗顶、陡坡地土层薄，肥力低；缓坡地土层厚，肥力高。该土质地适中，易耕作，整体质量高，通透性好，宜种性广，保肥保墒能力强。土壤养分含量偏低。改良利用上，应注意用养结合，增施有机肥，轮种豆科作物，实行氮、磷、钾配合施用；冬季挑压塘泥效果好，即"培泥一遍黑，熟棉又熟麦"。林荒地红赤沙泥土土层较厚，地势较平，气候温湿，林木立地条件好，尤其适合发展油茶、茶、柑橘、芝麻等经济作物。

3. 红赤沙土

红赤沙土的成土母质为第二纪红砂岩和红色底砾岩风化物。主要分布于湖北阳新、崇阳、咸宁、通山、鄂州、浠水、武穴、黄梅等地的低山丘陵上部，坡度较大。耕地作物以棉、芝麻、薯、豆类为主，林荒地种植马尾松等，植被稀松，水土流失严重，局部岩石裸露。根据 358 个土壤剖面的综合分析结果可知，土体构型为 A-B-C 型或 A-C 型，厚 30～80 cm，表土质地为沙壤至沙土，物理性沙粒含量较高，表土层厚 3～46 cm，平均厚 12 cm，棕色（7.5YR 4/6）或淡棕色（7.5YR 5/6），单粒状或粒状，水稳性差，松散，根系较多，pH 为 4.5～6.5。心土层厚度为 8～56 cm，平均厚 30 cm，棕红色（5YR 4/7）或棕色（7.5YR 4/6），沙壤至黏土，轻、中壤居多，块状或棱块状，较紧，有些有少量的铁锰沉淀物，局部土壤侵蚀极为严重，原表土冲走，土层更替频繁，心土层无明显发育，为 A-C 构型。

耕地红赤沙土质地轻、易耕作，跑水、跑肥、跑土，故熟土层薄，养分含量低。尤其是有机质积累不易而分解又很迅速，含量很低，磷极缺。土性燥热，稳定性差，高温易灼苗，播种后遇雨易闷苗。供肥迅速，作物生长后期易脱肥早衰。利用上，适合种花生、豆类、甘薯、油菜等；应增施有机肥，多施泥肥，促使其良好结构的形成，增强保蓄能力。林荒地红赤沙土水土流失严重，土层较薄，应尽快增加植被盖度，可用于发展松树、杉树、油茶等。造林时不宜全垦，宜带状退荒造林。平缓坡地可垦为水平梯地。

此外，还有红褐沙土、红乌沙泥土等。

（五）红岩泥土

红岩泥土土属的成土母质为碳酸盐岩类风化物，如石灰岩、白云质灰岩等。在高温多雨条件下，土壤中钙、镁等盐基遭强烈淋溶，土壤已无石灰反应，pH 为 4.7～6.5，呈微酸性或酸性。该土属主要分布于湖北咸宁全境和宜都、黄石、黄梅、鄂州等地的低山丘陵的坡麓地带，丘体零乱，海拔多在 200～500 m，坡度为 5°～50°。土层较厚，质地较黏，有机质含量较高，是红壤地区较好的用材林基地土壤。可划分为红岩泥土、砾质红岩泥土、糠头土和红岩渣土 4 个土种。

1. 红岩泥土

红岩泥土的成土母质为碳酸盐类风化物。分布于湖北咸宁全境和黄石、黄梅、宜都、五峰等地的低山丘陵，多居于缓坡和坡脚。根据 200 个土壤剖面的综合分析结果可知，土体构型为 A-B-C 型或 A-B 型，厚 40 cm 以上，平均厚 59 cm，表土质地为重壤以上。表土层厚 8～36 cm，平均厚 19 cm，红黄色（7.5YR 6/8）或淡棕色（7.5YR 5/6），块状，较松或稍紧，根系多，pH 为 5.5～6.5。心土层厚 8～81 cm，平均厚 40 cm，暗棕红色（2.5YR 4/8）或红棕色（5YR 5/8），中壤至黏土，重壤居多，块状或柱状，紧实，根系较多。母土层深厚，无石灰反应。表土有机质 22.5 g/kg，全氮 1.3 g/kg，有效磷 4 mg/kg，速效钾 170.0 mg/kg（$n=18$），全磷 0.4 g/kg，全钾 18.9 g/kg，阳离子交换量为 11.7 cmol/kg，容重为 1.2 g/cm^3（$n=6$）。

典型剖面采自湖北省咸宁市威安区大幕乡常收村低丘下部，海拔为 250 m，坡度为 20°，中度片蚀。耕地，麦—薯或麦—豆（玉米）。表土层（A）0～17 cm，栗色（7.5YR 5/6），壤质黏土（重壤），小块状，较松，根系多。心土层（B）17～49 cm，紫棕色（5YR 5/4），黏土，块状，紧实，根系较少。底土层（C）40～100 cm，淡红棕色（5YR 5/8），粉砂质黏壤土（黏土），块状，极紧，无根系。

红岩泥土养分特征和典型剖面颗粒组成见表 2-72、表 2-73。

表 2-72　红岩泥土养分特征

发生层	深度（cm）	有机质（g/kg）	全氮（g/kg）	全磷（g/kg）	全钾（g/kg）	容重（g/cm^3）	阳离子交换量（cmol/kg）
A	0～17	16.81	1.16	040	17.4	1.07	13.25
B	17～49	10.19	0.73	0.43	17.2	1.20	—
C	49～100	10.05	0.71	0.50	16.9	—	—

表 2-73　红岩泥土典型剖面颗粒组成

发生层	颗粒组成（g/kg）			
	2～0.2 mm	0.2～0.02 mm	0.02～0.002 mm	<0.002 mm
A	22.8	200.3	357.1	419.8
B	72.8	165.0	347.9	414.3
C	193.8	41.0	526.4	238.8

耕地红岩泥土处地较平，土体较厚，潜在肥力较高；质地黏重，结构差，耕性不良，"湿时黏脚，干时割脚"，大开裂后易漏水、漏肥。土壤有机质、氮、钾含量较高，但磷贫乏，供肥力较差。作物生长前期往往缺苗断垄和迟发，后期长势也不佳。该土分布地区水源缺乏，且山高水低，灌溉难度大，易发生干旱，导致作物早衰。因此，改良利用上解决"水、黏、磷"3 个问题是高产稳产的关键。应采取炕土和增施有机肥、砂质土杂肥、间种绿肥等措施改善土壤结构；以增磷为重点，施足底肥，及时追苗肥；宜种小麦、玉米、豆类，不宜种花生、甘薯；早春雨季注意开沟排渍，防止内涝，

并逐步改善灌溉条件。

2. 砾质红岩泥土

砾质红岩泥土的成土母质为碳酸盐岩类风化物。零星分布于湖北阳新、嘉鱼、崇阳、黄梅、黄石等地的低山丘陵的上部。土体构型多为 A-B-C 型，厚 30～93 cm，平均厚 41 cm。因该土所处位置坡度大，土壤侵蚀严重，土体夹 10%～30% 的砾石，土层厚薄和心土层发育程度不一，一般较薄。表土质地为中壤至黏土。少数心土层发育不明显，为 A-C 构型。表土层厚度 5～22 cm，平均厚 13 cm，棕红色（2.5YR 4/7）或淡棕色（7.5YR 5/6），粒状或块状，较紧，根系较多，pH 为 5.6～6.0。心土层厚 9～61 cm，平均厚 28 cm，棕红色（2.5YR 4/7）或淡棕红色（2.5YR 5/8），重壤居多，块状，紧实，根系较少，有少量铁锰淀积物。表土有机质 9.9 g/kg，全氮 0.58 g/kg，全磷 0.23 g/kg，速效钾 100 mg/kg（$n=105$）。

典型剖面采自湖北省赤壁市茶庵镇，低丘，海拔为 50 m。林荒地，植被有栗、枫、水竹等，植被盖度为 90%。细沟侵蚀。表土层（A）0～21 cm，棕红色（2.5YR 4/7），壤质黏土（轻黏），小块状，较松，根系多，含砾石 7.6%。过渡层（AB）21～58 cm，棕红色（2.5YR 4/7），壤质黏土（轻黏），小块状，较紧，根系较多，含砾石 10%。心土层（B_1）58～111 cm，暗棕红色（2.5YR 4/8），壤质黏土（轻黏），块状，紧实，根系较多，有少量铁锰胶膜，含砾石 15%。心土层（B_2）111～150 cm，暗棕红色（2.5YR 4/8），壤质黏土（轻黏），棱块状，紧实，根系较少，有少量铁锰胶膜，含砾石 20%。碱解氮 103.60 mg/kg，有效磷 0.87 mg/kg，速效钾 53.33 mg/kg，阳离子交换量为 17.50 cmol/kg，交换性 H^+ 为 6.33 cmol/kg、交换性 Al^{3+} 为 1.18 cmol/kg。

砾质红岩泥土典型剖面养分特征和颗粒组成见表 2-74、表 2-75。

表 2-74　砾质红岩泥土典型剖面养分特征

发生层	深度（cm）	pH（H_2O）	pH（KCl）	有机质（g/kg）	全氮（g/kg）	全磷（g/kg）	全钾（g/kg）
A	0～21	4.7	4.1	18.67	1.42	0.31	11.39
AB	21～58	5.0	4.3	8.42	0.61	0.26	10.47
B_1	58～111	5.1	4.2	5.27	0.36	0.20	8.93
B_2	111～150	5.3	4.2	5.09	0.35	0.20	8.24

表 2-75　砾质红岩泥土典型剖面颗粒组成

发生层	砾石（>2 mm，V/V，%）	颗粒组成（g/kg）			
		2～0.2 mm	0.2～0.02 mm	0.02～0.002 mm	<0.002 mm
A	7.66	68.9	164.5	415.0	356.1
AB	6.77	92.7	149.6	407.7	350.0
B_1	3.34	164.4	209.9	276.6	349.1
B_2	3.69	127.4	198.2	281.6	392.8

砾质红岩泥土所处位置坡度较大，含砾石较多，土壤贫瘠，不便耕作，不宜作耕地。林荒地利用要以防止水土流失为前提，因地制宜。对于土层浅薄、侵蚀严重的，要坚决封山育林，人工造林和选种豆科草灌；对于土层深厚的，要加强林木管理，逐步发展油茶、绿茶、油桐、柑橘等经济林木。

3. 糠头土

糠头土的成土母质为碳酸盐岩类风化物，白云质灰岩居多。分布于湖北崇阳、通山、阳新、咸宁、嘉鱼、鄂州、五峰、宜都等地低山丘陵的平缓地或坡脚。土壤质地适中，结构好，松散易耕，干时像糠头，故被农民称为糠头土。土体构型为 A-B-C 型或 A-B 型，厚 30～100 cm，平均厚 69 cm。表土层厚 5～60 cm，平均厚 19 cm，暗红棕色（5YR 3/6）或红棕色（5YR 5/8），中壤，团粒状或碎块状，疏松，根系密集，pH 为 4.7～6.5。心土层厚 8～95 cm，平均厚 50 cm，红棕色（5YR 5/8）或红色（10R 5/8），中壤至重壤，块状或棱块状，紧实，根系较多，常有铁锰斑纹。母土层深厚，在 12～84 cm。表土有机质 23.1 g/kg，全氮 1.30g/g，全磷 0.47 g/kg，全钾 14.4 g/kg，有效磷 6.1 mg/kg，速效钾 199.0 mg/kg，阳离子交换量为 14.56 cmol/kg，容重为 1.19g/cm³（$n=10$）。

耕地糠头土土层深厚肥沃，质地适中，适耕期长，耕作质量好，通透性强，保水保肥，供肥平稳，肥力较高，适种性广，是红壤地区的一类高产土壤。但严重缺磷，部分土壤含少量砾石或用养失调导致肥力下降。改良利用上应合理轮作，增施磷肥，实行有机肥与无机肥配施，用养结合，培肥地力，推广麦行套种绿肥、小麦—玉米与豆科作物轮作间种。林荒地糠头土土层深厚，地势平缓，林木立地条件良好。利用上，应充分发挥土壤优势，大力发展果、茶等经济林，增施磷肥；部分平坦地可作为耕地后备资源或多年生经济作物（如苎麻）种植基地。

4. 红岩渣土

红岩渣土的成土母质为碳酸盐类风化物，零星分布于湖北省通山、咸宁、黄梅等地低丘的上部和陡坡。耕地为小麦、花生、甘薯等作物。林荒地疏生着松树、杉树、柏树等。土体构型为 A-B-C 型或 A-C 型。厚 30～60 cm，平均厚 38 cm。表土含 30%～50% 的砾石，土壤细粒部分质地黏重，表土层厚 5～40 cm，平均厚 16 cm，紫棕色（5YR 5/4）或淡棕色（7.5YR 5/6），较紧，根系较多，pH 为 5.0～6.0，心土层一般较薄，雏形发育，紧实，含砾石多。

红岩渣土土体夹砾石多，难耕作，黏、酸、浅、瘦，土性板劣，不宜作耕地。缺磷严重，造林应注意施磷肥和抗旱；由于酸性强，只宜栽种松树、杉树、竹等；应切实做好封山育林工作，防止水土流失导致土壤进一步恶化。

（六）麻棕红泥

麻棕红泥土属的成土母质为酸性结晶岩类风化物，主要有花岗岩、片麻岩、花岗闪长岩和流纹岩。广泛分布于湖北蕲春、黄梅、武穴、浠水、通城、崇阳、通山、黄石、鄂州、石首等地的低山丘陵，山丘浑圆，海拔为 200～500 m，相对高差一般为 50～211 m。母岩风化层深达 4～6 m。土壤质地轻，松散，含粗沙和砾石多，抗蚀能力极差，生态极为脆弱，植被一经破坏，很难恢复，是湖北土壤侵蚀最严重的地区之一。表土有机质 14.0 g/kg，全氮 0.70 g/kg，全磷 0.87 g/kg，全钾 23.6 g/kg，有效磷 5.1 mg/kg，速效钾 79 mg/kg（$n=158$）。有效微量元素：锌 1.15 mg/kg，硼 0.27 mg/kg，铜 2.62 mg/kg，锰 28.07 mg/kg，铁 13.82 mg/kg（$n=3$）。pH 为 4.8～6.5（$n=719$），阳离子交换量为 8.21 cmol/kg，容重为 1.30g/cm³（$n=17$）。可划分为灰棕麻沙土、厚棕麻沙土、棕麻沙土、白粉土、白沙土和红麻骨土 6 个土种。

1. 灰棕麻沙土

灰棕麻沙土母质为酸性结晶岩风化坡残积物，主要分布在江西上饶和景德镇的低丘陡坡地段，共 190 万亩。剖面为 A-B-C 型。表土层较薄，心土层棕红色，有铁锰胶斑。在 30 cm 以下可见灰白色网纹。质地黏重，多为壤质黏土，但有一定数量的石砾。土壤呈酸性反应。交换性盐基含量较高，盐基饱和度在 40% 以上。该土种表土层浅薄，植被覆盖较好，土壤肥力中等水平。开发利用应从保护现有植被入手，采取谷坊等工程，结合种植乔灌草的治理措施，逐步提高表土层深度和养分状况。

统计土样主要采集于湖北黄冈、咸宁等地，丘陵、山地、平原皆有分布，平均海拔为 127 m，壤土，多为一年一熟或二熟的、油菜（菜）—甘薯、油菜（菜）—水稻、水稻—水稻等多种种植模式。典型土样取自湖北省黄冈市蕲春县管窑镇岚头叽村，地形部位为丘陵中部，海拔为 62 m，沙壤，种植作物为栀子。具体如表 2-76、表 2-77 所示。

表 2 - 76　灰棕麻沙土表层土壤基本性质

项目	土层厚度 （cm）	耕层厚度 （cm）	容重 （g/cm³）	pH	有机质 （g/kg）	全氮 （g/kg）	有效磷 （mg/kg）	速效钾 （mg/kg）
统计剖面 （n=14）	25～100	10～19	0.80～1.40	4.9～5.9	12.4～37.1	0.10～1.70	5.1～25.7	36.00～156.00
典型剖面 （湖北黄冈）	25	10	1.07	4.9	37.1	1.69	11.4	87

表 2 - 77　灰棕麻沙土表层土壤微量元素含量（mg/kg）

项目	有效铜	有效锌	有效铁	有效锰	有效硼	有效钼	有效硫	有效硅
统计剖面 （n=14）	0.5～7.3	1.1～4.4	64.3～243.2	14.5～62.0	0.3～1.1	—	17.7～94.7	144.4～400.9
典型剖面 （湖北黄冈）	7.3	2.6	168.8	62.0	0.4	—	94.7	144.4

2. 白沙土

白沙土的成土母质为酸性结晶岩类风化物，绝大部分为花岗岩和花岗片麻岩，广泛分布于湖北浠水、蕲春、武穴、黄梅、通城、阳新、通山、崇阳、黄石、鄂州、石首等地低山丘陵的中上部或陡坡，面积为 143.8 万亩。土体构型为 A-B-C 型或 A-C 型，厚 30 cm 左右，全层含粗沙粒 15%～30%，松散，表土质地沙土至轻壤，土壤侵蚀极为严重，土层更替频繁，心土层发育差。表土层厚 2～34 cm，平均厚 17 cm，褐色（2.5R 6/3）或淡黄棕色（10YR 7/6），粒状或单粒状，松散，根系较多，pH 为 4.0～6.4。心土层厚 5～29 cm，淡红黄色（7.5YR 7/8）或淡黄色（2.5Y 8/4），沙土至轻壤，碎块状或粒状，稍紧，根系少。母岩风化层深厚，可达 4～5 m。表土有机质 11.8 g/kg，全氮 0.60 g/kg，全磷 0.79 g/kg，全钾 22.6 g/kg，有效磷 5.5 mg/kg，速效钾 71 mg/kg（n=60）。阳离子交换量为 7.48 cmol/kg，容重为 1.34 g/cm³（n=9）。

典型剖面采自湖北省浠水县洗马城镇丘陵，海拔为 45m，坡度为 30°，植被为松树、茅草、马鞭草，植被盖度为 50%，片蚀。表土层（A）0～17 cm，淡黄棕色（10YR 7/8），砂质壤土（沙壤），粒状，松散，根系较多。心土层（B）17～39 cm，淡红棕色（7.5YR 7/8），碎块状，砂质壤土（轻壤），较紧，根系少，无新生体。底土层（C）39 cm 以下，黄橙色（7.5YR 8/6），沙土（轻壤），紧实。

白沙土典型剖面全量养分、有效养分和颗粒组成分别见表 2 - 78、表 2 - 79、表 2 - 80。

表 2 - 78　白沙土典型剖面全量养分

发生层	深度（cm）	pH（H₂O）	pH（KCl）	有机质（g/kg）	全氮（g/kg）	全磷（g/kg）	全钾（g/kg）
A	0～17	5.1	3.7	8.26	0.36	0.22	37.50
B	17～39	5.3	3.7	4.92	0.27	0.33	51.29
C	＞39	5.6	3.8	1.85	0.20	0.31	31.53

表 2 - 79　白沙土典型剖面有效养分

发生层	碱解氮 （mg/kg）	有效磷 （mg/kg）	速效钾 （mg/kg）	CEC （cmol/kg）	交换性酸（cmol/kg）		
					总量	H⁺	Al³⁺
A	53.02	0.35	35.00	7.55	1.47	1.26	0.21
B	51.29	0.47	94.15	9.74	3.04	1.98	1.06
C	31.53	2.36	53.33	14.05	1.51	1.28	0.23

表 2-80　白沙土典型剖面颗粒组成

发生层	砾石 （>2 mm，V/V,%）	颗粒组成（g/kg）			
		2～0.2 mm	0.2～0.02 mm	0.02～0.002 mm	<0.002 mm
A	24.92	339.9	376.5	187.8	95.8
B	27.02	331.6	319.7	198.8	149.9
C	16.36	390.0	337.0	138.6	134.4

耕地白沙土土轻松散，含粗沙粒多，容量大，结构差，土性燥，易受旱，阳离子交换量低。跑水、跑肥、跑土，土壤养分含量极低。除具有易耕、好管、出苗齐的优点外，其他性状均劣。供肥全期不足，禾苗黄瘦。后期吊气早衰，植物多发凋枯病。改良利用上，应实行坡地改梯地，挑压塘泥，客土改沙，多施有机肥，改良土性；实行氮、磷、钾配方施肥，作物生长中后期补施速效肥防早衰。林荒地白沙土地势高、坡度大、质地沙、土体松，水土流失极为严重，遍土皆沙，草木稀疏。暴雨季节可毁坏农田，有黄泥浆流入田中，使田面形成一层胶泥，从而导致水和空气难以渗透，影响禾苗生长，轻则叶黄不发，重则烂根死亡，造成减产。河床抬高，库、塘淤塞，使生态环境恶化。对该类土壤的水土流失问题应给予高度重视。一方面，应在稳定山权、林权的基础上实行封山育林，严禁毁林开荒、铲草皮；另一方面，针对其风化壳深层，宜种植耐瘠耐旱的松树或灌木，发展能源林和水土保持林。有条件的地方，可抽槽发展速生林，实行针阔混交，增加植被盖度。

3. 红麻骨土

红麻骨土母质为酸性结晶岩类风化物，主要分布于湖北浠水、蕲春、武穴、黄梅、石首、鄂州等地的低山丘陵区的岗顶或坡地，面积为 130 万亩。土体构型为 A-C 型或 A-（B）-C 型，厚 8～45 cm，有些地方表土部分被侵蚀，母土外露。表土层带有深封的母土烙印，厚 3～28 cm，平均厚 15 cm，黄棕色（10YR 5/8）、暗棕色（7.5YR 3/4）或红棕色（5YR 5/8），沙土至中壤，沙壤居多，粗沙粒含量高，有些甚至含 1%～30% 的砾石，极松散，根系较多，pH 为 4.8～6.4，容重高达 1.4～1.5 g/cm³，阳离子交换量很低。心土层发育差，多数无明显发育，为表土、母土之间的过渡层，厚度一般在 15 cm以下，且含 20% 左右的砾石。母土层有较多的砾石，出现部位高。红麻骨土多为疏林荒地，耕地较少。现有耕地多数是近年来开垦的，土壤熟化度低，侵蚀严重，土层浅薄，含大量的石英、长石等粗沙粒，跑水跑肥。土性燥，易旱；养分转化迅速，含量低，十分瘠薄，作物产量很低，明显不适合农作物生长。培肥难度大。改良利用上，地势较平缓、土层较厚的，可继续作耕地，增施有机肥，种植绿肥和豆科作物，使土壤经常有植被覆盖，并采取有效的水土保持措施；应退耕还林种草，发展林牧业。林荒地红麻骨土地处不平，土轻松散，极易流失，又受人为活动如铲草皮、开荒种植的影响，植被盖度低，土壤侵蚀极为严重，土层浅薄，含粗沙粒多，养分贫乏，林木立地条件差。

第四节　山原红壤亚类

一、分布与成土条件

山原红壤主要分布在山区，海拔自东向西升高。东部地区一般分布在海拔 500～800 m 处、西部地区分布在海拔 1 000～1 200 m 处，云贵高原分布在海拔 1 500～2 400 m 处。在云贵高原腹地及其边缘的残存高原面、湖盆边缘及深切河谷和残丘地带，四川西南部与云南毗邻的凉山彝族自治州和攀枝花等地的山地也有零星分布。总面积为 4 461.3 万亩，其中云南省 3 737.3 万亩，四川省 724.0 万亩。自第三纪末期以来，伴随着新构造运动，山原红壤地区大面积间歇性均衡抬升隆起，形成高原面。后期，侵蚀、剥蚀作用较弱，使残存高原面和古红色风化壳较多地保留下来。该区属中亚热带高原季风气候，干湿季分明，夏无酷暑，冬无严寒，四季如春。年均气温15 ℃左右，年降水量约1 000 mm，其中80％以上集中于5—10月；≥10 ℃积温为4 000～5 500 ℃，相对湿度约为70％。植被类型丰富，以针阔混交林、干旱类阔叶栎属、断刺灌丛、草类等为主，其次为竹林、疏林灌丛等。

二、主要成土特点

山原红壤既有古风化壳的残留特征，又受现代成土过程的影响。在现代气候条件下，其成土过程主要包括中度脱硅富铝化和有机质的相对积累过程。在中度脱硅富铝化过程中，原生矿物强烈风化，由于雨季集中，降雨强度大，淋溶作用较为强烈，硅、钙、镁、钾、钠等金属元素大量淋失，铝、铁、钛等相对富集，土壤中生成大量次生矿物和游离氧化物，但过程远不及古气候时强烈。山原红壤有机质来源丰富，加之海拔高、气温较低，有机质矿化作用相对较弱，有利于有机质的积累。

三、剖面形态特征

山原红壤的成土母质复杂，土层深厚，剖面发生层分化明显。在植被茂密的林地，地表常有枯枝落叶层（O）。A层呈暗红棕色，一般厚度为10～20 cm，碎块状或屑粒状结构，疏松，植物根系较多。黏粒不但随地表径流向低洼地带迁移，而且随下渗水发生机械淋溶，黏粒和细粒淋失，石英等粗粒矿物相对富集，使淋溶层硅含量高于淀积层，从而形成胶泥田（土）。B层脱硅富铝化作用典型，黏粒含量高于相邻的上下土层，多为原生矿物就地风化的"残积黏化层"，块状或棱块状结构，铁、铝氧化物胶结的微团聚体普遍存在，常见铁锰斑纹、结核或铁子；其厚度一般在30～50 cm，有的甚至可高达1 m以上（如第四纪红土发育的红壤），颜色变动于红色、红棕色、橙色之间，这与母质含铁、锰氧化物及其土壤的发育程度有关。红壤类B层的下段大多具有红、白、黄色蠕虫状孔隙和枝形裂隙的网纹层（B_v），第四纪红土发育的红壤更明显。这是湿热古气候条件下形成的，并非现代成土过程的产物。C层为母质层或红色风化壳。

四、基本理化性质

山原红壤土体干燥，土色暗红（2.5YR 4/8），土体内常见铁磐。质地黏重，胶而不板。表层pH为5.0～5.5，有机质含量平均为30～40 g/kg，全氮含量平均为1.15 g/kg，全磷含量平均为0.72 g/kg，全钾含量为10.0～15.0 g/kg。根据云南、四川两省18个剖面B层的分析结果可知，山原红壤质地为壤质黏土，<0.002 mm的黏粒含量一般小于40％，粉黏比0.5左右。土壤呈酸性至微酸性反应，pH为5.3～6.3。阳离子交换量和盐基饱和度均显著高于红壤中的其他亚类，分别为12.8 cmol/kg和60％以上，反映了近代气候具有长达半年的旱季，土壤的现代风化淋溶程度相对较弱，而有别于典型红壤。由于植被盖度高，植被生长良好，土壤生物少，循环物质基础好，在长达半年的旱季条件下，土体淋溶弱，土壤风化淋溶系数仅在0.1左右。黏粒硅铝率均小于2.0，平均为1.8，最低仅有1.02；硅铁铝率小于1.6，最低为0.8。盐基不饱和，酸性反应，钙镁含量高。土壤自然肥力低，有机质含量变幅大，矿物质元素一般比较缺乏，全磷含量处于中等偏高水平，但有效性很低（水溶性磷与游离的铁、铝氧化物结合生成磷酸铁和磷酸铝，或被包裹形成闭蓄态磷）。黏土矿物以高岭石为主，其次为伊利石、水云母和少量的三水铝石、蛭石。其中，砂岩风化物发育的山原红壤以结晶差的高岭石为主，伴有水云母和少量三水铝石，氧化钾含量在26 g/kg左右。页岩风化物发育的红壤黏土矿物以蛭石和结晶差的高岭石为主，伴有水云母和三水铝石，氧化钾含量在15 g/kg左右。

山原红壤分布区的水热条件较好，地势平缓，土体深厚，适宜多种林木、牧草和农作物生长。现今地表以灌木、草地为主，局部甚至为寸草不生的红色荒原。根据云南省的资料，目前山原红壤区的森林覆盖度比全省低5个百分点，荒山荒坡比全省平均高8个百分点。山原红壤现有耕地626.1万亩，其中云南省就有 559.2 万亩，是粮、烟、油、果、桑与蔬菜的主产区和高产区。但在现有耕地中，中低产田占 80％左右，有效灌溉面积仅占 1/3。由此可以看出，只要农业经营管理措施得当，山原红壤的综合开发利用潜力还是巨大的。山原红壤区因其存在长达 6 个月的旱季，极大地限制了耕地复种指数和冬季作物单产的提高，使冬季较高的气温和较强的光照难以发挥作用，成为种植业可持续发展的限制因素。此外，土壤缺磷较突出，施用磷肥效果极为显著。根据云南曲靖越州山原红壤（低肥力旱地）13 年定位监测试验资料，农肥加磷肥区比对照区玉米平均每亩增产 428 kg，单施磷肥或农肥的产量上升缓慢，而对照区 10 年后种植玉米基本无收。

五、主要土属及土种

根据土壤成土母质及发育特征，山原红壤亚类主要有山红泥、黏山红土、黏山红泥、灰山红泥等土属，包括红泥、瘦红泥、攀枝花山红泥、大红土、华宁红土、越州红泥、厚涩红泥、磷沙土等土种。

(一) 山红泥

1. 红泥

红泥由泥质岩类风化残坡积物发育而来，主要分布在云南昆明、曲靖、昭通、玉溪、楚雄等地海拔 1 700～2 200 m 的高原缓坡地段，面积为 38.3 万亩。土体厚度在 1 m 以上，剖面构型为 A-AB-B 型，层次分异明显。质地较黏。A 层受耕作影响，颜色较暗，橙色，黏土，屑粒状结构，疏松，根多，盐基饱和度为 60％～70％；AB 层橙色，黏土，小块状结构，紧实；B 层红色，黏土，粉黏比小于 0.5，块状结构，极紧，阳离子交换量为 10 cmol/kg，盐基饱和度小于 30％。

统计剖面主要采自云南大理的宾川、南涧、祥云及丽江的玉龙，海拔范围为 1 554～2 394 m，分布地形主要为山地、山间盆地，质地多为黏土。典型剖面采自云南大理，采样部位为山地坡中，黏土，具体数据见表 2-81、表 2-82。

表 2-81　红泥表层土壤基本性质

项目	土层厚度 (cm)	耕层厚度 (cm)	容重 (g/cm³)	pH	有机质 (g/kg)	全氮 (g/kg)	有效磷 (mg/kg)	速效钾 (mg/kg)
统计剖面 (n=29)	80	26	1.1	4.5～7.4	11.5～65.3	0.7～3.5	6.5～115.3	38.0～341.0
典型剖面 (云南大理)	80	26	1.1	5.8	28.5	1.4	10.3	179.0

表 2-82　红泥表层土壤微量元素含量 （mg/kg）

项目	有效铜	有效锌	有效铁	有效锰	有效硼	有效钼	有效硫	有效硅
统计剖面 (n=29)	1.60～32.70	0.3～11.6	50.3～475.1	2.7～165.8	0.10～1.10	0.10～2.50	6.0～104.3	72.3～492.7
典型剖面 (云南大理)	5.33	2.5	410.4	59.9	0.26	2.29	6.0	181.9

红泥所处位置地势较平缓，耕作利用时间长，耕作管理与施肥水平比较高，熟化度较高，是山区旱粮生产的主要土种之一。宜耕期较长，耕性较好，保水保肥，供肥平稳，属中等肥力旱耕地。宜种性较广，适种玉米、马铃薯等作物。改良利用中应注意坡地改梯地或退耕，配施有机肥和化肥。

2. 瘦红泥

瘦红泥是由泥岩、砂页岩等泥质岩类风化的残坡积物发育后，经开垦熟化而形成的旱耕土。集中分布在云南昆明、曲靖等地海拔 1 700～2 200 m 的低中山缓坡与高原缓丘中上部，在昆明的分布面积最大，总面积为 17.9 万亩。土体厚 50~80 cm，剖面构型为 A-B$_1$-B$_2$ 型。质地多为砂质黏壤土-砂质黏土，土色偏橙，紧实。B 层橙色，土壤呈酸性-微酸性反应，pH 为 5.0~6.5，砂质黏壤土，粉黏比小于 1.0，小块状-块状结构，阳离子交换量小于 10 cmol/kg，盐基饱和度高。该土种耕垦年限短，耕作粗放，土壤熟化度低，8 个样点有机质含量平均为 23.8 g/kg，全氮 1.08 g/kg，碱解氮 99 mg/kg，有效磷 7 mg/kg，速效钾 77 mg/kg，微量元素中锌、硼含量低。土质偏沙，保水保肥能力较差，供肥能力弱，易受干旱威胁，出苗不整齐，缺株多。多一年一熟，宜种性窄。利用中，坡度大的宜退耕还林、还牧，或种植果树，坡度较缓的应修筑梯田，保水固肥。

3. 攀枝花山红泥

攀枝花山红泥的成土母质为砂岩风化的残坡积物，主要分布在四川南部攀枝花及凉山彝族自治州境内金沙江、大渡河、普隆河的干热河谷或坡积裙上，海拔为 1 100~1 400 m，面积为 62.4 万亩。土体厚 70 cm 左右，剖面构型为 A-B-C 型。A 层淡黄橙色，壤质黏土，块状结构，疏松，根多；B 层呈红棕色，壤质黏土，粉黏比为 0.7~0.8，土壤 pH 为 6.0~6.6，呈微酸性反应，有效阳离子交换量为 24 cmol/kg 左右，盐基饱和度为 75% 左右，黏粒硅铝率为 2.75，结构面有较多铁锰斑纹和胶膜。该土种所处区域光热资源丰富，但由于季节性干旱缺水，多为稀树灌丛草被景观。开发利用上，可种植香蕉、剑麻、杜果等，保持水土，培肥地力。

（二）黏山红土（大红土）

黏山红土是由玄武岩风化的残坡积物发育的耕地土壤，集中分布在云南昆明、曲靖等地 1 700~2 100 m 的高原平缓地段，面积为 12.5 万亩。土体厚度 1m 以上，剖面构型为 A-AB-B 型。质地黏重，以黏土为主。A 层受长期耕作影响，有机质丰富，颜色较暗，暗棕色，多为核粒状结构，疏松，壤质黏土，盐基饱和度较高；AB 层亮红棕色，壤质黏土，块状结构，结构面上可见灰棕色胶膜，紧实；B 层暗红色，块状结构，厚 50 cm 以上，紧实，酸性反应，pH 在 5.0 左右，黏土，粉黏比小于 0.8，阳离子交换量仅为 10 cmol/kg，盐基饱和度为 10% 左右，有灰棕色胶膜，偶见铁锰结核。

统计剖面主要采自云南大理的宾川、鹤庆、弥渡、祥云等地，海拔范围为 1 549~2 453 m，分布地形主要为山地、山间盆地，质地多为黏土。典型剖面采自云南大理，采样部位为山间盆地，黏土。具体数据见表 2-83、表 2-84。

表 2-83 黏山红土表层土壤基本性质

项目	土层厚度 （cm）	耕层厚度 （cm）	容重 （g/cm³）	pH	有机质 （g/kg）	全氮 （g/kg）	有效磷 （mg/kg）	速效钾 （mg/kg）
统计剖面 （n=19）	100	20	1.1	5.0~7.8	14.0~71.8	0.60~3.20	8.0~77.3	83~343
典型剖面 （云南大理）	100	20	1.1	7.8	26.1	1.44	43.3	190

表 2-84 黏山红土表层土壤微量元素含量（mg/kg）

项目	有效铜	有效锌	有效铁	有效锰	有效硼	有效钼	有效硫	有效硅
统计剖面 （n=19）	1.60~23.90	0.10~9.30	3.3~474.9	7.3~105.7	0.10~0.90	0.1~2.4	6.8~260.9	63.8~486.3
典型剖面 （云南大理）	19.02	1.25	174.1	14.5	0.79	1.6	19.3	63.9

黏山红土土体厚，土质油润，熟化度高，表土疏松易耕，保水保肥力强，供肥平稳持久，宜种性广，一般以种植玉米、薯类、烟草等为主。改良利用中，应注意补充磷肥和硼肥。

（三）黏山红泥

1. 华宁红土

华宁红土是由覆盖于灰岩、白云岩、白云灰岩等碳酸盐类的古红土发育而成的旱耕地土壤，主要分布在云南昆明、曲靖、玉溪等地海拔 1 500～2 200m 的岩溶缓丘中上部与溶蚀中低山地段，面积为 72.9 万亩。土体厚 50～100 cm，剖面发育弱，层次分异不明显，剖面构型多为 A-B 型。全剖面以暗棕红色、棕红色为主，质地较黏重，多为黏土。B 层土壤 pH 为 6.0 左右，呈微酸性反应，黏土，粉黏比小于 0.5，块状结构，紧实，阳离子交换量为 11 cmol/kg 左右，盐基饱和度为 35%～40%。该土种一般远离村庄，耕作粗放，缺水少肥，利用时间短，土壤熟化度低。土质黏重板结，耕性差，宜耕期短。土壤结构差，不耐旱，加上下伏岩溶裂隙、漏斗多，水分渗漏快，旱象易生。宜种性窄，肥力低。由于干、瘦、板、薄、缺磷，利用上应以养为主，扩种绿肥，培肥地力。

2. 越州红泥

越州红泥由深厚的古红土经耕垦发育而成，主要分布在云南曲靖、昆明、楚雄等地海拔 1 700～2 100 m 的高原湖盆边缘浅丘及中山山前台地平缓地段，面积为 74.2 万亩。土体深厚，剖面构型为 A-B 型，呈淡红棕-深红色。全剖面盐基饱和度较高，在 50% 以上，呈上高下低趋势。B 层红色，黏土，土壤呈酸性-微酸性反应，pH 为 5.0～6.5，块状结构，黏土-壤质黏土，粉黏比为 0.5～0.8，阳离子交换量为 8～14 cmol/kg，黏粒硅铝率为 1.02～1.44，有灰色胶膜及铁锰结核。下部常见黄红相间的网纹和灰白色漂洗层。该土种土体深厚，质地偏黏，宜耕期较短，保水保肥能力中等，供肥比较平稳。适种性较广，改良利用上应增施有机肥、磷肥，补施钾肥和微肥，用养结合。对采自四川省凉山彝族自治州德昌县老碾镇大村和会理县河口乡盐河村的 2 个土壤样品进行分析，采样地海拔分别为 1 461 m、1 774 m，地形部位为山地坡中和丘陵中部，种植作物分别为桑、玉米，质地分别为轻壤、黏土，平均有效土层厚度为 47 cm，平均耕层厚度为 17.5 cm，容重为 1.3 g/cm³，pH 为 5.9，有机质 21.0 g/kg，全氮 1.2 g/kg，有效磷 15.7 mg/kg，速效钾 112.0 mg/kg。

3. 厚涩红土

厚涩红土由残存较薄的古红土发育而成，主要分布在云南曲靖、宣威、寻甸等地的盆缘丘陵顶部或中山中部坡度较大地段，海拔 1 800～2 100 m，面积为 14.7 万亩。剖面构型为 A-B 型。由于所处坡度多在 10°以上，土体通常不足 1 m，质地为黏土。土壤呈红橙色或红色，pH 为 6.0 左右，微酸性，盐基饱和度较高，均在 35% 以上。B 层为红色，粉黏比为 0.3～0.5，阳离子交换量为 10 cmol/kg 左右。底部常见黄红相间的网纹层或漂洗层。耕层有机质含量低，腐殖质品质较差，H/F 为 0.30～0.35。该土种耕层质地偏黏，板结难耕，不易细碎，宜耕期短，结构差，保水能力较弱，怕旱怕涝。养分比较贫乏，严重缺磷，供肥力弱，如玉米苗期常出现"紫苗"、中后期早衰现黄，属低肥力土壤。改良利用中，应增施有机肥、磷肥，轮种绿肥，秸秆还田，坡地改梯地。

（四）灰山红泥（磷沙土）

灰山红泥是由寒武系渔户村和笻竹市组灰色、深灰色磷灰岩等风化的残坡积物发育后，经开垦形成的耕作土壤，集中分布在云南昆明的晋宁、西山两地海拔 1 800～2 000 m 的丘陵低山缓坡地段，面积为 2.2 万亩。由于耕作开垦利用时间短，土壤发育较弱，层次分异不明显，土体剖面构型为 A-AB-B 型，厚 50 cm 左右。A 层多呈暗灰色-暗黄棕色，屑粒状结构，疏松，根系多，质地为黏壤土-壤质黏土；AB 层暗灰黄色，壤质黏土，块状结构，紧实；B 层浊黄棕色，土壤呈微酸性反应，pH 为 5.0～6.5，壤质黏土，粉黏比小于 1.0，块状结构，紧实，阳离子交换量为 14 cmol/kg 左右，盐基饱和度为 20%～40%。该土种质地沙黏适中，耕性好，有机质及其他养分丰富，磷含量高。但耕层浅，土壤保水保肥能力弱，易受干旱影响，供肥不稳，前期稍好，后期作物易脱肥早衰，产量低。改良利用中，应用养结合，增施有机肥，坡度大的应退耕还林。

第五节　红壤性土亚类

一、分布与成土条件

红壤性土是一种发育不完全的幼年土壤，在红壤区均有分布，主要分布于低山、丘陵区坡度较陡、水土流失较严重的地形破碎区，常与红壤、黄壤组成复区分布。植被多为疏林灌丛和矮草丛，植被盖度低。成土母质有花岗岩风化物、板岩风化物、页岩风化物、砂岩风化物、第四纪红土等。

二、主要成土特点

由于水热条件的差异，土体中的脱硅量和 Al_2O_3 的富集较红壤低，同母质发育的典型红壤与红壤性土比较，红壤性土的硅铝率和硅铁铝率明显高于典型红壤，说明其富铝化作用略低于典型红壤亚类，发育程度较典型红壤亚类弱。铁的形态和铁的活性差异较大，如全铁量高于典型红壤亚类，可能与表土层被侵蚀、铁淀积层出露地表有关。铁的游离度低于典型红壤，主要是典型红壤各发生层含铁矿物受水热作用时间长，游离铁多，相应提高了铁的游离度。无定型铁的含量及其活化度均低于典型红壤亚类，说明红壤性土的生物归还作用较弱。

三、剖面形态特征

受地形影响，易受侵蚀，成土时间短，土层浅薄（一般 40～60 cm），B 层发育不完全。剖面构型多为 A-（B）-C 型或 A-C 型。A 层 10～15 cm，暗棕色或棕色，碎块状结构，根系较多；心土层 20～30 cm，红棕色或棕黄色，块状结构，根系少，部分夹有 10%～20% 的半风化的岩石碎片或砾石；C 层 10～20 cm，有灰白、棕黄或红黄相间的网纹，块状结构，较紧实，含砾石或半风化岩石碎片。质地受母质影响各不相同，黏壤-沙壤。

四、基本理化性质

土壤呈酸性反应。土壤中钾含量较高，特别是花岗岩风化物发育的红壤性土。除植被盖度高的地区与耕型红壤性土外，其他土壤养分含量偏低，尤其缺磷。发育于第四纪红土母质上的红壤性土多分布在丘陵岗地中上部水土流失较重的地段，部分有面蚀或沟蚀，甚至网纹裸露，土层浅薄，剖面构型多为 A-（B）-C 型或 A-C 型。A 层棕色红色，粒状及碎块状结构，稍紧实，根系多；质地黏重，呈酸性反应。发育于花岗岩风化物上的红壤性土多分布于丘陵顶部或低山陡坡，自然植被较差，大部分为疏林荒山，土层浅薄，剖面构型多为 A-（B）-C 型或 A-C 型。A 层暗棕色或棕色，碎块状结构，有部分粗沙或岩石碎片，根系少；底土层为半风化母质，形似豆腐渣。质地疏松，呈酸性反应，铝、钾含量高，硅含量低。发育于板岩、页岩风化物之上的红壤性土分布于低山丘陵上部，坡度大、陡峻，植被差。土层浅薄，土体中夹有较多的半风化母岩碎块，层次发育不完整。剖面构型多为 A-（B）-C 型或 A-C 型。A 层暗棕黄色或棕黄色，粒状及碎块状结构，根系较多；心土层棕黄色，块状结构，紧实，根系少，夹有 20%～30% 的半风化岩片；C 层紧实，质地较黏，呈酸性反应。钾、磷含量高，硅铝含量介于发育于第四纪红土上的红壤性土和发育于花岗岩风化物上的红壤性土之间。发育于砂岩风化物之上的红壤性土分布在低山丘陵山脊或陡坡处，植被以灌丛草本植物为主，土层浅薄，剖面构型多为 A-（B）-C 型、A-C 型或 A-D 型。A 层暗灰棕黄色至灰棕色，粒状及碎块状结构，根系多；心土层淡黄棕色或黄棕色，块状结构，较紧实，根系少；母质层含沙量高。质地为沙壤至沙土，呈酸性反应。硅铝含量较高，钾含量相对较低。已开垦的红壤性土肥力差，宜退耕还林，保持水土。

五、主要土属及土种

根据母质的不同，红壤性土亚类可分为砾红土、黏砾红土、麻砾红土、黄泥红土等土属，主要包括扁沙砾红土、金龙砾红土、鳞皮土、水城红砾泥、砾质红泥土、砾石红大土、薄红麻沙土、砾质红土、黄泥红土等土种。砾红土土属的土壤多分布于低山丘陵上部坡度陡峻、植被受到破坏的地段。土层较浅薄，土体中夹有较多的半风化岩片，层次发育不完全。土壤质地较黏，为重壤-轻黏土。全剖面呈酸性反应，磷、钾含量较高。黏砾红土土属母质主要为玄武岩风化物。麻砾红土由花岗岩、花岗斑岩等风化物发育而成，多分布于丘陵顶部或低山陡坡，自然植被较差，土层浅薄，土质粗松，质地为砾质中壤-沙壤，呈酸性反应，铝、钾含量高，硅含量低。黄泥红土土属多由第四纪红土母质发育而成，多分布于丘陵岗地中上部水土流失较重的地段，部分有面蚀或沟蚀，甚至网纹裸露，土层浅薄，质地黏重，呈酸性反应。

（一）砾红土

1. 扁沙砾红土

扁沙砾红土的成土母质为板岩、页岩风化残坡积物，经耕作发育而成，主要分布于湖南益阳、常德、怀化等地的山丘坡麓地带，一般海拔在550 m以下，共15.5万亩。土体构型为A-（B）-R型，土体浅薄，一般小于30 cm。A层约16 cm，土壤质地为壤质黏土，粉沙粒、黏粒含量均在30%左右，粉黏比为1.0~1.2，砾质性强，>2 mm的砾石含量均在30%左右，并随剖面加深明显增加。土壤pH为5.8~6.4，交换性酸为4 cmol/kg左右，交换性铝占85.0%~89.5%，盐基饱和度小于25%，剖面分异不明显；B层亮棕色，重砾质壤质黏土，块状结构，紧实，有少量铁锰斑；C层橙色，重砾质壤质黏土，块状结构，紧实，砾石含量大于30%。

典型剖面（图2-3）位于湖南省岳阳市平江县瓮江镇小塘铺村，28°41′37″N，113°28′04″E，海拔124 m，板岩、页岩低丘中坡地带，成土母质为板岩、页岩风化物，土地利用状况为林地。50 cm土温为18.9 ℃。土体浅薄，土壤发育程度低，土体构型为A-B-C-R型，土壤表层枯枝落叶丰富，表层有机质含量高，表层厚度为10~30 cm，土壤润态颜色色调为10YR，土壤质地为壤土-砂质壤土，剖面板岩、页岩碎屑含量为30%~60%。pH（H$_2$O）和pH（KCl）分别为4.5~4.6和3.6~3.9。有机碳为7.48~35.59 g/kg。全铁含量为37.8~41.7 g/kg，游离铁含量为19.8 g/kg左右，铁的游离度为49.2%~52.3%。

图2-3 扁沙砾红土典型剖面

A：0~13 cm，浊红棕色（2.5YR 5/3，干），暗棕色（10YR 3/3，润），大量中根，壤土，发育程度强的大团粒状结构，大量中根孔、粒间孔隙，气孔，动物穴，中量小岩石碎屑，土体松散，向下层波状清晰过渡。

B：13~50 cm，浊橙色（2.5YR 6/4，干），棕色（10YR 4/6，润），大量中根，壤土，发育程

度中等的大团粒状结构，中量中根孔，粒间孔隙，动物穴，中量中岩石碎屑，向下层波状清晰过渡。

C：50～130 cm，板岩、页岩风化物。

R：130～160 cm，板岩、页岩。

扁沙砾红土典型剖面土壤物理性质和化学性质见表2-85、表2-86。

表 2-85　扁沙砾红土典型剖面土壤物理性质

土层	深度（cm）	砾石（>2mm，V/V,%）	细土颗粒组成（g/kg）			质地	容重（g/cm³）
			沙粒（2～0.05 mm）	粉粒（0.05～0.002 mm）	黏粒（<0.002 mm）		
A	0～13	30	315	483	202	壤土	1.21
B	13～50	60	495	323	182	壤土	1.24

表 2-86　扁沙砾红土典型剖面土壤化学性质

深度（cm）	pH（H₂O）	pH（KCl）	游离铁（g/kg）	CEC（cmol/kg）	铝饱和度（%）	有机质（g/kg）	全氮（g/kg）	全磷（g/kg）	全钾（g/kg）
0～13	4.5	3.6	19.8	71.1	73.8	35.59	2.41	0.42	20.9
13～50	4.6	3.9	19.8	47.6	78.9	7.48	0.94	0.35	21.6

扁沙砾红土耕层浅薄，富含半风化岩渣碎片，耕作不便，易碰伤工具。有机质、全氮含量中等偏高，速效钾、各种微量元素含量较高，作物发苗快，生长稳健，适宜种植薯类、魔芋等作物。改良利用中应坡地改梯地，防止水土流失；进行土地整理，拣出岩渣碎片，深耕加深耕作层。

2. 金龙砾红土

金龙砾红土由页岩、千枚岩、板岩风化的残坡积物发育而成，主要分布于湖南武陵山、雪峰山、罗霄山山区深涧沟壑两侧、坡脊，或断层陡坡地带，一般海拔在600 m以下，在怀化地区的分布面积最大，达172.9万亩，其他各地均有分布，总面积为665.9万亩。土体剖面构型为A-（B）-C型，土体浅薄，一般26 cm左右。由于母岩呈片状风化，土体内还有较多的岩石碎片，含量一般在20%以上，黏粒含量为26%～38%，质地以壤质黏土为主。土壤pH为4.5～5.3，交换性盐基及盐基饱和度均呈现上高下低的趋势。脱硅富铝化作用较弱，硅铝率约为2.8，氧化铁游离度低于40%。该土种土体浅薄，肥力较低，植被覆盖较差，有一半左右为荒山或裸土。利用中，应防止水土流失，因地植树。

典型剖面（图2-4）位于湖南省怀化市中方县新建镇岩门溪村，27°31′46″N，110°7′32″E，海拔为343 m，低山中坡地带，成土母质为板岩、页岩风化物，林地，生长有竹、杉人工林，植被盖度为90%以上。属亚热带湿润季风气候，年平均气温为16～17 ℃，年平均降水量为1 400～1 500 mm，50 cm土温为18.6 ℃。其土体构型为A-B-C型，质地稍黏，质地构型为粉砂质黏壤土-粉沙壤土，土体稍坚实，地表有少量粗砾石，C层有大量的土体岩石碎屑，pH（H₂O）和pH（KCl）分别约为4.6和3.6。有机碳为12.87～30.56 g/kg。全铁含量为33.8～38.0 g/kg，游离铁含量为30.6～37.0 g/kg，铁的游离度为43.8%～52.9%。

A：0～30 cm，浊黄橙色（10YR 6/3，干），浊黄棕色（10YR 5/4，润），大量细根，粉砂质黏壤土，发育程度强的小团粒状结构，中量细根孔，气孔，动物穴，粒间孔隙，少量岩石碎屑，土体疏松，向下层平滑渐变过渡。

B：30～50 cm，浊黄橙色（10YR 7/3，干），黄棕色（10YR 5/8，润），大量细根，粉砂质黏壤土，发育程度弱的小团粒状结构，中量细根孔，气孔，动物穴，粒间孔隙，中量岩石碎屑，土体疏松，向下层波状渐变过渡。

C：50～140 cm，板岩、页岩风化物。

图 2-4　金龙砾红土典型剖面

金龙砾红土典型剖面物理性质和化学性质见表 2-87、表 2-88。

表 2-87　金龙砾红土典型剖面物理性质

| 土层 | 深度（cm） | 砾石（>2 mm, V/V）（%） | 细土颗粒组成（g/kg） | | | 质地 | 容重（g/cm³） |
			沙粒（0.05～2 mm）	粉粒（0.002～0.05 mm）	黏粒（<0.002 mm）		
A	0～30	10	85	589	326	粉砂质黏壤土	1.07
B	30～50	45	124	506	370	粉砂质黏壤土	0.95

表 2-88　金龙砾红土典型剖面化学性质

深度（cm）	pH（H₂O）	pH（KCl）	游离铁（g/kg）	CEC（cmol/kg）	铝饱和度（%）	有机质（g/kg）	全氮（g/kg）	全磷（g/kg）	全钾（g/kg）
0～30	4.6	3.6	37.0	65.5	80.5	30.56	2.91	0.51	19.9
30～50	4.6	3.6	30.6	40.8	88.7	12.87	1.53	0.30	17.5

3. 鳞皮土

鳞皮土发育于泥质岩类风化物，以砂页岩、页岩、千枚岩等残积母质为主，主要分布于湖北、咸宁、黄石、武穴等地海拔 500 m 以下的低山丘陵的中上部，面积为 268.3 万亩，其中耕地 8.7 万亩。由于土壤侵蚀严重，土层发育不明显，土体剖面构型为 A-（B）-C 型。土体浅薄，一般不足 1 m，并夹有 30%～40% 的砾石；质地为沙壤土；土壤呈酸性或微酸性反应，pH 为 5.5～6.3。A 层浊橙色，重砾质沙壤土，屑粒状结构，松散，根系较多，砾石含量为 30%～40%；B 层发育较差，暗棕色-棕色，重砾质沙壤土，粉黏比为 2.0 左右，碎块状结构，较紧，砾石含量高，阳离子交换量为 5 cmol/kg

左右，盐基饱和度较高；C层亮棕色，重砾质沙壤土，小块状结构，紧实，砾石含量高。

在湖北省咸宁市咸安区大幕乡桃花尖村、东源村采集2个土壤样品进行分析，采样地海拔为94 m，山间盆地，壤土，为一年二熟的油菜—水稻、油菜—花生种植制度，平均有效土层厚度为20 cm，表土层厚度为18.5 cm，容重为0.9 g/cm³，pH为5.85，有机质18.8 g/kg，全氮1.28 g/kg，有效磷6.5 mg/kg，速效钾84 mg/kg，有效铜0.9 mg/kg，有效锌1.4 mg/kg，有效铁19.7 mg/kg，有效锰76.9 mg/kg，有效硼0.25 mg/kg，有效硫18.0 mg/kg，有效硅92.3 mg/kg。

鳞皮土所处位置坡度大，土体薄，砾石多，跑水、跑肥、跑土，土壤退化严重。改良利用上应退耕还林、封山育林；农业利用应坡地改梯地。

（二）黏砾红土（砾石红大土）

黏砾红土的母质为玄武岩风化的残坡积物，经人为耕种发育，主要分布在云南曲靖的会泽、宣威、罗平、富源等地海拔1 800～2 200 m的低中山陡坡地段，面积为23.8万亩。剖面构型为A-(B)-C型。土壤侵蚀严重，土体厚约50 cm。土壤发育差，层次发育不明显，土色多为橙色。通体多砾石，多为重砾质壤质黏土，呈酸性反应，pH为6.0～6.5。阳离子交换量为20 cmol/kg左右。耕层较薄，多为13～16 cm，自然肥力较高。统计土样主要采自云南昆明、丽江、曲靖等地，海拔在1 538～2 387 m，地貌类型为山地、山间盆地、丘陵上部，母质为玄武岩类结晶岩风化物，质地为壤土-黏土。典型土样采自云南省曲靖市会泽县矿山镇扯落村，海拔2 127 m，为山间盆地，重壤。具体性质见表2-89、表2-90。

表2-89　黏砾红土表层土壤基本性质

项目	土层厚度 (cm)	耕层厚度 (cm)	容重 (g/cm³)	pH	有机质 (g/kg)	全氮 (g/kg)	有效磷 (mg/kg)	速效钾 (mg/kg)
统计剖面 （n=31）	37	15	1.1	5.0～7.6	12.1～65.1	0.6～3.5	7.4～68.9	33.0～343.0
典型剖面 （云南曲靖）	37	15	1.1	5.6	34.1	2.06	29.5	68.0

表2-90　黏砾红土表层土壤微量元素含量（mg/kg）

项目	有效铜	有效锌	有效铁	有效锰	有效硼	有效钼	有效硫	有效硅
统计剖面 （n=31）	1.6～30.3	0.4～12.2	8.1～445.4	8.5～150.4	0.1～1.0	0.1～2.5	4.0～142.6	90.1～495.6
典型剖面 （云南曲靖）	30.3	1.3	419.8	26.5	0.5	1.4	30.2	396.2

黏砾红土土体薄，粗沙砾石含量较高，易顶犁跳铧，耕作不便，坡陡冲刷严重，耕层浅，跑水、跑土、跑肥，供肥有前劲无后劲，产量低而不稳。宜种性窄，主要种植玉米、马铃薯、荞麦等作物。利用中，应加强农田基本建设，陡坡地退耕还林还草，缓坡地重施农肥，种植绿肥，逐步加深耕层，适量追肥，提高肥料利用率。

（三）麻砾红土

1. 薄红麻沙土

薄红麻沙土发育于花岗岩和花岗片麻岩风化物，主要分布于湖北东南部的咸宁、黄冈、黄石、鄂州等地低山丘陵的中上部或陡坡地，海拔多为200～500 m，面积143.8万亩，其中耕地12.1万亩。土体层次发育不明显，剖面构型为A-(B)-C型。风化层深厚，可达4～5 m，但土体厚度在1 m左右，黄橙色，质地轻，以砂质壤土为主，且砾石含量为20%～40%。土壤酸性较强，pH为5.0～5.5。有效阳离子交换量为4.8 cmol/kg。B层发育差，黄橙色，重砾质砂质壤土，粉黏比为1.4～1.6，碎块状结构，较紧，根少，盐基饱和度为45%左右，黏粒硅铝率为2.60左右；C层，淡黄橙色，重砾质沙土，为花岗岩半风化物。统计土样共34个，所处位置多为丘陵，质地多为壤土-沙土。典型土样主要采自湖南常德，丘陵下部，中壤。

薄红麻沙土表层土壤基本性质和微量元素含量见表2-91、表2-92。

表 2-91　薄红麻沙土表层土壤基本性质

项目	土层厚度 (cm)	耕层厚度 (cm)	容重 (g/cm³)	pH	有机质 (g/kg)	全氮 (g/kg)	有效磷 (mg/kg)	速效钾 (mg/kg)
统计剖面 (n=34)	30~70	20~30	0.8~1.1	4.8~7.3	10.3~35.3	0.9~2.2	3.7~128.2	50.0~323.0
典型剖面 (湖南常德)	64	26	0.98	6.3	13.5	0.97	14.8	121.0

表 2-92　薄红麻沙土表层土壤微量元素含量（mg/kg）

项目	有效铜	有效锌	有效铁	有效锰	有效硼	有效钼	有效硫	有效硅
统计剖面 (n=34)	2.10~6.60	1.00~2.40	25.7~139.1	15.2~53.6	0.20~0.40	—	21.6~89.0	107.0~164.0
典型剖面 (湖南常德)	4.11	1.54	86.7	18.4	0.25	—	37.1	120.8

薄红麻沙土质轻松散，遍地皆沙，结构差，土性燥，易旱，跑水、跑肥、跑土，土壤养分含量极低。易受暴雨侵蚀，利用中应防止水土流失，坡地改梯地，沙地改黏地；适宜种植花生、大豆、马铃薯等作物，注意配方施肥。

2. 砾质红土

砾质红土的成土母质为花岗岩、花岗斑岩等风化残坡积物，主要分布于安徽黄山、宣城、芜湖、安庆等地丘陵的中上部，坡度大于20°，面积为254.9万亩。剖面为A-（B）-C型。土体浅薄，厚度为25~40 cm，B层不明显，砾质性强，砾石含量大于20%，且随剖面加深递增明显。土壤质地为重砾质砂质壤土至重砾质砂质黏壤土，粗沙含量高。阳离子交换量多小于10 cmol/kg，B层盐基饱和度小于35%，pH为4.3~5.6，随剖面加深盐基交换量和饱和度降低明显。采自四川凉山的土样（n=6）显示，有效土层厚度为33 cm，表层厚度为19 cm，沙土-中壤，容重为1.39 g/cm³，pH为5.4，有机质31.1 g/kg，全氮1.5 g/kg，有效磷45.9 g/kg，速效钾102.2 mg/kg。该土种地面坡度陡，侵蚀重，土体浅，砾质性强，磷缺乏。植被长势差，马尾松、杉树、杂竹类组成的混交林的覆盖度为30%~60%。开发利用上，应进一步加强植被保护，严禁樵伐，保持水土，并大力种植马尾松等先锋树种；土体稍厚的地段可适当植造杉树、竹等用材林，植树造林采取鹿角桩法或等高撩壕法，切忌全垦造林。

（四）黄泥红土

黄泥红土母质为第四纪红土，多分布于低丘岗地，分布广而零星出现，在江西南昌、吉安、宜春的分布面积较大，在其他地市的分布面积较小，共18.55万亩。剖面为A-（B）-B_v型。表土层浅薄，仅10 cm左右，心土层发育不明显，风化较典型红壤弱，硅铝率比同类母质红壤高。在沟蚀、面蚀严重地区，有"红色沙漠"之称。质地黏重，通体黏粒含量很高，极少砾石，多为壤质黏土-黏土，土壤容重大，孔隙度低，物理性状极差。呈酸性反应，pH在5.0左右，为盐基不饱和土壤。养分极低，采自江西省宜春市高安市村前镇的土样显示，有效土层厚度为48 cm，表层厚度为15 cm，沙土，容重为1.46 g/cm³，pH为4.8，有机质15.5 g/kg，全氮1.4 g/kg，有效磷10.2 g/kg，速效钾55.0 mg/kg。有效微量元素含量：锌0.6 mg/kg，铜6.0 mg/kg，铁138.9 mg/kg，硼0.8 mg/kg，锰12.7 mg/kg，硫58.6 mg/kg，硅129.2 mg/kg。该土种质地黏重，酸性极强，物理性状和养分状况极差，少数只有零星小草生长，多数寸草不生。地表有剧烈面蚀和深切沟蚀，切沟一般深0.3~0.5 m，网纹红土裸露。局部坡度为 10°~15°，是丘陵地区肥力最低、质量最差的一种土壤。尚不宜直接开发农用，而急需采取有效的水土保持措施，如营造和栽种耐酸、耐瘠、耐旱、适应性强的草类和灌木，同时有计划地因地制宜地辅以工程措施，从改善小环境入手，使之逐步生长植被，培育出较为深厚的表土层后，逐步发展其他农作物。

主要参考文献

广西土壤肥料工作站，1994. 广西土壤［M］. 南宁：广西科技出版社.

湖南省农业厅，1989. 湖南土壤［M］. 北京：农业出版社.

江西省土地利用管理局，江西省土壤普查办公室，1997. 江西土壤［M］. 北京：中国农业科技出版社.

全国土壤普查办公室，1993. 中国土种志：第 6 卷［M］. 北京：中国农业出版社.

全国土壤普查办公室，1993. 中国土种志：第 3 卷［M］. 北京：中国农业出版社.

全国土壤普查办公室，1993. 中国土种志：第 1 卷［M］. 北京：中国农业出版社.

熊毅，李庆逵，1990. 中国土壤［M］. 北京：科学出版社.

云南省土壤普查办公室，1994. 云南土种志［M］. 昆明：云南科技出版社.

张扬珠，周清，盛浩，等，2020. 中国土系志：湖南卷［M］. 北京：科学出版社.

第三章 | 红壤酸化的趋势及其影响因素 >>>

红壤地区耕地面积占全国耕地总面积的四分之一，是我国农产品的重要产区。近年来，红壤快速酸化，导致土壤养分（氮、磷、钾、钙、镁）贫瘠化和非均衡化加剧，有毒元素活性增强，限制了作物生长，并引起土壤生物群落多样性和生态功能衰退。红壤酸化是自然因素和人为活动共同作用的结果，具有显著的区域差异性。过去酸化程度、目前酸化速率、未来演变趋势的确定，以及不同因素的作用机制与贡献率的定量评估，对于解析红壤酸化区域分异格局和驱动因子至关重要，是构建阻控红壤酸化技术体系的理论基础。

本章共分五节：第一节介绍了红壤酸化的概念和表征指标，以及酸化与碳、氮、硫、盐基阳离子循环的关系；第二节分析了红壤酸化现状，并以典型区域（湖南祁阳、江西进贤、广西武鸣等、广东珠江三角洲）为例，重点分析了红壤酸化时空演变特征；第三节从自然因素和人为因素（施肥、作物致酸、酸沉降、土地利用方式等）两方面揭示不同区域红壤酸化的主控因素及各因素的贡献率；第四节分析了红壤酸化对作物生长、微生物多样性、重金属有效性等的影响及量化关系，揭示了红壤酸化的生态环境效应；第五节提出了红壤酸化防控关键技术，阐述了针对不同酸度红壤的综合防治技术模式。

第一节　红壤酸化的概念及指标

红壤酸化引起一系列的土壤物理、化学和生物学性质的变化，进而导致生产力及生态系统的演变和退化。红壤酸化导致旱地土壤中 62.7% 的全氮处于中度贫瘠化水平，77.8% 的有效磷处于严重贫瘠化水平；红壤酸化导致土壤有毒元素如铝、重金属等的活性增强，对作物生长产生毒害作用，并引起土壤生物群落多样性和生态功能衰退。据调查，亚热带地区 301 个采样点的土壤平均 pH 由 20 世纪 80 年代的 5.37 下降至 21 世纪初的 5.14（粮食作物）和 5.07（经济作物）（Guo et al.，2010）。酸化严重地区，土壤 pH 已降至 4.00 左右，农作物已无法正常生长；大面积土壤的酸度已逼近作物正常生长的 pH 下限，且酸化呈日益加剧的趋势。研究表明，土壤 pH 在 4.2~6.4 范围内每下降 1 个单位，油菜、花生、小麦、玉米、柑橘产量平均下降 51.9%。因此，红壤酸化导致肥力严重退化，制约了优越的光、温、水资源潜力的发挥。酸化导致的土壤生产力下降和生态环境脆弱问题严重威胁红壤地区生态系统的稳定性和资源的高效利用。

一、土壤酸化的概念

土壤酸化是土壤吸收性复合体接受一定数量 H^+ 并在其表面产生大量交换性 H^+ 和交换性 Al^{3+}、土壤盐基阳离子大量淋失的过程。简而言之，土壤酸化是指土壤变酸的过程。进入土壤系统中的 H^+ 与土壤胶体表面吸附的 Ca^{2+}、Mg^{2+}、K^+ 等阳离子发生交换反应，如果交换性 H^+ 的比率增加，盐基就呈不饱和状态，土壤 pH 降低，致使土壤酸化（中国农业百科全书总编辑委员会土壤卷编辑委员会等，1996）。于天仁等（1990）则将土壤的酸化过程表述为土壤中 H^+ 和 Al^{3+} 数量的增加，致酸离子与土壤胶体表面吸附的盐基离子进行交换，促进了交换性盐基离子的淋溶损失；吸附在颗粒表面的 H^+ 又进一步溶解矿物晶格表面的铝，加剧土壤酸化。而 de Vries 等（1987）将土壤酸化定义为土壤无机组分酸中和容量（ANC）的下降。

二、土壤酸化的表征

土壤酸度通常由强度因子和容量因子来反映。根据土壤中 H^+ 的存在形态，可将土壤的酸度分为两大类型：一类是活性酸，一类是潜性酸。活性酸由呈交换态的 H^+、Al^{3+} 等决定，是土壤溶液中 H^+ 浓度的直接反映，其强度通常用强度因子 pH 来表示。土壤的 pH 越小，表示土壤活性酸越强。Helyar 等（1989）用酸化速率来表征土壤酸化的快慢和方向，即某一系统（农田、森林、草地等）在单位时间内的净产酸量：

$$AR = (\Delta pH) \times (pHBC \times BD \times V) / T_1 \qquad (3-1)$$

式中：AR 为土壤酸化速率 $[kmol/(hm^2 \cdot a)]$；ΔpH 是一定时段内土壤 pH 的变化量；$pHBC$ 是土壤每个 pH 单位的酸碱缓冲容量（mmol/kg）；BD 是土壤容重（kg/m^3）；V 是土壤耕层的体积（m^3/hm^2）；T_1 是时间。

该方法能较准确地计算出某一系统在一定时段内的净产酸量，其中 ΔpH 通过当前土壤 pH 与起始土壤 pH（pH_0）之差获得。然而，往往由于缺乏历史数据，无法进行酸化速率的计算。徐明岗等（2017）通过将无人为干扰土壤设定为参比土壤 pH（pH_0）的方法，解决了因缺乏历史数据而无法进行酸化速率计算的问题，严格限定了参比土壤的条件：①位于待测土壤 500 m 半径范围内；②与待测土壤的成土母质、土壤类型和土种均相同；③未经人为扰动、未经施肥且地面上无植被生长。

由于土壤具有缓冲性能，因而并不是土壤内部产生和外部输入的 H^+ 都能引起土壤 pH 的改变，即并不是所有的土壤酸化都能通过强度因子反映。因此，单纯以 pH 衡量土壤酸度的变化存在局限性。如 Lesturgez 等（2006）研究发现，土壤酸化加速，但 pH 未出现明显下降，原因在于酸化土壤中的矿物高岭石晶层出现酸溶分解现象，消耗了活性酸，导致土壤 pH 并未呈现下降趋势。正因为如此，不少学者以其他的方法来表示土壤酸化。例如，于天仁（1990）提出，用石灰位来表示土壤的酸性强度。由于 Ca^{2+} 是土壤中主要的盐基离子，除了某些碱化土壤外，一般占盐基离子的 $60\% \sim 80\%$。因此，土壤的酸性强度可以用 H^+ 和 Ca^{2+} 的相对比例的变化来代表。二者的关系可用数学式 $pH - 0.5 pCa$ 表示，它代表与土壤固相处于平衡的溶液中 H^+ 的活度和 Ca^{2+} 的活度差，称为石灰位。土壤酸化并不一定伴随着土壤 pH 的下降，而 pH 下降却通常用来反映土壤酸化。然而，有时候土壤中有 H^+ 产生，却只能部分地在 pH 上反映出来。因此，可用一个容量因子而不是 pH 这种强度因子来定义土壤酸化（许中坚等，2002）。即土壤酸化是指由各种自然因素和人为因素导致的土壤酸中和容量（ANC）的减小。ANC 被定义为碱性组分（阳离子，其作用取决于所选的参考 pH）减去强酸性组分的结果。与 pH 相比，ANC 是一个较好的表征土壤酸化的指标。

三、土壤酸化与碳、氮、硫、盐基阳离子循环的关系

土壤酸化是伴随着土壤发生和发育的一个自然过程。在土壤自然酸化过程中，质子主要来源于碳酸和有机酸的离解（van Breemen et al.，1983）。土壤自然酸化的速度一般是非常缓慢的，但人为活动大大加速了酸化过程，并对生态环境和农林业生产造成严重影响。土壤自然酸化过程包括植物和微生物对盐基离子的摄取（Arp et al.，1988），水溶性碳水化合物、有机酸阴离子、硝酸根的自然淋溶（Becquer et al.，1990）等；人为酸化过程包括施肥（Cai et al.，2015；Guo et al.，2010）、酸沉降（廖柏寒等，2002）、植物体的收割（Tang et al.，2003）等。

从生物地球化学循环的角度来看，土壤酸化是由元素循环的脱节引起的。研究表明，在土壤酸化

严重的地方，人为因素所起的作用更大（van Breemen，1983）。在土壤酸化中，影响 H^+ 转化的最有意义的其他元素循环是氮、碳、硫和阳离子的循环（de Vries et al.，1987）。

（一）碳循环在土壤酸化中的作用

1. 碳酸和有机酸对土壤酸化的影响

土壤自然酸化过程中的质子主要来源于碳酸和有机酸的离解（van Breemen et al.，1983）。大气扩散、土壤微生物和作物根系呼吸作用释放的 CO_2 溶于水形成碳酸，而碳酸解离产生的质子溶解硅酸盐（Berner et al.，1992），将矿物中对酸具有缓冲作用的碱性组分释放到溶液中，加速了土壤碱性物质的淋失，从而导致土壤酸化。土壤有机酸的来源：一方面来自作物根系和微生物的代谢，另一方面来自土壤有机物质的降解。此外，在有机物质的矿化过程中，特别是在不利条件下，如冷湿气候、养分贫瘠，土壤中的有机残体处于厌氧分解或半厌氧分解状态，可生成各种有机酸或高分子的腐殖酸（包括富里酸、胡敏酸），加速土壤酸化。此外，水田土壤中施用稻草或绿肥等新鲜有机物质后，在淹水初期的低温时，也可产生有机酸，使土壤 pH 下降。

2. 有机物料对土壤酸化的影响

大量实验表明，施用有机物质能够提高酸性土壤 pH，降低土壤铝的饱和度和可溶性（Mokolobate et al.，2002；Cai et al.，2018）。施到土壤中的有机物质，首先与土壤之间发生质子转移，此过程是非生物过程；当有机物质的 pH 高于土壤时，就会形成质子从低 pH 土壤到有机物质的缓冲体系，土壤 pH 升高，这是酸性土壤改良的主要机制之一；反之，施用有机物质会降低土壤 pH（Wong et al.，1998）。随着施入时间的延长，有机物质中易降解的有机氮开始矿化，矿化速率取决于有机物质的含氮量。其中，氨化和去羧基作用是矿化过程中引起土壤 pH 升高的两个重要过程。有机物质的去羧基作用一方面消耗了土壤中的 H^+（1mol 羧基消耗 1mol 质子）（Cai et al.，2018），另一方面把低 pH 土壤的强酸性官能团变成弱酸性官能团，增加了保持质子的能力，从而增强了土壤酸碱缓冲特性（Marschner，2000）。有机物质在矿化过程中释放的盐基离子有着与石灰同样的碱性效应，盐基离子电荷总量与有机物质改良土壤酸度的能力极显著正相关（Yan，1996）；同时释放的有机阴离子专性吸附在土壤铁、铝氢氧化物表面，交换解离出 OH^- 中和了部分酸性物质（Hue，1992）。矿化过程生成的 $NH_4^+ - N$ 在硝化细菌的作用下，转化成硝态氮，同时产生 H^+（其中 1 个铵根产生 2 个 H^+）而降低土壤 pH，这是氮循环导致土壤酸化的主要过程。因此，有机物质对土壤酸度的影响取决于有机物质与土壤间的质子转移、有机氮的氨化和硝化、去羧基作用，以及矿化过程中释放的碱性物质等的综合作用，另外也取决于土壤类型。

3. 通过调节 pH 和 pAl 的关系来降低铝的溶解度

矿质土壤溶液中 Al^{3+} 的活度通常用氢氧化铝的溶解度来表示。例如在自然条件下水铝英石发生解离：

$$Al(OH)_3 + 3H^+ = Al^{3+} + 3H_2O$$
$$[Al^{3+}] / [H^+]_3 = constant \qquad (3-2)$$
$$lgAl + 3pH = lg K$$

在 298K 时，土壤矿物相的溶解度 lg K 的变化范围是 8.11～8.77。lgAl 和 pH 关系的斜率为 3。当土壤 pH＜5.0 时，这个公式经常高估土壤中活性铝的量，即 pH 与 lgAl 之间不存在三次方关系。已有研究表明，在低 pH 土壤上，有机铝化合物控制着土壤溶液中 Al 的活度（Wesselink et al.，1996），这也就解释了高有机质的酸性土壤或者有机物质改良的酸性土壤能够降低土壤溶液中铝的浓度且使作物生长良好的原因。

（二）氮循环在土壤酸化中的作用

1. 氮循环影响土壤酸化的机制

氮循环对土壤质子库的影响主要表现在：氮的矿化、氨挥发、硝化和反硝化过程。施到土壤中的尿素在脲酶的作用下矿化成 $NH_4^+ - N$，同时消耗 1 个 H^+，生成的 $NH_4^+ - N$ 一部分被作物吸收利用或以 NH_3 的形式挥发损失并释放质子，H^+ 的净增加是零，一部分在硝化细菌的作用下生成 $NO_3^- - N$，同时释放 2 个 H^+，若生成的 $NO_3^- - N$ 被作物吸收利用，为保持土壤电荷平衡同时释放一个 OH^-，中和 1 个质子，整个过程 H^+ 的净增加是零。因此，在自然条件下氮的循环过程并不导致土壤酸化（许中坚等，2002），只有当豆科作物固定的氮超过了生物体的需要量，造成 $NO_3^- - N$ 的累积和淋洗损失才会增加土壤质子负荷。同样，当施到农田土壤中的氮超过作物的需要量时，会造成土壤中 $NO_3^- - N$ 的累积以及硝酸根的淋洗损失，由硝化作用产生的 H^+ 不能被中和，质子负荷增加，从而导致土壤酸化（徐仁扣等，2018）。

2. 氮肥品种对土壤酸化的影响

氮肥对土壤酸化的贡献主要体现在硝化和硝态氮的淋溶损失过程。氮肥种类不同，其在土壤中的硝化强度亦不同。张树兰等（1998，2002）通过培养试验研究发现硫酸铵、氯化铵、尿素和碳酸铵在土壤中的硝化回收率不同，依次为硫酸铵＞尿素≥碳酸铵＞氯化铵，可见 Cl^- 对硝化作用的抑制最为强烈。Mc Clung 等（1985）也曾报道，过氯化物比硫酸盐更能抑制土壤硝化作用。这些结果表明，氯化铵较其他氮肥品种更能降低土壤硝化作用，减少硝态氮的累积和淋洗损失。也有人（南方红壤退化机制与防治措施研究专题组，1999）研究发现，硫酸铵对红壤的酸化作用小于硝酸铵。这是由于在高度风化的红壤中，SO_4^{2-} 能专性吸附在氧化物胶体表面并与羟基发生配体交换，交换下来的 OH^- 中和了红壤中的部分 H^+，而 NO_3^- 不能与红壤表面发生配位吸附。鲁如坤等（1995）也通过研究发现，由于碳酸铵和尿素在水解过程中消耗 H^+，它们对土壤的酸化作用小于硫酸铵和硝酸铵。

3. 氮肥配施其他肥料对氮肥硝化作用的影响

氮肥配施化学磷肥：①随磷肥一起施入的 Ca^{2+} 增加了土壤盐基离子含量和饱和度；同时，配施磷肥增加了作物地上部生物量和根系的吸收面积，提高了作物对氮的吸收量和吸收范围，促进了作物对水分的利用，相对而言减少了土壤 $NO_3^- - N$ 的累积和淋溶损失（王伯仁等，2002；徐明岗等，2006）。②随磷肥一起施入的硫酸对土壤有酸化作用，配施磷肥在增加地上部生物量的同时也增加了碱性物质的移出，进一步加大了土壤的酸化（Tang et al.，2003）。因此，增施磷肥对土壤酸度的影响取决于各因素的综合效应。

化学氮肥与有机肥（作物秸秆和粪肥）配施：①降低了肥料氮（包括有机氮）在土壤中转化为 $NO_3^- - N$ 的量和硝化速率，其降幅随有机肥施用比例的增加而增大（唐玉霞等，2007；Alizadeh et al.，2012）。②化学氮肥与有机肥配施增加了作物对土壤无机氮的吸收量，提高了氮肥利用率，避免了硝态氮在土壤中的累积和淋溶损失（高伟等，2011；Duan et al.，2011；Singh et al.，2011）。闫鸿媛等（2011）通过长期定位试验监测发现，与单施化学氮肥相比，配施有机肥不仅能提高氮肥利用率，还能有效减缓红壤酸化。徐培智等（2010）也发现，与单施化学氮肥相比，化学氮肥与有机肥配施土壤微生物生物量氮含量显著增加，而土壤酸度显著降低，且随着有机肥施用比例的增加变幅增大。宁建凤等（2007）则通过盆栽试验证明，化学氮肥配施有机肥能显著降低土壤硝态氮淋失量和提高渗滤液 pH。这些研究结果表明，化学氮肥与有机肥的配施比例对肥料氮的去向和土壤酸度有影响，而肥料氮在土壤中的去向及其与土壤酸度的关系，在很大程度上又受肥料本身 C/N 的影响。

肥料本身 C/N 是影响肥料氮在土壤中转化的关键因素（Inselsbacher et al.，2010；Abera et al.，2012）。与单施化学氮肥相比，加入活性碳源（如葡萄糖）能明显提高土壤微生物活性，起到调控土壤微生物将无机氮转化为有机氮的速率和容量的作用；高活性碳源的添加更有利于无机态氮的同化，降低了土壤中 $NH_4^+ - N$ 和 $NO_3^- - N$ 的含量（艾娜等，2009；侯松嵋等，2008）。肥料本身的 C/N 对土壤微生物固定肥料氮的量和土壤硝化作用有重要影响（唐玉霞等，2007）。当肥料 C/N＞30 时，易分解的能源（主要是碳源）物质丰富，矿质氮的生物固持作用大于肥料氮的矿化作用，从而表现为矿质氮的净生物固持；C/N 在 20～30 时，矿质氮的固持速率与肥料氮的矿化速率基本相同，此时，既不表现为矿质氮的净固持，也不表现为肥料氮的净矿化；C/N<20 时，肥料氮的矿化速率则大于矿质氮的生物固持速率，从而表现为净矿化（唐玉霞等，2007）。由此可见，在施氮量不变的情况下，化学氮肥配施有机肥（或添加活性碳源）改变肥料 C/N 可以有效改变肥料氮的转化过程和去向，减弱硝化作用和降低硝态氮产生量，进而减弱肥料氮对土壤的酸化作用。除此之外，有机肥自身的矿化过程也会消耗土壤 H^+。

（三）硫循环在土壤酸化中的作用

硫循环对土壤质子库的影响主要包括有机硫的矿化过程和硫的氧化过程。因作物在吸收硫酸根的过程中消耗质子，所以硫的自然循环过程对土壤酸化作用影响较小（王代长等，2003）。存在于土壤有机质和作物残体中的硫以—HS官能团的形式存在，在降解的过程中氢硫键被氧化成硫酸根，1mol氢硫键释放出 $2molH^+$。土壤中的 SO_4^{2-} 在厌氧的条件下被还原成 H_2S 同时消耗质子，如稻田土壤，在淹水的情况下土壤 pH 会升高，晒田后土壤 pH 会降低。与氮循环相比，硫循环对土壤质子库的作用相对较小，这主要有两方面的原因：①SO_4^{2-} 的移动性受土壤吸附（或生成沉淀）的影响（Nissinen et al.，2000），可变电荷土壤对 SO_4^{2-} 的吸附存在专性吸附和非专性吸附，其中专性吸附产生 OH^- 消耗 H^+，对酸有一定缓冲能力，同时使盐基离子保持在土壤溶液中不至于被淋失（陈铭等，1995）。②作物需氮量是需硫量的 10 倍，SO_4^{2-} 的同化和含硫有机物质的降解过程对土壤质子库的影响很小。

（四）阳离子循环在土壤酸化中的作用

阳离子循环对土壤酸度的影响主要体现在作物的过量阳离子吸收、有机质的矿化过程、土壤矿物的风化过程、阳离子与致酸离子的交换过程以及阳离子的淋洗过程。

作物为了满足自身生长的需要从土壤中吸收养分元素。一般情况下，作物吸收的阳离子多于阴离子（即过量阳离子量，吸收的阳离子量减去吸收的阴离子量），为了维持电荷平衡，根系向土壤中分泌 H^+，导致土壤酸化（Tang et al.，2003）。植物残体矿化后，将碱性物质归还土壤，中和根系分泌的 H^+；当农产品被收获并从土壤上移走时，其体内积累的碱性物质也被随之带走，由根系分泌的 H^+ 不能被中和，从而导致土壤酸化。

在 pH>7 的石灰性土壤上，钙和镁的碳酸盐作为土壤的储备碱，能对土壤中各种各样的酸起中和作用，产生重碳酸盐。随着中和反应的进行，重碳酸盐从土壤表层淋出。长此下去，土壤的碳酸盐缓冲容量就有可能慢慢地被耗尽，最后导致土壤 pH 的降低。然而，石灰性土壤 pH 缓冲容量极大，只有当土壤所含的游离碳酸盐全部溶解损失时，pH 才会发生显著变化（李学垣，2001）。

在 pH 为 5～7 的土壤上，土壤内部产生或外部输入的 H^+ 或 Al^{3+} 导致土壤致酸离子增加时，土壤黏粒或腐殖质交换点位的盐基离子能与它们进行交换反应，盐基离子对加入的酸起缓冲作用。土壤对酸缓冲容量的大小取决于土壤交换性盐基离子的含量。pH 相同的土壤，有机质与层状硅酸盐黏土矿物含量越高，其 CEC 和酸缓冲容量越大。土壤交换性盐基对酸的缓冲作用的机制并不是真的将酸中和，而是将交换出来的酸储存在土壤酸"库"内。如果土壤遭到淋洗，用这种机制抵抗酸对土壤侵袭的缓冲作用的能力就会随着土壤交换性盐基的消耗而削弱。

人为活动导致碳、氮、硫循环的失衡，造成 HCO_3^-、$RCOO^-$、SO_4^{2-} 和 NO_3^- 的淋溶量加大。为了保持电荷平衡，土壤中阳离子伴随着阴离子淋洗损失，从而导致土壤永久酸化。

第二节　红壤酸化的时空特征与态势

一、红壤酸化现状

我国热带和亚热带地区水、热资源丰富，农林业生产潜力巨大，是经济作物和粮食的主产区。但由于该地区主要分布着酸性土壤，随着近年来大气酸沉降的不断加剧和化肥的过量施用，这一区域土壤酸化速度显著加快，土壤酸化和肥力退化问题突出，严重制约了土壤生产潜力的发挥。湖南祁阳定位试验的监测结果显示，长期单施化肥 20 年后土壤 pH 由 5.7 下降至 4.5（Meng et al.，2014；Cai et al.，2015）。我国酸性土壤面积也在不断扩大，20 世纪 80 年代强酸性土壤（pH＜5.5）的面积约为 1.69 亿亩，21 世纪初已增加到 2.26 亿亩。土壤酸化在全国范围内普遍发生，在南方地区尤为严重。根据全国农业技术推广服务中心 2015 年公布的 2005—2014 年全国测土配方施肥土壤基础养分数据，湖南省［120 个县（市、区）］、广西壮族自治区［104 个县（市、区）］、浙江省［74 个县（市、区）］和广东省［94 个县（市、区）］的农田土壤平均 pH 低于 6.0 的分别占 60.8%、70.2%、75.7% 和 93.6%，其中土壤平均 pH 低于 5.5 的分别占 29.2%、28.8%、41.9% 和 54.3%。江西省 91 个县（市、区）中有 90 个地方的土壤平均 pH 低于 6.0，其中土壤平均 pH 低于 5.5 的占 92.3%，还有 18.7% 的县（市、区）的土壤平均 pH 低于 5.0；福建省已公布的 41 个县（市、区）的农田土壤平均 pH 均低于 6.0，其中 85.4% 的土壤平均 pH 低于 5.5，31.7% 的土壤平均 pH 低于 5.0。以上调查分析数据表明，我国亚热带地区土壤酸化问题已十分突出，其中江西、福建和广东等地土壤酸化尤为严重（徐仁扣等，2018）。目前的研究已经确认，化学氮肥的长期过量施用是我国农田土壤加速酸化的主要原因（Guo et al.，2010）。而且土壤酸化是一个持续进行的过程，若仍广泛沿用目前的农田管理模式，我国红壤地区农田土壤酸化问题还将进一步加剧（徐仁扣等，2018）。

二、典型区域红壤酸化时空演变特征

1. 湖南祁阳红壤酸化时空演变特征

根据 20 世纪 80 年代开展的第二次土壤普查、2007 年开展的地力调查数据以及 2014 年采用 2 km×2 km 网格法布点取样。结果表明，1982—2014 年祁阳县（现祁阳市）表层土壤（0～20 cm）pH 平均下降 0.39，平均每年下降 0.012（图 3-1）。32 年间祁阳县表层土壤平均酸化速率为 0.41 kmol/hm²。空间上，1982 年祁阳县表层土壤酸碱度呈南酸北碱的分布规律，2014 年祁阳县土壤酸碱度分布格局未明显改变。但差减法结果（2014 年−1982 年）表明，祁阳县酸化土壤面积占总面积的 82.19%，其中土壤 pH 下降超过 1 的土壤面积占总面积 26.13%，主要分布在八宝镇、石鼓源乡和金洞镇；土壤 pH 下降 0.5～1.0 的土壤面积占总面积的 18.54%；仅 18.81% 的土壤在 32 年间未酸化，主要分布在梅溪镇、七里桥镇和浯溪镇。土壤剖面上，砂岩、第四纪红土、花岗岩发育的土壤 pH 显著低于由石灰岩和紫色页岩发育的土壤，其交换性酸含量也明显较高；砂岩、第四纪红土、河流冲积物及石灰岩发育的土壤，旱地、水田及果园 0～40 cm 土壤 pH 较下层土壤低，土壤交换性酸含量较下层土壤高，表层土壤显著酸化。

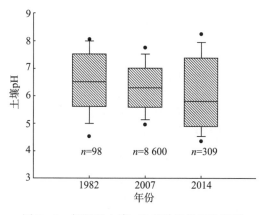

图 3-1　祁阳县土壤 pH 的阶段性变化特征

成土母质在一定程度上决定了土壤的酸碱性。祁阳县共有8种成土母质，分别为板岩、页岩、第四纪红土、河流冲积物、花岗岩、砂岩、石灰岩、紫色页岩，其中板岩、页岩、第四纪红土、河流冲积物、花岗岩、砂岩为酸性母质，石灰岩和紫色页岩为碱性母质。

图3-2表明，1982年由酸性母质发育的森林土壤平均pH为5.28，至2014年祁阳县土壤平均pH下降至4.94，32年间，土壤pH下降了0.34，平均每年下降0.011，酸性母质发育的森林土壤显著酸化。而碱性母质（石灰岩和紫色页岩）发育的森林土壤在32年间pH无显著变化。碱性母质发育的土壤具有较强的酸缓冲能力，而酸性母质发育的土壤的缓冲能力相对较弱，对酸沉降等致酸因子的敏感性强。Ulrich等（1986）的研究表明，pH在6.2～8.2为碳酸盐缓冲体系，pH在5.0～6.2为硅酸盐缓冲体系，pH在5.0～4.2为阳离子交换缓冲体系，pH在3.8～4.2为铝氧化物缓冲体系。祁阳县碱性母质发育的森林土壤平均pH为7.2，为碳酸盐缓冲体系；而酸性母质发育的土壤平均pH为4.94，为阳离子交换缓冲体系。相比于碳酸盐缓冲体系，阳离子交换缓冲体系对酸的缓冲能力较弱。

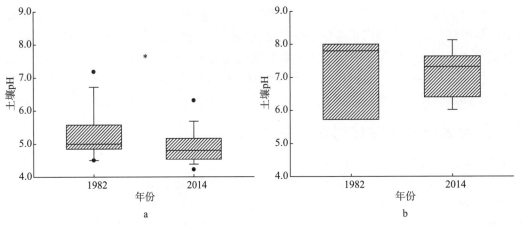

图3-2　祁阳县1982年与2014年森林土壤pH变化

a. 酸性母质（板岩、页岩、砂岩、第四纪红土、河流冲积物、花岗岩）发育的土壤
b. 碱性母质（石灰岩、紫色页岩）发育的土壤

2. 江西余江县红壤酸化时空演变特征

20世纪80年代进行的第二次土壤普查、2008年开展的地力调查数据和测土配方施肥的资料以及2016年网格法布点取样的分析结果表明，在1985年、2008年和2016年余江县（现余江区）平均土壤pH分别为5.66、5.41和5.00，土壤均出现显著酸化现象（$P<0.001$）（图3-3）。从1985年至2016年土壤pH下降了0.66，平均每年下降0.021，不同时期土壤pH下降量不同。1985—2008年，余江县土壤pH下降0.25，平均每年下降量为0.011；2008—2016年，余江县土壤pH平均每年下降量为0.051。土壤酸化先慢后快，具有明显的阶段性特征。

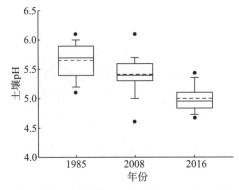

图3-3　不同时期余江县土壤pH的变化特征

从余江县整个县域来看，土壤酸化主要发生在县域北部以及中西偏南地区，且多呈现区域集中分布的特点。在不同土地利用方式下，林地土壤酸化最快（表3-1），31年间土壤pH下降了0.99。水田土壤显著酸化（$P<0.001$），pH下降0.69，下降程度与全县土壤整体下降程度基本一致（0.70）。

表3-1　余江县不同土地利用方式下土壤pH年际变化特征

利用方式	1985年pH	2016年pH	pH变化量
水田	5.69±0.28	5.00±0.22	0.69**
旱地	5.46±0.35	5.04±0.54	0.42**
林地	5.45*	4.46±0.25	0.99**

注：*数值来自参考文献；**表示在$P<0.05$水平下显著。

余江县不同成土母质发育的红壤均发生不同程度的酸化，31年间红砂岩、第四纪红土、河流冲积物、泥质岩/板岩/页岩发育的红壤pH分别降低了0.60、0.65、0.42和0.67（表3-2）。对余江县不同土地利用方式下土壤pH变化特征进行分析可知：4种主要成土母质发育的红壤均出现了明显的酸化（河流冲积物旱地除外），水田和旱地土壤pH下降量分别为0.63~0.86和0.56（表3-3）。

表3-2　余江县不同成土母质土壤pH年际变化特征

土壤母质	1985年pH	2016年pH	pH变化量
红砂岩	5.55±0.30	4.95±0.22	0.60
第四纪红土	5.62±0.25	4.97±0.25	0.65
河流冲积物	5.83±0.30	5.41±0.22	0.42
泥质岩/板岩/页岩	5.55±0.33	4.88±0.16	0.67

表3-3　余江县不同成土母质不同利用方式下土壤pH年际变化特征

土壤母质	年份	水田	旱地	林地
红砂岩	1985	5.66±0.29	5.44±0.30	—
	2008	5.43±0.36	—	—
	2016	5.03±0.27	4.88±0.16	4.41±0.21
第四纪红土	1985	5.84±0.19	5.40±0.30	—
	2008	5.42±0.64	—	—
	2016	5.09±0.24	4.84±0.26	4.45±0.22
河流冲积物	1985	5.83±0.27	5.82±0.33	—
	2008	5.44±0.34	—	—
	2016	4.97±0.15	6.25±0.29	—
泥质岩/板岩/页岩	1985	5.60±0.25	5.41±0.41	—
	2008	5.42±0.37	—	—
	2016	4.88±0.16	—	4.61±0.31

3. 广西红壤酸化时空演变特征

收集1982年的土壤历史资料，并对照采样点信息，分别于2006—2009年和2015—2018年采集了相应点位旱地耕层土壤，并测定土壤pH。

1982年全区3 047个旱作地块采样点土壤pH变化范围为3.80~8.32，平均为6.12。2006—2009年，pH<4.5的强酸性土壤的比例提高了2.90%、pH为4.5~5.5的酸性土壤的比例提高了5.07%，pH为5.5~6.5的弱酸性土壤所占比例降低了6.38%，pH为6.5~7.5的中性土壤所占比例降低了2.81%，pH>7.5的碱性土壤所占比例提高了1.22%（图3-4）。

2015—2018年，土壤pH变化范围为3.75~8.12，平均为6.02，与2006—2009年的结果相比，平均值降低0.10，其中pH<4.5的土壤的比例提高了1.38%、pH为4.5~5.5的土壤的比例提高了

1.41%，pH 为 5.5～6.5 的土壤比例降低了 2.71%，pH 为 6.5～7.5 的土壤的比例降低了 0.23%，pH＞7.5 的土壤的比例提高了 0.15%。表明广西红壤总体呈酸化趋势，弱酸性（pH 为 5.5～6.5）的红壤面积减少，pH＜5.5 的土壤的面积增加。

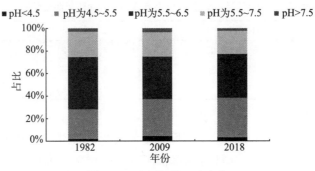

图 3-4　广西红壤 pH 变化

4. 广东珠江三角洲地区红壤酸化时空演变特征

广东珠江三角洲地区土壤酸化主要发生在中山、江门、佛山等地，1980—2010 年土壤 pH 降低了 1.11～1.84，整个地区土壤平均 pH 从 5.75±0.95 下降到 5.26±0.97，降低了 0.49±1.02（Wang et al.，2018）。

在珠江三角洲地区，农田土壤酸化明显比林地强烈。母质为河流沉积物的农田土壤酸化最剧烈，ΔpH＝0.56（表 3-4）。森林土壤酸化相对区域比农田土壤大。母质为河流沉积物的农田土壤和母质为花岗岩的森林土壤酸化相对区域大。不同母质不同土地利用方式下的珠江三角洲土壤酸化空间分异显著，呈现"西酸东不酸"的格局。其中，母质为河流沉积物的土壤酸化区域最大，约占酸化面积的 60%。

表 3-4　珠江三角洲不同土地利用方式下不同母质发育的土壤 pH 变化特征

土壤母质	1980 年 pH	2000 年 pH	ΔpH
林地（河流冲积物）	5.61±0.55	5.67±0.99	−0.06
林地（砂岩）	5.36±0.57	5.25±1.06	0.11
林地（花岗岩）	5.54±0.76	5.27±1.15	0.27
农田（河流冲积物）	5.8±0.89	5.24±0.97	0.56
农田（砂岩）	5.42±1.07	5.07±0.91	0.35
农田（花岗岩）	5.37±0.55	5.36±1.07	0.01

三、长期施肥条件下红壤的酸化特征

利用祁阳红壤实验站的旱地长期不同施肥定位试验，研究了旱地长期施肥对土壤酸化的影响。在氮肥施用量为 300 kg/（hm²·a）的情况下，长期单施化学氮肥或配施化学磷钾肥处理（N、NP 和 NPK）均显著降低了土壤 pH。用双直线模型对土壤 pH 随施肥时间的变化进行模拟，可知单施化学肥料处理（N、NP 和 NPK）土壤 pH 在施肥的前 8 年或前 12 年内显著降低，而后趋于稳定，稳定 pH 为 4.2～4.5，较试验初始 pH（5.7）降低了 1.2～1.5（图 3-5）。当土壤 pH 低于 5.6 时，土壤 pH 降低显著增加了土壤交换性酸的含量，其中土壤交换性铝占土壤交换性酸的 89%～96%（图 3-6）。施肥 18 年后，单施化学氮肥处理（N）土壤交换性 Ca^{2+}、Mg^{2+} 和 K^+ 含量已降低至检出限以下；NP 和 NPK 处理，土壤交换性 Ca^{2+} 分别降低了 93% 和 89%，交换性 Mg^{2+} 均已降至检出极限以下；而土壤交换性钾无显著变化（表 3-5）。单施化学肥料处理（N、NP 和 NPK）土壤的酸化速率为 3.2～3.9 kmol/（hm²·a）（表 3-6）。

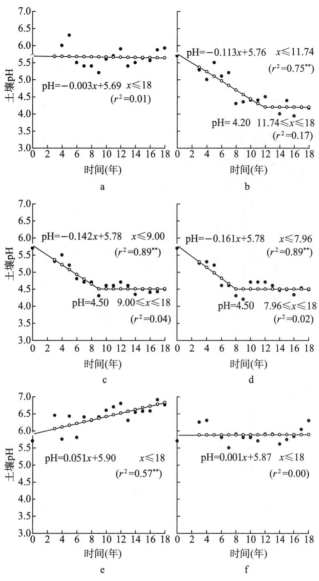

图 3-5　长期施肥条件下土壤 pH 的变化（祁阳）

a. CK　b. N　c. NP　d. NPK　e. M　f. NPKM

表 3-5　长期施肥条件下土壤的交换性阳离子含量（cmol/kg）

处理	Ca^{2+}	Mg^{2+}	K$^+$	Na$^+$	Al^{3+}	交换性酸	有效阳离子交换量
CK	5.00±0.02	1.05±0.04	0.16±0.02	≤0.03	0.33±0.01	0.49±0.03	6.58±0.04
N	≤0.06	≤0.12	≤0.03	≤0.03	6.71±0.07	7.11±0.03	6.95±0.07
NP	0.37±0.08	≤0.12	0.16±0.01	≤0.03	6.60±0.21	6.90±0.17	7.28±0.22
NPK	0.57±0.05	≤0.12	0.48±0.01	0.12±0.01	5.51±0.45	6.20±0.35	6.80±0.51
M	10.77±0.17	2.60±0.08	0.63±0.01	0.28±0.07	≤0.03	0.17±0.01	14.31±0.24
NPKM	8.26±0.21	2.26±0.06	0.79±0.01	0.21±0.04	0.11±0.01	0.27±0.07	11.63±0.03

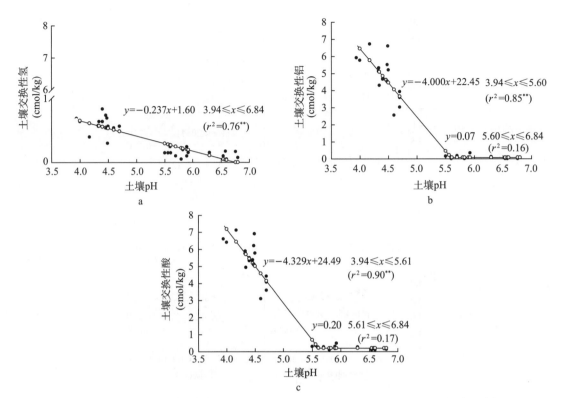

图 3-6　土壤 pH 与土壤交换性氢（a）、交换性铝（b）和交换性酸（c）的相关性分析

表 3-6　不同施肥处理土壤的酸化速率

处理	稳定 pH	达到稳定 pH 的时间（年）	酸化速率 kmol/（hm² · a）	石灰需要量 kg/（hm² · a）
CK	5.64	不变	0	nr
N	4.20	12	3.2	160
NP	4.50	9	3.5	175
NPK	4.50	8	3.9	195
M	6.82	升高	-1.8	nr
NPKM	5.89	不变	0	nr

注：nr 表示不需要添加石灰防止酸化。

　　长期单施或配施有机肥能显著提高或维持土壤 pH。与初始土壤 pH 相比，施肥 18 年后单施有机肥处理（M）土壤 pH 升高了 1.1，而化学肥料配施有机肥处理（NPKM）土壤 pH 在 5.5 和 7.0 之间变动，线性回归分析结果表明，土壤 pH 未发生显著变化。不施肥的对照（CK）土壤 pH 与试验之初无显著差异。长期单施有机肥处理（M）或配施有机肥（NPKM），土壤交换性酸显著降低或无显著变化，其中 M 处理中土壤交换性铝已降低至检出限以下。施用有机肥显著增加了土壤交换性 Ca^{2+}、Mg^{2+} 和 K^+ 的含量（表 3-5）。有机肥富含盐基阳离子，单施有机肥处理（M）每年大约有 440 kg/hm² 钙、202 kg/hm² 镁和 199 kg/hm² 钾施入土壤中，NPKM 处理则为 308/kg/hm² 钙、141 kg/hm² 镁和 139 kg/hm² 钾施入土壤中。因此，与不施肥的对照相比，M 和 NPKM 处理交换性 Ca^{2+} 分别增加了 115.4% 和 65.2%，交换性 Mg^{2+} 增加了 147.6% 和 115.2%（表 3-6）。

第三节　红壤酸化的影响因素及其贡献率

一、自然因素

土壤酸化是伴随着土壤发生和发育的一个自然过程。土壤自然酸化过程中的质子主要来源于碳酸和有机酸的解离（van Breemen et al.，1983）。大气扩散、土壤微生物和植物根系呼吸作用、有机物质在土壤中的矿化过程使土壤空气中含有大量的 CO_2，CO_2 溶于水形成碳酸，而碳酸解离产生的质子溶解硅酸盐（Berner et al.，1992），将矿物中对酸具有缓冲作用的碱性组分释放到溶液中，加速了土壤碱性物质的淋失，从而导致土壤酸化。当土壤 pH>5 时，CO_2 的溶解是重要的 H^+ 源（Reuss et al.，1987）。当土壤 pH<5 时，CO_2 对土壤酸化的影响可以忽略（王代长等，2002）。此时，有机酸在土壤的进一步酸化过程中起重要作用。土壤有机酸的来源：①植物根系和微生物的代谢产物；②土壤有机物质降解的中间产物。植物分泌的有机酸种类较多，这些有机酸能促进土壤矿物的化学风化。现已鉴定出的低分子量有机酸主要有柠檬酸、草酸、琥珀酸、苹果酸和乳酸等。植物分泌有机酸的种类和数量因植物类型、年龄及部位等而异。有些植物分泌的有机酸的量相当大，如白羽扇豆排根分泌的柠檬酸占成熟干物质重量的 15%～23%，柠檬酸浓度在根际可达 50 $\mu mol/g$（Dinkelaker et al.，1989）。同时，植物分泌有机酸也受到土壤环境的影响，如养分胁迫（孙波等，1995）和铝毒的胁迫（黎晓峰，2002）。植物分泌的有机酸能加速硅铝酸盐矿物的溶解，对土壤矿物的风化具有重要影响（Oliva et al.，1999）。

二、人为因素

土壤自身的物质循环产生质子的量有限，但高强度的人为活动可导致大量外源质子进入土壤，驱动土壤加速酸化，并对生态环境和农林业生产造成严重影响。

（一）施肥

1. 化学氮肥加速红壤酸化

选取祁阳长期定位试验的 6 个不同施肥处理，分别为不施肥的对照（CK）、单施化学磷钾肥（PK）、单施化学氮肥（N）、单施化学氮磷钾肥（NPK）、单施有机肥（M）和化学氮磷钾配施有机肥处理（NPKM），每个土壤设置不添加尿素（-0）和添加 80 mg/kg 尿素（-80）两个处理，室内恒温培养 35d，分别在培养的第 0 天、第 3 天、第 7 天、第 14 天、第 21 天和第 35 天测定土壤的 pH、$NH_4^+ - N$ 含量和 $NO_3^- - N$ 含量（Cai et al.，2014）。

结果表明，不同处理土壤 pH 的变化如图 3-7 所示。培养结束后，与不添加尿素处理相比，CK-80 和 PK-80 处理土壤 pH 分别降低了 0.66 和 0.53（$P<0.01$）（图 3-7a）。在整个培养过程中 N-80 处理土壤 pH 显著高于 N-0 处理（$P<0.01$）；与此相似，在培养的第 3 天至第 21 天 NPK-80 处理土壤 pH 也显著高于 NPK-0 处理（$P<0.01$）（图 3-7b）。然而与培养之初相比，N-80 和 NPK-80 处理土壤 pH 均没有显著变化。对于 M-80 和 NPKM-80 处理，土壤 pH 在整个培养过程中持续降低，至培养的第 35 天土壤 pH 分别比 NPKM-0 处理和 M-0 处理降低了 0.31 和 0.51（图 3-7c）。培养结束后，与培养之初的土壤相比，CK-80、PK-80、NPKM-80 和 M-80 处理土壤 pH 分别降低了 0.43、0.45、0.57 和 0.54。

红壤氮的转化过程主要体现在土壤 $NH_4^+ - N$ 和 $NO_3^- - N$ 含量的变化（图 3-8）。添加尿素处理，在培养试验初期土壤 $NH_4^+ - N$ 含量均显著增加，除 N-80 处理在培养第 7 天达到最大值外，其他处理均在培养的第 3 天达到最大值，此后随培养时间的延长土壤 $NH_4^+ - N$ 含量显著降低（图 3-8a、图 3-8c、图 3-8e）。至培养第 14 天，NPKM-80 与 NPKM-0 或 M-80 与 M-0 之间土壤 $NH_4^+ - N$ 含量无显著差异。与不添加尿素处理相比，CK-80、PK-80、N-80 和 NPK-80 处理至培养结束 $NH_4^+ - N$ 含量分别增加了 30.74 mg/kg、36.54 mg/kg、89.70 mg/kg 和 78.92 mg/kg。添加尿素的处理，土壤 $NO_3^- - N$ 含量均随培养时间的延长而显著增加（图 3-8b、图 3-8d、图 3-8f）。NPKM-80 和 M-

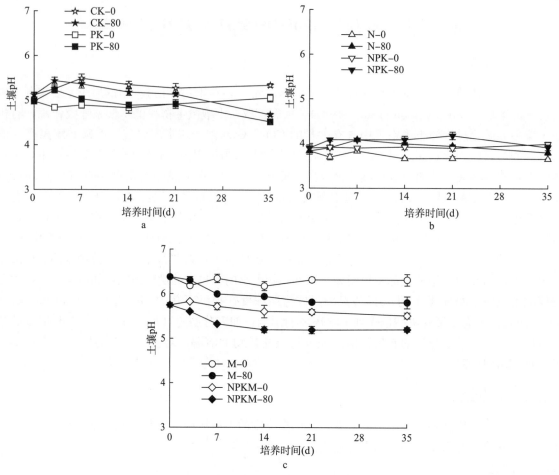

图 3-7　添加不同量尿素条件下的土壤 pH 变化

80 处理至培养第 35 天增加到最大值（图 3-8f）。培养结束后，添加尿素的处理土壤 $NO_3^- - N$ 含量均显著高于不添加尿素的处理（图 3-8）。培养结束时 CK-80、PK-80、N-80 和 NPK-80 处理的土壤硝化率分别为 76.12%、72.71%、48.88% 和 51.40%，而 NPKM-80 处理和 M-80 处理的土壤硝化率在培养第 14 天均已超过 90%（图 3-9）。

　　红壤质子的净产生量可以由两种方法获得：方法 1，土壤 $NO_3^- - N$ 的净产生量除以氮的物质的量；方法 2，土壤 pH 的变化量乘以土壤 pH 缓冲容量。CK-80、PK-80、M-80 和 NPKM-80 用方法 1 和方法 2 获得的质子净产生量分别为 4.7～11.8 mmol/kg 和 5.1～11.0 mmol/kg（表 3-7）。N-80 处理和 NPK-80 处理土壤 $NH_4^+ - N$ 的净增加量分别为 77.7 mg/kg 和 64.4 mg/kg，而土壤 $NO_3^- - N$ 的净增加量为 82.0 mg/kg 和 68.4 mg/kg，硝化过程中释放的质子与氨化过程中消耗的质子平衡，因此土壤不酸化。

表 3-7　两种方法估算的质子净产生量

处理	质子净产生量（mmol/kg）	
	方法 1	方法 2
CK-80	5.2	5.1
PK-80	4.7	6.4
N-80	0.7	−0.6
NPK-80	0.3	0.5
M-80	11.8	11.0
NPKM-80	11.0	9.5

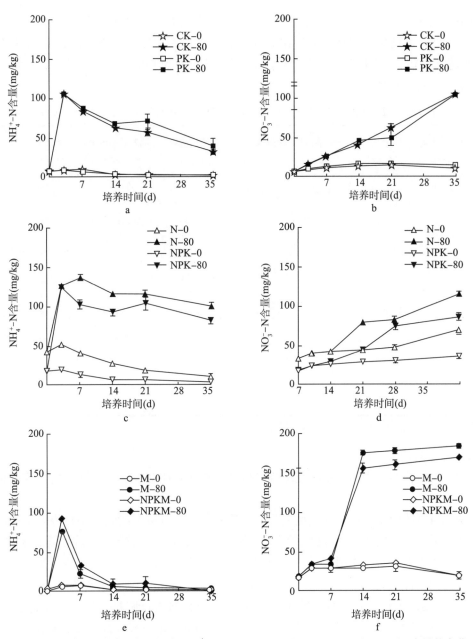

图 3-8 添加不同量尿素下红壤 $NH_4^+ - N$ (a、c、e) 和 $NO_3^- - N$ (b、d、f) 含量的变化

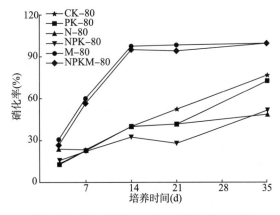

图 3-9 添加不同量尿素红壤硝化率的变化

此试验结果表明，培养前后土壤 pH 的变化量（$\Delta pH = pH_0 - pH_t$）与硝化潜势（$r^2 = 0.79$）和硝化率（$r^2 = 0.96$）分别显著和极显著正相关（表 3-8）。除 N 处理和 NPK 处理外，CK、PK、M 和 NPKM 处理土壤 pH 与土壤 $NO_3^- - N$ 含量均显著或极显著负相关。进一步表明，尿素氮的硝化作用是土壤 pH 降低的主要原因。

表 3-8 土壤最大硝化速率、硝化率和质子净产生量与土壤理化性质的相关性

项目	土壤有机质 （g/kg）	全氮 （g/kg）	碱解氮 （mg/kg）	酸碱缓冲容量 （mmol/kg）	硝化潜势 （mg/kg）	最大硝化速率 [mg/（kg·d）]	硝化率 （%）	质子净产生量
pH	0.52	0.49	0.28	0.14	0.79**	0.57*	0.96**	0.96**
土壤有机质		0.98**	0.88**	0.11	0.46	0.79**	0.49	0.64*
全氮			0.83**	0.12	0.50	0.74*	0.53	0.63*
碱解氮				0.26	0.28	0.76*	0.31	0.40
酸碱缓冲容量					0.04	0.02	0.14	0.08
硝化潜势						0.69*	0.76*	0.80**
最大硝化速率							0.71*	0.81**
硝化率								0.99**

注：* 表示差异在 0.05 水平上显著，** 表示差异在 0.01 水平上显著。

2. 有机肥减缓红壤酸化的机制

祁阳长期定位试验结果表明，单施或配施有机肥（猪粪）能有效防治红壤酸化，其机制主要包括 4 个方面：

（1）减少肥料氮的硝化作用 等氮量施肥（无机氮尿素＋有机氮猪粪）条件下，35d 的硝化培养试验证实，施入无机氮，硝化作用加强（$NO_3^- - N$ 含量增加），并且磷、钾肥对氮的硝化没有影响；而有机肥存在的条件下，硝化作用减弱，且随着有机肥比例的增加，$NO_3^- - N$ 含量降低（图 3-10）。在 100% 尿素氮的条件下，$NO_3^- - N$ 含量高达 130 mg/kg；而在 100% 猪粪氮的条件下，$NO_3^- - N$ 含量仅为 60 mg/kg，扣除对照中的含量 30 mg/kg，认为其都来自肥料。那么，全部施入尿素，将产生 100 mg/kg $NO_3^- - N$；而全部施入猪粪，只产生 30 mg/kg $NO_3^- - N$，氮的硝化作用大大降低。这意味着在施入有机肥的情况下，产生 H^+ 的可能性大大降低，有助于土壤酸化的减缓（蔡泽江等，2012）。

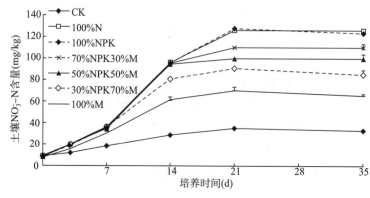

图 3-10 不同施肥条件下红壤氮的硝化进程

（2）中和土壤酸度　有机肥含有一定量的盐基离子和酸根离子，根据下式估算其碱度（cmol/kg）：

$$有机肥碱度=\left(\frac{m_{Ca}}{20.04}+\frac{m_{Mg}}{12.15}+\frac{m_K}{39.10}-\frac{m_P}{30.97}-\frac{m_S}{16.03}\right)\times100$$

式中：m_{Ca}、m_{Mg}、m_K、m_P、m_S 分别为 Ca、Mg、K、P、S 元素在烘干有机肥中的含量（g/kg）。据此，也可折算有机肥的 $CaCO_3$ 当量碱（g/kg）：

$$CaCO_3\ 当量碱=\frac{有机肥碱度}{20}\times10$$

各有机肥的碱度为 58～372 cmol/kg，相应的，$CaCO_3$ 当量碱为 29～186 g/kg。有机肥的施入，相当于施入一定量的碱，从而中和土壤 H^+、提高土壤的 pH、延缓酸化进程。谷物秸秆碱度较低，直接还田，输入的碱相对较少（58～84 cmol/kg）；而厩肥输入的碱最多，除猪圈肥稍低外（152 cmol/kg），都在 206～372 cmol/kg，是谷物秸秆的 4 倍（孟红旗等，2012）。

图 3-11 表明添加有机物料到酸性土壤，能够提高其 pH，并且提升效果随有机物料添加量的增加而增强；谷物秸秆、玉米秸秆的效果明显低于大豆秸秆和猪粪，大豆秸秆和猪粪碱度相当，是玉米秸秆的 2 倍。可见，有机物料提升酸性土壤的 pH 主要与其携带的碱度正相关（Cai et al.，2018）。

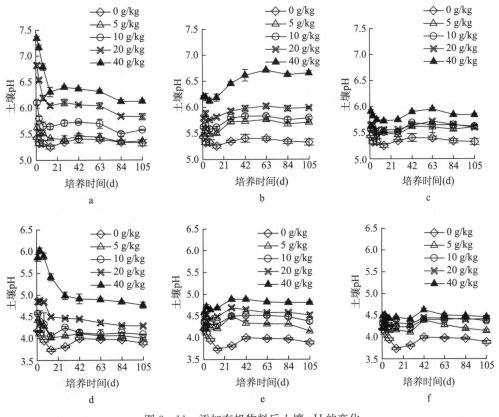

图 3-11　添加有机物料后土壤 pH 的变化

a. CK-猪粪　b. CK-大豆秸秆　c. CK-玉米秸秆　d. N-猪粪　e. N-大豆秸秆　f. N-玉米秸秆

（3）络合铝离子，降低土壤活性铝含量　有机肥不仅能提升土壤 pH，还能降低交换性铝和无机铝含量，增加有机结合态铝含量，这是有机肥改良土壤酸性、减轻铝毒的主要原因。长期（18 年）施用化肥，交换性铝含量高达 6.6 cmol/kg，而有机肥处理（NPKM 和 M）不足 0.1 cmol/kg，减少了 98.5%。无机铝含量也从 14.4 μmol/L 降低至 2.21～4.28 μmol/L，减少了 70.3%～84.7%，相应的，有机铝含量大幅度提升，从 0.93 μmol/L 增至 78.49 μmol/L 和 79.15 μmol/L，增加了 83 倍和 84 倍（表 3-9）。

表 3-9 长期施肥（18 年）红壤水浸提液中铝的含量（μmol/L）

施肥或利用方式	总铝含量	有机铝含量	无机铝含量
CK	18.84 c	9.21 c	9.63 b
NPK	15.38 d	0.93 d	14.41 a
NPKM	82.69 a	78.49 a	4.28 d
M	81.36 a	79.15 a	2.21 e
撂荒	38.21 b	31.74 b	6.74 c

注：数据后不同字母表示处理间差异显著（$P < 0.05$）。

有机物料被添加到酸性土壤后，在提升土壤 pH 方面，大豆秸秆和猪粪效果相当，但在降低交换性铝含量方面，秸秆（无论是大豆秸秆还是玉米秸秆）的作用比猪粪效果差得多（图 3-12）。这说明交换性铝含量的降低主要源于有机结合态铝的增加，秸秆络合铝的官能团比猪粪要少得多，所以，不能大量形成有机结合态铝，自然交换性铝含量降低就不很明显。

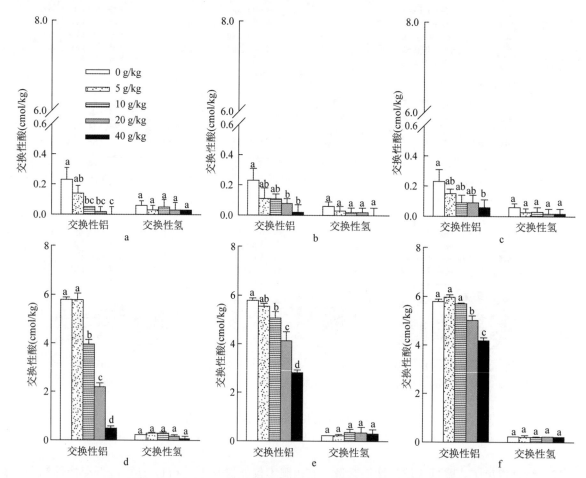

图 3-12 添加不同有机物料条件下土壤交换性铝、交换性氢含量
a. CK-猪粪 b. CK-大豆秸秆 c. CK-玉米秸秆 d. N-猪粪 e. N-大豆秸秆 f. N-玉米秸秆

（4）提高土壤酸缓冲性及抗酸化能力 土壤长期施用有机肥后，pH 和有机质含量逐渐升高，相应的，提高了土壤 CEC 和 pHBC，相比于对照，pHBC 提升 66%（表 3-10）。pHBC 的增加使有机肥处理土壤的抗酸化能力得以大幅提升（Shi et al.，2019）。

表 3-10　长期施用有机肥祁阳红壤 pH 及有机质、CEC、pHBC 的变化

处理	pH	有机质（%）	CEC（cmol/kg）	pHBC（mmol/kg）
对照	5.33±0.01	1.23±0.08	10.90±0.69	18.25±0.04
NPKM	5.53±0.03	2.79±0.14	14.9±1.01	30.32±0.43

（二）作物致酸

作物从土壤中大量吸收 Ca^{2+}、Mg^{2+}、K^+ 等无机阳离子并导致根系释放质子，是土壤加速酸化的又一主要原因（Yan et al.，2000）。谷物秸秆的碱度为 58.1～84.8 cmol/kg，而豆科秸秆碱度为 114.4～148.6 cmol/kg，较谷物秸秆平均高 94.8%（表 3-11）（孟红旗等，2012）。农产品收获后其体内积累的碱性物质也被带走，由于根系分泌的质子不能被中和而导致土壤酸化。

表 3-11　作物秸秆碱度

类别	有机肥	样本数（个）	碱度（cmol/kg）	碳酸钙当量（g/kg）
谷物秸秆	水稻	474	84.8	42.4
	小麦	266	58.1	29.0
	玉米	275	65.1	32.6
	高粱	20	65.2	32.6
豆科秸秆	大豆	104	136.1	68.0
	油菜	193	114.4	57.2
	花生	94	148.6	74.3
绿肥	紫云英	156	110.9	55.5
	苕子	133	143.1	71.5
	野豌豆	27	156.4	78.2
	草木樨	17	147.5	73.7

（三）酸沉降

对以农田为主、受工业污染较少的安徽省郎溪县飞鲤镇的湿沉降进行连续 3 年的监测，结果表明，该地区 56% 的降雨属于酸雨。其中，酸雨的 pH 主要分布在 5.0～5.6 以及 4.5～5.0，分别占 21.6% 和 23.1%，而 pH 低于 4.0 的酸雨发生的概率在 10% 左右（图 3-13）。而且，3 年平均的总硫沉降在 1.01 kmol/（hm^2·a），总氮沉降为 1.71 kmol/（hm^2·a）。其中，NH_4-N 占 50.7%，NO_x-N 占 43.2%，而有机态氮占 6.1%。因此，该地区酸沉降主要是汽车尾气和施肥影响的氮沉降，而硫的沉降从全国范围来看偏低。而且，每年由于酸沉降产生的净 H^+ 量为 0.99 kmol/（hm^2·a），比朱齐超等（2017）估算的全国平均沉降导致的净 H^+ 量 [1.58 kmol/（hm^2·a）] 小，表明该地区酸沉降较弱，对土壤酸化的贡献较小。

祁阳红壤实验站 2014 年 5 月至 2018 年 4 月干湿沉降 4 年的监测结果表明，年氮沉降总量为 15.1 kg/hm^2，其中 NH_4^+-N 占 62%，NO_3^--N 及氮氧化物占 38%，雨水平均 pH 为 5.59。这说明距离工业城市较远的农村（祁阳红壤实验站离最近的县城 25 km）酸沉降比较轻微。在距干湿沉降仪不足百米的旱地的不同施肥长期定位试验结果表明，不施肥处理土壤 pH1991 年为 5.70，2014 年为 5.64，2010—2014 年平均 pH 为 5.73，1991—2014 年土壤平均 pH 为 5.69，表明不施肥处理土壤没有酸化，作物收获带走了部分碱性离子（55.8 kg/亩，碳酸钙当量），说明大气干湿沉降的氮已被作物吸收利用，雨水 pH 为 5.64，与土壤 pH 差别不大，对土壤酸化影响不大。

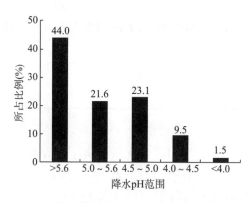

图 3-13　安徽省郎溪县飞鲤镇湿沉降的酸度分布情况

（四）土地利用方式

对在祁阳红壤实验站内及其附近 1 km 第四纪红土发育的红壤不同植被下的酸化状况的调查结果表明，植被及利用方式对土壤酸化影响较大（图 3-14）。在天然林（油茶林、马尾松林、阔叶混交林、阔叶次生林、檵木林）植被下，土壤均存在不同程度的酸化，其中阔叶混交林和阔叶次生林土壤酸化最严重；在人工林（茶园、柑橘园、板栗园、湿地松林）中，茶园和湿地松林土壤酸化最严重；在旱地（花生地、玉米地、荒地、白茅草地、裸地）中，花生地土壤酸化最严重，玉米地原来是高岸水田，剖面土壤 pH 为 7 左右，转为旱地种植玉米十余年后表层土壤 pH 下降到 4.8，酸化明显。

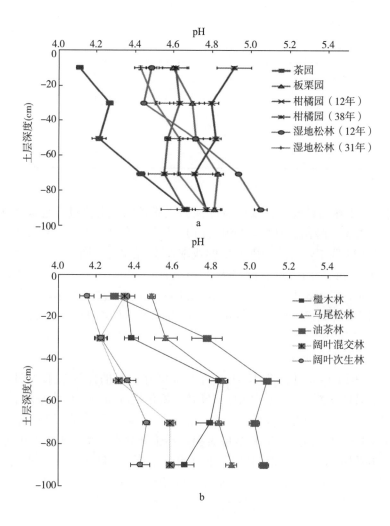

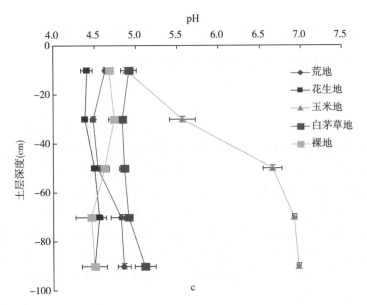

图 3-14 湖南祁阳第四纪红土发育红壤不同植被下土壤 pH 状况

2016 年在中国科学院鹰潭红壤生态实验站采集了 29 个位点第四纪红土发育的红壤样品（其中 11 个剖面样品），以 1985 年建站初期同点位的土壤 pH 作参照，分析比较了同一母质不同利用方式下红壤的酸化特征。31 年内水田土壤 pH 下降了 0.53（由 5.52 下降至 4.99），平均每年下降 0.017；林地 pH 则下降了 0.40，平均每年下降 0.013，荒地 pH 降低 0.22，酸化不明显；而旱地 pH 基本保持不变（旱地不定期施用了猪粪）（图 3-15）。

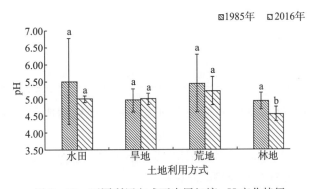

图 3-15 不同利用方式下表层红壤 pH 变化特征

与 1985 年相比，2016 年林地不同植被 pH 的降低顺序为杨梅（0.56）＞罗汉松（0.44）＞马尾松（0.40）＞栎（0.39）（图 3-16）。

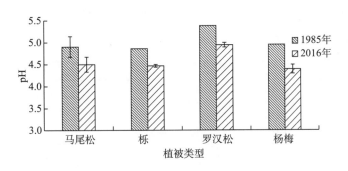

图 3-16 不同林地表层红壤 pH 变化特征

三、不同利用类型下红壤酸化的主控因素及其贡献率

(一)长期施肥条件下红壤酸化的主控因素及其贡献率

祁阳红壤实验站的旱地长期不同施肥结果表明，相对于施肥，作物收获带走的碱性离子的影响比较小（表 3-12）。尽管没有施肥，由于基础地力和大气沉降带入氮，不施肥处理仍能维持一定的籽粒和生物产量。每年由于作物收获每亩带走了 2.32 kg 碳酸钙当量的碱，但土壤 pH 并没有下降。这可能是杂草及作物残茬使土壤有机质增加（从 1991 年的 11.5 g/kg 增加到 19.0 g/kg）抵消了作物带走的碱性离子。秸秆还田（NPKS，每年作物秸秆归还一半）对土壤 pH 的影响不是非常明显，NPKS 处理与 NPK 处理比较，24 年后土壤 pH 仅升高 0.09，每年每亩少带走 1.77 kg 碳酸钙当量的碱。NPK 处理仅比 PK 处理每年每亩多带走 2.22 kg 碳酸钙当量的碱，但土壤 pH 下降 1.07，说明氮肥是造成红壤酸化的主要因素。施用有机肥后，每年从猪粪中带入大量的碱性离子；NPKM 处理和 M 处理每年每亩分别带入 34.6 kg 和 49.5 kg 碳酸钙当量的碱，减去作物吸收带走的氮后每年纯增加 21 kg 和 38.46 kg 碳酸钙当量的碱，土壤 pH 随之上升，3 年内土壤平均 pH 分别为 5.94 和 6.70，比 1991 年分别上升 0.24 和 1.00。

表 3-12　氮肥、有机肥及作物收获带走和秸秆还田对红壤酸化的贡献率

处理	1991—2014 年平均土壤 pH	每年每亩收获带走的碱（kg，碳酸钙当量）	施用猪粪每亩带入的碱（kg，碳酸钙当量）	年收支平衡（kg，碳酸钙当量）	1991—2014 年总平衡（kg，碳酸钙当量）
不施肥	5.78	2.32	0.00	-2.32	-55.8
PK	5.43	4.51	0.00	-4.51	-108.18
NPK	4.36	6.73	0.00	-6.73	-161.5
NPKM	5.94	13.60	34.60	21.00	504.1
NPKS	4.45	4.96	0.00	-4.96	-119.2
M	6.70	11.04	49.50	38.46	923.1

南方红壤区更多的长期定位施肥试验进一步证实了过量氮肥加速了土壤酸化。每年施氮量超过 105 kg/hm²，随着氮肥用量的增加，土壤酸化程度加剧，每增加 100 kg 氮，pH 每年增加 0.01。若统一化 30 年施肥，则年施入 200 kg 氮 pH 降低 1.5，年施入 300 kg 氮 pH 降低 1.83。

(二)祁阳县红壤酸化的主控因素及其贡献率

1. 不同利用类型下红壤酸化的主控因素及其贡献率

旱地的单位面积的 H^+ 净产生量（产酸量）最高，达到 19.0 kmol/（hm²·a），其次为水田，林地的产酸量最低，旱地产酸量约为林地产酸量的 6 倍（表 3-13）。对于整个祁阳县域，氮循环过程的产酸贡献率为 66.5%，盐基吸收的产酸贡献率为 33.0%，酸雨的产酸贡献率仅为 0.5%。氮循环过程的产酸贡献率是盐基吸收过程的 2 倍，更是酸雨直接带入酸量的 133 倍。无论是旱地、水田还是林地，氮循环过程都是 H^+ 的主要来源，是土壤酸化的主控因素。

表 3-13　不同土地利用类型的关键致酸过程的 H^+ 产生量

利用类型	氮循环		盐基吸收		酸雨		总 H^+ 产生量 [kmol/（hm²·a）]	磷吸收 [kmol/（hm²·a）]	H^+ 净产生量 [kmol/（hm²·a）]
	H^+ 产生量 [kmol/（hm²·a）]	贡献率（%）	H^+ 产生量 [kmol/（hm²·a）]	贡献率（%）	H^+ 产生量 [kmol/（hm²·a）]	贡献率（%）			
林地	2.2	68.2	1.0	30.1	0.056	1.7	3.2	-0.05	3.2
水田	11.5	65.3	6.1	34.4	0.056	0.3	17.6	-1.1	16.5

（续）

利用类型	氮循环		盐基吸收		酸雨		总 H^+ 产生量 $[kmol/(hm^2 \cdot a)]$	磷吸收 $[kmol/(hm^2 \cdot a)]$	H^+ 净产生量 $[kmol/(hm^2 \cdot a)]$
	H^+ 产生量 $[kmol/(hm^2 \cdot a)]$	贡献率（%）	H^+ 产生量 $[kmol/(hm^2 \cdot a)]$	贡献率（%）	H^+ 产生量 $[kmol/(hm^2 \cdot a)]$	贡献率（%）			
旱地	13.6	68.8	6.1	30.9	0.056	0.3	19.7	−0.7	19.0
全县	7.3	66.5	3.6	33.0	0.056	0.5	10.9	−0.5	10.4

注：全县的各种关键致酸过程 H^+ 产生量平均值为基于各种土地利用类型面积加权平均的结果；旱地、水田和林地的各种关键致酸过程 H^+ 产生量平均值是基于各种农作物类型或林地类型面积的加权平均的结果。某致酸过程的贡献率＝（某致酸过程的 H^+ 产生量/总 H^+ 产生量）×100。

2. 不同农作物体系红壤酸化的主控因素及其贡献率

在祁阳县域的 6 种主要农作物体系中，不同的农作物体系的产酸量存在差异，范围为 $10.1 \sim 30.0\ kmol/(hm^2 \cdot a)$（表 3-14）。产酸量最高的作物体系是大豆，其余由多到少依次为油菜、花生、水稻、玉米和甘薯，经济作物（油菜、花生和大豆，也属于油料作物）的产酸量的平均值为 $23.5\ kmol/(hm^2 \cdot a)$，明显高于粮食作物 [水稻和玉米的平均值为 $15.8\ kmol/(hm^2 \cdot a)$]。从不同致酸过程来看，水稻、玉米、花生、油菜、大豆的土壤酸化的关键致酸过程是氮循环过程，致酸贡献率为 $65.3\% \sim 78.3\%$。而甘薯却不同，盐基吸收与氮循环过程的致酸贡献率基本相当，甘薯属于收获块根的农作物，平均施氮量最低，仅为 $102\ kmol/(hm^2 \cdot a)$。从 3 种不同盐基离子吸收产酸量来看，水稻、玉米和油菜这 3 种农作物，不同盐基吸收产酸量钾＞钙＞镁，钾是盐基吸收过程的主要致酸离子，而且水稻和油菜两种作物的钾吸收的产酸量大于钙、镁的吸收产酸量之和。花生、甘薯和大豆的不同盐基吸收产酸量钙＞钾＞镁，钙是盐基吸收过程的主要致酸因子。

表 3-14　不同农作物体系关键致酸过程的 H^+ 产生量

作物类型	氮循环过程		盐基吸收 $[kmol/(hm^2 \cdot a)]$			盐基吸收贡献率（%）	磷吸收 $[kmol/(hm^2 \cdot a)]$	H^+ 净产生量 $[kmol/(hm^2 \cdot a)]$
	H^+ 产生量 $[kmol/(hm^2 \cdot a)]$	贡献率（%）	钾	钙	镁			
甘薯	4.8	45.3	2.49	2.57	0.65	54.2	−0.439	10.1
玉米	12.2	78.3	1.54	1.13	0.66	21.4	−0.488	15.0
水稻	11.5	65.3	3.35	1.67	1.04	34.4	−1.096	16.5
花生	14.6	78.3	1.15	1.93	0.92	21.4	−0.532	18.1
油菜	16.5	71.2	4.00	1.66	0.96	28.6	−0.795	22.3
大豆	21.8	70.1	3.15	4.56	1.53	29.7	−1.147	29.9

3. 不同林地体系红壤酸化的主控因素及其贡献率

在 7 种林地类型中，柑橘园是唯一进行人为施肥的林地类型，产酸量最高，达 $27.8\ kmol/(hm^2 \cdot a)$，其余为板栗园＞油茶林＞马尾松林＞杉木林＞竹林＞湿地松林（表 3-15），而且经济林（柑橘园、板栗园、油茶林）的平均产酸量 $13.8\ kmol/(hm^2 \cdot a)$ 高于用材林（马尾松林、杉木林、竹林、湿地松林）的平均产酸量 $2.3\ kmol/(hm^2 \cdot a)$，经济林产酸量是用材林产酸量的 6 倍。比较不同林木体系的致酸因素的贡献率可以看出，湿地松、杉木林、马尾松林、竹林、油茶林和柑橘园土壤酸化的关键致酸过程是氮循环过程，致酸贡献率为 $62.8\% \sim 80.8\%$。而板栗园与其他林地类型不同，盐基吸收的致酸贡献率为 53.3%，稍高于氮循环过程的致酸贡献率（46.1%）。钙是湿地松林、杉木林、马尾松林、竹林和板栗园的盐基吸收过程的主要致酸因子，而柑橘园的盐基吸收过程的主要致酸因子是钾。

表 3 - 15　不同林地的关键致酸过程的 H^+ 产生量

| 林地类型 | 氮循环过程 | | 盐基吸收 [kmol/ (hm² · a)] | | | 盐基吸收 贡献率 (%) | 磷吸收 [kmol/ (hm² · a)] | H^+ 净产生量 [kmol/ (hm² · a)] |
	H^+ 产生量 [kmol/ (hm² · a)]	贡献率 (%)	钾	钙	镁			
湿地松林	1.3	66.8	0.09	0.45	0.06	30.4	−0.012	1.9
竹林	1.6	77.0	0.17	0.17	0.09	20.3	−0.024	2.0
杉木林	1.4	62.8	0.11	0.50	0.18	34.7	−0.019	2.2
马尾松林	1.9	69.3	0.15	0.33	0.32	28.7	−0.033	2.7
油茶林	2.1	63.9	0.48	0.42	0.23	34.4	−0.060	3.2
板栗园	5.0	46.1	0.68	4.31	0.80	53.3	−0.368	10.4
柑橘园	23.0	80.8	2.58	2.03	0.80	19.0	−0.702	27.7

4. 土壤酸化 H^+ 产生量计算方法的验证

根据理论 H^+ 产生量的计算方法得到祁阳小麦—玉米长期试验的 NPK 处理的 H^+ 净产生量（表 3 - 16），代入实测的土壤缓冲曲线直线段方程得到的土壤 pH 模拟值。对土壤 pH 实测值与模拟值进行比较（图 3 - 17），土壤 pH 的模拟值能较好地反映土壤 pH 实测值的变化，两者的吻合度较高，而且两者存在极显著的正相关关系（$P < 0.001$），回归线的斜率为 0.978 2，R^2 为 0.899，均方根误差（RMSE）为 0.15，说明计算 H^+ 净产生量的方法科学、准确。

表 3 - 16　祁阳小麦—玉米长期试验田的土壤缓冲性能及年度理论 H^+ 净产生量

| 年份 | $y = a - bx$ | | | H^+ 净产生量 [kmol/ (hm² · a)] |
	a	b	R^2	
1991	5.70	0.060 2	0.969 8	5.02
1992	5.60	0.063 1	0.963 9	5.02
1993	5.40	0.061 0	0.985 5	5.02
1994	5.26	0.065 0	0.956 6	5.02
1995	5.30	0.059 3	0.955 1	5.02
1996	5.20	0.070 1	0.927 0	4.51
1997	4.60	0.060 1	0.935 9	4.51
1998	4.60	0.060 3	0.972 8	4.51
1999	4.30	0.048 9	0.963 9	4.51
2000	4.20	0.040 0	0.922 9	4.51
2001	4.30	0.039 3	0.956 6	3.76
2002	4.32	0.059 3	0.988 9	3.76
2003	4.31	0.043 4	0.938 7	3.76
2004	4.60	0.043 9	0.985 5	3.76
2005	4.46	0.038 3	0.959 1	3.76
2006	4.48	0.029 2	0.985 2	3.20
2007	4.33	0.048 9	0.960 7	3.20
2008	4.53	0.037 3	0.922 9	3.20
2009	4.50	0.038 3	0.957 9	3.20
2010	4.30	0.031 2	0985 1	3.20
2011	4.38	0.029 2	0.988 9	3.11
2012	4.30	0.021 9	0.958 9	3.11

注：1 hm² 0～20 cm 表层土壤的重量为 2 420 t，即 1 mmol/kg=2.42 kmol/hm²。

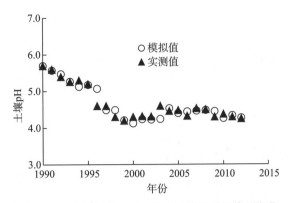

图 3-17 不同年份土壤 pH 实测值及模拟值的变化

祁阳县域 3 种土地利用方式下，产酸量依次为旱地＞水田＞林地；6 种农作物体系的产酸量依次为大豆＞油菜＞花生＞水稻＞玉米＞甘薯；7 种林地类型的产酸量依次为柑橘＞板栗＞油茶＞马尾松＞杉木＞竹＞湿地松。不同的农作物和不同林地体系的产酸量存在很大差异，且主要农作物的产酸量普遍高于用材林（马尾松、杉木、竹、湿地松）。从 3 个关键致酸因素的贡献率来看，氮循环过程是土壤酸化的主控因素，产酸贡献率高达 66.5%，钾或钙吸收是盐基吸收过程的主要致酸离子。采用"长期定位试验＋土壤缓冲性"的方法验证了经典的 H^+ 净产生量的计算方法同样适用于多种植被类型和多种土地利用方式下全区域土壤酸化研究。

第四节　红壤酸化的生态环境效应

红壤酸化带来一系列严重后果，主要是影响和改变土壤自身性质，如 CEC、微生物群落和功能、重金属活性等，影响和改变作物的响应，如 Al 毒、Mn 毒、缺素（Ca、Mo、P 等）。酸化到一定程度，土壤的生态功能将遭到破坏、生产功能丧失，土地将成为不毛之地。

一、红壤酸化与作物生长

作物生长都有自己适宜的 pH，通常是在弱酸性～中性范围生长最好。所以，土壤严重酸化，特别是南方酸性土壤酸化必将导致酸害，引起作物减产甚至绝产。图 3-18 清晰地表明了作物生物量和土壤 pH 的相关关系。

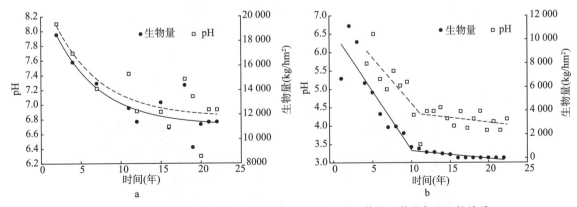

图 3-18 两个长期试验 NPK（a）和 N（b）处理下作物生物量与 pH 的关系

即使在充足施肥（NPK，年施 N、P_2O_5、K_2O 20 kg/亩、8 kg/亩、8 kg/亩）的状况下，小麦产量也与 pH 显著正相关，即随着 pH 的升高产量明显增加（图 3-19）。可发现小麦产量在 pH 为 4.2～5.9 时随 pH 增大而直线上升：最高产量超过 2100 kg/hm²，而最低产量接近 0（绝产）。

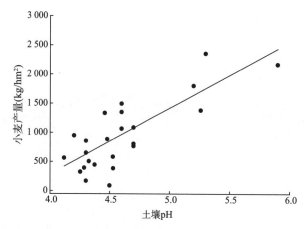

图 3-19　祁阳长期施肥（NPK）条件下小麦产量与 pH 的关系

准确预测作物产量对 pH 响应的临界值（阈值）十分必要，可作为酸性土壤调控、改良的警戒或目标。阈值通常包括两个：①作物产量开始明显下降的 pH（酸害阈值）；②作物绝收的 pH（酸毒阈值）。前者常以最高产量的 95% 为依据，后者则以最高产量的 5% 为基准。

当前，有两个途径来获得作物的酸害阈值：①基于田间长期试验；②基于盆栽试验。这两个途径皆有利弊，田间长期试验都是单一站点的数据，或者时间不够长或者处理间差异不够大，很难获得完整的作物产量-pH 曲线（S 形曲线）；盆栽试验的数据采纳的多是苗期生物量，不能如实反映田间情况。显而易见，只有多点位的田间长期试验与盆栽试验相结合，才能互为补充验证，构建完整的作物产量与土壤 pH 的响应关系曲线，从而获得科学的酸害阈值。

我们通过总结大量长期定位施肥试验和添加石灰的盆栽试验及相关文献的数据，建立了水稻、小麦、玉米、大豆等主要作物的相对产量（生物量）-pH 关系曲线（图 3-20），从而计算了各自的酸害阈值（表 3-17）。

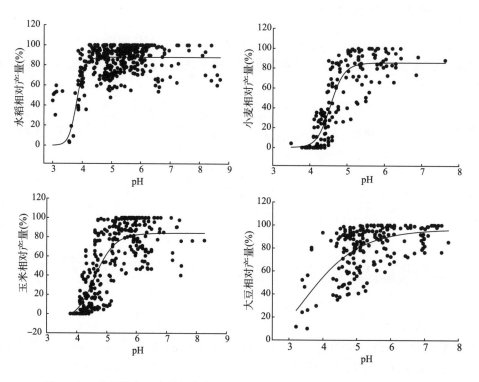

图 3-20　主要作物（水稻、小麦、玉米、大豆）相对产量与土壤 pH 的关系

表 3-17　主要作物生长的酸害阈值（临界值）

作物名称	酸害阈值	作物名称	酸害阈值
水稻	4.8	菜豆	5.4
玉米	5.8	苜蓿	5.9
小麦	5.3	黑麦草	5.5
大豆	6.2	甘薯	5.8
花生	5.7	高粱	5.5
烟草	5.2	山茶	4.2
油菜	6.0	樱桃	6.3

在酸性土壤改良和管理时，作物的酸害阈值可作为主要参照目标。但还要根据实际情况适当调整，比如，水稻在 pH ≥ 5 的土壤上都能良好生长，没有明显的产量下降，单从增产考虑，可不改良酸性；但若是土壤重金属特别 Cd 背景值较高的话，pH 为 5 时极易造成稻米 Cd 超标，影响食品安全。所以，从人类健康的角度来看，还是把酸性水田土壤 pH 提高到 6 左右为佳。

综上所述，农田土壤酸化将增加重金属活性和毒性、增加 Al 毒害或 Mn 毒害、引发作物生理性缺 Ca 等，也降低土壤微生物生物量及土壤酶活性，相对增加氨氧化古菌活性，即增强氮的硝化作用；同时，也将引起土壤有机质减少、阳离子交换量降低，肥力下降、保肥性降低，导致土壤生态功能变差，引起作物产量大幅下降，严重时甚至寸草不生。因而，需要对强酸性土壤进行及时改良。

二、红壤酸化与微生物多样性

土壤微生物（细菌、真菌、放线菌等）在化肥处理（低 pH）条件下比有机肥处理（高 pH）条件下低得多，比如 NPK 处理，3 类微生物生物量分别为 780×10^4 CFU/g、1.27×10^4 CFU/g、32×10^4 CFU/g，而 NPKM 处理分别为 $2\,900 \times 10^4$ CFU/g、4.3×10^4 CFU/g、940×10^4 CFU/g，远多于前者（表 3-18）。酶活性测定结果（表 3-19）也显示土壤为强酸性时（pH ≤ 4.5）酶活性低、高 pH 时（pH > 5）酶活性高，4 种酶（过氧化氢酶、蔗糖转化酶、脲酶、磷酸酶）在强酸性红壤中分别平均为 3.5 g/mL、1.8 g/mL、4.38 mg、23.96 mg（春季）和 3.0 g/mL、1.68 g/mL、1.8 mg、43.45 mg（秋季）；在弱酸性红壤中分别平均为 9.75 g/mL、2 g/mL、6.8 mg、68.19 mg（春季）和 6.47 g/mL、1.85 g/mL、4.87 mg、86.2 mg（秋季），强酸性红壤中酶的活性明显高于弱酸性红壤，过氧化氢酶和磷酸酶差异更为突出。我们进一步发现红壤 DNA 提取量也随着土壤的酸化而显著减少，在强酸性（pH < 4.5）条件下 DNA 提取量绝大多数不足 $2\,000\ \mu g/g$，而较高 pH（>5.5）条件下，除了 CK，各处理 DNA 提取量都超过 $4\,000\ \mu g/g$（图 3-21）。

表 3-18　祁阳红壤 18 年连续不同施肥条件下的土壤微生物生物量（$\times 10^4$ CFU/g）

| 施肥 | pH | 细菌 | | | | 真菌 | 放线菌 |
		总量	反硝化菌	纤维素分解菌	自生固氮菌		
撂荒	7.2	1 060	25.00	3.200	6.80	10.00	1 640
CK	5.9	340	4.50	0.280	2.60	0.14	90
N	4.4	490	0.95	0.025	0.42	0.69	46
NP	4.5	790	15.00	0.040	1.30	0.41	19
NK	4.1	570	4.50	0.020	0.29	0.28	100
PK	5.2	920	1.50	0.180	10.00	1.45	690
NPK	4.5	780	45.00	0.450	1.30	1.27	32

（续）

施肥	pH	细菌				真菌	放线菌
		总量	反硝化菌	纤维素分解菌	自生固氮菌		
NPKM	6.3	2 900	110.00	1.200	7.50	4.30	940
1.5NPKM	6.1	4 800	110.00	2.800	10.00	3.70	3 000
NPKMR	6.2	5 900	45.00	1.200	9.50	16.00	3 900
NPKS	4.6	1 120	15.00	0.350	0.80	0.49	72
M	6.8	1 120	450.00	1.400	13.00	12.30	1 110

表 3-19　13 年连续不同施肥条件下祁阳红壤中的酶活性

施肥	pH	过氧化氢酶（g/mL）		蔗糖转化酶（g/mL）		脲酶（NH_3-N, mg, 100g）		磷酸酶（mg, 100g）	
		春季	秋季	春季	秋季	春季	秋季	春季	秋季
CK	5.9	11.74	5.14	1.30	2.22	3.20	2.58	46.86	72.19
N	4.4	2.49	2.29	1.44	1.79	5.60	1.72	13.75	37.54
NP	4.5	5.27	2.24	2.01	2.05	4.89	1.15	29.34	35.59
NK	4.1	2.29	3.10	1.51	1.29	3.62	2.29	18.83	41.82
PK	5.2	7.71	5.30	1.43	1.37	3.90	4.01	63.21	57.00
NPK	4.5	2.99	2.70	2.09	1.75	3.77	2.29	29.73	45.71
NPKM	6.3	7.86	6.30	2.68	1.74	10.12	6.59	85.01	98.27
1.5NPKM	6.1	8.16	6.44	2.44	1.85	10.96	5.73	89.29	125.13
NPKS	4.6	4.63	4.84	1.95	1.52	4.05	1.72	28.17	56.61
M	6.8	13.3	9.20	2.15	2.05	5.85	5.44	56.59	78.41

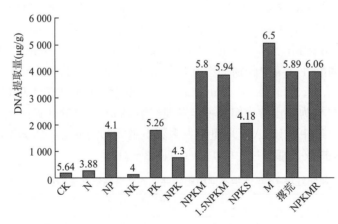

图 3-21　连续施肥 21 年后红壤的 DNA 提取量

注：柱状图上方数字代表各处理 pH。

红壤酸化后，微生物生物量减少、酶活性降低，生物学性质恶化。图 3-22 显示，强酸性红壤加入石灰改良后 pH 升高，氨氧化古菌（ammonia oxidizing archaea，AOA）减少、氨氧化细菌（ammonia oxidizing bacteria，AOB）显著增加，意味着土壤酸化，AOA 比 AOB 高出 1～2 个数量级，即 AOA/AOB 显著增加。AOA 在氨氧化过程（亚硝化反应、硝化反应的限速步骤）中比 AOB 发挥了更重要的作用。因此，可以推断，红壤持续酸化，AOA 将持续增加，其硝化作用将进一步加强，更加不利于氮肥的利用和肥效保持及土壤的农业生产。

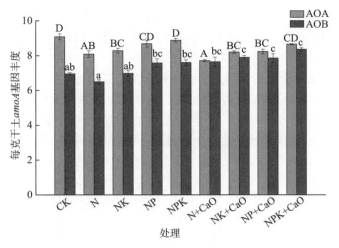

图 3-22　施肥 21 年后红壤氨氧化细菌（AOB）和氨氧化古菌（AOA）*amoA* 基因丰度

注：CaO 表示酸化土壤施用石灰调节 pH 到 6 左右，不同大写字母表示 AOA 丰度差异显著，不同小写字母表示 AOB 差异显著。

三、红壤酸化与重金属有效性

土壤溶液中的重金属离子（Me^{2+}）主要存在下列两个平衡反应：

$$土壤\text{-}Me + 2H^+ \rightleftharpoons 土壤\text{-}H + Me^{2+}$$

$$Me^{2+} + H_2O \rightleftharpoons MeOH^+ + H^+$$

显然，随着 pH 的降低（H^+ 增加），金属二价离子 Me^{2+} 增加、土壤吸附能力下降，这导致 Me^{2+} 活性和毒性增加。

由图 3-23 可知随着土壤酸化（pH 降低），土壤 Cd 和 Pb 的有效度（交换态金属含量/土壤金属总量×100%）显著增加，Cd 活性线性增加，pH 降低 1，有效度增加 11%；Pb 活性指数增加，pH 从 6.0 降至 5.5，有效度增加 4.5%，pH 从 5.5 降至 5.0，有效度增加 8.8%。

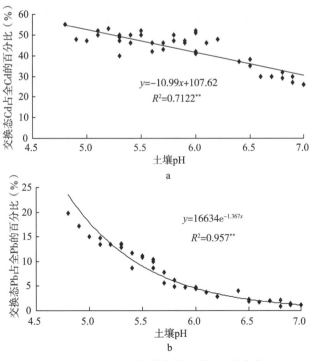

图 3-23　重金属有效度随土壤 pH 的变化

Cd 在低 pH 时活性增强，这是南方酸性稻田普遍出现"镉米"的主要原因。因此，在稻田酸性土壤防治时，不仅要考虑使作物产量保持稳定，还要考虑使重金属尤其是 Cd 保持安全值。重金属背景值高的农田，最好能维持在中性（pH 为 6.5～7.0）。

土壤酸化后，不仅有害重金属活性增强，引起籽粒重金属超标，而且土壤 Al 和 Mn 的活性也明显增强，引起作物出现 Al 毒和 Mn 毒，从而大幅度减产。在南方红壤区，随着 pH 的降低，交换性 Al 含量显著增加，特别是 pH ＜ 5.5 时，交换性 Al 线性增加，Al 毒害严重（图 3 - 24）。大量研究表明，土壤 pH ＜ 5 时，Al 成为酸性土壤作物生长的主要限制因子。

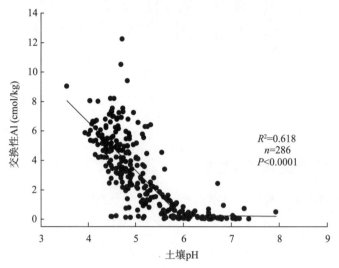

$R^2=0.618$
$n=286$
$P<0.0001$

图 3 - 24　不同母质红壤交换性 Al 与 pH 的关系

第五节　红壤酸化防控关键技术及模式

一、合理施肥与红壤酸化防治

化肥尤其是化学氮肥的大量施用是农田土壤酸化的最根本原因。如何控制化肥施用是酸化土壤面临的一个重大问题。表 3 - 20 表明，相比于氮磷钾平衡施肥，减少 30％氮的条件下，土壤养分（有机质和速效氮磷钾）没有明显减少，相反，pH 增加了 0.17，意味着适度减少无机氮肥是可行的。因此，在酸性农田耕作中，施肥时应氮、磷、钾及其他元素配合施用，以平衡土壤养分，并在确保养分供应充分的前提下适度减少化学氮肥的投入（推荐减氮 30％），既调节、稳定土壤 pH，又促进作物的高产和稳产，这是防止土壤酸化最有效的一项技术。按目前平均每亩施氮量 10 kg（尿素 22 kg）计算，减氮 30％即可节约成本 15 元。

表 3 - 20　不同施肥措施下茶园土壤 pH 及养分含量

施肥处理	pH	有机质（％）	碱解氮（mg/kg）	有效磷（mg/kg）	速效钾（mg/kg）
平衡施肥	4.23	1.44	123.36	7.86	58.52
不施氮	4.28	1.34	85.12	7.96	86.32
不施磷	4.38	1.52	114.23	6.23	63.21
不施钾	4.25	1.36	121.43	7.39	32.12
不施饼肥	4.08	1.11	125.35	7.11	54.32
＋30％氮	4.13	1.61	135.17	7.53	63.10
－30％氮	4.40	1.42	121.31	7.35	51.20

以上研究表明，有机肥能抑制氮肥硝化、维持或提升土壤 pH、降低土壤活性铝含量、增加土壤

有机质及氮磷钾养分含量，因而增施有机肥是防止土壤酸化的又一有效途径。

假定平均施氮量 10 kg/亩，氮肥利用率为 35%，剩余 65% 的氮有 70% 发生了硝化，则产生 H^+ 650 mol/亩，相当于需要碳酸钙 32.5 kg/亩；再根据表 3-13、表 3-14，作物收获带走的碱相当于 6~16 kg/亩碳酸钙，总计为 38.5~48.5 kg/亩。再根据表 3-12，以猪粪为例，其碱度相当于 65 kg/t 碳酸钙（干猪粪），也就是说，农田每年施用 1 000 kg 干猪粪即可维持土壤 pH。

尽管单从抑制硝化、提升土壤 pH 以及降低活性铝含量来说，100% 有机肥效果最佳，但祁阳定位施肥结果表明，100% 有机肥增产效果不如有机无机肥配施（NPKM，30% 无机氮＋70% 有机氮）（图 3-25）。所以，为了防止土壤酸化和维持农田土壤高产与稳产双赢，推荐有机无机肥配施。

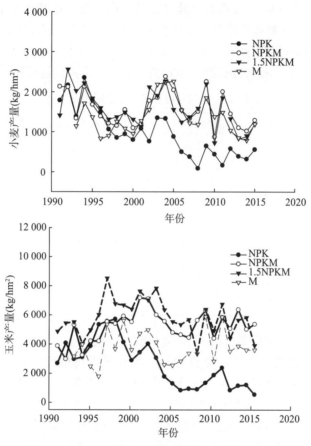

图 3-25 祁阳长期施用有机肥条件下作物产量变化

有机无机肥不同比例配施 5 年的试验结果见表 3-21。40NPK60M（即 60% 有机氮）下与 100NPK 相比，土壤 pH 增加 0.86，玉米产量约增加 120 kg/亩；与初始 pH 相比，至少 40% 的有机氮能保证土壤不酸化。再根据 25 年的长期定位施肥结果，推荐 30NPK70M，即按有机肥（干猪粪）1 000 kg/亩折算（有机氮 20 kg），需要无机氮 8 kg/亩，相当于减氮 20%（目前平均为 10 kg/亩）。所以，在防止土壤酸化和保持高产双重目标下，建议农田施肥：常规氮、磷、钾（减氮 20%~30%）＋1 000 kg/亩干猪粪或 200 kg/亩商品有机肥。

表 3-21 有机无机肥不同配施（等氮）条件下红壤 pH 及玉米产量（起始土壤 pH 为 4.93）

施肥处理	pH	产量（kg/亩）
100NPK	4.51	213.9
80NPK20M	4.76	336.2
60NPK40M	5.09	302.2
40NPK60M	5.37	333.6

广西8个县市17.6万亩大田试验结果表明有机肥改良酸性土壤平均增产32.6 kg/亩（22.6～40.0 kg/亩）、增幅为7.6%（5.0%～9.7%）。按亩施1 000 kg干粪、生产稻谷（2.8元/kg）折算，纯效益为41元/亩。有机肥不仅因提高酸性土壤pH而带来直接经济效益，还因提高土壤有机质和肥力水平而带来巨大的间接经济效益。长期施用有机肥10年，示范区土壤有机质提升11%以上，促进粮食增产18%～29%，促进了畜禽粪便和秸秆等有机废弃物资源的高效利用，其社会效益与生态环境效益巨大。

二、有机物料防治红壤酸化技术

秸秆还田同样也有提高土壤pH、降低交换性铝活性的作用，是酸性土壤改良中又一不可或缺的有效措施。表3-22显示，长期施用秸秆，土壤表层的pH及有机质含量明显提高，活性铝（水溶性铝与交换性铝）含量明显降低。因此，土壤酸度得到有效改良，促进花生产量大幅上升，从0.38 kg/区升至0.8 kg/区，翻了一番。秸秆还田的大田示范（花生）经济效益可达到160元/亩。

表3-22　施用秸秆对酸化土壤的改良作用

处理	层次（cm）	pH	交换性铝（mg/kg）	水溶性铝（mg/kg）	有机质（%）	花生产量（kg/区）
CK	0～20	5.30	5.672	183.66	0.75	
	20～50	5.40	5.678	167.64	0.46	0.38
	50～100	5.61	4.945	130.09	0.63	
NPK	0～20	4.90	6.459	252.77	0.76	
	20～50	5.00	6.245	248.62	0.53	0.43
	50～100	5.19	5.049	151.21	0.52	
秸秆	0～20	5.50	4.421	111.42	0.96	
	20～50	5.50	4.896	113.82	0.59	0.80
	50～100	5.55	4.996	152.63	0.58	

不同作物秸秆能不同程度地提高土壤pH，豆科物料盐基离子含量高且C/N低，易于分解释放出较多的盐基离子。豆科物料效果优于非豆科物料，经豆科物料处理土壤交换性铝较对照处理下降38.2%～50.7%，非豆科处理下降18.4%～25.7%，仅为前者的一半。所以，在酸性土壤的防治中，应首先考虑豆科物料如紫云英、苜蓿等作物还田，其分解快、见效快。另外，为了解决秸秆污染环境的问题，提倡秸秆全部还田。有条件的话，最好是通过牛等过腹还田或者高温堆肥等还田，以提高其效率。若是小麦、玉米、水稻等谷物秸秆直接还田，要配施一些促腐剂来加快秸秆分解。总之，秸秆管理类似于有机肥，应着重施用于酸性较弱的土壤或用于酸化改良后土壤酸度的维持。

除了秸秆，其他有机废弃物也能作为酸性改良材料。例如，牡蛎壳灰就有很好的补钙治酸效果。对于土壤代换性Ca含量低、花生空秕严重的田块，一般亩施牡蛎壳灰75 kg，花生空秕果率降至正常水平、产量达到最高；而对土壤代换性Ca含量中等、花生空秕轻度或中度的田块，牡蛎壳灰亩用量减至25～50 kg，即可达到最佳效果（表3-23）。该技术已被大面积（60万亩）用在福建平潭、福清、莆田等地的花生田，平均增产17.4%～20.9%、增加纯收入95元/亩，经济效益显著。

表3-23　不同牡蛎壳灰施用量对花生产量的影响及补钙效果

地点	土壤交换性Ca（cmol/kg）	牡蛎壳灰施用量（kg/亩）	花生产量（干重）（kg/亩）	比CK增产（%）
芦洋乡（重度空秕）	0.40	0	60.3dD	—
		25	72.5 cC	20.0
		50	97.6 bB	62.0
		75	108.9 aA	81.0

（续）

地点	土壤交换性 Ca（cmol/kg）	牡蛎壳灰施用量（kg/亩）	花生产量（干重）（kg/亩）	比 CK 增产（%）
良种场 （中度空秕）	0.80	0	92.2 cC	—
		25	110 bB	19.0
		50	121 aA	31.0
		75	120.3 aA	30.0
北厝乡 （轻度空秕）	1.25	0	138.1 bA	—
		25	152.3 aA	11.0
		50	149 aA	8.0
		75	150.3 aA	9.0

注：不同小写字母表明在 0.05 水平上差异显著；不同大写字母表明在 0.01 水平上差异显著。

三、化学改良剂防治红壤酸化技术

（一）施用碱性肥料

钙镁磷肥是一种弱碱性肥料，不仅含有磷，还含有钙、镁等红壤旱地较缺乏的元素。施用钙镁磷肥不仅可以为作物供给营养，还可以降低土壤酸度。在 pH 为 4.76 的红壤旱地，大豆—花生种植模式及每亩氮钾用量相同（花生 N 10 kg，K_2O 12 kg；大豆 N 6 kg，K_2O 8 kg）的条件下，施用不同量的钙镁磷肥可明显提高土壤 pH、增加作物产量：土壤 pH 最高增加 0.25，大豆最高每亩增产 15.6 kg、增加经济效益 32 元，花生最高增产 24.6 kg、增加经济效益 45.3 元（表 3-24）。而施用过磷酸钙则会导致土壤酸化，其每亩增产效果也较钙镁磷肥差（仅 4.8～9.0 kg）。

表 3-24　红壤旱地钙镁磷肥不同用量下的作物产量及经济效益

用量 （kg/亩）	pH	大豆			花生		
		产量 （kg/亩）	增加产值 （元/亩）	经济效益 （元/亩）	产量 （kg/亩）	增加产值 （元/亩）	经济效益 （元/亩）
CK-50	4.65	102.4	—	—	206.8	—	—
0	4.70	97.6	—	—	197.8	—	—
25	4.82	104.5	7.1	32.1	211.9	20.3	45.3
50	4.90	107.8	18.7	18.7	217.3	42.0	42.0
75	5.01	113.2	37.8	12.8	222.4	62.4	37.4

注：CK-50 为每亩施用过磷酸钙 50 kg，按每千克过磷酸钙单价 1.0 元、钙镁磷肥 1.0 元、大豆 3.5 元、花生 4.0 元核算成本及效益。

选择硝酸钙、钙镁磷肥和硅钙钾肥作为碱性氮磷钾肥料的形态，按不同方法组合后进行两年的定位田间试验（施用量按习惯施肥的 NPK 纯量换算）。结果表明（表 3-25），碱性磷钾肥和碱性氮磷钾肥皆可提高土壤 pH，且碱性氮磷钾肥的提高幅度更大，两年后提高 0.6（从 4.8 到 5.4）；同时，增加了土壤缓冲性能、改善了土壤环境（降低了土壤交换性铝和有效锰的溶出、提高了土壤交换性钙和交换性镁的含量），从而提高了花生产量和品质，每亩经济效益达到 157～184 元（肥料成本：尿素 2.4 元/kg、钙镁磷肥 1.0 元/kg、硝酸钙 3.7 元/kg、磷酸二铵 3.4 元/kg、硫酸钾 4 元/kg、硅钙钾 2.5 元/kg）。

广西酸性稻田施用钙镁磷肥＋硅钙肥比对照（过磷酸钙）平均每亩增产 22.7 kg，效益也很明显。因此，用碱性肥料替代酸性肥料已成为酸性土壤改良的一项重要技术。

表 3-25　施用碱性氮磷钾肥条件下酸化土壤的性质及作物产量

| 年份 | 施肥 | pH | 交换性离子含量（cmol/kg） | | | 有效锰（mg/kg） | 秸秆中元素含量（mg/kg） | | 每亩花生产量（kg） |
			Al	Ca	Mg		Al	Mn	
	CF	4.9	2.04	—	—	63.47	772	1130	318
2012	APK	5.2	0.97	—	—	34.66	566	687	345
	ANPK	5.5	0.39	—	—	23.95	505	613	376
	CF	4.8	1.65	2.54	0.43	34.21	185	1 082	222
2013	APK	5.2	0.49	3.39	0.68	21.30	140	577	288
	ANPK	5.4	0.23	3.58	0.58	10.69	140	478	326

注：CF 为习惯施肥，APK 为碱性磷钾肥，ANPK 为碱性氮磷钾肥。

硝酸钙、钙镁磷肥、硅钙钾肥等碱性肥料与尿素、过磷酸钙、氯化钾基本一样，按常规用量施用即可。因为其能有效提高酸性土壤的 pH，从而增加养分利用率，最好是常规基础上减氮 30%、同时按 N∶P∶K ＝ 1∶0.5∶1 的比例适当减少磷钾肥的施用量。

（二）施用石灰类物质防治土壤酸化

1. 确定石灰需要量及施用间隔

消除土壤酸度最有效、最常用的措施是施用石灰类物质，而该技术最为关键的步骤是确定石灰施用量及施用间隔，特别是施用量，量少则效果不佳、量多则对土壤和作物产生不良影响。

祁阳不同母质红壤的酸碱缓冲曲线见图 3-26。通过建立拟合方程获得缓冲容量，进而确定需要的石灰量（表 3-26）。同时，选择不同 pH 的红壤进行田间石灰梯度试验，对缓冲滴定法确定的石灰需要量进行检验，表明 pH 为 4.2 时生石灰用量为 75～150 kg/亩、pH 为 5.1 时用量为 30～50 kg/亩，作物增产率处于最佳经济区间，与表 3-27 和表 3-28 给出的石灰需要量吻合。

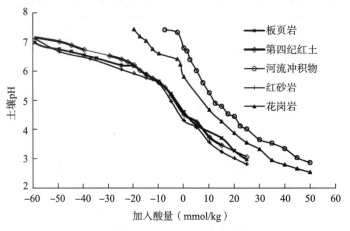

图 3-26　不同母质红壤的土壤酸碱缓冲曲线

表 3-26　调至目标 pH 的石灰（CaO）需要量

| 当前 pH | 平均 pHBC（mmol/kg） | 目标 pH 石灰需要量（kg/亩） | | |
		5.5	6.0	6.5
4.0～4.5	15.4	50～123	75～168	99～212
4.5～5.0	15.7	23～55	46～95	68～139
5.0～5.5	13.0	2～25	27～51	51～77
5.5～6.0	15.9	0	1～33	23～78
6.0～6.5	15.8	0	0	5～27

表 3 - 27 不同石灰用量条件下的玉米生物量（红壤初始 pH 为 4.2）

石灰用量		生物量	增产率	石灰用量		生物量	增产率
以 g/kg 为单位	以 kg/亩为单位	（g/盆）	（%）	以 g/kg 为单位	以 kg/亩为单位	（g/盆）	（%）
0.0	0	2.11 a	0.00 a	0.5	75	19.99 d	847.55 d
0.1	15	7.63 b	261.45 b	1.0	150	22.24 d	953.87 d
0.2	30	11.66 bc	452.45 bc	1.5	225	25.80 d	1122.59 d
0.3	45	12.15 bc	475.99 bc	2.0	300	23.31 d	1004.90 d
0.4	60	12.98 bc	515.01 bc	3.0	450	15.34 c	627.01 c

注：同一列不同小写字母表示在 0.05 水平上差异显著。

表 3 - 28 江西省晚稻不同石灰用量条件下的作物产量

石灰用量（kg/亩）	土壤 pH	产量（kg/亩）	茎秆产量（kg/亩）
0	5.18	562	351
20	5.22	577	355
30	5.29	590	362
40	5.33	630	357
50	5.31	593	360

以碳酸钙为标准物质，作为 100，计算其他石灰类材料的生石灰当量（CCE ＝ 碳酸钙的分子量/某石灰物质的分子量×100%），从而确定不同石灰类物质的换算比例，结果见表 3 - 29，以便在酸性土壤改良中合理施用其他石灰类物质。比如，若需亩施生石灰 100 kg，则选用白云石需要 140～180 kg，选择草木灰则需要更多（220～440 kg）。

表 3 - 29 其他石灰类物质的生石灰当量和换算比例

名称	生石灰当量（%）	换算比例	名称	生石灰当量（%）	换算比例
生石灰	150～175	1	牡蛎壳灰	80～90	(1.9～2.2)：1
熟石灰	120～135	(1.1～1.5)：1	石灰石	85～100	(1.5～1.7)：1
白云石	95～108	(1.4～1.8)：1	草木灰	40～80	(2.2～4.4)：1

根据前面的论述估算了平均施肥（N10 kg）谷物体系（水稻、玉米和小麦）每年每亩净产生的酸，需要 38.5～48.5 kg 碳酸钙（25～32 kg 生石灰）来维持。因此，对 pH ≤ 4.5 的酸性土壤，每亩的石灰初始用量为 75～160 kg（调整 pH 为 6.0 左右），则需间隔 2.5～3.0 年重新每年每亩施用石灰（但每年每亩只需 1～30 kg 维持）；对 pH 为 4.5～5.0 的酸性土壤，每年每亩的石灰初始用量为 45～90 kg，需间隔 2.0～2.5 年再次施用石灰；pH 为 5.0～5.5 的酸性土壤，每年每亩的石灰初始用量为 25～50 kg，需间隔 1～2 年重新施用石灰；pH 为 5.5～6.0 的酸性土壤，最好每年每亩施用石灰 1～30 kg 来保持土壤酸度的稳定。

在红壤小麦—玉米长期试验点，于 2010 年收获玉米后，将 NPK 处理（pH 为 4.3）裂区，添加氧化钙（NPKCa，150 kg/亩），监测石灰改良效果持续时间。与不施氧化钙处理相比，施用氧化钙第一年均显著增加了土壤 pH 和作物产量；随着时间延长至 3 年，土壤 pH 明显降低，小麦和玉米产量也有降低趋势（图 3 - 27）。由此可见，对于强酸性红壤（pH 为 4.5 以下），一次性添加氧化钙 150 kg/亩能维持改良效果 2.5～3.0 年，证实了上述估算的合理性。

另外，在上述基础上，针对不同质地、不同肥力水平进行石灰用量的调整。具体来说，就是黏土上生石灰用量增加 15%～20%、沙土上减少 15%～20%；有机质含量高的土壤上生石灰用量增加 20%～25%、有机质含量低的土壤上减少 20%～25%。这些技术指标已被作为酸性土壤改良的技术

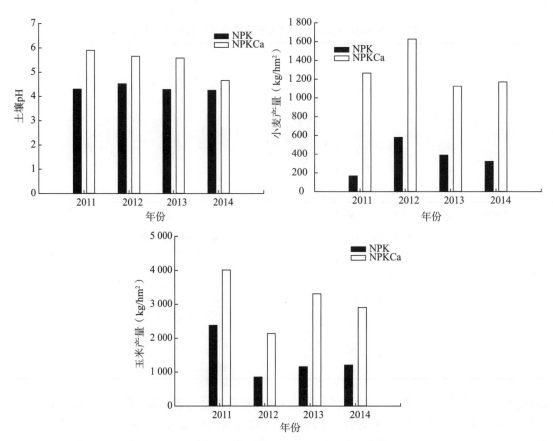

图 3-27　施用石灰后土壤 pH、小麦产量和玉米产量随年份的变化

规范，被用来指导强酸性土壤的修复和治理。

2. 不同区域酸性土壤施用石灰的改良效果

　　红壤旱地施用石灰（25～75 kg/亩）可以明显提高土壤 pH 和作物产量，经济效益增加 6.7～258.1 元/亩（表 3-30）。胶东半岛棕壤（pH 为 5）上连续两年施用石灰（120 kg/亩），土壤 pH 逐年提高、花生产量也逐年增加；第二年，pH 提升 12.5%，产量增加 27.5%，增值 245 元/亩，纯收入增加 149 元/亩（表 3-31）。另外，土壤交换性铝与有效锰明显减少、交换性钙明显增加。显然，石灰施用减轻了土壤铝毒和锰毒，补充了盐基离子，改善了土壤生态功能。

表 3-30　红壤旱地施用石灰的改良增产效果及经济效益（初始 pH 为 5.0～5.5）

作物	石灰用量（kg/亩）	ΔpH	Δ产量（kg/亩）	增值（元/亩）	改良成本（元/亩）	增加效益（元/亩）
油菜	25	0.15	10.3	26.7	20	6.7
花生	75	0.17	28.3	113.0	60	53.0
甘薯	50	0.15	213.0	298.1	40	258.1

　　注：单价核算以油菜 2.6 元/kg、花生 4.0 元/kg、甘薯 1.4 元/kg、石灰 0.8 元/kg 为准。

表 3-31　棕壤上施用石灰的改良效果与花生增产效果

年份	石灰处理	pH	交换性离子（cmol/kg）			有效锰（mg/kg）	花生产量（kg/亩）	成本（元/亩）	增加效益（元/亩）
			Al^{3+}	Ca^{2+}	Mg^{2+}				
2012	对照	4.9	2.04	—	—	63.47	318	—	—
	石灰	5.2	1.29	—	—	33.14	370	96	112

（续）

| 年份 | 石灰处理 | pH | 交换性离子（cmol/kg） | | | 有效锰（mg/kg） | 花生产量（kg/亩） | 成本（元/亩） | 增加效益（元/亩） |
			Al³⁺	Ca²⁺	Mg²⁺				
2013	对照	4.8	1.65	2.54	0.43	34.21	222	—	—
	石灰	5.4	0.71	3.49	0.42	15.86	283	96	149

对不同省份、不同酸度稻田施用石灰的效果进行统计，发现石灰均可不同程度地提高土壤 pH 和水稻产量，并且水稻增产量与石灰施用量之比平均为 1（表 3-32）。按稻米 2.8 元/kg 计算，约每千克石灰投入纯收益 2 元，大于旱地花生和油菜收益（0.3～0.7 元）。

表 3-32　不同区域施用石灰提高稻田 pH 效果及增产效果

| 省份 | 石灰用量（kg/亩） | 初始 pH | 示范点（个） | ΔpH | 增产量/石灰量 | |
					范围	平均值
安徽	75～105	5.0～5.5	5	1.0～1.5	0.80～1.20	0.9
广西	24～50	5.0～5.5	24	0.26	0.71～1.00	0.9
江西	20～50	5.0～5.2	11	0.1～0.2	0.62～1.70	1.0
湖南	40	5.0～5.4	6	0.1～0.2	0.74～1.40	1.1

按推荐量，在强酸性（pH≤5.5）土壤上，施用石灰 30～160 kg/亩，稻田平均增产 90 kg/亩、纯收入增加 180 元/亩；旱地平均增产 75 kg/亩，纯收入增加 115 元/亩。

3. 其他石灰类物质的改良效果

白云石粉是碳酸钙和碳酸镁以等分子比结晶的碳酸钙镁盐。施用白云石粉能改良酸性土壤，也可以避免因施用石灰不均匀或施用量过大对作物生长造成的伤害。因此，施用白云石粉已成为改良酸性土壤的一项重要措施。

在强酸性红壤上施用 100 kg/亩白云石，可显著减轻铝毒，提高交换性钙和交换性镁含量，从而使油菜产量提高 9.4%～16.2%、经济效益增加 12.8～29.3 元/亩（表 3-33）。因此，针对有效镁含量低的酸性土壤，施用白云石粉是比施用石灰更有效的改良措施。

表 3-33　施用白云石粉后强酸性红壤的化学性质及油菜产量

| 用量（kg/亩） | pH | 交换性离子 | | | 产量 | | 经济效益 | |
		Al³⁺（cmol/kg）	Ca²⁺（mg/kg）	Mg²⁺（mg/kg）	kg/亩	增加（%）	元/亩	增加（元/亩）
0	4.60	2.23	310	290	93.3	—	197.6	—
100	4.86	1.68	540	350	102.0～108.0	9.4～16.2	210.4～226.9	12.8～29.3

注：每亩施用 7 kg 尿素＋6.6 kg 磷酸二氢铵＋9.3 kg 氯化钾；单价核算以油菜 2.60 元/kg、尿素 2.4 元/kg、磷酸二氢铵 2.15 元/kg、氯化钾 1.90 元/kg、白云石 0.1 元/kg 为准。

酸性土壤改良剂富含钙、镁等有效养分，从多种大田作物的试验结果可以看出，改良剂（50～100 kg/亩）能有效提高土壤 pH 和肥力、改善土壤结构、增加作物产量，对茶叶的增产作用更明显（增产幅度达 69.8%），已在生产上推广应用（表 3-34、表 3-35、表 3-36）。

表 3-34　红壤改良剂对不同作物的增产效果

| 处理 | 柑橘（鲜重） | | 茶叶（干重） | | 花生（干重） | | 牧草（干重） | |
	增产量(kg/亩)	增产率(%)	增产量(kg/亩)	增产率(%)	增产量(kg/亩)	增产率(%)	增产量(kg/亩)	增产率(%)
CK	422.9	−19.1	—	—	42.5	−31.1	222.2	−32.9

（续）

处理	柑橘（鲜重）		茶叶（干重）		花生（干重）		牧草（干重）	
	增产量(kg/亩)	增产率(%)	增产量(kg/亩)	增产率(%)	增产量(kg/亩)	增产率(%)	增产量(kg/亩)	增产率(%)
NPK	522.9	0.0	29.8	0.0	61.7	0.0	331.2	0.0
改良剂1	647.9	23.9	50.6	69.8	86.4	40.0	411.1	24.1

表3-35 红黄壤结构改良剂的改土增产效果

处理	pH	容重（g/cm³）	有机质（g/kg）	甘薯产量（kg/亩）	油菜产量（kg/亩）	花生产量（kg/亩）
改良剂2	5.11	1.17	26.90	1 720.9	120.9	262.9
CK	4.71	1.22	24.20	1 556.3	98.6	238.3
增产率（%）	—	—	—	10.6	22.6	10.3

注：土壤性状为最后一季作物收获后取样测定。

表3-36 酸性土壤改良剂的改土效果

改良剂（kg/亩）	花生季				油菜季				效益（元/亩）
	pH	交换性钙（mg/kg）	交换性镁（g/kg）	产量（kg/亩）	pH	交换性钙（mg/kg）	交换性镁（g/kg）	产量（kg/亩）	
0	4.75	113.5	17.1	191	4.76	112.5	16.9	107	—
50	5.03	127.1	31.7	222	4.91	121.1	23.7	115	95
75	5.16	136.8	38.1	225	5.02	126.8	27.1	122	100
100	5.28	146.3	45.3	229	5.12	132.3	34.4	128	107

注：改良剂1元/kg，花生4元/kg，油菜2.6元/kg。

四、红壤酸化的综合防控技术模式

根据酸化农田分区分类及养分状况，提出了"分类管控""防治结合""防治与培肥并重"的理念，以石灰类物质精准施用降酸、有机肥阻酸、减氮控酸等关键技术为核心，针对不同酸度土壤的综合防治技术模式如下。

1. 极强酸性土壤（pH<4.5）降酸治理技术模式

针对这类土壤酸害铝毒极其严重、中微量元素养分缺乏的问题，采用石灰类物质精准施用降酸关键技术，结合施用钙镁磷肥等配套技术，可使红壤pH提高0.8~1.0，使作物增产15%~27%。

2. 强酸性土壤（pH为4.5~5.0）调酸增产技术模式

针对这类土壤酸害铝毒较重、修复后增产潜力大的特点，采用石灰类物质精准施用和有机肥阻酸关键技术，结合施用钙镁磷肥、秸秆还田等配套技术，可使红壤pH提高0.4~0.8，使作物增产14%~22%。

3. 中度酸性土壤（pH为5.0~5.5）阻酸培肥技术模式

针对这类土壤酸害较小但酸化风险大的问题，防治与培肥相结合，采用有机肥阻酸关键技术，结合水旱轮作、水肥一体化等配套技术，可使红壤pH提高0.2~0.3，利用有机肥替代减少化学氮肥施用量28%~36%，使作物增产12%~17%。

4. 弱酸性土壤（pH为5.5~6.5）控酸稳产技术模式

针对这类土壤氮肥施用量大、酸化风险高的问题，采用添加硝化抑制剂、氮肥深施、平衡施肥等减氮控酸关键技术，结合秸秆还田和冬种绿肥，可使红壤pH维持稳定，减少化学氮肥用量11%~18%，使作物稳产系数提高13%~22%。

主要参考文献

艾娜，周建斌，段敏，2009.不同有机碳源对施入土壤中不同形态氮素固持的影响［J］.土壤通报，40（6）：

1337－1341.

蔡泽江，孙楠，王伯仁，等，2012. 几种施肥模式对红壤氮素形态转化和 pH 的影响 [J]. 中国农业科学，45（14）：2877－2885.

陈铭，谭见安，刘更另，等，1995. 湘南第四纪红壤吸附 SO_4^{2-} 的机理研究 [J]. 环境化学，14（2）：129－133.

高伟，朱静华，李明悦，等，2011. 有机无机肥料配合施用对设施条件下芹菜产量、品质及硝酸盐淋溶的影响 [J]. 植物营养与肥料学报，17（3）：657－664.

侯松嵋，张乐，何红波，等，2008. 不同浓度葡萄糖添加对黑土氨基酸转化的影响 [J]. 土壤通报，39（4）：5.

黎晓峰，顾明华，2002. 小麦的铝毒及耐性 [J]. 植物营养与肥料学报，8（3）：325－329.

李学垣，2001. 土壤化学 [M]. 北京：高等教育出版社：218.

廖柏寒，蒋青，2002. 酸沉降与我国南方森林土壤的酸化 [J]. 农业环境保护，21（2）：110－114.

鲁如坤，时正元，赖庆旺，1995. 红壤养分退化研究（Ⅱ）：尿素和碳铵在红壤中的转化 [J]. 土壤通报，26（6）：241－243.

孟红旗，吕家珑，徐明岗，等，2012. 有机肥的碱度及其减缓土壤酸化的机制 [J]. 植物营养与肥料学报，18（5）：1153－1160.

宁建凤，邹献中，杨少海，等，2007. 有机无机氮肥配施对土壤氮淋失及油麦菜生长的影响 [J]. 农业工程学报（11）：95－100.

全国农业技术推广服务中心，2015. 测定配方施肥土壤基础养分数据集 [M]. 北京：中国农业出版社.

孙波，张桃林，赵其国，1995. 南方红壤丘陵区土壤养分贫瘠化的综合评述 [J]. 土壤，27（3）：119－128.

唐玉霞，孟春香，贾树龙，等，2007. 不同碳氮比肥料组合对肥料氮生物固定、释放及小麦生长的影响 [J]. 中国生态农业学报，15（2）：38－40.

王伯仁，徐明岗，文石林，等，2002. 长期施肥红壤氮的累积与平衡 [J]. 植物营养与肥料学报，8（增刊）：29－34.

王代长，蒋新，卞永荣，等，2002. 酸沉降下加速土壤酸化的影响因素 [J]. 土壤与环境，11（2）：152－157.

徐明岗，梁国庆，张夫道，等，2006. 中国土壤肥力演变 [M]. 北京：中国农业科学技术出版社：34－36.

徐培智，解开治，陈建生，等，2010. 南方酸性旱坡地橘园有机无机肥料配合施用效应研究 [J]. 植物营养与肥料学报，16（3）：650－655.

徐仁扣，李九玉，周世伟，等，2018. 我国农田土壤酸化调控的科学问题与技术措施 [J]. 中国科学院院刊，33（2）：160－167.

许中坚，刘广深，俞佳栋，2002. 氮循环的人为干扰与土壤酸化 [J]. 地质地球化学，30（2）：74－78.

闫鸿媛，段英华，徐明岗，等，2011. 长期施肥下中国典型农田小麦氮肥利用率的时空演变 [J]. 中国农业科学，44（7）：1410－1418.

于天仁，陈志诚，1990. 土壤发生中的化学过程 [M]. 北京：科学出版社.

张树兰，1998. 陕西几种土壤中硫酸铵的硝化作用及其影响因素 [J]. 干旱地区农业研究，16（1）：64－68.

张树兰，杨学云，吕殿青，等，2000. 几种土壤剖面的硝化作用及其动力学特征 [J]. 土壤学报，37（3）：372－379.

中国农业百科全书总编辑委员会土壤卷编辑委员会，中国农业百科全书编辑部，1996. 中国农业百科全书土壤卷 [M]. 北京：中国农业出版社.

朱齐超，2017. 区域尺度中国土壤酸化定量研究及模型分析 [D]. 北京：中国农业大学.

Abera G，Wolde M E，Bakken L R，2012. Carbon and nitrogen mineralization dynamics in different soils of the tropics amended with legume residues and contrasting soil moisture contents [J]. Biology and Fertility of Soils，48：51－66.

Alizadeh P，Fallah S，Raiesi F，2012. Potential N mineralization and availability to irrigated maize in a calcareous soil amended with organic manures and urea under field conditions [J]. International Journal of Plant Production，6（4）：1735－8043.

Asp H，Bengtsson B，Jensen P，1988. Growth and cation uptake in spruce（*Picea abies* Karst.）grown in sand culture with various aluminum contents [J]. Plant and Soil，111：127－133.

Becquer T，Merlet D，Boudot J P，et al.，1990. Nitrification and nitrate uptake：Leaching balance in a declined forest ecosystem in Eastern France [J]. Plant and Soil，125：95－107.

Berner R A，1992. Weathering，plants and the long-term carbon cycle [J]. Geochimica et Cosmochimica Acta，56：3225－3231.

Cai Z J，Wang B R，Xu M G，et al.，2014. Nitrification and acidification from urea application in red soil（Ferralic Cambisol）after different long-term fertilization treatments [J]. Journal of Soils and Sediments，14（9）：1526－1536.

Cai Z J, Wang B R, Xu M G, et al., 2015. Intensified soil acidification from chemical N fertilization and prevention by manure in an 18-year field experiment in the red soil of Southern China [J]. Journal of Soils and Sediments, 15: 260 – 270.

Cai Z J, Xu M G, Wang B R, et al., 2018. Effectiveness of crop straws, and swine manure in ameliorating acidic red soils: A laboratory study [J]. Journal of Soils and Sediments, 18: 2893 – 2903.

de Vries W, Breeuwsma A, 1987. The relation between soil acidification and element cycling [J]. Water Air and Soil Pollution, 35: 293 – 310.

Dinkelaker B, RÊmheld V, Marschner H, 1989. Citric acid excretion and precipitation of calcium citrate in the rhizosphere of white lupin (*Lupinus albus* L.) [J]. Plant, Cell and Environment, 12: 285 – 292.

Duan Y H, Xu M G, Wang B R, et al., 2011. Long-term evaluation of manure application on maize yield and nitrogen use efficiency in China [J]. Soil Science Society of America Journal, 75: 1562 – 1573.

Guo J H, Liu X J, Zhang Y, et al., 2010. Significant acidification in major Chinese croplands [J]. Science, 327 (5968): 1008 – 1010.

Helyar K R, Porter W M, 1989. Soil acidification, its measurement and the processes involved [M].//Robson A D. Soil acidity and plant growth. Sydney: Academic Press: 61 – 100.

Hue N V, 1992. Correcting soil acidity of a highly weathered Ultisol with chicken manure and sewage sludge [J]. Communications in Soil Science and Plant Analysis, 23: 241 – 264.

Inselsbacher E, Stange F C, Gorfer M, et al., 2010. Short-term competition between crop plants and soil microbes for inorganic N fertilizer [J]. Soil Biology and Biochemistry, 42: 360 – 372.

Lesturgez G, Poss R, Noble A D, et al., 2006. Soil acidification without pH drop under intensive cropping systems in Northeast Thailand [J]. Agriculture, Ecosystems and Environment, 114 (2): 239 – 248.

Marschner B, Noble A D, 2000. Chemical and biological processes leading to the neutralization of acidity in soil incubated with litter materials [J]. Soil Biology and Biochemistry, 32: 805 – 813.

McClung G, Frankenberger W T J, 1985. Soil nitrogen transformations as affected by Salinity [J]. Soil Science, 139 (5): 405 – 411.

Meng H Q, Xu M G, Lv J L, et al., 2014. Quantification of anthropogenic acidification under long-term fertilization in the upland red soil of South China [J]. Soil Science, 179: 486 – 494.

Mokolobate M S, Haynes R J, 2002. Comparative liming effect of four organic residues applied to an acid soil [J]. Biology and Fertility of Soils, 35: 79 – 85.

Nissinen A, Kareinen T, Tanskanen N, et al., 2000. Apparent Cation-exchange quilibria and aluminum solubility in solutions obtained from two acidic forest soils by centrifuge drainage method and suction lysimeters [J]. Water Air and Soil Pollution, 121: 23 – 43.

Oliva P, Viers J, Dupré B, et al., 1999. The effect of organic matter on chemical weathering: Study of a small tropical watershed Nsimi-Zo′ete′le′ site [J]. Geochimica et Cosmochimica Acta, 63: 4013 – 4035.

Reuss J O, Cosby B J, Wright R F, 1987. Chemical processes governing soil and water acidification [J]. Nature, 329 (3): 27 – 32.

Shi R, Liu Z, Li Yu, et al., 2019. Mechanisms for increasing soil resistance to acidification by long-term manure application [J]. Soil and Tillage Research, 185: 77 – 84.

Singh U, Sanabria J, Austin E R, 2011. Nitrogen transformation, ammonia volatilization loss, and nitrate leaching in organically enhanced nitrogen fertilizers relative to urea [J]. Soil Science Society of America, 76: 1842 – 1854.

Tang C X, Rengel Z, 2003. Role of plant cat ion/anion uptake ratio in soil acidification [M].//Rengel Z. Handbook of Soil Acidity. New York: Marcel Dekker: 57 – 81.

Ulrich B, 1986. Natural and anthropogenic components of soil acidification [J]. Zeitschrift für Pflanzenernährung and Bodenkunde, 149: 702 – 712.

van Breemen N, Mulder J, Driscoll C T, 1983. Acidification and alkalization of soils [J]. Plant and Soil, 75: 283 – 308.

Wang Q, Yu H Y, Liu J F, et al., 2018. Attribution of soil acidification in a large-scale region: Artificial intelligence approach application [J]. Soil Science Society of America Journal, 82: 772 – 782.

Wesselink L G, van Breemen N, Mulder J, et al., 1996. A simple model of soil organic matter complexation to predict the solubility of aluminum in acid forest soils [J]. European Journal of Soil Science，47：373 - 384.

Wong M T F，Nortcliff S，Swift R S，et al. ，1998. Method for determining the acid ameliorating capacity of plant resi-due compost，urban waste compost，farm yard manure and peat applied to tropical soils [J]. Communications in Soil Science and Plant Analysis，29：2927 - 2937.

Yan F，Schubert S，Mengel K，1996. Soil pH increase due to biological decarboxylation of organic anions [J]. Soil Biology and Biochemistry，28：617 - 624.

第四章 红壤的物理性质 >>>

红壤的物理性质差异极大，很难用统一的特性来描述。不同母质发育、不同地形部位、不同利用方式的红壤，都具有很不一样的颗粒组成、质地、结构、有机质含量等，造成红壤的物理性质具有广泛的空间变异，影响其水分、气体、热量和耕性等。虽然如此，与其他温带地区的土壤类型相比，在亚热带湿润气候和干湿季节变化的长期作用下，不同红壤的各种物理性质仍然有其共同的特性，对红壤区的农业生产和生态环境有重要的影响。

第一节　红壤颗粒组成与质地

土壤的颗粒构成及各级颗粒的化学组成和物理性质直接决定土壤肥力、水力学特性和土力学特征等，对农业生产、水土保持、地基工程等至关重要。红壤的颗粒构成主要与成土母质有关，并受气候、地形、生物活动和人为土地利用方式等因素的影响。大部分红壤的黏粒含量比较高，主要的黏土矿物类型是高岭石，伴有数量不等的水化云母、蛭石、1.4 nm过渡矿物、铁铝氧化物。红壤质地大多黏重，导致其耕性差、热量状况不好、易板结等，存在季节性干旱频发、水土流失加剧、面源污染严重等农业和生态环境问题，这些都与红壤的颗粒组成和质地有一定关系。

一、红壤颗粒组成

（一）土壤颗粒特性

土壤的矿物质固体部分由粒径不一、形状和组成各异的土壤颗粒组成。常用的土壤颗粒分级和质地分类标准包括美国制标准、国际制标准、卡钦斯基制标准和中国制标准。美国制标准将土壤颗粒主要分为砾石（粒径＞2 mm）、沙粒（粒径在0.05～2 mm）、粉粒（粒径在0.002～0.05 mm）和黏粒（粒径＜0.002 mm），并按沙粒、粉粒、黏粒含量将土壤（粒径＜2 mm的部分）分为沙土、壤质沙土等12种质地类型（图4-1）。国际制标准的各级颗粒命名与美国制相同，区别是沙粒和粉粒的划分界限是0.02 mm。卡钦斯基制将土壤颗粒主要分为物理性沙粒（粒径＞0.01 mm的部分）和物理性黏粒（粒径＜0.01 mm的部分）。中国制标准将土粒分为石砾、粗沙粒、细沙粒、粗粉粒、中粉粒、细粉粒、粗黏粒和细黏粒，并按沙粒（粒径在0.05～1 mm的颗粒）、粗粉（粒径在0.01～0.05 mm的颗粒）和细黏粒（粒径＜0.001 mm的颗粒）含量将土壤（粒径＜1 mm的部分）分为极重沙土、重沙土等13种质地类型。研究表明，土壤颗粒粒径在0.002 mm时，物质组成和颗粒理化性质发生了较明显的突变，以此作为粉粒和黏粒的界限比较合理，故得到了普遍认可。目前，国内和国际上比较通用的土壤颗粒分级和质地分类标准是美国制标准。2016年发布的《耕地质量等级》（GB/T 33469—2016）采用的是国际制土壤颗粒分级标准，并结合卡钦斯基制标准将我国耕地土壤主要分为沙土、沙壤、轻壤、中壤、重壤和黏土6类（表4-1）。

颗粒组成直接决定土壤的基础理化性质。土粒中黏粒的粒径最细，比表面积大，属于胶体范畴。

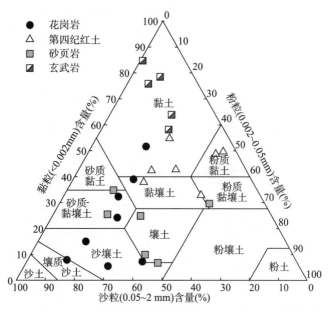

图 4-1　不同母质发育的红壤在美国制土壤质地分类三角坐标图中的分布

表 4-1　土壤质地分类 [《耕地质量等级》(GB/T 33469—2016)]

质地名称	物理性黏粒（粒径＜0.01 mm）含量（%）		
	灰化土类	草原土及红黄壤类	碱化及强碱化土类
沙土	0～10	0～10	0～10
沙壤	10～20	10～20	10～15
轻壤	20～30	20～30	15～20
中壤	30～40	30～45	20～30
重壤	40～50	45～60	30～40
黏土	＞50	＞60	＞40

黏粒主要由次生黏土矿物组成，一般分为蒙脱石、高岭石和水化云母三大组。蒙脱石具有显著胀缩性，高岭石和水化云母胀缩性一般。黏粒胶体表面的双电层是土壤交换性养分聚积区，决定着土壤的养分状况。黏粒具有极强的吸附水分子能力，影响着土壤的吸附水含量，也与土壤的黏结性、黏着性和可塑性等特征直接相关。沙粒的主要矿物组分为石英，也含有长石、云母和角闪石等。沙粒的形状不规则，颗粒较大，颗粒间孔隙粗，沙粒含量高的土壤透水和透气性强。粉粒的粒径居于沙粒和黏粒之间，矿物组成与沙粒相似，以原生矿物为主，但也表现出黏粒胶体的一些性质。粉粒的粒径居中，颗粒间的孔隙持水能力强，决定着土壤的毛管水含量。

（二）红壤颗粒组成特性

由玄武岩、石灰岩和第四纪红土发育的红壤黏粒（＜0.002 mm 部分）含量一般为 30%～60%，高的可达 70%～80%，质地类型主要为黏土、黏壤土和粉质黏土等（美国制标准，下同）。由花岗岩风化残积物母质发育而成的红壤的黏粒含量不等（10%～50%），并含有较多的砾石和沙粒，易受侵蚀，质地类型既有黏重的黏壤土和黏土，也有质地较轻的壤土和沙壤土等（图 4-1）。由红砂岩和页岩等母质发育的红壤的黏粒含量相对较低（20%～30%），沙粒含量比较高，质地以轻质壤土、沙壤和砂质黏壤土等为主。孙佳佳等（2015）对我国南方地区 333 个典型红壤剖面的颗粒组成数据的研究结果（表 4-2）表明，母质决定红壤的颗粒组成特性，且随土壤深度的增加母质的影响增大，可以解释红壤颗粒组成变异的 25% 左右。

表 4-2 几种母质发育的红壤颗粒组成百分数的平均值（％）

土壤层次（cm）	粒级	第四纪土	玄武岩	石灰岩	花岗岩	砂页岩
0~10	沙粒	28.7	29.0	30.0	48.0	45.8
	粉粒	35.0	30.5	41.7	27.9	31.6
	黏粒	36.4	40.5	28.3	24.1	22.6
10~20	沙粒	27.2	30.3	29.3	46.7	44.2
	粉粒	35.2	28.4	41.0	27.2	31.3
	黏粒	37.6	41.3	29.7	26.2	24.4
20~30	沙粒	25.1	26.5	28.9	45.7	43.0
	粉粒	34.9	25.4	38.9	26.8	30.8
	黏粒	39.9	48.1	32.2	27.5	26.2
30~70	沙粒	24.5	26.7	28.9	46.3	41.9
	粉粒	34.4	25.8	39.2	26.5	31.0
	黏粒	41.1	47.5	31.9	27.2	27.1
>70	沙粒	24.6	24.6	30.0	47.1	41.7
	粉粒	33.8	27.8	38.3	26.4	31.6
	黏粒	41.6	47.6	31.7	26.5	26.7

红壤区土壤颗粒组成也具有显著的地域差异性。云贵高原地区海拔在 1 000~2 000 m，母质主要为泥质岩类风化物和第四纪红土，发育的红壤黏粒含量非常高（40％~60％）。湖南、湖北、江西、广东、广西等中部丘陵区，母质有花岗岩、第四纪红土和红砂岩等，黏粒含量次之（30％~50％）。东部沿海平原地区，母质有花岗岩和浅海沉积物等，黏粒含量相对较低（20％~40％）。此外，福建、广东有部分红壤母质为玄武岩，黏粒含量也比较高。红壤中沙粒的含量受地形因素影响显著，一般平原地区含量较低，山区含量较高，低的在 20％以下，高的在 30％~40％。不同母质发育的红壤粉粒含量差异不显著，一般都在 30％~40％（Liu et al.，2020）。

红壤颗粒的矿质组成与温带土壤差异显著，其黏土矿物主要为非膨胀性的 1：1 型高岭石，部分还有水化云母和蛭石等。红壤因质地黏重、透水性差、不具有膨胀性而常被作为水利工程如防洪堤坝的填充物。红壤颗粒的另一个显著特征是氧化铁和氧化铝的含量比较高，这主要是由南方地区湿热的气候条件下长期脱硅富铁铝风化作用造成的。风化强度越高，红壤中氧化硅的含量越低，高岭石、非晶物质和氧化铁的含量越高，颜色越红。风化最强烈的砖红壤，其高岭石进一步脱硅而形成三水铝石。尽管红壤黏粒含量高，但强烈的脱硅富铁铝化过程使红壤中铵态氮、钙、镁、钾等易溶性养分大量淋失，养分含量比较低。黏粒导致红壤的透水性差、有效水含量低，易发生土壤侵蚀。

二、红壤质地与剖面构型

（一）红壤质地

农业农村部耕地质量监测保护中心的调查数据显示，我国华中、华南地区主要的红壤质地类型是重壤（卡钦斯基制标准，下同），占 2 936 个调查点土壤质地类型的 29％（图 4-2），主要由第四纪红土发育而来。中壤和黏土的比例也比较高，分别占 17％和 18％。此外，还有 19％的红壤质地类型是沙壤，这是由于我国南方地区还有大量由花岗岩、砂页岩和石英岩母质发育而成的红壤，该类红壤的沙粒、砾石含量比较高。轻壤和沙土类的红壤最少，分别占 9％和 8％，主要是由一些沙泥质类的残坡积物发育而成。与华中、华南地区相比，我国西南地区红壤质地则更为黏重，黏土类红壤的占比达到了 2 411 个调查点的 63％，主要是由第四纪古老洪冲积物和泥质岩类风化物发育而来。重壤类红壤的占比也比较高，达到了 13％。中壤、轻壤和沙壤的比例分别为 8％、6％和 7％，主要由一些沙泥质岩类风化物发育形成。沙土类红壤的比例很小，只有 3% 左右，主要是由一些红砂岩类和结晶岩类风化物发育形成。

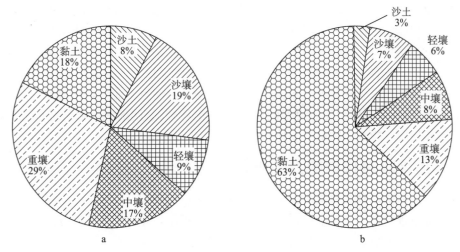

图 4-2　红壤质地种类及占比

a. 华中、华南地区　b. 西南地区

（二）红壤质地构型

南方红壤区土壤剖面质地层次变异性比较大。其中，华中、华南地区红壤主要的质地剖面构型是上松下紧型，占 2 936 个调查点的 53%（图 4-3）。上松下紧型是比较理想的耕作土壤剖面构型，其上层土壤疏松，透水透气性好，下层土壤黏重保水保肥，利于作物生长，适宜种植水稻，也适合旱作。比较典型的上松下紧型是红壤型水稻土剖面，下层紧实的犁底层对于防止稻田渗漏至关重要。此外，华中、华南地区比较多的质地层次类型还有紧实型和松散型，比例都为 20%。紧实型剖面通常有厚 1 m 以上的红色黏土层，通体黏重，透水透气性差，棱块状结构明显，下部常伴有褐色铁锰胶膜和细粒铁锰结核。紧实型剖面主要是由第四纪红土母质发育而来。松散型剖面则通体呈沙型，土壤无结构，透水性好，但漏水漏肥严重，一般位于丘陵高地的中上部，母质主要为一些红砂岩和碳酸盐类的风化物。此外，还有少量土壤质地层次构型为海绵型、上紧下松型、薄层型和夹层型。典型花岗岩母质红壤常表现为上紧下松的质地结构，上层 1～2 m 为红壤表土和红色黏土风化层，质地黏重，而下层沙土风化层则疏松深厚。该种土体构型导致表层土壤极易被侵蚀，而下层土壤水稳性差，长期侵蚀会诱发崩岗滑坡等。

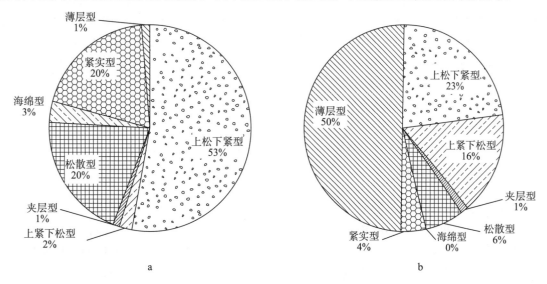

图 4-3　红壤质地剖面构型种类及占比

a. 华中、华南地区　b. 西南地区

西南地区红壤的主要质地剖面构型是薄层型（图4-3），占2 411个调查点的50%。薄层型土体剖面红壤耕作层厚度不到40 cm，下部多为石灰质基岩，主要是由第四纪古老冲积物和泥质岩类风化物发育而来。薄层型红壤退化严重，部分地区多年裸露，呈现一种特殊的"土漠化"景观——"红裸土"。上松下紧质地构型占西南地区样点的23%，母质多为泥质岩类风化物，是主要农业土壤，种植玉米、烟草等。此外，还有16%的采样点的质地构型为上紧下松型，为漏沙型土体。该种构型上部土体黏重，下部土体较沙，容易漏水、漏肥，作物生长期多需灌溉。此外，松散型和紧实型质地构型的比例分别为6%和4%。夹层型和海绵型的比例小于等于1%。西南地区部分红壤表土以下有沙砾层或砂姜层等障碍层次，影响作物根系下扎和生长。

三、红壤质地对耕作与肥力的影响

多数红壤的质地黏重，对农业生产和水土保持有很多不良影响。

（1）红壤中黏粒排列紧实，透水性差，容易形成地表径流，导致土壤和养分流失。红壤黏粒含量高，结构不良，雨季地表渍水后，土粒很容易凝聚沉降，堵塞土壤孔隙，土壤入渗特性显著降低，造成地表径流冲刷、水土流失加剧。地表径流还导致大量土壤养分的流失，污染河湖水质。红壤水、肥、土的流失量与土壤类型、降雨强度、降水量、地形及植被盖度等因素密切相关。

（2）红壤容易板结，雨后地表产生物理性结皮或结壳。红壤中水稳性大团聚体数量少，强降雨作用下，结构破碎，释放的黏粒使土壤孔隙渍水封闭，水分蒸发后土体又收缩板结，地表形成坚硬的结壳层。地表结皮影响土壤与大气间的气体交换，妨碍种子发芽，不利于作物根系伸展。红壤脱水干缩还会形成土壤裂隙，导致优先水流和溶质优先迁移，造成水肥损失，加剧地下水污染。研究显示，红壤区水稻土剖面上优先水流占总排水体积的2%左右，却携带了9%~20%的NO_3^-进入地下水（黄树辉等，2004）。

（3）红壤质地黏重，热量状况差，妨碍作物早发。常年渍水红壤性水稻土，热容量和热扩散率高，土壤吸热增温较慢，不利于作物发芽和早期生长。红壤的冷凉性还会造成土壤中有毒物质的积累，养分的分解释放变得缓慢，给作物生长造成毒害，而后期又因养分的失调造成作物早衰。

（4）红壤的耕性差。红壤黏粒含量高，黏结性、黏着性和可塑性很强，湿土容易黏附耕作机具，干燥土壤则坚实，耕作时机械阻力极大。虽然红壤黏粒含量高、持水能力强，但萎蔫含水量也高，红壤的有效水含量低，易发生季节性干旱，给农业生产带来极大危害。

改良红壤质地的主要方法是掺沙客土法。有研究显示，掺沙对改良红壤水稻田和胶泥田等土壤的物理特性都有显著的效果。胶泥田每亩掺沙40 t后，土壤容重下降了0.2 g/cm^3，孔隙度增加了13%；水稻田掺沙后，水稻白根和地上部分蘖增加，茎叶早发；叶茂等（2013）的研究表明，按10%的比例表土掺沙后，红壤的pH从4.9增加到5.3，土壤有效磷释放量从11.5 mg/kg增加到21.5 mg/kg；掺沙还改良了烟草的品质。掺沙一般在耕作前在地表均匀铺开，结合施肥，进行深翻；掺沙量在150~500 m^3/hm^2；掺沙宜就近取材，以便取得较高的经济效益。

第二节　红壤结构

一、红壤结构的特点

（一）红壤结构的形成与破坏

土壤结构实际上包含两方面的意义：一方面是作为土壤物理性质之一的"结构性"；另一方面是指"土壤结构体"。卡钦斯基认为，土壤结构性"对各种土壤及各土层是特征性的，是大小、形状、孔度、力稳性和水稳性不同的团聚体的综合"。土壤结构体主要是指各级土粒或其一部分因不同的原因相互团聚成大小、形状和性质不同的土团、土块或土片。我国文献中常把土壤结构与土壤团粒或土壤团聚体作为同义词使用。团粒的数量、品质（稳定性、孔性等）是评价土壤结构好坏的指标。土壤结构是动态变化的，可以因自然条件（如水分、温度等）、生物活动和土壤管理措施等的改变而发生极大变化。

红壤团聚体结构的形成受热带和亚热带气候明显的季节性干湿交替影响。首先，干燥土壤在湿润时会受到两种不同力的作用，影响团聚体的形成：①胶体因为湿润膨胀而产生挤压力，土壤各部分的吸水程度及速率不同，各部分所受到的挤压力也不均匀，这使土块破碎；②当水分快速进入小孔隙时，闭蓄在孔隙中的空气受到压缩发生爆破，通过消散作用使得土壤崩解成小土团。He 等（2018）在对第四纪红土发育的红壤的研究中证实了这一现象。该研究发现，团聚体结构随着季节性土壤水分的变化呈现明显的动态变化，表征团聚体稳定性的平均重量直径（MWD）在干燥的季节较高，在湿润的季节（5—8 月）较低。红壤中存在大量的铁铝氧化物（三氧化二铁、三氧化二铝及其水合物），这些铁铝氧化物受干湿交替影响形态容易发生转变，是红壤团聚体胶结形成的重要因素。尤其是在我国中南部，随着纬度气候带的变化，土壤的风化程度（以游离氧化铁表示）随着温度和降水的变化迅速变化，土壤铁铝氧化物显著影响了团聚体的粒级分布关系。

热带和亚热带地区分布了不同类型的母质，不同母质发育形成的红壤的结构性质有所不同。如第四纪红土母质、花岗岩风化残积物母质、砂页岩风化残积物母质等都可以发育成典型的红壤（Angelo，2014）。多数研究认为，黏粒含量和铁铝氧化物是红壤团聚体形成的主要因素，而不同母质发育的红壤表层土中的这些指标含量差异明显。第四纪红土母质发育的红壤中黏粒含量最高，其次是砂页岩，最后是花岗岩风化壳。同时，它们的氧化物含量也各不相同（Zhang et al.，2001）。因而，从母质延续而来的红壤性质有所不同，也影响了土壤不同层次的颗粒间的相互作用力，并最终在一定程度上影响了结构的形成与破坏。

（二）红壤结构特征

土壤结构的稳定性是影响土壤通透性和抗侵蚀性的主要因素。结构稳定性包括力稳定性、生物学稳定性和水稳定性。土壤结构的力稳定性也称机械稳定性，是指土壤结构抵抗机械压碎的能力。一般认为，力稳定性越大，在耕作过程中农机具对它的破坏越小，耕作阻力越大。土壤结构在浸水后不易分散且具有相当程度的稳定性，称为水稳定性，水稳定性高的团聚体不易被降雨或灌溉破坏。红壤团聚体不同粒级的稳定性受成土母质的影响，钟继洪等（2002）对广东地区玄武岩、花岗岩、砂页岩、第四纪红土等发育的红壤类土壤的微团聚体进行比较分析，发现玄武岩发育的砖红壤要比花岗岩发育的赤红壤和第四纪红土发育的红壤的微团聚体含量高。Zhang 等（2001）同样研究了江西地区不同母质发育形成的红壤的团聚体粒级分布、力稳定性、水稳定性以及团聚体平均重量直径（MWD），结果表明，花岗岩和第四纪红土发育的红壤的团聚体以 2～1 mm 为主，而砂页岩发育的红壤的团聚体则以 0.5～0.25 mm 为主。不同母质发育的红壤的团聚体粒级稳定性和稳定性见表 4-3。

表 4-3　干筛法和湿筛法测量的红壤团聚体的粒级分布和稳定性

土壤类型	土壤母质	筛分方法	团聚体粒级分布（%）							MWD (mm)	MWD 湿重 (mm)	PAD (%)
			>5 mm	5～3 mm	3～2 mm	2～1 mm	1～0.5 mm	0.5～0.25 mm	<0.25 mm			
G_c	花岗岩	干筛	26.75	13.81	14.42	13.19	13.90	7.15	10.78	2.61	1.52	36
		湿筛	5.95	4.67	6.48	10.24	17.93	11.54	43.19	1.09		
G_w	花岗岩	干筛	28.52	10.95	14.70	12.09	15.37	7.70	10.67	2.58	1.79	17
		湿筛	14.74	9.01	9.66	14.17	19.17	7.15	26.10	1.79		
P_c	紫色泥岩	干筛	42.70	16.92	15.80	9.55	9.00	2.95	3.08	3.44	2.25	23
		湿筛	1.62	7.24	10.06	16.51	29.29	9.75	25.53	1.19		
P_p	紫色泥岩	干筛	46.60	28.85	15.10	5.45	1.85	0.54	1.61	3.96	0.91	6
		湿筛	5.61	53.74	15.76	11.22	4.89	0.98	7.80	3.05		

（续）

土壤类型	土壤母质	筛分方法	团聚体粒级分布（%）							MWD（mm）	MWD湿重（mm）	PAD（%）
			>5 mm	5～3 mm	3～2 mm	2～1 mm	1～0.5 mm	0.5～0.25 mm	<0.25 mm			
Q$_c$	第四纪红土	干筛	24.62	8.74	7.15	8.78	14.70	13.49	22.52	2.11	1.67	54
		湿筛	0.14	0.78	1.39	3.62	11.79	17.96	64.32	0.44		
Q$_p$	第四纪红土	干筛	29.70	27.70	20.20	8.47	5.91	2.40	5.62	3.29	2.04	23
		湿筛	2.93	9.57	9.05	11.65	26.79	12.87	27.14	1.25		
Q$_w$	第四纪红土	干筛	29.31	8.77	7.67	6.56	9.50	9.73	28.46	2.29	1.47	34
		湿筛	3.73	3.57	4.06	5.89	14.48	15.36	52.91	0.82		
S$_c$	砂岩	干筛	36.08	9.91	5.78	4.50	5.73	7.46	30.54	2.56	2.09	56
		湿筛	1.59	1.16	0.98	1.18	8.51	16.86	69.72	0.47		
S$_w$	砂岩	干筛	34.48	9.52	6.16	4.78	5.46	9.00	30.6	2.48	1.56	47
		湿筛	8.34	4.38	1.51	2.67	5.74	13.94	63.42	0.92		

注：土壤类型下角标 p 表示直接发育于风化母质；下角标 w 表示未开垦的荒草旱地；下角标 c 表示耕地。MWD 为团聚体平均重量直径；MWD 湿重为干湿筛法的 MWD 差值；PAD 为团聚体破坏率。干筛对应的每行数据为团聚体力稳定数据，湿筛对应的每行数据为团聚体水稳定数据。

红壤团聚体的水稳定性是预测土壤侵蚀最常用的指标之一。对江西发育自不同母质的典型红壤进行比较研究发现，>5 mm 大团聚体在湿筛后均被破坏，土壤颗粒变成以<0.25 mm 的微团聚体为主。且湿筛后，红壤团聚体的稳定性（MWD）呈现花岗岩红壤>第四纪红土>砂页岩红壤的规律（Zhang et al.，2001）。同样，对湖北咸宁贺胜桥红壤站第四纪红土母质发育的红壤的进一步研究发现，不经过任何处理的表层红壤（0～10 cm）的团聚体中大团聚体的比例为 70%，微团聚体的比例为 30%，整体的团聚体稳定性（MWD）比较低（He et al.，2018）（图 4-4）。Zhao 等（2017）对湖北和湖南的不同土地利用方式下的红壤与类似气候带下相同母质的江西始成土进行对比，也发现了红壤团聚体的水稳定性低于始成土。

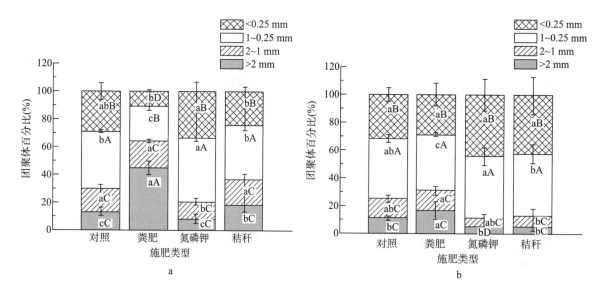

图 4-4　黏质红壤不同施肥处理下团聚体粒级分布趋势（快速湿润法）

注：不同小写字母表示同一粒级的团聚体在施肥处理间差异显著，不同大写字母表示同一处理的不同团聚体粒级间差异显著；a 为 0～10 cm 土层，b 为 10～25 cm 土层。

红壤团聚体的结构特征与其特殊的胶结物质有关。红壤有机质含量偏低，但土壤的氧化物含量较高，这是影响红壤团聚体形成和发育过程及造成红壤团聚体呈现上述特征的主要因素。土壤有机碳对大团聚体的形成有较大影响，而氧化物则对微团聚体的形成有较大影响（Zhang et al.，2001）。由于红壤中以高岭石为主的黏土矿物的膨胀性较小而铁铝氧化物的胶结性很强，它们参与形成的红壤微团聚体稳定性很好，尤其是水稳定性很强。在有机碳和铁铝氧化物共存的红壤中，土壤有机碳和铁铝氧化物对团聚体粒级分布和稳定性的贡献率分别为29%和33.8%，二者之间共同作用的贡献率为21.4%（Zhao et al.，2017）。对湖北贺胜桥不同长期施肥模式下红壤团聚体不同粒级（>5 mm，5~2 mm，2~0.25 mm，0.25~0.053 mm，<0.053 mm）中不同形态的铁氧化物进行分析发现，随着团聚体粒径的减小，土壤中游离态和非晶态铁氧化物的含量逐渐升高，络合态铁氧化物的含量随团聚体粒级的改变规律不是十分明显，证明了铁氧化物与红壤团聚体粒级的分布密切相关。其中非晶态铁氧化物含量对于团聚体的积极作用在水稻—油菜轮作的其他类型土壤中也得到了证实，非晶态铁氧化物与芳香态和烷烃态碳一起被认为是>0.25 mm的团聚体形成的主要胶结物（Xue et al.，2019）。

红壤"假沙"结构就是由红壤特殊的胶结物质形成的。南方典型红壤之一的第四纪红土发育的黄筋泥土表土覆盖下的心土层中有"假沙"结构存在，这是一种由氧化铁铝胶膜胶结而成的具有很高机械稳定性的核状结构，颗粒坚硬而紧实，它不像有机无机团聚体结构那样具有良好的孔隙分布和丰富的有机质，且某些性质与沙子类似，所以又被称为"假沙"结构（徐涌等，2003）。关于"假沙"结构的形成机制看法不一，姚贤良等（1982）提出，"假沙"其实就是红壤中的一部分微团聚体，它的形成是黏团、有机胶体、铁铝氧化物以及非晶形的无机成分相互作用的结果。"假沙"结构很容易阻碍根系生长。因此，有必要多考虑不同管理措施（施肥、耕作、秸秆还田等）以改变表土的团聚体数量、稳定性及心土层的结构；但与此同时，"假沙"降低了黏质红壤的黏性，使得红壤的物理性质有所改善。

红壤水稳定性团聚体数量在剖面的垂直分布差异显著，一般>0.25 mm的水稳定性团聚体的含量表土要比心土高。红壤表土和心土的整体结构质量对红壤肥力水平的影响更加明显。施加有机物后（粪肥或秸秆+NPK），黏质红壤0~10 cm土层的团聚体稳定性比对照土壤有显著提升，团聚体MWD相对提升范围为13.0%~56.9%（He et al.，2018）（表4-4）。这被认为与土壤有机质含量提升有一定关系，有机质含量提升不仅通过有机质的胶结作用对团聚体粒级分布和稳定性发生作用，还在一定程度上促进了红壤中铁氧化物形态的转变进而影响了对团聚体的胶结作用（He et al.，2019）。另外，与铁氧化物的形态和含量发生改变也有重要关系。研究发现，与对照土壤相比，施加生物炭和其他改良剂后，红壤铁氧化物的含量均有显著提高（图4-5），且红壤铁氧化物呈现从游离态向络合态和非晶态转变的趋势，这与各处理下的团聚体稳定性的表现一致。

表4-4 不同施肥处理下黏质红壤在快速湿润下的MWD（mm）

日期	0~10 cm				10~25 cm			
	氮磷钾肥+秸秆	氮磷钾肥	粪肥	不施肥	氮磷钾肥+秸秆	氮磷钾肥	粪肥	不施肥
2016-11-05	0.87b	0.66b	1.12a	0.64b	0.58b	0.57b	0.87a	0.63b
2017-02-18	0.90b	0.65c	1.36a	0.75c	0.52b	0.59	0.82a	0.64b
2017-06-06	1.01ab	0.74b	1.31a	0.82b	0.71c	0.65c	1.14a	0.92b
2017-07-16	0.78b	0.63b	1.07a	0.69b	0.53b	0.63b	0.87a	0.66b
2017-08-11	0.87b	0.76b	1.19a	0.74b	0.61a	0.66a	0.71a	0.55a
2017-09-12	0.75b	0.61b	1.12a	0.78b	0.48b	0.57b	0.93a	0.57b
2017-10-17	1.02a	0.72c	0.89b	0.65c	0.87a	0.68b	0.70b	0.48c

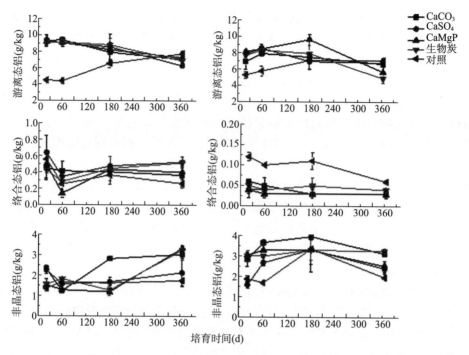

图 4-5　不同添加剂条件下田间红壤各形态铁铝氧化物含量（8 g/kg 水平，CaMgP 代表一种钙镁磷肥）

二、红壤结构与水分的关系

（一）水分对红壤结构的影响

土壤团聚体并不是稳定不变的，在多数情况下是动态变化的。其中，土壤水分的变化是土壤团聚体破坏的最重要的外部因素之一。根据 Le Bissonnais（1996）研究，土壤水分会通过消散作用、不均匀膨胀作用和土壤内力改变引起团聚体结构的改变。水分因素（前期含水量、水分变化史、气候引起的干湿循环）可能影响到团聚体的形成和发育过程：①土壤前期含水量会影响湿润速率和颗粒间的黏聚力，不同前期含水量会导致土壤团聚体破碎程度不同（刘立等，2002）。高含水量时会加剧机械压实的黑土团聚体被破坏，使团聚体水稳定性和机械稳定性显著降低（王恩姮等，2009）。在低含水量条件下，团聚体的稳定性相对较高，然后随着含水量的升高，消散作用逐渐破坏团聚体（马仁明等，2014）。②土壤的干湿循环频次和程度（人为设置或自然气候影响）也对团聚体稳定性产生了重要影响。对地中海气候下的团聚体稳定性的季节性追踪研究发现团聚体稳定性呈现季节性动态变化，在冬季或初春处于低值，在夏季处于较高值，这显然与气候引起的土壤干湿循环有关。此外，团聚体稳定性在降雨前后随土壤水分的剧烈变化也明显变化（Dimnoyiannis，2009；Algayer et al.，2014）。可见，土壤结构与土壤水分之间的确存在密切关联。

我国南方红壤所在地区受亚热带季风气候影响，土壤水分的动态变化显著。春季和初夏（3—7月）受频繁降雨影响，土壤含水量较高，极易引发水土流失或洪涝。而夏秋季节（8—10月）受高温少雨影响，极易发生季节性干旱。这种干旱发展速度快但持续时间不长（1～2周），多为间歇性干旱，表现为土壤表层含水量相对较低。这种土壤的水分变化规律必然也对红壤的团聚体结构产生一定影响。

He 等（2018）和徐程等（2019）对第四纪红土发育的农田红壤和坡地林下红壤团聚体的季节性追踪研究发现，受季节性土壤干湿循环的影响，红壤团聚体的稳定性都呈现明显的季节性波动，具体表现为团聚体 MWD 在秋冬时节比较高，在夏季比较低（图 4-6）。红壤团聚体的稳定性与土壤含水量之间呈现相反的趋势（显著负相关），红壤团聚体 MWD 随着前期含水量的降低逐渐升高。但是不同施肥措施条件下，团聚体 MWD 对前期含水量的响应不一致，其中 NPK ＋秸秆、粪肥处理团聚体 MWD 受取样前 0.5 d 和 4 d 含水量的变化的影响较小，而 NPK 处理受取样前 0.5 d 和 4 d 含水量的影响很大。在实验室人为设置不同的干湿循环条件（0 次、5 次和 11 次干湿循环），以砂页岩和第四纪红土为母质所发育的两种红壤团聚体的微观结构变化受干湿循环影响显著（Ma et al.，2015）。研究发现，干湿循环次数主要影响砂页岩红壤 50～250 μm 的团聚体级别，主要影响第四纪红土＞2 000 μm 的团聚体级别（图 4-7）。主要原因是随着干湿循环次数的增加，土壤总孔隙度和加长型孔隙增加（表 4-5），这提高了水分的入渗速率进而降低了团聚体的水稳定性。

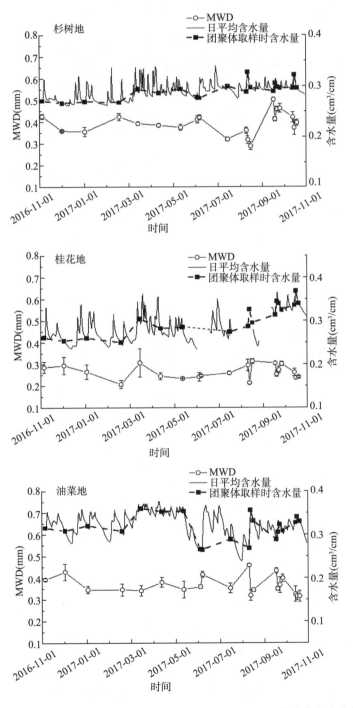

图 4-6　不同用途下红壤团聚体平均重量直径（MWD）和土壤水分年变化的关系

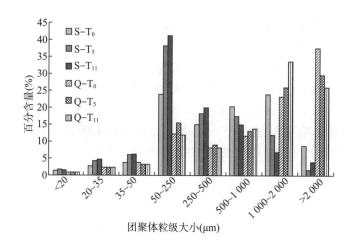

图 4-7　红壤团聚体快速湿润后粒级分布特征

注：S 和 Q 表示土壤是分别发育自砂页岩和第四纪红土的红壤。T_0、T_5、和 T_{11} 代表土壤分别经过了 0 次、5 次和 11 次干湿循环。

表 4-5　两种红壤在经过干湿循环处理后团聚体中的孔隙分布特征

团聚体孔隙特性	砂岩红壤			第四纪红土		
	0 次循环	5 次循环	11 次循环	0 次循环	5 次循环	11 次循环
孔隙度（%）	11.1b	20.1ab	25.2a	9.55a	13.3a	18.3a
规则孔隙的比例（%）	6.83a	1.96b	1.46b	6.99a	4.23ab	1.84b
不规则孔隙的比例（%）	16.9a	3.85b	2.28b	31.1a	8.08b	3.69b
细长孔隙的比例（%）	76.3b	94.2a	96.3a	61.9a	87.7a	94.5a
总孔隙数	54 051a	50 099a	47 894a	52 630a	28 007ab	23 006b

（二）红壤结构对水分的影响

红壤剖面结构对土壤水分的影响是通过土壤的孔隙特性（孔隙大小、连通性、弯曲度等）进行的。红壤团聚体结构影响土壤的持水量。对黏质红壤的整体研究发现，土壤的整体持水量较高，但是黏粒表面吸附水分和团聚体内所吸持的无效水占土壤含水量的比例比较大，导致其有效含水量比其他国家和地区的黏质红壤较低（Lu et al.，2004；D'Angelo et al.，2014）。刘祖香等（2013）对江西红壤研究所旱地红壤试验地的 $0\sim50$ cm 土层土壤进行测定得知，土壤有效水含量仅有 $0.09\sim0.12$ cm³/cm³。其中，土壤田间持水量为 $0.28\sim0.32$ cm³/cm³，土壤萎蔫系数为 $0.15\sim0.23$ cm³/cm³。温带地区粉质壤土的有效含水量为 $0.11\sim0.22$ cm³/cm³（Clay et al.，2017）。总之，红壤较高的无效含水量使得红壤对干旱十分敏感。但是红壤结构经过人为改良后，其有效含水量会有一定程度提升。如湖北咸宁贺胜桥的第四纪红土对照土壤有效含水量为 $0.12\sim0.13$ cm³/cm³，添加石灰或生物炭 1 年后，其有效含水量可以分别提升至 $0.12\sim0.18$ cm³/cm³ 和 $0.12\sim0.15$ cm³/cm³（He et al.，2019）。

红壤结构也是影响地表径流和侵蚀的重要因素。团聚体水稳定性指标 MWD 经常被用于土壤侵蚀的预测，团聚体水稳定性越高，土壤侵蚀程度越小（以土壤可蚀性 K 值表示）。对于红壤，团聚体特征参数（K_a，K_a＝相对消散指数×相对机械破碎指数）可代替可蚀性 K 值，并能更准确地预测坡面土壤侵蚀（闫峰陵等，2009）。红壤团聚体稳定性与坡面细沟侵蚀的关系密切，红壤团聚体稳定性较低的时候容易受到降雨强度和湿润速率的影响，进而破碎、堵塞土壤孔隙导致土壤表面径流量和土壤损失量增加。所以，团聚体不稳定指数 K_a 可以在红壤水蚀预测模型中较好地预测红壤的细沟侵蚀（Shi et al.，2010）。

三、红壤结构的意义与调控

（一）红壤结构对有机质的影响

土壤团聚体是有机质储存的主要场所，是重要的碳库。团聚体的粒级大小影响土壤中有机碳的含量、分布及转移过程（Liu et al.，2018）。其中，大团聚体是易降解碳储存的"壁龛"，而微团聚体则保护、固定大量难降解的有机碳（Datta et al.，2018）。当大团聚体破碎后，微团聚体中松束缚的颗粒性有机碳的周转速率可能从数月降低到数十天（Buchmann et al.，2018）。[13]C 示踪法也证实了土壤碳的转移基本上是从大团聚体（>0.25 mm）向微团聚体（<0.25 mm）进行的，符合团聚体形成中的团聚体等级概念模型理论，且土壤碳在团聚体不同粒级之间的转移幅度受土地利用方式的影响（Liu et al.，2018）。

对我国 9 省份（安徽、福建、广东、广西、湖北、湖南、江苏、江西和浙江）分布的红壤在 2017 年和 2018 年连续进行土壤有机质的分析发现，红壤由于发育自不同母质和分布于不同地形，其有机质含量范围为 3.5～81.5 g/kg，其中有机质含量为 3.5 g/kg 的红壤位于广西的一个山间盆地（母质为第四纪红土），而有机质含量为 81.5 g/kg 的红壤位于浙江的一个丘陵（母质为残坡积物）。有机质的含量分布受团聚体影响，Wang 等（2019）研究了第四纪红土发育的红壤，在没有任何处理的情况下土壤有机碳（SOC）平均值为 8 g/kg。但是，经过施肥处理后（如施生物炭），红壤的有机碳含量有了明显的提升，SOC 的显著增加主要发生在>2 mm 的大团聚体中。在>2 mm 的团聚体中，与对照土壤相比，施加了 40 t/hm^2 生物炭的红壤的 TOC 从 9.92 g/kg 上升到 16.34 g/kg（Liu et al.，2014）。此外，红壤团聚体的粒级分布和稳定性还会影响土壤碳周转和矿化，土壤碳的矿化率按照如下顺序增长：微团聚体<大团聚体<粉粒和黏粒，基本上微团聚体中的有机碳比粉粒和黏粒中的有机碳更稳定（Liu et al.，2019）。总之，红壤团聚体的结构与有机质的保存和分解有密切关系。

（二）红壤结构对矿物质养分的影响

土壤结构类型和数量是影响土壤肥力的重要性质。红壤结构除了影响有机质之外，对氮、磷等矿物质养分也有一定影响。2017 年和 2018 年对华中和西南地区的红壤进行普查研究发现，不同红壤的全氮分布范围为 0.06～5.87 g/kg，含氮量低的红壤多用于种植水稻，而含氮量高的红壤用于种植蔬菜等。由于强烈的淋溶作用，大多数红壤自身的阳离子交换量（严重缺乏 Ca^{2+}、Mg^{2+}）和氮、磷含量都很低，严重影响了粮食产量。在改善红壤结构和提高粮食产量的众多人为管理措施中，合理地施用有机肥是比较有效的措施之一。如生物炭的表面含有大量的羟基和羧基基团，有利于吸附土壤颗粒和黏粒，促进大团聚体形成。江西进贤红壤站旱地表层红壤（对照组：0～15 cm）全氮量不足 1 g/kg，CEC 约为 15 cmol/kg。这些土壤施加生物炭（40 t/hm^2）后，>2 mm 和 2～0.5 mm 的团聚体粒级中全氮含量分别提高了 30%和 26%。除此之外，土壤的 C/N 在团聚体粒级中也发生了明显改变，红壤平均 C/N 在 9.28，施加生物炭后，>0.25 mm 的大团聚中 C/N 比微团聚体（<0.25 mm）提高了 4.2%（Liu et al.，2014）。对长期种植绿肥（紫云英）的实验基地土壤的研究再次证明了土壤全碳和全氮含量随着绿肥种植年限的增加而增长，且 2～5 mm 级别的大团聚体中碳和氮的含量提升最明显（Yang et al.，2014）。

（三）红壤结构对作物根系生长的影响

作物根系在土壤中的分布和生长情况与土壤团聚体调控水分分布有关。研究发现，小麦根系在较小的团聚体区域，以大量的比较短的侧根系为主，而在较大的团聚体区域，则以较长的侧根系为主，但是数量并不多（图 4-8）。这些根系分布与团聚体孔隙分布有关：团聚体内部的微小孔隙具有在高吸力下储存水分的能力，持水能力比较强，而团聚体之间的大孔隙则可以自由地导水。小麦的根系不喜欢穿过含水量高的土壤团聚体内部，而喜欢围绕在含水量高的团聚体的周边生长（Mawodza et al.，2020）。红壤缺乏大团聚体，特别是心土层和底土层微团聚体多，孔隙长期被水分占据，不但通气状况差，而且机械阻力大，影响作物生根，这是红壤区作物根系分布浅的重要原因。

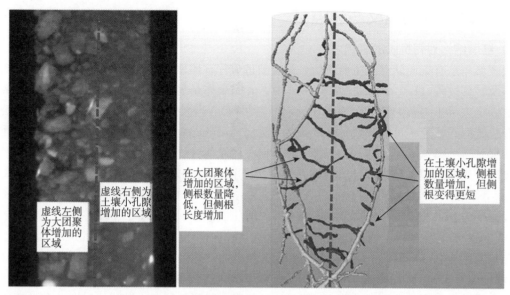

图 4-8 小麦根系生长和分布与土壤结构性质的关系

周晓晨等（2017）对云南的一个坡耕地单作套作体系的红壤团聚体进行了研究，发现在玉米大豆套作后，土壤＞0.25 mm 的各个团聚体粒级均比单作有了显著提升，且团聚体整体破坏率显著降低，团聚体的这种性质与间作模式下作物根系的含根量、根长、根表面积和根体积呈现正相关关系。质地比较黏重的耕作红壤由于较多的微团聚体的存在导致土壤容重和穿透阻力比较高，也在一定程度上阻碍了作物根系的生长。第四纪红土发育的黏质红壤由于比较差的结构和较低的有效含水量导致在干旱时期土壤的穿透阻力很大（玉米 16 叶期最大值可达到 2.7 MPa），并最终导致根系分布受影响，同时玉米的根水势随着土壤穿透阻力的增大而减小（黄颖博，2016）。可见，红壤结构对作物根系生长的确有明显的影响，并通过结构影响作物产量。

第三节　红壤孔隙性

土壤孔隙性是土壤的一项重要物理性质，体现了土壤团聚体的排列情况，是土壤结构的重要指标。土壤孔隙性包括整个土体以及结构体内外的孔隙分布情况（孔隙的数量搭配、形态特征及空间分布），对土壤肥力有重要影响。孔隙性良好的土壤能够保证作物较好的水分供应和空气供应，有助于养分状况的调节，还有利于作物根系在土壤剖面中伸展。

一、红壤孔隙特征

（一）红壤孔隙孔径分布

土壤孔隙大小是孔隙结构性状的主要内容，但是关于土壤孔隙大小分级一直没有统一的标准。综合各家观点，土壤孔隙基本可以划分为 3 类：①非活性孔隙，是土壤孔隙中最微细的部分，当量孔径＜0.002 mm。这种孔隙几乎总是充满着束缚水，水分移动极慢，通气性也很差。在结构比较差的黏质土壤中，非活性孔隙很多，而在砂质土及结构良好的黏质土中则分布比较少。②毛管孔隙，当量孔径为 0.002～0.02 mm。这种孔隙中水的毛管传导率大，易被作物吸收利用。③通气孔隙，孔径比较粗大，当量孔径＞0.02 mm，这种孔隙中的水分可以在重力作用下被排除。除此之外，土壤超大孔隙（或裂隙）由于其极高的水分和物质输送能力，成为优先流通道，对土壤和整个生态系统产生重要影响，近年来得到了极大的关注，但其孔径也没有公认的界定标准。

关于土壤孔隙的定量研究技术有许多种。利用土壤水分特征曲线法可以推求土壤的当量孔径及与一定吸力相当的孔径，适用于<300 μm 的孔隙。压汞法依据压入土壤的汞的体积即相对应的孔隙体积量化土壤孔径分布情况，计算方程为 $r = 2\sigma\cos\theta/P$（r 为孔径，σ 为水表面张力，θ 为接触角，P 为施加的压力），适用于<700 μm 孔隙。氮吸附法可以测得土壤的中微孔隙，但是对大孔隙的测定会产生较大的误差，比较适用于 0.35～200.00 nm 的孔隙。近年来，借助同步辐射显微电子计算机断层扫描（CT）技术和软件分析法可以获得土壤团聚体的三维特征及孔隙的整体微观分布特征（大小、形状等指标）（Zhou et al.，2013）。土壤孔径差异巨大，没有一种技术方法能够同时得到各个级别孔径分布情况的"全普孔隙"。

绝大多数质地黏重的红壤由于氧化物含量高、有机质含量低而导致土壤水稳定性微团聚体含量较高。因此，具有特殊的孔隙分布特征：土壤总孔隙度高，其中的超微孔和隐形孔在总孔隙中所占比例较高。针对孔隙的大小分级，对第四纪红土发育的不同土地利用方式的红壤孔隙进行定量分析研究发现，红壤样品的田间总孔隙度的分布范围为 44%～57%，平均值约为 50.18%。又通过水分特征曲线法计算得出红壤的当量孔径分布如下：红壤孔隙主要集中在 0.5～60.0 μm，其次是 0.5～1.5 μm，再次是 30～60 μm。压汞法得出的孔径段体积分布显示，各孔径段中 0.1～5.0 μm 的孔隙最多，最高可达 55%，其次是 0.01～0.1 μm 和>75 μm 的孔径段孔隙，分别占 25.90% 和 22.73%（陈丹平，2014）。Lu 等（2014）对第四纪红土发育的红壤孔径分布进行了分析，裸地、林地和果园红壤的总孔隙度范围为 33%～45%（平均为 36.5%，压汞法），其中超微孔（0.1～5.0 μm）和隐形孔（<0.1 μm）分别占总孔隙度的 35% 和 30%，隐形孔的高百分含量与红壤的黏土和铁氧化物含量有直接关系。

红壤的孔隙分布对管理措施的改变非常敏感，尤其是在经过人为施肥（有机肥和无机肥）改良后会根据团聚体形成过程的不同而发生显著变化。Zhou 等（2013）研究比较了施用不同有机肥和无机肥后的江西进贤红壤团聚体的特征和与之相关的孔隙特征，结果表明，NPK＋OM 处理的团聚体间孔隙比 NPK 处理和 CK 更发达。具体的孔隙特征如下：总孔隙度在不同施肥处理间并没有显著差异，但是具体的孔隙分布不同，大孔隙的分布顺序为 NPK＋OM>NPK>CK。除了孔隙数量不同之外，决定孔隙中水分流动快慢的其他孔隙特征（孔隙路径弯曲度和孔喉）也不同。比如，孔隙路径弯曲度<2 的部分在 NPK＋OM 中低于其他处理，而>2 的部分则高于其他处理。相应的，孔喉数量在 NPK＋OM 处理（1 526 个）比对照（3 709 个）低，可能更利于土壤的水气运动。

从孔隙度来看，发育自页岩和第四纪红土母质的 A 层土壤团聚体中的孔隙度分别为 11.1% 和 9.55%，这些孔隙在经过人为 11 次干湿循环后，可分别增加到 25.2% 和 18.3%。孔隙分布类型均以>100 μm 的孔隙为主，且经过干湿循环后两种土壤都有提升，且页岩红壤的提升幅度大，但是在干湿循环后，两个土壤 75～100 μm 的孔隙数量都显著下降。从孔隙形状来看，页岩红壤和第四纪红土的加长型孔隙（作为土壤孔隙空气和水运输最主要的孔隙）分别为 76% 和 62%，再经过干湿循环后也可以分别增加 26.0% 和 52.5%（Ma et al.，2015）。

（二）红壤孔隙剖面分布

土壤的水气运动及作物根系伸展不仅受孔隙大小搭配的影响，还与孔隙在土体中的垂直分布及孔隙的层次性有密切关系。比如，位于土壤下层的犁底层会分布有较多的无效孔隙和较少的通气孔隙，妨碍表层根系下扎和水分下渗。所以，表层土壤因含有适当的通气孔隙而利于透水透气，下层土壤含有较多的毛管孔隙利于保水保肥，这种才是比较理想的土壤剖面孔隙分布类型。

红壤的剖面层次通常由 A 层、B_s 层（铁铝沉积）和 C 层（大量的网状斑驳现象）构成。A 层在农田和茶园通常分布在 0～15 cm，在林地和草地通常分布在 0～20 cm，在红壤地区受亚热带气候下的三氧化物和有机质含量的影响，红壤剖面表层和亚表层的孔隙特征截然不同。从广东的红壤类土壤孔隙来看，表土的总孔隙度不足 50%，>0.05 mm 的传导孔隙不足 10%，亚表层的土壤孔隙状况更差，总孔隙度和>0.05 mm 的传导孔隙更少（钟继洪等，2002）。第四纪红土发育的黏质红壤，在长期干湿交替条件下，深层土壤或母质经常发生饱和排水固结过程，在上方土体压应力的作用下孔隙被压实，形成十分坚固的微结构，土体致密紧实，成为水、气、热运动和作物根系生长的障碍层，但具有稳定、优良的力学性质。土层深厚的其他母质如花岗岩发育的红壤红土层（B层）也含有一定量的黏粒，也存在类似的饱和排水固结过程，在红土层底部也能形成孔隙度极低的致密层；而其更下方的沙土层，由于很少饱和以及黏粒含量极低，不存在饱和排水固结过程，土体松散，缺少团聚结构，力学性质极差，容易受重力剪切而崩塌。

二、红壤孔隙性的意义与调控

土壤的通气性、保水性、透水性及作物根系的伸展，不仅受大小孔隙分配的影响，还与孔隙在土体中的垂直分布有关。一般来说，适合作物生长发育的土壤孔性指标如下：耕层的孔度为50%～56%，通气孔隙度在10%以上（15%～20%则更好）。更有详细的研究发现，孔隙中的大孔隙度是预测土壤饱和导水率的最好指标（Luo et al.，2010）。近年来，许多研究借助CT扫描土壤孔隙三维分布特征，发现CT推断的极限大孔隙率（整个土柱任何部分的最小的大孔隙率）是调节土壤水饱和导水率、空气渗透性或溶质运移的"瓶颈"指标（Paradelo et al.，2016；Müller et al.，2018）。

红壤的总孔隙度、单孔隙的空间分布因团聚体稳定性的不同而不同。在结构比较差的黏质红壤中，非活性孔隙所占的比例较高，这与土壤颗粒排列紧密而土壤团聚结构差有密切关系。由于非活性孔隙丰富的土壤中保存着大量的无效水分，缺少作物可以利用的有效水分，土壤通气性和透水性都比较差。因此，Zhang等（2019）利用CT扫描技术揭示了江西红壤三维孔隙结构特征与导水率和透气性的关系：①研究针对对照、NPK和NPK+OM处理的第四纪红土红壤，把生物孔主导的土壤和基质主导的土壤孔隙特征的饱和导水率（K_s）与透气性（K_{a12}，在−12 hPa水势下的透气性）分开了，并认为生物孔主导的样品中，K_s和K_{a12}是其他样品的5倍和32倍，且在所有孔隙指标中，限制层的大孔隙直径（MDLL）是与K_s和K_{a12}最显著相关的；②对于生物孔主导的土壤，孔隙的连通性与K_s的关系最为密切，而MDLL与K_{a12}关系最为密切，其中生物孔中呈现长条形或圆柱形的生物孔（多为根系通道或虫孔）比圆形的孔隙更容易导水和导气；③对生物孔主导的土壤中的生物孔和渗透型生物孔进行了进一步区分，发现利用渗透型孔隙的MDLL预测K_s和K_{a12}进一步提高了模型的预测度（图4-9、表4-6）。红壤的孔隙状况不仅影响土壤对水分的维持，还影响土壤的抗拉强度，研究发现，红壤的抗拉强度受总孔隙度、孔隙数量、75～100 μm孔隙和>100 μm孔隙的百分含量影响（Ma et al.，2015）。

图4-9　不同施肥处理下生物孔主导的土壤样品的三维图像

表 4-6　CT 扫描图的大孔隙相关指标之间的斯皮尔曼等级相关系数

土壤样品特性	总样品（$N = 17$）		生物孔主导的样品（$N=10$）		基质主导的样品（$N=7$）	
	K_s	K_{a12}	K_s	K_{a12}	K_s	K_{a12}
大孔隙度	0.453	0.400	0.309	0.248	0.107	0.000
导水半径	0.301	0.233	0.455	0.479	0.429	0.143
大孔隙平均直径	0.248	0.230	0.455	0.479	0.357	0.357
长度密度	0.338	0.267	-0.030	-0.115	0.000	-0.071
紧密度	0.593*	0.532*	0.842**	0.818**	-0.143	-0.357
欧拉数密度	0.272	0.201	0.152	0.067	-0.250	-0.464
连通性	0.480	0.483*	0.600	0.576	-0.214	0.179
MPLL	0.615**	0.498*	0.370	0.309	0.571	0.071
MDLL	0.860***	0.750**	0.830**	0.818**	0.786*	0.286
总孔隙度	0.250	0.387	-0.394	-0.358	0.286	0.714
通气孔隙度	0.301	0.458	0.188	0.248	0.179	0.714
K_{a12}	0.926***		0.988***		0.714	

注：K_s 为饱和导水率；K_{a12} 为 $-12hPa$ 水势下的通气孔隙度；MPLL 为限制层的大孔隙度；MDLL 为限制层的平均大孔隙直径。

红壤通常黏粒含量高、质地黏重，由于高比例非活性孔隙的存在，红壤的黏结性和黏着性都很强，板结严重，给农业耕作带来了很大困难。在农业上，试图通过改良剂或施肥措施以改善红壤结构、提高养分维持而达到提高作物产量的目的研究很多。例如：红壤的抗压强度在经过粉煤灰和石灰处理后比对照土壤有了明显降低。其中，粉煤灰处理后，土壤的抗压强度平均降幅为 25.6%，降低的主要原因归结于土壤团聚体孔隙度的增加。红壤孔隙平均直径与红壤的抗压程度负相关，与抗压强度关系最密切的孔隙为 $0.1\sim5\ \mu m$、$0.01\sim0.1\ \mu m$，说明 $<5\ \mu m$ 的孔隙可以使团粒结构疏松，降低团聚体的压实性（吴呈锋，2015）。另一个连续施肥的 24 年研究中，NPK＋OM 处理后的红壤 SOC、NPK 含量均显著高于对照土壤，它们相对于对照的改变数值分别为 $7.98\sim12.1$ g/kg、$1.03\sim1.17$ g/kg、$0.56\sim1.59$ g/kg、$12.98\sim13.56$ g/kg。玉米产量从对照土壤的 1 683 kg/hm² 上升到 NPK＋秸秆处理的 9 948 kg/hm²（Zhou et al.，2013）。玉米产量的显著提升被认为与施加有机肥＋无机肥后土壤大孔隙提升（$>500\ \mu m$）且孔喉数量下降有关。

第四节　红壤水分

一、红壤水分性质

红壤的水分性质是指水分在红壤中保持、储存、运动、释放等方面表现出来的性能，具体而言包括持水性、供水性、导水率、入渗性、蒸发性等一系列的性质。红壤的水分性质与质地、结构和孔隙状况密切相关，也与水分含量变化密切相关，同时还受降水和耕作管理的影响。因此，不仅表现出较强的空间变异性，还随时间明显变化。红壤的水分性质影响水分状况和通气状况，从而在很大程度上影响作物产量、影响季节性干旱形成和发展、影响水土流失和污染物在土壤中的运移、影响区域植被分布和自然景观格局等，是红壤区进行农业生产、水土保持、生态环境建设的关键基础条件。

（一）红壤水分特征曲线

土壤水分特征曲线是水在土壤中的数量指标（即含水量）与能量指标（即基质势或基质吸力）两个状态变量之间的关系曲线，因其直观地反映了土壤的持水性能，又称为土壤持水曲线。土壤水分特征曲线是多种土壤水分性质的集中体现，该曲线不仅反映了持水能力，还能够反映供水性、当量孔径分布和导水率等。

1. 红壤水分特征曲线的形状

不同母质发育的红壤的水分特征曲线形状差异较大。在基质吸力（取对数）与含水量关系的直角坐标图中（图 4-10），第四纪红土发育的黏质红壤的水分特征曲线形态平稳，没有明显拐点，且离坐标原点最远。这两个形状特点表明，与其他母质发育的红壤相比，黏质红壤在同一基质势下含水最高，持水能力最强。泥质岩母质发育的红壤（以及花岗岩母质发育的红壤的 C 层）的持水曲线离原点最近，表明其总体持水能力最差；曲线两端很陡而中段平稳，表明在不同基质吸力下持水特性存在突变的差异，即含水量微小的变化能引起基质势很大的变化。花岗岩母质发育的红壤（C 层除外）的水分特征曲线形状和离原点的距离都介于上述二者之间，高含水量段曲线很陡，而低含水量段曲线转折不明显，总体持水能力介于黏质红壤和泥质岩红壤之间。上述不同母质发育的红壤的水分特征曲线形状差异，是因为土壤团聚体和黏粒含量不同，团聚体不同导致在低吸力段（<100 kPa）土壤毛管孔隙的分布特征不同，而黏粒含量不同导致在高吸力段（>600 kPa）细孔隙的分布特征以及颗粒比表面积和持水能力不同。

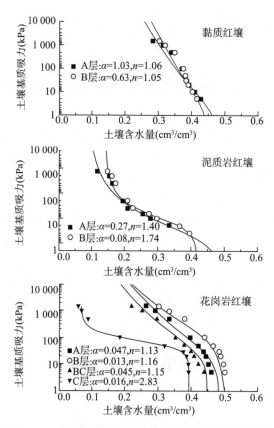

图 4-10　几种红壤的土壤水分特征曲线（持水曲线）

注：图中点为实测值，线为 van Genuchten 模型模拟曲线，α 和 n 为拟合参数。

同种母质发育的红壤，在不同利用方式下和不同土层中，其土壤水分特征曲线也有差异。对于耕地红壤，耕作层的持水能力往往低于心土层和底土层；对于林草地和荒地，表层（A 层）的持水能力也低于亚表层（B 层）。但更深的土层（C 层）则有不同的变化，其中，第四纪红土发育的黏质红壤，母质层黏粒含量高且土层致密紧实，土壤持水能力强，往往不低于上层土壤；而花岗岩和砂岩等岩石风化残积物发育的红壤，母质层的沙粒多，甚至有半风化的粗颗粒，其持水能力往往低于上层的红土层和表土层。但总体而言，红壤剖面垂直方向上（作物根系主要分布的土层范围 0～100 cm）各层土壤水分特征曲线形状的差异较小，特别是黏质红壤在整个剖面曲线形状的变化极小。

2. 红壤水分特征曲线模型

红壤水分特征曲线可以用经典的数学模型拟合。由于水分特征曲线的形状在低基质吸力段和高基质吸力段差异较大，一些简单的数学模型（如 Gardner 指数模型 $h=a\theta^b$）一般只能模拟整条曲线一个区间的局部形状，不能准确拟合整条曲线，需要采用更复杂的经典模型。常用的经典的土壤水分特征曲线模型有 van Genuchten 模型、Brooks-Corey 模型、Fredlund-Xing 模型等。其中，van Genuchten 模型对不同的红壤均有较好的拟合能力，应用更广泛：

$$S_e = \frac{\theta - \theta_r}{\theta_s - \theta_r} = \left\{ \frac{1}{1+[\alpha h]^n} \right\}^m \tag{4-1}$$

式中：S_e 是土壤水分饱和度；θ 和 h 分别是含水量变量和基质势变量；θ_s、θ_r、α、m、n 是数学回归拟合参数。在用压力膜仪或其他试验手段测量了一系列含水量和基质吸力的数据对之后，可以通过专用的土壤水分特征曲线软件 RETC 拟合（van Genuchten et al.，1991），得到各个拟合参数。

van Genuchten 模型的拟合参数有 5 个，这些参数共同决定了曲线的性状，因此可以用这些参数来代表土壤的水分性质。目前有关模型参数的物理意义还存在争议，但简单而言，θ_s 表示饱和含水量，而 θ_r 表示剩余含水量（或残余含水量，指含量极小而不能以液态形式移动的那一部分土壤水）。但这两个参数在模型中只是单纯的数学拟合值，不能用其代表真实的土壤饱和含水量或剩余水分含量。参数 α 的倒数（$1/\alpha$）表示土壤含水量降低而空气开始进入土壤这一时刻的土壤基质吸力，即土壤空气进气值，它在水分特征曲线中决定了高含水量阶段拐点出现的位置（图 4-10）。指数 n 表示土壤大小孔隙的分布状况，n 值较大表示土壤大孔隙多（沙性强）；m 虽然也可以是独立的拟合参数，但一般用关系式 $m=1-1/n$ 或 $m=1-2/n$ 进行约束，这样模型可以少一个拟合参数。总体上，土壤水分特征曲线的性状主要由 α 和 n 两个参数决定，因此常用 α 和 n 两个参数来表征土壤的水分性质。

黏质红壤的 α 较大而 n 较小，砂质红壤则相反。在曲线形状上，在低基质吸力段（高含水量段），第四纪红土发育的黏质红壤没有明显的拐点（即没有明显的进气值），而花岗岩母质发育的红壤则有明显的拐点，泥质岩发育的红壤也有拐点，这些差异表明不同红壤的持水性和释水性不同。

（二）红壤的持水性

红壤的持水性可以用几个典型基质吸力下的含水量表示（表 4-7）。在基质吸力接近 0 kPa 时的土壤含水量最大，代表最大可能持水量，称为饱和含水量（θ_s），在数量上等于土壤总孔隙度（体积，%），理论上可由土壤容重计算（$\theta_s=1-$容重$/2.65$），一般不直接测定（由于土壤吸水膨胀导致土壤体积和孔隙度变化，实验测量的结果也不一定准确）。但在实际田间，土壤饱和含水量并不等于总孔隙度。此外，由于表土层受耕作、沉降、压实、降水等影响，容重处在动态变化中，因此耕作层红壤的饱和含水量也是动态变化的。所以，饱和含水量并不是一个稳定的土壤水分性质，只能作为土壤最大储水能力的参考值。

表 4-7　不同母质发育的红壤的持水能力

成土母质	土层深度（cm）	质量含水量（%）							
		30 kPa	50 kPa	70 kPa	100 kPa	300 kPa	600 kPa	1 000 kPa	1 500 kPa
第四纪红土	0~20	29.75	27.70	25.58	24.42	22.44	20.71	18.07	16.81
	20~60	28.51	27.68	27.03	26.43	25.07	23.91	22.52	21.70
	>60	28.92	27.79	26.81	25.97	24.53	23.64	22.07	21.09
泥质页岩	0~20	27.79	26.34	24.42	22.93	21.03	19.45	16.69	15.86
	20~60	28.57	27.21	25.96	24.86	23.20	21.82	20.69	19.77
	>60	27.98	26.31	25.78	24.94	23.67	22.69	21.65	20.30

（续）

成土母质	土层深度（cm）	质量含水量（%）							
		30 kPa	50 kPa	70 kPa	100 kPa	300 kPa	600 kPa	1 000 kPa	1 500 kPa
花岗岩	0～20	19.68	17.03	15.79	14.27	12.31	10.89	9.65	8.71
	20～50	19.72	18.40	17.25	16.30	14.75	13.51	12.12	11.65
	>50	19.64	18.35	17.34	16.48	15.03	13.93	12.97	12.13
石英砂岩	0～15	18.09	16.41	14.88	13.64	12.45	11.60	10.63	10.16
	15～40	18.40	17.88	17.22	16.72	15.08	13.78	12.93	12.46

土壤的田间持水量相对比较稳定，可以看成是不变的水分常数。因此，常作为一种表征土壤持水能力的土壤性质，代表旱地土壤最大储水能力。大孔隙中的水分在重力作用下被移出土壤，直至土壤基质吸力增加到 10 kPa（砂质土）至 30 kPa 或 50 kPa（黏质土）附近，此时水分主要储存于毛管孔隙中，这部分水能够在田间保持而不随重力渗漏，此时的土壤含水量称为田间持水量（θ_{FC}）。黏质红壤田间持水量多在 0.37～0.39 cm^3/cm^3（或质量含水量 28%～30%）；花岗岩母质发育的红壤多在 0.35～0.45 cm^3/cm^3（或质量含水量 25%～35%），裸露的沙土层的田间持水量可低至质量含水量 19%；泥质和砂质岩母质发育的红壤的田间持水量处在黏质红壤和花岗岩红壤之间。田间持水量常用环刀排水称重法测定或用土壤水分特征曲线计算，但两种方法得到的结果并不一致，前者所得数值常常低于后者。所以，在采用田间持水量评价红壤的持水能力时，要注意测量方法的一致性和可比较性。

土壤基质吸力增加到 1 500 kPa 时，对应的土壤含水量已经很低了，此时土壤中的水分并不能被作物吸收利用，作物在这种含水量下一般发生永久萎蔫，该土壤含水量称为凋萎含水量或凋萎系数。凋萎系数反映了土壤在高吸力段的持水能力，其大小主要取决于黏粒含量。与其他温带土壤相比，红壤的凋萎系数较高，这是红壤最突出的一个水分特性。第四纪红土发育的黏质红壤各个层次的凋萎系数都很高，可达 0.24～0.27 cm^3/cm^3（或质量含水量 17%～20%），泥质岩发育的红壤与之接近。花岗岩和砂岩发育的红壤的黏粒含量较低，凋萎系数明显低于黏质红壤，其中花岗岩沙土层最低，一般为 0.12～0.16 cm^3/cm^3（或质量含水量 8%～12%），甚至更低。但在一些没有被侵蚀的花岗岩红壤的上层（淋溶层和淀积层），因黏粒含量较高，其凋萎系数也较高（可接近黏质红壤）。虽然土壤凋萎系数是植物发生永久萎蔫时的土壤含水量，但很少直接通过作物生长和干旱萎蔫实验来测定，而一般用土壤水分特征曲线间接求取，这样不排除与实际不符的情况（测得的结果常常高于作物萎蔫时的实际含水量）。特别值得注意的是，与质地相近的其他温带土壤相比，红壤的凋萎系数普遍较高，对红壤有效水分的含量有不利影响，是红壤容易发生季节性干旱的原因之一。

（三）红壤的供水性

土壤的供水性是指土壤为作物提供有效水分的能力，既与土壤本身的水分性质（释水性、导水性、储水库容）有关，也与含水量状态（实际储水量）和外界环境因素有关。就土壤水分本身的性质而言，供水性由比水容量和储水库容二者共同决定。

1. 红壤的比水容量

土壤的比水容量反映土壤的释水特性。随着土壤基质吸力 h 的变化，土壤的含水量 θ 也发生变化，二者变化量的比值（$-d\theta/dh$）称为土壤比水容量（C_θ，kPa^{-1}），也称微分水容量或比水容，反映了土壤储存和释放水分的性能，往往被作为供水性能指标。不同母质发育的红壤以及同种红壤在不同基质吸力阶段，其比水容量不相同（图 4-11）。总体而言，红壤比水容量都很低。

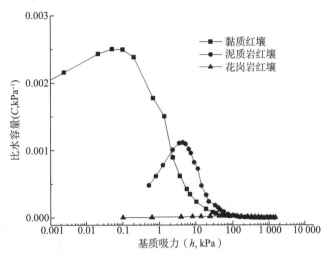

图 4-11　3 种母质发育的红壤的比水容量曲线

只有在有效含水量阶段（基质吸力为 30～1 500 kPa）释放的水分对作物生长才有意义，但是几种母质发育的红壤在此阶段的比水容量都很小（图 4-12，1.5×10^{-6}～7.3×10^{-4} kPa^{-1}），对作物的有效应供应能力差，且都是在近饱和的高含水量阶段较大。不同红壤的最大比水容量出现的位置不同，黏质红壤出现在基质吸力 1 kPa 附近，泥质岩红壤出现在 40 kPa 附近，花岗岩红壤出现在 600 kPa 附近。黏质红壤在基质吸力大于 10 kPa 之后，比水容量极低（低于泥质岩红壤，而与花岗岩红壤接近），基质吸力大于 100 kPa 后，比水容量在 3 种红壤中最低，这说明即使黏质红壤含水量较高，但能提供给作物的水分已经很少了，这是黏质红壤容易发生季节性干旱的重要原因。此外，3 种母质发育的红壤，比水容量都是心土层和底土层比表土层更低，说明作物更容易利用表层土壤的水分。因此，表层土壤水分的保持对作物是非常重要的，也说明保护表土层是红壤水分管理的重要措施。

作为一种辅助的土壤物理性质指标，土壤比水容量反映了土壤供水性能，目前在生产实际中应用得并不多。有研究认为，土壤比水容量的物理意义可扩展为土壤中单位实效孔径的变化引起土壤饱和度的增量，还可表示不同孔径的孔隙占土壤总孔隙的相对含量（郭素珍，1987），这样比水容量在科研和生产实践中的应用范围将会随之扩大。

2. 红壤的库容

土壤的比水容量体现的是土壤供水（释水）速度，土壤库容则体现的是供水数量。因为土壤其实是一个能储存水分的水库，其库容大小反映了土壤的持水性质，也决定了土壤的供水数量。根据土壤储存的水分的性质，土壤库容可以分为总库容、储水库容、通透库容、有效库容、死库容等，分别对应土壤总孔隙度、毛管孔隙度、非毛管孔隙度、有效毛管孔隙度、无效孔隙度。但是需要说明的是，土壤储水库容是在田间状态下的概念，而土壤孔隙度是理想状态下的概念，虽然一般以土壤孔隙度估算土壤储水库容，但在实际田间土壤的库容往往低于相应的孔隙度。如土壤总库容低于饱和含水量，而饱和含水量低于土壤总孔隙度；储水库容相当于田间持水量，而田间持水量低于土壤毛管孔隙度。

黏质红壤的总库容与其他土壤相当或略低。姚贤良（1996）测量的旱地黏质红壤 0～100 cm 土体的总库容可达 491.2 mm，与其他同等质地的土壤相当或略低，且剖面差异很小（表 4-8）。而有研究表明（琚中和等，1980），不同熟化程度的黏质红壤 0～100 cm 土体的总库容仅为 405～425 mm（平均为 413 mm），这一数值低于很多质地相近的其他土壤。可见红壤的物理性质的确存在较大的空间变异性，即使质地相近的红壤，其结构和孔隙度的不同也导致土壤储水能力存在差异。

表 4 - 8　旱地黏质红壤的库容

土层深度 （cm）	总库容 （mm）	储水库容 （mm）	储水库容占总库容 百分比（%）	有效库容 （mm）	有效库容占 储水库容百分比（%）
0～20	105.6	56.2	53.2	18.2	32.4
0～50	241.2	152.5	63.2	38.9	25.5
0～100	491.2	345.0	70.2	92.4	26.8
100～200	462.2	395.0	85.5	79.0	20.0
200～300	462.2	395.0	85.5	79.0	20.0

　　储水库容是能够使水分保持在土壤中的库容，比总库容更有意义，红壤的储水库容明显低于其他土壤。黏质红壤 0～20 cm、0～50 cm、0～100 cm 储水库容分别为 56.2 mm、152.5 mm、345.0 mm，占总库容的比例分别为 53.2%、63.2%、70.2%。这些数值明显低于其他同等质地的黑土储水库容（分别为 86.0 mm、210.0 mm、425.0 mm）（姚贤良，1996）。

　　有效库容是能够被作物吸收利用的那部分库容，红壤的有效库容非常低。表 4 - 8 所示的江西鹰潭黏质红壤 0～50 cm 土层的有效库容仅为 38.9 mm，这个库容量在夏天仅能供应作物旺盛生长期大约 1 周的水分需求。如果没有降水及时补充，作物很快就会受到水分胁迫。有效库容低是红壤容易发生季节性干旱的主要原因，但是另一方面，黏质红壤土层深厚，如果能利用深层土壤水分则可以扩充有效库容，起到减缓作物干旱的效果。

　　土壤的供水性是一种综合的土壤物理性质，除了决定于比水容量和储水库容之外，也受土层厚度、利用管理方式等的共同影响。在生产实践中，供水性总是与保水性相提并论的，二者其实是一种土壤物理性质的两个方面，紧密联系但又有细微差别，是辩证统一的关系。土壤保水性好供水性才好，保水性是供水性的必要条件但不是充分条件；土壤保水性差，供水性也不可能好；土壤供水能力越强，则土壤失水可能越快（保水能力就差）。供水性与保水性统一的土壤，才是生产中水分性质好的土壤，不仅生产力高而且耐旱性好。所以，在红壤区就有"好地坏地，旱季更见高低"的说法。红壤的保水供水特征决定了其生产性能，而红壤水分性质存在的问题恰好就是保水性和供水性不统一。总体而言，红壤的供水性都较差，其中黏质红壤保水性强而供水性差，花岗岩红壤保水能力和供水能力都差，泥质岩红壤的供水能力稍强但保水能力差，保水和供水不协调是红壤水分性质差的表现特征之一。

（四）红壤的导水性

　　土壤的导水性指示水分在土壤中流动的能力，它从另一个侧面影响土壤保水性和供水性。Darcy 定律表明，单位时间内通过单位面积的水量称水流通量（cm/h），与驱动土壤水流动的水势梯度呈线性比例关系，比例系数 K 即土壤导水率（cm/h）。K 决定于土壤水分性质和含水量，特别是土壤孔隙状况（数量、粗细和弯曲度），不仅不同土壤的导水率不同，同一土壤的导水率也随含水量的变化而有很大变化。土壤含水量饱和的时候，全部孔隙特别是大孔隙参与导水，此时导水率最大，称为饱和导水率（K_s）。土壤饱和导水率有时称为土壤渗透率（渗透系数），用于描述饱和土壤水分受重力支配向下渗透进入深层的能力。理论上影响饱和导水率大小的主要因子是土壤大孔隙度，但在田间实际中还有其他影响因子，如作物根系穿插、土壤动物活动、干湿交替、耕作方法、地表覆盖等。

1. 红壤的饱和导水率

　　与其他土壤相比，黏质红壤表层的饱和导水率 K_s 并不低（表 4 - 9），多在 4.50～16.14 cm/h，属于导水性良好的范畴。但是，表土层或耕作层之下（20 cm 深度以下），黏质红壤旱地有黏粒淀积和致密紧实的网纹母质层，水田有犁底层，饱和导水率明显降低，大体只有表土的 1/4～1/3，成为水分运动和根系生长的障碍层。不同利用方式下，红壤的导水率也有差别，其中旱地明显高于水田，也高于园地和荒地。不同利用方式下红壤 K_s 的变化与耕作和容重差异较大有关，也与土壤结构变化有关，而与红壤黏粒含量关系并不密切，红壤旱地耕作层疏松和较高的团聚体含量利于 K_s 的提高。

表 4-9　黏质红壤不同利用方式下的饱和导水率

利用方式	土层深度（cm）	饱和导水率（cm/h）	容重（g/cm³）	黏粒含量（%）
旱地	0～25	16.14	1.16	35.73
	25～32	5.46	1.49	32.18
	32～42	4.68	1.35	39.36
	40～100	7.98	1.22	44.99
水田	0～18	4.50	1.30	29.42
	18～24	0.78	1.41	32.84
	24～34	0.84	1.50	34.63
	34～100	0.72	1.41	39.57
花生	15～20	1.02	1.44	37.80
橘园	15～20	1.08	1.42	41.32
荒地	15～20	1.80	1.36	36.40

　　红壤饱和导水率呈现明显的空间变异。在田间水平方向上，表现为中等变异（变异系数为 10%～100%）；在垂直方向上变异更大，因土壤母质和土地利用方式而不同。例如，花岗岩母质发育的红壤存在明显的淀积层（即红土-沙土过渡层），该层的饱和导水率显著低于上层的红土，也低于更下层的沙土，甚至接近 0，成为土壤剖面中水分运动的障碍层（图 4-12）。因此，如果红壤表土层被侵蚀，红壤剖面的导水障碍层离地表近，会严重恶化红壤的水分状况。总之，表土导水能力强但剖面有弱导水土层是红壤导水性的一个重要特点，这在雨季会影响降水的储存和地表产流，而在旱季会影响土壤向作物供水。

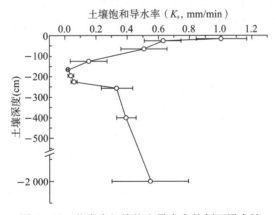

图 4-12　花岗岩红壤饱和导水率的剖面层次性

　　不同母质发育的红壤的饱和导水率也存在差异。花岗岩母质发育的红壤的饱和导水率并不比红土红壤的高（表 4-10），测量方法的不一致（取样尺寸、田间原位和室内测量方法差异）可能是一个原因，但也可能是因为花岗岩红壤的团聚体结构少，大孔隙少而且黏粒阻塞孔隙，降低了导水率，还可能是因为这几种母质发育的红壤的利用状况不同、土壤侵蚀程度不同、土壤样品的实际层次不一致。但是无论如何，花岗岩红壤虽然沙粒含量高，但其饱和导水率并不如一般认为的那么大，说明土壤结构对饱和导水率起决定作用。因此，通过施用结构改良剂〔表土撒施 PAM（聚丙烯酰胺）〕或在表土覆盖稻草，可以显著提高红壤的饱和导水率。

表 4 - 10　不同母质发育的红壤的饱和导水率

土壤母质	土层深度（cm）	饱和导水率（cm/h）		
		原土	稻草覆盖	施用 PAM 改良剂
红土	0～5	24.48	35.16	43.74
	5～10	13.56	20.1	30.6
	10～15	19.98	25.74	26.22
砂岩	0～5	27.12	36.42	45.24
	5～10	21.9	30.12	32.46
	10～15	16.44	25.68	30.12
花岗岩	0～5	19.38	29.1	40.62
	5～30	6.30	15.36	27.18

2. 红壤的非饱和导水率

红壤导水性最大的特点在于，随着含水量的降低导水率急剧降低，导致非饱和导水率极低。黏质红壤基质吸力小于 15 kPa 时，导水率为 $10^{-3}\sim10^{-2}$ cm/h 数量级，15～35 kPa 时降为 $10^{-5}\sim10^{-3}$ cm/h 数量级，35～80 kPa 时降为 $10^{-7}\sim10^{-5}$ cm/h 数量级。基质吸力更大时土壤水主要以气态水的形式运动，液态导水率可忽略不计。这些数据意味着红壤在田间多数时候的导水率只有饱和导水率的万分之一至千分之一，甚至更低。非饱和导水率低影响土壤深层向表层供水，表层容易干旱，是红壤上的作物容易遭受水分胁迫的原因之一。

目前关于红壤非饱和导水率的研究较少。陈家宙等（2012）利用张力入渗仪原位研究了黏质地表物理结皮与非饱和导水率的关系。结果显示，无结皮的土壤的非饱和导水率随着土壤基质势的降低快速下降，在基质吸力大于 6 kPa 之后，其导水率反而低于有结皮的土壤，表明地表结皮降低了红壤近饱和导水性能而增加了非饱和导水性能，这也许能增加地表蒸发（延长了维持较高蒸发速率的时间）。结果还表明，地表稻草覆盖能极大限度降低黏质红壤的非饱和导水率（30 kPa 时可低至 10^{-20} cm/h 数量级），类似于在黏质红壤表层增加了一层干燥的沙土，有利于旱季减少蒸发。

（五）红壤的入渗和蒸发性质

土壤入渗和蒸发均发生在地表，是影响土壤水分状况的两个方向相反的过程。降水经过地表进入土壤的过程称为入渗，理论上土壤饱和导水率等于稳定积水入渗速率。但在刚开始入渗的时候，因为地表基质势梯度大，实际入渗速度很快，远超饱和导水率。红壤积水入渗条件下，可以明显观测到 3个阶段：①初始入渗阶段，入渗速度很快且下降速度也快，维持时间不到 3min；②入渗速度逐渐下降阶段，维持时间约 15min；③缓慢波动下降至逐渐稳定阶段，需要 20～60min，初始干燥程度不同达到稳定的时间也不一样。

红壤的入渗性能是指整个入渗过程的入渗速度，表 4 - 11 列出了两种母质红壤的入渗性能。可以看到，红壤的入渗速率不低，理论上可以使暴雨级别的降水（50 mm/d）全部入渗到土壤中。但这是环刀土样室内薄层积水入渗的结果，而在田间，由于强降水能分散破坏表土团聚体，析出的细颗粒可阻塞土壤大孔隙，而且表土层的水分入渗还会受到下层土壤渗透性的制约。所以，实际入渗速率往往小于暴雨雨强，从而超渗而产生地表径流，造成水土流失。由于红壤区降水强度大，各种母质发育的红壤都存在超渗产流的问题。

红壤的入渗性能受地表覆盖状况和初始含水量的影响。地表稻草覆盖或者施用结构改良剂（PAM）后，入渗速率大幅度提升，可以达到裸土入渗率的 2 倍以上（表 4 - 11）。初始含水量对入渗速率也有明显影响，土壤初始含水量越低，60 min 的平均入渗速率越低。而且入渗稳定之后，这种差别也不消失。由此可见，初始含水量对入渗的影响贯穿整个入渗过程，从而深刻影响对降水的吸纳储存，甚至影响整个水文过程和土壤产流产沙。其中的原因和机理并不完全清楚。

表 4 - 11　不同地表覆盖和初始含水量下红壤的入渗性能

母质	项目	地表状况	入渗性能（cm/h）		
			0.10 g/g	0.20 g/g	0.30 g/g
石英砂岩	初始入渗率	裸土	—	—	42.0
		稻草覆盖	—	—	24.0
		施用 PAM	—	—	21.0
	60 min 平均	裸土	3.36	4.68	6.48
		稻草覆盖	9.12	10.98	12.12
		施用 PAM	6.42	13.68	21.18
	稳定入渗率	裸土	3.36	3.96	5.52
		稻草覆盖	8.10	10.08	11.34
		施用 PAM	6.42	9.90	18.3
第四纪红土	初始入渗率	裸土	—	—	24.0
		稻草覆盖	—	—	18.0
		施用 PAM	—	—	12.0
	60 min 平均	裸土	2.34	2.7	4.98
		稻草覆盖	3.9	7.02	7.56
		施用 PAM	4.98	9.78	10.8
	稳定入渗率	裸土	2.1	2.4	4.74
		稻草覆盖	3.78	6.42	7.32
		施用 PAM	4.86	7.62	7.74

注：薄层（3 cm 定水头）积水入渗方法测试结果。初始含水量很低时（0.10 g/g 和 0.20 g/g），初始入渗速率很高，没有测量初始入渗率。

土壤蒸发是极其复杂的过程，不仅受土壤性质的影响，还受外界环境的影响。实际的土壤蒸发速度取决于大气蒸发力和土壤性质。与入渗速率变化有明显的阶段过程不一样，红壤的蒸发过程并没有明显的阶段性。土柱试验结果表明，有限体积的红壤蒸发速率随着时间的延长几乎呈直线缓慢下降（随天气变化有所波动），导致累计蒸发量呈现一条近似直线的微弱的抛物线（图 4 - 13）。覆盖能显著降低红壤的蒸发速率，而施用结构改良剂 PAM 对红壤蒸发速率的影响很小，只能小幅度减少红壤蒸发；裸土黏质红壤的蒸发速率平均约为 1 mm/d，稻草覆盖后降低 50%，约为 0.4 mm/d。一般情况下，黏质红壤耕层 20 cm 的最大有效储水约为 18 mm，那么 18 d 的蒸发就可以使耕层有效储水全部消耗。而如果再加上作物蒸腾耗水（虽然作物冠层能减少地表蒸发，但表下层根系吸水导致蒸腾耗水更多），土壤失水速度将会加快，干旱将更快到来。这个推论与实际观测结果很接近，夏天如果连续 12 d 无降水，黏质红壤上的作物如玉米等即开始呈现干旱胁迫现象（王峰等，2017）。

红壤的入渗和蒸发性能对红壤的保水能力有重要影响，影响季节性干旱的发生和发展。入渗多、蒸发少，则土壤保水多、失水少，有利于抗旱。施用结构改良剂能够增加入渗，但不能减少蒸发；稻草覆盖既能增加入渗，又能减少蒸发，是红壤区值得重视的田间管理措施。通过增施有机肥，促进土壤结构形成，熟化更深的土层，可以改良红壤的入渗和蒸发性能。结构好的黏质红壤降水入渗多，50 cm 深度土层可以多保存 20 mm 左右的水分，干旱过程中地表能够快速形成物理结皮或结壳，减少土壤水分通过大孔隙的蒸发，从而增强保水能力。地表结皮或结壳形成得越快、越薄，保水作用越好，起到与稻草覆盖类似的作用。

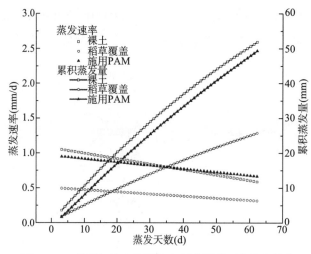

图 4-13　黏质红壤土柱裸土和稻草覆盖下的蒸发性能

二、红壤水分有效性

能够被土壤毛管孔隙（直径 0.002～0.02 mm）长期保持并且被作物根系吸收利用的土壤水分称为有效水，作物可以吸收利用，对应的土壤水吸力为 30～1 500 kPa。存在于非活性孔隙（直径 <0.002 mm）中的水分，作物根系不能吸收，称为无效水，对应的土壤水吸力大于 1 500 kPa；存在于通气大孔隙（直径 >0.02 mm 的非毛管孔隙）中的水，几乎没有毛细现象，对应的土壤水吸力小于 30 kPa。虽然这部分水能被植物吸收，但水分不能长期保持土壤中，而是受重力支配向下渗漏，称为重力水（对旱作土壤而言属于多余的水）。对于存在于毛管孔隙中的有效水，作物的吸收也有难易之分。土壤水吸力较低时（30～100 kPa）作物很容易吸收水分，这部分水属于正常生育水；土壤水吸力较高时（100～600 kPa），作物需做出生理适应调节后吸收水分，这部分水属于非正常生育水，正常生育水和非正常生育水统称速效水；土壤水吸力达到 600～1 500 kPa 时，水分在土壤中缓慢移动，作物吸收水分的速率和数量都有限，这部分水属于迟效水或难效水，此时的土壤含水量虽然高于萎蔫系数，但作物往往表现出水分胁迫。

红壤水分有效性的重要特点之一是有效含水量总量少。有效含水量总量是土壤最大可能储存的有效含水量，等于速效水和难效水之和，实际就是田间持水量与凋萎系数的差值。表 4-12 中列出了几种母质发育的红壤的水分有效性，其中，第四纪红土和泥页岩发育的红壤表土有效含水量稍高（质量含水量，6.81%～12.94%），花岗岩母质发育的红壤有效含水量中等（7.51%～10.97%），石英砂岩发育的红壤有效含水量最低（5.94%～7.93%）。这种差别显然与这几种红壤不同的质地和结构有关，0～20 cm 表土层有效含水量明显高于心土层和底土层。有效含水量平均只占土壤田间持水量的四分之一，即四分之三的土壤水不能被作物吸收利用。虽然有机质含量较高和结构较好的红壤表层的有效含水量有所提高，但与其他土壤相比仍然偏低。因此，如何改良土壤提高红壤有效含水量是生产中面临的重要问题。

表 4-12　不同母质发育的红壤有效含水量（质量含水量，%）

成土母质	深度(cm)	重力水(<30 kPa)	速效水		迟效水(600～1 500 kPa)	有效含水量(30～1 500 kPa)	无效水(>1 500 kPa)
			正常生育水(30～100 kPa)	非正常生育水(100～600 kPa)			
第四纪红土	0～20	9.17	5.38	3.71	3.90	12.94	16.81
	20～60	4.13	2.08	2.52	2.21	6.81	21.70
	>60	7.36	2.95	2.33	2.55	7.83	21.09

（续）

成土母质	深度 (cm)	重力水 (<30 kPa)	速效水		迟效水 (600~1 500 kPa)	有效含水量 (30~1 500 kPa)	无效水 (>1 500 kPa)
			正常生育水 (30~100 kPa)	非正常生育水 (100~600 kPa)			
泥页岩	0~20	6.10	5.60	3.84	3.03	12.47	16.16
	20~60	4.47	3.42	2.85	2.21	8.48	20.32
	>60	2.52	2.17	2.69	2.00	6.86	21.64
花岗岩	0~20	31.23	5.41	3.38	2.18	10.97	8.71
	20~50	8.04	3.42	4.65	1.86	8.07	11.65
	>50	3.85	3.16	2.55	1.80	7.51	12.13
石英砂岩	0~15	24.74	4.45	2.04	1.44	7.93	10.16
	15~40	18.18	1.68	2.94	1.32	5.94	12.46

虽然不同母质发育的红壤的水分有效性有差异，但也表现出共同的特征，即无效水含量都高。第四纪红土发育的红壤极细的非活性孔隙多，表现为毛管孔隙度与极细孔隙度的比值小，无效含水量可高达 0.20 g/g 左右，远高于有效水总含量。花岗岩母质和石英砂岩母质发育的红壤，无效水含量虽然比第四纪红土发育的红壤低一些（0.10~0.15 g/g），但仍然明显高于温带地区相同质地的土壤。因此，当田间土壤含水量还很高时，其实已经没有多少有效水了，作物表现出水分胁迫。造成红壤无效水含量高的原因之一，与红壤黏土矿物中氧化物的含量较高有关。这些在亚热带湿润气候下形成的氧化铁（铝）和氧化硅等黏土矿物具有很强的水合能力，不仅自身含水量高，还能形成稳定性很强的微团聚体，增加了土壤的无效含水量。

此外，黏质红壤迟效水占比大，对干旱敏感。D'Angelo 等（2014）比较了中国黏质红壤与世界其他地区的黏质土壤的水分有效性，发现 30~1 500 kPa 的有效水总量并无差别（中国黏质红壤 0.009 1~0.166 cm³/cm³，平均为 0.121 cm³/cm³；其他地区 1 203 个黏土样品平均 0.113 cm³/cm³），但中国黏质红壤 30~1 500 kPa 的迟效水含量占有效水总量的比例高于世界其他黏质土壤（中国黏质红壤平均为 62%，其他地区平均为 36.6%），这是中国黏质红壤对干旱特别敏感的原因。这可能归结于第四纪红土母质的特殊性，即在热带亚热带湿热多雨的条件下，土壤颗粒长期受高水压（压应力）作用而排水固结和压实，形成了大量的极细孔隙和坚固的土壤微结构。

红壤田间水分的有效性还表现为表土有效含水量低，而深层往往并不缺水。在高温干旱季节，红壤表土蒸发较快，有效含水量迅速降低。此时，伴随着非饱和导水率急剧降低，深层的水分不能及时向上移动到表土，造成表土缺水干旱。而作物根系质量 85% 左右集中于深度为 0~20 cm 的表土，无法吸收深层土壤的水分，作物很快就会受到水分胁迫。实践经验表明，如果晴热天气持续 1~2 周，表土就会缺乏有效水，作物很快表现出旱象。即使在正常水文年，红壤表土也能表现出间歇性的缺水。所以，红壤有效水含量低是作物容易发生间歇性干旱的重要原因，而与红壤深层储水量的多寡无直接关系。这种状况与我国北方干旱半干旱地区的土壤有很大的不同，在水分管理上需要采取有针对性的措施，提高和保持红壤水分有效性是红壤水分管理的核心。

三、红壤水分利用管理

（一）红壤田间水分状态

田间土壤水分处在不断的动态变化中，掌握田间土壤水分状态规律是进行水分管理的前提。从一定时期来看，土壤水分变化存在明显的周期性。如果以一年为参考时长，红壤田间水分循环周期可以分为 3 个阶段：①春末—夏初的水分下渗和地表产流阶段（3—7 月）。3 月末至 7 月上旬为雨季，频繁的降水和较低的大气蒸发使土壤储水量逐渐达到高峰，此时田间土壤水分强烈向下淋溶，强降雨下还产生地表径流和土壤侵蚀。②伏夏—初秋的季节性干旱阶段（7—10月）。7月中旬至10月初降水少而气温高，土壤水分蒸发和作物蒸腾强烈，水分向上运动，土壤含水量迅速降低，表土层含水量可低于凋萎系数，作物生长受到水分胁迫，多数年份会发生季节性干旱，有的年份还发生旱涝急转。在此季节性阶段，虽然也可能有少量的强降水，但仍不能彻底解除干旱，依然会频繁发生间歇性短期干旱。这既与亚热带季风气候有关，也与红壤水分性质有关，是红壤利用面临的最大问题之一。③仲秋—初春的土壤水分补充恢复阶段（10月至翌年3月）。10月中旬至翌年的3月中旬，虽然降水量不是很大，但是整个冬天气温低、蒸发少，土壤水分得到雨雪补充，含水量逐渐回升。

表4-13中列出了旱地农田和坡地果园一年四季的土壤水分状态。可以看到，上半年土体水分充足，但深层土壤存在渍水问题，下半年土体水分不足，特别是表土表现出干旱，但深层水分充足，坡地深层土壤仍然存在渍水可能。可见红壤干湿季节明显，旱季的水分不足表现为水分时空分布矛盾，是一种相对干旱，与我国干旱半干旱地区的土壤干旱很不一样。

表4-13 黏质红壤田间饱和度的季节动态

| 项目 | 时间 | 不同土层深度土壤田间饱和度 | | | | |
		0～20 cm	0～50 cm	0～100 cm	100～200 cm	200～300 cm
旱地农田	1—3月	1.05	1.05	0.99	1.00	1.09
	4—6月	1.00	0.99	0.96	0.97	1.15
	7—9月	0.79	0.86	0.88	0.99	1.09
	10—12月	0.77	0.83	0.84	0.97	1.03
坡地果园	1—3月	0.83	0.81	0.90	1.29	—
	4—6月	0.82	0.81	0.93	1.25	—
	7—9月	0.61	0.64	0.77	1.24	—
	10—12月	0.65	0.65	0.76	1.22	—

注：田间饱和度＝实测含水量/田间持水量。

短期内红壤水分动态并无明显的规律，但在旱季仍表现出间歇性的周期波动特征，波动周期与降水发生频次基本一致。总的表现为表土层含水量低，波动明显，振幅大；而表下层含水量高，波动不明显，振幅小，45 cm以下土层含水量稳定（图4-14）。不同利用方式的土壤中：农田表层含水量最低，而且波动剧烈，间歇性周期明显；裸地表土含水量波动剧烈，与农田类似，但含水量高于农田；草地表层含水量也有周期性波动，但振幅较小，含水量较低；而林地土壤含水量波动最小，没有明显的波动周期，含水量最高，可能是因为林地根系深，主要吸收深层土壤水，而稳定的冠层覆盖减少了表土的蒸发。特别值得注意的是，农田0～15 cm土层含水量低，波动大，与30～60 cm土层含水量差距明显，这表明红壤的干旱只发生在表土层（根系层），降水后表土含水量能很快恢复，但是很快又转入干旱，作物可能遭受周期性的间歇干旱，这是红壤水分状态一个重要的特征。

红壤剖面含水量在干旱过程中维持上层低而下层高的特征。在人工控制的持续干旱试验中（图4-15），干旱12～21 d，0～20 cm土层含水量明显降低，50 cm土层含水量有所降低；干旱25 d，50 cm深度以上土层含水量明显降低；干旱超过29 d，60 cm深度以上土层含水量明显降低。但在自然条件下，红壤区很少出现30 d以上无降水的情况，即使在7～9月的旱季也有降水。因此，红壤的干旱很少发生在60 cm以下的深层，而只发生在浅层，也就是作物根系生长层。这一特性是红壤水分管理必须考虑的。

（二）红壤水分的问题与管理

根据红壤水分性质的特点和亚热带季风气候的发生特征，红壤水分存在的主要问题是季节性干

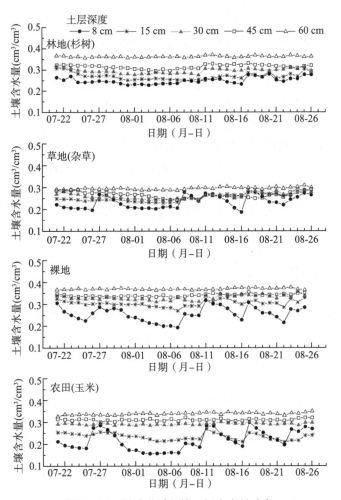

图 4-14　旱季黏质红壤田间含水量动态

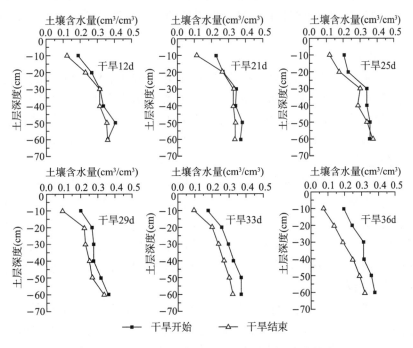

图 4-15　黏质红壤持续干旱过程中剖面水分状态

旱，次要问题是土壤渍水涝灾。但红壤渍水只发生在雨季、深层、排水不良的部位以及冷浸稻田，其不良影响有限，通过排水即可解决。而红壤季节性干旱发生面积广，对作物危害大，是红壤水分管理面临的主要问题。

红壤的季节性干旱有以下特征：①随机发生。受气候年际变化影响，平均3年发生一次明显的干旱。②高温和干旱同步。红壤干湿季节明显，季节性干旱一般只发生在7—9月的旱季，水分胁迫和高温胁迫同时发生，干旱发生速度快、危害大。③间歇性干旱。干旱发生速度很快，虽持续时间不长，但在旱季以间歇性形式反复出现，其危害并不小。即使在多雨年份，短时间的间歇性干旱也会造成危害。有些年份，红壤区既有涝灾也有旱灾，在很短的时间内就出现涝旱急转。④红壤季节性干旱一般只发生在表土，深层土壤并不缺水干旱，具备很大的调控潜力。⑤红壤季节性干旱受根土相互作用的影响。作物在红壤上容易发生干旱，还与作物在红壤中分布浅、不能吸收深层土壤水分有关，而作物根系分布浅与黏质红壤机械阻力大导致作物根系下扎困难有关。根据这些特征，红壤的水分管理可以采取以下措施。

1. 蓄丰补欠，补充坡面蓄水能力

针对红壤区干湿季节明显、降水分布不均的特点，可以采取蓄丰补欠的措施调控红壤水分。在雨季增加降水入渗，充分储蓄降水，发挥土壤水库的功能，使雨季的降水储蓄以补充旱季土壤水分。但是，田间监测结果表明，在雨季，红壤含水量很高。这表明作为土壤水库，红壤已经没有多少剩余的库容来接纳降水，大量的降水将以蓄满产流的方式成为地表径流或壤中流，这不仅降低了土水资源的利用效率，还造成了严重的水土流失。在旱季，表土含水量有明显的间歇性波动而深层含水量稳定。这一现象表明，红壤区的降水并没有全部进入土壤，即使降水量很大的强降水，也因为雨滴破坏表土结构、分散的黏粒阻塞土壤孔隙而阻碍入渗，雨水以超渗产流的方式形成了地表径流，一次降水不能有效缓解干旱。因此，可以在坡地的合适部位开挖一些小水坑、水凼，增加坡面蓄水能力。

2. 拦减径流，保护表土

拦截地表水、降低径流造成的土壤侵蚀是红壤水分管理的重要措施。雨季地表径流造成跑水、跑土、跑肥，加剧了季节性干旱。因此，采取截排水沟、保护性耕作、地表覆盖等措施，可以拦蓄地表径流，减缓径流流速并延长入渗时间，可以起到保护表土结构和增加入渗的作用，有利于预防季节性干旱。对于坡耕地，通过合理的轮作套种，延长地表覆盖时间，做到"根抱土，土抱根"，能降低径流冲刷，对预防土壤干旱也有效果。

3. 地表覆盖，降低蒸发

减少表土蒸发是防御红壤季节性干旱的有效措施。红壤季节性干旱往往伴随着高温，大气蒸发强，表土失水快。因此，覆盖地表能够显著降低表土蒸发，提高干旱季节红壤含水量。覆盖可以采取稻草、玉米秸秆、青草等的死覆盖，也可以采取生草、绿肥等的活覆盖。活覆盖如坡耕地百喜草草带虽然能拦截泥沙，但是草带本身消耗土壤水分，并不利于预防季节性干旱，草带需要与作物保持安全距离。

4. 改良红壤水分性质

改良红壤水分性质是红壤水分管理的基本措施。红壤季节性干旱容易发生的原因之一是红壤的水分性质存在缺陷，无效含水量高而有效含水量低、非饱和导水率低。因此，通过增施有机肥、施用结构改良剂来改良红壤结构、增加团聚体含量、提高土体蓄水能力，是长期而重要的土壤水分管理措施。针对黏质红壤微团聚体多、"假沙"性而造成的无效含水量高等物理性质的特征，采取物理的、化学的、生物的多种措施，提升红壤大团聚体结构含量，改善水分性质，是目前提升红壤质量的重要措施。

5. 开发利用深层土壤水分

开发利用深层土壤水分是红壤水分管理特别重要的途径。即使在旱季，红壤深层含水量也不低，但却无法被作物根系吸收。通过深耕松土，促进根系下扎分布，可以吸收更多的深层土壤水分。通过在轮作模式中引入扎根能力强的物种，使其根系扎入深层土壤并形成生物孔隙，可以促进后季轮作作物根系下扎，从而提高作物的抗旱能力，也是一项可能的防御季节性干旱的技术途径。但如何合理高效地利用红壤深层水分，仍然是一项值得进一步研究的工作。

6. 综合防旱措施和生物技术

防御季节性干旱需要综合田间管理措施。季节性干旱的形成和发展与区域的水文循环有关，通过合理的田间管理措施可以调控土壤水文。红壤区降水充沛，林地可以起到蓄水作用；而农田表层耗水多，恰当的农业生产布局和农林复合系统可以缓解水资源时空分布不均的问题。在耕作措施上，红壤区往往冬深耕、夏浅耕、春不耕，增强了排水和蓄水能力。田间试验结果表明，在夏季，黏质红壤常规耕作或深耕与免耕对比，能够提高浅层土壤含水量，明显缓解玉米作物的干旱。在栽培措施方面，春播作物要赶早，避开夏秋干旱对作物需水关键期的影响。

利用生物技术培育深根系作物、培育耐旱性强的品种，也是防御红壤季节性干旱的重要措施。红壤区的耐旱性作物品种，追求高效利用水土资源来提高抗旱能力，保证产量和品质，而不是以降低产量为代价地追求对干旱的耐受能力，这种思路不同于其他干旱地区作物品种的培育。

第五节　红壤温度

土壤的热量主要来自太阳辐射，土壤吸热则温度上升、放热则温度下降。土壤升温和降温的难易程度取决于其热性质和当地气候条件。红壤质地黏重，一般含水量较高，尤其是地势低洼区域，热容量、热扩散率比较大，不利于土温回升，呈现冷性土的特征。而季节性干旱期间，红壤含水量下降很快，热容量、热扩散率急剧降低，土温显著升高，甚至到 40 ℃以上，给作物生长造成高温伤害，高温和干旱同时胁迫。因此，南方红壤区土壤既有冷凉性问题，又有高温灾害问题。开展土壤温度和热性质研究有助于寻找提升红壤区冷浸田土壤肥力的技术方法，并为解决季节性干旱等问题提供科学依据。

一、红壤温度的特点

（一）红壤的热性质

土壤的热性质主要包括热容量、热导率和热扩散率 3 个参数。热容量反映的是土壤储存和释放热量的能力，指的是单位体积（容积热容）或质量（比热容）的土壤温度升高或降低 1 ℃所需要吸收或释放的热量，单位是 J/（cm³·K）或 J/（g·K）。热导率反映的是土壤传导热量的能力，单位是 W/（cm·K）。傅立叶热流定律表明，单位时间通过单位面积土壤的热量 [J/（s·cm）]与土壤温度梯度（℃/cm）成正比，前者与后者的比值即热导率。热扩散率是土壤热导率与容积热容量的比值，指的是单位时间单位容积的土壤由于吸收或放出一定热量，土壤温度升高或降低的程度，单位是 cm²/s。

土壤的热容量取决于其三相介质（土壤固体、水和空气）在土壤基质中的容积比或质量比，以及它们各自的热容量。空气的容积热容很小，可以忽略。因此，土壤的容积热容量 C_v 可由以下公式表示：

$$C_v = c_w \theta_w \rho_w + c_s \rho_b \tag{4-2}$$

式中：c_w 为土壤水的比热容 [20 ℃为 4.18 J/（g·K）]；c_s 为土壤固体的比热容 [约为 0.85 J/（g·K）]；θ_w 为土壤的体积含水量（m³/m³）；ρ_w 为土壤水的密度（1.0 g/cm³）；ρ_b 为土壤容重（g/cm³）。

由式 4-2 可知，土壤的热容量随含水量和容重的增加而线性增大。相比于质地较轻的土壤（沙土、壤土等），红壤的黏粒含量一般较高，比表面积大，含水量较高，热容量较大，所以，红壤的温度不容易升降，被称为冷性土。南方红壤丘陵区分布有大量中低产的冷浸田，由于地势低洼，常年积水，冷浸田土壤热容量比较高，春季土壤温度回升慢，秧苗发育迟缓，导致作物产量较低。可以通过开沟排水、水旱轮作等方式改良冷浸田的土壤热状况来提升中低产田的土壤质量。此外，不合理的耕作方法导致红壤区土壤压实、黏闭问题严重，耕作层容重增加，也会导致土壤热量状况变差。对于压实的土壤，可以通过秸秆还田、保护性耕作等措施来改善土壤的热量状况和物理质量。

土壤的热导率也与土壤固体、水和空气在土壤基质中的占比相关。Tian 等（2016）提出了一个预测土壤热导率（λ）的半理论模型：

$$\lambda = \frac{\theta_w \lambda_w + k_a f_a \lambda_a + k_s \rho_b \lambda_s / \rho_s}{\theta_w + k_a f_a + k_s \rho_b \rho_s} \qquad (4-3)$$

式中：λ_w [6.0×10^{-3} W/（cm·K）]、λ_a [2.5×10^{-4} W/（cm·K）] 和 λ_s 为土壤水、空气和固体的热导率；f_a 为土壤的充气孔隙度（m^3/m^3）；ρ_s 为土壤固体颗粒密度（一般取 2.65 g/cm^3）；k_a 和 k_s 为土壤空气和固体组分的权重系数。

土壤固体的热导率（λ_s）与土壤的沙、粉、黏粒含量相关，石英含量越高，λ_s 越大。Tian 等（2016）给出了一个简单的利用沙、粉、黏粒含量预测 λ_s 的经验模型：

$$\lambda_s = \lambda_{sand} f^{sand} \lambda_{silt} f^{silt} \lambda_{clay} f^{clay} \qquad (4-4)$$

式中：λ_{sand} [0.077 W/（cm·K）]、λ_{silt} [0.027 W/（cm·K）] 和 λ_{clay} [0.019 W/（cm·K）] 分别是沙、粉、黏粒的热导率；f_{sand}、f_{silt} 和 f_{clay} 分别是土壤固体中沙、粉、黏粒的含量（%）。由上式可知，相比于质地较轻的沙土和壤土，黏质红壤的 λ_s 较小。

土壤的热导率随含水量和容重的增加而增大。图 4-16 分别给出了相同容重状态下沙壤土和红壤（质地为黏土）的热容量和热导率随含水量增加的变化曲线。可以看出，相同容重和含水量状态下，质地对土壤热容量影响不大。两种土壤的热容量均随含水量的增加而线性增大，变化趋势一致。与热容量不同，虽然沙壤土和红壤的热导率也随含水量的增加逐渐增大，但沙壤土增加的程度更大。这是由于相较于轻质土壤，黏质红壤中土壤固体的热导率（λ_s）较小。相应的，相同的容重和含水量状态下，红壤也具有较小的热导率。尽管质地对湿润土的热导率有影响，但容重相同时，不同类型干燥土壤的热导率差别不大。如图 4-16 中，沙壤土和红壤含水量为 0 时热导率均在 2.2×10^{-3} W/（cm·K）左右。这是因为土壤固体颗粒间的热量主要通过它们之间的接触水桥来传导。对于烘干土，土壤颗粒间的接触水桥消失，被空气取代，导热能力很差。干土的导热能力与土壤的充气孔隙度负相关，而受质地影响较小。土壤的热导率还与土壤结构有关。邱佳颖等（2012）研究发现，原状土壤的结构遭到破坏后，其热导率会降低。南方红壤区土壤有机质含量低，土质黏重，结构发育较差，进一步降低了土壤的导热能力。因此，增施有机肥、改善土壤结构也是提升红壤区土壤热量状况和物理质量的重要措施。

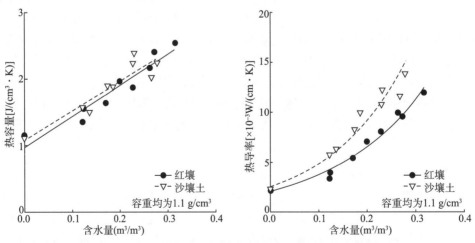

图 4-16　不同含水量下沙壤土和黏土（红壤）热容量和热导率

土壤热扩散率与热导率成正比，与容积热容量成反比，反映的是土壤传导热量和消除层间温度差的能力。相同质地和容重土壤的热容量和热导率随含水量的增加而增大。热扩散率不同，其在一定含水量范围内增加到最大值，之后随着含水量的增加逐渐降低。这是由于在高含水量范围，热容量要比热导率增加得更快，因此热扩散率反而减小了。土壤质地对热扩散率也有显著影响（图 4-17）。在相同含水量条件下，黏质红壤的热扩散率要比轻质土壤低很多。这主要是由于黏质红壤的热导率比较低。此外，相比于沙土和壤土，红壤的热扩散率最大值分布在比较高的含水量范围。热扩散率与剖面上的土壤温度垂直分布直接相关。热扩散率小的土壤，其表层温度升降明显，温度变化大，而热扩散率大的土壤则变化较小。红壤质地黏重，含水量比较高，尤其是山区丘陵谷地、平原湖沼低洼地区，土壤的热扩散率比较高，不利于土壤温度回升。可以通过垄作免耕、水旱轮作等措施改良土壤的热量状况，进而提高作物产量。

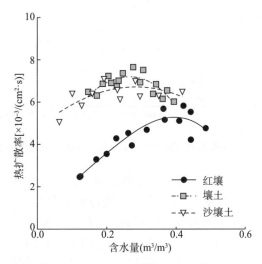

图 4-17　不同含水量下轻质土壤（壤土和沙壤土）和黏土（红壤）的热扩散率

（二）红壤温度的变化特点

土壤温度特征取决于当地的气候条件和土壤热性质，并与地形、植被类型、耕作措施等自然和人为因素有关。当太阳辐射到达地表，除一部分用于加热地面附近的空气外，大部分被土壤吸收。随着表土温度的提高，热量沿温度梯度流向深层土壤，土壤剖面整体的储热量增加。到了夜间或冬季，只有少量辐射到达地表。此时，空气温度低于土壤温度，深层土壤储存的热量沿温度梯度流向地表。土壤温度日变化和年变化呈现周期的不规则正弦波形，随深度增加，温度波动的振幅逐渐减小。图 4-18 和图 4-19 展示了典型红壤 5 cm 深度土壤温度日变化曲线（母质为第四纪红土的红壤）和年变化曲线（母质为花岗岩的红壤）。从图中可以看出，土壤温度变化一般滞后于气温变化，且土壤温度波动的振幅也小于气温。红壤质地黏重、结构差，热容量大，尤其是在地势低洼区域的山间丘陵谷地和排水不良的水田，土壤含水量长期偏高，土壤温度回升慢，影响养分的有效性和作物根系的生长。在炎热夏季，红壤的水分大量蒸发，热扩散率显著降低，尤其是坡耕地上的土壤温度提升很快，容易发生极端高温，给作物的生长带来危害。因此，红壤既有冷凉性的问题，又会发生高温灾害。

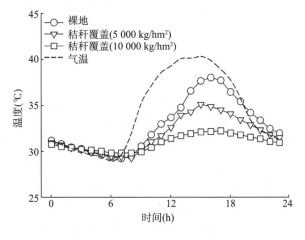

图 4-18　黏质红壤 5 cm 深度土壤温度日变化曲线

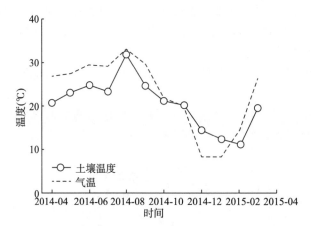

图 4-19　花岗岩发育的红壤 5 cm 深度土壤温度年变化曲线

南方红壤区跨越亚热带和热带季风气候区，水热资源丰富。年均气温 15～28 ℃，≥10 ℃积温在 4 500～9 500 ℃，大部分地区无霜期在 300d 以上，年均降水量在 1 200～2 500 mm。红壤区的气候生产潜力分别达到黄淮海平原、三江平原和黄土高原的 1.3 倍、2.6 倍和 2.7 倍。尽管红壤区具有良好的水热资源，但由于地形多为丘陵和谷地，土壤质地黏重以及降水的季节性分布不均，分布有大面积土壤热量状况较差的中低产田，且存在季节性干旱等水热资源冲突问题。

南方红壤区常见的中低产田类型是冷浸田。冷浸田主要分布在山区丘陵谷地、平原湖沼低洼地，以及山塘、水库堤坝的下部等区域。由于地势低洼，地下水位比较高，且常年受冷泉水淹灌和浸渍，土体表现为"冷、渍、烂、锈"等障碍特征。地形因素和土壤热性质差是导致冷浸田恶劣热量状况的主因。由于地势低洼，冷浸田局部气温要比坡地低，不利于热量累积。此外，冷浸田质地黏重、土体糜烂，土壤含水量接近饱和，导致其热容量和热扩散率比较大，不利于土壤温度提升。冷浸田土温低、水温低，不利于作物春季秧苗发育；生长后期又由于积温不足，导致作物产量显著下降。提高冷浸田粮食产量的主要措施有明暗渠排水、水旱轮作以及种植低温型水稻等适宜品种。

季节性干旱是红壤区面临的水热资源的主要矛盾。尽管南方红壤区降水充足，但大部分降水集中于春季和初夏（3—6 月），夏秋两季（7—10 月）降水量比较小。而 7—9 月是一年中最热的月份，平均气温达到 25 ℃，潜在蒸发量远大于降水量，土壤含水量下降很快。同时这一时段又是作物生长的需水高峰期，易发生季节性干旱。尽管红壤的黏粒含量比较高，持水能力比较强，但萎蔫含水量也比较高，有效含水量比较低。季节性干旱导致作物减产，严重干旱甚至会使作物绝收。季节性干旱期，含水量降低导致红壤热容量和热扩散率显著降低，土壤温度随气温剧烈升高。极端高温天气，裸地的土表温度可以达到 40 ℃以上，会给作物根系造成生理性损伤。缓解季节性干旱的措施有秸秆覆盖、保护性耕作以及种植深根系作物等。覆盖可以降低土壤温度，减少土面蒸发。深根系作物可以利用深层土壤水，抗干旱能力强。

二、红壤的调温措施

对于红壤区热量状况较差的冷浸田，可以采用开沟排水、改变水分管理和耕作方式等措施对其进行改造，改善其土壤热性质和温度状况，提升土壤质量，以达到增产增效的目的。常用的农田水利工程措施包括"石砌深窄沟"、明沟和暗管排水工程等。图 4-20 为"石砌深窄沟"的结构示意图。"石砌深窄沟"的走向应与地下水的走向垂直；间距根据地形、土质、地下水情况而定，一般在 60 m 左右；深度应比田面低 1 m 左右；断面尺寸为底宽 30～40 cm、上宽 50 cm；下部砌石与田块土体间应铺上厚 20～30 cm 的反滤层；沟的基础可以垫松木，防止沉陷；施工过程中回填泥土要分层夯实。"石砌深窄沟"可以快速降低地下水位，改良土壤热量和温度状况及其他理化性质，促进作物生长发育，提高作物产量。有研究表明，"石砌深窄沟"可降低地下水位 30～50 cm，使耕层土壤含水量降低 8%～36%，使土壤热量和温度状况显著改善。林诚等（2016）研究发现，长期深窄沟排水还能够提高土壤有效养分含量和微生物生物量碳、微生物生物量碳氮含量，改善土壤耕性，提高水稻产量 7%～21%。

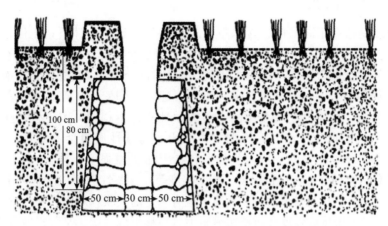

图 4-20　红壤稻田排水的"石砌深窄沟"结构示意

　　暗管排水也是改造冷浸田水热状况的有效措施。暗管可采用多孔塑料波纹管。埋管前，需排去田面积水，顺坡势开沟，沟间距 10 m、沟深 70 cm 左右；坡上暗管需露出田面 1 m，以备后期疏浚；坡下暗管导入排水渠。暗管周围需填塞约 10 cm 厚的过滤层。暗管排水能显著提高作物生产期土温和水温，改善冷浸田热量状况。陈士平等（2000）的研究显示，暗管排水分别提高水稻分蘖期田面水温和耕层 5～20 cm 深度土温 2.7～4.1 ℃，为水稻根系生长、分蘖发生和植株生长提供了有利环境。明沟排水工程结构更加简单。沟渠的规格一般为沟宽 30 cm、沟深 25 cm 左右，沟形呈"田"字形，沟底可覆塑料薄膜防止渍水回流。董稳军等（2014）研究发现，明沟排水降低了冷浸田土壤的容重，增加了总孔隙度和通气孔隙度，水稻移栽 10 d 和 37 d 后，土壤温度相较对照处理增加了 1.3 ℃和 1.9 ℃，水稻增产约 1 300 kg/hm²。

　　水旱轮作、垄作种植也是改善冷浸田热量和温度状况的重要措施。可通过改变耕作制度，采用稻田轮作制度，冬季开沟晒田后结合种植油菜、玉米、紫云英和蚕豆等改变土壤水热状况，提升土壤理化性质，达到提肥增产的目的。在水稻种植过程中，湿润灌溉能比长期灌溉更有效提高土壤物理性状，提高土温 2 ℃以上。垄作免耕等半旱式栽培方式也可以较好地调节土壤水热状况。熊又升等（2014）的研究表明，与对照地块相比，起垄使土壤平均增温 0.4～1.2 ℃，使水稻增产 10%以上，并建议最优的起垄高度是 15 cm。此外，垄作结合覆膜种植对于提高冷浸田土壤温度和水稻产量也有良好的效果。王文军等（2016）的研究显示，与传统种植相比，垄作覆膜种植平均提升土壤温度 0.5～1.6 ℃，使水稻增产 5%～17%。

　　为解决红壤坡耕地季节性干旱期水热资源冲突的矛盾，可采用免耕、秸秆覆盖等措施改善土壤热性质和温度状况，防止极端高温的发生。南方红壤区常用的覆盖秸秆为稻草，秸秆覆盖量为 5 000～13 000 kg/hm²。秸秆覆盖可以显著降低土壤温度，减少土面蒸发。此外，长期秸秆还田还可以提高土壤有机质含量，改善土壤结构。有研究表明，覆盖稻草对红壤区旱地玉米0～20 cm 土层土温具有良好的调节作用，显著降低旱期高温时段（每天 10：00～15：00）的土壤温度，降温幅度可达 1.6～4.1 ℃。由于秸秆覆盖的降温保墒作用，玉米叶片的光合效率提高了 60%以上，产量增加 8%～13%。廖萍等（2006）的研究表明，7—9 月，相比于传统耕作，秸秆覆盖保护性耕作平均降低了红壤玉米地土表温度 0.3～1.6 ℃。秸秆覆盖对于红壤旱地棉花生长也具有重要的影响。崔爱花等（2018）的研究表明，覆盖 8 000～13 000 kg/hm² 稻草提高了早晚的土壤温度，降低了中午的土壤温度，有益于棉花出苗，保水抗旱，提高了棉花叶绿素含量，改善了棉花品质。

第六节 红壤的力学性质与耕性

一、红壤的力学性质

土壤的力学性质是指在不同温度、含水量、外物种类等环境条件下，土体承受各种外部作用（如荷载、耕作、挖掘、根系穿插、水流冲刷、重力剪切）而抵抗形变和破坏的性质。土壤形变包括膨胀、压缩、扭转等，而破坏包括破裂、剥离、位移等。土壤的这些变化影响到所有与土壤相关的学科和行业，如种植业、土木工程、水利工程、建筑、陶瓷、矿产、地质等。农业生产上所关注的土壤力学性质与工程建设上所关注的土壤力学性质并不相同，因此评价土壤力学性质的指标和标准也不一样。就农业生产而言，影响耕作的土壤力学性质包括黏结性、黏着性、可塑性、土壤抗剪强度等；影响作物生长的土壤力学性质包括土壤机械强度、压实、板结等；影响水土流失的土壤力学性质包括抗剪强度、抗拉强度、抗张强度等；这些性质可以统称为土壤农业力学性质。土壤力学性质不是独立而是相互联系的，在数值上也有一定的关联，对农业和自然生态环境而言，最重要的土壤力学性质是土壤抗剪强度和土壤机械阻力（简称土壤强度，又称机械强度，对根系伸长而言又称穿透阻力）。

（一）红壤的抗剪强度

1. 红壤的抗剪强度参数

土壤的抗剪强度是土壤被剪切破坏时（土壤截面发生相对错动）能忍受的极限作用力。土壤的抗剪强度影响耕作阻力、水流剪切冲刷、重力剪切崩塌等，是土壤耕性和抗侵蚀力的重要指标。土壤的抗剪强度本质上是一种极限摩擦阻力，除受外力作用环境影响外，更受基本的土壤抗剪强度性质影响，即受土壤黏聚力和内摩擦角影响，是衡量土壤抗剪强度性质的两个关键参数指标。

土壤黏聚力（kPa），又称黏结力或内聚力，主要来源于土粒之间的物理、化学及物理化学的相互作用力，包括静电引力、范德华力、离子桥接力、渗透压力、有机质和铁铝氧化物的胶结作用力、气-液界面的表面张力等。黏聚力既有吸力也有斥力，其大小与土壤颗粒化学成分、大小和形状、颗粒间距、细颗粒数量有关，也与含水量有关。几种不同母质发育的红壤的黏聚力见表4-14，可以看到，发育于第四纪红土的红壤有很大的黏聚力，而岩石类风化残积物母质发育的红壤的黏聚力较小，风化较差的沙土层土壤几乎没有黏聚力。

表4-14 不同母质发育的红壤饱和抗剪强度参数

母质	土层	样品深度 (cm)	黏聚力 (kPa)	内摩擦角 (°)	不同压应力下的抗剪强度 (kPa)		
					100 kPa	200 kPa	300 kPa
红黏土	耕作层	0～20	18.27	25.35	65.65	113.02	160.40
页岩	耕作层	0～20	14.36	24.46	59.85	105.34	150.83
玄武岩	耕作层	0～20	12.74	27.63	65.09	117.43	169.78
花岗岩	表土层	0～36	3.55	26.2	52.76	101.96	151.17
	红土层	36～110	9.76	20.3	46.75	83.74	120.73
	过渡层	110～200	13.87	24.1	58.60	103.33	148.07
	沙土层	200～310	5.65	22.4	46.87	88.08	129.30
	碎屑层	＞310	0.05	15.6	27.97	55.89	83.81

土壤内摩擦角反映土粒间的摩擦特性。外力作用于土壤时，土粒与土粒之间的摩擦称为土壤内摩擦（而土壤与外物表面的相对滑动称为外摩擦），是沙性土壤具有抗剪强度的主要原因。一般认为，土粒与土粒之间的内摩擦包括滑动摩擦和咬合摩擦。随着外应力（法向压力）的增加，土

壤的内摩擦力也呈比例线性增加，二者在直角坐标系的夹角称为内摩擦角（φ），二者的比例系数即 $\tan\varphi$（近似于摩擦系数）。内摩擦角（φ）与土壤颗粒大小和形状有关，且随着土壤由松散变紧实而增大。表 4-14 显示了不同母质发育的红壤内摩擦角多在 $15°\sim30°$，与母质类型似乎没有明显的相关性。

黏聚力和内摩擦角都显著受土壤含水量影响，总体随着土壤含水量的降低而降低（图 4-21）。但实际上，一些红壤剪切试验结果表明，黏聚力随含水量的变化并不是单调的变化，而是在某一较低的含水量出现峰值。例如，花岗岩母质发育的红壤在质量含水量为 $0.13~\mathrm{cm^3/cm^3}$ 时黏聚力最大，峰值之前随含水量增加线性增加，峰值之后随含水量增加呈一阶指数递减（张晓明等，2012）。此外，黏聚力和内摩擦角这两个抗剪强度参数指标，都极大地受到土壤干湿交替的影响，随着干湿交替次数的增加，抗剪强度参数递减。

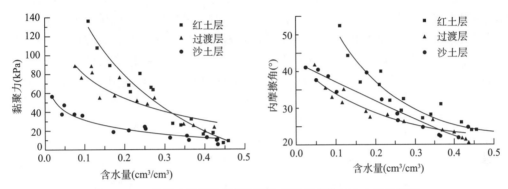

图 4-21　花岗岩母质发育的红壤抗剪强度参数与含水量的关系

2. 红壤田间抗剪强度

饱和土壤的抗剪强度由经典的摩尔-库伦（Mohr-Coulomb）定律表示：

$$\tau = c + \sigma\tan\varphi \tag{4-5}$$

式中：τ 为抗剪强度；c 为黏聚力；φ 为内摩擦角；σ 为施加的有效应力（一般是法向压力）。由于有效应力难以测量，在实际应用中仍然使用总应力，总应力总体上取决于土体自重和额外的载荷。非饱和土壤力学性质参数值随含水量变化，而且还与含水量变化的方向（吸水还是干燥）及状态路径（应力变化历史）有关，异常复杂。目前有关非饱和土壤抗剪强度的理论并没有取得一致的认识。红壤田间实际的抗剪强度随含水量的变化而波动，但仍可用饱和土壤抗剪强度来表示土壤的力学性质。

在田间，可以直接用十字板剪切仪测量土壤的抗剪强度。表 4-15 中列出了几种不同红壤耕层土壤自然状态下的抗剪强度。可以看到，农田表层的抗剪强度较小，往下层抗剪强度增加，但绝大多数都没有超过 8 kPa。花岗岩红壤荒地上的测试结果表明，在剖面含水量几乎相同的情况下，深层沙土层的抗剪强度明显低于上层的红土层和过渡层。正是因为花岗岩红壤深层沙土的抗剪强度极低，陡坡土壤容易在重力的剪切作用下被破坏，导致该地区出现一种外观形态特殊的严重的侵蚀地貌——崩岗。田间除含水量变化外，施肥、有机质含量、根系状况、利用方式等都影响红壤的抗剪强度。

表 4-15　田间自然状态下几种红壤耕地的抗剪强度（kPa）

土层深度（cm）	江西进贤红壤	广西来宾红壤	云南马龙红壤
0～10	1.94±0.69	1.59±0.27	2.69±0.67
10～20	3.58±1.05	2.59±0.69	3.50±0.51
20～30	4.41±1.55	5.97±0.65	4.49±0.37
30～40	5.45±1.23	6.65±0.89	5.55±1.84
40～50	5.01±1.01	6.37±0.80	5.58±1.79
50～60	5.78±1.78	6.51±1.36	5.99±2.13

（二）红壤的机械阻力

土壤的机械阻力，又称土壤强度，是土壤抵抗外力的能力，也就是在外力作用下土壤承受变形或应变的能力。土壤强度被用来表征土壤的抗压、抗楔入、抗位移等性能，与抗剪强度不一样的是土壤受力方向不同（从而土壤形变或位移方向也不同），但二者在数量上有一定相关性。根系在土壤中伸长下扎、农机具在土壤中穿行，都需要使土壤发生位移或变形而克服阻力，故称为土壤机械阻力或土壤阻力，俗称土壤硬度。测量时，土壤机械阻力以一定截面积的圆锥均匀慢速垂直压入土壤时的应力表示，称为圆锥指数，这个圆锥称为土壤硬度计或贯入仪。

土壤机械阻力可以表征土壤耕作阻力、根系穿透阻力等，受质地、容重、含水量等影响。黏粒含量越高，土壤阻力越大。因此，第四纪红土母质发育的红壤的阻力（0.40～1.96 MPa）比掺杂有砂岩母质的红壤的阻力（0.18～0.52 MPa）明显要高，虽然二者容重相近（1.23～1.42 g/cm³）。含水量是影响红壤阻力的重要因子，在含水量大于 0.25 g/g 时，黏质红壤的机械阻力变幅不大，多维持在较低水平（<1 MPa），含水量低于 0.25 g/g 时，随着含水量的降低，黏质红壤的机械阻力呈指数增加（图 4-22）。为了统一比较不同土壤的机械阻力，需要在相同的标准条件下进行测量，一般将土壤含水量为田间持水量时（土壤基质势为−10 kPa 或−30 kPa）测量的圆锥指数作为该土壤的机械阻力。

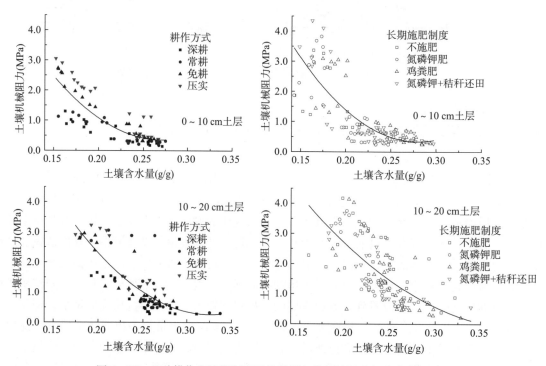

图 4-22　几种耕作和施肥制度下的黏质红壤机械阻力与含水量的关系

作物根系在土壤机械阻力大于 2.0 MPa 后会停止伸长，而干旱情况下黏质红壤耕作层的阻力可达 3.0 MPa 以上，极端情况下甚至达到 6.0 MPa，成为作物生长的限制因子。作物根系在遇到机械阻力之后，其形态特征、伸长速率会发生明显变化，如根径增粗、伸长速率降低等，产生严重的非生物胁迫，与干旱胁迫叠加，加剧季节性干旱的发展。

在田间，影响土壤机械阻力的因子还有耕作、施肥和土层深度等。深耕能显著降低红壤机械阻力，常规耕作比免耕的机械阻力也显著降低，而模拟机械压实之后土壤阻力最高（图 4-23）。由于常规耕作和深耕还能够提高黏质红壤的含水量，所以耕作能显著改善黏质红壤中作物根系的生长环境，有利于根系下扎，对作物抵御季节性干旱有促进作用。对于黏质红壤，耕作松土降低机械阻力是必需的，而免耕往往导致作物减产。在不施肥、单施化肥、单施有机肥、化肥和有机肥配合施用几种施肥方式中，施用有机肥并没有显著降低黏质红壤的机械阻力。随着土层的增加，黏质红壤的机械阻力增加，到犁底层（深度为15～20 cm）或淀积层，机械阻力达到峰值，穿过淀积层之后有所降低（图 4-23），红壤机械阻力的这种剖面变化模式和抗剪强度有点类似。对作物整个根系层剖面（0～40 cm）而言，旱季土壤的机械阻力都大于雨季，并且在干旱期阻力峰值的出现深度有所上移。

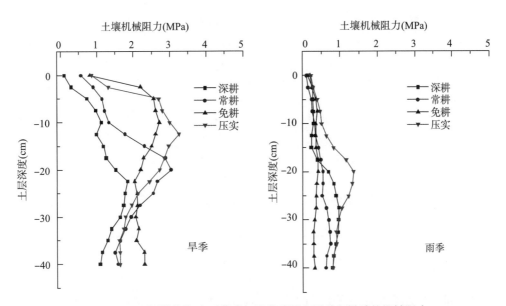

图 4-23　不同耕作方式下黏质红壤根系层在雨季和旱季的机械阻力

由于受含水量和耕作的影响，土壤机械阻力在田间处于动态变化之中，可以用经验公式模型进行预测。高冰可（2013）通过比较多个模型的模拟效果，认为第四纪红土发育的红壤用包含含水量和容重的模型效果较好：

$$Q = a\theta^b D^c \tag{4-6}$$

式中：Q 为土壤机械阻力（kPa）；θ 为质量含水量（g/g）；D 为容重（g/cm³）；a、b、c 为经验拟合参数。几种不同利用方式下的黏质红壤的机械阻力模拟结果见表 4-16。其中，农田因为耕作松土的原因，耕层阻力参数 a 要低于林地和茶园；但农田存在明显的犁底层，该层 a 大于上方的耕层，也大于林地和茶园。总体而言，经验模型模拟效果一般（R^2 为 0.40～0.63，均方根误差为 648～928），存在较大的误差，说明还有其他因子（如质地、土壤结构、有机质含量等）对黏质红壤机械阻力有重要影响。而且，不同土层受到的应力状态也不一样，上层土壤对下层有荷载，能增加下层土壤的机械阻力，模型并没有反映这一情况。要把红壤机械阻力模型用于生产实践，还需要更多的研究工作。

表 4-16　不同利用方式下黏质红壤的机械阻力预测模型参数

利用方式	土层深度（cm）	模型 $Q=a\theta^b D^c$ 参数		
		a	b	c
	0～10	27.52	−2.87	−1.14
	10～20	29.18	−6.68	−15.88
林地（杉树）	20～30	35.66	−5.20	−9.77
	30～40	46.25	−4.44	−7.27

（续）

利用方式	土层深度（cm）	模型 $Q=a\theta^b D^c$ 参数		
		a	b	c
茶园	0~10	24.26	−1.81	2.45
	10~20	49.49	−1.73	3.74
	20~30	53.57	−1.55	4.21
	30~40	51.40	−1.15	5.51
农田（免耕）	0~10	24.42	−5.38	−12.26
	10~20	36.74	−6.19	−12.16
	20~30	44.12	−1.69	3.11
	30~40	39.51	−3.31	−1.51
农田（常耕）	0~10	18.18	−2.63	−0.67
	10~20	26.70	0.72	12.75
	20~30	52.03	1.27	9.82
	30~40	52.89	0.73	8.51

二、红壤的耕性

耕性是一系列土壤力学性质在耕作时候的综合反映，如黏结性、黏着性、可塑性、压实性、机械阻力等。衡量土壤耕性的主要标准包括耕作阻力大小（耕作难易程度）、耕作质量好坏（对土壤的改善和维持状况）、宜耕期长短（能够耕作的含水量范围）。决定耕性好坏的因素，除了土壤本身的力学性质外，还有含水量，含水量决定了土壤是否适合耕作。

（一）红壤的宜耕期与阿德伯常数

土壤的宜耕期是指是否适宜耕作的性状，有时称为易耕性，由土壤黏结性、黏着性和可塑性共同决定。在土壤含水量较高的时候，土壤黏着性强并且可塑，此时进行耕作不仅阻力大而且破坏土壤结构；含水量太低则黏结性也增大，耕作阻力大，耕作质量也不好。只有在合适的含水量范围内，即在土壤黏结性、黏着性和可塑性三者都很低的时候才是宜耕。宜耕期的含水量范围随土壤类型而变化，第四纪红土母质发育的黏质红壤黏结性强，机械阻力大，农机具不易入土，且土块不易散碎；黏着性大，易黏附农具，耕作阻力大；可塑性强，容易成条，干后板结，耕作质量差。因此，黏质红壤的宜耕期很短，易耕性差，被形象地描述为"天晴一块铜，下雨一包脓"。而砂岩母质发育的红壤易耕性要好一些，其黏结性和黏着性都低于黏质红壤，宜耕期的含水量范围要宽一些。

土壤的易耕性可由阿德伯常数（atterberg limits）描述，包括流限、塑限、收缩限、塑性指数等多个界限常数。土壤塑性指数（流限和塑限之差）是指土壤可塑时候的含水量范围，其值越大可塑性越强，宜耕期越短，耕性越差。一般而言，土壤塑性指数与黏粒含量正相关，但在第四纪红土母质发育的黏质红壤中这种关系并不明确（表 4-17），黏质红壤虽然黏粒含量高，但其塑性指数没有预期的高，质量含水量一般低于 21%，甚至低于花岗岩母质发育的红壤表土层和红土层。有些黏质红壤的塑性指数仅为 15% 左右，甚至与沙性土相当（邓时琴等，1990）。黏质红壤塑性指数不高的原因之一，可能是微团聚体数量决定了黏质红壤的塑性指数，这些微团聚体表现出"假沙"的性质，细黏粒活度都较低，红壤塑性指数也低。原因之二，可能是红壤的 2:1 型黏粒矿物少而以 1:1 型的高岭石为主，颗粒间的黏结力小，可塑性较弱，特别是铁铝氧化物塑性更差。一般的土壤<0.005 mm 的颗粒具有可塑性和膨胀性，而红壤<0.002 mm 的颗粒才开始表现出可塑性。不过，同一种母质发育的红壤，塑性指数与黏粒含量正相关，与有机质含量也正相关，这样随着剖面深度的增加，花岗岩母质

发育的红壤未分化沙粒含量增加，黏粒含量减少，塑性指数减小。

表 4-17　不同母质发育的红壤的阿德伯常数

母质	土层	黏粒含量（%）	塑限（质量,%）	流限（质量,%）	塑性指数（质量,%）	流动性指数（%）
第四纪红土	表土层	43.54	31.76	52.21	20.45	−71.10
	淀积层	48.10	35.37	56.16	20.79	−77.14
花岗岩	表土层	32.81	35.93	62.68	26.75	−49.55
	红土层	28.91	31.73	53.09	21.36	−47.08
	过渡层	10.24	20.73	35.31	14.58	−37.25
	沙土层	3.87	19.43	30.91	11.48	−10.57

单从塑性指数来看，黏质红壤本身的耕性并不差，但往往表现出较差的耕性，农民描述为"天晴一把刀，雨后一团糟"，可能与耕作时机不当有关，与长期不合理的耕作导致红壤微团聚体被破坏分散提高了土壤可塑性也有关。此外，红壤有机质含量普遍不高，缺少大团聚体，也影响了耕性。黏质红壤在雨季要避免耕作，高含水量下耕作不仅耕作阻力大，土壤黏犁，而且恶化土壤结构；而在干旱的时候，红壤耕作阻力大，大土垡不破碎，耕作质量也很差，呈现"湿时黏锄头，干时震痛手"的现象。适宜于黏质红壤耕作的质量含水量范围为25%～32%。夏季一般雨后第3～5天，地表呈现"花脸"，手摸土壤湿润但不粘手，即可耕作。

（二）红壤的耕作措施

黏质红壤黏粒含量高而且土层深厚，丰富的降水条件促进土体长期沉降固结，导致整个土体致密紧实，而有机质含量又不高，缺乏团聚体，这种紧实的状况在底土层和心土层特别明显，需要耕作松土。耕作层之下不仅机械阻力大，而且通气状况差，作物根系难以下扎到黏质红壤深层，只能分布在很浅的表土层，而表土层容易失水干旱，这种作物根系和土壤水分分布的时空错位是红壤季节性干旱发生的重要原因。从这个角度看，黏质红壤免耕往往导致作物减产（郎凤莲等，2019；Lin et al.，2015），需要适当、合理地耕作。

红壤耕作的目的：①改善作物根系生长环境，促进土壤团聚体形成，提高红壤物理质量；②通过耕作提水保水，起到减缓季节性干旱的作用；③减少水土流失，起到保土聚肥作用。总的来讲，红壤耕作策略是冬深耕、夏浅耕、春不耕。冬季降水少，土壤处于低含水量和低蒸发时期，此时耕作安全，可以采取耕层加翻土结合的方式，不会破坏土壤结构，深耕可打破犁底层或淀积层，增厚耕层提高土壤储水能力，配合种植冬季绿肥和施用有机肥，促进土壤熟化。春季降水多，土壤含水量高，此时耕作容易破坏土壤结构，且耕作阻力大，耕作质量差，除播种和施肥需要外，不要进行翻耕。夏季蒸发快，表土失水快，可以浅耕或表层松土，结合秸秆还田和地表覆盖，促进降水入渗并减少蒸发，防御季节性干旱。但夏季浅耕也不是绝对的，在夏旱的季节也有暴雨，有时择机深耕可以接纳更多降水而减少地表径流，深耕可以促进根系下扎和深层水分向上运移，比浅耕效果要好，要根据天气和水分状况调整耕作时机和方式。

在耕作方式上，黏质红壤深耕效果较好。江西黏质红壤4种耕作方式（浅耕10 cm＋有壁犁翻土、深耕23 cm＋有壁犁翻土、深耕23 cm＋不翻土、深耕33 cm＋不翻土）中，深耕能够积极改善土壤物理性质，创造疏松的土层，增强透水保水能力，在同等施肥水平下能显著增产，且对旱期生长作物（甘薯）的增产效果比对雨季生长作物（小麦）的增产效果明显，严重干旱年份比轻度干旱年份效果好，其中，深耕33 cm＋不翻土效果最好（江西省农业科学研究所土壤系，1960），但深耕效果的可持续性需要观察。云南高原红壤不同耕作措施对坡耕地土壤抗蚀性有显著影响，翻耕20 cm＋深松30 cm处理的土壤的饱和导水率最大（1.27 mm/min），水稳性团聚体平均质量直径比常规（翻耕 20 cm）增加了 28.13%，而免耕土壤抗剪强度最高（12.12 kPa）、容重最大（宋鸽等，2020）。可见，深耕通过改善红壤水力条件而减少水土流失。深耕对消除红壤田间杂草也起着重要作用。此外，红壤耕作需要与作物轮作制度配套，做到"根不离土，土不离根"，从而改善土壤的理化性质和生物学性质。

虽然深耕是黏质红壤重要的耕作方式，但长期耕作带来的负面影响不可忽视。长期耕作特别是长期深耕，土壤有机质消耗快，生物大孔隙被破坏，对耕作依赖强，耕作能量消耗大等，深耕的持续效果并不能得到保证。因此，在红壤上要注重保护性耕作，如免耕、少耕、秸秆覆盖、等高种植、等高耕作、垄作等。但保护性耕作方式都有极强的区域适应性，需要根据当地的土壤条件、气候特点、种植传统、农户意愿来展开，无法直接套用其他地区的方法，对于红壤而言，这方面的研究和技术集成还需要加强。

主要参考文献

常松果，2017. 红壤坡耕地耕层土壤抗剪强度及影响因素响应特征 [D]. 重庆：西南大学.

陈丹平，2014. 第四纪红土发育红壤孔隙的数量特征、控制因子和重构 [D]. 杭州：浙江大学.

陈家宙，张虹，林丽蓉，2012. 红壤农田地表结皮特征及其对非饱和入渗性能的影响 [C]//佚名. 面向未来的土壤科学：上册. 成都：中国土壤学会第十二次全国会员代表大会暨第九届海峡两岸土壤肥料学术交流研讨会论文集：113-114.

陈士平，戴红霞，2000. 暗管排水改造山区冷浸田的效果 [J]. 浙江农业科学（2）：11-12.

崔爱花，杜传莉，黄国勤，等，2018. 秸秆覆盖量对红壤旱地棉花生长及土壤温度的影响 [J]. 生态学报，38（2）：733-740.

邓翠，吕茂奎，曾敏，等，2019. 红壤侵蚀区植被恢复对土壤呼吸及其温度敏感性的影响 [J]. 土壤学报（1）：1-13.

邓时琴，1986. 关于修改和补充我国土壤质地分类系统的建议 [J]. 土壤，6（4）：304-311.

邓时琴，徐梦熊，1990. 中国土壤颗粒研究Ⅲ. 赣中丘陵旱地红壤及其各级颗粒的理化特性 [J]. 土壤学报，27（4）：368-375.

邸佳颖，刘晓娜，任图生，2012. 原状土与装填土热特性的比较 [J]. 农业工程学报，28（21）：74-79.

董稳军，张仁陟，黄旭，等，2014. 明沟排水对冷浸田土壤理化性质及产量的影响 [J]. 灌溉排水学报，33（2）：114-116.

高冰可，2013. 红壤穿透阻力的影响因素与预测模型 [D]. 武汉：华中农业大学.

郭素珍，1987. 对土壤比水容量 C 一种扩展意义的探讨 [J]. 内蒙古农牧学院学报，8（3）：284-286.

黄树辉，吕军，2004. 裂缝对稻田土壤溶液中氮运移的影响 [J]. 农业环境科学学报，23（3）：499-502.

黄颖博，2016. 黏质红壤干旱和穿透阻力对玉米作物水分关系的影响 [D]. 武汉：华中农业大学.

江西省农业科学研究所土壤系，1960. 红壤丘陵地耕作方法比较试验 [J]. 土壤通报（2）：16-25.

琚中和，刘勋，张淑文，等，1980. 红壤水分特性的初步研究 [J]. 土壤通报（3）：8-11.

郎凤莲，张晓云，李永贤，等，2019. 耕作方式对红壤坡地土壤物理性质和玉米产量的影响 [J]. 云南农业大学学报（自然科学），34（3）：377-383.

廖萍，黄国勤，2006. 红壤旱地保护性耕作对土壤理化性状的影响 [J]. 耕作与栽培，5（3）：31-32.

林诚，李清华，王飞，等，2016. 长期深窄沟排水对冷浸田土壤脱潜特性及水稻产量的影响 [J]. 土壤，48（6）：1151-1158.

刘立，邢廷炎，2002. 中国亚热带土壤不同前期含水量对可蚀性 K 值的影响 [J]. 生态环境学报，11（1）：66-69.

刘祖香，陈效民，靖彦，等，2013. 典型旱地红壤水力学特性及其影响因素研究 [J]. 水土保持通报，33（2）：21-25.

马仁明，蔡崇法，李朝霞，等，2014. 前期土壤含水率对红壤团聚体稳定性及溅蚀的影响 [J]. 农业工程学报，30（3）：95-103.

宋鸽，史东梅，朱红业，等，2020. 不同耕作措施对红壤坡耕地耕层质量的影响 [J]. 土壤学报，57（3）：610-622.

苏衍涛，王凯荣，刘迎新，等，2008. 稻草覆盖对红壤旱地土壤温度和水分的调控效应 [J]. 农业环境科学学报，27（2）：670-676.

孙佳佳，王培，王志刚，等，2015. 不同成土母质及土地利用对红壤机械组成的影响 [J]. 长江科学院院报（3）：

54-58.

王恩姮，赵雨森，陈祥伟，2009. 前期含水量对机械压实后黑土团聚体特征的影响 [J]. 土壤学报，46（2）：241-247.

王峰，2017. 亚热带红壤-作物系统对季节性干旱的响应与调控 [D]. 武汉：华中农业大学.

王峰，李萍，陈家宙，2016. 亚热带红壤坡地季节性干旱空间特征 [J]. 土壤通报，47（4）：820-826.

王峰，李萍，熊昱，等，2017. 不同干旱程度对夏玉米生长及产量的影响 [J]. 节水灌溉（2）：1-4.

王文军，张祥明，江小伟，2016. 垄作覆膜对冷浸田的改良效果研究 [J]. 中国农学通报，32（29）：113-119.

吴呈锋，2015. 红壤团聚体中胶结物质与孔隙的空间分布及其与稳定性的定量关系 [D]. 杭州：浙江大学.

吴克宁，赵瑞，2019. 土壤质地分类及其在我国应用探讨 [J]. 土壤学报，56（1）：227-241.

熊又升，徐祥玉，张志毅，等，2014. 垄作免耕影响冷浸田水稻产量及土壤温度和团聚体分布 [J]. 农业工程学报，30（15）：157-164.

徐程，谷峰，王瑶，等，2019. 土壤团聚体和水分动态在三种植被覆盖下的关系 [J]. 水土保持学报，33：68-74.

徐涌，吕军，俞劲炎，2003. 荒地红壤脱水过程中的结构性演变 [J]. 水土保持学报，17（3）：93-95，100.

闫峰陵，李朝霞，史志华，等，2009. 红壤团聚体特征与坡面侵蚀定量关系 [J]. 农业工程学报，25（3）：37-41.

姚贤良，1996. 华中丘陵红壤的水分问题Ⅰ. 低丘坡地红壤的水分状况 [J]. 土壤学报，33（3）：249-257.

姚贤良，1998. 华中丘陵红壤的水分问题Ⅱ. 旱地红壤的水分状况 [J]. 土壤学报，35（1）：16-24.

姚贤良，于德芬，1982. 红壤的物理性质及其生产意义 [J]. 土壤学报，19（3）：224-236.

叶茂，周初跃，郭东锋，等，2013. 客土改良对土壤质地及烟株生长发育的影响 [J]. 安徽农业科学，41（8）：3359-3361.

张晓明，丁树文，蔡崇法，2012. 干湿效应下崩岗区岩土抗剪强度衰减非线性分析 [J]. 农业工程学报，28（5）：241-245.

钟继洪，唐淑英，谭军，2002. 广东红壤类土壤结构特征及其影响因素 [J]. 土壤与环境（11）：61-65.

周晓晨，李永梅，王自林，等，2017. 坡耕地红壤农作物根系与团聚体稳定性的关系 [J]. 山西农业科学学报（37）：818-824.

Algayer B, Bissonnais Y L, Darboux F, 2014. Short-term dynamics of soil aggregate stability in the field [J]. Soil Science Society of America Journal, 78（4）：1168-1176.

Buchmann C, Schaumann G E, 2018. The contribution of various organic matter fractions to soil-water interactions and structural stability of an agriculturally cultivated soil [J]. Journal of Plant Nutrition and Soil Science, 181：586-599.

Clay D E, Trooien T P, Clay D, et al., 2017. Practical Mathematics for Precision Farming [M]. Madison：American Society of Agronomy. Crop Soience Society of America and Soil Science of America, Inc.

D'Angelo B, Bruand A, Qin J T, et al., 2014. Origin of the high sensitivity of Chinese red clay soils to drought：Significance of the clay characteristics [J]. Geoderma, 223：46-53.

Datta A, Mandal B, Badole S, et al., 2018. Interrelationship of biomass yield, carbon input, aggregation, carbon pools and its sequestration in Vertisols under long-term sorghum-wheat cropping system in semi-arid tropics [J]. Soil and Tillage Research, 184：164-175.

Dimoyiannis D, 2009. Seasonal soil aggregate stability variation in relation to rainfall and temperature under Mediterranean conditions [J]. Earth Surface Processes and Landforms, 34（6）：860-866.

He Y B, Gu F, Xu C, et al., 2019（a）. Assessing of the influence of organic and inorganic amendments on the physical-chemical properties of a red soil（Ultisol）quality [J]. Catena, 183：104231.

He Y B, Gu F, Xu C, et al., 2019（b）. Influence of iron/aluminum oxides and aggregates on plant available water with different amendments in red soils [J]. Journal of Soil and Water Conservation, 74（2）：145-159.

He Y B, Xu C, Gu F, et al., 2018. Soil aggregate stability improves greatly in response to soil water dynamics under natural rains in long-term organic fertilization [J]. Soil and Tillage Research, 184：281-290.

Le Bissonnais Y, 1996. Aggregate stability and assessment of soil crustability and erodibility：I. Theory and methodology [J]. European Journal of Soil Science, 47（4）：425-437.

Lin L, Chen J, 2015. The effect of conservation practices in sloped croplands on soil hydraulic properties and root-zone moisture dynamics [J]. Hydrological Processes, 29：2079-2088.

Liu F, Zhang G L, Song X, et al., 2020. High-resolution and three-dimensional mapping of soil texture of China [J].

Geoderma, 361: 114061.

Liu K L, Huang J, Li D M, et al. , 2019. Comparison of carbon sequestration efficiency in soil aggregates between upland and paddy soils in a red soil region of China [J]. Journal of Integrative Agriculture, 18 (6): 1348 - 1359.

Liu Y, Liu W Z, Wu L H, et al. , 2018. Soil aggregate-associated organic carbon dynamics subjected to different types of land use: Evidence from ^{13}C natural abundance [J]. Ecological Engineering, 122: 295 - 302.

Liu Z X, Chen X M, Jing Y, et al. , 2014. Effects of biochar amendment on rapeseed and sweet potato yields and water stable aggregate in upland red soil [J]. Catena, 123: 45 - 51.

Lu J, Huang Z, Xi Y, 2004. Soil water holding and supplying capacities in the hilly redsoils region southern China [M]. The red soils of China: Their nature, management, and utilization. Netherlands: Kluwer Academic Publishers: 129 - 136.

Lu S G, Malik Z, Chen D P, et al. , 2014. Porosity and pore size distribution of Ultisols and correlations to soil iron oxides [J]. Catena, 123: 79 - 87.

Luo L, Lin H, Schmidt J, 2010. Quantitative relationships between soil macropore characteristics and preferential flow and transport [J]. Soil Science Society of America Journal, 74: 1929 - 1937.

Ma R M, Cai C F, Li Z X, et al. , 2015. Evaluation of soil aggregate microstructure and stability under wetting and drying cycles in two Ultisols using synchrotron-based X-ray micro-computed tomography [J]. Soil and Tillage Research, 149: 1 - 11.

Mawodza T, Burca G, Casson S, et al. , 2020. Wheat root system architecture and soil moisture distribution in an aggregated soil using neutron computed tomography [J]. Geoderma, 359: 113988.

Müller K, Katuwal S, Young I, et al. , 2018. Characterising and linking X-ray CT derived macroporosity parameters to infiltration in soils with contrasting structures [J]. Geoderma, 313: 82 - 91.

Paradelo M, Katuwal S, Moldrup P, et al. , 2016. X ray CT-derived soil characteristics explain varying air, water, and solute transport properties across a loamy field [J]. Vadose Zone Journal, 15: (4): 2136.

Shi Z H, Yan F L, Li L, et al. , 2010. Interrill erosion from disturbed and undisturbed samples in relation to topsoil aggregate stability in red soils from subtropical China [J]. Catena, 81: 240 - 248.

Tian Z, Lu Y, Horton R, et al. , 2016. A simplified de Vries-based model to estimate thermal conductivity of unfrozen and frozen soil [J]. European Journal of Soil Science, 67 (5): 564 - 572.

van Genuchten M T, Leij F J, Yates S R, 1991. The RETC code for quantifying the hydraulic functions of unsaturated soils, Version 1. 0 EPA Report 600/2-91/065 [M] . U. S. Salinity Laboratory: USDA, ARS, Riverside, California.

Wang H, Xu J, Liu X, et al. , 2019. Effects of long-term application of organic fertilizer on improving organic matter content and retarding acidity in red soil from China [J]. Soil and Tillage Research, 195: 104382.

Xue B, Huang L, Huang Y, et al. , 2019. Effects of organic carbon and iron oxides on soil aggregate stability under different tillage systems in a rice-rape cropping system [J]. Catena, 177: 1 - 12.

Yang W, Li Z, Cai C, et al. , 2012, Mechanical properties and soil stability affected by fertilizer treatments for an Ultisol in subtropical China [J]. Plant Soil, 363: 157 - 174.

Yang Z P, Zheng S X, Nie J, et al. , 2014. Effects of long-term winter planted green manure on distribution and storage of organic carbon and nitrogen in water-stable aggregates of reddish paddy soil under a double-rice cropping system [J]. Journal of Integrative Agriculture, 13 (8): 1772 - 1781.

Zhang B, Horn R, 2001. Mechanisms of aggregate stabilization in Ultisols from subtropical China [J]. Geoderma, 99 (1): 123 - 145.

Zhang Z B, Liu K L, Zhou H, et al. , 2019. Linking saturated hydraulic conductivity and air permeability to the characteristics of biopores derived from X-ray computed tomography [J]. Journal of Hydrology, 571: 1 - 10.

Zhao J S, Chen S, Hu R G, et al. , 2017. Aggregate stability and size distribution of red soils under different land uses integrally regulated by soil organic matter, and iron and aluminum oxides [J]. Soil and Tillage Research, 167: 73 - 79.

Zhou H, Peng X, Perfect E, et al. , 2013. Effects of organic and inorganic fertilization on soil aggregation in an Ultisol as characterized by synchrotron based X-ray micro-computed tomography [J]. Geoderma, 195: 23 - 30.

第五章 红壤的化学性质 >>>

红壤是在高温多雨气候下形成的、以脱硅富铝化过程为主要特征的地带性土壤，其化学性质复杂多样。本章主要论述其黏土矿物、表面电荷、离子交换与吸附性能、酸度及铝化学行为等主要化学性质。

第一节 红壤黏土矿物

黏土矿物是土壤中活性较高的固相组分，是土壤化学性质的物质基础。黏土矿物主要包括层状硅酸盐矿物和铁、铝、硅、锰、钛等氧化物及其水合氧化物。自 20 世纪 50—60 年代以来，老一辈土壤学家就我国土壤中矿物类型、地带性分布、演化规律和基本性质等开展了系统研究，奠定了我国土壤矿物学的基础（熊毅，1958；李庆逵，1985）。本节简要介绍我国红壤区土壤的黏土矿物组成、变异因素及其与肥力的关系。

一、红壤的矿物组成

（一）层状硅酸盐矿物

我国红壤区气温高、雨量充沛，风化、淋溶作用强烈，土壤中的矿物以难以风化的石英和结构简单的 1∶1 型层状硅酸盐矿物和氧化物矿物为主，2∶1 型矿物及结构更为复杂的矿物的含量则相对较少。我国红壤区的主要类型土壤的矿物组成如表 5-1 所示，这些土壤的矿物组成具有明显的纬度地带性变化和海拔高度变化（李庆逵，1985），其中层状硅酸盐矿物主要包括高岭石、蒙脱石、蛭石、水云母和绿泥石等。山地黄棕壤中主要含有水云母和蛭石，表层常有蒙皂石出现。山地黄壤则以高岭石、蛭石和三水铝石为特征矿物。红壤中水云母迅速减少，高岭石逐渐增多，氧化铁矿物含量显著增加。到了赤红壤中，水云母消失殆尽，高岭石占绝对优势，三水铝石偶尔出现。砖红壤中氧化铁矿物含量大增，其他黏土矿物组成与赤红壤类似，但数量上有变化，三水铝石只出现于基性岩古风化壳上发育的砖红壤。随着水热作用的加强，黏粒含量和高岭石的结晶度逐渐增高，而矿物的硅铝率、钾含量则逐渐降低。

表 5-1 红壤区几种主要类型土壤的矿物组成

土壤类型	主要矿物组成	分布区域
砖红壤	以高岭石、三水铝石和赤铁矿为主	台湾南部、海南、雷州半岛和西双版纳
赤红壤	以高岭石为主，伴有针铁矿、三水铝石	广东沿海、广西西南、福建南部、台湾南部和云南南部
红壤	以高岭石为主，伴有蛭石、水云母，有少量针铁矿	长江以南丘陵区，包括江西、湖南两省大部，云南南部、湖北东南部、广东北部、广西北部、福建北部和贵州、四川、浙江、安徽、江苏、西藏南部

（续）

土壤类型	主要矿物组成	分布区域
黄壤	以蛭石或高岭石为主，伴有三水铝石	全国高原、山地均有，以四川、贵州两省为主
燥红壤	以高岭石为主，有少量蒙脱石	海南西部及云南元江河谷等地
紫色土	以水云母、蒙脱石、绿泥石为主	四川红色盆地及其他省份部分丘陵地区
石灰土	以水云母、蛭石为主	广西、贵州、云南境内
水稻土	以高岭石、水云母、蒙皂石为主，伴有铁氧化物	全国山地、丘陵谷底及冲积平原

下面对这些矿物的组成、结构和特征进行简要介绍。

层状硅酸盐是具有层状晶体结构和片状晶型的硅酸盐矿物，其基本结构单元由硅氧四面体（硅片，$n\,[Si_4O_{10}]^{4-}$）与铝/镁氧八面体（铝/镁片，$n\,[Al_4(OH)_{12}]$ 或 $n\,[Mg_6(OH)_{12}]$）组成。硅片中的 Si^{4+} 可被 Al^{3+} 同晶置换，会使四面体片带上永久负电荷；而八面体片中的 Al^{3+} 可被 Fe^{2+}、Ni^{2+}、Zn^{2+} 等置换而使其带上永久负电荷。四面体片和八面体片以 1:1 或 2:1 的比例组合形成矿物的单元晶层（即单位晶胞），单元晶层之间再通过范德华力、静电作用和氢键等作用力连接形成 1:1 型或 2:1 型层状硅酸盐矿物。不同离子的同晶置换、不同比例的晶片组合、不同的晶层结构和连接方式导致出现不同类型的层状硅酸盐矿物。红壤中几种常见的层状硅酸盐矿物的类型和结构特征见表 5-2。

表 5-2　红壤中几种常见的层状硅酸盐矿物（周健民等，2013）

矿物	单位化学式	结构特征
高岭石	$Al_2[Si_2O_5](OH)_4$	1:1 型，即晶层由一层硅片和一层铝片重叠而成，层间间距 $d \approx 0.72\ nm$，层电荷数几乎为 0
埃洛石	$Al_2[Si_2O_5](OH)_4 \cdot 2H_2O$	同高岭石，但晶层之间有一层水分子，$d_{(001)} \approx 1.01\ nm$，层电荷数几乎为 0
蒙脱石	$M_{0.33}Al_{1.67}(Mg,Fe^{2+})_{0.33}[Si_4O_{10}](OH)_2$	2:1 型，晶层由两层硅片夹一层铝片重叠构成，层间由水化阳离子（Ca^{2+}、Mg^{2+}、Na^+ 等）占据，$d_{(001)} = 1.0 \sim 2.0\ nm$，层电荷数为 0.2～0.6
蛭石	$M_{0.74}(Al_{1.4}Mg_{0.3}Fe_{0.3}^{3+})[Si_{3.56}Al_{0.44}O_{10}](OH)_2$	2:1 型，硅片中部分 Si 被 Al 替换，层间有水化阳离子，但常被 K 和 $Al(OH)_x$ 物质占据，$d_{(001)} = 1.0 \sim 1.4\ nm$，层电荷数为 0.6～0.9
水云母	$M_{0.74}(Al_{1.53}Fe_{0.22}^{3+}Fe_{0.03}^{2+}Mg_{0.28})[Si_{3.4}Al_{0.6}O_{10}](OH)_2$	2:1 型，硅片中部分 Si 被 Al 置换，铝片中少量 Al 被 Fe、Mg 替代，层间主要被水化阳离子（主要是 K，也存在 Ca、Mg 等）占据，$d_{(001)} \approx 1.0\ nm$，层电荷数为 0.6～1.0
绿泥石	$([(Mg,Fe^{2+})_{3-x}Al_x(OH)_6]^{x+})[(Mg,Fe^{2+})_3(Si_{4-x}Al_x)O_{10}(OH)_2]^{x-}$	2:1 型，晶层间由一层带正电荷的氢氧化物八面体水镁片 $[Mg_6(OH)_{12}]$ 占据，硅片中的 Si 和镁片中的 Mg 被 Al 所替代，$d_{(001)} = 1.4\ nm$，层电荷数不定

注：M 代表层间金属阳离子。

高岭石是 1:1 型层状硅酸盐矿物，即其单位晶胞由一层硅片和一层铝片组成。高岭石几乎不发生同晶置换，因此层电荷为零。但高岭石的晶体结构表面断键处的羟基或颗粒表面的羟基发生质子化或去质子化，从而使其表面带电。高岭石层间由氢键紧密连接，无水分子和阳离子，因而层间距固定，层间距约为 0.72 nm。单粒微观形貌为六角板状，呈书本状或蠕虫状结构。暴露于环境中的表面以外表面为主，比表面积 $7 \sim 30$ m²/g。埃洛石的基本成分和结构与高岭石相同，但其晶层之间存在一层水分子，使层间距扩大，层间距为 1.01 nm。埃洛石的微观形态为管状、条板状或球状。高岭石和埃洛石在湿热气候条件下容易形成，是砖红壤、赤红壤和红壤的主要黏土矿物，是热带和亚热带土壤的一种指示矿物。

蒙脱石是 2∶1 型层状硅酸盐矿物，单位晶胞为两个四面体硅片夹一个八面体铝片的"三明治"结构。蒙脱石的八面体中的 Al^{3+} 会被 Mg^{2+} 或 Fe^{2+} 置换，使其带上永久负电荷，层电荷数为 $0.2 \sim 0.6$。层间阳离子主要为水化程度较高的 Ca^{2+}、Mg^{2+}、Na^+ 等交换性阳离子，这使蒙脱石层间能在潮湿条件下吸附大量水分子，引起晶层膨胀，而在干燥条件下则失水收缩，层间距为 $1.0 \sim 2.0$ nm。蒙脱石层间的膨胀性使其具备很大的内表面，总比表面积比高岭石高很多，可达 $600 \sim 800$ m²/g。蒙脱石在风化程度高的土壤中很少被发现，主要分布于风化程度较低的紫色土、燥红壤、水稻土等土壤之中。

蛭石属于 2∶1 型层状硅酸盐矿物，单位晶胞与蒙脱石类似，它有三八面体和二八面体两种，土壤中以后者为主。二八面体蛭石的硅片和铝片均会发生同晶置换，硅片中的 Si^{4+} 常被 Al^{3+} 取代，是蛭石层电荷（$0.6 \sim 0.9$）的主要来源。层间主要为 Ca^{2+}、Mg^{2+} 等水化阳离子，但也存在键合力强的 K^+ 和 $Al(OH)x$ 等堵塞物质，导致蛭石与蒙脱石一样具有膨胀性，但膨胀性限制于两层水分子之间，层间距为 $1.0 \sim 1.4$ nm。蛭石以内表面为主，总比表面积可达 $50 \sim 800$ m²/g。在各类土壤中均能发现蛭石的存在，但它主要分布于黄壤这种风化不太强的温带、亚热带以及排水良好的土壤中。风化作用强时，蛭石会进一步分解为高岭石；排水不良时，则会向蒙脱石类矿物转化。

水云母为 2∶1 型层状硅酸盐矿物，单位晶胞的基本结构也与蒙脱石类似，但硅片中 1/6 的 Si^{4+} 被 Al^{3+} 置换，铝片中少量 Al^{3+} 也被 Fe^{2+}、Mg^{2+} 替代，层电荷数为 $0.6 \sim 1.0$。晶层间阳离子以 K^+ 为主，但亦有 Ca^{2+}、Mg^{2+} 等水化阳离子；K^+ 键合力强，导致水云母在水中不膨胀，层间距固定，约为 1.0 nm。水云母颗粒厚大，呈片状，比表面积为 $70 \sim 120$ m²/g，以外表面为主。水云母广泛存在于除砖红壤和赤红壤外的各类土壤中，是干旱、半干旱地区土壤中的主要黏土矿物。

绿泥石为 2∶1 型层状硅酸盐矿物，其晶体结构与水云母类似，但其晶层间不是由 K^+ 等阳离子而是由氢氧化物八面体（通常为水镁片 $[Mg_6(OH)_{12}]$）占据。硅片中的 Si^{4+} 和水镁片中的 Mg^{2+} 会被 Al^{3+} 取代，这恰好使 2∶1 型晶层整体带负电荷而使层间氢氧化物八面体带正电荷，二者之间由于静电引力而连接在一起。除静电引力外，它们之间还存在氢键，从而导致绿泥石失去膨胀性，晶层间距为 1.4 nm。由于正负电荷的中和，绿泥石层净负电荷数也很低。土壤中的绿泥石是风化初期的黏土矿物，其组成和结构多继承自母质，主要存在于发育程度低的紫色土和高寒的高原和山地土壤之中。

(二)氧化物矿物

氧化物矿物是除层状硅铝酸盐外，土壤黏粒矿物的重要组成部分，包括铁、铝、锰、钛、硅等的氧化物及其水合物以及水铝英石类等非晶质、非层状的硅铝酸盐。土壤中最为常见的是铁、铝氧化物矿物。它们的基本结构单元都是由 6 个 O^{2-} 或 OH^- 包围 Fe 或 Al 构成的八面体。八面体按照不同的排列和连接方式形成不同类型的铁、铝氧化物矿物。我国红壤中常见的几种氧化物矿物包括赤铁矿、针铁矿、水铁矿和三水铝石，其基本结构特征见表 5-3。

表 5-3 红壤中常见的几种氧化物矿物（于天仁，1987；周健民等，2013；王小明，2015）

矿物	单位化学式	结构特征
针铁矿	α-FeOOH	单位晶胞为八面体，O^{2-} 和 OH^- 作六方最密堆积，每 3 个八面体空穴有两个被 Fe^{3+} 所占领，含 Fe^{3+} 的八面体各以 4 条共棱方式与旁边 4 个八面体连接形成平行于 c 轴的双链
赤铁矿	α-Fe₂O₃	单位晶胞为 Fe^{3+} 与 O^{2-} 组成的 FeO_6 八面体，氧原子作六方最紧密堆积形成八面体，每 3 个八面体空穴有两个被 Fe^{3+} 所占领，并以八面体共面的方式构成两个含 Fe^{3+} 的实心八面体与 1 个不含 Fe^{3+} 的空心八面体相间排列的柱体

（续）

矿物	单位化学式	结构特征
水铁矿	$Fe_{10}HO_{15} \cdot 9H_2O$	水铁矿基本单元结构与赤铁矿相似，氧原子作六方最紧密堆积，但结构中阴离子排列有序度较低，其中 Fe^{3+} 的含量少，而被 H^+ 代替，部分 O 为 H_2O 置换。它属于铁氧化物转化过程中的过渡性产物，化学组成自 $Fe_2O_3 \cdot 3H_2O$ 到 Fe_2O_3 之间都有可能。根据衍射条数，可分为结晶尺寸较小的两线水铁矿和结晶尺寸较大的六线水铁矿
三水铝石	$\gamma\text{-}Al(OH)_3$	单位晶胞为 Al^{3+} 与 OH^- 组成的二八面体片，其中 OH^- 紧密堆积形成八面体，每3个八面体空穴有两个被 Al^{3+} 所占领，余下 1/3 八面体孔隙为空位。相邻两片八面体平行重叠，互为镜像

针铁矿（$\alpha\text{-}FeOOH$）是晶胞中氧原子作 α 型六方最紧密堆积的斜方晶系铁氧化物，其结构中每个 $FeO_3(OH)_3$ 八面体以共棱方式平行于 c 轴连接成双链。上下左右四条八面体双链，通过共用角顶氧而连接围成一个通道，通道之间由氢键连接。晶体平行于 c 轴呈针状、柱状并具纵纹，或平行于 b 轴呈薄板状或鳞片状。晶体的集合体一般为具有同心层和放射状纤维构造的球状、钟乳状或块状。针铁矿的颜色呈黄色、黄棕色，有金属光泽。针铁矿的热力学稳定性高，是土壤中最常见的一种氧化铁矿物，多出现在温暖、湿润的温带和亚热带土壤中以及湿润而氧化势较高的土壤中。在土壤剖面中的亚表层以及锈斑、锈纹和铁结核中也经常可见针铁矿。天然的针铁矿中普遍存在同晶置换，即部分 Fe^{3+} 被 Al^{3+} 取代，土壤发育程度越强，被 Al^{3+} 替代的数量越多，最高可达三分之一。土壤中针铁矿的形成主要通过两种途径：一种是亚铁在有氧的情况下氧化为三价铁，亚铁或源自环境中的含亚铁矿物（如硅酸亚铁、硫化亚铁和碳酸亚铁等），或源自微生物对三价铁的还原；另一种途径是由不稳定的水铁矿老化形成。

赤铁矿（$\alpha\text{-}Fe_2O_3$）是晶胞中氧原子面垂直于 c 轴作六方最紧密堆积的六方晶系氧化铁矿物。晶体常呈板状；集合体通常呈片状、鳞片状、肾状、鲕状、块状或土状等。呈暗红色，具有金属至半金属光泽。赤铁矿的热力学稳定性与针铁矿相当，也是土壤中常见的氧化物，多见于热带亚热带高度风化的土壤以及干燥而有较强氧化势的表层、胶膜以及灰化层之中，是砖红壤中的主要铁氧化物。在土壤中，赤铁矿很少单独存在，通常会与针铁矿胶结在一起。与针铁矿类似，赤铁矿晶体结构中的 Fe^{3+} 会被 Al^{3+} 同晶置换，但置换数量比前者要少。

水铁矿（$Fe_{10}HO_{15} \cdot 9H_2O$）结构与赤铁矿相似，是氧原子作六方最紧密堆积的六方晶系铁氧化物，但其准确结构至今还未被完全弄清。水铁矿结晶程度很低，其 X 射线衍射光谱带很弱，通常会出现 2 条或 6 条。据此定义为二线（结晶尺寸较小）和六线（结晶尺寸较大）水铁矿。水铁矿通常为球形颗粒，呈红棕色。水铁矿的结构在热力学上处于不稳定状态，容易向更为稳定的氧化物转化，属于过渡性矿物。在热带、亚热带气候条件下它可转变为赤铁矿，而在潮湿温带气候条件下则转变为针铁矿。水铁矿主要存在于寒温气候和富含有机质的土壤中以及热带雨林气候条件下土壤的 A 层。

三水铝石 [$\gamma\text{-}Al(OH)_3$] 的单位晶胞为 Al^{3+} 与 OH^- 组成的二八面体片，相邻两片八面体平行重叠，互为镜像，是一种单斜晶系铝氧化物。三水铝石颗粒常呈六边板状，无色或浅黄褐色。三水铝石的热力学稳定性很高，是土壤中普遍存在的铝氧化物，主要分布于热带亚热带的酸性土壤（如砖红壤）中。三水铝石是土壤高度风化的产物，在矿物风化序列中，它位于高岭石之后。因此，其含量被视为土壤脱硅作用或富铝化风化作用强弱的标志。

（三）红壤黏土矿物的表面性质

层状硅酸盐和氧化物是土壤胶体的主要组分，它们的尺寸通常处于微米甚至纳米级。因此，具有胶体或纳米颗粒的特性，展现出活跃的表面化学性质。这些表面性质决定了土壤颗粒与土壤溶液中各种离子（包括质子）、无机和有机分子以及其他无机有机胶体的界面的相互作用，从而影响养分元素、污染物以及微生物等在土壤中的转化、滞留和迁移，是土壤具有肥力、对污染物有自净能力和环境容量的根本原因（李学垣，2001）。黏土矿物的重要表面性质主要包括比表面积、表面基团类型和浓度及表面电荷性质等。

1. 比表面积

颗粒尺寸小是黏土矿物能展现表面性质的本质原因，也是它们区别于土壤中其他大尺寸（如原生矿物）矿物的主要特点。如赤铁矿和针铁矿的尺寸为纳米级，无论是透射电镜显示的实际尺寸还是在悬浮液中的水合粒径，前者都比后者小（图5-1）。除尺寸外，更为重要的指标是比表面积，因为除了颗粒尺寸所暴露的外表面，很多矿物，特别是层状硅酸盐矿物拥有内表面。比表面积指的是单位质量矿物的内、外表面积之和。内表面通常产生于膨胀性黏土矿物的层间，比如蒙脱石、蛭石就拥有较大的内表面积，而非膨胀性的高岭石和铁铝氧化物等就只有外表面。比表面积大意味着矿物与环境的接触面多，暴露的表面基团数量多，而表现出强的反应活性。无定形矿物往往拥有比晶体矿物更大的比表面积，因此具有更高的反应活性。当它们向晶体转化时，比表面积将急剧减小，反应性能通常也相应下降。比如弱晶质的水铁矿对磷酸根的最大吸附量可达 $1\,514\,\mu mol/g$，但当其转化为针铁矿晶体时，最大吸附量锐减至 $71\,\mu mol/g$，二者比表面积的差距（水铁矿比表面积为 $348\,m^2/g$，而针铁矿仅为 $44\,m^2/g$）是造成吸附量下降的主要原因（王小明，2015）。

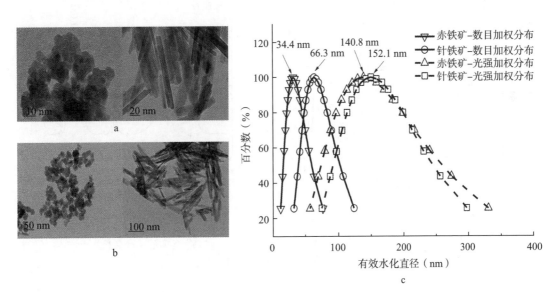

图5-1　赤铁矿和针铁矿的透射电镜图及其有效水化直径（动态光散射技术测定）（许晨阳，2016）

a. 赤铁矿透射电镜图　b. 针铁矿透射电镜图　c. 有效水化直径

2. 表面基团类型和浓度

矿物晶体内部结构稳定，晶格中的原子无法直接与外部环境接触，因此是惰性的；但与外界直接接触的表面（包括内表面和外表面）上的原子往往具有反应活性。层状硅酸盐和金属氧化物表面存在数量可观的不饱和羟基，这些羟基可与环境中的质子、离子、分子甚至无机和有机胶体在微界面上发生吸附-解吸、沉淀-溶解、氧化-还原、分散-团聚等反应，这是黏土矿物展示宏观反应活性的微观物质基础。

黏土矿物表面的基团根据活性大致可分为硅氧烷型和水合氧化物型。如 2:1 型层状硅酸盐矿物是八面体铝氧片或镁氧片夹在两层硅氧四面体片间的"三明治"结构，它暴露在外的基面是硅氧烷（ $\equiv Si—O—Si\equiv$ ），故称为硅氧烷型表面。1:1 型的高岭石类矿物则只有一半的基面是硅氧烷型。硅氧烷型表面不易解离，是疏水性表面，性质相对惰性。但当四面体中的 Si^{4+} 部分地为 Al^{3+} 所置换时，硅氧烷型表面发生转化，产生净负电荷，活性大大增强。

水合氧化物型表面则是黏土矿物表面产生的由金属和羟基组成的表面，即 M—OH，M 为 Si、Al或 Fe，分别形成硅烷醇基、铝醇基或铁醇基。各类金属氧化物及其水合物和 1:1 型的高岭石类矿物的羟基铝层基面均是水合氧化物型表面。有些表面本身不是水合氧化物型的表面，但可在两种情况下形成 M—OH：①同晶置换，如 1∶1 型矿物的硅片发生 Si→Al 同晶置换，硅氧烷表面直接转化为铝醇基表面；②矿物晶格边缘断键，如晶格在硅层（Si—O—Si）或铝层（Al—O—Al）截面上断裂，Si—O—Si 和 Al—O—Al 断裂后，断面上留下 Si—O⁻ 和 Al—O⁻，形成硅烷醇基或铝醇基。对于同一类型的 M—OH，其反应活性因其配位环境不同而差异巨大。一个表面—OH 可能会与一个、两个或三个 M 配位，分别定义为单配位、双配位和三配位羟基，或分别称为 A 型、C 型和 B 型羟基（周健民等，2013）。单配位羟基负电性较强，具有路易斯碱性；三配位羟基正电性较强，具有路易斯酸性；双配位羟基则介于二者之间。单配位羟基往往活性最高，而双配位羟基相对有惰性。水合氧化物型表面的羟基直接与 Si、Fe、Al 等的离子结合，也可以通过氢键与吸附水结合，这是水合氧化物型表面羟基与硅氧烷型表面惰性氧的显著区别。与硅氧烷型表面不同，水合氧化物型表面是极性亲水性表面。

黏土矿物的表面基团类型可由红外光谱定性鉴别，然后通过酸碱滴定结合表面络合物模型可以定量区分不同类型基团的浓度。红壤区几种典型黏土矿物的红外光谱（FTIR）如图 5-2 所示，包括高岭石、蒙脱石、针铁矿、赤铁矿和三水铝石。

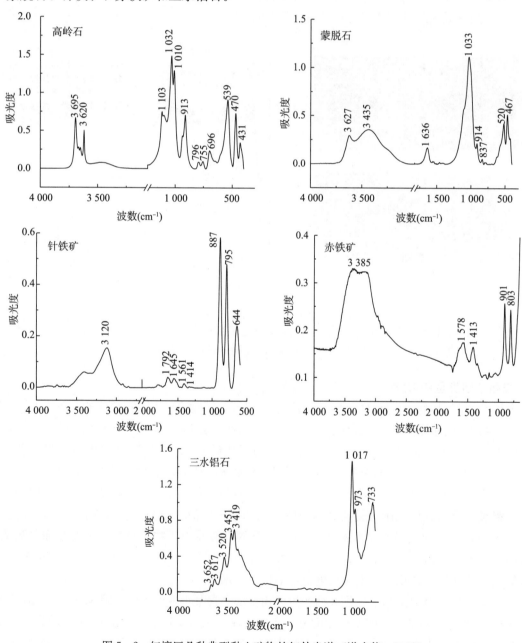

图 5-2　红壤区几种典型黏土矿物的红外光谱（洪志能，2012）

高岭石的 FTIR 图谱中吸收峰强度最高的 1 032 cm^{-1} 和 1 010 cm^{-1} 属于 Si—O 面内伸缩振动，913 cm^{-1} 和 3 620 cm^{-1} 为内羟基中 O—H 弯曲振动，3 695 cm^{-1} 来自内表面羟基 O—H 弯曲振动。与高岭石类似，蒙脱石光谱中最强的吸收峰来自 1 033 cm^{-1} 处的 Si—O 弯曲振动；除此之外，其他明显的吸收峰来自羟基振动：914 cm^{-1} 处吸收峰归属 Al—OH 弯曲振动，837 cm^{-1} 为 Mg—OH 弯曲振动，3 627 cm^{-1} 处为结构 O—H 伸缩振动，1 636 cm^{-1} 处属于 O—H 弯曲振动。针铁矿图谱中 3 120 cm^{-1} 处吸收峰为结构 O—H 伸缩振动，1 645 cm^{-1} 处为 O—H 的弯曲振动，887 cm^{-1} 和 795 cm^{-1} 处尖锐吸收峰分别源自表面 Fe—OH 基团向面内和面外的弯曲振动。

对这 3 种黏土矿物进行进一步的酸碱滴定分析（洪志能，2012），结果如图 5-3 所示。图中纵坐标为黏土矿物表面消耗的净质子浓度，与基团总浓度正相关；而曲线斜率的绝对值则指示了黏土矿物的酸碱缓冲能力。水无缓冲能力，因此其滴定曲线几乎重合于横坐标。黏土矿物中，蒙脱石的缓冲性最强，高岭石次之，针铁矿的 pH 缓冲能力最弱。黏土矿物的几种表面羟基都是既能结合质子又能释放质子。运用多位点表面络合物模型，假设 3 种黏土矿物表面有多种两性位点，对酸碱滴定数据进行拟合。拟合结果（表 5-4）显示 3 种矿物表面均有 3 种不同活性的羟基。高岭石表面第一类、第二类和第三类羟基的酸离解常数（pK$_{酸性}$，pK$_{碱性}$）分别为（3.36，7.63）、（5.79，6.27）和（1.78，9.27），蒙脱石为（3.54，9.92）、（3.25，7.53）和（3.21，9.38），针铁矿为（2.15，11.18）、（4.22，5.99）和（8.42，9.91）。比较各类位点数量，高岭石表面以第三类（71%）羟基为主，蒙脱石以第一（51%）和第三类（35%）羟基为主，而针铁矿以第一类（83%）羟基为主。

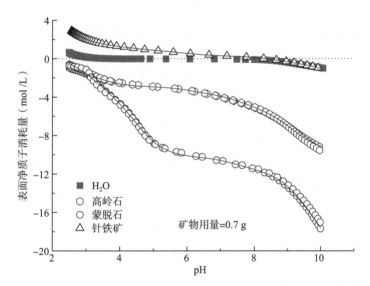

图 5-3　红壤区几种典型黏土矿物高岭石、蒙脱石和针铁矿的酸碱滴定曲线

注：图中散点为实验数据，实线为表面络合物模型拟合曲线。

表 5-4　红壤区几种典型黏土矿物高岭石、蒙脱石和针铁矿表面羟基的解离常数和浓度

（酸碱滴定结合表面络合物模型计算）（洪志能，2012）

矿物	表面羟基解离反应	pKa		浓度（×10^{-4} mol/g）	
		平均值	SE	平均值	SE
高岭石	$>R_1H_2^+ =>R_1H+H^+$	3.36	0.03	0.830	0.020
	$>R_1H =>R_1^- +H^+$	7.63	0.05		
	$>R_2H_2^+ =>R_2H+H^+$	5.79	0.11	0.210	0.015
	$>R_2H =>R_2^- +H^+$	6.27	0.18		
	$>R_3H_2^+ =>R_3H+H^+$	1.78	0.03	2.510	0.010
	$>R_3H =>R_3^- +H^+$	9.27	0.01		

（续）

矿物	表面羟基解离反应	pKa		浓度（$\times 10^{-4}$ mol/g）	
		平均值	SE	平均值	SE
蒙脱石	$>R_1H_2^+ = >R_1H+H^+$	3.54	1.39	2.670	0.120
	$>R_1H = >R_1^- +H^+$	9.92	0.03		
	$>R_2H_2^+ = >R_2H+H^+$	3.25	1.80	0.710	0.030
	$>R_2H = >R_2^- +H^+$	7.53	0.19		
	$>R_3H_2^+ = >R_3H+H^+$	3.12	0.07	1.865	0.085
	$>R_3H = >R_3^- +H^+$	9.38	0.05		
针铁矿	$>R_1H_2^+ = >R_1H+H^+$	2.15	0.04	2.685	0.120
	$>R_1H = >R_1^- +H^+$	11.18	0.27		
	$>R_2H_2^+ = >R_2H+H^+$	4.22	0.05	0.285	0.004
	$>R_2H = >R_2^- +H^+$	5.99	0.05		
	$>R_3H_2^+ = >R_3H+H^+$	8.42	0.20	0.275	0.065
	$>R_3H = >R_3^- +H^+$	9.91	0.96		

注：$>R_1$、R_2、R_3 分别表示第一类、第二类、第三类表面羟基位点。

3. 表面电荷性质

除了拥有表面羟基，黏土矿物表面另一重要的特征是具有表面电荷。表面电荷的产生有两大原因：一是同晶置换，对层状硅酸盐矿物来说，晶体中高价阳离子被低价阳离子置换产生晶层电荷（表 5-2）；对铁氧化物来说，其八面体中的 Fe^{3+} 被 Al^{3+} 等金属离子同晶置换。红壤中黏土矿物同晶置换的常见金属元素如表 5-5 所示。非等价离子的同晶置换（如 Si^{4+} 被 Al^{3+} 取代，Al^{3+} 被 Fe^{2+} 或 Mg^{2+} 取代）会使矿物结构中电荷失去平衡，产生剩余电荷。剩余电荷数量取决于同晶置换数量，与外界环境（如 pH 和离子强度等）无关，因此被称为永久电荷。二是表面羟基，特别是水合氧化物型表面羟基的质子化/去质子化。这些表面羟基往往是两性的，既能缔合质子，又能释放质子。当溶液 pH 很低、羟基质子化时，矿物表面带正电（$>M-H^0+H^+ = >M-OH_2^+$）；当 pH 较高时，它们又释放质子，使表面带负电荷（$>M-H^0 = >M-O^- +H^+$，$H^+ +OH^- = H_2O$）。这类起源的表面电荷的符号和数量高度依赖溶液 pH 和离子强度等外界条件，因此被称为可变电荷。

表 5-5　红壤中黏土矿物同晶置换的金属元素（李学垣，2001）

黏土矿物类型	参与置换的金属元素
水云母	Mg，Al，V，Co，Ni，Cr，Zn，Cu，Pb
蛭石	Mg，Al，Ti，Mn，Fe
蒙皂石	Mg，Al，Ti，V，Cr，Mn，Fe，Co，Ni，Cu，Zn，Pb
铁氧化物	Al，V，Mn，Ni，Cu，Zn，Mo，Ti

黏土矿物表面电荷性质可以用阳离子交换量和动电电位这两个参数指示。阳离子交换量（cation exchange capacity，CEC）指在 pH 为 7 的条件下黏土矿物所吸附的 K^+、Na^+、Ca^{2+}、Mg^{2+} 等阳离子的总量（周健民等，2013）。CEC 越大表示矿物所带负电量越大，其水化、膨胀和分散能力越强，反之，其水化、膨胀和分散能力越差。负电荷有永久电荷和可变电荷之分，由其导致的阳离子交换量因此也可分为永久交换量（CEC_p）和可变交换量（CEC_v）。表 5-6 列举了我国红壤中的几种黏土矿物的阳离子交换量。大体上，拥有较多永久电荷的 2：1 型层状硅酸盐 CEC 最高，其次是 1：1 型矿物，铁铝等金属氧化物本身在环境中通常带正电荷，对阳离子的吸附能力非常弱，因此其 CEC 接近零。

表5-6　我国红壤中的几种黏土矿物的阳离子交换量（黄昌勇等，2010）

矿物类型	CEC（cmol/kg）	矿物类型	CEC（cmol/kg）
蛭石	100~150	高岭石	3~15
蒙脱石	70~95	铁铝氧化物	2~4
水云母	10~40		

动电电位通常被称为 Zeta 电位，指的是当胶体悬液中的带电颗粒在电场中发生运动时，固相颗粒表面上的液体固定层与液体可移动部分之间的分界面（滑动面）上的电位。Zeta 电位反映的是黏土矿物颗粒携带的总电荷情况，既包含了永久电荷，又考虑了可变电荷。因此，它的大小和符号不仅取决于颗粒的本性，也受溶液 pH 和离子强度等条件的影响。Zeta 电位的绝对值随体系离子强度的增加而减小（图5-4）。当胶体颗粒表面带可变电荷时，Zeta 电位会随体系 pH 的升高向负值方向位移（图5-4）；当 Zeta 电位为 0 时，所对应的 pH 称为等电点。层状硅酸盐黏土矿物的等电点大多< 4，而铁铝氧化物等电点＞8，如图5-4所示，高岭石和蒙脱石的等电点约为2，而针铁矿的等电点约为8.5。我国红壤区土壤的 pH 通常高于4，因此多数硅酸盐类黏土矿物表面带净负电荷，而氧化物带净正电荷，它们之间会因静电引力而胶结在一起，并对土壤的表面化学性质产生影响。

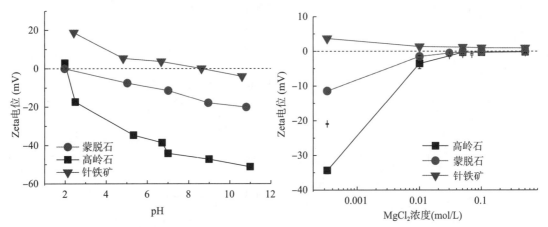

图5-4　红壤区几种典型黏土矿物高岭石、蒙脱石和针铁矿的 Zeta 电位（背景电解质为1mmol/L，KNO_3）（洪志能，2012）

二、影响红壤矿物变异的主要因素

（一）成土母质

我国红壤地区的土壤矿物组成具有明显的纬度地带性和海拔变化（表5-1）。影响矿物组成变异的主要因素之一是成土母质。

成土母质是岩石经过风化作用后，就地残积或搬运再积在地壳表面的可形成土壤的疏松堆积物。这个定义说明母质是土壤中矿物形成的物质基础。母质是五大成土因素之一，黏土矿物的形成经历了母质→原生矿物→次生矿物的风化顺序。因此，它直接决定原生矿物的形成，继而影响黏土矿物的生成。例如，花岗岩发育的土壤中石英较多，而玄武岩发育的土壤中石英则相对较少。在相同的成土环境下，盐基丰富的辉长岩发育形成的土壤中蒙脱石较多，但酸性花岗岩上形成的土壤的优势黏土矿物则为高岭石（黄昌勇等，2010）。

大量研究表明，黏土矿物的组成元素、结构和性质在不同程度上都继承自母质。郑喜坤等（2005）对浙江省29种母质和16种土类或亚类构成的69个母质-土类单元共149个土壤样品的矿物组成进行了分析，发现相同土类或亚类土壤的不同样品中矿物组成存在较大差异，而相同母质类型的不同土壤却含有相似的矿物种类，而且，相同母质不同样品中同一矿物含量的变化也较小，即土壤矿物组成和含量和母质具有高度相似性。据此，他们建议将成土母质作为划分土壤重金属污染评价单元的主要依据，将土壤类型作为辅助依据。

（二）土壤发育程度

除了母质，土壤的发育程度也是红壤土壤矿物变异的决定性因素。土壤的发育程度从广义上讲指的是土壤形成过程中各种成土因素对母质及土体作用的强度，即土壤发育的速度与阶段（周健民等，2013）。发育程度越强，矿物风化得越厉害，形成的黏土矿物的结构也越简单。红壤中涉及的黏土矿物风化由难到易顺序如下：石英（及方石英等）、云母（及白云母、绢云母等）、水云母、蒙脱石（及贝得石等）、高岭石（及埃洛石等）、三水铝石（及一水软铝等）、赤铁矿（及针铁矿、褐铁矿等）。因此，发育程度强的砖红壤主要的黏土矿物为1∶1型的高岭石（埃洛石）、三水铝石和赤铁矿，2∶1型矿物难觅踪影，但发育程度弱的山地黄棕壤中则含较多水云母、蛭石和蒙皂石（李庆逵，1985）。

发育于第四纪红土的4种土壤矿物组成的比较进一步说明了土壤发育程度对其黏土矿物组成的影响。图5-5为4种土壤的X射线衍射图。从图中可以看出，4种土壤都含有高岭石，它是热带和亚热带地区土壤的主要矿物组分，是这类土壤的共同特征。江西红壤、湖南红壤和贵州黄壤均含有一定量的水云母和蛭石等2∶1型黏土矿物，而广西红壤中未检出这2种2∶1型的矿物，说明广西红壤由于所处纬度较低，所遭受的风化、淋溶作用更强烈，风化程度高于其他3种土壤。

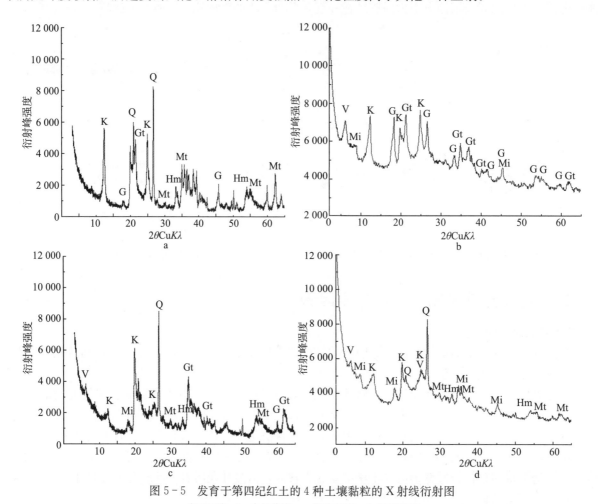

图5-5 发育于第四纪红土的4种土壤黏粒的X射线衍射图

a. 广西红壤　　b. 贵州黄壤　　c. 湖南红壤　　d. 江西红壤

V. 蛭石　　K. 高岭石　　Mi. 水云母　　Q. 石英　　G. 三水铝　　Gt. 针铁矿　　Hm. 赤铁矿　　Mt. 磁铁矿

4种土壤中的氧化物矿物组成也与土壤发育程度有关，它们均含三水铝石，黄壤含一定量的针铁矿，但没有检出赤铁矿和磁铁矿，而3种红壤中均含有一定量的赤铁矿和磁铁矿。这是因为黄壤采自贵州高原，这里云雾多、日照少、湿度大、冬无严寒、夏无酷暑、干湿季不明显，这样的气候条件有利于针铁矿等水合氧化铁的形成，不利于赤铁矿和磁铁矿的形成。这也是黄壤虽然所处纬度较低、但土壤中仍含有一定量的2∶1型黏土矿物的主要原因，同时也说明贵州黄壤的发育程度弱于广西红壤。

表5-7比较了由玄武岩发育、不同成土年龄土壤的黏土矿物组成，进一步说明土壤黏土矿物随土壤发育程度的演变。土壤原生矿物石英和云母的含量均随着成土年龄的增加而降低，说明随着土壤发育程度的增强，原生矿物逐渐风化转化为次生矿物。2∶1型硅酸盐矿物蒙皂石和高岭石与蒙脱石的混层矿物仅在成土1万年的土壤中存在，证明热带高温多雨条件导致土壤2∶1型黏土矿物发生强烈风化。埃洛石为水化高岭石，它的含量随成土年龄的增加而减少，说明随着土壤风化程度的加深，埃洛石逐渐脱水并转化为高岭石。高岭石和三水铝石是热带高度风化土壤的代表性矿物，在成土1万年的土壤中未检出这2种矿物，在133万年和229万年的土壤中，2种矿物随成土年龄的增加而增加，说明这2种矿物随土壤发育程度的增强而增加。不同成土年龄土壤矿物组成的变化很好地呈现了随着土壤发育程度的增强土壤矿物由原生矿物向次生矿物、由2∶1型矿物向1∶1型高岭石和三水铝石转化的过程。

表5-7　海南北部玄武岩发育的不同成土年龄土壤的黏土矿物组成（Jiang et al.，2011）

成土年龄（万年）	石英	云母	蒙皂石	高岭石-蒙脱石混层矿物	埃洛石	高岭石	三水铝石
1	5%～15%	少量	25%～35%	15%～25%	20%～30%	未检出	未检出
133	<5%	未检出	未检出	未检出	10%～20%	35%～45%	5%～15%
229	<5%	未检出	未检出	未检出	5%～15%	40%～50%	15%～25%

三、红壤的黏土矿物组成与肥力的关系

土壤肥力是土壤从营养条件（养分和水分）和环境条件（温度和空气）方面供应与协调作物生长的能力（黄昌勇等，2010）。黏土矿物组成从以下方面影响着土壤的肥力。

从养分方面来说，首先，黏土矿物直接为作物提供其生长所需的大量营养元素和微量营养元素。如云母、水云母和蛭石含K，它们是土壤有效钾的最基本来源，K是作物所需的大量营养元素。作物所需的S、Cu、B、Mn、Zn、Mo等微量元素一般也由矿物提供（表5-8）。但黏土矿物有时也会降低某些营养元素的有效性，如南方酸性土壤中铁铝氧化物含量高，它们对P的强烈固定会导致磷肥的积累，并大大降低作物对磷肥的利用率。其次，CEC高的黏土矿物能将养分阳离子暂时保持在层间或矿物表面，在作物需要的时候再释放出来，从而提高肥料的持久性。如蒙脱石可以保持大量的K、Mg、Ca等大、中量元素，同时也能吸附Cu、Zn、Fe等微量元素，维持土壤的保肥能力。CEC是评价土壤肥力的指标之一。

表5-8　黏土矿物中所含的微量元素（Sposito，2008）

黏土矿物	所含微量元素
铁铝氧化物	B, P, Ti, V, Cr, Mn, Co, Ni, Cu, Zn, Mo, As, Se, Cd, Pb
水云母	B, V, Ni, Co, Cr, Cu, Zn, Mo, As, Se, Pb
蒙皂石	B, Ti, V, Cr, Mn, Fe, Co, Ni, Cu, Zn, Pb
蛭石	Ti, Mn, Fe

从水分角度来看，黏土矿物的膨胀性和土壤黏粒含量对水分的吸持有重要影响。如土壤蒙脱石过多，则其水分保持能力就强，同时也意味着其排水性差。而高岭石含量高的土壤其吸湿能力相对较弱。其次，土壤质地是影响土壤水分特征曲线的关键因子，而黏土矿物（通常处于黏粒级）的含量是决定土壤质地的重要因素。当土壤中黏土矿物含量高时，则土壤黏重，导致其保水能力强、透水性差。

第二节 红壤表面电荷

土壤颗粒表面带有电荷是其具有丰富物理、化学行为的根本原因（李学垣，2001），土壤表面电荷性质制约着各种离子在土壤胶体表面的吸附-解吸行为，从而影响它们在土壤中的迁移转化及活性；表面电荷还影响土壤的膨胀与收缩及土壤胶体的分散与絮凝等。土壤中各粒径组分所带电荷数量和密度不同，一般而言，粒径小于 2 μm 的土壤胶体较粉粒、沙粒和砾石具有较小的物理尺寸、较高的比表面积和表面电荷密度，土壤大部分表面电荷集中于胶体部分，因此，研究土壤表面电荷时经常重点关注土壤胶体部分（黄昌勇等，2010）。

我国热带、亚热带地区分布着大面积的红壤。这些土壤发育于相对强烈的风化和淋溶条件下，在风化晚期，红壤的黏土矿物以高岭石、三水铝石、针铁矿、赤铁矿为主（Qafoku et al.，2004）。红壤表面同时带有正电荷和负电荷，表面电荷的大小和正负随环境条件如 pH 和离子强度的变化而变化，所以这类土壤又被称为可变电荷土壤。红壤含丰富的铁铝氧化物，在酸性条件下这些氧化物表面带净正电荷，这是红壤表面电荷的重要特点（于天仁等，1996；Qafoku et al.，2004）。

一、红壤表面电荷的特征

（一）土壤表面电荷的表征

表征红壤表面电荷常用的指标有正电荷量、负电荷量、净电荷量、电荷密度、阳离子交换量（CEC）、电荷零点（ZPC）、盐效应零点（PZSE）、可变电荷零点（pH_0）等。另外，土壤胶体的动电电位（ζ电位或 Zeta 电位）和等电点（IEP）也常被用来表征土壤表面的电荷状况。

正电荷量指某一 pH 时土壤表面所带正电荷的数量；负电荷量指某一 pH 时土壤表面所带负电荷的数量；净电荷量是指某一 pH 时土壤表面所带的正电荷与负电荷的代数和。当表面正电荷数量多于负电荷时，表面净电荷为正，反之，表面净电荷为负。红壤表面的正电荷一般随介质 pH 的升高而减少，而负电荷呈相反的变化趋势。当土壤表面正电荷数量与负电荷数量相等时，土壤表面净电荷为零，此时的 pH 称为土壤电荷零点，即 ZPC。此时颗粒间无相互作用，容易发生沉降且在电场下不移动。这一性质对土壤团聚体的形成和离子吸持非常重要。

除电荷量外，土壤表面电荷密度也是表征土壤电荷性质的常用指标，它是指单位面积的土壤胶体所带电荷的数量，由土壤表面电荷量和土壤颗粒的比表面积计算而得。土壤表面电荷通过数量和密度影响许多土壤化学性质，如土壤电荷数量决定其对离子吸附的数量，而电荷密度则决定土壤对离子吸附的牢固程度。

土壤和矿物的可变电荷量可以在不同离子强度的惰性电解质下，通过绘制电位滴定曲线求得，这些曲线在某一 pH 下的交点称为盐效应零点，即 PZSE。在这一 pH 下，盐浓度（离子强度）对表面电荷没有影响。pH_0 是土壤净可变电荷为零时的 pH。CEC、动电电位和等电点已在上一节中介绍，不再赘述。

目前测定矿物及土壤表面电荷性质的方法主要有离子吸附法、电位滴定法、动电电位法。在一定的 pH 条件下，让土壤对阴、阳离子（如 NH_4^+ 和 Cl^-）达到饱和吸附，然后用其他中性盐如 KNO_3 分别将吸附的阴、阳离子取代进入土壤溶液，测定溶液中阴、阳离子（如 NH_4^+ 和 Cl^-）的数量，可计算出土壤表面负电荷和正电荷的数量。该方法由 Schofield 于 1949 年创建并首次使用，也称 Schofield 法。图 5-6 是这方面的一个例证，砖红壤表面正电荷的数量随 pH 升高而减少，表面负电荷随 pH 升高而增多，表面净电荷随 pH 升高由正变负，土壤 ZPC 出现在 pH 为5.2 左右。

电位滴定方法主要用于测定可变电荷量。该方法最初是由 Atkinson 等于 1967 年建立的，用于测定氧化铁的表面电荷和电荷零点。将氧化铁在不同浓度的电解质溶液中进行酸碱滴定，因为 H^+ 和 OH^- 是

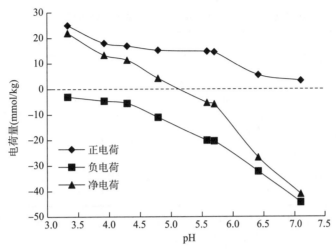

图 5-6　砖红壤表面正电荷、负电荷和净电荷

决定电位离子，在一定 pH 时氧化铁吸附的 H^+ 为该 pH 时的正电荷量，吸附的 OH^- 为负电荷量。不同离子强度下，滴定曲线相交于一点，为 PZSE，也是氧化物 ZPC。图 5-7 是这一方法的测定例证。赤铁矿的表面电荷随着介质 pH 的升高逐渐减少，并由正值变为负值。两种离子强度下滴定曲线交点处的 pH 为 8.2，为赤铁矿的 ZPC。1972 年 van Raij 和 Peech 将电位滴定方法引到土壤学中，但由于土壤中除了质子化反应外，矿物的溶解反应也消耗质子，因此将该方法用于实际土壤还存在问题。

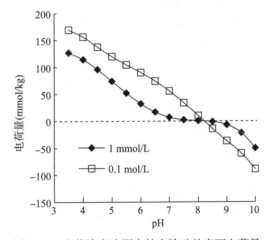

图 5-7　电位滴定法测定的赤铁矿的表面电荷量

　　醋酸铵法是测定土壤 CEC 的经典方法：一方面利用醋酸铵溶液的 pH 缓冲性能使测定过程中体系 pH 稳定在 7.0；另一方面，用 NH_4^+ 作为指示离子饱和吸附到土壤表面的负电荷位得到的 CEC 数值代表土壤在 pH 为 7.0 时负电荷的总量。文献中有大量应用该方法得到的土壤 CEC 数据，该方法是一种常用的、被广泛接受的测定土壤负电荷总量的方法。

　　红壤表面既带可变电荷，也带有一定量的永久电荷。由于土壤永久正电荷的数量很少，因此对红壤的可变负电荷和永久负电荷进行区分对了解电荷的组成具有重要意义。近年来的研究发现，Cs^+ 吸附法能很好区分红壤的永久负电荷（也称为结构电荷）和可变电荷。先将红壤的表面负电荷位用 Cs^+ 饱和，然后分别用 Li^+ 和 NH_4^+ 连续取代土壤表面吸附的 Cs^+，分别代表土壤表面的可变负电荷和永久负电荷。表 5-9 中列出了几种土壤的测定结果，并与醋酸铵法测定的 CEC 结果进行比较。相关性分析结果表明，Cs^+ 吸附法测得的土壤表面负电荷总量与醋酸铵法测得的土壤 CEC 之间极显著相关。用 Cs^+ 吸附法测定土壤表面负电荷数据与经典 NH_4OAC 法的测定结果相近，说明测定结果可靠。因此，可以用 Cs^+ 吸附法区分土壤表面的永久负电荷与可变负电荷。

表 5 - 9　NH₄OAC 和 Cs⁺ 吸附法测定的土壤表面负电荷量（姜军等，2012）

土壤	层次（cm）	CEC（cmol/kg）	Q_{0Cs}（cmol/kg）	Q_{vCs}（cmol/kg）	$Q_{0Cs}+Q_{vCs}$（cmol/kg）
广西柳州红壤	0～20	6.36	2.20	3.88	6.08
	20～60	4.86	2.30	3.96	6.26
	60～120	4.49	2.34	4.61	6.95
贵州贵阳黄壤	110～130	12.79	4.08	5.72	9.80
湖南长沙红壤	0～20	10.41	4.98	4.02	9.00
	20～60	9.88	4.55	4.27	8.82
	60～160	10.09	4.18	4.57	8.75
江西进贤红壤	80～150	10.36	4.81	4.28	9.09

　　注：CEC 为 NH₄OAC 法测定的土壤阳离子交换量；Q_{0Cs}、Q_{vCs}、$Q_{0Cs}+Q_{vCs}$ 为 Cs⁺ 吸附法测定的永久负电荷、可变负电荷和表面负电荷总量。

（二）主要类型红壤的表面电荷特征

1. 几种红壤表面负电荷的比较

　　根据土壤表面电荷的性质和起源，可将它分为永久电荷和可变电荷。永久电荷起源于矿物晶格内部离子的同晶置换，同晶置换一般发生于矿物的结晶过程中，一旦晶体形成，它所具有的电荷就不再受外界环境（如 pH、电解质种类及浓度等）影响，所以被称为永久电荷、恒电荷或结构电荷，是 2∶1 型层状硅酸盐矿物表面负电荷的主要来源。

　　表 5 - 10 中给出了几种典型红壤和矿物的永久电荷量。为了便于说明，将黄棕壤和棕壤作为对照。结果表明，γ-Al₂O₃ 未检测出永久电荷，以 1∶1 型高岭石为主的高岭土，其永久电荷量仅为 1.92 cmol/kg，主要黏土矿物为蒙脱石的膨润土的永久电荷高达 57.58 cmol/kg。高岭石矿物和主要黏土矿物为氧化铁、氧化铝以及高岭石的海南和广西等低纬度地区高度风化的可变电荷土壤，含有 1.41～2.34 cmol/kg 的永久电荷。一般认为，可变电荷土壤趋向于等电点风化，最终风化产物为高岭石、三水铝石和铁氧化物等。因此，这些土壤中仅含有很少量的永久电荷（Qafoku et al.，2000）。江西进贤和安徽宣城第四纪红土发育的红壤含有 4.81 cmol/kg 和 5.51 cmol/kg 的永久电荷，这两种红壤除高岭石外，还含一定量的 2∶1 型层状硅酸盐矿物如水云母和蛭石等，其永久电荷量较高。而江苏南京黄棕壤的永久负电荷高达 10.50 cmol/kg，一般随着纬度的增加，土壤中 2∶1 型层状硅酸盐矿物的含量增加，永久负电荷量增加。而辽宁盘锦棕壤由于沙粒含量较高（68.9%），所以永久电荷量仅为 8.13 cmol/kg，这也证明了土壤表面电荷主要分布于胶体部分。另外，纬度相似的江苏南京的黄棕壤和安徽宣城的红壤的永久电荷量相差明显，分别为 10.50 cmol/kg 和 5.51 cmol/kg，而这两个地区的水热等影响土壤发育的自然条件相似。因此，母质不同也是土壤永久电荷存在差异的主要原因之一。

表 5 - 10　几种黏土矿物和土壤的表面负电荷（姜军等，2012；李学垣，2001）

土壤和矿物	采样深度（cm）	永久电荷（cmol/kg）	可变电荷（cmol/kg）	CEC（cmol/kg）	黏土矿物组成
γ-Al₂O₃	—	未检出		未检出	氧化铝
高岭土	—	1.92		2.00～15.00	高岭石
膨润土	—	57.58		80.00～150.00	蒙脱石
海南澄迈砖红壤	50～80	1.41	3.70	5.11	高岭石，埃络石，三水铝石
广西柳州红壤	60～160	2.34	2.15	4.49	高岭石，石英，三水铝石
江西进贤红壤	80～150	4.81	5.55	10.36	高岭石，石英，水云母，蛭石
安徽宣城红壤	0～20	5.51	4.38	9.89	水云母，蛭石，高岭石，石英
江苏南京黄棕壤	20～40	10.50	10.30	20.80	蒙脱石，水云母，蛭石，高岭石，石英，长石
辽宁盘锦棕壤	0～20	8.13	4.97	13.10	绿泥石，水云母，高岭石，蒙脱石，石英，长石

红壤表面部分电荷会随 pH、离子强度等环境条件而变化，这类电荷称为可变电荷。可变电荷的产生是由土壤固相表面从介质中吸附或向介质中释出 H^+ 所引起的，包括水合氧化物型表面对质子的缔合和解离以及有机物表面官能团的离解和质子化等。层状硅酸盐黏土矿物表面断键，1:1 型黏土矿物的 Al—OH 基面，晶质和非晶质铁、铝、锰的水合氧化物和氢氧化物等表面所带的电荷都是可变电荷。

从表 5-10 中还可以发现，pH 为 7.0 时这几种土壤的可变电荷在 2.15～10.30 cmol/kg，其中采自广西柳州的红壤和海南澄迈的砖红壤的可变电荷量最低，而江西进贤和安徽宣城的红壤的可变电荷量次之，江苏南京的黄棕壤的可变负电荷量最高。一般而言，各种铁铝氧化物的 ZPC 较高，如 Al_2O_3 的 ZPC 在 6.9～9.5，Fe_2O_3 在 6.5～8.5，因此，对南方酸性红壤而言，铁铝氧化物提供的可变电荷很少。而 2:1 型层状硅酸盐的硅氧烷型基面上因断键而产生的硅烷醇和 1:1 型层状硅酸盐黏土矿物的羟基铝层基面，由于质子的缔合和离解可以产生可变电荷，因此南京黄棕壤所含可变负电荷量最高，而江西和安徽的红壤次之。

2. 砖红壤剖面不同层次土壤的表面电荷特征

采用广东徐闻玄武岩发育的砖红壤的典型剖面研究不同层次土壤的表面电荷特征。土壤的基本性质见表 5-11。

表 5-11　供试土壤的基本性质（徐仁扣等，2010）

采样深度（cm）	有机质（g/kg）	全铁（g/kg）	游离氧化铁（g/kg）	铁游离度	CEC（mmol/kg）	ZPC	PZSE
3～18	22.3	161.6	140.9	0.87	99.7	3.45	4.20
18～38	9.9	180.4	146.8	0.81	87.8	4.50	4.86
38～70	7.9	171.6	152.4	0.89	84.5	4.40	4.70
70～100	5.8	241.3	220.3	0.91	64.3	4.80	6.05
100～120	5.7	237.5	205.4	0.86	68.7	5.00	6.65
120～160	5.2	192.0	147.9	0.77	83.4	4.65	6.27

该剖面土壤全铁含量在 161.1～241.3 g/kg，游离氧化铁含量在 140.9～220.3 g/kg，土壤的全铁和游离铁含量均很高，这也是玄武岩发育的土壤的共同特征。70～120 cm 的两个土层中全铁和游离铁含量明显高于其他层次，这主要与该剖面表层土壤有机质的含量很高有关。该剖面 0～3 cm 土层的有机质含量为 33.32 g/kg，3～18 cm 土层的有机质含量为 22.3 g/kg，在季节性水饱和的条件下，有机物导致土壤表层铁的还原和溶解，并沿剖面向下迁移，在 70～120 cm 土层富集。

铁的游离度（游离铁/全铁）是土壤发育程度的重要指标，铁的游离度越高，土壤遭受的风化和淋溶作用越强，土壤的发育程度越强。除 120～160 cm 土层铁的游离度相对较低外，其他层次土壤铁的游离度在 0.81 以上，在 0.86～0.91，说明该剖面土壤的发育程度较强，是典型的可变电荷土壤。土壤 CEC 小于 100 mmol/kg，除 3～18 cm 土层由于较多有机质对 CEC 的贡献使土壤 CEC 较高外，其他层次土壤的 CEC 均小于 88 mmol/kg，与土壤发育程度一致。70～120 cm 的两个土层的 CEC 明显低于其他土层的原因是大量氧化铁对土壤表面负电荷位的物理覆盖。

不同层次土壤表面正电荷、负电荷和净电荷随 pH 的变化趋势如图 5-8 所示。在 3.0～6.0 pH 范围内，随着采样深度的增加各层次土壤的正电荷量在 27.0～8.0 mmol/kg、36.0～10.2 mmol/kg、37.0～25.0 mmol/kg、59.0～15.0 mmol/kg、72.4～15.3 mmol/kg 和 58.2～28.0 mmol/kg；表面负电荷量在 $-52.0～-20.0$ mmol/kg、$-54.8～-15.0$ mmol/kg、$-53.0～-20.0$ mmol/kg、$-44.0～-15.0$ mmol/kg、$-50.8～-17.1$ mmol/kg 和 $-47.0～-26.2$ mmol/kg。可以看出，土壤表面正电荷量随采样深度的增加而增加，70～120 cm 土层土壤表面正电荷量高于其他土层。土壤表面

正电荷量的变化趋势与土壤游离氧化铁的含量一致，因为氧化铁是土壤表面正电荷的主要贡献者。所有层次土壤的表面正电荷均随 pH 的升高而减小，而负电荷（绝对值）呈相反的变化趋势。因为土壤铁铝氧化物的表面和黏土矿物的表面上羟基的质子化产生可变正电荷，而表面羟基的去质子化产生可变负电荷。随着 pH 的升高，土壤表面羟基和质子化羟基的去质子化导致表面正电荷减少、表面负电荷增多。从图 5-8 中可以看出，当土壤近中性（pH 为 7.0）时，多数层次土壤表面的正电荷接近 0，说明可变电荷土壤表面主要在酸性条件下带正电荷。

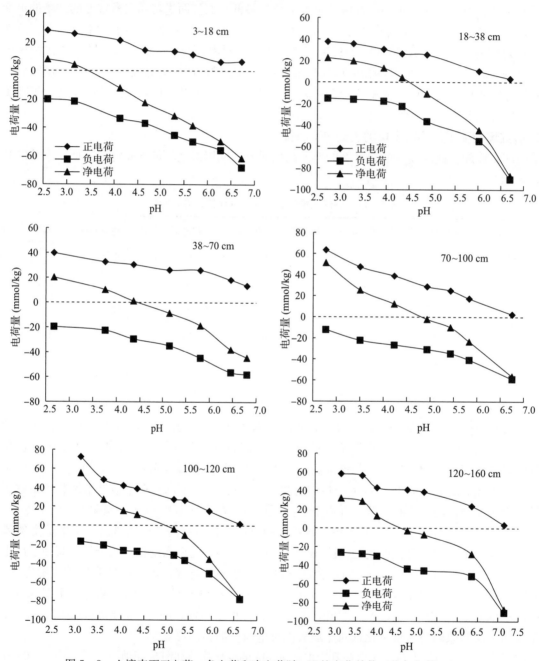

图 5-8　土壤表面正电荷、负电荷和净电荷随 pH 的变化趋势（徐仁扣等，2010）

　　如图 5-8 所示，由土壤的表面正电荷和表面负电荷可以计算表面净电荷量及 ZPC。3～18 cm 土层土壤 ZPC 最低（表 5-11），主要是因为该层土壤表面正电荷量相对较低，又由于有机质对土壤表面负电荷的贡献，该层土壤在低 pH 条件下带有较多负电荷。在 18～120 cm 范围内，随着采样深度的增加，土壤 ZPC 增加，这与土壤游离氧化铁含量一致，土壤游离氧化铁含量越高，土壤表面正电荷数量越多，土壤 ZPC 越高。由不同离子强度下土壤的电位滴定曲线的交点可以求出土壤的盐效应零点 PZSE。所有层次土壤的 PZSE 均高于相应土壤的 ZPC，这与理论预期一致。由于可变电荷土壤或多或少存在永久负电荷，因此土壤的电荷零点低于可变电荷零点。PZSE 随采样深度的增加而变化的趋势也与 ZPC 相似，即随采样深度的增加而增加，至 100~120 cm 达最大值，这也与土壤游离氧化铁含量一致。

（三）红壤发育过程中表面电荷的演变

土壤的表面电荷主要决定于土壤黏土矿物的组成和含量。在红壤发育过程中，随着土壤发育程度的增强，土壤矿物发生由原生矿物向次生矿物的转变和由 2∶1 型矿物向 1∶1 型矿物的转变，且铁铝氧化物含量不断增加。土壤矿物的这些演变过程将对土壤表面电荷产生影响。

先以我国南方亚热带不同地区由第四纪红土发育的红壤和黄壤为例，探讨红壤和黄壤发育过程中表面电荷的空间演变规律。从土壤的表面电荷特征来看，所有土壤表面正电荷均随 pH 的升高而降低，而表面负电荷则呈相反的趋势（图 5-9）。当 pH 小于 5.0 时，广西红壤和贵州黄壤的表面正电荷量大于湖南红壤和江西红壤，这与这些土壤的游离氧化铁铝含量一致（表 5-12）。土壤表面正电荷主要来源于铁铝氧化物表面羟基的质子化，土壤中氧化铁铝含量越高，表面的正电荷量越大。广西红壤的表面负电荷量远低于其他 3 种土壤，与这些土壤中的黏土矿物组成一致。X 射线衍射结果表明，4 种土壤均含有高岭石和三水铝石，但贵州黄壤、湖南红壤和江西红壤还含有一定量的蛭石和水云母等 2∶1 型矿物，而在广西红壤中未发现 2∶1 型层状硅酸盐矿物。这些 2∶1 型硅酸盐矿物对土壤表面负电荷的贡献较大，这是广西红壤表面负电荷量低于其他 3 种土壤的主要原因。因此，虽然所研究的 4 种土壤均发育于第四纪红土，但外部环境因素通过对土壤风化和发育程度的影响而显著影响土壤表面电荷的性质。

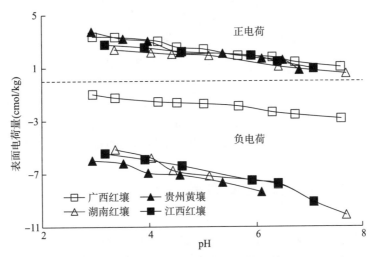

图 5-9　第四纪红土发育的 4 种土壤的底土表面电荷比较（Jiang et al.，2010）

表 5-12　第四纪红土发育的红壤和黄壤的铁铝氧化物含量（Jiang et al.，2010）

土壤	采样点	采样深度（cm）	游离氧化物（g/kg）		无定形氧化物（g/kg）	
			氧化铁	氧化铝	氧化铁	氧化铝
红壤	广西柳州	60~120	104.7	25.3	0.31	2.4
红壤	湖南长沙	60~160	44.2	11.7	2.60	6.1
红壤	江西进贤	80~130	51.1	11.5	3.10	5.5
黄壤	贵州贵阳	110~130	115.5	33.5	0.73	3.8

再以采自广东徐闻发育于玄武岩、成土年龄不同的 3 种砖红壤为例，探讨成土时间不同导致的土壤发育程度不同对土壤表面电荷特征的影响。3 种土壤的成土年龄分别为 0.92 兆年、1.79 兆年和

3.04兆年。图5-10表明，随着成土年龄的增加，土壤表面正电荷数量增加，与土壤氧化铁含量一致。3种土壤游离氧化铁含量分别为128.2 g/kg、135.5 g/kg和147.9 g/kg。3种土壤表面负电荷量表现出明显的差异，3.04兆年砖红壤表面负电荷数量最少，0.92兆年砖红壤表面负电荷数量最多，1.79兆年砖红壤表面负电荷介于前两者之间，这与土壤成土年龄一致。成土母岩年龄越大，土壤表面负电荷量越少。土壤净电荷的大小顺序与土壤负电荷相同，即0.92兆年砖红壤＞1.79兆年砖红壤＞3.04兆年砖红壤。3种土壤ZPC分别为3.60、3.65和4.70，也与成土年龄一致，即成土年龄越大，土壤发育程度越强，土壤ZPC越高。因此，无论从空间尺度分析，还是从时间尺度分析，红壤的表面电荷均随着土壤发育程度的增强而发生变化，主要是由于土壤成土过程中黏土矿物的演变。

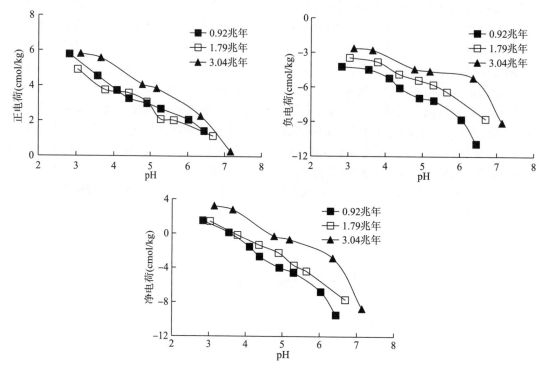

图5-10 不同成土年龄的玄武岩发育的砖红壤的表面电荷特征（姜军等，2011）

二、影响红壤表面电荷的主要因素

（一）土壤黏土矿物

土壤黏土矿物是土壤表面电荷的主要决定因素。由于红壤母质和发育程度的不同，红壤黏土矿物组成存在差异，是红壤表面电荷存在差异的主要原因。层状硅酸盐矿物，特别是2∶1型黏土矿物是土壤永久负电荷的主要来源。蒙脱石和蛭石本身CEC较大，含这类矿物的红壤CEC相对较高（表5-6）。高岭石CEC较小，而风化程度高的土壤含较多的高岭石，2∶1型黏土矿物含量很低或基本不含2∶1型黏土矿物，因此土壤CEC相对较低。

土壤铁铝氧化物是土壤可变电荷的主要来源。铁铝氧化物的ZPC一般大于7.0，红壤一般呈酸性，因此铁铝氧化物是红壤正电荷的主要来源，铁铝氧化含量高的红壤正电荷数量多。土壤铁铝氧化物含量既受成土母质的影响，如玄武岩发育红壤的氧化铁含量高于花岗岩和第四纪红土发育的红壤，又与土壤的发育程度有关。红壤铁铝氧化物除了直接对土壤正电荷有贡献外，还影响土壤负电荷的数量。一般红壤去除游离氧化铁后CEC增加。铁铝氧化物主要通过两种机制减少土壤负电荷数量：①正负电荷之间的电性中和作用；②铁铝氧化物对土壤表面负电荷的物理覆盖（于天仁等，1996）。红壤中除少部分铁铝氧化物以游离方式存在外，大部分氧化物与层状硅酸盐矿物结合在一起，对硅酸矿物的表面负电荷起物理掩蔽作用。

（二）土壤有机质

土壤中的有机物质，特别是腐殖物质，是可变负电荷的重要来源。土壤有机质主要通过羧基和酚羟基等含氧酸根官能团的离解产生负电荷。有机质也含一定量的氨基，可以产生可变正电荷，但相对于含氧酸根的官能团，氨基数量有限，对土壤正电荷的贡献非常有限。虽然农田土壤的有机质含量一般在 5% 以下，但单位质量的土壤有机质所带负电荷较多，如腐殖酸的 CEC 高达 300 cmol/kg，因此有机质对土壤表面负电荷有重要贡献，特别是对红壤，由于红壤本身的 CEC 偏低，通过提高土壤有机质含量提高土壤 CEC 是一种可行措施。

表 5-13 所示为有机质对不同成土年龄砖红壤 CEC 的影响，3 种成土年龄不同砖红壤的 CEC 均随采样深度的增加而减小，与土壤有机质含量的变化趋势一致。这些结果说明，由于表层和表下层土壤有机质含量较高，土壤的 CEC 也相应较高，说明土壤有机质对 CEC 有重要贡献。为了进一步说明有机质对土壤表面负电荷的贡献，用过氧化氢将表层和表下层土壤有机质去除，然后再测定土壤的 CEC，发现去除有机质后土壤 CEC 均减小。成土 1 万年土壤去除有机质后，表层和表下层土壤的 CEC 分别减小 12.8% 和 18.8%。去除土壤有机质后，成土 133 万年土壤的表层和表下层 CEC 分别降低了 16.3% 和 24.7%；而成土 229 万年土壤的表层和表下层 CEC 分别降低了 37.7% 和 24.1%。这些结果进一步说明，有机质对砖红壤表面负电荷有重要贡献。

表 5-13　几种玄武岩发育的砖红壤去有机质前后 CEC 的变化（Jiang et al.，2011）

成土年龄（万年）	采样深度（cm）	原土 CEC（cmol/kg）	去有机土 CEC（cmol/kg）	有机质（g/kg）
1	0～16	24.3	21.2	48.9
	16～40	18.6	15.1	21.4
	40～60	16.4	—	15.8
133	0～15	13.5	11.3	23.6
	15～40	9.3	7.0	11.6
	40～60	7.7	—	8.2
229	0～20	6.9	4.3	34.0
	20～50	5.4	4.1	19.1
	50～80	5.1	—	10.6

（三）介质 pH 和离子强度

红壤表面带可变电荷，表面电荷随 pH 和离子强度等环境条件的变化而变化。红壤表面正电荷主要源于铁铝氧化物及其水合物表面羟基的质子化，层状硅酸盐矿物表面的断键处的羟基也能发生质子化，对表面正电荷产生影响。随着 pH 的增加，红壤氧化物表面和硅酸盐矿物表面短键处已质子化的羟基发生去质子化，导致土壤表面正电荷数量减少。随着体系 pH 的进一步升高，表面羟基进一步去质子化，产生可变负电荷。因此，红壤表面负电荷随体系 pH 的升高而增多。土壤有机质也通过其弱酸性官能团的离解产生可变负电荷，随着 pH 的升高，官能团的解离度增加，对红壤表面负电荷的贡献增加。

介质的离子强度也影响红壤的表面电荷量，无论土壤表面带正电荷，还是带负电荷，其电荷的数量均随着体系离子强度的增加而增加（图 5-7）。但离子强度对土壤胶体 Zeta 电位的影响趋势与表面电荷相反，即不论红壤胶体的 Zeta 电位为正值还是负值，其数值均随体系离子强度的增加而减小（图 5-11）。图 5-11 为两种离子强度下云南昆明砖红壤和广西柳州红壤胶体的 Zeta 电位-pH 曲线。不同离子强度下 Zeta 电位-pH 曲线相交于一点，交点 pH 即 IEP。砖红壤和红壤胶体的 IEP 分别为 4.55 和 4.68。当 pH 高于 IEP 时，土壤胶体 Zeta 电位为正值，其值随离子强度的增加而减小；而当体系 pH 小于 IEP 时，土壤胶体 Zeta 电位为负值，其绝对值随离子强度的增加而减小。

离子强度对红壤胶体 Zeta 电位的影响趋势主要与双电层扩散层中反号离子的浓度变化有关。Zeta 电

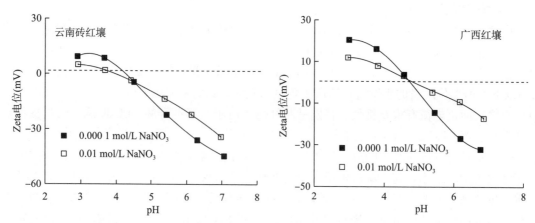

图 5-11 不同离子强度对云南昆明砖红壤和广西柳州红壤胶体 Zeta 电位的影响（姜军等，2015）

位为胶体双电层滑动面上的电位。当土壤 pH 高于 ZPC 时，红壤表面带净负电荷，土壤胶体 Zeta 电位为负值，扩散层中的反号离子为阳离子。随着本体溶液电解质浓度的增加，土壤胶体表面的负电荷数量增加，扩散层需要更多的阳离子来平衡胶体颗粒表面的负电荷，以维持体系的电中性。随着扩散层中阳离子浓度的增加，胶体滑动面上的阳离子浓度增加，导致该面上的电位即 Zeta 电位的绝对值减小。当土壤 pH 小于 ZPC 时，土壤表面带净正电荷，土壤胶体 Zeta 电位为正值，反号离子为阴离子。随着本体溶液中电解质浓度的增加，扩散层中阴离子的浓度增加，土壤胶体滑动面上阴离子的浓度也增加，导致 Zeta 电位数值减小。

（四）离子专性吸附

离子发生专性吸附时，这些离子进入土壤矿物表面金属的配位壳中并在表面形成共价键或配位键，并将自身的电荷转移到土壤表面。因此，离子专性吸附也会改变红壤表面的电荷数量。阳离子的专性吸附使土壤表面正电荷增加、负电荷减少。阴离子的专性吸附的影响刚好相反，使表面负电荷增多、正电荷减少。图 5-12 是这方面的一个例证。柠檬酸、草酸和醋酸的酸根阴离子在砖红壤表面吸附使土壤表面正电荷显著减少，使土壤表面负电荷增多。阴离子吸附对表面正电荷的影响程度大于其对表面负电荷的影响程度。3 种有机酸根阴离子对表面正电荷和负电荷影响的顺序均为柠檬酸＞草酸＞醋酸，与这些酸的酸根阴离子在土壤表面吸附能力的大小一致。

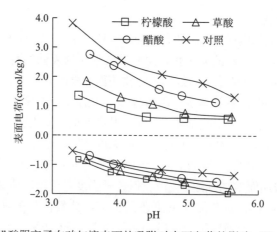

图 5-12 有机酸阴离子在砖红壤表面的吸附对表面电荷的影响（Xu et al.，2003）

无机阴离子在红壤表面的吸附对土壤表面电荷的影响也具有与有机阴离子相似的趋势，如图 5-13 所示。砖红壤吸附砷酸根后土壤表面正电荷减少、负电荷增多。砷酸根吸附对土壤表面正电荷的影响程度也大于其对土壤表面负电荷的影响程度。

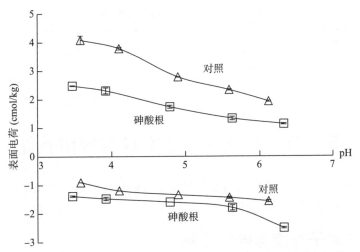

图 5-13　砷酸根在砖红壤表面的吸附对土壤表面电荷的影响（徐仁扣等，2004）

离子的专性吸附发生在土壤胶体双电层的吸附层（stern 层），因此对土壤胶体的 Zeta 电位也有影响。图 5-14 表明，红壤和砖红壤吸附铬酸根后，土壤胶体 Zeta 电位-pH 曲线向负值方向位移，进一步说明阴离子在红壤表面发生专性吸附使土壤表面负电荷增多。

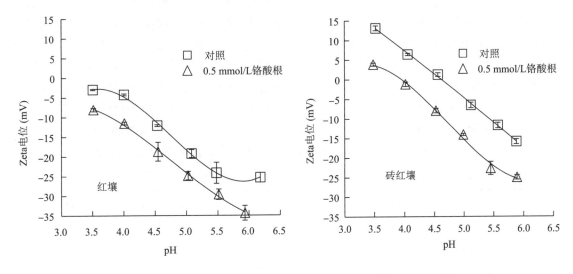

图 5-14　铬酸根吸附对红壤和砖红壤胶体 Zeta 电位的影响（Jiang et al.，2008）

三、红壤表面电荷的调控

CEC 是土壤肥力的重要指标，也代表土壤表面负电荷的总量及土壤对养分阳离子的保持能力。红壤由于遭受较强的风化和淋溶作用，土壤表面负电荷数量少，对养分的保持能力低。红壤地区高温多雨，有机质易分解，不易积累。土壤有机质是土壤负电荷的重要来源，通过施用有机肥和秸秆还田等措施可以提高土壤有机质的含量，进而提高土壤的 CEC。红壤多呈酸性，土壤 pH 较低。红壤的表面负电荷随 pH 的降低而减少，因而，改良红壤酸度、提高红壤的 pH 也能有效增加红壤的表面负电荷，进而提升土壤的保肥能力。

秸秆生物质炭是一种新型有机改良剂，酸性红壤施用秸秆生物质炭不仅提高了土壤 pH，还增加了土壤的 CEC（表 5-14）。一方面，生物质炭表面含丰富的官能团，带大量负电荷，施用生物质炭可以直接增加土壤的 CEC；另一方面，生物质炭提高土壤的 pH，也增加了土壤的表面负电荷。

表 5-14　添加生物质炭对砖红壤 pH 和 CEC 的影响（Jiang et al.，2015）

土壤性质	对照	稻草炭	油菜秸秆炭	花生秸秆炭	大豆秸秆炭
土壤 pH	5.04	6.35	7.15	7.52	7.38
CEC（cmol/kg）	6.54	10.02	8.98	8.62	8.04

第三节　红壤的离子交换与吸附性能

离子吸附是土壤中常见的化学现象，也是土壤中重要的化学过程，对土壤中养分和污染物的迁移转化、化学活性和生物有效性均有重要影响。

一、红壤中的离子交换与电性吸附

（一）红壤的阳离子交换量与表面电荷

土壤 CEC 的大小取决于土壤黏土矿物的组成，土壤有机质也对 CEC 有贡献。红壤地区高温多雨，土壤经历强烈的风化作用，黏土矿物以 1：1 型的高岭石为主，2：1 型黏土矿物的含量很低。因此，红壤的 CEC 一般低于温带地区土壤，因为高岭石的 CEC 低于蒙脱石和蛭石等 2：1 型黏土矿物。表 5-15 中列出了几种典型红壤的 CEC 和有机质含量，同时以黄棕壤的数据做对比。可以看出，土壤 CEC 随着采样点纬度的升高而增加。采自海南的由玄武岩发育的砖红壤和由花岗岩发育的红壤的 CEC 均很低。这两种土壤的风化程度很高，土壤黏土矿物主要为高岭石和三水铝石，基本不含 2：1 型黏土矿物。采自湖南长沙和邵阳的两种红壤的黏土矿物组成以高岭石为主，还含有一定量的蛭石和水云母等 2：1 型黏土矿物，因此，其 CEC 高于海南和广东的红壤及砖红壤。采自南京的黄棕壤，由于蛭石和蒙脱石等 2：1 型黏土矿物的含量较高，其 CEC 显著高于红壤。由相同母质发育的红壤的比较可以进一步说明土壤风化程度对 CEC 的影响。同样是发育于玄武岩，广东砖红壤的 CEC 高于海南砖红壤；同样是发育于第四纪红土，广西柳州红壤的 CEC 高于湖南长沙红壤（表 5-15）。

表 5-15　几种土壤的 CEC 和有机质含量

土壤	采样点	采样深度（cm）	母质	有机质（g/kg）	CEC（cmol/kg）
砖红壤	海南澄迈	0~20	玄武岩	11.89	5.95
砖红壤	海南澄迈	20~40	玄武岩	8.74	5.82
红壤	海南澄迈	0~20	花岗岩	17.29	4.43
红壤	海南澄迈	20~50	花岗岩	11.60	4.25
砖红壤	广东徐闻	0~20	玄武岩	22.80	9.97
砖红壤	广东徐闻	20~60	玄武岩	9.90	8.78
红壤	广西柳州	0~20	第四纪红土	15.30	6.36
红壤	广西柳州	20~60	第四纪红土	5.10	4.86
红壤	湖南长沙	0~20	第四纪红土	9.66	10.41
红壤	湖南长沙	20~60	第四纪红土	8.95	9.88
红壤	湖南邵阳	0~20	板岩、页岩	42.04	12.88
红壤	湖南邵阳	20~60	板岩、页岩	15.42	9.70
黄棕壤	江苏南京	0~20	黄土	18.29	16.54
黄棕壤	江苏南京	20~40	黄土	14.48	16.94

土壤的表面电荷主要集中于黏粒部分，黏粒是土壤 CEC 的主要贡献者，大颗粒组分对 CEC 的贡献很小，表 5-16 中的数据说明了这一点。两种红壤胶体颗粒的 CEC 显著高于非胶体颗粒（表 5-16），湖南红壤胶体的 CEC 是该土壤非胶体颗粒的 12.4 倍，海南红壤胶体颗粒 CEC 是该土壤非胶体颗粒的 11.7 倍。因此，在同一地区黏粒含量高的红壤的 CEC 较高，如江西鹰潭第四纪红土发育的红壤，黏粒含量为 45.5%，CEC 为 12.4 cmol/kg，而该地区由第三纪红砂岩发育的红壤的黏粒含量仅有 18.1%，其 CEC 仅为 6.2 cmol/kg。

表 5-16 土壤胶体与非胶体颗粒 CEC 的比较（周琴等，2018）

土壤	采样点	母质	粒径	有机质（g/kg）	CEC（cmol/kg）
红壤	湖南	第四纪红土	<2 μm	13.0	19.9
			>2 μm	3.0	1.6
红壤	海南	花岗岩	<2 μm	16.0	10.5
			>2 μm	3.0	0.9

土壤有机质对 CEC 也有贡献。表 5-15 中广西柳州红壤和湖南邵阳红壤，表层土壤有机质含量均显著高于表下层土壤，土壤 CEC 也有相似的趋势。农田土壤有机质含量一般在 50 g/kg 以下，虽然其在土壤组分中的占比很小，但由于单位质量有机质的 CEC 很高，因此它对土壤 CEC 的贡献不容忽视。CEC 是土壤重要的肥力指标，代表土壤对阳离子养分（Ca^{2+}、Mg^{2+}、K^+ 和 NH_4^+）的保持能力。旱地红壤的 CEC 和有机质含量均较低，通过秸秆还田和增施有机肥提高红壤有机质含量可以提高土壤的 CEC，从而提高红壤的肥力。

红壤属于可变电荷土壤，表面电荷数量随 pH 的变化而变化。红壤的 CEC 随土壤 pH 的升高而增加，红壤一般呈酸性。因此，在 pH 为 7.0 时测得的红壤 CEC 高于红壤表面负电荷的实际数量。为了更客观地表征红壤的阳离子交换位点的数量，引入有效阳离子交换量（effective cation exchange capacity，ECEC）的概念，它是指在某一具体 pH 时红壤表面交换性盐基阳离子与交换性酸的总和，红壤的 ECEC 低于其 CEC。

（二）红壤交换性阳离子的组成

带电的土壤颗粒表面，通过静电引力吸附与表面电荷等当量的反号离子，以维持电中性的稳定状态。这些被吸附的离子位于带电颗粒表面双电层的扩散层中，可以与其他同类离子发生离子交换反应被释放到土壤溶液中，因此称为可交换性离子。对于未受污染的中性和碱性土壤，颗粒表面的可交换性阳离子为 Ca^{2+}、Mg^{2+}、K^+ 和 Na^+ 等盐基阳离子，且土壤表面的阳离子交换位点被盐基阳离子饱和。红壤颗粒表面的交换性阳离子除 Ca^{2+}、Mg^{2+}、K^+ 和 Na^+ 等盐基阳离子外，还包括一定量的交换性酸。因此，红壤表面的阳离子交换位点没有被盐基阳离子饱和，将交换性盐基阳离子占 CEC 的百分比称为土壤的盐基饱和度。土壤交换性酸是由土壤酸化过程中 H^+ 与土壤表面的交换性盐基阳离子发生阳离子交换反应所致。这一反应使红壤表面产生交换性 H^+，H^+ 的化学反应活性很高。因此，土壤交换性 H^+ 不稳定，它与土壤矿物反应释放土壤固相中的 Al^{3+}，产生交换性 Al^{3+}（图 5-15）。对于 pH<5.5 的酸性红壤，交换性酸主要为交换性 Al^{3+}，交换性 H^+ 所占比例很小（表 5-17）。

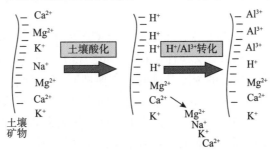

图 5-15 土壤交换性 Al^{3+} 的产生过程

表 5 - 17　江西鹰潭第四纪红土发育的红壤剖面土壤 pH、CEC 和交换性阳离子

采样深度（cm）	pH	CEC（cmol/kg）	交换性阳离子（mmol/kg）						盐基饱和度（%）
			H^+	Al^{3+}	Ca^{2+}	Mg^{2+}	K^+	Na^+	
0～20	4.50	79.5	0.7	11.8	6.3	2.0	3.0	1.3	15.8
20～40	4.89	65.8	0.7	10.0	13.4	3.9	1.9	1.8	31.9
40～70	5.10	78.5	0.7	8.7	15.6	3.2	1.6	2.0	28.5

由表 5-17 可知，由于表层土壤受人为活动的影响大，土壤 pH 低于底层土壤，交换性 Al^{3+} 呈相反的变化趋势。土壤交换性 Al^{3+} 的增加促进了土壤交换性盐基阳离子从土壤表面的释放及沿剖面向底层的迁移。带负电荷的土壤颗粒对 Al^{3+} 的吸附亲和力大于 2 价和 1 价的盐基阳离子，Al^{3+} 与土壤盐基阳离子的交换反应使表层土壤交换性盐基阳离子的含量降低、盐基饱和度下降，交换性酸的占比增加（表 5-17）。同一土层中，不同交换性盐基阳离子含量的顺序基本为 $Ca^{2+} > Mg^{2+} > K^+ > Na^+$，这一顺序与带负电荷的土壤颗粒对这些离子吸附亲和力的大小一致。带负电荷的土壤表面对 2 价阳离子的静电吸引力大于 1 价阳离子，在淋溶过程中 1 价阳离子比 2 价阳离子容易淋失。土壤对同价阳离子的亲和力取决于阳离子的水合半径的大小，Ca^{2+} 的水合半径小于 Mg^{2+}，土壤对 Ca^{2+} 的吸附亲和力大于 Mg^{2+}，Mg^{2+} 比 Ca^{2+} 容易淋失；类似地，K^+ 的水合半径小于 Na^+，土壤对 K^+ 的吸附亲和力大于 Na^+，Na^+ 比 K^+ 容易淋失。施肥和作物对养分吸收的差异会改变上述顺序，比如表层土壤中交换性 Mg^{2+} 含量低于交换性 K^+，可能是钾肥的施用所致。土壤溶液中某一阳离子浓度的提高，会增加土壤表面对该离子的吸附量，该阳离子通过离子交换反应释放其他交换性盐基阳离子，使自身在交换性盐基阳离子中的占比增加，其他交换性阳离子的占比相应减小。相反，土壤溶液中某一盐基阳离子浓度的减小会导致该交换性盐基阳离子的离解，土壤表面会增加对其他盐基阳离子的吸附，增加这些阳离子在交换性盐基阳离子中的占比。土壤所处的环境也会影响交换性盐基阳离子的顺序，采自海南西北部和雷州半岛的砖红壤和红壤的土壤交换性 Na^+ 的含量高于交换性 K^+（表 5-18），主要受海洋中大量 Na^+ 的影响。

表 5 - 18　海南和雷州半岛土壤交换性盐基阳离子组成的比较

土壤	采样点	交换性盐基阳离子（mmol/kg）			
		Ca^{2+}	Mg^{2+}	K^+	Na^+
砖红壤	雷州半岛	61.60	18.89	1.70	5.00
砖红壤	海南海口	54.27	10.90	5.35	10.78
红壤	海南澄迈	21.10	2.80	4.20	11.00

施用铵态氮肥时，土壤可以吸附一定量的 NH_4^+ 产生交换性 NH_4^+。特别是 pH 较低的红壤，由于硝化作用受到抑制，土壤中可以存在一定量的交换性 NH_4^+。红壤中锰氧化物的还原产生 Mn^{2+}，因此土壤中也存在一定量的交换性 Mn^{2+}。受重金属污染的红壤中还可能存在一定量的交换性重金属阳离子，但一般占比很低。

Ca、Mg 和 K 是作物的必需营养元素，土壤交换性 Ca^{2+}、Mg^{2+} 和 K^+ 是土壤中的有效态养分。当土壤溶液中这些离子的浓度降低时，交换性 Ca^{2+}、Mg^{2+} 和 K^+ 通过离解被释放到土壤溶液中供作物吸收利用；当土壤溶液中这些离子的浓度升高时，交换性 Ca^{2+}、Mg^{2+} 和 K^+ 的含量增加，这些养分以有效态储存于土壤中。因此，施用富含盐基离子的改良剂可以有效提高土壤交换性盐基阳离子的含量。由农业废弃物制备的生物质炭是一种优良的酸性土壤改良剂，含有丰富的盐基阳离子和碱性物质。施用生物质炭不仅可以中和土壤酸度，降低土壤交换性酸含量，还可以提高土壤交换性盐基离子的含量（表 5-19）。豆科物料制备的生物质炭对土壤交换性酸和交换性 Al^{3+} 的降低幅度高于非豆

科物料制备的生物质炭。施用 10 种生物质炭均提高了土壤盐基阳离子的含量和盐基饱和度。植物物料含有盐基阳离子（Wang et al.，2009），这些物料经过热解过程转变为生物质炭时，物料中的盐基阳离子在生物质炭中得到了浓缩。将生物质炭施入土壤时，生物质炭中的盐基离子就会释放出来并与土壤交换点位上的 Al^{3+} 和 H^+ 发生交换反应，从而提高土壤的交换性盐基离子的含量（表 5 - 19）。释放的 Al^{3+} 与生物质炭中的碱反应，形成氢氧化铝沉淀（徐仁扣，2016）。土壤交换性盐基阳离子的增加幅度与生物质炭中此种盐基阳离子的含量有关，土壤中交换性盐基离子的含量与生物质炭的总盐基阳离子含量呈显著的正相关关系（$R^2 = 0.838$，$P < 0.005$），与生物质炭中的交换性盐基离子含量也呈显著的正相关关系（$R^2 = 0.829$，$P < 0.005$）。

表 5 - 19　生物质炭对土壤交换性能的影响（Yuan et al.，2011）

处理	交换性阳离子（cmol/kg）						盐基饱和度（%）
	H^+	Al^{3+}	Ca^{2+}	Mg^{2+}	K^+	Na^+	
对照	0.89	5.72	2.30	0.58	0.23	0.22	33.5
油菜秸秆炭	0.02	3.97	3.54	0.81	1.00	0.75	60.5
小麦秸秆炭	0.09	5.27	2.46	0.80	1.23	0.28	47.1
稻草炭	0.04	4.66	2.97	0.93	1.45	0.44	55.2
稻糠炭	0.06	5.68	2.44	0.91	0.76	0.24	43.2
玉米秸秆炭	0.04	4.72	2.72	0.82	2.29	0.22	56.0
大豆秸秆炭	0.06	2.44	4.29	1.72	0.83	0.26	73.9
花生秸秆炭	0.11	2.68	4.38	2.16	0.49	0.20	72.1
蚕豆秸秆炭	0.07	3.76	3.06	0.68	1.34	0.82	60.6
豌豆秸秆炭	0.11	3.01	3.36	0.90	2.47	0.26	69.2
绿豆秸秆炭	0.12	2.35	3.99	0.82	2.05	0.24	74.2

（三）红壤中阳离子的电性吸附与离子交换过程

在土壤固相与液相的界面上某一离子的浓度大于该离子在本体溶液中浓度的现象称为离子吸附，是离子在固相表面的富集过程。阳离子的电性吸附与阳离子交换是一个问题的两个方面，电性吸附是通过土壤固液相之间的离子交换反应实现的，被吸附的离子通过静电引力（也称库伦力）作用存在于带负电荷颗粒表面双电层的扩散层中。为了维持土壤颗粒表面的电中性状态，当某一阳离子被吸附时必然有等当量的已存在于表面吸附位点上的其他阳离子被取代进入土壤溶液。这一离子交换过程符合质量作用定律，对于同价态离子如 K^+ 与 Na^+ 之间的交换反应：$Na^+\text{-}X + K^+ = K^+\text{-}X + Na^+$，其关系式为 $(Na^+\text{-}X) / (K^+\text{-}X) = K (Na^+) / (K^+)$，$K$ 为离子交换平衡常数，也称离子交换选择性系数，X 代表土壤颗粒。对于不同价态的阳离子如 Ca^{2+} 与 K^+ 之间的交换反应：$Ca^{2+}\text{-}X + 2K^+ = 2K^+\text{-}X + Ca^{2+}$，其关系式为 $(Ca^{2+}\text{-}X) / (K^+\text{-}X)^2 = K (Ca^{2+}) / (K^+)^2$。当 $K > 1$ 时，说明土壤对 Ca^{2+} 的吸附选择性（吸附亲和力）大于 K^+。正如上文所述，带负电荷的土壤颗粒表面对阳离子吸附的选择性大小取决于离子的价态和水合半径，顺序为 $Ca^{2+} > Mg^{2+} > K^+ > Na^+$。但土壤是一个复杂体系，土壤的矿物组成也影响离子吸附的选择性，甚至改变这一顺序。表 5 - 20 为几种红壤对 Ca^{2+} 和 K^+ 吸附选择性的比较，结果表明，3 种土壤对 Ca^{2+} 和 K^+ 的吸附当量比随着 Ca^{2+} 和 K^+ 初始总浓度（Ca^{2+}、K^+ 当量比为 1）的升高而增加，说明高浓度时土壤对 Ca^{2+} 的吸附选择性更高。赤红壤在初始浓度为 1.5 mmol/L 时对 K^+ 和 Ca^{2+} 的吸附当量比为 0.94，说明此条件下土壤对两种阳离子的吸附选择性相近；红壤在初始浓度为 1.5 mmol/L 和 3.0 mmol/L 时对 K^+ 和 Ca^{2+} 的吸附当量比大于 1.0，说明此条件下土壤对 K^+ 的吸附选择性大于 Ca^{2+}。

红壤在低浓度条件下对 K^+ 的吸附选择性大于 Ca^{2+}，主要是由于红壤含一定量的水云母等 2：1

型黏土矿物，它们对 K^+ 的吸附能力强。表 5-20 中的结果表明，红壤表面存在不同活性的阳离子交换位点，有部分交换位点对 K^+ 的吸附能力很强，K^+ 浓度低时这些交换位点对 K^+ 发生强烈吸附；这些交换位点全部被 K^+ 饱和后，另一部分吸附活性较低的位点对 K^+ 产生吸附。这是 3 种土壤对 K^+ 和 Ca^{2+} 的吸附选择性随初始浓度而变化的主要原因（于天仁等，1996）。

表 5-20　3 种土壤对 K^+ 和 Ca^{2+} 吸附选择性比较（于天仁等，1996）

土壤	$K^+ + Ca^{2+}$ 总浓度 (mmol/L)	吸附量 (mmol/kg)		吸附当量 (K^+/Ca^{2+})
		K^+	Ca^{2+}	
红壤	1.5	3.31	2.72	1.22
	3.0	5.12	4.64	1.10
	6.0	8.01	8.52	0.94
	12.0	11.23	15.46	0.73
	24.0	15.59	34.30	0.46
赤红壤	1.5	2.44	2.60	0.94
	3.0	3.26	4.52	0.72
	6.0	4.90	7.98	0.61
	12.0	6.20	14.88	0.42
	24.0	7.73	33.24	0.23
砖红壤	1.5	3.14	3.68	0.85
	3.0	5.00	6.54	0.77
	6.0	7.73	10.88	0.71
	12.0	9.87	15.56	0.60
	24.0	12.55	33.24	0.38

注：两种阳离子的初始当量比为 1。

A^+ 与 B^+ 之间的离子交换反应可分 5 步进行：①B^+ 通过水膜由溶液扩散到吸附剂外表面（膜扩散）；②B^+ 由吸附剂外表面扩散到颗粒内部（颗粒扩散）；③B^+ 与交换位上的 A^+ 发生离子交换；④被代换下来的 A^+ 由颗粒内部扩散到颗粒表面（颗粒扩散）；⑤A^+ 由颗粒表面扩散到本体溶液中（膜扩散）。一般③进行很快，不是速率控制步骤；离子通过表面水膜或颗粒内部的扩散过程需要一定的时间，是速率控制步骤。离子浓度低时由膜扩散控制；离子浓度高时由颗粒扩散控制；中等离子浓度时由两者共同控制（于天仁，1987）。

土壤对阳离子电性吸附的吸附容量取决于土壤表面负电荷（CEC）的多少，红壤的 CEC 大于砖红壤，它对 K^+ 的吸附量高于砖红壤（图 5-16）。因此，凡是能提高红壤 CEC 的措施均可增加土壤对阳离子的电性吸附量。红壤类土壤属于可变电荷土壤，它们的表面负电荷量随 pH 的升高而增多，对 K^+ 的吸附量也呈相似的变化趋势（图 5-16），说明随着表面负电荷的增多，土壤对 K^+ 的吸附量增加。pH 对 Ca^{2+}、Mg^{2+} 等其他阳离子在红壤表面吸附的影响与 pH 对 K^+ 吸附的影响趋势相同（于天仁等，1996），说明这是一种普遍现象。对于酸化红壤，施用改良剂中和土壤酸度，提高土壤 pH，可以有效增加这类土壤对 Ca^{2+}、Mg^{2+} 和 K^+ 等阳离子的电性吸附量。

有机酸在土壤表面的吸附也能增加可变电荷土壤的表面负电荷量，从而可以增加土壤对阳离子的电性吸附量。图 5-17 表明，柠檬酸和醋酸均增加红壤和砖红壤对 K^+ 的吸附量，柠檬酸的促进作用大于醋酸，与两种有机酸对土壤表面电荷的增加效应一致。用 Langmuir 方程对图 5-17 中的吸附等温线数据进行拟合，拟合参数表明有机酸不仅增加了土壤对 K^+ 的吸附容量，还提高了与吸附亲和力有关的常数 K 的值，增加了土壤表面对 K^+ 的吸附亲和力（表 5-21）。

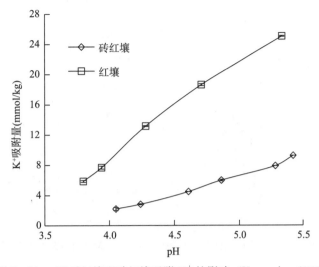

图 5-16 pH 对红壤和砖红壤吸附 K^+ 的影响 (Xu et al., 2005)

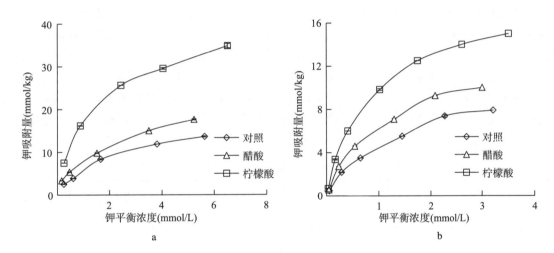

图 5-17 柠檬酸和醋酸对红壤 (a) 和砖红壤 (b) 吸附 K^+ 的影响 (Xu et al., 2005)

表 5-21 Langmuir 方程对 K^+ 吸附等温线的拟合参数 (Xu et al., 2005)

土壤	处理	常数 K	最大吸附量 (mmol/kg)	R^2
	对照	1.07	9.35	0.999
砖红壤	醋酸	1.04	13.39	0.999
	柠檬酸	1.17	19.61	0.999
	对照	0.88	13.66	0.964
红壤	醋酸	1.73	14.79	0.955
	柠檬酸	1.04	36.23	0.996

土壤中生活着大量细菌等微生物，这些细菌大多吸附于土壤颗粒表面，红壤对细菌有较高的吸附亲和力，细菌吸附在红壤表面也能增加土壤的表面负电荷，因而也促进了这类土壤对阳离子的电性吸附。由图 5-18 可知，荧光假单胞菌和枯草芽孢杆菌在红壤表面的吸附均促进了土壤对 Mg^{2+} 的吸附。枯草芽孢杆菌在红壤表面的吸附量大于荧光假单胞菌，它对土壤表面电荷的影响也大于荧光假单胞菌 (Ren et al., 2020)，因此，它对土壤吸附 Mg^{2+} 的促进作用大于荧光假单胞菌 (图 5-18)。细菌在红壤和砖红壤表面的吸附也促进了土壤对 K^+ 的吸附，而且对氧化铁含量高和 CEC 较低土壤的这种促进作用更显著 (Liu et al., 2015)。

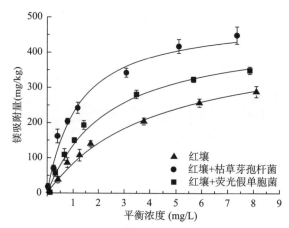

图 5-18　荧光假单胞菌和枯草芽孢杆菌存在条件下红壤对 Mg^{2+} 的吸附曲线（Ren et al.，2020）

（四）红壤中阴离子的电性吸附

由于富含铁铝氧化物，红壤表面不仅带负电荷，还带有一定量的正电荷，因此阴离子也可在红壤表面发生电性吸附。Cl^-、NO_3^- 和 ClO_4^- 在主要土壤表面发生电性吸附。阴离子电性吸附由带正电荷的土壤颗粒与阴离子的静电引力所致，土壤表面正电荷数量越多，它对阴离子的吸附容量越大。土壤正电荷主要来自铁铝氧化物表面羟基的质子化，因此土壤铁铝氧化物含量高的土壤表面正电荷多，对阴离子的吸附量高。由表 5-22 可知，相同条件下 3 种土壤对阴离子的吸附量为铁质砖红壤＞砖红壤＞红壤，与这些土壤氧化铁含量的大小顺序一致。比较 3 种阴离子，它们在同一土壤表面的吸附量为 Cl^-＞NO_3^-＞ClO_4^-，说明土壤对不同阴离子的吸附亲和力存在差异。

表 5-22　土壤对阴离子的电性吸附比较（于天仁等，1996）

土壤	游离氧化铁 (g/kg)	阴离子吸附量（mmol/kg）		
		Cl^-	NO_3^-	ClO_4^-
红壤	78	1.5	1.2	1.0
砖红壤	155	2.2	1.7	1.4
铁质砖红壤	212	2.7	2.1	1.9

红壤的表面正电荷主要来自铁铝氧化物表面羟基的质子化，随着 pH 的下降表面羟基的质子化程度增加，土壤表面正电荷增多，对阴离子的电性吸附量增加（于天仁等，1996）。图 5-19 的结果进一步证明了这一点，随着体系 pH 的下降，红壤和赤红壤对 NO_3^- 的吸附量均显著增加。pH 对红壤中阴离子吸附的影响趋势与其对阳离子吸附的影响趋势相反（图 5-19）。

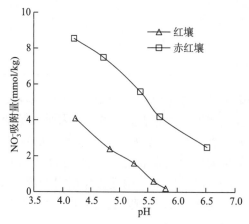

图 5-19　不同 pH 下红壤和赤红壤对 NO_3^- 的吸附

除 pH 外，其他影响土壤表面电荷的因素也对阴离子的电性吸附产生影响。有机酸在红壤表面的吸附不仅使土壤表面正电荷减少，还使土壤表面负电荷显著增加。当有机酸与无机阴离子共存时，有机酸使土壤对阴离子的电性吸附量减少。图 5-20 和图 5-21 表明，柠檬酸和草酸使砖红壤对 NO_3^- 和 Cl^- 的吸附量减小，柠檬酸的影响程度大于草酸，与两种有机酸对表面正电荷影响的大小顺序一致（图 5-12）。除对表面电荷的影响外，两种有机酸也可通过其阴离子对表面吸附位的竞争作用抑制土壤对 NO_3^- 和 Cl^- 的吸附。图 5-20 和图 5-21 还表明，有机酸对土壤吸附 NO_3^- 的抑制作用大于其对 Cl^- 的抑制作用，这主要是因为土壤对 Cl^- 的吸附亲和力大于其对 NO_3^- 的吸附亲和力，因此 NO_3^- 的吸附更易受外因的影响。

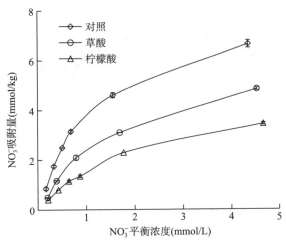

图 5-20　不同有机酸下砖红壤对 NO_3^- 的吸附等温线（Xu et al.，2005）

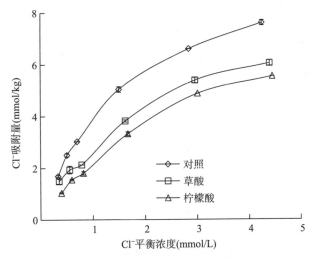

图 5-21　不同有机酸下砖红壤对 Cl^- 的吸附等温线（Xu et al.，2004）

（五）红壤中阴阳离子的同时吸附（盐吸附）

盐吸附是来自中性盐的等量阳离子和阴离子被土壤同时吸附而没有其他离子释放的现象，是红壤类土壤中普遍存在的现象，也是该类土壤中的特有现象（徐仁扣等，2014）。当用 NaCl、CsCl、NaNO₃、Ca（NO₃）₂ 等电解质溶液对装有红壤的土柱进行淋溶实验时，在实验开始阶段的淋出液中，阴、阳离子的浓度和溶液电导率均比初始溶液低得多，说明土壤中发生了盐吸附。图 5-22 和图 5-23 是这方面的例证。当分别用 2mmol/L 和 0.5mmol/L 的 NaCl 溶液对装有采自云南昆明的砖红壤和采自广西柳州的红壤进行淋溶实验时，在开始阶段淋出液的电导率很低，之后逐渐增加（图 5-22）。淋

出液中 Na^+ 和 Cl^- 的浓度呈现相似的变化趋势（图 5 - 23）。这些结果说明，在淋溶实验开始阶段，两种土壤对 Na^+ 和 Cl^- 同时发生吸附，且为净吸附，基本没有其他阴、阳离子释放到溶液中，因为淋出液的电导率很低。

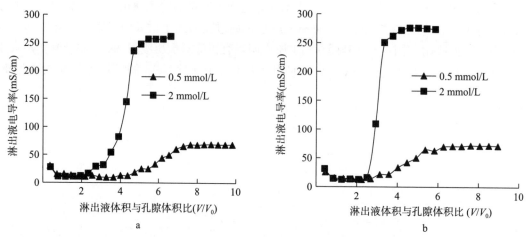

图 5 - 22　NaCl 溶液对装有昆明砖红壤（a）和柳州红壤（b）的土柱进行淋溶实验时淋出液电导率（Li et al.，2009）

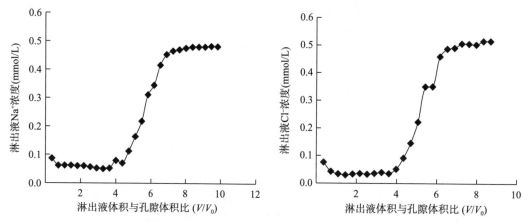

图 5 - 23　0.5 mmol/L NaCl 溶液对装有昆明砖红壤的土柱进行淋溶实验时淋出液 Na^+ 和 Cl^- 浓度（Li et al.，2009）

　　红壤的盐吸附现象无法用传统的离子交换理论来解释，因为 Na^+、Cs^+、Ca^{2+}、Cl^- 和 NO_3^- 在土壤中主要发生电性吸附，电性吸附过程是通过离子交换反应实现的。按照离子交换的原理，Na^+、Cs^+、Ca^{2+} 与土壤表面阳离子交换位点上的其他阳离子发生交换而被吸附，Cl^- 和 NO_3^- 则与土壤阴离子交换位点上的其他阴离子发生交换而被吸附，反应过程中应该有等量的阳离子和阴离子被释放进入溶液中，溶液的电导率不应该显著减小。

　　近年来的研究发现，红壤中带电颗粒之间表面电荷的相互作用是这类土壤中产生盐吸附现象的主要原因（徐仁扣等，2014）。红壤中存在两种带电颗粒，硅酸盐矿物在通常的 pH 条件下带负电荷，铁铝氧化物带正电荷。两种带电颗粒表面分别形成以负电荷为中心和以正电荷为中心的扩散双电层。在土壤遭受强烈淋溶作用时，土壤中的可溶性和交换性盐基阳离子逐渐被淋失，土壤溶液的离子强度降低，土壤颗粒表面双电层的扩散层厚度逐渐增加。这时相邻的带相反电荷颗粒表面双电层的扩散层重叠，导致颗粒表面的部分正、负电荷相互抵消。因此，发生扩散层重叠时，尽管扩散层中没有足够的反号离子平衡颗粒表面的电荷，整个土体仍保持电中性状态。

　　当向发生扩散层重叠的土壤中加入中性盐时，来自中性盐的阳离子进入带负电荷颗粒表面双电层的扩散层中，阴离子进入带正电荷颗粒表面双电层的扩散层中，且由于介质离子强度增加，两种双电层的扩散层厚度均减小，扩散层的重叠作用减弱甚至消失，土壤对中性盐产生盐吸附现象。盐吸附过程中，阴、阳离子分别以反号离子进入各自的扩散层，以平衡颗粒表面的电荷，替代原先扩散层重叠作用的效应。因此，这一过程中没有其他阴、阳离子释放到土壤溶液中，这是图 5-22 淋溶实验初始阶段淋出液电导率降低的原因。

二、红壤中离子的专性吸附

（一）阳离子的专性吸附

红壤表面与离子之间通过专性作用力而引起的吸附现象称为离子专性吸附。土壤表面不论带正电荷、负电荷还是不带电荷，均可发生专性吸附。红壤中发生专性吸附的阳离子主要为过渡金属的阳离子，如 Cu^{2+}、Pb^{2+}、Cd^{2+}、Zn^{2+} 等。红壤中铁、铝、锰等的氧化物及其水合物是土壤中发生专性吸附的主要吸附剂，阳离子也可在层状硅酸盐矿物的表面上发生专性吸附。当阳离子在红壤中的氧化物和硅酸盐矿物表面发生专性吸附时，阳离子进入矿物表面金属原子的配位壳中，与配位壳中羟基的氧原子发生配位反应，通过共价键或配位键结合在固相表面，同时将羟基上的 H^+ 置换出来并释放到土壤溶液中。因此，红壤中阳离子的专性吸附会导致土壤溶液 pH 下降。专性吸附的阳离子在土壤表面形成化学键，它不能与电性吸附的阳离子发生离子交换被置换，只能被吸附亲和力更大的离子置换。阳离子专性吸附过程中将自身的正电荷转移到土壤表面，使土壤表面正电荷增多，土壤胶体的 Zeta 电位向正值方向位移（图 5-24）。由于 Pb^{2+} 在红壤表面的吸附量大于 Cd^{2+}，Pb^{2+} 对红壤胶体 Zeta 电位的影响大于 Cd^{2+}。

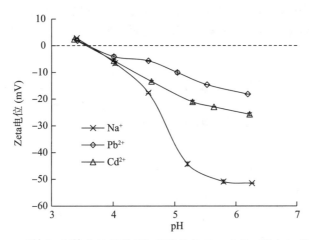

图 5-24 Pb^{2+} 和 Cd^{2+} 专性吸附后红壤胶体的 Zeta 电位（徐仁扣等，2008）

各种过渡金属的阳离子在土壤矿物表面相对吸附亲和力的大小顺序与这些离子在水溶液中通过水解形成羟基离子能力的大小顺序一致（于天仁等，1996），因此，可以根据阳离子水解常数比较其发生专性吸附能力的大小。图 5-25 中的结果表明，砖红壤对 3 种重金属阳离子吸附量的顺序为 $Pb^{2+}>Cu^{2+}>Cd^{2+}$。水解常数 pK 是表征金属离子水解能力的重要参数，pK 越小，水解能力越强。文献中报道的 Cu^{2+}、Pb^{2+} 和 Cd^{2+} 的 pK 的实测值分别是 6.5、7.2 和 9.7（温元凯等，1977）。因此，Cu^{2+}、Pb^{2+} 的水解能力远大于 Cd^{2+}，这是红壤对 Cu^{2+} 和 Pb^{2+} 的吸附能力远大于 Cd^{2+} 的主要原因。由于红壤对 Pb^{2+} 和 Cu^{2+} 的专性吸附能力远大于其对 Cd^{2+} 的专性吸附能力，Cd^{2+} 在土壤中的活性高于 Pb^{2+} 和 Cu^{2+}。

pH 是影响阳离子专性吸附的重要因素，一般随着体系 pH 的升高，土壤对阳离子的专性吸附量增加。图 5-26 所示为昆明砖红壤对 Cu^{2+}、Pb^{2+} 和 Cd^{2+} 的吸附量随 pH 的变化趋势，3 种重金属离子的吸附量随 pH 变化具有相似的变化趋势，重金属离子的吸附量均随 pH 的升高而增加。土壤对 3 种重金属离子吸附量的大小顺序为 $Pb^{2+}>Cu^{2+}>Cd^{2+}$，与图 5-25 中的结果一致。从图 5-26 中还

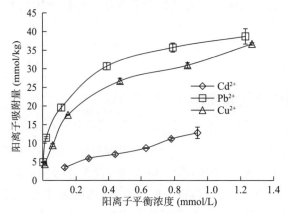

图 5-25　Cu^{2+}、Pb^{2+} 和 Cd^{2+} 在海南砖红壤表面吸附的比较

可以看出，Pb^{2+} 和 Cu^{2+} 与 Cd^{2+} 的吸附量之间的差值随 pH 的升高而增加。这说明 pH 对 Pb^{2+} 和 Cu^{2+} 吸附量的影响大于 Cd^{2+}。这一现象主要由不同重金属离子的水解能力的差异所致。由于金属离子 M^{2+} 在水溶液中发生水解，形成羟基离子：$M^{2+} + H_2O = MOH^+ + H^+$。水解作用随体系 pH 的增加而增强，形成的羟基金属离子比自由离子更易被土壤吸附（李学垣等，2001），这是重金属离子的吸附量随 pH 的升高而显著增加的一个主要原因。不同重金属离子的水解能力不同，在相同 pH 下水解形成的羟基金属离子的数量也不同，水解能力越强，形成羟基金属离子的数量越多，随着 pH 的增加土壤对该金属离子的吸附增量也越大。由于 Cu^{2+}、Pb^{2+} 的水解能力远大于 Cd^{2+}，pH 对红壤吸附 Cu^{2+} 和 Pb^{2+} 吸附量的影响远大于其对红壤 Cd^{2+} 吸附量的影响。

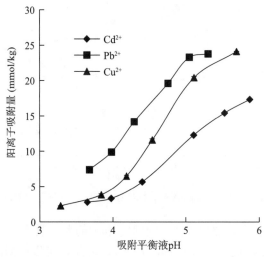

图 5-26　不同 pH 下砖红壤对 Cu^{2+}、Pb^{2+} 和 Cd^{2+} 的吸附（梁晶等，2007）

土壤有机质也是阳离子专性吸附的重要吸附剂，提高土壤有机质含量可以增加红壤对阳离子的专性吸附容量。表 5-23 中的结果表明，砖红壤表层土壤的有机质含量高于表下层，它对 Cu^{2+} 和 Cd^{2+} 的吸附量也高于表下层土壤。当用过氧化氢将土壤有机质去除后，土壤对 Cu^{2+} 的吸附量减小，土壤对 Cd^{2+} 的吸附量也有相似的趋势，但去除有机质对 Cu^{2+} 吸附量的影响大于对 Cd^{2+} 吸附量的影响。重金属在土壤有机质表面发生专性吸附的机制是重金属阳离子与有机质表面的羧基和酚羟基等官能团形成表面络合物，重金属阳离子与有机质表面官能团形成络合物的能力越强，专性吸附作用越强。Cu^{2+} 与有机官能团形成络合物的能力大于 Cd^{2+}，因此土壤有机质对 Cu^{2+} 的专性吸附能力大于对 Cd^{2+} 的专性吸附能力，这是表 5-23 中砖红壤去除有机质对 Cu^{2+} 吸附量的影响大于对 Cd^{2+} 吸附量的主要原因。

表 5-23　不同有机质含量下不同成土年龄的砖红壤对 Cu²⁺ 和 Cd²⁺ 的吸附（Zhong et al.，2010）

土壤	采样深度 （cm）	有机质含量 （g/kg）	Cu²⁺ 吸附量（mmol/kg）		Cd²⁺ 吸附量（mmol/kg）	
			原土	去有机质	原土	去有机质
成土 1 万年	0～16	48.9	23.7	19.5	18.7	15.9
砖红壤	16～40	21.5	21.1	16.6	13.5	11.1
成土 229 万年	0～20	34.0	17.3	11.4	3.6	3.7
砖红壤	20～50	19.1	16.0	9.7	2.3	2.4

生物质炭是一种人工制备、化学结构与腐殖质类似的有机物，红壤中添加生物质炭也能显著提高土壤对重金属阳离子的吸附量。由图 5-27 可知，添加花生秸秆炭和油菜秸秆炭均提高了砖红壤对 Cu²⁺ 的吸附量，花生秸秆炭对土壤吸附 Cu²⁺ 的促进作用大于油菜秸秆炭，与两者表面官能团数量的变化趋势一致。

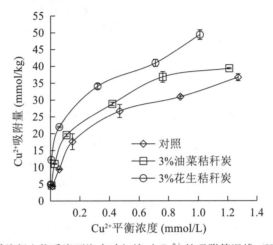

图 5-27　不同秸秆生物质炭下海南砖红壤对 Cu²⁺ 的吸附等温线（Xu at al.，2013）

图 5-28 中红外光谱的结果证实，Cu²⁺ 与生物质炭表面的—COO⁻ 和—OH 等活性官能团形成了表面络合物。Cu²⁺ 被花生秸秆炭表面吸附后，—COO⁻ 的对称伸缩振动吸收峰由 1 408 cm⁻¹ 移至 1 396 cm⁻¹，反对称伸缩振动吸收峰由 1 581 cm⁻¹ 移至 1 593 cm⁻¹。Cu²⁺ 吸附还使—OH 的对称伸缩振动峰由 3 414 cm⁻¹ 移至 3 398 cm⁻¹。—COO⁻ 与 Cu²⁺ 发生络合反应后由于官能团周围的化学环境发生变化，吸附峰发生化学位移，这为—COO—Cu 表面络合物的形成提供了证据。

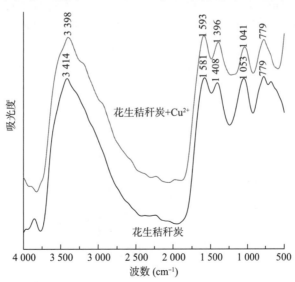

图 5-28　花生秸秆炭吸附 Cu²⁺ 前后红外光谱的比较（Tong et al.，2011）

重金属阳离子在包括红壤在内的土壤表面发生吸附时，往往同时发生专性吸附和电性吸附，有时还伴有表面沉淀的形成。由于电性吸附的重金属阳离子可以被中性盐提取，因此可以用该方法区分电性吸附和非电性吸附两种机制的相对贡献。但目前还很难用化学提取方法对专性吸附和表面沉淀进行区分。表 5 - 24 中两种成土年龄不同的砖红壤中 Cu^{2+} 的吸附量和吸附的 Cu^{2+} 被中性盐解吸量的比较，解吸率代表电性吸附的贡献。结果表明，两种砖红壤中 Cu^{2+} 的吸附均以非电性吸附为主，电性吸附的贡献在 40% 以下。成土 133 万年砖红壤对 Cu^{2+} 的吸附量、吸附 Cu^{2+} 的解吸量及解吸率均高于成土 229 万年砖红壤，这是因为前者的 CEC（9.0 cmol/kg）高于后者（5.0 cmol/kg），土壤表面带较多的负电荷，它对 Cu^{2+} 的电性吸附量及电性吸附的贡献均大于成土 229 万年砖红壤。

表 5 - 24　Cu^{2+} 在两种成土年龄不同的砖红壤中吸附量和解吸量的比较（Zhong et al.，2010）

初始浓度 (mmol/L)	成土 133 万年砖红壤			成土 229 万年砖红壤		
	吸附量 (mmol/kg)	解吸量 (mmol/kg)	解吸率 (%)	吸附量 (mmol/kg)	解吸量 (mmol/kg)	解吸率 (%)
0.2	17.9	5.5	30.7	11.7	2.1	17.9
0.4	23.0	8.0	34.8	15.8	4.2	26.6
0.8	29.5	11.0	37.3	20.7	6.2	30.0

表 5 - 25 所示为生物质炭改良的砖红壤吸附的 Cu^{2+} 和 Cd^{2+} 被中性盐解吸的解吸率，在没有生物质炭的对照体系中对 Cu^{2+} 的解吸率小于 26%，说明 Cu^{2+} 在该土壤中以非电性吸附为主；而对照体系中 Cd^{2+} 的解吸率大于 59%，说明砖红壤中 Cd^{2+} 的电性吸附和非电性吸附均有重要贡献，但以电性吸附为主。当砖红壤用生物质炭改良后，土壤吸附 Cu^{2+} 和 Cd^{2+} 的解吸率均下降，说明生物质炭促进了 2 种重金属阳离子在土壤中的专性吸附，花生秸秆炭的促进作用大于油菜秸秆炭，与图 5 - 27 中的结果一致。

表 5 - 25　秸秆生物质炭改良的海南砖红壤吸附 Cu^{2+} 和 Cd^{2+} 的解吸率（%）（Xu et al.，2013）

Cu^{2+} 初始浓度（mmol/L）	对照	油菜秸秆炭	花生秸秆炭	Cd^{2+} 初始浓度（mmol/L）	对照	油菜秸秆炭	花生秸秆炭
0.25	24.7	14.0	6.3	0.2	67.5	61.0	41.5
0.50	19.9	16.4	10.6	0.4	67.8	64.6	46.4
1.00	26.0	20.5	17.2	1.0	59.1	57.0	50.7

正如上文所述，在实际土壤体系中还难以区分重金属阳离子的专性吸附和表面沉淀。但在生物质炭等有机吸附剂表面可以进行区分。Cu^{2+} 和 Cd^{2+} 在含高浓度背景电解质溶液的生物质炭体系中发生吸附，然后用 EDTA 溶液提取专性吸附的重金属，吸附总量为专性吸附与表面沉淀之和，因为高浓度电解质溶液中电性吸附被抑制。图 5 - 29 和图 5 - 30 中两条曲线之间的差值代表表面沉淀对 Cu^{2+} 和 Cd^{2+} 在吸附中的贡献，在 Cu^{2+} 中的占比小于 30%，在 Cd^{2+} 中的占比更低。因此，在酸性条件下，重金属阳离子在生物质炭表面主要发生专性吸附，表面沉淀的贡献比较小。

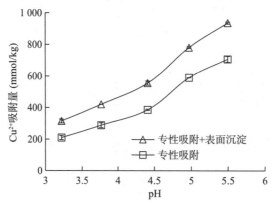

图 5 - 29　花生秸秆炭表面 Cu^{2+} 专性吸附和表面沉淀的比较（Xu et al.，2013）

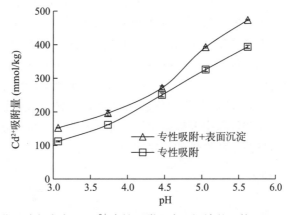

图 5-30　花生秸秆炭表面 Cd^{2+} 专性吸附和表面沉淀的比较（Xu et al.，2013）

（二）阴离子的专性吸附

磷酸根、砷酸根、硫酸根、铬酸根、钼酸根等含氧酸根阴离子和 F^- 是土壤中发生专性吸附的主要无机阴离子，有机酸根阴离子也可在土壤中发生专性吸附。土壤中的铁铝氧化物是阴离子专性吸附的主要吸附剂，阴离子也可在层状硅酸盐矿物的表面发生专性吸附。与阳离子的专性吸附相似，发生专性吸附的阴离子也进入矿物表面金属原子的配位壳中，但它与配位壳中的羟基或水基发生配位体交换反应，与金属原子形成配位键，即形成表面配合物。发生专性吸附的阴离子将矿物表面的羟基置换并释放到土壤溶液中，这一过程使土壤溶液 pH 升高。这一特点与阳离子的专性吸附相反。羟基释放量的多少与阴离子专性吸附能力的大小一致。一般 F^- 的专性吸附能力最强，其次为磷酸根、砷酸根，铬酸根和硫酸根的专性吸附能力较弱。图 5-31 中的结果证明了这一点，3 种红壤中均是 F^- 吸附过程中羟基的释放量最多，其次为磷酸根，铬酸根吸附过程中释放的羟基最少。

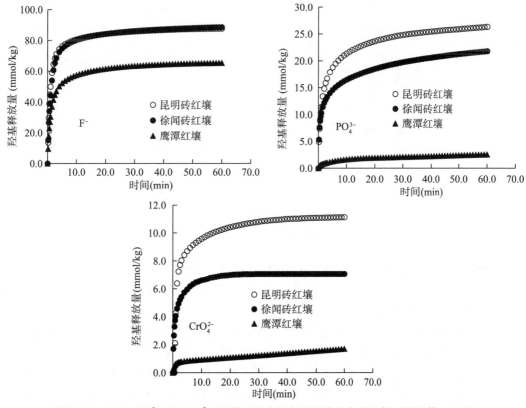

图 5-31　F^-、PO_4^{3-} 和 CrO_4^{2-} 吸附过程中的羟基释放动力学比较（姜军等，2008）

图5-31中的结果还表明，3种土壤中磷酸根和铬酸根吸附过程中羟基释放量的顺序是昆明砖红壤＞徐闻砖红壤＞鹰潭红壤，与这些土壤对阴离子吸附量的顺序一致（图5-32），也与这3种土壤游离氧化铁的含量顺序一致。土壤氧化铁是阴离子专性吸附的主要吸附剂，土壤氧化铁含量越高，对阴离子的吸附容量越大，相应地释放的羟基也越多。另外，土壤中氧化铁的矿物形态也会影响阴离子的专性吸附。图5-33中砷酸根在3种土壤中吸附量的顺序为黄壤＞砖红壤＞红壤，它们的游离氧化铁含量分别为80.3 g/kg、108.3 g/kg和51.1 g/kg。虽然黄壤的游离氧化铁含量低于砖红壤，但黄壤中游离氧化铁以针铁矿为主，而砖红壤中游离氧化铁以赤铁矿为主，针铁矿的化学反应活性大于赤铁矿，这是黄壤对砷酸根的吸附量高于砖红壤的主要原因。

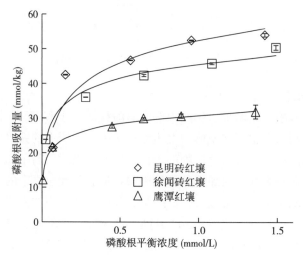

图5-32　砖红壤和红壤对磷酸根吸附量的比较（王永等，2008）

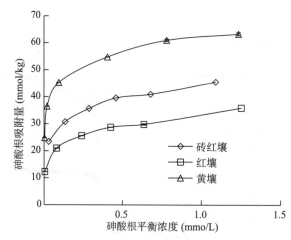

图5-33　砷酸根在3种红壤中吸附量的比较

除氧化铁外，氧化铝也是红壤中阴离子专性吸附的重要吸附剂。虽然红壤中氧化铝的含量一般低于氧化铁，但由于单位质量的氧化铝对阴离子的吸附量高于氧化铁（图5-34），红壤氧化铝在阴离子专性吸附中的作用也不容忽视。

阴离子的专性吸附也会对土壤表面电荷产生影响，影响的方向与阳离子的专性吸附相反：使土壤表面负电荷增多、正电荷减少，使土壤胶体的Zeta电位向负值方向位移（图5-14）。一方面，专性吸附的阴离子进入土壤矿物表面的紧密层中，将自身的负电荷转移到土壤颗粒表面；另一方面，专性吸附过程中阴离子与矿物表面的羟基发生配位体置换反应，使表面羟基减少，这些羟基是土壤表面正电荷的主要来源。

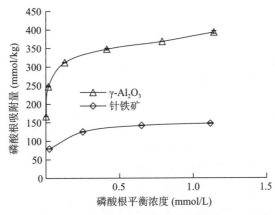

图 5-34 氧化铁和氧化铝对磷酸根吸附量的比较（王永等，2008）

根据传统的胶体化学理论，离子强度的变化不应对离子的专性吸附产生影响。这主要基于中性盐的阴、阳离子不发生专性吸附，不会与发生专性吸附的阴、阳离子竞争土壤表面的吸附位。但实验结果表明，离子强度会对阴离子的专性吸附产生影响，而且在不同的 pH 范围内呈现不同的影响趋势。这一现象最初在磷酸根吸附研究中被观察到，如图 5-35 所示。分别在 0.01mol/L 和 0.6mol/L NaNO₃ 背景电解质溶液中，磷酸根在砖红壤表面的吸附量随 pH 的变化曲线相交于一点，交点处 pH 约为 4.5。当 pH 高于交点处 pH 时，离子强度升高增强了土壤对磷酸根的吸附量；当 pH 低于交点处 pH 时，离子强度对磷吸附的影响趋势相反。之后在研究离子强度对其他阴离子专性吸附的影响时也观测到类似现象。砖红壤对砷酸根的吸附量随离子强度的变化趋势与磷酸根的相似。这一现象在红壤中具有普遍性。

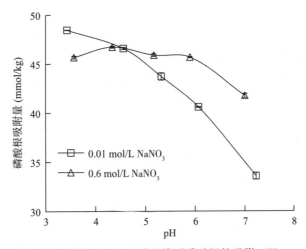

图 5-35 不同介质离子强度和 pH 下砖红壤对磷酸根的吸附（Wang et al.，2009）

近年来对土壤胶体双电层结构的深入研究发现，上述现象由双电层扩散层电位随离子强度的变化所引起。研究还发现，不同离子强度下磷酸根吸附量随 pH 变化曲线的交点靠近土壤的等电点（IEP）。当介质 pH 高于土壤的 IEP 时，土壤表面带净负电荷，扩散层中的反号离子为阳离子。此时扩散层中任一面上的静电电位与表面净电荷一致，为负值。随着离子强度的增加，扩散层中反号离子的浓度增加，任一面上的反号离子的浓度也随之增加，导致该面上静电电位的绝对值减小，对阴离子的排斥力减小，阴离子比低离子强度时更易通过扩散层到达吸附剂表面，因而促进了磷酸根的吸附。当介质 pH 小于吸附剂的 IEP 时，情况刚好相反（图 5-36）。

红壤胶体 Zeta 电位随离子强度的变化对扩散层中电位随离子强度的变化的假设给予了实验验证。

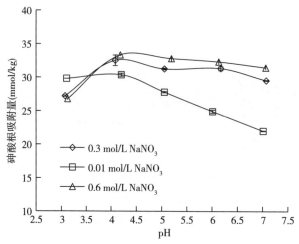

图 5 - 36　不同介质离子强度下红壤对砷酸根的吸附（Xu et al.，2009）

Zeta 电位是胶体双电层滑动面上的电位。虽然胶体双电层扩散层中的电位数值随着与胶体表面距离的增加而减小，但其符号及数值随离子强度的变化与 Zeta 电位具有相同的趋势。因此，Zeta 电位随体系离子强度的变化趋势与扩散层任一位置的静电电位随离子强度的变化趋势相同。研究结果表明，不同离子强度下测得的 Zeta 电位-pH 曲线相交于一点（图 5 - 11），此处的 pH 为土壤胶体的 IEP。当 pH＞IEP 时，Zeta 电位为负值，说明胶体表面带净负电荷。随着离子强度增加，Zeta 电位的绝对值减小，土壤胶体吸附面上的电位也应随离子强度的增加而减小；当 pH＜IEP 时，Zeta 电位为正值，并随离子强度的增加而减小，土壤胶体吸附面上的静电电位也具有相似的变化趋势。这些结果说明，红壤胶体表面的扩散层中任一位置上静电电位随离子强度的变化是离子强度影响磷酸根吸附的原因。

（三）离子的竞争吸附

无论是发生电性吸附，还是专性吸附，当具有相似吸附机制的同类离子共存时它们会对红壤表面吸附位产生竞争作用，从而使各自的吸附量减少。对于电性吸附离子，它们对红壤表面吸附位竞争能力的大小主要与离子的价态和水合半径有关，价态越高、水合半径越小，它们对土壤表面吸附位的竞争能力越强。这在上文的阳离子交换反应部分已做讨论，不再赘述。

对于发生专性吸附的阳离子，它们对红壤表面吸附位的竞争能力主要与其水解能力有关，水解能力强的阳离子对表面的竞争能力也强。图 5 - 37 比较了 Cu^{2+}、Pb^{2+} 和 Cd^{2+} 在红壤表面的吸附能力大小，结果表明，3 种重金属阳离子在共存条件下的吸附量均低于单一条件下各自的吸附量，说明这些阳离子对红壤表面吸附位的竞争作用导致各自的吸附量有所降低。无论是 pH 为 4.2 还是 pH 为 5.2，红壤对 Cd^{2+} 的吸附能力均小于 Cu^{2+} 和 Pb^{2+}，这种差异在 pH 为 5.2 时更显著。这主要是因为 Cd^{2+} 的水解能力小于 Cu^{2+} 和 Pb^{2+}，因此它对红壤表面吸附位的竞争能力小于 Cu^{2+} 和 Pb^{2+}。图 5 - 37 中一个有趣的现象是 pH 为 4.2 时 Pb^{2+} 对红壤表面吸附位的竞争能力大于 Cu^{2+}，但在 pH 为 5.2 时情况反转，即 pH 为 5.2 时 Cu^{2+} 对红壤表面吸附位的竞争能力大于 Pb^{2+}。

为了探讨上述现象产生的原因，比较了 pH 对 Cu^{2+} 和 Pb^{2+} 在砖红壤、红壤和针铁矿表面吸附的影响。在 pH 为 3.7～5.7 时，两种砖红壤对 Pb^{2+} 的吸附量大于对 Cu^{2+} 的吸附量，但土壤对 Cu^{2+} 和 Pb^{2+} 吸附量之间的差值随 pH 的升高而逐渐减小，在 pH 为 5.7 时两者基本相等，说明 Cu^{2+} 的吸附量随 pH 升高的增幅大于 Pb^{2+}（图 5 - 38）。红壤对两种重金属离子的吸附量随 pH 的升高出现一个转折点，在转折点处土壤对两种重金属离子的吸附量相等。当 pH 低于转折点时，土壤对 Pb^{2+} 的吸附量大于 Cu^{2+}；当 pH 大于转折点时，土壤对 Cu^{2+} 的吸附量大于 Pb^{2+}（图 5 - 39）。这说明，红壤在低 pH 时对 Pb^{2+} 的亲和力大于 Cu^{2+}，高 pH 时对 Cu^{2+} 的亲和力大于 Pb^{2+}。针铁矿对 Cu^{2+} 和 Pb^{2+} 的吸附量随 pH 的变化趋势与红壤相似。针铁矿是红壤中氧化铁的主要存在形态，而砖红壤中氧化铁主

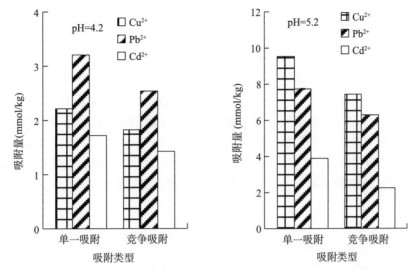

图 5-37　Cu^{2+}、Pb^{2+} 和 Cd^{2+} 在红壤中单一吸附及竞争吸附的比较（谢丹等，2006）

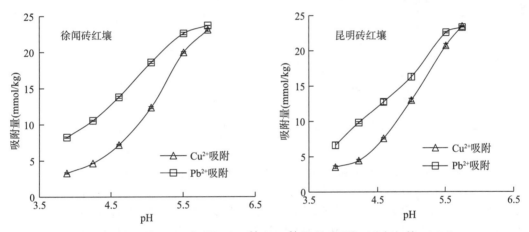

图 5-38　不同 pH 下砖红壤对 Cu^{2+} 和 Pb^{2+} 的表面吸附（徐仁扣等，2006）

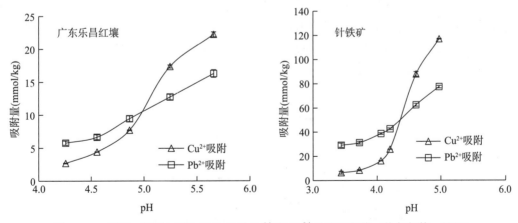

图 5-39　不同 pH 下红壤和针铁矿对 Cu^{2+} 和 Pb^{2+} 的表面吸附（徐仁扣等，2006）

要以赤铁矿存在，因此，土壤氧化铁的存在形态是上述现象产生的主要原因。这些结果还说明游离氧化铁在红壤吸附重金属的过程中起重要作用。

一般认为红壤对 Cu^{2+} 和 Pb^{2+} 的专性吸附在低 pH 时以配位机理为主，在高 pH 时以水解-吸附机理为主。上述结果说明，低 pH 下 Pb^{2+} 在土壤和矿物表面的配位吸附能力大于 Cu^{2+}。但由于两种重金属离子的水解常数是 $pK_{Cu} < pK_{Pb}$，所以 Cu^{2+} 的水解能力大于 Pb^{2+}，在相同条件下 Cu^{2+} 的水解可以比 Pb^{2+} 生成更多的金属羟基离子。土壤和矿物对金属羟基离子的吸附亲和力大于自由离子，这导致在较高 pH 条件下 Cu^{2+} 吸附量随 pH 升高而增加的幅度大于 Pb^{2+}，土壤和矿物对 Cu^{2+} 的吸附量甚至大于对 Pb^{2+} 的吸附量，使得红壤对 Pb^{2+} 和 Cu^{2+} 的吸附亲和力的大小顺序随 pH 升高而发生变化。

发生专性吸附的阴离子共存于一体时，也对红壤表面吸附位产生竞争作用。土壤中砷酸根和亚砷酸根常同时存在，由于红壤对砷酸根的吸附亲和力大于亚砷酸根，因此竞争条件下砷酸根对亚砷酸根吸附的抑制作用大于亚砷酸根对砷酸根吸附的抑制作用（图 5-40）。红壤表面对砷酸根和磷酸根的吸附亲和力相近，但两种阴离子在铁铝氧化物表面的竞争能力存在差异。针铁矿表面对砷酸根的吸附亲和力大于其对磷酸根的吸附亲和力，但三水铝石对磷酸根的吸附亲和力大于其对砷酸根的吸附亲和力（Violante et al.，2002）。

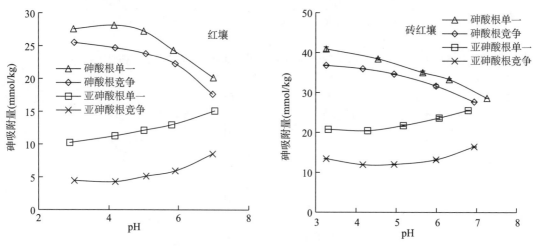

图 5-40　砷酸根和亚砷酸根在红壤和砖红壤表面的竞争吸附（王永等，2008）

有机酸是土壤中常见的小分子有机化合物，这些有机酸的阴离子也能与无机阴离子竞争红壤表面的吸附位。图 5-41 中的结果表明，当磷酸根或硫酸根与水杨酸共存时，两种无机阴离子均抑制了砖红壤对水杨酸的吸附。当 pH < 4.0 时，两种酸对水杨酸吸附的抑制作用相似；但当 pH > 4.0 时，磷酸根的抑制作用随 pH 的升高而增强，硫酸根的抑制作用则相反。当有机酸与 F^- 共存时，有机酸抑制砖红壤对 F^- 的吸附，其抑制作用的顺序为草酸>丙二酸>苹果酸（图 5-42），与土壤对这些有机酸吸附能力的顺序一致。有机酸与磷等养分元素的竞争吸附提高了红壤中这些养分的有效性，但对于有毒元素，则增加了它们的环境风险。

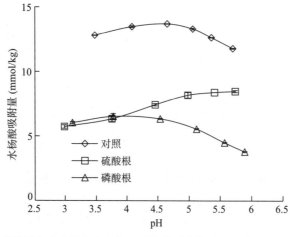

图 5-41　磷酸根和硫酸根存在条件下砖红壤对水杨酸的吸附（Xu et al.，2007）

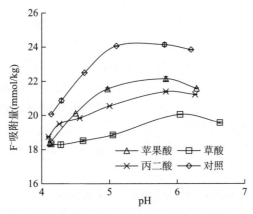

图 5-42　不同有机酸下砖红壤对 F⁻ 的吸附（徐仁扣等，2003）

（四）阴、阳离子的协同吸附

阴、阳离子共存时，它们可以在红壤表面发生协同吸附，增加各自的吸附量。有机酸与 Cu^{2+} 共存时，有机酸促进土壤对 Cu^{2+} 的吸附（图 5-43）。图 5-43 中水杨酸和邻苯二甲酸均促进了砖红壤对 Cu^{2+} 的吸附。有机酸通过自身的吸附来促进砖红壤对 Cu^{2+} 的吸附，随着水杨酸初始浓度的增加，土壤对其吸附量增加，土壤对 Cu^{2+} 的吸附量也相应增加（图 5-44）。

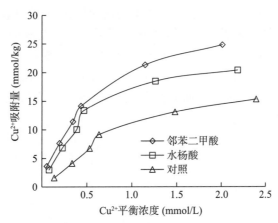

图 5-43　水杨酸和邻苯二甲酸对砖红壤吸附 Cu^{2+} 的影响（Xu et al.，2006）

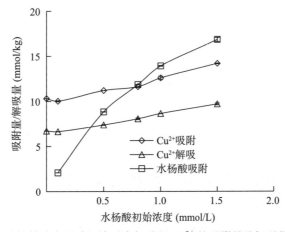

图 5-44　不同水杨酸初始浓度下砖红壤对水杨酸和 Cu^{2+} 的吸附量及解吸量（Xu et al.，2006）

有机酸可以通过两种机制增加砖红壤对 Cu^{2+} 的吸附。有机酸在砖红壤表面的吸附增加了土壤的表面负电荷，因而可以增加土壤对 Cu^{2+} 的电性吸附量；有机酸可以通过形成土壤-有机酸- Cu^{2+} 表面三元络合物促进 Cu^{2+} 的吸附，吸附在土壤表面的有机酸通过其官能团与 Cu^{2+} 形成络合物，增加土壤对 Cu^{2+} 的专性吸附。为了区分两种机制的相对贡献，用中性盐对砖红壤吸附的 Cu^{2+} 进行解吸，被解吸部分代表电性吸附的 Cu^{2+}。图 5-44 中的结果表明，Cu^{2+} 的解吸量也随水杨酸初始浓度和吸附量的增加而增加，说明水杨酸可以增加砖红壤对 Cu^{2+} 的电性吸附量。计算不同水杨酸初始浓度时 Cu^{2+} 的吸附增量和解吸增量，将结果列于表 5-26 中。Cu^{2+} 的吸附增量和解吸增量均随水杨酸初始浓度的增加而增加，解吸增量占吸附增量的百分比在 76.1%~88.9%。这一百分比代表电性吸附在 Cu^{2+} 吸附增量中的贡献，说明水杨酸对砖红壤吸附 Cu^{2+} 的促进作用以电性吸附机制为主，形成表面三元复合物是次要机制。

表 5-26 水杨酸促进砖红壤吸附 Cu^{2+} 的吸附增量和解吸增量的比较（Xu et al.，2006）

水杨酸初始浓度（mmol/L）	Cu^{2+} 吸附增量（mmol/kg）	Cu^{2+} 解吸增量（mmol/kg）	解吸增量/吸附增量（%）
0.5	0.88	0.67	76.1
0.8	1.53	1.36	88.9
1.0	2.26	1.93	85.4
1.5	3.87	2.99	77.3

在实际的污染土壤中，重金属阳离子往往与铬酸根和砷酸根等共存，它们之间也会发生协同作用并促进土壤对各自的吸附量。比如，当砷酸根与 Cd^{2+} 共存时，砷酸根显著促进了砖红壤对 Cd^{2+} 的吸附（图 5-45）。解吸试验的结果表明，含砷体系中 Cd^{2+} 被中性盐解吸的解吸量也高于对照体系，说明砷酸根也主要通过电性吸附机制促进土壤对 Cd^{2+} 的吸附。砷酸根与 Zn^{2+} 共存时，也观测到类似现象。铬酸根与 Cu^{2+} 共存时不仅铬酸根促进了红壤对 Cu^{2+} 的吸附，Cu^{2+} 也促进了红壤对铬酸根的吸附。污染土壤中阴、阳离子的协同吸附增加了土壤对这些污染物的吸持能力，降低了它们的活动性和移动性，因此降低了它们的环境风险。

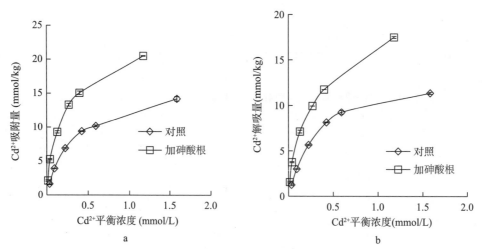

图 5-45 砷酸根存在条件下砖红壤中 Cd^{2+} 的吸附（a）和解吸（b）（Liang et al.，2007）

三、红壤中离子吸附与养分有效性和污染控制

（一）离子吸附与养分有效性

吸附-解吸是土壤中最常见的化学现象，对土壤中养分的有效性有重要影响。土壤中的 Ca^{2+}、Mg^{2+}、K^+ 和 NH_4^+ 等养分阳离子主要通过电性吸附存在于土壤表面的阳离子交换位上。红壤地区雨量充沛，土壤养分容易随地表径流淋失。土壤对阳离子的吸附作用可以减少养分的淋失。在作物生长

期间，随着作物对养分的吸收和利用，土壤溶液中养分离子的含量下降，土壤表面吸附的阳离子会释放到土壤溶液中供作物吸附利用；当通过施肥等措施使土壤溶液中养分含量增加时，土壤增加对这些养分阳离子的吸附量，使它们储存于土壤颗粒表面，作为作物的养分库。

CEC 是土壤对阳离子吸附容量大小的决定因素，红壤遭受强烈的风化和淋溶作用，CEC 一般较低，因此对阳离子的吸附容量较低。但通过施用有机肥和秸秆还田等措施可以提高红壤有机质的含量，从而增加红壤的 CEC，增强红壤对阳离子的吸附能力。生物质炭是一种新型有机改良剂，它不仅含丰富的钙、镁和钾等养分，还能提高红壤的 CEC，增强红壤对阳离子的吸附能力。此外，生物质炭是由生物质经热解制备而成，它在土壤中比较稳定，不易被土壤微生物分解，因此它对红壤 CEC 的提升还具有长效性。

红壤酸化也降低了土壤对养分阳离子的吸附能力。①红壤是可变电荷土壤，随着土壤 pH 的下降，土壤的 ECEC 下降，土壤表面的阳离子交换位减少；②土壤酸化导致固相铝活化，大量 Al^{3+} 占据了红壤表面的阳离子交换位，也降低了土壤对养分阳离子的吸附能力。因此，对酸化红壤进行改良，提高土壤 pH，降低土壤活性铝含量，也是增加红壤对养分阳离子吸附能力的有效措施。

红壤对磷酸根有很强的专性吸附能力，这导致红壤中磷的有效性不高。但通过阴离子之间的竞争吸附，可以减少红壤对磷的吸附或解吸已吸附于红壤表面的磷。施用有机肥或秸秆还田可以增加土壤中有机酸的含量，有机酸与磷竞争红壤表面的吸附位可以减少磷酸根的吸附量或增加已吸附磷的解吸量，提高红壤中磷的有效性。

（二）离子吸附与污染控制

土壤中离子吸附与污染物的活性有密切联系。重金属阳离子可在红壤颗粒表面发生专性吸附，降低这些有毒重金属离子的活性和生物毒性。红壤对重金属阳离子的吸附量随 pH 的升高而增强。因此，通过改良红壤酸度、提高红壤 pH，可以有效增加红壤对重金属的吸附量。土壤有机质是阳离子专性吸附的重要吸附剂，提高红壤有机质含量，可以增加红壤对重金属阳离子的吸附能力。生物质炭表面含丰富的官能团，是阳离子专性吸附的重要吸附位。施用生物质炭可以提高红壤对重金属阳离子的吸附和固定能力。

砷酸根、铬酸根和 F^- 等阴离子在红壤表面的专性吸附也能降低这些离子的活性和生物毒性。铁铝氧化物是这些阴离子专性吸附的主要吸附剂，铁铝氧化物含量高的红壤对这些有毒阴离子的吸附和固定能力更强。

第四节　红壤酸度与铝化学行为

我国红壤主要分布在南方热带、亚热带地区，长期高温多雨的气候条件可导致红壤风化强烈，盐基离子大量淋失引起红壤的自然酸化。虽然这一过程的酸化速度比较慢，但长年累月的淋失已导致土壤呈酸性或强酸性状态。红壤地区水热条件优越，是工农业发达区和人口密集区。因此，近年来酸沉降和集约化农业利用加剧了红壤的酸化。H^+ 进入土壤后，活性非常高，会很快与土壤中的铝发生反应，引起交换态铝增加和可溶性铝释放等一系列铝活化过程，并可能引起铝毒害。因此，认识红壤酸度特征和铝化学行为、研发有效的酸度调控措施是该类土壤可持续利用和南方红壤区生态环境安全的重要保障。

一、红壤酸度特点

土壤酸是由质子（H^+）的存在引起的。土壤酸度表征土壤酸性的强弱程度，可用容量指标和强度指标来表示。前者指土壤中致酸物质的数量，常用土壤交换性酸含量表征；后者指土壤酸性的强弱程度，常用土壤 pH 表征。土壤酸度不仅是土壤的一个基本性质，还对土壤的其他理化性质和土壤中发生的物理、化学和生物过程具有直接或间接的影响。土壤酸度也常被视作控制土壤其他反应的主变量。因此，长期以来土壤酸度是最受关注的土壤化学问题之一。

（一）红壤 pH

土壤 pH 是衡量土壤酸度最为常用的指标。在纯溶液体系中，pH 是溶液中 H^+ 活度的负对数。但分散于土壤溶液中的情况与纯溶液体系有所不同，由于土壤颗粒较分子尺度大得多，H^+ 并非均匀地分布于土壤溶液中，因此土壤 pH 是一个表观平均值。

根据土壤 pH 的高低，《中国土壤》一书中将土壤的酸碱度分为 5 级：强酸性（pH<5.0）、酸性（5.0<pH<6.5）、中性（6.5<pH<7.5）、碱性（7.5<pH<8.5）和强碱性（pH>8.5）。红壤地区降水丰富，气温高，土壤风化和淋溶作用强烈。在长期的成土过程中，土壤原生矿物含量减少，次生矿物逐渐增多。在这一过程中，土壤中的碱性物质不断随水流失，土壤 pH 逐渐下降。红壤地区大部分土壤 pH<5.5，其中很大一部分土壤的 pH<5.0，甚至<4.5。根据第二次全国土壤普查资料，福建、湖南、浙江 3 省 pH 为 4.5～5.5 的强酸性土壤分别占全省土壤总面积的 49.4%、38.0% 和 16.9%，pH 为 5.5～6.5 的酸性土壤分别占全省土壤总面积的 37.5%、40.0% 和 56.4%，江西 pH 在 5.5 以下的强酸性土壤面积为全省自然土壤面积的 71%（徐仁扣，2013）。近年来，酸沉降、过量氮肥施用等导致我国南方红壤地区农田土壤 pH 呈加速下降趋势。我国 301 个亚热带地区农田采样点土壤的平均 pH 由 20 世纪 80 年代的 5.37（4.40～6.60）降至近期的 5.14（粮食作物，4.17～6.52）和 5.07（经济作物，3.93～6.44）（Guo et al.，2010）。因此，红壤地区土壤是"酸上加酸"，酸化问题日趋严重。

（二）红壤交换性酸

虽然土壤酸度以土壤溶液中 H^+ 的行为表现出来，但主要以交换性酸的形态存在于土壤固相表面，包括交换性 H^+ 和交换性铝，且以交换性铝为主。我国南方红壤的交换性酸以 Al^{3+} 为主体，H^+ 一般只占总酸量的 4% 以下。仅当表层土壤中含有大量有机质时，才会含有较多的交换性 H^+。如图 5-46 所示，土壤的交换性酸与交换性 Al^{3+} 显著线性相关（$r>0.98$），斜率接近 1.0，进一步说明土壤交换性 Al^{3+} 是土壤交换性酸的主体。由于有机质中许多弱酸基团与质子之间具有极强的亲和力，因此，土壤中交换性 H^+ 与 Al^{3+} 的比值与其有机质含量有关，土壤有机质含量越高，H^+ 在总酸度中所占比例会越大。

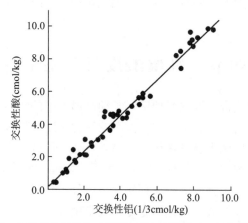

图 5-46　土壤交换性酸与交换性 Al^{3+} 的关系（于天仁等，1996）

交换性铝的水解使土壤表现出酸性。当把酸性土壤分散于水中时，部分交换性铝从固相表面离解进入溶液。假如释放的是 Al^{3+}，当它进入溶液时极易发生水解，释放 H^+，这是由交换性铝到溶液中 H^+ 的转变过程。方程式如下：

$$Al^{3+} + H_2O = AlOH^{2+} + H^+$$

$$Al^{3+} + 2H_2O = Al(OH)_2^+ + 2H^+$$

土壤交换性铝的含量与土壤 pH 密切相关。如图 5-47 所示，当 pH 高于 5.5 时，土壤中交换性铝含量极低；当 pH 低于 5.5 时，土壤交换性铝含量随土壤 pH 的降低呈指数增加。随着土壤盐基离子的淋失，H^+ 占据部分土壤交换位，由于 H^+ 是极为活泼的，快速自发地与含铝化合物包括黏土矿物晶格中的铝反应，释放等当量的 Al^{3+}，通过 H^+/Al^{3+} 转化反应形成交换性铝。由此可见，土壤酸度取决于土壤交换性铝的含量，土壤交换性铝在很大程度上制约着土壤的 pH。

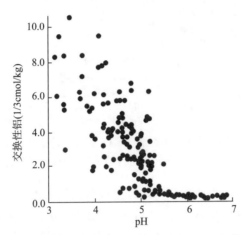

图 5-47　土壤交换性铝与土壤 pH 的关系（于天仁等，1996）

（三）红壤酸度的成因及影响因素

我国红壤酸度的形成与长期强烈的风化和淋溶作用有关。由于地处热带、亚热带地区，长期高温多雨，强烈的风化和淋溶作用使红壤中的可溶性盐分及土壤表面的交换性盐基离子大量淋失，水的电离、土壤溶液中碳酸的离解以及土壤中有机酸的离解等产生 H^+，这些 H^+ 与土壤表面的盐基阳离子发生交换反应，进一步转化为交换性铝。红壤的风化通常为等电风化，随着土壤风化和发育程度的增强，土壤 pH 逐渐向土壤电荷零点靠近。这是红壤酸化的自然过程，也是红壤呈酸性的主要原因。

近期的研究发现，红壤酸度与铁铝氧化物含量密切相关。通过对采集的 27 个自然剖面共 66 个红壤样品进行分析发现，17 个游离氧化铁含量低于 100 g/kg 的土壤的 pH 平均为 4.64，而 49 个游离氧化铁含量高于 100 g/kg 的土壤的平均 pH 为 5.25。游离氧化铁与 pH 之间存在显著的正相关关系（图 5-48）。红壤的交换性酸在土壤有效阳离子交换量中所占的比例也随着氧化铁含量的增加而下降，而交换性盐基在土壤有效阳离子交换量中所占的比例则相应增加（图 5-49）。当游离氧化铁的含量高于 100 g/kg 时，一些红壤中交换性酸的含量很低，土壤基本达盐基饱和状态，土壤仅呈弱酸性反应。因此，在风化和淋溶作用强的自然土壤剖面中，出现了土壤酸度随游离氧化铁含量的增加而降低的情况。

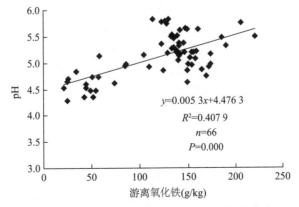

$$y=0.005\,3x+4.476\,3$$
$$R^2=0.407\,9$$
$$n=66$$
$$P=0.000$$

图 5-48　红壤中游离氧化铁和 pH 之间的关系

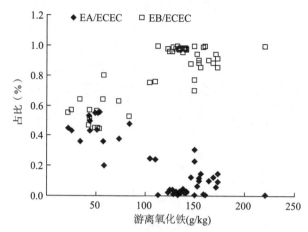

图 5 - 49   红壤中交换性酸（EA）和交换性盐基（EB）在
有效阳离子交换量（ECEC）中所占的比例随游离氧化铁含量的变化

通过电渗析处理，模拟土壤的自然酸化过程，发现游离氧化铁含量低于 30 g/kg 的恒电荷土壤的酸化趋势特别明显，游离氧化铁含量高于 40 g/kg 的红壤的酸化趋势则相对较小。电渗析前后恒电荷土壤的盐基饱和度由 97% 下降至 24%，76% 的土壤的阳离子交换位被交换性酸占据，土壤的平均 pH 由 6.34 降低至 4.24（表 5 - 27）。红壤的 pH 则仅由 5.25 降至 5.02。这些结果说明游离氧化铁确实能够抑制土壤的自然酸化过程。

表 5 - 27   恒电荷土壤和红壤电渗析前后交换性酸（EA）和交换性盐基（EB）与
有效阳离子交换量（ECEC）的比值和土壤 pH 的比较

项目	恒电荷土壤		红壤	
	电渗析前	电渗析后	电渗析前	电渗析后
EB/ECEC（%）	97	24	89	63
EA/ECEC（%）	3	76	11	37
pH	6.34	4.24	5.25	5.02

注：表中结果为每类土壤数据的平均值。

Li 等（2012）发现，电渗析土壤的 ECEC 与土壤中游离氧化铁含量之间呈显著负相关关系，土壤中游离氧化铁的含量越高，电渗析后土壤表面负电荷量越低（图 5 - 50）。由于电渗析处理对氧化铁含量较高的红壤酸度的影响较小，因此，电渗析过程中红壤表面负电荷降低的主要原因是离子强度降低使带负电荷的高岭石等铝硅酸盐矿物和带正电荷的铁铝氧化物表面双电层扩散层的厚度增加，导致相邻的带相反电荷颗粒表面双电层的扩散层发生重叠，正、负表面电荷的静电场相互抵消，土壤有效负电荷量降低。因此，尽管大量盐基阳离子从土壤表面移走，红壤仅需要较少量的交换性酸即可平衡其表面的负电荷量。交换性酸的数量减少导致较高的土壤 pH。可见，带相反电荷的胶体颗粒表面双电层相互作用导致的土壤表面有效负电荷数量减少是氧化铁抑制红壤酸化的主要机制。这一相互作用随体系中铁铝氧化物含量和土壤 CEC 的增加而增强，对土壤自然酸化的抑制作用也增强。

二、红壤中铝的化学行为

铝是组成土壤无机矿物的主要元素。通常情况下，土壤铝主要以铝硅酸盐矿物、铝氧化物和氢氧化物等形态存在于土壤固相部分。长期淋溶作用导致红壤脱硅富铝化，黏土矿物以 1∶1 型高岭石为主，且还含有大量的游离氧化铝。当土壤发生酸化时，土壤固相铝被释放进入土壤溶液或以交换性铝

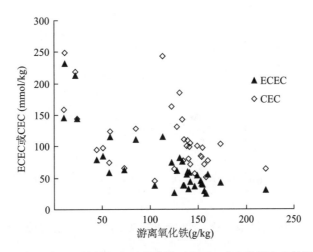

图 5-50　恒电荷土壤和红壤的阳离子交换量（CEC）或电渗析土有效阳离子交换量
（ECEC）与土壤游离氧化铁含量的关系

吸附于土壤表面的阳离子交换位上，使土壤铝的活性增加。活性铝是酸性土壤中危害作物生长的关键限制因素。

（一）固相铝的形态分布

除硅酸盐矿物中的铝外，土壤固相铝还包括交换态、有机络合态、无定形态和游离态氧化铝。交换性铝可被非缓冲性中性盐如 KCl 提取。有机络合态铝是被土壤固相部分有机质结合的铝，一般用焦磷酸钠提取。无定形态铝是各种羟基铝和氢氧化铝沉淀，一般用酸性草酸铵提取。游离态氧化铝主要是结晶态氧化铝，如三水铝石等，一般用 DCB（碳酸氢钠、柠檬酸钠和连二硫酸钠的混合溶液）法提取。不同类型的红壤中不同形态铝的绝对含量和相对比例变幅较大。图 5-51 所示为 4 种代表性土壤中各种形态铝的分布情况。

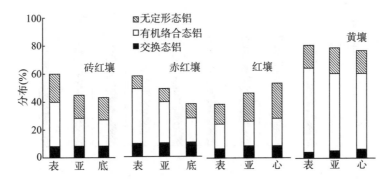

图 5-51　土壤中各种形态铝的分布（于天仁，1996）

注：表、亚、心、底分别代表表土、亚表土、心土和底土。

土壤铝的形态分布与土壤性质密切相关，其中土壤 pH 是影响固相铝形态的重要因素。土壤发生酸化后，土壤 pH 降低，土壤交换性铝大幅度增加，羟基结合态铝的含量则相应降低（图 5-52）。相反，当土壤酸度被中和时，由于土壤 pH 的升高，交换性铝含量有所降低，羟基结合态铝含量随之升高（Li et al.，2010）。土壤有机络合态铝的含量与土壤有机质含量有关。有机质含量较高的表层土中有机络合态铝的含量一般较下层土壤高（图 5-51）。强烈的淋溶和脱硅条件则有利于三水铝石的形成。土壤无定型氧化铝的形成和稳定性与土壤可溶性有机物和无机阴离子的存在均有密切联系。当溶液中有柠檬酸、草酸、腐殖酸及磷酸根等无机阴离子等易与铝形成稳定络合物的配位体存在时，合成的氧化铝更倾向于形成无定形态或短程有序态，且不易向结晶态氧化铝转化。

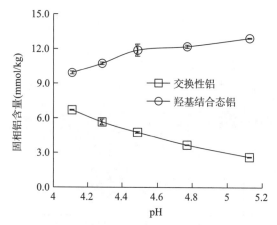

图 5-52　酸化过程中石灰改良红壤交换性铝和羟基结合态铝的变化趋势（Shi et al.，2018）

低分子量有机酸对红壤交换性铝含量有一定影响。如图 5-53 所示，几种低分子量有机酸均不同程度地增加了砖红壤中交换性铝的含量，但在红壤中柠檬酸和草酸则使土壤交换性铝含量有所降低（Li et al.，2005）。一方面，低分子量有机酸在土壤表面的吸附作用导致土壤表面净负电荷量增加，可吸附更多的交换性铝；另一方面，有机酸与铝形成可溶性络合物，会促进交换性铝从土壤固相释放到溶液中，降低土壤交换性铝的量。对于具体的土壤，有机酸对该土壤交换性铝的影响方向和程度取决于土壤对有机酸的吸附能力和有机酸对铝的络合能力。另外，有机酸的浓度和体系 pH 对有机酸的解离度及其在土壤表面的吸附均有一定影响，因此有机酸对交换性铝的影响还与有机酸的浓度和所处环境的 pH 有关。总体而言，与铝形成络合物的稳定常数小的有机酸（如乳酸），主要通过改变土壤表面电荷来增加土壤交换性铝的量；与铝形成络合物的稳定常数较大的有机酸（如柠檬酸和草酸），在低 pH 和低浓度下增加土壤交换性铝含量，在较高 pH 和高浓度下有可能降低土壤交换性铝含量。

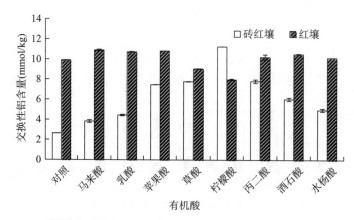

图 5-53　不同低分子量有机酸下典型红壤的交换性铝含量（Li et al.，2005）
注：有机酸的初始浓度为 1.0 mmol/L（pH 为 4.5）。

（二）土壤溶液中铝的形态分布

土壤溶液中铝的含量虽然远低于土壤固相，但却是造成酸性土壤中作物铝毒害的直接原因。溶液中 Al^{3+} 易发生水解反应，可形成聚合态铝（如 Al_{13}），也可与土壤溶液中多种有机配体和无机配体形成络合物。因此，土壤溶液中的 Al^{3+} 以多种形态存在。不同形态铝的生物毒性差异很大，如游离 Al^{3+} 的毒性很高，而络合形态 Al^{3+} 的毒性则相对较小。由于土壤组成和土壤溶液中 Al^{3+} 形态的复杂性，到目前为止还没有一个比较完善的土壤溶液中 Al^{3+} 形态的区分方法。通常需要将各种方法联合应用，如动力学比色法（李九玉等，2004）、离子选择电极法（Xu et al.，1998）等，再根据溶液中的各种化学平衡进行计算，才能获得溶液中 Al^{3+} 存在形态的比较详细的信息。已知土壤铝的溶解和络合等参数、溶液 pH 及各种配体的浓度后，也可通过化学模型计算土壤溶液中不同形态铝的浓度。常用化学模型有 Geochem 模型、MINTEQ 模型等。这些模型都是根据铝在溶液中的各种化学平衡关系计算铝的形态分布。土壤溶液和天然水体中 Al^{3+} 形态的常见区分思路如图 5-54 所示。

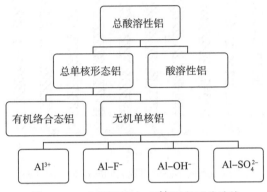

图 5-54　土壤溶液中 Al^{3+} 形态区分路线

表 5-28 中列了我国南方部分土壤水提取液的 pH 和不同形态 Al^{3+} 的含量（Xu et al.，1998）。从表中可以看出，土壤溶液中 Al^{3+} 的浓度随 pH 的降低而增加，这是土壤酸化加重铝对作物毒害的主要原因。土壤溶液中的无机铝一般占总铝的 19%～70%，有机铝占总铝的 7.7%～69.0%，而酸溶性铝所占比例较小，多在 20% 以下。无机铝可进一步区分为 Al^{3+}、$Al-F^-$、$Al-OH^-$ 和 $Al-SO_4^{2-}$ 络合物（图 5-55）。在强酸性条件下，Al^{3+} 和 Al-F 络合物是无机铝的主要存在形态。$Al-SO_4$ 络合物和 Al-OH 络合物在无机铝中所占比例相对较小（<10%）。随着 pH 的降低，Al-F 络合物在无机铝中的比例逐渐降低，而 Al^{3+} 的浓度及其在无机铝中的比例则随之升高。从同一剖面中 Al^{3+} 的形态分布来看，表层土壤中有机铝、Al^{3+}、Al-F 络合物、$Al-OH^-$ 络合物及总铝的浓度均高于底层土壤，且随着采样深度的增加，Al^{3+} 浓度降低（Xu et al.，2001）。

表 5-28　土壤溶液 pH、化学需氧量和不同形态铝的含量（Xu et al.，1998）

土壤	地点	pH	化学需氧量 （mg/L）	Al^{3+} （mg/kg）	无机铝 （mg/kg）	有机铝 （mg/kg）	酸溶性铝 （mg/kg）
黄壤	福建南平	4.18	333.6	1.48	3.13	5.62	—
红壤	福建邵武	4.26	145.6	0.22	0.99	1.16	0.23
红壤	浙江遂昌	4.34	89.0	0.25	1.41	0.28	0.33
赤红壤	广东鼎湖山	4.45	104.0	0.15	0.86	0.91	0.23
赤红壤	福建南靖	4.60	187.0	0.11	0.72	2.62	0.46
红壤	安徽屯溪	4.61	126.2	0.07	0.85	1.65	0.75
黄壤	福建龙岩	4.62	102.2	0.03	0.52	0.27	0.12
红壤	浙江永嘉	4.74	91.2	0.000 5	0.57	0.16	0.04
红壤	浙江金华	4.77	46.4	0.001	0.23	0.03	0.11
红壤	安徽宁国	4.77	118.8	0.02	0.77	0.26	0.12

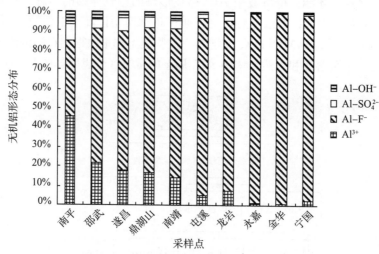

图 5-55　土壤溶液中不同形态无机铝之间的相对比例（Xu et al.，1998）

　　土壤溶液中有机络合态铝的数量主要取决于溶液中可溶性有机物的含量。对表 5-28 中有机铝的浓度和化学耗氧量（代表可溶性有机碳的含量）进行比较（图 5-56），发现溶液中有机铝的浓度与可溶性有机碳的含量显著正相关。土壤溶液中可溶性有机物通过络合作用与铝形成稳定络合物，进而影响溶液中铝的形态分布。低分子量有机酸是土壤溶液中有机物的重要组成部分，也能够显著增加土壤溶液中有机铝的含量，其影响程度与有机酸对铝的络合能力的顺序基本一致（表 5-29）。

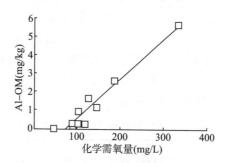

图 5-56　土壤溶液中有机铝与化学需氧量的关系（Xu et al.，1998）

表 5-29　不同低分子量有机酸下土壤溶液中铝形态分布（徐仁扣，1998）

土壤	有机酸	pH	Al^{3+}	$Al-F^-$	$Al-OH^-$	Al-OM
江西进贤红壤	柠檬酸	4.75	0.016	0.16	0.010	1.11
	草酸	4.78	0.014	0.13	0.009	1.15
	水杨酸	4.74	0.019	0.17	0.012	0.64
	酒石酸	4.75	0.020	0.17	0.014	0.58
	邻苯二甲酸	4.76	0.019	0.16	0.014	0.61
广西南宁红壤	柠檬酸	4.50	0.089	0.36	0.030	2.59
	草酸	4.51	0.076	0.37	0.026	1.54
	水杨酸	4.51	0.101	0.37	0.034	2.17
	酒石酸	4.52	0.063	0.34	0.022	0.84
	邻苯二甲酸	4.55	0.042	0.30	0.016	0.79

　　注：表中铝的浓度单位为 mg/kg。

酸性土壤施用改良剂主要通过提高土壤 pH、改变土壤溶液中有机配体和无机配体浓度影响土壤溶液中铝的形态分布，降低土壤溶液中毒性铝的含量和比例，最终实现对酸性土壤的改良。近期有人通过田间原位提取土壤溶液研究了施用不同改良剂对土壤溶液铝形态分布的影响（表 5-29），结果表明，施用石灰等无机碱性改良剂显著提高了土壤 pH，因而降低了土壤溶液中的总铝量，使土壤溶液中 Al^{3+} 的浓度和占比下降，$Al\text{-}F^-$ 占比上升。与无机改良剂相比，秸秆等有机物料中碱性物质含量较低，对土壤酸度以及溶液中总铝量的影响相对较小。但是，由于有机物料分解过程中释放大量可溶性有机物进入土壤溶液，显著提高了土壤溶液中有机络合态铝的含量和比例，降低了毒性 Al^{3+} 的含量和比例，也能够在一定程度上缓解酸性土壤对作物的铝毒害作用。当有机改良剂与无机改良剂联合施用时，两方面作用相叠加，进一步降低了毒性 Al^{3+} 的含量和占比，从而达到更为理想的改良效果（表 5-30）。

表 5-30　不同改良剂施用条件下的红壤溶液铝含量（Zhao et al.，2020）（mmol/L）

处理	总铝	单核铝	酸溶性铝	有机络合铝	无机铝	Al^{3+}	$Al\text{-}OH^-$	$Al\text{-}F^-$	$Al\text{-}SO_4^{2-}$
对照	1 597	1 594	3	98	1 496	1 022	18	436	19
油菜秸秆	1 040	1 029	11	176	853	508	13	317	15
花生秸秆	772	759	13	185	575	326	9	232	8
有机肥	589	574	15	230	343	166	6	163	8
石灰	117	113	4	15	98	7	1	88	<1
碱渣	128	126	2	19	107	7	2	98	<1
碱渣＋油菜秸秆	139	135	5	34	101	7	1	92	<1
碱渣＋花生秸秆	116	112	4	31	82	5	1	76	<1
碱渣＋有机肥	88	82	5	35	47	2	1	45	<1

（三）土壤性铝的活化过程

交换性铝和可溶性铝是酸性土壤中对作物有害的两种主要的活性铝形态。当土壤发生酸化时，土壤铝从固相释放进入土壤溶液或以交换性铝吸附于土壤表面的阳离子交换位上，使土壤铝的活性增加。土壤铝活化主要涉及交换性氢/铝的转化过程和土壤铝的溶解过程。

1. 交换性氢/铝的转化过程

当土壤发生酸化时，溶液中 H^+ 取代土壤表面的交换性盐基阳离子，形成交换性 H^+。但由于 H^+ 极度活泼，可快速自发地与含铝化合物包括黏土矿物晶格中的铝反应，破坏晶格结构，使铝氧八面体解体。Al^{3+} 脱离八面体晶格的束缚，即转化为等当量的交换性 Al^{3+}。

土壤交换性氢/铝的转化速度主要取决于矿物晶体边角上的 Al^{3+} 和晶面上的 H^+ 之间的扩散速度（于天仁，1987）。膨润土的氢-铝转化速度一般较高岭石快。土壤中游离氧化铝的转化速度比层状硅酸盐矿物快得多。因此，虽然红壤中的黏土矿物以高岭石为主，但其氢-铝的转化速度较高岭石快。当用化学方法除去土壤中部分无定形（氢）氧化铝后，虽然除去量仅为全铝量的 0.2%～1.0%，但氢-铝转化速度急剧下降。在除去土壤中的游离氧化铝甚至破坏一部分矿物晶体后，仍有氢-铝转化的发生。可见，氢质土转化为铝质土是一个普遍的现象。这也是自然条件下土壤中交换性 Al^{3+} 是构成交换性酸主体的基本原因。

土壤有机质对氢-铝转化反应有一定影响。在自然条件下，土壤有机质的含量越高，H^+ 在总酸度中所占的比例会越大。红壤表土的氢-铝转化速度比底土慢，且表层土壤比底层土壤含有更多的交换性氢（图 5-57）。这主要是由于表层土壤有机质含量较高，有机质的某些弱酸基阴离子与 H^+ 之间有很强的结合能力，可阻碍氢-铝转化反应的进行。

2. 土壤铝的溶解

土壤铝溶解是土壤固相铝转移到土壤溶液中的过程。溶液中的铝主要来自土壤固相，因此土壤溶液中铝浓度的大小受土壤固相铝控制，主要取决于含铝化合物的溶解度。根据化学平衡原理，当达到溶解平衡时，一个化合物的溶度积越大，其溶解度越大。土壤是一个复杂混合体系，同时存在多种含铝化合物，土壤溶液中的铝主要受溶解度最大的含铝化合物控制。铝硅酸盐矿物中铝的溶解度比铝氧

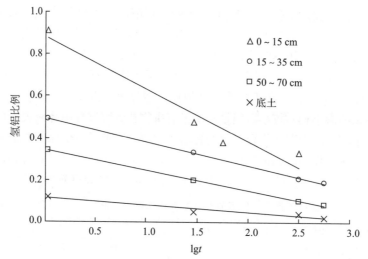

图 5-57 红壤剖面各土层中用酸淋洗后氢铝比例的变化（时间 t 的单位为 min）（凌云霄等，1957）

化物低得多，因此矿质土壤中铝的溶解度主要受铝氧化物控制。

氢氧化铝的溶解方程如下：

$$Al(OH)_3 + 3H^+ \rightleftharpoons Al^{3+} + 3H_2O$$

当土壤 pH 降低，溶解反应向右进行时，铝的溶解度增加，溶液中 Al^{3+} 浓度会随之增加。

当反应达到平衡时，根据质量作用定律得：

$$[Al^{3+}] / [H^+]^3 = K$$

$$\lg[Al^{3+}] = \lg K - 3pH$$

研究发现，在矿质土壤中 Al^{3+} 浓度的常用对数值与 pH 直线相关，且直线的斜率与理论推导的结果完全一致，接近 3，说明酸性土壤溶液中可溶性铝主要受（氢）氧化铝控制。但对于富含有机质的表层土壤，虽然 Al^{3+} 浓度的常用对数值也与 pH 直线相关，但直线的斜率一般小于 3，可能是由于固相有机络合态铝参与对铝的溶解控制（Mulder et al.，1994）。这一现象在北欧和北美的酸性灰化土中更为常见。

由于土壤固相铝的酸溶作用，土壤溶液中铝的浓度随 pH 的降低而增加（图 5-58）。但 pH 对不同土壤的铝的溶解影响程度不同，其顺序为江西红壤＞广东赤红壤＞广东砖红壤，说明不同酸性土壤中铝的溶解对酸的敏感程度不同。产生这一现象的原因与土壤中铝氧化物的结晶形态有关，结晶度越高，其溶解平衡常数越小，铝的溶解度越小。将图 5-58 中的数据换算为 $\lg[Al^{3+}]$ 与 pH 的关系（图 5-59），发现红壤和砖红壤中 $\lg[Al^{3+}]$ 与 pH 均直线相关，直线斜率分别为 3.2 和 2.9，与理论值 3 接近。红壤中铝的酸溶解平衡常数 $\lg K$ 在 7.88～8.23，砖红壤在 6.93～7.38，与表 5-31 中铝氧化物的溶解平衡常数相近且红壤的 $\lg K$ 大于砖红壤，说明这两种土壤中铝的溶解度主要受铝氧化物控制，红壤中铝氧化物的溶解度较高。

表 5-31　含铝矿物的溶解平衡常数（Driscoll，1984）

反应	$\lg K^0$
$Al(OH)_3$（无定形）$+ 3H^+ = Al^{3+} + 3H_2O$	9.66
$Al(OH)_3$（三羟铝石）$+ 3H^+ = Al^{3+} + 3H_2O$	8.51
$AlOOH$（一水软铝石）$+ 3H^+ = Al^{3+} + 2H_2O$	8.51
$Al(OH)_3$（三水铝石）$+ 3H^+ = Al^{3+} + 3H_2O$	8.04
$AlOOH$（一水硬铝石）$+ 3H^+ = Al^{3+} + 2H_2O$	7.92
$Al_4[Si_4O_{10}](OH)_8$（高岭石）$+ 12H^+ = 4Al^{3+} + 4H_4SiO_4 + 2H_2O$	5.45

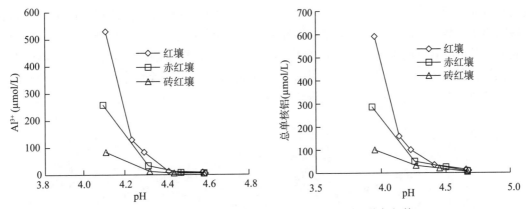

图 5-58　土壤溶液中 Al^{3+} 浓度和总铝量与 pH 的关系（徐仁扣等，1998）

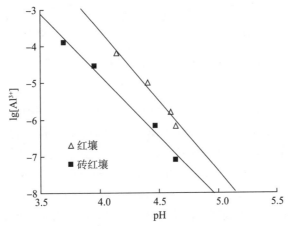

图 5-59　lg $[Al^{3+}]$ 与 pH 的关系（徐仁扣等，1998）

除酸溶作用外，土壤溶液中的低分子量有机酸对铝的络合作用也不同程度地促进酸性土壤中铝的溶解（Fox et al.，1990；徐仁扣，1998；Li et al.，2005，2006）。有机酸对土壤铝溶解的促进作用取决于其络合能力。如图 5-60 所示，不同有机酸促进铝溶解能力的顺序为柠檬酸＞草酸＞丙二酸＞苹果酸＞酒石酸＞乳酸＞马来酸。这一顺序和有机酸与铝形成络合物的稳定常数 lgK_s 的顺序基本一

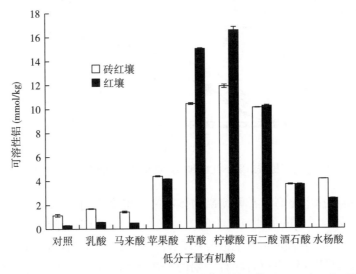

图 5-60　几种有机酸对土壤铝溶解促进作用的比较（Li et al.，2005）

致，表明有机酸对铝的络合能力越强，对土壤铝溶解的促进作用越大。有机酸对铝溶解的促进作用还与这些酸的离解常数（pKa）有一定关系。在相同 pH 下 pKa 越大，酸的离解度越小。柠檬酸和草酸在不同 pH 下对铝溶解的影响不同，草酸的 pKa_1 为 1.25，柠檬酸的 pKa_1 为 3.16，所以在较低 pH 下，尽管柠檬酸的 lgK_s 大于草酸，但由于前者的离解度小于后者，柠檬酸体系中有效配体的浓度小于草酸体系。因此，它对铝溶解的促进作用小于草酸（图 5-61）。

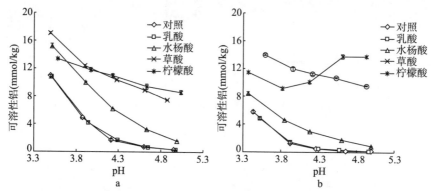

图 5-61　不同 pH 下有机酸对土壤铝溶解的作用（Li et al.，2005）

a. 砖红壤　b. 红壤

关于有机酸促进铝溶解的机制，目前存在两种观点：①有机酸促进铝溶解的表面络合模型，即有机酸在氧化铝表面吸附并形成有机铝表面络合物，削弱了氧化铝矿物结构中的 Al—O 键，从而降低了铝溶解反应速率限制步骤的活化能，促进铝从固相进入溶液。这一机制被广泛用来解释有机酸加速矿物风化过程中对铝溶解的促进作用。②有机酸与溶液中的 Al^{3+} 形成可溶性有机铝络合物，使溶液中 Al^{3+} 浓度降低，破坏了已建立的铝的溶解平衡，导致铝的溶解反应继续进行。Kubicki 等（1999）发现，虽然草酸等有机酸可以在高岭石表面形成内圈型表面络合物，但其表面络合物的形成并没有削弱矿物中铝与相邻原子之间的化学键，反而使这些化学键增强。酸性土壤中的实验结果也支持后者。如图 5-62 所示，当有机酸的初始浓度低于 0.2 mmol/L 时，有机酸对土壤铝的溶解没有影响。如果有机酸是通过在土壤铝氧化物或含铝矿物表面的吸附促进铝的溶解，即使在低浓度下也应该表现出对铝溶解的促进作用。事实上，只有当土壤溶液中有机酸浓度增加后，有机酸对铝溶解的促进作用才显著增强。

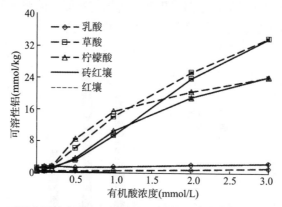

图 5-62　不同有机酸浓度下红壤和砖红壤中的可溶解铝（Li et al.，2005）

酸性土壤中铝的溶解速率比高岭石等纯矿物体系中快得多（图 5-63）。研究发现，铝的释放过程可以分为 3 个阶段：0~30 min 的快反应阶段、0.5~2 h 的较快反应阶段；2~48 h 的慢反应阶段。Elovich [$y=a\ln(t)+b$] 方程可很好地拟合 0.5 h 内的释放动力学曲线，释放速率随时间的变化曲线如图 5-64 所示。砖红壤、红壤和高岭石中铝的释放速率在 0~0.5 h 内随时间的增加迅速减小，特别是在红壤和砖红壤中。在快反应阶段，3 种反应体系中铝的释放速率的顺序为红壤＞砖红壤＞高岭石。快反应阶段铝的释放与土壤中交换性铝密切相关。

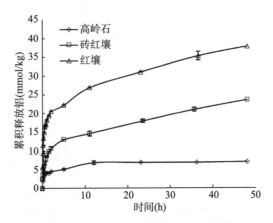

图 5-63　红壤、砖红壤和高岭石中铝的溶解动力学曲线（Li et al.，2006）

注：反应介质 pH 为 4.0，柠檬酸浓度为 1.0 mmol/L。

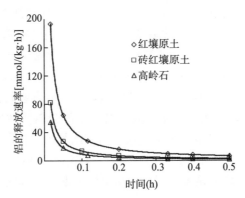

图 5-64　快反应阶段砖红壤、红壤和高岭石中铝的释放速率随时间的变化曲线（Li et al.，2006）

　　较快反应阶段和慢反应阶段可用直线方程拟合铝的释放动力学数据，较快反应阶段铝的释放速度大于慢反应阶段。在同一阶段，不同样品中铝的释放速率顺序为红壤＞砖红壤＞高岭石，与快反应阶段一致。酸性红壤在较快反应阶段和慢反应阶段释放的铝主要来自铝氧化物和铝硅酸盐矿物的溶解，因为在这两阶段伴随着土壤铝的溶解，土壤 Si 的释放速率增加。当土壤中的游离氧化铝和无定形氧化铝被去除后，土壤铝的释放速率减小（Li et al.，2006）。

三、红壤酸度与作物生长

　　土壤酸度是影响土壤肥力和作物根系活力的关键因子。特别是对于红壤：①红壤作为可变电荷土壤，pH 的变化是影响土壤电荷变化及其养分固持和有效性的重要因素；②作物均有适宜的 pH 范围，过高的土壤酸度导致的氢、铝、锰等的毒害将对作物生长产生非常不利的影响。因此，确定不同作物的酸害阈值，将为红壤酸度的调控和选择合适的作物资源进行高效开发与利用提供依据。

（一）红壤酸度与养分吸收

　　红壤酸度对作物养分的吸收有重要影响，主要影响土壤保肥和供肥能力。红壤是在高温多雨的气候条件下形成的，土壤矿物风化程度高，以 1∶1 型的高岭石和铁铝氧化物为主，携带永久负电荷较少。提高土壤酸度导致 pH 下降，引起可变负电荷减少、可变正电荷增加，对 Ca、Mg、K 等养分的吸持能力降低；pH 的下降伴随着溶液中 H^+、Al^{3+} 等致酸离子浓度的增加，加速了 Ca^{2+}、Mg^{2+}、K^+ 等养分离子的解吸和淋失（图 5-65）。pH 下降也会促进 P、Mo、B 等养分被红壤中丰富的铁铝氧化物吸附和固定，降低其生物有效性。因此，土壤酸度的提高将降低土壤养分的供给能力，最终会降低作物产量和肥料利用率。

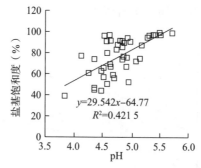

图 5-65　自然条件下红壤 pH 与盐基饱和度的关系

土壤酸度影响土壤的养分供应，最终反馈到作物对养分的吸收上。宋文峰（2016）对浙江、江西、湖南、广东典型红壤地区的 54 个土壤和 215 个作物样品的养分状况进行了调查，发现土壤 pH 与有效磷、速效钾、有效硼含量显著正相关，说明在东南丘陵红壤区，随着土壤酸化程度的加剧，土壤 P、K、B 等元素的有效性显著降低。作物养分的分析也表明 P、K、Ca、Mg、B 是酸性土壤上作物普遍缺乏的元素，其中绝大部分作物缺 P、K、Ca、B，一半作物缺 Mg。而且，土壤 P 缺乏是酸性土壤中限制作物生长的重要因素，提高 P 含量及有效性是维持作物体内化学计量学平衡的关键。另外，Cu、Zn 等微量元素既是养分离子，也是重金属污染元素，提高土壤酸度使土壤中这些重金属的活动性增强、作物有效性增加，这主要有两个方面的原因：①土壤 pH 降低使重金属的溶解度增加；②土壤 pH 降低也使了红壤对重金属离子的吸附量降低，且以静电吸附机制为主，吸附的重金属活性高于低酸度土壤（徐仁扣，2013）。因此，土壤酸度增加使重金属活性增强，可导致其对作物的毒性提高、作物减产，重金属通过食物链危害人类健康。对湖南长沙、株洲、衡阳和郴州等酸性红壤地区的典型有色金属矿周围的农田土壤和作物的调查发现，耕作土壤中 Cu、Zn 为主要污染重金属，种植的蔬菜和大米中 Cu、Zn 的含量均明显超过国家食品卫生标准，土壤酸度增加是重金属有效性提高的主要因素（郭朝辉等，2007）。

（二）铝毒与作物生长

酸性红壤中 H^+、Al^{3+}、Mn^{2+} 等离子的活性很高，易造成酸、铝、锰的毒害，其中以铝毒最为常见。由于酸性土壤占世界非冰盖陆地面积的 30% 以上，所以铝毒也被认为是仅次于干旱的第二大非生物逆境。不同化学形态铝的生物毒性差异较大，一般认为无机单核铝［Al^{3+}、$Al(OH)^{2+}$ 和 $Al(OH)_2^+$］的毒性最大，而且 Al^{3+} 的毒性比 $Al(OH)^{2+}$ 和 $Al(OH)_2^+$ 要大，铝酸盐、氢氧化铝以及铝与硫酸盐、磷、有机酸、氟化物、硅酸、多酚等结合物的毒性是较低的。但不同的作物对这些铝形态的敏感性不一样。单子叶植物对 Al^{3+} 更敏感，而双子叶植物有所不同，$Al(OH)^{2+}$ 或 $Al(OH)_2^+$ 对其毒性更大，为主要毒性铝形态（Alva et al.，1986）。Wagatsuma 等（1987）认为，羟基铝对燕麦的毒性最大。但后来又有人认为，具有高正电荷的氢氧化铝多核复合物 Al_{13} 比单价低电荷种类毒性更强（Shann et al.，1993）。对于小麦根来说，AlF^{2+} 和 AlF_2^+ 也有毒，不同形态的铝对小麦的毒害为 $Al_{13} > Al^{3+} > AlF^{2+} > AlF_2^+$（Kinraide et al.，1997）。Stass 等（2006）发现，pH 为 4.3（Al^{3+} 是主要离子）和 8.0［$Al(OH)_4^-$ 是主要离子］时，玉米受铝抑制的程度一致。因此认为，$Al(OH)_4^-$ 对作物同样具有毒性作用。目前，不同作物对不同形态 Al^{3+} 的忍耐能力各异，人们对产生毒害作用的铝的形态还没有一致的认识。

大多数作物在很低浓度的铝的胁迫下就会出现毒害症状，最明显的特征是根尖伸长受到抑制。因此，根伸长常常被用来评价作物的耐铝能力。铝对作物的毒害作用位点一般被认为是根尖（根冠、分生组织和伸长区）区域。该部位是作物感应铝并产生应激反应的主要部位，主要源于以下 3 点：①根尖是铝的主要积累区域；②铝诱导分泌的有机酸主要分泌在根尖部位；③根尖表皮层受铝诱导产生的胼胝质是铝毒的敏感标记（沈仁芳，2008）。但在细胞水平上，有关铝毒的作用位点是在根系共质体上还是在质外体上存在争议。不过越来越多的证据表明，质外体在铝毒害作用上起着关键作用（Horst，1995）。低浓度的铝在短时间内就能与作物根尖细胞的细胞壁、质膜表面和细胞核等部位结合，从而抑制根尖细胞的伸长与分裂。长期铝处理后，作物根系受到铝胁迫后主根变粗变短，根尖膨大变褐，侧根和根毛减少甚至消失；叶片受到铝胁迫时症状为幼叶变小，叶缘卷曲，叶片变黄，光合作用减弱；作物生长（无论根系还是地上部）会受到明显的抑制，同时地上部也会出现明显的缺素症状。由于 Al^{3+} 的特殊化学性质，铝可以与果胶质结合，竞争 K、Ca、Mg、Fe 等在根系细胞膜上的吸附位点，进而影响根系对 K、Ca、Mg 等矿质养分和水分的吸收与转运，诱导缺铁症，还可在根表质外体与 P 发生沉淀，使 P 吸收受阻，最终影响农作物的产量和品质。

目前，有关铝毒对作物生长的影响已开展大量研究，主要涉及作物生长发育、细胞学形态特征、生理生化特性等方面（沈仁芳，2008）。研究发现，作物也建立了多种耐铝机制，通过外部排斥和内部耐受共同作用清除铝毒。更多学者从分子水平揭示了作物抗铝机制，包括耐铝转基因作物的开发，抗铝基因的鉴定、分离和克隆，多个基因和转录因子共同作用机理研究等。这些研究成果从不同角度揭示了铝毒害的原因。但由于铝在自然环境中的存在形态和毒害机理的复杂性，作物抗铝机制中的很多环节有待进一步阐明。因此，全面理解铝对作物的毒害机理和作物的抗铝机制，最大限度地减轻或避免铝通过食物链威胁高营养级生物具有重大意义。

（三）土壤临界 pH 与临界铝浓度

土壤 pH 和铝浓度是酸性土壤上作物生长的主要限制因素。随着土壤酸化，土壤 pH 降低，活性铝浓度升高，作物生长逐渐受到抑制，作物减产甚至绝产。作物产量下降到一定程度时的临界土壤 pH 和临界铝浓度是作物-土壤交互作用的转折点，对土壤酸化预警和酸性土壤改良均有重要指导意义。通过指数模型或者"线性-平台"研究作物对土壤 pH 或铝浓度的响应，可获得土壤临界 pH 和临界铝浓度。指数模型以 95% 最高产量的 pH 和铝浓度为阈值；"线性-平台"模型以线性方程和平台直线的交点为阈值。两者均代表作物产量开始明显下降的转折点。由于土壤 pH 与土壤铝浓度之间呈负相关关系，因此，临界 pH 越低，临界铝浓度越高。土壤临界 pH 和临界铝浓度与土壤类型、作物物种和品种等密切相关。

由于不同作物或同一作物不同品种之间对土壤酸度和铝浓度的敏感性与耐性不同，因此不同作物对土壤 pH 和铝浓度的响应趋势存在明显差异，其临界 pH 和临界铝浓度也显著不同。周世伟（2017）借助大数据统计分析，获得 4 种主要作物的临界 pH，发现小麦产量在 pH 为 5.39 时受到影响，而水稻的酸害阈值则可低至 5.07（表 5 - 32）。这一结果与不同作物之间的酸敏感性趋势相同，小麦对酸更为敏感，水稻对酸最具耐性。Baquy 等（2017）通过设置一系列不同土壤 pH 水平的盆栽实验观察到油菜对土壤酸度和铝浓度比小麦更为敏感。在湖南红壤中，小麦的临界 pH 和临界交换性铝分别为 5.29 和 0.56 cmol/kg，而在土壤 pH 为 5.65 时油菜的生长受到抑制。玉米与大豆的盆栽实验则显示，玉米与大豆的酸敏感性相近，与田间数据相符。在 4 种不同母质发育的酸性土壤中，玉米的临界 pH 在 4.46～5.07，临界铝浓度在 1.04～2.74 cmol/kg；大豆的临界 pH 则在 4.38～4.95，临界交换性铝在 1.00～2.42 cmol/kg。

表 5 - 32　主要作物生长的临界 pH（周世伟，2017）

作物	pH$_{95}$	pH$_5$	pH$_{敏感}$
小麦	5.39	3.73	4.18
玉米	5.29	3.72	4.14
大豆	5.10	3.64	4.04
水稻	5.07	1.95	2.79

注：pH$_{95}$ 为最高产量达 95% 时的 pH；pH$_5$ 为最高产量为 5% 时的 pH；pH$_{敏感}$ 为单位 pH 变化导致作物产量降低最多时的 pH。

土壤性质对作物临界 pH 和临界交换性铝也有一定影响。如表 5 - 33 所示，比较下蜀黄土发育的黄棕壤、第四纪红土发育的红黏土、第三纪红砂岩发育的红沙土以及花岗岩发育的赤红壤对玉米的临界 pH 和临界交换性铝，临界 pH 的顺序为红沙土（pH 为 5.07）＞赤红壤（pH 为 4.77）＞红黏土（pH 为 4.73）＞黄棕壤（pH 为 4.46），临界交换性铝的大小与之恰恰相反。在大豆盆栽实验中观察到相同的趋势（Baquy et al.，2017；Baquy et al.，2018）。不同土壤对玉米的酸害阈值主要与土壤 CEC 有关，较高的土壤 CEC 和较高的交换性盐基阳离子导致较低的临界土壤 pH 阈值和较高的临界土壤交换性铝。CEC 越高的土壤对酸的缓冲能力越强，越能承受更多的酸或铝毒害，使临界 pH 下降、临界交换性铝含量升高。

表 5-33　不同母质土壤性质及其玉米与大豆的临界 pH 和临界铝浓度

土壤类型	母质	有机质 (g/kg)	CEC (cmol/kg)	交换性盐基 (cmol/kg)	玉米		大豆	
					临界 pH	交换性铝阈值 (cmol/kg)	临界 pH	交换性铝阈值 (cmol/kg)
黄棕壤	下蜀黄土	23.1	18.2	4.72	4.46	2.74	4.38	2.42
红黏土	第四纪红土	18.2	12.5	1.43	4.73	1.99	4.63	1.82
赤红壤	花岗岩	24.0	9.5	1.56	4.77	1.93	4.74	1.55
红沙土	红砂岩	6.4	4.0	0.67	5.07	1.04	4.95	1.00

四、红壤酸度调控与农业可持续发展

我国红壤分布广，其高酸度特征已不同程度地影响了农业的可持续发展。因此，对酸化红壤进行改良，解除红壤酸度障碍，是目前农业可持续发展亟待解决的问题。

（一）红壤酸度的调控措施

针对红壤，传统做法主要是施用石灰和白云石粉等碱性物质来中和其酸度。这些方法比较有效，但也存在一些问题：①受这些矿物的供给性影响，长期施用增加农业生产成本。②长期、大量施用石灰等会导致土壤板结和养分不均衡，石灰仅提供钙，而大量的钙会导致土壤镁（Mg）、钾（K）缺乏以及磷（P）的有效性下降。土壤酸化伴随着土壤肥力退化，土壤酸度改良必须与土壤肥力提升同步进行。基于这一思路，人们近年来对工农业废弃物和肥料管理等对土壤酸度调控的原理及效果进行了研究，但因地制宜地制定综合调控措施进行大田应用的研究还有待加强。

1. 无机改良剂

近年来，一些工业副产品，如碱渣、赤泥、磷石膏、粉煤灰、钢渣等，被用来改良酸性土壤。这些工业副产品的组成和性质取决于工业产品的原料和生产工艺。通过筛选发现，碱渣是一种较优质的土壤酸度改良剂。从表 5-34 中可以看出，碱渣作为氨碱法利用海盐和石灰石为原料制纯碱时的废渣呈弱碱性，其主要化学组成为碳酸钙、硫酸钙和氯化钙。因此，碱渣中含有大量的钙、镁和硫，其酸中和容量可达纯石灰石的 40% 以上；而且，饱和溶液的电导率可达 34.10 mS/cm，表明其化学成分可溶程度较高。而磷石膏是用磷矿粉和硫酸湿法生产磷酸的副产物，由于我国磷矿粉品位低、磷酸加工工艺不够先进，其副产品磷石膏呈酸性，主要组成是硫酸钙，还有一定量的磷酸根和氟离子。磷石膏在美洲、日本和澳大利亚等地的酸性土壤上得到比较广泛的影响。与磷石膏相比，碱渣不但可以显著提高红壤 pH、降低可溶性铝含量、交换态铝含量和铝饱和度，达到改良土壤酸度的目的，还可以提高土壤 Ca、Mg、S 的含量，以及通过硫酸根的专性吸附提高土壤的负电荷和有效阳离子交换量，从而提高土壤的保肥和供肥能力（表 5-35）（李九玉等，2009；Li et al.，2010）。另外，碱渣和磷石膏中有害重金属的含量与红壤和黄棕壤的背景值相当，施用这两种工业废弃物基本没有环境风险（Li et al.，2010）。因此，碱渣结合了石灰和石膏的特性，是一种有效的土壤酸度改良剂。

表 5-34　工业副产品的主要组成和性质（Li et al.，2010）

性质和组成	磷石膏	碱渣	生物质灰	骨渣
pH	2.12	8.48	12.28	7.06
酸中和容量（mol/kg）	−0.25	8.22	4.92	3.01
CaO（g/kg）	242.0	242.5	109.2	396.2
MgO（g/kg）	2.03	59.34	16.97	14.05
K_2O（g/kg）	0.08	0.03	41.58	1.71
Na_2O（g/kg）	1.68	39.16	7.99	3.32
P_2O_5（g/kg）	27.75	0.59	7.80	220.35
SO_4^{2-}（g/kg）	416.71	121.49	未测定	未测定

注：酸中和容量指 1 kg 工业废弃物用 0.1mol/L H_2SO_4 滴定至 pH 为 5.0 时所消耗的酸量；因磷石膏呈酸性，0.1mol/L NaOH 滴定至 pH 为 5.0 时需要消耗碱，所以用负值。

表 5-35　不同改良剂利用条件下的红壤性质（Li et al.，2010）

处理	pH	可溶性铝（μmol/kg）	交换性铝（$mmol_c$/kg）	ECEC（mmol/kg）	Al/ECEC（%）
对照	4.05	260.0	42.5	81.3	52.2
碱渣	4.94	22.8	9.9	105.8	9.4
磷石膏	4.03	866.9	36.9	116.5	31.7

在改良土壤酸度的同时，如何解决酸性土壤钙、镁、钾、磷等养分缺乏的问题也是关注点之一。将石灰类碱性改良剂与富含养分的工业副产品配合施用，可以在中和土壤酸度的同时提高土壤养分含量。表 5-36 中对工业废弃物的 X 射线衍射结果分析表明，农作物秸秆等生物质发电产生的灰渣富含方解石和 KCl，Ca 和 K 含量较高；猪骨提取胶原蛋白后的骨渣中富含方解石和磷酸氢钙，Ca 和 P 含量较高；而碱渣中富含石膏和方解石，Ca、Mg 和 S 含量较高（Shi et al.，2016）。将三者配合施用，显著提高了酸性土壤的 pH 和 Ca、Mg、K、P 和 S 等养分的含量，还可显著促进作物对相应养分的吸收，提高作物产量（表 5-37）（Shi et al.，2017）。另外，以混凝土模板为主要原料的生物质灰的施用易增加土壤有效态重金属的含量，而以木质废弃物和作物秸秆为原料燃烧产生的生物质灰的重金属含量低，更适用于酸性土壤的改良（Shi et al.，2017）。因此，选用重金属含量低的生物质灰与碱渣、骨渣配合施用，将是同时改良土壤酸度和提高土壤养分的潜力组合。

表 5-36　生物质灰、骨渣、碱渣的主要矿物组成（%）（Shi et al.，2017）

工业副产品	石膏	方解石	磷酸氢钙	石英	磷灰石	KCl
生物质灰	9	30	0	49	4	5
骨渣	0	35	63	2	0	0
碱渣	83	17	0	0	0	0

表 5-37　生物质灰（BA）、骨渣（BM）、碱渣（AS）单施或配施后安徽红壤交换性盐基阳离子、交换性酸和有效态磷含量（Shi et al.，2017）

处理	pH	K^+（cmol/kg）	Ca^{2+}（cmol/kg）	Mg^{2+}（cmol/kg）	Al^{3+}（cmol/kg）	ECEC（cmol/kg）	有效磷（mg/kg）
对照	4.15	0.37	3.41	0.50	4.85	9.68	174.1
BA	4.43	0.63	5.16	0.88	2.95	10.09	187.3
AS	4.53	0.33	5.46	1.63	2.74	10.65	176.3
BM	4.25	0.30	5.02	0.72	3.39	9.92	258.2
BA+BM	4.61	0.65	6.23	1.02	2.17	10.55	262.1
BA+BM+AS	5.02	0.57	8.35	1.98	0.81	12.18	231.2

2. 有机改良剂

（1）农作物秸秆　作物在生长过程中由于光合作用，体内产生大量的有机化合物，其中部分呈有机阴离子形态存在。为保持电中性状态，作物从土壤中吸收无机阳离子的数量高于阴离子，以保持体内阴、阳离子所带电荷数量相等。因此，有机物料中的碱主要以有机阴离子的形态存在，将有机物料添加到酸性土壤中，这些有机阴离子与 H^+ 反应形成有机酸等中性分子，通过有机酸分解对红壤酸度起中和作用。除作物物料中的可溶性有机阴离子外，物料表面的含氧官能团也是其碱的一个重要来源。图 5-66 为几种农作物秸秆的红外光声光谱图，图中 1 400 cm^{-1} 和 1 600 cm^{-1} 处的吸收峰分别为—COO$^-$ 的对称伸缩振动和反伸缩振动吸收峰，3 400 cm^{-1} 处为酚羟基的伸缩振动吸收峰（Yuan et al.，2011）。羧基和酚羟基在较高 pH 下以阴离子形态存在，是有机物料中碱的重要存在形态。它们可以与 H^+ 发生缔合反应，中和土壤酸度（徐仁扣，2013）。

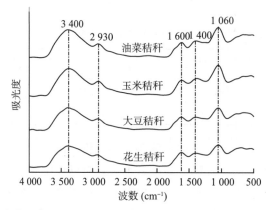

图 5-66　农作物秸秆的红外光声光谱（FTIR-PAS）（Yuan et al.，2011）

不同有机物料化学组成不同，其碱含量存在很大差别。一般将作物物料灰化，然后用酸碱滴定法测定物料的灰化碱含量。灰化碱代表了作物物料中的碱。由表 5-38 可知，在 5 种豆科物料中，花生秸秆灰化碱含量最高，其次为紫云英，豌豆秸秆的灰化碱含量最低。在 4 种非豆科作物秸秆中，油菜秸秆灰化碱含量最高，其次为玉米秸秆，小麦秸秆和稻草的灰化碱含量相对较低。从表 5-38 中还可以看出，物料灰化碱含量大体与其盐基阳离子的总量一致，因为有机物料中的碱主要以有机阴离子的形态存在，盐基阳离子为这些有机阴离子的陪伴离子。因此，作物物料盐基阳离子含量的高低也能大体反映物料碱性物质含量的多少。豆科作物通过生物固氮作用获取氮营养，体内积累大量有机阴离子；这时豆科作物根系会从土壤中大量吸收无机阳离子，如 Ca^{2+}、Mg^{2+}、K^+ 等，以保持体内负电荷与正电荷数量相等，这是豆科作物物料灰化碱含量高于非豆科作物物料的主要原因（Wang et al.，2011）。

表 5-38　作物物料的化学成分（Wang et al.，2011）

作物物料	灰化碱 [cmol(+)/kg]	Ca [cmol(+)/kg]	Mg [cmol(+)/kg]	K [cmol(+)/kg]	Na [cmol(+)/kg]	总 C （%）	总 N （%）
油菜秸秆	62.7	13.83	3.63	15.35	8.86	44.74	0.47
小麦秸秆	23.2	22.61	2.88	17.09	0.64	43.09	0.49
稻草	33.6	7.03	3.96	31.64	2.37	41.25	0.87
玉米秸秆	48.8	6.40	4.60	45.95	0.51	42.14	1.88
花生秸秆	91.2	25.43	23.44	37.34	0.59	42.88	1.50
大豆秸秆	72.0	18.24	17.86	16.21	0.66	44.06	2.38
蚕豆秸秆	70.4	14.60	4.10	41.94	10.92	45.34	1.16
紫云英	84.0	28.99	11.64	32.42	1.01	44.34	4.65
豌豆秸秆	61.6	17.32	6.51	54.39	1.31	43.56	3.50

不同作物物料对土壤酸度的改良效果取决于其碱性物质含量和元素组成。图5-67为表5-38中9种作物秸秆对土壤pH的影响。非豆科作物物料的改良作用主要来自其碱性物质。因此，其影响土壤pH的效果与其碱性物质的含量基本一致。另外，花生秸秆和蚕豆秸秆的灰化碱含量高于非豆科作物，这是这两种豆科作物物料改良效果优于非豆科作物物料的主要原因。紫云英、大豆秸秆和豌豆秸秆虽然灰化碱含量很高，但对土壤酸度的最终改良效果却不如非豆科作物物料，主要是由于这几种豆科作物物料氮含量很高，当它们被施入土壤后，有机氮矿化产生铵态氮是消耗质子的过程，导致前期土壤pH显著增加。但在物料分解过程中有机氮矿化产生的铵态氮的硝化反应释放质子，因此后期pH下降明显，抵消了这些物料对土壤酸度的改良效果（Wang et al.，2011）。矿化作用和硝化作用的方程式如下：

$$矿化作用：R\text{—}NH_2+H_2O+H^+=NH_4^++ROH$$

$$硝化作用：NH_4^++2O_2=NO_3^-+H_2O+2H^+$$

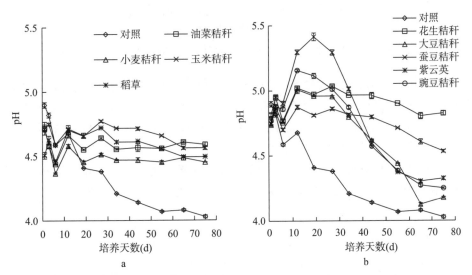

图5-67　加入植物物料后土壤pH随培养时间的变化趋势（Wang et al.，2011）

a. 加入非豆科物料培养　b. 加入豆科物料培养

因此，对于含氮量较高的豆科类作物物料，虽然它们也含有较多的碱性物质，但当这些物料被施入土壤后，矿化产生的铵态氮发生硝化反应，并释放质子，抵消了这些有机物料对土壤酸度的改良效果，使其对酸性土壤的改良效果不能充分发挥出来。研究发现，根据豆科作物的这些特点，添加适量硝化抑制剂可以有效抑制铵态氮的硝化反应及其硝化过程中质子的释放，而抑制剂对有机氮的矿化反应没有影响。图5-68中的结果说明，添加紫云英处理的土壤pH高于对照处理，证明有机物料对土壤酸度确有改良作用，但如果不加双氰胺（DCD），从培养实验的第20天开始，土壤pH迅速随时间的延长而降低，这是由土壤中铵态氮的硝化作用所致。加入DCD，从第20天开始至第60天培养实验结束，土壤pH处于基本稳定状态，说明双氰胺对硝化反应的抑制作用阻止了土壤酸化的发生。因此，添加硝化抑制剂使含氮量高的豆科类作物物料对红壤酸度的改良效果大幅度提高，使这些物料对酸性土壤的改良潜力得以充分发挥（Mao et al.，2010）。C/N高的油菜秸秆和稻草主要通过抑制土壤残留铵态氮的硝化、促进硝态氮的同化以及自身所含的碱性物质等实现改良土壤酸度的作用（Yuan et al.，2011）。另外，有机物料在中和土壤酸度、降低可溶性铝含量和交换态铝含量的同时，其本身丰富的钙、镁、钾、磷等养分也明显提高了土壤中这些养分的含量（Wang et al.，2011）。

有机物料与碱渣结合不但能改良表层土壤酸度，还能有效改良表下层土壤酸度。磷石膏常被用于底层土壤的改良。而与磷石膏相比，碱渣同时对表层和表下层土壤酸度具有改良效果，可以提高红壤表层（0~20 cm）和表下层（20~35 cm）土壤pH与交换性盐基阳离子含量，降低这两个层次土壤交换性铝的含量。而磷石膏虽可提高土壤的交换性盐基阳离子含量，但对土壤pH和交换性酸的作用

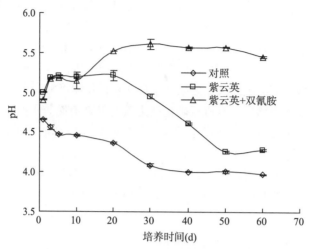

图 5-68 添加紫云英和紫云英加双氰胺后的土壤 pH（Mao et al.，2010）

效果不显著（图 5-69）。碱渣中含大量 SO_4^{2-} 和 Cl^-，两者作为陪伴阴离子可以促进盐基阳离子沿土壤剖面向下迁移。另外，SO_4^{2-} 在土壤中的专性吸附促进羟基的释放，是碱渣能够改良表下层土壤酸度的主要原因（Li et al.，2015）。进一步的研究表明，将油菜秸秆与碱渣配合施用对表下层土壤酸度的改良效果更佳，主要由于秸秆中释放的 SO_4^{2-} 和 Cl^- 进一步促进了碱渣中盐基阳离子沿剖面向下的迁移。迁移至表下层的盐基阳离子与土壤交换性铝发生离子交换反应，增加交换性盐基阳离子含量，降低土壤交换性酸含量，达到改良表下层土壤酸度的目的（Li et al.，2015）。

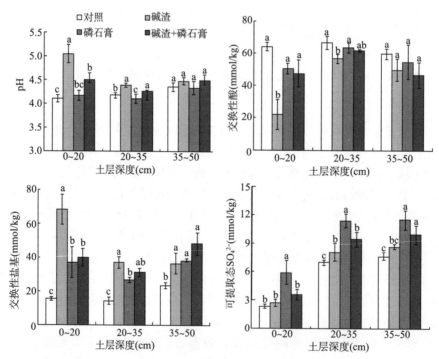

图 5-69 田间条件下表层施用碱渣和磷石膏后红壤剖面不同层次 pH、
交换性酸、交换性盐基和溶液中硫酸根含量（Li et al.，2015）

（2）生物质炭　农作物秸秆等有机物料经过厌氧热解制得的富碳固体物质称为生物质炭。生物质炭化过程其实是对作物物料除 C、N 外的养分和碱性物质的一个浓缩过程。因此，生物质炭的性质受原材料的性质影响很大，作物物料的灰化碱和盐基离子含量越高，同样条件下制备的生物质炭的碱和盐基离子的含量也越高（Yuan et al.，2011）。如表 5-39 所示，豆科作物物料的碱度和盐基离子的含量比非豆科作物物料高，豆科作物物料制备的生物质炭的 pH、碱度和盐基含量也高于非豆科作物物料。

表 5-39　生物质炭的 pH、碱度和盐基含量（Yuan et al.，2011）

生物质炭	pH	碱度（cmol/kg）	盐基含量（cmol/kg）
油菜秸秆炭	8.00	191.4	195.4
小麦秸秆炭	6.42	120.1	107.8
稻草炭	7.69	162.7	141.4
稻壳炭	6.43	79.8	70.7
玉米秸秆炭	9.24	179.9	228.0
大豆秸秆炭	9.02	273.1	196.2
花生秸秆炭	8.88	292.7	160.5
蚕豆秸秆炭	10.33	216.8	219.9
绿豆秸秆炭	10.35	326.1	266.9

炭化温度也是影响生物炭性质的重要条件。碳酸盐和有机阴离子是生物质炭中碱的主要存在形态，生物质炭的碱度随制备温度的升高而增加。图 5-70 的红外光谱数据表明，生物质炭表面的羟基（—OH）和羧基（—COOH）吸收峰强度随制备温度的升高而减小，碳酸根的吸收峰强度呈相反的变化趋势。说明生物质炭中的有机阴离子的含量随炭化温度的升高而减小，而碳酸盐含量随炭化温度的升高而增加。图 5-71 的结果进一步表明，在较高温度下制备的生物质炭中含有结晶型碳酸钙（方解石）和白云石，而且两种结晶型碳酸盐的含量随生物质炭制备温度的升高而增加。因此，随着炭化温度的升高，有机阴离子对碱度的贡献降低，相反，碳酸盐的贡献则升高。因此，低温下制备的生物质炭对土壤酸度的中和作用中有机阴离子的贡献比较大，而高温下制备的生物质炭中碳酸盐的贡献则较大。较高温度下制备的生物质炭对红壤酸度的改良效果更佳。生物质炭的产率随制备温度的升高而下降，而且随着温度的升高，生物质炭的制备难度增加。综合考虑，推荐将 500 ℃作为用农作物秸秆制备生物质炭酸性土壤改良剂的最佳温度。

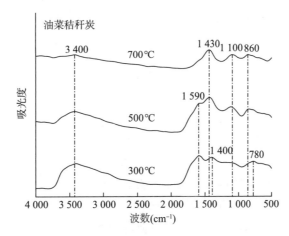

图 5-70　不同温度下制备的油菜秸秆炭的红外光谱（Yuan et al.，2011）

注：3 400 cm⁻¹ 为羟基（—OH），780 cm⁻¹、1 400 cm⁻¹ 和 1 590 cm⁻¹ 为羧基（—COOH），860 cm⁻¹ 和 1 100 cm⁻¹ 为碳酸根（CO_3^{2-}）。

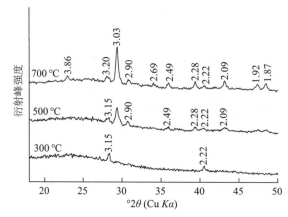

图 5 - 71　不同温度下制备的油菜秸秆炭的 X 射线衍射图（Yuan et al.，2011）

注：3.86、3.03、2.49、2.28、2.09、1.92、1.87Å 处的衍射峰为方解石，2.90 和 2.69Å 处的衍射峰为白云石。

生物质炭具有一定的碱性物质，对酸性红壤均有改良作用。表 5 - 40 表明，10 种农业废弃物制备的生物质炭均可提高酸性红壤的 pH，降低土壤交换性酸含量，表现出对土壤酸度的改良作用；而且，红壤的 pH 与生物质炭的碱度显著正相关，说明生物质炭的碱度是影响其改良土壤酸度效果的关键因素。因此，生物质炭的碱性物质含量越高，改良红壤酸度的效果越好；生物质炭的炭化温度越高，改良土壤酸度的效果越好。生物质炭的碱量可以作为判断生物质炭对酸性土壤改良效果的重要依据。生物质炭还能提高土壤抗酸化能力，且效果与其本身的酸缓冲性能密切相关。不同生物质炭缓冲能力的顺序为花生秸秆炭＞稻草炭＞玉米秸秆炭≈油菜秸秆炭，这一顺序与其对土壤抗酸化能力的提升效果一致。通过化学计量法计算发现，4 种生物质炭主要通过表面羧基质子化和碳酸盐溶解过程释放盐基离子和消耗质子，抑制 pH 降低，其贡献率大于 67%。玉米秸秆炭和稻草炭可溶 Si 通过沉淀作用在缓冲体系 pH 降低的过程中也有 20% 左右的贡献（Shi et al.，2017）。总之，施用由农业废弃物制备的生物质炭不仅改良了红壤的酸度，还提高了土壤的抗酸化能力。

表 5 - 40　不同处理培养后红壤的 pH 和交换性能变化情况（Yuan et al.，2011）

处理	ΔpH	交换性酸（cmol/kg）	交换性盐基（cmol/kg）	ECEC（cmol/kg）	交换性盐基/ECEC（%）
对照	—	5.95	6.04	11.99	50.38
油菜秸秆炭	0.66	4.05	9.78	13.83	70.73
小麦秸秆炭	0.42	5.27	7.64	12.91	59.16
稻草炭	0.51	4.28	8.87	13.15	67.47
稻壳炭	0.27	5.44	7.02	12.45	56.35
玉米秸秆炭	0.45	4.33	9.00	13.33	67.50
大豆秸秆炭	0.89	2.82	11.16	13.97	79.85
花生秸秆炭	0.95	2.68	10.33	13.02	79.37
蚕豆秸秆炭	0.58	3.93	9.23	13.16	70.14
绿豆秸秆炭	1.05	2.62	11.17	13.79	81.00

注：ΔpH 为培养前后土壤 pH 的变化量。

3. 肥料管理措施

肥料管理措施对农田土壤酸度的调控作用非常明显。肥料本身的酸碱性是一个重要的影响因素。一般认为，化学或生理酸性肥料，如过磷酸钙、硫酸铵、氯化铵等增加土壤酸度的作用非常明显。通常不同氮肥酸化土壤的能力为硫酸铵＞氯化铵＞硝酸铵＞尿素。相反，碱性肥料，包括钙镁磷肥、硅钙肥等的施用则可明显地降低土壤酸度。因此，南方红壤地区一般推荐将钙镁磷肥作为主要的磷肥。农田红壤加速酸化的主要原因是大量铵态氮肥的施用，铵态氮的强烈硝化作用产生大量质子和硝酸根，硝酸根极易在土壤中携带盐基阳离子一起淋失，从而加剧土壤酸化过程。采取合理的措施抑制铵态氮的硝化作用将是调控土壤酸度的一项重要措施。如图 5-72 所示，添加硝化抑制剂 DCD 可以显著提高两种红壤的施肥与不施肥条件下的 pH，pH 增加量可达 0.4～0.8，这主要是 DCD 抑制了有机氮矿化产生的铵态氮或肥料中铵态氮的硝化反应，从而减少了质子的产生，因而提高了土壤 pH。因此，铵态氮肥配施硝化抑制剂可以有效阻控氮肥施用、提高土壤酸度。

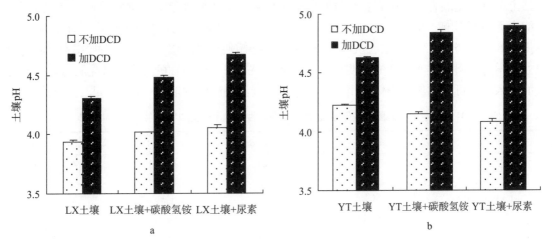

图 5-72　培养 90d 时不同处理下土壤的 pH（刘源等，2012）

a. 郎溪红壤　b. 鹰潭红壤

另外，氮肥形态也影响作物根系质子或羟基的释放。作物吸收阳离子的同时释放质子进入土壤，相反，吸收阴离子而释放羟基，以维持作物体内电荷平衡。图 5-73 表明，施用铵态氮可显著降低小麦根际土壤 pH，相反，施用硝态氮可显著增加根际土壤 pH，这种作用随着氮肥施用量的增加而增强（Masud et al.，2014）。利用作物吸收硝态氮和根系释放氢氧根修复酸化土壤，国内外均已开展了一些研究。利用采自澳大利亚的灰化土开展的盆栽实验结果表明，表层土壤中施用硝酸钙，种植耐酸小麦 38d 后 10～15 cm 亚表层根际土壤 pH 提高了 0.2（Weligama et al.，2008）。连续 3 年的田间实验结果表明，施用尿素使亚表层根际土壤 pH 降低了 0.2；但施用硝酸钙使根际土壤 pH 提高了 0.3（Conyers et al.，2011）。因此，可以基于硝态氮诱导的根际碱化开发酸性亚表层土壤的生物改良技术。

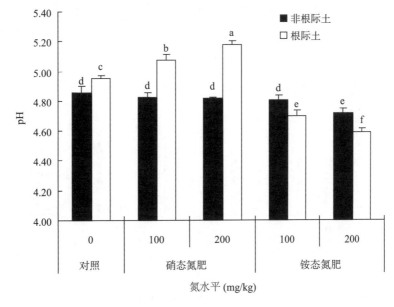

图 5-73　不同形态氮条件下小麦根际和非根际土壤的 pH（Masud et al.，2014）

在红壤中施用有机肥是调控土壤酸度的有效农艺措施：①有机肥本身呈碱性，加到土壤中可直接中和土壤酸度；②施用有机肥提高了土壤有机质含量，有机质丰富的有机官能团可有效提高红壤的酸缓冲能力和抗酸化能力。在贵州贵阳和湖南祁阳的长期施肥定位实验中，采集不同施肥处理的土壤样品，研究土壤 pH 的缓冲容量，用室内模拟实验研究长期施用有机肥对土壤抗酸化能力的影响，并与施用无机肥处理对比，将结果列于表 5-41。结果表明，长期施用有机肥能够有效提高土壤酸缓冲容量，增强土壤抗酸化能力，施用高量有机肥效果更显著。单施无机肥对土壤酸缓冲容量（pHBC）和抗酸化能力无显著影响。黄壤中单施有机肥以及有机肥与 NPK 化肥配施，pHBC 较不施肥的对照处理分别提高 81％和 60％，红壤中有机肥与 NPK 化肥配施使土壤酸缓冲容量较对照提高 66％。另外，中国农业科学院祁阳红壤实验站的长期有机肥实验结果表明，施用有机肥氮代替化肥氮，由于增加了有机碳的投入，还可抑制氮的硝化作用，从而有效抑制红壤酸度的增加（Cai et al.，2018）。

表 5-41 长期不同施肥处理下土壤的基本理化性质和 pH 缓冲容量（Shi et al.，2019）

土壤	处理	pH	有机质（g/kg）	CEC（cmol/kg）	pHBC（mmol/kg）
黄壤	对照	6.53d	36.6bcd	19.40b	31.30c
	NPK	6.25e	35.6cd	19.38b	33.04c
	1/2 NPKM	7.09c	48.4abc	21.72ab	45.92b
	NPKM	7.27b	50.1ab	23.30a	49.95b
	M	7.44a	59.0a	23.82a	56.61a
红壤	对照	5.33g	12.3e	10.90d	18.25d
	NPKM	5.53f	27.9d	14.90c	30.32c

注：CEC 为阳离子交换量；pHBC 为酸缓冲容量；同一列数据小写字母不同表示处理间差异达到 $P < 0.05$ 显著水平。

（二）红壤酸度的调控与生产力恢复

用各种改良剂或肥料管理措施调控红壤酸度的同时，还可不同程度地改善土壤养分和微生物学性质、提高土壤肥力和土壤质量，最终提高作物产量。因此，解析不同酸度调控措施的田间效果与改良机制，将为制定合理的红壤质量提升和生产力恢复策略提供理论依据与技术支撑。

1. 生物质炭对红壤生产力恢复的效果

图 5-74 所示的田间试验结果表明，添加油菜秸秆炭、花生秸秆炭和稻壳炭 1 年后均可增加土壤的 pH，其中油菜秸秆炭和花生秸秆炭的效果较明显，这与室内实验的结果基本一致。在接下来的第二年和第三年，虽然所有处理的土壤 pH 均有所降低，但施用油菜秸秆炭和花生秸秆炭处理的土壤 pH 仍显著高于对照，施用 3 年后仍比对照高 0.24，表明一次施用大量生物质炭在较长期内对土壤酸度有改良效果。

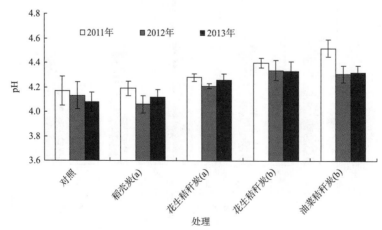

图 5-74 田间施用生物质炭 3 年红壤的 pH（李九玉等，2015）

注：a 表示加入量为 3 375 kg/hm²，b 表示加入量为 7 500 kg/hm²。

表5-42的结果表明，虽然秸秆生物质炭和碱渣单独施用均可以提高土壤pH，降低土壤酸度，但将两者配合施用不仅能够取得对土壤酸度更好的改良效果，还能有效提高土壤交换性Ca^{2+}、Mg^{2+}、K^+和有效磷含量，促进作物对这些养分的吸收。

表5-42　盆栽实验后土壤性质与大豆对养分的吸收量

处理	土壤pH	交换性酸（mmol/kg）	交换性盐基（mmol/kg）	大豆对养分的吸收（g/kg）				
				氮	磷	钾	钙	镁
对照	5.1	16.6	45.2	51.2	2.1	16.2	8.5	2.6
石灰（1 g/kg）	5.3	7.1	55.1	52.9	2.4	16.6	11.8	2.9
碱渣（2 g/kg）	5.2	8.0	59.0	53.8	2.4	16.5	10.6	3.5
油菜秸秆炭（10 g/kg）	5.4	5.2	74.9	56.4	2.2	26.4	9.1	2.9
花生秸秆炭（10 g/kg）	5.3	6.8	69.3	51.3	2.1	24.6	9.8	2.8
碱渣＋油菜秸秆炭	5.8	2.8	105.3	55.9	2.6	25.2	10.5	3.1
碱渣＋花生秸秆炭	5.7	3.1	98.1	54.4	2.6	26.0	11.1	3.1

另外，生物质炭具有多微孔结构，比表面积大，还可增加土壤容重和土壤持水量，提高土壤孔隙度，改变土壤团聚体分布，增加土壤有机质的含量并减少土壤氮等养分的淋溶，使土壤理化性质得到改变的同时对土壤菌根真菌的生长和定殖有促进作用，从而间接影响作物生长发育（袁金华等，2012）。红壤中施用生物质炭也明显增加了作物产量，施用7.5 t/hm² 油菜秸秆炭和花生秸秆炭使油菜籽产量分别提高了90.9%和67.4%。在同一加入量下，油菜秸秆炭的增加效果最明显，其次为花生秸秆炭，再次为稻壳炭（图5-75）。这与这3种生物质炭对土壤酸度的改良效果基本一致，表明施用生物质炭可以通过改良土壤酸度和改善土壤质量显著提高作物产量。

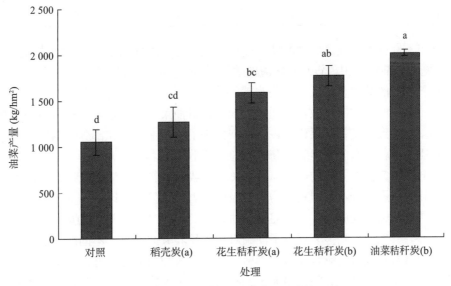

图5-75　田间施用生物质炭的油菜产量（李九玉等，2015）

注：a表示加入量为3 375 kg/hm²，b表示加入量为7 500 kg/hm²；同一字母代表不同处理之间的差异未达到显著水平（$P < 0.05$）。

2. 碱渣与有机物料配施对红壤生产力的恢复作用

开展利用碱渣和有机物料改良红壤酸度的田间实验，4年的实验结果表明（表5-43），单施有机物料（如花生秸秆、油菜秸秆和有机肥等）没有显著提高酸性红壤的pH，改良土壤酸度的效果不明显，主要是由于有机物料施用量低于室内培养实验。但施用有机物料明显提高土壤有机质、碱解氮、全氮、有效磷、速效钾等养分的含量，因此有利于土壤肥力的提高。施用碱渣、石灰等无机改良剂可以有效降低土壤酸度，提高土壤 pH。但施用碱渣和石灰降低了土壤有机质、全氮、有效磷、速效钾等养分的含量，不利于红壤肥力的提高。这是因为无机改良剂降低了土壤酸度，提高了土壤中胞外酶的活性以及有机分子的矿化速率，从而导致土壤中有机碳和有机氮的含量显著降低。施用有机物料，土壤有效磷含量略有增加，主要是因为施用有机物料提高了磷的供应能力，同时提高了土壤中有机质的含量、降低了土壤中磷的固定，因此提高了土壤中磷的有效性。而施用石灰和碱渣则降低了土壤有效磷含量，可能原因有：①石灰和碱渣增加了土壤溶液中 Ca^{2+} 的浓度，促使土壤中磷与 Ca^{2+} 形成沉淀，土壤磷的有效性降低；②施用石灰和碱渣促进了作物生长，从而促进了作物对磷的吸收（Shi et al.，2017）。同样，有机物料可给红壤补充大量的钾，相反，碱渣、石灰等无机改良剂的丰富的 Ca^{2+} 促进土壤表面 K^+ 的释放和淋溶损失，并促进作物生长带走大量的钾，因此导致红壤钾含量显著降低。将碱渣等无机改良剂与有机物料配合施用，结合了两类改良剂的优点，克服了两者的缺点，不仅显著降低了红壤酸度，还改善了土壤肥力、提高了养分供给能力。

表 5-43　4 年田间实验中添加碱渣和有机物料的土壤肥力性质（Pan et al.，2020）

处理	pH	SOM（%）	碱解氮（mg/kg）	有效磷（mg/kg）	速效钾（mg/kg）	全氮（mg/kg）
对照（CK）	4.37c	2.31abc	89.34d	231.18ab	83.59b	1.02cd
石灰（L）	4.62b	2.17bc	90.52cd	195.06c	75.44bc	0.98d
花生秸秆（PS）	4.41c	2.46ab	100.71ab	230.70ab	127.70a	1.10ab
油菜秸秆（CS）	4.38c	2.51ab	100.94ab	243.87ab	114.13a	1.08abc
有机肥（OM）	4.40c	2.55a	100.42ab	253.18a	119.55a	1.11a
碱渣（AS）	4.75a	2.04c	95.01bcd	194.10c	64.56c	0.99d
AS+PS	4.73a	2.50ab	96.49abc	195.06c	80.87bc	1.04bcd
AS+CS	4.75a	2.57a	95.37bcd	199.88c	80.19bc	1.04bcd
AS+OM	4.82a	2.31abc	102.734a	226.21b	78.38bc	1.09ab

由于改良剂可不同程度地改良红壤酸度、提高土壤肥力，因此显著促进了油菜对土壤总氮的吸收（图 5-76）。单施改良剂处理中，石灰和碱渣的效果最好，其次为有机肥，再次为单施秸秆。碱渣与有机肥和油菜秸秆配施的效果显著优于这些改良剂单独施用处理，碱渣＋有机肥处理的效果最好。施用改良剂也增加了油菜的氮收获指数，不同改良剂处理对油菜氮收获指数的影响顺序与其对油菜吸收总氮的影响顺序基本一致。这些结果说明，改良剂促进了氮在油菜籽粒部分的累积。对于甘薯，仅石灰和碱渣与有机肥及秸秆配合施用显著提高了其总氮吸收量，其他处理对甘薯氮吸收的影响不显著。不同改良剂处理对甘薯氮收获指数的影响与其对总氮吸收量的影响趋势相似。研究发现，红壤酸度对作物体内氮的转化效率影响较小，但对作物的氮吸收能力影响显著（Pan et al.，2020）。

图 5-77 表明，单施和配施改良剂均促进了油菜对 P、K、Ca 和 Mg 的吸收。除油菜秸秆对 P 吸收的影响不显著外，其他处理均显著促进了油菜对这 4 种养分的吸收。不同改良剂对这 4 种养分吸收促进作用的顺序与其对氮吸收的影响相似，单施处理以石灰和碱渣为最好，其次为有机肥，秸秆的影响较小；碱渣与有机肥和秸秆配施的效果大于这些改良剂单独施用的效果，碱渣＋有机肥处理提高这 4 种养分吸收的效果最为显著。与氮吸收的结果相似，改良剂主要促进了 P 在油菜籽粒中的累积。施用改良剂对甘薯吸收 P、K、Ca 和 Mg 的影响较小，石灰、碱渣及碱渣与有机肥和秸秆配施显著促进了甘薯对 P 的吸收，单施有机肥和秸秆对甘薯吸收 P 的影响不显著；除有机肥外，其他改良剂处理均显著促进了甘薯对 K 的吸收；仅石灰显著促进了甘薯对 Ca 的吸收，其他改良剂的影响不显著；所有改良剂处理均未促进甘薯对 Mg 的吸收。因此，碱渣等无机改良剂和有机物料配施能更好地促进作物对土壤养分的吸收。

施用石灰、碱渣及碱渣与有机肥和秸秆配施显著降低了红壤的酸度，提高了养分的有效性，

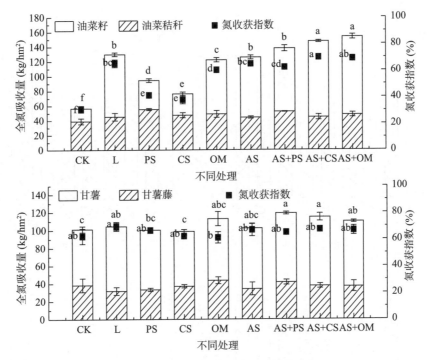

图 5-76 不同处理油菜和甘薯的全氮吸收量及氮收获指数（Pan et al.，2020）

注：上层不同小写字母表示不同处理之间全氮吸收量存在显著差异（$P<0.01$）；下层不同小写字母表示不同处理之间氮收获指数存在显著差异（$P<0.05$）。下同。

因而提高了油菜籽和甘薯的产量（表 5-44）。与单独施用改良剂相比，碱渣与花生秸秆、油菜秸秆和有机肥配合施用效果更为显著，并且与土壤 pH 和土壤交换性 Ca^{2+} 含量呈正相关关系，而与土壤交换性 Al^{3+} 含量呈负相关关系（$P<0.01$）。进一步说明土壤酸度和养分有效性是影响作物产量的重要因素。

表 5-44 不同有机改良剂与无机改良剂配施条件下油菜籽及甘薯的产量

处理	油菜籽产量（kg/hm^2）	甘薯产量（kg/hm^2）
对照（CK）	381.1h	6 113.2e
石灰（L）	2 306.7c	7 376.6abc
花生秸秆（PS）	843.2f	6 449.4de
油菜秸秆（CS）	613.2g	6 113.2e
有机肥（OM）	1 631.6e	6 704.2cde
碱渣（AS）	1 941.8d	7 152.5bcd
AS+PS	2 058.6c	7 641.5ab
AS+CS	2 430.9b	8 069.4a
AS+OM	2 606.1a	7 549.8ab

另外，碱渣和有机物料改良剂对红壤微生物性质的影响也有差异。研究发现，施用碱渣可通过降低土壤酸度有效提高过氧化氢酶含量、酸性磷酸酶含量、微生物熵，降低代谢熵，而单施稻壳和花生秸秆提高有机碳和平衡养分，更有利于提高微生物生物量碳、脲酶活性和促进基础呼吸作用。采用酶活性的几何平均值作为土壤质量评价指标，分析发现，有机改良剂与无机改良剂配合施用更有利于提高土壤质量（Li et al.，2014）。因此，红壤酸度、有机质和其他养分都是限制红壤生产力提升的关键因子，有机改良剂与无机改良剂配合施用更有利于红壤酸度的调控和生产力的恢复与提升。

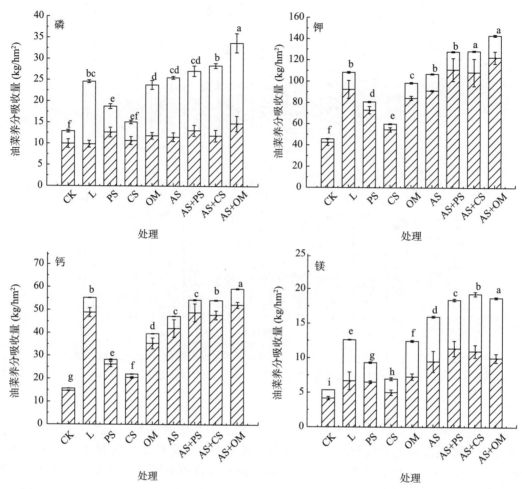

图 5-77　不同有机和无机改良剂配施条件下油菜 P、K、Ca、Mg 的吸收量（Pan et al.，2020）

主要参考文献

郭朝辉，宋杰，陈采，等，2007. 有色矿业区耕作土壤、蔬菜和大米中重金属污染 [J]. 生态环境，16（4）：1144-1148.

洪志能，2012. 枯草芽孢杆菌与土壤矿物界面作用机理 [D]. 武汉：华中农业大学.

黄昌勇，徐建明，2010. 土壤学 [M]. 3 版. 北京：中国农业出版社.

姜军，徐仁扣，2015. 离子强度对三种可变电荷土壤表面电荷和 Zeta 电位的影响 [J]. 土壤，47（2）：422-426.

姜军，徐仁扣，王永，等，2008. 氟离子、磷酸根和铬酸根在可变电荷土壤表面吸附过程中羟基释放动力学 [J]. 土壤，40（6）：949-953.

姜军，徐仁扣，赵安珍，等，2012. Cs 离子吸附法测定土壤和矿物的永久负电荷 [J]. 土壤，44（1）：172-175.

姜军，赵安珍，徐仁扣，等，2010. 雷州半岛玄武岩发育土壤的表面电荷性质与土壤发育程度的关系 [J]. 土壤学报，47（4）：776-780.

李九玉，2012. 正负电荷胶体颗粒之间的相互作用对可变电荷土壤自然酸化的影响 [D]. 北京：中国科学院.

李九玉，王宁，徐仁扣，2009. 工业副产品对红壤酸度改良的研究 [J]. 土壤，41（6）：932-939.

李九玉，徐仁扣，季国亮，2004. 8-羟基喹啉（pH8.3）分光光度法测定酸性土壤中的可溶性铝 [J]. 土壤，36（3）：84-86.

李九玉，赵安珍，袁金华，等，2015. 农业废弃物制备的生物质炭对红壤酸度和油菜产量的影响 [J]. 土壤，47（2）：334-339.

李庆逵，1985. 中国红壤 [M]. 北京：科学出版社.

李学垣，2001. 土壤化学 [M]. 北京：高等教育出版社.

梁晶，徐仁扣，蒋新，等，2007. 不同 pH 下两种可变电荷土壤中 Cu（Ⅱ）、Pb（Ⅱ）和 Cd（Ⅱ）吸附与解吸的比较
　　研究 [J]. 土壤，39（6）：992 - 995.

凌云霄，于天仁，1957. 土壤酸度与代换氢、铝的关系 [J]. 土壤学报（5）：234 - 245.

刘源，钱薇，徐仁扣，2012. 双氰胺对氮肥引起的红壤酸化的抑制作用 [J]. 生态与农村环境学报，29（1）：76 - 80.

沈仁芳，2008. 铝在土壤-植物中的行为及植物的适应机制 [M]. 北京：科学出版社．

宋文峰，2016. 我国东南丘陵区酸化现状调查及长期施肥农田系统的生态化学计量学特征 [D]. 北京：中国科学院
　　大学．

王小明，2015. 几种亚稳态铁氧化物的结构、形成转化及其表面物理化学特性 [D]. 武汉：华中农业大学．

王永，徐仁扣，2008. 可变电荷土壤对水体中磷酸根的吸附去除作用 [J]. 生态与农村环境学报，24（4）：63 - 67.

王永，徐仁扣，王火焰，2008. 可变电荷土壤对 As（Ⅴ）和 As（Ⅲ）的吸附及二者的竞争作用 [J]. 土壤学报，45
　　（4）：622 - 627.

温元凯，邵俊，1977. 离子极化和重金属离子水解规律性 [J]. 科学通报，22（6）：267 - 268.

谢丹，徐仁扣，蒋新，等，2006. 有机酸对铜、铅和镉在土壤表面竞争吸附的影响 [J]. 农业环境科学学报，25（3）：
　　704 - 710.

熊毅，1958. 土壤黏土矿物的结构及形成 [J]. 土壤通报（2）：49 - 50.

徐仁扣，1998. 有机酸对土酸性土壤中铝的溶出和铝离子形态分布的影响 [J]. 土壤，30（4）：214 - 217.

徐仁扣，2013. 酸化红壤的修复原理与技术 [M]. 北京：科学出版社．

徐仁扣，2016. 秸秆生物质炭对红壤酸度的改良作用：回顾与展望 [J]. 农业资源与环境学报，33（4）：303 - 309.

徐仁扣，季国亮，1998. pH 对酸性土壤中铝的溶出和铝离子形态分布的影响 [J]. 土壤学报，35（2）：162 - 171.

徐仁扣，李九玉，姜军，2014. 可变电荷土壤中特殊化学现象及其微观机制的研究进展 [J]. 土壤学报，51（2）：
　　207 - 215.

徐仁扣，王亚云，2003. 低分子量有机酸对可变电荷土壤吸附氟的影响 [J]. 环境科学学报，23（3）：405 - 407.

徐仁扣，肖双成，蒋新，等，2006. pH 对 Cu（Ⅱ）和 Pb（Ⅱ）在可变电荷土壤表面竞争吸附的影响 [J]. 土壤学报，
　　43（5）：871 - 874.

徐仁扣，肖双成，赵安珍，2004. 砷酸根对砖红壤中铜吸附和解吸的影响的初步研究 [J]. 环境科学学报，24（6）：
　　1145 - 1147.

徐仁扣，肖双成，赵安珍，2008. 基于 Zeta 电位的水稻土吸附 Pb（Ⅱ）和 Cd（Ⅱ）能力的比较 [J]. 环境化学，27
　　（6）：742 - 745.

徐仁扣，赵安珍，姜军，等，2010. 雷州半岛典型铁铝土剖面土壤的表面电荷特征及其可变性 [J]. 土壤通报，41
　　（4）：774 - 777.

许晨阳，2016. 赤铁矿和针铁矿纳米颗粒与有机/无机胶体的同质和异质凝聚机制 [D]. 南京：中国科学院南京土壤研
　　究所．

于天仁，1987. 土壤化学原理 [M]. 北京：科学出版社．

于天仁，季国亮，丁昌璞，等，1996. 可变电荷土壤的电化学 [M]. 北京：科学出版社．

袁金华，徐仁扣，2012. 生物质炭对酸性土壤改良作用的研究进展 [J]. 土壤，44（4）：541 - 547.

郑喜坤，汪庆华，鲁安怀，等，2005. 浙江土壤矿物组成特征 [J]. 地质通报，24（8）：79 - 84.

周健民，沈仁芳，2013. 土壤学大辞典 [M]. 北京：科学出版社．

周琴，姜军，徐仁扣，2018. Cu（Ⅱ）、Pb（Ⅱ）和 Cd（Ⅱ）在红壤胶体和非胶体颗粒上吸附的比较 [J]. 土壤学报，
　　55（1）：131 - 138.

周世伟，2017. 长期施肥下红壤酸化特征及主要作物的酸害阈值 [D]. 北京：中国农业科学院．

Alva A K，Edwards D G，Asher C J，et al.，1986. Relationship between root length of soybean and calculated activities
　　of aluminum monomers in solution [J]. Soil Science Society America Journal，50（4）：959 - 962.

Atkinson R J，Posner A M，Quirk J P，1967. Adsorption of potential determining ions at the feeric oxide-aqueous lec-
　　trolyte interface [J]. Journal of Physical Chemistry，71（3）：550 - 558.

Baquy M A A，Li J Y，Jiang J，et al.，2017. Critical pH and exchangeable Al of four acidic soils derived from different
　　parent materials for maize crops [J]. Journal of Soils and Sediments，18（4）：1490 - 1499.

Baquy M A A，Li J Y，Shi R Y，et al.，2018. Higher cation exchange capacity determined lower critical soil pH and higher Al concentration for soybean [J]. Environmental Science and Pollution Research, 25 (4): 6980 - 6989.

Baquy M A A, Li J Y, Xu C Y, et al., 2017. Determination of critical pH and Al concentration of acidic Ultisols for wheat and canola crops [J]. Solid Earth, 8 (1): 149 - 159.

Cai Z J, Xu M G, Wang B R, et al., 2018. Effectiveness of crop straws, and swine manure in ameliorating acidic red soils [J]. Journal of Soils and Sediments, 18: 2893 - 2903.

Conyers M K, Tang C, Poile G J, et al., 2011. A combination of biological activity and the nitrate form of nitrogen can be used to ameliorate subsurface soil acidity under dryland wheat farming [J]. Plant and Soil, 348: 155 - 166.

Driscoll C T, 1984. A procedure for the fractionation of aqueous aluminum in dilute acid water [J]. International Journal of Environmental and Analytical Chemistry, 16 (4): 267 - 283.

Fox T R, Comerford N B, McFee W W, 1990. Phosphorus and aluminum release from a spodic horizon mediated by organic acids [J]. Soil Science Society America Journal, 54 (6): 1763 - 1767.

Guo J H, Liu X J, Zhang Y, et al., 2010. Significant acidification in major Chinese croplands [J]. Science, 327 (5968): 1008 - 1010.

Horst W J, 1995. The role of the apoplast in aluminum toxicity and resistance of higher plants: A review [J]. Journal of Plant Nutrition and Soil Science, 158: 419 - 428.

Jiang J, X u R K, Wang Y, et al., 2008. The mechanism of chromate sorption by three variable charge soils [J]. Chemosphere, 71: 1469 - 1475.

Jiang J, Xu R K, Zhao A Z, 2011. Surface chemical properties and pedogenesis of tropical soils derived from basalts with different ages in Hainan, China [J]. Catena, 87: 334 - 340.

Jiang J, Xu R K, Zhao A Z, 2010. Comparison of the surface chemical properties of four variable charge soils derived from quaternary red earth as related to soil evolution [J]. Catena, 80 (3): 154 - 161.

Kinraide T B, 1997. Reconsidering the rhizotoxicity of hydroxyl, sulphate, and fluoride complexes of aluminum [J]. Journal of Experimental Botany, 48: 1115 - 1124.

Kubicki J D, Schroeter L M, Itoh M J, et al., 1999. Attenuated total reflectance Fourier-transform infrared spectroscopy of carboxylic acids adsorbed onto mineral surfaces [J]. Geochimica et Cosmochimica Acta, 63 (18): 2709 - 2725.

Li J Y, Liu Z D, Zhao A Z, et al., 2014. Microbial and enzymatic properties in response to amelioration of an acidic Ultisol by industrial and agricultural by-products [J]. Journal of Soils and Sediments, 14 (2): 441 - 450.

Li J Y, Liu Z D, Zhao W Z, et al., 2015. Alkaline slag is more effective than phosphogypsum in the amelioration of subsoil acidity in an Ultisol profile [J]. Soil and Tillage Research, 149: 21 - 32.

Li J Y, Masud M M, Li Z Y, et al., 2015. Amelioration of an Ultisol profile acidity using crop straws combined with alkaline slag [J]. Environment Science and Pollution Research, 22: 9965 - 9975.

Li J Y, Wang N, Xu R K, et al., 2010. Potential of industrial byproducts in ameliorating acidity and aluminum toxicity of soils under tea plantation [J]. Pedosphere, 20 (5): 645 - 654.

Li J Y, Xu R K, Tiwari D, et al., 2006. Mechanism of aluminum release from variable charge soils induced by low-molecular-weight organic acids: Kinetics study [J]. Geochimica et Cosmochimica Acta, 70: 2755 - 2764.

Li J Y, Xu R K, Xiao S C, et al., 2005. Effect of low-molecular-weight organic anions on exchangeable aluminum capacity of variable charge soils [J]. Journal of Colloid and Interface Science, 284: 393 - 399.

Li J Y, Xu R K, Zhang H, 2012. Iron oxides serve as natural anti-acidification agents in highly weathered soils [J]. Journal of Soils and Sediments, 12 (6): 876 - 887.

Li S Z, Xu R K, Li J Y, 2009. Electrical-double layer interaction between oppositely charged particles in variable charge soils as related to salt adsorption [J]. Soil Science, 134 (1): 27 - 34.

Liang J, Xu R K, Jiang X, et al., 2007. Effect of arsenate on adsorption of Cd (Ⅱ) by two variable charge soils [J]. Chemosphere, 67 (10): 1949 - 1955.

Liu Z D, Hong Z N, Li J Y, et al., 2015. Interactions between Escherchia coli and the colloids of three variable charge soils and their effects on soil surface charge properties [J]. Geomicrobiology Journal, 32 (6): 511 - 520.

Mao J, Xu R K, Li J Y, et al., 2010. Dicyandiamide enhances liming potential of two legume materials when incubated with an acid Ultisol [J]. Soil Biology and Biochemistry, 42 (9): 1632 - 1635.

Masud M M, Guo D, Li J Y, et al., 2014. Hydroxyl release by maize (*Zea mays* L.) roots under acidic conditions due to nitrate absorption and its potential to ameliorate an acidic Ultisol [J]. Journal of Soils and Sediments, 14 (5): 845 - 853.

Mulder J, Stein A, 1994. The solubility of aluminum of acidic forest soils-long-term changes due to acid deposition [J]. Geochimica et Cosmochimica Acta, 58: 85 - 94.

Pan X Y, Li J Y, Deng K Y, et al., 2019. Four-year effects of soil acidity amelioration on the yields of canola seeds and sweet potato and N fertilizer efficiency in an Ultisol [J]. Field Crops Research, 237: 1 - 11.

Qafoku N P, Sumner M E, West L T, 2000. Mineralogy and chemistry of some variable charge subsoils [J]. Communications in Soil Science and Plant Analysis, 31: 1051 - 1070.

Qafoku N P, van Ranst E, Noble A, et al., 2004. Variable charge soils: Their mineralogy, chemistry and management [J]. Advances in Agronomy, 84: 159 - 215.

Ren L Y, Hong Z N, Dong Y L, et al., 2020. Increase of magnesium adsorption onto the colloids of two variable charge soils in the presence of *Bacillus subtilis* and *Pseudomonas fluorescens* [J]. Geomicrobiology Journal, 37 (1): 31 - 39.

Shann J R, Bertsch P M, 1993. Differential cultivar response to polynuclear hydro-aluminum complexes [J]. Soil Science Society America Journal, 57: 116 - 120.

Shi R Y, Hong Z N, Li J Y, et al., 2017. Mechanisms for increasing the pH buffering capacity of an acidic Ultisol by crop residue derived biochars [J]. Journal of Agricultural and Food Chemistry, 65: 8111 - 8119.

Shi R Y, Li J Y, Jiang J, et al., 2018. Incorporation of corn straw biochar inhibited the re-acidification of four acidic soils derived from different parent materials [J]. Environmental Science and Pollution Research, 25 (10): 9662 - 9672.

Shi R Y, Li J Y, Ni N, et al., 2017. Effects of biomass ash, bone meal, and alkaline slag applied alone and combined on soil acidity and wheat growth [J]. Journal of Soils and Sediments, 17: 2116 - 2126.

Shi R Y, Li J Y, Xu R K, et al., 2016, Ameliorating effects of individual and combined application of biomass ash, bone meal and alkaline slag on acid soils [J]. Soil and Tillage Research, 162: 41 - 45.

Shi R Y, Liu Z D, Li J Y, et al., 2019. Mechanisms for increasing soil resistance to acidification by long-term manure application [J]. Soil and Tillage Research, 185: 77 - 84.

Sposito G, 2008. The chemistry of soils [M]. 2nd Ed. New York: Oxford University Press.

Stass A, Wang Y, Eticha D, et al., 2006. Aluminum rhizotoxicity in maize grown in solutions with Al^{3+} and Al $(OH)^{4-}$ as predominant solution Al species [J]. Journal of Experimetal Botany, 57: 4033 - 4042.

van Raij B, Peech M, 1972. Electrochemical properties of some Oxisol and Alfisols of tropics [J]. Soil Science Society of America Proceedings, 36: 587 - 593.

Violante A, Pigna M, 2002. Competitive sorption of arsenate and phosphate on different clay minerals and soils [J]. Soil Science Society of America Journal, 66: 1788 - 1796.

Wagatsuma T, Kaneko M, Hayasaka Y, 1987. Destruction process of plant root cells by aluminum [J]. Soil Science and Plant Nutrition, 33: 161 - 175.

Wang N, Li J Y, Xu R K, 2009. Use of agricultural by-products to study the pH effects in an acid tea garden soil [J]. Soil Use and Management, 25 (2): 128 - 132.

Wang N, Xu R K, Li J Y, 2011. Amelioration of an acid Ultisol by agricultural by-products [J]. Land Degradation and Development, 22: 513 - 518.

Wang Y, Jiang J, Xu R K, et al., 2009. Phosphate adsorption at variable charge soils/water interfaces as influenced by ionic strength [J]. Australian Journal of Soil Research, 47 (5): 529 - 536.

Weligama C, Tang C, Sale P W G, et al., 2008. Localised nitrate and phosphate application enhances root proliferation by wheat and maximizes rhizosphere alkalization in acid subsoil [J]. Plant and Soil, 312: 101 - 115.

Xu R K, Ji G L, 1998. Chemical species of aluminum ions in acid soils [J]. Pedosphere, 8: 127 - 133.

Xu R K, Ji G L, 2001. Effect of H_2SO_4 and HNO_3 on soil acidification and aluminum speciation in variable charge soils [J]. Water, Air, and Soil Pollution, 129: 33 - 43.

Xu R K, Wang Y, Tiwari D, et al., 2009. Effect of ionic strength on adsorption of As (Ⅲ) and As (Ⅴ) by variable charge soils [J]. Journal of Environmental Science, 21 (7): 927 – 932.

Xu R K, Xiao S C, Xie D, et al., 2006. Effects of phthalic and salicylic acids on Cu (Ⅱ) adsorption by variable charge soils [J]. Biology and Fertility of Soils, 42 (1-2): 443 – 449.

Xu R K, Xiao S C, Zhang H, et al., 2007. Adsorption of phthalic acid and salicylic acid by two variable charge soils as influenced by sulfate and phosphate [J]. European Journal of Soil Science, 58 (1): 335 – 342.

Xu R K, Yang M L, Wang Q S, et al., 2004. Effect of low molecular weight organic acids on the adsorption of Cl⁻ by variable charge soils [J]. Pedosphere, 14 (3): 405 – 408.

Xu R K, Yang M L, Wang Q S, et al., 2005. Effect of low molecular weight organic anions on the adsorption of NO^{3-} by variable charge soils [J]. Soil Science and Plant Nutrition, 51 (5): 663 – 666.

Xu R K, Zhao A Z, 2013. Effect of biochars on adsorption of Cu (Ⅱ), Pb (Ⅱ) and Cd (Ⅱ) by three variable charge soils from southern China [J]. Environmental Science and Pollution Research, 20 (12): 8491 – 8501.

Xu R K, Zhao A Z, Ji G L, 2003. Effect of low molecular weight organic anions on surface charge of variable charge soils [J]. Journal of Colloid and Interface Science, 264 (2): 322 – 326.

Xu R K, Zhao A Z, Ji G L, 2005. Effect of low molecular weight organic anions on adsorption of potassium by variable charge soils [J]. Communications in Soil Science and Plant Analysis, 36 (7 – 8): 1029 – 1039.

Yuan J H, Xu R K, 2011. The amelioration effects of low temperature biochar generated from nine crop residues on an acidic Ultisol [J]. Soil Use and Management, 27 (1): 110 – 115.

Yuan J H, Xu R K, Qian W, et al., 2011. Comparison of the ameliorating effects on an acidic Ultisol between four crop straws and their biochars [J]. Journal of Soils and Sediments, 11: 741 – 750.

Yuan J H, Xu R K, Zhang H, 2011. The forms of alkalis in the biochar produced from crop residues at different temperatures [J]. Bioresource Technology, 102: 3488 – 3497.

Zhao W R, Li J Y, Jiang J, et al., 2020. The mechanisms for reducing aluminum toxicity and improving the yield of sweet potato (*Ipomoea batatas* L.) with organic and inorganic amendments in an acidic Ultisol [J]. Agriculture, Ecosystems and Environment, 288: 106716.

Zhong K, Xu R K, Zhao A Z, et al., 2010. Adsorption and desorption of Cu (Ⅱ) and Cd (Ⅱ) in the tropical soils during pedogenesis in the basalt from Hainan, China [J]. Carbonates and Evaporites, 25 (1): 27 – 34.

第六章 红壤的生物学性质 >>>

土壤微生物参与土壤的物质循环和能量流动,是农田土壤生态系统的重要组分。它们数量巨大、种类繁多,是土壤中生物化学过程的主要驱动力,也是土壤中有效养分的重要来源。一方面,土壤微生物可通过其种群、群落结构、微生物生物量和土壤酶活性等因子的变化来指示土壤质量的变化;另一方面,施肥措施、作物根系分泌物、气温、降水量、土壤酸碱度等诸多因素均能影响土壤微生物的群落结构和功能,从而影响土壤质量、生物肥力、生产力以及农田生态系统的稳定性。广泛分布于高温多雨地区的红壤中微生物多且活跃。了解红壤中微生物的特性及调控机制,对于红壤生态系统可持续发展具有重要的理论和实践意义。

本章共分五节:第一节论述了红壤中微生物的数量及其多样性,包括 α 多样性、β 多样性和 γ 多样性;第二节综述了红壤中酶的来源、类型和影响因素;第三节比较了不同类型的红壤母质在不同熟化方式下的土壤微生物群落结构和功能演替特征,包括不同红壤母质和不同熟化措施对微生物群落结构的影响;第四节研究了施肥、水分管理和土壤污染对微生物群落结构的影响,重点分析了不同施肥制度对土壤细菌以及有机碳周转、铁氧化还原和固氮解磷相关功能微生物群落的影响;第五节探究了红壤微生物群落的装配和稳定机制,发现受土壤微生物多样性影响的特殊性氮磷代谢功能及相关微生物是驱动土壤微生物群落装配和稳定的关键因素。

第一节 红壤中微生物的数量及其多样性

我国红壤主要分布于低纬度热带和亚热带地区。一方面,受成土母质和高温多雨气候的影响,土壤 pH 较低,一般在 4.5~5.5;另一方面,由于该地区气温常年较高,有机物质的分解速率快,除热带雨林和部分自然植被茂盛的区域每年回到土壤中的有机物质较多、土壤有机质含量较高外,大部分地区红壤有机质含量低、养分贫乏。大量研究表明,土壤 pH 和有机质含量是影响微生物分布和组成的重要环境因子(Xu et al.,2014),在红壤区也是影响土壤微生物发育和分布的主要因素。

一、红壤的主要微生物种类及影响因素

与其他类型土壤一样,红壤中微生物种类繁多,包括细菌、古菌、真菌和藻类等。其中,细菌和真菌是红壤中生物量较大且在红壤有机质转化和养分循环中起重要作用的两类微生物。

土壤中微生物的组成受到酸碱度的影响。由于大部分细菌适宜生长在中性或微碱性土壤中,酸度较大的红壤中细菌数量一般比 pH 接近中性或微碱性的同类型土壤中低。虽然红壤中的真菌并不比其他类型土壤中多,但由于真菌比细菌更适应酸性环境,红壤的真菌和细菌比例一般比其他土壤高。

传统的研究土壤中微生物的方法主要是平板培养法。由于土壤中可培养微生物占比非常低,通过平板培养法测得的真菌数量受到方法的限制,往往比细菌数量少几十至几百倍。但若根据两者菌体重量或生物量计算,一般土壤中真菌的生物量与细菌生物量相当,或大于细菌。红壤中较高的真菌细菌比值说明红壤中真菌生物量及真菌在有机质矿化、养分循环中的作用可能较在其他土壤中更重要。

红壤中微生物数量具有明显的季节性变化趋势。我国红壤区主要分布在湖南、江苏、浙江、福建、广东、广西、云南、重庆等省份，这些省份的年平均降水量大且降雨比较集中。因此，土壤中微生物随季节有明显的变化。旱季细菌数量减少为雨季的 $1/6 \sim 1/5$。

二、红壤微生物生物量

土壤微生物生物量研究开始于 20 世纪 70 年代中后期，经过几十年的发展，已经确定土壤微生物生物量是反映土壤微生物活性的重要指标之一。大量研究表明，红壤微生物生物量与土壤化学性状和作物产量均呈显著相关关系，可以作为红壤肥力的指标之一（姚槐应等，1999）。影响微生物生物量的主要因素有成土母质、pH、肥力水平、湿度、温度、土壤植被、人类活动等。

在特定的自然环境下，气候是影响土壤微生物生物量的一个重要因素。大量研究表明，热带、亚热带地区土壤微生物生物量一般低于温带地区。这是由于温带地区气候温和，有利于有机质的积累；而热带、亚热带地区气候炎热，土壤风化程度高，造成土壤养分贫瘠。此外，热带、亚热带酸性红壤区土壤微生物生物量具有明显的季节变化。同一地区的红壤微生物生物量碳、微生物生物量氮含量呈夏季高、冬季低，春秋介于两者之间的季节变化规律（陈国潮等，1999）。

土壤耕作是人类活动改变土壤性质最剧烈的方式之一，对土壤微生物生物量具有很大的影响。一般来说，旱作土壤比自然土壤微生物生物量低，而果园的土壤微生物生物量碳有可能比自然土壤更高（周际海等，2020）。

整体上，红壤区土壤微生物生物量较低，尤其是矿区。对广东省翁源县河流冲积母质发育而成的赤红壤的调查研究发现，尽管土壤 pH 相差不大，但该地区 7 个红壤样品的微生物生物量碳含量变异较大，有的样品中微生物生物量碳低至（85.1±29.6）mg/kg，也有样品中高达（278.9±89.8）mg/kg（表 6-1），微生物生物量碳占土壤有机碳的（0.57%±0.14%）～（1.50%±0.20%）（Li et al.，2005）。这进一步验证了土壤微生物生物量碳对外界变化的敏感性，土壤微生物生物量碳是有效表征土壤微生物活性的指标之一。

表 6-1　重金属长期污染土壤中的微生物活性指标

样品编号	pH	有机碳 (g/kg)	C_{mic} (mg/kg)	C_{mic}/C_{org} (%)	呼吸速率 第 0～1 天 [mg/ (kg·d)]	呼吸速率 第 2～7 天 [mg/ (kg·d)]	呼吸速率 第 8～14 天 [mg/ (kg·d)]
1	5.0±0.1	14.7±1.5	85.1±29.6	0.57±0.14	116.0±4.1	50.2±1.7	20.0±3.1
2	4.1±0.2	23.3±1.6	176.9±42.1	0.75±0.14	72.2±12.2	41.7±3.6	17.4±3.2
3	4.5±0.1	18.4±0.7	169.5±34.4	0.93±0.21	97.7±4.1	24.8±0.5	15.9±4.5
4	4.5±0.1	17.2±0.4	212.2±47.2	1.20±0.30	87.3±2.4	24.8±0.3	19.1±4.4
5	4.2±0.1	18.0±1.6	261.9±23.7	1.50±0.20	84.1±5.4	34.8±0.7	25.9±3.9
6	4.3±0.1	23.5±1.0	175.4±64.7	0.75±0.27	103.7±5.0	31.8±5.5	21.4±7.5
7	4.4±0.1	22.0±2.1	278.9±89.8	1.26±0.38	76.6±9.1	37.4±4.9	19.1±1.5
平均值	4.4±0.3	19.6±3.4	194.3±75.3	0.99±0.38	91.1±15.8	35.1±9.3	19.8±4.7

注：C_{mic} 为土壤微生物生物量碳；C_{mic}/C_{org} 为微生物生物量碳与土壤有机碳的比值。

三、红壤微生物多样性

生物多样性主要有 3 个空间尺度，即 α 多样性、β 多样性和 γ 多样性。α 多样性也被称为生境内多样性（within-habitat diversity），主要关注局域均匀生境下的物种。β 多样性也被称为生境间多样性（between-habitat diversity），是指不同生境群落之间物种组成沿环境梯度的更替速率或组成的相异性。γ 多样性也被称为区域多样性（regional diversity），用于表征区域或大陆尺度的多样性，受到水热动态、气候、物种形成、演化历史等多种生态过程的影响。本书中，我们主要分析我国红壤微生

物的 α 多样性和 β 多样性。

（一）红壤微生物 α 多样性

表征 α 多样性的指数包括物种丰富度指数（Species Richness）、香农指数（Shannon Index）、辛普森指数（Gini-Simpson's Index）、Chao1 指数和谱系多样性指数（Phylogenetic Diversity，PD）。21 世纪初发展起来的高通量测序技术和生物信息学为深度挖掘土壤中微生物的种类和数量提供了有力的工具（Sogin et al.，2006），使人们对土壤微生物多样性和群落组成的认识更加深入。基于 454 高通量测序技术对全国 16 个城市 95 个公园的土壤样品微生物多样性的研究发现，采自长沙和广州的红壤区土壤样品较其他地区土壤的微生物 α 多样性低（表 6-2），其中长沙土壤微生物 α 多样性最低，其丰富度指数、辛普森指数、Chao1 指数和谱系多样性指数分别低至 924±159、0.994±0.002、2091±439 和 70±11（Xu et al.，2014）。广州赤红壤样品除辛普森指数外，丰富度指数、香农指数、Chao1 指数和谱系多样性指数表征的 α 多样性也显著低于其他非红壤土壤。福州、昆明和海口虽然也是红壤、赤红壤和砖红壤的重要分布区，但由于采集的土壤是城市公园样品，这几个城市的 24 个样品的微生物并未呈现很低的 α 多样性。

表 6-2　不同城市公园土壤微生物 α 多样性指数

城市	均值					标准差				
	物种丰富度指数	香农指数	辛普森指数	Chao1指数	PD	物种丰富度指数	香农指数	辛普森指数	Chao1指数	PD
哈尔滨	1 370	9.67	0.997	4 165	115	49	0.11	0.001	343	6
乌鲁木齐	1 330	9.64	0.997	3 704	107	89	0.18	0.000	323	9
沈阳	1 310	9.60	0.997	3 716	106	20	0.05	0.000	95	3
北京	1 372	9.70	0.997	3 921	114	36	0.06	0.000	211	2
西宁	1 299	9.53	0.996	3 621	104	94	0.20	0.001	372	8
济南	1 319	9.45	0.995	4 003	112	46	0.14	0.002	273	4
郑州	1 320	9.52	0.995	3 782	111	65	0.24	0.004	96	6
西安	1 329	9.65	0.997	3 734	110	22	0.07	0.000	160	3
上海	1 380	9.74	0.997	4 002	114	54	0.13	0.001	391	3
成都	1 402	9.82	0.998	3 966	119	86	0.14	0.001	298	7
拉萨	1 348	9.56	0.996	3 986	109	52	0.12	0.001	367	6
长沙	924	9.74	0.994	2 091	70	159	0.48	0.002	439	11
福州	1 352	9.65	0.997	3 836	110	228	0.50	0.002	861	21
昆明	1 296	9.36	0.995	4 115	101	50	0.14	0.001	329	5
广州	1 151	9.24	0.996	3 032	92	181	0.41	0.001	729	16
海口	1 362	9.66	0.997	3 945	115	59	0.17	0.001	214	5

（二）红壤微生物 β 多样性

红壤的细菌菌落组成与其他土壤存在较大差异。基于 weighted unifrac 算法对全国 16 个城市 95 个土壤的细菌群落组成进行的主坐标分析（principal coordinate analysis，PCoA）发现，广州和长沙的红壤在第一维度上与其他城市的土壤存在明显的分异，这表明红壤细菌群落组成与其他类型土壤存在很大差异（图 6-1）（Xu et al.，2014）。经进一步的典范对应分析（canonical correspondence analysis，CCA）发现，红壤与其他土壤微生物群落组成差异较大的主要驱动因子是红壤较低的 pH。

四、红壤微生物群落组成特征

红壤区土壤 pH 较低有利于喜酸微生物的生长繁殖。在门水平上，酸杆菌门（Acidobacteria）微生物相对丰度较高，是典型红壤区土壤细菌群落组成有别于其他土壤的重要特征之一。如长沙和广州土壤的酸杆菌门的相对丰度分别高达 21.1%±2.6% 和 18.5%±3.9%（图 6-2），显著高于其他土壤中酸杆菌门的丰度（6.0%±1.8%）～（13.4%±1.2%）（Xu et al.，2014）。

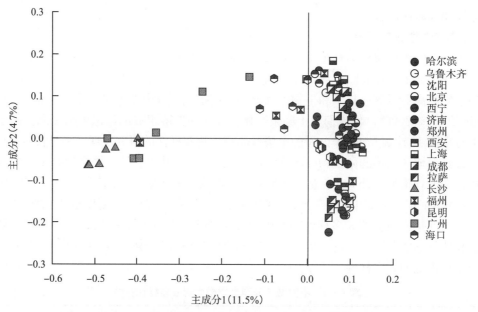

图 6-1　基于不同城市土壤细菌群落组成的主坐标分析

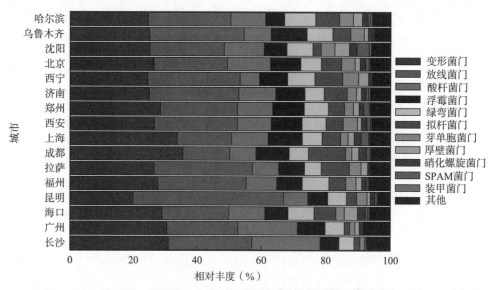

图 6-2　不同城市土壤中主要细菌在门水平上的相对丰度

　　在属水平上，红壤样品中 *Candidatus Solibacter*、红游动菌属（*Rhodoplanes*）、*Candidatus Koribacter*、放线异壁酸菌属（*Actinoallomurus*）、慢生根瘤菌属（*Bradyrhizobium*）、伯克霍尔德氏菌属（*Burkholderia*）和盐孢菌属（*Salinispora*）等微生物显著多于其他土壤，相对丰度分别为 3.86%～6.98%、2.60%～6.80%、0.80%～2.24%、0.16%～3.12%、0.85%～1.75%、0.11%～1.38% 和 0.01%～0.69%。束缚菌属（*Conexibacter*）和苯基杆菌属（*Phenylobacterium*）两个菌属在长沙和广州部分样品中的相对丰度也显著高于其他土壤。长沙和广州样品中相对丰度低于其他土壤的属主要有分枝杆菌属（*Mycobacterium*）、克里布所菌属（*Kribbella*）、小月菌属（*Microlunatus*）、类诺卡氏菌属（*Nocardioides*）、微杆菌属（*Microbacterium*）、硝化螺旋菌属（*Nitrospira*）和小梨形菌属（*Pirellula*）等。还有些菌属在各地样品中的相对丰度均较高，主要有出芽菌属（*Gemmata*）、浮霉状菌属（*Planctomyces*）等。

　　尽管大量研究表明酸性土壤中氨氧化古菌占主导，但在长沙 6 个土壤样本和广州 4 个土壤样本中却未检出氨氧化菌属（*Candidatus Nitrososphaera*）。在其他城市土壤样本（每个城市有 6 个样本）中均检出了氨氧化菌属，相对丰度在 $0.012\%\sim0.205\%$。

第二节　红壤酶及其活性

土壤中的生物化学过程都要有酶的催化才能进行。作为土壤中的重要活性组分之一，土壤酶参与有机质的分解与能量转换，影响土壤质量，进而影响作物生长和产量。我国南方红壤高度风化，矿物质养分的释放十分有限。因此，土壤微生物和土壤酶在红壤物质循环中所起的作用更大。红壤脲酶、蔗糖酶、磷酸酶和过氧化氢酶等都与土壤总有机碳、全氮、全磷等指标显著相关（薛冬等，2005），能够反映红壤肥力水平，可以作为衡量红壤肥力的指标。

一、红壤中酶的来源与类型

土壤酶是具有生物催化能力和蛋白质性质的高分子活性有机物质，主要来源于土壤微生物分泌、植物根系分泌以及动植物残体分解释放，包括氧化还原酶类、水解酶类、裂合酶类和转移酶类等。19世纪末，Woods 首次从土壤中检测出过氧化氢酶。经过 50 多年的发展，20 世纪 50 年代，学者从各种土壤中共检测出 40 多种土壤酶，而后又有约 20 种土壤酶被检测出来。

目前，土壤中已经被鉴定的酶大约有 60 种。依据其在土壤中的存在形式，将土壤酶分为胞内酶（endocellular enzyme）和胞外酶（extracellular enzyme）。

胞内酶存在于土壤微生物和动植物的活细胞及死亡细胞中。在细胞碎裂或胞溶时，释放出与土壤固体组分结合的胞内酶以及非增殖的活细胞、死细胞和细胞碎片中的胞内酶，这些都是土壤酶的组成部分。增殖微生物的胞内酶活性是土壤整体酶活性的一部分，是土壤酶的重要来源。某些土壤酶主要以胞内酶的形式存在，如脱氢酶。在某些特定条件下，胞内酶的作用不容忽视，如为了加速某些含磷有机化合物的水解，可诱导增殖微生物和活的植物根生成与分泌胞内磷酸酶。

土壤胞外酶活性（extracellular enzyme activities，EEAs）与土壤功能的关系更加密切，能够反映土壤养分状况，是用来表征土壤肥力和土壤质量的重要指标之一。纤维素酶、果胶酶、淀粉酶、葡萄糖苷酶、壳多糖酶等都是土壤中重要的胞外酶。胞外酶和胞内酶的活性比可在一定程度上反映环境条件对土壤微生物生理活性的影响。

二、红壤酶活性的影响因素

土壤酶活性与土壤理化性质、生物学性质和环境条件等密切相关。因此，土壤酶活性对环境扰动、土壤污染和人类活动等外界变化具有较敏感的响应，能够作为土壤生态系统功能指标以及农田生产实践及管理过程中土壤质量演变的生物活性指标。农田管理措施会剧烈地改变土壤植被、土壤生物区系、土壤理化性质，因而必然也会对土壤酶活性产生直接或间接的影响。

一般来说，土壤重金属含量较低可以提高土壤微生物活性；浓度较高会造成污染，降低土壤酶活性。例如，Hg 会降低土壤脲酶和转化酶活性（和文祥等，2001），Cd 明显抑制土壤脲酶和脱氢酶活性（Moreno et al.，2001），Cr（Speir et al.，1995）和 As（Speir et al.，1999）也会明显抑制土壤多种酶的活性，且污染程度越高，对土壤酶活的抑制越严重。因此，在重金属有效度更高的红壤区土壤中，水解酶的活性较低。在长期受重金属污染的水田、旱地土壤中酶的活性均较低，且水田和非水田土壤之间无显著差异（表 6-3）。在矿区红壤样品中，与碳循环相关的淀粉酶、木聚糖酶、β-葡萄糖苷酶和蔗糖酶的平均活性分别为 $11.8\,\mu g/(g\cdot h)$、$3.9\,\mu g/(g\cdot h)$、$47.8\,\mu g/(g\cdot h)$ 和 $0.4\,\mu g/(g\cdot h)$（以 GE 计）；与氮循环相关的脲酶和 N-乙酰-β-D 葡萄糖苷酶的平均活性分别为 $2.9\,\mu g/(g\cdot h)$ 和 $20.5\,\mu g/(g\cdot h)$（以 pNP 计）；与磷循环相关的酸性和碱性磷酸酶的平均活性分别为 $54.7\,\mu g/(g\cdot h)$ 和 $20.0\,\mu g/(g\cdot h)$（以 pNP 计）（Li et al.，2009）。

表 6-3 大宝山矿区酸性废水污染红壤中碳、氮、磷循环相关酶的活性

样品	FDA [μg/(g·h), 荧光素]	碳循环相关酶				氮循环相关酶		磷循环相关酶	
		β-葡萄糖苷酶 [μg/(g·h), pNP]	淀粉酶 [μg/(g·h), GE]	木聚糖酶 [μg/(g·h), GE]	蔗糖酶 [μg/(g·h), GE]	脲酶 [μg/(g·h), $NH_4^+ - N$]	N-乙酰-β-D葡萄糖苷酶 [μg/(g·h), pNP]	酸性磷酸酶 [μg/(g·h), pNP]	碱性磷酸酶 [μg/(g·h), pNP]
S	0.42±0.23	61.8±18.1	2.0±0.8	5.37±6.57	0.18±0.03	0.89±0.79	11.1±4.8	46.1±20.5	42.2±28.0
P1	0.72±0.13	33.9±30.4	10.9±9.5	2.47±1.18	0.17±0.02	3.67±1.73	23.8±12.5	26.9±14.3	9.5±6.7
P2	0.83±0.13	47.3±4.7	11.0±9.2	3.07±1.58	0.15±0.01	1.69±1.12	21.7±12.8	56.2±9.3	21.8±10.0
P3	0.73±0.07	47.2±31.9	26.7±7.8	4.40±5.68	0.24±0.01	2.78±2.88	32.4±1.5	43.0±12.2	26.9±3.1
N1	0.55±0.06	18.5±11.5	11.8±9.2	1.63±1.26	0.34±0.33	1.48±1.13	28.8±15.5	17.9±9.4	6.0±4.0
N2	0.86±0.45	30.6±11.9	1.0±0.7	2.96±1.81	0.18±0.04	0.84±0.74	26.1±8.2	43.6±14.9	25.2±15.2
N3	0.68±0.11	43.2±27.9	5.1±7.0	2.61±1.14	0.35±0.10	1.51±0.47	2.4±0.0	28.1±6.0	10.8±7.2
P4	1.14±0.37	45.5±20.1	19.9±19.6	3.45±0.62	0.19±0.01	4.23±3.18	49.5±39.4	59.5±7.7	23.4±6.3
P5	1.15±0.12	39.3±3.9	29.1±21.7	6.77±8.36	0.26±0.03	4.86±4.91	16.0±20.8	65.6±4.7	11.1±5.9
P6	1.30±0.23	46.7±14.5	16.0±18.2	4.36±0.45	0.51±0.01	6.72±3.18	10.7±7.8	88.8±9.7	26.0±13.9
N4	1.36±0.23	50.4±28.5	5.4±6.7	3.86±2.83	0.63±0.26	4.75±2.79	8.8±2.9	43.1±34.0	21.3±12.9
N5	1.34±0.09	85.5±28.7	13.9±21.4	7.44±4.85	1.17±0.26	1.30±0.79	12.7±0.0	107.6±16.4	7.7±5.3
N6	0.99±0.39	71.6±4.7	1.1±0.7	2.60±2.09	0.79±0.09	3.15±4.69	23.1±18.3	85.3±2.2	27.6±24.0

注: 表中数据为平均值±标准差 ($n=3$); pNP 为对硝基酚 (p-nitrophenol); GE 为葡萄糖当量 (glucose equivalents)。

不同类型重金属对不同土壤酶活性的影响不同。红壤淀粉酶、脲酶和 N-乙酰-β-D 葡萄糖苷酶与土壤中重金属尤其是活性镉和活性锌的含量显著正相关，与土壤铝和锰含量无显著相关关系。土壤蔗糖酶、酸性磷酸酶和 β-葡萄糖苷酶与土壤总铜、自由态铜、自由态锰和结合态锰显著负相关，但与土壤锌无显著相关关系。红壤重金属含量对土壤木聚糖酶和碱性磷酸酶无显著影响（Li et al.，2009）。

化肥有机肥配施处理土壤中酚氧化酶的活性降低了 29.7%，而 α-葡萄糖苷酶、β-葡萄糖苷酶、乙酰氨基葡萄糖苷酶和酸性磷酸酶的活性分别提高 12.7%、41.1%、36.2% 和 50%。土壤 EEAs 的变化主要由土壤全氮和微生物生物量碳所驱动，分别解释了不同处理酶活性变异的 34.3% 和 20.9%。化肥有机肥配施有利于提高土壤养分含量和土壤胞外酶活性，今后应作为提高农作物产量和提升土壤耕地质量的优选施肥管理措施（夏文建等，2020）。

第三节 红壤母质熟化过程中微生物的群落结构和功能演替

基于中国农业科学院湖南省祁阳红壤实验站（26°45′42″N，111°52′32″E）内的网室内生土熟化长期定位试验，明确了不同红壤母质在多种熟化措施下的土壤微生物群落结构和功能演替特征。该实验站始建于 1982 年，网室内包含 18 个小区处理，即湖南省 3 种典型母质（花岗岩母质 G，紫色土母质 P，第四纪红土母质 Q）经 6 种不同长期人为熟化措施（不施肥加地上部全部移除 CKT、不施肥地上部全部还田 CKR、施化肥加地上部全部移除 NPKT、施化肥加地上部全部还田 NPKR、施有机物料加地上部全部移除 OMT、施有机物料加地上部全部还田 OMR）处理，每个小区均为长 4m、宽 2m、深 1m 不封底的水泥池，小区面积为 8m²，按照每个相同供试土壤母质为按 3 个×6 个排布（图 6-3）。

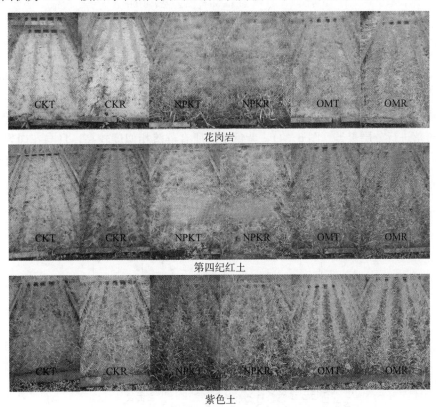

图 6-3 红壤不同母质熟化土壤长期定位点小区处理

其中，对照小区不施肥，氮、磷、钾肥的施肥量为（NH₄）₂SO₄ 352.5 kg/hm²、Ca（H₂PO₄）₂ 750 kg/hm²、KCl 120 kg/hm²，即每个小区（NH₄）₂SO₄ 0.283 kg、Ca（H₂PO₄）₂ 0.6kg、KCl

0.095 kg。施用的有机物料为含水量15%的干稻草，施用量为 1 251.0 kg/hm²，干稻草养分含量为 N 10.3 kg/hm²、P₂O₅ 3.4 kg/hm² 和 K₂O 25.8 kg/hm²。所有施肥处理的肥料均作为基肥一次施入，并采用统一种植管理模式，即豆科、禾本科、十字花科和块根作物轮种模式。

一、不同红壤母质对土壤微生物群落结构的影响

通过比较不同红壤类型（第四纪红土、花岗岩和紫色土）的母质和分别进行长期耕作（只耕作不施肥收获后地上部还田，CKR；只耕作不施肥收获后地上部移除，CKT）熟化后的土壤微生物群落组成，分析不同母质类型对土壤微生物群落结构的影响（Sun et al.，2015）。

不同母质中的微生物多样性有显著差异（表 6-4），其中紫色土母质中的细菌群落的物种丰富度和多样性最高，第四纪红土母质中的细菌群落的物种丰富度和多样性最低。与母质土壤相比，长期耕作熟化能显著提高土壤细菌群落的物种丰富度和多样性，不同土壤中细菌群落的物种丰富度和多样性的变化趋势与母质相同，表明在母质熟化过程中，耕作熟化能显著影响土壤微生物群落的多样性，但母质类型是最主要的决定因素。

表 6-4　不同母质和耕作熟化土壤中的细菌丰富度和多样性

处理	物种数	覆盖度（%）	丰富度		多样性	
			ACE 指数	Chao 指数	香农指数	辛普森指数
G_PM	470f	0.951b	1 103.9ef	834.2e	4.06d	21.3de
G_CKT	1 281c	0.871d	2 797.4c	2 159.2c	6.33ab	250.1b
G_CKR	954de	0.899c	2 311.2cd	1 776.5cd	5.16c	146.1cd
P_PM	915de	0.913c	1 796.3de	1 489.7d	5.65bc	85.8cde
P_CKT	1 544b	0.833e	3 829.5b	2 770.6b	6.64a	388.2a
P_CKR	1 724a	0.802f	4 652.1a	3 342.8a	6.79a	424.4a
Q_PM	275g	0.976a	549.1f	437.8e	3.56d	15.3e
Q_CKT	1 019d	0.899c	2 231.9cd	1 726.9cd	5.84bc	110.4c
Q_CKR	849e	0.921c	1 641.1de	1 360.6d	5.56bc	101.9cd

注：表格中数值为平均值，Duncan 多重比较后的显著性（$P<0.05$）以不同的字母表示。

不同母质中的微生物群落组成有显著差异。通过 Bray-Curtis 距离对 3 种不同母质类型长期耕作熟化的土壤的细菌群落进行分层聚类（图 6-4），紫色土的所有群落相似度较高，且与花岗岩和第四纪红土有显著差异；而花岗岩和第四纪红土在耕作熟化处理中的群落相似度较高，且与母质中有显著差异。

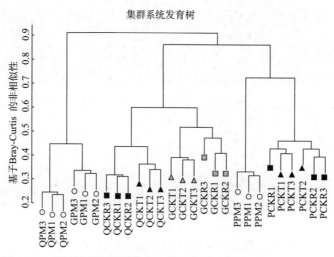

图 6-4　不同母质和耕作熟化土壤细菌群落结构 Bray-Curtis 距离

基于群落 OTU 水平的 DCA 分析结果（图 6-5）显示，第一轴（DCA1）和第二轴（DCA2）对所

有群落差异的解释量分别为 19.89％ 和 12.34％。其中，不同母质类型是群落组成的主要决定因素。第四纪红土和花岗岩中的群落相似度较高，且与紫色土中的群落差异显著；长期熟化也能显著影响土壤微生物群落组成，三种土壤 CKT 和 CKR 处理的细菌群落结构相似性较高，且均与母质中的群落差异显著。

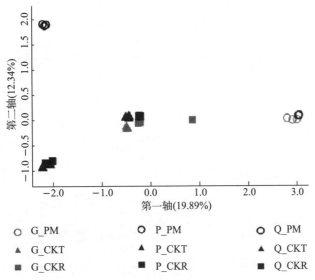

图 6-5　不同母质和耕作熟化土壤中细菌群落结构 DCA 分析

不同母质和耕作熟化土壤的细菌群落中，变形菌门、放线菌门和酸杆菌门是最主要的类群，厚壁菌门、拟杆菌门、绿弯菌门、芽单胞菌门和浮霉菌门等类群的相对丰度较低，但不同土壤中的细菌类群的丰度差异显著（图 6-6）。放线菌门在母质中的相对丰度较高，长期栽培显著降低其相对丰度；而酸杆菌门、绿弯菌门和硝化螺旋菌门等类群在母质中的相对丰度较低，长期栽培显著提高了这些类群的相对丰度。

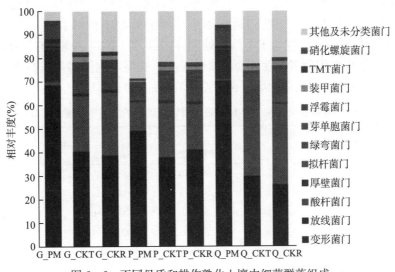

图 6-6　不同母质和耕作熟化土壤中细菌群落组成

不同处理中参与土壤固氮过程的微生物群落也存在显著差异（图 6-7）。母质中参与固氮的细菌类群较少且多样性较低，耕作熟化土壤中的固氮微生物的丰度显著高于母质。在花岗岩和第四纪红土中，根瘤菌属（*Rhizobacter*）、污泥单胞菌属（*Pelomonas*）、慢生根瘤菌属（*Bradyrhizobium*）和伯克霍尔德氏菌属（*Burkholderia*）等类群的相对丰度显著增加；而在紫色土中，类芽孢杆菌属（*Paenibacillus*）和微枝形杆菌属（*Microvirga*）等类群的相对丰度显著增加，但群落物种组成差异不大。因此，长期耕作能驱动土壤固氮细菌群落结构演替，增加其物种多样性和相对丰度，有利于提高土壤熟化过程中的生物固氮效率，促进土壤氮积累，提高土壤肥力。

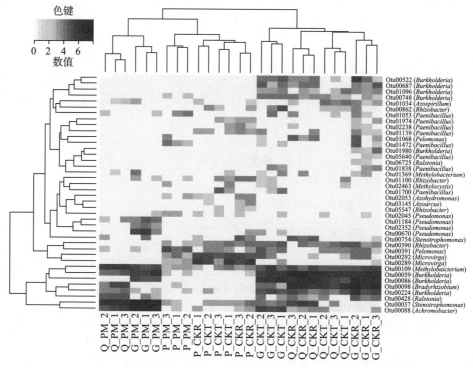

图 6-7　不同母质和耕作熟化土壤中的固氮微生物组成

二、不同熟化措施对土壤微生物群落结构的影响

　　长期熟化能显著提高花岗岩和第四纪红土母质中土壤细菌群落的物种丰富度和多样性（Sun et al.，2016），但是不同熟化措施对土壤细菌群落多样性的影响不同（表 6-5）。施用化肥的处理（NPKT 和 NPKR）细菌群落多样性低于不施肥处理（CKT 和 CKR），施用有机物料处理（OMT 和 OMR）能显著提高母质中的细菌多样性。而在紫色土中，长期熟化能显著提高土壤细菌群落的物种丰富度和多样性，但不同熟化措施对土壤细菌群落多样性的影响不显著。

表 6-5　不同熟化措施下 3 种母质土壤细菌群落的物种丰富度和多样性

处理	物种数	覆盖度（%）	丰富度		多样性	
			ACE 指数	Chao 指数	香农指数	辛普森指数
G_CKR	1 046b	0.896b	2 394.8b	1 881.823b	5.224bc	140.257b
G_CKT	1 332a	0.873c	2 924.3a	2 295.933a	6.358a	242.711a
G_NPKR	1 079b	0.898b	2 308.8b	1 847.953b	5.856ab	95.188b
G_NPKT	444c	0.965a	769.3c	685.090c	4.480cd	32.657bc
G_PM	496c	0.951a	1 098.1c	843.139c	4.059d	20.343c
Q_CKR	884c	0.915c	1 918.557c	1 511.866c	5.522c	96.796c
Q_CKT	1 010b	0.899d	2 307.533b	1 772.760b	5.709b	96.088c
Q_NPKR	516d	0.956b	970.625d	839.642d	4.698d	39.912d
Q_NPKT	427e	0.968a	659.428e	608.240e	4.493e	31.459d
Q_PM	285f	0.975a	599.926e	481.809e	3.600f	15.192e
P_CKR	1 696a	0.790b	4 706.452a	3 307.684a	6.775a	412.372a
P_CKT	1 530a	0.818b	4 008.607a	2 871.724a	6.617ab	359.911a
P_NPKR	1 569a	0.813b	3 993.884a	2 943.595a	6.596ab	273.471b

（续）

处理	物种数	覆盖度（%）	丰富度		多样性	
			ACE 指数	Chao 指数	香农指数	辛普森指数
P_NPKT	1 491a	0.827b	3 643.363a	2 664.348a	6.464b	207.593b
P_PM	900b	0.910a	1 713.590b	1 460.123b	5.662c	84.865c

注：表格中数值为平均值，Duncan 多重比较后的显著性（$P<0.05$）以不同的字母表示。

不同熟化措施对土壤细菌群落组成的影响不同（图 6-8），与母质中的群落相比，施用化肥能显著提高土壤放线菌门和 γ-变形菌纲的相对丰度，但却降低了绿弯菌门和芽单胞菌门的相对丰度。另外，同种施肥措施对不同土壤的细菌群落的影响也有差异，施用化肥会显著降低酸性花岗岩和第四纪红土中 α-变形菌纲的相对丰度，但却提高了其在碱性紫色土中的相对丰度。

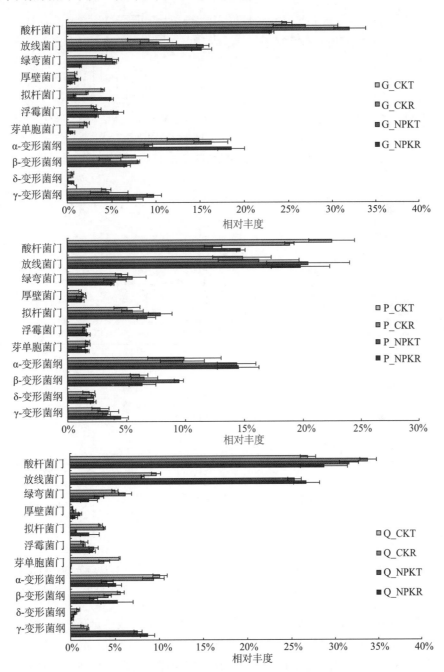

图 6-8　不同熟化措施土壤中细菌群落组成

Bray-Curtis 距离分析结果（图 6-9）表明，不同熟化措施能显著影响土壤细菌群落结构，但土壤母质类型仍是最主要的影响因素。其中，碱性紫色土中的细菌群落与酸性花岗岩和第四纪红土中的细菌群落差异显著；而不同熟化措施对花岗岩和第四纪红土中的细菌群落有显著影响，施用化肥处理的细菌群落相似度较高，且与不施肥的处理差异显著。CCA 分析结果表明，红壤熟化过程中土壤细菌群落受到母质类型和熟化措施的共同影响，其中母质类型是主要的影响因素（图 6-10）。Mantel 检验结果表明，土壤 pH 是细菌群落最主要的驱动因子（$r>0.6$，$P<0.01$）。

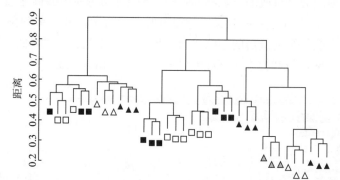

图 6-9 不同熟化措施土壤中细菌群落结构的 Bray-Curtis 距离

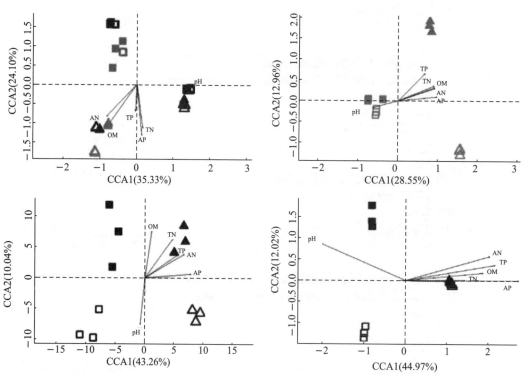

图 6-10 不同熟化措施土壤中细菌群落结构 CCA 分析

因此，红壤旱地农田微生物群落主要受土壤母质类型的影响。成土母质中的微生物是土壤微生物的最初来源，不同成土母质类型中的微生物"种子库"（seed bank）是土壤微生物结构和功能的最主要影响因素。但是，在母质熟化的过程中，不同耕作方式也能通过改变土壤理化性质显著影响土壤微生物群落。

第四节　人类活动对红壤微生物及其功能的影响

一、施肥对红壤微生物群落结构和功能的影响

施肥是提高红壤生产力的基本保障，不同的施肥制度（无机培肥、有机培肥、有机无机配施）对红壤的理化性质有显著不同的影响，长期不同施肥措施对红壤微生物群落结构和功能特征影响巨大，这些共同决定了不同长期培肥措施下红壤的农业生产力。以下基于中国农业科学院祁阳红壤长期定位试验、南京农业大学和中国农业科学院资源区划研究所在长期不同施肥制度下对土壤生产力及土壤生物与功能影响的研究结果。田间长期试验始于 1990 年，包含 10 个典型处理（图 6-11）：①CK（不施肥）；②N（化学氮肥）；③NK（化学氮钾肥配施）；④NP（化学氮磷肥配施）；⑤PK（化学磷钾肥配施）；⑥NPK（化学氮磷钾肥配施）；⑦NPKM（有机肥配施化学氮磷钾肥）；⑧M（有机肥，猪粪）；⑨NPKS（半量秸秆还田配施化学氮磷钾肥）；⑩撂荒。试验区采用冬小麦—夏玉米一年两熟轮作制，玉米期肥料施用量占全年施肥量的 70%，小麦期肥料施用量占施肥量的 30%，肥料在小麦、玉米播种前作基肥一次施用。肥料用量为年施用 N 300 kg/hm²、P₂O₅ 120 kg/hm²、K₂O 120 kg/hm²。所有施肥小区的氮施用量相同。氮肥为尿素，含 N 46%；磷肥为过磷酸钙，含 P₂O₅ 12.5%；钾肥为氯化钾，含 K₂O 60%；有机肥料为猪粪，猪粪含 N 16.7 g/kg。有机肥料不考虑 P、K 养分，NPKM 处理中有机氮与无机氮的比例为 7∶3。

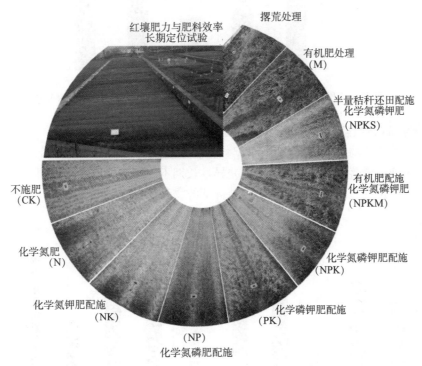

图 6-11　红壤肥力与肥料效率长期定位试验点小区示意图

（一）旱地红壤撂荒与耕作对细菌群落结构的影响

1. 旱地红壤撂荒与耕作对细菌数量的影响

长期撂荒与耕作对红壤细菌群落的影响不同（Xun et al.，2016）。长期施用有机肥的耕作土壤有机碳含量最高（图 6-12），其次是有机无机肥配施的耕作土壤和撂荒土壤，长期不施肥和施用化肥的土壤中有机碳含量最低。土壤微生物生物量碳（$r=0.734$，$P=0.004$）和 16S rRNA 基因拷贝数（$r=0.821$，$P=0.006$）与土壤有机碳含量显著正相关。

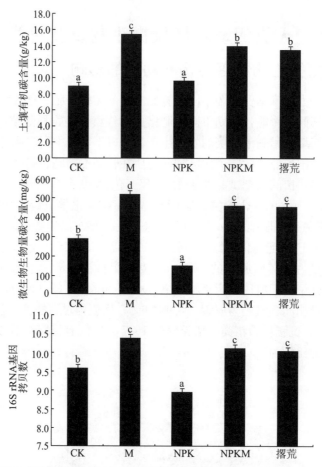

图 6-12　撂荒和耕作红壤中有机碳含量、微生物生物量碳含量和 16S rRNA 基因拷贝数

2. 旱地红壤撂荒与耕作对细菌群落多样性的影响

撂荒土壤中细菌群落物种 α-多样性（OTU 数量和系统发育物种多样性）最高，与有机肥无机肥配施的耕作土壤中细菌群落物种丰富度无显著差异，长期不施肥和施用有机肥的耕作土壤中细菌群落的物种丰富度较低，长期施用化肥的土壤中细菌群落的物种丰富度最低（图 6-13）。

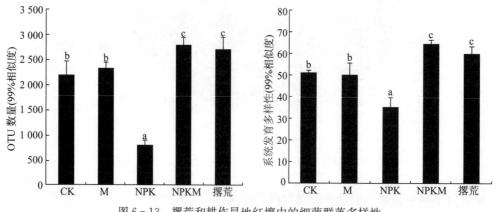

图 6-13　撂荒和耕作旱地红壤中的细菌群落多样性

基于 Bray-Curtis 的相似性聚类（图 6-14）分析结果表明，撂荒和有机肥无机肥配施的耕作土壤中细菌群落的相似度较高，长期不施肥和施用有机肥的耕作土壤中细菌群落的相似度较高，所有群落均与长期施用化肥的土壤的细菌群落有显著差异。将撂荒和有机肥无机肥配施的耕作土壤中的细菌群落统归为高多样性组（high diversity，HD），将长期不施肥和施用有机肥的耕作土壤中的细菌群落归

为中等多样性组（moderate diversity，MD），将长期施用化肥的土壤细菌群落归为低多样性组（low diversity，LD）进行分析。非度量多维分析结果（图 6 - 15）表明，群落差异性随群落多样性的下降而增大。

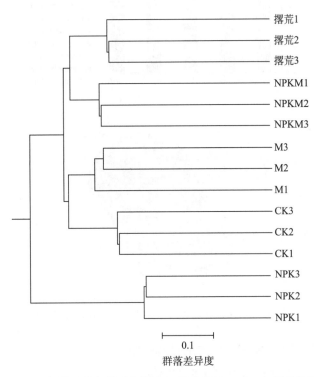

图 6 - 14　摞荒和耕作旱地红壤中细菌群落 Bray-Curtis 相似性聚类

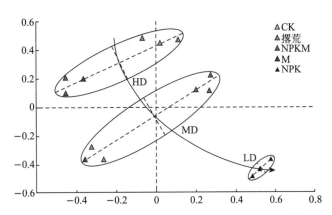

图 6 - 15　摞荒和耕作旱地红壤中细菌群落 NMDS 分析

3. 旱地红壤摞荒与耕作对细菌群落组成的影响

细菌酸杆菌门（Acidobacteria）（$r=-0.897$，$P<0.001$）和绿弯菌门（Chloroflexi）（$r=-0.734$，$P=0.014$）类群的相对丰度与细菌群落 α 多样性显著负相关，而放线菌门（Actinobacteria）（$r=0.778$，$P=0.009$）、变形菌门（Proteobacteria）（$r=0.894$，$P<0.001$）和 Bacteroidetes（$r=0.847$，$P<0.001$）等类群的相对丰度与细菌群落 α 多样性显著正相关（图 6 - 16）。不同多样性水平的群落中，大部分类群都是特有类群，即类群仅在其中一组的群落中检测到；而不同多样性水平的群落之间共有的类群较少，其中 MD 与 HD 两组群落共有群落相对较多（图 6 - 16）。另外，在 HD、MD 和 LD 的特有类群中，Actinobacteria（27.47%）、Bacteroidetes（32.48%）和 Proteobacteria（26.22%）类群分别是优势类群。

253

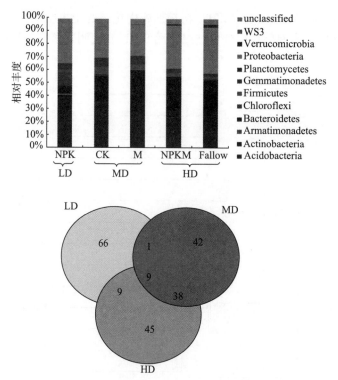

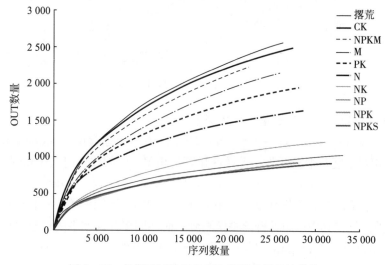

图 6-16　摞荒和耕作旱地红壤中的细菌群落组成

（二）不同施肥制度对旱地红壤微生物群落结构的影响

1. 不同施肥制度对旱地红壤细菌群落结构的影响

长期不同施肥制度影响土壤基本理化性质，会显著改变土壤微生物群落组成。同时，土壤中不同的养分含量必然会影响土壤贫富营养细菌类群的丰度（Xun et al.，2016），同时也会显著改变土壤细菌群落的互作模式（Xun et al.，2017）。因此，长期不同施肥制度必然会导致土壤细菌群落结构异质化，施用有机肥的土壤中细菌群落的多样性显著高于施用化肥的处理。群落稀释性曲线可用来检测不同深度下的覆盖度，其曲线高低也能反映样品的物种多样性的高低。如图 6-17 所示，在测序深度相同时，检测到的 OTU 数量为摞荒＞CK＞NPKM＞M＞PK＞NP＞NK＞NPKS＞N＞NPK。因此，长期不同施肥制度会显著影响土壤的微生物多样性。土壤 pH 是细菌群落最主要的驱动因子（Xun et al.，2015），在接近中性的土壤 pH 条件下，细菌的多样性显著增加。

图 6-17　长期不同施肥处理细菌群落稀释性曲线

所有样品序列标准化后，计算各样品细菌群落多样性指标（表 6-6）：OTU 数量（DOtuN）[ANOVA $F_{(9, 20)}$ ＝3 840.77；$P<$0.000 1]、Chao 指数（Chao）[ANOVA $F_{(9, 20)}$ ＝107.02；$P<$0.000 1]、ACE 指数（ACE）[ANOVA $F_{(9, 20)}$ ＝270.54；$P<$0.000 1] 和香农指数（Shannon）[ANOVA $F_{(9, 20)}$ ＝3 157.30；$P<$0.000 1]。样品多样性指数呈撂荒、NPKM、M、CK、PK 大于 N、NK、NP、NPK、NPKS 的趋势，未酸化土壤细菌群落多样性显著高于酸化土壤，石灰和有机肥改良措施也很难在短期内恢复土壤微生物丰富度和多样性（Xun et al.，2016c）。

表 6-6 长期不同施肥处理细菌群落 OTU 数量、Chao 指数、ACE 指数和香农指数

处理	OTU 数量	Chao 指数	ACE 指数	香农指数
CK	2 313±24h	3 626.9±195.9fg	3 577.0±147.6e	6.3±0.02h
撂荒	2 404±13i	3 891.6±217.6gh	4 596.9±181.0g	6.3±0.02h
M	2 020±21f	3 481.2±236.3f	3 968.3±174.0f	5.2±0.03d
NPKM	2 227±10g	3 974.5±308.7h	4 652.1±210.7g	6.2±0.02g
PK	1 806±22e	2 770.4±159.2e	2 802.9±129.9d	5.9±0.02f
N	853±15a	1 438.9±147.2ab	1 733.0±116.4b	4.7±0.02b
NK	1 082±20c	1 644.0±107.5c	1 688.1±93.2b	4.6±0.02a
NP	1 521±20d	2 138.5±113.7d	2 168.3±94.7c	5.7±0.02e
NPK	827±17a	1 301.2±116.5a	1 270.8±82.8a	4.7±0.02b
NPKS	913±10b	1 481.2±126.1ab	1 438.0±88.8a	4.9±0.02c

注：表格中数值为平均值±标准偏差，Duncan 多重比较后的显著性（$P<$0.05）以不同的字母表示。

根据各处理细菌群落组成差异，构建样品相似度树图（图 6-18）。由图可知，样品根据土壤 pH 高低聚为两大组：第一组为未酸化土壤，包括 CK、撂荒、NPKM、M 和 PK，其中 CK 与 M、撂荒与 NPKM 的细菌群落结构具有较高的相似性；第二组为酸化土壤，包括 N、NK、NP、NPK 和 NPKS，其中 N 与 NK、NPK 与 NPKS 的细菌群落具有较高的相似性。

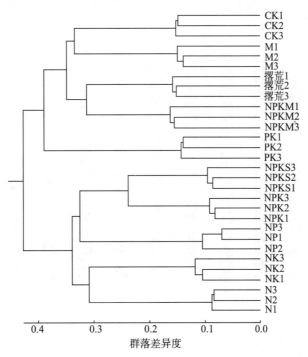

图 6-18 长期不同施肥处理细菌群落结构 Bray-Curtis 聚类

细菌群落结构 DCA 分析结果与聚类结果相似（图 6-19），第一组样品和第二组样品能通过 DCA1 区分，解释量为 16.4%；而仅有第二组样品能被 DCA2 区分，解释量为 7.1%。

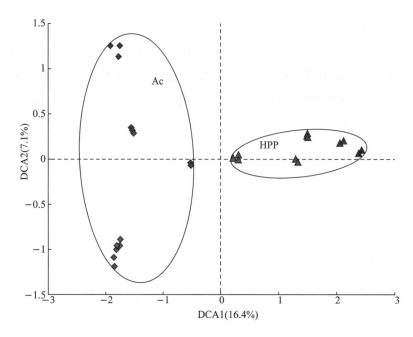

▲CK ▲M ▲NPKM ▲Fallow ▲PK ◆N ◆NK ◆NP ◆NPK ◆NPKS

图 6-19　长期不同施肥处理细菌群落结构 DCA 分析

土壤中的细菌类群大多与土壤 pH 有显著相关性，当环境酸碱度偏离细菌最适 pH 超过 1.5 后，细菌活性甚至会降低 50% 以上，所以土壤中的大部分细菌都受到 pH 的影响（图 6-20）。酸杆菌门（Acidobacteria）和变形菌门（Proteobacteria）是最丰富的两个门，通常占整个细菌群落的 50% 以上；另外，变形菌门、拟杆菌门（Bacteroidetes）、厚壁菌门（Firmicutes）和芽单胞菌门（Gemmatimonadetes）等类群在近中性土壤中较丰富，而 Acidobacteria、绿弯菌门（Chloroflexi）和 TM7 菌门等类群在低 pH 土壤中较丰富。

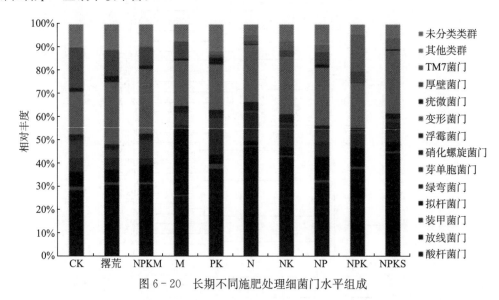

图 6-20　长期不同施肥处理细菌门水平组成

酸杆菌门是土壤中最丰富的类群之一，该门不容易纯培养，其分子研究关注度较低，但是酸杆菌门是细菌中高度可变的类群之一，其相对丰度与土壤 pH 显著相关。酸杆菌门不同属的相对丰度与土壤 pH 的相关性不同，其中 *Acidobacteria_Gp4*、*Acidobacteria_Gp5*、*Acidobacteria_Gp6* 与 pH 正相关，*Acidobacteria_Gp1*、*Acidobacteria_Gp3* 与 pH 负相关。

变形菌门也是土壤中最丰富的类群之一，该门在土壤中极为丰富。在纲水平进行分类，β-变形菌纲（Betaproteobacteria）和 δ-变形菌纲（Deltaproteobacteria）在高 pH 的土壤中的相对含量较高，γ-变形菌纲（Gammaproteobacteria）在低 pH 的土壤中的相对含量占优势。在科水平进行分类，α-变形菌纲（Alphaproteobacteria）中的生丝微菌科（Hyphomicrobiaceae）和醋杆菌科（Acetobacteraceae）在高 pH 的土壤中含量高，而黄色杆菌科（Xanthobacteraceae）在低 pH 的土壤中含量高；Betaproteobacteria 中的红环菌科（Rhodocyclaceae）在高 pH 的土壤中含量高，而 Burkholderiaceae 在低 pH 的土壤中含量高。

土壤中变形菌门和酸杆菌门等细菌门类多为富营养细菌类群，而酸杆菌门等细菌门类则多为贫营养细菌类群。因此，长期施用有机肥能显著增加土壤中的富营养细菌关键类群的相对丰度；而长期施用含氮化肥但不配施有机肥会导致土壤酸化，显著增加土壤中的贫营养类群的相对丰度。

2. 不同施肥制度对旱地红壤噬菌体群落结构的影响

噬菌体（phage）是感染细菌、真菌、藻类、放线菌或螺旋体等微生物的病毒的总称。噬菌体必须在活菌内寄生，有严格的宿主特异性，其宿主特异性取决于噬菌体吸附器官和受体菌表面受体的分子结构和互补性。噬菌体是病毒中最为普遍和分布最广的群体，多以细菌为宿主，通常存在于充满细菌群落的地方，如土壤等。不同施肥处理显著改变了红壤细菌群落组成和丰度，因此也会显著影响土壤中的噬菌体群落组成（Chen et al.，2014）。

长期施肥能够显著影响土壤细菌和噬菌体数量（图 6-21），NPKM 和 M 处理中噬菌体的数量最高，分别为 1.31×10^8 基因拷贝数/g（干土重，下同）和 9.49×10^7 基因拷贝数/g，而在 CK 和化肥处理的土壤中低于 2.36×10^7 基因拷贝数/g，噬菌体数量的变化趋势与土壤细菌数量的变化趋势相同。M 和 NPKM 处理中细菌 16S rRNA 基因拷贝数最高，分别为 4.05×10^8 r 基因拷贝数/g（干土重，下同）和 2.72×10^8 基因拷贝数/g，而在 CK 和化肥处理的土壤中细菌数量低于 6.81×10^8 基因拷贝数/g。

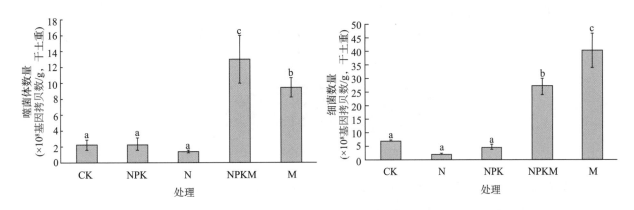

图 6-21　长期不同施肥处理噬菌体和细菌数量

通过透射电镜对不同处理土壤中 5 种形态的病毒进行观察（图 6-22），发现土壤中的噬菌体主要包括 *Tailless*（Tail-）、*Siphoviridae*（Sipho）、*Myoviridae*（Myo）、*Podoviridae*（Podo）和 *filamentous*（Fil）等形态的类群。

对不同形态噬菌体进行统计（图 6-23）发现，*Tailless* 类群是所有类群中最丰富的类群。长期不同施肥处理能够显著影响土壤噬菌体的组成，长期施用有机肥或配施有机肥能显著增加土壤中 *Myoviridae* 类群的相对丰度，而长期施用化肥则会增加土壤中 *Podoviridae* 类群的相对丰度。

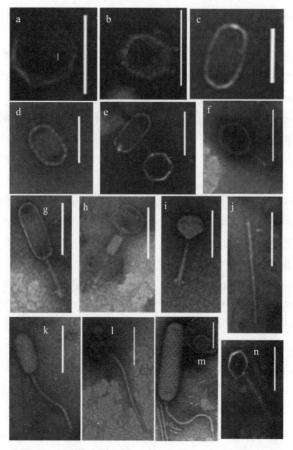

图6-22　长期不同施肥处理噬菌体形态电镜检测结果

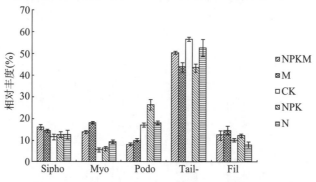

图6-23　长期施肥处理中不同形态噬菌体的相对丰度

（三）不同施肥制度对旱地红壤有机碳周转相关功能类群的影响

1. 不同施肥制度对旱地红壤有机碳组成的影响

长期施用有机肥或有机肥无机肥配施对土壤有机碳组分和有机碳分解的相关功能基因的组成都有显著的影响（Xun et al.，2016）。土壤有机碳分为土壤总有机碳（TOC）、易降解有机碳（LOC）和难降解有机碳（ROC）。

如表6-7所示：①4个处理的TOC含量和LOC含量都有显著差异，M＞NPKM＞NPK＞CK，可见有机肥处理的土壤中总有机碳和易降解有机碳含量高，而CK最低；②4个处理的ROC M＞NPK＞NPKM＞CK，其中NPK与NPKM之间没有显著差异。从含量变异值来看，各处理ROC含量相对TOC含量和LOC含量变异值较小；③计算LOC的相对含量（LOC/TOC），则有M＞NPKM＞NPK＞CK，表明在M和NPKM处理中，易降解有机碳的相对含量较高；④计算ROC的相对含量（ROC/TOC），则有 CK>NPK>M>NPKM，表明在 CK 和 NPK 处理中，难降解有机碳的相对含量较高。

表 6-7　不同施肥处理中总有机碳、易降解有机碳、难降解有机碳的绝对含量和相对含量

处理	总有机碳 （g/kg）	易降解有机碳 （g/kg）	难降解有机碳 （g/kg）	LOC/TOC （%）	ROC/TOC （%）
CK	8.63±0.24a	1.78±0.13a	3.88±0.23a	20.63±2.84a	53.54±1.79d
NPK	10.56±0.21b	2.49±0.51b	4.76±0.38b	23.47±3.96b	46.17±1.69c
M	16.38±0.51d	5.71±0.41d	5.42±0.23c	34.84±3.77d	33.87±2.01b
NPKM	14.57±0.30c	4.40±0.21c	4.42±0.27b	30.18±3.83c	31.73±1.18a

注：表格中数值为平均值±标准偏差，Duncan 多重比较后的显著性（$P<0.05$）以不同的字母表示。

2. 不同施肥制度对旱地红壤有机碳分解基因组成的影响

土壤有机碳降解相关途径的基因研究主要采用 GeoChip4-NimbleGen 基因芯片进行检测，包括淀粉、半纤维素、纤维素、果胶、木质素和壳多糖降解等生物学过程。红壤旱地实验中共检测到高拷贝基因 26 个，图 6-24 表示各基因在各处理中的相对信号强度，从左到右依次为易降解有机碳到难降解有机碳降解相关的基因，依次为淀粉、半纤维素、纤维素、蛋白质、壳多糖和木质素，以及其他的高拷贝基因，如芳烃降解相关基因等。

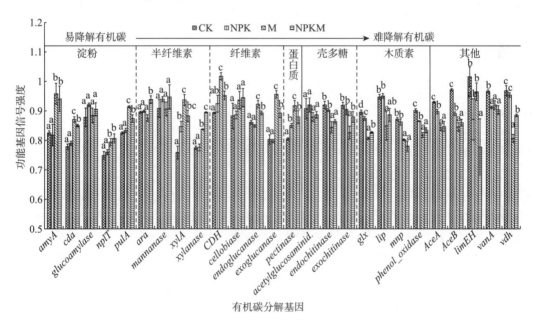

图 6-24　不同施肥处理土壤有机碳降解功能基因相对信号强度

根据各类基因在各处理中的相对信号强度，将所有高拷贝基因分为 3 大类（图 6-24）：①M 和 NPKM 处理中易降解碳相关基因显著多于 CK 和 NPK 处理，包括淀粉、半纤维素、纤维素和果胶降解相关基因；并且根据 Mantel 检验，*amyA*、*cda*、*nplT* 等基因及编码内切葡聚糖酶、外切葡聚糖酶和果胶酶等的相关基因的相对信号强度与 LOC 含量之间显著正相关（$r>0.747$，$P<0.003$），与 LOC 相对含量（LOC/TOC）之间也显著正相关（$r>0.563$，$P<0.014$）；②CK 和 NPK 处理中难降解碳相关基因多显著高于 M 和 NPKM 处理，包括甲壳素和木质素降解相关基因；并且根据 Mantel 检验，*glx*、*lip* 和 *mnp* 等基因及编码乙酰氨基葡糖苷酶、内切壳多糖酶、外切壳多糖酶和酚氧化酶等酶的相关基因的相对信号强度与 ROC 含量之间显著负相关（$r<-0.518$，$P<0.016$），但与 ROC 相对含量（ROC/TOC）之间显著正相关（$r>0.763$，$P<0.002$）；③如图 6-24 所示，M 和 NPKM 处理中 *aceA*、*aceB*、*vanA* 和 *vdh* 等高拷贝有机碳降解基因也低于 CK 和 NPK 处理。Mantel 检验结果表明，这些基因的相对信号强度与 TOC 含量之间显著负相关（$r<-0.518$，$P<0.016$）。

土壤贫营养类群和富营养类群在土壤中普遍存在，并且随着土壤养分的不断变化，贫营养类群和富营养类群的相对丰度也不断变化。贫营养类群和富营养类群的相对丰度与各类有机碳降解基因的相对信号强度及土壤易降解碳和难降解碳的相对含量之间的相关性（表6-8）表明 Bacteroidetes、Actinobacteria 和 Proteobacteria 等富营养类群与 LOC 相对含量和易降解碳相关基因的相对信号强度之间显著正相关；而 Acidobacteria 等贫营养类群与 ROC 相对含量和难降解碳相关基因的相对信号强度之间显著正相关。因此，在旱地红壤实验中，NPK 处理和 CK 处于碳饥饿状态，土壤中细菌贫营养类群（Acidobacteria）丰度较高，其中的易降解碳相关基因的相对丰度较低；而 M 和 NPKM 处理中积累大量的易降解有机质，细菌富营养类群（Betaproteobacteria、Deltaproteobacteria 和 Actinobacteria）丰度增加，其中的易降解碳相关基因的相对丰度较高。细菌富营养类群能将大量能量用于除繁殖以外的多种生命活动，因此能促进土壤中的物质循环，增加土壤养分含量，为作物提供充足的养分。

表6-8　土壤细菌群落中的细菌类群、有机碳组分和有机碳降解相关基因丰度的相关性

项目	易降解有机碳分解相关基因				易降解有机碳含量	难降解有机碳分解相关基因		难降解有机碳含量
	淀粉	半纤维素	纤维素	果胶		甲壳素	木质素	
易降解有机碳含量	0.866**		0.820**	0.584*		−0.776**	−0.829**	
难降解有机碳含量	−0.638*	−0.854**	−0.745**	−0.666*		0.590*	0.931**	
Acidobacteria	−0.763**	−0.960**	−0.768**	−0.771**	−0.847**	0.759**	0.917**	0.878**
Actinobacteria			0.536*					−0.282*
Bacteroidetes		0.873**	0.899**	0.802**	0.702*	−0.810**	−0.626*	
Alphaproteobacteria								−0.642*
Betaproteobacteria	0.743**			0.641*				
Deltaproteobacteria	0.676*			0.653*				
Gammaproteobacteria	0.847**						−0.750**	−0.741**

注：仅显示有显著相关性的细菌类群；* 为 $P<0.05$，** 为 $P<0.01$。

3. 不同施肥制度对旱地红壤铁形态的影响

不同肥料处理对土壤草酸盐提取铁（Fe_o）和焦磷酸盐提取铁（Fe_p）含量有显著影响（图6-25）。草酸盐提取铁为非晶态铁氢氧化物和有机络合铁，焦磷酸盐提取铁主要为铁-腐殖质络合物中的铁。在耕层以下土壤中，有机肥处理的 Fe_o 含量显著高于化肥处理；而在耕层中，有机肥处理的 Fe_p 含量显著低于化肥处理。有机肥处理土壤中的非晶态铁（Fe_o-Fe_p）含量显著高于化肥处理。

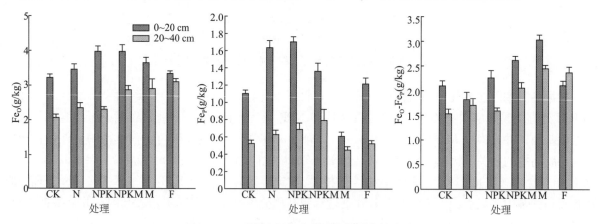

图6-25　不同施肥方式下红壤各形态铁含量

线性相关分析结果（图6-26）表明，红壤各层土壤中非晶态铁含量与土壤有机碳含量之间显著正相关（$r>0.88$，$P<0.01$）。因此，长期施用有机肥能显著提高土壤中有机质的含量，增加其中的非晶态铁含量。

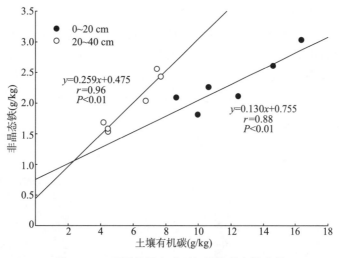

图 6 - 26　不同施肥方式下红壤非晶态铁含量

4. 不同施肥制度对旱地红壤铁氧化还原细菌群落的影响

将不同施肥处理（CK、NPK、NPKM、M）的土壤在 25 ℃的缺氧黑暗条件下预培养 21d 以消耗土壤中的电子受体，如硝酸盐、硫酸盐和氢氧化铁等。随后，向土壤中加入一定量的铁氢化物（$Fe_5HO_8 \cdot 4H_2O$）进行培育，其间定期采样检测，直至土壤中 Fe^{3+} 还原和 Fe^{2+} 氧化过程完成（Wen et al.，2018）。

所有处理土壤中都检测到土壤微生物对铁氢化物的转化作用，在整个培养期内，所有处理的土壤微生物都能够进行 Fe^{3+} 的还原和 Fe^{2+} 的氧化作用，即土壤中检测到的 Fe^{2+} 呈先累积后消耗的趋势。在 Fe^{3+} 还原阶段，所有处理土壤中 Fe^{2+} 的含量均增加，但 CK 和 NPK 处理中 Fe^{2+} 的累积量显著高于 M 和 NPKM 处理。另外，铁氧化还原阶段会大量消耗土壤 NO^{3-}，产生 NO^{2-} 和 NH_4^+（图 6 - 27）。

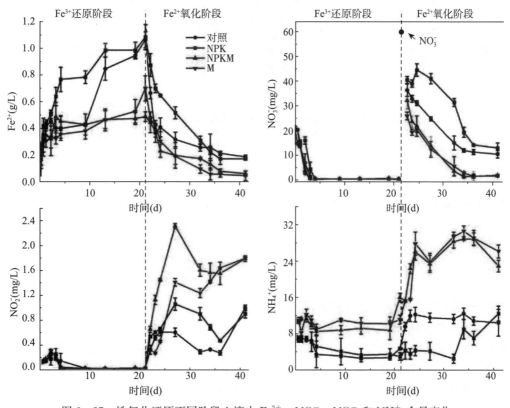

图 6 - 27　铁氧化还原不同阶段土壤中 Fe^{2+}、NO_3^-、NO_2^- 和 NH_4^+ 含量变化

一些可能参与 Fe^{3+} 还原过程的土壤细菌类群，如 *Geobacter*、*Desulfurispora* 类群和 *Peptocaccaceae* 及 *Bacteroidales* 中的一些未分类类群的相对丰度均在 Fe^{3+} 还原阶段显著增加，并且这些类群在 M 和 NPKM 处理中的相对丰度显著低于 NPK 处理（图 6 - 28）。在 Fe^{2+} 氧化阶段，一些可能参与 Fe^{2+} 氧化过程的土壤细菌类群，如假单胞菌属、*Anaerolinea*、*Aquincola* 类群和 *Clostridiales* 中的一些未分类类群的相对丰度均在 Fe^{2+} 氧化阶段显著增加，并且这些类群在 M 和 NPKM 处理中的相对丰度显著高于 NPK 处理。

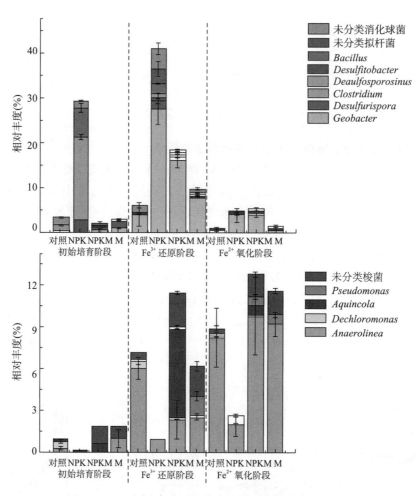

图 6 - 28　不同培育阶段土壤中铁氧化还原细菌群落组成

因此，长期不同施肥措施显著改变土壤细菌群落结构，长期施用化肥会显著增加土壤 Fe^{3+} 还原过程相关的微生物丰度，降低 Fe^{2+} 氧化过程相关的微生物丰度，促进 Fe^{3+} 还原，增加土壤铁氢化物消耗，产生结晶铁矿物；而长期施用有机肥能显著降低土壤 Fe^{3+} 还原过程相关的微生物丰度，增加 Fe^{2+} 氧化过程相关的微生物丰度，加速 Fe^{2+} 氧化形成低结晶铁矿物，从而影响土壤养分循环。

（四）不同施肥制度对旱地红壤解磷固氮相关功能类群的影响

1. 不同施肥制度对旱地红壤不同形态氮磷含量的影响

长期不同施肥制度显著改变了土壤氮磷库（Xun et al.，2018）。有机肥处理（M 和 NPKM）土壤中有效磷和总磷含量最高（表 6 - 9），NPK 处理和 CK 次之。中稳定有机磷和稳定有机磷的含量与有效磷和总磷相似。与 CK 和 M 处理相比，含有化学磷肥的处理（NPKM 和 NPK）中活性有机磷和中活性有机磷组分的含量更高。有机肥处理的土壤有效氮和总氮含量高于 NPK 处理和 CK。

表 6 - 9　长期不同施肥处理土壤中不同形态的氮磷含量

处理	AN (mg/kg)	TN (g/kg)	AP (mg/kg)	LOP (mg/kg)	MLOP (mg/kg)	MROP (mg/kg)	ROP (mg/kg)	TP (g/kg)
CK	88±8.8a	0.87±0.02a	7.9±0.1a	3.6±0.2a	16.5±1.1a	51.2±3.1a	72.7±12.2a	0.48±0.01a
NPK	129±12.9b	1.00±0.04b	69.2±0.7b	6.9±0.6c	42.0±2.6c	52.3±3.6a	95.1±9.6b	1.29±0.07b
M	151±15.1c	1.60±0.03c	111.8±10.2c	5.3±0.3b	22.7±0.9b	83.6±6.3b	118.5±13.1c	1.40±0.07c
NPKM	155±15.5c	1.58±0.03c	113.3±10.1c	15.3±0.9d	84.9±5.4d	79.5±5.4b	127.7±10.9c	1.68±0.08d

注：表格中数值为平均值±标准偏差，Duncan 多重比较后的显著性（$P<0.05$）以不同的字母表示。

2. 土壤磷水平对自生固氮潜力的影响

土壤磷有效性对红壤微生物群落中固氮微生物的丰度有显著影响（图 6 - 29）。土壤培育过程中，

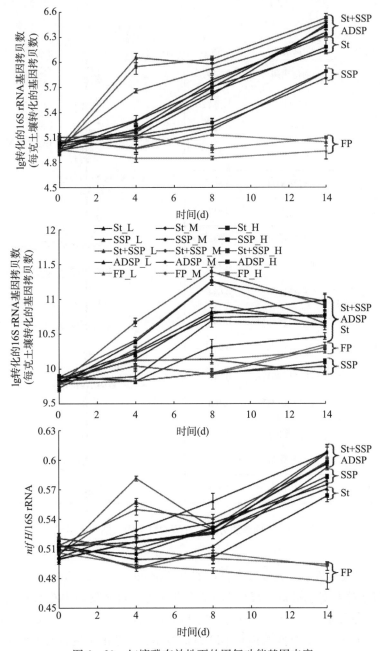

图 6 - 29　红壤磷有效性下的固氮功能基因丰度

采用难溶无机磷培育的土壤中 $nifH$ 基因丰度没有显著变化，而淀粉＋过磷酸钙培育的土壤和易分解有机磷培育的土壤中 $nifH$ 基因丰度最高。不同培养处理中的细菌数量也不同，有机物培养的处理中，16S rRNA 的丰度显著高于无机物培育的土壤。通过比较 $nifH$ 基因和 16S rRNA 的比值，发现淀粉＋过磷酸钙培育的土壤和易分解有机磷培育的土壤中 $nifH$ 基因与 16S rRNA 的比值显著高于其他处理，表明土壤中的有机质含量和磷可利用性均较高时，能促进土壤中固氮微生物的生长，增强土壤的固氮潜力。

3. 不同施肥制度对旱地红壤自生固氮微生物组成的影响

红壤中 $nifH$ 固氮基因主要来自细菌群落中 16 个科的细菌，分属 5 个门（图 6 - 30）。通过扩增子测序和功能基因芯片检测分析各类群的相对丰度与相应 $nifH$ 基因信号强度，结果表明除微球菌科（Micrococcaceae）（0.462）、甲基孢囊菌科（Methylocystaceae）（0.403）和丰佑菌科（Opitutaceae）（0.336）外，其余各科的 r 值均高于 0.60，显著正相关（$P<0.05$）。

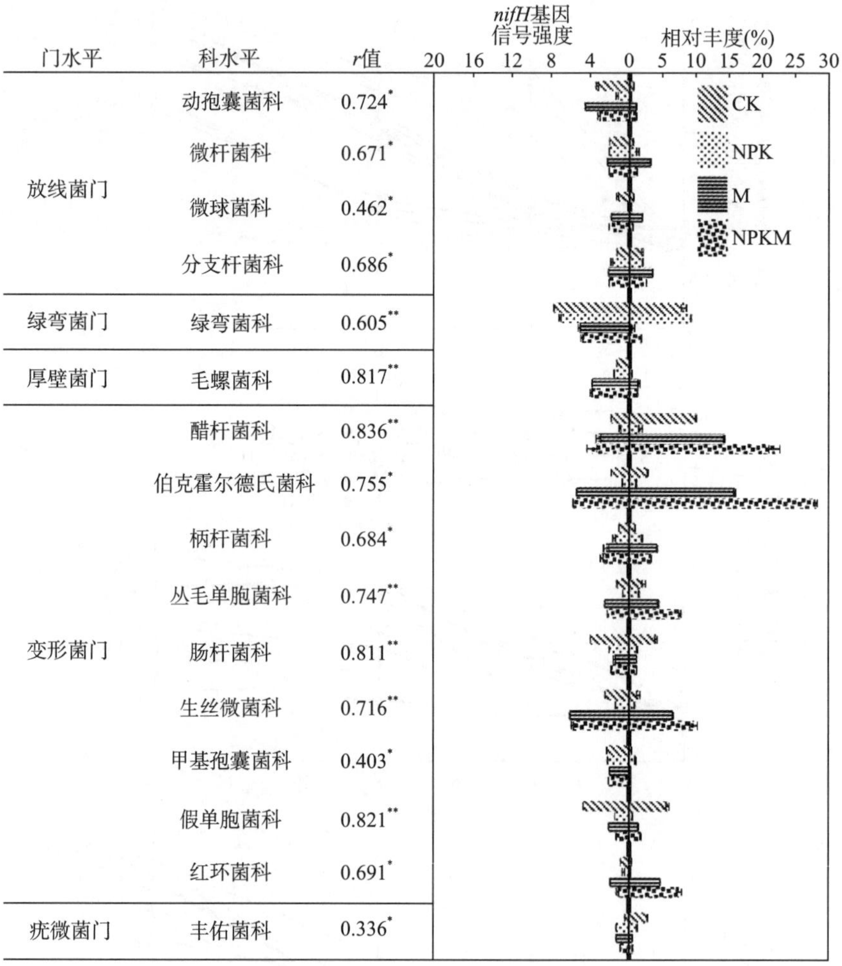

图 6 - 30　不同施肥方式下红壤的自生固氮微生物组成

在检测到的所有固氮类群中，大多数类群，如 Burkholderiaceae、Acetobacteraceae 和 Hyphomicrobiaceae 等类群的相对丰度及相关 $nifH$ 基因丰度都在含有机肥处理中相对较高，且这些类群大多与土壤活性磷组分含量正相关（表 6 - 10）。而 Chloroflexaceae、Enterobacteriaceae、Pseudomonadaceae 和 Methylocystaceae 4 个类群的相对丰度和相关 $nifH$ 基因丰度都在 CK 中相对较高，这些类群大多与土壤活性磷含量负相关。

表 6 - 10　固氮类群及相关 $nifH$ 基因丰度与土壤活性磷含量的相关性

科	AP	LOP	MLOP
Kineosporiaceae	N. S. ⊕0. 526*	N. S. ⊕N. S.	0. 551* ⊕N. S.
Microbacteriaceae	0. 551* ⊕N. S.	N. S. ⊕0. 513*	N. S. ⊕N. S.
Micrococcaceae	N. S. ⊕N. S.	0. 503* ⊕N. S.	N. S. ⊕N. S.
Mycobacteriaceae	0. 815** ⊕0. 716**	N. S. ⊕N. S.	0. 504* ⊕N. S.
Chloroflexaceae	−0. 837** ⊕−0. 768**	−0. 552** ⊕N. S.	−0. 518* ⊕N. S.
Lachnospiraceae	0. 811** ⊕0. 703**	0. 602* ⊕N. S.	N. S. ⊕N. S.
Acetobacteraceae	0. 664** ⊕0. 622**	0. 617** ⊕0. 654**	0. 507* ⊕0. 551*
Burkholderiaceae	0. 755** ⊕0. 768**	0. 553* ⊕0. 812**	N. S. ⊕0. 728**
Caulobacteraceae	0. 912** ⊕0. 859**	0. 782** ⊕N. S.	0. 715** ⊕N. S.
Comamonadaceae	0. 667* ⊕0. 683*	N. S. ⊕0. 816**	N. S. ⊕0. 755**
Enterobacteriaceae	−0. 904** ⊕−0. 856**	N. S. ⊕N. S.	N. S. ⊕N. S.
Hyphomicrobiaceae	0. 751** ⊕0. 798**	N. S. ⊕0. 756**	N. S. ⊕0. 665*
Methylocystaceae	−0. 804** ⊕N. S.	−0. 604* ⊕N. S.	N. S. ⊕N. S.
Pseudomonadaceae	−0. 864** ⊕−0. 806*	−0. 656** ⊕N. S.	−0. 676** ⊕N. S.
Rhodocyclaceae	0. 608* ⊕0. 728**	N. S. ⊕0. 742**	N. S. ⊕0. 686**
Opitutaceae	N. S. ⊕−0. 894*	N. S. ⊕N. S.	N. S. ⊕N. S.

注：N. S. 表示差异不显著。⊕为分隔标记，其左边为 $nifH$ 基因丰度与活性磷含量的相关系数，右边为固氮类群的丰度与活性磷含量的相关系数。

计算主要固氮类群的相对丰度与其他土壤性质之间的相关性（表 6 - 11），发现 4 个在 CK 中丰度较高的特殊固氮类群与土壤有效氮含量负相关，这些类群可能在低养分土壤的氮缓慢积累中起着非常重要的作用。其中，Chloroflexaceae 和 Methylocystaceae 类群的主要驱动因子是土壤 pH，而 Enterobacteriaceae 类群的主要驱动因子是土壤 N/P，Pseudomonadaceae 类群的主要驱动因子是土壤 C/N。

表 6 - 11　固氮类群及相关 $nifH$ 基因丰度与土壤理化性质的相关性

科	pH	AN	AK	SOC	C/N	N/P
Kineosporiaceae				0. 622		
Microbacteriaceae	0. 545		0. 517	0. 576		−0. 648
Micrococcaceae	0. 667				−0. 547	
Mycobacteriaceae		0. 532				−0. 615
Chloroflexaceae	−0. 854	−0. 765	−0. 797			0. 637
Lachnospiraceae		0. 672	0. 688			−0. 679
Acetobacteraceae	0. 529					
Burkholderiaceae	0. 637		0. 635	0. 541		−0. 626
Caulobacteraceae		0. 716				−0. 759
Comamonadaceae						
Enterobacteriaceae		−0. 892	−0. 887	−0. 721		0. 913
Hyphomicrobiaceae	0. 553		0. 592			−0. 601
Methylocystaceae	−0. 812	−0. 709			0. 691	
Pseudomonadaceae		−0. 731	−0. 744	−0. 768	0. 926	0. 856
Rhodocyclaceae		0. 621	0. 572			−0. 588
Opitutaceae		0. 776				

二、水分管理对红壤微生物群落的影响

土壤微生物是土壤生态系统中养分源和汇不断流动的巨大原动力，在作物凋落物的降解、养分循环与平衡、土壤理化性质改善中起着重要的作用（孙波等，1997）。水分管理是常见的农业生产活动，它对土壤中微生物的生物量、多样性、群落组成与生态功能等影响显著（Drenovsky et al.，2004）。

南方红壤区是我国重要的水稻主产区之一。水稻土的水分状况能够影响土壤微生物的代谢功能，进而影响土壤肥力、土壤有机养分、矿物质成分的转化过程。干湿交替和烤田是水田最基本、最重要的水分管理措施。一方面，由于水稻的生理要求和对生态环境的需要，在水稻生长过程中，需要合理灌排对水稻土进行水、旱交替管理；另一方面，为了解决水稻土中的水气矛盾，也需要进行烤田和水、旱交替管理，以改善土壤透水通气性能。既保证土壤水分有一定的渗漏性，又保证土壤有及时的氧气补给，消除还原性有毒物质，更新土壤环境。水分管理对土壤的化学、物理和生物学性质都有重要影响。红壤中微生物随土壤水分状况的不同会产生显著差异，主要表现为由土壤水分、通气状况、Eh 等的变化引起的微生物群落结构、生物量、多样性和生态功能等方面的差异。

水稻土有大量适应本身环境的微生物类群，细菌最多，其次是放线菌，真菌数量最少。这些微生物参与土壤有机质的腐殖质化与矿化过程，促进土壤中碳、氮、磷、硫等物质的循环，对调节土壤肥力具有重要作用。干湿交替的水分管理措施能够大大改善土壤理化环境，有利于土壤微生物生物量的增加。当干燥的土壤重新潮湿时，微生物因可利用的游离氨基酸、游离糖类等有机碳化合物增加而出现活性峰值。土壤淹水后，好气微生物减少，嫌气微生物逐渐增加。在连续淹水条件下，细菌与放线菌数量较多。夏季淹水期红壤稻田的土壤细菌分布明显与其他 3 个时期不同，而旱地土壤菌落结构不受采样时期影响。稻田土壤细菌丰度和多样性指数也随不同时期的水分管理情况发生变化，秋季丰度最低。这也进一步说明，水分管理引起的土壤水分和温度的同时变化会影响土壤微生物的群落结构（杨杰等，2019）。

对比红壤性水稻土和旱地红壤的固碳效率，与实验开始前的碳含量 16.3 g/kg 相比，水稻土所有处理的碳固定均提高了 3.6～9.4 g/kg，而旱地的同一处理却低 50.7%～60.3%，导致 25 年后有机碳每年降低了 1.2～3.8 mg/hm² （颜雄，2013）。这主要是由于水田的嫌气条件比旱地微生物活性低，使得红壤土中的有机物分解减慢。湿润环境有利于微生物进行硝化作用（栗方亮等，2012），但是淹水有利于反硝化作用、不利于硝化细菌和反硝化细菌的存活（王连峰等，2004）。

综上所述，红壤淹水有利于厌氧微生物的生长以及有机碳源的储备，但不利于好氧微生物以及一些生物反应的进行。与旱地红壤相比，淹水红壤有更大的微生物生物量和生物多样性。目前，水分与土壤微生物之间是否存在联系已经得到广泛研究，但是，针对水分管理措施对红壤微生物的具体影响的研究还不完善，有待进一步的深入研究。

三、土壤污染对微生物群落的影响

（一）重金属污染

重金属污染会影响土壤微生物的活性，水稻田 4 种 DTPA（diethylenetriaminepentaacetic acid，二乙烯三胺五乙酸）提取态重金属（铜、锌、铅、镉）与土壤微生物生物量碳和土壤有机质碳比值（C_{mic}/C_{org}）并没有显著相关性，但与 1d、7d 和 14d 基础呼吸与土壤有机碳的比值（R_{mic}/C_{org}）、微生物代谢熵（R_{mic}/C_{mic}）显著对数负相关（表 6 - 12），即重金属污染抑制了土壤呼吸作用。该研究还表明，土壤微生物代谢熵是比土壤微生物生物量更敏感的指示外界干扰的指标（Li et al.，2005）。

表 6 - 12　土壤重金属浓度（lg 变换后）与红壤微生物指标的相关关系

重金属	C_{mic}	C_{mic}/C_{org}	R_{mic}/C_{org}			R_{mic}/C_{mic}			R_{mic}		
			1d	7d	14d	1d	7d	14d	1d	7d	14d
DTPA Cu	0.48*	0.26	−0.72***	−0.89***	−0.89***	−0.71***	−0.72***	−0.71***	−0.37	−0.70***	−0.61**
DTPA Zn	0.57**	0.36	−0.89***	−0.81***	−0.74***	−0.85***	−0.81***	−0.81***	−0.65**	−0.58**	−0.40
DTPA Pb	0.67**	0.43	−0.92***	−0.86***	−0.83***	−0.83***	−0.80***	−0.80***	−0.64**	−0.57**	−0.27
DTPA Cd	0.43	0.42	−0.77***	−0.69***	−0.61**	−0.71***	−0.70***	−0.69***	−0.59**	−0.47**	−0.47*
总 Cu	0.64**	0.39	−0.82***	−0.57**	−0.54*	−0.69***	−0.57**	−0.57**	−0.67**	−0.19	−0.05
总 Zn	0.51**	0.34	−0.65**	−0.49*	−0.45*	−0.51*	−0.46*	−0.45*	−0.48*	−0.17	−0.04
总 Pb	0.46**	0.20	−0.59**	−0.30	−0.32	−0.37	−0.27	−0.27	−0.49*	−0.06	−0.10
总 Cd	0.29	0.41	−0.56**	−0.48*	−0.34	−0.55*	−0.52*	−0.48*	−0.43	−0.29	−0.01

注：表中相关分析结果是基于土壤重金属含量 lg 变换数据与微生物指标的（$n=21$）；"*""**""***"分别表示差异在 $P<0.05$、$P<0.01$ 和 $P<0.001$ 水平上显著；C_{mic} 为微生物生物量碳；C_{org} 为有机态；R_{mic} 为基础呼吸；DTPA 代表相应重金属的 DTPA 提取态。

砖红壤中的微生物数量因种植作物的不同和季节的不同而变化很大，水田土壤中的细菌数量与土壤添加镉浓度极显著负相关，而旱地土壤则以真菌数量与其显著负相关，镉对砖红壤微生物的抑制作用旱地明显大于水田（许炼锋，1993）。

对不同浓度镉污染对旱、水田红壤的微生物特性的影响的研究发现，镉对土壤中微生物生物量的毒害作用随着镉浓度的增加而增强，土壤微生物生物量随镉浓度的增加而降低，且水田中的微生物生物量大于旱地，这是由于水田较多的有机质促进了微生物的生长以及高的阳离子交换量增加了吸附与固定能力，降低了镉的有效性（谢晓梅，2002）。Biolog 结果表明镉的添加显著降低了旱、水田测定的平均吸光度（AWCD），且 144 h 后，加镉处理的平均吸光度比未加镉处理的平均吸光度下降 70%，同样土壤有机质以及阳离子交换量等理化性质决定了 AWCD$_水$＞AWCD$_旱$。在未添加镉状态下，土壤微生物基础呼吸量相对平稳，镉污染后 25d 以前土壤微生物基础呼吸量明显低于未污染土壤，但随着时间的延长，镉污染土壤的微生物基础呼吸量逐渐上升，最后接近对照的水平。镉污染造成土壤微生物生物量下降，导致早期土壤的微生物基础呼吸量明显下降，随着时间的延长，镉污染激发土壤微生物的基础代谢，导致单位微生物的代谢熵增大，使得土壤微生物基础呼吸量逐渐上升。

土壤微生物生物量碳、微生物生物量氮和土壤呼吸强度、代谢熵是反映土壤质量与土壤退化程度的重要微生物学指标（徐建民等，2000）。黄红壤微生物生物量碳含量在镉含量 0～1 mg/kg 处理呈现上升趋势，1 mg/kg 浓度以上处理呈现下降趋势，8 mg/kg 处理呈现高浓度的抑制现象，而微生物生物量氮在 0～30 mg/kg 一直处于激活状态（曾路生等，2005）。该研究中土壤的呼吸强度随着镉污染程度的增加而缓慢上升，代谢熵在 8 mg/kg 及以下处理中与对照组差异性不明显，但 8～30 mg/kg 处理组土壤代谢熵随着镉处理浓度的增加缓慢增加。

黄红壤的微生物生物量碳随着汞染毒浓度的升高呈现先增加后降低的趋势，在 0.25 mg/kg 处理组达到最大值（667.12±20.89）mg/kg，在 6 mg/kg 处理组表现出抑制现象（荆延德等，2009）。随着汞染毒浓度的增加，呼吸强度也出现先增强后缓慢减弱的现象，但所有染毒处理呼吸强度均高于对照组。代谢熵与微生物熵也表现出相同的趋势，最大值分别出现在 2 mg/kg 和 1 mg/kg。对各指标的变异系数分析：代谢熵＞土壤呼吸强度＞微生物熵＞微生物生物量碳，代谢熵是对土壤微生物比较敏感的指标。

铝处理对土壤微生物生物量碳（SMBC）影响的变化幅度较大（黄冬芬等，2018）。与对照相比，不同浓度铝处理降低了土壤微生物生物量氮（SMBN）含量，随着处理浓度的增加，抑制程度增强，SMBN 相应降低 14.28%～46.63%。而铝处理对土壤微生物生物量磷（SMBP）有显著促进作用。2～50 mg/kg 镉处理对 SMBC 无显著影响，5～15 mg/kg 镉处理显著提高 SMBN 含量 20.40%～

37.55%，但随着处理浓度增加到 20～100 mg/kg，SMBN 降低 21.63%～54.69%。15～20 mg/kg 镉对 SMBP 有显著促进作用。1 000～2 000 mg/kg 铝处理显著提高水溶性有机碳（WSOC）含量，土壤水溶性氮（WSN）含量也随铝处理浓度增加显著提高。镉对 WSOC 无显著影响，而 20～100 mg/kg 镉处理提高 WSN 含量。与单一铝或镉处理不同，铝镉复合处理显著降 SMBC，降低幅度为 25.10%～47.75%。WSOC 和 WSN 含量随铝镉复合处理浓度增加显著增加。

（二）有机污染

随着我国经济的发展，释放到自然环境中的有机化学品越来越多，其中大部分进入土壤环境，土壤生态系统成了有机污染物的最大受体。一些有机污染物具有毒性和生物蓄积性，能在土壤环境中持久存在，对生态环境和人类健康造成危害。红壤主要分布在南方地区，探明有机污染物对红壤微生物的影响有利于更好地指导红壤区的农业生产。

0～50 mg/kg 的 PCBs 处理下土壤微生物生物量碳含量与对照均无显著差异。外源 PCBs 对土壤呼吸强度具有促进作用，且 PCBs 浓度越大，促进效果越明显。土壤代谢熵处理组与对照之间差异显著。PCBs 处理对香农指数和辛普森指数影响不显著，但显著提高了麦金图史指数，然而并未表现出明显的剂量效应关系（程金金等，2014）。

真菌可以被作为海南砖红壤受呋喃丹污染的敏感指示菌。培养初期，5 mg/kg 呋喃丹处理土壤的细菌、真菌、放线菌数量相对最少。在整个培养周期内，随着培养时间的延长，各处理细菌和放线菌数量均能恢复并接近对照水平，但真菌的生长受抑制程度随着呋喃丹质量分数的增大而增大，表明呋喃丹对细菌和放线菌无明显的影响，而抑制真菌的趋势明显（曹启民等，2006）。兽药类抗生素进入土壤后，会影响土壤微生物的群落结构和多样性。香农指数表明，20 mg/kg 四环素对土壤中的细菌和真菌与对照组相比都表现出显著的抑制作用（$P<0.05$）；用末端限制性片段长度多态性分析（T-RFLP）技术对土壤细菌和真菌群落结构进行分析表明，四环素影响了土壤的微生物结构组成（沈方圆等，2016）。

有机污染物对赤红壤微生物生物量的影响因污染物类型、培养时间和培养条件的改变而不同（表6-13）。在添加 4 mg/kg DDT 后的室温避光培养条件下，赤红壤微生物生物量碳、微生物生物量氮含量均随培养时间的延长呈上升趋势，微生物量碳从第 4 周的（84.3±8.4）mg/kg 增加到第 14 周的（112.3±7.6）mg/kg，微生物生物量氮从第 4 周的（38.6±4.4）mg/kg 增加到第 14 周的（62.6±9.4）mg/kg（白婧，2016）。同一土壤在添加 10 mg/kg 阿特拉津后室温避光培养，土壤微生物生物量碳、微生物生物量氮含量均随培养时间的延长呈下降趋势，且培养 21d 后，土壤微生物生物量碳和微生物生物量氮含量均非常低，分别为（57.2±5.9）mg/kg 和（6.0±0.2）mg/kg（吴志豪，2016）。

表 6-13 有机污染物培养过程中赤红壤微生物生物量的变化

有机污染物类型	微生物生物量指标	培养阶段 1 (mg/kg)	培养阶段 2 (mg/kg)	培养阶段 3 (mg/kg)
DDT（4 mg/kg）	微生物生物量碳	84.3±8.4	110.6±7.1	112.3±7.6
	微生物生物量氮	38.6±4.4	39.3±7.4	62.6±9.4
阿特拉津（10 mg/kg）	微生物生物量碳	87.5±11.6	66.2±25.7	57.2±5.9
	微生物生物量氮	10.7±1.9	7.6±1.3	6.0±0.2

注：DDT 3 个培养阶段分别为 4 周、8 周和 14 周；阿特拉津 3 个培养阶段分别为 7d、14d 和 21d。

第五节 红壤微生物群落装配和稳定机制

土壤微生物群落不仅是驱动农田土壤元素循环、提高作物养分可利用性的重要动力，还是促进土壤有机质稳定、培肥土壤的重要成员。随着国内外微生物组计划的开展，土壤微生物组的装配机制和功能特征是关键科学问题。依托祁阳长期未施肥耕作的红壤进行了土壤"微宇宙"培育实验，以期阐明红壤微生物群落装配和稳定机制。

红壤初始 pH 为 5.3，含有机质 1.6%、氮 53.9 mg/kg、磷 0.95 mg/kg、钾 61.5 mg/kg。每个土壤"微宇宙"将 250 g 灭菌土壤置于 500 mL 培养瓶中。所有"微宇宙"体系均通过加入无菌蒸馏水保持 45% 的田间持水量，并于黑暗中在 20 ℃下预孵育 4 周，然后在琼脂板上进行平板涂布检测，以确定无杂菌污染。在 4 周的预培养期间，随水加入石灰（CaO）和硫酸亚铁（$FeSO_4$），以调节土壤 pH 为一系列 pH 水平（4.5、5.5、6.5、7.5 和 8.5）。将 20 g 新鲜土壤与 180 mL 无菌蒸馏水在搅拌器中混合 5 min，制成 10^{-1} 土壤接种悬浮液，然后逐步稀释为 10^{-4}、10^{-7} 和 10^{-10} 菌悬液。将 10^{-1}、10^{-4}、10^{-7} 和 10^{-10} 菌悬液添加到"微宇宙"中。同时设置两个未处理土壤（未经射线灭菌处理的黑土和红壤，但培养过程与其他"微宇宙"相同）作为对照，每个处理设 6 个重复。所有培育体系均在黑暗中 20 ℃和 45% 的田间持水量条件下进行培育，定期搅拌混匀培育 16 周。在整个培养期间，瓶口用半透膜覆盖，使空气可以交换但微生物不能通过，所有培养瓶只在无菌超净台中打开。每次打开后需更换新的无菌半透膜（Xun et al.，2019）。

一、红壤微生物群落装配机制

（一）稀释对土壤细菌群落多样性的影响

稀释对重新装配的土壤细菌群落的组成和 α 多样性有显著影响。扩增子测序结果表明，细菌 α 多样性（香农指数）在原始土壤中最高，并随稀释强度的增加而不断下降（图 6-31）。尽管同一稀释度的所有土壤中接种的菌悬液是一样的，但是细菌 α 多样性均在接近中性时达到峰值。同时，同一稀释度的细菌 α 多样性指数在各 pH 水平之间比不同稀释度水平之间变化小。

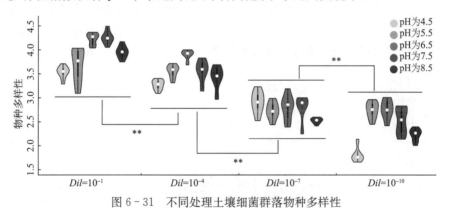

图 6-31　不同处理土壤细菌群落物种多样性

尽管土壤类型和 pH 对土壤细菌群落 α 多样性的影响程度比稀释度小，但它们仍然是影响重组细菌群落结构的重要因子。因此，在每个稀释水平上，利用变异分析（VPA）对土壤类型、土壤 pH 和钙铁浓度对群落变异的相对贡献度进行评价（图 6-32）。结果表明，土壤类型对群落变异的贡献度从原始土壤（图 6-32）的 46.2%（$P<0.001$）和 10^{-1} 稀释度处理（图 6-32）的 47.9%（$P<0.001$），到 10^{-4} 稀释度处理（图 6-32）的 40.2%（$P<0.001$）降至 10^{-7} 稀释度处理（图 6-32）的 29.7%（$P<0.001$）和最高稀释度（10^{-10}）处理（图 6-32）的 19.3%（$P<0.001$）。相比之下，随着稀释梯度的增加，土壤 pH 变化对群落变异的相对贡献度逐渐增强（初始土壤和梯度稀释处理中的差异依次为 9.6%、10.7%、13.6%、28.1% 和 43.3%，$P<0.001$）。此外，虽然使用不同量的 CaO 和 $FeSO_4$ 对土壤 pH 进行调控，但是土壤 Ca 和 Fe 离子浓度对重新装配的细菌群落影响不大。

（二）土壤细菌多样性对群落随机性/确定性装配过程的影响

各处理的 βNTI 值表明，在不同 pH 和稀释水平下土壤细菌群落表现出不同的装配模式。群落组成随稀释梯度的增强由随机过程（｜βNTI｜小于 2）向确定性过程（｜βNTI｜小于 2）演变（图 6-33）。

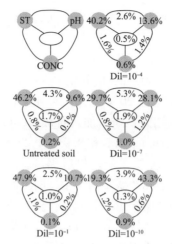

图 6-32　土壤类型、土壤 pH 和 Ca、Fe 浓度对细菌群落变异的 VPA 分析

注：图中 CONC 表示 Ca、Fe 离子的浓度，Dil 表示稀释标准，Untreated soil 表示未稀释的原始土壤。

另外，在各 pH 水平下，βNTI 值与稀释水平显著（$P<0.001$）相关，但是 βNTI 在稀释水平上的分布趋势并不一致。稀释度最低的处理中细菌群落随机性装配过程占主导，在 pH 为 6.5 时，随着稀释度增强向条件选择的确定性装配过程（βNTI 大于 2）演变；而在酸性较强（pH 为 4.5）和碱性较强（pH 为 8.5）条件下，随着稀释度增强向同质化选择的确定性装配过程（βNTI<2）演变。

对以上 βNTI 值以另一种方式进行重组，以表现每个稀释水平下的 βNTI 值在 pH 跨度上的分布。在黑土和红壤中，βNTI 值随 pH 梯度呈单峰模式（图 6-33）。峰值出现在中性土壤中，而谷值出现在酸性和碱性土壤中。此外，这种单峰变化模式在 10^{-1} 和 10^{-4} 稀释度处理中相对温和，而在 10^{-7} 和 10^{-10} 稀释度处理中更陡，表明物种丰富度较低的细菌群落在土壤中更趋向于遵循确定性的装配过程。综合所有的 βNTI 值，发现｜βNTI｜与土壤细菌香农指数显著负相关（图 6-34，$R^2=0.38$，$P<0.001$）。

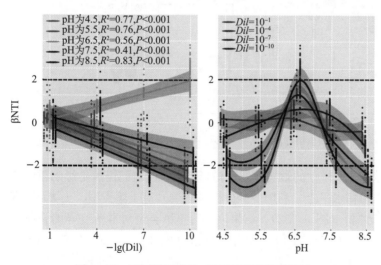

图 6-33　不同稀释度和 pH 下的群落装配模式

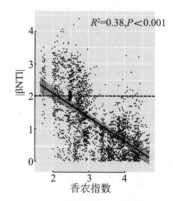

图 6-34　微生物多样性与群落 βNTI 值之间的关系

（三）土壤细菌多样性对群落功能组成的影响

许多土壤生态服务，如粮食生产、污染物降解和净化，在很大程度上依赖于与物质代谢有关的功能。通过比较不同处理下重新装配的细菌群落中的物质代谢相关的基因，发现其中大部分与碳、氮和硫的转化相关（图 6-35）。结果表明，所有功能类别的相对丰度在稀释水平之间有显著差异，但在不同 pH 水平之间差异相对较小，甚至在很多稀释水平下不同 pH 水平之间差异不显著。

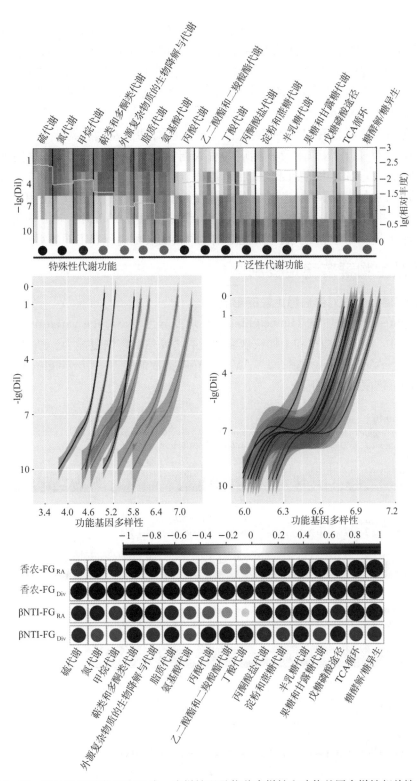

图6-35 不同处理功能基因组成、多样性以及物种多样性和功能基因多样性相关性分析

由特定微生物类群所执行的功能（即相关基因分布在特定的微生物中）会随着稀释度的增加而逐渐丢失。例如，与"硫代谢""甲烷代谢""外源复杂物质的生物降解与代谢"（包括"阿特拉津降解"和"多环芳烃降解"）等功能相关基因（功能类群1，FunGp1）的相对丰度在高度稀释的样品中较低（图6-35）。相比之下，在高度稀释的样品中，与"糖酵解/糖异生""TCA循环"和一些极易降解的碳水化合物（如果糖、半乳糖、淀粉和蔗糖）等代谢相关的功能基因（功能类

群 2，*FunGp2*）的相对丰度更高。尽管 *FunGp1* 和 *FunGp2* 的相对丰度随稀释梯度表现出相反的变化趋势，各类功能基因的多样性都随着稀释水平的增加而递减（图 6 - 35）。然而，功能多样性与稀释水平的拟合曲线表明，这两类功能具有不同的衰减模式。*FunGp1* 的功能多样性直接下降（图 6 - 35），而 *FunGp2* 的功能多样性随着稀释水平的增加呈现阶梯式下降（图 6 - 35），并且 *FunGp1* 的减小幅度比 *FunGp2* 大。

为进一步研究细菌多样性和确定性/随机性装配过程对功能基因相对丰度（FGRA）和多样性（FGDiv）的影响，计算了 ｜βNTI｜ 及其相应的香农指数与 FGRA 及 FGDiv 之间的相关性。结果（图 6 - 35）表明，*FunGp1* 的功能基因多样性和相对丰度均与香农指数正相关，但与 ｜βNTI｜ 负相关。然而，*FunGp2* 的功能基因相对丰度与香农指数负相关，但与 ｜βNTI｜ 正相关；*FunGp2* 的功能基因多样性与香农指数正相关，但与 ｜βNTI｜ 负相关。因此，*FunGp1* 和 *FunGp2* 的功能基因相对丰度对细菌多样性损失的响应不一致，可能对细菌群落的装配过程有不同的贡献。

二、红壤微生物群落稳定机制

（一）微生物群落多样性对群落稳定性的影响

用加权（weighted）和未加权（unweighted）平均变异度（average variation degree，AVD）来评估群落的差异程度，同时用加权和未加权恢复力指数来评估群落恢复能力。结果表明（图 6 - 36），随着群落 weighted_AVD 和 unweighted_AVD 变异度指数的上升，其 weighted_resilience 和 unweighted_resilience 恢复力指数下降。

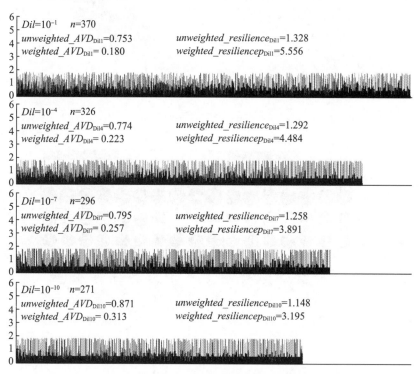

图 6 - 36　不同稀释度水平的群落变异度和恢复力指数

将指数在不同 pH 水平分别进行分析（图 6 - 37），结果表明 weighted_AVD 和 unweighted_AVD 变异度指数谷值以及 weighted_resilience 和 unweighted_resilience 恢复力指数的峰值多在中性处理中。

将变异度和恢复力指数与物种丰富度进行相关性分析（图 6 - 38），结果表明 weighted_AVD 与物种丰富度负相关（$R^2 = 0.47$，$P = 0.000\ 9$），而 weighted_resilience 与物种丰富度正相关（$R^2 = 0.44$，$P = 0.001\ 5$）。

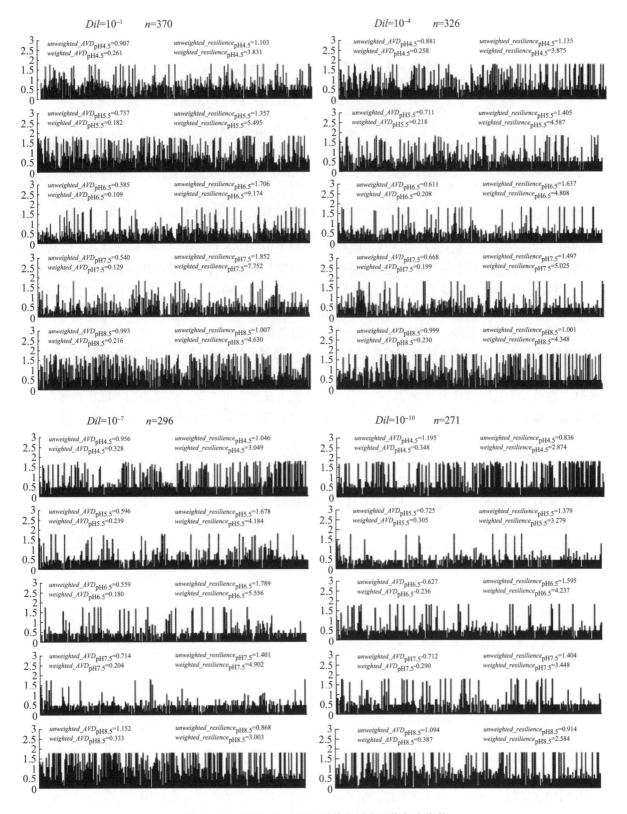

图 6-37　不同 pH 水平的群落变异度和恢复力指数

（二）特殊性代谢功能对土壤微生物群落稳定性的影响

根据 KEEG 功能基因第一级分类，将所有基因分为物质代谢、遗传信息处理、生物组织系统、细胞过程和环境信息处理 5 大类功能。上一节研究发现，物质代谢中广泛性功能和特殊性功能的相对

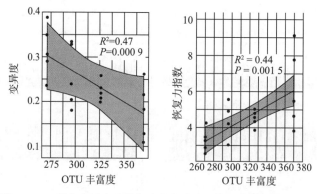

图 6-38 群落变异度和恢复力指数与 OTU 丰富度相关性分析

丰度随稀释强度的变化是相反的。其中，"糖酵解/糖异生""TCA 循环""戊糖磷酸途径"等代谢功能基因是所有微生物活动的最基本功能，这些功能的相对丰度随着稀释强度的增强而增加，因此被定义为广泛性代谢功能；而"硫代谢""氮代谢""甲烷代谢"等功能基因的分布相对较窄。仅有少数特殊的功能类群才具有这些功能，它们的相对丰度随着稀释强度的增强而降低，故被定义为特殊性代谢功能。因此，将物质代谢分为广泛性代谢功能和特殊性代谢功能。

对宏基因组测序得到的功能基因组成和扩增子测序得到的 weighted_AVD 变异度和 weighted_resilience 恢复力指数进行十折交叉检验，采用 7 种机器学习方法对其分类平均错误率进行评估检验。该评估以群落功能基因组成为自变量，以变异度和恢复力指数为因变量。结果表明"随机森林"法评估的准确度最高，其平均误差率最低，为 0.096；而"决策树"法的准确度最低，其平均误差率最高，为 0.186（图 6-39）。

根据以上评估结果，选择准确率最高的"随机森林"法进一步评估各功能类别在整体功能分类中的重要性（图 6-40）。结果表明，特殊性代谢功能是预测群落稳定性最重要的功能，而广泛性代谢功能、细胞过程和环境信息处理等功能的重要性相对较低。

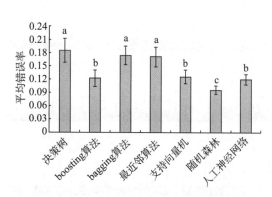

图 6-39 十折交叉检验平均错误率

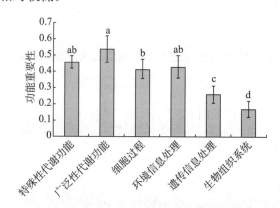

图 6-40 "随机森林"法分析功能类别的群落重要性

（三）微生物群落多样性对群落功能基因共存网络结构的影响

根据功能基因相对丰度的相关性（$R > 0.75$，$P < 0.01$）构建功能基因共现网络。稀释显著影响功能基因网络结构，网络结构指数表明，随着稀释度的增强，总节点（功能基因）和连接（正相关或负相关）的数量显著下降，网络模块化程度从 0.680 降到 0.579。本研究构建的网络平均聚类系数、平均路径距离和模块化指数均大于各自相同大小的随机网络。在稀释度较高的网络中，平均连接程度、平均聚类系数、模块化程度和节点密度指数均较低。

从整体网络的功能基因模块化集群来看（图 6-41），所有网络均可以大致区分为两部分："代谢功能"基因群和"细胞信号途径"基因群。其中一个基因群主要由特殊性代谢功能和广泛性代谢功能基因组成，我们定义为"代谢功能"基因群；另一个基因群主要由细胞过程和环境信息处理相关的基因组成，我们定义为"细胞信号途径"基因群。而其他基因，如遗传信息处理、生物组织系统等功能的基因，则没有固定的或者集中出现的模块。另外，在 10^{-10} 稀释度的基因网络中，只存在一个"代谢过程"基因群。

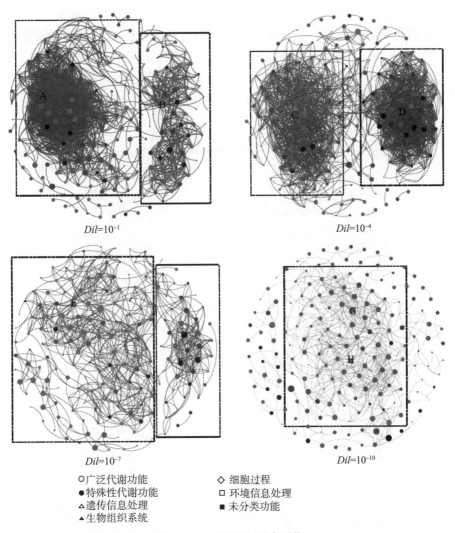

$Dil=10^{-1}$

$Dil=10^{-4}$

$Dil=10^{-7}$

$Dil=10^{-10}$

○广泛代谢功能   ◇ 细胞过程
● 特殊性代谢功能   □ 环境信息处理
△ 遗传信息处理   ■ 未分类功能
▲ 生物组织系统

图 6-41 功能基因共存网络

稀释降低了功能基因网络的复杂度。在"代谢过程"基因群中，特殊性代谢功能在稀释程度较小的网络中占优势，而广泛性代谢功能在稀释度较高的网络中占优势。另外，正相关和负相关的连接数量都随着稀释度的增强而减少，但正相关的连接数量和负相关的连接数量在每个稀释度水平都相差不大。在"细胞信号途径"基因群中，功能基因网络复杂度随稀释强度的增加而减弱，其中绝大多数连接为正相关关系。

（四）具有特殊性功能的关键微生物类群促进群落稳定性

根据节点（KEEG 功能基因第三级分类）在模块内（Zi 值，同一模块内的不同基因之间的连接度）和模块间（Pi 值，一个基因与不同模块的另一个基因之间的连接度）的连接度对所有功能基因在共现网络中的拓扑结构进行评估，将连接度最高的基因定义为关键功能。结果表明，在稀释强度较低（10^{-1} 和 10^{-4} 稀释度）的网络中，"氮代谢"和"磷酸盐和磷酸盐代谢"的特殊性代谢功能是"代谢功能"基因群的关键节点，"细胞黏附"和"离子通道"功能是"细胞信号途径"基因群的关键节点；而在稀释强度较高（10^{-7} 和 10^{-10} 稀释度）的网络中，"柠檬酸循环""糖酵解/糖异生"和"淀粉和蔗糖代谢"的广泛性代谢功能是"代谢功能"基因群的关键节点，"细菌趋化性"功能是"细胞信号途径"基因群的关键节点。

机器学习分类方法表明，特殊性代谢功能在群落整体稳定性中起着重要的作用。基因网络分析结果表明，特殊性代谢功能中的"氮代谢"和"磷酸盐和磷酸盐代谢"功能在群落功能基因网络中是关键节点。因此，我们对这两类功能基因进行物种注释（图 6-42），共注释得到 8 个"氮代谢"功能属和 44 个"磷酸盐和磷酸盐代谢"功能属。这些类群的相对丰度都随着稀释强度的增加而降低。*Nitrospira* 是"氮代谢"功能中丰度最高的类群，其次是变形菌门中的 *Rhizobacter*、*Mesorhizobium*、*Steroidobacter* 和 *Burkholderia*。另外，*Gemmatimonas* 是"磷酸盐和磷酸盐代谢"功能中丰度最高的类群，其次是放线菌门中的 *Solirubrobacter* 和变形菌门中的 *Brevundimonas* 和 *Rhizomicrobium*。

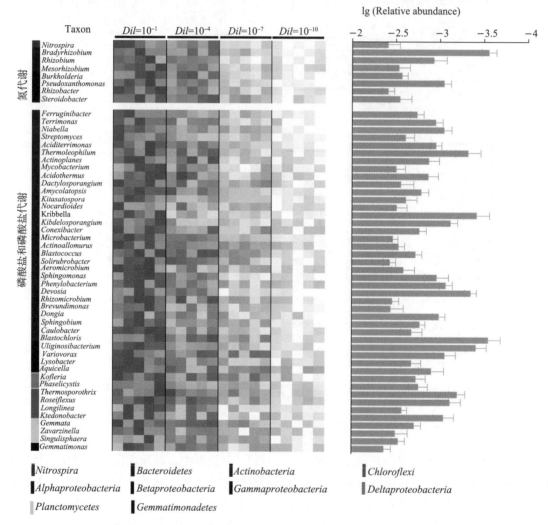

图 6-42　"氮代谢"和"磷酸盐和磷酸盐代谢"功能物种组成及其相对丰度

（五）红壤微生物群落装配和稳定机制

土壤微生物群落中的"特异性"功能，特别是其中与氮磷代谢相关的功能，是决定群落装配机制的关键因素，也是维持微生物群落稳定的重要功能。所谓"特异性"功能，就是仅由少数微生物功能群"持有"的功能，如土壤氨氧化过程、有机污染物降解等功能。在土壤微生物群落装配初期，营养和空间位充足，微生物随机生长、繁殖、死亡，群落遵循随机装配过程。在群落装配后期，空间和营养条件受限，环境选择压力增加，仅在土壤微生物多样性较高、能够"持有"和"表达"更多"特异性"功能时，群落才能适应环境，维持随机生长、繁殖、死亡的随机性装配过程；相反，在土壤微生物多样性较低时，微生物类群趋向于"各自为战"，群落维持条件选择或者均一化选择的确定性装配过程（图 6-43）。

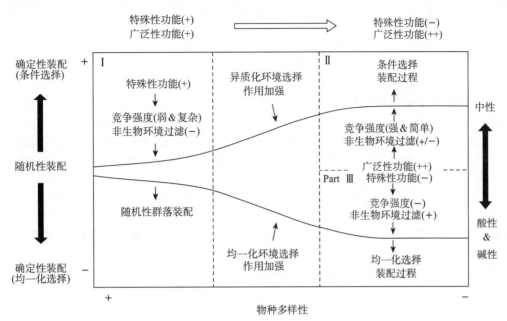

图 6-43　红壤微生物群落装配和稳定模式

主要参考文献

白婧，2016. 土壤蚓触圈中 DDT 的降解过程及机理研究 [D]. 广州：华南农业大学.

卜洪震，王丽宏，尤金成，等，2010. 长期施肥管理对红壤稻田土壤微生物量碳和微生物多样性的影响 [J]. 中国农业科学，43（16）：3340-3347.

曹启民，王华，张黎明，等，2006. 呋喃丹对海南花岗岩砖红壤微生物种群的影响 [J]. 生态环境，15（3）：534-537.

陈国潮，何振立，姚槐应，1999. 红壤微生物量的季节性变化研究 [J]. 浙江大学学报（农业与生命科学版），25（4）：47-48.

陈晓芬，李忠佩，刘明，等，2015. 长期施肥处理对红壤水稻土微生物群落结构和功能多样性的影响 [J]. 生态学杂志，34（7）：1815-1822.

程金金，宋静，吕明超，等，2014. 多氯联苯对我国土壤微生物的生态毒理效应 [J]. 生态毒理学报，9（2）：273-283.

储成，吴赵越，黄欠如，等，2020. 有机质提升对酸性红壤氮循环功能基因及功能微生物的影响 [J]. 环境科学，41（5）：1-10.

和文祥，韦革宏，武永军，等，2001. 汞对土壤酶活性的影响 [J]. 中国环境科学，21（3）：88-92.

黄冬芬，郇恒福，刘国道，等，2018. 铝镉污染对砖红壤微生物碳氮磷的影响 [J]. 热带农业科学，38（11）：37-42.

荆延德，何振立，杨肖娥，2009. 汞污染对水稻土微生物和酶活性的影响 [J]. 应用生态学报，20（1）：218-222.

栗方亮，李忠佩，刘明，等，2012. 氮素浓度和水分对水稻土硝化作用和微生物特性的影响 [J]. 中国生态农业学报，20（9）：1113-1118.

沈方圆，孙明明，焦加国，等，2016. 四环素对芘污染农田土壤微生物修复的影响及响应过程 [J]. 土壤，48（5）：954-963.

孙波，赵其国，张桃林，等，1997. 土壤质量与持续环境：Ⅲ. 土壤质量评价的生物学指标 [J]. 土壤，29（5）：225-234.

孙凤霞，张伟华，徐明岗，等，2010. 长期施肥对红壤微生物生物量碳氮和微生物碳源利用的影响 [J]. 应用生态学报，21（11）：2792-2798.

王连峰，蔡祖聪，2004. 水分和温度对旱地红壤硝化活力和反硝化活力的影响 [J]. 土壤，36（5）：543-546+560.

文顺元，王伯仁，李冬初，等，2010. 长期不同施肥对红壤微生物生长影响 [J]. 中国农学通报，26（22）：206-209.

吴志豪，2016. 蚯蚓对土壤阿特拉津降解的影响与机理研究 [D]. 广州：华南农业大学.

夏文建，柳开楼，张丽芳，等，2020. 长期施肥对红壤稻田土壤微生物生物量和酶活性的影响 [J]. 土壤学报，58 (3)：1-10.

夏昕，石坤，黄欠如，等，2015. 长期不同施肥条件下红壤性水稻土微生物群落结构的变化 [J]. 土壤学报，52 (3)：697-705.

谢晓梅，2002. 镉污染对红壤微生物生态特性的影响 [J]. 广东微量元素科学 (9)：54-59.

徐建民，黄昌勇，安曼，等，2000. 磺酰脲类除草剂对土壤质量生物学指标的影响 [J]. 中国环境科学，20 (6)：491-494.

许炼锋，1993. 镉对砖红壤微生物的影响 [J]. 农业环境科学学报，12 (4)：145-149+193.

薛冬，姚槐应，何振立，等，2005. 红壤酶活性与肥力的关系 [J]. 应用生态学报，16 (8)：1455-1458.

颜雄，2013. 长期施肥对水稻土和旱地红壤的肥力质量、有机碳库与团聚体形成机制的影响 [D]. 长沙：湖南农业大学.

杨杰，陈闻，侯海军，等，2019. 南方红壤丘陵区土壤细菌对土壤水分和温度的响应差异 [J]. 热带作物学报，40 (3)：609-615.

姚槐应，何振立，陈国潮，等，1999. 红壤微生物量在土壤-黑麦草系统中的肥力意义 [J]. 应用生态学报，10 (6)：725-728.

曾路生，廖敏，黄昌勇，等，2005. 镉污染对水稻土微生物量、酶活性及水稻生理指标的影响 [J]. 应用生态学报，16 (11)：158-163.

周际海，郜茹茹，魏倩，等，2020. 旱地红壤不同土地利用方式对土壤酶活性及微生物多样性的影响差异 [J]. 水土保持学报，34 (1)：327-332.

Bossio D A，Scow K M，Gunapala N，et al.，1998. Determinants of soil microbial communities：Effects of agricultural management，season，and soil type on phospholipid fatty acid profiles [J]. Microbial Ecology，36 (1)：1-12.

Dick R P，1992. A Review-long-term effects of agricultural systems on soil biochemical and microbial parameters [J]. Agriculture Ecosystems and Environment，40 (1-4)：25-36.

Drenovsky R E，D Vo，Graham K J，et al.，2004. Soil water content and organic carbon availability are major determinants of soil microbial community composition [J]. Microbial Ecology，48 (3)：424-430.

Li Y T，Becquer T，Quantin C，et al.，2005. Microbial activity indices：Sensitive soil quality indicators for trace metal stress [J]. Pedosphere，15 (4)：409-416.

Li Y T，Rouland C，Benedetti M，et al.，2009. Microbial biomass，enzyme and mineralization activity in relation to soil organic C，N and P turnover influenced by acid metal stress [J]. Soil Biology and Biochemistry，41 (5)：969-977.

Moreno J L，Garcia C，Landi L，et al.，2001. The ecological dose value（ED_{50}）for assessing Cd toxicity on ATP content and dehydrogenase and urease activities of soil [J]. Soil Biology and Biochemistry，33 (4-5)：483-489.

Sogin M L，Morrison H G，Huber J A，et al.，2006. Microbial diversity in the deep sea and the underexplored "rare biosphere" [J]. Proceedings of the National Academy of Sciences of the United States of America，103 (32)：12115-12120.

Speir T W，Kettles H A，Parshotam A，et al.，1995. A simple kinetic approach to derive the ecological dose value，ED (50)，for the assessment of Cr (vi) toxicity to soil biological properties [J]. Soil Biology and Biochemistry，27 (6)：801-810.

Speir T W，Kettles H A，Parshotam A，et al.，1999. Simple kinetic approach to determine the toxicity of As V to soil biological properties [J]. Soil Biology and Biochemistry，31 (5)：705-713.

Xu H J，Li S，Su J Q，et al.，2014. Does urbanization shape bacterial community composition in urban park soils? A case study in 16 representative Chinese cities based on the pyrosequencing method [J]. Ferns Microbiology Ecology，87 (1)：182-192.

第七章 | 红壤有机质及其提升技术 >>>

我国南方红壤区气候温暖、雨量丰沛、生物类型多样，具有较高的作物生产潜力，是我国粮食作物、经济作物及肉类等产品的重要生产基地。由于植被群落单一和农事耕作等长期不合理的开发利用，红壤丘陵区成为中国南方面积最大、垦殖指数最高、水土流失最为严重的区域，特别是农业生态系统中养分循环与平衡的失调，加剧了土壤的养分贫瘠化及肥力退化过程。

土壤有机质不仅是土壤肥力的核心和养分循环的重要物质基础，也作为维持土壤结构的胶结物质，对调节土壤水分、通气性、抗蚀力、供保肥能力等起着关键作用，保持土壤中较高的有机质水平是土地持续利用和作物高产稳产的先决条件。因此，了解红壤有机质的演变特征与影响因素，深入探讨红壤有机质提升的技术原理，对于维持南方丘陵区红壤的生产潜力和保持生态平衡具有重要的意义。

第一节 红壤有机质演变特征及影响因素

一、红壤主要地区土壤有机质演变特征

由于南方丘陵区特殊的地形，土壤有机质含量通常较低。20 世纪 80 年代以来，红壤旱地平均有机质含量为（26.8±12）g/kg。而在 20 世纪 90 年代以后绿肥种植面积明显减少，一些退化红壤旱地有机碳含量最高仅为 10.0 g/kg、最低为 1.5 g/kg，其中小于 5.8 g/kg 的面积达到 42％（李忠佩，1999）。从我国南方红壤主要地区（安徽、湖北、江西、福建、云南等）有机质变化的特征（图 7-1）来看，有机质含量主要集中在 15.0～25.0 g/kg，属于 3 级水平（中级）。其中，有机质含量处于较低水平（10.0～15.0 g/kg，4 级）和高水平（＞35.0 g/kg，1 级）的占 20％左右；而土壤有机质含量处于低水平（≤10.0 g/kg，5 级）的占 6％。

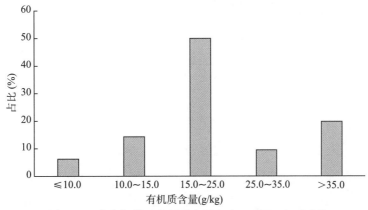

图 7-1 南方红壤区有机质水平占比（2008—2018 年）

常规管理模式下，红壤有机质含量稳中有升，但受红壤类型以及地理分布的影响呈现较大差异。2004—2018 年安徽省棕红壤和黄红壤有机质含量的变化如图 7-2 所示，从图中可以看出黄红壤有机质

含量高于棕红壤，在 2010 年以后棕红壤和黄红壤有机质含量处于较稳定的状态。对于不同地区，江西省宜春市上高县、云南省曲靖市麒麟区和湖北省黄石市大冶市三地红壤有机质的含量随时间呈现波动性变化趋势（图 7-3）。其中，江西红壤长期定位试验有机质含量从 2008 年的 32.94 g/kg 下降至 2018 年的 20.5 g/kg，下降了 37.8%。云南红壤有机质含量呈现波动性增加的趋势，从 1988 年初始年份的 31.7 g/kg 上升至 2018 年的 46.0 g/kg，上升了 14.3 g/kg，平均年增加 0.48 g/kg。湖北红壤有机质含量呈现缓慢的增加趋势，从 2004 年的 7.4 g/kg 增加到 2018 年的 10.8 g/kg，年均增加 0.24 g/kg。

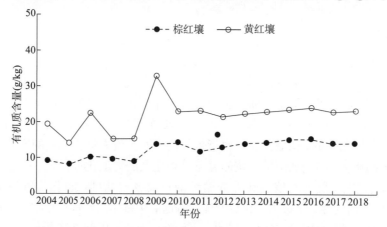

图 7-2 2004—2018 年安徽省不同类型红壤有机质含量的变化

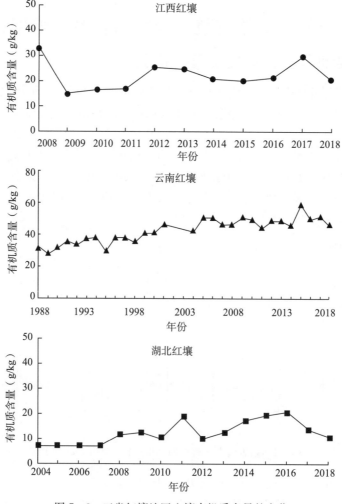

图 7-3 三省红壤地区土壤有机质含量的变化

通过对湖南祁阳旱地、江西进贤旱地以及水田红壤长期定位试验结果（图 7-4）的整体分析可知，在红壤旱地上，土壤有机碳含量受施肥措施的影响，化肥单施或偏施（N、P、K、NP、NK、PK）不利于土壤有机碳的积累，土壤有机碳含量呈现耗减的状态。对湖南祁阳旱地而言，在施肥前15 年内有机质呈逐渐上升趋势，在 2004 年达到最高值，撂荒、CK、N、NP、NK 和 PK 处理比监测

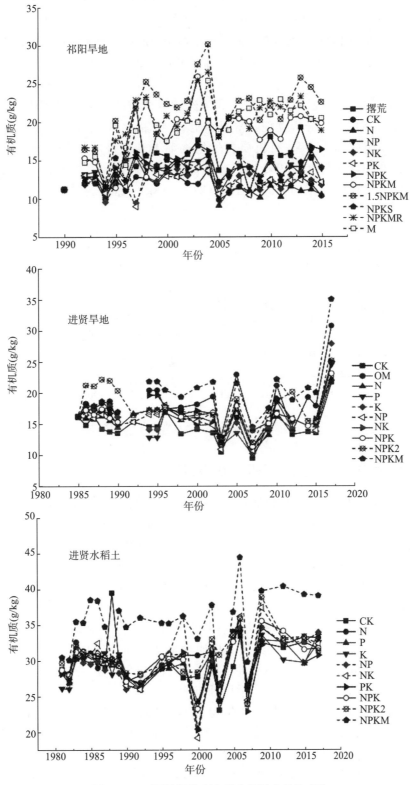

图 7-4　不同施肥处理土壤有机质含量的变化

初始年份（1990 年，11.24 g/kg）分别提高 80.23％、22.91％、31.83％、39.45％、20.70％和 22.08％，NPK 处理和 M 处理分别提高 45.03％和 126.80％，有机无机配施（NPKM、1.5NPKM、NPKS 和 NPKMR）处理增加了 39.75％～169.12％。此后，有机质开始降低并趋于稳定。对于江西进贤旱地，1985—2015 年，有机质含量一直处于波动状态，并在 2017 年呈现显著增高的趋势，CK 以及偏施 N、P、K、NP 和 NK 处理有机质含量分别是初始年份的 1.34 倍、1.37 倍、1.51 倍、1.72 倍、1.41 倍和 1.54 倍，NPK、OM 以及 NPK 处理有机质含量是 1985 年的 1.42～2.16 倍。而对于江西进贤水稻土，37 年不同施肥处理后有机质含量呈现较大波动，在所有施肥处理中 NPKM 处理有机质含量一直明显高于其他施肥处理，37 年后土壤有机质含量是 CK 的 1.23 倍，是初始年份（1980 年）的 1.39 倍。

通过常规施肥定位监测发现，常规施肥方式下红壤有机质的含量呈现波动性变化（图 7-5）。通过对 20 个红壤监测点的整体分析发现，常规施肥 30 年后，土壤有机质含量呈先增加后降低并趋于稳定的趋势。在施肥前 15 年，有机质含量呈逐渐上升趋势，在 1997—2001 年达到最高值（30.8 g/kg），比监测初始年份（25.0 g/kg）升高 23.2％。此后，有机质含量开始降低并趋于稳定。红壤监测点 2012—2016 年平均有机质含量（27.4 g/kg）与监测初始年份相比略有上升，增加幅度为 9.5％。

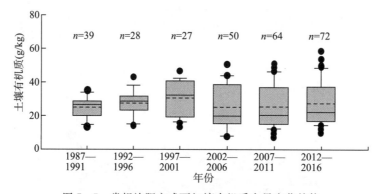

图 7-5　常规施肥方式下红壤有机质含量变化趋势

二、土地利用方式对红壤有机质的影响

不同土地利用方式的变化对土壤有机质具有重要影响。不同土地利用方式之间土壤有机碳含量的差异在很大程度上受成土母质、有机碳的输入、植被与管理措施的影响。红壤丘陵区水田有机质含量往往显著高于林地和旱地。其主要原因是，水田经过长期的深耕熟化后，土壤肥力和有机质水平较高，而林地或果园中土壤有机碳总量较低的原因可能是施肥较少或不施肥。另外，由于水田具有较高的生产力，通过水稻根茬归还的生物量及其根系分泌物一般高于旱作系统（油菜、甘薯）等，水田外源碳输入大于旱地。

在长期不同作物种植条件下，土壤有机质含量存在明显差异。对湖南省不同作物种类的研究（表 7-1）发现，连续 14 年种植茶树的红壤有机质含量从 2004 年的 37.2 g/kg 增加到 2018 年的 46.7 g/kg，平均每年增加 1.82％；而连续种植橙的红壤有机质含量主要在 3～4 级，红壤有机质含量 2018 年比 14 年前增加了 13.2 g/kg，平均每年增加 9.62％，土壤有机质含量变化范围较大。对于种植柑橘的红壤地区，有机质含量 2004 年为 38.4 g/kg，连续 14 年后有机质含量呈现明显的下降趋势，降低了 20.9 g/kg，平均每年降低 3.89％，土壤有机质含量变化较大，集中在 1～3 级。相对于果树或者茶树，连续种植农作物，如花生、大豆、油菜等油料作物，有机质含量处于相对稳定的状态，从 2004 年的 13.7 g/kg 增加到 17.0 g/kg，平均每年增加 1.72％，土壤有机质含量主要集中在 3 级。

表 7-1 湖南红壤不同作物种植条件下有机质的变化

主要作物	2004 年有机质含量 （g/kg）	2018 年有机质含量 （g/kg）	有机质含量范围 （g/kg）	有机质级别	变化量 （g/kg）	年均变化量 （%）
茶树	37.2	46.7	34.7～49.0	1～2 级	9.5	1.82
橙	9.8	23.0	9.8～53.9	3～4 级	13.2	9.62
柑橘	38.4	17.5	15.8～40	1～3 级	−20.9	−3.89
花生、大豆、油菜	13.7	17.0	13.7～20.60	3 级	3.3	1.72

三、长期施肥对红壤有机质提升的影响

农田土壤有机质的动态变化取决于外源有机物料的输入和输出。提升农田土壤有机质最直接、最有效的途径就是增加外源有机物料（根茬、秸秆及有机肥）的输入量。一般而言，土壤有机质含量随着外源有机物料输入量的增加而增加，而输入土壤的单位外源有机物料经一定周期后转化成土壤有机质。土壤有机质提高主要靠施用有机肥和残留在土壤的根系、枯枝落叶，受自然、人为等多种因素影响。

施肥是最广泛的改善农田土壤有机碳水平的技术措施。施肥对土壤有机质含量的影响主要有 3 方面：①施肥制度通过影响作物产量影响作物根茬、枯枝落叶的回田量，从而影响土壤有机质含量；②通过施肥影响土壤的生物化学过程，进而影响土壤有机质的分解与合成；③有机肥料本身以有机物的形式进入土壤，直接影响土壤的有机质含量及其变化。

在红壤旱地上，土壤有机质含量深受施肥措施的影响，而且在不同地区也有差异。在江西进贤红壤旱地，化肥单施或偏施（N、P、K、NP、NK）不利于土壤有机质的积累，土壤有机质含量呈现耗减的趋势（表 7-2），连续施肥 25 年后土壤有机质含量比试验前下降 2.40%～19.43%；化肥配合施用或施用有机肥料可以提高土壤有机质含量，土壤有机质呈现积累的趋势，在持续 25 年施肥试验后，NPK、NPKM 处理和 M 处理的土壤有机质含量比试验前提高 4.4%、19.02% 和 14.47%。在湖南祁阳红壤旱地，由于初始土壤有机质含量较低，除单施氮肥和不施肥处理土壤有机质含量没有显著变化外，其余施肥处理土壤有机质含量均显著增加，有机肥单施或有机肥与 NPK 化肥配合施用的土壤有机质含量均提高了 81% 以上。这说明，在红壤旱地上，氮磷钾肥和有机肥配合施用是提升有机质水平的较好施肥措施。

表 7-2 长期不同施肥条件下红壤旱地有机质的含量

地点	处理	初始年份有机质含量 （g/kg）	施肥 25 年后有机质含量 （g/kg）	有机质增加量 （g/kg）	有机质变化 （%）
江西进贤	CK	16.19	14.83	−1.36	−8.40
	N	16.26	13.10	−3.16	−19.43
	P	16.14	13.64	−2.50	−15.49
	K	16.07	14.95	−1.12	−6.97
	NP	16.22	15.83	−0.39	−2.40
	NK	16.17	14.27	−1.90	−11.75
	NPK	16.36	17.08	0.72	4.40
	NPKM	16.19	19.27	3.08	19.02
	M	16.31	18.67	2.36	14.47

（续）

地点	处理	初始年份有机质含量 （g/kg）	施肥 25 年后有机质含量 （g/kg）	有机质增加量 （g/kg）	有机质变化 （%）
湖南祁阳	CK	13.60	14.38	0.78	5.74
	N	13.60	13.55	−0.05	−0.37
	NP	13.60	19.77	6.17	45.37
	NK	13.60	15.03	1.43	10.51
	PK	13.60	16.30	2.70	19.85
	NPK	13.60	20.36	6.76	49.71
	M	13.60	24.71	11.11	81.69
	NPKM	13.60	24.67	11.07	81.40
	NPKMR	13.60	24.73	11.13	81.84
	1.5NPKM	13.60	29.78	16.18	118.97
	NPKS	13.60	18.56	4.96	36.47

第二节　红壤有机质组成特征与稳定性

通常影响土壤有机质稳定性的因子主要包括有机质的化学吸附过程、团聚体形成与破碎过程、微生物和酶参与的生物降解过程、土壤动物的活动及有机质分子组成的结构、基团的种类和数量，以及由这些基团所引起的热学特性（图 7-6）。因此，通常土壤有机质稳定性分为：①化学稳定性，通过有机质和土壤矿物间的化学和物理化学作用来增强有机质抗分解的稳定性。通常有机质与矿物颗粒间具有吸附作用，其受吸附剂、附着物和溶液性质的影响。此外，许多热带及亚热带地区的铁铝氧化物与有机质的配合反应也可增加有机质的稳定性。②物理稳定性，通过物理作用机制形成团聚体，限制有机质与微生物和酶的接触，进而阻止有机质的分解。通常黏土矿物表面大约 90% 的区域对微生物和胞外酶而言较难进入。③生物化学稳定性，指有机质自身的化学组成，如木质素和多酚稳定化合物，以及在化学配位过程中抵抗微生物和酶的影响的能力。此外，人为管理措施也是影响农田土壤有机质稳定性的重要因素之一。秸秆还田及有机肥和化肥施用影响外源有机物输入的数量和质量，对土壤有机质的稳定性产生影响。土地利用方式和耕作方式也是影响土壤有机质稳定性的重要措施，不同

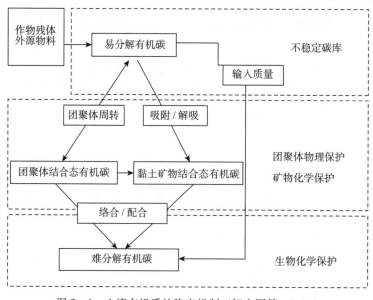

图 7-6　土壤有机质的稳定机制（解宏图等，2003）

的土壤有机质组分对其具有不同的响应。例如，常规耕作会频繁搅动土壤、破坏土壤结构，使得被土壤结构体保护的土壤有机物游离于土壤结构体之外，引起化学和生物的分解；同时，土壤搅动还增加通气性能，刺激微生物活性加剧有机质的分解矿化过程，最终降低土壤有机质的稳定性。

根据有机质在土壤中的分解难易与转化时间，可将土壤有机碳分为 3 个库：①活性库，其组成以微生物生物量碳、可矿化碳、碳水化合物等为主，具有活性强、分解速度快、转化周期短的特点。②稳定库，主要为碳水化合物、颗粒有机物、脂类等，周转和分解速率均慢于前者，是土壤固定有机碳的主要碳库。③极稳定库，主要是木质素、多酚、腐殖质及被保护的多糖等，分解速率很慢且转化周期很长（Six，2000）。

一、不同利用与管理方式下的红壤活性有机质组分

在一定时空条件下，受植物和微生物影响强烈，具有一定溶解性且移动较快、不稳定、易分解，其形态和空间位置对植物和微生物有较高活性的那部分土壤有机质，称为土壤活性有机质。土壤活性有机质能显著影响土壤化学物质的溶解、吸附、解吸、吸收、迁移等行为，在营养元素的地球生物化学过程、成土过程、微生物代谢过程、土壤有机质分解过程中具有重要作用。依据提取方法的不同，表征的术语有溶解性有机质（dissolved organic matter）、易氧化有机质（labile organic matter）、土壤微生物生物量碳（soil microbial biomass carbon）、轻组有机质（light fraction organic matter）、颗粒有机质（particulate organic matter）等。

农田土壤溶液中活性有机质的浓度为 17～140 mg/L，但在某些土壤环境（如有机肥-土壤交界面、植物根系等）中活性有机质的浓度可高达 331～434 mg/L。虽然土壤活性有机质的量仅占土壤有机质总量的很少一部分，但在不同农田管理措施下其动态变化幅度较大。其动态变化可以反映土壤有效养分库的大小和周转，也能快速反映土壤潜在生产力和土壤有机质变化对土壤管理措施变化的响应。因此，探究不同利用与管理方式下红壤活性有机质的变化特征，可为维持红壤的肥力水平和提升农田生产力提供理论依据。

不同土地利用方式下外源碳输入差异和土壤理化性质的变化是导致土壤活性有机质含量及分布差异的主要原因。研究发现，与天然林相比，水田、人工林、旱地农田、苗圃等红壤的易氧化有机质含量和碳库管理指数（CMI）分别降了 22.0%～65.5% 和 9.1%～66.6%，表明天然林转变为人工林或旱地农田后，土壤碳库的稳定性降低（张仕吉等，2016）。其可能原因有以下 3 个方面：①天然林改变为其他土地利用方式后，改变了植物种的组成和有机质输入状况，脱落量、地下根系分泌量及死亡周转均有不同程度的显著降低。②土温升高、土壤湿度降低促进了微生物对有机质及其组分的分解。③开垦、耕作、浇水、除草的管理措施破坏大团聚体，释放小团聚体，将团聚体保护、胶结的新鲜有机质暴露在外，微生物较易利用，从而降低了颗粒有机质数量。有研究（盛浩，2015）发现，亚热带天然常绿阔叶林转变为人工林、经济林或农用地后，花岗岩红壤颗粒有机质、轻组有机质、可溶性有机质及微生物生物量碳含量均有所下降，且轻组有机质和微生物生物量碳的降幅最大，分别高达 34%～67% 和 49%～86%。这表明，轻组有机质和微生物生物量碳可作为土地利用变化后花岗岩红壤 SOC 变化的早期敏感指标（表 7-3）。红壤丘陵区水田表层土壤的缓效性组分和惰性组分均显著高于旱地（孟静娟等，2009），稻田土壤中外源秸秆的分解产物向颗粒有机碳、铁铝结合态有机碳和微生物生物量碳的分配比例高于旱地（王玉竹等，2017）。

表 7-3　不同土地利用方式下红壤活性有机质组分的密度

土壤活性有机质组分	活性有机质组分密度（kg/m²）			
	天然林	人工林	经济林	耕地
颗粒有机质	0.30±0.02a	0.25±0.02a	0.18±0.02b	0.20±0.01b
轻组有机质	0.32±0.05a	0.21±0.04b	0.11±0.04c	0.11±0.03c

（续）

土壤活性有机质组分	活性有机质组分密度（kg/m²）			
	天然林	人工林	经济林	耕地
溶解性有机质	0.05±0.02a	0.05±0.02a	0.04±0.02ab	0.01±0.01b
微生物生物量碳	0.06±0.02a	0.03±0.01b	0.03±0.01b	0.01±0.00c
易氧化有机质	0.97±0.09a	0.73±0.08a	0.81±0.08a	0.91±0.07a

　　除了土地利用方式外，施肥方式也会显著影响活性有机质的组分。依托长期定位试验发现，长期施肥处理粗颗粒组分中有机质含量的增长幅度最大，尤其是化肥配施有机肥（增幅达76%），且粗颗粒组分有机质与土壤有机质呈显著的直线相关关系（$y=2.18x+16.65$，$R^2=0.95$，$P<0.01$），这表明红壤粗颗粒有机质对施肥管理措施具有较强的敏感性（Xu，2020）；长期不施肥或单施化肥条件下红壤的易氧化有机质含量基本不变，而化肥配施有机肥或秸秆还田处理红壤易氧化有机质分别增加了146.2%和59.0%，且易氧化有机质占总有机质的比例增加了7.5个百分点。这是由于红壤有机质起始水平低，施肥后作物增产效果显著，系统投入的增加促进了有机质的周转，亚热带地区充裕的水热条件、土壤微生物活动旺盛更有利于红壤有机质数量和质量的提高。与单施化肥、配施有机肥的红壤微生物生物量碳、水溶性有机质、颗粒性有机质、易氧化有机质含量分别显著提升了62.84%、33.15%、65.63%和16.13%（康国栋，2017）。此外，施肥处理下有机质的矿化增加，有机质的周转速率降低。其中，在化肥（NPK）、有机肥无机肥配施（NPKM）以及单施有机肥（M）处理下，有机质的矿化增加了227%、118%和162%，有机质的周转速率分别降低了7.33%、78.01%和58.64%，且微生物生物量碳及可溶性有机质与有机质矿化量呈现极显著正相关关系（表7-4）。因此，施肥特别是有机肥的施用能大幅度提升旱地红壤活性有机质、粗颗粒有机碳、微生物生物量碳、微生物生物量氮以及微生物熵，改变土壤微生物群落结构，有利于土壤肥力的维持。

表7-4　不同施肥方式下土壤有机质的矿化以及矿化量与活性有机质的关系

处理	有机质累积矿化指标				与有机质矿化量的相关性	
	CO₂-C释放量（g/kg）	CO₂-C增加量（g/kg）	增加率（%）	周转速率（d⁻¹）	微生物生物量碳	可溶性有机质
CK	0.10	—	—	0.191	0.662**	0.765**
NPK	0.32	0.23	227%	0.177	0.452*	0.774**
NPKM	0.48	0.38	118%	0.042	0.707**	0.822**
M	0.88	0.78	162%	0.079	0.861**	0.756**

　　注：**表示在1%水平上显著相关，*表示在5%水平上显著相关。下同。

二、长期不同施肥条件下红壤有机质的化学结构

　　土壤有机质化学结构的研究早期主要集中在胡敏酸和富里酸的化学结构特征，主要通过化学分组方法来分离不同有机质组分。但是，这些利用溶解样品的分组方法在物理破碎或化学酸碱提取过程中会从一定程度上破坏土壤有机碳的原始结构和性质，从而导致结果往往不能反映实际的情况。

　　随着科学技术的发展，人们对有机碳结构分析的手段也不断进步。当前探究土壤有机碳结构较普遍的方法有：①热裂解方法。该方法无须提纯，不会破坏化学结构和组成，但热解过程中的副作用会使有机质本来的成分发生变化。②固态¹³C核磁共振方法。该方法既可非破坏性地对不同化学结构的相对数量进行评估，又能定量检测有机质降解和腐殖化过程中碳组分的相对变化，从而指示有机质的分解进程。通常可将有机碳的化学结构官能团分为烷基碳、烷氧基碳、芳香碳和羧基碳，其中烷氧基碳为易分解有机碳结构，而烷基碳为较难分解有机碳结构。③热解气相-色谱/质谱（Py-GC/MS联

用）。该方法通过高温热裂解将有机质大分子结构上键能较弱的部分断裂成小分子，使之成为可溶的有机质或色谱可分离的物质，然后运用质谱在分子水平上进行化合物的鉴定。通常可以检测土壤中木质素来源的化合物、芳香化合物、多糖类化合物、脂肪族化合物、含氮化合物以及固醇类物质。④傅立叶红外光谱，通过测量分子对光的吸收得到分子结构信息的一种检测方法。

施肥改变有机质输入的数量和质量及土壤微生物的种类和活性，影响有机碳的分解程度及各有机碳官能团的数量，影响土壤有机碳的结构。运用 Py-GC/MS 技术分析红壤有机质结构发现，不同施肥处理的木质素总量表现为 NPKM＞NPK＞CK＞N，且不同组分呈现随粒径减小而减少的趋势；但不同施肥条件下多糖类化合物和脂肪族化合物及含氮化合物的变化无明显规律（赵玉皓，2018）。这表明，施肥尤其是化肥配施有机肥可以提高祁阳红壤有机质中木质素类化合物的含量，且粗颗粒有机质中木质素类化合物积累。木质素类化合物主要来源于植物，受植物源有机物质输入和土壤样品降解程度的影响。NPKM 处理带入大量外源有机物料且作物归还量较大，因而木质素含量最高。N 处理土壤酸化严重，没有农作物的生长，因而植物残体的输入减少，导致木质素含量最低。运用固体^{13}C核磁共振技术研究发现，连续 22 年施肥后祁阳红壤有机质中芳香族基团（以碳计）的百分含量约降低 5.0％，而烷氧基团碳的百分含量约增加 7.3％。烷氧基碳主要代表新鲜植物多糖成分，且最容易分解（He，2018）。施肥 22 年后，烷氧基碳含量的提高主要是由于有机肥及秸秆的添加，以及施肥促进了作物生长导致归还到土壤的作物残体或根系的增加，因而一定程度上降低了土壤有机碳的分解程度，导致芳香碳和烷基碳等难分解组分比例的降低。长期不同施肥条件下祁阳红壤有机碳的 4 个官能团的绝对碳含量均与累计碳投入量线性正相关，且烷基碳、烷氧基碳、芳香碳和羧基碳的转化效率分别为 2.4％、7.8％、2.4％和 2.1％（He，2018）。这表明外源性的碳投入，如有机肥和秸秆的添加或植物残茬的归还等，可促进土壤各结构官能团碳含量的增加。烷氧基碳为有机碳化学结构功能团中最活跃的组分，其较高的转化效率说明烷氧基碳对施肥措施最敏感，反应最迅速，且更多的碳被固定在烷氧基碳官能团中。基于江西进贤长期定位试验的研究也表明，与不施肥相比，化肥处理红壤有机质的烷基碳和烷氧基碳分别降低了 15.3％和 3.56％，而芳香碳和羧基碳分别增加了 8.9％和22.3％；施用有机肥处理的羧基碳增加了 17.0％，同时提高了烷基碳/烷氧基碳（表 7-5），从而提高了土壤有机质的缩合度，脂族链烃含量增加，使有机质分子结构变得更为复杂化，有利于土壤有机碳的积累（王雪芬，2012）。

表 7-5　不同施肥处理下红壤有机碳化学结构各官能团碳的百分比

点位	处理	有机碳化学结构各官能团碳的百分比（%）				
		烷基碳	烷氧基碳	芳香碳	羧基碳	烷基碳/烷氧基碳
祁阳	CK	23.4	53.9	13.6	9.1	0.43
	NPK	25.0	57.6	9.6	7.8	0.43
	NPKM	20.4	54.4	14.0	11.3	0.37
	NPKS	27.3	51.9	11.9	8.9	0.53
进贤	CK	18.3	47.8	24.6	9.4	0.38
	NPK	15.5	46.1	26.8	11.5	0.33
	NPKM	18.2	45.1	25.7	11.0	0.40

三、红壤有机质矿化特征及其温度敏感性

（一）红壤有机质矿化特征

土壤有机质的矿化是农田生态系统碳循环的主要过程，主要指土壤中的有机化合物在酶的作用下释放出 CO_2、水、能量，为植物生长提供可利用的矿质养分的过程。一般来讲，不同土地利用方式形成不同的土壤微气候条件，改变其环境内温度和水分，影响微生物分解，从而影响土壤有机质矿

化。杜丽君等（2007）研究发现，4 种利用方式下红壤的 CO_2 年排放总量为水稻—油菜轮作田＞果园＞旱地＞林地，且土壤 CO_2 排放通量呈现明显的季节性变异，土壤的 CO_2 排放与对应的大气温度、土壤温度变化趋势基本一致（水田除外）。一般来说，农田的有机碳矿化大于林地，且土壤的 CO_2 排放速率均是夏季高于冬季、白天高于夜间。这可能是因为夏季和白天气温相对较高，一方面影响植物根系呼吸和土壤微生物活动，间接影响土壤 CO_2 排放，另一方面还直接决定着土壤有机质的氧化分解速率。

施肥作为最重要的农田管理措施，通过增加根系分泌物和植物残体的数量以及通过影响土壤微生物来影响土壤有机质的矿化过程。研究表明，施用化肥或有机肥均可提高红壤有机质矿化量和微生物的数量，影响微生物群落结构，且施用有机肥的效果显著优于化肥。微生物数量的增长落后于有机质矿化速率的变化，但培养 2 周后不同施肥处理之间微生物的数量与有机质矿化释放的 CO_2 量显著线性相关。此外，不同施肥条件下红壤有机质矿化 CO_2 释放量的累积过程符合一级反应动力学方程，有机质矿化 CO_2 潜在排放量为有机肥（0.88 g/kg）＞有机肥配施化肥（0.48 g/kg）＞化肥（0.32 g/kg）＞对照（0.10 g/kg）。有机肥处理较高的潜在 CO_2 释放量可能是由于土壤中微生物需要分解较多的有机物才能得到所需的 N、P 等养分元素；而有机肥无机肥配合施用的环境中养分丰富，微生物对有机质的利用效率提高。对不同物料的矿化特征的研究表明，添加不同有机物料红壤的 CO_2 潜在释放量 C_i 顺序为小麦秸秆（1.51 g/kg）＞玉米秸秆（1.38 g/kg）＞猪粪（0.89 g/kg）＞鸡粪（0.78 g/kg）＞牛粪（0.50 g/kg），土壤潜在 CO_2 - C 释放量的周转速率（k）的范围为 0.08～0.14 d^{-1}，半周转期 $T_{1/2}$ 为 4.88～8.77 d（表 7 - 6）。

表 7 - 6　不同物料添加后红壤潜在可释放 CO_2 - C 库的大小、周转速率和半周转期

项目	物料类型						
	对照	化肥	猪粪	牛粪	鸡粪	玉米秸秆	小麦秸秆
C_i（g/kg）	0.10	0.28	0.89	0.50	0.78	1.38	1.51
k（d^{-1}）	0.19	0.08	0.14	0.08	0.14	0.11	0.12
$T_{1/2}$（d）	6.54	9.00	4.88	8.77	4.88	8.24	8.68
R^2	0.99	0.99	0.99	0.99	0.98	0.99	0.99

（二）红壤有机质矿化的温度敏感性

土壤有机质矿化的温度敏感性通常用 Q_{10} 来描述。土壤有机质矿化对温度变化的敏感性由三方面因素决定：土壤有机质的化学组成结构决定其潜在的热动力学性质，土壤矿质颗粒对它的物理化学保护作用，冰冻和干旱等环境因素的保护作用决定土壤有机质能否有效地被微生物利用。

不同利用方式和管理措施造成小环境的差异，导致微生物活性和养分供给的差异，从而影响土壤有机质矿化对温度变化的响应。管元元等（2017）研究发现，增温初期土壤活性有机质快速分解，导致后期没有充足的碳源来支持土壤呼吸；但添加葡萄糖后，随着土壤深度的增加土壤的有机质矿化速率及 Q_{10} 均显著增加，且浅层土壤响应较快，而深层土壤响应慢但增幅更大，可能原因是不同层次土壤养分和有机质的稳定性存在差异。杜丽君等（2007）研究发现，水田、果园、林地和旱地利用方式下 Q_{10} 分别为 1.51、1.88、2.08 和 2.70。这表明不同土地利用方式下有机质质量、养分供应及微生物活性和群落差异使得红壤的 Q_{10} 也存在显著差异。邵蕊等（2018）用静态箱-气相色谱法探讨施肥对油茶园红壤有机质矿化及温度敏感性的影响发现，施肥对油茶园红壤的呼吸和异养呼吸无显著影响，但显著增加了断根处理土壤呼吸 Q_{10}，且 Q_{10} 与表层 NH_4^+ - N 和 NO_3^- - N 的含量呈显著正相关关系。这可能是由于施肥后土壤中无机氮含量增加，抑制了土壤氧化酶的活性，导致相对于对照处理，施肥处理增加了土壤碳库中难分解的复杂碳化合物，分解复杂碳化合物需要更高的活化能，因而具有比简单化合物更高的温度敏感性。

大量研究已经证实，施用有机肥显著提升了红壤的有机质和养分含量，促进了红壤地力恢复和生

产力的提升。施用有机肥不同程度地提升了红壤中有机质的活性组分，增加了土壤中可供微生物利用的有机碳源，促进了土壤有机质的矿化和周转。同时，有机肥的施用增加了旱地红壤烷基/烷氧基团、脂族/芳香族基团及芳香度等有机化学结构特性，促进了粗颗粒组分中木质素类化合物积累，从而导致有稳定结构的有机质分子增加，有利于旱地红壤有机质质量的提升。

第三节　红壤有机质对土壤肥力的贡献

一、红壤有机质积累与团聚体的稳定性

土壤有机质作为有机胶结物质，不仅影响土壤结构的形成，土体孔隙状况，土体内水、热、气的动态以及根系活动，还显著影响团聚体的形成。土壤团聚体是土壤的重要组成部分，也是构成土壤结构的最基本单元，其形成与稳定是一个复杂的物理的、化学的及生物学的过程。基于土壤颗粒和有机质性质，Six 等（2002）提出了土壤有机碳物理-比重分组技术，此方法被广泛应用于土壤有机质质量变化的研究。一般将水稳性团聚体划分为大团聚体（＞0.25 mm）和微团聚体（＜0.25 mm），也有研究者进一步划分为土壤大团聚体（＞2 mm）、中间团聚体（0.25～2 mm）、微团聚体（0.053～0.25 mm）以及粉黏团聚体（＜0.053 mm）。有机质积累对团聚体稳定性的影响主要体现在两方面：①土壤有机质提升促进作物对土壤养分的吸收，促进作物根系的分割挤压，同时土壤微生物活性的增加和土壤动物的活动进一步促进水稳性团聚体和较大微团粒的大量产生，使得土壤结构得到很好的改善。②有机质结构中有大量羧基、羟基、酚基、甲氧基等功能基团，这些功能基团能与土壤中钙、镁等的离子形成有机无机复合胶体。这些胶体胶结土壤矿物颗粒，形成稳定的团粒结构。增加土壤有机质含量可促进土壤团聚体的形成及稳定，二者有一定的正相关性，通过改变土地利用方式和采取合理的施肥措施来增加有机质，可以促进土壤团聚体的形成。

土地的利用过程是人类干预土壤质量最重要、最直接的一种活动，不同种植模式以及管理水平影响土壤团聚体的形成和稳定性。针对红壤自然恢复、传统利用、作物轮作以及人工林 4 种利用方式下团聚体的研究指出，与自然恢复相比，传统土地利用方式下＞2 mm 土壤团聚体显著增加了 16.19%，0.25～0.053 mm 的土壤团聚体降低了 12.50%，＜0.053 mm 的土壤团聚体显著下降了 9.62%；作物轮作方式下＞2 mm 的土壤团聚体占 11.03%，与自然恢复相比降低了 5.16%；人工林利用方式下＞2 mm 的土壤团聚体与自然恢复相比降低了 2.69%，＜0.053 mm 的土壤团聚体显著下降了 6.57%（表 7-7）。人为扰动不仅会直接破坏大团聚体使其向团聚体转化，还会改变耕层土壤的微环境，影响作物根系和微生物群落的生长发育，从而破坏大团聚体的稳定性。

表 7-7　不同利用方式下团聚体粒径分布状况

利用方式	团聚体所占比例（%）			
	＞2 mm	2～0.25 mm	0.25～0.053 mm	＜0.053 mm
自然恢复	16.19±2.55Bb	38.91±2.33Aa	33.05±2.39Aa	14.10±2.44Ab
传统利用	32.40±2.66Aab	42.71±1.83Aa	20.55±2.11Bb	4.48±1.11Cc
作物轮作	11.03±2.79Bb	37.86±1.33Aa	39.09±1.98Aa	12.16±1.67ABb
人工林	13.50±3.21Bb	40.22±1.11Aa	38.78±2.58Aa	7.53±1.55BCb

注：大写字母表示不同处理同一粒径的显著性差异，小写字母表示同一处理不同粒径的显著性差异。

除土地利用方式外，农田施肥也是土壤有机质提升、团聚体结构形成与稳定的重要影响因素。基于 30 年的红壤性水稻土长期定位试验，NPK、NPKM7/3、NPKM3/7 和 NPKM5/5 处理的有机碳含量分别比不施肥提高了 21.32%、39.16%、69.30% 和 81.10%；粗颗粒和游离态黏粒组分的质量占比在 NPKM3/7 处理下最高，为 53.06% 和 3.23%，微团聚组分的质量占比在 NPKM5/5 处理下最高，为 34.05%，游离态粉粒组分的质量占比在 NPK 处理下最高（21.18%）；在化肥配施有机肥处

理下，游离态黏粒组分的质量占比随总有机碳含量的增加而提高，NPKM3/7 显著增加了粗颗粒（19.9%）和游离态黏粒（1.85%）组分的质量占比，而其余各组分的质量比例在各施肥处理之间无显著差异（表 7-8）。

表 7-8　长期不同施肥处理下土壤不同组分质量占比（%）

处理	总有机碳 (g/kg)	粗颗粒 (>0.25 mm)	微团聚体 (0.053~0.25 mm)	游离态粉粒 (<0.053 mm)	游离态黏粒 (<0.053 mm)
CK	14.07±0.99c	43.16±1.37b	32.72±3.78ab	19.81±3.17ab	1.38±0.05b
NPK	17.07±1.07bc	40.02±2.48b	32.78±5.19ab	21.18±3.63a	1.89±0.84b
NPKM7/3	19.58±0.07b	43.32±1.94b	31.57±3.17ab	19.47±0.95ab	1.95±0.46b
NPKM5/5	23.82±1.53a	40.78±2.52b	34.05±3.92a	19.51±6.30ab	2.41±0.48ab
NPKM3/7	25.48±1.15a	53.06±3.35a	22.25±0.19b	14.19±0.40b	3.23±1.08a

结合不同施肥及种植模式下红壤团聚体及有机质的研究（表 7-9）发现，小麦—玉米轮作制度下撂荒处理团聚体粒径最大、水稳性团聚体（>0.25 mm 团聚体）含量最高，氮磷钾肥配施有机肥更可以大幅度改善土壤结构。不同施肥导致花生—休田种植体系中有机质在团聚体中的重新分配，长期化肥配施猪粪处理显著改善红壤旱地的团聚体结构，其>2 mm、1~2 mm 和 0.5~1 mm 的团聚体组分占比较不施肥和化肥处理显著增加，而粒径在 0.053~0.25 mm 的团聚体的组分占比则显著降低；同时发现，随着有机质含量的升高，红壤>1 mm 粒级的团聚体的比例升高，<1 mm 粒级的团聚体的比例降低。这些表明，有机质可以促进小粒级团聚体向大粒级团聚体转化，且有机质与平均质量直径呈极显著正相关关系（$r=0.817$，$P<0.05$）。江西余江花生—休田种植体系下红壤有机质含量的提升能够促进>0.05 mm 粗微团聚体的形成，而使<0.05 mm 微团聚体的数量降低；红壤水稳性团聚体含量和团聚体的稳定性与土壤有机质含量呈正相关关系，提高红壤有机质含量不仅可以增强红壤的团聚性，使<0.002 mm 微团聚体与土壤有机物及土壤颗粒黏结形成较大的团聚体，改善红壤的结构，还可以增加其通透性。

表 7-9　长期不同施肥处理下旱地红壤有机质及团聚体含量

（尚莉莉，2014；王经纬，2014；柳开楼，2018）

采样点	种植方式	处理	测定指标		
			有机质 (g/kg)	平均重量直径 (mm)	>0.25 mm 团聚体比例 (%)
湖南祁阳	小麦—玉米轮作	撂荒	22.1	1.22	74.40
		CK	15.3	0.41	24.92
		NPK	18.8	0.55	35.85
		NPKM	27.2	0.82	58.34
江西（鹰潭）余江	花生—休田	CK	8.4	0.76	82.55
		NPK	8.0	0.82	76.05
		NPKS	12.2	0.85	75.65
		NPKM	16.3	0.92	84.45
江西进贤	小麦—玉米轮作	CK	14.88	0.66	50.40
		NPK	16.93	0.80	65.14
		NPKS	18.32	0.72	59.11
		NPKM	21.47	0.91	75.19

二、红壤有机质提升与养分转化

土壤有机质富含作物生长所需的各种营养元素，对土壤质量及其功能的调节起着关键作用，可以影响土壤养分循环、土壤 pH 等土壤理化性质及生物学性质；同时，对土壤养分循环起着至关重要的作用。大多数土壤中氮含量比较低，实际的农业生产过程中都需要通过化肥和有机肥的配合施用来提高土壤肥力质量，改善土壤肥力对作物产量的影响。

红壤旱地养分缺乏，土壤全氮含量通常仅为 1.0 g/kg。土壤有机质是土壤微生物生命活动中重要的氮源，是土壤有机氮转化过程中重要的中间氮库，在旱地红壤氮的供应中起重要的作用，往往通过影响土壤氮的有效性而影响作物对氮的利用。不同施肥条件下，18 年间玉米氮肥回收率与土壤 pH、全氮及有机质的相关性分析结果表明，玉米氮肥回收率与土壤 pH、全氮和有机质含量显著线性正相关，红壤 pH、全氮和有机质含量变化对氮肥回收率影响的贡献分别占 29%、19% 和 19%；土壤全氮和有机质之间具有极显著的正相关性，有机质含量对全氮影响的贡献率为 20%（表 7-10）。通过对湖南祁阳红壤进行研究发现，不同物理分组下的有机质与土壤全氮都呈现出显著的正相关关系。

表 7-10 长期施肥条件下红壤 pH、全氮、有机质含量与氮肥利用的关系

参数	氮肥回收率	pH	全氮	有机质
氮肥回收率	1			
pH	0.29**	1		
全氮	0.19**	0.31**	1	
有机质	0.19**	0.24**	0.20**	1

钾是作物体内 60 多种酶的活化剂，对作物碳、氮代谢有明显的调节作用。红壤的特点是速效钾含量高，缓效钾的含量偏低，固钾能力弱，潜在钾含量低，释放钾的速度较慢。基于江西进贤的长期定位试验结果表明，施钾可以显著提高红壤旱地 >0.25 mm 团聚体组分钾对全土钾的贡献率，NPK、NPKM 和 NPKS 的 >0.25 mm 团聚体组分钾对全土钾的贡献率均显著高于不施钾处理（CK 和 NP）；NPKM 处理 >0.25 mm 团聚体组分全钾、非交换性钾和交换性钾对全土钾的贡献率分别较 CK 增加了 48.44%、49.96% 和 66.23%，较 NPK 分别增加了 8.65%、14.39% 和 22.86%；与 NPK 处理相比，NPKS 处理中 >0.25 mm 团聚体组分的交换性钾和非交换性钾对全土钾的贡献率无显著增加，但 >0.25mm 团聚体组分的全钾对全土钾的贡献率则显著增加了 25.16%（表 7-11）。有机质的提升不仅能够提高水溶性钾含量，还可以促进被土壤固定的外源钾的释放，同时有机质中的腐殖酸有较大的阳离子交换量，可以吸附施入的钾从而降低土壤的固钾率，并相应提高交换性钾的浸提量。

表 7-11 施钾红壤旱地 >0.25 mm 团聚体组分钾对全土钾的贡献率（%）

处理	全钾	非交换性钾	交换性钾
CK	49.65±1.47d	49.30±2.20c	46.85±1.21c
NP	54.85±3.44d	52.38±1.77c	51.77±2.56c
NPK	67.83±4.25b	64.63±6.44b	63.39±5.85b
NPKM	73.70±2.26a	73.93±3.08a	77.88±2.22a
NPKS	62.14±0.77c	60.04±2.79b	59.68±2.69b

同时，红壤区土壤 pH 普遍较低，因此磷的有效性及利用效率都较低。有机质是影响土壤磷形态的重要因素，对土壤磷的影响体现在以下几个方面：①通过与黏土矿物相互作用，占据部分磷的吸附点位，减弱土壤黏土矿物对磷的吸附固定强度；②有机质通过矿化释放磷，可对土壤溶液中的磷进行补充更新；③有机质为土壤提供新的吸附位点，增加土壤溶液中磷的吸附固定；④有机质提供碳源，

促进微生物活动，吸收固定土壤溶液中的磷酸根，促进磷的生物固定。长期定位试验结果表明，土壤有效磷的效率与土壤有机质呈显著的正相关关系。对长期施肥条件下旱地红壤进行研究，结果表明，长期施用磷肥使土壤 Olsen-P 和全磷含量均逐年增加，磷肥的长期施用对提高土壤磷水平起到重要作用，有机肥的施用能够提升土壤有机质含量进而减少土壤有效磷的固定。同时，有机质中富含的有机酸成分能活化土壤溶液中的磷酸根离子，提高土壤有效磷含量。

根据湖南祁阳长期不同施肥处理下旱地红壤理化性质的变化发现，有机质与碱解氮之间的相关性达到 0.817（$n=15$，$P<0.01$），与有效磷、全氮、全磷之间的相关性达到 0.846、0.982 和 0.841（$P<0.01$），与阳离子交换量也极显著正相关（$R^2=0.738$，$P<0.01$）；同时还发现，有机质含量与速效钾含量显著正相关（$R^2=0.415$，$P<0.05$），表明土壤有机质积累能够促进土壤氮、磷、钾全量养分和速效养分的提升。

三、红壤有机质与微生物学特性的相互关系

土壤微生物在土壤生态系统中占有重要地位，是土壤中最活跃的部分，在土壤的物质转换、能量流动和维持生态系统整体服务功能方面发挥着重要作用。土壤有机质与微生物的活动密切相关，微生物生命活动中所需的养分和能量主要来自有机质。土壤有机质是影响土壤微生物种群、数量和活性的重要因素。有机质控制着土壤中能量和营养物质的循环，是微生物稳定的能量和营养物质来源。当环境中的有机质含量发生变化时，土壤微生物的种群、数量和活性也往往会随之改变。土壤微生物的种群数量和活性随有机质含量的增加而增加，与有机质含量具有极显著的正相关性。

不同施肥方式引起土壤环境改变，湖南祁阳的长期定位试验发现，单施有机肥和有机肥化肥配施显著提高了红壤微生物生物量碳，单施化肥显著降低了红壤微生物生物量碳；有机肥化肥配施同时还能提高红壤微生物的碳源利用率。玉米秸秆还田也能显著提高红壤微生物生物量碳、微生物生物量氮和微生物熵，在常规施肥条件下土壤微生物对土壤中碳的利用率很低，秸秆还田后土壤微生物熵有了显著提升，说明秸秆还田促进土壤有机碳转化为更容易被微生物利用的形态，从而提高了土壤养分的有效性。陶朋闯等（2017）在对江西进贤红壤的研究中指出，在油菜—甘薯种植模式下土壤有机质与微生物学特性之间有较强的相关性，与微生物生物量碳、微生物生物量氮都有极显著的正相关关系，与微生物熵有显著的负相关关系（表 7-12），但与微生物熵、土壤呼吸之间相关性不显著。

表 7-12 红壤微生物学特性与土壤有机质（碳）之间的 person 相关性分析

指标	微生物生物量碳	微生物生物量氮	微生物生物量碳/ 微生物生物量氮	微生物熵	土壤呼吸	代谢熵	有机质
微生物生物量碳	1						
微生物生物量氮	0.677**	1					
微生物生物量碳 微生物生物量氮	0.308	−0.870**	1				
微生物熵	0.215	−0.232	0.308	1			
土壤呼吸	−0.059	0.446*	−0.547*	−0.377	1		
代谢熵	−0.679**	−0.106	−0.215	−0.403	0.757	1	
有机质（碳）	0.673**	0.752**	−0.508*	−0.574**	0.24	−0.261	1

土壤微生物种类众多，丰富的微生物群落参与土壤生化过程，其中细菌在土壤养分循环的各个环节具有重要地位。农田施肥作为人类对农田生态系统中土壤最直接的管理措施之一，可对土壤微生物群落生物量、结构和酶活性产生影响：①长期施肥可以通过改变土壤的理化性质、养分元素含量等间

接地对微生物产生一定的作用；②长期施肥会导致地上作物产量增加，从而通过影响作物根系分泌物以及凋落物的数量影响土壤细菌、真菌、放线菌及功能细菌在土壤中的相对含量。文顺元等（2010）对长期不同施肥处理下对红壤微生物数量的影响进行了研究，施用有机肥处理的真菌、细菌和放线菌的数量显著高于化肥处理和对照；施用有机肥处理的土壤反硝化细菌、好气性纤维素分解菌、好气性自生固氮菌的数量显著高于其他处理；土壤中可培养细菌和放线菌都与土壤有机碳有显著相关性，真菌则与土壤 C/N 显著相关，说明有机质是土壤微生物种群的一个重要的决定因素（表 7 - 13）。

表 7 - 13　不同施肥处理下红壤微生物数量与理化性质的逐步回归分析

土壤微生物数量	土壤基础理化性质	R^2
细菌	有机质（碳）	0.697*
真菌	C/N	0.636*
放线菌	有机碳	0.728*
反硝化细菌	全磷、有效磷	0.955*
好气性纤维素分解菌	C/N、全磷	0.816*
好气性自生固氮菌	pH、全磷	0.848*
香农指数	微生物生物量碳/微生物生物量氮	0.401*

第四节　有机质提升对作物增产稳产的贡献

一、红壤有机质提升与作物增产的协同效应

土壤有机质含有作物生长所必需的大量元素和微量元素，提供了超过 95% 的氮和硫及 20%～70% 的磷，在微生物分解过程中释放出作物生长所需的营养元素，可促进作物生长（Brady et al.，1999）。土壤有机质对土壤结构和功能的影响主要表现在土壤物理、化学和生物性质三个方面。物理作用主要表现在较高的有机质能降低土壤容重、增加土壤持水性，并且增强土壤团聚体的稳定性；化学作用主要表现在其对土壤阳离子交换量、缓冲容量、酸碱度以及土壤吸附作用的影响；在生物作用方面，土壤有机质是土壤微生物的主要能源物质和营养来源（Cardinale et al.，2006）。

合理的施肥管理，如有机肥或有机肥无机肥配合施用，通常能够提高土壤养分含量，使作物在各个生长阶段得到稳定、持续的养分供给，促进作物生长，提高作物产量。江西进贤 40 年的红壤稻田长期定位施肥试验结果表明，施肥显著提高了早稻和晚稻的产量，提高量为不施肥处理水稻产量的 39%～101%（图 7 - 7）。水稻产量随化学肥料施入量的增加而增加，而且有机肥无机肥配施相对于单施化肥处理显著提升了作物产量，减缓了作物产量的年际变异程度。因为有机肥无机肥配施不仅补充了作物生长所需的营养元素，还增加了碳输入量和土壤有机质积累，从而促进了红壤稻田肥力的提升。这些研究结果表明，南方红壤稻田通过有机肥无机肥配施可以有效增加土壤有机质含量、提升土壤肥力、促进水稻高产稳产。

土壤有机质中的活性组分通过调控土壤养分的转化和释放影响作物产量。康国栋等（2017）通过红壤旱地甘薯—油菜轮作系统中土壤有机质组分对作物产量影响的研究，发现在甘薯季土壤微生物生物量（MBOM）、颗粒有机物（POM）和可利用性有机物（LOM）等活性有机物组分与甘薯产量显著正相关，但甘薯产量与可溶性有机物（DOM）和土壤有机质（SOM）相关性不显著；在油菜季，SOM 与作物产量显著正相关，土壤中的 4 种活性有机质组分都与作物产量极显著正相关（表 7 - 14）。这些研究结果表明，合理施用有机肥可以通过增加土壤有机质中的活性组分促进作物增产。

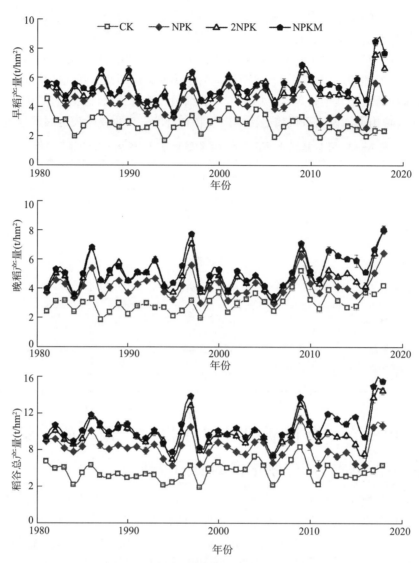

图 7-7　不同施肥条件下水稻产量的变化

表 7-14　土壤总有机质和有机质活性组分与作物产量的相关性分析

作物	有机质组分	MBOM	DOM	POM	LOM	SOM	产量
甘薯	MBOM	1					
	DOM	0.561**	1				
	POM	0.719**	0.542**	1			
	LOM	0.787**	0.567**	0.816**	1		
	SOM	0.353	0.461*	0.294	0.379	1	
	产量	0.504*	0.370	0.629**	0.576**	0.057	1
油菜	MBOM	1					
	DOM	0.598**	1				
	POM	0.744**	0.693**	1			
	LOM	0.816**	0.586**	0.768**	1		
	SOM	0.578**	0.330	0.533**	0.751**	1	
	产量	0.803**	0.584**	0.758**	0.892**	0.573*	1

土壤有机质对作物产量的贡献存在明显的阈值，一旦超过这个阈值，作物产量随着土壤有机质的持续增加维持平稳状态。Zhang 等（2016）通过分析湖南祁阳的小麦—玉米轮作长期定位试验结果发现，小麦和玉米的产量与有机质之间呈现直线-平台模型的关系，其中小麦产量与有机质之间呈现的直线关系可以表示为 $y=0.064x-0.801$，玉米产量与有机质之间呈现的直线关系可以表示为 $y=0.103x-1.517$，这说明土壤有机质含量达到阈值以前，小麦和玉米产量随着土壤有机质含量的增加而提升，且玉米产量的提升速率高于小麦产量的提升速率（图 7-8）。小麦和玉米产量对应的土壤有机质阈值分别为 34.7 t/hm² 和 34.8 t/hm²，说明当土壤有机质含量超过该阈值时，小麦和玉米的产量对土壤有机质的响应不显著。这些研究结果表明直线-平台模型能很好地反映土壤有机质与作物产量之间的关系，并量化作物最大产量所对应的土壤有机质阈值。将土壤有机质阈值作为培肥目标，确定土壤培肥模式，有助于有机质快速提升、稳步提升和稳定维持，对提升作物产量、保障粮食安全有重要意义。

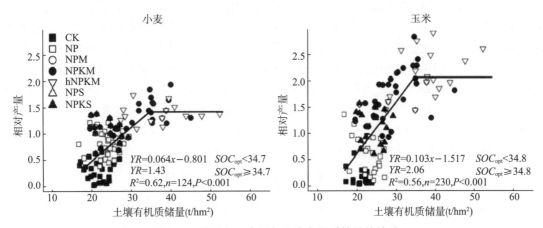

图 7-8　作物相对产量与土壤有机质储量的关系

二、土壤有机质与基础地力贡献率

基础地力水平与作物产量密切相关，基础地力高的土壤作物获得高产的潜力更大，而基础地力低的土壤只有在较高施肥水平下才能获得较高的产量。相对于低地力土壤，高基础地力的土壤具有较好的抗逆性和稳定性，能够长期维持作物产量的稳定性。不同土壤基础地力的差异是导致作物产量对施肥响应不同的主要因素，通过提升土壤基础地力可减少对化肥的依赖，减轻因施肥引起的环境污染（曾祥明，2012）。通过量化土壤有机质含量与基础地力产量之间的关系，可为制定农田土壤培肥模式提供理论依据。可以通过优化培肥模式提升土壤基础地力，改良中低产田，提高耕地质量和生产力。

农业农村部耕地质量长期监测结果表明，近30年间我国农田小麦季和玉米季基础地力贡献率总体呈现上升趋势。小麦季基础地力贡献率在 48.1%～59.5%，玉米季基础地力贡献率在 26.1%～58.7%。湖南祁阳红壤旱地小麦-玉米轮作长期定位试验研究表明，不施肥条件下小麦和玉米的产量随观测时间的延长呈显著下降趋势（图 7-9）。该结果表明，不施肥条件下长期耕作的红壤旱地退化严重，土壤基础地力逐年下降。这主要是由于在不施肥的条件下，耕作的旱地土壤碳输入量减少，导致土壤有机质含量降低，肥力下降。

作物产量的稳定性与土壤肥力紧密相关。土壤有机质是作物高产稳产的基础，二者之间存在相互协调、相互促进的关系。一般来说，作物产量越高，残茬归还量越大，越有利于土壤有机质的维持和提升，而土壤有机质增加能显著提升土壤肥力，提高作物产量。由于受到气候、土壤肥力状况、土地利用方式及作物品种的影响，土壤有机质含量与作物产量之间的关系较为复杂。例如，江苏太湖流域的水稻土，当其有机质含量在 30 g/kg 以下时，作物产量随有机质含量的增加而提升；而当土壤有机

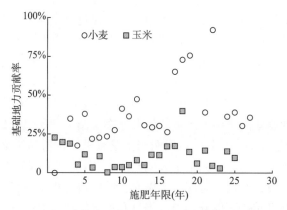

图 7-9　不施肥条件下小麦和基础地力贡献率的时间变化趋势

质含量超过 35 g/kg 时，作物产量随土壤有机质的增加维持在稳定水平。这主要是由于高有机质含量的水稻土潜育化程度较高，土壤通气状况差，厌氧程度高，不利于作物根系的生长，经常导致水稻出现黑根、烂根的现象，导致作物产量对土壤有机质提升的响应不敏感甚至出现作物减产的现象。李忠芳等（2009）认为，增施有机肥可以显著提高小麦和玉米的产量，而对水稻产量的影响不显著。化肥配施有机肥与不施肥处理相比显著提高了作物产量，玉米、小麦和水稻的产量分别增加了 93%、219% 和 75%。相较于不施肥处理，施肥降低了玉米、小麦和水稻产量的变异系数，且有机肥无机肥配施处理作物产量的变异系数明显小于常规化肥处理（表 7-15）。这些研究结果表明，施肥特别是有机肥无机肥配施可以通过提升土壤有机质含量维持作物高产稳产。

表 7-15　不同施肥条件下作物产量变化及变异系数

指标	施肥处理	作物类型		
		玉米	小麦	水稻
年产量变化（kg/hm²）	CK	−110.9**	−33.4**	−11.5
	NPK	−90.9**	−48.5*	−25.3*
	NPKM	1.9	−24.4	−14.6
产量变异系数	CK	62.5	54.1	26.9
	NPK	38.1	44.7	21.6
	NPKM	30.1	40.8	18.6
年产量变化（kg/hm²）	CK	62.5	54.1	26.9
	NPK	38.1	44.7	21.6
	NPKM	30.1	40.8	18.6

长期定位试验研究发现，小麦和玉米的产量变异系数随土壤有机质储量的增加而显著降低（图 7-10），表明土壤有机质提升可以增强作物的稳产性。通过分析长期施肥条件下农田土壤有机质与产量可持续指数之间的关系发现，水稻和玉米产量的可持续指数随土壤有机质含量的升高而增加，而且不同地区、不同作物中有机质水平与产量可持续指数间存在差异。

三、以长期试验为基础的土壤有机质提升技术

（一）有机物投入与土壤有机质固持的关系

湖南祁阳旱地红壤小麦—玉米轮作长期试验结果显示，连续 25 年不施肥处理下小麦年平均碳输入量为 170 kg/hm²，玉米年平均碳输入量为 130 kg/hm²，单施氮肥（N）、氮磷肥（NP）以及氮磷钾肥（NPK）处理作物来源碳的输入量有所增加。有机肥无机肥配施（NPKM1 和 1.5NPKM1）处理不仅增加了作物碳输入量，还输入了有机肥形式的碳，使其总碳输入量明显高于无机肥处理（表 7-16）。

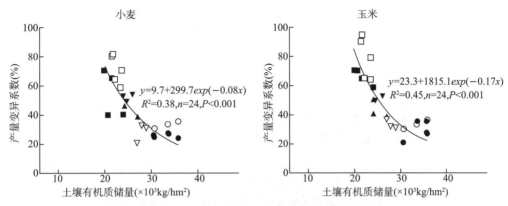

图 7-10 作物产量变异系数与土壤有机质储量的关系

表 7-16 不同施肥条件下作物产量碳输入变化

施肥处理	小麦		玉米	
	作物碳输入 (kg/hm^2)	有机肥碳输入 (kg/hm^2)	作物碳输入 (kg/hm^2)	有机肥碳输入 (kg/hm^2)
CK	170	—	130	—
N	150	—	140	—
NP	360	—	390	—
NPK	440	—	610	—
NPKM1	760	2 800	1 200	3 920
1.5NPKM1	830	3 880	1 400	5 470
M2	680	3 560	910	4 830

小麦—玉米轮作系统长期施肥试验研究发现，在化肥施用处理的前 10 年土壤有机质含量明显增加，在随后的 15 年保持较高的稳定水平。其中，化肥处理年均 SOC 固持量随时间的变化表示关系为 $y=0.80e^{-0.08x}$，有机肥处理年均 SOC 固持量随时间的变化关系为 $y=3.16e^{-0.05x}$（图 7-11）。土壤碳输入速率与 SOC 固持速率之间存在显著的正相关关系，说明有机肥无机肥配施可以通过增加作物碳输入量和外源有机物料输入量提高土壤碳输入量，从而提升农田土壤有机质固持速率和土壤肥力（图 7-12）。

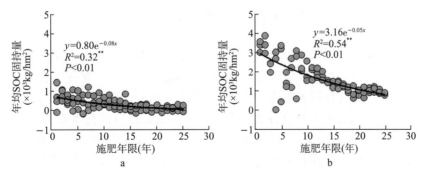

图 7-11 长期施肥与年均 SOC 固持量的关系

a. 化肥　b. 有机肥

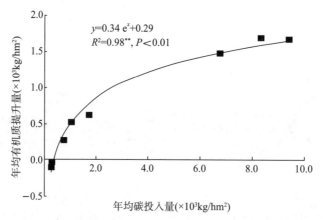

图 7-12　年均碳投入量与红壤年均有机质提升量之间的关系

（二）不同肥力水平阶段土壤有机碳提升技术

不施肥情况下，红壤旱地土壤有机质初始值为 32 410 kg/hm²，维持有机质水平不下降需每年投入新鲜猪粪 1 470 kg/hm²，或小麦秸秆 470 kg/hm²，或玉米秸秆 550 kg/hm²；维持有机质水平提升 5％需每年投入新鲜猪粪 1 930 kg/hm²，或小麦秸秆 620 kg/hm²，或玉米秸秆 720 kg/hm²；维持有机质水平提升 10％需每年投入新鲜猪粪 2 520 kg/hm²，或小麦秸秆 810 kg/hm²，或玉米秸秆 950 kg/hm²；维持有机质水平提升 20％需每年投入新鲜猪粪 4 330 kg/hm²，或小麦秸秆 1 400 kg/hm²，或玉米秸秆 1 630 kg/hm²；维持有机质水平提升 30％需每年投入新鲜猪粪 7 440 kg/hm²，或小麦秸秆 2 400 kg/hm²，或玉米秸秆 2 790 kg/hm²（表 7-17）。

表 7-17　不同施肥条件下作物产量碳投入变化

肥力水平	有机质含量（kg/hm²）	有机质提升量（kg/hm²）	维持投入或提升（kg/hm²）	年需投入有机肥量（kg/hm²）		
				猪粪	小麦秸秆	玉米秸秆
维持初始	32 410	—	380	1 470	470	550
20 年有机碳提升 5％	34 030	1 620	500	1 930	620	720
20 年有机碳提升 10％	35 650	3 240	650	2 520	810	950
20 年有机碳提升 15％	37 270	4 860	860	3 310	1 070	1 240
20 年有机碳提升 20％	38 890	6 470	1 120	4 330	1 400	1 630
20 年有机碳提升 30％	42 130	9 720	1 920	7 440	2 400	2 790

第五节　红壤丘陵区有机废弃物资源状况及有机质提升技术应用

20 世纪 90 年代中期以来，南方部分红壤丘陵区农业表现出耕地面积下滑、化肥投入持续上升的现象。这不仅在一定程度上造成了环境风险、加剧了土壤酸化的问题，还使粮食总产和单产不稳定的现象逐渐呈现。近年来，结合各种农业技术的推广，部分地区作物产量明显提高，但同时有机废弃物也明显增加。据统计，我国有机废弃物种类较多，其中占主要地位的是畜禽粪便，其每年产量约为 2.6×10^{13} kg，其次是作物秸秆产量，每年可达 6.0×10^{12} kg。丘陵区作为我国重要的粮食生产基地，具有较大的生产潜力，农作物品种的多样化也为该地区有机废弃物的回收和利用提供了较广泛的应用前景。有机废弃物资源化利用和有机质提升是红壤丘陵区实现农业生产高产稳产、优质安全以及减少环境污染和提高土壤肥力的重要举措。

一、有机废弃物资源概况

(一)秸秆资源总体状况

南方红壤区广泛的农作物种植产生大量秸秆,秸秆还田是开展其综合利用的首要任务。由我国红壤区作物秸秆产量状况可知,湖北作物秸秆产量最高,达到$5.95×10^{12}$ kg;其次为湖南和云南,分别达到$5.02×10^{12}$ kg和$4.12×10^{12}$ kg;江西、广西和广东分别达到$2.77×10^{12}$ kg、$2.65×10^{12}$ kg和$2.20×10^{12}$ kg;福建作物秸秆产量在红壤区各省份中最低,为$9.3×10^{11}$ kg(图7-13)。其中,湖北作物秸秆产量高与该地区农业产量逐步平稳上升有关,而福建作物产量相对较低,因而该地区产生的秸秆废弃物较少。

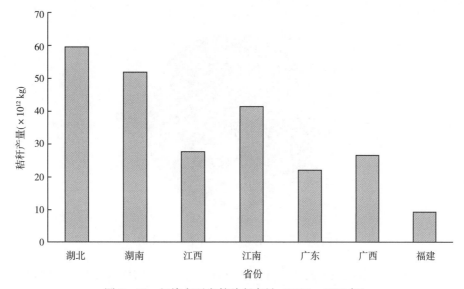

图7-13 红壤主要省份秸秆产量(2000—2019年)

由我国红壤区7个主要省份作物秸秆年产量的变化可知,整体来看,我国红壤区秸秆产量相对稳定。从图7-14可以看出,2000—2019年云南的增长速率较大,增加了70.3%,其中2011—2012年的增加幅度较大,达到17.1%。湖南2006—2019年作物秸秆产量增加了17.1%。其他几个省份如湖北、江西、广东、广西和福建不同年份秸秆产量稳定在$5.0×10^{10}$~$25.0×10^{10}$ kg。2016年湖北秸秆产量达到最大值,同一年红壤主要省份福建的秸秆产量最低。福建秸秆产量是湖北秸秆产量的13%。2018年福建的秸秆产量最小,占湖北秸秆产量的9.34%。

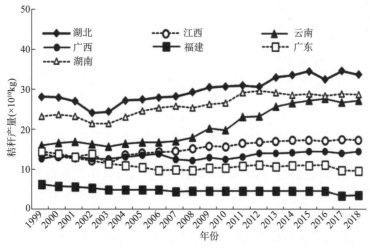

图7-14 红壤主要省份秸秆年产量(2000—2019年)

（二）主要粮食作物秸秆量

通过搜集红壤主要省份秸秆产量情况（图7-15）可知，红壤主要省份主要粮食作物秸秆量占总秸秆量的75.7%。由于水稻秸秆产量占农作物总秸秆产量的48.5%，所以水稻在红壤主要省份占重要地位。南方红壤区粮食作物小麦占有一定比例，其秸秆总量占农作物总秸秆量的4.9%。玉米在红壤区作物中占有重要地位，其秸秆总量占农作物总秸秆量的22.3%。红壤主要省份主要经济作物秸秆量占总秸秆量的24%，其中油菜和麻类在除广东之外的其他红壤主要省份都有种植。

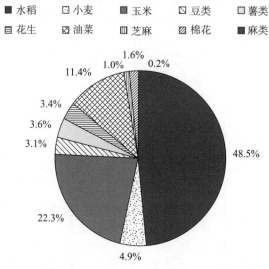

图7-15　红壤主要省份秸秆产量比例

水稻、小麦和玉米为红壤区主要的粮食作物，从图7-16可以看出，湖北主要粮食作物总秸秆量是福建的12.9倍，湖北秸秆总量为3.85×10^{12} kg，然而福建秸秆总量为2.99×10^{11} kg。水稻秸秆产量湖南最高，福建秸秆产量仅占湖南秸秆产量的20.6%。云南玉米秸秆产量最高，是江西秸秆产量的64.4倍。湖北小麦秸秆产量最高，而福建小麦秸秆产量最低。

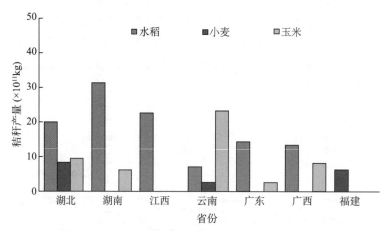

图7-16　红壤主要省份水稻、小麦和玉米秸秆产量

水稻是南方红壤区主要的粮食作物。由于水稻秸秆产量占农作物总秸秆产量的50%左右，所以水稻在红壤主要省份占有重要地位。通过搜集1999—2018年红壤主要省份水稻秸秆产量情况可知（图7-17），2012年湖南水稻秸秆产量最高，大约是福建水稻秸秆产量的5.64倍。2018年福建水稻秸秆产量最低，大约占湖南水稻秸秆产量的14.89%。1999—2018年广东和福建水稻秸秆产量逐渐降低，最后保持平稳，可能受到沿海经济快速发展的影响。江西、云南和广西水稻秸秆产量比较稳定。

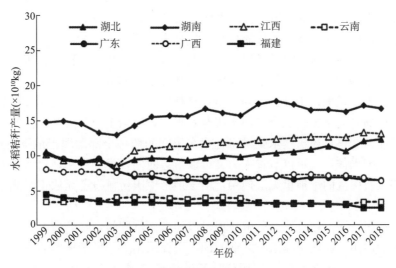

图 7-17 红壤主要省份水稻秸秆产量（1999—2018 年）

玉米在红壤区作物中占有重要地位，其秸秆总量占主要粮食作物秸秆总量的 30% 左右。从图 7-18 可以看出，1999—2018 年云南玉米秸秆产量增长率较大，近 20 年增长了将近 1 倍，其中 2018 年云南玉米秸秆产量是江西的 59.8 倍。除了云南玉米秸秆产量增长率较大外，湖北、湖南、江西、广东和广西玉米秸秆产量都在 1.0×10^{11} kg 以下，且基本趋于稳定。

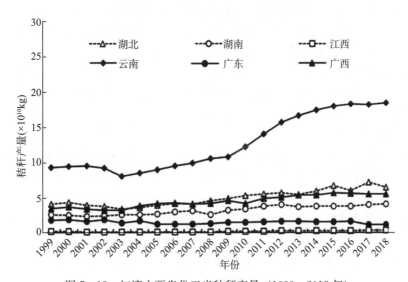

图 7-18 红壤主要省份玉米秸秆产量（1999—2018 年）

二、有机质提升技术应用

虽然秸秆还田对土壤有机质的提升幅度低于配施有机肥，但秸秆产量大，还田技术简便，还田比率低。因此，通过秸秆还田提升我国农田土壤有机质和肥力具有很大潜力，值得全面推广。将与土壤肥力关系最为密切和对农业措施最敏感的颗粒有机质作为土壤有机质质量变化的指示指标，对于指导农田土壤培肥和农业生产具有十分重要的理论和实践意义。

南方旱地红壤有特殊的成土过程，土壤黏粒、氧化铁和铝的含量高，但是有机质含量较低，因此不太利于土壤的团聚作用。由于现阶段人为因素的干扰，其中无机胶结物减少和有机物质长时间的积累，影响了土壤稳定性团聚体的形成和积累。秸秆还田、秸秆加有机肥还田、添加生物质炭等能够显著提高团聚体的数量和稳定性，进一步提高了土壤有机质含量。这与秸秆在影响红壤中水稳定性团聚体含量的同时增加大于 2 mm 土壤水稳定性团聚体的贡献率有关。因此，红壤区通过秸秆还田技术增加土壤团聚体含量和比例，进而增加有机质含量、提高土壤肥力水平。

红壤区秸秆还田技术主要包括机械还田技术、腐烂分解还田技术、覆盖栽培还田技术、过腹还田技术、稻草易地还田技术和绿肥种植技术。具体方法和优缺点如下：

（1）机械还田技术。机械还田分为粉碎还田和整秆还田两种方法。其主要过程是：①将秸秆彻底粉碎还田之后，可以加强与土壤的混合，使土壤有效吸收，充当土壤中的肥料。使机械还田技术操作过程实现一体化作业。②整秆还田技术就是将直立在田间的秸秆全部翻埋于地下，或者平铺在地上。秸秆还田技术采用机械操作，既可以节省人力又可以节省时间，提高效率。目前机械还田技术还存在一些问题：在丘陵以及山区的土地里无法使用，由于地形原因机械设备无法正常操作；成本高，耗能量大。

（2）腐烂分解还田技术。秸秆腐烂分解还田可以缓解土壤肥料短缺的情况，帮助土壤改变土壤结构，有效促进肥料的使用。此还田技术与之前不同，主要采用大量堆积掩盖的方法，通过大量秸秆腐烂产生大量的纤维素酶，经过短时间的作用将秸秆转换成肥料，进而生成有机肥，应用到土地耕种中。但是，目前腐烂分解技术主要在高温的情况下进行操作。

（3）覆盖栽培还田技术。覆盖栽培还田为土壤提供所需的养分以及所需的各种营养元素（有机和无机营养元素），加速土壤营养中养料循环，增强土壤的导水能力，使土壤对水分的利用能力和储水能力更强，促进作物的生长。可以根据气温进行气温调节，有效调节土壤表面的温度，减少气温变化对农作物的伤害。

（4）过腹还田技术。过腹还田技术就是将秸秆粉碎为家畜的饲料，通过家畜在肠胃内的消化吸收，转化为家畜的生长物质，剩余物质以粪便的形式排出来，被运到田间成为养料。当前阶段，主要采用的是青贮氨化过腹还田技术，可以实现饲料到粮食的循环。

（5）稻草易地还田技术。我国红壤丘陵区双季稻田秸秆的年平均生产量可达 15 000 kg/hm²，扣除根茬直接还田之后，剩余秸秆资源可转移分配到旱地农作系统，发挥稻田秸秆培肥土壤和提高作物抗干旱胁迫的双层效应。就覆盖的降温保水效应来说，红壤旱地施用稻草 15 000 kg/hm² 左右能起到较好的效果。

（6）绿肥种植技术。绿肥是纯天然绿色有机肥料，含有较为丰富的蛋白质、脂肪和多种维生素。绿肥在作物生长最旺盛的时期还田，翻压之后更容易被土壤微生物分解利用，其肥效也较稻草迅速，改善土壤理化性状，促进作物生长，增加土壤微生物数量及多样性，改善土壤生态环境，促进土壤有机碳的积累。目前南方红壤区主要的绿肥种植技术包括紫云英绿肥利用技术和紫花苜蓿绿肥利用技术。20 世纪 90 年代以来，我国紫云英种植面积急剧下降，导致种质资源混杂和退化。万水霞等（2016）在保证水稻稳产的前提下发现，豆科绿肥（紫云英）能够替代 20%～40% 的化肥。稻草还田是南方稻田培肥的另一种重要方式，高 C/N 的稻草更加不利于土壤氮素的供应，因此适当调节稻草、绿肥还田时的 C/N，对充分发挥其生产、生态作用尤为关键。基于绿肥种植技术，目前探索出稻草与紫云英联合还田的生产模式。该模式下稻草为紫云英出苗、越冬提供适宜的环境，提高紫云英的出苗率与越冬率以提高紫云英生物量。同时用紫云英覆盖稻草可促进稻草腐解（周国朋等，2017）。

有机肥种类众多，除以上提到的秸秆过腹还田以及畜禽粪便外，农业生产中的甘蔗渣、沼渣、沼液、果树枝等也是重要的有机肥资源。将这些废弃物作为提升有机质的资源不仅可以达到资源的有效利用，还可以降低其他能源的消耗，降低环境污染的风险。例如，沼肥是畜禽粪便、秸秆等有机废弃物经厌氧发酵产生沼气后形成的，是南方区域重要的有机肥资源。经过沼气发酵处理的沼肥，抑制和杀灭了大部分有害病菌和虫卵，同时又富集了养分，可以作为红壤有机质提升的重要资源。廖川康（2017）在插秧之前，每亩施碳酸氢铵 15 kg，加沼肥 1 000 kg 作基肥。研究结果表明，施用沼肥对防治稻纵卷叶螟有极显著的作用。白叶枯病、纹枯病、白背飞虱、灰飞虱等病虫害比未施沼肥的处理都有不同程度的减轻。

红壤具有瘦、酸、黏、板等障碍因素，其根本原因是土壤有机质缺乏。同时，针对红壤地区土壤酸化严重等问题，对红壤地区土壤培肥而言，应着重提高土壤有机质及降低土壤酸度。施用石灰是改良土壤酸度使作物增产的传统而有效的方法。然而，石灰的增产效果除与土壤起始酸度有关外，在很大程度上取决于作物种类、石灰施用量和类型。酸性土壤添加石灰对蔬菜和玉米的增产效果最好，应优先选用熟石灰。石灰用量以 3 000～6 000 kg/hm² 为宜，在 pH 大于 5.8 时不宜施用，即酸性土壤改良目标值为 pH 5.8。南方部分区域秸秆大量还田后，也出现了较为严重的酸化现象。而有机肥施用不仅能有效阻控酸化，还能更快地重建土壤磷库、钾库，提高土壤全氮水平的效率也比单用化肥快。有机肥虽作用重大，但肥源有限，在提高作物产量上效果有限。因此，旱地需要注重有机肥无机肥配合施用。

主要参考文献

杜丽君，金涛，阮雷雷，等，2007. 鄂南 4 种典型土地利用方式红壤 CO_2 排放及其影响因素 [J]. 环境科学，28 (7)：1607 - 1613.

段英华，徐明岗，王伯仁，等，2010. 红壤长期不同施肥对玉米氮肥回收率的影响 [J]. 植物营养与肥料学报，16 (5)：1108 - 1113.

高菊生，黄晶，董春华，等，2014. 长期有机无机肥配施对水稻产量及土壤有效养分影响 [J]. 土壤学报，51 (2)：314 - 324.

管元元，张心昱，温学发，2017. 添加葡萄糖对不同深度红壤碳矿化及其温度敏感性的影响 [J]. 土壤通报，48 (5)：1132 - 1140.

韩志金，陈玉洁，田东海，等，2020. 甘蔗渣作为粗饲料对奶牛生产性能、养分消化和采食行为的影响 [J]. 中国饲料 (2)：75 - 79.

康国栋，魏家星，邬梦成，等，2017. 有机物料施用对旱地红壤作物产量和有机质活性组分的影响 [J]. 土壤，49 (6)：1084 - 1091.

李冬初，王伯仁，黄晶，等，2019. 长期不同施肥红壤磷素变化及其对产量的影响 [J]. 中国农业科学，52 (21)：12.

李忠芳，徐明岗，张会民，等，2009. 长期施肥下中国主要粮食作物产量的变化 [J]. 中国农业科学，42 (7)：2407 - 2414.

李忠佩，林心雄，程励励，2003. 施肥条件下瘠薄红壤的物理肥力恢复特征 [J]. 土壤，35 (2)：112 - 117.

林阿典，黄振瑞，敖俊华，等，2017. 施钾和有机肥对甘蔗生长及土壤理化性状的影响 [J]. 甘蔗糖业 (2)：20 - 24.

刘佳，李婧男，文科军，等，2012. 不同堆肥条件下园林废弃物中有机碳物质的动态变化 [J]. 北方园艺 (24)：174 - 178.

柳开楼，黄晶，张会民，等，2018. 长期施肥对红壤旱地团聚体特性及不同组分钾素分配的影响 [J]. 土壤学报，55 (2)：443 - 454.

柳开楼，张会民，韩天富，等，2017. 长期化肥和有机肥施用对双季稻根茬生物量及养分积累特征的影响 [J]. 中国农业科学，50 (18)：3540 - 3548.

孟静娟，史学军，潘剑君，等，2009. 农业利用方式对土壤有机碳库大小及周转的影响研究 [J]. 水土保持学报，23 (6)：144 - 148.

尚莉莉，2014. 长期定位施肥与土地利用方式对红壤团聚体稳定性的影响 [D]. 武汉：华中农业大学.

邵蕊，赵苗苗，赵芬，等，2018. 施肥对油茶园土壤呼吸和异养呼吸及其温度敏感性的影响 [J]. 生态学报，38 (7)：2315 - 2322.

盛浩，李洁，周萍，等，2015. 土地利用变化对花岗岩红壤表土活性有机碳组分的影响 [J]. 生态环境学报，24 (7)：1098 - 1102.

陶朋闯，陈效民，靳泽文，等，2016. 生物质炭与氮肥配施对旱地红壤微生物量碳、氮和碳氮比的影响 [J]. 水土保持学报，30 (1)：231 - 235.

佟小刚，王伯仁，徐明岗，等，2009. 长期施肥红壤矿物颗粒结合有机碳储量及其固定速率 [J]. 农业环境科学，28 (12)：2584 - 2589.

佟小刚，徐明岗，张文菊，等，2008. 长期施肥对红壤和潮土颗粒有机碳含量与分布的影响［J］. 中国农业科学，41
　　（11）：3664-3671.

万水霞，唐杉，蒋光月，等，2016. 紫云英与化肥配施对土壤微生物特征和作物产量的影响［J］. 草业学报，25（6）：
　　109-117.

王伯仁，李冬初，周世伟，等，2015. 红壤质量演变与培肥技术［M］. 北京：中国农业科学技术出版社．

王伯仁，徐明岗，文石林，2005. 长期不同施肥对旱地红壤性质和作物生长的影响［J］. 水土保持学报，19
　　（144）：97-100.

王伯仁，徐明岗，文石林，2008. 有机肥和化学肥料配合施用对红壤肥力的影响［J］. 中国农学通报，21（2）：
　　160-160.

王经纬，2017. 长期施肥条件下旱地红壤团聚体的磷素固持与释放潜能研究［D］. 南京：南京信息工程大学．

王莉，2015. 长期施肥对黑土有机碳及速效养分含量的影响［D］. 吉林：吉林农业大学．

王雪芬，2012. 长期施肥对红壤基本性质、有机碳库及其化学结构的影响［D］. 南京：南京农业大学．

王玉竹，周萍，王娟，等，2017. 亚热带几种典型稻田与旱作土壤中外源输入秸秆的分解与转化差异［J］. 生态学报，
　　37（19）：6457-6465.

文顺元，王伯仁，李冬初，等，2010. 长期不同施肥对红壤微生物生长影响［J］. 中国农学通报，26（22）：206-209.

徐明岗，于荣，王伯仁，2000. 土壤活性有机质的研究进展［J］. 土壤肥料（6）：3-7.

徐明岗，于荣，王伯仁，2006. 长期不同施肥下红壤活性有机质与碳库管理指数变化［J］. 土壤学报（5）：723-729.

徐明岗，张文菊，黄绍敏，等，2015. 中国土壤肥力演变［M］. 2版. 北京：中国农业科学技术出版社．

徐香茹，蔡岸冬，徐明岗，等，2015. 长期施肥下水稻土有机碳固持形态与特征［J］. 农业环境科学学报，34（4）：
　　753-760.

许小伟，樊剑波，陈晏，等，2014. 不同有机无机肥配施比例对红壤旱地花生产量、土壤速效养分和生物学性质的影
　　响［J］. 生态学报，34（18）：5182-5190.

张璐，张文菊，徐明岗，等，2009. 长期施肥对中国3种典型农田土壤活性有机碳库变化的影响［J］. 中国农业科学，
　　42（5）：1646-1655.

张仕吉，项文化，孙伟军，等，2016. 中亚热带土地利用方式对土壤易氧化有机碳及碳库管理指数的影响［J］. 生态环
　　境学报，25（6）：911-919.

章晓芳，郑生猛，夏银行，等，2019. 红壤丘陵区土壤有机碳组分对土地利用方式的响应特征［J］. 环境科学，41
　　（3）：8.

张旭博，徐明岗，林昌虎，等，2011. 施肥对红壤有机碳矿化特征的影响［J］. 贵州农业科学，39（6）：99-102.

赵玉皓，2018. 长期施肥对两种典型农田土壤有机碳化学性质的影响［D］. 南昌：江西师范大学．

周国朋，2017. 双季稻田稻草与豆科绿肥联合还田下土壤碳、氮转化特征［D］. 北京：中国农业科学院．

曾廷廷，蔡泽江，王小利，等，2017. 酸性土壤施用石灰提高作物产量的整合分析［J］. 中国农业科学，50（13）：
　　2519-2527.

曾祥明，韩宝吉，徐芳森，等，2012. 不同基础地力土壤优化施肥对水稻产量和氮肥利用率的影响［J］. 中国农业科
　　学，45（14）：2886-2894.

Brady N C，Well R R，2003. The nature and properties of soils［J］. Agriculture Ecosystem and Environment，95（1）：
　　393-394.

Cai A，Xu M，Wang B，et al.，2019. Manure acts as a better fertilizer for increasing crop yields than synthetic fertilizer
　　does by improving soil fertility［J］. Soil and Tillage Research，2019：168-175.

Cardinale B J，Srivastava D S，Duffy J E，et al.，2006. Effects of biodiversity on the functioning of trophic groups and e-
　　cosystems［J］. Nature，443（7114）：989-992.

He Y T，He X H，Xu M G，et al.，2018. Long-term fertilization increases soil organic carbon and alters its chemical
　　composition in three wheat-maize cropping sites across central and south China［J］. Soil and Tillage Research，177：79-87.

He Y T，Zhang W J，Xu M G，et al.，2015. Long-term combined chemical and manure fertilizations increase soil organic
　　carbon and total nitrogen in aggregate fractions at three typical cropland soils in China［J］. Science of the Total Environ-
　　ment，532：635-644.

Liu M，Li Z P，Zhang T L，et al.，2011. Discrepancy in response of rice yield and soil fertility to long term chemical fer-
　　tilization and organic amendments in paddy soils cultivated from infertile upland in subtropical China［J］. Agricultural

Sciences in China，10 (2)：259 - 266.

Six J，Conant R T，Paul E A，et al.，2002. Stabilization mechanisms of soil organic matter：Implications for C-saturation of soils [J]. Plant and Soil，241 (2)：155 - 176.

Six J，Elliott E T，Paustian K，2000. Soil macroaggregate turnover and microaggregate formation：a mechanism for C sequestration under no-tillage agriculture [J]. Soil Biology and Biochemistry，32 (14)：2099 - 2103.

Xu M G，Tang Hua J，2015. Best soil managements from long-term field experiments for sustainable agriculture [J]. Journal of Integrative Agriculture，14 (2)：2401 - 2404.

Zhang H M，Wang B R，Xu M G，et al.，2009. Crop yield and soil responses to long-term fertilization on a red soil in southern China [J]. Pedosphere，19 (2)：65 - 73.

Zhang X，Sun N，Wu L，et al.，2016. Effects of enhancing soil organic carbon sequestration in the topsoil by fertilization on crop productivity and stability：Evidence from long-term experiments with wheat-maize cropping systems in China [J]. Science of The Total Environment，562：247 - 259.

第八章 | 红壤氮与氮肥合理施用技术 >>>

氮广泛存在于自然界中，是组成生命体的重要元素，也是地球上含量最多的元素。在自然条件下，土壤的氮除原始地圈存在的以外，主要来源于生物固氮、干湿沉降、土壤吸附、水体补给以及动植物和微生物残体。农业土壤中的氮除上述来源以外，主要通过输入含氮肥料获得。肥料氮施入土壤后，参与土壤中的氮循环过程，其中的硝态氮、铵态氮成为作物从土壤介质中吸收氮的主要形态。另外，少量有机态氮也可被作物吸收利用。作物对氮肥的需求量大，通过施用氮肥能提高作物产量与品质。但是，不合理的氮肥投入会导致水体富营养化、地下水硝态氮含量升高等生态环境问题。我国红壤地区水热资源丰富，土壤的氮固持能力相对较低。因此，了解红壤中氮的含量、形态、转化和去向，明确氮肥施入土壤后的利用和损失途径，采取有效措施提高氮肥利用率，减少氮肥流失，对生态环境保护和农业可持续发展具有重要意义。

第一节　红壤氮含量与形态

一、全氮

土壤全氮是指土壤中的所有有机形态和无机形态氮，是土壤氮肥力的重要反映指标，是作物吸收氮的库和源。在短时间内，土壤全氮含量相对稳定，不会发生较大变化。目前，红壤含氮量约为 $1.8g/kg$。

土壤中的氮主要以有机氮的形态存在。一般而言，有机质含量的高低决定着土壤全氮含量的高低，南方红壤因水热条件等而有机质分解速度快，全氮含量相对较低。土壤有机质和氮之间的消长受微生物积累和分解作用的强弱、气候、降雨、植被、耕作制度等因素影响，尤其是水热条件直接影响微生物的活动，间接导致土壤中有机质和氮含量的变化。土壤中有机营养型微生物在转化时，需要碳作为能源，氮作为营养供应，实现细胞体内碳氮比例的平衡。一般认为，碳氮比（C/N）超过30∶1，微生物在有机质矿化过程中就会出现氮营养不足现象，会使土壤中原有的矿质态氮和有效氮被微生物吸收同化，作物较难获得氮营养；碳氮比小于15∶1时反之；碳氮比在30∶1～15∶1时，土壤内氮矿化释放的氮与同化固定的氮相当。因此，在生产实践中，有机肥无机肥配施会使土壤中有机质占比提高，同时增加无机氮的供应，可提高土壤中全氮的含量。长期不施肥，土壤中全氮、有效氮含量下降，有机肥无机肥配施能够提高土壤全氮和有效氮的含量，并随着施用量的增加而呈上升趋势（曾希柏等，2006）。单施有机肥、无机氮磷钾合理配比和有机肥无机肥配施是维持和提高土壤氮肥力的有效措施，不施或偏施氮肥会导致土壤全氮含量降低（王娟等，2010）。

广东水稻土全氮含量变幅在 $0.049\%\sim0.359\%$，平均含量为 0.180%，变异系数为 30.60%，变异程度中等（表8-1）。全省稻作区全氮含量广东北部＞广东东部＞珠江三角洲＞广东西部，各区域之间差异未达到显著水平。与广东省第二次土壤普查平均水平相比，全省水稻土全氮含量有明显的提高（黄继川等，2014）。

表 8-1　广东省稻田土壤全氮含量（2010 年调查结果）

全氮含量等级		各级土壤所占比例（%）					
		广东北部	广东东部	珠江三角洲	广东西部	全省	二普
1 级	>0.20%	38.60	22.22	34.72	30.49	35.16	8.10
2 级	0.15%～0.20%	40.35	40.00	29.17	40.24	35.94	21.60
3 级	0.10%～0.15%	21.05	24.44	27.78	20.73	23.05	40.20
4 级	0.075%～0.100%	0.00	13.33	8.33	4.88	4.30	17.80
5 级	0.050%～0.075%	0.00	0.00	0.00	2.44	1.17	8.80
6 级	<0.05%	0.00	0.00	0.00	1.22	0.39	3.50
	最小值（%）	0.106	0.059	0.077	0.049	0.049	
	最大值（%）	0.359	0.286	0.331	0.351	0.359	
	平均值（%）	0.188	0.185	0.177	0.174	0.180	0.132
	变异系数	27.07	29.17	32.22	32.63	30.60	9.10

注："二普"表示广东省第二次土壤普查。

二、有机氮

有机氮（有机结合形态氮）是土壤氮的主要存在形态，约占土壤全氮的 95% 以上。因此，同全氮类似，土壤中有机氮与有机质有着密切关系。从区域地带性来看，南方水稻土壤有机氮结构组成受气候环境因素影响，除氨基酸氮外，有机态氮占全氮的比例随纬度呈显著线性变化。

有机氮的成分极其复杂，分离鉴定出来的有氨基酸、氨基糖、嘌呤、嘧啶以及少量的磷脂、胺类和维生素等，至今暂无一个完全区分不同组分和形态有机氮的方法。现在常用的有机氮分类依据有水溶性、分解程度和结合形态。按照其水溶性可分为难溶性有机氮、水解性有机氮和非水解性有机氮。按照分解程度可分为微生物躯体、微生物半分解和腐殖质有机氮。按照结合形态可分为游离态粗颗粒、物理保护有机氮、化学保护有机氮及生物化学保护有机氮。

大部分有机形态的氮必须经过土壤微生物转化才能被作物利用，不同形态有机氮的矿化速率与难易程度不同。有机氮矿化一般分为两个阶段：①含氮化合物氨基化；②氨化。有机氮矿化都以有机质中的碳作为能源，对多数矿质土壤而言，有机质的矿化速率一般为 1%～3%。

有机肥无机肥配施是提高土壤有机氮含量的最有效措施。长期定位试验结果表明，长期施用有机肥能够极大改善土壤团聚体结构，促进游离细颗粒有机氮的包裹，进而提高物理保护有机氮的相对比例，增强土壤有机氮的物理保护作用（张丽敏等，2015）。不同地区土壤碳氮比不同，在湿润地区，碳氮比一般大于 10∶1，通过生物炭与氮肥（尿素）配施，能够有效提高红壤中微生物生物量氮的含量，使碳氮比下降（陶朋闯等，2016）。

三、矿质氮

土壤中的无机态氮称为矿质氮，主要包括铵态氮、硝态氮和亚硝态氮等。土壤中的硝态氮和铵态氮是作物能直接利用的形态，可反映土壤的供氮能力。铵态氮包括固定在土壤矿物晶层内的固定态铵、吸附在土壤胶体表面的交换性铵和存在于土壤溶液中的铵离子。土壤中的铵态氮来源于氨气的沉降以及有机物质的矿化，另外，化学氮肥是铵态氮的重要来源。硝态氮在土壤中很少被吸持，主要以溶质的形式存在于土壤溶液中，受土壤湿度的影响，容易淋失。土壤中的硝态氮主要来源于铵态氮的硝化。在通气良好的土壤中，铵态氮在硝化细菌和亚硝化细菌的作用下转变为硝态氮。

矿质氮占土壤全氮的 1%～10%，矿质氮在土壤中存在的具体形态和数量与作物生长、土壤水分状况和施肥等密切相关。一般来说，旱地土壤的硝态氮（$NO_3^- - N$）含量高于水田，而水田土壤中的无机氮主要以铵态氮存在。此外两种形态的氮还因土体层次而存在差异。施用磷肥和有机肥料能显著降低 $NO_3^- - N$ 在 0～100 cm 红壤中的积累，而氮钾配施使得 20～40 cm 土层中 $NO_3^- - N$ 含量最高，有机肥的施用能显著降低 $NO_3^- - N$ 在 0～100 cm 土体中的残留量（黄晶等，2010）。丘陵区红壤旱地土壤 $NO_3^- - N$ 的剖面分布与土壤母质有关。红黏土红壤下层 $NO_3^- - N$ 比例较红砂岩红壤高，水分是土壤 $NO_3^- - N$ 迁移的主要驱动力，降雨后土壤中 $NO_3^- - N$ 含量随土壤深度的增加而增加，施肥主要影响表层土壤中 $NO_3^- - N$ 含量的变化。硝化抑制剂双氰胺可明显提高土壤铵态氮含量、降低硝态氮含量。

四、微生物生物量氮

土壤微生物数量巨大、种类繁多，是介导和驱动土壤元素生物地球化学循环的载体和引擎。土壤微生物生物量氮（microbial biomass nitrogen，MBN）是指土壤中所有活微生物体内含有的氮，大部分由蛋白质和多肽类物质等构成，约占土壤全氮的 1％～5％。虽然红壤微生物生物量氮只占总氮的极小部分，但由于其转化活跃、有效性高，因此微生物生物量氮在红壤氮供应中起着不容忽视的作用，是土壤中最活跃的有机氮组分。微生物生物量氮与土壤全氮和碱解氮含量极显著正相关，是作物氮的有效来源，能够反映土壤供氮能力的大小。

红壤中含有多种能够固定氮的微生物，可分为自生固氮菌、共生固氮菌和联合固氮菌 3 大类，其中共生固氮菌的固氮能力最强。自生固氮菌包括好氧性和厌氧性的有机营养型细菌及光能营养型细菌。自生固氮菌的固氮能力都不高，其能够将大气中的氮气（N_2）通过生物固定转化成氨态氮，并进一步将其同化为有机氮或转化成硝态氮。红壤地区还有多种与植物如紫花苜蓿、紫云英等共生的固氮微生物，共生固氮菌比自生固氮菌的固氮能力强得多，占生物固氮的 60％左右。联合固氮菌是介于自生和共生固氮微生物之间的一类微生物，它有一定的专一性，但又不形成根瘤那样的特殊结构，如固氮螺菌、雀稗固氮菌等。这些固氮微生物在红壤地区生态系统的氮循环中起着举足轻重的作用。

红壤大部分位于高温湿热地区，由于其风化程度高、淋溶作用强，使得土壤中氮含量普遍较低。红壤的酸、瘦、易板结和保水透气性差等特点不利于土壤中微生物的生长和繁殖。再加上近年来人为的破坏，红壤中微生物的丰度和活性降低，导致微生物氮的含量普遍不高。据调查，在湖南长期定位施肥试验点的红壤中，新化、桃江、株洲、汉寿的土壤中微生物生物量氮的含量在 25～34 mg/kg，祁阳土壤中微生物生物量氮的含量为 35 mg/kg；望城为 42 mg/kg；而宁乡、临澧、南县、武冈的土壤中微生物生物量氮的含量较高，为 50～79 mg/kg；长沙县土壤中微生物生物量氮含量最高，为 106～116 mg/kg，分别占土壤全氮含量的 1.3％～4.5％。对江西进贤的红壤来说，微生物生物量氮的含量为 8～28 mg/kg，占土壤全氮的 0.9％～1.9％。由此可见，红壤中微生物生物量氮含量整体变幅较大，但占全氮的比例较为稳定。

土壤微生物生物量氮十分活跃，对外界环境条件的变化非常敏感。温度、水分、耕作、施肥等均会影响到土壤微生物生物量氮的含量。通过对福建武夷山红壤的研究发现，其微生物生物量氮含量为 28 mg/kg。随着温度和湿度的增加，微生物生物量氮含量均先增加后下降。越来越多的研究证实，耕作管理方式对土壤微生物生物量氮变化的影响很大，免耕、沟播与少耕较传统的翻耕方式更有利于促进土壤中微生物生物量氮含量的提高。长期施肥对微生物生物量氮有显著影响，且不同的培肥方式差异明显。有研究表明，单施化肥显著降低了红壤微生物生物量氮的含量，而有机肥无机肥配施增加了其含量，增幅为 16％～120％（向艳文，2009）。这可能是由于有机肥的施入能增加土壤的能源物质，碳源的增加在促进微生物生长的同时可以使微生物固定更多的氮，从而有利于土壤微生物生物量氮的积累。此外，不同粒级的土壤团聚体在养分有效性、水势和氧气浓度等方面的异质性可能会对微生物的活性和数量产生重大影响，并进一步改变微生物生物量氮的水平。近年来，有关土壤团聚体内微生物生物量氮的含量及其分布的研究日益增加，长期施肥特别是有机肥的施用有利于团聚体的形成，显著改善了土壤微生物群落结构和多样性。有机肥无机肥配施提高了土壤团聚体微域空间内的微生物群落丰度及碳氮循环相关的酶活性，其中 0.25～2 mm 团聚体是微生物群落数量最多和胞外酶活性最高的粒级，可能意味着该粒级中微生物生物量氮的含量也较高。

在微生物的参与下，土壤铵态氮通过硝化作用转化成硝态氮，该过程包括铵态氮氧化为亚硝态氮的氨氧化过程和亚硝态氮继而被氧化为硝态氮的亚硝酸盐氧化过程，其中氨氧化过程是硝化作用的限速步骤，也是全球氮循环的中心环节。催化氨氧化过程的微生物包括氨氧化细菌（AOB）与氨氧化古菌（AOA）。2007 年首次报道了我国酸性红壤中氨氧化古菌是占数量优势的硝化微生物，且与土壤硝化潜势具有显著正相关关系，意味着 AOA 可能是酸性红壤中更大的氨氧化作用贡献者（He. et al.，2007）。随后发现并证实了 AOA 在酸性土壤硝化作用中的主导作用。贺纪正团队对不同土壤类型（红壤水稻土、红壤旱地土等）氨氧化微生物群落的结构和功能进行了详细的研究，探索了 AOA 和 AOB 对不同施肥处理以及土壤氮水平的响应，强调了氨氧化古菌类群对介导酸性土壤氮循环的重要性。未来的红壤微生物生物量氮循环研究，将以新技术、新方法为手段，结合我国红壤的特点和农业可持续发展的重大需求，加强氮转化关键微生物过程与机制的研究，为制定有效氮管理措施和发展调控方法提供支撑。

第二节　红壤氮转化及其影响因素

一、红壤氮循环

土壤中的氮循环是高度动态的，并且有着复杂的转化方式及途径。氮循环被认为是开始于大气中的氮气（N_2），经固氮过程转化为颗粒态有机氮，有机氮经矿化过程转化为可被植物吸收利用的铵态氮和硝态氮，并且有机质降解产生的可溶性有机氮经氨化作用转化成铵态氮，这些无机氮再经硝化、反硝化、硝态氮异化还原为铵，经厌氧氨氧化一系列过程转化为 N_2 回归大气中。氮循环中的主要过程固氮（N_2 fixation）、硝化（nitrification）、反硝化（denitrification）、厌氧氨氧化（anammox）和硝态氮异化还原为铵（dissimilatory nitrate reduction to ammonium，DNRA）等过程均由微生物所驱动。

在农田土壤中，硝化和反硝化过程基本是同时进行的，两者构成土壤氮肥损失的主要途径，以 N_2O 形式损失的氮可达氮肥投入量的 40%。在铁含量较高的红壤中，硝酸盐依赖型的亚铁氧化微生物可以利用厌氧环境中的 NO_3^- 作为电子受体，在有机物质存在的情况下氧化 Fe^{2+}，从而构成硝酸根依赖的亚铁氧化过程（NO_3^--dependent Fe^{2+} oxidation，NDFO）。目前的研究表明，*Geothrix*、*Sunxiuqinia*、*Vulcanibacillus*、*Azospira*、*Zoogloea* 和 *Dechloromonas* 等是硝酸根依赖的亚铁氧化过程的优势微生物。红壤中的铁还原与厌氧氨氧化过程耦合，构成铁氨氧化过程（ferric ammonium oxidation，Feammox）。稻田土壤中铁氨氧化过程的主要产物是 N_2。研究发现，稻田土壤中铁氨氧化过程所造成的氮损失约占氨肥施用量的 3.9%～31.0%（Ding et al.，2014）。铁氨氧化过程的发现改变了人们对氮循环的传统认识，为理解红壤氮损失提供了新的途径。

二、氮的矿化

土壤氮是满足作物需求和供应氮的主要来源，就水稻而言，土壤对单季作物的供氮量占作物高产需氮量的 45%～82%。作物吸收的氮，除了土壤中的基础矿质氮外，更主要的是可矿化氮。土壤有机氮经微生物转化为矿质氮的过程即氮的矿化，包括氨基化和铵化以及铵态氮的硝化过程。

（一）矿化过程

在大量施用氮肥的条件下，作物所需的氮仍有 50% 以上来自土壤有机氮的矿化（朱兆良等，1992）。土壤有机氮矿化为作物提供可利用态氮，在很大程度上决定着土壤的供氮能力。因此，深化认识土壤有机氮矿化，对优化农业生态系统土壤供氮和阻控氮环境损失有重要意义。

土壤氮矿化量是土壤有机氮的含量和生物可分解性、矿化的水热条件和时间等的函数。温度同其他土壤状况，如水分、pH、供氧量和黏土含量等控制着矿化过程的进行，被认为是影响矿化最重要的一个因素。准确定量模拟土壤有机氮矿化过程对于预测土壤氮的供应能力和制定氮肥推荐施用制度具有重要意义。当前国际上应用较为广泛的有机氮矿化模型是动力学模型和经验模型。前者包括零阶、一阶和混阶动力学等模型，该类模型参数能较好地解释土壤有机氮的分解机理；而经验模型（主要为有效积温模型）则较多地考虑了有机氮矿化过程的影响因素及其所起的作用。

1. One-pool 模型（单一级指数方程）

$$N_t = N_0 \left[1 - \exp \left(-k_0 t \right) \right]$$

式中：N_t 为累计矿化氮量（mg/kg）；N_0 为矿化势；k_0 为一级反应速率；t 为培养时间。

2. Two-pool 模型（双一级指数方程）

$$N_t = N_a \left[1 - \exp \left(-k_a t \right) \right] + N_r \left[1 - \exp \left(-k_r t \right) \right]$$

式中：N_a 和 k_a 分别为易矿化部分的矿化势和一级反应速率；N_r 和 k_r 分别为缓慢矿化部分的矿化势和一级反应速率；N_t 为累计矿化氮量（mg/kg）；t 为培养时间。

3. Special 模型（混合的一级和零级反应方程）

$$N_t = N_{a0} \left[1 - \exp \left(-k_{a0} t \right) \right] + C_r t$$

式中：C_r 为缓慢矿化部分的矿化常数；N_{a0} 和 k_{a0} 分别为易矿化部分的矿化势和一级反应速率；N_t 为累计矿化氮量（mg/kg）；t 为培养时间。

4. 有效积温式

$$Y = k \left[\left(T - T_0 \right) D \right] n$$

式中：Y 为累计矿化氮量（mg/kg）；T_0 为 15 ℃；T 为培养温度（℃）；D 为培养时间（d）；k 和 n 均为矿化常数。

（二）影响氮矿化的因素

1. 土壤微生物生物量和活性

微生物生物量在红壤氮矿化过程中发挥着重要作用。土壤微生物生物量氮的含量及矿化动态直接影响有机氮的矿化过程。研究表明，土壤微生物生物量氮与可矿化氮存在显著正相关关系，其质量分数是可矿化氮的 46%～82%。红壤的微生物生物量氮的矿化速率和矿化量随培养时间的延长而降低，随水稻土肥力水平的提高而增加，矿化过程可通过双指数方程和一级动力学方程很好地模拟。

微生物活性也直接影响土壤氮矿化。土壤 pH 的提高一方面可直接提高微生物群落活性，从而提高土壤氮的总矿化速率；另一方面还会增加土壤有机质的可溶性，为微生物的活动提供大量富含碳和氮基质的物质，通过间接影响底物可利用性来影响土壤氮的总矿化速率。红壤茶园土壤氮的矿化参数与土壤容重极显著负相关，说明土壤通透性越好，参与有机氮矿化的微生物的活性越高，有机氮的矿化量越大。土壤水分通过改变土壤通气状况改变微生物群落结构及活性，进而影响氮的矿化过程。土壤含水量较低会限制土壤微生物的生长，抑制土壤氮矿化；而土壤含水量太高，嫌气土壤环境的反硝化作用较强，可降低土壤氮矿化速率。红壤水稻土干湿交替过程中的土壤 pH 和氧化还原强度（Eh）变化，会通过改变土壤微生物的种类和数量影响有机氮的矿化；反之，土壤有机氮矿化又将影响土壤 pH 和 Eh 的变化。添加外源碳后，土壤微生物能够迅速利用碳源而增强活性，同时促进本底氮源的释放而利用氮源，促进氮矿化。在干湿交替条件下，添加紫云英会增加土壤中可溶性有机氮的含量，可溶性有机氮可被微生物迅速利用而提高红壤有机氮的矿化速率。

2. 土壤酶活性

土壤有机氮的矿化可以看作是土壤全酶引起的种种复杂酶促反应的结果。水稻根系分泌氧会显著提高根际土壤 Eh，并提高土壤酶活性，尤其是脲酶活性，从而间接提高有机氮的矿化速率。温度能通过制约土壤酶活性调控土壤氮的矿化过程，不论施肥与否，土壤氮矿化对温度最敏感的范围均在 5～15 ℃。添加外源氮可以提高脲酶活性，从而促进氨化作用形成铵态氮，增加净氨化量。配施猪粪或秸秆能够显著提高土壤碳含量，改善土壤有机质特性，增加活性有机氮库和提高土壤酶活，从而促进土壤氮矿化。

3. 有机氮组分结构

有机氮组分结构深刻地影响着红壤氮的矿化。有机氮化学形态复杂，其各组分含量受一系列自然因素和人为因素的综合影响。在红壤水稻土中，酸解氮是土壤有机氮的主要存在形式，其占土壤全氮的比例为 58.6%~83.8%。不同类型水稻土中酸解氮的含量总体上依潴育性水稻土、潜育性水稻土、淹育性水稻土的次序逐渐降低。氨基酸氮是酸解氮的主要组分，其占土壤全氮的比例为 25.6%~43.1%；氨基酸氮与土壤可矿化氮显著正相关，是对可矿化氮有直接重要贡献的组分，是可矿化氮的主要来源。因此，提升有机氮中除未知氮外的其他酸解组分占比，特别是氨基酸氮的分配比例，有利于增加土壤可矿化氮的供应容量。

三、无机氮的固定

土壤中的无机氮移动性强，易通过 NO_3^- 淋溶和 NH_3 挥发造成氮损失。无机氮的固定是土壤氮内循环的重要环节，与其他氮转化过程密切相关，对减少土壤中氮损失起着重要作用。无机氮的固定包括两个途径：①无机氮的微生物同化，即无机氮经微生物同化转变成微生物生物量氮；②无机氮的非生物固定，即无机氮被吸附固定在难分解的黏土矿物晶格和腐殖质中。我国红壤地区，由于土壤高度风化，有机质含量较低，矿物中释放的氮十分有限，导致作物生长所需的氮主要来自所施肥料。因此，研究红壤中氮的储存和释放机制，了解红壤中无机氮的固定过程，对于指导农业生产以及面源污染防控都具有重要意义。

（一）无机氮的微生物固定

1. 微生物固定 $NH_4^+ - N$ 和 $NO_3^- - N$

红壤中含有多种固氮微生物，如圆褐固氮菌（*Azotobacter chroococcum*）、贝氏固氮菌（*Azotobacter beijerinckii*）、棕色固氮菌（*Azotobacter vinelandii*）、福州固氮菌（*Azotobacter fuzhouensis*）及固氮量较低的固氮假单胞菌和稀有固氮单胞菌（*Azotomonas insolita*）。此外，红壤地区还有多种与豆科植物如猪屎豆、田菁、柽麻、紫云英等或非豆科植物如木麻黄等共生的固氮微生物。有关微生物固氮的研究证实，微生物通常优先利用 $NH_4^+ - N$，但并不会完全阻碍微生物对 $NO_3^- - N$ 的利用，两者可以同时存在。一般而言，耕作土壤中 $NH_4^+ - N$ 的微生物同化占主导，但同时也发生着 $NO_3^- - N$ 的同化（Mary et al.，1998），耕作土壤在培养数周甚至数月后仍然能够发生显著的 $NO_3^- - N$ 同化（Burger et al.，2003）。

2. 影响微生物固定无机氮的因素

红壤中无机氮微生物同化的强弱受许多因素的影响，尤其是能源物质的种类和数量。总体而言，当易分解的能源物质大量存在时，无机氮的微生物同化作用大于有机氮的矿化作用，从而表现为无机氮的净生物同化作用，反之则为净矿化作用。

（1）土壤有机碳含量　一般而言，土壤有机碳与微生物的氮同化有密切正相关关系，充足的有机碳可以促进红壤中自养和异养微生物的生长与繁殖，提高对无机氮的利用能力，进而在同化 $NH_4^+ - N$ 的同时同化 $NO_3^- - N$（张金波等，2004）。农业土壤中的有机碳含量相对较低，无法满足微生物对碳源的需求（Booth et al.，2005）。因此，常通过外源添加易分解的碳源（如作物秸秆、生物质炭等）来提高 C/N，促进微生物对 $NH_4^+ - N$ 的同化。

（2）土壤氮输入量　由于高氮输入量导致土壤中 $NH_4^+ - N$ 含量明显增加，而较高的 $NH_4^+ - N$ 含量会一定程度地抑制微生物对 $NO_3^- - N$ 的利用。因为只有当 $NH_4^+ - N$ 浓度较低且存在硝化细菌的强烈竞争时，微生物同化 $NO_3^- - N$ 的量才有可能超过 $NH_4^+ - N$。不仅如此，微生物对于红壤中氮源的选择是与环境高度适应的，红壤中氮输入量的变化会引起微生物群落结构的改变，进而影响土壤中微生物的组成与分布，并且微生物对氮源的选择也会随之改变。

（3）土壤酸碱度　大部分细菌倾向于利用 $NH_4^+ - N$，而真菌则更倾向于以 $NO_3^- - N$ 为氮源。初耕垦的红壤田 pH 为 2.5～3.5，因而细菌数量较少，而在淹水种稻的情况下，土壤酸碱度升高，在 5.5 左右，细菌数量也随之明显增加。因此，土壤酸碱度显著影响红壤中的微生物组成和分布，从而影响红壤中不同种类的微生物对无机氮的固定。在红壤性水稻土中加入尿素或硝酸钾导致土壤中无机氮转化的主要原因可能就是土壤酸碱度的变化引起土壤微生物组成与分布的改变，进而影响无机氮的微生物固定。

（4）季节性差异　红壤地区由于气温高、蒸发量大，且降雨较为集中，其微生物的分布具有明显的季节变化。华中地区（江西一带）每年 4—6 月为雨季、7—10 月为旱季，而华南地区（广东—海南岛一带）因受台风影响较为频繁，雨季为 7—11 月。这种由季节变化引起的土壤湿度条件的变化可能导致微生物固氮的差异。土壤微生物同化 $NH_4^+ - N$ 和 $NO_3^- - N$ 的速率与季节变化引起的土壤水分动态变化正相关，可能是由于湿度降低进而减弱了底物的扩散，使得主要微生物组成由细菌转变为真菌。

（二）无机氮的非生物固定

无机氮的微生物固定一直被认为是土壤中无机氮固定的主要过程，但无机氮的非生物固定也是土壤无机氮固持的重要方面。

1. $NH_4^+ - N$ 的非生物固定

土壤中 $NH_4^+ - N$ 的非生物固定指 $NH_4^+ - N$ 被 2∶1 型黏土矿物或有机质吸附固定的过程。通常 $NH_4^+ - N$ 的非生物固定非常迅速，十几分钟内便能够完成。红壤中的固定态铵主要以黏土矿物晶层间的平衡离子态存在，也有部分以有机化合物的形态存在，但占比较低。红壤中大多数黏土矿物是由硅氧四面体片和铝氧八面体片相结合构成的晶质层状硅酸盐。根据两种晶片的配比，可分为 1∶1 型和 2∶1 型两种不同的黏土矿物类型。其中，1∶1 型矿物吸水后不会膨胀，基本不具备固定铵的能力；而 2∶1 型矿物的晶片中由于同晶置换作用产生负电荷，在上下层间形成复三角网眼，因此 NH_4^+ 能够被吸附固定在网眼中，或者被固定在由于干燥而塌缩的晶格间层中。

2. 影响铵非生物固定的因素

（1）黏土矿物组成和含量　不同黏土矿物的固铵能力不同，蛭石的固铵能力较强，其次为伊利石和蒙脱石，而 1∶1 型黏土矿物如高岭石固铵量最低。红壤带内紫色砂岩上发育的土壤，黏土矿物主要是蛭石和水云母，固铵能量较强；红壤带内在花岗岩、砂岩等风化物上发育的土壤，以及砖红壤带的土壤，其黏土矿物以高岭石为主，固定态铵含量相对较低。我国第四纪红土母质上发育的红壤含有大量蒙脱石，固铵能力居中（表 8-2）。

表 8-2　几种黏土矿物的固铵能力

加入硫酸铵量 (mg/kg，N)	蛭石		蒙脱石		伊利石	
	固定态铵 (mg/kg)	新增固定态铵（占加入氮的百分比，%）	固定态铵 (mg/kg)	新增固定态铵（占加入氮的百分比，%）	固定态铵 (mg/kg)	新增固定态铵（占加入氮的百分比，%）
0	90		34.2		669	
250	142	53.2	90.1	22.4	662	0
500	378	61.8	100	13.1	678	1.8
1 000	860	85.0	122	8.8	680	1.2
2 000	1 806	89.9	171	6.8	689	1.0

同一母质发育的红壤，由于剖面深度的不同，其固铵能力也有显著差异。一般来说，随着剖面深度的增加，黏粒含量增大，固铵能力增强。砖红壤带和赤红壤带土壤，除某些石灰岩发育的土壤和珠江三角洲水稻土外，表土（0～20 cm）的固定态铵的相对含量大多在 10% 以下，而 0～100 cm 的固定态铵的相对含量可以占全氮含量的 30% 以上。

（2）K^+ 和 NH_4^+ 浓度　K^+ 和 NH_4^+ 的离子半径相似，它们对 2∶1 型黏土矿物的层间专性吸附位点存在竞争，因此土壤中 K^+ 浓度影响对 $NH_4^+ - N$ 的固定能力。同理，层间钾的释出将提高红壤的固铵能力。由于 NH_4^+ 具有更低的水化能，NH_4^+ 对黏土矿物的吸附位点的竞争更强，因此会优先被黏土矿物固定。相同条件下加入相同数量的 K^+ 和 NH_4^+，固定的 NH_4^+ 是 K^+ 的 $1.6\sim2.0$ 倍。

此外，由于土壤中交换性 NH_4^+ 与固定态铵处于动态平衡，当土壤溶液中的 NH_4^+ 浓度降低时，固定态铵可能被释放出来；随着土壤溶液中 NH_4^+ 浓度的增加，黏土矿物对铵的固定也进一步增加。

（3）铁的氧化还原作用 铵的固定还与活性铁离子的含量有关。在淹水条件下，随着土壤 Eh 的下降，黏土矿物八面体上 Fe^{3+} 被还原成 Fe^{2+} 时，晶层负电荷相对增加，导致淹水后红壤水稻土中固定态铵含量明显增加。红壤铁含量丰富，淹水后水稻土中 Eh 降低导致包裹在黏土矿物表面的铁氧化物胶膜被还原溶解，从而更有利于 NH_4^+ 进入黏土矿物层间，导致淹水稻田 NH_4^+ 固定明显增加。

相较于其他类型土壤，红壤高度风化，对无机氮固定的整体强度偏低。相对而言，微生物同化过程可能占优势，而非生物过程很微弱。而且，土壤利用方式不同的红壤地区其红壤的固氮能力也会存在显著差别。对于红壤区的耕地，其固氮能力一般以微生物过程为主；而在红壤地区的森林和草地上，土壤中无机氮持留可能很大一部分是通过非生物固定氮完成的。此外，在氮是限制因素的土壤中，生物同化占主导地位；而在氮饱和地区微生物和非生物对氮的持留能力均减弱，氮的淋溶损失风险增加（Westbrook et al.，2004）。

四、红壤中氮转化的主要影响因素

土壤中不同形态的氮在一定条件下可以互相转化。微生物是土壤氮转化的主要参与者，影响微生物活动的因素均能影响氮在土壤中的转化，其转化过程受土壤条件及环境因素等多方面的影响。

（一）土地利用方式

1. 对红壤有机氮转化的影响

有机氮来源多样，赋存形式复杂，是土壤氮的主要组成部分。受土壤微生物及植物根系的影响，不同农田利用方式下的土壤有机氮组分的留存形态、各组分的理化性质及分解转化也存在较大差异，并使土壤中氮的功能及氮库循环产生一系列连锁效应。针对我国浙江金华红壤区农田不同利用方式下有机氮组分空间分布特征的研究发现，蔬菜地、果园、苗圃及水稻土 4 种利用方式下，有机氮组分含量占全氮比例排序为氨基酸态氮＞非酸性氮＞氨态氮＞未知态氮＞氨基糖态氮，而茶园的氨态氮含量占全氮含量的比例高于非酸性氮。湖南长沙金井流域红壤区 5 种利用模式下，土壤微生物生物量氮含量稻田＞荒地＞茶园＞林地＞菜地，土壤矿化氮累积量则为稻田＞菜地＞荒地＞林地＞茶园，氮快速矿化主要在培养前 7 d，在第 28 天趋于稳定。南方红壤区实施稻草覆盖，可减缓土壤有机态氮向无机态氮转化，降低土壤中无机态氮含量，从而减少水土流失造成的养分损失。江西红壤区林地、茶园、竹林和旱地 4 种利用方式下，旱地土壤氮净矿化速率远高于竹林、茶园和林地，主要由旱地土壤高 pH 和低 C/N 所致。在鹰潭红壤生态实验站内，侵蚀红壤（荒地）由于土壤酸度高，土壤有机质和有效磷含量低，导致其矿化作用显著低于茶园、橘园和旱作农田等其他利用方式的土壤（李辉信等，2000）。

2. 对无机氮转化的影响

土壤理化性质和利用方式除影响土壤有机氮的矿化作用外，还影响无机氮的硝化及反硝化过程，进而影响到土壤的供氮能力和温室气体的排放。连续淹水培养试验表明，不同利用方式土壤的硝化速率与硝化氮累积量一致，但不同利用方式间差异显著，菜地＞茶园＞荒地＞稻田＞林地，且硝化氮前 5d 累积缓慢，而后快速增长。对于同一类土壤，种植作物不同，土壤氮的转化也存在明显差异。浙江金华市郊红壤区种植不同作物的 14 种农田土壤，$0\sim10$ cm 土层可溶性无机氮含量莴笋地最高，为 152.06 mg/kg，甘薯地最低，仅为 2.16 mg/kg；可溶性有机氮含量甘蔗地最高，为 173.77 mg/kg，红花檵木地最低，仅为 10.80 mg/kg。江西、福建红壤区因农用地土壤硝化活性高于天然林，两种利用方式下硝化作用的相对贡献率分别由氨氧化细菌和氨氧化古菌承担。

（二）施肥管理

1. 长期定位施肥对红壤氮转化的影响

土壤有机氮的化学形态及其存在状况是影响土壤氮有效性的重要因子。不同培肥措施对土壤有机氮的组成及分布转化过程会产生深刻影响，野外长期试验和观测是研究农田土壤氮循环与全球变化的主要途径。农业农村部望城红壤水稻土生态环境重点野外科学观测试验站的稻—稻—冬闲连作长期肥料定位试验结果表明，单施化肥主要增加酸解产物中 $NH_4^+ - N$ 和未知氮的含量，化肥配施稻草处理各酸解氮组分含量均显著增加。与无肥处理相比，NPK 长期平衡施用和化肥长期配施稻草均能提高 $2\sim5$ mm、$0.5\sim2$ mm 水稳性团聚体内全氮和可矿化氮的含量（向艳文，2009）。福建省农业科学院野外观测站红壤肥力与生态环境福州站长期监测试验结果表明，长期施肥提高了土壤有机氮及其组分的含量，其中化肥配施牛粪能显著提高土壤酸解总氮和酸解未知氮含量，化肥配合秸秆还田则更有利于提高氨态氮含量。湖南祁阳红壤试验站的研究结果表明长期施用有机肥可显著提高表层土壤全氮及与各颗粒结合氮的含量；而亚表层土壤中，施化肥或者秸秆还田加速了黏粒结合态氮的耗竭，配施有机肥促进了氮在黏粒中的积累。该试验站施肥 16 年后，1∶5NPKM 处理的土壤全氮和碱解氮含量分别增加了 43.9% 和 86.0%，不施氮处理则分别平均降低了 33.8% 和 30.3%，验证了单施有机肥、无机氮磷钾合理配施以及有机肥无机肥配施是维持和提高土壤氮肥力的有效措施（王娟等，2010）。祁阳官山坪水稻长期（1982—2010 年）定位试验也表明，有机肥的施用是红壤性水稻土有机质和氮营养水平稳定提升的关键措施（黄晶等，2013）。长期有机肥无机肥配施和长期施用有机肥的红壤稻田，土壤氮矿化势显著高于单施化肥和不施肥处理，土壤氮矿化势与施肥时间（年）有着显著的线性关系（刘立生，2014）。红壤性水稻土长期施用有机肥可大幅度提高土壤全氮和碱解氮含量（闫鸿媛，2010）。

2. 施肥时添加硝化抑制剂对红壤氮转化的影响

硝化抑制剂通过抑制土壤 NH_4^+ 氧化为 NO_2^- 增加铵态氮肥的利用率，减少氮对环境的污染。DMPP（3，4-二甲基吡唑磷酸盐）能够明显增加有机肥无机肥配施模式下红壤中铵态氮的含量，有效延长铵态氮在土壤中停留的时间，使硝态氮含量长期维持在较低水平。高施肥水平有机肥无机肥配施模式下 DMPP 的抑制效果更突出。CMP（1-甲氨甲酰-3-甲基吡唑）在第 33 天开始对红壤中氮的转化发挥抑制效果，但到第 60 天才可区分出处理间的效果差异。DCD（双氰氨）在红壤中的抑制效果起效较晚，但作用时间长。在红壤中，施用 DMPP 和 DCD 抑制剂，降低了土壤表观硝化率，对红壤的硝化过程相对于水稻土和潮土而言较缓慢。氮肥配施不同浓度脲酶/硝化抑制剂组合处理能够在短期内有效提高土壤脲酶活性、土壤 $NH_4^+ - N$ 和田面水 $NH_4^+ - N$ 含量，降低田面水 $NO_3^- - N$ 含量，减少氮损失（唐贤等，2018）。

（三）水分管理

水分是影响氮循环的一个重要因素。土壤水含量一方面通过影响硝化作用可利用底物 NH_4^+ 数量、土壤 pH、Eh 和氧气含量等直接或间接影响硝化速率，另一方面通过直接影响土壤微生物群落活性影响土壤氮矿化作用。一般情况下，中亚热带丘陵红壤区森林土壤净矿化速率和硝化速率均为半饱和含水量土壤高于自然含水量土壤与饱和含水量土壤，且自然含水量土壤与饱和含水量土壤之间差异不显著。土壤无机态氮在干燥过程中随微生物生物量的增加而降低，在干燥后的淹水过程中随微生物生物量的降低而增加，进而可能影响土壤养分有效性。土壤含水量也会影响休闲期土壤可溶性氮含量（陈春兰等，2018）。红壤旱地黑麦草还田初期，保持较高的土壤含水量（45%）有助于抑制土壤的氮矿化作用，减少氮的淋溶或挥发，还田中后期适当降低土壤含水量（30%）可增加土壤氮的矿化，有利于作物对氮养分的吸收。

（四）温度

温度是决定土壤氮矿化过程最重要的环境因素之一。一般认为，硝化作用的温度界限在 $4\sim40$ ℃，当土温为 $30\sim40$ ℃时，最有利于氮矿化作用的进行。但最适温度范围受气候带、土壤类型、植被、含水量等因素影响。对不同气候带红壤的研究发现，温度对氨化强度的影响不显著，对硝化强度有显著影响，且与温度显著负相关。鹰潭旱地红壤中硝态氮积累量随着培养温度的提高而增加，铵态氮积累量总体上随着培养温度的升高而下降，净矿化氮积累量在 25 ℃以上表现出持平和下降趋势，土壤矿质氮积累量的变化与培养积温的平方根表现出线性相关关系，土壤氮矿化的适宜温度为 20～25 ℃。12～36 ℃范围内，随着温度的升高，红壤的氨化和净矿化速率提高，但对硝化速率的影响不显著，可能与培养温度升高引起微生物数量的增加有关。红壤双季稻田能维持较高的活性氮含量，且比水稻生育期有一定程度的增加。休闲期土壤无机氮含量变化主要受土壤温度影响，$NH_4^+ - N$ 含量变化与土壤温度极显著负相关，$NO_3^- - N$ 含量与土壤温度显著正相关（陈春兰等，2018）。温度对土壤氨化速率和净矿化速率的影响均为 12℃＜24℃＜36℃，对土壤硝化速率的影响不显著，这可能源于培养温度升高引起微生物数量的增加，且使微生物的矿化能力远大于其固持能力；温度升高有利于提高中亚热带丘陵红壤区森林土壤的氨化速率和净矿化速率，温度过高则抑制土壤硝化速率。

（五）耕作制度

在不同稻作制之间，红壤性水稻土的氮矿化势、有机质、全氮、水解性有机氮、易矿化氮均为水稻—水稻—冬泡＞水稻—水稻—绿肥＞水稻—水稻—油菜，氮矿化势与土壤有机质、全氮、水解性有机氮之间极显著正相关。通过在衡阳红壤实验站稻田的不同轮作制度长期定位试验发现，长期双季稻轮作绿肥使土壤氮矿化势、矿化速率、综合供氮能力、土壤有机氮品质等土壤氮矿化参数指标不断下降。土壤有机氮品质与种植绿肥时间（年）有显著的线性关系。与冬闲相比，长期种植绿肥加速了可矿化有机氮的耗竭，土壤的综合供氮能力有所降低（刘立生，2014）。

五、重金属胁迫对红壤氮转化的影响

研究表明，土壤中有机氮的矿化作用、硝化作用、反硝化作用以及微生物固氮作用等生物化学过程均受重金属胁迫的影响。重金属的毒性影响硝化作用过程中的微生物活性，进而对硝化作用有显著的抑制作用。有机氮的矿化作用与重金属污染水平负相关。重金属阴离子也会影响土壤微生物活性，铬酸盐对土壤微生物引起的硝化作用的抑制效应明显，钼酸盐和钨酸盐对土壤硝化作用无抑制效应，对土壤氮矿化则有促进作用。

（一）重金属对土壤氮转化的直接影响

重金属通过影响土壤微生物数量、群落酶活性等直接干预土壤氮转化（邱莉萍等，2006）。土壤微生物生物量氮含量是土壤微生物对氮矿化与固持作用的反映，与土壤全氮、土壤碱解氮含量呈极显著的正相关关系。重金属铅、镉对土壤氨化作用、硝化作用、过氧化氢酶、脲酶有很显著的抑制作用，能降低土壤生化活性、阻碍土壤氮循环、导致有害的亚硝态氮积累。红壤中加入镉（5～100 mg/kg）、铅（100～600 mg/kg）及锌（100～250 mg/kg）时，其微生物生物量氮降低了 13.5%～81.6%。单一污染时，随着镉、铅浓度的增加，红黄泥和红沙泥两个红壤的生化作用强度显著下降，下降顺序均为硝化作用＞固氮作用＞氨化作用。其中，硝化作用、固氮作用与镉、铅加入量显著负相关。不同化合物的镉、铅、锌污染物对红壤微生物生物量碳、微生物生物量氮、微生物生物量磷产生显著影响，以醋酸盐形式加入土壤中的镉、铅和锌对土壤微生物比氯化物有更大的毒性（谢正苗等，2000）。镉对不同耕型红壤有机氮矿化影响不同，添加镉对耕型第四纪红土红壤和耕型石灰岩红壤氮的矿化有抑制作用，而对耕型花岗岩红壤和耕型板岩红壤氮的矿化有促进作用。在重金属锑污染下，湖南红壤中微生物生物量氮和脲酶活性随着锑浓度的增加而降低，导致土壤硝态氮含量增加，对硝化过程有促进作用。外源镉胁迫可以直接影响土壤微生物生物量，也可以通过酶活性间接影响土壤微生物生物量。

（二）重金属对土壤氮转化的间接影响

重金属还可通过影响土壤特性间接影响土壤氮转化过程。红壤中加入 125 mg/kg 外源铅，碱解氮含量比对照下降了 7.21%，差异达显著水平（$P < 0.05$）。高浓度重金属污染处理下土壤碱解氮含量均略高于低浓度处理的碱解氮含量，说明土壤重金属污染水平不同，土壤碱解氮受影响状况也不一样。碱解氮变化趋势同土壤有机碳变化趋势相吻合，可能是由于低浓度重金属在促进有机碳分解的同时也加速了有机氮的分解，使其更易于迁移和流失。Pb^{2+} 的代换作用会使土壤水溶态 NH_4^+ 含量增加，且土壤吸附的 NH_4^+ 的交换量与 Pb^{2+} 浓度正相关。重金属还可通过影响固氮酶的活性影响氮的固定。在红壤性水稻土中添加外源铜 $\leqslant 20$ mg/kg 时，可提高紫云英根瘤的有效性和固氮酶的活性；当添加外源铜 $\geqslant 60$ mg/kg 时，紫云英受到明显的毒害，其固氮酶活性明显降低，吸收氮也受到抑制。红壤性水稻土添加不同浓度镉，随着外源镉胁迫浓度的增加，脲酶活性逐渐降低，且与外源镉胁迫浓度极显著负相关。重金属污染降低了土壤的氮矿化速率和脲酶活性，重金属复合污染则在一定程度上缓解了氮矿化，加重了对脲酶的毒性作用。水稻收获后，不同汞处理后土壤脲酶表现为在低浓度汞处理时有促进作用，在高浓度时有抑制作用，且出现峰值时的汞浓度为 1.5 mg/kg。低浓度汞提高了土壤脲酶活性，高浓度则相反。

第三节　红壤氮损失与防控

一、氮的损失途径

农田土壤中氮的主要损失途径有氨挥发、硝化-反硝化、淋洗和径流。初步估计，我国农田中化肥氮的去向为作物吸收 35%、氨挥发 11%、表观硝化-反硝化 34%（其中，N_2O 的排放率为 1.0%）、淋洗损失 2%、径流损失 5%、未知部分 13%。我国南方大面积分布的红壤具有酸性强、CEC 低等特点，同时由于地处热带、亚热带，降水量通常很大且分布不匀，导致土壤持水保肥性能较差，包括氮在内的营养元素易淋失。

（一）径流氮损失

红壤中的胶体主要为高岭石和铁铝氧化物，其所带负电荷少，不利于吸附带正电荷的 NH_4^+，造成 NH_4^+ 和 NO_3^- 极易随径流流失。农田氮流失受施肥、降雨、田面坡度、地表覆被、土地利用方式和耕作方式等多种因素的影响，各因素之间相互关联、共同作用。

1. 施肥

施肥量、肥料类型及配比和施肥方式等对氮养分径流流失有重要影响。红壤旱地径流养分流失总量与施肥量呈正相关关系。研究表明，红壤旱坡地种植玉米减氮 20% 时，对产量无影响，氮径流损失比常规施肥减少 12.54%～28.68%，不施肥处理的稻田氮径流流失量为常规施肥的 47%。平衡施肥的土壤流失量、地表径流量和总氮流失量比农民习惯施肥低。研究表明，平衡施肥小区的氮径流流失量比仅施 NP、NK 和 PK 小区减少 20%～55%。

不同形态氮肥径流液中氮的浓度不同，浓度由高至低的肥料品种依次是硝酸铵、碳酸氢铵、氯化铵、硫酸铵和尿素。与普通尿素相比，树脂包膜控释尿素可减少径流中硝态氮、铵态氮及总氮流失量。

氮肥的施用方式影响径流液中氮的浓度。氮肥表施比穴施显著增加了径流中总氮的浓度，施肥后如遇降雨，流失量会剧增，而且表施增幅比穴施更大。施肥总量相同而施肥次数不同时，养分流失量也不同。碳酸氢铵肥料表施会显著增加总氮和溶解态氮的流失量。

2. 降水

降水量是决定径流量的重要因素，降水强度是横向产流时间和流量的一个重要影响因子。4 年的观测结果表明，坡度为 9°～11° 的红壤坡地上的 5 个不同生态系统中，降水量与其地表径流量和泥沙侵蚀量线性正相关。在坡度为 10° 的红壤坡地上的研究发现，径流模数与降水量存在极显著的线性函数关系，土壤侵蚀量与降水量和降水强度的乘积存在极显著的幂函数关系。农业面源污染的氮负荷随年降水量和灌溉量的增加而增大，降水量越大，径流中的总氮输出越大。

降水强度对雨滴击溅作用也存在一定影响。降水强度增强，雨滴中值粒径也增大，击溅能力强，不仅会提高供蚀物质量，还会增加坡面径流的紊动性，径流量增大，土壤侵蚀能力大大提高，颗粒态和溶解态氮进入水体的量也增加。许多研究发现，消除雨滴击溅动能后，土壤侵蚀量将会减少至原来的 1/60～1/20。

3. 田面坡度

不同坡度直接导致径流量的不同，从而引起养分流失量的差异。地表径流中氮流失表现出很强的冲刷效应，即初期浓度很高，随后逐渐减小并趋于稳定。研究结果表明，随着坡度的增加，径流量加大，氮流失量增大，土壤侵蚀量增加；但达到某一坡度后，侵蚀量不再增加并有减少的趋势，这就是临界坡度。第四纪红土发育红壤的临界坡度为 25°，坡度大于 25°后泥沙流失量随之减少。红壤低山丘陵区水土流失对降雨和坡度（5°～15°）响应的研究发现，坡面小区径流输沙对坡度响应明显，坡面径流输沙量随着坡度的增加而增加。

4. 地表覆被

植被具有良好的持水特性，能够缓冲雨滴击溅和截留增加水分入渗，减小径流系数和养分流失量。地表覆被的空间分布直接影响地表径流的汇集、下渗和泥沙运移能力，进而影响不同覆被类型下各形态养分的流失情况。随着植被盖度的增加，地表径流量呈减少趋势，土壤侵蚀量呈递减趋势。野外人工降雨试验结果表明，林地坡面消除枯落物后，可使侵蚀量增加 12.95 倍。在红壤坡地的 14 年水土流失定位观测结果表明，红壤坡地土壤侵蚀量与植被盖度呈显著的负指数相关关系，植被盖度每增加 10%，土壤侵蚀量便会大幅递减。对不同植被覆盖区的研究还发现，地表径流量及总氮流失量的变化趋势与年均地表植被盖度大小和农事耕作强度的变化趋势一致。

5. 土地利用方式

地表径流特征受植被覆盖类型、利用方式对土壤结构的扰动状况影响，从而影响氮的流失量。不同土地利用方式下红壤坡地的径流产生量由高至低为农作区、茶园区、湿地松、甜柿园、柑橘园、退化区和恢复区。红壤坡地地表径流量及总氮流失量由大至小为农作区、茶园、柑橘园、退化区、恢复区，其中农作区的年径流总量远大于其他处理，总氮流失量是茶园和柑橘园的 2 倍，是自然植被的 8～10 倍。研究表明，红壤农作区的径流量显著高于荒草区（3 年），农地氮流失量高于林地和灌草地。赣江下游氮的污染负荷由高至低依次为水田、旱地、林地。

6. 耕作方式

横坡垄作种植可起到蓄水减流和减沙作用，能显著降低径流量和氮流失量。与传统顺坡农作物比较，水平草带、水平沟、休闲、等高农作和等高土埂均具有明显的控制水土流失和氮养分流失的作用，并以等高农作和等高土埂的效果为最好，等高农作的土壤侵蚀量仅为顺坡耕种的 1/6。与常规耕作相比，免耕覆盖能明显减少地表径流量和土壤侵蚀量。免耕覆盖不压实、免耕辅以秸秆覆盖、免耕覆盖和深松覆盖延迟产流时间，缩短降水结束后径流持续时间，径流量和土壤侵蚀量较传统耕作少。在顺坡垄作、平作、横坡垄作的条件下进行秸秆覆盖能显著减少地表径流。秸秆与地膜覆盖能有效控制坡地土壤氮养分流失，减少土壤侵蚀。红壤坡耕地覆盖有效减少了径流量 18.7%～25.3%、泥沙量 11.3%～24.5% 及氮养分流失 33.6%～48.3%（侯红波等，2019）。

种植植物篱比不种植植物篱可降低地表径流量和土壤侵蚀量。丘陵坡地果园种植百喜草能有效减少水土流失，常规耕作坡地地表径流量为百喜草处理的 4.39 倍，土壤流失量为百喜草处理的 67.1 倍。植物篱与平衡施肥、间作和垄作等农艺措施相结合，能有效削弱坡耕地的水、土、肥流失，减少氮流失。

（二）土壤淋溶

农田氮通过淋溶方式进入地下水、河流、湖泊等而被损失，造成生态环境质量下降。农田氮淋溶损失的主要影响因素有土壤水，氮肥用量、品种及施肥方式，土壤质地、耕作方式和种植方式等。

1. 土壤水

$NO_3^- - N$ 在土壤中的移动性较强，易随土壤水分发生迁移。研究表明，土壤硝态氮淋失量与降雨量密切相关，随着降雨量的增加和降雨强度的增大，氮的淋失量和迁移强度也相应增大，集中、大量的降雨或过量的灌溉会增大硝态氮浓度峰值垂直运移的深度，增大土壤矿质氮淋失量，增大土壤硝态氮下移渗漏的强度，从而导致大量硝态氮未被作物利用而从根区土层淋溶损失。

2. 氮肥用量、品种及施肥方式

氮肥用量显著影响农田氮淋失量和淋失强度。通过田间定位试验，在 150 kg/hm^2 的范围内随着氮肥用量的增加，氮淋失率增加。不同氮肥品种决定了氮在土壤中的形态和释放量，影响氮的下渗强度。在各种常规氮肥中，硝酸钾中的氮淋失量最大，其次为尿素，硫酸铵和碳铵的氮淋失量明显偏小，缓释型氮肥的淋溶量最小。在南方红壤上，控释尿素的氮淋失量比普通尿素低 14.8%～34.5%；在红壤性稻田上，控释氮肥的氮淋失量比尿素低 27.1%。

施肥深度不同，作物对氮的吸收利用率不同，$NO_3^- - N$ 在土壤中的迁移方式也不同。氮肥施用深度在作物根系集中分布的土层范围内，这样既可以保证氮肥在中层土壤稳定持久地为作物生长提供充足的养分，也有利于减小氮肥的氨挥发、硝化（反硝化）及淋洗损失量。如油菜采用氮肥深施方式（条施和穴施）较氮肥表施（撒施）提高 59.3%～72.3% 的氮肥利用率。对于碳铵、氨水等铵态氮肥，深施盖土可以防止挥发，又能减少土壤中的淋溶损失。

3. 土壤质地

土壤质地影响土壤的含水量、孔隙度、溶质迁移速率和通透性等，进而影响土壤中硝态氮的淋溶。土壤的物理化学性质决定了 $NH_4^+ - N$ 可以较多地被土壤固相吸附，$NO_3^- - N$ 则不易被土壤固相吸附，会随渗漏水下移淋溶出根层而进入地下水。$NO_3^- - N$ 的淋溶量与土壤中粉粒、黏粒和有机质的含量呈负相关关系，在通透性好的沙壤土中氮更易发生淋溶损失。黏壤土中氮的淋失量仅为施氮量的 5.7%～9.6%，而沙壤土中氮的淋失量可达施氮量的 16.2%～30.4%（Zhou et al.，2006），沙壤土农田的氮淋溶损失强度始终大于黏壤土。

4. 耕作方式

耕作方式引起氮在土壤-作物系统和地下水体之间的迁移转化与再分配，是农田氮损失和地下水硝态氮污染的主要原因之一。有关不同耕作方式对氮淋溶的影响在红壤上的研究相对较少。对华北平原小麦—玉米两熟区不同耕作方式下土壤硝态氮迁移过程的研究发现，硝态氮淋溶到深层地下水的风险以翻耕为最大，旋耕次之，免耕淋溶损失风险最小。与条播耕作方式相比，土壤翻耕的硝态氮淋失量增加 21%。秸秆还田配施氮肥处理的氮淋失率比单施氮肥处理高，这是由于将作物秸秆耙碎翻耕入土，改变了土壤的物理结构，增大了土壤总孔隙度，使土壤水流沿土壤大孔隙下渗，促使土壤中大量氮淋溶损失。

5. 种植方式

不同种植方式影响农田土壤水分运动、土壤的持水能力，进而影响氮淋溶量。一般认为，轮作可改善土壤环境，提高土壤持水保肥能力，促进作物对氮的吸收，相比于连作可明显减少氮淋失。研究发现，大豆—玉米轮作比单一玉米连作可显著减少农田硝态氮损失。长期轮作有利于保持土壤氮，从而减少因施用氮肥引起的氮淋溶损失。相比于不种植作物，夏季种植玉米可有效防止硝态氮向下层土壤的淋移。

总体来说，农田土壤中导致氮淋溶损失的因素较多，因素之间相互影响、相互制约，所以很难区分影响氮淋溶的单一因素。研究氮在土壤中的迁移转化机制及淋溶损失的影响因素，了解各因素间的作用机制，可为制定减少农田土壤氮淋溶损失的措施提供理论依据。

（三）氨挥发

氨挥发是指氨自土壤表面（旱地）、田面水表面（水田）或植物表面逸散至大气中的过程，它是农田氮损失的重要途径。当土表、田面水表面或植物外体空间的氨分压大于其上方空气中的氨分压时，这一过程即可发生。氨挥发的影响因素主要包括施肥、土壤理化性质、土壤含水量和环境。

1. 施肥

施肥量对土壤氨挥发有显著的影响，不仅影响氨挥发量，还影响氨挥发的速率，氨挥发速率随施肥量的增大而加速，且持续时间延长，主要是因为施氮量增加，田面水层和土壤水相中的 NH_4^+ 的浓度增加，促进氨挥发。红壤旱地春秋两季氨挥发量均随施氮量的提高而指数递增。

肥料种类对氨排放的影响是不可忽视的。在化学氮肥中，施肥后碳酸氢铵的挥发速率大于尿素。在相同施氮量条件下，4 种氮肥的氨挥发量由大到小为尿素、硫硝酸铵和硝酸铵钙、硝酸铵。不平衡施肥也会提高氨挥发速率，尤其是红壤地区水稻不施磷，因为磷肥是红壤地区水稻生产的限制因素之一。缺磷时，水稻植株生长较弱，施用的大部分氮肥不能被吸收利用，钾又能阻碍 NH_4^+ 被吸附固定，同时 Cl^- 可抑制土壤的硝化作用，造成 NH_4^+ 的积累，促进氨挥发。

有机肥及有机肥配施显著降低红壤稻田表层水及其土壤无机氮含量、pH（徐明岗等，2002；李菊梅等，2008）和氨挥发（朱兆良，2002；李菊梅等，2005），减少氮损失，提高氮肥利用率（李菊梅等，2005）。在红壤旱田上的研究结果与水田有所不同，有机肥的使用显著增加了红壤旱田氨挥发。缓控释肥料不但能增加氮肥的使用效率，还可以减少施氮造成的氨排放。研究表明，红壤稻田施用控释肥，可大幅度降低水田氨挥发损失量，比尿素的损失量降低 19.29%～28.37%（秦道珠等，2008）。缓控释尿素不仅可以降低氨的挥发量，还可以控制氨的挥发速率。夏玉米—小白菜轮作模式下，控释尿素处理的红壤旱田土壤氨挥发的氮损失量比普通尿素降低 50.27%～57.35%。这是因为包膜缓控释氮肥施入土壤后，包膜材料阻隔了膜内氮肥与土壤中脲酶的直接接触，并阻碍了膜内外的水分移运，减慢了尿素的水解过程，使田间土壤及稻田水层中的 NH_4^+ 浓度降低，从而减少了田间土壤氨挥发量。化学型缓控释氮肥由于添加尿酶活性抑制剂或其他抑制剂，抑制了脲酶的活性，减少了氨挥发。研究表明，添加尿酶活性抑制剂使稻田氨挥发损失总量降低 53%。

施肥方式对氨挥发有显著影响。不同施肥方式对氨挥发的影响顺序由大到小是表施、混施、深施、粒肥深施，与混施入土相比，尿素表面撒施极大地促进了氨挥发。在相同施氮量条件下，土壤氨挥发量随施肥深度的增加而减少。

2. 土壤理化性质

pH 升高是氨挥发损失的促进因素（李菊梅等，2008）。土壤 pH 决定着土壤中 NH_4^+ 和 NH_3 体系的动态平衡，pH 升高，液相中 NH_4^+ 的含量升高，转化为 NH_3 的潜力随之增大，因而促进了氨的挥发。稻田表面水 pH 主要通过影响土壤表面水氨分压促进氨挥发。红壤稻田施肥后，表面水 pH 均出现上升趋势（徐明岗等，2002）。随着土壤 pH 的升高，土体中 NH_3 的分压增大，从而增加了氨挥发损失。

土壤有机质一方面对 NH_4^+ 有较强的吸附能力，在一定程度上能降低土壤溶液中 NH_4^+ 的浓度，从而减少部分氨挥发。另一方面，土壤有机质可以阻碍 NH_4^+ 进入黏土矿物固定位置，防止矿物晶层间距的收缩，减少 NH_4^+ 的晶穴固定，增加土壤溶液中 NH_4^+ 的含量，间接增加氨挥发；有关有机质对 NH_4^+ 的吸附能力及阻碍能力强弱的报道较少。施肥后，有机质含量高的土壤脲酶活性强，尿素分解快，氨挥发的潜力增大，同时土壤在矿化过程中具有释放过多 NH_4^+ 的潜力，增加 NH_3 的排放。另外，有机质在分解过程中产生大量有机酸和腐殖质，使土壤 pH 下降并增大土壤的吸附能力，可能抑制了氨挥发。研究表明，有机肥的使用可降低红壤稻田氨挥发（徐明岗等，2002；朱兆良，2002；李菊梅等，2008），增加红壤旱田氨挥发。

土壤黏粒含量影响土壤透气性及对 NH_3 和 NH_4^+ 的吸附作用，土壤黏粒对 NH_4^+ 具有较强的吸附作用，能有效降低液相中的 NH_4^+ 浓度，质地黏重土壤的氨挥发量小于质地疏松的土壤。土壤黏粒含量高，土壤透气性差，不利于 NH_3 从土壤向空气中扩散。质地黏重土壤的氨挥发量小于质地疏松的土壤。土壤黏粒含量高可以减少表层土壤氨挥发，土壤黏粒与氨挥发负相关。

土壤阳离子交换量对农田氨挥发有抑制作用,主要是因为阳离子对 NH_4^+ 的吸附-解吸作用。研究表明,在 CEC 较低的粉砂质土壤上,氨的挥发量占施氮量的 35%,而在 CEC 较高的黏土上,氨的挥发量则只占施氮量的 10%,氨的挥发量随土壤 CEC 的增加而降低,且变化显著。

3. 土壤含水量和环境

土壤含水量影响碳酸氢铵的溶解、尿素的水解及有机物的微生物分解等过程,进而影响农田氨挥发。土壤中适当的水分能促进肥料的水解,使土壤 pH 升高,利于土壤中 NH_4^+ 向 NH_3 的转化,促进氨的挥发;土壤含水量过低,肥料的溶解和水解作用被削弱,制约了氨挥发;土壤含水量过高,土壤水中溶解较多的 NH_3,土-气界面 NH_3 浓度减小,氨扩散作用削弱,NH_3 挥发受到抑制,挥发量减少。尿素在砖红壤上的氨挥发量随含水量的增加而增大,当含水量增加到一定值后,氨挥发量随着土壤含水量的增加而减少。氮肥氨挥发量随着土壤含水量的上升而递增。土壤含水量越高,氨挥发量的峰值出现时间越早。特别是在施肥后前 10d,氨累计挥发量也随红壤含水量的增加而递增。氨挥发的适宜土壤含水量为 25% 左右,灌水显著降低氨挥发。

温度升高有利于氨挥发。温度升高时,提高了土壤中的脲酶活性,导致田面水 NH_4^+ 浓度的升高和土壤胶体离子对 NH_4^+ 的吸附减少,促使 NH_4^+ 形成 NH_3,增加土壤溶液中的氨分压,促进氨从土壤表面释放到大气中。温度升高,脲酶活性增强,加快了尿素水解,加速了肥料中的 NH_4^+ 溶于土壤水,局部 NH_4^+ 浓度过高,导致在被作物吸收之前就以 NH_3 的形式损失。温度升高,液相中 NH_4^+ 的比例增加,NH_4^+ 和 NH_3 的扩散速率增加。在 pH 不变的情况下,$5 \sim 35℃$ 时,每上升 $10℃$,NH_3 约增加 1 倍。高温会降低 NH_3 在液相中的溶解度,促进液相中的 NH_3 向大气中释放,氨挥发速率与表面水温度有极显著正相关关系(李菊梅等,2008)。

风速会加速施肥后田间的氨挥发,增加氨挥发量。风速增大,降低田面氨分压,驱使 NH_4^+ 向 NH_3 转化,氨挥发速率随之增大。在风速较小时,NH_3 挥发随风速的增大而增大;到一定数值后,就不再随风速的增大而增加。较高的土壤温度和湿度以及风速均可导致 NH_3 挥发的增加。

(四)氧化亚氮排放

在热带土壤和农田土壤中,微生物参与下通过硝化和反硝化过程所释放的 N_2O 是全球 N_2O 的主要来源,约占生物圈释放到大气中 N_2O 总量的 70%~90%。N_2O 来源于旱地的占 78%,来自化肥氮的占 74%(Xing et al.,1998)。硝化和反硝化过程是影响农田 N_2O 形成和排放的主要过程。一般认为,农田土壤 N_2O 产生的主要途径为硝化作用和反硝化作用过程,同时,环境因子(温度等)、管理措施(施肥、灌水等)和土壤因素(土壤 pH、质地、通气状况和土壤化学物质)主要通过影响这两个过程进而影响 N_2O 的排放。

1. 土壤温度影响微生物的代谢活动及硝化和反硝化速率

土壤微生物的活性、反硝化及硝化速率都随着土温的升高而增加。反硝化作用产物比(N_2O/N_2)随着土温的升高而降低,硝化作用产物比(N_2O/N_2)则相反。土壤 N_2O 的排放速率是随土壤温度升高而增加的。有关温度对土壤 N_2O 排放影响的研究大多是在室内进行的,在 $20 \sim 40℃$ 时 N_2O 的产生量随温度的上升而迅速增加;当土壤温度在 $10 \sim 35℃$ 时,每升高 $10℃$,土壤反硝化的活性提高 1.5~3.0 倍。但也有一些研究发现,温度对红壤稻田 N_2O 排放的影响不明显,N_2O 平均排放通量与土温无明显线性关系。

2. 土壤水分影响 N_2O 排放

土壤中水分的分布影响溶质的迁移和通气性,从而影响 NH_4^+ 和 NO_3^- 的分布及其对微生物的活性。一般而言,水分增加导致通气性变差,促进反硝化过程,抑制硝化过程。当土壤水分含量既能促进硝化作用也能促进反硝化作用时,会导致大量的 N_2O 的生成与排放。有关不同水分含量下是硝化作用还是反硝化作用对 N_2O 的生成起主导作用尚存争议。研究表明,最大 N_2O 排放量一般出现在土壤湿度为田间持水量的 90%~100% 或 WFPS(土壤孔隙含水量)的 77%~86%。红壤稻田定位试验研究结果表明，稻田 N_2O 排放受水分状况、温度和施肥等因素的影响，其中水分状况是主导因子，排水或干湿交替时 N_2O 的排放明显增强，而淹水时几乎检测不到 N_2O 排放峰。

3. 土壤 pH 可通过改变反硝化和硝化微生物的活性及相应的氮转化过程影响 N_2O 的排放

pH 会降低土壤矿质氮和有机碳的可利用性进而间接影响 N_2O 的排放。降低 pH 对反硝化速率的影响较小，但能显著促进 N_2O 的排放；而对于硝化作用来说，pH 在 $3.4\sim8.6$ 时 N_2O 的排放量与土壤的 pH 正相关。长期定位试验研究结果表明，在红壤旱地上使用氮磷钾化肥和不合理施肥均可导致土壤 pH 下降，在红壤性水稻土壤上长期使用化肥导致土壤 pH 降低（黄庆海，2014），不合理施用化肥或将大幅度促进 N_2O 的排放。

4. 土壤通气状况影响硝化作用和反硝化作用对 N_2O 排放的相对贡献

土壤通气状况由土壤的水分含量、氧气在土体中的扩散难易度以及微生物和根系对氧气的消耗程度决定。在温度和湿度相同的条件下，通气状况极大地影响土壤反硝化作用，嫌气条件下的反硝化作用强于好气条件。对于反硝化过程而言，其速率与 O_2 浓度负相关，O_2 的存在不仅影响反硝化速率，还影响反硝化产物的组成，O_2 浓度越低，N_2O/N_2 越低。但对于硝化过程而言，O_2 供应减少时硝化速率降低。显然，在硝化和反硝化两个相反过程中，适宜的 O_2 浓度有利于 N_2O 的产生。当土壤处于通气和厌气区域共存或通气、厌气交替发生状态时，N_2O 的产生量和排放量则较大。如土壤既有丰富的厌氧微域，又有丰富的好氧微域，N_2O 的产生量和排放量往往最高。土壤通透性对 N_2O 排放的影响受多种因素相互制约，因而比较复杂。

5. 土壤质地通过影响土壤的通透性、水分含量和有机质分解速率影响 N_2O 的排放

总体而言，重质地旱作土壤的 N_2O 排放通量要高于轻质地土壤。中国科学院封丘生态实验站的研究结果表明：土壤质地显著影响稻田平均 N_2O 排放通量，砂质土壤排放的 N_2O 显著或极显著高于壤质和黏质土壤，且氮肥施用后对 N_2O 排放的影响也与土壤质地有关。在沙性土壤中少量施用氮肥不会明显增加 N_2O 排放通量，但黏质土壤的 N_2O 排放量会显著增加。

6. 土壤的氮源和碳源通过影响硝化反硝化过程影响 N_2O 的排放

$NO_3^- - N$ 和 $NH_4^+ - N$ 的浓度在估算 N_2O 排放通量的模型中被作为关键参数。农田土壤施入的化肥氮 70% 以上是以铵态氮肥或酰胺态氮肥的形式进入土壤的。土壤氨氧化过程有中间产物 NH_2OH 和 NO_2^- 的产生，NH_2OH 由于其极具活性，可经氧化作用产生 NO_2^-，发生化学作用产生 N_2O。施用化学氮肥能显著增加土壤硝化潜势，能够增加农田土壤 N_2O 的排放，且 N_2O 排放量随施氮量的增加呈指数而非线性增长。施用包膜氮肥或控释尿素可显著降低土壤 N_2O 排放量。与仅施用化学氮肥相比，有机肥的施用能显著增加土壤反硝化潜势，明显促进红壤的 N_2O 排放。

土壤碳含量主要受耕作、有机肥投入、根系分泌物和作物废弃物投入（如秸秆）等因素的影响。绝大多数微生物从有机碳中获得能量和基质，因此有机碳对土壤微生物过程的类型和强度有重大影响。土壤中的有机碳有利于 N_2O 的形成，其含量与 N_2O 生成量正相关。研究表明，易降解的有机碳可促进反硝化作用彻底进行，从而降低 N_2O/N_2。一些研究者还发现，有机碳作为电子供体影响反硝化作用和 N_2O 的生成，但这种影响并不是直接的，有机碳的变化与其他影响 N_2O 生成的因子有关。有机肥的施用显著促进了旱地红壤 N_2O 的排放，施用稻草或绿肥显著增加了红壤性水稻土 N_2O 的排放量，主要是由于外源碳和氮的作用给土壤微生物活动提供了适宜的 C/N，进而促进了土壤 N_2O 的排放。

农田土壤 N_2O 的产生和消耗本质上是土壤碳、氮、氧等因子综合作用的结果，而田间水、碳、氮的管理措施是影响这些环境因子的主要因素。综合管控好土壤水、选择合适的肥料品种，有利于土壤 N_2O 的减排。

二、氮损失防控

施肥量、肥料种类、施肥方式、耕作方式等均会通过径流、淋溶及挥发等途径造成氮损失。从源头控制的角度来讲，防控氮损失的主要措施有优化施肥、有机替代、地表覆盖、改变耕作方式和化学抑制剂的施用等。

（一）优化施肥

氮肥的施用是农田氮损失的直接氮来源，因此肥料种类、施肥量、施肥方式是影响农田土壤氮损失的重要因素。通常随着投入氮肥量的增加，肥料养分氮随径流流失及氨挥发的损失量也增加。但不同类型氮肥的分解速率、硝化反硝化进程差异也会导致氮损失过程与损失量呈现不同特征。

1. 优化施肥量

适宜的氮肥施用量是控制氮流失的关键，应由土壤基础肥力、作物养分需求、肥料养分含量及性质决定。过多地施肥会增加氮损失，甚至降低生产效益。我国推行的测土配方施肥以预测土壤肥力为基础，根据种植作物类型，在保障作物养分供应的条件下确定施肥量（朱兆良，2000）。以线椒为试验材料，在海南砖红壤地区进行减氮 30％的试验，与习惯施肥处理相比产量反而有所提高。说明在当前土壤条件下，减施氮肥能够在保障产量的同时降低氮投入，减少过量施氮引起的氮损失。在甘蓝菜地的试验则发现，减量施肥处理比农户习惯施肥处理的总氮流失率降低 14.0％。

2. 优化肥料类型

随着化肥工业的发展和肥料利用率提升需求的增加，缓控释肥的研制和应用成为提高肥料利用率、降低化肥环境污染风险的新趋势。与传统肥料相比，缓控释肥可以避免肥料养分在土壤局部过量富集，协调土壤养分供应与作物养分吸收不同步的问题，从而减少施肥频次、提高利用效率、避免单次过量施肥引起潜在的环境风险。目前常用的缓控释肥包膜材料有无机材料和有机材料两类。无机包膜材料主要包括硫黄、沸石、高岭石、硅藻土、金属磷酸盐等。有机包膜材料主要包括天然橡胶、纤维素、木质素、壳聚糖等天然高分子材料，聚氨酯、聚丙烯、聚乙烯、氨化木质素等合成高分子材料，以及木质素等天然高分子材料经过改性形成的半合成材料。无机包膜材料对土壤基本无环境影响，但材料弹性较差，对养分的控释性较差。有机包膜材料的性能强于无机材料，但如树脂等材料较难降解，可能会给土壤带来新的环境问题。

研究发现，膨润土混合生物质炭包膜尿素处理的铵态氮淋溶损失比纯化肥处理低 19.76％，而添加硝化抑制剂型膨润土混合生物质炭包膜尿素处理的铵态氮、硝态氮和氧化亚氮的损失率比纯化肥处理分别降低 15.24％、16.74％和 77.8％，在 0～20 cm 表层富集铵态氮的同时可以进一步控制硝化反硝化进程，延缓尿素水解，同时减少硝态氮淋失和氧化亚氮排放。

3. 优化施肥方式

施肥位置与施肥方式直接影响作物对肥料养分的吸收利用。施肥位置按田间水平分布包括穴施、条施、带施、撒施等，按田间垂直分布包括表施、浅施、深施、叶面喷施等，按肥料施用状态又可分为固体肥料直接施用、固体肥料溶解与水同施、液体肥料直接施用等。

在柑橘园，地面撒施氮肥比开沟施肥的氮流失量大 66％以上。但因柑橘园土壤氮流失以侧渗流为主，因此浅施处理的氮流失量小于深施和表层撒施。稻田氮肥深施能够促进氮肥与土壤的混合，在 0～20 cm 免耕稻田耕层施肥深度越深，NH_4^+ 向上部土层的传导受到的抑制作用更强，相比于氮肥撒施处理，深施氮肥能够使稻田地表水体 NH_4^+ - N 含量降低 22.5％～49.4％，使稻田氨挥发减少 32.4％～93.5％，从而有效抑制氮损失。

（二）有机替代

偏酸性及有机质丰缺度低是红壤的基本特征。长期施用化学氮肥会进一步加剧红壤耕层土壤的酸化，影响作物正常生长。施用有机肥则可以补充土壤有机质，培肥耕层土壤；同时，其含有的营养元素比化肥更为丰富，能够补充作物所需微量元素。随着我国畜禽养殖业的发展，产生了大量有机废料资源。将这些废料资源肥料化，既解决了种植业有机投入品的生产问题，又解决了畜禽废弃物的利用问题，成为当前肥料产业的趋势和热点。但有机肥料中养分含量较低，且其释放过程缓慢，当季投入肥料对作物的有效供给不足，不利于作物早期生长。因此，将有机肥按照一定比例替代或补充化肥施用，既可以保证作物早期的养分供应，又能发挥有机肥培土增产的功效。

与常规单施化肥相比，有机肥配施化肥可使氮、磷径流损失分别降低 17.5％和 25.0％，有机肥＋化肥＋生物黑炭可使氮、磷径流损失分别降低 33.3％和 35.2％。以沼液替代配施化肥，100％沼液施用处理和 75％沼液＋25％猪粪有机肥配施处理的氨挥发量较高，分别为 120.66 kg/hm² 和 88.01 kg/hm²，而 50％沼液＋50％猪粪有机肥配施处理的氨挥发总量和径流氮流失量均低于常规化肥处理，分别为 58.03 kg/hm² 和 22.00 kg/hm²，其产量与常规化肥处理相比无显著差异。赤红壤常年菜地系统化肥减量 35％～44％，可以在保障不减产的情况下有效降低土壤氮盈余及潜在氮流失风险。

（三）地表覆盖

地表覆盖能改变农田下垫面性质，缓冲雨滴打击土壤表面，截留水分提高入渗作用，相应地降低了径流产生量及土壤养分流失量。常见的地表覆盖方式有秸秆覆盖和地膜覆盖。研究表明，秸秆覆盖有平衡地温的作用，低温时能够保温增温，高温时能保证地表温度不会快速升高。秸秆覆盖还具有改善农田水分状况的作用。一方面，减少雨滴对地面的直接打击，保护土壤表层结构，使土壤保持良好的入渗性能和持水能力，减少地表径流；另一方面，切断蒸发面与下层土壤的毛管联系，减弱土壤空气和大气之间的对流交换强度，有效抑制土壤棵间蒸发，提高作物水分生产率。

农田采用覆盖措施改变了土壤温度和水分的作用，会影响土壤中氮的矿化和作物生长期间氮的供应。研究结果表明，在氮矿化过程中，秸秆覆盖会增加土壤中氮的净氨化量，减少净硝化作用，使氮固定在土壤中，减少随其土壤水分的淋失。地表覆盖对洞庭湖红壤坡耕地地表径流量与泥沙流失量的削减效果显著，但不同覆盖方式有差异，常规施肥＋秸秆覆盖 3 000 kg/hm²、常规施肥＋秸秆覆盖 6 000 kg/hm² 和常规施肥＋地膜覆盖 3 种覆盖方式处理的氮总流失量分别减少 33.6％、41.9％和 48.3％（侯红波等，2019）。

（四）改变耕作方式

不同耕作方式可以改变田块地形、垄沟排列、地表粗糙度等。许多研究表明，耕作方式的差异对土壤氮损失有显著影响。合理的水土保持措施或农艺耕作方式可以减少外力对土壤的冲刷和搬运，有效控制土壤侵蚀与氮养分流失。我国红壤多分布在山地丘陵，坡耕地数量大，且保水保肥性能较差，易发生水土流失。水平沟耕作、横坡垄作、等高梯田、保护性耕作等具有拦蓄拦沙、增强入渗功能的整地耕作技术在红壤地区应用较广。

1. 水平沟耕作

在田块上沿与坡长垂直方向设置一定深度和宽度的水沟，能够截断坡长，降低地表径流对田面的持续冲刷，以削减农田表面土壤养分随径流流失量。研究表明，采用水平沟技术耕作比平播耕作的拦蓄作用明显，随着坡度的增大，对可溶性氮具有稳定的缓冲作用。当坡度为 10°时，径流和泥沙拦蓄作用分别达到 62.09％和 87.17％；当坡度增加到 25°时，径流和泥沙拦蓄作用分别降到 38.25％和 55.86％。水平沟处理比顺坡农作方式全年氮流失总量减少 46.55％。

2. 横坡耕作

横坡耕作是指在坡面上沿等高线方向作畦、耕犁及栽培，形成等高垄沟和作物条垄，是保持水土的耕作方法之一。横坡耕作能够通过调控径流、增强水分入渗与保蓄能力有效阻碍肥料养分在易侵蚀的红壤坡面耕地上随径流流失。赣北红壤地区野外定位观测试验结果显示，横坡耕作比顺坡耕作径流减少 62.71％，土壤侵蚀减少 82.9％，径流携带的各形态氮均比裸地和顺坡耕作小。

3. 等高梯田

等高梯田是指在坡面上沿等高线修筑的阶梯式田块，根据田块坡度和间隔又可分为水平梯田、隔坡梯田、坡式梯田和反坡梯田等。等高梯田显著改变了坡面坡长及田块坡度，对降雨径流具有很强的拦蓄作用，促进土壤水分入渗，达到蓄水保土的效果，同时也极大降低了土壤养分随径流流失的风险。

4. 保护性耕作

保护性耕作是指通过少耕、免耕配合地表覆盖等配套措施，减少因耕作造成的土壤表层扰动和土壤团聚体分离，从而提高土壤保土能力，防止水土流失。保护性耕作技术不仅可以减少田面土壤水分蒸发、拦蓄降水、延长土壤入渗时间、提高农作物水分利用效率，还能够显著改善农田表层土壤的水分状况，利于作物生长吸收。保护性耕作可以明显减少水土流失和养分损失量。2001—2014 年在湖南省衡南县的坡面径流小区试验结果表明，对红壤坡耕地实施等高开沟＋稻草覆盖的复式保护性耕作使土壤含水量提高了 3.7%，使径流泥沙量减少了 96.7%。

（五）化学抑制剂的施用

硝化与反硝化作用是氮循环的两个重要环节，也是氮损失的潜在途径。使用氮肥增效剂，提高氮肥利用率，是抑制氮肥通过硝化反硝化过程逸出损失的重要技术手段。目前普遍使用的氮肥增效剂有脲酶抑制剂和硝化抑制剂两类。

1. 脲酶抑制剂

脲酶抑制剂的主要作用是减缓尿素的水解，延长氮肥的有效期，减少铵态氮的挥发和硝化。但脲酶抑制剂受环境的影响比较大，尤其是与土壤性质有很大关系。由于红壤 pH 偏酸性，有机质与全氮含量偏低，使得红壤的脲酶活性很低，尿素的水解速率最慢、硝化作用最弱。选用脲酶抑制剂之前，应根据实际环境情况选择合适的脲酶抑制剂。氮肥配施 0.5% 的 N-丁基硫代磷酰三胺与 1% 的 3，4-二甲基吡唑磷酸盐（DMPP）在短期内能够有效提高红壤性水稻土的土壤脲酶活性以及土壤和田面水 $NH_4^+ - N$ 的含量，配施尿素能够显著减少氮损失（唐贤等，2018）。

2. 硝化抑制剂

硝化抑制剂通过抑制土壤中的硝化细菌抑制土壤硝化过程，显著提高土壤氮利用率，减少农田温室气体的排放。硝化抑制剂一般分为无机物和有机物两大类，无机物包括各类重金属盐，有机物则主要包括吡啶类、硫基化合物、乙硫脲和二硫化碳等。有研究发现，氮肥配施双氰胺处理和氮肥配施双氰胺、硫代硫酸钾处理能显著增加土壤矿质氮含量，降低其他去向的氮含量，同时还提高了土壤矿质氮的回收率（12%）。

第四节　红壤氮肥合理施用技术

氮肥在作物增产提质和红壤肥力培育方面发挥了重要作用，发展农业生产的主要途径之一是增加氮肥投入。但是，在保证国家粮食稳产高产的同时，农田中氮肥的损失又可引起环境污染，如以土壤酸化为代表的土壤质量下降、水体硝酸盐污染和大气污染。以环境换产量的发展模式是不可持续的，是行不通的，兼顾农业效益和环境效益是氮肥合理施用的指导思想。协调作物高产、环境保护以及土壤可持续生产的关系，既能获得尽可能高的产量，又能最大限度地减轻对环境的压力。被作物吸收、残留在土壤中和农田损失是氮肥施入农田后的 3 种去向（朱兆良，2000）。农田氮肥损失包括淋洗、径流、氨挥发和硝化-反硝化途径，其中氨挥发途径的损失率为 40%～50%，是氮损失的主要途径。

氮肥利用率低、损失大，氮肥的增产潜力没有得到充分发挥。生产中突出的问题是提高氮肥利用率的技术尚未被农民掌握，不能根据作物不同阶段的养分需求调控肥料养分的释放和供应，不能达到肥料养分供应与作物需求同步。提高氮肥利用率可以从几个方向展开研究：①减少氨挥发和抑制硝化作用；②避免土壤中矿质氮的过量积累；③提高作物对矿质氮的吸收能力；④运用提高氮肥利用率的技术，包括确定氮肥的适宜施用量、深施氮肥、水肥综合管理、平衡施肥、施用脲酶抑制剂和硝化抑制剂。研究探讨氮肥的高效施用技术时，要强调实用性和简便性，真正提高氮肥利用率，从而减少氮肥损失。

红壤氮肥的合理施用技术主要包括因地施氮调节地力、培肥改土提高地力和合理配施促进作物吸氮 3 个方面。这 3 个方面是相互联系、相互影响的，而不是孤立的。氮肥被作物吸收的情况受到气候、地力和土壤含水量等诸多因素的影响，在生产中要合理利用生产条件，选择适宜的施肥方法，不可生搬硬套。

一、因地施氮，调节地力

（一）不同作物类型

红壤分布区域农业生态系统多样，作物种类丰富。红壤地区主要种植作物有玉米、水稻、油菜、果树、蔬菜和其他作物，其他作物包括大豆、茶叶、小麦、甘薯、花生、桑树、西瓜等。各省份的不同作物种植比例不同（图8-1）。水稻种植区域广泛，其在广东、云南、福建、江西4省份的种植比例较大。玉米在云南、广西、湖南、湖北4省份的种植比例较大。红壤地区热量丰富，作物熟制为一年两熟或一年三熟，轮作是常见的耕作制度。不同的作物根系分布影响了土壤各土层的氮盈亏，在轮作中加强根系深度不同的作物轮作，使各土层氮都能被有效利用。

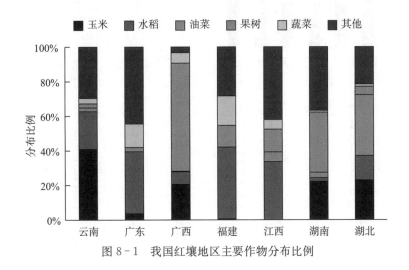

图8-1　我国红壤地区主要作物分布比例

水稻单施氮肥易因贪青、倒伏和千粒重低而影响产量，要注意氮、磷、钾的配合施用，高产田固氮过多会使各种元素失去平衡，增产效率降低。长期施肥或秸秆还田可促进红壤稻田0～20 cm土层氮的积累。有机肥有多种肥料元素，供肥时间长、供肥慢。有机肥无机肥应配合施用。此外，有机肥富含有机质，可以增加土壤中的有机质含量、培肥土壤，有利于营养元素的循环和平衡。

玉米为需氮较多的作物，施用氮肥能提高玉米的产量，同时提高单穗粒重和百粒重。氮肥施用量为225 kg/hm² 时玉米籽粒产量最高。红壤施氮玉米平均产量可增加35.0%～46.5%，但当施氮量超过240 kg/hm² 后，增产效果降低，广西赤红壤玉米种植区的适宜氮肥季用量为200～300 kg/hm²。应充分考虑连作体系中残留氮肥的后效作用，兼顾作物产量、环境效应与肥料效应。

酸性红壤种植蔬菜时，施用硫酸铵会增大红壤酸度。过量施氮导致蔬菜硝酸盐超标，使硝态氮含量随施氮量的增加而增加。叶菜用有机肥作氮源能明显降低硝酸盐含量。用铵态氮、尿素和氨基酸态氮可显著降低蔬菜的硝酸盐含量。在蔬菜种植中，应提倡有机肥和无机肥料配合施用，减少化学肥料用量。适宜的施肥量、施肥时间、肥料品种和收获时间能有效降低蔬菜的硝酸盐含量。

果树种植要注重施肥方法的正确性，以降低氮损失，提高氮肥利用率。提高果树氮肥利用率的途径有4种：①根据不同地区的气候条件、品种类型以及当地习惯施肥，科学确定适宜的氮肥用量，掌握适宜的施肥时期。②将氮肥与有机肥、磷肥、钾肥等配合施用，能更好地发挥肥料效益，提高氮肥利用率，还能有效改善土壤理化性质，保持土壤肥力。③结合滴灌、喷灌等现代施肥技术提高氮肥利用率。④在酸性土壤上，不能连续施用硫酸铵。长期施用硫酸铵会影响果树根系活动，使果树生长不良，导致水果产量和品质严重下降。尿素无论是作基肥还是作追肥，都应在施用5～7d后再浇水。

(二) 不同地力水平

图 8-2 为不同地区的红壤全氮含量、有机质含量和 pH。从图中可以看出，红壤全氮含量、有机质含量和 pH 在各地区的分布是有差异的，表明红壤地区的地力水平是不同的。依据土壤地力施肥是测土配方施肥的重要步骤，也是减少氮损失的有效途径。

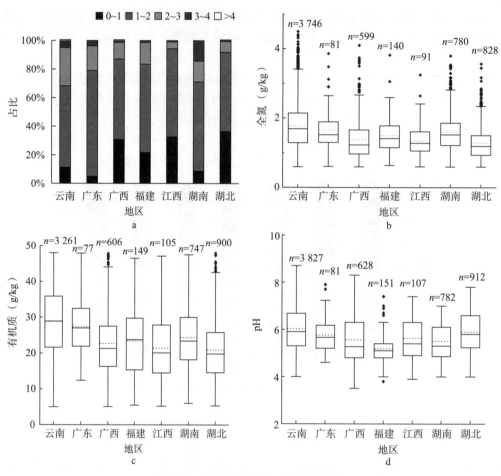

图 8-2　我国红壤地力水平统计特征

注：实心圆圈（•）为异常值；箱式图的横线从下至上依次为除异常值外的最小值、下四分位数、中位数、上四分位数和最大值；虚线为各项的平均值。箱式图上的 n 表示样本数，下同。

图 8-2 中我国红壤全氮含量在 5 个水平上的百分比将红壤全氮分为 0~1 g/kg、1~2 g/kg、2~3 g/kg、3~4 g/kg 和高于 4 g/kg 5 个范围，百分比越大，说明某个范围内的土壤面积越大。可以看出，红壤地区具有低肥力土壤多、高肥力土壤少的特点。红壤地区各省份大部分土壤含氮量为1~2 g/kg，所占比例为 55.31%~74.01%。其中，含氮量 0~1 g/kg、2~3 g/kg、3~4 g/kg 和高于4 g/kg 的土壤所占比例分别为 4.94%~36.58%、4.67%~26.68%、0.55%~14.40% 和 0~0.26%。湖北、江西和广西的低肥力土壤占比较大，湖南、云南、广东和福建的高肥力土壤占比较大。

红壤全氮含量的范围是 0.60~4.50 g/kg，全氮含量均值是 1.29~1.77 g/kg。云南的均值最大，湖北的均值最小。云南、广东、广西、福建、江西、湖南和湖北全氮含量的均值分别为 1.77 g/kg、1.66 g/kg、1.37 g/kg、1.50 g/kg、1.34 g/kg、1.60 g/kg 和 1.29 g/kg（图 8-2）。红壤有机质含量的范围是 5.00~48.00 g/kg，有机质含量均值是 20.90~28.81 g/kg。云南的均值最大，湖北的均值最小，这一趋势与全氮含量相同。云南、广东、广西、福建、江西、湖南和湖北有机质含量的均值分别为 28.81 g/kg、27.32 g/kg、22.67 g/kg、23.42 g/kg、21.39 g/kg、24.37 g/kg 和 20.90 g/kg

（图 8-2）。红壤 pH 的范围是 3.50～8.70，红壤 pH 的均值是 5.18～6.02。云南、广东、广西、福建、江西、湖南和湖北 pH 的均值分别为 6.02、5.76、5.56、5.18、5.63、5.50 和 5.89（图 8-2）。

有机质含量低，土壤全氮含量相应也低。因此，可以通过增加有机质的输入来提高土壤全氮含量。对于有机质低于 28.81 g/kg、全氮低于 1.77 g/kg 的红壤可以适当增加氮肥用量，可以通过施用化学氮肥和有机肥来实现。对于有机质高于 28.81 g/kg、全氮高于 1.77 g/kg 的红壤，可以减少氮肥用量或者不施氮肥（彭卫福等，2018）。

有机质含量与全氮含量相关性大，随着云南、广东和广西红壤全氮含量 0～2 g/kg 土壤的百分比逐渐增加，云南、广东和广西土壤全氮含量均值和有机质含量均值逐渐降低。土壤 pH 会影响微生物活性的变化，土壤微生物的数量、活性和结构的改变又会影响土壤有机质的转化，有机质的含量与全氮含量的变化会影响土壤氮循环的强度。在江西和湖北等有机质含量和全氮含量较低的地区，应该增施有机肥或氮肥，提高土壤氮含量，增强土壤氮循环，增加全氮含量为 2～4 g/kg 和高于 4 g/kg 土壤的面积。

二、培肥改土，提高地力

（一）增施有机肥

1. 施用有机肥

红壤大部分土壤贫瘠，肥力较低，酸性环境不利于氮的保持和地力的提高，施氮是提高地力的重要措施。增施有机肥能减少化学氮肥引起的红壤酸化及盐渍化等生态问题。有机肥能提高有机质含量，改变有机氮组分的形态和比例，显著增加红壤全氮和碱解氮含量，增强红壤的保肥供肥能力。此外，增施有机肥能增加土壤微生物活性和数量，增强氮的生物固持，起到维持氮的作用。长期高量有机肥处理的土壤有机质增长速度最快，全氮含量与有机质变化趋势相同。有机肥无机肥配施显著降低土壤容重，土壤有机碳和氮、磷、钾养分均有不同程度的提高，氮、磷、钾元素之间可以相互促进吸收。单一施用化肥造成土壤缺失元素的耗竭，转而成为红壤作物生长的障碍因子，造成土壤养分的严重不平衡。有机肥无机肥配合施用是红壤培肥的较优管理措施。同时，南方红壤地区降水量大，长期大量使用有机肥也会造成氨挥发和淋溶等氮损失。因此，合理增施有机肥是维持和提高红壤肥力的重要措施。

2. 利用秸秆资源

农作物秸秆作为农业生产的副产品，含有大量的营养元素，包括氮、磷、钾以及其他植物生长所需的微量营养元素。秸秆还田会增加作物产量，改善土壤肥力。秸秆还田或秸秆还田配施化肥能显著提高水稻土中总有机质及活性有机组分的含量，对于改善水稻土肥力具有积极意义。

秸秆还田和有机肥无机肥配施均能提高红壤的活性、有机质比例和碳库管理指数。长期秸秆还田或有机肥无机肥配施能提高红壤总有机质含量及活性有机质比例。在秸秆与化肥配合施用下，土壤有机质、全氮、全钾含量和阳离子交换量各指标明显高于单施化肥或不施肥处理，红壤性水稻土长期施秸秆可能促进腐殖物质的下移，有利于培肥地力。

3. 种植绿肥作物

化肥的合理施用是在有限的元素间搭配，难以解决作物的所有需求，特别是对于土壤综合肥力的需求，绿肥则可以弥补这些不足。绿肥具有提供养分、合理用地养地、部分替代化肥、提供饲草来源、保障粮食安全等方面的作用。绿肥能提供大量的有机质，改善土壤微生物性状，从而提高土壤质量。绿肥没有重金属、抗生素、激素等残留威胁，是最清洁的有机肥源。

在贫瘠红壤上种植牧草，可以提高土壤 pH，增加土壤养分含量，迅速恢复土壤肥力，能起到显著的增产效果。在种草养牛的红壤地区，利用牧草作为绿肥，可以构建"牧草-牛-肥"生态系统，能促进资源的充分利用、节约化肥。豆科绿肥易矿化分解，作为绿肥施用后，能在早稻季节迅速矿化分解，供早稻生长所需，从而可降低化学氮肥的施用量，减少稻田 N_2O 的排放。种植豆科绿肥是改善土壤结构、缓解红壤土地退化、实现农业可持续发展的重要措施。

（二）合理施用氮肥

1. 适量施氮

虽然增施有机肥能缓和土壤供氮，化学氮肥养分多、肥效快等优点仍然是有机肥不可替代的，补充化学氮肥依然十分必要。相比于其他类型土壤，红壤矿化分解强度大，需要不断补充氮肥以满足作物需求。合理施用化学氮肥也是提高红壤地力的重要方式。

许多学者针对不同作物的适宜施氮量展开了很多研究，得出了一系列结果。红壤旱地玉米施氮增产效果显著，适宜施氮量为 225 kg/hm² 左右，产量高，氮肥报酬高。氮肥分 3 次施增产效果最好，其中 25％的氮作基肥、25％的氮作苗肥、50％的氮作穗肥，生产上应施足基肥、轻追苗肥、重施穗肥。在施氮量为 165 kg/hm² 时早稻即可达到较高产量，同时维持较高的氮肥吸收利用率。广西桑园红壤的最适施氮量为 172.5 kg/hm²，该施氮量能创造良好的土壤生物化学环境，提高土壤磷酸酶、脲酶和转化酶活性，促进氮转化。在中等肥力的山地红壤上，施氮量为 105 kg/hm² 时烤烟品质最佳。

2. 改进施氮方式

近些年在红壤地区出现了许多高效施肥技术，如氮肥深施、分次施氮、氮肥后移、适量施肥及包膜控释肥的施用。

氮肥深施和适当减施氮肥显著降低了双季稻田的 N_2O 排放，减氮 30％处理的早、晚稻季 N_2O 累计排放量比对照降低了 57％和 72％，在维持双季稻产量稳定的同时降低了双季稻田 N_2O 排放，减少了氮损失（彭术等，2019）。施氮时期显著影响花生生物量及氮的积累特征，氮肥分次施用并适当后移可显著提高生物量及氮的最大积累速率（V_{max}），延长生物量及氮快速积累的持续时间（Δt），有利于提高花生产量及氮肥利用率（刘佳等，2017）。施用控释肥氨挥发损失量比施尿素的降低 19.29％～28.37％（秦道珠等，2008）。施用控释肥水稻对氮的吸收利用率比施尿素高34.7％，差异极显著。

3. 选用合适的氮肥品种

有研究表明，与尿素相比，缓释氮肥的养分供应更为缓慢，可延长养分供应时间，有利于减少氮损失。在相同培养时间内同一砖红壤中，缓释氮肥的供氮量显著小于尿素。温度升高能够促进缓释氮肥的氮转化为铵态氮和硝态氮，加快缓释氮肥氮的释放速率，增加缓释氮肥的氮供应量。水田施用硝态氮能够提高土壤养分含量，有利于晚稻收获后冬季绿肥作物的生长。在水稻生长期间，钾和氮的流失较多，易污染生态环境，也不利于土壤肥力的进一步提高（陈铭，1995）。生物质炭与氮肥配施后，旱地红壤油菜和甘薯的产量显著提高。在同一氮肥施用水平下，生物质炭的施用量越大，油菜和甘薯的产量越高。在同一生物质炭施用量水平下，氮肥施用量越大，油菜和甘薯的产量也越高。生物质炭对甘薯产量的贡献率高于对油菜产量的贡献率，而氮肥对油菜产量的贡献率高于生物质炭对甘薯产量的贡献率。

（三）种植绿肥

南方红壤在长期水耕熟化过程中用地不养地，有机质含量逐渐降低。绿肥能提供作物养分，防止水土流失，增加土壤有机质。种植绿肥是培肥改土、提高地力的关键环节。

种植绿肥作物各处理土壤有机碳、全氮、土壤微生物生物量碳和土壤微生物生物量氮含量均显著高于冬闲对照（高菊生等，2011）。绿肥作物紫云英、油菜和黑麦草处理年平均水稻产量（1982—2008 年）较冬闲对照分别提高 27.2％、20.5％和 18.1％。长期双季稻绿肥轮作土壤有机质含量随年份显著增加，双季稻紫云英轮作土壤有机质积累速度最快，年增加 0.31 g/kg。在湘南红壤丘陵双季稻区，以紫云英为绿肥对水稻的增产效果和对稻田土壤的培肥综合效果最好。绿肥紫花苕子翻压处理的土壤细菌、放线菌、土壤酶活性、土壤有机质及养分含量均高于麦茬翻压地和冬闲地，差异达到显著（$P < 0.05$）或极显著水平（$P < 0.01$）（陈晓波等，2011）。

三、合理配施，促进作物吸氮

（一）氮肥与磷钾肥配施

长期单施氮肥的红壤养分易失调，氮肥与磷肥、钾肥配合施用可以互相促进吸收。单施氮肥土壤pH下降速度快，酸化作用加强，氮、磷肥配施和氮、磷、钾肥配施能够降低土壤酸化的速度（蔡泽江等，2011）。氮、磷、钾肥配施可显著提高土壤有机质和全氮含量，增加土壤氮库含量。

在红壤旱地上，长期施用氮肥对玉米年产量影响较大（图8-3）。与CK相比，在试验开始之后的10年间，单施氮肥处理的玉米年产量显著较高，年均比CK高138.3%；而之后这种增产趋势慢慢减少，10～20年的玉米年产量平均比CK高88.5%。在20年以后，单施氮肥处理的玉米产量急剧下降，几乎与不施肥处理相当。长期氮、磷、钾肥配合施用则始终高于CK和单一施氮处理，在试验开始之后的20年间，NPK处理玉米产量平均比CK增加了349.3%；但是，20年以后NPK处理的增幅（356.6%）则显著降低。这表明，在红壤旱地上，单施氮肥在短期内可以显著提高玉米的产量，但是长期效果则不明显；而氮、磷、钾肥配合施用可以持续增加玉米的产量，但是20年后增幅较小。所以，在红壤旱地上，氮、磷、钾肥配合施用是较好的施肥模式。要维持玉米的高产，应在后期适当增加氮、磷、钾肥的用量。

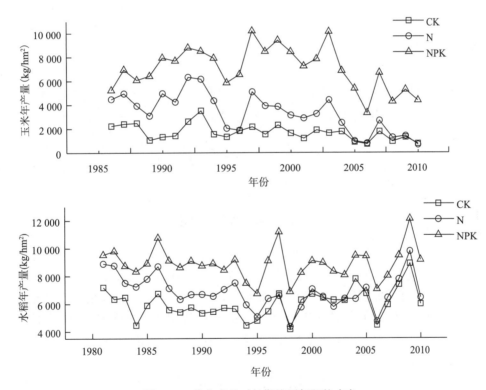

图8-3　作物产量对长期施用氮肥的响应

注：CK为不施肥处理，N为单一施氮处理，NPK为氮、磷、钾肥配施处理。

在红壤水稻土上，长期施用氮肥对水稻年产量影响较大（图8-3）。与CK相比，在试验开始之后的15年间，单施氮肥处理的水稻年产量显著较高，年均比CK高27.1%；而之后这种增产趋势慢慢减小，单施氮肥处理的水稻年产量急剧下降，几乎与不施肥处理相当。长期氮、磷、钾肥配合施用则始终高于CK和单一施氮处理，在试验开始之后的30年间，NPK处理比CK增加了49.6%。这表明，在红壤性水稻土上，单施氮肥在短期内可以显著提高水稻的产量，但是长期效果则不明显，而氮、磷、钾肥配合施用可以持续增加水稻的产量。因此，在红壤性水稻土上，氮、磷、钾肥配合施用是较好的施肥模式。

（二）氮肥与有机肥配施

在红壤旱地上，长期施用有机肥对玉米年产量影响较大（图 8-4）。在 25 年间，NPKM 处理玉米产量比 CK 平均增加了 568.8%，比 NPK 增加了 45.1%。这表明，在红壤旱地上，施用有机肥可以显著提高玉米的产量，长期施用有机肥可以取得与氮、磷、钾肥配合施用相同的增产效果，同时，氮、磷、钾肥和有机肥配合施用的增产效果最好。所以，在红壤旱地上，氮、磷、钾肥和有机肥配合施用是最好的施肥模式。

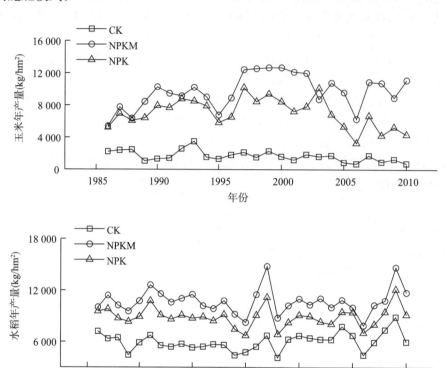

图 8-4 作物产量对长期施用有机肥的响应

在红壤水稻土上，长期施用有机肥对水稻年产量影响较大（图 8-4）。与 CK 相比，在试验开始之后的 30 年间，氮、磷、钾肥与有机肥配合施用的水稻年产量显著较高。在 30 年间，NPKM 的水稻产量平均比 CK 增加了 80.7%，比 NPK 增加了 20.6%。这表明，在红壤性水稻土上，虽然氮、磷、钾肥配合施用可以持续增加水稻的产量，但是氮、磷、钾肥和有机肥配合施用的增产效果更好。因此，在红壤性水稻土上，氮、磷、钾肥和有机肥配合施用是最好的施肥模式。

（三）氮肥与微肥配施

红砂岩和花岗岩发育的红壤有效硼含量较低，属于缺硼土壤，氮肥配施硼肥对作物的增产效果显著。氮肥和锌肥混合喷施，可显著提高柑橘产量，改善品质。氮肥与钼肥混合喷施，对豆科、十字花科和绿肥作物的增产效果好。江西红壤丘陵区施用硫黄可促进早稻的生长、增加产量，硫黄的适宜用量为 15 kg/hm²。氮肥与硅钙肥配施对作物也有一定的增产作用。种植牧草时，要配施钾镁肥、微肥以及适量施用石灰。对于禾本科牧草，应重施氮肥、配施镁肥，微肥喷施效果更佳。

第五节　红壤典型种植模式氮肥利用率提升技术

一、不同种植模式氮肥利用率

随着社会经济的迅速发展，红壤地区农业种植结构也发生了巨大变化，《中国统计年鉴 2019》显示，水稻、蔬菜、玉米、小麦、油菜等是红壤地区主要的作物类型。根据红壤地区的农作物种植特点，可分为旱地、稻田、水旱轮作 3 种模式。

（一）旱地作物的氮肥利用率

1. 蔬菜的氮肥利用率

蔬菜种植效益高，超量不合理施肥导致的氮肥利用率下降现象普遍存在。当前，我国蔬菜的氮肥平均利用率仅为 20％左右。在地处热带、亚热带的华南红壤地区，叶菜、瓜类和豆类蔬菜的氮肥平均利用率分别是 18.4％、19.7％和 19.6％，该区域赤红壤常年菜地叶菜（小白菜）密植条件下的氮肥利用率达 31.21％。太湖和滇池流域保护地莴苣的当季氮肥利用率为 8.32％～13.85％、西芹的当季氮肥利用率为 6.34％～13.85％、结球莴苣的当季氮肥利用率为 11.34％。太湖地区大棚番茄和黄瓜的当季氮肥利用率分别为 29.32％和 22.48％。东部沿海丘陵区大棚黄瓜的氮肥利用率为 14.4％。针对大白菜的试验结果表明，采用差值法计算得到大白菜的氮肥利用率在 25.3％～47.2％，高于相应的示踪法氮肥利用率（18.1％～24.6％）。这是由于使用传统的差减法计算氮肥利用率时忽略了氮肥的"正激发效应"，即施氮处理的作物较对照的作物吸收更多的土壤氮，因此差减法测定值往往大于示踪法测定值。红壤地区开展的针对其他蔬菜的研究显示，萝卜的氮肥利用率为 25.42％～29.63％、芹菜的氮肥利用率为 35.5％。总体上，红壤地区旱地不同类型蔬菜的氮肥利用率为 6.0％～47.2％。

无论是设施菜地还是露天常年菜地，随着种植年限的增加，蔬菜的氮肥利用率总体均呈降低趋势。这说明，长期高投入、高产出的蔬菜种植模式下，土壤本身的供氮能力得到不同程度的提升，导致新施入肥料氮的利用率降低。同时，持续高量氮肥的投入使得土壤出现酸化、次生盐渍化等问题，也不同程度地影响了植株的氮肥利用率。

2. 玉米的氮肥利用率

我国玉米的平均氮肥利用率为 29.1％、氮肥的农学效率为 11.1 kg/kg（施卫明等，2015）。华南赤红壤甜玉米的氮肥农学效率为 8.5～8.67 kg/kg，氮肥利用率在 11.61％～17.12％。饲料玉米的氮肥利用率在 34.27％～57.24％。洞庭湖地区春玉米的氮肥利用率在 31.88％～41.78％。红壤地区以外的黄淮海平原夏玉米的氮肥利用率变化范围为 14.7％～33.3％，陕西红油土常规旋耕垄作夏玉米的氮肥利用率为 23％，砂姜黑土秸秆还田条件下玉米的氮农学效率、地上部植株氮肥利用率和籽粒氮肥利用率分别为 22.9～34.3 kg/kg、37.1％～68.3％和 26.9％～50.9％，各指标总体上均随氮用量的增加而降低。黑垆土和黑土传统施氮模式下的春玉米氮肥利用率为 33.6％～36.4％。潮褐土上夏玉米氮肥利用率为 20.81％。我国红壤地区及其他地区玉米的氮肥利用率均存在较大变幅，这与玉米品种、当地氮肥施用量及施肥模式、土壤肥力水平、耕作管理措施等有关。

3. 小麦的氮肥利用率

我国小麦的氮肥回收率表现出较大的时空变化特征，总体上是北方暖温带的塿土、潮土、褐土大于南方中亚热带的紫色土和北方中温带的黑土。当前，我国小麦的氮肥利用率平均值为 34.8％、农学效率为 9.2 kg/kg。红壤轻壤土小麦高产群体的氮肥利用率为 44％～47％，氮肥的农学效率为 17.69～17.96 kg/kg，氮肥的偏生产力为 34.7～36.07 kg/kg。红壤地区以外的石灰性潮土小麦的氮肥利用率在 26.04％～41.67％，黄淮海地区常规施肥下小麦的氮肥利用率为 34.03％～38.48％。遗传改良对作物产量提高的贡献率为 50％～60％，是提高作物产量和氮肥利用率措施中极其关键的因素。陕西红油土的试验结果显示，不同小麦品种间氮积累量差异显著，其中小偃 22 最高，其后依次为陕 253、小偃 503 和陕 229。小偃 22 的氮肥利用率、氮肥农学效率和氮肥生理效率均高于其他几个小麦品种。

4. 油菜的氮肥利用率

红壤冲积性水稻土油菜的氮农学效率、偏生产力、氮肥利用率分别为 1.5～8.8 kg/kg、8.1～35.3 kg/kg 和 29.4％～49.7％。江西红壤尿素一次性施肥条件下油菜氮肥利用率为 11.8％～44.6％。其他类型土壤如褐土油菜的氮肥利用率为 30.7％～69.2％，壤质潮土油菜包膜尿素的氮肥利用率为

$29.4\% \sim 49.7\%$。

（二）稻田氮肥利用率

根据联合国粮食及农业组织的统计结果，2015 年，包括水稻在内的全球谷物的氮肥利用率平均值为 35%，美国、中国和印度谷物的氮肥利用率分别为 41%、30% 和 21%。其中，中国和印度较低的氮肥利用率主要归因于较高的氮消费量。中国水稻的氮肥利用率与美国谷物的氮肥利用率相近，中国水稻的氮肥利用率为 39.0%、农学效率为 12.7 kg/kg。覆盖红壤区的水稻主产区（湖南、湖北、广东、安徽、江苏和重庆）水稻的氮肥利用率为 28.7%（安宁等，2015）。红壤双季稻系统水稻年累计氮肥利用率为 $22.73\% \sim 23.01\%$。水稻的氮肥利用率随氮用量的增加而降低，主要原因在于高量施氮条件下 CO_2 供应不足，是叶片核酮糖-1，5-二磷酸羧化/加氧酶（Rubisco）活性的降低和光合速率增加不对应的主要原因，进而导致叶片氮肥利用率的降低（Li et al.，2012）。采用不同养分运筹模式对水稻生长进行调控，有利于提高氮肥利用率。优化施氮水稻的氮回收率为 $51.38\% \sim 110.17\%$，明显高于常规施氮处理，主要原因在于优化施氮增加了穗分化期 *ATM1*；*ATM1* 基因的表达提高了水稻拔节期至抽穗期的氮吸收，且穗分化期 *GS* 基因和灌浆期 *GOGAT* 基因的上调表达促进了氮从营养器官向生殖器官的转移（Zhang et al.，2019）。研究显示，水稻具有较高的光合速率和较低的 Rubisco 含量，具有较低叶重比和较低氮含量的水稻可被考虑作为氮利用有效性较高的品种。

（三）水旱轮作地的氮肥利用率

太湖地区稻麦轮作体系稻季、麦季的氮肥利用率分别为 $22.6\% \sim 34.2\%$ 和 $40.7\% \sim 49.9\%$（张博文等，2017），习惯施肥模式下的周年氮肥利用率为 $23.9\% \sim 27.3\%$，施用生物质炭可明显增加小麦季产量和氮肥利用率，其中氮肥利用率提高 $14.1\% \sim 35.9\%$。稻—油轮作体系常规尿素氮肥利用率为 27%，控释氮肥利用率为 44.2%；油—稻轮作体系常规氮肥利用率为 16.9%，控释氮肥利用率为 38.7%。前茬水稻季和油菜季施用控释氮肥的当季氮肥利用率为 36.1% 和 29.3%，均显著高于普通氮肥。在水稻—大麦轮作体系中，大麦的氮肥利用率变幅为 $27.5\% \sim 41.2\%$，水稻的氮肥利用率为 $14.6\% \sim 41.2\%$。红壤区以外的其他类型土壤区，如潮土稻麦体系的氮肥利用率达 53.6%，减量施氮 $20\% \sim 30\%$ 条件下，水稻的氮肥利用率为 $54.2\% \sim 66.2\%$，不同程度地提高了水稻氮肥利用率。两种水旱轮作土壤（重庆紫色土和武汉黄棕壤）的平均氮肥真实利用率为 57.0% 和 56.3%，显著高于以传统方式计算的氮肥表观利用率（37.8% 和 25.8%）（史天昊等，2015）。这是由于传统氮肥利用率计算方法只考虑了当季作物对养分的吸收利用，而没有反映氮肥对土壤氮消耗的补偿效应，而氮肥真实利用率既考虑了施肥当季作物对氮肥的消耗，又包含了留在耕层土壤中的氮肥养分的后续利用率，较为全面地反映了氮肥利用率。

二、旱地氮肥施用技术

旱地是红壤地区十分重要的农业土壤，其养分含量往往相对较低，因此施肥对红壤旱地的养分供应尤为重要。由于旱地易造成氨的挥发、氮随径流与淋溶流失以及反硝化脱氮，旱地红壤对氮的利用率往往相对较低。减少氮的挥发损失、减少氮随径流的流失与淋溶流失、抑制硝化脱氮是减少旱地氮肥损耗、提高氮肥利用率的主要原理。基于以上原理，旱地红壤施肥技术主要包括测土配方施肥、氮肥深施、有机肥无机肥配施、伴施脲酶抑制剂或硝化抑制剂、缓控释肥、水肥一体化等。

（一）旱地蔬菜氮肥施用技术

蔬菜是我国红壤区重要的经济作物，大多数具有施肥量大、种植茬数多的特点。在蔬菜生产中氮肥用量普遍较大，2~3 季菜地每年施氮量一般为 $600 \sim 1\ 300\ kg/hm^2$（N），这一用量远高于蔬菜的需氮量。氮肥的过量施用导致一系列严重的环境问题。例如，N_2O 的排放、土壤酸化、氮流失（地表径流、淋溶）。在氮肥用量大、环境污染严重的背景下，提高氮肥利用率、减少氮肥用量意义重大。

前文提到的氮肥施用技术对于提高蔬菜氮肥利用率、减少氮肥用量均具有积极意义。测土配方施肥技术综合考虑了土壤氮含量、蔬菜需氮量等因素进行精准施氮，对于提高蔬菜氮肥利用率效果显著。氮肥在深施的条件下，可以使氨挥发损失率从 50％降低到 10％以下，能有效提高氮肥利用率（巨晓棠等，2003）。生物有机肥和化肥配施使莴苣的氮肥利用率提高了 13.7％。有研究发现，添加脲酶抑制剂和硝化抑制剂可以显著提高番茄的氮肥利用率，增幅一般在 40％～100％；唐拴虎等发现缓控释肥料使辣椒的氮肥利用率提高了 40.81％；黄绍文等发现水肥一体化技术可以使黄瓜的氮肥利用率提高 40％以上。因此，测土配方施肥、氮肥深施、有机肥无机肥配施、伴施脲酶抑制剂或硝化抑制剂、缓控释肥、水肥一体化等技术的应用将有效提高蔬菜肥氮肥利用率。

（二）旱地果树氮肥施用技术

果树对氮的丰缺比较敏感，合理施氮对果树种植尤为重要。氮缺乏时，叶片小而薄，叶色淡或发黄，光合效能低，新梢细弱；花芽发育不良，易落花落果，果实小而少，果品产量低；树体易早衰，抗逆力降低。氮过多时，营养生长过旺，枝叶茂盛，树冠郁蔽，内膛光照条件变劣，有机营养积累不足；花芽分化不良，早期落果严重，果品产量低，果实着色不良，品质下降，耐储性差；病虫害加重，抗逆能力降低。适当施氮可以促进花芽形成，提高坐果率，加速果实膨大，提高果品产量，改善果实品质。合理施肥不仅可以提高果品产量，还可以提高肥料的利用率，降低环境污染。为了达到合理施氮的目的，可以在测土配方的基础上利用氮肥深施、有机肥无机肥配施、缓控释肥、水肥一体化等技术进行氮肥的精准施用。

三、水旱轮作氮肥施用技术

（一）水稻—蔬菜轮作

采用适宜的氮管理措施，对于提高稻—菜轮作体系的氮肥利用率和作物产量均具有重要作用。主要措施如下：

1. 使用缓控释肥及氮抑制剂技术

氮肥控释、硝化抑制剂等在许多作物上被证实有利于提高作物氮利用率。通常控释肥包括硫衣尿素、聚合物涂层水溶性肥料、低溶性和生物降解材料。硝化抑制剂的主要作用原理在于使土壤中的氮更长时间以铵态氮的形式存在，从而降低以硝态氮形式淋溶导致的氮损失。

2. 化肥减量配合有机氮替代技术

稻—菜轮作体系中，在适当降低蔬菜季化肥投入量的基础上，利用有机氮替代部分化肥氮，可实现蔬菜节肥增效。以赤红壤常年菜地的叶菜生产为例，优化施肥比常规施肥降低 35％的用量，有机氮替代 10％～30％的化肥氮，对小白菜产量无明显影响。稻季养分在测土的基础上实施配方施肥，根据水稻目标产量，制定合理施肥技术方案。在稻—菜轮作体系中，早稻秸秆还田，并结合蔬菜化肥减量和有机氮替代技术。

3."4R"施肥技术

农田生态系统氮管理的关键是实现土壤氮供应与作物吸收需求同步，而根据作物的氮需求规律进行施肥管理是实现作物氮需求供应同步的有效方法。选择正确的肥料品种（right source），以正确的施用量（right rate）在正确的施用时间（right time）将肥料施入正确的位置（right place concept），即肥料"4R"施肥技术。在肥料施用方法方面，主要包括撒施和带状施肥两种。撒施是把肥料（颗粒肥和液体肥均可）均匀施到土壤表面，目的是使养分等距分布。带施是把养分施入设定面积或宽度土壤的过程，可施在土表或土表以下。带状施肥后通常使养分集中在较小的土体内，较高的土壤溶液浓度会加速养分扩散，通过质流移动为根系提供更多养分，从而增加养分向根系的补充速率。在氮肥品种的选择方面，控释氮肥通常与普通氮肥按一定比例混合施用。这样既可以满足作物的即时氮营养，又可以保证作物中后期的氮持续供应。针对不同的作物选择合适的氮肥运筹模式，按照作物生育时期的营养需求特性，调整氮肥追肥时间和用量，做到按需施肥，提高作物养分吸收和利用率。

4. 最佳养分管理技术

稻季采用氮肥总量控制、分期调控，磷、钾衡量监控，增加水稻的栽插密度和后期干湿交替灌溉等技术（安宁等，2015）。通过最佳作物管理技术，可以实现水稻生产的节水节肥，达到高产高效的目的。江苏兴化红壤黏壤土的试验结果显示，基于氮肥总量控制、分期调控和增施钾肥的养分优化管理措施，可在实地农户直播稻种植上协同实现水稻高产和氮肥高效。

5. 生物质炭配施技术

有机矿物生物质炭肥料比无机肥料和有机肥原料具有明显的农学优势。这是由于有机矿物肥料在不影响氮有效性、作物氮吸收及光合作用的条件下使高浓度养分进入土壤。生物质炭可作为提升土壤质量、减轻铝害和酸毒性的良好材料，可用于酸性土壤稻—菜轮作系统的土壤改良。

6. 其他技术

包括水稻一次性施肥技术、蔬菜分次施肥技术、保护性耕作、菜地秸秆覆盖技术等。

（二）水作—旱作蔬菜轮作

旱作蔬菜长期轮作导致的菜地土壤物理和化学性质失调、土壤自毒效应、土传病害等引起蔬菜减产和收益降低。水作—旱作蔬菜轮作可有效改善土壤质地和土壤肥力状况，有利于菜地土壤杂草的控制并提升作物抗病性，进而提高蔬菜产量和质量。水、旱蔬菜常年轮作在南方地区常见的模式是蕹菜、豆瓣菜、水芹、慈姑、莲藕等水生蔬菜与其他旱生蔬菜轮作。水肥一体化技术、喷灌技术是水生蔬菜较为常见的施肥方法。根据水生蔬菜的养分吸收特性，结合产地土壤肥力的特点，制定蔬菜施肥方案。化肥在蔬菜生育期内以喷灌、滴灌等方式分次使用有利于提高肥料利用率，降低肥料流失风险。在微润灌溉条件下对蕹菜实施水肥一体化技术，施氮浓度为 1 000 mg/L 相比于 500 mg/L 可明显提高蕹菜的氮肥农学效率。另外，采用适宜的农艺辅助措施有利于促进水生蔬菜的生长。水稻秸秆切段进行豆瓣菜田表覆盖显著增加了当季蔬菜产量（24.41%），且有效补充了土壤中的磷、钾元素。红壤温室沙壤土试验结果显示，夏季填闲期种植蕹菜和水芹显著提高了后茬辣椒产量（10.2%和14.0%）。黄瓜与水芹、慈姑等水生作物的轮作也表现出明显的增产、提质效果。水作—旱作蔬菜轮作相比于旱作蔬菜连作在减少土壤 N_2O 排放方面具有明显优势。在相同的施肥情况下，蕹菜与苋菜、小白菜、莴苣轮作模式降低 N_2O 年排放总量和排放系数的效果优于其他旱作蔬菜轮作模式。

<h1 style="text-align:center">主要参考文献</h1>

安宁，范明生，张福锁，2015. 水稻最佳作物管理技术的增产增效作用［J］. 植物营养与肥料学报，21（4）：846-852.

蔡泽江，孙楠，王伯仁，等，2011. 长期施肥对红壤 pH、作物产量及氮、磷、钾养分吸收的影响［J］. 植物营养与肥料学报，17（1）：71-78.

陈春兰，涂成，陈安磊，等，2018. 红壤双季稻田土壤活性碳、氮周年变化及影响因素［J］. 植物营养与肥料学报，24（2）：335-345.

陈铭，刘更另，孙富臣，等，1995. 湘南水田施用硝态氮肥的土壤生态学效应［J］. 热带亚热带土壤科学（1）：23-29.

陈晓波，官会林，郭云周，等，2011. 绿肥翻压对烟地红壤微生物及土壤养分的影响［J］. 中国土壤与肥料（4）：74-78.

陈永安，陈典毫，游有文，等，1999. 红壤旱地肥力变化及有效施肥技术［J］. 植物营养与肥料学报，5（2）：115-121.

戴茨华，王劲松，代平，2009. 红壤旱地长期试验肥力演变及玉米效应研究［J］. 植物营养与肥料学报，15（5）：1051-1056.

段英华，徐明岗，王伯仁，等，2010. 红壤长期不同施肥对玉米氮肥回收率的影响［J］. 植物营养与肥料学报，16（5）：1108-1113.

高菊生，曹卫东，李冬初，等，2011. 长期双季稻绿肥轮作对水稻产量及稻田土壤有机质的影响［J］. 生态学报（16）：57-63.

侯红波，刘伟，李恩尧，等，2019. 不同覆盖方式对红壤坡耕地氮磷流失的影响［J］. 湖南生态科学学报，6（1）：16-20.

黄继川，彭智平，徐培智，等，2014. 广东省水稻土有机质和氮、磷、钾肥力调查 [J]. 广东农业科学 41：70－73.

黄晶，高菊生，张杨珠，等，2013. 长期不同施肥下水稻产量及土壤有机质和氮素养分的变化特征 [J]. 应用生态学报，24（7）：1889－1894.

黄晶，王伯仁，刘洪斌，等，2010. 长期施肥对红壤旱地剖面硝态氮累积的影响 [J]. 湖南农业科学（1）：60－62，65.

黄庆海，2014. 长期施肥红壤地理演变特征 [M]. 北京：中国农业科学技术出版社.

巨晓棠，张福锁，2003. 氮肥利用率的要义及其提高的技术措施 [J]. 科技导报（4）：52－55.

李辉信，胡锋，刘满强，等，2000. 红壤氮素的矿化和硝化作用特征 [J]. 土壤（4）：194－197.

李菊梅，李冬初，徐明岗，等，2008. 红壤双季稻田不同施肥下的氨挥发损失及其影响因素 [J]. 生态环境（4）：1610－1613.

李菊梅，徐明岗，秦道珠，等，2005. 有机无机肥配施对稻田氨挥发和水稻产量的影响 [J]. 植物营养与肥料学报，11（1）：51－56.

刘佳，杨成春，陈静蕊，等，2017. 不同施氮时期对红壤旱地花生生物量和氮素累积的影响 [J]. 中国油料作物学报，39（4）：515－523.

刘立生，2014. 长期不同施肥和轮作稻田土壤有机碳氮演变特征 [D]. 北京：中国农业科学院.

彭术，张文钊，侯海军，等，2019. 氮肥减量深施对双季稻产量和氧化亚氮排放的影响 [J]. 生态学杂志，38（1）：159－166.

彭卫福，吕伟生，黄山，等，2018. 土壤肥力对红壤性水稻土水稻产量和氮肥利用效率的影响 [J]. 中国农业科学，51（18）：3614－3624.

秦道珠，李冬初，徐明岗，等，2008. 红壤稻田施用控释肥与氮素转化的关系 [J]. 中国农学通报（9）：273－276.

邱莉萍，张兴昌，2006. Cu、Zn、Cd 和 EDTA 对土壤酶活性影响的研究 [J]. 农业环境科学学报，25（1）：30－33.

闫鸿媛，2010. 长期施肥下我国典型土壤粮食作物氮肥利用率时空演变特征 [D]. 武汉：华中农业大学.

史天昊，段英华，王小利，等，2015. 我国典型农田长期施肥的氮肥真实利用率及其演变特征 [J]. 植物营养与肥料学报，21（6）：1496－1505.

唐贤，陆太伟，黄晶，等，2018. 脲酶/硝化抑制剂双控下红壤性水稻土氮素变化特征 [J]. 中国土壤与肥料（6）：30－37.

陶朋闯，陈效民，靳泽文，等，2016. 生物质炭与氮肥配施对旱地红壤微生物量碳、氮和碳氮比的影响 [J]. 水土保持学报，30（1）：231－235.

王伯仁，徐明岗，文石林，等，2002. 长期施肥土壤氮的累积与平衡 [J]. 植物营养与肥料学报，8（S）：29－34.

王娟，吕家珑，徐明岗，等，2010. 长期不同施肥下红壤氮素的演变特征 [J]. 中国土壤与肥料（1）：1－6.

向艳文，2009. 长期施用化肥和稻草对红壤性水稻土氮素肥力和稻田生产力的影响 [D]. 长沙：中南大学.

谢正苗，卡里德，黄昌勇，等，2000. 镉铅锌污染对红壤中微生物生物量碳氮磷的影响 [J]. 植物营养与肥料学报，6（1）：69－74.

徐明岗，邹长明，秦道珠，等，2002. 有机无机肥配合施用下的稻田氮素转化与平衡 [J]. 土壤学报，6（增刊）：147－1551.

曾希柏，李菊梅，徐明岗，等，2006. 红壤旱地的肥力现状及施肥和利用方式的影响 [J]. 土壤通报，434－437.

张丽敏，徐明岗，娄翼来，等，2015. 长期有机无机肥配施增强黄壤性水稻土有机氮的物理保护作用 [J]. 植物营养与肥料学报（21）：1481－1486.

朱兆良，2000. 农田中氮肥的损失与对策 [J]. 土壤与环境（1）：1－6.

朱兆良，2002. 氮素管理与粮食生产和环境 [J]. 土壤学报，39（增刊）：3－11.

朱兆良，文启孝，1992. 中国土壤氮素 [M]. 南京：江苏科学技术出版社.

Booth M S，Stark J M，Rastetter E，2005. Controls on nitrogen cycling in terrestrial ecosystems：A synthetic analysis of literature data [J]. Ecological Monographs，75（2）：139－157.

Ding L，An X，Li S，et al.，2014. Nitrogen loss through anaerobic ammonium oxidation coupled to iron reduction from paddy soils in a chronosequence [J]. Environmental Science and Technology，48：10641－10647.

He J，Shen J，Zhang L，et al.，2007. Quantitative analyses of the abundance and composition of ammonia-oxidizing bacteria and ammonia-oxidizing archaea of a Chinese upland red soil under long-term fertilization practices [J]. Environmental Microbiology，9（9）：2364－2374.

Li Y，Yang X，Ren B，et al.，2012. Why nitrogen use efficiency decreases under high nitrogen supply in rice (*Oryza sativa* L.) seedlings [J]. Journal of Plant Growth Regulation，31：47 – 52.

Lu L，Han W，Zhang J，et al.，2012. Nitrification of archaeal ammonia oxidizers in acid soils is supported by hydrolysis of urea [J]. Isme Journal (6)：1978 – 1984.

Westbrook C J，Devito K J，2004. Gross nitrogen transformations in soils from uncut and cut boreal upland and peatland coniferous forest stands [J]. Biogeochemistry，68 (1)：33 – 50.

Xing G X，1998. N_2O emission from cropland China [J]. Nutrient Cycling in Agroecosystems，52 (2 – 3)：249 – 254.

Zhang H，Hou D，Peng X，et al.，2019. Optimizing integrative cultivation management improves grain quality while increasing yield and nitrogen use efficiency in rice [J]. Journal of Integrative Agriculture，18 (12)：2716 – 2731.

Zhou J B，Xi J G，Chen Z J，et al.，2006. Leaching and transformation of nitrogen fertilizers in soil after application of N with irrigation：A soil column method [J]. Pedosphere，16 (2)：245 – 252 .

第九章 红壤磷与磷肥合理施用技术 >>>

磷是植物必需的营养元素之一，影响作物的生长发育和优质高产（鲁如坤，2000；Daly et al.，2015）。我国缺磷耕地面积约占总耕地面积的 1/3～1/2，其中严重缺磷土地面积约占 28.6%（朱欣欣，2012）。由于我国土壤中有机质含量低、酸性和石灰性土壤固磷能力强，导致土壤有效磷含量较低（沈善敏，1998；许中坚等，2004）。而由于长期的农田磷肥施用，在我国很多地区土壤磷都呈盈余状态，部分地区长期施肥条件下土壤有效磷的含量已经超过环境临界点（魏红安等，2012；Bai et al.，2013；段永蕙等，2019），其中化学磷肥输入量的持续增加可导致农田磷总输入量不断地增加（马进川，2018）。

我国红壤主要分布于南方丘陵区，红壤呈酸性，含有较多的铁、铝氧化物，极易发生土壤固磷（李杰等，2011）。红壤磷利用率低、固化严重成为农作物高产稳产的限制因素之一（徐明岗，2014；席雪琴，2015）。为此，大量的磷肥被施入红壤，在保证作物高产稳产的同时带来了一系列的环境问题（夏文建等，2018；习斌，2014）。因而，认识农田土壤磷演变特征，探寻红壤中磷形态演变和积累规律，对合理施用磷肥和保护生态环境均具有非常重要的作用。

在本章，以典型红壤区江西省进贤县、云南省曲靖市和湖南省祁阳县的 3 个长期施肥试验和农业农村部在红壤区的耕地监测试验为基础，系统分析红壤区磷的时空演变规律，并结合作物磷吸收、磷平衡、农学阈值的研究，客观评估红壤区不同的磷肥施用效果，为合理施用磷肥提供技术参考。

第一节 红壤磷肥施用现状

施用化学肥料和有机肥提高作物产量是满足增加的人口对粮食需求的重要措施。根据《中国统计年鉴 2019》，我国磷矿石 2017 年的储量为 252.8 亿 t。我国磷肥（P_2O_5）的消费量从 1980 年的 2.7×10^6 t 显著上升到 2018 年的 7.3×10^6 t。在这 38 年间，磷肥的消费量增长了 1.7 倍。

依据农业农村部国家级耕地质量长期监测数据，对我国红壤分布区的安徽等 7 省份的常规施肥量进行统计，有机磷肥的年均施用量为 1.35～118.5 kg/hm²，均值为 39.1 kg/hm²，化学磷肥的年均施用量为 47.7～214.8 kg/hm²，均值为 103.4 kg/hm²，化学磷肥年均施用量为有机磷肥年均施用量的 2.64 倍（表 9-1）。

表 9-1 我国红壤区农田常规施肥量统计（kg/hm²）

省份	统计年份	种植制度	作物	有机磷肥年均施用量	化学磷肥年均施用量
安徽	2004—2018	一年二熟	油菜—芋头	38.1	135.2
福建	1998—2018	一年二熟	水稻—水稻、甘薯—甘薯	11.7	69.4
江西	1998—2018	一年一熟、一年二熟、一年三熟	花生—萝卜、西葫芦—萝卜、西葫芦—甘薯、辣椒—菜豆、花生—白菜、水稻—水稻、茶叶树、芝麻、花生	118.5	90.0

（续）

省份	统计年份	种植制度	作物	有机磷肥年均施用量	化学磷肥年均施用量
湖北	2004—2018	一年二熟	油菜—甘薯、油菜—芝麻、小麦—大豆、小麦—甘薯、花生—芝麻	1.35	47.7
湖南	1998—2018	一年一熟、一年二熟、一年三熟	玉米—萝卜、玉米—玉米、玉米—甘薯、茶树、橙、橘、花生、大豆—甘薯、大豆—萝卜	48.6	214.8
广西	2017—2018	一年一熟、一年二熟	玉米、水果—玉米	24.2	74.2
云南	1988—2018	一年一熟、一年二熟、一年三熟	玉米、小麦—玉米、绿肥—玉米、玉米—玉米、西蓝花—烟草	31.4	92.7
均值				39.1	103.4

第二节 红壤全磷与有效磷演变特征

土壤全磷被用来表征土壤中总磷的含量水平，以判断土壤磷的盈亏（史静等，2014；Higgs et al.，2000）。土壤有效磷易迁移，能够被植物直接吸收利用，因此有效磷是衡量土壤供磷能力、决定作物产量、评估磷流失风险的重要肥力指标（Havlin et al.，2005；李冬初等，2019）。在本节中，结合典型点位的长期试验和红壤区域的耕地监测数据，系统分析了红壤全磷和有效磷的演变规律，以期明确红壤区的全磷和有效磷的含量范围，为实现红壤磷的可持续利用提供参考。

一、土壤全磷

由表9-2的红壤全磷含量统计可知，常规施肥条件下红壤的全磷范围为0.30~2.73 g/kg，均值为1.11 g/kg（表9-2）。

表9-2 常规施肥条件下红壤全磷含量统计

省份	点数（个）	范围（g/kg）	均值（g/kg）
安徽	2	1.06~1.98	1.52
福建	4	0.30~1.75	0.94
江西	3	0.86~1.19	1.04
湖北	1	0.33	0.33
湖南	6	0.60~2.27	1.00
云南	4	0.77~2.73	1.48
总计	20	0.30~2.73	1.11

长期不同方式施肥下，3个长期试验点各施肥处理红壤的全磷含量均显著增加，单施有机肥、有机肥无机肥配施红壤全磷含量的增加趋势高于单施化肥，不施肥处理红壤的全磷含量保持平稳（图9-1）。长期施肥33年后，施化学磷肥（P、PK）处理的全磷含量是初始值的1.13倍，NP处理的全磷含量是初始值的1.61倍，NPK处理的全磷含量是初始值的1.85倍，单施有机肥处理（M）的全磷含量从0.62g/kg增加到1.78g/kg，是初始值的2.9倍，化肥配施有机肥（NPKM）的全磷含量增加到2.07 g/kg，是初始值的3.3倍。

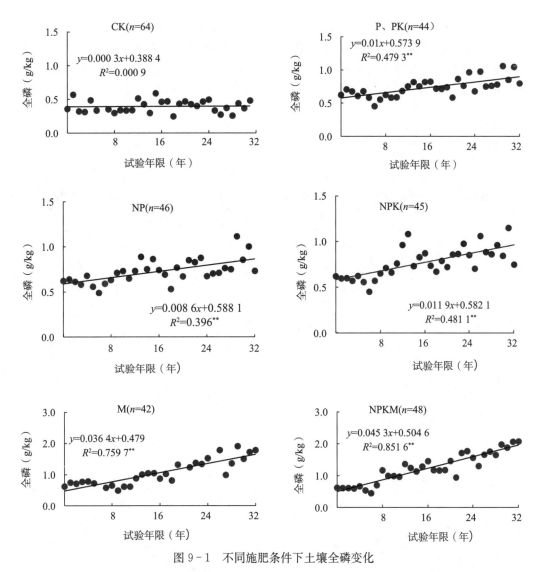

图 9 - 1　不同施肥条件下土壤全磷变化

二、土壤有效磷

　　旱地农田红壤的有效磷含量平均值为 33 mg/kg，有效磷含量从大到小为长江三角洲、华南、西南和长江中游，分别为 72 mg/kg、41 mg/kg、26 mg/kg 和 24 mg/kg（表 9 - 3）。

表 9 - 3　红壤区域土壤有效磷含量

区域	样本数	最大值 （mg/kg）	最小值 （mg/kg）	中位值 （mg/kg）	平均值 （mg/kg）	平均值 标准误
西南	1 304	98	1.0	19	26	21
长江中游	1 622	106	0.5	15	24	24
长江三角洲	443	431	0.2	31	72	96
华南	607	180	0.4	23	41	45
红壤区	3 976	431	0.2	18	33	44

　　注：表中为农业农村部土壤监测数据库 2017—2018 年数据。

　　长期不同施肥方式下，3 个长期试验点各施肥处理有效磷（Olsen-P）含量显著增加。CK 有效磷含量随种植时间的延长略下降，施用磷肥后土壤有效磷含量均随种植时间显著上升（$P < 0.01$），上

升速率为 M、NPKM＞NP＞P、PK、NPK。2016 年，施化学磷肥（P、PK）处理有效磷含量为初始值的 11 倍；NP 的有效磷含量为初始值的 12 倍；NPK 的有效磷含量为初始值的 13 倍；化肥配施有机肥（NPKM）的有效磷含量从 6.8 mg/kg 增加到 220 mg/kg，是初始值的 32 倍；单施有机肥（M）的有效磷含量从 5.6 mg/kg 增加到 202 mg/kg，是初始值的 36 倍（图 9 - 2）。

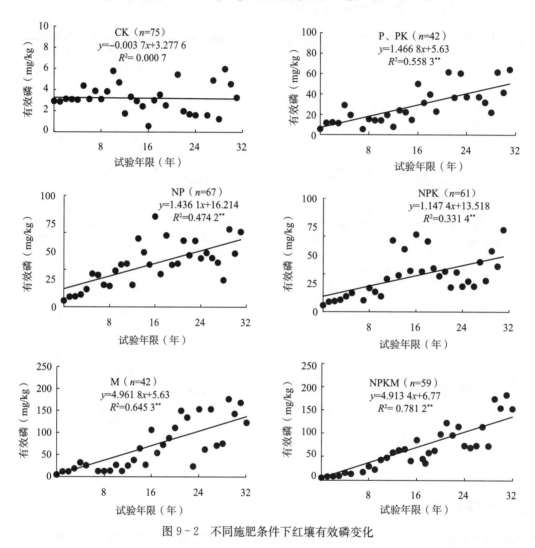

图 9 - 2　不同施肥条件下红壤有效磷变化

同样，常规施肥条件下我国红壤区的监测点数据也显示红壤有效磷含量呈逐渐升高的趋势。1988 年，红壤有效磷平均含量为 26 mg/kg；2018 年，有效磷平均含量为 56 mg/kg，为起始年份含量的 2.2 倍（图 9 - 3）。

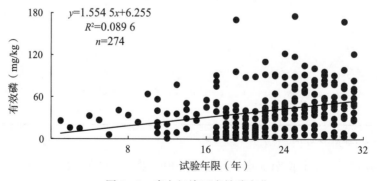

图 9 - 3　南方红壤区有效磷变化

总之，红壤农田化学磷肥和有机肥的投入显著增加了红壤全磷和有效磷的含量，施入有机肥比施入化学磷肥的增长速率高，不施肥红壤全磷和有效磷的含量保持稳定。

第三节 红壤全磷、有效磷与磷盈亏量关系

磷肥施入土壤后被当季作物吸收利用的效率较低，大量磷以非有效态残存在土壤中（鲁如坤等，1996）。磷肥的投入量长期超过作物的吸磷量，土壤中残存的磷将不断积累（徐明岗，2015），而累积的磷易通过地表径流或者地下水渗漏等进入水体，造成地表水或地下水的污染（刘方等，2006；刘娟等，2019）。在农业生产中，由磷肥施用而引起的磷流失已成为水体污染的主要根源之一（Karen，2017；Kalimuthu et al.，2012；朱晓晖等，2017）。

鲁如坤等（2000）对我国南方农田养分平衡状况的研究结果表明，南方农田的磷均处于盈余状态，土壤中出现了磷积累。陈敏鹏等（2007）的研究表明，2003 年我国土壤表观磷盈余的总量为 9.8×10^5 t，磷盈余强度为 2.5 kg/hm²；而化肥和畜禽粪便是土壤磷投入的最主要来源。因此，外源磷的大量、长期施用常常是盈余发生的主要原因（Zeng et al.，2007；张丽等，2014；黄晶等，2018）。在长期施用磷肥条件下，土壤磷的收支为盈余状态；而在不施肥条件下，土壤常呈磷亏缺状态（徐明岗等，2015）。在长期施肥条件下，根据历年磷肥的投入、作物的吸收状况，可计算不同施肥措施下红壤磷的盈亏平衡状况。这不仅是探究农田土壤养分循环的基础，也是水体污染溯源的重要依据。

一、全磷与累计磷盈亏量

长期施入磷肥，3 个长期试验点红壤全磷量和累计磷盈亏量显著正相关（$P < 0.01$），红壤累计磷盈亏量随全磷量的增加而增加。1991—2016 年，不施磷肥处理红壤全磷含量趋于平稳，基本保持在 0.36 g/kg，施用有机磷肥处理的累计磷盈亏量随全磷量的增加幅度大于单施磷肥（图 9 - 4）。

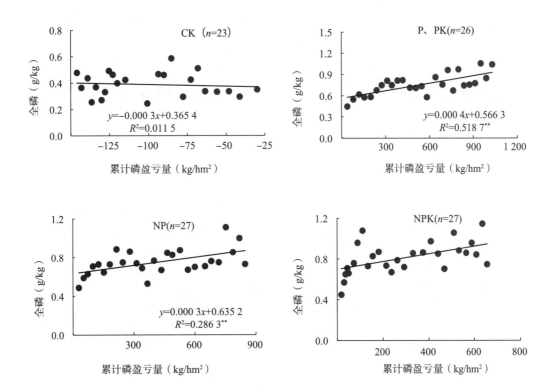

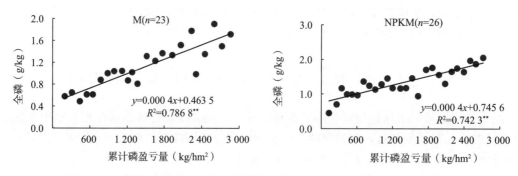

图 9-4　长期施肥条件下红壤全磷和累计磷盈亏量的关系（1991—2016 年）

二、有效磷与累计磷盈亏量

长期施入磷肥，3 个长期试验点红壤的累计磷盈亏量随有效磷的增加而增加。1991—2016 年，不施磷肥处理红壤有效磷含量趋于平稳，基本保持在 3.0 mg/kg，施用有机磷肥处理的累计磷盈亏量随有效磷增加的幅度大于单施磷肥（图 9-5）。

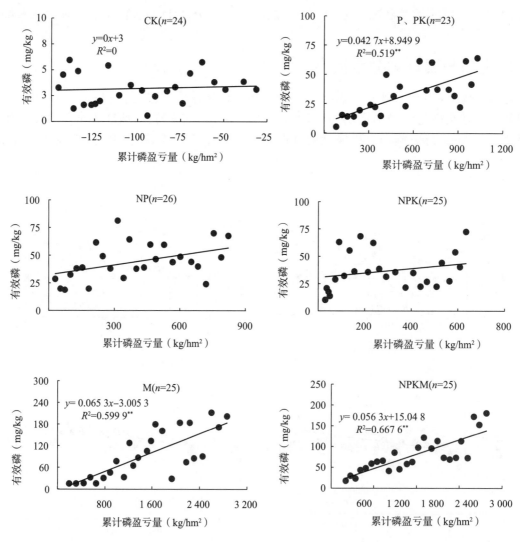

图 9-5　长期施肥条件下红壤有效磷和累计磷盈亏量的关系（1991—2016 年）

三、磷盈亏的时间变化

长期施肥条件下，3个长期定位试验点施入磷肥处理的红壤当季磷表现为盈余，不施磷肥处理的红壤磷为亏损（图9-6）。其中，M、NPKM＞P、PK、NP、NPK＞CK。CK年均磷亏损量为－4.66 kg/hm²，P、PK年均磷盈余量为39.6 kg/hm²，NP为31.5 kg/hm²、NPK为24.4 kg/hm²，M为110.0 kg/hm²，NPKM为104.6 kg/hm²。施入磷肥处理的红壤累计磷盈亏表现为盈余，且逐年增加，不施磷肥处理表现为亏损，且逐年减少（图9-2）。到2016年，CK累计磷亏损量为－121.2 kg/hm²，M累计磷盈余量为2 860 kg/hm²、NPKM为2 720 kg/hm²，红壤磷累计盈亏量顺序为NPKM、M＞P、PK＞NP＞NPK＞CK。

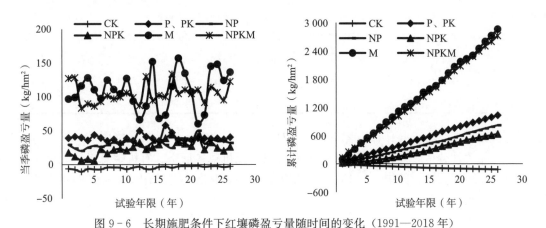

图9-6　长期施肥条件下红壤磷盈亏量随时间的变化（1991—2018年）

第四节　红壤磷形态及其有效性

土壤磷的形态处于动态平衡之中，分为有机磷和无机磷。无机磷可划分为难溶性无机磷和易溶性磷酸盐，难溶性无机磷主要分为钙、镁、铁、铝类磷酸化合物和闭蓄态磷（Qin et al.，2019）。采用不同的化学浸提剂进行土壤磷组分分析以表征土壤磷赋存形态。张守敬等（1957）提出，将土壤无机磷分为H_2O-P、$Al-P$、$Fe-P$、$Ca-P$和$O-P$。蒋柏藩等（1989）提出了更适合石灰性土壤的磷分组方法，将土壤无机磷分为6种：Ca_2-P、Ca_8-P、$Ca_{10}-P$及$Al-P$、$Fe-P$、$O-P$。Hedley等（1982）提出的分级方法中把有机磷和无机磷放在不同的组分中，Tiessen等（1993）对Hedley分级方法进行了修正，完善了土壤磷组分的分级。

一、土壤磷形态

祁阳长期试验点对不同处理红壤无机磷形态的研究表明，1991—2000年，连续施化学磷肥和有机肥料的处理，$Ca-P$和$Al-P$所占比例增大，特别是Ca_2-P和Ca_8-P增加显著（表9-4），对于NPKS处理，Ca_2-P在1995年和2000年的测定值变化较小，Ca_8-P、$Al-P$、$Fe-P$、$O-P$和$Ca_{10}-P$的含量均降低。

表9-4　不同施肥条件下土壤无机磷组分含量（mg/kg）

处理	Ca_2-P		Ca_8-P		$Al-P$		$Fe-P$		$O-P$		$Ca_{10}-P$	
	1995年	2000年	1995年	2000年	1995年	2000年	1995年	2000年	1995年	2000年	1995年	2000年
母质	7.0	7.0	4.0	4.0	27.5	27.5	57.2	57.2	5.3	5.3	18.0	18.0
CK_0	—	13.2	—	6.8	—	32.7	—	570.0	—	13.2	—	29.5

（续）

处理	Ca$_2$-P		Ca$_8$-P		Al-P		Fe-P		O-P		Ca$_{10}$-P	
	1995 年	2000 年	1995 年	2000 年	1995 年	2000 年	1995 年	2000 年	1995 年	2000 年	1995 年	2000 年
CK	4.1	8.4	—	2.7	9.7	11.9	449.0	449.0	2.8	4.1	24.0	20.5
N	5.5	7.2	2.8	3.0	13.2	12.6	467.0	420.0	2.2	3.4	28.0	22.3
NP	21.7	28.6	12.1	12.5	79.2	76.8	810.0	730.0	19.1	25.4	19.5	38.4
NK	3.1	7.0	—	4.4	9.0	13.3	451.0	420.0	2.3	2.9	26.5	21.0
PK	13.5	27.1	3.8	11.8	43.2	68.5	630.0	730.0	13.0	28.3	39.5	39.5
NPK	13.7	34.3	4.2	14.8	49.1	75.7	708.0	750.0	12.7	24.9	48.0	47.7
NPKM	8.2	86.7	0.0	85.5	25.2	215.4	549.0	1210.0	10.1	105.9	76.0	50.5
1.5NPKM	55.0	137.5	68.2	165.4	209.5	358.4	1279.0	1620.0	57.9	162.5	90.5	69.0
NPKS	22.7	20.1	45.4	10.7	120.1	65.3	937.0	650.0	27.4	17.9	82.5	25.7
NPKMR	30.9	83.3	25.1	73.5	93.4	174.9	874.0	1050.0	29.4	93.0	50.5	43.6
M	23.9	81.6	23.5	70.9	76.3	149.2	804.0	1000.0	26.6	92.7	37.0	36.9

红壤无机磷形态与 Olsen-P 有显著相关性。对 1995 年、2000 年祁阳红壤中 Olsen-P 与土壤各组分无机磷进行相关性分析，发现土壤中 Olsen-P 含量与无机磷各形态、有机磷总量、无机磷总量和全磷含量均存在显著相关性，其中，与 Ca$_2$-P 的相关性最高，其次为与 Al-P、Ca$_8$-P 的相关性，与 O-P 的相关性最低（表 9-5）。

表 9-5　土壤有效磷与无机磷组分的相关性分析

处理	Olsen-P （mg/kg）	
	1995 年	2000 年
Ca$_2$-P	0.996 8**	0.990 9**
Ca$_8$-P	0.985 6**	0.943 8**
Al-P	0.954 4**	0.987 9**
Fe-P	0.860 2**	0.930 5**
O-P	0.754 6*	0.669 9*
Ca$_{10}$-P	0.863 6**	0.674 3*
Pi	0.979 8**	0.965 4**
P$_T$	0.953 5**	0.977 6**
P$_O$	0.854 8**	0.753 2**

红壤长期施磷肥增加了活性磷、中等活性磷和稳定态磷含量，有机肥无机肥配施处理的提高幅度最大。采用修正后的 Hedley 分组法对 2000 年祁阳红壤的磷形态含量进行分析可知，长期施磷条件下，活性磷、中等活性磷和稳定态磷的含量均显著提高，NPK 和 NPKS 处理的提高幅度相近，NPKM 处理的提高幅度最大。在活性磷中，Resin-Pi 和 NaHCO$_3$-Pi 的增加幅度较大；中等活性磷中，DHCl-Pi 的增加幅度最大；在稳定态磷中，CHCl-Pi 和 Resin-Pi 的含量均大幅度上升（图 9-7）。

Resin-Pi 是树脂交换态的磷，是与土壤溶液磷处于动态平衡状态的土壤固相无机磷，可被阴离子交换树脂代换出，土壤溶液磷被移走后，它可迅速进行补充，是土壤各形态磷中有效性最高的一种。在长期施肥条件下，NPKS 和 NPKM 处理的 Resin-Pi 含量高于不施肥和单施化肥处理；NaHCO$_3$ 提取的无机磷部分主要是以非专性吸附方式吸附在土壤表面的，这部分磷的有效性较高，类似于 Olsen-P，NaHCO$_3$-Pi 含量的大小顺序为 NPKM＞NPKS、NPK＞CK、NK；NaOH 浸提的

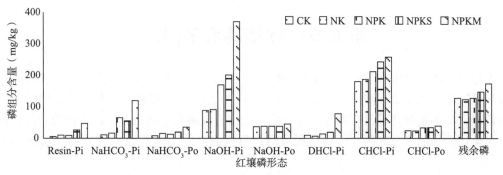

图9-7 长期施肥条件下红壤磷形态（2000年）

无机磷主要是以化学吸附作用吸附于土壤 Fe、Al 化合物和黏粒表面的磷，NaOH-Pi 含量的顺序为 NPKM＞NPKS、NPK＞CK、NK；残余磷是用上述方法提取后残余的比较稳定的有机磷和无机磷部分，一般条件下极难被植物利用，残余磷的范围为 98～249 mg/kg。

二、土壤磷的吸附解吸

磷的吸附解吸特性直接影响到土壤中磷的活性与有效性（习斌，2014）。土壤对磷的吸附主要是磷酸根离子与土壤胶体（黏土矿物或铁铝氧化物等）表面金属原子配位壳中的配位体进行交换而被吸附在胶体表面的过程；而解吸则相反，是磷从土壤固相向液相转移的过程，是磷释放作用的重要机理之一（鲁如坤等，1996）。红壤淋溶强烈，含大量的游离和非晶质 Fe、Al 矿物，极易对肥料中的有效磷进行固定，使磷肥的利用率降低。红壤中的磷除了被铁铝氧化物和黏粒矿物表面所吸附外，还生成难溶性磷酸盐，减少了磷向土壤溶液中的释放（Yan et al.，2013；Qin et al.，2019）。红壤中被吸附在铁铝氧化物表面的物理吸附态磷又可向更稳定的化学吸附态磷转变，发生铁铝沉淀反应形成更难溶的磷酸盐，从而使红壤表现出对磷的高固定能力（徐明岗等，2015；张淑香等，2015）。

施肥影响了红壤磷附的吸磷量和解吸率。祁阳红壤各施肥处理吸磷量随平衡液磷浓度的增加而增加，增加速率均由快到慢后趋于平稳。在等平衡液浓度条件下，NPK、NPKS、NK 处理土壤的吸磷量高于 CK 和 NPKM，土壤最大吸磷量为 500～800 mg/kg，最大吸磷量 NPK、NPKS、NK＞CK＞NPKM（图9-8）。祁阳红壤各处理的解吸率因加入磷浓度的不同而不同，随着加入磷浓度的增大 NPKM 处理的解吸率表现为下降趋势，其他 4 个处理，随着加入磷浓度的增大，解吸率均表现为上升趋势（图9-8）。

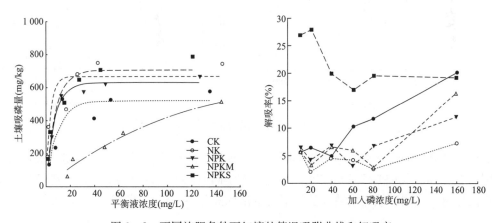

图9-8 不同施肥条件下红壤的等温吸附曲线和解吸率

红壤长期连续施化学磷肥和有机肥料，Ca-P 和 Al-P 所占比例增大，Ca₂-P 和 Ca₈-P 增加显著，红壤长期施磷肥增加了活性磷、中活性磷和稳定态磷的含量，有机肥无机肥配施的提高幅度最大。施肥影响了红壤磷的吸磷量和解吸率。

第五节　红壤磷农学阈值

作物产量与土壤有效磷含量一般呈曲线增长关系。当土壤中有效磷含量低于某个值时，作物产量随磷肥施用量的增加而显著提高（杨学云等，2009）；当土壤中有效磷含量高于某个值时，作物产量对土壤有效磷含量的增加几乎没有响应。这个值即土壤有效磷农学阈值，是评价施肥合理性的重要指标。英国洛桑试验站的研究表明，作物达到最高产量所需要的土壤有效磷约为 25 mg/kg（Higgs et al.，2000）。

计算土壤磷农学阈值的方法主要有线性模型（LL）、线性平台模型（LP）和米切里西方程（EXP）（Mallarino et al.，1992）。公式分别如下：

$$Y=b_1X+a_1,\ X<C;\ Y=b_2X+a_2,\ X\geqslant C$$

式中：Y 是预测的相对产量；a_1、a_2、b_1、b_2 分别为线性方程的截距和截率；X 为土壤有效磷含量；C 为土壤有效磷的临界浓度（农学阈值）。

$$Y=b_1X+a_1,\ X<C;\ Y=Y_p,\ X\geqslant C$$

式中：Y 是预测的相对产量；Y_p 为预测的平台产量；a_1、b_1 分别为线性方程的截距和截率；X 为土壤有效磷含量；C 为土壤有效磷的临界浓度（农学阈值）。

$$Y=A\times(1-e^{-bX})$$

式中：Y 是预测的相对产量；A 是最大的相对产量；b 是产量对土壤有效磷的响应系数。

为探明红壤区域玉米—小麦轮作体系下土壤有效磷的农学阈值，对祁阳红壤不同施肥处理（CK、NK、NPK、NPKM 和 NPKS）有效磷水平与作物产量进行农学阈值分析，结果表明采用线性模型、线性平台模型和米切里西方程均可以较好地模拟二者的关系，3 种模型计算的农学阈值存在差异，其中，线性模型计算的阈值最小，而米切里西方程计算的阈值最大（图 9-9）。

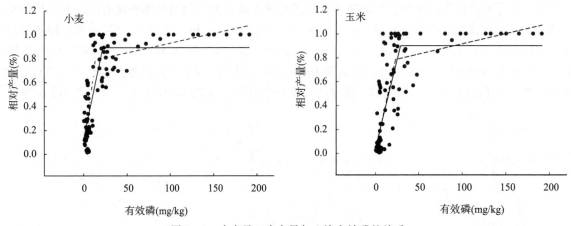

图 9-9　小麦及玉米产量与土壤有效磷的关系

不同的模型计算出的红壤磷农学阈值不同。由 3 种模型的计算结果得知，小麦、玉米的农学阈值平均值分别为 21.5 mg/kg 和 32.9 mg/kg，小麦的农学阈值低于玉米（表 9-6）。到目前为止，判断红壤地区不同作物、不同区域土壤磷农学阈值的定量标准并不一致，还需进一步研究。

表 9-6　长期不同施肥作物农学阈值

作物	样本数（个）	LL		LP		EXP		平均值（mg/kg）
		CV（mg/kg）	R^2	CV（mg/kg）	R^2	CV（mg/kg）	R^2	
小麦	108	13.5	0.72**	22.3	0.67**	28.8	0.69**	21.5
玉米	108	23.4	0.66**	29.2	0.65**	46.0	0.67**	32.9

第六节 红壤磷利用率与高效施用技术

施肥制度和农作物种类不同，土壤的磷吸收量也不同。在无外源磷肥条件下，每年磷吸收量在 4 个单季旱作区（哈尔滨、公主岭、乌鲁木齐和平凉）为 5.4～14.3 kg/hm²；在 5 个双季旱作区（昌平、郑州、杨凌、祁阳、徐州）为 7.1～31.4 kg/hm²；在 3 个水旱轮作区（遂宁、重庆和武昌）为 11.5～19.9 kg/hm²。作物对磷的吸收不能无限地增加，过量的磷肥投入反而会导致磷的吸收利用率下降，额外增施有机肥在提高磷投入量的同时降低了磷的当季利用率（沈浦，2014）。

一、农作物磷吸收特征

农作物磷吸收特征用其吸磷量和磷回收率来表示，计算公式如下：作物吸磷量（kg/hm²）＝籽粒产量（kg/hm²）×籽粒含磷量（%）＋秸秆产量（kg/hm²）×秸秆含磷量（%）；磷肥回收率（%）＝｛［某施磷处理作物总吸磷量（kg/hm²）－CK 作物总吸磷量（kg/hm²）］/该施磷处理施磷量（kg/hm²）｝×100%。

（一）单季玉米磷吸收特征

单施有机肥利于维持稳定的单季玉米吸磷量。对 1991—2018 年祁阳单季玉米长期试验不同处理进行比较得知，单施有机肥处理玉米的吸磷量保持在每年 36.1 kg/hm²（图 9-10）。不施肥和添加化学磷肥处理的单季玉米吸磷量均呈现下降趋势，不施肥处理的单季玉米磷吸收量由实验开始时的 2.04 kg/hm² 显著下降到 2018 年的 0.46 kg/hm²。有机肥无机肥配施处理单季玉米磷吸收量由试验开始时的 26.4 kg/hm² 降为 2018 年的 24.5 kg/hm²。

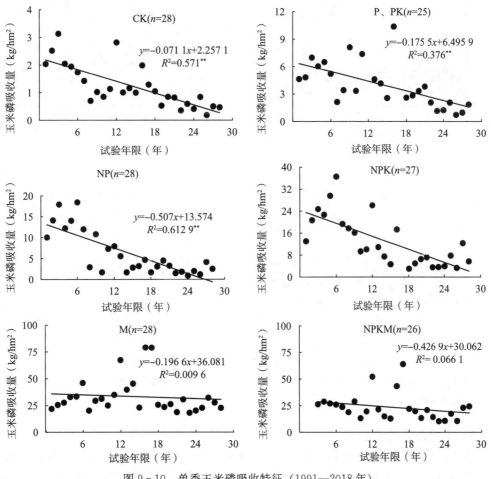

图 9-10 单季玉米磷吸收特征（1991—2018 年）

（二）双季玉米磷吸收特征

单施有机肥有利于维持稳定的双季玉米吸磷量。对 1991—2018 年进贤双季玉米长期试验结果的分析显示，红壤双季玉米不同处理磷吸收量与时间的相关性不显著，与单季玉米吸收特征相似，单施有机肥处理有利于维持稳定的玉米吸磷量，早玉米磷吸收量随时间略有上升，晚玉米维持平稳，其每年磷吸收量约为 30 kg/hm^2。不施肥、单施化学磷肥和有机肥配施化肥处理的双季玉米吸磷量随着年限的增加呈现下降趋势，下降幅度较大的处理为 NPK 处理，P、NP、NPK、M 处理和 NPKM 处理早玉米的吸磷量高于晚玉米（图 9-11）。

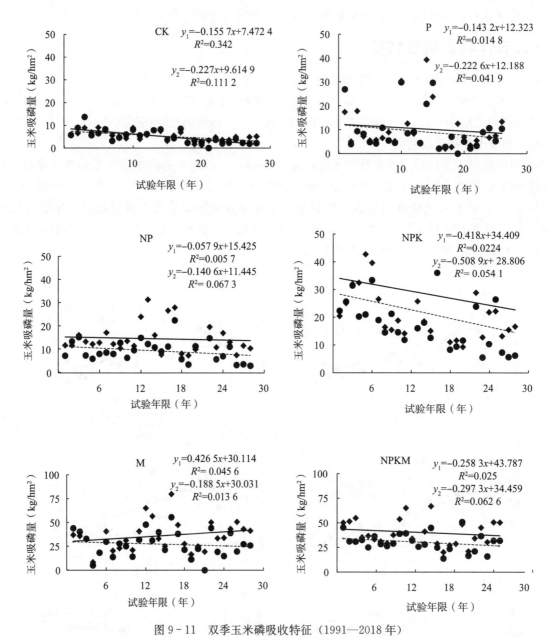

图 9-11　双季玉米磷吸收特征（1991—2018 年）

注：◆表示早玉米，y_1 表示早玉米吸磷量与试验年限的回归方程，用实线表示；●表示晚玉米，y_2 表示晚玉米吸磷量与试验年限的回归方程，用虚线表示。

（三）单季小麦磷吸收特征

有机肥单施、配施化肥和无机 PK 处理均可以维持单季小麦稳定的吸磷量。对祁阳红壤 6 种处理单季小麦吸磷量进行分析可知，有机肥或者无机 PK 肥的投入均可以维持小麦稳定的吸磷量，CK、

NP、NPK 处理显著降低了小麦的吸磷量（图 9 - 12）。不施肥处理小麦的吸磷量由 1991 年的 2.99 kg/hm² 显著下降到 2018 年的 1.45 kg/hm²，PK 和 M 处理的小麦磷吸收量随时间的变化维持平稳，分别保持在 4.6 kg/hm² 和 13.0 kg/hm²，NPKM 处理的小麦吸磷量随时间的增加略显上升，保持在 10.4 kg/hm²。

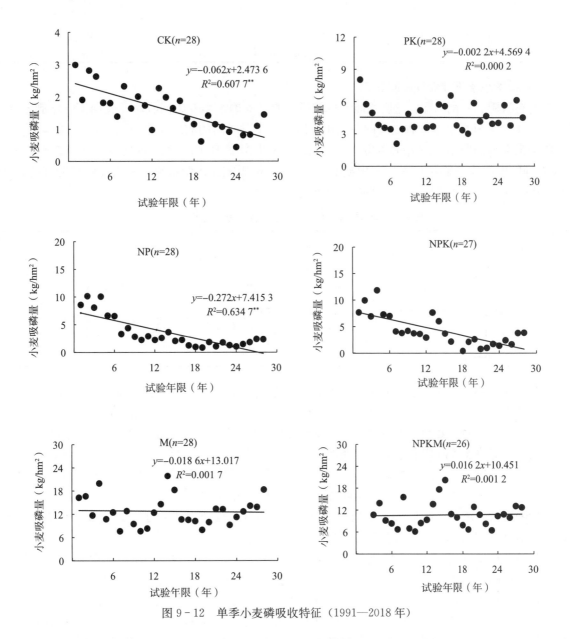

图 9 - 12 单季小麦磷吸收特征（1991—2018 年）

农田红壤中投入有机肥有利于保持玉米和小麦的稳定吸磷量。采用相同施肥处理，玉米的平均吸磷量高于小麦。

二、农作物磷回收率特征

（一）单季玉米磷回收率

单施有机肥处理的单季玉米磷回收率随试验时间的延长显著增加。对 1991—2018 年祁阳单季玉米长期试验不同处理的磷回收率进行比较（表 9 - 7），其中，y 表示单季玉米磷回收率，x 表示年份，随着试验时间的增加，单施有机肥可显著增加玉米的磷回收率，NPK 处理的磷回收率显著下降，NP处理也呈现下降趋势，PK 和 NPKM 处理可维持稳定的磷回收率。

表 9-7　单季玉米磷回收率与种植时间的关系（$n=28$）

处理	回归方程	R^2
PK	$y=0.21x+9.13$	0.011 7
NP	$y=-0.95x+43.08$	0.215 1
NPK	$y=-1.41x+30.23$	0.579 7**
M	$y=0.65x-6.86$	0.610 3**
NPKM	$y=0.46x+13.48$	0.053 2

（二）单季小麦不同处理磷回收率

施用有机肥、有机肥配施化肥均能维持较稳定的红壤单季小麦磷回收率。长期不同施肥条件下，1991—2018 年，祁阳红壤 3 种处理的单季小麦磷回收率对时间的响应关系不同（表 9-8），其中，y 表示单季玉米磷回收率，x 表示年份，PK、M 和 NPKM 处理的小麦磷回收率均基本持平，NP 和 NPK 处理的磷回收率显著下降。说明施用有机肥、有机肥配施化肥和磷、钾肥配施均能维持较稳定的红壤单季小麦磷回收率，是最合理的施肥方式。

表 9-8　单季小麦磷回收率与种植时间的关系（$n=28$）

处理	回归方程	R^2
PK	$y=0.41x+13.11$	0.133 4
NP	$y=-1.54x+37.57$	0.518 4**
NPK	$y=-2.11x+50.83$	0.708 9**
M	$y=0.16x+4.10$	0.039 1
NPKM	$y=0.15x+14.82$	0.004 8

本章选择红壤地区的 3 个旱地长期定位试验点的不施磷处理、施用化学磷肥处理和化学磷肥与有机肥配施处理，通过对 27 年的田间试验数据进行统计分析，得出以下研究结果：

红壤试验点各施肥处理的土壤全磷、有效磷含量均显著增加，有机肥单施和配施处理的全磷和有效磷的增加趋势高于不施肥和单施化肥处理。

长期施入磷肥，3 个长期试验点红壤的全磷量和累计磷盈亏量显著正相关（$P<0.01$），红壤累计磷盈亏量随全磷量的增加而增加。累计磷盈亏量随有效磷的增加而增加，施入有机磷肥处理的累计磷盈亏量随有效磷增加的幅度大于单施磷肥。3 个长期试验点施入磷肥处理的红壤当季磷表现为盈余，不施磷肥处理的红壤当季磷表现为亏损。

祁阳长期试验点连续施化学磷肥和有机肥料的处理中无机磷 $Ca_2\text{-}P$ 和 $Ca_8\text{-}P$ 增加显著，长期施磷肥增加了活性磷、中等活性磷和稳定态磷的含量，有机肥无机肥配施的提高幅度最大。

对祁阳红壤不同施肥处理的有效磷水平与作物产量进行农学阈值分析，结果表明采用线性模型、线性平台模型和米切里西方程均可以较好地模拟二者的关系。3 种模型计算的农学阈值存在差异，其中，由线性模型计算的阈值最小，由米切里西方程计算的阈值最大。通过 3 种模型进行计算得知，小麦、玉米的农学阈值平均值分别为 21.5 mg/kg 和 32.9 mg/kg，小麦的农学阈值低于玉米。

单施有机肥有利于维持稳定的单季和双季玉米吸磷量。对 1991—2018 年祁阳单季玉米长期试验的不同处理进行比较得知，单施有机肥处理玉米的吸磷量保持在每年 36.1 kg/hm²，不施肥和添加化学磷肥处理的单季玉米吸磷量均呈现下降趋势；对 1991—2018 年进贤双季玉米长期试验结果进行分析可知，晚玉米每年的吸磷量约为 30 kg/hm²。有机肥单施、配施化肥和无机 PK 肥处理均可以维持单季小麦稳定的吸磷量。对祁阳红壤单季小麦的吸磷量进行分析得知，有机肥或者无机 PK 肥的投入均可以维持单季小麦稳定的吸磷量，有机肥单施和配施均能维持较稳定的红壤单季小麦磷回收率。结合产量效应，可知有机肥和化肥配施是高产稳产、磷肥高效利用的施肥方式。

主要参考文献

陈敏鹏，陈吉宁，2007. 中国区域土壤表观氮磷平衡清单及政策建议 [J]. 环境科学 (28)：1305-1310.

段永蕙，刘娟，刘惠见，等，2019. 红壤性水稻土磷素淋溶流失特征及环境阈值研究 [J]. 云南农业大学学报 (自然科学)，34 (6)：1070-1075.

黄晶，张淑香，石孝均，等，2018. 长期不同施肥模式下南方典型农田磷肥回收率变化 [J]. 植物营养与肥料学报，24 (6)：1630-1639.

李冬初，王伯仁，黄晶，等，2019. 长期不同施肥红壤磷素变化及其对产量的影响 [J]. 中国农业科学，52 (21)：3830-3841.

李杰，石元亮，陈智文，2011. 我国南方红壤磷素研究概况 [J]. 土壤通报，3 (48)：763-768.

李书田，金继运，2011. 中国不同区域农田养分输入、输出和平衡 [J]. 中国农业科学 (44)：4207-4229.

刘方，黄昌勇，何腾兵，等，2006. 不同类型黄壤旱地的磷素流失及其影响因素分析 [J]. 水土保持学报 (15)：37-40.

刘娟，包立，张乃明，等，2018. 我国 4 种土壤磷素淋溶流失特征 [J]. 水土保持学报，32 (5)：64-70.

刘娟，张淑香，宁东卫，等，2019. 3 种耕作土壤磷随地表径流流失的特征及影响因素 [J]. 生态与农村环境学报，35 (10)：1346-1352.

鲁如坤，时正元，顾益初，1996. 土壤积累态磷研究 Ⅱ：磷肥的表观积累利用率 [J]. 土壤 (6)：286-289.

鲁如坤，时正元，施建平，2000. 我国南方 6 省农田养分平衡状况评价和动态变化研究 [J]. 中国农业科学，33 (2)：63-67.

马进川，2018. 我国农田磷素平衡的时空变化与高效利用途径 [D]. 北京：中国农业科学院.

沈浦，2014. 长期施肥下典型农田土壤有效磷的演变特征及机制 [D]. 北京：中国农业科学院.

沈善敏，1998. 中国土壤肥力 [M]. 北京：中国农业出版社.

史静，张誉方，张乃明，等，2014. 长期施磷对山原红壤磷库组成及有效性的影响 [J]. 土壤学报，51 (2)：351-359.

魏红安，李裕元，杨蕊，等，2012. 红壤磷素有效性衰减过程及磷素农学与环境学指标比较研究 [J]. 中国农业科学，45 (6)：1116-1126.

吴启华，2018. 长期不同施肥下三种土壤磷素有效性和磷肥利用率的差异机制 [D]. 北京：中国农业大学.

习斌，2014. 典型农田土壤磷素环境阈值研究：以南方水旱轮作和北方小麦玉米轮作为例 [D]. 北京：中国农业科学院.

席雪琴，2015. 土壤磷素环境阈值与农学阈值研究 [D]. 咸阳：西北农林科技大学.

夏文建，冀建华，刘佳，等，2018. 长期不同施肥红壤磷素特征和流失风险研究 [J]. 中国生态农业学报，26 (12)：1876-1886.

徐明岗，张文菊，黄绍敏，等，2015. 中国土壤肥力演变 [M]. 2 版. 北京：中国农业科学技术出版社.

许中坚，刘广深，刘维屏，2004. 酸雨对旱地红壤磷素释放的影响研究 [J]. 环境科学学报 (26)：134-138.

杨军，高伟，任顺荣，2015. 长期施肥条件下潮土土壤磷素对磷盈亏的响应 [J]. 中国农业科学，48 (23)：4738-4747.

杨学云，孙本华，古巧珍，等，2007. 长期施肥磷素盈亏及其对土壤磷素状况的影响 [J]. 西北农业学报 (16)：118-123.

杨学云，孙本华，古巧珍，等，2009. 长期施肥对塿土磷素状况的影响 [J]. 植物营养与肥料学报 (15)：837-842.

张丽，任意，展晓莹，等，2014. 常规施肥条件下黑土磷盈亏及其有效磷的变化 [J]. 核农学报，28 (9)：1685-1692.

张淑香，张文菊，沈仁芳，等，2015. 我国典型农田长期施肥土壤肥力变化与研究展望 [J]. 植物营养与肥料学报，21 (6)：1389-1393.

朱晓晖，曾艳，黄金生，等，2017. 不同施磷量下植蔗红壤磷素效应与流失风险评估 [J]. 土壤肥料，18 (12)：2372-2377.

Havlin J, Beaton J D, Tisdale S L, et al., 2005. Soil fertility and fertilizers: An introduction to nutrient management [J]. Upper Saddle River: Prentice Hall.

Higgs B, Johnston A E, Salter J L, et al., 2000. Some aspects of achieving sustainable Phosphorus Use in Agriculture, Published January: 80-87.

Kalimuthu S，Thomas N，Alain M，et al.，2012. Conceptual design and quantification of phosphorus flows and balances at the country scale：The case of France [J]. Global Biogeochemical Cycles. 26 (2)：2 - 14.

Karen R R，2017. Structural equation model of total phosphorus loads in the Red River of the North Basin [J]. Environmental Quality，17：1072 - 1080.

Qin G，Wu J，Zheng X，et al.，2019. Phosphorus forms and associated properties along an urban-rural gradient in Southern China [J]. Water (11)：2504.

Yan X，Wang D，Zhang H，et al.，2013. Organic amendments affect phosphorus sorption characteristics in a paddy soil [J]. Agriculture，Ecosystems and Environment 175：47 - 53.

Zeng S C，Chen B G，Jing C A，et al.，2007. Impact of fertilization on chestnut growth，N and P concentrations in run-off water on degraded slope land in South China [J]. Journal of Environmental Sciences，19：827 - 833.

第十章 红壤钾与钾肥高效施用技术 >>>

钾是作物三大必需营养元素之一，其在作物体内的含量较高，仅次于氮。钾在作物中可促进光合作用、促进光合作用产物的运输、促进蛋白质的合成并增强作物抗逆性等（陆景陵，2007）。在农业生产中，钾对提高作物产量和改善作物品质起到很大作用。据统计，1990年全国农业钾肥施用量为147.9万t，2000年为376.5万t，较1990年增长155%；2010年为586.4万t，较2000年增长56%（马建堂，2011）。然而，农田中钾肥施用量大、利用率低，闫湘（2008）对2002—2005年全国20个省份、50个养分监测村开展的165个田间试验统计得出，我国小麦、水稻和玉米的钾肥当季利用率为4.5%~82.8%，平均值为27.3%。因此，长期施用钾肥对土壤中钾的转化将产生何种影响还不明确。

钾在土壤中的存在形态主要有存在于有机物中的钾与无机形态的钾。钾没有有机形态，有机物中的钾以钾离子的形态存在，易释放到土壤环境中被作物吸收利用，增施有机肥可以迅速增加土壤交换性钾的含量。土壤无机形态的钾可分为水溶性钾、交换性钾、非交换性钾及矿物钾（金继运，1993）。水溶性钾是存在于土壤溶液中的钾，可以被作物根系直接吸收利用，其含量一般为0.2~10.0 mmol/L，仅能满足旺盛生长作物1~2 d对钾的需求（梁成华，2002）。交换性钾包括：①土壤胶体表面吸附的钾离子；②云母类等含钾矿物经风化，使得矿物边缘楔形区域可以被氢离子和铵根离子交换，但不能被钙、镁等水化半径大的离子所交换的钾，通常用1 mol/L中性NH_4OAC溶液提取法测定，土壤中交换性钾的含量占全钾含量的0.1%~2.0%。水溶性钾与交换性钾可被作物直接利用。非交换性钾可用1 mol/L热硝酸浸提的非交换性钾表示（封克，1992），非交换性钾占土壤全钾含量的1%~10%。矿物钾（或结构钾）指土壤中原生矿物和次生矿物晶格中或深受晶格束缚的钾，如长石、白云母以及最难风化的钾微斜长石等硅酸盐矿物结构中的钾，占土壤全钾含量的90%~98%，一般不易溶解，也不易被土壤溶液中的阳离子代换，因而不易被作物吸收利用，但在一定条件下可以对作物吸钾作出贡献（封克，1992；Zhang et al.，2009）。

在本章中，以典型红壤区江西省进贤县和湖南省祁阳县的2个长期施肥试验和农业农村部设置在红壤区的耕地监测试验为基础，系统分析红壤区钾的时空演变规律，并结合进贤县和祁阳县长期试验中的作物钾吸收和表观平衡研究，评估红壤区不同的钾肥施用效果，为高效施用钾肥提供技术参考。

第一节　红壤全钾与含钾矿物

我国土壤全钾含量为0.05%~2.50%（鲁如坤，1989）。受成土母质的影响，其中红壤的全钾含量普遍低于潮土和黑土等土壤类型（张会民等，2007）。在本节中，结合典型点位的长期试验和红壤区的耕地监测数据，系统总结了红壤区的全钾含量和演变规律，并根据含钾矿物的演变趋势深入分析了长期施肥的影响，以期明确红壤区的全钾含量范围，为实现红壤钾的可持续利用提供参考。

一、红壤全钾

长期施肥后，由于作物吸收和水土流失的影响，进贤各施肥处理红壤全钾含量均降低（表10-1），各施肥处理较初始值降低 4.59~4.85 g/kg。连续施肥 22 年的祁阳各施肥处理红壤全钾含量出现波动，除了 NPKM 处理略有提升之外，CK、NP、NPK、NPKS 和 M 处理土壤的全钾含量均降低了 0.85~1.88 g/kg。

表 10 - 1　红壤全钾含量变化（g/kg）（岳龙凯，2014）

处理	进贤		祁阳	
	1986 年	2002 年	1990 年	2012 年
CK	15.80	11.21a	13.70	12.23b
NP	15.80	11.21a	13.70	12.85b
NPK	15.80	11.07a	13.70	11.82b
NPKM	15.80	11.09a	13.70	14.10a
NPKS	—	—	13.70	12.54b
M	15.80	10.95a	13.70	12.85b

注：不同的小写字母表示在 5%水平上差异显著。下同。

红壤全钾含量与施肥年限间的差异均未达到显著水平（表 10 - 2）。进贤各施肥处理全钾含量每年的降低速率为 0.062 1~0.085 0 g/kg。祁阳 CK、NPKM、M 处理全钾含量呈上升趋势，每年的增加速率为 0.015 4~0.061 3 g/kg，NP、NPK、NPKS 处理呈下降趋势，每年的降低速率为 0.017 6~0.089 7 g/kg。

表 10 - 2　红壤全钾含量与试验年限的线性拟合（岳龙凯，2014）

地点	处理	拟合方程	R^2	P
进贤	CK	$y=-0.070\,5x+13.183$	0.168	0.239
	NP	$y=-0.073\,6x+13.102$	0.185	0.215
	NPK	$y=-0.709x+13.034$	0.203	0.191
	NPKM	$y=-0.062\,1x+12.874$	0.116	0.336
	M	$y=-0.080\,5x+12.941$	0.224	0.167
祁阳	CK	$y=0.015\,4x+14.151$	0.009	0.824
	NP	$y=-0.073\,4x+14.464$	0.244	0.214
	NPK	$y=-0.017\,6x+14.655$	0.003	0.884
	NPKM	$y=0.042\,9x+13.897$	0.047	0.577
	NPKS	$y=-0.089\,7x+14.955$	0.128	0.345
	M	$y=0.061\,3x+12.621$	0.100	0.446

二、红壤含钾矿物

土壤含钾矿物中的钾通过化学键与矿物结合，矿物形态钾不会被作物直接利用，但是在外界环境长时间的作用下含钾矿物中的钾会逐渐释放。土壤含钾矿物的释放表现为 2∶1 型含钾水云母失去层间钾，向 1.4 nm 水云母-蛭石过渡矿物转化，1.4 nm 过渡矿物继续失去层间钾矿物向高岭石转化。朱永官等（1993）和刘淑霞等（2002）采用 X 射线衍射方法将土壤中的含钾矿物定量化，方便土壤含钾矿物含量的比较。在长期施肥条件下，土壤中矿物钾的释放情况存在差异。土壤中的含钾矿物长期不断地向土壤环境中释放钾，会引起土壤中含钾矿物含量发生变化。张会民（2007）对 3 种典型农田土壤的含钾矿物进行研究，紫色土长期不施钾（NP）处理与施钾（NPK）处理间含钾矿物组成出现差异，通过 X 射线衍射图谱分析，NP 处理在 1.0 nm 处水云母峰强度减弱，在 1.7 nm 处的蒙脱石和云母-蒙脱石混层层间矿物峰增强。范钦桢等（2005）研究发现，以高岭石为主的黏土矿物在 15 年不施钾肥后水云母和水化黑云母峰消失，蛭石含量增加。陈铭等（1997）的研究表明，在湖南不同耕作条件下，土壤中的硅石和水云母含量增加，而 1.4 nm 过渡矿物含量降低。这说明，在耕作施肥条件下，土壤中的含钾矿物可以发生风化的逆过程。

长期不同施肥方式引起土壤黏土矿物组成发生变化。两试验点土壤黏土矿物含量以高岭石和水云母为主，1.4 nm 过渡矿物含量最低（表 10 - 3）。进贤 2010 年各处理高岭石、水云母和 1.4 nm 过渡矿物含量分别为 137.8～146.2 mg/kg、167.1～198.0 mg/kg 和 61.1～80.0 mg/kg，与 1992 年相比较，CK 高岭石含量增加 42.2 mg/kg，水云母含量降低 61.0 mg/kg，1.4 nm 过渡矿物减少 28.5 mg/kg；2010 年 NP 处理高岭石含量较 1992 年增加 4.0 mg/kg，水云母含量降低 0.8 mg/kg，1.4 nm 过渡矿物增加 16.8 mg/kg；NPK 处理高岭石含量增加 4.8 mg/kg，水云母含量降低 24.5 mg/kg，1.4 nm 过渡矿物含量增加 2.0 mg/kg。

表 10 - 3　土壤黏土矿物含量变化（mg/kg）（岳龙凯，2014）

地点	处理	高岭石		水云母		1.4 nm 过渡矿物	
		1992 年	2010 年	1992 年	2010 年	1992 年	2010 年
进贤	CK	104.0	146.2	228.1	167.1	89.6	61.1
	NP	133.8	137.8	198.8	198.0	59.9	76.7
	NPK	139.4	144.2	198.8	174.3	70.3	72.3
	NPKM	—	144.2	—	198.0	—	80.0
	处理	1990 年	2011 年	1990 年	2011 年	1990 年	2011 年
祁阳	CK	207.5	205.2	177.8	194.4	40.0	26.7
	NP	207.5	216.0	177.8	154.9	40.0	41.0
	NPK	207.5	219.1	177.8	208.4	40.0	27.4
	NPKM	207.5	165.2	177.8	207.5	40.0	21.8

祁阳 2011 年各处理高岭石、水云母和 1.4 nm 过渡矿物含量分别为 165.2～219.1 mg/kg、154.9～208.4 g/kg 和 21.8～41.0 g/kg。与 1990 年相比，CK 高岭石含量降低 2.3 mg/kg，水云母含量升高 16.6 mg/kg，1.4 nm 过渡矿物降低 13.3 mg/kg；NP 处理高岭石含量增加 8.5 mg/kg，水云母含量降低 22.9 mg/kg，1.4 nm 矿物含量增加 1.0 mg/kg；NPK 处理高岭石含量增加 11.6 mg/kg，水云母含量增加 30.6 mg/kg，1.4 nm 过渡矿物含量降低 12.6 mg/kg；NPKM 处理高岭石含量降低 42.3 mg/kg，水云母含量增加 29.7 mg/kg，1.4 nm 过渡矿物含量减少 18.2 mg/kg。

进贤土壤黏土矿物，水云母含量＞高岭石含量＞1.4 nm 过渡矿物含量，而祁阳则是高岭石含量＞水云母含量＞1.4 nm 过渡矿物含量。进贤各施肥处理 2010 年黏土矿物水云母含量较 1992 年均降低，而高岭石含量均升高，NP、NPK 处理 1.4 nm 过渡矿物含量较 1992 年升高，CK 较 1992 年降低。2011 年祁阳 NP 处理水云母含量较初始值降低，而施用钾肥的 NPK、NPKM 处理水云母含量升高。由以上结果可以看出，以含钾量高的水云母为主要矿物的进贤试验点，长期施肥无论钾肥投入量多少其水云母含量均较初始值降低；而以高岭石为主要矿物的祁阳，仅不施钾肥的 NP 处理土壤中水云母含量降低，施用钾肥的 NPK 处理、NPKM 处理均可减缓或阻止含钾矿物风化，甚至可使土壤黏土矿物发生逆矿化过程，使土壤水云母含量增加。

第二节　红壤交换性钾与非交换性钾

土壤交换性钾（约占全钾的 1%～2%）是指云母等含钾矿物在经过风化以后，矿物层间边缘楔形区域产生被 H^+ 和 NH_4^+ 交换，但不能被水化半径大的 Ca^{2+}、Mg^{2+} 等离子所交换和被有机质或黏粒胶体表面负电荷固持的钾形态，通常采用 1 mol/L 的中性 NH_4OAC 溶液浸提交换法测定，是作物吸钾的主要和直接来源。同时，这类钾是衡量土壤供钾能力的容量指标（Doll et al.，1973）。金继运等（1993）进一步研究了土壤交换性钾的有效性，将其细分为能被 Ca^{2+}、Mg^{2+} 等离子交换的非特殊吸附钾和能被 H^+ 或 NH_4^+ 交换，但不能被水化半径大的 Ca^{2+}、Mg^{2+} 等离子交换的特殊吸附态钾。水溶性钾（约占全钾的 0.05%～0.15%）是指以离子形态存在于土壤溶液中的钾，能被作物直接快速地吸收，所以经常被作为土壤供钾能力强弱的指标（Beckett et al.，1968）。在提取水溶性钾时，要用原位测定或者较高的土水比，这样更能够反映自然状态下土壤溶液中的真实含量（周建民等，2008）。交换性钾和土壤溶液里的钾时刻都处于一种动态平衡，两者含量的高低取决于矿物类型，两者之和构成交换性钾。非交换性钾主要是指靠库伦引力吸附在土壤黏土矿物层间或边缘上的交换吸附位点，短时间内不容易被交换或移走的那部分钾形态。当土壤溶液中的钾通过作物大量吸收或淋失的方式被迁移出土壤后，非交换性钾就主动释放并被作物吸收，约占全钾的 2%～8%。非交换性钾是牧草和禾谷类作物或耗竭种植下作物吸收钾的主要来源（鲍士旦等，1982，1984，1988）。非交换性钾是溶液中的钾和交换性钾的储备库，其有效性的高低与土壤钾状况、作物的种植制度和土壤管理措施密切相关（王家玉等，1991）。

一、土壤交换性钾的空间差异

将农业农村部布置在红壤区的耕地质量监测点位按照省级行政区进行划分，结果显示，各省份红壤的土壤交换性钾存在一定差异（图 10-1）。其中，贵州和湖南较高（大于 120 mg/kg），其次为湖北、江苏浙江和江西（100～120 mg/kg），而安徽、福建和广东广西较低（小于 100 mg/kg）。

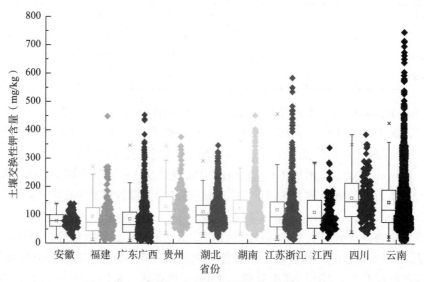

图 10-1　红壤区不同省份土壤交换性钾含量变化

进一步分析发现（表 10-4），各区域红壤的交换性钾变异程度不一。广东广西的变异系数最高（81.69%），而安徽的变异系数最低（35.70%）。同时，红壤区交换性钾含量的最小值出现在广东广西（5 mg/kg），最大值出现在江苏浙江（584 mg/kg）。原因主要与成土母质和钾肥投入量差异有关。

表 10-4　红壤区不同省份土壤交换性钾含量

省份	样本数（个）	平均值（mg/kg）	标准差（mg/kg）	变异系数（mg/kg）	最小值（mg/kg）	最大值（mg/kg）
安徽	98	79.23	28.29	35.70	19.00	140.00
福建	150	94.77	70.82	74.73	9.00	448.00
广东广西	700	85.59	69.92	81.69	5.00	452.00

（续）

省份	样本数（个）	平均值（mg/kg）	标准差（mg/kg）	变异系数（mg/kg）	最小值（mg/kg）	最大值（mg/kg）
贵州	157	129.72	70.6	54.43	30.00	375.00
湖北	911	111.28	53.21	47.82	22.00	346.00
湖南	775	123.68	67.1	54.25	30.00	451.30
江苏浙江	648	118.74	86.45	72.81	12.00	584.00
江西	107	109.78	63.53	57.88	19.00	338.00

注：广东的点位较少，所以将广东、广西的点位合并；江苏的点位也偏少，对江苏和浙江的点位也进行了合并。

二、土壤交换性钾的时间变化

进贤及祁阳 2012 年土壤的交换性钾含量如表 10-5 所示。经过 20 年以上不同施肥处理，与 1986 年的初始值相比，进贤不施钾肥处理土壤交换性钾的含量升高，施用钾肥处理土壤交换性钾的含量较初始值升高，进贤 NPK、NPKM 和 M 处理交换性钾含量的增加幅度分别为 185.7%、387.6% 和 187.0%。祁阳不施钾肥处理土壤交换性钾的含量低于 1990 年的基础值，祁阳施用钾肥的处理（NPK、NPKM、NPKS 和 M）交换性钾的含量较 1990 年初始值增加的幅度分别为 64.8%、204.1%、90.8% 和 124.8%。两试验点 NPKM 处理交换性钾的含量高于 NPK 处理，祁阳施用有机肥后土壤交换性钾的含量的顺序为 NPKM>M>NPKS。

表 10-5　土壤交换性钾含量变化（mg/kg）（岳龙凯，2014）

处理	进贤		祁阳	
	1986 年	2012 年	1990 年	2012 年
CK	70.25	104.13c	104	55.58d
NP	70.25	98.06c	104	50.08d
NPK	70.25	200.72b	104	171.41c
NPKM	70.25	342.51a	104	316.24a
NPKS	—	—	104	198.47c
M	70.25	201.64b	104	233.78b

对进贤和祁阳的历史数据进行线性拟合，得出不同施肥处理土壤交换性钾含量与年份的线性关系（表 10-6）。除进贤 CK、NP 处理土壤交换性钾含量与施肥年限相关性不显著外，其余处理均呈极显著线性相关（$P<0.01$）。祁阳 CK、NP 和 NPK 处理交换性钾含量与施肥年限呈极显著线性关系，化学钾肥与有机肥配施处理仅 NPKM 处理土壤交换性钾含量与施肥年限存在极显著线性相关关系，NPKS 和 M 处理无显著线性相关关系。

表 10-6　土壤交换性钾含量与试验年限的线性拟合

地点	处理	拟合方程	R^2	P
进贤	CK	$y=-0.353\,9x+80.221$	0.043	0.352
	NP	$y=-0.115\,8x+64.141$	0.025	0.346
	NPK	$y=3.587\,5x+86.535$	0.507	0.009
	NPKM	$y=8.608\,9x+82.735$	0.669	0.001
	M	$y=5.104\,7x+64.635$	0.624	0.002

（续）

地点	处理	拟合方程	R^2	P
祁阳	CK	$y=-2.3855x+96.693$	0.387	0.002
	NP	$y=-3.0286x+105.270$	0.457	0.001
	NPK	$y=3.4204x+105.370$	0.339	0.004
	NPKM	$y=8.893x+146.780$	0.329	0.005
	NPKS	$y=2.005x+136.350$	0.111	0.130
	M	$y=6.469x+136.530$	0.334	0.087

通过计算可知，在不施钾肥条件下，进贤土壤交换性钾含量保持稳定或略有降低而祁阳土壤交换性钾含量则降低，每年的降低速率分别为 0.12～0.38 mg/kg 和 2.39～3.03 mg/kg；进贤和祁阳施用钾肥处理土壤交换性钾含量增加，每年的增加速率分别为 3.59～8.61 mg/kg 和 2.01～8.89 mg/kg。进贤施用钾肥处理土壤交换性钾含量变化速率的顺序为 NPKM＞M＞NPK，施用钾肥土壤交换性钾含量的年增加速率均达到极显著水平（$P<0.01$）。祁阳不施钾肥 CK 和 NP 处理土壤交换性钾含量与施肥年限极显著线性相关（$P<0.01$），在 CK 和 NP 处理下，土壤交换性钾年降低速率较进贤增加。在祁阳施用钾肥处理下，土壤交换性钾含量增加速率的顺序为 NPKM＞M＞NPK＞NPKS。由此可见，对于进贤和祁阳两试验点而言，NPKM 处理土壤交换性钾含量随施肥年限的延长而增加的速率最快，单施有机肥处理土壤交换性钾含量的增加速率大于 NPK 处理。

三、土壤非交换性钾的空间差异

与交换性钾的结果相似，各省份红壤非交换性钾含量的平均值也存在明显分异（图 10-2）。其中，江西和江苏浙江较高（大于 450 mg/kg），其次为安徽、福建、贵州、湖北和湖南（200～400 mg/kg），而广东-广西较低（小于 150 mg/kg）。

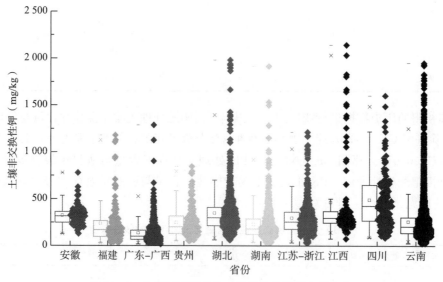

图 10-2　红壤区不同省份土壤非交换性钾含量变化

表 10-7 显示，各区域红壤的非交换性钾变异程度不一，江苏-浙江和福建的变异系数最高（大于 95%），而安徽的变异系数最低（32.29%）。同时，与交换性钾的结果一致，红壤区非交换性钾含量的最小值出现在广东-广西（16 mg/kg），最大值出现在江苏-浙江（2 141 mg/kg）。

表 10 - 7　红壤区不同省份土壤非交换性钾含量

省份	样本数（个）	平均值（mg/kg）	标准差（mg/kg）	变异系数（mg/kg）	最小值（mg/kg）	最大值（mg/kg）
安徽	98	322.58	104.17	32.29	127.00	777.94
福建	148	236.53	226.98	95.96	31.00	1 179.00
广东-广西	617	135.81	120.06	88.40	16.00	1 288.00
贵州	913	350.12	241.05	68.85	62.00	1 980.00
湖北	782	230.57	181.39	78.67	37.60	1 915.30
湖南	578	296.92	183.34	61.74	32.00	1 212.00
江苏-浙江	107	465.8	450.79	96.78	75.00	2 141.00
江西	121	491.07	308.11	62.74	87.00	1 604.00

四、土壤非交换性钾的时间变化

经过 20 年以上的长期施肥，两试验点土壤非交换性钾含量均下降。进贤不施钾肥处理土壤非交换性钾含量较试验初始值减少 34.13～56.14 mg/kg（表 10 - 8）。祁阳试验点表现出与进贤相同的变化趋势，22 年后，不施钾肥处理的土壤非交换性钾含量降低 140.24～175.29 mg/kg。进贤长期试验不施钾肥处理土壤非交换性钾含量降低量小于施用钾肥处理，而祁阳长期试验施用钾肥处理非交换性钾的减少量小于不施钾肥处理。祁阳 22 年后 NPKM 处理土壤非交换性钾含量降低，各施肥处理土壤非交换性钾的含量顺序为 NPKM＞M＞NP。

表 10 - 8　土壤非交换性钾含量变化（mg/kg）

处理	进贤		祁阳	
	1986 年	2012 年	1990 年	2012 年
CK	202.2	146.06a	267.84	127.60c
NP	202.2	168.07a	267.84	92.55d
NPK	202.2	161.31a	267.84	151.38b
NPKM	202.2	151.80a	267.84	233.32a
NPKS	—	—	267.84	160.76b
M	202.2	140.75a	267.84	188.35b

长期施肥后，进贤各施肥处理土壤非交换性钾含量均呈逐年降低趋势，但线性回归方程拟合未达到显著线性相关（表 10 - 9）。祁阳长期施肥 22 年后，不施钾肥处理与施用钾肥处理土壤非交换性钾含量均呈降低趋势，CK、NP 及 NPKS 处理土壤非交换性钾含量与施肥年限呈显著或极显著线性关系（表 10 - 9）。

从表 10 - 9 可以看出，进贤试验点各施肥处理土壤非交换性钾含量的降低速率均未达到显著线性相关。祁阳试验点各施肥处理土壤非交换性钾含量的降低速率顺序为 M＞NPKS＞NP＞NPK＞CK＞NPKM。祁阳不施钾肥处理土壤非交换性钾含量的年平均降低速率为 5.76～8.16 mg/kg，施用钾肥处理土壤非交换性钾含量的年平均降低速率为 4.22～9.19 mg/kg。进贤连续不施用钾肥处理和连续施用钾肥处理土壤非交换性钾含量的年平均降低速率基本一致，而祁阳施用钾肥处理土壤非交换性钾含量的年平均降低速率高于不施用钾肥处理。

表 10 - 9　土壤非交换性钾含量与试验年限的线性拟合

地点	处理	拟合方程	R^2	P
进贤	CK	$y=-10.370\,0x+293.75$	0.354	0.159
	NP	$y=-9.532\,5x+304.93$	0.336	0.257
	NPK	$y=-6.969\,0x+285.26$	0.167	0.362
	NPKM	$y=-9.467\,5x+299.77$	0.293	0.209
	M	$y=-9.246\,4x+284.02$	0.471	0.088
祁阳	CK	$y=-5.758\,1x+229.77$	0.579	0.004
	NP	$y=-8.162\,8x+253.19$	0.743	0.000 31
	NPK	$y=-7.240\,6x+308.58$	0.684	0.055
	NPKM	$y=-4.216\,1x+376.42$	0.195	0.212
	NPKS	$y=-8.859\,4x+372.16$	0.494	0.011
	M	$y=-9.185\,4x+467.88$	0.313	0.074

第三节　红壤钾在有机无机复合体中的分配

土壤腐殖质与土壤矿物质结合成的有机无机复合体是土壤比较活跃的组成部分，对土壤结构的形成、土壤水分和养分的保持与供应都有重要作用。因此，有机无机复合体是保持土壤肥力的重要物质基础，是土壤肥力研究中不可缺少的内容。长期施肥会引起土壤中有机无机复合体含量的变化，多数研究表明，施肥促进小粒级有机无机复合体向大粒级有机无机复合体转变。刘淑霞等（2008）在黑土上进行的试验结果表明，施用肥料增加粉粒级和沙粒级有机无机复合体的含量，降低黏粒级复合体的含量。在紫色水稻土上的研究表明，施化肥或有机无机肥配施对黏粒级复合体含量的影响不大，主要是降低细粉粒级有机无机复合体含量，增加粗粉粒级有机无机复合体含量（魏朝富等，1995）。旱地红壤<2 μm 黏粒级有机无机复合体最多，旱地红壤单施有机肥较不施肥和氮磷钾配施增加<2 μm 粒级有机无机复合体的含量，而氮磷钾有机肥配施较不施肥增加 2～20 μm 粒级有机无机复合体的含量，红壤性水稻土 2～20 μm 粒级有机无机复合体最多，与不施肥相比，氮磷钾有机肥配施增加 2～20 μm 粒级有机无机复合体含量（史吉平等，2003）。侯雪莹等（2008）进行的长期试验结果表明，0～20 cm 深度土壤<2 μm 黏粒级有机无机复合体含量的顺序为裸地＞耕作土壤氮磷有机肥配施＞草地＞耕作土壤氮磷配施＞耕作土壤不施肥。

一、红壤有机无机复合体

不同施肥处理显著影响进贤和祁阳红壤有机无机复合体含量（图 10 - 3），两试验点各粒级有机无机复合体含量的顺序均为（<2 μm）＞10～50 μm＞2～10 μm＞（>100 μm）＞50～100 μm，复合体总量的 88%～95% 分布在 0～50 μm 粒级范围。进贤红壤<2 μm 粒级有机无机复合体含量氮磷配施（NP）和氮磷钾配施（NPK）基本一致，较不施肥（CK）增加 13.0%，氮磷钾与有机肥配施（NPKM）较 CK 增加的幅度大，为 29.1%。与 CK 相比，进贤 NP、NPK、NPKM 处理 10～50 μm 粒级有机无机复合体含量逐渐降低，降低幅度分别为 5.6%、12.5% 和 18.6%。施肥对祁阳红壤有机无机复合体含量的影响表现为 NP 处理<2 μm 粒级有机无机复合体含量较 NPK 处理降低 8.2%，而 NPKM 处理与 NPK 处理基本相同。祁阳 NP、NPK、NPKM 处理 10～50 μm 粒级有机无机复合体含量基本相同，均较 CK 降低，降低幅度分别为 8.7%、12.3% 和 9.7%。进贤和祁阳两试验点由施肥引起的 2～10 μm 粒级有机无机复合体含量的变化均表现为 NPK、NPKM 处理较 NP 处理降低。祁阳 50～100 μm 粒级有机无机复合体含量 NP、NPK、NPKM 处理间无差异，均显著高于 CK，而>100

μm 粒级有机无机复合体含量显著低于 CK，进贤这两个粒级有机无机复合体含量在各处理间未表现出显著差异。

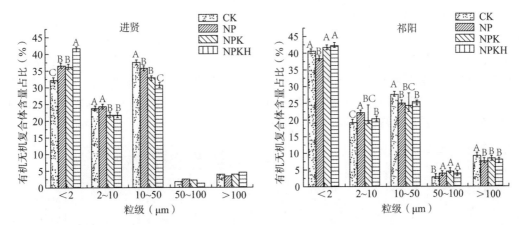

图 10-3 不同粒级有机无机复合体在土壤中的分布（岳龙凯等，2015）

注：柱上不同字母表示差异达 5% 显著水平，下同。

二、钾在不同粒级有机无机复合体中的分布

施肥改变土壤各粒级有机无机复合体的含量，进而影响各粒级有机无机复合体中钾的分布。土壤中的钾不以有机形态存在，但是腐殖质与矿物颗粒能吸附 K^+，次生黏土矿物的类型与含量影响非交换性钾的固定量（王波等，2004），红壤中次生黏土矿物只分布在 <10 μm 粒级复合体中（徐晓燕等，2005）。由于土壤矿物在复合体中的分布不同，从而使不同粒级复合体钾的含量产生差异。土壤中的含钾矿物及全钾主要集中在 1～50 μm 粒级有机无机复合体中，1～2 μm 粒级有机无机复合体钾最多（杨振明等，1999）。Brogowki 等（1977）的研究表明，土壤交换性钾总量的 90%～95% 集中在 <20 μm 粒级的土壤颗粒中。王岩（2000）研究了 7 个省份土壤的不同粒级土壤颗粒，结果显示，<2 μm 和 2～10 μm 粒级颗粒中交换性钾和非交换性钾的含量分别可达到土壤交换性钾和非交换性钾总量的 82% 和 70%。

（一）有机无机复合体中的全钾

在进贤和祁阳，不同粒级有机无机复合体的全钾浓度与交换性钾和非交换性钾浓度的变化规律类似，<2 μm 粒级有机无机复合体全钾浓度最高，0～50 μm 粒级有机无机复合体的全钾浓度随粒级的增加而降低（图 10-4）。进贤 50～100 μm 及 >100 μm 粒级有机无机复合体的全钾浓度高于 10～50 μm 粒级，而祁阳 50～100 μm、>100 μm 粒级有机无机复合体的全钾浓度与 10～50 μm 粒级基本一致。

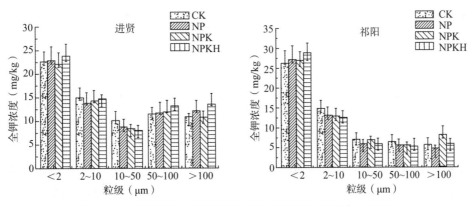

图 10-4 不同粒级有机无机复合体全钾浓度（岳龙凯，2015）

与交换性钾和非交换性钾的顺序相同，长期施肥显著影响进贤和祁阳不同粒级有机无机复合体全钾含量占各自处理全钾总量的比例（图 10-5）。与 NP 处理相比，进贤 NPK 处理各粒级有机无机复合体全钾比例未发生变化，NPKM 处理＜2 μm 粒级有机无机复合体全钾比例增加 5.9%，而 2～10 μm 及10～50 μm 有机无机复合体全钾比例分别降低 3.0% 和 3.5%，各施肥处理 0～50 μm 范围 3 个粒级复合体全钾比例的近似比为（49%～60%）：（20%～24%）：（15%～23%）。祁阳 CK、NP 处理0～50 μm 范围各粒级有机无机复合体全钾比例基本一致，NPK、NPKM 处理＜2 μm 粒级有机无机复合体全钾比例较 NP 处理略有增加，2～10 μm 粒级有机无机复合体全钾比例较 NP 处理降低，降低幅度为 3.1% 和 2.3%。祁阳各施肥处理 0～50 μm 范围 3 个粒级有机无机复合体全钾比例的近似比为（69%～71%）：（16%～19%）：（9%～11%）。

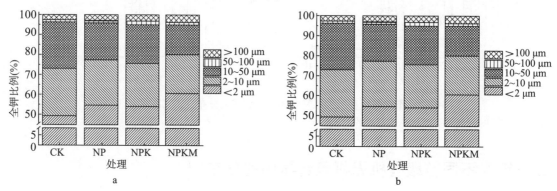

图 10-5　不同粒级有机无机复合体全钾比例（岳龙凯，2015）

a. 进贤　b. 祁阳

（二）有机无机复合体中的交换性钾

在进贤和祁阳，各粒级有机无机复合体中交换性钾的浓度均表现为＜2 μm 粒级最高，10～50 μm粒级最低，在 0～50 μm 粒级范围内交换性钾浓度随有机无机复合体粒级的增加而降低，50～100 μm粒级有机无机复合体交换性钾的浓度高于 10～50 μm 粒级（图 10-6）。与 CK 相比，进贤 NP 处理＜2 μm 粒级有机无机复合体交换性钾的浓度降低 16.6%，而 NPK、NPKM 处理分别较 NP 处理增加65.4% 和 214.1%。祁阳＜2 μm 粒级有机无机复合体交换性钾的浓度 CK 与 NP 处理相近，而 NPK、NPKM 处理较 NP 处理分别增加 88.2% 和 385.2%。两试验点＜2 μm 粒级有机无机复合体交换性钾浓度为 NPKM＞NPK＞NP，NPK 处理及 NPKM 处理除较 NP 处理增加了＜2 μm 粒级有机无机复合体交换性钾的浓度外，还增加了 50～100 μm 和＞100 μm 粒级有机无机复合体交换性钾的浓度。

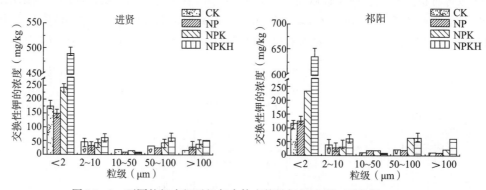

图 10-6　不同粒级有机无机复合体交换性钾的浓度（岳龙凯，2015）

进贤不同粒级有机无机复合体交换性钾含量占各自处理交换性钾总量的比例顺序为（＜2 μm）＞2～10 μm＞10～50 μm＞（＞100 μm）＞50～100 μm。祁阳 0～50 μm 粒级有机无机复合体交换性钾的比例顺序与进贤相同，在＞50 μm 粒级范围内，CK 与 NPKM 处理有机无机复合体交换性钾比例的顺序为（＞100 μm）＞50～100 μm，而 NP 处理与 NPK 处理为 50～100 μm＞（＞100 μm）（图 10-7）。对 0～50 μm 范围有机无机复合体交换性钾所占比例进行比较，进贤 NPK 处理和 NPKM 处理较 NP 处理＜2 μm 粒级分别增加 4.0％和 10.0％，2～10 μm 粒级分别降低 2.6％和 5.4％，10～50 μm 粒级分别降低 1.4％和 4.0％。祁阳 NPK 处理和 NPKM 处理与 NP 处理相比，＜2 μm 粒级分别增加 7.0％和 11.8％，而 2～10 μm 粒级分别降低 5.0％和 5.8％，10～50 μm 粒级分别降低 3.5％和 6.6％。进贤和祁阳两试验点 NP、NPK 与 NPKM 处理＜2 μm 粒级有机无机复合体交换性钾的比例较 CK 升高，而 2～10 μm 及 10～50 μm 粒级有机无机复合体交换性钾的比例依次降低。

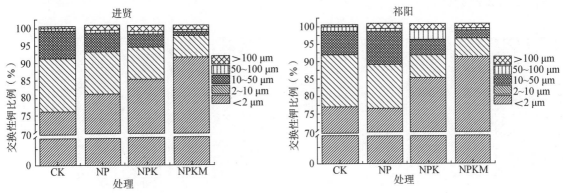

图 10-7　不同粒级有机无机复合体交换性钾比例（岳龙凯，2015）

（三）有机无机复合体中的非交换性钾

进贤和祁阳的非交换性钾浓度均以＜2 μm 粒级为最高（图 10-8）。进贤不同施肥处理非交换性钾浓度在各粒级出现波动，＜2 μm 粒级 NP 处理较 NPK 处理降低 13.8％，NPKM 处理则较 NPK 处理增加 90.5％，2～10 μm 及 10～50 μm 粒级 NPK 处理较 NP 处理升高，而 NPKM 处理与 NP 处理保持一致或略有降低，50～100 μm 粒级 NPKM＞NPK＞NP，而＞100 μm 粒级表现为 NPK 处理高于 NPKM 处理和 NP 处理。祁阳各粒级有机无机复合体非交换性钾浓度均表现为 NPK 处理和 NPKM 处理高于 NP 处理。

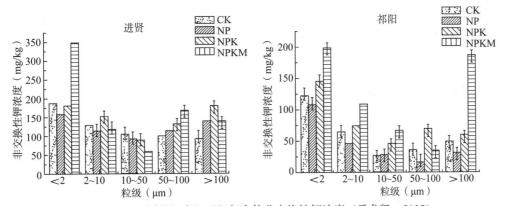

图 10-8　不同粒级有机无机复合体非交换性钾浓度（岳龙凯，2015）

按粒径从小到大的顺序，进贤 5 个粒级有机无机复合体的非交换性钾浓度依次为 163.0～360.0 mg/kg、118.0～158.5 mg/kg、62.0～112.5 mg/kg、105.0～173.0 mg/kg、97.5～188.0 mg/kg，祁阳为 108.5～200.0 mg/kg、45.0～110.5 mg/kg、28.5～66.0 mg/kg、16.5～70.0 mg/kg、30.0～188.0 mg/kg。进贤各粒级有机无机复合体的非交换性钾浓度除 NPKM 处理＞100 μm 粒级外，其余均高于祁阳对应处理。在 0～50 μm 粒级范围内，两个试验点各粒级有机无机复合体非交换性钾浓度随复合体粒级的增大而降低。

进贤及祁阳不同粒级有机无机复合体的非交换性钾含量占各自处理非交换性钾总量比例的排列顺序均为（＜2 μm）＞2～10 μm＞10～50 μm＞（＞100 μm）＞50～100 μm（图 10-9）。进贤 CK、

NP、NPK 处理间各粒级有机无机复合体的非交换性钾所占比例变化不大，其中<2 μm、2～10 μm 及 10～50 μm 粒级比例之比为（45％～48％）：（22％～24％）：（21％～28％），而 NPKM 处理较 NP 处理增加了<2 μm 粒级比例、降低了 10～50 μm 粒级比例，变化幅度分别为 25.0％和 12.5％，<50 μm 范围 3 个粒级比例之比为 73％：13％：9％。祁阳 NPK 处理与 NP 处理非交换性钾比例在 0～50 μm 范围内未发生变化，而 NPKM 处理与 NP 处理相比，<2 μm 粒级有机无机复合体非交换性钾比例降低 6.5％、>100 μm 粒级比例增加 7.4％。CK、NP 处理、NPK 处理 0～50 μm 范围内 3 个粒级有机无机复合体非交换性钾所占比例之比为（65％～67％）：（15％～16％）：（10％～11％），NPKM 处理为 60％：16％：12％。

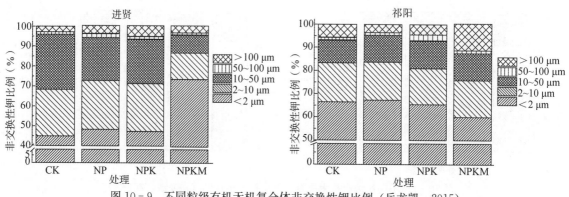

图 10 - 9　不同粒级有机无机复合体非交换性钾比例（岳龙凯，2015）

第四节　植物对钾的吸收与根际钾

钾在植物体内有较大的移动性，随着植物的生长，钾可不断地由老组织向新生部位转移。所以，钾比较集中地分布在代谢最活跃的器官和组织中，如生长点、芽、幼叶等部位，这与钾对植物体内的生理代谢起积极作用有关。土壤钾的植物有效性主要是指土壤中的钾能被吸收利用的程度。评价钾有效性的方法有多种，如生物方法、化学方法、物理化学方法等（鲍土旦等，1984）。其中，生物方法最可靠，因为植株从不同土壤中吸钾量的大小是衡量土壤钾有效性的一个尺度（周鸣铮，1979），但生物试验周期长，且易受季节变化等因素的影响。因此，目前较为广泛采用的仍是化学方法。

一、长期施肥对植株钾吸收的影响

在红壤上，不同年限下植物的钾吸收能力存在明显差异（表 10 - 10）。与 1993—1995 年相比，祁阳不施钾肥、化学钾肥和秸秆还田处理在 2010—2012 年的吸钾量均明显降低，而配施有机肥处理的吸钾量则明显提升；进贤也表现出配施有机肥处理在 2010—2012 年的吸钾量明显高于 1993—1995 年，但化学钾肥处理在 2010—2012 年的吸钾量则与 1993—1995 年差异不大。同时，长期施肥导致植物吸钾量有一定变化。与不施钾肥处理相比，施钾均显著提高了植物的吸钾量。

表 10 - 10　长期施肥条件下植物吸钾量的变化（两季作物，kg/hm²）

点位	处理	1993—1995 年	2010—2012 年
祁阳	CK	32.44±7.86c	14.96±2.59c
	NP	78.84±14.80c	13.84±8.40c
	NPK	164.04±29.11b	66.37±10.89b
	NPKM	198.56±6.12a	197.31±38.15a
	NPKS	211.67±48.89a	81.25±21.54b
	M	151.66±20.21b	169.93±88.92a

（续）

点位	处理	1993—1995 年	2010—2012 年
进贤	CK	18.15±7.37c	12.41±3.80c
	NP	18.51±6.73c	16.01±4.39c
	NPK	53.45±9.79ab	47.49±10.23b
	NPK2	63.51±10.59a	60.44±15.26b
	NPKM	47.97±10.18b	90.05±30.30a
	M	26.60±13.46c	101.60±36.37a

二、长期施肥对钾肥偏生产力的影响

在红壤上，与1993—1995 年相比，2010—2012 年祁阳 NPK 处理和 NPKM 处理的钾肥偏生产力明显降低（表10-11），进贤 NPK 处理明显降低，而 NPKM 处理则明显提升。后者可能与进贤长期玉米连作条件下配施有机肥有关；但在祁阳，由于小麦玉米轮作模式不适宜在南方推广，再加上春季雨水较多，从而导致该模式的小麦产量偏低，进而影响了吸钾作物的能力。同时，在所有处理中，祁阳和进贤均为配施有机肥可以显著提升钾肥偏生产力。

表 10-11　长期施肥条件下的钾肥偏生产力（kg/kg）

点位	处理	1993—1995 年	2010—2012 年
祁阳	NPK	17.64±3.82b	12.11±3.75b
	NPKM	50.07±10.18a	21.12±5.94b
	1.5NPKM	51.59±6.76a	57.04±11.21a
	NPKS	54.11±6.80a	49.47±12.42a
进贤	NK	41.18±15.91c	34.52±5.61b
	NPK	74.51±13.97b	46.84±6.69b
	NPK2	48.70±7.63c	36.02±4.59b
	NPKM	87.16±17.37a	136.76±32.14a

三、石灰对红壤钾吸收的影响

与不施石灰相比，施石灰后玉米和小麦的地上部、地下部和总干物质重显著提高（表10-12、图10-10）。不施钾肥情况下（NP），相比于不施石灰，玉米地上部和地下部干物质在施石灰后的提高幅度分别为 105.7%～154.7% 和 70.8%～134.6%，小麦的提高幅度分别为 38.9%～53.3% 和 39.3%～57.1%，但是随着石灰用量的增加干物质量无显著增加。在施钾肥基础上增施石灰（NPK 和 NPKS）均可显著提高玉米和小麦地上部、地下部干物质量，施石灰玉米地上部和地下部干物质量分别比不施石灰提高了 100.0%～230.0% 和 149.2%～285.4%，小麦的提高幅度分别为 60.7%～111.1% 和 18.6%～2.7%。在玉米季石灰用量达到 1.41 g/kg 时，地上部、地下部干物质量随着石灰用量的增加差异不显著；在小麦季，随着石灰用量的增加，NPK 处理地上部和地下部干物质量均未显著增加，但显著高于不施石灰处理；NPKS 处理石灰用量的响应阈值为 1.13 g/kg。在同一石灰梯度下，当石灰用量≥1.13 g/kg 时，相比于 NP 处理，增施化学钾肥（NPK）处理玉米、小麦干物质量显著提高，在施钾肥的基础上增施秸秆（NPKS）对玉米、小麦干物质量的增加不显著。与不施石灰相比，施石灰显著提高各处理玉米、小麦总干物质量，NP、NPK、NPKS 处理的平均增幅分别为玉米季 120.4%、175.3%、260.5% 和小麦季 49.1%、79.8%、49.1%，其中 NP 处理随石灰用量的增加总干物质量无显著变化。当石灰用量在 0～1.41 g/kg 时，NPK 和 NPKS 处理玉米、小麦总干物质量随石灰用量的增加而升高；当石灰用量≥1.41 g/kg 时，NPK 和 NPKS 处理的总干物质量随石灰用量的增加均无显著变化，但是在玉米季有微弱的增加趋势。同一石灰用量下 NPKS 处理玉米、小麦总干物质量均高于 NPK 处理。

表 10-12　不同石灰用量下玉米、小麦地上部和地下部干物质量的变化（韩天富，2017）

作物	石灰量（g/kg）	地上部干物质量（g/盆）			地下部干物质量（g/盆）		
		NP	NPK	NPKS	NP	NPK	NPKS
玉米	0.00	3.16bA	3.73dA	3.15eA	1.30cA	1.14eA	1.12cA
	0.57	7.42aA	7.46cA	7.85dA	2.91aA	2.63dA	3.05bA
	0.85	7.62aA	8.57cA	9.01bcA	3.05aA	3.53cA	3.44abA
	1.13	6.50aB	8.84cA	9.79cdA	2.44abB	3.68bcA	3.66abA
	1.41	7.03aB	10.91abA	11.35abA	2.50abB	4.19abA	4.40aA
	1.70	7.02aB	11.15abA	11.87aA	2.22bB	4.11abA	4.26aA
	2.26	8.05aB	12.31aA	12.14aA	2.23bB	4.41aA	4.11abA
小麦	0.00	0.90bA	1.17dA	1.49cA	0.28bB	0.50bA	0.59cA
	0.57	1.25abB	1.88cA	2.19abA	0.42aB	0.79aA	0.70bcA
	0.85	1.34aB	1.91cA	2.05bA	0.43aA	0.71aA	0.73bcA
	1.13	1.35aB	2.03bcAB	2.47abA	0.43aB	0.78aA	0.87abA
	1.41	1.44aB	2.47aAB	2.12abA	0.39abB	0.82aA	0.84abA
	1.70	1.32abB	2.41abA	2.29abA	0.39abB	0.83aA	0.88abA
	2.26	1.38aB	2.39abA	2.51aA	0.44aB	0.79aA	0.96aA

注：不同小写字母表示在 5% 水平上差异显著，不同大写字母表示在 1% 水平上差异显著。

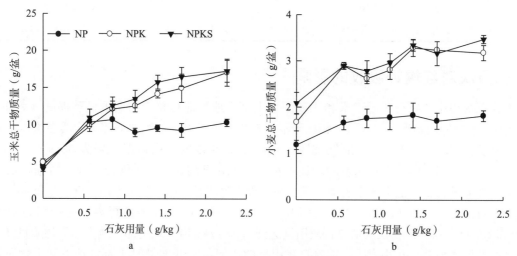

图 10-10　不同石灰用量下玉米、小麦总干物质量（韩天富，2017）

　　不同施肥处理下增施石灰对玉米、小麦钾含量有不同程度的影响。通过表 10-13 可知，增施石灰以后，NPKS 处理玉米、小麦地上部和地下部的钾含量均降低。在同一石灰用量梯度下，不同施肥处理地上部含钾量均显著高于地下部。不同施肥处理下的顺序：玉米、小麦地上部和地下部均为 NPKS＞NPK＞NP。

表 10-13 不同石灰用量下玉米、小麦地上部和地下部钾含量（周玲红等，2020）

作物	处理	部位	钾含量（%）						
			0.00 (g/kg)	0.57 (g/kg)	0.85 (g/kg)	1.13 (g/kg)	1.41 (g/kg)	1.7 (g/kg)	2.26 (g/kg)
玉米	NP	地上部	0.80a	0.47b	0.47b	0.46b	0.48b	0.48b	0.49b
		地下部	0.47a	0.40bc	0.37c	0.38bc	0.43abc	0.38bc	0.44ab
	NPK	地上部	3.27a	2.54b	2.70b	2.35b	2.37b	2.28b	2.19b
		地下部	1.07ab	1.25a	1.14ab	1.15ab	1.05b	1.06b	0.97b
	NPKS	地上部	3.53a	2.87b	2.93b	2.64bc	2.41bc	2.32bc	2.25c
		地下部	1.38a	1.36a	1.33a	1.30a	1.26a	1.20a	1.16a
小麦	NP	地上部	1.77a	1.24b	1.07b	1.19b	1.13b	1.09b	1.21b
		地下部	0.52b	0.61ab	0.67a	0.63ab	0.54ab	0.52b	0.54ab
	NPK	地上部	4.00a	3.35b	3.23b	3.39b	3.36b	3.48b	3.35b
		地下部	0.97a	0.82a	0.87a	0.93a	0.99a	0.93a	0.87a
	NPKS	地上部	4.51a	3.63b	3.37b	3.46bc	3.36bc	3.48bc	3.51c
		地下部	1.10a	0.89a	0.90a	0.89a	0.91a	1.01a	1.02a

由表 10-14 可知，增施石灰后 NP、NPK 和 NPKS 处理玉米、小麦的总体钾含量均降低，玉米和小麦的平均降幅分别为 27.8%、25.9%、30.8% 和 34.4%、12.2%、21.0%；随着石灰用量的增加，NP、NPK、NPKS 处理玉米、小麦的总体钾含量差异不显著，但均呈下降趋势。在不施石灰的情况下，玉米和小麦总体钾含量均表现为 NPKS>NPK>NP。同一石灰用量、不同施肥处理下玉米、小麦总体钾含量的顺序为 NPKS>NPK>NP。

表 10-14 不同石灰用量下玉米、小麦总体钾含量（周玲红等，2020）

作物	处理	钾含量（%）						
		0.00 (g/kg)	0.57 (g/kg)	0.85 (g/kg)	1.13 (g/kg)	1.41 (g/kg)	1.70 (g/kg)	2.26 (g/kg)
玉米	NP	0.63a	0.45b	0.44b	0.44b	0.46b	0.46b	0.48b
	NPK	2.75a	2.20b	2.24b	2.00b	1.98b	1.94b	1.86b
	NPKS	3.21a	2.45b	2.51b	2.26b	2.09b	2.03b	1.98b
小麦	NP	1.47a	1.08ab	0.97b	1.05ab	1.00b	0.65b	1.04ab
	NPK	3.09a	2.66b	2.59b	2.71ab	2.76ab	2.83ab	2.73ab
	NPKS	3.54a	2.97b	2.72b	2.79b	2.67b	2.80b	2.83b

在玉米季，与不施石灰相比，施用石灰后玉米地上部、地下部的吸钾量提高（表 10-15）。在不施钾肥（NP）情况下，相比于不施石灰，添加石灰后玉米地上部和地下部吸钾量提高幅度分别为 20.0%~56.0% 和 60.0%~140.0%；增施钾肥（NPK 和 NPKS）条件下，玉米地上部和地下部吸钾量在添加石灰后比不施石灰处理分别提高了 56.6%~159.5% 和 173.3%~266.7%，当石灰用量达到 1.41 g/kg 时，地上部、地下部吸钾量随着石灰用量的增加变化不显著；在相同石灰施用量下，与不施钾肥处理（NP）相比，施钾肥处理（NPK、NPKS）玉米地上部、地下部吸钾量显著提高。在小麦季，结果略有不同，对于 NP 处理，增施石灰小麦的吸钾量无显著提高，石灰用量为 0~1.41 g/kg 时小麦地上部吸钾量出现降低，平均降低幅度为 3.1%，在 2.26 g/kg 时可提高 7.7%；对于 NPK 处理，增施石灰可提高小麦地上部、地下部吸钾量，分别比不施石灰处理提高了 31.9%~78.7% 和 20.0%~60.0%，当石灰用量达到 1.41 g/kg 后，小麦地上部、地下部吸钾量随着石灰用量的增加变

化不显著；对于 NPKS 处理，施石灰对地上部吸钾量无显著影响，但略有增加，平均增幅为 15.7%，当石灰用量达到 1.13 g/kg 时增施石灰对小麦地下部吸钾量变化影响不显著；在同一石灰梯度下，相比于 NP 处理，增施钾肥（NPK 和 NPKS）小麦吸钾量显著提高，但 NPK 与 NPKS 处理间无显著差异。

表 10-15　不同石灰用量下玉米、小麦的吸钾量（韩天富，2017）

作物	石灰量 (g/kg)	地上部吸钾量（g/盆）			地下部吸钾量（g/盆）		
		NP	NPK	NPKS	NP	NPK	NPKS
玉米	0.00	0.025bB	0.122dA	0.111cA	0.005cB	0.012cA	0.015cA
	0.57	0.035abB	0.191cA	0.223bA	0.012aC	0.033bB	0.041bA
	0.85	0.036abC	0.228abcB	0.288aA	0.011abB	0.039abA	0.047abA
	1.13	0.030abB	0.209bcA	0.235bA	0.009abB	0.042aA	0.046abA
	1.41	0.033abC	0.234abcB	0.272aA	0.011abB	0.044aA	0.056aA
	1.70	0.034abB	0.253abA	0.274aA	0.008bC	0.044aB	0.051abA
	2.26	0.039aB	0.267aA	0.272aA	0.010abB	0.043aA	0.048abA
小麦	0.00	0.013aB	0.047cA	0.068aA	0.001bC	0.005dB	0.006bA
	0.57	0.013aC	0.071abB	0.080aA	0.002abB	0.006bcA	0.006bA
	0.85	0.012aC	0.062bcB	0.069aA	0.003aB	0.006cdA	0.007bA
	1.13	0.013aB	0.069abA	0.085aA	0.002aB	0.007abcA	0.008abA
	1.41	0.012aB	0.083aA	0.071aA	0.002abB	0.008aA	0.008abA
	1.70	0.013aB	0.084aA	0.079aA	0.002abB	0.008abA	0.009abA
	2.26	0.014aB	0.080abA	0.088aA	0.002abC	0.007abcB	0.010aA

施石灰显著增加了玉米、小麦的钾吸收效率。由表 10-16 可知，对于 NK 处理，随着石灰用量的增加，玉米、小麦的钾吸收效率变化不显著。与不施石灰相比，施石灰提高了 NPK 和 NPKS 处理玉米、小麦的钾吸收效率。在玉米季，当石灰用量为 1.41～2.26 g/kg 时，NPK 和 NPKS 处理玉米的钾吸收效率显著高于石灰用量在 0～1.13 g/kg 时，平均增幅达 25.0%；在小麦季，同一施肥处理下，小麦的钾吸收效率随石灰用量的增加无显著差异。施石灰对钾的生理效率也有一定的影响，NK 处理施石灰条件下玉米、小麦的钾生理效率呈降低趋势，NPK 和 NPKS 处理施石灰后均呈升高趋势，但随着石灰用量的增加均无显著变化。钾吸收效率和钾的生理效率总体表现为氮磷钾配施条件下玉米季（平均为 0.88 g/kg 和 47.76 kg/kg）高于小麦季（平均为 0.71 g/kg 和 36.43 kg/kg）。

表 10-16　不同石灰用量下钾吸收效率（KUPE）和生理效率（KPE）（韩天富，2017）

作物	石灰用量 (g/kg)	NK		NPK		NPKS	
		KUPE	KPE	KUPE	KPE	KUPE	KPE
玉米	0	0.10b	49.79a	0.51d	36.34b	0.46c	31.65c
	0.57	0.14ab	37.75bc	0.79c	45.76a	0.93b	41.18b
	0.85	0.15ab	37.96b	0.85bc	45.54a	1.01b	40.10b
	1.13	0.12ab	38.51b	0.87bc	50.03a	0.99b	44.82ab
	1.41	0.14ab	35.34cd	0.98abc	50.72a	1.14a	47.94ab
	1.70	0.14ab	33.32d	1.05ab	51.59a	1.14a	49.50a
	2.26	0.16a	34.89d	1.11a	54.33a	1.13a	50.79a
	平均	0.14	38.22	0.88	47.76	0.97	43.71

（续）

作物	石灰用量 （g/kg）	NK		NPK		NPKS	
		KUPE	KPE	KUPE	KPE	KUPE	KPE
小麦	0	0.12b	44.33a	0.47c	31.68ab	0.65b	29.23ab
	0.57	0.13b	37.60a	0.71ab	37.35a	0.80ab	33.83a
	0.85	0.12b	44.15a	0.62bc	39.40a	0.69ab	35.23a
	1.13	0.13b	43.74a	0.69ab	36.39a	0.85a	37.23a
	1.41	0.12b	46.31a	0.83a	37.69a	0.71ab	37.74a
	1.70	0.13b	37.53a	0.84a	36.38a	0.79ab	34.56a
	2.26	0.14a	39.21a	0.80ab	36.12a	0.88a	36.39a
	平均	0.13	41.84	0.71	36.43	0.77	34.89

四、根际钾的变化特征

根际是指在植物根系和微生物的共同参与下，物质和能量代谢导致的不同于原土体的那部分微区，在物理、化学和生物学性质上存在显著差异。其范围一般为距根轴表面 1～5 mm。根际是植物-土壤-微生物相互作用最为活跃的场所，时刻影响着植物的生长发育。根系分泌物和根际微生物共同作用，使该微域范围内营养物质的代谢与转化、养分有效性、作物成长及其抗逆性等都发生显著变化（贺永华等，2006）。土壤中钾向根系的迁移主要包括扩散和质流两种方式，然后直接被转移到地上部。当根的钾吸收量小于土壤中钾向根系表面的迁移量时，出现富集，反之，则出现钾亏缺。钾在该根际的富集或者亏缺以及富集或亏缺程度的高低和区域大小可在一定程度上反映土壤钾的供应特征（史瑞和等，1989）。

根际对土壤养分的供应状况以及植物的吸收都有重要的影响，因此，大量的研究者开展了对根际土壤养分的研究。Evans 等（1964）应用同位素标记法，结合放射自显影技术用[86]Rb 代替钾，发现玉米根周围的土壤在一天之内即出现了[86]Rb 的亏缺区。Kauffman 等（1967）研究了玉米根际土壤中交换性钾的亏缺状况及缓解亏缺的方法机理，认为土壤中吸收的钾 20% 来自非交换性钾。李小坤等（2010）在研究根际与非根际钾的有效性时得出：根区的钾首先被作物吸收利用，然后是非根区的钾通过扩散和质流不断向根区迁移，距根系越近对钾的吸收贡献越大。在红壤性水稻土水稻—油菜整个轮作周期内，主要供钾形态包括溶液性钾和交换性钾，非交换性钾对钾的吸收贡献较少。曹一平等（1991）的研究结果显示，小麦根际土壤微区内交换性钾和非交换性钾均呈现不同程度的亏缺，只有不施钾肥处理的交换性钾在 1 mm 区域内相对富集，这可能主要是根系渗出物以及质流作用影响钾的分布。张婷（2012）利用紫色土和石灰土研究不同植物根际与非根际的钾含量，结果却表明，全钾和交换性钾均在根际富集并且均大于在非根际的含量。

研究表明，不同施肥措施下，通过抖根法获得的根际与非根际土壤的钾含量有显著差异。随着玉米生育期的延长，根际与非根际土壤交换性钾含量均呈先降低后缓慢升高的趋势，根际土壤表现得更为明显（图 10-11）。与长期不施钾肥（NP）相比，施钾肥处理（NPK、NPKS）显著提高了玉米不同生育时期根际与非根际土壤交换性钾的含量，根际与非根际土壤分别平均提高了 139.88 mg/kg 和 169.75 mg/kg。在苗期提高最多，分别为 224.75 mg/kg 和 224.75 mg/kg，增幅为 399.4% 和 265.4%。随着玉米生育期的延长，根际土壤交换性钾的含量显著低于非根际土壤，与苗期相比，拔节期 NP、NPK 和 NPKS 处理根际土壤交换性钾的降低量分别为 2.00 mg/kg、83.00 mg/kg 和 117.00 mg/kg，灌浆期分别为 1.50 mg/kg、100.50 mg/kg 和 173.50 mg/kg。玉米收获以后，根际土壤交换性钾均有一定程度的增加，与灌浆期相比，各处理分别提高了 28.00 mg/kg、58.00 mg/kg 和 57.00 mg/kg。

对于增施石灰处理，交换性钾含量的总体变化特征与不施石灰大致相同，但是根际与非根际土壤交换性钾含量的变化特征与不施石灰略有不同（图 10-11）。增施石灰以后，在苗期 NPKCa 处理根际交换性钾的含量显著低于非根际，相比于不施石灰处理的根际与非根际分别降低了 33.00 mg/kg 和 80.00 mg/kg；NPKSCa 处理非根际交换性钾含量降低了 29.50 mg/kg、根际升高了 39.00 mg/kg。随着时间的延长，与不施石灰处理相比，NPKCa、NPKSCa 处理根际交换性钾含量从拔节期到收获期平均降低 36.00 mg/kg 和 26.25 mg/kg，NPKCa、NPKSCa 非根际交换性钾含量平均下降 39.75 mg/kg 和 69.50 mg/kg。

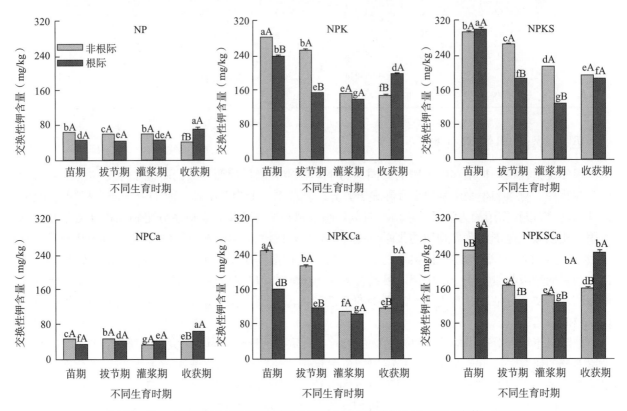

图 10-11　玉米不同生育时期根际与非根际土壤交换性钾含量（韩天富等，2017）

注：小写字母表示同一施肥处理不同生育时期根际与非根际差异达 5% 显著水平，大写字母表示同一时期根际与非根际差异达 1% 显著水平，误差线表示 SD 值。

长期不同施肥处理根际与非根际土壤非交换性钾含量不一致。随着玉米的生长，玉米根际与非根际土壤非交换性钾含量均呈现先缓慢降低后微弱升高的趋势。与长期不施钾肥（NP）相比，施钾肥（NPK、NPKS）显著提高了玉米不同生育时期根际与非根际土壤非交换性钾含量，分别平均提高 80.63 mg/kg、74.56 mg/kg。随着玉米生育期的延长，灌浆期非交换性钾含量显著低于其他时期。与苗期相比，NP、NPK 处理和 NPKS 处理根际与非根际土壤非交换性钾含量拔节期分别降低 23.50 mg/kg、62.50 mg/kg、44.50 mg/kg 和 47.50 mg/kg、69.50 mg/kg、71.00 mg/kg。玉米收获以后，与灌浆期相比，NP、NPK 处理和 NPKS 处理根际与非根际土壤非交换性钾含量分别提高了 14.00 mg/kg、43.00 mg/kg、29.00 mg/kg 和 16.00 mg/kg、48.50 mg/kg、29.50 mg/kg。

NP、NPK 处理和 NPKS 处理在增施石灰以后，非交换性钾含量的总体变化特征与不施石灰处理大致相同。NPKCa 处理在苗期根际土壤非交换性钾含量显著低于非根际土壤，相比于不施石灰处理根际与非根际土壤分别升高 21.00 mg/kg 和 43.00 mg/kg；NPKSCa 处理非根际土壤非交换性钾含量升高 9.50 mg/kg、根际降低 12.50 mg/kg。随着时间的延长，与不施石灰处理相比，NPKCa、NPKSCa 处理根际土壤非交换性钾含量从拔节期到收获期平均降低 8.75 mg/kg、44.00 mg/kg，NPKCa、NPKSCa 非根际土壤非交换性钾含量平均下降 15.25 mg/kg、19.50 mg/kg（图 10-12）。

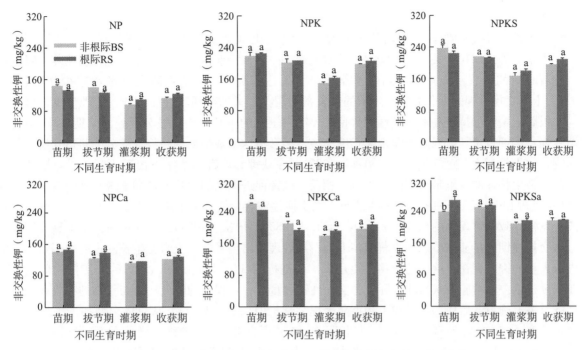

图 10-12　不同生育时期玉米根际与非根际土壤非交换性钾含量（韩天富等，2017）

　　不同施肥处理玉米根际土壤交换性钾盈亏率存在差异，总体表现为先降低后升高（图 10-13）。不施石灰的情况下，NP、NPK 处理和 NPKS 处理根际土壤交换性钾盈亏率在苗期分别为 -6.0%、1.4% 和 -3.6%，拔节期分别为 -23.9%、-38.6% 和 -37.3%，与拔节期相比，收获期分别上升 64.4%、20.1% 和 66.2%。从玉米拔节期到灌浆期，根际交换性钾盈亏率均为负数，处于亏缺状态。随着时间的延长，根际交换性钾盈亏率出现上升趋势，到收获期 NP 处理和 NPKS 处理根际交换性钾盈亏率大于零，出现富集现象。上述三处理根际土壤交换性钾在拔节期和灌浆期的平均盈亏率为 -18.2%、-34.2%、-26.4%，亏缺程度表现为 NPK＞NPKS＞NP。

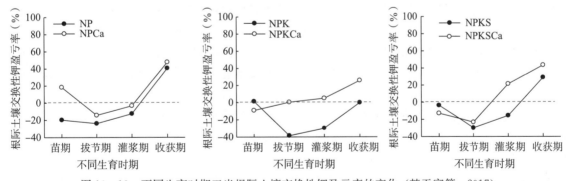

图 10-13　不同生育时期玉米根际土壤交换性钾盈亏率的变化（韩天富等，2017）

　　施用石灰 4 年以后，各施肥处理不同生育时期（除苗期以外）根际土壤交换性钾盈亏率与不施石灰的变化规律相似，在玉米拔节期根际交换性钾盈亏率均最小，分别为 -14.3%、0.4%、-23.3%；在灌浆期分别为 -3.2%、5.0%、21.3%，NPKSCa 处理和 NPKCa 处理根际土壤交换性钾出现富集现象；收获后分别为 47.7%、25.7%、43.2%，NPCa、NPKCa 处理和 NPKSCa 处理根际土壤交换性钾均出现富集。与不施石灰相比，施石灰均可提高根际钾的盈亏率（除苗期以外），减轻根际钾的亏缺程度，在玉米拔节期 NPCa、NPKCa、NPKSCa 处理分别提高 9.6%、39.0%、14.0%，灌浆期分别提高了 9.3%、34.8%、36.9%，整个生育期分别平均提高 8.6%、33.2%、19.3%，不同处理表现为 NPKCa＞NPKSCa＞NPCa。

相比于长期不施钾肥，长期增施钾肥显著提高了土壤交换性钾含量，这与前人（周晓芬等，1997；雷永振等，2010；关焱等，2004）的研究结果一致。一般情况下，玉米在生长初期养分吸收量小，随着时间的推移逐渐增加，到生殖器官分化期达到高峰，到成熟阶段又渐趋减少（陆景陵，2007）。土壤交换性钾的变化趋势与玉米的生长密切相关，玉米苗期吸钾能力弱，需钾量少，可使根际与非根际土壤中保持较高的交换性钾含量。伴随着玉米的不断生长（拔节期到灌浆期），吸钾能力逐渐变强，需钾量增加，根际与非根际土壤交换性钾含量均呈现降低的趋势。养分的胁迫和协同作用对作物正常生长产生一定的影响（张福锁，1998），在缺钾和施钾的情况下出现不同结果，缺钾抑制玉米的正常生长，减少玉米对钾的需求量；相反，施钾促进玉米的生长，增加玉米对钾的需求量，导致 NPK 处理和 NPKS 处理根际缺钾更严重。在交换性钾含量低且 pH 较低的土壤上，施用石灰引发的离子竞争导致缺钾现象的出现（Tisdale et al.，1985）。增施石灰以后，NPKCa、NPKSCa 处理根际土壤交换性钾含量从拔节期到收获期较不施石灰处理均出现降低，玉米在生长的过程中不断从土壤中摄取大量的钾，钾在土壤中的运移主要是靠扩散进行的（Coskun et al.，2016）。扩散的前提是要存在浓度梯度差。增施石灰后非根际土壤交换性钾含量有一定程度的降低，也与作物的吸收和钾的梯度扩散有关，施石灰后作物产量和干物重显著提高（王伯仁等，2014），从总体上增加了玉米对钾的吸收。这部分钾主要是通过非根际向根际转移进而向地上部转移，最终导致非根际钾减少（Nwachuku et al.，1991）。根际土壤交换性钾含量在施用石灰后降低的量低于非根际，主要是由于添加石灰以后土壤溶液中含有较多的 Ca^{2+}，Ca^{2+} 的运移主要是靠质流，且玉米的需钙量比需钾量少，使根际 Ca^{2+} 含量显著高于非根际，促进离子间的交换作用和竞争根系表面的钾吸附位点，最终间接提高根际交换性钾含量（Schneider et al.，1997）。收获期以后，根际与非根际土壤交换性钾含量均较高，根际土壤交换性钾增加更显著，这可能是由钾的回流和取样时间所致。因为天气原因，收获期的土样于玉米收获 10d 以后采集，根系已经枯萎，有更多的钾离子进入土壤中（王筝等，2012），导致根际土壤交换性钾含量升高更加明显。因此，施石灰在一定程度上可提高根际钾的相对含量和钾的有效性。

与不施钾肥相比，施钾肥显著提高了土壤非交换性钾含量，说明长期不施钾肥造成土壤非交换性钾含量的降低，与前人（索东让等，2002；刘荣乐等，2000）的研究结果一致。施用钾肥土壤非交换性钾含量降低，原因可能是肥料能促进植物生长，增加植物对钾的吸收量，进而导致土壤非交换性钾含量降低（崔德杰等，2008）。土壤中的交换性钾和非交换性钾时刻保持着一种动态平衡，土壤交换性钾含量降低时非交换性钾加快对钾的释放，土壤中非交换性钾含量降低时促进矿物钾中钾的释放（朱永官，1994；刘淑霞等，2002）。试验结果表明，非交换性钾与交换性钾的变化趋势相似。随着玉米的生长，在需钾量较大时土壤非交换性钾含量也出现一定程度的降低。

长期不同施钾处理玉米根际交换性钾基本处于一种亏缺状态，这与前人的研究结果相似（Kauffman et al.，1967）。玉米在苗期需钾量较少和吸钾能力较弱，根际与非根际钾含量相差不大，故根际交换性钾的盈亏率接近零。随着玉米的生长，NP、NPK、NPKS 处理根际交换性钾盈亏率在拔节期均出现一定程度的降低，主要是因为拔节期玉米的营养生长需要大量的钾，此时玉米根系发育不全、根系分泌物种类不全，进而出现钾的营养临界期（吴敏等，2005），导致根际交换性钾供不应求，加重了钾的亏缺，亏缺程度表现为 NPK＞NPKS＞NP，这主要是因为增施钾肥提高了玉米的生物量和产量，进而需要大量的钾，增施秸秆提高了土壤钾含量，在一定程度上缓解了钾的亏缺（谭德水等，2007）。施钾（NPK、NPKS）情况下增施石灰 4 年以后，与不施石灰处理相比，根际交换性钾的盈亏率有一定程度的提升，主要原因可能为：①增施石灰会提高土壤的保水能力和团聚体的稳定性，进而维持土壤良好的结构，促进水分向生长较好的玉米根际转移（梅旭阳等，2016），尤其是在需水量较大的拔节期和灌浆期，钾的盈亏率均有一定的提升。②水分运移是水从水势高的地方向低的地方转移，而非根际水势较高，对阳离子有一定的稀释作用，对盈亏率的提升有促进作用；较丰富二价离子

（Ca^{2+}）的质流有促进富集溶液钾的作用（Barber，1962），这种二价阳离子激发的机制有助于补充 K^+ 水平，并促进 K^+ 从较高浓度向较低浓度区域扩散（Barber，1985）。施用石灰可以减少钾的淋失，增加钾的固持，而这部分钾可以被作物吸收利用（何电源，1992）。缺钾（NP）情况下施用石灰，土壤缺钾导致玉米不能正常生长，导致需钾量减少；在酸性土壤上施用石灰，层间复合羟基铝的减少在导致晶层塌陷的同时，也可能形成楔形位（李小坤等，2009），在低钾干燥条件下，水化 Ca^{2+} 可脱水进入楔形位，减少钾的固定（王家玉，1991）。

一般认为，在交换性钾含量低的酸性土壤上施用石灰材料，离子竞争诱发缺钾（Tisdale et al.，1985）。我国南方红壤缺钾比较严重，本研究结果表明，在极度缺钾（NP）的土壤上增施石灰以后，玉米、小麦根际与非根际土壤交换性钾含量无显著变化，在增施钾肥（NPK、NPKS）情况下根际交换性钾的亏缺加重。施石灰在短时间内促进根际和近根际土壤非交换性钾的释放，这主要是由于钾不断地被作物吸收，非交换性钾为了维持一定程度的钾平衡而被释放，其次是由于石灰促使矿物层间"晶穴"中的 H_3O^+ 或铝化合物从层间移出，增加土壤中水溶性钾和交换性钾固定的位点（Magdoff et al.，1980）。施石灰主要是通过对交换性钾的影响间接影响非交换性钾，因为土壤中钾处于一定的动态平衡状态，交换性钾含量降低诱导非交换性钾的释放（Sparks，1987），本试验也得出施用石灰后根际土壤非交换性钾含量均出现下降，但是不同石灰用量对非根际不同区域非交换性钾基本没有影响。由此可知，石灰对交换性钾影响较大，对非交换性钾影响较小。

第五节　钾肥高效施用技术

在红壤上，钾肥的合理施用对于作物高产高效至关重要（张会民等，2008），且钾肥的高效利用与钾表观平衡关系密切（Zhang et al.，2011）。在本节中，首先基于长期试验系统分析了不同施肥处理的钾表观平衡，以期为合理的钾肥管理提供指导。接着，分别从秸秆还田、杂卤石和石灰改良等方面系统总结了红壤地区钾肥高效施用的作用和效果，从而为红壤地区的高产稳产提供技术参考。

一、长期施肥对钾表观平衡的影响

由表 10-17 可知，不同施肥年限的钾表观平衡存在差异。与 1993—1995 年相比，2010—2012 年 M 处理的钾表观平衡显著降低（由盈余向亏缺转变），祁阳的 NPK 和 NPKS 处理则从亏缺向盈余转变。在不同处理间，配施有机肥是提高钾盈余的重要措施，而不施钾肥则导致钾亏缺。因此，钾肥的投入是保证土壤钾不发生亏缺的重要措施，在南方施有机肥，尤其是有机肥与化肥配施能够保证钾的持续增加。

表 10-17　长期施肥条件下的钾表观平衡

点位	处理	K 输入 （kg/hm²）	K 平衡 （kg/hm²）	
			1993—1995 年	2010—2012 年
祁阳	CK	0	-32.44 ± 7.86c	-14.96 ± 2.59c
	NP	0	-78.84 ± 14.80c	-13.84 ± 8.40c
	NPK	99.6	-64.44 ± 29.11c	33.23 ± 10.89b
	NPKM	257.1	58.54 ± 6.12a	59.79 ± 38.15b
	1.5NPKM	350.79	66.02 ± 59.03a	125.89 ± 30.10a
	NPKS	154.99	-56.68 ± 48.89c	73.75 ± 21.54a
	M	157.5	5.84 ± 1.03b	-12.43 ± 88.92c

（续）

点位	处理	K 输入 （kg/hm²）	K 平衡（kg/hm²）	
			1993—1995 年	2010—2012 年
进贤	CK	0.00	−18.15±7.37c	−12.41±3.80d
	NP	0.00	−18.51±6.73c	−16.01±4.39d
	NPK	99.60	46.15±9.79b	52.11±10.23c
	NPK2	199.20	135.69±10.59a	138.76±15.26a
	NPKM	183.11	135.14±10.18a	93.07±30.30b
	M	83.51	56.91±13.46b	−18.08±36.37d

二、秸秆还田对土壤钾库的补充机制

秸秆还田是补充土壤钾库的重要措施。前人的研究表明，作物秸秆中钾含量较高，约占秸秆干物质量的 1.5%。禾本科作物吸收的钾 80% 以上存在于秸秆中，主要以离子形式存在，这部分钾可以快速释放到土壤中（姜超强等，2015）。大量研究表明，短期秸秆还田可以提高当季土壤交换性钾的含量（王宏庭等，2010；Li et al.，2014；李继福等，2014），长期秸秆还田能改善土壤钾亏缺，提高作物钾积累量和产量（张磊等，2017）。程文龙等（2019）的研究表明，秸秆替代钾肥处理的土壤钾虽然在第一个轮作周期均处于亏缺状态，但随着秸秆还田年限的增加，亏缺量逐渐减少，至第三个轮作周期时，土壤钾均处于盈余状态。陈凤等（2019）研究发现，秸秆还田配施钾肥可弥补钾亏缺并提高各粒级土壤团聚体交换性钾的含量，从而维持土壤的供钾的能力。同时，近年来我国粮食持续增产的同时也带走了土壤中大量的钾，钾肥的投入已无法维持土壤钾的平衡，农田钾的逐渐亏缺已成为当前农业发展面临的问题（张磊等，2017）。因此，为缓解钾肥资源短缺以及维持土壤钾平衡，研究主要粮油作物秸秆替代钾肥的效应显得尤为重要。

然而，在我国南方的红壤地区，种植作物复杂，且很多旱作不易连作，比如大豆、芝麻、花生等，因此，作物秸秆还田的措施应根据具体作物而定。一般来讲，油菜秸秆、甘薯秸秆、玉米秸秆等可以进行还田，而大豆、芝麻和花生等应在作物收获后将秸秆移除，避免连作障碍加剧。同时，近年来的技术认为，对不耐连作的大豆、芝麻、花生等作物与耐连作的油菜、甘薯、玉米等进行轮作，可以扩大秸秆全部还田的可能性，但具体轮作模式还有待进一步研究。

同时，鉴于部分不耐连作作物的秸秆还田可能加剧连作障碍的发生，通过高温裂解技术将这些作物秸秆制备成生物质炭进行还田也是补充作物钾的重要途径（柳开楼等，2018）。但是，目前有关生物质炭的研究主要集中在其对土壤有机碳库的贡献上。因此，关于生物质炭对红壤钾库的补充机制还有待深入研究。

三、新型钾肥资源杂卤石的应用

我国钾盐资源相对匮乏（张苏江等，2015），2014 年的调查结果显示我国已查明可溶性钾盐储量折合氯化钾为 11.2 亿 t，仅占世界总储量的 1.6%，而我国钾肥供应能力最多只能达到 850 万 t，钾肥的对外依存度高达 50% 以上（王兴富等，2017）。因此，迫切需要寻求新的钾肥资源缓解我国钾肥的供需矛盾。杂卤石 $K_2MgCa_2(SO_4)_4 \cdot 2H_2O$ 是一种含 K、Ca、Mg 及 S 的矿物，其成分含量分别为 K_2O 13.0%、Ca 13.3%、Mg 4.0% 和 S 21.3%。杂卤石在我国分布广泛，在四川、青海、湖北、山东等地均有大量储藏。据初步估算，四川东部的杂卤石资源折合 K_2O 的储量在 100 亿 t 以上。目前，关于杂卤石的研究多集中于开采和提取硫酸钾、硫酸镁和建筑石膏，而在农业生产上的应用研究较少。杂卤石具有作为钾肥的潜力，很多研究证明，与硫酸钾和氯化钾等相同，杂卤石也能够提高土壤中的硫和钾含量，从而满足作物的钾需求。近年来，有不少学者对杂卤石在国内自然条件下的肥效进行了研究探索，如黄宣镇（2003）在四川省通过小区对比试验得出杂卤石作为钾肥较氯化钾处理使小麦产量提高约15%；陈际型（1999）在南方红壤上进行的肥效试验证明杂卤石粉肥效不低于水溶性盐。同时，杂卤石不仅能够有效供应钾，同时还富含Ca、Mg、S 3种重要的营养元素，有助于平衡施肥，为作物供应均衡的养分（王媛等，2018；李晗灏等，2019）。由于杂卤石不含Cl⁻，对于忌氯作物具有更好的效果，因此具有更加广泛的应用范围。

四、石灰对钾有效性的影响

在无石灰改良的情况下，不同pH处理小麦根际土壤交换性钾含量在65.3～135.3 mg/kg，在pH为4.0～4.8时交换性钾含量随pH的升高而显著降低，pH 4.8和pH 5.2两个处理间无差异。非根际土壤交换性钾含量范围为107.0～127.0 mg/kg（图10-14）。pH 4.0处理根际土壤交换性钾含量显著高于非根际土壤，根际盈亏率为6.1%；在pH 4.5、pH 4.8、pH 5.2处理中，根际土壤交换性钾的盈亏率分别为−28.3%、−44.0%、−43.0%，均表现为亏缺。施石灰改良处理根际土壤交换性钾含量在39.7～45.0 mg/kg。初始pH为5.2的处理根际土壤交换性钾含量显著高于其他3个处理，后三者无差异。非根际土壤交换性钾含量变幅为104.0～124.3 mg/kg，有明显随pH升高而下降的趋势，但pH 5.2处理和pH 4.8处理间无差异。根际土壤交换性钾的含量均显著低于其对应的非根际处理，根际盈亏率为−66.8%、−64.0%、−62.8%和−56.7%（图10-12）。

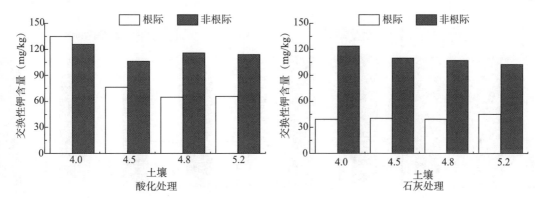

图10-14 不同pH条件下石灰改良至pH为6.0后小麦根际和非根际土壤交换性钾的含量（梅旭阳，2016）

在无石灰改良情况下，不同pH处理小麦根际土壤非交换性钾的含量为85.3～153.3 mg/kg，pH 5.2处理小麦根际土壤非交换性钾的含量显著高于其他处理，pH 4.5和pH 4.8处理间差异不显著且低于pH 4.0处理（图10-13）。非根际土壤非交换性钾含量的变幅为76.3～116.3 mg/kg，表现为pH 4.8处理＞pH 4.0处理＞pH 5.2处理＞pH 4.5处理。pH 4.0处理和pH 4.8处理根际土壤非交换性钾出现亏缺（盈亏率为−6.3%和−26.7%）；pH 4.5处理和pH 5.2处理根际土壤中非交换性钾出现富集（盈亏率为14.8%和63.7%）。施石灰处理根际土壤非交换性钾含量的变幅为98.7～160.3 mg/kg，随着pH的升高而显著升高，非交换性钾含量和初始pH极显著正相关（$y=53.75pH-112.07$，$R^2=0.932\ 5^{**}$）。非根际土壤非交换性钾含量的变幅为91.7～136.0 mg/kg，表现为pH 5.2处理＞pH 4.5处理≥pH 4.0处理＞pH 4.8处理。pH 4.0处理非根际土壤非交换性钾的含量显著高于根际土壤，根际亏缺率达14.0%；pH 4.5处理、pH 4.8处理和pH 5.2处理根际土壤非交换性钾的含量显著高于非根际土壤，根际富集率分别为14.5%、69.5%、17.9%（图10-15）。

在无石灰改良的情况下，不同pH处理小麦根际土壤的钾离子饱和度变幅为1.5%～4.3%，随着初始pH的升高显著下降；非根际土壤的钾离子饱和度为4.3%～4.6%，pH 5.2处理＞pH 4.8处理＞pH 4.0处理和pH 4.5处理（图10-14）。pH 4.0处理、pH4.5处理、pH 4.8处理和pH5.2处理根际土壤的钾离子饱和度盈亏率分别为0、48.8%、64.4%、67.4%。施石灰改良处理根际土壤

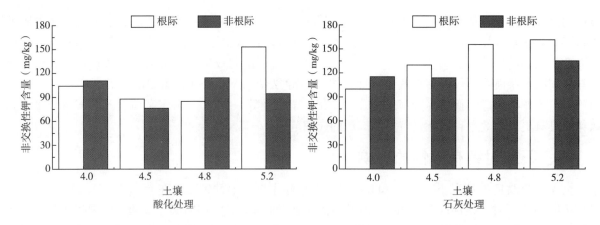

图 10-15　不同 pH 条件下石灰改良至 pH 为 6.0 后小麦根际和非根际土壤非交换性钾的含量（梅旭阳，2016）

的钾离子饱和度变幅为 1.47%～1.56%，各处理间无差异。非根际土钾离子饱和度的变化趋势与酸化处理下的变化趋势一致，各处理值均低于改良前相对应的酸化土壤非根际的钾离子饱和度，变幅为 3.6%～4.4%。各处理根际土壤的钾离子饱和度均显著低于对应的非根际土壤，pH 4.0 处理、pH 4.5 处理、pH 4.8 处理和 pH 5.2 处理根际土壤的钾离子饱和度盈亏率分别为 −58.3%、−55.6%、−63.2%和−65.9%（图 10-16）。

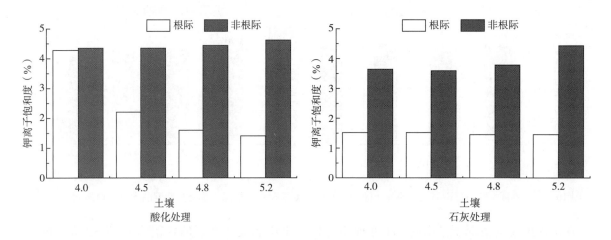

图 10-16　不同 pH 条件下石灰改良至 pH 为 6.0 后小麦根际和非根际土壤的钾离子饱和度（梅旭阳，2016）

由表 10-18 可知，经过淋溶后，不同处理淋溶液中的钾含量随着淋溶次数的增加而降低，但淋溶液中的钾含量随着钾肥的施用而增加。在 3 次淋溶过程中，NP 处理因没有钾的投入，其淋溶液中的钾含量显著低于施钾的 NPK 处理和 NPKS 处理（$P<0.05$）。尽管没有钾投入，3 次淋溶过程均能通过淋溶液带走一定量的钾（0.3～1.6 mg/管）。通过 3 次淋溶，NP 处理淋溶液中的钾含量在 1.5～2.7 mg/管，是否施用石灰对 NP 处理淋溶液中的钾含量没有显著影响。施用石灰能够明显降低 NPK 处理和 NPKS 处理淋溶液中的钾含量，并且随着淋溶次数的增加，降低效果增加。NPK 处理和 NPKS 处理第一次淋溶液中的钾含量分别为 14.9 mg/管和 15.0 mg/管，约占施钾量的 38%。施用不同量石灰后，NPK 处理和 NPKS 处理第一次淋溶液中的钾含量分别降低 30%～53%和 3%～17%，不同石灰用量之间淋溶液中的钾含量差异不显著；经过 3 次淋溶，NPK 处理和 NPKS 处理淋溶液中总的钾含量分别为 37.3 mg/管和 41.9 mg/管，已接近或超出当年钾的施入量，施用石灰能够使淋溶液中的钾含量降低 43%～58%和 18%～45%，NPK 处理施用适量石灰（NPK＋0.5Ca 和 NPK＋Ca）能够显著降低淋溶液中的钾含量（$P<0.05$）。

表 10-18　不同施肥处理下淋溶液的钾含量（mg/管）（周玲红等，2020）

处理	第一次淋溶	第二次淋溶	第三次淋溶	总计
NP+0.5Ca	1.1±0.6	1.1±0.5	0.5±0.1	2.7±1.1
NP+1.5Ca	1.9±0.7	0.8±0.1	0.5±0.1	3.2±0.9
NP+Ca	0.6±0.2	0.6±0.1	0.3±0.1	1.5±0.2
NP	1.6±0.1	0.9±0.1	0.3±0.1	2.7±0.1
NPK+0.5Ca	7.0±2.9	5.2±0.7	3.6±0.3	15.8±2.5
NPK+1.5Ca	10.4±3.8	7.0±1.9	3.8±0.9	21.2±6.5
NPK+Ca	8.5±3.6	5.2±2.2	3.2±0.4	16.9±6.0
NPK	14.9±1.8	14.3±3.3	8.0±1.6	37.3±6.4
NPKS+0.5Ca	14.6±2.1	12.6±2.0	7.1±1.3	34.3±5.4
NPKS+1.5Ca	14.1±1.5	7.6±1.8	4.2±0.9	25.9±4.1
NPKS+Ca	12.5±3.5	6.6±1.5	3.8±0.5	22.8±5.5
NPKS	15.0±3.6	17.3±4.6	9.6±1.5	41.9±9.6

　　由图 10-17 可知，淋溶液中交换性钾的浓度因钾肥的施用而增加，在 3 次淋溶过程中，NPK 处理淋溶液中交换性钾的浓度较 NP 处理增加了 4.5～9.5 倍；在施用化学钾肥配合秸秆还田的情况下，淋溶液中交换性钾的浓度进一步增加，NPKS 处理淋溶液中交换性钾的浓度较 NPK 处理增加了 1.2～2.0 倍。随着淋溶次数的增加，淋溶液中的交换性钾浓度逐渐下降。经过 3 次淋溶后，各处理间淋溶液中交换性钾的浓度已无明显差异。在 3 次淋溶过程，各处理通过淋溶损失的交换性钾和交换性钾浓度的变化趋势一致。NP 处理、NPK 处理和 NPKS 处理通过 3 次淋溶损失的钾分别为 56 kg/hm²、471 kg/hm² 和 712 kg/hm²。钾肥的施用和秸秆还田均能显著增加通过淋溶损失的钾量。

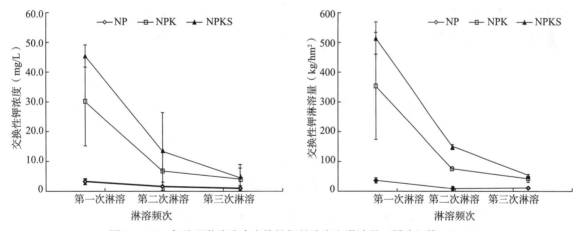

图 10-17　各处理淋溶液中交换性钾的浓度和淋溶量（周玲红等，2020）

　　施用石灰后，各处理淋溶液中交换性钾的浓度和淋溶损失的交换性钾的变化趋势和未施用石灰基本一致（图 10-18）。第一次淋溶后，NPK 处理施用不同量石灰后，淋溶液中交换性钾浓度的降幅为 29.2%～52.8%。随后两次淋溶后，石灰的施用对 NPK 处理淋溶液中交换性钾浓度的影响程度减小。施用石灰后，第一次和第三次淋溶合计损失的交换性钾量相比于不施石灰分别减少 15.8%～17.6% 和 12.9%～28.7%。在施用石灰的处理中，3 次淋溶过程损失的交换性钾量均以配施常规石灰量的处理为最高，以配施常规用量 50% 的处理为最低。

　　不论是否施用石灰，NPKS 处理淋溶液中交换性钾的浓度和淋溶损失的交换性钾的量均随着淋溶

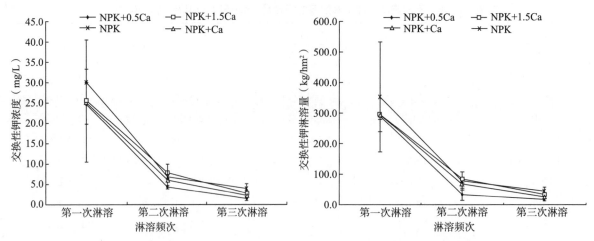

图 10 - 18　NPK 处理施用石灰后淋溶液中交换性钾的浓度和淋溶量（周玲红等，2020）

次数的增加而减小（图 10 - 19）。在整个淋溶过程中，施用石灰均能够降低淋溶液中交换性钾浓度和淋溶损失的交换性钾量，且第二次淋溶后，施用增量和减量石灰的两个处理相较于不施石灰显著降低了淋溶液中交换性钾的浓度和淋溶损失的交换性钾量（$P<0.05$）。施用石灰后，第一次和第三次淋溶合计损失的交换性钾量相对于不施石灰分别减少 5.3%～14.6%和 13.9%～25.2%。在施用石灰的处理中，3 次淋溶过程损失的交换性钾量均以配施常规用量 50%的处理为最低。

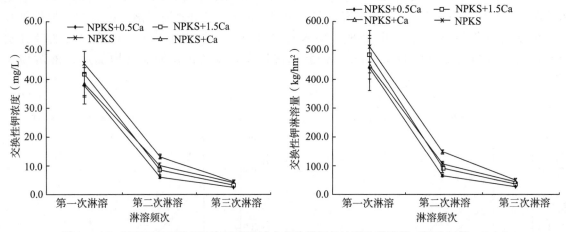

图 10 - 19　NPKS 处理施用石灰后淋溶液中交换性钾的浓度和淋溶量（周玲红等，2020）

主要参考文献

鲍士旦，马建锋，1988. 土壤钾素供应状况的研究：Ⅲ. 几种不同土壤中钾的固定与释放 [J]. 南京农业大学学报，11（3）：74 - 78.

鲍士旦，史瑞和，1982. 土壤钾素供应状况的研究：Ⅰ. 江苏省几种土壤的供钾状况与禾谷类作物（大麦）对钾吸收能力之间的关系 [J]. 南京农业大学学报，6（1）：59 - 66.

鲍士旦，史瑞和，1984. 土壤钾素供应状况的研究：Ⅱ. 土壤供钾状况与水稻吸钾间的关系 [J]. 南京农业大学学报，8（4）：70 - 78.

陈凤，刘莉，潘晨，等，2019. 秸秆还田配施钾肥对稻—油轮作产量及土壤团聚体钾分布的影响 [J]. 长江大学学报（自然科学版）（9）：71 - 78.

陈际型，1999. 杂卤石在红壤上的肥效 [J]. 土壤，31（1）：33 - 35.

陈铭，刘更另，1997. 不同农业利用方式下湘南第四纪红壤的黏粒矿物学组成与表面电荷特性 [J]. 生态环境学报（2）：88 - 93.

程文龙，韩上，武际，等，2019. 连续秸秆还田替代钾肥对作物产量及土壤钾素平衡的影响 [J]. 中国土壤与肥料 (5)：72-78.

崔德杰，刘永辉，郑庆柱，等，2008. 长期定位施肥对不同粒级非石灰性潮土钾素释放的影响 [J]. 土壤学报，45 (3)：573-576.

范钦桢，谢建昌，2005. 长期肥料定位试验中土壤钾素肥力的演变 [J]. 土壤学报，42 (4)：591-599.

封克，殷士学，张山泉，1992. 矿物钾在作物营养中的意义 [J]. 土壤通报 (2)：58-60.

关焱，宇万太，李建东，2004. 长期施肥对土壤养分库的影响 [J]. 生态学杂志 (6)：131-137.

韩天富，2017. 酸化红壤施石灰后根际土壤钾素转化特征与机制 [D]. 北京：中国农业科学院。

韩天富，王伯仁，张会民，等，2017. 长期施肥及石灰后效对不同生育期玉米根际钾素的影响 [J]. 土壤学报，54 (6)：1497-1507.

何电源，1992. 关于稻田施用石灰的研究 [J]. 土壤学报，29 (1)：87-93.

贺永华，沈东升，朱荫湄，2006. 根系分泌物及其根际效应 [J]. 科技通报，22 (6)：761-766.

侯雪莹，韩晓增，2008. 不同土地利用方式对黑土有机无机复合体的影响 [J]. 土壤通报 (6)：7-12.

黄宣镇，2003. 杂卤石：一种理想的钾肥 [C]//非金属矿物材料与环保、生态、健康研讨会论文集. 北京：中国硅酸盐学会.

姜超强，郑青松，祖朝龙，2015. 秸秆还田对土壤钾素的影响及其替代钾肥效应研究进展 [J]. 生态学杂志，34 (4)：1158-1165.

金继运，1993. 土壤钾素研究进展 [J]. 土壤学报，30 (1)：94-101.

雷永程，2010. 长期施肥土壤的酸碱缓冲性能及红壤石灰改良 [D]. 福州：福建农林大学.

李晗灏，李文庆，王媛，等，2019. 杂卤石对花生生长及养分吸收的影响 [J]. 农业资源与环境学报，36 (2)：169-175.

李继福，鲁剑巍，任涛，等，2014. 稻田不同供钾能力条件下秸秆还田替代钾肥效果 [J]. 中国农业科学，47 (2)：292-302.

李小坤，2009. 水旱轮作条件下根区与非根区土壤钾素变化及固定释放特性研究 [D]. 武汉：华中农业大学.

李小坤，鲁剑巍，吴礼树，等，2010. 油菜—水稻轮作下根区与非根区红壤性水稻土钾素变化研究 [J]. 土壤学报，47 (3)：508-514.

梁成华，魏丽萍，罗磊，2002. 土壤固钾与释钾机制研究进展 [J]. 地球科学进展，17 (5)：679-684.

刘荣乐，金继运，吴荣贵，等，2000. 我国北方土壤作物系统内钾素循环特征及秸秆还田与施钾肥的影响 [J]. 植物营养与肥料学报，6 (2)：123-132.

刘淑霞，赵兰坡，刘景双，等，2008. 施肥对黑土有机无机复合体组成及有机碳分布特征的影响 [J]. 华南农业大学学报，29 (3)：11-15.

柳开楼，胡惠文，叶会财，等，2018. 红壤区施用稻草源生物炭对烟叶钾含量的影响 [J]. 热带作物学报，39 (12)：2350-2354.

鲁如坤，1989. 我国土壤氮磷钾的基本状况 [J]. 土壤学报，26 (3)：280-286.

陆景陵，2007. 植物营养学：上册 [M]. 2版. 北京：中国农业大学出版社.

马建堂，2011. 2010年中国宏观经济 [M]. 北京：中国统计出版社.

梅旭阳，2016. 长期施肥三种母质土壤冬小麦根际钾有效性研究 [D]. 杨凌：西北农林科技大学.

梅旭阳，张会民，高菊生，等，2016. 红壤酸化及石灰改良影响冬小麦根际土壤钾的有效性 [J]. 植物营养与肥料学报，22 (6)：1568-1577.

史吉平，张夫道，林葆，2003. 长期定位施肥对土壤有机无机复合体中有机质和微量元素含量的影响 [J]. 土壤肥料 (6)：8-11，24.

史瑞和，1989. 植物营养原理 [M]. 南京：江苏科学技术出版社：77-78.

索东让，侯格平，王平，2001. 定位连施土粪对土壤钾的影响 [J]. 甘肃农业大学学报，36 (4)：36-38.

王波，张耀明，鲍士旦，2004. 不同土壤不同粒级颗粒供钾能力的研究 [J]. 苏州大学学报（自然科学版）(1)：77-81.

王伯仁，李冬初，周世伟，等，2014. 红壤质量演变与培肥技术 [M]. 北京：中国农业科学技术出版社：204-207.

王宏庭，金继运，王斌，等，2010. 山西褐土长期施钾和秸秆还田对冬小麦产量和钾素平衡的影响 [J]. 植物营养与肥料学报，16 (4)：801-808.

王家玉，1991. 土壤非交换性钾的研究进展 [J]. 土壤学进展，19 (2)：9-17.

王岩，杨振明，沈其荣，2002. 土壤不同粒级中 C、N、P、K 的分配及 N 的有效性研究 [J]. 土壤学报，37 (1)：85-94.

王媛，李文庆，赵丽娅，等，2018. 杂卤石对玉米生长及养分吸收的影响研究 [J]. 中国土壤与肥料 (6)：166 - 173.

王筝，鲁剑巍，张文君，等，2012. 田间土壤钾素有效性影响因素及其评估 [J]. 土壤，44 (6)：898 - 904.

魏朝富，陈世正，谢德体，1995. 长期施用有机肥料对紫色水稻土有机无机复合性状的影响 [J]. 土壤学报 (2)：159 - 166.

徐晓燕，马毅杰，张瑞平，等，2005. 外源钾对三种不同土壤钾转化影响的研究 [J]. 土壤通报 (1)：60 - 63.

闫湘，2008. 我国化肥利用现状与养分资源高效利用研究 [D]. 北京：中国农业科学院.

杨振明，闫飞，韩晓梅，等，1999. 我国主要土壤不同粒级的矿物组成及供钾特点 [J]. 土壤通报 (4)：20 - 24.

岳龙凯，2014. 长期施肥及不同 pH 下红壤钾素有效性研究 [D]. 北京：中国农业科学院.

岳龙凯，蔡泽江，徐明岗，等，2015. 长期施肥红壤钾素在有机无机复合体中的分布 [J]. 植物营养与肥料学报，21 (6)：1551 - 1562.

张福锁，1998. 环境胁迫与植物根际营养 [M]. 北京：中国农业出版社.

张会民，2007. 长期施肥下我国典型农田土壤钾素演变特征及机理 [D]. 杨凌：西北农林科技大学.

张会民，吕家珑，李菊梅，等，2007. 长期定位施肥条件下土壤钾素化学研究进展 [J]. 西北农林科技大学学报，35 (1)：155 - 160.

张会民，徐明岗，2008. 长期施肥土壤钾素演变 [M]. 北京：中国农业出版社.

张磊，张维乐，鲁剑巍，等，2017. 秸秆还田条件下不同供钾能力土壤水稻、油菜、小麦钾肥减量研究 [J]. 中国农业科学，50 (19)：3745 - 3756.

张苏江，崔立伟，高鹏鑫，等，2015. 中国钾盐资源形势分析及管理对策建议 [J]. 无机盐工业，47 (11)：1 - 6.

张婷，2012. 几种作物根际与非根际土壤养分含量差异探析 [D]. 重庆：西南大学.

周玲红，黄晶，王伯仁，等，2020. 南方酸化红壤钾素淋溶对施石灰的响应 [J]. 土壤学报，57 (2)：457 - 467.

周鸣铮，1979. 土壤测定法的相关研究与校验研究 (二) [J]. 土壤通报 (2)：43 - 47.

周晓芬，张彦才，步丰骧，1997. 河北省主要农业土壤有机肥料对土壤钾素的贡献 [J]. 河北农业科学 (2)：23 - 26.

朱永官，罗家贤，1993. 我国南方某些土壤对钾素的固定及其影响因素 [J]. 土壤，25 (2)：64 - 67.

H. 马斯纳，1991. 高等植物的矿质营养 [M]. 曹一平，陆景陵，译. 北京：北京农业大学出版社：17 - 25.

Barber S A，1962. A diffusion and mass-flow concept of soil nutrient availability [J]. Soil Science，93 (93)：39 - 49.

Barber S A，1985. Potassium availability at the soil-root interface and factors influencing potassium uptake [M]. Madison：Potassium in Agriculture：309 - 324.

Beckett P H T，Nafady M H M，1968. A study on soil series：Their correlation with the intensity and capacity properties of soil potassium [J]. Journal of Soil Science，19 (2)：216 - 236.

Brogowski Z，Glinski J，Wilgat M，1977. The distribution of some trace elements in size fractions of two profiles of soils formed from boulder loams [J]. Zesz Probl Postepow Nauk Roln (197)：309 - 318.

Coskun D，Britto D T，Kochian L V，et al.，2016. How high do ion fluxes go? A re-evaluation of the two-mechanism model of K (+) transport in plant roots [J]. Plant Science an International Journal of Experimental Plant Biology，243：96 - 101.

Doll E C，Lucas R E，1973. Testing soils for potassium，calcium and magnesium [J]. Soil testing and plant analysis，3：(181 - 227).

Evans S D，Barber S A，1964. The effect of rubidium-86 diffusion on the uptake of rubidium-86 by corn [J]. Soil Science Society of America Journal，28 (1)：56 - 57.

Kauffman M D，Bouldin D R，1967. Relationships of exchangeable and non-exchangeable potassium in soils adjacent to cation-exchange resins and plant roots [J]. Soil Science，104 (3)：145 - 150.

Li J，Lu J，Li X，et al.，2014. Dynamics of potassium release and adsorption on rice straw residue [J]. PloS One，9 (2)：e90440.

Magdoff F R，Bartlett R J，1980. Effect of liming acid soils on potassium availability [J]. Soil Science，129 (1)：12 - 14.

Nwachuku D A，Loganathan P，1991. The effect of liming on maize yield and soil properties in Southern Nigeria [J]. Communications in Soil Science and Plant Analysis，22 (7 - 8)：623 - 639.

Schneider A，1997. Short-term release and fixation of K in calcareous clay soils. Consequence for K buffer power prediction [J]. European Journal of Soil Science，48 (3)：499 - 512.

Sparks D L，1987. Potassium dynamics in soils ［M］. Advances in Soil Science. New York：Springer，6：1-63.

Tisdale S L，Nelson W L，Beaton J D，1985. Soil fertility and fertilizers ［M］. London：Collier Ma cmillan Publishers.

Zhang H，Xu M，Zhang W，et al.，2009. Factors affecting potassium fixation in seven soils under 15-year long-term fertilization ［J］. Chinese Science Bulletin，54 (10)：1773-1780.

Zhang H，Yang X Y，He X H，et al.，2011. Effect of long-term potassium fertilization on crop yield and potassium efficiency and balance under wheat-maize rotation in China ［J］. Pedosphere，21：154-163.

第十一章 红壤典型中量元素的特征及合理施用技术 >>>

镁与硫均属作物必需的中量营养元素。我国南方热带和亚热带地区成土母质风化程度高，土壤中含镁的原生矿物的化学稳定性低，容易风化，而且黏土矿物主要是不含镁的高岭石、三水铝石及针铁矿。因此，土壤全镁含量低，平均只有 3.3 g/kg（谢建昌，1993）。镁是叶绿素的组成成分之一，缺乏镁则叶绿素不能合成。镁在磷酸和蛋白质代谢中也起着重要作用，参与某些酶的反应。农作物对镁的吸收量平均为 $10\sim25$ kg/hm^2。块根作物的吸收量通常是禾本科作物的 2 倍（陆景陵，2003）。在砂质土壤、酸性土壤、K^+ 和 NH_4^+ 含量较高的土壤上容易出现缺镁现象。在大多数情况下，提高镁的含量能改善作物的营养品质。

硫被称为作物营养的第四大元素。我国土壤表层全硫含量为 $100\sim500$ mg/kg（曹志洪等，2011）。硫在作物细胞结构和生理生化功能中具有不可替代的作用。例如，参与蛋白质合成、光合作用、呼吸作用、脂类合成、生物固氮、糖代谢等。作物含硫量为 $0.1\%\sim0.5\%$（陆景陵，2003），受作物种类、品种、器官和生育时期的影响很大。近年来，高产粮食、蔬菜和经济作物品种得到推广普及，高浓度不含硫氮磷肥料基本替代了过去低浓度含硫的氮磷肥，集约化农业持续增加的氮肥用量使作物获得高产，收获物从土壤中携出的硫大大增加，导致作物养分的不平衡，使许多作物出现缺硫或亚缺硫的症状。

硅属于作物的有益营养元素。大多数土壤含 SiO_2 $50\%\sim70\%$，平均为 60%，但大多数湿热条件下形成的砖红壤性土壤或砖红壤 SiO_2 含量非常低，一般只有 30% 左右（袁可能，1983）。土壤中的硅大多数以无机状态存在，只有少数可能和蛋白质结合。硅参与细胞壁的形成、影响作物的光合作用与蒸腾作用，同时提高作物的抗逆性。作物残渣的含硅量因作物种类的不同而有很大差异，禾本科农作物不同于豆科和其他双子叶农作物，如稻草含硅量可高达 $2\%\sim5\%$，而豆科农作物含硅量则可低至 0.2%（袁可能，1983）。水稻、甘蔗均是硅积累量较高的作物。近年来有不少研究发现，黄瓜、番茄、大豆、草莓对硅的需求量也很高。

本章将围绕镁、硫、硅三元素的地球生物化学、作物营养需求以及中量元素肥料施用技术进行阐述，为红壤区合理利用中量元素肥料提供技术参考。

第一节 红壤镁的特征与高效施用技术

我国南方红壤地区属于热带亚热带地区，气温高，雨量充沛，作物生长旺盛，生物循环强烈，是良好的农业区（全国土壤普查办公室，1998）。合理开发和持续利用南方自然资源是缓解我国人口、资源、环境之间日益突出的矛盾的重要途径。许多研究表明，南方红壤贫瘠化是南方农业发展的重要限制因素。除了氮、磷、钾外，镁是作物必需的中量元素，而受生物气候条件的影响，土壤中的含镁矿物已分解殆尽，土壤有效镁含量较低，土壤供镁能力弱，许多地区的作物出现缺镁症状，施镁具有良好的增产效果（李伏生，1994）。随着氮、磷、钾肥用量的增加，土壤镁的不平衡现象日益严重，已成为提高作物产量与品质的限制因素（白由路等，2004；汪洪，1997；徐明岗等，2005）。

我国土壤镁及红壤地区镁肥效果研究最早报道于 20 世纪 60 年代（李伏生，1994）。1975 年广东湛江北部的橡胶园发现施用镁肥能防治橡胶黄叶病，以后研究者相继在福建、湖南、广西等地的一些作物上施用镁肥获得不同增产效果（孙光明等，1990）。由此激发了许多学者对土壤交换镁的临界值和镁肥对作物影响的研究。近 20 年来，人们对整个红壤地区主要土壤镁状况、含量水平、形态与分布、固定与释放、镁对作物增产的相关制约因素、各种作物施镁的增产作用和有效施用条件、镁肥的合理施用技术等进行了深入、系统的研究（徐明岗等，2005；徐明岗等，2015）。

一、红壤地区主要类型土壤镁的形态及含量

（一）几种主要类型土壤不同形态镁的含量

早期的研究将土壤镁分为矿物态、非交换态、交换态、水溶态和有机态 5 种形态（李伏生，1994）；目前人们将土壤镁形态分为 4 种：水溶态、交换态、酸溶态和非酸溶态（游有文等，1999；黄鸿翔等，2000；游有文等，1999）。不同形态镁的作物有效性不同，对作物有效的是交换态和水溶态。白由路等（2004）对我国 32 个省份近 2 万个土壤样品的有效镁的含量进行了分析，发现我国土壤有效镁含量较低的区域集中在长江以南，主要分布在福建、江西、广东、广西、贵州、湖南和湖北等省份，有效镁多低于 100 mg/kg。李延等（2001）指出，福建山地龙眼园的主要成土母质是第四纪红土、花岗岩、凝灰岩等，土壤镁水平低，交换性镁含量仅为 25 mg/kg 左右。阮建云等（2001）对我国茶叶主产区浙江等 7 省份共 287 个土壤样品的交换性镁含量进行了测定，发现 0～20 cm 土层交换性镁含量低于 40 mg/kg 的比例为 57.9%，表现出自北向南逐渐降低的特点。朱永兴等（2000）对湖南红壤丘陵茶园 58 个土壤样品进行测定，发现有效镁的平均含量为 35.3 mg/kg，土壤全镁中 95% 以上为非酸溶解态，交换态仅占 3% 左右；不同母质红壤的有效镁含量不同，砂岩红壤（16.2 mg/kg）＞板页岩红壤（10.8 mg/kg）＞第四纪红土（6.8 mg/kg）。

南方几种主要类型土壤不同形态镁的含量有较大差异（表 11-1）。其中水溶态镁含量最低，范围为 1.8～7.3 mg/kg，平均为 3.6 mg/kg，占全镁量的 0.04%～0.11%；交换态镁含量稍高，变化范围大，在 3.9～68.5 mg/kg，平均为 27.3 mg/kg，占全镁的 0.15%～0.92%；酸溶态镁范围为 74.0～2 682.0 mg/kg，平均为 708.2 mg/kg，占全镁的 1.83%～24.16%；非酸溶态镁在 2 478～8 342 mg/kg，平均为 4 455 mg/kg，占全镁的 75.16%～97.93%；全镁含量在 2.6～11.1 g/kg，平均为 5.2 g/kg。

表 11-1　红壤地区几种主要类型土壤不同形态镁含量

土壤类型	水溶态镁		交换态镁		酸溶态镁		非酸溶态镁		全镁 (g/kg)
	含量 (mg/kg)	占全镁百分比 (%)	含量 (mg/kg)	占全镁百分比 (%)	含量 (mg/kg)	占全镁百分比 (%)	含量 (mg/kg)	占全镁百分比 (%)	
红泥质红壤	2.9	0.11	3.9	0.15	116.4	4.48	2478	95.26	2.6
硅质红壤	2.6	0.08	13.6	0.43	74.0	2.34	3070	97.14	3.2
泥质红壤	1.8	0.04	9.0	0.20	84.2	1.83	4495	97.93	4.6
棕色石灰土	3.3	0.07	41.7	0.92	584.2	12.93	3891	86.08	4.5
石灰性紫色土	7.3	0.06	68.5	0.62	2682.0	24.16	8342	75.16	11.1

土壤镁元素的非酸溶态（全镁量减去酸溶态镁）为主要形态，占全镁量的 90.3% 左右，是其他形态镁的数十倍；酸溶态镁是含量第二高的镁形态，其含量因土壤的不同而差异很大，平均占全镁量的 9.15%；交换性镁含量较酸溶态低，占全镁量的不到 1%，但大大高于水溶态镁；水溶态镁含量最低，不到全镁含量的 0.1%。

土壤各形态镁的含量同发育的母质、发育程度及黏土矿物有很大关系（游有文等，1999）。石灰性紫色土发育的母质含镁量高，其全镁含量明显高于其他土壤。而红泥质红壤、硅质红壤母质含镁量较低，加上土壤发育过程中的强风化淋溶，土壤全镁含量较低。石灰性紫色土、棕色石灰土以蒙脱

石、绿泥石、水云母等黏土矿物为主，矿物层间镁含量较高，因此酸溶态镁的含量较高，而红泥质红壤、硅质红壤、泥质红壤的黏土矿物均以高岭石为主，层间固镁量较少，酸溶态镁的含量也较低。交换态镁含量也同黏土矿物组成有很大关系，石灰性紫色土、棕色石灰土黏土矿物同晶置换作用较强烈，对阳离子的吸附能力强，所以交换态镁含量较高。红泥质红壤、硅质红壤黏土矿物以高岭石为主，极少有同晶置换作用，吸附阳离子很少，因此交换态镁含量较低。

（二）土壤有效镁含量和供应强度

土壤有效镁的形态主要为水溶态和交换态，二者含量的高低决定了土壤当季供给作物镁营养的能力，用 1 mol/L NH_4AC 浸提测定。中国农业科学院衡阳红壤实验站的科研人员（黄鸿翔等，2000；徐明岗等，2005）在湖南、江西、广东、广西、浙江和海南等南方典型红壤区广泛采集了土壤样品，将红壤分为砖红壤、赤红壤、红壤、棕色石灰土、石灰性紫色土和水稻土 6 类。对其中前 3 种土壤按发育母质的不同进行了进一步划分，如将红壤分为硅质红壤（砂岩、石英岩等硅质岩残坡积物母质发育的红壤）、泥质红壤（片岩、板岩、板页岩、千枚岩等泥质岩残坡积物母质发育的红壤）、沙泥质红壤（砂页岩残坡积物母质发育的红壤）、麻砂质红壤（花岗岩等酸性岩残坡积物母质发育的红壤）和红泥质红壤（第四纪红色黏土母质发育的红壤）等。共采集不同类型土壤样品 1 262 个，测得土壤平均有效镁含量为 39.7 mg/kg。其中：砖红壤样品 171 个，平均有效镁含量为 16.9 mg/kg；赤红壤样品 276 个，平均有效镁含量为 25.6 mg/kg；红壤样品 479 个，平均有效镁含量为 26.7 mg/kg；石灰性紫色土样品 106 个，平均有效镁含量为 98.5 mg/kg；棕色石灰土样品 112 个，平均有效镁含量为 79.1 mg/kg；水稻土样品 118 个，平均有效镁含量为 69.6 mg/kg（表 11 - 2）。土壤有效镁含量因母质不同而异，红泥质红壤平均有效镁含量为 18.8 mg/kg，沙泥质红壤平均有效镁含量为 12.9 mg/kg，硅质红壤平均有效镁含量为 21.6 mg/kg，麻砂质红壤平均有效镁含量为 25.4 mg/kg，泥质红壤平均有效镁含量为 49.9 mg/kg。

表 11 - 2　南方红壤地区主要土壤有效镁含量

分类	土壤类型	样品数（个）	含量变幅（mg/kg）	平均含量（mg/kg）	占全样品比例（%）
	合计	171	1.2～58.7	16.9	13.5
	涂砂质砖红壤	89	2.4～38.3	13.8	7.0
砖红壤	泥质砖红壤	37	14.5～45.2	28.7	2.9
	沙泥质砖红壤	35	1.2～58.7	10.1	2.8
	麻砂质砖红壤	10	9.1～36.6	24.5	0.8
	合计	276	2.3～96.2	25.6	21.9
	涂砂质赤红壤	55	2.3～50.6	24.1	4.5
赤红壤	沙泥质赤红壤	163	2.4～42.8	21.3	12.9
	红泥质赤红壤	36	9.6～57.5	36.7	2.8
	其他母质赤红壤	22	2.3～96.2	42.5	1.7
	合计	479	3.5～140.6	26.7	38.0
	红泥质红壤	91	3.5～52.1	18.8	7.2
	硅质红壤	122	6.8～48.9	21.6	9.7
红壤	沙泥质红壤	69	4.2～41.3	12.9	5.5
	麻砂质红壤	87	12.1～69.3	25.4	6.9
	泥质红壤	110	18.6～140.6	49.9	8.7
	棕色石灰土	112	43.5～272.9	79.1	8.9
	石灰性紫色土	106	54.7～621.3	98.5	8.4
	水稻土	118	38.7～160.9	69.6	9.3
总 计		1 262	1.2～621.3	39.7	100.0

注：砖红壤、赤红壤和红壤中，有效镁含量低于 20 mg/kg 的样品数占其土类样品数的 51%～65%；样品总平均有效镁含量低于 20 mg/kg 的样品占总样品数的 42.8%。

　　土壤有效镁含量最低的是沙泥质砖红壤、砂质红壤、涂砂质砖红壤和红泥质红壤；其次是沙泥质赤红壤、硅质红壤、涂砂质赤红壤、麻砂质砖红壤和麻砂质红壤。砖红壤、赤红壤和红壤中，有效镁含量低于 20 mg/kg 的样品数分别占其土类样品数的 65％、55％和 51％。有效镁含量较高的是棕色石灰土和石灰性紫色土，这与石灰岩母质含镁量高有关。水稻土有效镁含量也很高，这与水稻土秸秆还田及施用过磷酸钙等磷肥、灌溉等人为活动有关。

　　从成土母质来看，石灰岩、紫色砂页岩发育的土壤有效镁含量高，而花岗岩类和泥质岩类母质发育的土壤有效镁含量偏低，砂页岩、硅质岩、第四纪红土和浅海沉积物母质发育的土壤有效镁含量最低。

　　根据土壤有效镁的含量指标评定土壤镁的供应能力。土壤有效镁：＜20 mg/kg 供镁能力低，20～50 mg/kg 供镁能力中等，＞50 mg/kg 供镁能力高。根据这一标准，我国南方的沙泥质砖红壤、沙泥质红壤、涂砂质砖红壤和红泥质红壤供镁能力为低，其他母质发育的砖红壤、赤红壤和红壤供镁能力为中等偏低，棕色石灰土、石灰性紫色土、水稻土的供镁能力为高。几种类型土壤供镁能力排序：石灰性紫色土＞棕色石灰土＞水稻土＞红壤和赤红壤＞砖红壤。这在一定程度上反映了不同土壤类型土壤的供镁能力和水平，为镁肥的生产和施用提供了科学依据。

（三）土壤剖面有效镁的分布特征

　　红壤地区土壤含镁的原生矿物的化学稳定性低，容易风化，有效镁在土壤剖面中的分布也有差异。同一母质发育的红壤剖面中的有效镁受土壤侵蚀、植被盖度的影响较大。被侵蚀的土壤剖面表土层有效镁含量高，往下降低，到 50 cm 深后，有效镁含量又逐渐上升至表土层水平（黄鸿翔等，2000）。被侵蚀的土壤剖面均比有植被覆盖的土壤含镁量低，不同植被覆盖土壤有效镁含量有很大差异。长期生长湿地松的土壤剖面有效镁含量比草灌乔木林土壤剖面明显降低。湿地松土壤剖面的有效镁含量从表层至 100 cm 逐渐减少，草灌乔木林土壤有效镁含量是 0～20 cm 最高，20～50 cm 降低，50～100 cm 又增加，表明植被对土壤镁有一定的富集作用（图 11 - 1）。

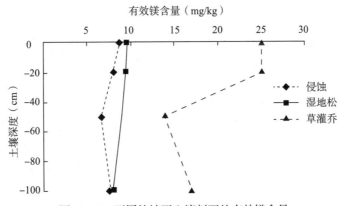

图 11 - 1　不同植被下土壤剖面的有效镁含量

（四）植被覆盖、利用方式对土壤有效镁的影响

　　土壤有效镁含量除受成土母质影响外，还受利用方式影响。在同一土壤类型中有效镁的分布也有差异，主要受植被种类、植被度和土壤侵蚀程度的影响。针叶林植被的红壤的有效镁含量平均为 7.9～9.3 mg/kg，草灌植被的红壤的有效镁含量平均为 14～25 mg/kg，无植被的荒坡地为 6.8～8.6 mg/kg，说明植被种类对土壤有效镁供应水平有较大影响。造成这种变化的原因：①针叶林对土壤产生酸化作用，加速了土壤镁的淋溶过程，土壤 pH 为 4.2～4.3，而阔叶林土壤 pH 为 4.7～5.2。且湿地松的落叶难腐烂，常被收集作农家燃料，土壤镁被迁移。②阔叶林或草灌乔木林上层土壤对镁有富集作用，枯枝落叶层覆盖地表，降低镁的淋溶强度。③无植被覆盖土壤经风化表土层侵蚀严重，交换性镁随之流失。植被生态环境对土壤质量有重要作用。

此外，由于强烈的风化淋溶，丘陵区不同地形部位同一母质发育的土壤的有效镁含量有重新分配现象。丘顶、丘坡、丘谷不同部位有效镁的含量不同。灰岩红壤（旱地）有效镁含量：丘顶（10.4 mg/kg）＜坡地上部（13.7 mg/kg）＜坡地中部（14.2 mg/kg）。土壤受风化淋溶影响，丘顶土壤有效镁向下移动。丘谷下的水稻田土壤有效镁的一般分布情况是淹育性稻田（平均为 11.9 mg/kg）＞潜育性稻田（10.4 mg/kg）＞潴育性稻田（5.4 mg/kg）。

二、红壤地区主要土壤对外源镁的固定与释放

（一）土壤对镁的固定与其母质的关系

中国农业科学院衡阳红壤实验站的游有文等（1999）在室内模拟不同施镁量下土壤对镁的固定，采用等温吸附平衡的方法计算不同施镁量下镁的固定率。施镁量为 0～3 000 mg/kg，不同土壤的固镁情况较为复杂，硅质红壤、棕色石灰土的固镁量同施镁量之间没有较明显的相关关系，而红泥质红壤、泥质红壤、石灰性紫色土的固镁量随施镁量的增加而增加。5 种土壤相比，固镁能力排序：泥质红壤＞红泥质红壤、石灰性紫色土＞棕色石灰土＞硅质红壤（表 11-3）。

表 11-3　不同施镁水平下土壤的固镁量和固镁率

施镁量 (mg/kg)	红泥质红壤		泥质红壤		石灰性紫色土		硅质红壤		棕色石灰土	
	固镁量 (mg/kg)	固镁率 (%)	固镁量 (mg/kg)	固镁率 (%)	固镁量 (mg/kg)	固镁率 (%)	固镁量 (mg/kg)	固镁率 (%)	固镁量 (mg/kg)	固镁率 (%)
100	23.1	23.10	10.9	10.96	29.5	29.53	-22.5	-22.5	-2.3	-2.32
200	74.3	37.18	81.9	40.98	54.5	27.27	-16.9	-8.4	-12.5	-6.29
300	96.2	32.08	100.7	33.57	80.1	26.71	-47.5	-15.8	-13.8	-4.61
400	103.7	25.93	164.4	41.12	122.1	30.66	-55.0	-13.8	2.43	0.61
600	184.3	30.73	286.9	47.83	123.2	37.21	7.5	1.24	83.6	13.9
800	339.3	42.42	328.2	41.03	284.5	35.57	4.9	0.62	91.2	11.3
1 200	514.3	42.86	658.2	54.85	435.7	36.32	166.2	13.8	89.9	7.49
2 000	714.3	35.72	878.2	43.91	535.7	26.79	66.8	3.44	217.4	10.9
3 000	931.8	31.06	1460.7	48.69	1190.7	39.69	61.2	2.04	114.9	3.83
平均	331.2	33.45	441.1	40.33	328.5	32.19	3.2	-5.14	63.4	3.88

泥质红壤、红泥质红壤、石灰性紫色土 3 种土壤的固镁能力大大高于棕色石灰土和硅质红壤。其中，泥质红壤的固镁能力最高，固镁量平均达 441.1 mg/kg，固镁率为 40.33%；其次为红泥质红壤，固镁量平均为 331.2 mg/kg，固镁率为 33.45%。棕色石灰土、硅质红壤在低镁浓度时释放镁，在高镁浓度时才固定少量镁。但土壤对镁的固定率随镁加入量的增加的变化较小。不同土壤固镁量不同，这与其黏土矿物的母质有关。硅质红壤的黏土矿物以 1:1 的高岭石为主，加上土壤质地并不黏重，因此固镁能力不强，棕色石灰土的黏土矿物以 2:1 型绿泥石、水云母为主，由其土壤酸溶态镁含量较高可知土壤本身固镁晶穴上的镁饱和度较高，因此固镁能力也不强；泥质红壤、红泥质红壤的黏土矿物虽以 1:1 的高岭石为主，但仍含有部分 2:1 型黏土矿物，由其土壤酸溶态镁含量较低可知除土壤的晶穴固定机理之外，沉淀反应、螯合反应也可能起很大的作用。

（二）土壤镁的释放

1. 土壤镁的释放的基本特征

中国农业科学院衡阳红壤实验站的科技人员（王伯仁等，1999；游有文等，1999）采用连续浸提的方法，用 0.2 mol/L 中性 NH_4OAC 溶液连续流动浸提获得了土壤镁的累积释放曲线（图 11-2）：在 0～600 min 只有红泥质红壤的镁累积释放曲线在后期变得平滑，表明镁释放已基本完成，而其他土壤的累积释放曲线一直为增加趋势，表明在该交换时间内这些土壤镁的交换没有完全结束。

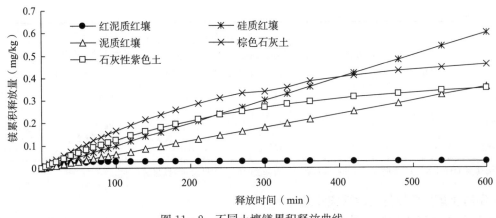

图 11-2　不同土壤镁累积释放曲线

在 0～600 min 的交换时间内，除红泥质红壤外，土壤镁累计交换量均随着交换时间的增加而增加，曲线可分为直线相关的两个阶段：第一阶段斜率较大，交换较快；第二个阶段斜率较小，交换较慢。而红泥质红壤镁的交换过程可分为三个阶段：第一阶段是土壤镁的快速释放阶段，土壤镁释放较快，土壤镁累积释放量直线上升；第二阶段是土壤镁的缓慢释放阶段，土壤镁释放逐渐变得平缓，土壤镁累积释放量平缓上升；第三阶段是土壤镁的相对稳定阶段，土壤镁释放很慢，甚至不能测出，土壤镁累积释放量曲线平缓稳定。

对 600 min 的土壤镁交换量进行统计（表 11-4），红泥质红壤镁的总释放量最低，为 0.020 g/kg，其他土壤为 0.218～0.302 g/kg，硅质红壤的交换量最高，为 0.302 g/kg，总释放量排序：硅质红壤＞棕色石灰土＞石灰性紫色土、泥质红壤＞红泥质红壤。

表 11-4　不同土壤连续流动交换镁释放过程的主要参数

土壤类型	持续时间（min）	总释放量（g/kg）	平均释放速率[g/(kg·min)]	最大释放速率	
				V[g/(kg·min)]	出现时间（min）
红泥质红壤	600	0.020	0.133	1.11	2.5～5.0
硅质红壤	600	0.302	0.504	3.04	0～2.5
泥质红壤	600	0.218	0.363	3.09	0～25
棕色石灰土	600	0.267	0.231	4.95	0～2.5
石灰性紫色土	600	0.219	0.365	4.41	0～2.5

2. 土壤镁释放动力学方程

用动力学方程来模拟 0～600 min 土壤镁的释放过程（表 11-5），一级动力学方程、零级动力学方程、抛物线扩散方程、力能速率方程均能较好拟合土壤镁释放情况，其相关系数较高且均达 1% 显著水平；而 Elovich 方程拟合性较差，其中红泥质红壤镁的释放过程用一级动力学方程最好，模拟相关系数达 0.992 6（$n=9$），为极显著水平。其他土壤，以零级动力学方程为最优，表明这些土壤镁的释放基本不受交换位上镁离子饱和度的影响。

表 11-5　不同土壤镁释放动力学方程的相关系数

土壤类型	n	相关系数（r）				
		一级动力学方程 [ln$(k_0-k_1)=a-k_t$]	零级动力学方程 ($k_0-k_1=a-k_t$)	Elovich 方程 ($k_1=a+k\ln t$)	抛物线扩散方程 ($k_1/k_0=a+k_t^{1/2}$)	力能速率方程 (ln$k_1=a+k\ln t$)
红泥质红壤	6	0.992 6	0.815 7	0.953 5	0.901 1	0.922 0
硅质红壤	9	0.955 2	0.999 5	0.736 2	0.976 3	0.993 1

（续）

土壤类型	n	相关系数（r）				
		一级动力学方程 $[\ln (k_0-k_1)=a-k_t]$	零级动力学方程 $(k_0-k_1=a-k_t)$	Elovich 方程 $(k_1=a+k\ln t)$	抛物线扩散方程 $(k_1/k_0=a+k_t^{1/2})$	力能速率方程 $(\ln k_1=a+k\ln t)$
泥质红壤	9	0.956 8	0.999 5	0.700 6	0.974 4	0.987 2
棕色石灰土	9	0.975 4	0.981 2	0.826 6	0.997 0	0.991 9
石灰性紫色土	9	0.969 1	0.975 5	0.870 6	0.994 9	0.988 8

注：k_0 为镁最大释放量，k_t 为时间 t 时的镁释放量，t 为释放时间；方程均达 1％显著水平。

（三）不同类型土壤镁的淋溶损失特性

为了探明红壤地区土壤镁的淋失率与降水量之间的关系，进行室内模拟土柱观测，5 种类型土壤的镁淋失量均随降水量的增加而增加。石灰性紫色土的镁淋失量（每年每亩）最大，达 1.10 kg，红泥质红壤为 0.46 kg，棕色石灰土为 0.44 kg，硅质红壤为 0.41 kg，泥质红壤最少，仅为 0.14 kg。土壤镁的淋失量同模拟降水量之间呈显著的直线相关关系。用 y 代表镁淋失量（mg/kg），用 x 代表降水量（mm），不同类型土壤镁淋失的直线方程为

石灰性紫色土：$y=0.004\ 5x+0.344\ 2$，$r=0.998\ 3^{**}$

红泥质红壤：$y=0.002\ 0x+0.231\ 7$，$r=0.987\ 0^{**}$

棕色石灰土：$y=0.001\ 7x+0.311\ 6$，$r=0.987\ 0^{**}$

硅质红壤：$y=0.001\ 6x+0.100\ 4$，$r=0.998\ 4^{**}$

泥质红壤：$y=0.000\ 5x+0.102\ 5$，$r=0.988\ 1^{**}$

以上方程的系数及测定的镁流失量的大小均表明不同母质土壤镁的淋失量为石灰性紫色土＞红泥质红壤、棕色石灰土＞硅质红壤＞泥质红壤；而土壤镁的淋失量排序与土壤各种镁形态之间没有明显的相关关系，表明镁的淋失量受多种因素影响。

施入镁肥后，土壤中肥料镁淋失量（施镁后土壤镁淋失量减去不施镁土壤镁淋失量）因土壤类型的不同而不同。模拟全年降水量为 1 400 mm 的情况下，施入土壤镁损失率最高的是泥质红壤，高达 79.7％，而镁损失率最低的是棕色石灰土，为 13.6％，二者相差将近 6 倍（表 11-6、图 11-3）。

表 11-6　不同土壤肥料镁的淋失情况

土壤类型	施镁量（mg/kg）	镁淋失量（mg/kg）	镁保持量（mg/kg）	镁淋失率（％）
红泥质红壤	177.8	94.9	82.9	53.4
硅质红壤	177.8	127.7	50.1	71.8
泥质红壤	177.8	141.7	36.1	79.7
棕色石灰土	177.8	24.2	153.5	13.6
石灰性紫色土	177.8	51.4	126.4	28.9

红壤地区不同母质发育的红壤对镁的保持能力相差很大。总体上看，棕色石灰土、石灰性紫色土的全镁年淋失率较低，平均为 21.3％，保持镁的能力较好，而红泥质红壤、硅质红壤、泥质红壤的镁淋失率平均为 68.3％，保镁能力差。

何盈（2004）对福建红壤进行土柱淋溶模拟试验，也发现红壤中的镁吸附性弱、易遭受淋失。以 CK 为例，镁淋失率（镁淋失量占淋洗前土柱交换性镁的比例）为 24.6％，与钾相当（26.8％）。因此，红壤镁淋失问题应引起重视。

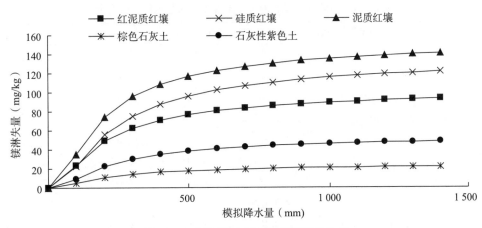

图 11-3　不同降水量下肥料镁的淋失量

李丹萍（2018）报道，在我国南方3种酸性缺镁土壤上（红壤、黄壤、紫色土）施用氧化镁、改性硫酸镁和硫酸钾镁，3种土壤均表现出较强的镁迁移能力，黄壤和紫色土的镁淋失率均超过1/3，而红壤低于7%；施用钙镁磷肥增加了土壤对镁的固持，阻碍了镁向下淋洗。因此，钙镁磷肥在酸性缺镁土壤上的施用效果较好，能增强土壤对镁的保持能力。

三、土壤施用钾镁肥对植株吸收养分的影响

钾、镁元素具有较强的相互作用，钾肥和镁肥单施及配合施用对作物养分平衡特别是镁的吸收利用有显著影响。陈巍等（2019）在浙江早香柚园（土壤有效镁为30.2 mg/kg）施用镁肥可显著提高早香柚叶片叶绿素和镁的含量，其中施硫酸镁0.5 kg/株的叶片叶绿素 a、叶绿素 b 和镁的含量分别为1.64 g/kg、0.69 g/kg 和0.32%，比对照（施三元复合肥2.5 kg/株）分别增加22.4%、11.3%和0.11%，镁含量达到柑橘叶片的标准。孙楠等（2006）在湖南祁阳第四纪红土母质红壤旱地进行试验，土壤 pH 为5.5，交换性镁含量为40.8 mg/kg，施用两种含镁复合肥，可以提高黄花菜的产量和镁的吸收能力，土壤交换性钾及交换性镁的含量分别比对照提高了31.1%和35.3%。李伏生（2000）在江西、广东多种土壤上开展镁肥试验，土壤交换性镁含量为13~120 mg/kg。当土壤交换性镁含量小于50 mg/kg 时，镁肥的增产效果明显；作物地上部含镁量和吸镁量也取决于交换性镁含量；交换性镁含量与含镁量、吸镁量均显著正相关。

以下是中国农业科学院衡阳红壤实验站科技人员（王伯仁等，1999；徐明岗等，2005；游有文等，1999）的系统研究结果。

（一）土壤施镁和施钾条件下的玉米植株养分含量

采用硅质红壤，其有效性钾和有效性镁含量分别46.7 mg/kg 和8.6 mg/kg，属低钾、低镁土壤。玉米生长期为50d，植株全氮、全磷、全钾、钙和镁等元素的测定结果见表11-7，不同钾、镁水平下，植株的养分含量有较大差异。

（1）植株氮含量在不施钾或低钾情况下变化不大；在高钾水平下，植株中的氮含量随施镁量的增加而降低，表明提高钾、镁施用水平，要增加氮用量，植株的养分才能平衡，才能高产。

（2）植株磷含量不随施镁水平而变化，镁对植株磷的影响较小。

（3）在不施钾情况下，随着镁用量的增加，植株中钾含量降低，降幅达7.5%~16.6%；但当施钾水平提高时，植株钾含量随施镁量的增加而增加。这表明，钾与镁的互相作用十分明显。

（4）植株镁含量随施镁水平的提高而显著地增加，但其增加受施钾水平的制约，高钾条件下镁的吸收量减少。

（5）植株的钙含量随施钾量和施镁量的增加都呈下降趋势，且下降幅度较大。

表 11-7 不同施镁量和施钾量条件下玉米植株的养分含量

处理号	施镁量（mg/kg）	施钾量（mg/kg）	氮（%）	磷（%）	钾（%）	钙（%）	镁（%）
1	0	0	3.943	0.1817	1.487	0.360	0.103
2	20	0	3.829	0.206	1.330	0.334	0.126
3	50	0	3.857	0.184	1.109	0.267	0.227
4	100	0	3.835	0.185	1.233	0.246	0.289
5	200	0	3.800	0.184	1.169	0.242	0.373
6	0	100	3.543	0.145	2.359	0.354	0.091
7	20	100	3.286	0.177	2.475	0.274	0.095
8	50	100	3.429	0.159	2.503	0.280	0.191
9	100	100	3.486	0.169	2.689	0.234	0.244
10	200	100	3.497	0.154	2.440	0.209	0.361
11	0	200	3.372	0.152	2.652	0.347	0.085
12	20	200	3.276	0.148	2.288	0.330	0.120
13	50	200	3.200	0.152	3.020	0.327	0.194
14	100	200	3.143	0.164	3.003	0.213	0.233
15	200	200	2.943	0.147	3.070	0.200	0.314

（二）土壤施钾和施镁条件下油菜植株不同部位吸收钾、镁、钙养分的情况

油菜植株不同部位吸钾量及单株吸钾总量均随施钾水平的提高而增加，施镁对植株钾吸收量的影响则与不同施镁量有关。在任一施钾水平下，施用低量镁的植株不同部位吸钾量和单株总吸钾量最高，即低镁条件下镁促进钾的吸收，而施用高量镁的植株不同部位吸钾量和单株吸钾总量均低于施用低量镁及中量镁的植株。油菜植株不同部位的镁吸收量及单株吸镁总量与施镁量正相关。

在低钾和中钾水平下，油菜植株不同部位的吸钙量和单株吸钙总量均高于不施钾，而施用高量钾的植株不同部位的钙吸收量和单株吸钙总量在较低钾水平和中钾水平下有降低趋势。这是因为高钾水平下油菜植株生长量下降，抑制了对钙的吸收。镁对油菜植株不同部位的吸钙量和单株吸钙总量的影响与钾表现出相同趋势。由此认为，不仅存在着元素间的相互作用，还存在着最高浓度和用量的问题。在农业生产中，一直提倡平衡施肥，所以在研究钾肥有效施用条件时，必须重视土壤中钙、镁的供应问题。

（三）土壤施钾条件下玉米对镁的吸收利用

施钾量不同，植株吸收镁的量受到影响（表 11-8）。施钾量提高，对土壤中镁的吸收有制约作用。施镁量在 100 mg/kg 以及施钾 100 mg/kg 时，镁肥利用率最高；随着钾肥用量的增加，植株吸收肥料镁的量减少。施镁量增加至 200 mg/kg，镁肥利用率明显提高。但随着钾水平的提高，镁的吸收利用率显著降低。钾与镁有相互促进和相互制约的关系。在施钾量高时，会抑制镁的吸收，存在拮抗作用。

表 11-8 土壤不同施钾量条件下的玉米镁吸收量

施钾量（mg/kg）	施镁量（mg/kg）	每盆吸收镁总量（mg）	每盆吸收肥料镁总量（mg）	肥料镁利用率（%）	增减（%）
0	100	27.8	21.8	21.8	—
100	100	28.3	22.4	22.4	+2.8
200	100	27.3	21.6	21.6	-0.9
400	100	20.4	14.7	14.7	-32.5

（续）

施钾量 (mg/kg)	施镁量 (mg/kg)	每盆吸收镁总量 (mg)	每盆吸收肥料镁总量 (mg)	肥料镁利用率 (%)	增减 (%)
0	200	38.1	32.6	16.3	—
100	200	53.1	47.2	23.6	+44.8
200	200	43.8	38.1	19.1	+17.2
400	200	42.3	34.8	17.4	+6.7

四、主要作物施镁的产量与品质效应

镁是作物必需的中量元素之一，是作物高产优质的基础。大量研究表明，红壤地区施用镁肥，通常具有明显的提质增产作用。陈巍等（2019）在浙江早香柚园施用镁肥，不仅能显著提高早香柚产量，还提高了果实可溶性固形物和可溶性糖的含量。黄毓娟等（2011）在丘陵山地红壤上（土壤 pH 为 4.8，交换性镁为 35.3 mg/kg）年度内 3 次叶面喷施 1% 的硝酸镁，或者结合施基肥土施钙镁磷肥（2 kg/株）、农用氢氧化镁（含 MgO 28%，1.5 kg/株）等镁肥，可有效防治桂柑缺镁，使叶片叶绿素含量显著增加、缺镁症状消失。刘逊忠等（2013）在花岗岩、砂页岩母质发育的砖红壤、赤红壤上种植甘蔗，施用镁肥具有显著的增产效果，可以提升甘蔗糖分。阮建云等（2001）在茶园进行镁肥试验，施镁处理茶叶平均增产 57%，茶叶游离氨基酸含量平均增加 7.0%。孙兴权等（2019）在云南曲靖旱地红壤上（交换性镁含量为 52.5 mg/kg）施用镁肥，对烟草产量、产值和中上等烟比例有极显著的提升效应。在常规施肥的基础上，臧小平等（2017）在海南砖红壤上（土壤交换性镁含量为 38.7 mg/kg）花前增施镁肥（硫酸镁 500 g/株），杧果增产 9.7%；果实营养品质得到提升，可溶性固形物含量提高 9.6%，可滴定酸降低 14.6%，固酸比提高 28.1%；净收入提高了 21.2%。

中国农业科学院衡阳红壤实验站科技人员（黄鸿翔等，2000；徐明岗等，2005；游有文等，1999）在 22 种作物、236 个田间试验中的系统研究结果表明，土壤施镁肥可提高作物产量和品质。

（一）镁肥对各种作物产量的影响

1. 经济作物

在硅质红壤、红泥质红壤及沙泥质红壤上的木薯田间试验中，在氮、磷基础上增施镁肥增产 10.1%。由于木薯是需钾多作物，配合高量钾肥（K_2O 15 kg/亩）施用增产效果更好，可增产 17.3%。其他作物如甘蔗配合低量钾肥（K_2O 8 kg/亩）施用比配合高量钾肥施用效果更好，增产幅度达 20% 以上（表 11-9）。

表 11-9　不同经济作物施用镁肥后的产量和增产率

作物	试验点数（个）	施肥	产量（kg）	增产率（%）	作物	试验点数（个）	施肥	产量（kg）	增产率（%）
木薯	6	NPK	1 284.7	—	红麻	8	NPK	129.3	—
		NPKMg	1 413.8	10.1			NPKMg	157.7	22.0
		NPK_2	1 579.8	—			NPK_2	174.6	—
		NPK_2Mg	1 852.5	17.3			NPK_2Mg	200.8	15.1
甘蔗	29	NP	4 062.5	—	烟草	10	NPK	117.9	—
		NPMg	4 325.0	6.5			NPKMg	157.6	33.6
		NPK_2	5 507.4	—	茶叶	11	NPK_2	34.5	—
		NPK_2Mg	6 628.4	20.3			NPK_2Mg	41.7	20.8

注：表中单位面积按亩计算；多点试验肥料平均施用量：N 为 12 kg N，P 为 7 kg P_2O_5，K 为 8 kg K_2O，K_2 为 15 kg K_2O，Mg 为 6 kg MgO，下同。

2. 油料作物和粮食作物

在氮、磷、钾的基础上，在花生、黄豆、油菜上施用镁肥有显著增产效果，花生增产 27.6%，油菜增产 18.6%。对水稻、玉米、高粱等粮食作物，施用镁肥有一定的增产作用，但增产率较小，仅为 4.6%～11.1%（表 11-10）。

表 11-10　油料作物和粮食作物施用镁肥后的产量及增产率

作物	试验点数	施肥	产量 (kg)	增产率 (%)	作物	试验点数	施肥	产量 (kg)	增产率 (%)
花生	16	NPK	205.5	—	油菜	12	NPK	60.1	—
		NPKMg	262.3	27.6			NPKMg	71.3	18.6
玉米	15	NPK	255.5	—	甘薯	12	NPK	750.8	—
		NPKMg	269.1	5.3			NPKMg	794.2	5.8
		NPK_2	314.4	—			NPK_2	845.9	—
		NPK_2Mg	341.2	8.5			NPK_2Mg	942.6	11.4
水稻	15	NPK	326.1	—	高粱	3	NPK	116.7	—
		NPKMg	341.2	4.6			NPKMg	129.6	11.1

3. 蔬菜作物和水果

茄子、甘蓝、大白菜等作物施镁肥的增产效果不太显著；但在辣椒、苦瓜上施用镁肥有较好的效果，增产率为 12.6%～15.5%（表 11-11）。镁肥对大多蔬菜作物的增产效果不显著，除与品种特性有关外，主要原因可能是菜园地大量施用了有机肥料。施用镁肥对多年生的柑橘及菠萝有较好的增产效果，增产率为 7.2%～9.26%，对西瓜、香蕉的增产效果较差。

表 11-11　不同蔬菜和水果施用镁肥后的产量和增产率

作物	试验点数	施肥	产量 (kg)	增产率 (%)	作物	试验点数	施肥	产量 (kg)	增产率 (%)
番茄	13	NPK	4 212	—	茄子	8	NPK	2 900	—
		NPKMg	4 492	6.6			NPKMg	3 038	4.8
甘蓝	6	NPK	2 742	—	大白菜	8	NPK	4 206	—
		NPKMg	2 856	4.2			NPKMg	4 275	4.1
苦瓜	10	NPK	1 576	—	辣椒	15	NPK	349.8	—
		NPKMg	1 821	15.5			NPKMg	393.7	12.6
西瓜	13	NPK	2 465.8	—	香蕉	3	NPK	3 525.6	—
		NPKMg	2 622.3	6.3			NPKMg	3 615.6	2.55
柑橘	6	NPK	1 629	—	菠萝	3	NPK	2 669.2	—
		NPKMg	1 746	7.2			NPKMg	2 916.4	9.26

（二）镁肥对作物品质的改善

经济作物及瓜果施用镁肥后品质得到提高，甘蔗主要表现为糖分增加，西瓜可溶性糖、维生素 C 有所增加，花生等油料作物脂肪含量增加（表 11-12）。

表 11-12　几种主要作物施用镁肥的品质指标

作物	施肥	糖分（%）	脂肪（%）	纤维（%）	维生素 C（mg/100 g）	含酸量（%）
甘蔗	NPK	14.2	—	11.1	—	—
	NPKMg	15.1	—	12.5	—	—

（续）

作物	施肥	糖分（%）	脂肪（%）	纤维（%）	维生素 C（mg/100 g）	含酸量（%）
西瓜	NPK	7.3	—	—	5.9	—
	NPKMg	9.1	—	—	6.5	—
柑橘	NPK	8.3	—	—	22.6	0.98
	NPKMg	8.5	—	—	24.7	0.86
花生	NPK	—	42.7	2.5	—	—
	NPKMg	—	49.9	2.7	—	—

茶园施用镁肥除提高茶叶产量外，还能显著地改善茶叶品质（表 11-13）。施镁肥后，祁阳夏茶茶叶氨基酸、咖啡因和水浸出物含量分别比对照提高 0.65%、11.9%和 2.6%；茶多酚含量基本持平。氨基酸、咖啡因和水浸出物含量增加可使茶汤浓度增强和鲜爽度提高。

表 11-13 茶园施镁肥后的茶叶品质参数

地点及茶叶	施肥	氨基酸（%）	茶多酚（%）	咖啡因（%）	水浸出物（%）
祁阳夏茶	施镁	1.54	27.78	4.41	45.13
	对照	1.53	28.04	3.94	44.00
杭州秋茶	施镁	1.67	31.57	4.06	46.47
	对照	1.50	31.70	3.69	45.20

施用镁肥对提高烟叶等级、提高烟叶质量有很好效果。施镁肥可使上、中等烟占比增加，使下、次等烟占比降低，增产率为 19.0%～23.8%（表 11-14）。

表 11-14 施镁对烟叶等级的影响

类型	施肥	上等烟占比（%）	中等烟占比（%）	下等烟占比（%）	每亩产值（元）	增产率（%）
水田烟	NPK	7.4	81.5	11.0	479.9	—
	NPKMg	9.5	85.6	4.8	594.2	23.8
旱地烟	NPK	9.4	78.1	12.5	416.2	—
	NPKMg	11.9	80.9	7.1	495.1	19.0

五、镁肥的增产效果

施用镁肥的增产效果受到诸多因素的制约，主要因素有土壤有效镁含量，钾、镁相互作用和作物的需镁特性，镁肥品种等。

（一）土壤有效镁含量与镁肥的增产效果

土壤有效镁含量是反映土壤镁供应能力的重要指标。土壤有效镁含量越低，土壤供镁能力越差，施用镁肥的增产作用越大（李伏生，2000；黄鸿翔等，2000）。英国国家咨询局 1968 年提出指导镁肥施用的土壤交换态镁含量等级指标：①0～25 mg/kg（以 Mg 计），土壤镁严重缺乏，大多数大田作物、蔬菜、果树、温室作物都会出现缺镁症状，必须施镁；②26～50 mg/kg，土壤镁供应能力中等，在甜菜、马铃薯、甘蓝、果树和温室作物上可能发生缺镁，建议除谷类作物外施镁；③大于 51 mg/kg，土壤镁供应能力较强，大田作物和多数蔬菜不可能缺镁，但对于果树、草地，建议根据情况适当施镁。研究表明，红壤地区土壤交换性镁的含量＜50 mg/kg 时，多数作物施用镁肥有效（李伏生，

1994；李伏生，2000）。陈星峰等（2006）对福建烟区 2 253 个代表性土样及相应田块烟样进行分析，得知土壤交换性镁含量在 1.8～256.8 mg/kg，变化范围大，平均为 34.5 mg/kg，有 88.9% 的烟田土壤交换性镁含量低于 50 mg/kg，属于缺镁土壤。刁莉华等（2013）对赣南 16 县 446 个脐橙园的土壤样品进行测试，得知土壤有效镁含量的平均值仅为 35.2～46.8 mg/kg，缺乏有效镁的果园达到 88% 以上。

中国农业科学院衡阳红壤实验站科技人员（黄鸿翔等，2000；王伯仁等，1999；游有文等，1999）的系统研究结果表明，土壤有效镁含量水平与施镁的增产效果有良好的相关关系。45 个田间试验结果表明，镁肥的增产效应与土壤有效镁含量负相关，土壤有效镁含量低，施镁的增产幅度大。其关系式为 $Y = 10.95 e^{-0.3x + \ln x}$，式中 Y 为相对增产量，X 为土壤有效镁含量，相关系数 $r = -0.577\ 7^{**}$。用该函数式计算，相对增产 13.5% 时，土壤有效镁含量为 33.4 mg/kg；当土壤有效镁含量达 90.0 mg/kg 时，相对增产量仅为 6.6%。这个关系式对指导合理施用镁肥具有重要作用。

土壤施镁的效果与土壤有效镁含量密切相关，在红壤性土壤上 9 年 22 点 8 种作物的田间试验中，土壤有效镁含量与作物的增产幅度有一定关系。当土壤有效镁 <25 mg/kg 时，大豆、花生、茶叶等的增产率大；土壤有效镁 <50 mg/kg 时，镁肥有不同程度的增产作用（表 11-15）。这个临界值与许多专家提出的划分标准基本一致。水稻土有效镁含量不高，但其增产率不大，与土壤有效镁含量相关性差。这可能与水稻大量灌溉、灌溉水含镁有关。

表 11-15　不同土壤有效镁条件下施用镁肥的增产率

作物	有效镁 (mg/kg)	钾镁比	增产率 (%)	作物	有效镁 (mg/kg)	钾镁比	增产率 (%)
大豆	12.8	4.68	25.5	菠萝	5.4	8.40	19.3
花生	22.5	4.15	40.2	香蕉	55.7	1.88	2.7
茶叶	10.7	7.10	19.5	早稻	33.7	1.76	9.0
茶叶	22.9	3.50	9.8	早稻	27.7	2.36	3.4
高粱	98.1	0.83	11.0	晚稻	43.6	1.20	4.3
甘薯	53.7	0.81	9.6	晚稻	32.0	1.85	8.3

（二）钾、镁相互作用及其对作物产量的影响

有时镁肥的增产效果与土壤有效镁含量不一致，这很可能与钾和镁之间的相互制约有关。许自成等（2007）在湖南烟区采集和测定 146 个土壤样本，得知交换性钙镁比值依次为红壤（11.74）>水稻土（10.25）>黄壤（6.84）>黄棕壤（6.14），镁缺乏，应特别重视镁肥在红壤和水稻土中的施用。烟叶镁含量随土壤交换性镁含量的升高而升高。

王伯仁等（1999）的盆栽试验表明，不同镁肥用量对玉米生物量均有不同程度的增加，但其增加幅度受土壤施钾量的制约（表 11-16）。

（1）不施钾时，土壤施用镁肥由 20 mg/kg 增加至 200 mg/kg，玉米干物质的增产率由 15% 增加至 92.5%，随着施镁肥量的增加玉米的增产率呈增加的趋势。

（2）在土壤施钾 100 mg/kg 时，镁肥用量由 20 mg/kg 增加至 200 mg/kg，玉米干物质的量大幅上升，由 38.5% 增加至 126.2%，不论是施少量镁肥还是高量镁肥，其增产率均比不施钾的大，说明施用适量钾肥可提高镁肥的增产作用。

（3）在施镁量为 20 mg/kg 的情况下，钾肥用量为 200 mg/kg 和 400 mg/kg，玉米干物质减少 7.4% 和 3.1%；当提高镁肥用量为 50～200 mg/kg 时，其增产率仍比施用 100 mg/kg 钾肥时低得多。施镁的效果受到土壤施钾的影响，钾与镁有相互制约作用，大量施钾后容易引起土壤供镁不足。

表 11 - 16　土壤施用不同镁肥和钾肥后的玉米生物产量

施镁量 (mg/kg)	施钾 0 mg/kg		施钾 100 mg/kg		施钾 200 mg/kg		施钾 400 mg/kg	
	玉米产量 (g/盆)	增产 (%)	玉米产量 (g/盆)	增产 (%)	玉米产量 (g/盆)	增产 (%)	玉米产量 (g/盆)	增产 (%)
0	5.3	—	6.5	—	6.7	—	6.4	—
20	6.1	15.1	9.0	38.5	6.2	−7.4	6.2	−3.1
50	9.6	81.1	12.8	96.9	9.5	41.8	8.0	25.0
100	9.4	77.4	11.6	78.5	11.7	74.6	9.8	53.1
200	10.2	92.5	14.7	126.2	14.0	108.9	14.0	118.7

利用土壤钾和镁的拮抗作用，通过施肥调节作物需要的最佳养分配合比例，以达到既满足作物对养分的需要，又尽量减少肥料用量、提高肥料利用率的目的。大量试验结果表明，大部分作物的产量随施钾量的增加而增加，但每千克 K_2O 的增产量降低。通过大量施用钾肥来提高作物产量是不经济的。在施用 NPK 时配施适量镁肥（NPKMg），大部分作物产量可达到甚至超过高量钾肥施用条件下（NPK_2）的产量（表 11 - 17）。

表 11 - 17　钾与镁交互作用下的作物产量（kg/亩）

作物	产量			作物	产量		
	NPK	NPKMg	NPK_2		NPK	NPKMg	NPK_2
甘蔗	3 773	4 040	4 333	茄子	1 650	1 850	1 635
木薯	1 396	1 581	1 580	菠萝	2 994	3 271	3 010
花生	196	221	219	西瓜	2 239	2 350	2 291
甘薯	1 060	1 159	1 110	西瓜	1 121	1 245	1 325
黄麻*	178	220	214	番茄	4 497	4 834	—

注：＊为精麻产量。

这种交互作用的应用对解决缺钾问题、充分利用我国的镁肥资源具有重要的意义。经反复试验，初步得出不同作物的最佳钾镁比：甘蔗为 3.3（K_2O/MgO，下同），木薯为 5.1，花生、大豆为 2.1，黄麻、甘薯为 2.4，西瓜为 1.7。

（三）不同作物的需镁特性与镁肥的增产作用

土壤施用镁肥的增产效果除与土壤有效镁含量以及钾、镁互相作用有关外，还与不同作物的需镁量和对镁的敏感性有关。在同一田块施用相同量的氮、磷、钾，种植禾本科（小麦）、豆科（大豆）、十字花科（油菜）和茄科（烟草）作物，施用镁肥有不同的增产效果。采用盆栽试验，土壤有效钾为 115 mg/kg、有效镁为 27 mg/kg，在施氮、磷的基础上分别施入不同量的镁：低量（50 mg/kg）、中量（100 mg/kg）、高量（200 mg/kg）和不施镁（对照）。在油菜开花期、大豆结荚期、烟草打顶前、小麦分蘖后收获，测定生物量及分析吸收钾、钙、镁的量。结果表明，施中量、低量镁肥对大豆、油菜有较好的增产效果，而在施低量镁对小麦增产不明显，施中量、高量镁才有增产作用（表 11 - 18）。施入低量镁时烟草增产明显，而施入中量、高量镁时，烟草生物产量明显下降，可能是因为烟草是需钾多的作物，高镁水平更易引起土壤钾不足。不同作物种类对施镁肥的反应不同，烟草对镁敏感，其次是油菜和大豆，小麦的敏感度较低。

表 11-18   不同作物施用镁肥后的增产情况（g/盆）

施镁量	烟草		油菜		大豆		小麦	
	产量（g/盆）	增产率（%）	产量（g/盆）	增产率（%）	产量（g/盆）	增产率（%）	产量（g/盆）	增产率（%）
不施镁	3.2	—	4.8	—	7.5	—	4.1	—
低镁	5.7	+78.12	6.1	27.08	8.6	14.66	4.2	2.4
中镁	2.5	−21.87	5.5	14.58	8.6	14.66	7.6	85.36
高镁	2.1	−34.37	3.2	−33.33	7.7	2.67	5.8	41.46

（四）镁肥品种与其增产效果

根据镁肥的溶解性，可将常用镁肥分为水溶性镁盐、石灰质及其微溶性镁化合物。这些镁肥性质不同，施用效果也有差异。陈星峰等（2006）在福建烟区缺镁土壤上施用不同镁肥（硫酸镁、氧化镁、钙镁磷肥等），可明显提升上等烟的产量和品质，氧化镁的效果最好，产值增加 20% 以上；缺镁烟田氧化镁的适宜用量为 5~10 kg/亩。李延等（2001）在福建山地龙眼园施用镁肥，叶面喷施 1% 的硫酸镁，全年喷 3 次，或土壤株施钙镁磷肥 1.15 kg，可使叶片叶绿素含量增加 1 倍左右，发病率由 15% 降至 5% 左右。梁兵等（2016）在云南红河州典型植烟区发现，基施镁肥 4 kg/亩效果最好，镁肥叶面喷施效果较好，其经济性状表现优于基施。

中国农业科学院衡阳红壤实验站科技人员（黄鸿翔等，2000；徐明岗等，2005；游有文等，1999）的盆栽试验结果表明，在硅质红壤上的施用效果，碳酸镁（菱镁石粉）、氧化镁最好，其次是硫酸镁和海泡石粉（富镁纤维状硅酸盐），氯化镁最差，且对苗期玉米有害，抑制苗期玉米生长（表 11-19）。这可能是因为氯化镁是生理酸性肥料，施后降低土壤 pH，产生土壤活性铝毒害。在红壤上施用石灰质镁肥比水溶性镁肥效果好，使玉米生物量提高 45%~56%，使局部根际土壤 pH 提高 0.5 左右，对降低红壤的酸度有良好作用。

表 11-19   不同镁肥品种的增产效果

镁肥品种	产品成分（MgO，%）	镁施用量（MgO，mg/kg）	生物量（g/盆）	增产率（%）	土壤 pH
硫酸镁	16.1	200	9.3	31.0	4.1
氯化镁	19.6	200	2.0	−39.2	4.0
碳酸镁矿粉	38.0	200	12.5	76.1	4.6
氧化镁	95.0	200	13.3	87.3	4.7
海泡石粉	15.0	200	8.7	22.5	4.6
不施镁（对照）	—	—	7.1	—	4.4

（五）灌溉水对镁的贡献及其与水稻镁肥的增产作用

一些石灰岩地区的灌溉水中含有一定量的镁，对土壤镁平衡有良好的促进作用。根据广西柳江水库和来宾红河水库 25 个灌溉点多年的分析结果，灌溉水体平均含镁量为 11.2 mg/L。若以一季稻灌水 400 m³/亩计算，每亩水稻田从灌溉水中可获得 4.5 kg 镁。石灰溶洞地区水稻施镁效果不明显，与灌溉水中镁比较丰富有关。

随着科学施肥技术的普及，作物产量大幅度提高，这样会带走大量的镁。此外，钾肥用量增加，相应增加了作物对镁的需求，使土壤中的镁收支不平衡，影响作物产量和品质。施用镁肥在农业生产中必然会引起广泛重视，这也是国外发达国家肥料施用的普遍规律。对镁的需求会日趋迫切，其原因：①经济作物优质高产高效需要施镁；②南方果树种植规模扩大，生产发展迅速，果树施镁肥可以产生良好的增产效果和经济效益；③当前尚少见水稻缺镁，但随着水稻产量的大幅度提高，也有缺镁的可能。

根据目前的研究结果，南方红壤地区约有 25% 的旱地（包括园地、林地和可利用的荒山草地）

缺镁，缺镁面积达 2 000 万 hm² （白由路等，2004；徐明岗等，2005）。因此，缺镁营养诊断及镁肥合理施用技术应用前景广阔，对南方农业生产发展具有深远的意义。在这些缺镁土壤上推广和应用镁肥，按每亩增收 80 元计算，可创造经济效益 240 亿元以上。

第二节　红壤硫的特征与高效施用技术

一、红壤硫循环与转化

（一）红壤硫的含量和形态

近 20 年以来，随着对大气 SO_2 排放的控制、不含硫肥料的使用和高产作物品种的种植，作物从土壤中带走的硫增加，农业生产中硫的投入和产出严重失衡，导致我国 30％左右的土壤缺硫。据统计，全世界已有 72 个国家和地区出现缺硫现象。硫是作物必需的营养元素之一，在作物体内的含量为 0.1％～0.5 ％。就需要量而言，硫的需要量仅次于氮、磷、钾，被列为第四大营养元素（朱英华等，2006）。世界耕地全硫含量一般为 0～600 mg/kg，湖南省 40 份水稻土样本全硫均值为 539 mg/kg，福建 168 份代表性土样全硫均值为 263.8 mg/kg。我国土壤供硫现状调查结果显示，水稻土全硫含量通常高于同地区的旱地土壤。例如，中国南方 8 省份 126 个稻田表土全硫含量平均比当地的旱地高约44.5％。而且，质地黏重的土壤全硫含量高于质地轻（粗）的土壤，长江以北的土壤高于以南的土壤。因此，我国南方大多数的旱地土壤和质地轻的土壤易出现缺硫的现象（曹志洪等，2011）。据调查，南方 10 省份土壤有效硫含量低于土壤硫临界值（12 mg/kg）的土样占 26.5％。安徽红壤有效硫平均含量为 21.97 mg/kg，缺硫土壤样点数占总样点数的 65.91％，故应补施硫肥，降低作物缺硫风险（钱晓华等，2018）。广西主要经济作物甘蔗、木薯、大豆和花生等的种植土壤缺硫率分别为41.3％、33.5％、37.1％和 34.2％（表 11 - 20）。

表 11 - 20　广西主要经济作物土壤的含硫状况

作物	土壤硫	各级含量样品数占比（%）			平均含量 (mg/kg)
		低	中	高	
甘蔗	全硫	39.1	54.3	6.5	205.4
	有效硫	37.0	52.2	10.9	15.7
木薯	全硫	38.5	46.2	15.4	206.3
	有效硫	33.3	43.6	23.1	16.1
大豆	全硫	40.0	54.3	5.7	215.2
	有效硫	37.1	51.4	17.1	16.4
花生	全硫	28.9	55.3	15.8	213.8
	有效硫	34.2	52.6	13.2	17.3

土壤中的硫分为无机硫和有机硫两部分，表层土壤中大部分硫以有机形态存在（Prietzel et al.，2007；Solomon et al.，2011）。例如，广西地处中亚热带至北热带，因高温多雨，土壤中的硫极易分解淋失。土壤中的硫少部分为无机硫，大部分的硫主要是与土壤有机质结合，可随土壤有机质矿化缓慢释放出来。彭嘉桂等（2005）对福建耕地土壤硫的形态研究发现，土壤硫组分为：全硫；有机硫，包括酯键硫、碳键硫和惰性硫；无机硫，主要包括溶液硫和交换性硫。红壤无机硫占全硫含量的12.4％～39.1％，主要由有效硫组成，如表 11 - 21 所示。但在高 pH 条件下，部分有效硫（SO_4^{2-}）与土壤中的 Ca^{2+} 形成 $CaSO_4$ 沉淀，从而导致盐酸可提取态硫较难释放出来（Hu et al.，2005）。同时，SO_4^{2-} 还可为土壤胶体所吸附，形成吸附态硫，其吸附量受土壤 pH 的影响较大，酸性土壤吸附的硫较多，随着 pH 的升高而减少。而且，SO_4^{2-} 的吸附还与土壤胶体种类有关。一般铁铝氧化物对

SO_4^{2-} 的吸附次于 PO_4^{3-} 而显著强于其他一价阴离子。但是，吸附的 SO_4^{2-} 易被其他阴离子置换，甚至在土壤溶液稀释时出现许多的吸附态 SO_4^{2-}，这与吸附态磷明显不同。因此，在土壤中吸附态硫的含量较低，在中性土壤中几乎没有吸附态硫（曹志洪，2011）。一般而言，在还原条件下原生含硫矿物多为硫化物、二硫化物及元素硫等形态，而在通气条件下形成的次生矿物多为硫酸盐形态。硫酸盐一般都具有较高的溶解度，因此，在浓度较低的情况下，一般都能溶解，而以固体形式存在的硫不多。

表 11 - 21　红壤各组分硫含量（mg/kg）（许闯，2014）

土层（cm）	无机硫		有机硫		
	有效硫	盐酸可提取态硫	碳键硫	酯键硫	残渣态硫
0～20	15.5±1.5a	9.4±1.8a	8.0±2.0a	74.40±2.10a	137.71±2.70a
20～40	30.9±0.7d	9.1±1.7a	8.1±0.7a	60.42±2.00a	84.50±0.10b

（二）土壤硫的分解与转化

土壤中的有机态硫在总硫含量中占相当高的比例，在排水良好、无盐的表层土壤中，90%的硫是有机硫。因此，有机硫是作物硫营养的重要来源。农业土壤中的有机硫大部分以络合有机物的形态存在，作物从土壤中吸收的硫主要是无机硫酸根形态，而以有机硫形态吸收的较少，有机硫不能直接被作物同化。因此，大部分含硫有机物须经过分解转化，才能被作物吸收利用。

土壤有机硫矿化主要是含硫有机化合物分解形成硫酸盐的过程。整个矿化过程都在释放硫酸盐，前期释放硫酸盐速度较快，后期释放的硫酸盐速度逐渐减慢（Williams，1967；Tabatabai et al.，1980；Nor，1981）。微生物分解有机质，并通过矿化释放对作物有效的硫。一定时间内的矿化量取决于土壤理化性质，如温度、湿度、pH以及养分状况等因素，土壤有机硫每年有1%～3%被矿化。例如，有机硫的分解需要一定的湿度和通气条件，一般在接近田间持水量时分解较快，土壤含水量过低或过高（<15%或>40%）都会使有机硫的矿化率降低。土壤经干燥或干湿交替，SO_4^{2-} 的释放量明显增加，而且增加量随着干燥时温度的升高而增加。酸性土壤施用石灰一般能促进 SO_4^{2-} 的释放。

（三）土壤无机硫的氧化与还原

1. 土壤无机硫的氧化

氧化作用是低还原态的无机硫化物转化为高氧化态硫的过程。硫的还原态（主要是硫化物如 S^{2-}）和元素硫在土壤中较为常见，其氧化在硫循环中起十分重要的作用。硫在土壤中氧化有两个好处：①酸化，可以改良碱性土壤；②可以减少链霉菌（*Streptomyces* spp.）引起的病害。在氧化条件下，主要是硫化物、二硫化物或元素态硫氧化为 SO_4^{2-}。但是，硫在土壤中的氧化也有不利的方面。例如，采矿使大量含硫化物的矿物暴露在空气中，使硫化物氧化形成大量 H_2SO_4，从而造成地表水和地下水酸化（曹志洪等，2011）。

2. 土壤无机硫的还原

还原作用是高氧化态的无机硫化物转化为低还原态的过程。氧化态的硫酸根分子的还原有两个机制：① SO_4^{2-} 通过同化还原成有机化合物的巯基；② SO_4^{2-} 通过同化还原由细胞分泌 H_2S，某些硫酸盐还原细菌也可以同化中间氧化态硫化物如 $S_2O_3^{2-}$，有的微生物还能将 S 还原成 H_2S。在通气不良的条件下，SO_4^{2-} 也可被硫酸还原细菌还原为硫化物，这种还原过程及其产物对渍水土壤，尤其是对水稻土的肥力有很重要的影响（袁可能，1983）。

（四）土壤有效硫

土壤中能被作物利用的有效硫主要是无机硫酸根（SO_4^{2-}）。硫酸根形态的硫占土壤全硫的10%以下，其他无机形态的硫，如元素态硫、硫化物、二硫化物等大多溶解度较低，只有在氧化后才能被作物利用。无机硫酸根或以溶解状态存在于土壤溶液中，或被吸附在土壤胶体上，大多是水溶性的、酸溶性的和可代换性的。在浓度较高的土壤中则有因过饱和而沉淀的硫酸盐固体，如硫酸钙、硫酸钡等。

　　土壤中的有效硫是作物硫营养的主要来源。由于硫酸根属于阴离子，在土壤中常因年份、季节和层次不同而发生变化，且易被雨水淋失。加之近几年来作物品种更新，产量不断提高，富含石膏的普通过磷酸钙等含硫肥料的用量减少，从而使土壤有效硫不能满足作物的需要。土壤有效硫不足已成为农业生产中的制约因素。土壤有效硫分为低、中低、中、高、很高 5 个等级（表 11 - 22）。对我国的大多数作物而言，表层土壤有效硫临界值为 12～16 mg/kg。有效硫含量低于 12 mg/kg 时，施硫对作物的产量表现为增产效应，但在贵州等南方省份的研究发现，土壤有效硫达到 30 mg/kg 时，施用硫肥仍能增加作物产量（曹志洪等，2011）。据调查，福建东南耕地土壤有效硫平均含量为 21.7 mg/kg。其中，47 个水稻土样平均有效硫含量为 21.8 mg/kg，69 个旱地土样平均有效硫含量为 21.6 mg/kg（表 11 - 23）。参考刘崇群关于南方稻田有效硫 3 级丰缺指标的划分方法，该地区 116 个土样，<16 mg/kg（缺乏级）的样品数占样品总数的 57.8%，16～30 mg/kg（潜在性缺乏级）的样品数占 18.1%，30～50 mg/kg（丰富级）的样品数占 13.8%，>50 mg/kg（极丰富级）的样品数占 10.3%。从主要土种来看，水稻土的灰沙田、黄泥田和旱地的赤沙土平均有效硫含量都在临界值左右，而这些土种在该地区的分布面积大，是农业生产中重要的土壤类型，说明该地区缺硫土壤面积较大。另据研究，福建 372 个耕地土样有效硫含量平均为（27.6±23.5）mg/kg，其中<16 mg/kg 临界值硫缺乏级的样本占 37.1%，连同 16～30 mg/kg 硫潜在性缺乏的样本共占 68.2%，说明福建是贫硫土壤省份，且福建东南地区耕地土壤缺硫比西北地区更为严重（彭嘉桂等，2005）。对浙江红壤地区 339 个土样的分析结果表明，土壤有效硫平均含量为 21.6 mg/kg，其中<12 mg/kg 的样本占 11.5%（孟赐福等，2004）。

表 11 - 22　土壤有效硫分级（曹志洪等，2011）

级别	土壤有效硫（mg/kg）	土壤供硫能力及硫肥施用建议
低	<12	供硫能力低，需要施硫肥
中低	12.10	一般作物不需施硫肥，需硫多的作物如油菜、芝麻、大蒜、大豆等可以考虑施用硫肥
中	16.10	供硫量中等，不需施用硫肥
高	30.10	含硫量较高，供硫能力较强
很高	>50	含硫量高，供硫能力强

表 11 - 23　福建东南地区土壤有效硫含量状况（彭嘉桂等，2002）

土壤类型	主要土种	样品数（个）	有效硫（mg/kg）	<16 mg/kg 样品数（个）	<16 mg/kg 样品的百分率（%）
水稻土	黄泥田	9	13.0±6.0		
	灰色黄泥田	9	45.4±13.1		
	灰泥田	9	19.1±18.5	25	53.19
	灰沙田	16	16.0±15.2		
	灰埭田	4	16.4±28.0		
	小计	47	21.8±18.5		
旱地土壤	赤沙土	38	17.3±21.5		
	灰赤沙土	20	30.9±41.4	42	60.80
	风沙土	11	19.7±19.2		
	小计	69	21.6±28.6		
合计		116	21.7±25.0	67	57.80

有机态硫也是有效硫的重要来源，其中一些含硫氨基酸也可以直接被作物吸收。较复杂的含硫有机物中硫的有效性因有机物的种类而差异较大。例如，有些硫酸酯较易水解，而氨基酸中的硫较为稳定，腐殖质中的硫最难分解。因此，实际上有机物中的硫只有一小部分可作为潜在的有效硫，在短期内被微生物分解释放。

二、作物硫营养及诊断

（一）作物中的硫含量与形态

作物中的硫主要以蛋白质、芥子油和硫酸盐的形态存在，可分为 4 类：挥发性硫、硫酸盐、可溶性硫和不溶性硫。也有研究把作物中的硫分为 3 类：蛋白硫（胱氨酸）、挥发性硫（芥子油、烯丙基硫化物、乙烯基硫化物和硫醇）及硫酸盐。硫酸盐占作物硫含量的 65%，其在作物中的分布相当均匀，是形成蛋白质的功能物质，储藏在作物的液泡中。含硫有机化合物主要是含硫氨基酸，如胱氨酸、半胱氨酸和谷胱甘肽等，含硫氨基酸是蛋白质不可缺少的组成成分。作物吸收的硫首先满足合成有机硫的需要，然后以 SO_4^{2-} 形态储藏。当供硫不足时，作物体内的硫大部分为有机硫；当供硫增加时，作物体内的有机硫也增加；当供硫充足时，作物体内不仅有 SO_4^{2-} 蓄积，还有可溶性有机硫的积累；当对作物供硫适度时，作物体内氨基酸中的硫约占全硫的 90%，该有机硫主要分布在蛋白质中。

作物体内的硫含量通常与磷相近，为作物干重的 0.2%～1.5%，但不同作物种类和组织器官之间差别很大，一般十字花科＞豆科＞禾本科，叶片＞种子＞茎秆。例如，豆科作物的硫含量超过磷含量，棉花硫含量是磷含量的 3 倍，番茄组织中的硫含量是磷含量的 2～4 倍（曹志洪等，2011；Hawkesford et al.，2006）。盐生植物和十字花科植物的含硫量均超过 30.0 g/kg。同一品种作物体内的硫含量也可能存在很大的变化，主要取决于土壤供硫量或土壤中的阳离子组成。

（二）硫在作物中的生理功能

硫是作物生长必需的中量矿质营养元素，也是作物完成生理过程的必需营养元素。硫在生理、生化作用上与氮相似。硫是含硫氨基酸、谷胱甘肽和植物络合素、维生素和许多次级产物的组成成分，还是酶化反应活性中心的必需元素。硫在作物中的催化和调节功能远比结构功能更重要。

增施硫肥可以增加作物籽实中的蛋白质含量，降低 N/S，减少植株中硝酸盐及其他可溶性氮化合物的积累，提高农产品的营养价值。施用硫肥能防止叶片因缺硫而失绿，使叶色转绿、生长趋于正常。硫是豆科作物及其他生物固氮过程中必不可少的。施用硫肥能促进根瘤的形成、提高固氮效率，并增加籽粒产量。硫能增强作物的抗寒性和耐旱性，作物的抗寒性和耐旱性与作物体内—SH 的数量有关，—SH 数量越多，其抗寒性和耐旱性越强。施用硫肥能增加—SH 的数量，故能增强作物的抗寒性和耐旱性。

（三）作物对硫的吸收与同化

硫主要是以 SO_4^{2-} 的形态被作物根吸收，属主动吸收。施用元素硫肥或硫酸根态硫肥都能显著促进各种作物对硫的吸收，且各种作物对硫的吸收量随着施硫量的增加而增加。此外，不同作物对硫的吸收量差异较大，其中甘蔗对硫的吸收最多，且显著高于其他作物，每公顷甘蔗的吸硫量达到 60 kg 左右，可能是由于甘蔗的生物量大，干物质积累量高，因此对硫的需求量大。木薯的硫吸收量为 31.3～34.9 kg/hm²，大豆对硫的吸收量为 22.2～28.3 kg/hm²，花生对硫的吸收量为 22.8～30.3 kg/hm²（表 11－24）。

表 11－24　施用硫肥条件下作物的硫吸收量（kg/hm²）

作物	CK	S1	S2	SS1	SS2
甘蔗	44.1	57.3	67.5	57.8	67.0
木薯	21.0	32.1	36.1	31.3	34.9
大豆	13.5	23.4	27.5	22.2	28.3
花生	16.7	24.0	30.3	22.8	28.6

注：对照（CK），元素硫 1（S1），元素硫 2（S2），硫酸根硫 1（SS1），硫酸根硫 2（SS2）。其中，S1、S2、SS1、SS2 对甘蔗和木薯的施硫量分别为 30 kg/hm²、60 kg/hm²、30 kg/hm²、60 kg/hm²；对大豆和花生的施硫量分别为 20 kg/hm²、40 kg/hm²、20 kg/hm²、40 kg/hm²。

此外，叶片也可以从大气中吸收 SO_2 气体，SO_2 气体在细胞的胞液中转化为 SO_3^{2-} 和 HSO_3^-，然后进一步被氧化为 SO_4^{2-}，参与硫的代谢。作物还能吸收利用 SO_3^{2-} 及含硫的氨基酸，但蛋氨酸对水稻生长有抑制作用。如果土壤供硫不足，作物可以直接从大气、降水或灌溉水中吸收一部分硫。大气中 SO_2 的浓度在 $0.05\ \mu L/L$ 时为正常，超过 $1\ \mu L/L$ 则对多数作物有害。作物根部吸收硫受硒酸盐所制约，因 SO_4^{2-} 与 SeO_4^{2-} 存在拮抗作用。在含 SeO_4^{2-} 较多的土壤中，需施大量的硫肥才能满足作物对硫的需求。在供硫充足的条件下，进入作物体内的一小部分 SO_4^{2-} 可直接与阳离子结合形成硫酸盐（如 $CaSO_4$），储存于作物组织和细胞液中。

（四）土壤与作物的硫营养诊断

作物缺硫状况在世界范围内呈现扩大的态势。土壤与作物的硫营养诊断对于作物的正常生长和高产十分重要。评价作物和土壤是否缺硫，需要形态观察、作物和土壤分析等诊断手段相结合。

1. 土壤有效硫的化学诊断

土壤有效硫的形态较多，因此提取有效硫的方法多种多样。无机态有效硫的浸提，常用的有水浸提法、氯化钙中性盐溶液浸提法、醋酸铵或醋酸钠溶液浸提法、磷酸二氢钾或磷酸一钙溶液浸提法等，其中磷酸盐溶液所浸出的 SO_4^{2-} 较为完全，包括了水溶性和吸附性的 SO_4^{2-}，测定的结果和作物生长及其所吸收的硫具有较高的相关性。醋酸铵或醋酸钠浸提法应用得也较广泛。

一些简单的有机硫也可为作物所利用，因此发展出一些包括土壤中某些活性有机硫的浸提法，如热溶法、碳酸氢钠溶液浸提法以及中性醋酸铵溶液浸提法。此外，还有一些测定土壤中"潜性硫"的方法，如碳酸钠灼烧法或 H_2O_2 氧化法。所谓"潜性硫"，包括了全部有机硫和还原态硫化物，接近土壤中硫的总量，因此其测定值比有效硫的测定值高，只能用来表征土壤中较长时期土壤硫的供应潜力。

另外，还可以利用同位素 S^{35} 测定 A 值，即

$$A = \frac{\text{作物吸收的肥料硫}}{\text{作物吸收的土壤硫}} \times \text{施入的硫肥}$$

研究表明，A 值与碳酸氢钠溶液浸提所得的硫具有很强的相关性，与作物生长的相关性也较好。

应用不同化学方法浸提测出的土壤有效硫，通过一系列田间试验估计土壤有效硫的缺乏临界值：醋酸铵法为 $6\sim7\ mg/kg$，磷酸钙法为 $8\sim10\ mg/kg$，A 值为 $10\sim15\ mg/kg$，一般土壤有效硫的缺乏临界值为 $6\sim12\ mg/kg$，但因土壤和作物种类不同而有所不同。例如，水稻和油菜相对产量为 90% 时土壤有效硫缺乏的临界值分别为 $16.0\ mg/kg$ 和 $22.2\ mg/kg$（图 11-4）；豆科作物的土壤有效硫的临界值高于禾本科作物；水稻相对产量为 95% 时的水田有效硫含量临界指标为 $23\ mg/kg$，旱作物相对产量为 90% 时的旱地有效硫含量临界指标为 $25\ mg/kg$（林琼等，2007）。

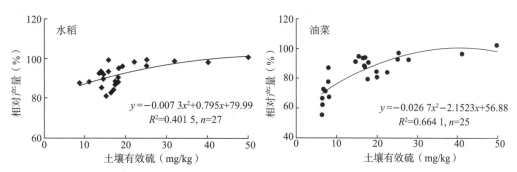

图 11-4　土壤有效硫含量与水稻和油菜相对产量的相关关系（孟赐福等，2004）

2. 作物缺硫的诊断

硫在作物体内的移动性小，不易从老组织向幼嫩组织转移。因此，缺硫症状最先出现在幼嫩部位和生长代谢旺盛的器官，如植株的顶端及幼芽；缺硫还影响作物花器官的正常生长发育。缺硫首先是幼芽黄化或嫩叶褪绿，顶部叶片缺绿，新叶呈黄绿色乃至黄色，有时比缺氮显得更黄，黄化症状逐步

向老叶扩展以至全株。黄化后基秆细弱，根细长且不分枝，生长受到抑制，茎短而叶片面积缩小。

可用化学分析诊断作物含硫量来评价缺硫与否。全硫含量是判断硫营养的重要标志，但各种作物不同组织部位和不同生长阶段的临界值不同。例如，苜蓿（全株）为 2.0 g/kg，大豆（叶片）为 1.8 g/kg，水稻（茎）为 0.84 g/kg，棉花（全株）发芽期为 1.5 g/kg、中期为 2.0 g/kg 等。除全硫含量外，植株体内的 SO_4^{2-} 含量可以更灵敏地反映植株的硫营养状况，但其临界浓度也因作物而异。例如，黑麦草全株为 320 mg/kg，甜菜叶片为 250 mg/kg，苹果、梨、桃的叶片为 100 mg/kg 等。一般因 SO_4^{2-} 较易运输至植株顶部，所以采样部位以植株上部叶片为好，一般是新成熟的第三张叶片。其他作物如苜蓿、豌豆、芥菜等都是需硫较多且对缺硫反应敏感的作物。

此外，作物体内的 N/S 也可作为硫营养评价的指标。缺 S 则 N 积累，N/S 升高。例如，甜菜的 N/S 为 15，苜蓿的为 15～25 等，N/S 如果高于临界值，则有可能缺 S（袁可能，1983）。在缺 S 的植株根系，酰胺有快速积累的现象，因此也可以将酰胺含量作为硫营养的诊断指标（Zhao et al.，1996）。

作物组织分析的结果与作物的硫含量及作物对硫的反应关系更为密切。因此，将对作物组织矿质养分含量的分析结果与其临界值比较后就可以评价取样时作物的营养状况，评价结果可信度相当高，并且可以预测作物收获时的营养状况。虽然作物组织分析是测定作物硫营养的最准确的方法，但是作物组织分析必须取样，操作和分析也比较复杂、耗时。硫和氮一样，是一种在土壤中易移动的养分，因此，通过土壤测试可以了解土壤中硫储量的大概情况，可以评价土壤的潜在供肥能力，不宜评价作物的营养状况，而作物分析可以评价作物的硫营养（Yamaguchi，1999）。总之，由于硫供应的复杂性，用一个指标判断难免出现失误，建议用多重指标进行综合判定。

三、硫肥的种类及应用效果

(一) 含硫肥料的种类与性质

含硫肥料种类较多，如石膏、普钙及硫酸亚铁等均含有硫，可以作为作物硫的补给源（王利等，2008；陈小彬，2009）。

1. 生石膏

即普通石膏，由石膏矿石直接粉碎而成，呈粉末状。其主要成分为 $CaSO_4 \cdot 2H_2O$，含 S 18.6%，微溶于水。其溶解度与细度有关，粒径越细，改土效果越好，也越易被作物吸收利用。农用生石膏的粒径以 0.25 mm 为宜。

2. 熟石膏

又称雪花石膏，由普通石膏加热而成，白色粉末状，其主要成分为 $CaSO_4 \cdot 1/2H_2O$，含 S 20.7%。熟石膏容易磨细，吸湿性弱，吸水后变成普通石膏，物理性状变差，呈碎块或大块状，使用不便，故储存时应防湿、防潮。

3. 磷石膏

磷石膏是用硫酸分解磷矿石制取磷酸后的残渣，其主要成分为 $CaSO_4 \cdot 2H_2O$，约占 64%，含 S 11.9%，此外还含 P_2O_5 0.7%～4.6%，因此称为磷石膏。该石膏呈酸性，易吸潮，宜在缺硫、缺钙及缺磷的土壤上施用。

4. 过磷酸钙

富含多种养分，在中性、碱性、微酸性土上均可施用，后效可延续多年。主要来源于低品位磷矿，但不可长期存放，当季利用率低，仅有 10%～20%。

5. 硫基复合肥

随着复合肥市场需求的扩大，易推广。

6. 硫酸铵与硫酸钾镁

施用效果好、见效快，适宜在我国南方广大红壤地区的果园推广应用。

7. 硫黄以及其他新型硫肥

国外已有成功的经验，但成本高，效果有待进一步验证。

（二）主要作物硫肥的施用与效应

硫参与作物体内蛋白质的合成和各种代谢，对提高作物产量、改善品质、促进豆科作物固氮等有重要作用。但是，由于硫在作物体内的移动性小、再利用率低，硫肥最好早施或分期追施，以充分发挥其增产作用。作物施用硫肥的效果依次为十字花科＞豆科＞禾本科。而且，禾本科作物水稻对硫较为敏感，早稻施硫肥效果比晚稻好。

1. 水稻的施硫效应

不同硫肥用量试验的结果（表 11 - 25）显示，每公顷施用硫肥 15～40 kg 能获得较佳的增产效果，进一步增加硫肥用量并未增加水稻产量，这说明每公顷施用硫肥 15～40 kg 可满足水稻生长对硫的需求。

表 11 - 25　不同硫肥施用量下的水稻产量

浙江淳安（薛智勇等，2002）			江西泰和（张红旗等，2000）			福建仙游（彭嘉桂等，2000）		
硫用量 （kg/hm²）	水稻产量 （kg/hm²）	增产率（%）	硫用量 （kg/hm²）	水稻产量 （kg/hm²）	增产率 （%）	硫用量 （kg/hm²）	水稻产量 （kg/hm²）	增产率 （%）
S_0	8 450	—	S_0	4 172	—	S_0	6 315c	—
S_{10}	8 750	3.6	$S_{7.5}$	4 722	13.2	S_{20}	6 699b	6.0
S_{20}	8 850	4.7	S_{15}	4 972	19.2	S_{40}	7 286a	15.4
S_{40}	8 850	4.7	S_{30}	4 443	6.2	S_{60}	6 836b	8.2
S_{80}	8 800	4.1	S_{60}	4 428	6.1			

（1）秧苗素质　在播种前 15 d 每平方米施用 150 g 硫黄粉，可以促进水稻幼苗的生长发育，从而提高秧苗素质。苗龄为 25 d 秧苗的苗高增加 2.6 cm，绿叶数增加 0.8 片，叶面积增加 7.1 cm²/株，根数增加 1.2 条/株，干重增加 27 mg/株（竺陆春，1998）。

（2）植株生长　在满足水稻对氮、磷、钾需要的条件下，增施硫肥能促进水稻生长发育，可以增加株高、根长和鲜重，促进分蘖，增加植株有效分蘖，使禾苗返青加快，从而为水稻增产奠定良好的基础。试验研究表明，施硫铵和 Sulfur 95（以下简称 S-95）能明显促进水稻苗期的生长发育，增加植株有效分蘖数（曹志洪，2011）。王越涛等（2005）的研究显示，施硫 30 kg/hm² 对水晶 3 号的根长有促进作用并提高成穗率。

（3）水稻产量　1981—2006 年，我国 557 个田间试验结果显示，对发育于不同母质的水稻土施用硫肥，可增产 21～1 187 kg/hm²，平均增产 462 kg/hm²，增幅为 0.5%～57.0%，平均增产幅度为8.9%。我国广东、江西、湖南、浙江、福建南方 5 省份的稻田施用硫肥平均增产 15.7%（刘崇群等，1990）。水稻施用硫肥具有显著增产效果的地区主要是南方红壤地区和东北黑土地区。浙江红壤地区 53 个田间试验的结果表明，对发育于不同母质的水稻土施用硫肥可增产 12～1 135 kg/hm²，平均增产 386 kg/hm²，增产幅度为 0.5%～22.9%，平均增产 7.3%（薛智勇等，2002）。湖北水稻田间试验结果表明，水稻土施石膏或硫黄都能提高产量，其中施用硫黄粉的效果好于施用石膏，施用前者的增产率达到 27.44%，施用后者的增产率是 14.88%，表明施硫是农业增产的重要措施（程炯等，2005）。一般而言，土壤有效硫含量低于 16 mg/kg 的地区，对水稻施用硫肥的增产效果明显；即使在土壤有效硫含量高达 30～40 mg/kg 的地区，对水稻施用硫肥仍有较好的增产效果。但是，施硫对水稻产量的影响还与施用年限密切相关。施硫对水稻的短期效应（1～7 年）可以提高水稻产量和品质，中期效应（8～15 年）无显著作用，而长期效应（16 年后）却出现负面影响，长期施用含硫化肥导致水稻（特别是晚稻）对镁、铁、钼等元素的吸收量显著减少，高硫处理［604 kg/（hm²·a）］晚稻产量显著下降，1990—1997 年比 1982—1989 年平均下降 31.6%（邹长明等，2006）。

（4）水稻品质　施硫可以改善水稻的品质。水稻缺硫不仅导致产量降低，还会导致营养价值降低。与不施硫肥处理相比，施硫处理的水稻粗蛋白含量增加了 6.33%（姚建武等，1997）。同时，施用硫肥可以有效提高水稻的糙米率、精米率和整精米率（表 11-26），其中硫酸铵处理表现最为突出，其次是 S-95 和硫黄处理。亚白率是影响水稻品质的关键指标，施用硫肥能够有效降低水稻亚白率，其中硫酸铵处理比对照降低了 13.5%，而 S-95 和硫黄处理分别比对照降低了 7.87% 和8.43%。直链淀粉含量的允许范围为 17%～23%，在此范围内，含量越低，水稻的食味性越好。施硫肥可以降低直链淀粉含量，其中硫黄和 S-95 处理的效果更好，直链淀粉含量分别达到 17.2% 和17.1%，硫酸铵处理的直链淀粉含量为 17.4%，均在直链淀粉含量允许范围内（表 11-26）。

表 11-26　施用硫肥的水稻品质（吴英等，2002）

处理	糙米率（%）	精米率（%）	整精米率（%）	亚白率（%）	胶稠度（mm）	直链淀粉含量（%）
CK	78.6	74.5	73.2	17.8	52.7	18.4
硫黄	80.1	76.2	73.7	16.4	43.2	17.2
S-95	80.7	75.1	74.7	16.3	42.9	17.1
硫酸铵	81.4	77.8	75.6	15.4	40.3	17.4

2. 油菜的施硫效应

在硫敏感的油菜等喜硫作物上施用硫肥能增加菜籽蛋白质含量，促进根瘤的形成，提高油菜的产量、菜籽品质和抗逆性。

（1）油菜产量　在缺硫的土壤上，施硫通常能明显降低有效分枝部位，提高有效分枝数，增加有效荚果数、每荚粒数和千粒重，从而提高产量。印度 18 个施硫处理芥菜型油菜的田间试验表明，与对照相比，施硫油菜平均增产 335 kg/hm²，增幅为 83～835 kg/hm²，平均增产率为 30.0%，增幅为10.1%～92.8%（Tandon，2000）。南方 194 个甘蓝型油菜硫肥田间试验结果显示，施硫平均增产170 kg/hm²，平均增产率为 14.0%，如表 11-27 所示（曹志洪等，2011）。湖北油菜盆栽试验结果（表 11-28）表明，黄棕壤、红壤、灰潮土施石膏或者硫黄均能促进油菜生长，并能提高其干物重，这些土壤施石膏的油菜干物重均超过施硫黄的油菜干物重，说明油菜施石膏的增产效果比施硫黄好（程炯等，2005）。浙江发育于不同母质的土壤施用硫肥对油菜产量影响的结果显示，在缺硫严重的花岗岩发育的红壤上施用硫肥有极显著的增产效果，其中普钙、S-95 和硫黄处理的籽粒产量分别增加81.4%、61.1% 和 51.7%（孟赐福等，2000）。

表 11-27　田间条件下油菜施硫的增产效应（曹志洪等，2011）

年份	省份（试验点数）	有效硫（mg/kg）		增产量（kg/hm²）		增产率（%）	
		范围	平均	范围	平均	范围	平均
1993—1998	湖北（27）	7.9～25.9	18.2	83～314	184	5.5～23.1	12.4
1993—1998	湖北（12）	10.2～37.5	20.0	83～314	163	6.9～23.1	11.8
1997—1999	湖南（35）	10.8～29.4	19.2	—	—	2.9～51.1	23.3
1997—1999	湖南（4）	—	25.7	26～431	153	17.3～51.6	30.5
1997—1998	湖南（11）	14.3～29.0	19.4	69～358	196	2.9～35.0	14.4
1996—1998	四川（9）	12.0～15.5	13.7	−48～72	11.6	−2.1～3.1	0.4
1993—1997	安徽（8）	10.8～29.4	—	36～781	224	3.0～31.0	10.7
2003—2004	安徽（2）	7.4～11.6	9.5	206～425	316	9.4～16.3	12.8
1991—2000	浙江（53）	6.5～50.0	17.7	32～489	273	2.7～81.4	21.3
1994	江西（6）	2.2～10.8	4.9	53～489	96	2.8～38.2	12.4

（续）

年份	省份（试验点数）	有效硫（mg/kg）		增产量（kg/hm²）		增产率（%）	
		范围	平均	范围	平均	范围	平均
1994—1995	江西（8）	10.4~16.7	13.5	30~230	74	3.5~30.2	10.1
1997—1999	江西（12）	—	13.5	66~389	215	4.3~19.0	11.4
1993—1996	贵州（7）	5.0~38.0	21.3	—	133	—	10.0

表 11-28　不同硫源和硫肥不同用量下发育于红砂岩的红壤的油菜产量（程炯等，2005）

处理	籽粒产量（kg/hm²）	籽粒产量占比（%）	秸秆产量（kg/hm²）	秸秆产量占比（%）
未施硫	1 800c	100.0	1 014a	100.0
半量石膏	2 000ab	111.1	1 067a	105.2
全量石膏	1 960ab	108.9	1 067a	105.2
全量硫黄	1 880ab	104.4	1 035a	102.1
全量普钙	2 040a	113.3	1 155a	113.9

注：上述全量处理中施硫量均为 40 kg/hm²。

（2）菜籽品质　施硫可明显改善油菜脂肪酸的品质，其中油酸、亚油酸和亚麻酸的含量分别提高 7.9%、5.2% 和 11%（陈坊，1996）。在缺硫土壤上施用硫肥会提高菜籽的含油量，但施硫量过高或者在高硫的土壤上施硫则会降低菜籽的含油量（Jackson，2000）。施硫量为 22 kg/hm² 时，菜籽的含油量达到高峰。这些结果表明，硫在控制油菜的籽粒产量、含油量和蛋白质含量方面具有非常重要的作用。此外，K_2SO_4 显著降低了油菜地上部的镉含量，降低了油菜对镉的富集系数；硫黄和 $(NH_4)_2SO_4$ 增加了油菜对铅的转移系数（李媛等，2009）。

（3）抗逆性　油菜施硫可以增强油菜对菌核病的抗性，油菜菌核病的病情指数随着硫肥用量的增加而减少（王杰等，2000）。施硫处理平均株发病率比对照降低 9.2%，施硫量最高处理（112.5 kg/hm²）的株发病率比对照降低 14.3%（秦光蔚等，2001）。此外，施硫提高了油菜的抗寒能力。不同施硫量油菜冻害等级不同，对照处理为 2.7 级，施硫量 56.2 kg/hm²、75.0 kg/hm²、93.8 kg/hm² 和 112.5 kg/hm² 处理的冻害等级分别为 2.5 级、2.4 级、2.5 级和 2.3 级。

3. 茶叶的施硫效应

硫在茶树平衡施肥中起十分重要的作用，有助于提升茶叶产量与品质。茶树缺硫出现所谓"茶黄"，其表现为顶部叶失绿、变小卷曲，乃至脱落，茎细而短，无花蕾形成（刘勤等，2000）。我国茶叶生产中，氮肥用量远远超过茶树生长的需求，因此更要注重硫肥的配施，因为氮肥肥效的充分发挥取决于硫的充分供应。叶勇等（1994）研究发现，茶园施硫增产提质的原因是施硫能促进茶树的生理代谢，提高叶片光合作用强度、叶绿素含量、全氮和全磷量，特别是显著提高茶氨酸和天冬氨酸的含量，但明显多酚氧化酶活性和茶多酚代谢抑制。茶园施硫量通常为 40~60 kg/hm²。具体用量应根据茶园土壤的有效硫含量、茶叶硫带走量和培肥管理来决定。

（1）茶叶产量　近年来，我国缺硫茶园不断增多，茶园缺硫现象日趋严重。韩文炎等（2000）在浙江、江西和安徽的试验结果表明，施硫茶叶增产 1.2%~12.6%，平均增产 13.0%，如表 11-29 所示。

表 11-29　施硫条件下的茶叶产量和品质（韩文炎等，2000）

地点	处理	产量（kg/hm²）	氨基酸（%）	茶多酚（%）	咖啡因（%）	水浸出物（%）
杭州	对照	2 397	2.30	23.4	3.85	39.7
	S 60 kg/hm²	2 655	2.50	24.1	3.99	40.2

（续）

地点	处理	产量（kg/hm²）	氨基酸（%）	茶多酚（%）	咖啡因（%）	水浸出物（%）
杭州	对照	782	3.00	25.4	3.71	38.5
	S 60 kg/hm²	827	2.92	24.6	3.74	38.0
绍兴	对照	1 590	0.72	15.4	1.49	30.9
	S 60 kg/hm²	1 675	0.83	16.2	1.65	31.9
龙泉	对照	548	1.76	23.5	2.96	35.0
	S 60 kg/hm²	617	1.94	24.2	3.10	36.1
丽水	对照	60	2.12	18.5	3.56	34.0
	S 60 kg/hm²	75	2.30	18.2	3.41	35.1
云和	对照	981	3.26	18.3	3.68	36.2
	S 60 kg/hm²	1 084	3.42	19.2	3.76	38.4
兰溪	对照	2 897	2.23	27.1	4.06	38.3
	S 60 kg/hm²	2 931	2.55	26.2	4.39	41.1
龙游	对照	1 266	2.41	22.5	3.30	37.0
	S 60 kg/hm²	1 382	2.54	23.8	3.47	38.4
无锡	对照	776	1.94	16.7	3.84	35.9
	S 60 kg/hm²	872	2.51	18.0	3.76	38.5
上饶	对照	1 582	2.01	28.6	5.20	39.4
	S 60 kg/hm²	1 707	2.09	29.1	5.30	41.1
东至	对照	2 265	0.63	25.6	3.28	35.0
	S 60 kg/hm²	2 218	0.68	25.4	3.41	34.6

（2）茶叶品质　茶叶品质由外观、颜色和风味决定，但最重要的是风味。我国的优质茶平均含硫量比普通茶高42.2%（李庆逵等，1998），因而硫营养对茶叶品质有重要的影响。影响绿茶品质的主要化学成分是茶多酚、氨基酸和咖啡因，其中氨基酸是优质绿茶的必要成分（Chen et al.，1985；Wang et al.，1988）。施硫能增加红茶中的氨基酸、茶多酚、甲硫氨酸、茶红素、茶黄素含量和汤色亮度等，从而改进红茶品质（Nagendra et al.，2008；Barbora，1995；潘建义等，2016）。

4. 果树的施硫效应

（1）果树产量　①柑橘类。湖南柑橘园连续4～5年施硫肥平均增产5.3%～30.0%。施硫肥的增产效果：有效硫缺乏土壤＞潜在缺乏土壤＞有效硫中等土壤和有效硫丰富土壤。树龄较长的柑橘园施硫肥的增产效果大于树龄较短的橘园。施硫的增产效应随硫肥施用年数的延长而提高（戴平安等，2006）。在中低产柑橘园，柑橘产量随着施肥量的增加而升高。②龙眼和荔枝。在硫缺乏或潜在缺乏的龙眼园，增施镁、硫肥可以提高龙眼坐果率，增产效益显著。在土壤有效硫含量为10.7 mg/kg的龙眼园，株施硫肥0.1 kg分别使龙眼坐果率和果实产量提高3.5%和14.8%。荔枝施硫肥单果重增加0.8 g，增产4.25 t/hm²，增产率为25.8%。③葡萄。在有线虫的葡萄园中，每株葡萄施用10 g硫不仅可以杀死线虫，而且可以提高葡萄产量。④香蕉。庄绍东（2003）的研究显示，在漳州蕉园土壤有效硫含量较高（51.5 mg/kg）的情况下，施用硫肥的增产效果仍可达到5.8%～10.6%。如果期望香蕉产量达到45 t/hm²左右，那么在沙性较强的土壤中硫肥的适宜用量为90 kg/hm²。在福建进行的4个香蕉田间试验表明，施硫肥60 kg/hm²处理的平均产量为36 236 kg/hm²，比不施硫肥处理增产5.9%（林琼等，2007）。

（2）果实品质　施用硫酸钾能增加水果的维生素C、可溶性固形物、糖分含量和淀粉含量，降低硝酸盐含量。例如，施硫使荔枝果实可溶性固形物含量增加7.5%，可溶性糖含量增加10.3%，总酸含量降低3.8%（表11-30）。另外，喷洒石硫合剂可以一定程度上抑制浮皮的发生，减缓柑橘果实衰老（潘兆龙，2009）。在福建漳州香蕉园，在实施平衡施肥的基础上，增施硫肥 60 kg/hm² 比常规施肥的果实可溶性固形物含量提高 6.9%、维生素 C 含量提高 9.0%、还原糖含量提高 22.8%（颜明娟等，2006）。

表 11-30　施硫条件下的荔枝果实品质（周修冲等，2001）

处理	可溶性固形物（g/kg）	可溶性糖（g/kg）	维生素 C（mg/kg）	总酸含量（g/kg）	糖/酸
NPK+Mg	187	156	134	2.66	58.6
NPK+Mg+S	201	172	147	2.56	67.2

5. 蔬菜的施硫效应

蔬菜缺硫叶色失绿，严重时全株发白，与缺氮的症状相似。主要是缺硫引起的淡黄色或白色是从新叶及生长点开始的，主要是缺氮引起的淡黄色或白色则是从老叶和下部茎叶开始的。缺硫不仅导致蔬菜减产，还影响蔬菜品质、降低蔬菜抗性。

（1）蔬菜产量　在蔬菜生产中，硫黄是蔬菜内在和外观质量的植物保护剂。在有机农业生产中一般禁用农药，而施用硫肥则可以提高蔬菜对病虫害的抵抗力。福建不同施硫水平田间对比试验的结果表明，每公顷施硫 15 kg、30 kg、45 kg 和 60 kg 对莴苣都具有不同程度的增产效果（表 11-31），每公顷施硫 30 kg 的产量最高，增产 18.5%；施硫 45 kg 处理花椰菜的增产率最高，为 21.6%；则施硫 30 kg 处理空心菜的增产率最高，为 10.0%（表 11-31）。此外，施硫能增加植株体内硫、甲硫氨酸含量及胱氨酸含量，进而提高植物的抗冻性（杨明杰等，1989）。

表 11-31　不同硫水平田间对比试验蔬菜的产量结果（彭嘉桂等，2004）

品种	处理	产量（kg/hm²）	增产率（%）	LSD 0.05	LSD 0.01
莴苣	S₀（CK）	28 590.0	—	c	B
	S₁	30 228.0	5.7	b	A
	S₂	33 852.0	18.5	a	A
	S₃	31 896.0	11.5	ab	A
	S₄	30 627.0	7.1	b	A
花椰菜	S₀（CK）	8 100.0	—	d	D
	S₁	8 500.0	4.9	cd	CD
	S₂	9 201.0	13.6	ab	AB
	S₃	9 799.5	21.6	a	A
	S₄	9 100.0	12.4	bc	AB
蕹菜	S₀（CK）	9 646.5	—	c	CD
	S₁	10 074.0	4.4	bc	BC
	S₂	10 608.0	10.0	a	A
	S₃	10 323.0	7.0	ab	AB
	S₄	9 846.0	2.1	c	C

注：S_0、S_1、S_2、S_3、S_4 处理每公顷施硫量分别为 0 kg、15 kg、30 kg、45 kg 和 60 kg。

（2）蔬菜品质　硫与叶绿素的形成密切相关，土壤缺硫或硫供应不足时蔬菜新叶黄化，菜类蔬菜失去鲜嫩的色泽，蔬菜的商品价值降低。在污染的土壤上，施用硫肥是降低蔬菜吸收砷、锑等有毒元素的有效措施，但过量的硫肥会增加根系阳离子元素如铜、锌和镉的含量，而降低茎叶中的这些元素含量。此外，施硫还能增强大白菜的抗霜霉病能力和抗炭疽病能力（刘庆山等，2003）。

6. 其他经济作物的施硫效应

施用硫肥对甘蔗、木薯、大豆和花生等都有良好的增产效果（表 11-32）。甘蔗施用硫 30 kg/hm²，硫处理增产 7.5%，硫酸根态硫处理增产 7.4%；甘蔗施用硫 60 kg/hm²，硫处理增产 10.9 kg/hm²，硫酸根态硫处理增产 11.1%。木薯施用硫 30 kg/hm²，硫处理增产 5.7%，硫酸根态硫处理增产 5.2%；木薯施用硫 60 kg/hm²，硫处理增产 7.6%，硫酸根态硫处理增产 7.9%。大豆施用硫 20 kg/hm²，硫处理增产 6.8%，硫酸根态硫处理增产 6.6%；大豆施用硫 40 kg/hm²，硫处理增产 8.7%，硫酸根态硫处理增产 8.1%。花生施用硫 20 kg/hm²，硫处理增产 7.1%，硫酸根态硫处理增产 7.2%。总之，施用硫与施用硫酸根态硫肥的增产效果基本相当。这表明，广西的高温高湿条件能促使元素硫施入土壤后及时转化成硫酸根，更易被作物较好地吸收利用。从不同硫肥施用量的增产效果来看，施用高量硫肥能获得更好的增产效果。因此，甘蔗和木薯的适宜施用量为 60 kg/hm²，大豆和花生的适宜施用量为 40 kg/hm²。

表 11-32 施用硫肥对甘蔗、木薯、大豆和花生的增产效应

处理	甘蔗		木薯		大豆		花生	
	产量 (t/hm²)	增产 (t/hm²)	产量 (t/hm²)	增产 (t/hm²)	产量 (kg/hm²)	增产 (kg/hm²)	产量 (kg/hm²)	增产 (kg/hm²)
CK	86.3	/	36.8	/	2 895	/	4 036	/
S1	92.8	6.5**	38.9	2.1*	3 091	196*	4 323	287*
S2	95.7	9.4**	39.6	2.8**	3 147	252**	4 395	359**
SS1	92.7	6.4**	38.7	1.9*	3 085	190*	4 325	289*
SS2	95.9	9.6**	39.7	2.9**	3 129	234**	4 421	385**

注：对照（CK），元素硫 1（S1），元素硫 2（S2），硫酸根硫 1（SS1），硫酸根硫 2（SS2）。其中，S1、S2、SS1、SS2 对甘蔗和木薯的施硫量分别为 30 kg/hm²、60 kg/hm²、30 kg/hm²、60 kg/hm²，对大豆和花生的施硫量分别为 20 kg/hm²、40 kg/hm²、20 kg/hm²、40 kg/hm²。*表示 LSD 检验与对照的差异达到 0.05 的显著水平，**表示 LSD 检验与对照的差异达到 0.01 的显著水平。

第三节 红壤硅的特征及高效施用技术

一、红壤硅的特征

（一）硅在红壤形成过程中的特点

1. 脱硅富铁、铝化过程

脱硅富铁、铝化过程是指在岩石风化和土壤形成的过程中，风化物和土体内的硅酸盐和铝硅酸盐矿物强烈分解，硅和盐基类物质淋失，移动性较小的铁铝氧化物相对聚集，同时，在原生矿物不断分解的过程中，颗粒由粗变细，次生的黏土矿物不断形成，土壤普遍变黏。该过程是红壤的主要成土过程，也是一种地球化学过程。脱硅富铁、铝化（即红壤化过程）是我国热带亚热带地区红壤、赤红壤及砖红壤所共有的一种典型的成土过程。与砖红壤、赤红壤相比，红壤脱硅富铁、铝化过程相对较弱。据研究，无论是热带的砖红壤还是亚热带的红壤，硅的迁移量均达 50%~70%，钙、镁、钾的迁移量更大，最高可接近 100%。同时，铁铝氧化物从风化体到土体有明显积聚（表 11-33）。例如，雷州半岛发育在玄武岩母质上的砖红壤，硅的迁移量达 67.8%，钙、镁、钾的迁移量分别为 100%、97.2%及 93.5%，铁的富集量达 13%、铝的富集量达 15%，黏土矿物中含高岭石 64%、三水铝石 13%、氧化铁 18%。江西砂岩与花岗岩发育的红壤，硅的迁移量分别为 32%与 53%，钙、镁、钾的迁移量大多在 85%~90%，这种迁移量较我国南亚热带（广东）及热带（海南）地区土壤低，说明由于水热状况的差异，红壤形成的脱硅富铁、铝化过程比赤红壤及砖红壤要弱。

表 11 - 33　不同土壤化学组成与迁移量的比较

土壤	地点	母岩	标本	化学组成（%）							迁移量（%）				
				SiO$_2$	Al$_2$O$_3$	Fe$_2$O$_3$	CaO	MgO	K$_2$O	Na$_2$O	SiO$_2$	CaO	MgO	K$_2$O	Na$_2$O
砖红壤	雷州半岛	玄武岩	土壤	35.57	31.53	15.95	痕量	0.46	0.10	0.08	63.8	100.00	97.20	93.50	98.80
			风化体	42.55	23.15	15.79	0.62	2.47	0.55	0.78	41.00	95.20	79.20	51.20	85.10
			母岩	49.28	15.83	2.82	8.84	8.13	0.77	3.59	—	—	—	—	—
赤红壤	海南岛	花岗岩	土壤	54.38	24.87	5.00	痕量	0.35	0.79	0.18	50.90	100.00	71.30	84.80	95.20
			风化体	65.19	17.79	2.56	0.24	0.54	2.26	0.71	17.70	83.30	38.00	39.20	73.70
			母岩	71.83	16.13	1.01	1.30	0.79	3.37	2.48	—	—	—	—	—
红壤	江西鹰潭	砂岩	土壤	82.96	11.97	3.58	0.01	0.01	0.48	0.04	23.38	99.79	97.59	84.30	99.84
			风化体	82.30	12.41	3.69	痕量	痕量	0.54	0.06	31.47	100.00	100.00	81.80	99.76
			母岩	80.90	8.36	1.86	3.58	0.29	2.00	1.71	—	—	—	—	—
红壤	江西吉安	花岗岩	风化体	55.47	31.24	6.47	0.01	0.57	4.95	0.26	52.97	91.71	57.87	46.75	56.03
			母岩	68.46	18.13	6.49	0.07	0.73	5.39	0.33	—	—	—	—	—

2. 红壤中脱硅富铁、铝化作用强烈

受湿热气候条件影响，母质和土壤中的原生矿物风化作用十分强烈，大量的硅酸盐矿物分解，生成次生黏土矿物和各种游离的氧化物，黏土矿物中以高岭石为主，伴有少量蛭石、石英、伊利石、三水铝石等。风化过程中释放大量盐基物质，在多雨湿润的气候条件下，淋洗作用不断发生。这些被释放的盐基物质和氧化物进入土壤溶液后，被大量淋洗出土体，硅也遭受强烈淋溶，只有活性较小的铁、铝、钛等的氧化物常以凝胶态在土体中相对积累，即铁、铝等的氧化物相对富集，铝的富集系数为 1.19～1.99，铁的富集系数为 1.08～6.27，而硅的富集系数仅为 0.64～0.94（表 11 - 34）。脱硅富铝化过程的发展使红壤 B 层的硅铝率降低，比较集中的范围为（2.04±0.18）～（2.51±0.16），硅铁铝率为（1.69±0.22）～（2.11±0.21），其变幅都不小，这主要受母质特性的影响（表 11 - 35）。例如，酸性结晶岩类风化物发育的红壤硅铝率最小，平均为 2.04±0.18，第四纪红土母质发育的红壤次之，平均为 2.28±0.19，石英岩类风化物发育的红壤硅铝率平均为 2.24±0.22，泥质岩类风化物发育的红壤硅铝率平均为 2.40±0.08，变幅略小，而红砂岩类风化物发育的红壤硅铝率普遍偏大，平均为 2.51±0.16，第四纪亚红土母质发育的红壤，其硅铝率近似于红砂岩类风化物发育的红壤，为 2.56。这说明母质性质对土壤硅含量有显著影响。

表 11 - 34　不同母质红壤的矿质全量组成（%）与成土富集系数（土壤/岩石）

母质	采样地点	项目	SiO$_2$	Fe$_2$O$_3$	Al$_2$O$_3$	CaO	MgO	TiO$_2$	MnO	K$_2$O	Na$_2$O	P$_2$O$_5$
酸性结晶岩	崇义	母质	73.29	2.20	13.15	0.77	0.28	0.26	0.049	4.32	3.17	0.092
		土壤	46.87	13.79	26.15	0.015	0.24	0.70	0.017	1.33	0.053	0.025
		富集系数	Fe$_2$O$_3$（6.27）＞TiO$_2$（2.69）＞Al$_2$O$_3$（1.99）＞MgO（0.86）＞SiO$_2$（0.64）＞ MnO（0.35）＞K$_2$O（0.31）＞P$_2$O$_5$（0.27）＞CaO（0.019）＞Na$_2$O（0.016）									
石英岩	安远	母质	79.99	4.85	11.24	0.65	1.23	0.56	0.08	1.09	0.25	0.21
		土壤	65.65	6.34	14.74	0.071	0.20	0.90	0.031	0.98	0.40	0.057
		富集系数	TiO$_2$（1.61）＞Na$_2$O（1.60）＞Al$_2$O$_3$、Fe$_2$O$_3$（1.31）＞K$_2$O（0.9） ＞SiO$_2$（0.82）＞MnO（0.39）＞P$_2$O$_5$（0.27）＞MgO（0.16）＞CaO（0.11）									
红砂岩	瑞金	母质	81.95	2.94	8.92	0.031	0.53	0.46	0.064	1.85	0.054	0.03
		土壤	77.56	3.17	10.65	0.029	0.36	0.46	0.23	1.24	0.044	0.05
		富集系数	P$_2$O$_5$（1.67）＞Al$_2$O$_3$（1.19）＞Fe$_2$O$_3$（1.08）＞TiO$_2$（1.0）＞SiO$_2$、CaO（0.96） ＞Na$_2$O（0.81）＞MgO（0.68）＞K$_2$O（0.67）＞MnO（0.5）									

表 11-35　不同母质红壤 B 层硅铝率

母质类型	样品数（个）	硅、铁、铝平均含量（%）						分子率			
		SiO_2		Fe_2O_3		Al_2O_3		SiO_2/Al_2O_3		SiO_2/R_2O_3	
		x	s	x	s	x	s	x	s	x	s
酸性结晶岩类	8	40.73	4.78	10.46	4.19	32.52	1.88	2.04	0.18	1.69	0.22
石英岩类	2	41.29	2.75	11.90	2.18	31.26	0.89	2.24	0.22	1.81	0.23
泥质岩类	6	42.72	1.13	11.40	1.73	30.19	0.74	2.40	0.08	1.93	0.10
红砂岩类	3	45.99	2.06	9.82	2.49	29.29	1.75	2.51	0.16	2.11	0.21
第四纪红土	8	42.14	2.02	11.22	0.80	30.75	1.71	2.28	0.19	1.85	0.15
第四纪亚红土	1	42.79	—	12.65	—	28.41	—	2.56	—	1.99	—

注：表中 x 表示平均值，s 表示标准差。下同。

土壤类型不同，土壤黏粒的硅铝率也有差异，其大致规律：黄红壤亚类最小，红壤性土次之，棕红壤最大。如黄红壤亚类 B 层的硅铝率为 2.12±0.48，红壤亚类为 2.37±0.29，棕红壤亚类为 2.70±0.21，红壤性土亚类为 2.25±0.35（表 11-36）。

表 11-36　不同亚类红壤 B 层硅铝率（黏粒）

母质类型	样品数（个）	硅、铁、铝平均含量（%）						分子率			
		SiO_2		Fe_2O_3		Al_2O_3		SiO_2/Al_2O_3		SiO_2/R_2O_3	
		x	s	x	s	x	s	x	s	x	s
黄红壤	12	40.64	5.44	9.23	2.67	33.13	2.89	2.12	0.48	1.80	0.44
红壤	44	42.54	3.33	10.90	2.51	30.65	1.89	2.37	0.29	1.94	1.27
红壤性土	2	42.10	6.58	10.32	6.07	31.71	0.98	2.25	0.35	1.89	0.43
棕红壤	9	46.09	2.93	10.77	1.07	29.19	1.34	2.70	0.21	2.17	0.15

从地理位置来看，南部土壤的硅铝率较北部略小（表 11-37）。例如，崇义县关田镇花岗岩风化物发育的红壤 B 层硅铝率为 1.95，而南昌市湾里区花岗岩风化物发育的红壤 B 层硅铝率为 2.26；全南乌柏坝第四纪红土发育的红壤 B 层硅铝率为 2.01，而鄱阳县芦田乡第四纪红土发育的红壤 B 层硅铝率为 2.40。这说明南北有一定差异，但这种差异常常因受母岩的矿物组成影响而不十分明显，甚至出现相反的现象。

表 11-37　不同区域红壤 B 层硅铝率（黏粒）

地点	母质	硅、铁、铝平均含量（%）			分子率	
		SiO_2	Fe_2O_3	Al_2O_3	SiO_2/Al_2O_3	SiO_2/R_2O_3
崇义关田	酸性结晶岩类	34.81	18.11	30.30	1.95	1.41
南昌湾里	酸性结晶岩类	40.96	12.52	30.78	2.26	1.79
全南乌柏坝	第四纪红土	39.77	10.29	33.52	2.01	1.68
鄱阳芦田	第四纪红土	42.74	10.49	30.25	2.40	1.96
安远安固	石英岩类	39.35	13.44	31.90	2.09	1.65
安福洋西	石英岩类	43.24	10.36	30.36	2.42	1.97
泰和樟塘	红砂岩类	42.20	12.62	30.11	2.38	1.88
弋阳圭峰	红砂岩类	46.44	6.82	31.90	2.47	2.17
进贤衙前	泥质岩类	42.09	10.66	30.35	2.40	1.96
永丰八江	泥质岩类	43.87	10.35	30.49	2.44	2.01
兴国高兴	泥质岩类	42.65	12.36	28.94	2.50	1.97

3. 红壤中硅的淋溶作用明显

随着脱硅富铁、铝化作用的进行，在铁、铝、钛相对积聚的同时，土壤中的碱金属和碱土金属元素大量淋失，这是红壤形成过程中物质迁移的另一特点（表 11-38）。

表 11-38 不同母质类型红壤的机械组成

母质	土层	样品数（个）	各级颗粒含量（%）								粉粒/黏粒	
			2~0.2mm		0.2~0.02mm		0.2~0.02mm		<0.02mm			
			x	s	x	s	x	s	x	s	x	s
酸性结晶岩类	A	22	27.71	14.26	22.29	7.34	22.24	6.5	27.76	9.06	0.8	
	B	21	23.61	13.71	20.4	5.65	23.67	6.59	32.36	9.52	0.73	0.21
	C	21	29.27	17.68	24.61	9.16	20.25	7.64	25.9	13.52	0.78	
泥质岩类	A	23	5.75	3.45	28.61	12.81	35.88	9.16	29.7	8.25	1.21	
	B	22	6.1	4.94	25.28	12.05	34.41	8.33	34.08	10.27	1.01	0.43
	C	16	7.89	6.72	31.68	14.78	32.36	12.1	28.11	12.76	1.15	
第四纪红黏土	A	24	5.66	4.26	20.99	10.48	32.54	7.89	40.82	7.51	0.8	
	B	23	5.28	5.87	19.36	9.19	31.12	8.2	44.23	7.6	0.7	0.24
	C	21	5.66	5.27	20.51	11.67	29.11	9.01	44.73	9.19	0.63	
红砂岩类	A	25	13.71	13.12	35.98	15.66	25.5	13.62	24.78	11.13	1.03	
	B	25	12.4	13.87	31.63	15.41	26.69	13.7	20.33	13.12	0.91	0.46
	C	23	13.99	14.3	37.27	16.8	25.91	13.45	22.82	11.42	1.14	

红壤的强烈淋溶现象不仅表现在硅和盐基物质的淋溶上，还表现在黏粒的淋移淀积上。由于强烈的风化，红壤黏粒含量高，即使是砂岩母质发育的土壤，其土体黏粒含量也近 30%。黏粒随同下渗水机械淋移，在剖面上出现了明显的淀积现象。机械组成分析表明，淀积层的黏粒含量比淋溶层显著增加。

4. 红壤中铁的游离度高，硅、铝的游离度低

在风化成土过程中，母质中的铁从各种矿物中分解游离出来，成为无定型氧化铁。在干湿交替明显的气候条件下，这些无定型氧化铁在土体中淋溶淀积，形成铁、锰淀积层，有的甚至出现铁锰质硬盘层。这些游离铁绝大部分是结晶铁，主要是赤铁矿，也有针铁矿和褐铁矿。游离铁脱水后成为 Fe_2O_3，致使土体呈现红色，这是红壤形成过程中的又一特征。从表 11-39 中可以看出，红壤的游离铁含量虽因母质种类而不同，但铁的游离态平均都超过 50%，说明红壤中的氧化铁绝大部分是以游离铁状态存在的，而这些游离铁的绝大部分又是结晶铁，铁的晶华度几乎都达 90%。

表 11-39 红壤中氧化硅、氧化铝、氧化铁含量

硅、铝、铁形态		样品数（个）	土壤发生层					
			A		B		C	
			x	s	x	s	x	s
全量（%）	Fe_2O_3	67	5.81	2.20	5.03	2.06	6.03	2.40
	Al_2O_3	63	16.41	5.36	18.42	4.63	19.17	5.36
	SiO_2	63	61.80	13.70	61.70	10.40	61.80	8.91
游离态（%）	Fe_2O_3	67	3.36	1.66	4.30	3.15	4.15	2.21
	Al_2O_3	63	0.94	0.39	1.02	0.37	0.95	0.38
	SiO_2	63	0.17	0.06	0.16	0.06	0.17	0.07

（续）

硅、铝、铁形态		样品数（个）	土壤发生层					
			A		B		C	
			x	s	x	s	x	s
活性（%）	Fe_2O_3	67	0.39	0.24	0.40	0.28	0.37	0.34
	Al_2O_3	63	0.43	0.28	0.42	0.19	0.37	0.17
	SiO_2	63	0.05	0.06	0.07	0.08	0.08	0.08
游离度（%）	Fe_2O_3	67	57.8	14.7	72.5	16.0	68.8	14.9
	Al_2O_3	63	5.73		5.54		4.95	
	SiO_2	63	0.27		0.26		0.27	
活化度（%）	Fe_2O_3	67	11.6	13.2	19.3	13.9	9.9	13.3
	Al_2O_3	63	48.7	8.4	44.2	8.2	38.9	6.5
	SiO_2	63	29.4		100.0		47.0	
水合系数	Fe_2O_3	67	1.37		1.19		1.24	
	Al_2O_3	63	1.52		1.28		1.26	
铁化系数 铝化系数	Fe_2O_3		0.034	0.088	0.040	0.93	0.049	0.095
	Al_2O_3		0.18	0.41	0.19	0.43	0.19	0.43
水化系数			27.5	22.5	25.6	24.7	24.8	33.5
水解系数			1.02	2.29	2.31	2.49	2.60	2.49

红壤中硅、铝的游离状况正好相反，游离硅和游离铝不仅数量少，而且大部分是活性的。游离铝和活性铝含量因母质类型不同而有差异，酸性、中性结晶岩风化物和第四纪红土母质含量稍高，泥质岩和红砂岩风化物含量较低。铝的游离度多数在3%～7%，而活性铝却占游离铝的20%～50%，这与游离铁的情况明显不同。络合铝的含量情况与络合铁相似，都是上部土层含量最高，向下逐步减少，但络合铝的含量占游离铝含量的比例却远比络合铁大，其最大达90%，一般在20%～50%。

游离硅和活性硅的含量也反映了硅游离度小和活化度大的特点。红砂岩类风化物和第四纪红土母质红壤中的活性硅占游离硅的比例最大，达50%～100%；其他母质硅的活化度也在20%～40%，比氧化铁的活化度高很多。

由于游离的硅、铝含量很低，因而硅、铝在剖面中的移动比铁少，特别是硅，很少向下移动，反而在表层有相对富集现象。当然，这种富集和表土层黏粒的机械淋溶密切相关，即由于黏粒向下淋移，表层较粗的石英颗粒相对聚集，使表层硅的含量增加。

（二）红壤土体中氧化硅的形态

1. 红壤亚类土体中氧化硅的形态

红壤亚类是红壤土类的典型代表，广泛分布于海拔500m以下的山麓丘陵和岗地，是红壤土类中面积最大、分布最广的类型。在江西总面积约为769.83万hm²，占红壤土类面积的73.56%。红壤亚类的母质类型较多，在江西，泥质岩类占35.3%，酸性结晶岩类占25.6%，石英岩类和红岩类风化物分别占16.1%和15.2%，第四纪红土母质占6.0%，石灰岩母质仅占0.6%。

该土类剖面发育完整，分A-AB-C（D）或A-B-BC-C（D）层段，具有中亚热带典型的脱硅富铝化过程。不同层次土壤的全硅含量范围为49.02%～77.89%，不同母质发育的土壤具有显著差异。红砂岩发育的红沙泥红壤全硅含量最高，为73.59%～77.89%；其次为泥质岩发育的鳝泥红壤、石英岩发育的黄沙泥红壤、第四纪红土发育的黄泥红壤，为61.35%～69.68%；再次为石灰岩发育的石灰泥红壤，为53.29%～58.56%，酸性结晶岩发育的麻沙泥红壤全硅含量最低，为49.02%～

51.52%（表 11-40）。不同层次土壤活性硅含量范围为 0.02%～0.11%，不同母质发育的土壤具有显著差异。第四纪红土发育的黄泥红壤和石灰岩发育的石灰泥红壤活性硅的含量最高，为 0.06%～0.11%；其次为酸性结晶岩发育的麻沙泥红壤和石英岩发育的黄沙泥红壤，为 0.02%～0.06%；泥质岩发育的鳝泥红壤和红砂岩发育的红沙泥红壤活性硅的含量最低，为 0.02%～0.04%。石灰岩发育的石灰泥红壤表层土（A 层）活性硅含量为 0.08%；第四纪红土发育的黄泥红壤表土层活性硅含量为 0.06%；泥质岩发育的鳝泥红壤、石英岩发育的黄沙泥红壤、酸性结晶岩发育的麻沙泥红壤、红砂岩发育的红沙泥红壤表土层活性硅含量最低，为 0.02%～0.03%。

表 11-40　红壤亚类不同母质典型剖面土体氧化硅的形态

母质	土壤	项目	内容			
酸性结晶岩类	麻沙泥红壤	发生层次	A	AB	B	C
		采样深度（cm）	0～5	5～22	22～64	64～100
		全硅（%）	51.52	50.82	50.77	49.02
		游离硅（%）	0.21	0.08	0.09	0.12
		活性硅（%）	0.03	0.04	0.04	0.06
		游离度（%）	0.41	0.15	0.18	0.24
		活化度（%）	14.3	50.0	44.5	50.0
石英岩类	黄沙泥红壤	发生层次	A	B	C	
		采样深度（cm）	0～5	5～24	24～100	
		全硅（%）	65.65	63.59	61.64	
		游离硅（%）	0.11	0.12	0.15	
		活性硅（%）	0.02	0.03	0.06	
		游离度（%）	0.02	0.02	0.02	
		活化度（%）	18.1	25	40.0	
泥质岩类	鳝泥红壤	发生层次	A	AB	B	C
		采样深度（cm）	0～12	12～28	28～85	85～105
		全硅（%）	64.30	64.26	63.59	69.68
		游离硅（%）	0.14	0.12	0.12	0.14
		活性硅（%）	0.03	0.03	0.04	0.03
		游离度（%）	0.2	0.2	0.2	0.2
		活化度（%）	21.0	25.0	33.0	21.0
红砂岩类	红沙泥红壤	发生层次	A	B	BC	
		采样深度（cm）	1～16	16～76	76～100	
		全硅（%）	77.89	73.59	74.27	
		游离硅（%）	0.11	0.10	0.08	
		活性硅（%）	0.02	0.02	0.03	
		游离度（%）	0.1	0.1	0.1	
		活化度（%）	0.20	0.20	0.40	
第四纪红土	黄泥红壤	发生层次	A	B_1	B_2	
		采样深度（cm）	0～9	9～37	37～100	
		全硅（%）	62.85	64.63	61.35	
		游离硅（%）	0.17	0.18	0.22	
		活性硅（%）	0.06	0.07	0.11	
		游离度（%）	0.20	0.37	0.36	
		活化度（%）	0.35	0.38	0.50	
石灰岩类	石灰泥红壤	发生层次	A	B_1	B_2	
		采样深度（cm）	0～11	11～76	76～100	
		全硅（%）	54.72	58.56	53.29	
		游离硅（%）	0.25	0.22	0.29	
		活性硅（%）	0.08	0.07	0.10	
		游离度（%）	0.40	0.37	0.50	
		活化度（%）	32	32	34	

2. 棕红壤亚类土体中氧化硅的形态

棕红壤亚类主要分布在中亚热带红壤区的最北部，从地理位置来看，大致在 $28°30'00''—29°00'00''N$，西部的分布区域略为偏南，界线南缘与红壤亚类交错出现，在江西的总面积约为 148.35 万 hm^2，占红壤土类面积的 14.1%。在江西，棕红壤亚类母质以泥质岩类风化物为主，占 79.2%；其次为酸性结晶岩类风化物，占 12.7%；第四纪红土、第四纪亚红土、石英岩和红砂岩类风化物共占约 8%。

棕红壤具有与红壤亚类相似的剖面构型，主要有 A-B-BC、A-B-BC-C、A-B-C 层段，但其脱硅富铝化过程相对较弱。不同层次土壤全硅含量范围为 50.79%～75.44%，不同母质发育的土壤具有显著差异。泥质岩发育的鳝泥棕红壤全硅含量最高，为 71.47%～74.15%；其次为石英岩发育的黄沙泥棕红壤、第四纪红土发育的黄泥棕红壤、第四纪亚红土发育的沙黄泥棕红壤，为 58.36%～75.44%；酸性结晶岩发育的麻沙泥棕红壤全硅含量最低，为 50.79%～59.64%（表 11-41）。不同层次土壤活性硅含量范围为 0.03%～0.11%，不同母质发育的土壤具有显著差异。第四纪亚红土发育的沙黄泥棕红壤和第四纪红土发育的黄泥棕红壤活性硅含量最高，为 0.05%～0.11%；其次为酸性结晶岩发育的麻沙泥棕红壤和石英岩发育的黄沙泥棕红壤，为 0.03%～0.09%。一般为表层较低，越到底层越高。表层土（A 层）活性硅含量以泥质岩发育的鳝泥棕红壤和第四纪红土发育的黄泥棕红壤为最高，为 0.06%，其次为第四纪亚红土发育的沙黄泥棕红壤，为 0.05%，酸性结晶岩发育的麻沙泥棕红壤和石英岩发育的黄沙泥棕红壤的活性硅含量最低，为 0.03%～0.04%。

表 11-41 棕红壤亚类不同母质典型剖面土体氧化硅的形态

母质	土壤	项目	内容		
酸性结晶岩类	麻沙泥棕红壤	发生层次	A	B	BC
		采样深度（cm）	0～9	9～53	53～76
		全硅（%）	59.64	59.39	50.79
		游离硅（%）	0.14	0.10	0.18
		活性硅（%）	0.04	0.06	0.06
		游离度（%）	0.23	0.16	0.35
		活化度（%）	28	60	33
石英岩类	黄沙泥棕红壤	发生层次	A	B	BC
		采样深度（cm）	0～3	3～20	20～100
		全硅（%）	75.44	69.56	66.90
		游离硅（%）	0.19	0.21	0.23
		活性硅（%）	0.03	0.06	0.09
		游离度（%）	0.25	0.30	0.34
		活化度（%）	0.16	0.30	0.39
泥质岩类	鳝泥棕红壤	发生层次	A	B	BC
		采样深度（cm）	0～10	10～48	48～100
		全硅（%）	74.15	71.47	73.59
		游离硅（%）	0.14	0.15	0.13
		活性硅（%）	0.06	0.08	0.09
		游离度（%）	0.18	0	0.17
		活化度（%）	42	53	69

（续）

母质	土壤	项目	内容			
		发生层次	A	B	BC	C
		采样深度（cm）	0～5	5～120	120～180	180 以下
		全硅（%）	72.61	65.61	65.42	58.36
第四纪红土	黄泥棕红壤	游离硅（%）	0.12	0.15	0.19	0.28
		活性硅（%）	0.06	0.09	0.09	0.07
		游离度（%）	0.16	0.22	0.29	0.47
		活化度（%）	50	60	37	25
		发生层次	A	B	C	
		采样深度（cm）	0～6	6～55	55～100	
		全硅（%）	68.91	65.46	65.19	
第四纪亚红土	沙黄泥棕红壤	游离硅（%）	0.12	0.16	0.18	
		活性硅（%）	0.05	0.09	0.11	
		游离度（%）	0.17	0.24	0.27	
		活化度（%）	41	56	61	

3. 黄红壤亚类土体中氧化硅的形态

黄红壤是指山地垂直带谱上一种由红壤向黄壤发育的过渡性土壤。它既有红壤的基本特征，又有某些黄壤的特征。黄红壤集中分布在各地山区，海拔高度在 400～800m，在低山、中山地区都有分布，在江西的总面积约为 121.29 万 hm²，占红壤土类面积的 11.51%。在江西主要有 3 个土属，即酸性结晶岩类母质发育的麻沙泥黄红壤、石英岩类母质发育的黄沙泥黄红壤及泥质岩类母质发育的鳝泥黄红壤。

黄红壤具有的剖面构型主要有 A-AB-B、A-AB-B-C 层段，其脱硅富铝化过程较弱。不同层次土壤全硅含量范围为 50.21%～68.49%，不同母质发育的土壤具有显著差异。石英岩发育的黄沙泥黄红壤全硅含量最高，为 61.88%～68.49%；其次为泥质岩发育的鳝泥黄红壤，为 55.00%～58.01%；酸性结晶岩发育的麻沙泥黄红壤全硅含量最低，为 50.21%～53.37%（表 11-42）。不同层次土壤活性硅含量范围为 0.06%～0.09%，不同母质发育的土壤有显著差异。酸性结晶岩发育的麻沙泥黄红壤活性硅含量最高，为 0.08%～0.09%，层次间差异不明显；其次为石英岩发育的黄沙泥黄红壤，为 0.06%～0.09%；一般表层较高，越到底层越低，泥质岩发育的鳝泥黄红壤活性硅含量最低，为 0.06%，层次间没有差异。

表 11-42　黄红壤亚类不同母质典型剖面土体氧化硅的形态

母质	土壤	项目	内容			
		发生层次	A	AB	B	C
		采样深度（cm）	0～15	15～35	35～85	85～100
		全硅（%）	51.19	53.37	50.21	51.22
酸性结晶岩类	麻沙泥黄红壤	游离硅（%）	0.21	0.11	0.14	0.16
		活性硅（%）	0.09	0.08	0.09	0.09
		游离度（%）	0.41	0.20	0.27	0.28
		活化度（%）	43	72	64	56

（续）

母质	土壤	项目	内容			
		发生层次	A	AB	B	C
		采样深度（cm）	0～8	8～19	19～70	
		全硅（%）	55.00	58.01	57.71	
泥质岩类	鳝泥黄红壤	游离硅（%）	0.25	0.23	0.21	
		活性硅（%）	0.06	0.06	0.06	
		游离度（%）	0.45	0.39	0.36	
		活化度（%）	24	26	28	
		发生层次	A	AB	B	C
		采样深度（cm）	0～4	4～14	14～45	
		全硅（%）	61.88	65.49	68.49	
石英岩类	黄沙泥黄红壤	游离硅（%）	0.18	0.28	0.17	
		活性硅（%）	0.09	0.07	0.06	
		游离度（%）	0.29	0.46	0.26	
		活化度（%）	50.0	25.0	35.3	

4. 红壤性土亚类土体中氧化硅的形态

红壤性土亚类是指红壤土类中成土条件很不稳定、土层薄、发育不明显的幼年红壤。主要分布在红壤亚类区的中、低丘陵，在棕红壤亚类区也有分布。红壤性土大片连块的不多，多数与红壤及棕红壤亚类呈复区出现。在江西的总面积约为 13.67 万 hm²，占红壤土类面积的 1.29%。在江西主要有两个土属，即酸性结晶岩类母质发育的麻沙泥红壤、红砂岩类母质发育的红沙泥红壤。

红壤性土的剖面构型主要有 A-BC-C 层段，其脱硅富铝化过程弱。不同层次土壤全硅含量范围为 48.82%～87.15%，不同母质发育的土壤具有显著差异，红砂岩发育的红沙泥红壤全硅含量最高，为 78.41%～87.15%；酸性结晶岩发育的麻沙泥红壤全硅含量最低，为 48.82%～55.60%（表 11-43）。不同层次土壤活性硅含量范围为 0.01%～0.06%，不同母质发育的土壤有显著差异。酸性结晶岩发育的麻沙泥红壤活性硅含量最高，为 0.05%～0.06%，差异不明显；红砂岩发育的红沙泥红壤活性硅含量最低，为 0.01%～0.02%，表层土活性硅含量最低。

表 11-43 红壤性土亚类不同母质典型剖面土体氧化硅的形态

母质	土壤	项目	内容		
		发生层次	A	BC	C
		采样深度（cm）	0～6	6～74	74～100
		全硅（%）	49.64	48.82	55.60
酸性结晶岩类	麻沙泥红壤	游离硅（%）	0.17	0.17	0.17
		活性硅（%）	0.06	0.05	0.06
		游离度（%）	0.34	0.34	0.28
		活化度（%）	35	29	37

（续）

母质	土壤	项目	内容		
		发生层次	A	BC	C
		采样深度（cm）	0～4	4～56	56～100
		全硅（%）	87.15	78.41	79.78
红砂岩类	红沙泥红壤	游离硅（%）	0.07	0.04	0.05
		活性硅（%）	0.01	0.02	0.02
		游离度（%）	0.08	0.05	0.06
		活化度（%）	14	50	40

（三）红壤中有效硅的含量

土壤有效硅含量的高低可反映土壤供硅能力的大小，但至今国内外尚未有一致的临界指标。四川省确定水稻土有效硅含量低于 94 mg/kg 为缺硅土壤，低于 50 mg/kg 为严重缺硅土壤；马同生等认为，水稻土有效硅<100 mg/kg 为缺硅土壤，100～130 mg/kg 为潜在缺硅土壤，>130 mg/kg 为硅丰富土壤；Kawaguchi 提出，耕层土壤有效硅<105 mg/kg 表示水稻缺硅，>130 mg/kg 表示硅足够，但对旱地土壤有效硅含量的划分标准未见报道。为了便于研究和比较，将土壤有效硅含量水平分成 4 级：<50 mg/kg 为严重缺硅，50～100 mg/kg 为缺硅，100～150 mg/kg 为中量，>150 mg/kg 为丰富。

1. 江西省红壤耕地不同利用方式土壤的有效硅含量状况

对 467 个红壤耕地土样按红壤稻田、红壤旱地、红壤果园等利用方式统计分类，得出土壤有效硅含量的一般分布状况（表 11-44）。从分析结果来看，红壤耕地土壤有效硅（SiO_2）平均含量为 60.0 mg/kg，其中低于 50 mg/kg 的土样占 64.4%，含量为 50～100 mg/kg 的土样占 19.1%，100～150 mg/kg 的占 7.3%，高于 150 mg/kg 的只占 9.2%。红壤水稻土有效硅平均含量为 52.1 mg/kg，其中含量低于 50 mg/kg 的土样占 69.8%，50～100 mg/kg 的占 18.5%，高于 100 mg/kg 的土样仅占 11.7%，处于全国各地的最低水平。与 1979 年的测定结果比较，水稻土耕层有效硅<100 mg/kg 的缺硅土壤由原来的 55.1% 上升到 88.3%。原因是 20 世纪 70 年代杂交稻育成，20 世纪 80 年代得以大面积推广，使水稻产量上了一个台阶，从土壤中带走的硅增多；另外，稻秆还田少，有机肥的投入也减少，又没有硅肥投入，故土壤有效硅含量下降严重。这说明红壤耕地土壤特别是水稻土缺硅问题是非常严重的。现在已经解决了秸秆全量还田的技术问题，各地基本实现秸秆全量还田，红壤区土壤严重缺硅状况得到缓解。

表 11-44　不同利用方式红壤耕地的有效硅含量（SiO_2）

利用方式	土样数（个）	含量范围（mg/kg）	平均值（mg/kg）	标准差（mg/kg）	占土样百分比（%）			
					<50（mg/kg）	50～100（mg/kg）	100～150（mg/kg）	>150（mg/kg）
红壤稻田	384	5.7～342.0	52.1	49.7	69.8	18.5	6.2	5.5
红壤旱地	75	8.0～308.0	99.8	82.4	40.0	20.0	10.7	29.3
红壤果园	8	22.8～132.0	68.1	39.8	37.5	37.5	25.0	0
红壤耕地	467	5.7～342.0	60.0	58.6	64.4	19.1	7.3	9.2

2. 红壤耕地土壤有效硅含量的分布特点

将土样分析结果按采样地点在江西省地图上布点分析，按区域统计，可以很明显地看出江西省红壤耕地土壤有效硅含量的分布趋势是南低北高、东低西高（表 11-45），江西西部平原区有效硅含量最高，平均为 128.6 mg/kg，高于 100 mg/kg 的土样占 44%；其次是江西西北部丘陵区和江西北部平原区，有效硅含量高于 100 mg/kg 的土样约占 30%。而江西南部山区和江西中部丘陵区土壤有效硅含量最低，平均为 41.1～44.3 mg/kg，有 90% 以上的土样有效硅含量低于 100 mg/kg，是最缺硅的地区，其次是江西东南部丘陵区和江西东北部山区，平均含量为 46.6～47.4 mg/kg，有效硅含量低于 100 mg/kg 的土样占 88.2%～90.0%。如果以安福—高安—南昌—波阳—景德镇一线为界，可以看出该线以北以西土壤有效硅含量较高，低于 100 mg/kg 的土样占 70% 左右，而以东以南土壤有效硅含量较低，低于 100 mg/kg 的土样占 90% 以上。因此，江西省红壤耕地土壤需硅的趋势是江西南部山区＞江西中部丘陵区＞江西东南部丘陵区＞江西东北部山区＞赣抚平原及鄱阳湖区＞江西西北部丘陵区＞江西北部平原区＞江西西部平原区。

表 11 - 45　江西省不同区域土壤有效硅含量（SiO₂）

区域	土样数（个）	含量范围（mg/kg）	平均值（mg/kg）	标准差（mg/kg）	占土样百分比（%）			
					＜50（mg/kg）	50～100（mg/kg）	100～150（mg/kg）	＞150（mg/kg）
江西南部山区	90	5.7～245.0	41.1	48.3	83.3	8.9	1.1	6.7
江西中部丘陵区	60	18.1～170.0	44.3	27.2	75.0	21.7	0	3.3
江西东南部丘陵区	68	9.8～342.0	46.6	49.9	75.0	13.2	8.8	3.0
江西东北部山区	30	17.5～175.5	47.4	39.1	80.0	10.0	6.7	3.3
赣抚平原及鄱阳湖区	81	16.4～248.0	59.1	50.0	59.2	27.2	6.2	7.4
江西西北部丘陵区	56	7.5～290.0	77.4	60.4	46.4	23.2	19.7	10.7
江西北部平原区	57	5.8～308.0	80.2	74.7	52.6	17.6	14.0	15.8
江西西部平原区	25	28.5～281.5	128.6	89.2	16.0	40.0	8.0	36.0

3. 不同复种制度红壤耕地的有效硅含量分布

江西省红壤地区的复种指数较高，达 265%，一年两熟或三熟。根据不同复种制度进行分类统计，其土壤有效硅含量变化差异较大，将结果列于表 11 - 46。

从表 11 - 46 中可以看出，在水稻的 3 种复种制度中，水稻—水稻—油菜三熟制土壤有效硅含量最低，平均为 34.4 mg/kg，有 97.0% 的土壤缺硅，是缺硅最严重的土壤；其次是水稻—水稻—绿肥（水稻—菜）三熟制；而水稻—水稻两熟制或一季稻土壤有效硅含量相对较高，但还有 84% 的土壤缺硅，缺硅也很严重。在红壤旱地土壤的 3 种复种制度中，棉花—油菜（甘蔗、菜等）复种制度土壤有效硅的含量最低，平均为 54.2 mg/kg，有 83.8% 的土壤缺硅，是严重缺硅的土壤，以上这 4 种复种制度地区是江西省目前最需要施用硅肥的地方。而花生—油菜（大豆、甘薯等）旱地复种制度地区，有近 50% 的土样有效硅含量低于 100 mg/kg，也应重视硅肥的应用。只有在江西北部的棉花—小麦复种制度地区的土壤有效硅极丰富，可能不需要施用硅肥。在江西的果园中，土壤有效硅含量也比较低，平均为 68.1 mg/kg，缺硅土样占 75.0%。

表 11 - 46　不同复种制度土壤有效硅含量分布（SiO₂）

复种制度类型	土样数（个）	含量范围（mg/kg）	平均值（mg/kg）	标准差（mg/kg）	占土样百分比（%）			
					＜50（mg/kg）	50～100（mg/kg）	100～150（mg/kg）	＞150（mg/kg）
水稻—水稻—油菜	67	5.8～139.0	34.4	22.9	86.6	10.4	3.0	0
水稻—水稻—绿肥（水稻—菜）	93	14.4～290.0	52.6	55.2	72.0	17.2	4.3	6.5
水稻—水稻—闲（水稻—闲、小麦—水稻）	224	5.7～342.0	58.5	54.4	62.0	21.9	8.9	7.2
棉花—油菜（甘蔗、菜等）	35	8.0～238.0	54.2	58.1	77.1	5.7	8.6	8.6
花生—油菜（大豆、甘薯等）	37	12.7～299.0	123.6	71.9	13.5	35.1	16.2	35.1
棉花—小麦	3	218.0～308.0	259.0	45.5	0	0	33.3	66.7
果园（柑橘）	8	22.8～132.0	68.1	39.8	37.5	37.5	25.0	0

4. 不同母质红壤耕地土壤有效硅含量分布

江西省红壤耕地成土母质不同，土壤有效硅含量分布见表 11-47。从表 11-47 中可知，成土母质是影响土壤有效硅含量的最重要因素之一。根据分布结果，江西省不同母质红壤耕地土壤有效硅平均含量为花岗岩类≈石英岩类<河流冲积物<红砂岩类<泥质岩类<湖积物<第四纪红土<紫色岩类<石灰岩类<下蜀系黄土。

表 11-47　江西省不同母质红壤耕地土壤有效硅含量（SiO₂）

母质	土样数（个）	含量范围（mg/kg）	平均值（mg/kg）	标准差（mg/kg）	占土样百分比（%）			
					<50（mg/kg）	50～100（mg/kg）	100～150（mg/kg）	>150（mg/kg）
花岗岩类	34	5.7～89.7	33.7	22.1	79.4	20.6	0.0	0.0
石英岩类	24	17.5～88.2	33.3	16.8	87.5	12.5	0.0	0.0
河流冲积物	109	5.8～308.0	43.3	44.3	78.0	15.6	2.7	3.7
红砂岩类	33	7.5～162.0	52.9	41.0	60.6	24.3	12.1	3.0
泥质岩类	81	8.0～290.0	63.7	63.9	65.4	17.3	6.2	11.1
湖积物	20	17.4～225.0	64.8	51.1	55.0	25.0	10.0	10.0
第四纪红土	115	17.5～299.0	66.7	58.9	60.0	22.6	7.0	10.4
紫色岩类	24	19.5～245.0	98.0	79.2	41.7	20.8	8.3	29.2
石灰岩类	24	18.1～342.0	115.0	91.5	29.2	12.5	37.5	20.8
下蜀系黄土	3	79.3～157.0	125.8	41.0	0.0	33.3	33.3	33.3

从红壤耕地不同母质土壤有效硅平均含量来看，由花岗岩类、石英岩类、河流冲击物发育的土壤最低（33.3～43.3 mg/kg），可能与该类土壤质地偏沙性、提供的可溶性硅酸少且容易随水流失有关；其次是红砂岩类、泥质岩类、湖积物和第四纪红土发育的土壤，有效硅含量也较低（52.9～66.7 mg/kg），主要受脱硅富铁、铝作用影响；有效硅含量平均水平较高的是紫色岩类、石灰岩类、下蜀系黄土发育的土壤（98.0～125.8 mg/kg），该类土壤质地偏黏，提供的硅酸量较大。

从土壤缺硅情况来看，成土母质的影响很大，大致可以分为三类：第一类是由花岗岩类、石英岩类、河流冲积物发育的土壤，缺硅和严重缺硅的土样占 93.6%～100.0%，其中严重缺硅土样约占 80%；第二类为红砂岩类、泥质岩类、湖积物和第四纪红土发育的土壤，缺硅和严重缺硅的土样占 80%～84.9%，其中严重缺硅的土样达 60%；第三类是紫色岩类、石灰岩类和下蜀系黄土发育的土壤，缺硅和严重缺硅的土样占 33.3%～62.5%，其中严重缺硅的占 0%～41.7%。据此可以认为，第一类和第二类成土母质发育的土壤是当前江西省亟须施用硅肥的土壤。

5. 不同类型土壤有效硅含量分布

江西省红壤区不同土壤类型有效硅平均含量差异较大（表 11-48），平均含量最低的是水稻土，为 52.1 mg/kg，缺硅土样占 88.3%，其中严重缺硅土壤占 69.8%；其次是潮土，缺硅土样占 76%。红壤是江西省面积最大的旱地土壤，占全省旱地面积的 70% 以上，其缺硅土样占近 60%；只有紫色土硅含量较高，平均为 130.3 mg/kg，缺硅土样占 40%。据此可以认为，江西省水稻土是亟须施硅的土壤，其次是潮土。

表 11-48　江西省红壤区不同类型土壤有效硅含量（SiO₂）

土壤类型	面积（万 hm²）	土样数（个）	含量范围（mg/kg）	平均值（mg/kg）	标准差（mg/kg）	占土样百分比（%）			
						<50（mg/kg）	50～100（mg/kg）	100～150（mg/kg）	>150（mg/kg）
水稻土	303.26	384	5.7～342.0	52.1	49.7	69.8	18.5	6.2	5.5

（续）

土壤类型	面积（万 hm²）	土样数（个）	含量范围（mg/kg）	平均值（mg/kg）	标准差（mg/kg）	占土样百分比（%）			
						<50 (mg/kg)	50～100 (mg/kg)	100～150 (mg/kg)	>150 (mg/kg)
潮土	18.66	25	9.0～308.0	78.2	84.7	64	12	4	20
石灰土	25.45	4	22.3～167.0	85.1	68.7	25	25	25	25
红壤	1053.14	51	8.0～299.0	102.4	78.5	31.4	27.4	15.7	23.5
紫色土	20.15	5	31.5～199.0	130.3	68.9	20	20	20	40

6. 江西省红壤区水稻土有效硅的丰缺状况及缺硅土壤面积

水稻是需硅作物，也是江西省的主要粮食作物，产量占粮食总产的95%以上。江西省红壤区耕地主要是水稻土，占全省耕地面积的84%。因此，充分了解红壤区水稻土有效硅的含量状况，对江西硅肥的合理施用具有重要意义。

在调查的384个水稻土样本中，以土属为单位进行统计分析，将结果列于表11-49。从表中可以看出，由于水稻土是由多种母质发育形成的熟化土壤，因此土壤有效硅受成土母质的影响很大，其平均水平仍以石英岩和花岗岩发育的黄沙泥田和麻沙泥田为最低，以石英岩、下属系黄土发育的石灰泥田和马肝泥田为最高，其顺序为黄沙泥田<麻沙泥田<潮沙泥田<黄泥田<潜育性潮沙泥田<红沙泥田<砂质黄泥田<鳝泥田<紫泥田<石灰泥田<马肝泥田。

表11-49　江西省红壤区水稻土主要土属有效硅含量分布及缺硅土壤面积

土属	面积（万 hm²）	土样数（个）	有效硅含量（mg/kg）	占土样百分比（%）			严重缺硅土壤（<50 mg/kg）面积（万 hm²）	缺硅土壤（50～100 mg/kg）面积（万 hm²）
				<50 (mg/kg)	50～100 (mg/kg)	>100 (mg/kg)		
黄沙泥田	17.9	22	29.5±10.4	95.5	4.5	0	17.00	0.80
麻沙泥田	40.2	30	34.8±21.9	90.0	10.0	0	36.18	4.02
潮沙泥田	71.0	89	36.9±24.0	84.3	12.3	3.4	59.85	8.73
黄泥田	47.0	78	42.5±30.6	79.5	16.7	3.8	37.35	7.85
潜育性潮沙泥田	5.41	15	45.3±19.3	66.6	26.7	6.7	3.60	1.44
红沙泥田	32.4	28	47.4±37.9	67.9	25.0	7.1	22.00	8.10
砂质黄泥田	0.80	8	58.8±55.2	25.0	75.0	0	0.21	0.65
鳝泥田	65.8	71	68.8±55.2	66.2	19.7	14.1	43.56	12.96
紫泥田	12.3	20	89.6±96.6	45.0	25.0	30.0	5.54	3.07
石灰泥田	5.93	20	119.9±41.0	30.0	15.0	55.0	1.78	0.89
马肝泥田	3.77	3	125.8±41.0	0	33.3	66.7	0	1.26
总计	302.57	384					227.07	49.87

从缺硅和严重缺硅土壤的分布规律来看，大致可以分为四类：第一类为黄沙泥田和麻沙泥田，占全省水稻土面积的19.2%，100%的土壤缺硅，90%以上的土壤严重缺硅。第二类是潮沙泥田和黄泥田，占全省水稻土总面积的38.9%，96.2%～96.6%的土壤缺硅，近80%严重缺硅。第三类是潜育性潮沙泥田、红沙泥田、鳝泥田，占全省水稻土总面积的34.2%，85.9%～93.3%的土壤缺硅，65%以上严重缺硅。第四类是紫泥田、石灰泥田和马肝泥田，占全省水稻土总面积的7.3%，只有33.3%～70%的土壤缺硅，45%以内的土壤严重缺硅。因此，水稻土第一类和第二类土壤最需要施硅，占水稻土面积的近60%；其次是第三类，占水稻土面积的34.2%。

从缺硅和严重缺硅面积来看，麻沙泥田、潮沙泥田、黄泥田、鳝泥田缺硅面积最大，达40.2万～68.58万 hm²，占总缺硅土壤面积的14.5%～24.8%；其次是黄沙泥田和红沙泥田，缺硅面积达 17.80 万～30.10 万 hm²，占总缺硅土壤面积的 6.4%～10.9%；水稻土总的缺硅面积为 276.94 万 hm²，占江西省水稻土面积的 91.53%，说明江西省水稻土缺硅是非常严重的。

7. 不同水稻土剖面有效硅含量的垂直分布

一般由于淋溶作用，红壤区水稻土有效硅的含量随着深度的增加而增加（表 11-50）。例如，黄泥田耕层有效硅为 70.0 mg/kg，底层为 131.1 mg/kg；潮沙泥田耕层有效硅为 38.3 mg/kg，底层为 118.1 mg/kg。但麻沙泥田则相反，耕层高于底层，这可能是由于花岗岩风化形成的水稻土粗沙粒多，上下层土壤有效硅均易淋溶，但耕层土壤经过多年的耕作熟化形成硬质层，能减缓耕层有效硅的淋溶；另外，花岗岩地区多在山区，地势较高，底层有效硅随水分流失严重，故形成耕层高、底层低的局面。而鳝泥田 8 个剖面样中，其平均结果耕层与底层含量差异不大。

表 11-50 红壤区水稻土剖面有效硅含量分布（SiO₂）

剖面深度 （cm）	土样数（个）	含量范围 （mg/kg）	平均值 （mg/kg）	标准差 （mg/kg）	占土样百分比（%）			
					<50 （mg/kg）	50～100 （mg/kg）	100～150 （mg/kg）	>150 （mg/kg）
0～20	30	22.4～290	69.4	65.4	50.0	33.3	3.3	13.3
20～40	30	22.0～240	109.2	59.8	20.0	30.0	20.0	30.0

剖面深度 （cm）	黄泥田		潮沙泥田		石灰泥田		黄沙泥田		鳝泥田		麻沙泥田	
	n（个）	x（mg/kg）	n（个）	x（mg/kg）	n（个）	x（mg/kg）	n（个）	x（mg/kg）	n（个）	x（mg/kg）	n（个）	x（mg/kg）
0～20	0	70.0	7	38.3	2	38.8	1	7.5	8	113.0	2	57.6
20～40	0	131.1	7	118.1	2	67.3	1	29.7	8	109.5	2	48.8

注：表中 n 表示土样个数，x 表示有效硅含量。

8. 红壤区土壤 pH 与有效硅含量

江西省红壤区按 pH 范围的不同将土壤分为 4 类：pH<5.5 的土壤为酸性土壤，pH 为 5.5～6.5 的土壤为弱酸性土壤，pH 为 6.5～7.5 的土壤为中性土壤，pH>7.5 的土壤为碱性土壤。按不同 pH 范围对红壤区土壤有效硅含量进行分类统计（表 11-51），可以明显看出，土壤有效硅含量随 pH 的升高而显著增加。酸性土壤有效硅平均含量仅为 38.8 mg/kg，95.9% 的土壤有效硅含量低于 100 mg/kg，其中有 83.2% 的土壤有效硅含量低于 50 mg/kg，为严重缺硅；弱酸性土壤有 73.3% 的土壤有效硅含量低于 100 mg/kg，其中有 31.7% 的土壤有效硅含量低于 50 mg/kg；而中性土壤仅有 11.7% 的土样有效硅含量低于 100 mg/kg。很明显，缺硅土壤几乎都是 pH 小于 6.5 的酸性土壤和弱酸性土壤。对同一地区同一母质发育的土壤进行比较，也是 pH 高的土壤有效硅含量高。pH>7.5 的土壤有效硅含量都在 100 mg/kg 以上，一般不会缺硅。土壤有效硅含量与 pH 之间的这种正相关关系对于判断土壤供硅能力和指导施用硅肥具有重要的参考价值。

表 11-51 红壤区不同 pH 范围土壤的有效硅含量

pH	土样数 （个）	含量范围 （mg/kg）	平均值 （mg/kg）	标准差 （mg/kg）	占土样百分比（%）			
					<50（mg/kg）	50～100（mg/kg）	100～150（mg/kg）	>150（mg/kg）
<5.5	315	5.7～248.5	38.8	31.9	83.2	12.7	2.5	1.6
5.5～6.5	101	18.4～342.0	89.6	69.8	31.7	41.6	8.9	17.8
6.5～7.5	34	35.9～308.0	160.7	63.0	2.9	8.8	38.2	50.0
>7.5	7	114～244	152.1	55.7	0	0	71.4	28.6

9. 红壤区土壤有效硅含量与土壤肥力因子的相关性

对红壤区有效硅含量与 pH 的相关性进行分析（表 11-52），不论是旱地土壤还是水田土壤，酸性土壤还是碱性土壤，还有所有的耕地土壤，均达到 1% 显著正相关。这说明，土壤 pH 是判断红壤区土壤供硅能力的一个最重要的技术指标。

表 11 - 52　红壤区土壤有效硅含量与 pH 的相关性

项目	土样数（个）	方程	相关系数（r）	$R_{0.05}$	$R_{0.01}$
红壤耕地	449	$y=10.53+13.193x$	0.317 7**	0.093	0.122
红壤旱地	75	$y=190.92+51.610x$	0.525 6**	0.225	0.293
红壤水田	374	$y=192.68+46.492x$	0.688 4**	0.104	0.134
pH<5.5 水稻土	261	$y=11.763+9.138x$	0.205 5**	0.125	0.164
pH>5.5 水稻土	113	$y=247.70+56.273x$	0.544 6**	0.185	0.241

土壤有机质是土壤有机-无机复合体的重要组成部分，也是土壤有效硅的主要来源之一。从 63 个土壤有机质与有效硅含量的统计分析结果（表 11 - 53）来看，红壤区土壤有效硅含量与土壤有机质含量显著正相关。这说明红壤区土壤有机质含量也是判断土壤供硅能力的一个重要指标。而红壤区土壤全氮、速效氮、有效磷、速效钾与土壤有效硅含量均相关性不显著，这说明，红壤区土壤有效硅含量的高低与土壤速效氮、有效磷、速效钾的含量无关。

表 11 - 53　红壤区水稻土有效硅含量与有机质、全氮、速效氮、有效磷、速效钾的相关性

项目	土样数（个）	方程	相关系数（r）	$R_{0.05}$	$R_{0.01}$
有效硅与有机质	63	$y=25.05+5.082x$	0.320 6**	0.245	0.319
有效硅与全氮	63	$y=33.14+44.530x$	0.156 0	0.245	0.319
有效硅与速效氮	63	$y=40.15+9.15\times10^{-3}x$	0.026 4	0.245	0.319
有效硅与有效磷	63	$y=43.28-0.081 8x$	−0.155 0	0.245	0.319
有效硅与速效钾	63	$y=43.01-0.019 8x$	−0.071 5	0.245	0.319

二、红壤区硅肥高效施用技术

（一）硅肥的种类及特性

根据硅肥生产所用原材料和生产工艺的不同，目前我国生产和施用的硅肥主要有三类：

第一类是人工合成的，如硅酸二钙（$2CaO \cdot SiO_2$）、硅酸一钙（$CaO \cdot SiO_2$）、硅酸钙镁（$CaO \cdot MgO \cdot SiO_2$）、偏硅酸钠，以及主要成分为硅酸钠和偏硅酸钠的高效硅肥等。其基本工艺为以硅酸钠为原材料，运用高速离心喷雾干燥设备制造。先对原材料硅酸钠进行离心脱水，再送入高速离心机脱水，然后喷雾热风（控制温度）干燥固化成粉状，即得高效硅肥制品。这种工艺生产出的硅肥有效硅含量大于 50%，但价格昂贵，推广难度大。

第二类则是利用各种工业固体废弃物加工而成的硅肥。其原料来自以下几方面：①炼铁过程中产生的高炉水淬渣，总硅含量在 30%～35%。②黄磷或磷酸生产过程中产生的废渣，总硅含量在 18%～22%。③电厂粉煤灰，总硅含量达 20%～30%。④废玻璃。这类硅肥为熔渣硅肥，主要利用炼钢铁的副产品熔渣作为原料，通过物理或化学方法制成。物理方法主要利用机械磨细的方式，其产品质量与机械磨细程度有关，产品越细，有效硅含量越高，产品质量越好。用物理和化学方法制造的硅肥，其主要特点是产品中有效硅在 20% 以上、有效钙在 20% 以上、有效镁在 5% 以上，还含有磷、硫、钾和其他有效态的微量元素，养分齐全。该类产品需要注意分析重金属元素是否超标，如果重金属元素超标，就不能生产硅肥，以避免出现二次污染。

第三类是钙镁磷肥和硅复合肥。钙镁磷肥是用磷矿煅烧而成的，其主要特点是产品中有效磷在 12% 以上、有效硅在 20% 以上、有效钙在 20% 以上、有效镁在 5% 以上。硅复合肥是由氮磷钾复合肥添加硅肥经造粒而成，优点是含有氮、磷、钾营养元素，施用方便，农民易接受，但其有效硅含量较低。

第四类是农作物秸秆（稻草），秸秆还田是土壤有效硅很好的补充。如干稻草中一般含有效硅

7%以上。

(二) 硅肥高效施用技术

硅肥在甘薯、甘蔗与香蕉等作物上应用，可达到增产与提升品质的效果（表 11-54、表 11-55、表 11-56）。具体应用应考虑以下几个因素。

表 11-54　施用硅钙肥的甘薯增产效果（彭嘉桂，1994）

土壤	处理 (kg/hm^2)	蔓长 (cm)	分枝数 (个)	茎蔓产量 (kg/hm^2)	茎蔓产量占比 (%)	鲜薯产量 (kg/hm^2)	鲜薯产量占比 (%)
咸土 （早薯）	CK	132.8	12.9	25 200	—	38 437.5	—
	450	127.2	12.2	28 080	11.3	40 612.5	5.6
	750	152.2	15.0	27 900	10.7	46 237.5**	20.69
	1 050	147.3	13.2	29 520	17.1	43 800.0**	14.0
赤沙土 （晚薯）	CK	49.8	11.5	1 320	—	1 312.5	—
	450	55.2	10.9	1 320	—	1 370.8	4.4
	750	59.4	13.5	1 440	9.7	1 441.7*	9.8
	1 050	50.7	11.3	—	—	1 364.2	3.9

表 11-55　施用硅钙肥的甘蔗产量及其糖分含量（彭嘉桂，1994）

处理 (kg/hm^2)	茎数 (个/hm^2)	株高 (cm)	茎粗 (cm)	单茎重 (kg)	产量		锤度 (%)	糖分 (%)
					(kg/hm^2)	增产率（%）		
CK	95 010	261	2.18	0.84	80 768	—	18.97	13.8
375	98 340	263	2.26	0.91	89 895**	12.1	19.80	14.8
750	98 340	264	2.29	0.94	92 685**	15.5	20.19	15.2
1 125	95 010	267	2.26	0.92	88 230**	10.0	19.74	14.7
1 500	100 005	249	2.28	0.88	90 360**	9.8	19.67	14.6

表 11-56　施用硅钙肥的香蕉增产效果（彭嘉桂，1994）

处理 (kg/hm^2)	株数 (株)	株果树 (条)	果长 (cm)	果周长 (cm)	株产量 (kg)	折产 (kg/hm^2)	增产率 (%)
CK	8.0	120.1	14.4	8.8	10.1	18 210	—
375	8.0	158.5	14.6	8.5	10.4	18 720	2.8
750	8.5	158.5	16.6	9.1	13.5	24 285**	33.3
1 125	8.0	123.8	15.5	9.6	10.9	19 680**	8.1

1. 施用范围

土壤供硅能力是确定是否施用硅肥的重要依据。土壤缺硅程度越大，施肥增产效果越好。因此，硅肥应优先分配到缺硅地区和缺硅土壤上。不同作物对硅的需求程度不同，喜硅作物施用硅肥效果明显，硅肥应重点安排在喜硅作物上。经试验，施硅效果显著的作物有水稻、玉米、甘蔗等禾本科作物，水稻属于典型的喜硅作物。由于硅肥具有改良土壤的作用，硅肥应施用在受污染的农田以及种植多年的保护地上。

2. 施用方法

由于硅肥不易结块、不易变质、稳定性好，也不会下渗、挥发等，所以在土壤中保留时间很长，具有肥效期长的特点。因此，硅肥不必年年施用，最好 2～3 年施用一次。可以与有机肥、氮、磷、钾肥一起作基肥施用；养分含量高的水溶态的硅肥既可以作基肥，也可以作追肥，但追肥时应尽量提前。例如，在水稻生产中应在水稻孕穗之前施用，以更好地发挥硅肥肥效。

3. 施用量

应根据不同地块土壤有效硅的含量与硅肥水溶态硅的含量确定硅肥施用量。严重缺硅的土壤可适量多施，而轻度缺硅的土壤应少施。有效硅含量达到 50%～60% 的水溶态硅肥，每公顷可施用 90～150 kg；有效硅含量为 30%～40% 的钢渣硅肥，每公顷可施用 450～750 kg；有效硅含量低于 30% 的，每公顷可施用 750～1 500 kg。

主要参考文献

白灯莎，买买提艾力，阿依夏木，等，2009. 3 种含硫肥料对油菜干物质累积、氮硫吸收及产量的影响 [J]. 中国油料作物学报，31 (1)：86 - 89.

白由路，金继运，杨俐苹，2004. 我国土壤有效镁含量及分布状况与含镁肥料的应用前景研究 [J]. 土壤肥料 (2)：3 - 5.

曹志洪，孟赐福，胡正义，等，2011. 中国农业与环境中的硫 [M]. 北京：科学出版社.

陈小彬，2009. 新型硫酸钾镁肥在红壤区芦柑上的应用试验初报 [J]. 福建果树 (3)：43 - 45.

陈巍，郭秀珠，胡丹，等，2019. 镁钙硼肥配施对永嘉早香柚叶片与果实品质的影响 [J]. 广东农业科学，46 (4)：21 - 26.

陈星峰，张仁椒，李春英，等，2006. 福建烟区土壤镁素营养与镁肥合理施用 [J]. 中国农学通报，22 (5)：261 - 263.

程炯，郑泽厚，吴志峰，等，2005. 湖北四种典型土壤硫肥效应 [J]. 土壤通报，36 (5)：720 - 722.

戴平安，刘崇群，郑圣先，等，2006. 湖南省柑橘园土壤硫素及施硫效应研究 [J]. 植物营养与肥料学报，12 (5)：687 - 693.

刁莉华，彭良志，淳长品，等，2013. 赣南脐橙园土壤有效镁含量状况研究 [J]. 果树学报，30 (2)：241 - 247.

冯元琦，2000. 硅肥应成为我国农业发展中的新肥种 [J]. 化肥工业，27 (4)：9 - 11.

韩文炎，许允文，石元值，等，2000. 红壤茶园硫含量及硫肥效应 [J]. 浙江农业学报 (12)：62 - 66.

何盈，2004. 应用土柱模拟测定山地红壤镁素淋失量与有关因素的关系 [J]. 福建农业科技 (1)：29 - 30.

胡正义，竺伟民，曹志洪，1999. 油—稻轮作条件下土壤硫形态消长规律的研究 [J]. 土壤学报 36 (4)：564 - 568.

黄鸿翔，陈福兴，徐明岗，等，2000. 红壤地区土壤镁素状况及镁肥施用技术的研究 [J]. 土壤肥料 (5)：19 - 23.

黄毓娟，黄春应，肖起通，等，2011. 不同镁肥对椪柑缺镁的矫治作用 [J]. 中国南方果树，40 (5)：40 - 42.

李丹萍，刘敦一，张白鸽，等，2018. 不同镁肥在中国南方三种缺镁土壤中的迁移和淋洗特征 [J]. 土壤学报，55 (6)：1513 - 1523.

李伏生，1994. 土壤镁素和镁肥施用的研究 [J]. 土壤学进展 (4)：18 - 25.

李伏生，2000. 红壤地区镁肥对作物的效应 [J]. 土壤与环境，9 (1)：53 - 55.

李庆逵，朱兆良，于天仁，1998. 中国农业持续发展中的肥料问题 [J]. 南昌：江西科学技术出版社.

李延，刘星辉，庄卫民，2001. 福建山地龙眼园土壤镁素状况与龙眼缺镁调控措施 [J]. 山地学报，19 (5)：460 - 464.

李媛，崔岩山，陈晓晨，等，2009. 几种含硫肥料对油菜和三叶鬼针草吸收铅镉的影响 [J]. 中国科学院研究生院学报，26 (5)：621 - 626.

李祖章，陶其骧，刘光荣，等，1999. 江西省耕地土壤有效硅含量调查研究 [J]. 江西农业学报，11 (3)：1 - 9.

梁兵，李宏光，黄坤等，2016. 镁肥供给方式及水平对烤烟生长发育及产质量的影响 [J]. 西南农业学报，29 (7)：1649 - 1653.

林琼，陈子聪，李娟，等，2007. 不同硫肥品种对粮油作物产量和品质的影响 [J]. 福建农业科技 (6)：62 - 64.

林琼，李娟，陈子聪，等，2007. 福建耕地土壤硫肥效应及其临界指标研究 [J]. 土壤通报，38 (5)：966 - 970.

刘崇群，曹淑卿，陈国安，等，1990. 中国南方农业中的硫 [J]. 土壤学报，18 (2)：398 - 404.

刘勤，曹志洪，2000. 作物硫素营养与产品品质研究 [J]. 土壤 (3)：151 - 154，164.

刘庆山，王海燕，钟莉梅，等，2003. 大白菜增施硫肥的试验 [J]. 天津农林科技 (4)：8 - 9.

刘松忠，陈清，何洪巨，等，2005. 葱、蒜挥发性物质形成及影响国家研究进展 [J]. 中国蔬菜 (Z1)：35 - 38.

刘逊忠，黄健，朱伦，2013. 砖赤红壤施用钙镁肥对甘蔗的效应 [J]. 中国糖料 (2)：11 - 14.

陆景陵，2010. 植物营养学 [M]. 北京：中国农业大学出版社.

马同生，1991. 硅肥的研制和应用 [J]. 化肥工业，18 (6)：24 - 26.

孟赐福，曹伟勤，徐永强，等，2000. 浙江省发育于不同母质红壤施用硫肥对油菜产量的影响 [J]. 安徽农业大学学报，27：119 - 122.

潘建义，洪苏婷，张友炯，等，2016. 茶树体内硫的分布特征及施硫对茶叶产量和品质影响研究 [J]. 茶叶科学，36（6）：575 - 586.

潘兆龙，2009. 石硫合剂对温州蜜柑果实浮皮的抑制效应 [J]. 中国果菜（5）：37.

彭嘉桂，罗涛，卢和顶，等，1994. 福建省主要耕地土壤有效硅含量及硅肥施用效果研究 [J]. 福建农业学报，9（3）：36 - 41.

彭嘉桂，杨杰，林琼，等，2004. 硫对蔬菜的增产及降低 NO_3^- 累积效应研究 [J]. 福建农业学报，19（3）：160 - 163.

彭嘉桂，章明清，蔡阿瑜，等，2000. 福建省土壤-作物系统硫肥效应研究 [J]. 安徽农业大学学报（27）：74 - 78.

彭嘉桂，章明清，林琼，等，2002. 闽东南耕地土壤有效硫含量及主要粮油作物硫肥效应 [J]. 福建农业学报，17（1）：49 - 52.

彭嘉桂，章明清，林琼，等，2005. 福建耕地土壤硫库、形态及吸附特性研究 [J]. 福建农业学报，20（3）：163 - 167.

钱晓华，杨平孙，周学军，等，2018. 安徽省土壤有效硫现状及时空分布 [J]. 植物营养与肥料学报，24（5）：1357 - 1364.

秦光蔚，周祥，梁永超，等，2001. 硫对油菜产量和抗逆性的影响 [J]. 土壤肥料（1）：36 - 39.

全国土壤普查办公室，1998. 中国土壤 [M]. 北京：中国农业出版社.

阮建云，管彦良，吴洵，2001. 茶园土壤镁供应状况及镁肥施用效果研究 [J]. 中国农业科学，35（7）：815 - 820.

孙光明，黄健安，陆发熹，1990. 粤西砖红壤的镁素状况及其有效性 [J]. 华南农业大学学报，11（3）：39 - 46.

孙楠，曾希柏，高菊生，等，2006. 含镁复合肥对黄花菜生长及土壤养分含量的影响 [J]. 中国农业科学，39（1）：95 - 101.

孙兴权，顾毓敏，夏贤仁，等，2019. 镁硼配施对红壤烤烟镁、硼含量及经济性状的影响 [J]. 江西农业学报，31（5）：65 - 69.

汪洪，1997. 土壤镁素研究的现状和展望 [J]. 土壤肥料（1）：9 - 13.

王伯仁，游有文，高菊生，等，1999. 湘南几种土壤钾、镁形态淋失及施用效果研究 [J]. 广西农业科学（2）：68 - 71.

王杰，司友斌，张继榛，等，2007. 施硫与作物对真菌病害抗病性的初步研究 [J]. 安徽农业大学学报（Z1）：182 - 186.

王利，高祥照，马文奇，等，2008. 中国农业中硫的消费现状、问题与发展趋势 [J]. 植物营养与肥料学报，14（6）：1219 - 1226.

王越涛，尹海庆，王生轩，等，2005. 施硫对水稻品种水晶 3 号形态、生理及品质的影响 [J]. 河南农业科学，34（8）：69 - 71.

吴英，孙彬，徐立新，等，2002. 黑龙江省主要类型水稻土壤硫素状况及硫肥有效性研究 [J]. 黑龙江农业科学（1）：4 - 6.

谢建昌，杜承林，李伏生，1993. 中国南方地区土壤镁素状况与需镁前景 [C] // 胡思农. 硫镁和微量元素在作物营养平衡中的作用国际学术讨论会论文集. 成都：成都科技大学出版社.

徐明岗，秦道珠，申华平，等，2015. 陈福兴学术思想研究：红壤地区农业可持续发展 [M]. 北京：科学出版社.

徐明岗，文石林，李菊梅，2005. 红壤特性与高效利用 [M]. 北京：中国农业科学技术出版社.

许闯，王松山，李菊梅，等，2014. 长期施硫对红壤和黑土硫形态演变的影响 [J]. 应用生态学报，25（4）：1069 - 1075.

许自成，黎妍妍，肖汉乾，等，2007. 湖南烟区土壤交换性钙、镁含量及对烤烟品质的影响 [J]. 生态学报，27（11）：4425 - 4433.

薛智勇，孟赐福，吕晓男，等，2002. 红壤地区水稻土施硫对水稻的增产效应 [J]. 浙江农业学报，14（3）：144 - 149.

颜明娟，章明清，林琼，等，2006. 不同施肥水平对漳州香蕉产量和品质的影响 [J]. 福建农业学报，21（2）：173 - 177.

杨明杰，林咸水，肖水娥，1998. Cd 对不同种类植物生长和养分积累的影响 [J]. 应用生态学报，9（1）：89 - 94.

姚建武，刘国坚，周修冲，1999. 不同硫肥品种的水稻肥效试验研究 [J]. 土壤与环境（1）：23 - 25.

叶勇，吴洵，姚国坤，1994. 茶树的硫营养及其品质效应 [J]. 茶叶科学，14（2）：123 - 128.

游有文，黄鸿翔，王伯仁，等，1999. 湘南地区几种主要土壤施用钾、钙、镁肥对玉米生物产量的影响 [J]. 土壤肥料（1）：20 - 23.

袁可能，1983. 植物营养元素的土壤化学 [M]. 北京：科学出版社.

臧小平，王甲水，周兆禧，等，2017. 土壤施镁对杧果产量与品质的影响 [J]. 中国土壤与肥料（3）：89 - 92.

张红旗，周隆才，2000. 赣中红壤丘陵区早稻施用硫肥和微肥效应研究 [J]. 土壤肥料（3）：28－31.

赵其国，谢为民，贺湘逸，等，1988. 江西红壤 [M]. 南昌：江西科学技术出版.

周修冲，Portch S，谢锋，等，2001. 名优荔枝营养特性及钾、硫、镁肥效应研究 [J]. 广东农业科学（6）：31－33.

邹长明，高菊生，王伯仁，等，2006. 长期施用含硫化肥对水稻产量和养分吸收的影响 [J]. 土壤通报，37（1）：103－106.

朱英华，屠乃美，关广晟，等，2006. 作物硫营养的研究进展 [J]. 作物研究（5）：522－525.

朱永兴，陈福兴，2000. 南方丘陵红壤茶园的镁营养 [J]. 茶叶科学（2）：95－100.

竺陆春，1998. 稻麦和油菜施用含硫肥料的效果 [M]. 北京：中国环境科学出版社.

庄绍东，2003. 不同施肥水平对漳州香蕉产量和品质的影响 [J]. 福建农业学报，18（3）：168－172.

Barbora A C，1995. Sulphur management for tea in Northeastern India [J]. Sulphur in Agriculture，19：5－15.

Chen Q，Ruan Y，Wang Y，et al.，1985. Chemical evaluation of green tea taste [J]. Journal of Tea Science，5：7－17.

Hawkesford M J，de Kok L J，2006. Managing sulphur metabolism in plants [J]. Plant，Cell and Environment，29（3）：382－395.

Hu Z Y，Zhao F J，McGrath S P，2005. Sulphur fractionation in calcareous soils and bioavailability to plants [J]. Plant and Soil，268：103－109.

Jackson G D，2000. Effects of nitrogen and sulfur on canola yield and nutrient uptake [J]. Agronomy Journal，92（4）：644－649.

Nagendra R T，Sharma P K，2008. Evaluation of Mehlich Ⅲ as an extractant for available soil sulfur [J]. Communications in Soil Science and Plant Analysis，11：1033－1046.

Prietzel J，Thieme J，Salome M，et al.，2007. Sulfur K-edge XANES spectroscopy reveals differences in sulfur speciation of bulk soils，humic acid，fulvic acid，and particle size separates [J]. Soil Biology and Biochemistry，39：877－890.

Solomon D，Lehmann J，de Zarruk K K，et al.，2011. Speciation and long-and short-term molecular-level dynamics of soil organic sulfur studied by X-ray absorption near-edge structure spectroscopy [J]. Journal of Environmental Quality，40：704－718.

Tabatabai M A，Al-Khafaji A A，1980. Comparison of nitrogen and sulphur mineralization in soils [J]. Soil Science Society of America Journal，44：1000－1006.

Tandon H L S，2000. Sulphur research and agricultural production India [M]. 3th ed. Washington，D. C.，USA：The Sulphur Institute.

Wang Y G，1988. Discussion on the chemical standards on quality of Chinese roasted green tea [J]. Journal of Tea Science，8（2）：13－20.

Williams C H，1967. Some factors affecting the mineralization of organic Sulphur in soils [J]. Plant and Soil，26：205－223.

Yamaguchi J，1999. Sulfur deficiency of rice plants in the Lower Volta area，Ghana [J]. Soil Science and Plant Nutrition，45：367－383.

Zhao F J，Hawkesford M J，Warrilow A G S，et al.，1996. Responses of two wheat varieties to sulphur addition and diagnosis of sulphur deficiency [J]. Plant and Soil，181：317－327.

红壤主要微量元素的特征及合理施用技术 >>>

20 世纪 30 年代，植物营养领域提出了植物必需营养元素的确定标准，土壤中铁、锰、铜、锌、硼、钼等植物需求量小而又不可缺少的微量元素逐渐被重视。植物对不同微量元素的需求量存在着较大差异，植物体内各种微量元素的含量也不相同，依据植物组织中微量元素的浓度，可将土壤微量元素含量划分为缺乏区、适量区和中毒区。当土壤微量元素含量低于临界点时，植物生长受到抑制；适当提升土壤微量元素含量，则可促进植物生长。但到达最高临界值时继续增加土壤微量元素含量，反而会抑制植物生长。土壤微量元素含量并不是越高越好，维持在适度的水平更加有利于提升植物生产水平。土壤微量元素具有明显的地域分布特性，充分认识微量元素的特征以及掌握微量元素的高效施用技术有助于提升植物营养水平，促进植物产量和品质的提升。

第一节 红壤主要微量元素的含量及其生物有效性

一、红壤铁含量及其生物有效性

铁在地壳中的含量约为 5%，仅次于氧、硅和铝，土壤中全铁含量为 35～70 g/kg（洪达峰，2013）。我国南方红壤区的土壤主要由第四纪红土、红砂岩、花岗岩等成土母质经脱硅富铁、铝化过程和生物富集过程风化发育而来，其主要特征是缺乏碱金属和碱土金属而富集大量铁氧化物、铝氧化物。红壤区土壤的形成过程中，硅酸盐类矿物被强烈分解，硅和盐基遭到淋失，而铁氧化物、铝等氧化物则有数倍的相对富集（熊毅等，1990）。氧化铁是土壤黏粒中氧化物的主要贡献者（表 12-1），在土壤中占比较高，是土壤氧化物中最活跃的部分，而且，土壤风化程度越高，游离氧化铁在氧化铁中的占比也越高（李庆奎，1983）。

表 12-1 由花岗岩发育的红壤类型土壤全铁及游离铁含量

土壤类型	地点	深度（cm）	全铁（Fe$_2$O$_3$，%）	游离铁（Fe$_2$O$_3$，%）	游离铁占比（%）
红壤	江西南昌	0～15	8.29	2.93	35.30
		40～60	9.24	3.60	39.00
		>200	8.26	2.79	33.77
赤红壤	广东博罗	0～15	4.26	2.26	53.05
		30～45	3.96	2.23	56.31
		100～120	4.56	2.61	57.23
砖红壤	海南文昌	0～4	4.86	3.46	71.19
		22～45	10.26	6.67	65.00
		67～170	13.40	8.58	64.02

虽然土壤中全铁含量较高，但在部分类型土壤上生长的植物仍然会出现缺铁症状。从植物有效利

用的角度将土壤中的铁划分为水溶态、交换态、铁锰氧化物结合态、矿物态，其中水溶态和交换态易被植物吸收利用，而铁锰氧化物结合态和矿物态则不易被植物吸收利用（周健民，2013）。从化学形态上来看，土壤中的铁多为 Fe^{2+} 和 Fe^{3+}，随着土壤氧化还原电位的变化，Fe^{2+} 和 Fe^{3+} 能相互转化，而且还能形成无机配合态。例如，pH 在 3 附近时 Fe^{3+} 即能与 OH^- 形成 $Fe(OH)_3$ 沉淀，但只有在 pH 达到 6 以上时 Fe^{2+} 才能与 OH^- 生成 $Fe(OH)_2$ 沉淀。土壤 pH 上升会引起土壤铁有效性的降低，每增加 1 个 pH 单位，溶液中铁的活性就会降低至原来的 1/1 000，低 pH 的红壤区土壤中铁的有效性较高，因此红壤区土壤很少有作物缺铁的现象（刘安世，1993）。土壤有效铁含量通常分为 5 个等级，分别为很低（<2.5 mg/kg）、缺乏（2.5~4.5 mg/kg）、中（4.5~10 mg/kg）、高（10~20 mg/kg）、很高（>20 mg/kg）。

二、红壤锰含量及其生物有效性

我国土壤中锰含量变幅较大，为 42~3 000 mg/kg，平均含量约为 710 mg/kg（鲍士旦，2007）。红壤区土壤中锰相对较为丰富，成土过程中发生锰的富集作用，成土母质是决定土壤锰含量的重要因素（李庆奎，1983）。玄武岩和石灰岩发育的红壤锰含量高，而花岗岩、砂岩发育的红壤锰含量低，其含量高低按母质排列如下：玄武岩>石灰岩>第四纪红土>页岩>千枚岩>花岗岩>砂岩。玄武岩、页岩发育的砖红壤和赤红壤锰含量高，花岗岩发育的红壤锰含量低，按发育母质顺序为玄武岩>页岩>砂岩>片麻岩>花岗岩。红壤、赤红壤、砖红壤、石灰岩土、紫色土全锰含量较高，黄壤全锰含量相对较低（表 12-2）。土壤中锰的成土矿物主要为氧化物，也有部分以碳酸盐和硅酸盐的形式存在，沙土全锰含量低于黏质土全锰含量。

表 12-2　不同类型红壤全锰及有效锰含量

土壤类型	全锰（mg/kg）		有效锰（mg/kg）	
	含量变幅	平均水平	含量变幅	平均水平
砖红壤、赤红壤	10~5 000	636	2~1 322	136
红壤	11~4 243	565	2~1 599	120
黄壤	10~5 532	373	2~771	70
紫色土	425~920	548	30~920	206
石灰岩土	37~9 478	2 264	15~1 987	746

土壤中锰的有效性受 pH 和氧化还原电位影响显著（司友斌等，2000），在酸性红壤中还原态锰含量较高，在石灰性土壤中氧化态锰含量较高，还原态锰对植物的有效性较高，因此酸性土壤中锰的有效性较高。pH 在 6.5 以下时锰较易被还原（文丽敏等，2011），红壤区土壤低 pH 下锰活性较高，水溶态锰和交换态锰充足（梁丽萍等，2014）。因此，红壤区土壤锰的有效供给能力较强，很少出现缺锰现象。但红壤偏酸，在进行酸性土壤改良而过量施用石灰时可能会导致锰有效性降低而出现锰缺乏（张影等，2014）。土壤有效锰含量通常分为 5 个等级，分别为很低（<5.0 mg/kg）、缺乏（5.0~10.0 mg/kg）、中（10.0~20.0 mg/kg）、高（20.0~30.0 mg/kg）、很高（>30.0 mg/kg）。

三、红壤铜含量及其生物有效性

我国土壤铜含量为 4~150 mg/kg，全国平均水平为 22 mg/kg，高于世界平均水平 20 mg/kg（鲍士旦，2007）。红壤区土壤铜平均水平为 27.7 mg/kg，在部分砖红壤中铜含量可达 100 mg/kg 以上。红壤平均铜含量与黄壤相似，通常高于赤红壤（李庆奎，1983）。紫色土全铜平均含量与全国平均水平近似，石灰岩土平均含量高于全国平均水平，但紫色土和石灰岩土铜含量变幅均较大（表 12-3）。

土壤含铜量与成土母质关系密切，通常由玄武岩、石灰岩发育的砖红壤、赤红壤、红壤铜含量高，砖红壤和赤红壤铜含量按成土母质可按以下顺序排列：玄武岩＞片麻岩＞砂岩＞页岩＞花岗岩；红壤铜含量按成土母质可排列如下：玄武岩＞石灰岩＞千枚岩＞第四纪红土＞页岩＞花岗岩＞砂岩。

表 12-3　不同类型红壤全铜及有效铜含量

土壤类型	全铜（mg/kg）		有效铜（mg/kg）	
	含量变幅	平均水平	含量变幅	平均水平
砖红壤	2～118	44	0.10～28.00	3.07
赤红壤	0～44	17	0.00～7.50	0.75
红壤	2～500	22	0.00～30.00	2.49
黄壤	1～122	25	0.00～3.25	0.59
紫色土	7～54	23	0.35～2.50	1.12
石灰岩土	6～183	47	0.00～3.00	0.60

红壤区土壤铜含量一般都比较适中，大多数地区土壤有效铜含量能满足植物生长所需。例如，红色黏土、千枚岩、紫色砂岩发育的土壤有效铜含量多高于 1 mg/kg，玄武岩发育的土壤有效铜含量高于 0.7 mg/kg 且最高可达 10 mg/kg（李庆奎，1983；熊毅等，1990）。铜在土壤中以二价态或一价态存在，氧化还原电位对铜有效性的影响不如对铁锰的影响大，但有机质对土壤铜的有效性影响较大（陈建斌，2002；杜静等，2010）。例如，在 pH 为 6 左右时富里酸与铜生成不溶的络合物，在 pH 为 2.5～3.5 时腐植酸也会与铜形成不溶络合物，降低土壤中铜的有效性（李卓明，2018）。红壤区温度高、降水多，土壤矿化过程较为强烈，该区域酸性土壤有机质含量一般不高，土壤有机质含量对铜有效性的影响较小。依据植物铜养分需求特征，可将土壤有效铜含量划分为 5 个等级，分别为很低（<0.1 mg/kg）、缺乏（0.1～0.2 mg/kg）、中（0.2～1.0 mg/kg）、高（1.0～2.0 mg/kg）、很高（>2.0 mg/kg）。

四、红壤锌含量及其生物有效性

我国土壤全锌含量为 3～709 mg/kg，平均为 22 mg/kg，土壤全锌含量因母岩而异（鲍士旦，2007）。基性岩发育的红壤、赤红壤和砖红壤锌含量通常高于酸性岩发育的土壤（表 12-4），基性岩中锌主要存在于黑云母、闪石和辉石中。砖红壤和赤红壤全锌含量，按成土母质可排列为玄武岩＞砂岩＞花岗岩＞页岩＞片麻岩；红壤全锌含量，按成土母岩排列为石灰岩＞玄武岩＞页岩＞千枚岩＞第四纪红土＞砂岩。南方红壤地区全锌含量相对较高，平均为 81～236 mg/kg，并大致表现出从南往北降低的趋势（李庆奎，1983）。

表 12-4　不同类型红壤全锌及有效锌含量

土壤类型	全锌（mg/kg）		有效锌（mg/kg）	
	含量变幅	平均水平	含量变幅	平均水平
砖红壤	0～323	103	0.40～14.30	2.55
赤红壤	0～750	84	0.00～11.95	2.17
红壤	11～492	177	0.00～40.00	3.00
黄壤	14～182	81	0.00～19.25	2.05
紫色土	48～131	109	0.00～8.50	2.13
石灰岩土	54～570	236	0.00～9.80	1.50

土壤 pH 处于 5.7～7.0 水平时锌的有效性较高，碱性土壤及强酸性土壤更容易缺锌，但在红壤区土壤上也经常能观察到植物缺锌的现象。特别是在红砂岩和第四纪红土发育的土壤上，柑橘等果树

表现较为明显（付行政等，2014）。酸性土壤影响植物生长，通常会通过施用石灰来提高土壤 pH。但大量施用石灰也会导致土壤有效锌含量的降低，过量施用磷肥也会对锌产生拮抗作用，导致植物生理性缺锌（肖文芳，2009）。土壤锌可分为水溶态、交换态、碳酸盐结合态和铁锰氧化物结合态、有机物结合态、矿物态，其中水溶态和交换态对植物的有效性高。土壤有效锌含量分为 5 个等级，分别为很低（<0.5 mg/kg）、缺乏（0.5～1.0 mg/kg）、中（1.0～2.0 mg/kg）、高（2.0～4.0 mg/kg）、很高（>4.0 mg/kg）。

五、红壤硼含量及其生物有效性

我国土壤中硼含量为痕量至 500 mg/kg，多数地区为 18～88 mg/kg，平均为 64 mg/kg（鲍士旦，2007）。南方红壤区的土壤硼含量低（表 12 - 5），平均为 40 mg/kg，砖红壤和赤红壤最低，只有 20 mg/kg 左右。成土母质对土壤硼含量影响显著。例如，由页岩、第四纪红土和石灰岩发育的砖红壤和赤红壤硼含量相对较高，而花岗岩和火成岩发育的红壤硼含量较低。红壤平均硼含量按成土母质可排列如下：石灰岩＞第四纪红土＞页岩＞砂岩＞千枚岩＞流纹岩＞花岗岩＞玄武岩（五运华等，2015）。石灰岩发育的土壤硼含量高于其他母质发育的土壤，但石灰岩本身硼含量较低，发育的红壤和赤红壤水溶态硼含量较低，也属于缺硼土壤。

表 12 - 5　不同类型红壤全硼及水溶态硼含量

土壤类型	全硼（mg/kg）		水溶态硼（mg/kg）	
	含量变幅	平均水平	含量变幅	平均水平
砖红壤	9～58	20	0.00～0.84	0.26
赤红壤	0.5～72.0	24	0.01～0.59	0.18
红壤	1～125	40	0.00～0.58	0.14
黄壤	5～453	52	0.02～1.52	0.27
紫色土	20～43	31	0.02～0.52	0.22
红色石灰土	20～351	113	0.07～0.49	0.21
黑色石灰土	56～153	108	0.11～1.09	0.37

红壤区土壤有效硼含量低，是我国主要的低硼区和缺硼区（刘桂东，2014）。土壤有效硼含量主要是指水溶态硼含量，不同类型红壤水溶态硼的含量，红壤为 0.14 mg/kg、赤红壤为 0.18 mg/kg、砖红壤为 0.26 mg/kg、黄壤为 0.27 mg/kg、红色石灰土为 0.21 mg/kg、黑色石灰土为 0.37 mg/kg、紫色土为 0.22 mg/kg（李庆奎，1983）。红壤、赤红壤、砖红壤中的硼存在于硅铝酸盐晶格之中，未风化之前不易溶于水，因此热水溶性硼含量非常低。除母质外，土壤 pH 对硼有效性的影响较大，pH为 4.7～6.7 时，土壤硼的有效性随着 pH 的升高而增强，在 pH 高于 7 时硼的有效性显著降低，酸性土壤大量施用石灰也可能导致缺硼（谢君等，2011）。酸性土壤虽然硼的有效性高，但其有效硼含量较低，加之铁锰氧化物还会对硼发生专性吸附，红壤区植物经常会出现缺硼症状。土壤有效硼含量分为 5 个等级，分别为很低（<0.25 mg/kg）、缺乏（0.25～0.5 mg/kg）、中（0.5～1.0 mg/kg）、高（1.0～2.0 mg/kg）、很高（>2.0 mg/kg）。

六、红壤钼含量及其生物有效性

我国土壤中全钼含量为 0.1～6.0 mg/kg，平均为 1.7 mg/kg（李庆奎，1983）。红壤平均全钼含量为 2.43 mg/kg、赤红壤为 1.83 mg/kg、砖红壤为 1.94 mg/kg、黄壤为 1.53 mg/kg、紫色土为0.55 mg/kg（表 12 - 6）。成土母质中钼含量的高低从根本上决定着土壤的钼含量。红壤区砂岩发育的土壤钼含量较低，玄武岩和花岗岩发育的土壤钼含量最高，第四纪红土和石灰岩发育的土壤钼含量处于中等偏高水平。例如，华南地区砖红壤和赤红壤钼含量相对较高，按成土母质可排列为玄武岩＞花岗岩＞片麻岩＞页岩＞砂岩；红壤平均钼含量按成土母质可排列为流纹岩＞花岗岩＞第四纪红土＞石灰岩＞玄武岩＞千枚岩＞页岩＞砂岩。

表 12-6　不同类型红壤全钼及有效钼含量

土壤类型	全钼（mg/kg）		有效钼（mg/kg）	
	含量变幅	平均水平	含量变幅	平均水平
砖红壤	0.50～3.10	1.94	0.00～0.50	0.19
赤红壤	0.14～3.03	1.83	0.00～0.70	0.09
红壤	0.30～11.86	2.43	0.00～0.68	0.14
黄壤	0.10～4.49	1.53	0.00～1.18	0.14
紫色土	0.32～1.10	0.55	0.02～0.22	0.08
红色石灰土	0.50～2.83	1.83	0.00～0.63	0.22
黑色石灰土	0.32～1.02	0.68	0.00～0.14	0.04

土壤中钼的有效性受 pH 的影响，钼在酸性条件下溶解度较小。在多数红壤、砖红壤和赤红壤中有效钼含量较低，难以满足钼敏感植物对钼的需求。红壤、砖红壤、赤红壤有效钼含量一般都低于 0.15 mg/kg，玄武岩发育而来的红壤钼含量一般高于 0.15 mg/kg。土壤中的钼包含水溶态、有机态、难溶态和代换态 4 种形态（鲍士旦，2007）。各形态钼含量随着土壤 pH 的变化而有着较大的变化，在 pH 低于 2.5 时，存在形态主要为非离子化的 H_2MoO_4；当 pH 在 2.5～4.0 时，主要存在形态为 $HMoO_4^-$、$Mo(OH)_6$、$H_2MoO_7^-$；当 pH 高于 4 时，存在形态以 MoO_4^{2-} 为主（张木，2013）。有些酸性红壤可能并非真正的缺钼，而是钼的有效性不能满足植物所需。因此，对全钼含量较高的酸性土壤进行改良，在一定程度上可以提高土壤有效钼的含量。红壤区土壤的干湿状况也会影响钼的有效性，受水湿影响越大的土壤其钼的有效性就越高，如潜育型水稻土有效钼的平均含量会高于渗育型土壤及潴育型土壤。土壤有机质的含量也会影响土壤有效钼的含量。土壤有效钼含量随着有机质含量的增加而增加，可能是土壤中不易被植物利用的钼与有机质结合形成了有机态钼，而后期有机质经过分解又会释放钼，进而提高了土壤有效钼的含量。需钼较多的植物（如豆科、十字花科及有些禾本科植物）根际有效钼减少快，当土壤有效钼缺乏时，会先表现出缺钼症状。土壤有效钼含量分为 5 个等级，分别为很低（＜0.1 mg/kg）、缺乏（0.1～0.15 mg/kg）、中（0.15～0.2 mg/kg）、高（0.2～0.3 mg/kg）、很高（＞0.3 mg/kg）。

第二节　植物微量元素缺乏症状及其营养诊断

一、植物缺铁症状及其营养诊断

多数植物铁含量在 100～300 mg/kg，不同种类植物铁含量不同，蔬菜类如甘蓝、菠菜、莴苣等铁含量稍高，而水稻、玉米等铁含量稍低，通常豆科植物含量高于禾本科植物（陆景陵，2002）。Fe^{2+} 是植物吸收铁的主要形式，螯合态铁也可以被吸收，Fe^{3+} 溶解度低，多数植物难以吸收利用，只有在根表还原为 Fe^{2+} 才能被植物吸收利用。Fe^{2+} 被根系吸收后，可在根中被氧化为 Fe^{3+}，Fe^{3+} 与柠檬酸亲合力强，以柠檬酸螯合物的形式通过木质部往地上部运输（刘士平，2011）。铁在植物体内发挥重要作用，是细胞色素、铁氧还蛋白以及多种酶的重要组分，在叶绿素合成时充当催化剂，参与植物体内的氧化还原反应和电子传递，并参与植物的呼吸作用。铁在植物体内不易移动，植物缺铁首先表现在幼叶上，典型症状是叶脉间和细胞网状组织失绿，严重时整个叶片呈黄白色，进一步发展后叶片上出现坏死斑点，叶片逐渐枯死（图 12-1）。

柑橘   葡萄

马铃薯   番茄

图 12-1   缺铁症状

在土壤缺乏铁时，不同种类植物会表现出差异化适应机制，被称为机理Ⅰ植物和机理Ⅱ植物（张妮娜，2018）。机理Ⅰ植物主要是双子叶植物和非禾本科单子叶植物，缺铁发生后根系伸长受阻但根尖直径增粗、根毛增加，而且根系质子的分泌量增加，根际土壤 pH 降低，土壤铁的有效性增加。而且，机理Ⅰ植物还会向根外分泌酚类等螯合物质，根系皮层细胞原生质膜上会生成 Fe^{3+} 还原酶，会将 Fe^{3+} 还原为 Fe^{2+} 以提升土壤铁的生物有效性。机理Ⅱ植物主要是禾本科单子叶植物，在缺铁时会向根外分泌非结构精氨酸（植物铁载体），植物铁载体能与土壤中的 Fe^{3+} 形成稳定性很高的复合物。而且，植物细胞膜上还有专一性极强的转运系统，可将形成的铁复合物转运到植物体内，以缓解缺铁状况（宋纯鹏等，2015）。南方红壤区酸性土壤植物缺铁较少发生，大量施用石灰时可能会出现缺铁现象。但在部分排水不良的土壤或是长期渍水的稻田土壤上，可能会出现 Fe^{2+} 过量植物铁中毒的情况。铁中毒多表现为老叶上出现褐色斑点，根部呈黑色、易腐烂。

二、植物缺锰症状及其营养诊断

植物锰含量变幅较大，从低于 10 mg/kg 到高于 1 000 mg/kg，与土壤类型及土壤 pH 有密切关系，在碱性土壤上植物锰含量普遍低于 100 mg/kg，而在酸性土壤上植物锰含量可高达 1 000 mg/kg。植物吸收的锰主要是 Mn^{2+}，除受土壤环境条件影响外，还受竞争离子的影响，如 Mg^{2+} 可以减少植物对 Mn^{2+} 的吸收，对锰离子的吸收具有拮抗作用。锰是植物所必需的营养元素，是叶绿体的组分元素，在叶绿体内锰与蛋白质结合形成酶蛋白，是光合作用中不可缺少的成分，参与水的光分解和电子传递（李春俭，2008）。而且，锰还可以充当酶的催化剂，促进种子萌发、增强代谢酶的活性、参与氮代谢、调节植物体内氧化还原状况等（许文博等，2011）。

与铁相似，锰在植物体内移动性差，缺锰通常先出现在新叶上，叶脉间失绿，叶脉保持绿色，叶片上出现褐色或灰色斑点，逐渐连成条状，严重缺锰时叶片失去绿色并逐渐坏死（图 12-2）。例如，燕麦缺锰时会出现"灰斑病",豌豆缺锰时会出现"杂斑病",柑橘缺锰时叶脉间失绿黄化(陆景陵,2003)。红壤区酸性土壤植物缺锰较为少见,在酸性土壤改良而过量施用石灰时可能诱导植物缺锰,通常情况下红壤区植物锰含量水平较高,植物锰含量过高时会发生锰中毒。

番茄

柑橘

西瓜

青花菜

图 12 - 2　缺锰症状

三、植物缺铜症状及其营养诊断

植物铜含量不高,大多数含铜量在 5～25 mg/kg,成熟叶片、茎秆中含铜较少,而种子胚、幼嫩叶片含铜量相对较高(陆景陵,2003)。植物体内铜的含量与植物种类、部位、成熟状况、土壤条件等因素有关。铜离子在植物体内能与氨基酸、肽、蛋白质等形成稳定的络合物,如形成含铜的酶类超氧化物歧化酶、多酚氧化酶、细胞色素氧化酶、抗坏血酸氧化酶等,以及其他多种含铜蛋白质(宋纯鹏等,2015)。铜在植物体内作为酶的成分参与氧化还原反应并影响植物的呼吸作用,在叶绿体中铜与色素形成络合物对叶绿素起到稳定作用,而且叶绿体中蓝色含铜蛋白质体蓝素在光合作用过程中可通过铜化合价的变化传递电子。铜作为抗氧化酶的重要组成元素,积极参与植物体内的抗氧化作用,消除自由基而降低过氧化作用。铜还参与氮的代谢,可以对氨基酸起活化作用促进蛋白质的合成,还可以促进根瘤植物的共生固氮(李春俭,2008)。

铜在植物体内的移动性受外界供铜水平的影响,供铜水平较高时铜在植物体内的移动性强,供铜水平低时铜在植物体内的移动性差。通常单子叶植物对铜较为敏感,而双子叶植物对铜的敏感性较差,当植物铜含量低于 4 mg/kg 时就有可能出现缺铜症状(图 12 - 3)。禾本科植物缺铜症状从叶尖开始并表现为丛生、顶端逐渐变白、籽粒不饱满、结实率低。果树缺铜时,顶梢叶片呈簇状,严重时顶梢枯死,并逐渐向下发展。某些植物,如蚕豆缺铜会出现花褪色的现象,花的颜色会由深红褐色变为白色。小麦和燕麦等对铜敏感的植物，可作为判断铜是否缺乏的指示植物。植物对铜的需求量不高，植物体内铜含量高于 20 mg/kg 时会过量，植物可能会中毒，铜中毒后新叶失绿、老叶坏死，叶片背面及叶柄呈紫色。红壤区多数土壤铜含量适中，较少出现植物缺铜现象（陆景陵，2003）。

柑橘　　　　　　　　　　　　　　　　　　番茄

玉米　　　　　　　　　　　　　　　　　　小麦

图 12-3　缺铜症状

四、植物缺锌症状及其营养诊断

大多数植物锌含量为 25～150 mg/kg，因植物种类及土壤条件而有所不同，多分布于茎尖和幼嫩叶片之中（陆景陵，2003）。植物地上部锌的含量由上而下呈现递减趋势，但根中锌的含量通常高于地上部锌的含量。锌主要以 Zn^{2+} 的形式被植物吸收，当植物体内锌的含量低于 20 mg/kg 时就有可能出现缺锌的症状。锌在植物代谢中发挥重要功能，目前已经发现 80 多种含锌的酶。例如，锌是乙醇脱氢酶、铜锌超氧化物歧化酶、RNA 聚合酶等多种酶的组分和活化剂，参与糖酵解及呼吸作用等代谢过程，参与生长素代谢、光合作用中二氧化碳的水合作用，能促进器官发育和提高植物抗逆性等（李春俭，2008）。

缺锌时，植物生长受阻、节间缩短，叶片扩展明显受到影响，表现为小叶簇生，称为小叶病或簇叶病，而且叶片脉间失绿或呈现白化症状。植物缺锌所引起的生长受阻问题可能与缺锌时植物体内生长素浓度降低有关，缺锌时老组织生长素含量会明显下降（宋纯鹏等，2015）。双子叶植物缺锌后，节间变短、植株矮化，叶片失绿而且不能正常展开，而单子叶植物如玉米缺锌后与叶脉平行的叶肉组织变薄，叶片中叶脉两侧出现失绿条纹（图 12-4）。果树如柑橘、苹果缺锌时最明显的症状就是叶片狭小、丛生簇状。不同植物的敏感程度有差异，例如玉米、水稻对锌较为敏感，双子叶植物马铃薯、甜菜、番茄等对锌敏感度中等，而小麦、大麦、燕麦、黑麦等谷物以及有些禾本科牧草对锌则不敏感。南方红壤区部分土壤有效锌含量不高，如柑橘、水稻、玉米等常出现缺锌症状，红壤区土壤增施锌肥具有较好的增产效果（陆景陵，2003）。

图 12-4　缺锌症状

五、植物缺硼症状及其营养诊断

植物体内硼的含量为 2～100 mg/kg，双子叶植物硼含量高于单子叶植物，十字花科与伞形科植物对硼的需求量高，易缺硼也更耐高硼。禾本科植物硼含量多低于 10 mg/kg，而其他多种植物硼含量多为 20～100 mg/kg（胡霭堂等，2003）。硼在植物体内的分布规律是枝条硼含量高于根系，叶片硼含量高于枝条，生殖器官硼含量高于营养器官。硼没有化合价的变化，以硼酸分子的形式被吸收，在植物体内参与碳水化合物的运输和代谢，参与细胞壁物质的合成，促进细胞伸长和细胞分裂，调节酚类物质的代谢和木质化作用，提高根瘤植物的固氮能力，促进繁殖器官的建成和发育。不同种类植物体内硼的移动性有差异，在苹果、桃、李、杏、樱桃等以山梨醇、甘露醇等为同化产物的植物中，硼与这些物质形成复合物随光合产物被运至植物体各部位，此类植物中硼的移动性强；而在不含山梨醇、甘露醇物质的植物中，硼无法以同化产物的形式被大量转运至植株各部位，缺硼症状也多发生在幼嫩叶片（陆景陵，2003）。

硼对植物体的作用是多方面的，缺硼时植物会表现出多种症状（王运华等，2015）。缺硼时，根系短粗而呈褐色，枝条节间短、木栓化，茎尖生长点生长受抑制、枯萎死亡，老叶厚而脆、畸形，果实发育不良（图 12-5）。植物缺硼影响生殖器官的发育，植物花的柱头和子房中硼的含量很高，缺硼后细胞壁发育受阻，花粉细胞难以进行四分体的分化，导致花粉粒发育不正常，植物开花而不育。例如，油菜缺硼出现"花而不实"，棉花出现"蕾而不花"，花生出现"有壳无仁"，小麦出现"穗而不实"，芹菜出现"茎折病"，花椰菜出现"褐心病"，苹果出现"缩果病"。南方酸性红壤区虽然硼的有效性高，但土壤有效硼含量通常不高，植物经常出现缺硼症状，在该区域增施硼肥通常会有较好的增产效果。过量施用硼肥，尤其是在硼有效性高的酸性土壤上过量施用硼肥，很可能会导致毒害的发生。硼在植物体内的移动受蒸腾作用的影响，硼中毒通常会表现在成熟的叶片尖端和边缘。

图 12-5　缺硼症状

六、植物缺钼症状及其营养诊断

植物对钼的需求量较小，植物体内钼含量通常不到 1 mg/kg，但植物体内钼含量范围较广，最高可达几百毫克每千克（鲍士旦，2007）。不同种类植物钼含量不同，豆科植物通常高于禾本科植物，豆科植物钼含量低于 0.4 mg/kg 时就有可能出现缺钼症状，而大多数植物钼含量低于 0.1 mg/kg。植物主要是以钼酸根的形式吸收钼，钼在植物体内主要存在于维管束薄壁组织和韧皮部，是植物体内移动性中等的元素，缺钼常表现在整个植株上。钼本身在植物体内并没有生物活性，它主要是组成含钼酶及钼辅因子来发挥作用，植物体内有 4 种含钼酶：硝酸还原酶（NR）、黄嘌呤脱氢酶（XDH）、亚硫酸盐氧化酶（SO）以及醛氧化酶（AO）。缺钼时植物体内硝酸盐等的代谢无法正常进行。钼对根瘤固氮也具有重要作用，豆科植物借助固氮酶把大气中的氮转化为铵，再由铵合成含氮的有机化合物，而固氮酶正是由钼铁氧还蛋白和铁氧还蛋白两种蛋白组成。钼对植物体内磷的代谢也有着重要的作用，植物体内的钼酸盐还会对正磷酸盐及焦磷酸酯类化合物的水解产生影响，它影响到植物体内无机磷向有机磷的转化（宋纯鹏等，2015）。

植物缺钼的共同特征是植株矮小，生长变缓，叶片失绿并呈现大小不一的黄色或是橙黄色斑点。缺钼较为严重时，植物叶缘萎蔫，叶片呈杯状扭曲，老叶增厚以致焦枯死亡（图 12-6）。花椰菜缺钼时，叶片缩小，畸形或形成鞭尾状叶，称为"鞭尾病"。番茄缺钼时，老叶失绿，叶缘及叶脉间的叶肉呈现黄斑，叶片边缘卷曲，叶尖焦枯。豆科植物需钼较多，特别是根瘤固氮，钼是固氮酶成分，豆科植物缺钼往往会被当成缺氮处理，其症状与缺氮很相似，症状会先出现在老叶或中上部叶片，老叶会失绿黄化，与缺氮略有不同的是硝态氮的积累会使叶缘出现坏死组织，而缺氮只表现为均匀失绿。十字花科类植物油菜缺钼时，叶脉会产生棕色糖浆状物质，严重时叶片呈螺旋状扭曲，叶片凋萎焦枯（陆景陵，2003）。缺钼多发生在酸性土壤上，南方酸性红壤区植物经常出现缺钼症状，红壤区土壤增施钼肥通常具有较好的效果。植物对钼的耐受力相对较强，钼含量高于 100 mg/kg 时仍能正常生长。

小白菜 　　　　　　　　　　　　花椰菜

黄瓜 　　　　　　　　　　　　柑橘

图 12 - 6　缺钼症状

第三节　果树微量元素施用技术

一、微量元素在果树上的主要功能及铜营养失衡症

(一)铜在果树上的主要功能及铜营养失衡症

1. 铜在果树上的主要功能

参与超氧化物歧化酶（SOD）等多种酶的组成或作为活化剂；参与氧化还原作用；构成铜蛋白，并参与光合作用；参与氮代谢，影响固氮作用；促进花器官发育等（徐静安等，2001；陆景陵，2003）。

2. 铜营养失衡症

果树的缺铜症状一般不明显，与缺镁、锰、锌相比，缺铜往往没有典型症状。铜在果树体内也较难转移，所以缺铜一般先在幼嫩部位表现出来。果树缺铜常出现梢枯病，果实顶叶呈簇状，严重时顶梢枯死。出现铜症状的果树，果实品质恶劣，严重者果实裂开，果皮上有胶状分泌物，并提早脱落。一年生果树短枝韧皮部穿孔坏死、易受寒害。幼叶、叶脉间黄化，初期暗绿，后期斑点状缺绿，叶坏死或死亡。铜过量叶青铜色，叶边焦枯，铜过量影响根系生长，甚至导致果树死亡。

(二)锌在果树上的主要功能及锌营养失衡症

1. 锌在果树上的主要功能

是某些酶的组分或活化剂（锌通过酶的作用对果树的碳、氮代谢产生相当广泛的影响）；参与生长素的代谢（锌能促进吲哚和丝氨酸合成色氨酸，而色氨酸是生长素的前身）；参与光合作用；促进蛋白质代谢；促进生殖器官发育；提高抗逆性（抗旱、抗热、抗冻等）。

2. 锌营养失衡症

缺锌时，果树树体矮小，生长点坏死，节间短，次年发新梢簇生，叶丛生，过量施磷往往会引起缺锌。叶小而窄，叶缘呈波浪形，花叶初期叶脉黄化，而未见小叶，枯梢。轻微缺锌叶脉间斑驳杂色易与缺锰症混淆；锌过量可能影响其他元素如磷的吸收，使花芽减少，使部分果实变小、畸形。

（三）铁在果树上的主要功能及铁营养失衡症

1. 铁在果树上的主要功能

参与叶绿素的合成；参与果树体内的氧化还原反应和电子的传递；参与呼吸作用；与核酸、蛋白质代谢有关。

2. 铁营养失衡症

果树缺铁上部叶先黄化，叶肉黄，一般叶脉保持绿色，严重时全叶失绿，叶柄基部出现紫红色或红褐色斑点，另有坏死。严重时叶呈漂白状，早落；铁过量时根周围出现铁结壳，影响其他元素（如磷）的吸收。

（四）锰在果树上的主要功能及锰营养失衡症

1. 锰在果树上的主要功能

维持叶绿体结构，直接参与光合作用；调节酶活性，影响植物体内的氧化还原状况；参与水的光解和电子的传递；是多种酶的活化剂；促进碳、氮代谢及种子的萌发和幼苗生长。

2. 锰营养失衡症

果树缺锰呈明显的叶脉间黄化而不一定扩展到中脉或叶缘，各年龄、部位的叶均受影响，顶端叶更严重，有时顶部叶的黄化延伸到叶脉、叶缘，而不到中脉；锰过量时短枝韧皮部坏死、穿孔出现粟粒疹，严重时出现类似绞缢症状而使幼树或大树死亡。低 pH 时，锰过量和钙短缺会同时发生。

（五）硼在果树上的主要功能及硼营养失衡症

1. 硼在果树上的主要功能

促进果树体内碳水化合物的运输和代谢（参与糖代谢）；参与半纤维素及有关细胞壁物质的合成；促进细胞伸长和细胞分裂；促进生殖器官的建成和发育；调节酚的代谢和木质化作用；提高豆科植物根瘤菌的固氮能力。

2. 硼营养失衡症

硼缺乏时，果树分生组织和形成层受影响，生长量降低，顶端生长点坏死回枯，韧皮部受破坏，细胞分解变色、死亡，皮部粗糙，内皮层坏死，有粟粒疹，生长点出现水浸状斑，枝顶叶簇生，节间短，叶小，落叶厚而肥、易碎、皱缩干萎，叶缘平滑而无锯齿，叶上部有坏死区，叶柄变粗，侧芽发生后不久死亡；坐果率低，仁果类果实木栓化，有褐色病斑，开裂，干腐或水浸状，果实上产生穿孔斑，有明显苦味，坏死、早落使花粉管伸长，影响授粉。硼过量影响氮、磷、钙的吸收。

（六）钼在果树上的主要功能及钼营养失衡症

1. 钼在果树上的主要功能

是硝酸还原酶和固氮酶的组分，参与氮代谢及根瘤菌的固氮作用；促进果树体内含磷有机化合物的合成；参与光合作用和呼吸作用；促进果树繁殖器官的建成。

2. 钼营养失衡症

缺钼多在强酸性土壤上发生，老叶先出现黄绿色或橙色斑点。与缺氮不同，不事先出现紫红色，只叶脉间变黄然后叶缘卷曲、干枯、坏死。一般缺钼导致硝酸盐积累而产生毒害（在下部叶发生）。钼过量也可能导致缺氯，叶尖端先萎然后缺绿，叶色变为古铜色时基部接近干萎，部分出现坏死区。

果树微量元素铜、锌、铁、锰、硼、钼的缺乏症状见表 12-7。

表 12 - 7　果树微量元素缺乏症检索简表

缺乏元素	植株形态	叶	根、茎	生殖器官
铜	植株矮小，出现失绿症状，易感染病害	上部叶畸形、变色，新梢生长曲折呈 S 形，叶形不规则，主脉弯曲	发育不良。茎常排出树胶	果实小，果肉僵硬，有时开裂
锌	植株矮小，长势慢，影响产量和品质	除叶片失绿外，在枝条尖端出现小叶、畸形叶，枝条节间缩短呈簇生状	严重时枝条死亡，根系生长差	果实小或变形，果肉有紫斑
铁	植株矮小、黄化，失绿症状首先表现在顶端幼嫩部分	新叶叶肉部分开始缺绿，逐渐黄化，严重时叶片枯黄或脱落	茎、根生长受抑制。长期缺铁顶部新梢死亡	坐果率低，有时花蕾全部脱落，果实小
锰	植株矮小、缺绿病态	幼叶叶肉失绿，但叶脉保持绿色，呈白条状，叶上常有杂色斑点	茎生长势弱，多木质	花少，果实重量减轻
硼	植株矮小，病态先出现在幼嫩部分，尖端发白，茎及枝条的生长点死亡	新叶粗糙、淡绿色，常呈烧焦状斑点。叶片变红，叶柄（脉）易折断	茎脆，分生组织退化或死亡。根粗短，根系不发达。生长点常有死亡	蕾、花或子房脱落。果实或种子不充实，甚至"花而不实"，果实畸形，果肉有木栓化现象
钼	植株矮小，生长缓慢，易受病虫危害	叶片上出现黄斑，但黄斑集中在中脉区而呈长圆块状，病叶向正面卷曲呈杯状或筒状，严重时黄化脱落。抽生的新叶变薄	茎软弱，分枝少，根瘤发育不良	果皮上有时出现黄晕圈的不规则褐斑。病斑在向阳部位出现较多

（七）红壤区主要果树营养失衡症状

果园微量元素营养失衡受多方面情况的影响。一方面，根系吸收受多种因素限制，如土壤中的离子拮抗、土壤类型、土壤质地、土壤温度、土壤 pH、土壤微生物等外部环境因素以及根系本身生长、代谢的周期性等；另一方面，树体微量元素的吸收运输受到限制，同时，不同的砧穗组合在元素吸收方面由于遗传物质的不同，也会影响元素的吸收（陆景陵，2009；马国瑞，2002；闫志刚，2009；邹春琴，2009）。作者总结了南方主要果树柑橘、荔枝和香蕉的营养失衡症状，供参考（表 12 - 8）。

表 12 - 8　南方红壤区主要果树营养失衡症状

缺乏元素	柑橘	荔枝	香蕉
铜	新梢生长曲折畸形，呈 S 形，叶片特别大，叶形不规则，主脉扭曲。严重时，叶和枝的尖端枯死，年轻枝的皮上产生水疱，疱内积满褐色橡胶状物质，最后病枝枯死	幼叶褪绿、畸形和叶尖枯死（呈顶枯），树皮开裂、有胶状物流出，呈水疱状	叶片失绿下垂，有时心叶不直，新叶主脉处出现交叉状失绿条带，叶片窄短，叶丛莲座状，生长停滞
锌	抽生的新叶，随着老熟，叶脉间出现黄色斑点，逐渐形成肋骨状鲜明的黄色斑驳，严重时新生叶变小、抽生的枝梢节间缩短、叶丛生，果实变小。一般树的向阳部位较荫蔽部位发病重	新叶脉间失绿黄化，新梢节间缩短，小叶密生，小枝簇状丛生	新叶现白条带，约 1 cm 宽，与新叶叶脉平行，交替出现。新叶变窄，叶片背面由于花青素积累而呈红紫色，随着幼叶的展开而逐渐消失，叶片展开后出现交错性的失绿，果穗小，呈水平状，果指先端乳头状

（续）

缺乏元素	柑橘	荔枝	香蕉
铁	幼嫩新梢叶先发黄，叶脉仍然保持绿色，脉纹清晰可见。随着缺铁程度的加深，叶片除主脉绿色外，其他部位均褪色，变为黄色或白色，严重时仅主脉基部保持绿色，其余全部变黄，叶面失去光泽，叶片皱缩，边缘变褐并破裂，提前脱落。树上的老叶则仍保持绿色	新叶失绿（漂白）。同一枝梢上叶的症状自上而下加重；叶脉绿色，与叶肉界限清晰，呈网状花纹	整个幼叶失绿呈黄白色。叶脉间大面积褪绿。果实小，生长缓慢
锰	叶肉变成淡绿色，仅叶脉保持绿色，即在淡绿色的底叶上显出绿色网状叶脉。症状从新叶开始发生，新、老叶片均能出现症状	新叶的脉间失绿，呈淡黄绿色，严重时为苍白色。但叶脉仍为绿色或暗绿色，有时有褐斑；叶片变薄，提早脱落，形成秃枝或枯梢；根尖坏死；果实畸形	梳齿状失绿，失绿开始发生在第二片或第三片幼叶的边缘，有时在叶缘留下一条狭窄的绿边，接着沿主脉向中脉伸展，脉间仍保持绿色，因此得名梳齿状失绿。叶柄出现紫色斑块，果小，果实表面有 1～6 mm 深褐色至黑色斑
硼	初期新梢叶出现水渍状斑点，叶片变形，叶脉发黄增粗，叶片反向卷曲，老叶失去光泽，叶脉突出，叶片脱落；幼果在缺硼初期出现乳白色微凸小斑，严重时出现凹陷的黑斑，落果现象严重。残留的果实个小、皮厚、畸形、果汁少、种子败育、果肉干瘪而无味。果实内汁囊萎缩，发育不良，渣多汁少，果心有棕褐色胶斑，严重时果肉消失，果皮增厚、皱缩，形小坚硬如石	花少，畸形花多，坐果少，落果多，果畸形，果形不均匀	新叶出现横穿叶脉的条斑，叶面积变小、卷曲，叶片变形，叶背面出现特有的垂直主脉的条纹，新叶不完整。"花而不实"或"蕾而不花"。根系发育不良，根毛少。严重时根系坏死。果心、果皮和果肉下出现琥珀色
钼	老枝中下部叶面出现淡橙黄色圆形或椭圆形黄斑，叶背面斑点棕褐色，病叶向正面卷曲呈杯状或筒状（称抱合症），严重时黄化脱落。抽生的新叶变薄。黄斑背面出现流胶，并变成黑褐色，叶缘枯焦坏死，果皮上有时出现呈黄晕圈的不规则褐链	叶呈黄斑，继而枝叶枯死	叶色淡、发黄，严重时叶片出现斑点，边缘焦枯并向内卷曲、畸形，生长不规则

二、果树的微量元素吸收利用特性

果树树体矿质元素含量受土壤供给量、树体储藏量和器官生长发育消耗强度等多种因素影响，不同时期、不同器官养分的分配比例不同。

（一）香蕉

香蕉吸收养分量为锰＞铁＞锌＞硼。铁主要集中在假茎和球茎，锰主要分布在叶片、叶柄、假茎和果肉中，硼在叶片、假茎、果肉和果皮中含量较高，锌则集中在假茎和球茎中。收获果穗带走的铁占全株总吸铁量的 2.1%，锰占 16.5%，硼、锌分别占 38.2% 和 21.2%。为获得 60 t/hm² 的高产，巴西蕉需要吸收氮 275.3 kg、磷 24.6 kg、钾 900 kg、钙 151.2 kg、镁 73.2 kg、硫 23.9 kg、铁 2 091.7 g、锰 2 910.6 g、硼 228.6 g 和锌 435.6 g。平均生产每吨巴西蕉需要吸收氮 4.59 g、磷 0.41 g、钾 15.0 g、钙 2.52 g、镁 1.22 g、硫 0.40 kg、铁 34.86 g、锰 48.51 g、硼 3.81 g 和锌 7.26 g。

粉蕉吸收养分量为锰＞铁＞锌＞硼＞铜＞钼。铁主要集中在叶片和球茎，锰主要分布在叶片、假茎、果轴和球茎中，除果轴外其他器官的铜含量差异不大，锌在球茎中含量最高，硼在果轴、叶片、根、球茎和假茎中含量较高，钼则集中在果轴、球茎和根中。为获得 60 t/hm^2 的高产，每公顷粉蕉需要吸收氮 385.6 kg、磷 44.6 kg、钾 1 205.1 kg、钙 273.3 kg、镁 126.6 kg、硫 38.3 kg、铁 15.4 kg、锰 37.3 kg、铜 352.0 g、锌 1 403.8 g、硼 490.1 g、钼 9.6 g。

（二）柑橘

砂糖橘树体吸收养分量为铁＞锰＞锌＞硼＞铜＞钼。铁和锰主要集中在根部，铜主要分布在果实和根中，锌在根中含量最高，硼在果实和叶片中含量最高，钼则集中在根和果实中。为获得 50 kg/株的高产，每株砂糖橘需要积累氮 0.393 kg、磷 0.040 kg、钾 0.366 kg、钙 0.161 kg、镁 0.043 kg、硫 0.083 kg、铁 7 865 mg、锰 1 837 mg、铜 175 mg、锌 1 356 mg、硼 1 161 mg、钼 2.6 mg。

（三）荔枝

荔枝树体吸收养分量为铁＞锰＞锌＞硼＞铜＞钼。铁和锰主要集中在根部。铜主要分布在树干，锌在树干和叶片中含量最高，硼在树干中含量最高，钼则集中在树干和叶片中。为获得 50 kg/株的高产，每株荔枝需要积累氮 811.9 g、磷 86.4 g、钾 586.0 g、钙 792.5 g、镁 112.8 g、硫 66.0 g、硅 117.6 g、铜 980 mg、锌 1 440 mg、铁 11 580 mg、锰 4 790 mg、硼 1 020 mg、钼 24.4 mg。

三、果树微量元素营养失衡症的调控策略、施用技术及注意事项

（一）果树微量元素营养失衡调控策略

果树微量元素营养失衡症的综合防治、调控措施以及养分资源管理体系的建立对果园体系中树体养分平衡、果实产量和品质提高有重要的意义。提高养分循环与利用是养分资源综合管理的核心内容，应根据不同营养元素的土壤、肥料效应的时空变异特点采用实时监测方法进行施肥调控。施肥是树体养分调控的重要手段（Williams，2002），果树的施肥量应根据树龄、树势、目标产量、土壤肥力及用肥种类而定，并且应在叶片分析和土壤分析的基础上合理确定施肥的种类及施肥方式。

土施是最常规的养分补充方式，要注重树体与土壤环境的结合。由于土壤微量元素易被固定，肥效慢，养分的吸收受土壤离子拮抗、根系活力等多种因素影响，针对性强、吸收快的叶面补充方式已成为较好的微量元素补充措施。通过叶面喷施更能提高生殖器官的养分含量，相应改善果实硬度、重量和大小，并协同促进其他大、中量元素的吸收，从而延长果实货架期和提高果品的品质（Mursec，2004）。在营养不足或根吸收有困难时，根外追肥的方式最有效。近年来，叶面喷施能使果树吸收少量营养，可缓解营养失衡症状（李燕婷，2009）。但绝大部分营养元素是由土壤供应的。微量元素的营养失衡症状都是综合发生的，因此，平衡施肥、养分的综合调控及复合型微肥的开发将是果树微量元素调控研究与应用的工作重点。

（二）果树微量元素施用技术

在确定了果树缺乏何种微量元素后，就要采取施肥的方式补充。微肥的施用方式与大量元素的施用方式不同，植物对微肥的需求量很少，能够适应的浓度范围很窄。缺少了不行，一旦超量也会中毒。众所周知，大量元素肥料的补充主要是通过土壤追施氮磷钾肥料（一般按千克计算），供应根部营养；而向植物补充微量元素，除了缺素特别严重的情况以外，一般都可以采用根外追肥的方式。通常采用叶面喷施的方式，其优点在于能直接供应地上部分的养分，利用速度快，避免肥料的有效养分在土壤中发生固定而退化。叶面施肥的养分的利用率高于土壤施肥，可以直接、有效地解决微量元素缺乏问题，它的缺点是肥效短暂有限，是一种辅助施肥方式。有时，对于严重缺乏某种微量元素的土壤，还要结合土壤施肥的方式同时进行才有明显效果。以下是香蕉、荔枝和柑橘不同微肥的施用技术。

1. 香蕉

香蕉铁、锰肥施用技术：香蕉生长区域土壤有效铁、有效锰含量高，基本能满足香蕉生长发育所需，在高温高湿季节或夏天暴雨后，香蕉叶偶会出现铁毒现象。具体表现为下部叶片边缘出现约

1 cm 宽的黑边。这时应及时排水以降低蕉地水位，同时撒施石灰降低土壤铁元素的有效性，可较快减轻或消除铁毒。因此，香蕉施肥方案上铁、锰元素基本可以忽略。

香蕉铜肥施用技术：香蕉缺铜的情况很少发生，在香蕉施肥计划中很少施铜。在一些香蕉产区，因经常使用波尔多液而使土壤含铜过多而产生铜的毒害作用。铜以 Cu^{2+} 的形态被香蕉吸收。当铜的供给适宜时，香蕉对铜的吸收主要是主动吸收。铜在植物体内可以被再利用。香蕉对铜的吸收主要在营养生长阶段。每生产 1 t 香蕉通常需要从土壤中吸收 10～50 g 铜，其中果实带走的铜仅 4～8 g。多数蕉园土壤都能满足这个需求。缺铜时，第一茬香蕉每公顷可施用 750～800 g 硫酸铜，第二茬每公顷应补施 100～110 g。香蕉零星种植时，可在香蕉苗期至花芽分化期叶面喷施 0.2％～0.3％的硫酸铜溶液。

香蕉锌肥施用技术：锌以 Zn^{2+} 形态或螯合物形态被香蕉吸收。锌的吸收高峰出现在香蕉植株快速生长阶段，在抽蕾后香蕉植株对锌的吸收减少。土壤中磷的浓度过高会减少香蕉对锌的吸收。每生产 1 t 香蕉通常需要从土壤中吸收 50～80 g 的锌，其中果实带走的锌为 10 g。多数土壤本身具有足够的锌储量来补充这个损失，但经常施锌对获取高产和优质是必要的。香蕉为多年生植物，缺锌时可进行叶面喷施以快速矫治，在土壤中每年每公顷施用 750～1 500 g 锌也能取得良好的效果。

香蕉硼肥施用技术：香蕉很少缺硼，因此香蕉施肥计划中通常不考虑硼。硼在香蕉体内不易从老组织转移至生长旺盛的幼嫩组织，在田间生长的植株，在整个生育阶段都可吸收硼。生长发育正常的植株，平均每月吸收硼 20～40 mg/株。在香蕉抽蕾后，植株吸收的硼主要供果实生长。每生产 1 t 香蕉通常需要从土壤中吸收 30～50 g 的硼，其中果实带走的硼为 10～15 g。多数土壤本身具有足够的硼储量来补充这个损失，但一些砂质土壤施硼对香蕉优质和高产是必要的。在缺硼土壤上，第一茬每公顷施用 4.5 kg 硼砂、第二茬每公顷施用 1.2 kg 硼砂，可解决缺硼的问题。

香蕉钼肥施用技术：在一般蕉园未发现缺钼症状。若发现缺钼症状，可土施钼酸铵或钼酸钠，一般每亩 10 g 即够；或在香蕉花芽分化期、孕蕾期和断蕾后喷施 0.02％的钼酸铵溶液各 1 次。由于磷能促进钼的吸收，可以把钼肥混入磷肥中施用，方便有效。

2. 柑橘

柑橘铁、锰肥施用技术：虽然柑橘缺铁时有发生，特别是苗木或幼树缺铁现象较多，但很多缺铁症状并不是由土壤缺铁引起。应注意改良土壤、排涝、通气和降低盐碱含量。缺铁严重的柑橘，可以在萌芽期喷施 0.1％～0.2％的硫酸亚铁溶液。注意展叶后不要直接喷施，以免产生肥害。酸性土壤或者砂质土中的锰容易流失。尤其是强酸性砂质土，土施可以将硫酸锰混合在有机肥中在采后一次性施用，用量为 3.5～4.0 kg/亩。也可以在开花前和谢花后喷施 0.1％～0.2％的硫酸锰各一次。

柑橘铜肥施用技术：缺铜症的发生主要是因为土壤中有效铜含量较低。非溃疡病区果园较少或不施用含铜杀菌剂，需要注意定期施用铜肥，否则容易出现缺铜症状，每年可喷施有机铜制剂 3 次左右。常年使用铜制杀菌剂进行溃疡病、黑点病等防治的果园，不需要再补施铜肥。在缺铜初期，可喷施 0.1％～0.2％的硫酸铜溶液或波尔多液进行矫治，10 d 一次，连续 3 次。用 3 500 倍五水硫酸铜和 1 500 倍可杀得浇施，对柑橘缺铜症的矫正效果较好。

柑橘锌肥施用技术：柑橘若缺锌严重，可采取土施与喷施或水肥一体化相结合的方法。土施时，一般每亩施用硫酸锌 1.0～1.5 kg，与有机肥混匀后在采果后施入。喷施时，浓度以 0.1％～0.2％为宜，分别在春梢期和秋梢期进行。或在春梢期将硫酸锌（每亩 1.0～1.5 kg）溶解于灌溉水，通过灌溉管道随水滴施，实现水肥一体化应用。

柑橘硼肥施用技术：对于缺硼严重的果园，可以土施与叶面喷施相结合。根据树龄和果实产量的大小，每株施用 10～15 g 硼肥。同时，可用 0.10％～0.15％的硼酸溶液或 0.05％～0.10％的硼砂溶液进行叶面喷施硼，一般 7～10 d 叶面喷施一次，连续喷施 2～3 次即可，花期喷施硼肥是矫治缺硼的关键。对于轻微缺硼的果园，仅叶面喷施硼肥即可。

柑橘钼肥施用技术：柑橘秋肥时，每亩用 0.25 kg 含钼矿渣，拌干细土 10 kg，混匀后撒施或开沟条施或穴施。或在开花前、谢花后喷施 0.02％钼酸铵溶液。

3. 荔枝

荔枝铁、锰肥施用技术：增施有机肥和种植绿肥是解决缺铁症的有效措施，也可施用螯合铁或硫酸铁。缺铁症状初期，喷施 0.1%～0.2%硫酸亚铁加 0.1%柠檬酸溶液，或加 0.2%枸橼酸铁铵有一定效果。土施锰肥可以将硫酸锰混合在有机肥中在采后一次性施用，用量为 1.0～2.0 kg/亩。也可以在开花前和谢花后喷施 0.05%～0.20%硫酸锰各一次。

荔枝铜肥施用技术：缺铜多是因为土壤中的铜不能溶解，或由于氮铜比例不平衡。酸性土壤常缺铜。砂质土壤可溶性铜容易流失。矫治方法有每亩土施硫酸铜 0.7～1.0 kg，或叶面喷施 0.1%～0.2%硫酸铜 1～2 次，隔 10 d 施 1 次，高温季节不用，并严格控制用量和浓度，也可在春季结合病虫害防治喷施 0.4%～0.5%等量式波尔多液。

荔枝锌肥施用技术：南方红壤含锌少，加上雨水淋溶损失，易缺锌。可在树盘内株施 0.10～0.15 kg 硫酸锌，在新梢抽出 1/3～1/2 时和春梢转绿期，叶面喷 1 次 0.1%～0.2%硫酸锌。

荔枝硼肥施用技术：我国荔枝主产区酸性红壤普遍缺硼，土壤缺硼有两方面原因。土壤本身含硼量低是缺硼的内因，土壤条件则是外因。此外，土壤质地太粗或有机质缺乏都会导致缺硼。可在荔枝采果后与有机肥混匀一起施用，硼砂用量为 4～5 g/株。也可在荔枝开花前、谢花后和果实膨大期喷施 0.05%～0.10%硼砂或硼酸溶液 1 次。

荔枝钼肥施用技术：我国荔枝主产区酸性红壤普遍缺钼，强酸性红壤尤为严重，钼被土壤固定，土壤中磷不足时，钼的吸收率降低。硫酸盐肥料施用过多，钼的吸收被抑制，容易缺钼。可在荔枝开花前、谢花后和果实膨大期喷施 0.02%钼酸铵溶液各 1 次。

（三）果树微量元素肥料施用注意事项

微量元素肥料有其特殊性，如果施用不当，不仅不能增产，甚至还会使果树受到严重危害。为提高肥效、减少危害，施用时应注意如下事项：

1. 控制用肥浓度、力求施用均匀

果树需要的微量元素很少，许多微量元素从缺乏到适量的浓度范围很窄。因此，施用微量元素肥料要严格控制用量，防止浓度过大，必须注意施用均匀。也可将微量元素肥料拌混到有机肥料中施用。

2. 针对土壤微量元素状况施用

不同的土壤类型、不同质地的土壤微量元素的有效性及含量不同，其施用微量元素肥料的效果不一样。一般来说，在北方的石灰性土壤上，土壤中铁、锌、锰、硼的有效性低，易出现缺乏症状。而南方的酸性红壤钼的有效性低，因此施用微肥时应针对土壤微量元素状况合理施用。

3. 肥料的选择

主要是有针对性地供应所缺的微量元素肥料。不要选择所谓的"十全大补液"，因其既贵又无针对性，效果反而不好。因此，可以单质肥料。通常要喷 2 次才有效。如遇灾害或明显症状等特殊问题，需喷施 3～5 次。喷施部位为叶的正、背面，茎、幼果都可以喷，但花、蕾的喷施应特别注意浓度要降低。因为叶背面的气孔数多于正面，吸收会更多。喷施要避开风、雨天气和中午时间。以10：00 之前、16：00 以后为宜。

4. 注意改善土壤环境

土壤微量元素供应不足，往往是受土壤环境条件的影响。土壤的酸碱性是影响微量元素有效性的首要因素，其他还有土壤质地、土壤水分、土壤氧化还原状况等因素。为彻底解决微量元素缺乏问题，在补充微量元素养分的同时，注意改善土壤环境条件。例如，酸性土壤施用有机肥料或施用适量石灰等调节土壤酸碱性，改善土壤微量元素营养状况。

5. 注意与大量元素肥料、有机肥料配合施用

微量元素和氮、磷、钾等营养元素都是同等重要、不可替代的。只有在满足了果树对大量元素氮、磷、钾等的需求的前提下，微量元素肥料才能充分发挥肥效、表现出明显的增产效果。有机肥料含有多种微量元素，把有机肥料作为维持土壤微量元素肥力的一个重要养分补给源也至关重要。

第四节 蔬菜微量元素施用技术

红壤中影响蔬菜生长的微量元素主要为锌、硼、钼等。针对其缺乏状况，应科学施用相应的微量元素肥料。

一、锌肥施用技术

锌肥是指具有锌标明量，以提供植物锌养分为主要功效的肥料。常用的锌肥包括硫酸锌、氧化锌、硝酸锌、尿素锌、螯合态锌等（表 12 - 9）。

表 12 - 9 常见锌肥种类及其性状特点

种类	主要成分	锌含量（%）	性状特点
七水硫酸锌（锌矾、皓矾）	$ZnSO_4 \cdot 7H_2O$	21.0~22.5	白色或浅红色结晶状，相对密度为 1.96，熔点为 100 ℃。在干燥的空气中易风化，易溶于水，易吸湿
一水硫酸锌	$ZnSO_4 \cdot H_2O$	35~40	白色、浅红色粉末或结晶状，相对密度为 3.28，易溶于水，微溶于醇，不溶于丙酮，其水溶液近中性。在空气中易发生潮解
硝酸锌	$Zn(NO_3)_2 \cdot 6H_2O$	21	无色四方结晶状，相对密度为 2.065，熔点为 36 ℃。可溶于水和醇，5% 水溶液的 pH 为 5.1，易潮解，与有机物接触能燃烧爆炸
氯化锌（锌氯粉）	$ZnCl_2$	45~48	白色结晶或粉末，相对密度为 2.91，易溶于水，易溶于甲醇、乙醇、甘油、丙酮、乙醚，不溶于液氨。在空气中易吸湿潮解
氧化锌（锌氧粉、锌白）	ZnO	77~80	白色或浅黄色粉末，相对密度为 5.61，难溶于水，在空气中易发生缓慢化学反应生成碳酸锌
碱式碳酸锌水合物	$ZnCO_3 \cdot 2Zn(OH)_2 \cdot H_2O$	57	白色无定型粉末，相对密度为 4.39，不溶于水和醇类，微溶于氨，可溶于稀酸和氢氧化钠
尿素锌	硫酸或硝酸多尿素合锌	10~14	白色粉状结晶，常见的为二硫酸六尿素合锌、一硫酸六尿素合锌、二硝酸四尿素合锌等，易溶于水
螯合态锌	EDTA 锌及氨基酸锌等	14~17	易溶于水，土施时可减缓土壤对锌的固定

在蔬菜上施用锌肥可根据实际需要采用土施、叶面喷施、浸种及蘸根等施用方式，其适宜用量与蔬菜种类及土壤中锌的含量密切相关。韩瑾等（2009）在浙江红壤上开展的不同锌用量番茄试验的结果表明，适当的锌肥浓度可提高番茄幼苗的叶、茎鲜重以及叶绿素含量，其硫酸锌最佳用量为 28 mg/kg。徐温新（2008）在红壤上开展的上海青不同锌用量试验结果显示，随着锌用量的增加，上海青植株生物量呈先增加后降低趋势，其最佳锌肥用量亦为 28 mg/kg。孙桂芳等（2002）发现在蔬菜上适量施用锌肥可增产 15%～25%，且可改善蔬菜品质。此外，锌肥还可辅助治疗病毒病，提高蔬菜抗病毒病的能力。李美玲等（2018）研究发现，在朝天椒上采用土施搭配叶面喷施的方式施用硫酸锌 2.5 kg/亩可明显提高其抗病毒病能力，防治率达 76.1%。

（一）土壤施用

土壤施用为直接将肥料施入土壤的一种方式。锌肥可作为基肥或追肥施用。作为基肥施用，可在蔬菜播种或移栽前撒施或条施，撒施后翻耕入土；作为追肥施用，应在蔬菜生长前中期施入，条施或穴施在蔬菜根系附近，以保证满足蔬菜正常生长需求。土施锌肥以硫酸锌、氯化锌、硝酸锌及尿素锌等为主，轻度缺锌土壤硫酸锌的用量为 1～2 kg/亩，中重度缺锌土壤硫酸锌的用量为 2～4 kg/亩。锌肥被施入土壤后，后效较长，非严重缺锌土壤可维持 2～3 年。此外，部分严重缺锌土壤常伴随缺磷状况，需及时补充磷肥。但同时应注意，锌肥不能与磷肥、碱性肥料或土杂肥等混施，以免发生反应影响肥效，可将锌肥与其他肥料分别作基肥及追肥施用。

（二）叶面喷施

叶面喷施为将肥料溶于水后喷洒于植株叶面的一种方式。各种锌肥均可采用叶面喷施的方式施用。与土施相比，叶面喷施不需经过土施后被根系吸收转运的过程，其效率更高，吸收更快，用肥量更少。在蔬菜上施用时，可配制成 0.05%～0.10%的水溶液，在生长前中期喷施，连续喷施 2～3次，每次间隔一周时间，每次每亩喷施 50～75 kg 水溶液。

（三）拌种、浸种及蘸根

拌种、浸种及蘸根为将肥料溶于水后作种肥施用的方式。将少量硫酸锌用水溶解，以能拌匀种子为宜，每千克用硫酸锌 2～3 g，拌匀后播种。将蔬菜种子在浓度为 0.02%～0.05%的硫酸锌溶液中浸泡 8～10 h，捞出晾干后播种，在蔬菜移栽定植时，将移栽苗的根部在 1%的硫酸锌溶液中蘸一下后栽植。

二、硼肥施用技术

硼肥是指具有硼标明量、以提供植物硼养分为主要功效的肥料。常用的硼肥包括硼砂、硼酸、硼泥、含硼的磷钙镁肥等（表 12-10）。

表 12-10　常见硼肥种类及其性状特点

种类	主要成分	硼含量（%）	性状特点
硼砂	$Na_2B_4O_7 \cdot 10H_2O$	11	白色粉末，含无色细结晶体，相对密度为 1.73，可溶于水，饱和水溶液的 pH 为 9.1～9.3
硼酸	H_3BO_3	17	白色粉末状结晶，相对密度为 1.43，可溶于水，0.6%水溶液的 pH 为 5.1
硼泥（硼镁肥）	生产硼酸、硼砂产生的废渣	0.5～1.0	灰白色或黄白色粉末，水溶液呈碱性，含硼量较低，富含镁及其他中微量元素如硅、钙、铁等
硼镁磷肥	用硼泥与磷矿粉制成的含磷硼肥	0.2	经加工可制成颗粒状物料，含氧化镁 10%～15%，含五氧化二磷 12%～15%

在蔬菜上施用硼肥应根据实际需要采用土施、叶面喷施、浸种及蘸根等施用方式，其适宜用量与蔬菜种类及土壤中硼的含量密切相关。李淑仪等（2011）在珠江三角洲地区开展的镁、硼、钼互作效应研究表明：氮磷钾肥配施硼肥的适宜施硼（纯硼养分）量为菜心 0.066～0.071 kg/亩，苦瓜 0.07 kg/亩，青蒜 0.03 kg/亩；氮磷钾肥同时配施镁硼钼肥的适宜施硼（纯硼养分）量为菜心 0.03 kg/亩，苦瓜 0.03～0.12 kg/亩，青蒜 0.06 kg/亩。潘住财（2016）在福建红壤区开展的硼镁肥效试验结果显示，小白菜施用 2.25 kg/亩硼砂可增产 20.6%，采用 2.25 kg/亩硼砂配施 22.5 kg/亩硫酸镁可增产 31.7%，同时提高了小白菜对主要矿质营养元素的吸收量。陈相波等（1997）在江西红壤区开展的不同硼肥用量研究表明，辣椒施用 0.5～1.0 kg/亩硼砂效果最好，产量较不施硼增加了 57.6%～60.7%，采用 0.1%硼砂溶液蘸根处理的产量亦增加了 40.8%。

（一）土壤施用

硼肥主要作基肥施用，每亩施用 0.3～0.5 kg 硼酸或 0.5～0.8 kg 硼砂。一般搭配其他化肥或有机肥施用，不宜撒施，应条施或穴施。在蔬菜播种时或在移栽时施入，施用时应避免硼肥直接接触蔬菜种子及根系，以免对植株生根发芽造成影响。硼肥被施入土壤后，后效较长，非严重缺硼土壤可维持 3～5 年。此外，在酸性较强的红壤中大量施用石灰或其他类似碱性改良剂会加剧硼的缺乏，应注意避免。

（二）叶面喷施

蔬菜叶面喷施时，可配制成 0.1%～0.2%的水溶液。一般在生长前中期开始喷施，连续喷施 2～

3次。番茄在苗期和开花期各喷施一次，花椰菜在苗期和莲座期各喷施一次，扁豆在苗期和初花期各喷施一次，萝卜在苗期和块根生长期各喷施一次，马铃薯在蕾期和初花期各喷施一次。其中，苗期喷水量为 30～50 kg/亩，中后期喷水量为 50～80 kg/亩。喷施时应避开阴雨天，选择下午喷施，调细喷雾液滴，喷洒均匀即可。

（三）拌种、浸种及蘸根

浸种时，将蔬菜种子在浓度为 0.01%～0.03% 的硼砂溶液中浸泡 6～8h，捞出晾干后播种。蘸根：在蔬菜移栽定植时，将移栽苗的根部在 0.05%～0.10% 的硼砂溶液中蘸一下后栽植。

三、钼肥施用技术

钼肥是指具有钼标明量、以提供植物钼养分为主要功效的肥料。常用的钼肥包括钼酸铵、钼酸钠、经无害化处理的含钼工业废渣等（表 12-11）。在蔬菜上施用钼肥应根据实际需要采用土施、叶面喷施、拌种、浸种及蘸根等方式，适宜用量与植物种类及土壤中钼的含量密切相关。李淑仪等（2011）在珠江三角洲地区开展的镁、硼、钼互作效应研究结果表明：氮磷钾肥配施钼肥的适宜施钼（纯钼养分）量为菜心 0.025～0.028 kg/亩，青蒜 0.016 kg/亩；氮磷钾肥同时配施镁硼钼肥的适宜施钼（纯钼养分）量为菜心 0.016 kg/亩，苦瓜 0.008～0.016 kg/亩，青蒜 0.014 kg/亩。蒋惠名（2013）在湖北开展的硼、锌、钼配合施用研究结果表明，施用 0.053～0.079 kg/亩钼酸铵对萝卜、苋菜、茄子等蔬菜均有明显的增产效应，且可提高蔬菜对氮、磷、钾养分的吸收。蔡力等（2019）在湖北开展的硼、钼配合施用研究结果显示，土壤有效钼含量为 0.126 mg/kg 条件下，大蒜施用 10g/亩钼酸铵可增加蒜头及蒜薹产量，硼、钼配施的增产效果更佳。

表 12-11 常见钼肥种类及其性状特点

种类	主要成分	钼含量（%）	性状特点
钼酸铵	$(NH_4)_6Mo_7O_{24} \cdot 4H_2O$	49～54	白色或浅黄色粉末，相对密度为 2.50，可溶于水、酸和碱，不溶于醇，水溶液呈弱酸性
钼酸钠	$Na_2MoO_4 \cdot 2H_2O$	36～39	白色粉末状结晶，相对密度为 3.28，易溶于水，常温下 5% 水溶液的 pH 为 9.0～10.0
含钼过磷酸钙	钼肥或钼渣与过磷酸钙生成	0.10～0.15	灰黑色粉末，含钼量较低，枸溶性肥料
钼渣	生产钼酸盐产生的工业废渣	10～16	呈杂色，难溶于水，其水溶性钼含量一般在 1%～5%，属迟效性钼肥

（一）土壤施用

可作基肥或追肥施用。作基肥时，每亩施用 0.05～0.10 kg 钼酸铵或 0.05～0.25 kg 钼渣。可搭配其他化肥或有机肥施用，撒施、条施或穴施后翻耕入土。作追肥施用时，应与其他肥料配合条施或穴施入土，施用钼酸铵量为 0.01～0.05 kg/亩。钼肥被施入土壤后，后效较长，非严重缺钼土壤可维持 3～5 年。

（二）叶面喷施

蔬菜叶面喷施时，可配制成 0.02%～0.10% 的钼酸铵水溶液。一般在生长前中期开始喷施，在蔬菜苗期及幼果期各喷一次。苗期喷施量为 30～50 kg/亩，中期喷施量为 50～80 kg/亩。配制钼酸铵溶液时，应先用少量热水溶解，再配至施用浓度。

（三）拌种、浸种及蘸根

拌种：适合易吸水的蔬菜种子。将钼酸铵用少量热水溶解后，以冷水稀释为 0.3%～0.5% 水溶液。拌水量以能拌匀种子为宜，每千克用钼酸铵量为 2～3 g，用钼酸钠量为 2～5 g，拌匀后阴干播种。

浸种：适于吸水量较少、吸水较慢的蔬菜种子，将蔬菜种子在浓度为 0.05%～0.10% 的钼酸铵溶液中浸泡 6～8 h，捞出晾干后播种。

蘸根：在蔬菜移栽定植时，将移栽苗的根部在 0.1%～0.2% 的钼酸铵溶液中蘸一下后栽植。

主要参考文献

鲍士旦，2007. 土壤农化分析 [M]. 北京：中国农业出版社.

蔡力，王文伟，赵竹青，等，2019. 硼钼对大蒜产量及吸收利用氮磷钾的影响 [J]. 中国土壤与肥料 (4)：141-147.

陈建斌，2002. 有机物料对土壤的外源铜和镉形态变化的不同影响 [J]. 农业环境保护 (5)：67-69.

陈相波，钟武辉，潘节保，等，1997. 辣椒施用硼肥试验初报 [J]. 江西农业学报 (4)：92-94.

杜静，谢君，李忠意，等，2010. 重庆紫色土壤铜有效性及其影响因素研究 [J]. 广西农业科学 (1)：39-46.

付行政，彭良志，邢飞，等，2014. 柑橘缺锌研究进展与展望 [J]. 果树学报 (1)：132-139.

韩瑾，徐温馨，张园园，等，2009. 不同锌水平对番茄幼苗生长的影响 [J]. 现代农业 (1)：32-33.

洪达峰，2013. 铁矿石中铁含量的测定分析、探讨与创新 [J]. 地球 (10)：38，120.

胡霭堂，周立祥，2003. 植物营养学：下册 [M]. 北京：中国农业大学出版社.

蒋惠名，2013. 硼、锌、钼及其配合施用对蔬菜养分利用及菜地土壤肥力及酶活性的影响 [D]. 武汉：华中农业大学.

李春俭，2008. 高级植物营养学 [M]. 北京：中国农业大学出版社.

李美玲，郭振升，皇飞，等，2018. 施用锌肥对朝天椒病毒病及产量的影响 [J]. 山西农业科学，46 (2)：236-239.

李庆奎，1983. 中国红壤 [M]. 北京：科学出版社.

李淑仪，廖新荣，蓝佩玲，等，2011. 珠江三角洲几种主要蔬菜的镁硼钼适用量研究 [J]. 土壤通报，42 (6)：1461-1466.

李燕婷，肖艳，李秀英，等，2009. 作物叶面施肥技术与应用 [M]. 北京：科学出版社.

李卓明，2018. 不同分组富里酸与铜的结合特征 [D]. 呼和浩特：内蒙古大学.

梁丽萍，黄渝岚，杨曙，等，2014. 硅对赤红壤中锰的解毒效应研究 [J]. 广东农业科学，41 (17)：62-65，82.

刘安世，1993. 广东土壤 [M]. 北京：科学出版社.

刘桂东，2014. 纽荷尔脐橙缺硼的砧木效应及叶片结构变化与代谢响应研究 [D]. 武汉：华中农业大学.

刘士平，郑录庆，田伟，等，2011. 高等植物中铁的代谢机制 [J]. 植物生理学报，47 (10)：967-975.

陆景陵，2003. 植物营养学：上册 [M]. 北京：中国农业大学出版社.

陆景陵，陈伦寿，2009. 植物营养失调症彩色图谱：诊断与施肥 [M]. 北京：中国林业出版社.

马国瑞，石伟勇，2002. 果树营养失调症原色图谱 [M]. 北京：中国农业出版社.

潘住，2016. 施用硼镁肥对小白菜产量及矿质元素累积的影响 [J]. 科技资讯，14 (11)：58-59.

司友斌，章力干，2000. 盐分对土壤锰释放的影响 [J]. 土壤通报，31 (6)：255-258.

孙桂芳，杨光穗，2002. 土壤-植物系统中锌的研究进展 [J]. 华南热带农业大学学报 (2)：22-30.

王运华，徐芳森，鲁剑巍，等，2015. 中国农业中的硼 [M]. 北京：中国农业出版社.

文丽敏，张骏，2011. 铁锰氧化物对苯酚氧化降解的实验研究 [J]. 地球科学与环境学报，33 (2)：191-195.

肖文芳，2009. 施用石灰和磷矿粉对桃园土壤养分和树体营养的影响 [D]. 武汉：华中农业大学.

谢君，杜静，刘芸，2011. 重庆紫色土硼的有效性及其影响因素分析 [J]. 西南师范大学学报 (自然科学版)，36 (2)：153-157.

熊毅，李庆奎，1990. 中国土壤 [M]. 北京：科学出版社.

徐静安，2001. 施用技术和农化服务 [M]. 北京：化学工业出版社.

徐温新，2008. 锌在我国几种主要土壤中的吸附-解吸作用和对青菜生长的影响研究 [D]. 杨凌：西北农林科技大学.

许文博，邵新庆，王宇通，等，2011. 锰对植物的生理作用及锰中毒的研究进展 [J]. 草原与草坪 (3)：7-16.

闫志刚，王衍安，姜远茂，等，2008. 我国果树中微量元素吸收利用研究进展 [G]. 北京：首届中微量元素营养全国协作网学术交流大会：67-68.

张木，2013. 小白菜钼硒交互效应及其机制研究 [D]. 武汉：华中农业大学.

张妮娜，上官周平，陈娟，2018. 植物应答缺铁胁迫的分子生理机制及其调控 [J]. 植物营养与肥料学报，24 (5)：1365-1377.

张影，胡承孝，谭启玲，等，2014. 施用石灰对温州蜜柑树体营养和果实品质及酸性柑橘园土壤养分有效性的影响 [J].

华中农业大学学报，33（4）：72-76.

周健民，2013. 土壤学大辞典 [M]. 北京：科学出版社.

邹春琴，张福锁，2009. 中国土壤-作物中微量元素研究现状和展望 [M]. 北京：中国农业大学出版社.

Taiz L，Zeiger D，2015. 植物生理学：第5版 [M]. 宋纯鹏，王学路，周云，等，译. 北京：科学出版社.

Williams C M，2002. Nutritional quality of organic food：Shades of grey or shades of green [J]. Proceedings of the Nutrition Society，61（2）：19-24.

第十三章 红壤养分循环、肥力演变与提升技术 >>>

第一节 养分循环基本概念与类型

一、养分循环基本概念

养分循环是生态系统中养分在生物之间、生物与环境之间的传输过程，是生态系统的基本功能之一。土壤圈是覆盖于地球陆地表面和浅水域底部的土壤所构成的一种连续体或覆盖层，犹如地球的地膜，通过它与其他圈层之间进行物质能量交换，是自然生态系统中生物系统与环境间进行物质、能量交换的枢纽。养分循环是土壤圈物质循环的重要组成部分，也是陆地生态系统中维持生物生命周期的必要条件。土壤中的养分元素可以反复地循环和再利用（图13-1），典型的循环过程包括：生物从土壤中吸收养分，生物的残体归还土壤、在土壤微生物的作用下分解、释放养分，养分再次被生物吸收。土壤养分循环是指在生物参与下，营养元素从土壤到生物，再从生物回到土壤的循环过程，是一个复杂的生物地球化学过程。不同养分元素化学、生物化学性质不同，其循环过程各有特点。

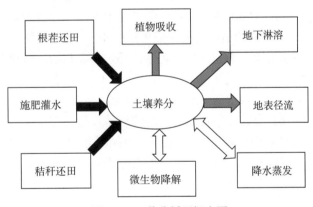

图 13-1 养分循环概念图

二、养分循环的类型

绿色植物在土壤圈中生长，植物有机体在土壤圈中形成和分解，其中90%转化为气相进入大气，10%可转化为中间产物留存于土壤。同时，在径流的溶解作用下，留存在土壤中的中间物质又有一部分进入江河大海（龚子同，1982）。在岩石与土壤圈的交界面，新的土壤在不断地产生，而在土壤圈和生物圈、大气圈和水圈的交界面，土壤又不断地被剥蚀，这种错综复杂的关系形成了土壤圈物质循环的基本轮廓。而土壤与环境间的物质交换主要通过水循环、碳循环、氮循环、硫循环、磷循环等方式进行。水循环是地球上最基本的生物地球化学循环，影响着其他各类物质的循环；碳循环主要通过生物过程调节，土壤圈是其重要的储存库，每年输入大气中的 CO_2 为80亿t，其中60亿t来自物质燃烧，20亿t来自土壤耕作（崔仙丹，1986）。氮循环中的重要成分是陆地生态系统中豆科植物和某些树种固定的氮；硫在全球土壤圈中的储量为88亿t，其氧化物在大气和生物之间的转化是相当快的；磷在土壤圈中为大量处于固定状态的储蓄磷，其储量为150亿t（陈文，1988）。

人类活动对土壤圈的物质循环产生深刻影响。森林砍伐、过度放牧及陡坡开垦等人为活动加速了土壤侵蚀过程；随着工业的发展，大量的SO_2和NO_x气体排入大气圈，形成硫酸和硝酸沉降于地表，损坏植物，危害森林，使森林土壤酸化，导致土壤养分含量下降；工业废水、废渣大量排入土壤圈中，打破了土壤圈的平衡；过多的肥料从土壤圈进入水圈，从而发生富营养化，导致生态系统稳定性的变化。20世纪60年代至90年代，人们对土壤养分循环进行了大量深入研究，认为土壤养分循环重要的研究内容包括植物的根际营养元素的吸收过程和微生物的转化过程。有人通过同位素（如^{14}C、^{13}C、^{15}N、^{35}S、^{31}P）和色谱技术，证实了不同有机组分具有不同的生物降解性和周期性，查明了有机氮肥和无机氮肥进入土壤圈后的运移，并运用数学和计算机方法，对农田、森林、草原系统中碳和氮的循环进行模拟，建立了草地土壤中碳、氮的动态模型（薛世逵，1989）。

（一）地球化学循环

地球化学循环是指不同生态系统之间化学元素的交换，分为气态循环和沉积循环两大类。气态循环主要为碳、氮、氧等元素的循环方式，生态系统中碳、氮、氧等元素主要以气态的形式输入输出，往返于各个生态系统之间。沉积循环是地球化学循环的主要循环类型，在地球化学循环中大部分为沉积循环。沉积循环有3种途径：气象途径、生物途径和地质水文途径。空气尘埃和降水的输入以及风侵蚀和搬运的输出为气象途径；动物的活动及人们从事农林经营活动可使养分在生态系统中发生再分配为生物途径；来自岩石、溪水中的养分以及土壤水或地表水溶解的养分、土粒和有机物系统的输出为地质水文途径。

科技进步加快了地球化学循环的过程。根据20世纪80年代初的资料，人工合成的化合物已达500万种，每年的生产量也在6 000万t以上；人类活动释放到环境中的化学物质的数量相当于火山活动和岩石风化过程的10～100倍；人类技术过程每年提炼数亿吨纯金属，如铁、铝、锡、铅、锌等；人类生产和生活的废弃物排放也不断增加，仅美国一个国家每年排放废弃物约19 440t，其中各种化学物质达60万t以上；人类活动造成的离子流失量每年为12亿～18亿t。这些物质都进入地球化学循环，从而改变原有的元素迁移平衡，加速化学循环，形成新的地球化学过程。

（二）生物地球化学循环

生物地球化学循环是生态系统内部的化学元素的交换，指在一个生态系统内部植物对养分的吸收、储存和养分的损失，以及养分通过草牧和腐生网的流动。植物在系统内就地吸收养分，又通过落叶归还，绝大多数养分可以有效地保留在系统之内。该循环包括4个步骤：①植物对养分的吸收；②植物体内养分的分配；③植物养分的损失，主要损失方式有雨水的淋失、草食动物的取食、生殖器官的消耗和凋落物损失；④凋落物的分解。

（三）生物化学循环

生物化学循环是指生物体内养分的再分配，这是生物体为了满足生长中对某些养分的需要，在自身养分储库中所进行的一些调节，也是植物保存养分的重要途径。

随着社会经济的发展，与20世纪80年代相比，我国土壤养分循环呈现了新的特点和变化。红壤地区主要有：

1. 养分循环的数量水平逐渐提升

20世纪80年代以来，在红壤地区的旱作物、水稻和果茶园，为了满足人们的食物需求，化肥投入量和植物产量快速增加。21世纪10年代的化肥用量比20世纪80年代普遍提升了1～2倍，尤其是脐橙和柑橘，推动养分循环数量水平上了新台阶。

2. 养分循环的均衡性发生较大变化

与20世纪80年代的化肥结构较为单一（以氮磷肥为主，基本没有钾肥）相比，21世纪10年代的化肥结构比较全面，除了氮磷钾肥之外，钙镁肥、硼肥、锌肥等中微量元素肥料也逐渐被推广应用。因此，在红壤地区的养分循环中，养分循环的主要元素也在不断拓展。

3. 养分管理的方式明显不同

随着生产方式的调整和优化，在红壤地区，主要植物的养分管理模式已经发生了明显变化。比如，在红壤稻田上，与 20 世纪 80 年代的秸秆不还田相比，21 世纪 10 年代秸秆全面还田已经达到 90％以上。同时，随着养分投入量的提升，红壤地区的氮磷钾元素已经从匮缺状态逐渐向盈余状态转变，尤其是氮磷盈余量不断增大。另外，随着氮肥的不合理施用和酸沉降的加剧，红壤地区的酸化趋势也在不断加剧，可能也会影响该地区的植物生产力和养分循环。

4. 种植制度的调整和植物品种的更新进一步驱动了养分平衡的变化

在红壤地区，种植制度不断丰富和发展，尤其是旱作物，传统的大豆等豆科作物种植比例下降，非豆科作物玉米等不断发展。同时，随着农作物杂交品种的选育和推广，与 20 世纪 80 年代相比，21 世纪 10 年代的农作物品种产量普遍较高，其对养分的需求也不断加大。因此，不同种植制度和农作物品种条件下的肥料施用量和养分需求变化可能驱动了养分平衡的变化。

第二节　红壤肥力的概念与特征

一、红壤肥力的概念

肥力是土壤的基本属性和性质特征，是土壤从营养条件和环境条件方面供应和协调植物正常生长的能力。土壤肥力是土壤的物理、化学、生物等性质的综合反映（熊毅等，1987），它由土壤的水、肥（养分）、气、热 4 个要素组成，四者是相互联系、相互制约而又相互统一的。其中，养分储量是物质基础，水、气、热是植物生长发育所必需的条件，决定了养分的有效性及供应状况（中国科学院南京土壤研究所，1980）。

土壤肥力是人类最早认识的土壤基本特性，也是土壤质量的首选属性。土壤肥力可分为自然肥力和人为肥力。自然肥力是指在自然成土因子（生物、气候、母质、地形和时间）的综合作用下自然成土过程的产物。而人为肥力是在自然成土因子的基础上、人类活动参与下，通过耕作、施肥和灌溉等措施在耕作熟化过程中形成的，它实际上包括自然肥力。只有那些从来未受人类影响的自然土壤才仅具"纯"的自然肥力。自从人类从事农耕活动以来，自然植被被农作物替代，森林、草原生态系统被农田生态系统替代。据此，土壤肥力水平是可以随着人类对土壤的改良和合理耕作、利用过程而不断提高的。然而，随着人口的急剧增加和单位面积土地对人口承载力的提高，人类对土地的利用强度增加，人为因子对土壤的演化起着越来越重要的作用，并成为决定土壤肥力发展的基本动力。人为因子对肥力的影响反映在人类用地和养地两个方面，只用不养必然导致土壤肥力的降低。用养结合、培肥土壤可保持土壤的可持续利用（黄昌勇，2000）。

随着人类对土壤认识的不断深入，土壤肥力的内涵也在不断地拓展和丰富。西方土壤学家传统地把土壤供应养分的能力看作肥力。早在 1840 年德国农业化学家李比希就指出："土壤矿质元素是土壤肥力的核心"。苏联著名土壤学家威廉斯将土壤肥力定义为"土壤在植物生长的全过程中同时不断地供给植物以最大数量的养料和水分的能力"，并指出养料和水分是土壤肥力的组成要素。我国土壤科学工作者认为肥力是土壤的基本属性和质的特征，是土壤从营养条件和环境条件方面供应和协调植物正常生长的能力。在这个定义中：营养条件指水分和养分，它们是植物必需的营养因素；环境条件指温度和空气，虽然不属于植物的营养因素，但对植物生产有直接或间接的影响，称为环境因素或环境条件。

根据土壤肥力概念的不同描述，可以将它区分为狭义的土壤肥力和广义的土壤肥力。前者抓住"养分"这个主导因子，重点强调碳、氮、磷、硫及其他必要的生命元素和有益元素的储量、形态、运转及保证植物生长周期的供应能力，并进一步发展了土壤养分的生物有效性概念。后者，即广义上的土壤肥力，强调营养因子（直接被植物吸收的水分和养分）与环境条件（温度和空气）供应和协调植物生长的能力，它不仅受土壤本身物质组成、结构、功能的制约，还与构成土壤系统的外部环境条件密切相关，是土壤物理、化学、生物学性质和土壤生态系统功能的综合反映（鲁如坤，1998；黄昌勇等，2010）。

二、红壤肥力的特征

与其他土壤类型不同，红壤是在利用中熟化和改良的（赵其国等，1988）。在我国的红壤区，由于具有丰富的降水和热量、旺盛的生物循环和生物积累和多途径多品种的有机肥源，强烈的矿化作用使有机物质易于分解为植物的养分。低丘台地和坝地的土壤，土层一般都较深厚，生产潜力大。但红壤也存在一些明显的障碍因素，其成土过程中富铝化、黏化随着现代侵蚀过程的发展和不合理的耕种等产生的一系列不良肥力属性，也明显地成为限制植物生长的不利因素，制约着红壤生产潜力的发挥。红壤本身的肥力限制因素概括起来主要是"酸、瘦、黏、板"。

（一）酸

红壤是典型的地带性酸性土壤，成土母质不同，利用方式不同，都对土壤 pH 产生一定的影响。从母质类型看（表 13-1），石英砂岩、千枚岩和花岗岩风化物发育的红壤酸度最高，其平均 pH 为 5.06～5.10；第四纪红土、红色砾岩和板页岩发育的红壤次之，平均 pH 为 5.17～5.27；石灰岩红壤的酸度最低，pH 为 6.87，基本属中性。

表 13-1 红壤 pH 状况（江西省）

成土母质	土壤类型	标本数（个）	pH（H_2O）	标准差
第四纪红土	自然红壤	20	5.17	0.39
	旱地红壤	66	5.98	0.61
	红壤性水稻土	32	6.40	0.52
红色砾岩	自然红壤	20	5.24	0.40
	红壤性水稻土	18	5.73	0.47
千枚岩	自然红壤	7	5.07	0.35
	红壤性水稻土	6	6.10	0.73
板页岩	自然红壤	20	5.27	0.60
	红壤性水稻土	8	5.85	0.63
石英砂岩	自然红壤	8	5.06	0.32
	红壤性水稻土	2	5.40	0.14
花岗岩	自然红壤	14	5.10	0.34
	红壤性水稻土	11	5.59	0.30
石灰岩	自然红壤	5	6.78	0.81
	红壤性水稻土	1	6.93	—

红壤的酸度本质是活性铝的存在。土壤中铝的活化度（活性铝占游离铝的百分比）与酸度的关系极为密切，即铝的活化度越大，酸度越强，反之亦然。此外，红壤铁的形态也起重要的间接调节作用。当土粒表面被游离氧化铁胶膜包被时，铝的活化受到抑制；而在某种条件下，游离铁活化，破坏了胶膜，铝的活化又可能增强。因此，红壤氧化铁的活化度（活性铁占游离铁的百分比）与酸度的关系同样很密切（表 13-2）。从表 13-2 可以看出，千枚岩红壤酸度最高，其水浸 pH 和盐浸 pH 分别为 4.92 和 3.93，铝活化度和铁活化度也最高，分别达 58.82% 和 14.54%；板页岩红壤酸度最低，水浸 pH 和盐浸 pH 分别为 5.66 和 4.84，铝和铁的活化度只有 24.24% 和 2.11%；其他几类母质发育的红壤的趋势大体一致（谢为民等，1987）。

表 13－2　不同母质发育的红壤的 pH 与铁、铝的活化度的关系

土壤	pH		活性 R_2O_3		游离 R_2O_3		Fe_2O_3 活化度 (%)	Al_2O_3 活化度 (%)	R_2O_3 活化度 (%)
	H_2O	KCl	Fe_2O_3 (%)	Al_2O_3 (%)	Fe_2O_3 (%)	Al_2O_3 (%)			
千枚岩红壤	4.92	3.93	0.57	0.51	3.32	0.85	14.54	58.82	22.43
花岗岩红壤	5.12	4.24	0.44	0.71	3.42	1.25	12.87	56.80	24.61
第四纪红土红壤	5.06	4.26	0.38	0.41	3.55	0.87	10.70	47.13	18.30
第三纪红土红壤	5.16	4.47	0.17	0.30	1.87	0.58	9.10	51.72	19.18
白垩纪紫红色沙（砾）岩红壤	5.58	4.50	0.09	0.19	1.51	0.33	5.96	57.58	15.30
板页岩红壤	5.66	4.84	0.14	0.24	6.65	0.99	2.11	24.24	6.42

注：活性 R_2O_3 采用 pH 3.2 草酸铵法测定；游离 R_2O_3 采用 pH 7.3 连二亚硫酸钠法测定。

红壤的酸性环境对土壤肥力有着一系列深刻的影响。土壤酸性条件可加速 NH_4^+、Ca^{2+}、Mg^{2+} 等阳离子的解离及淋失，降低磷肥的有效性和磷的利用率，有利于活化土壤的铁、锰等元素，而过多的 Al^{3+}、Mn^{2+} 和 Fe^{2+} 对植物产生直接毒害；土壤强酸性还会抑制土壤有益微生物的生长和繁殖。

（二）瘦

在脱硅富铝化过程中，由于矿物质和有机质的强烈分解和淋溶，农作物赖以生存的氮、磷、钾、钙、镁等多种营养元素大量损失，特别是人为破坏植被的情况下，土壤有机质和农作物所需的营养元素就更为缺乏。

1. 有机质和氮

有机质是红壤综合肥力水平的基础。红壤中有机质的储量依其植被类型与生长好坏、垦殖利用途径、土壤熟化程度和培肥措施等的不同而有较大的差异（表 13－3）。其特点：①生物富集量大而矿化速度快。在良好的常绿阔叶林或次生林，枯枝叶凋落于地面，形成残落物层，表土中有机质含量可达 40～50 g/kg，全氮 1.5～2.5 g/kg，而植被被破坏后，有机质含量急剧下降，只有 10～15 g/kg，全氮 0.7～0.9 g/kg。②有机质层薄。在原生植被遭受破坏的情况下，红壤有机质层一般只有 10 cm 左右，10 cm 以下土层有机质含量不足 10 g/kg，有机质层越薄，其储藏量就越少。③腐殖质质量差，红壤中为数不多的腐殖质也是以富里酸为主。

表 13－3　不同利用类型红壤的有机质和氮含量

地形	母质	利用类型	深度 (cm)	有机质 (g/kg)	全氮 (g/kg)	碱解氮 (mg/kg)	全氮/碱解氮	C/N
浅丘	红色黏土	矮草荒地	0～11	16.4	0.920	72.40	12.70	10.34
			11～27	7.7	0.530	35.10	15.10	8.43
			42～90	3.8	0.450	14.90	30.20	4.90
			90～120	3.5	0.450	34.00	13.20	4.51
浅丘	红色黏土	低产旱地	0～13	11.7	0.760	59.70	12.70	8.93
			13～35	4.20	0.440	24.40	18.30	5.54
			35～60	3.50	0.330	19.50	16.90	6.15
浅丘	红色黏土	中熟旱地	0～15	17.40	0.990	86.50	11.00	10.19
			15～35	6.90	0.440	40.60	10.80	9.09
			35～60	4.50	0.430	32.30	13.30	6.21

（续）

地形	母质	利用类型	深度 （cm）	有机质 （g/kg）	全氮 （g/kg）	碱解氮 （mg/kg）	全氮/碱解氮	C/N
浅丘	红色黏土	老旱地	0～17	1.99	0.970	93.50	10.40	11.89
			17～25	16.90	0.710	57.90	12.30	13.81
			25～39	9.50	0.580	54.80	10.60	9.50
			39～65	8.00	0.540	57.90	9.32	8.59
浅丘谷地	红色黏土	种稻3年	0～20	1.81	0.096	—	—	10.94
			20～40	0.82	0.060	—	—	7.93
			40～60	0.52	0.048	—	—	6.28
浅丘	红色黏土	老茶园	表土	19.20	0.940	9.88	9.51	11.85
			亚表土	7.60	0.520	4.45	11.68	8.48
浅丘	红色黏土	10年生 柑橘园	0～30	14.30	0.720	7.90	9.11	11.52
			30～50	6.10	0.370	3.37	11.00	9.56
			54～63	4.10	0.280	2.54	11.00	8.49
			80～90	3.70	0.270	1.80	15.00	7.95

红壤的氮含量与其有机质状况基本一致。因红壤本身固定铵的能力较差，约有95%的氮存在于有机质中，故土壤有机质的多寡可大体反映氮的丰缺状况。

2. 磷和钾

红壤是我国含磷量很低的一类土壤。磷供应水平低是生产中严重的限制因子之一，特别是新垦荒地，不施磷肥绝大多数植物生长不良，有的甚至颗粒无收。红壤含磷一般在0.4～0.8 g/kg，植被好坏、母质类型和土壤熟化度及有机质含量对磷储量均有较明显的影响。

红壤钾养分的自然来源是各种含钾矿物，如云母、水云母、钾长石等。红壤钾水平主要取决于含钾原生矿物和黏土矿物的种类和数量。因此，成土母质的类型及其风化程度与土壤钾状况有着极密切的联系。一般来说，花岗岩发育的红壤＞板页岩、白垩纪红色砂页岩红壤＞第四纪红土红壤＞第三纪红砂岩红壤。

（三）黏

在红壤形成过程中，原生矿物不断发生质变，次生黏土矿物不断形成，土壤颗粒中粉粒含量下降，黏粒含量增加，土壤黏化趋势较明显。红壤颗粒组成主要受母质类型及其风化程度的影响。

（四）板

红壤的板有板结和沉板之分，其原因是在缺乏有机质的情况下，土壤结构不良且质地过沙。这种情况下，第四纪红土发育的红壤及红壤性板结田，而无机胶体又以铁、铝的氧化物为主，虽然也具有一定的黏结力和黏着力，但多呈固结态，加上红壤黏化度高，故往往造成板结。

第三节　不同利用方式红壤养分循环特征与利用率提升技术

一、红壤旱地养分循环特征与养分利用率提升技术

红壤是我国南方地区重要的土地资源，总面积为5 690万 km²。其中，红色黏土发育的红壤分布最广，其自然特性为土层深厚、酸性强、黏重板结、有机质含量低、保肥保水性能差、生产力水平较低。再加上近年来不合理的土地利用，导致红壤肥力进一步下降，严重制约了该地区粮食增产潜力的发挥（赵其国，2015）。

我国红壤面积较广，在红壤旱地开发与利用中，中国科学院、中国农业科学院、南京农业大学等

科研单位和高校均开展了诸多研究。以红壤旱地为关键词，通过中国知网以"红壤旱地"为关键词进行文献分析的结果（图 13-2）表明，1973—2019 年，合计发表了 454 篇学术论文，且与 1995 年以前的年均 4 篇相比，1995 年之后的年均论文篇数显著增加（年均达到 14 篇）。

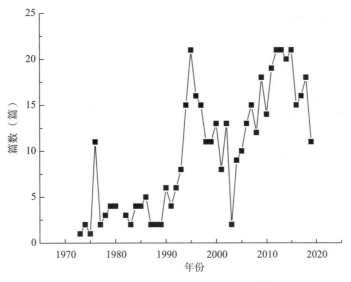

图 13-2　红壤旱地研究论文发表篇数

　　比较论文作者机构分布发现，其中论文篇数最多的机构分别为江西省红壤研究所、江西省农业科学院、江西农业大学、中国农业科学院和中国科学院南京土壤研究所，各单位的发文篇数均高于 40 篇（图 13-3）。

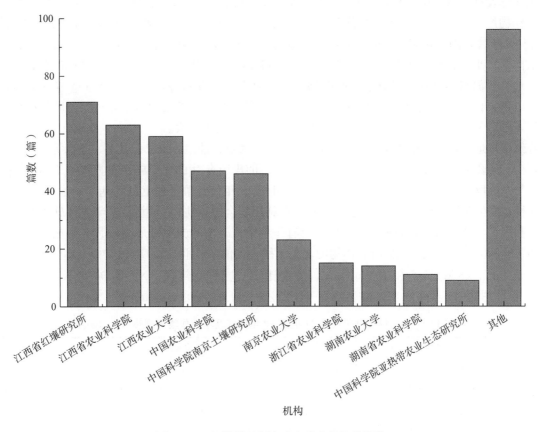

图 13-3　红壤旱地研究论文发表机构及篇数

通过资助项目可以看出，国家自然科学基金资助的篇数最多（50 篇），其次为国家科技支撑计划、中国科学院知识创新工程项目、国家重点基础研究发展规划项目、国家科技攻关计划，均大于 20 篇。这充分说明，国家对红壤旱地研究的重视程度较高（表 13-4）。

表 13-4　红壤旱地研究论文资助项目

资助项目	篇数（篇）
国家自然科学基金	50
国家科技支撑计划	49
中国科学院知识创新工程项目	32
国家重点基础研究发展规划项目	25
国家科技攻关计划	21
教育部科学技术研究项目	11
江西省自然科学基金	11
国家农业科技成果转化资金	7
国家高新技术研究发展计划	4
其他	244

（一）养分投入特点

我国幅员辽阔，各地自然地理条件、社会经济因素、技术水平等的千差万别导致不同地区化肥施用量的差别以及农田中养分平衡状况的区域性差异（李忠佩等，1998）。养分平衡的区域性差异导致肥料资源得不到充分利用。经济发达地区养分的投入往往过剩，增产效益极低，养分盈余量较大，浪费肥料资源、增加污染风险；而经济欠发达地区由于施肥量不足，导致耕地质量下降，土地生产潜力得不到充分发挥。从我国肥料施用的发展历程看，20 世纪 60 年代以前我国农业生产主要靠有机肥料来维持作物产量，氮、磷、钾三大营养元素均为赤字，土壤养分亏缺较严重，作物产量也偏低；20 世纪 70 年代，随着化肥工业的发展，氮肥施用量快速增加，磷肥施用量也明显增加，氮、磷养分从亏缺向基本平衡转变；20 世纪 70 年代以后，有机肥料的施用比例开始下降，化肥在农业生产中占据重要地位，氮磷养分有一定盈余，但钾仍处于亏缺水平（高超等，2002）。Wang 等（2009）的研究表明，氮、磷是作物生长的主要限制因素，钾不仅是作物生长的必要因素，还是氮肥发挥作用的限制因素，随着有机肥施用量的逐年下降，缺钾土壤面积也逐步扩大。

在红壤旱地上，种植作物复杂，主要作物有花生、大豆、油菜、玉米、甘薯、芝麻等，以一年两熟为主，少有间套种。通过调查（表 13-5）发现，21 世纪 10 年代的化肥施用量显著高于 20 世纪 80 年代，且与 20 世纪 80 年代普遍施用猪粪相比，21 世纪 10 年代红壤旱地上已经基本不施用猪粪。同时，化肥品种也发生明显变化，与 21 世纪 10 年代普遍施用复合肥相比，20 世纪 80 年主要施用的化肥为碳酸氢铵和尿素，基本无钾肥的施用。在旱地所有作物中，玉米的施肥量最高，其次为花生、甘薯和油菜，而芝麻和大豆则偏低。根据所有作物的化肥施用平均值，21 世纪 10 年代的 N、P_2O_5 和 K_2O 分别为 137 kg/hm^2、68 kg/hm^2 和 120 kg/hm^2，分别比 20 世纪 80 年代（N、P_2O_5 和 K_2O 总量分别为 90 kg/hm^2、45 kg/hm^2 和 31 kg/hm^2）提高了 52.22%、51.11%和 287.10%。

表 13-5　20 世纪 80 年代和 21 世纪 10 年代红壤旱地作物施肥量（kg/hm^2）

作物	21 世纪 10 年代			20 世纪 80 年代									
	化肥			化肥			猪粪				合计		
	N	P_2O_5	K_2O	N	P_2O_5	K_2O	鲜重	N	P_2O_5	K_2O	N	P_2O_5	K_2O
玉米	320	113	338	60	30	0	15 000	103	40	50	163	70	50
油菜	91	56	56	17	19	0	7 500	51	20	25	69	39	25

（续）

| 作物 | 21世纪10年代 | | | 20世纪80年代 | | | | | | | | | |
| | 化肥 | | | 化肥 | | | 猪粪 | | | | 合计 | | |
	N	P$_2$O$_5$	K$_2$O	N	P$_2$O$_5$	K$_2$O	鲜重	N	P$_2$O$_5$	K$_2$O	N	P$_2$O$_5$	K$_2$O
花生	194	90	180	35	47	0	12 000	82	32	40	117	79	40
芝麻	62	45	45	14	9	0	7 500	51	20	25	65	30	25
甘薯	102	68	68	14	9	0	7 500	51	20	25	65	30	25
大豆	54	34	34	17	9	0	6 000	41	16	20	58	26	20
平均	137	68	120	26	21	0	9 250	63	25	31	90	45	31

注：调查数据来源于江西省进贤县。

降水和灌溉水等外源输入的养分因素也会影响红壤上的作物生长。鲁如坤等（1998）的研究表明，红壤区降水和灌溉水每年投入的氮、磷、钾养分合计 22.1 kg/（hm^2·a）、0.02 kg/（hm^2·a）和 4.68 kg/（hm^2·a）。对于大部分的红壤旱地作物来讲，基本是不进行灌溉。因此，红壤旱地上来自于降水的氮、钾养分投入为 3.1 kg/hm^2 和 1.44 kg/hm^2（表 13-6）。

表 13-6　红壤区降水和灌溉水养分含量和投入量（鲁如坤等，1998）

| | 浓度（mg/L） | | | 投入量［kg/（hm^2·a）］ | | |
	N	P$_2$O$_5$	K$_2$O	N	P$_2$O$_5$	K$_2$O
降水	0.17		0.08	3.1		1.44
灌溉水	1.4	0.002	0.24	19	0.02	3.24
合计				22.1	0.02	4.68

不同作物的种子氮、磷、钾含量差异较大，其中氮含量以花生为最高，其次为油菜，而玉米最低，磷、钾含量则为油菜＞花生＞玉米。再结合播种量计算种子带入的氮、磷、钾投入量，结果表明，花生种子由于较高的播种量而使氮、磷、钾投入明显高于玉米和油菜（表 13-7）。

表 13-7　红壤区农作物种子养分含量和投入量（鲁如坤等，1998）

| | 播种量 | 含量（%） | | | 投入量（kg/hm^2） | | |
	（kg/hm^2）	N	P$_2$O$_5$	K$_2$O	N	P$_2$O$_5$	K$_2$O
花生	187	5.08	0.52	0.68	9.5	0.97	1.27
玉米	45	1.58	0.22	0.40	0.71	0.1	0.18
油菜	1.1	4.55	0.91	0.91	0.05	0.01	0.01

（二）作物养分吸收及归还特征

施肥影响作物养分吸收和归还，氮、磷、钾肥能提供作物生长所必需的养分，且均衡施肥能提高系统生产力。因此，科学合理的施肥管理措施在防止红壤退化的同时又能提高土壤生产力、保证作物的高产稳产，是实现我国南方红壤区农业可持续发展的关键所在。

在 20 世纪 80 年代，作物产量较低，且作物秸秆主要用于畜禽养殖和居家燃烧等。因此，当时的作物养分归还到土壤中的偏少。进入 21 世纪，随着社会经济水平的提升、旱作物品种的更新和农艺措施的改进，红壤地区的作物养分吸收得到了较大增加。与之对应，大部分作物的秸秆和作物根茬等归还到土壤中的养分也在急剧增加，作物养分吸收和归还特征发生显著变化。

以江西省红壤研究所（进贤）和中国农业科学院衡阳红壤实验站（祁阳）的长期定位试验为例，系统研究了 26 年不同施肥措施下氮、磷、钾在植株不同器官中的分配规律，并深入分析了植株氮、磷、钾吸收量的演变规律，初步探明了红壤地区作物的养分吸收规律，为实现作物高产稳产提供了技术参考。

1. 长期施肥条件下氮、磷、钾养分在玉米各器官的分配规律

以进贤为例，红壤旱地玉米吸收的氮主要分布在籽粒和秸秆当中，籽粒的吸氮量占总吸收量的49.0%～58.6%，秸秆的吸氮比例为34.0%～41.1%。与均衡施肥处理（NPK、2NPK）相比，有机无机肥配施处理（NPKOM）对氮的吸收量显著提高。这说明在穗轴中，施用有机肥能显著促进氮的吸收，而不施肥玉米对氮的吸收量明显降低。

玉米对磷的吸收也主要集中在籽粒中，籽粒对磷的吸收比例达到64.4%～70.4%，且均衡施肥和有机无机肥配施能显著促进根茬对磷的吸收。从总吸收量来看，有机无机肥配施处理（NPKOM）相比于不施肥玉米对磷的吸收提高了8.45倍。

玉米吸收的钾主要分布在秸秆中，玉米秸秆吸收钾的比例为51.4%～65.3%。且除籽粒外，穗轴、秸秆与根茬对钾的吸收量都高于其对氮、磷的吸收量。从总吸收量来看，不同施肥方式下玉米对钾的吸收量基本都高于对氮和磷的吸收量（表13-8）。

表13-8 连续26年长期施肥条件下玉米各器官养分的分布（颜雄，2013）

养分	处理	籽粒 吸收量 (kg/hm²)	A (%)	穗轴 吸收量 (kg/hm²)	B (%)	秸秆 吸收量 (kg/hm²)	C (%)	根茬 吸收量 (kg/hm²)	D (%)	总吸收量 (kg/hm²)
N	CK	15.3de	54.6	2.33e	8.3	9.4ef	33.6	0.97de	3.5	28.0ef
	NPK	45.3bc	52.8	4.54c	5.3	32.6bc	37.9	3.46ab	4.0	85.9bc
	2NPK	48.0b	49.0	6.46b	6.6	40.2b	41.1	3.29ab	3.3	98.0b
	NPKOM	97.7a	58.6	8.09a	4.9	56.7a	34.0	4.32a	2.6	167a
P	CK	3.5de	70.4	0.23de	4.6	1.09ef	22.2	0.14c	2.8	4.90ef
	NPK	10.4bc	64.4	0.74bc	4.5	4.38bc	27.0	0.66b	4.1	16.2bc
	2NPK	13.8b	67.0	0.90b	4.4	5.19b	25.2	0.7b	3.4	20.6b
	NPKOM	30.2a	65.3	1.20a	2.6	12.77a	27.6	2.09a	4.5	46.3a
K	CK	8.5de	27.0	4.54ef	14.3	16.3de	51.4	2.32de	7.3	31.7ef
	NPK	20.3bc	19.8	9.74bc	9.5	62.4bc	60.8	10.13b	9.9	103bc
	2NPK	24.2b	17.8	12.02b	8.9	88.4ab	65.3	10.82b	8.0	135b
	NPKOM	47.3a	24.4	15.41a	7.9	116.5a	60.1	14.63a	7.5	194a

注：A、B、C、D分别为籽粒、穗轴、秸秆和根茬吸收氮、磷、钾的量占总吸收量的百分比。

2. 长期施肥条件下作物氮、磷、钾吸收量的演变规律

（1）氮吸收量的演变规律 长期不同施肥显著影响作物对氮的吸收利用（表13-9）。小麦、玉米对氮的吸收表现为施用有机肥处理高于氮磷钾平衡施肥处理，高于对照，具体顺序为1.5NPKM＞NPKM＞M＞NPKS＞NPK＞CK。从时间变化上看：施用有机肥处理（NPKM、1.5NPKM、M）小麦和玉米对氮的吸收逐渐升高后保持稳定；氮磷钾平衡施肥（NPK）处理小麦和玉米吸收氮前期稳定，由于红壤酸化加剧，pH逐渐成为限制因子而影响作物产量，进而影响作物对氮的吸收利用，后期，小麦和玉米对氮的吸收量逐渐下降。不施氮处理（CK）小麦和玉米对氮的吸收保持在较低水平。对不同作物来说，玉米的吸氮量要显著高于小麦。

表13-9 长期不同施肥条件下作物的氮吸收特征（kg/hm²）（祁阳）

处理	1991—1995年 小麦	玉米	1996—2000年 小麦	玉米	2001—2005年 小麦	玉米	2006—2010年 小麦	玉米	1991—2010年（20年平均）小麦	玉米
CK	15.3	11.3	10.2	6.6	10.6	5.8	9.2	6.1	11.3	7.5
NPK	73.2	81.2	38.4	88.7	36.3	52.9	16.9	28.2	41.2	62.8

（续）

处理	1991—1995 年		1996—2000 年		2001—2005 年		2006—2010 年		1991—2010 年（20 年平均）	
	小麦	玉米	小麦	玉米	小麦	玉米	小麦	玉米	小麦	玉米
NPKM	73.4	84.2	49.5	104.1	67.0	123.2	55.8	107.5	61.4	104.7
1.5NPKM	90.0	159.8	58.5	198.1	72.9	218.0	60.3	183.7	70.4	189.9
NPKS	83.2	92.7	48.9	95.3	45.2	62.9	21.5	43.6	49.7	73.6
M	55.5	64.5	31.1	75.1	63.8	70.4	51.6	78.5	50.5	72.1

（2）磷吸收量的演变规律　与小麦和玉米对氮的吸收特征类似，长期施用有机肥的处理，作物吸磷量显著高于化肥氮磷钾肥处理，高于对照（表 13 - 10）。受作物生长的影响，长期施用有机肥作物磷吸收量保持稳定，磷肥的回收率维持在 50%～60%，施用化肥的各处理，磷肥回收率逐渐下降，施肥 20 年后各处理磷肥回收率降低到 10%左右。由于磷容易在土壤中积累，施用有机肥磷肥的年回收率保持稳定，长期大量的有机肥施入，导致土壤磷的大量积累，有可能增加土壤磷的环境风险。不同作物之间，玉米的吸磷量显著高于小麦（表 13 - 10）。

表 13 - 10　长期不同施肥条件下作物的磷吸收特征（kg/hm²）（祁阳）

处理	1991—1995 年		1996—2000 年		2001—2005 年		2006—2010 年		1991—2010 年（20 年平均）	
	小麦	玉米	小麦	玉米	小麦	玉米	小麦	玉米	小麦	玉米
CK	2.5	2.8	1.7	1.6	1.8	1.4	1.5	1.5	1.9	1.8
NPK	8.8	13.4	4.7	16.3	4.5	9.6	2.0	4.7	5.0	11.0
NPKM	14.8	19.3	10.0	24.4	13.4	28.7	11.2	24.7	12.3	24.3
1.5NPKM	17.4	24.8	11.3	32.3	14.1	34.1	11.7	27.3	13.6	29.6
NPKS	10.4	16.4	6.2	17.6	5.9	11.7	2.7	7.4	6.3	13.3
M	11.9	18.5	6.6	21.5	13.3	20.2	10.8	22.5	10.7	20.7

（3）钾吸收量的演变规律　小麦和玉米对钾的吸收量显著高于氮和磷，各处理之间也达到显著差异，依次为 1.5NPKM ＞NPKM ＞M ＞NPKS ＞NPK ＞CK（表 13 - 11）。从时间变化上看：施用有机肥（NPKM、1.5NPKM、M）处理小麦和玉米钾吸收保持稳定；氮磷钾平衡施肥（NPK）处理小麦和玉米对钾的吸收前期稳定，后期下降。对不同作物来说，玉米的吸钾量显著高于小麦。

表 13 - 11　长期不同施肥条件下作物的钾吸收特征（kg/hm²）（祁阳）

处理	1991—1995 年		1996—2000 年		2001—2005 年		2006—2010 年		1991—2010 年（20 年平均）	
	小麦	玉米	小麦	玉米	小麦	玉米	小麦	玉米	小麦	玉米
CK	18.4	11.0	11.4	7.3	11.1	6.3	10.0	6.8	12.7	7.9
NPK	85.7	75.1	42.7	68.4	33.9	42.0	21.2	25.7	45.9	52.8
NPKM	110.9	86.3	73.7	98.7	89.8	119.7	78.1	108.8	88.1	103.4
1.5NPKM	152.5	112.1	90.1	133.6	109.3	152.3	95.6	133.3	111.9	132.8
NPKS	105.5	96.5	57.3	91.2	43.6	59.5	26.9	48.6	58.3	73.9
M	77.1	64.4	40.4	73.5	63.3	68.2	57.9	78.4	59.7	71.1

（三）土壤养分与平衡特征

为满足人们对农产品数量和质量的需求，施肥成为大幅度提高粮食单产、改善农产品质量的重要措施之一。化肥施用量的增加，虽然对提高农作物产量、改善农产品质量起到了很大的作用，但长期施用大量化肥不仅降低了肥料利用率、破坏了农田的养分平衡，还可能引发土壤中养分的过量积累或流失等现象，对农田生态环境产生一定的负面影响。养分循环并非简单的100%循环，农田养分平衡是作物-土壤-肥料三者之间的动态平衡过程（孙波等，2008）。农田养分含量的变化及其平衡作为评价农业可持续发展的重要指标（Watson et al.，1999）之一，近年来日益受到重视，国内外学者围绕农田养分元素循环机制、平衡、迁移过程等进行了一系列研究（Smil，1999；Galloway，2005；杨林章等，2002）。

养分平衡结果可以直观反映具体地区的土壤养分状况、作物养分需求和养分利用率等，其研究结果简单、易懂，可以直接用于指导农民进行养分管理和施肥。鲁如坤等（2000）的研究则表明，我国南方地区浙江、福建、江西、湖南、广东和广西6省份农田中氮的盈余量较大，分别占到氮肥总投入量的52%～85%，而经济相对落后的部分省份农田氮仍处于亏缺阶段。范茂攀等（2005）系统研究了云南保山农田主要养分的投入产出，结果表明，氮、磷的盈余量分别达每年148.9 kg/hm² 和93.8 kg/hm²，而钾则平均每年亏缺73.1 kg/hm²，从不同利用方式来看，水田的氮、磷盈余量和钾亏缺量均大于旱地。沈善敏（1998）综合分析了我国1949—1993年44年的养分平衡状况，对养分输入系数，化肥、有机肥、生物固氮及主要作物对养分吸收含量的系数进行了估算，为养分宏观研究提供了依据。

以江西省红壤研究所（进贤）和中国农业科学院衡阳红壤实验站（祁阳）的长期试验为典型点位，进行氮、磷、钾表观平衡分析，以湖南祁阳为典型区域，进行时间演变分析。养分平衡计算方法采用表观平衡法，即养分投入量与养分支出量的差值，正值表示盈余，负值表示亏缺。养分投入仅包括施肥带入的养分，未考虑降水或灌溉、大气沉降等带入的养分；养分支出仅包括因作物收获而带出的养分，未包括因淋洗、挥发和反硝化造成的养分损失（要文情等，2010）。

1. 典型点位中红壤旱地有机碳和氮、磷、钾表观平衡

（1）红壤旱地有机碳循环与平衡　施用粪肥、秸秆覆盖或还田和种植绿肥等措施可以同时增加作物产量和土壤有机碳含量（Zhang et al.2009a；Zhang et al.，2009b；Zhou et al.，2013）。土壤是一个复杂的系统，有机碳在土壤中的矿化、固定等周转过程受微生物、根系以及环境等诸多因素的影响，Kong等（2005）和Liu等（2014）研究发现，土壤有机碳固定与累计碳投入存在显著的线性关系。Zhang等（2010）认为，这种线性关系主要适用于那些土壤有机碳含量尚未达到饱和点的土壤，且认为这些土壤具有较大的潜力固定大气的CO_2。因此，构建碳投入和固定的量化关系是研究土壤有机碳平衡的重要途径，但这些研究多集中在小麦、玉米、水稻等粮食主产区（Liu et al.，2014；Cai et al.，2014；Majumder et al.，2005）。在红壤旱地上，虽然已有研究表明作物产量与土壤有机碳含量呈显著的正相关关系（Zhang et al.，2009a），但有关土壤固碳效率对不同施肥措施的响应规律仍不明确，尤其是双季玉米连作模式下，而研究不同培肥措施的固碳效率对于指导红壤旱地的有机肥管理意义重大。

增加有机碳投入是加速红壤有机碳循环和积累的重要途径。图13-4表明，进贤和祁阳的有机碳投入量与土壤有机碳储量变化速率之间存在显著的正相关关系。线性方程可以较好地拟合二者的关系（$P<0.001$），表明土壤有机碳没有出现饱和现象。进贤和祁阳的红壤旱地固碳效率为8.6%和14%（直线斜率），要维持红壤有机碳含量（即有机碳变化量为0），进贤和祁阳每年需要维持投入有机碳1.84 t/hm² 和0.36 t/hm²。两个点的差异主要与初始土壤有机碳含量有关，同时，种植模式和碳投入水平也是影响因素之一。这进一步证明，在红壤旱地上增加有机碳投入可以提高土壤有机碳储量。

（2）红壤旱地氮的表观平衡　施用的肥料是农田中重要的氮肥来源，每年肥料投入的氮量占总输入量的95%以上（张玉铭等，2003；寇长林等，2005）。在红壤旱地上，氮的表观平衡受不同施肥模式的影响较大（表13-12）。结果表明，在试验期间，不同处理的吸氮量 2NPK＞NPK、NK＞NP＞

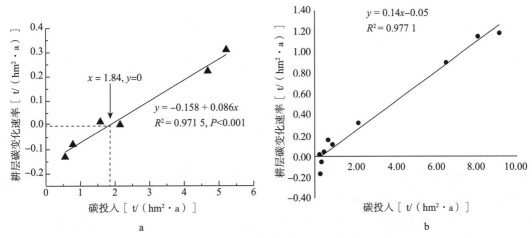

图 13-4 有机碳投入与土壤有机碳储量变化速率的相互关系
a. 进贤　b. 祁阳

N>CK。而氮表观平衡则为 2NPK、NP 和 N 为盈余，CK、NK 和 NPK 为亏缺。高量施用氮肥或偏施、单施氮肥，氮存在盈余，增加了 N 在土壤中的积累或 N 损失。

表 13-12　红壤旱地氮盈余量的变化趋势（进贤）

处理	氮肥投入量 [kg/ (hm² · a)]	多年平均作物吸收量 [kg/ (hm² · a)]	盈余量 [kg/ (hm² · a)]
CK	0	39.75	−39.75
N	120	68.57	51.43
NP	120	83.71	36.29
NK	120	128.28	−8.28
NPK	120	130.34	−10.34
2NPK	240	230.14	9.86

（3）红壤旱地土壤磷的表观平衡　红壤旱地上磷的表观平衡受磷肥施用量和施用方式的影响（表 13-13）。作物的吸磷量为 2NPK>NPK>NP>P>CK。磷盈余量则为 NPK 处理较低，NP、2NPK 处理次之，P 处理最高。

表 13-13　红壤旱地磷盈余量的变化趋势（进贤）

处理	磷肥投入量 [kg/ (hm² · a)]	多年平均作物吸收量 [kg/ (hm² · a)]	盈余量 [kg/ (hm² · a)]
CK		9.80	−9.80
P	26.2	12.20	14.00
NP	26.2	24.30	1.90
NPK	26.2	32.42	−6.22
2NPK	52.4	41.16	11.24

（4）红壤旱地土壤钾的表观平衡　在红壤旱地上，钾肥与氮磷肥的配比方式影响钾的表观平衡（表 13-14）。不同施钾措施的作物吸钾量明显不同，其中 2NPK 处理玉米的吸钾量最高，NPK 和 NK 处理次之，CK 最低。而钾盈余量则为单施钾肥处理最高，其他施钾处理均为亏缺，说明钾肥应根据氮磷肥的施用量及作物产量而确定施用量，以实现红壤中钾营养的平衡。

表 13-14 红壤旱地钾盈余量的变化趋势（进贤）

处理	钾肥投入量 [kg/（hm² · a）]	多年平均作物吸收量 [kg/（hm² · a）]	盈余量 [kg/（hm² · a）]
CK	0	63.42	−63.42
K	100	90.82	9.18
NK	100	130.26	−30.26
NPK	100	205.06	−105.06
2NPK	200	270.78	−70.78

2. 典型县域红壤旱地氮、磷、钾收支平衡

（1）祁阳县红壤旱地氮收支平衡　红壤旱地的氮输入量 1998—2007 年由 252.22 kg/hm² 增加到 357.51 kg/hm²，增加了 41.75%。2007 年作物吸收量为 272.61 kg/hm²，约为 1998 年的 136.52 kg/hm² 的两倍。旱地氮盈余量为 50.96～150.83 kg/hm²，盈余率为 50.88%。可知，农田中氮大量盈余，这主要与当地氮肥施用量逐年增加有关（表 13-15）。

表 13-15 祁阳县红壤旱地氮收支平衡（阿拉腾希胡日，2010）

年份	输入（kg/hm²）	输出（kg/hm²）	盈余（kg/hm²）	盈余率（%）
1998	252.22	136.52	115.70	84.75
1999	305.11	154.28	150.83	97.76
2000	296.37	150.40	145.97	97.05
2001	298.43	185.06	113.37	61.26
2002	312.21	227.17	85.04	37.43
2003	294.59	243.63	50.96	20.92
2004	308.97	257.48	51.49	20.00
2005	327.54	253.99	73.55	28.96
2006	345.78	267.01	78.77	29.50
2007	357.51	272.61	84.90	31.14

（2）祁阳县红壤旱地磷收支平衡　红壤旱地的磷输入量由 1998 年的 126.91 kg/hm² 增加到 2007 年的 187.05 kg/hm²，增加了 47.39%。2007 年作物吸收量为 160.43 kg/hm²，比 1998 年的 95.29 kg/hm² 增加了 68.36%。旱地年均磷盈余量为 26.62～39.98 kg/hm²，盈余率为 27.75%。土壤中磷盈余主要与磷肥施用量有关，磷肥施用量逐年增加，磷的投入大于支出，土壤磷一直处于积累状态（表 13-16）。

表 13-16 祁阳县红壤旱地磷收支平衡（阿拉腾希胡日，2010）

年份	输入（kg/hm²）	输出（kg/hm²）	盈余（kg/hm²）	盈余率（%）
1998	126.91	95.29	31.62	33.18
1999	141.76	104.47	37.29	35.69
2000	140.08	100.10	39.98	39.94
2001	144.15	112.37	31.78	28.28
2002	155.80	123.59	32.21	26.06
2003	163.19	131.15	32.04	24.43
2004	171.66	135.45	36.21	26.73
2005	179.98	142.41	37.57	26.38
2006	181.63	151.13	30.50	20.18
2007	187.05	160.43	26.62	16.59

（3）祁阳县红壤旱地钾收支平衡　1998 年旱地钾输入量为 182.24 kg/hm²，2007 年为 232.45 kg/hm²，增加了 27.55%。2007 年土壤中钾移出量为 397.14 kg/hm²，比 1998 年的 208.71 kg/hm² 增加了 90.28%。旱地钾年均亏缺量为 10.32～164.69 kg/hm²，亏缺率为 29.75%（表 13-17）。农田中钾全面亏缺，一方面可能是由于作物对钾的需求量较大，另一方面是由于当地钾投入量还不够。而随着有机肥施用量的减少，钾亏缺状况日益严重。同时，当地降雨频繁，钾流失较大也是土壤中钾处于负平衡状态的原因之一。

表 13-17　祁阳县红壤旱地钾收支平衡（阿拉腾希胡日，2010）

年份	输入（kg/hm²）	输出（kg/hm²）	盈余（kg/hm²）	盈余率（%）
1998	182.24	208.71	−26.47	−12.68
1999	209.25	219.57	−10.32	−4.70
2000	207.74	219.77	−12.03	−5.47
2001	206.38	259.28	−52.90	−20.40
2002	206.82	327.64	−120.82	−36.88
2003	193.40	341.77	−148.37	−43.41
2004	205.14	362.45	−157.31	−43.40
2005	216.57	366.41	−149.84	−40.89
2007	232.45	397.14	−164.69	−41.47

湖南省桃源县系统分析了 2001—2011 年典型丘岗复合农田生态系统集水区氮、磷、钾、钙、镁等养分的输出特征及影响因素，发现典型农田生态系统集水区的养分流失现象较为严重。其中，集水区地表径流中总氮浓度达到 2.66 mg/L，超过了国家地表水 V 类水质标准，年均流失量为 9.40 kg/hm²；总磷流失相对较轻，在地表径流中的浓度为 0.09 mg/L，接近国家地表水 II 类水质标准，年均流失量为 0.30 kg/hm²。集水区 K^+、Ca^{2+}、Mg^{2+} 等阳离子的流失程度较氮、磷严重，其中钙的流失最为严重，年均流失量达到了 59.75 kg/hm²。大量的钙流失可能是我国亚热带地区土壤进一步酸化的主要原因。

二、红壤性水稻土养分循环特征与养分利用率提升技术

水稻土是一种具有独特土体构型和发生特性的人工水成土。红壤性水稻土是水稻土亚类，根据水稻土的起源土壤划分而来（吴金奖等，1990）。红壤性水稻土即红壤经人为水耕熟化而来，因此红壤性水稻土的分布区域与红壤的分布区域基本一致，在我国南方分布广泛。

（一）养分投入特点

稻田养分投入主要是指有机碳和氮、磷、钾养分元素的投入，主要包括肥料养分投入、灌溉水养分投入和大气沉降。肥料养分投入包括化肥养分投入、外源有机肥养分投入、作物秸秆和残茬养分投入。稻田养分的净投入是指稻田养分总投入减去稻田养分携出和损失后的投入。稻田养分携出包括稻谷籽粒收获带走和秸秆移除。稻田养分损失包括地表径流、气态损失和渗漏。

1. 化学肥料养分投入特点

化肥是当今粮食生产中最重要的投入物质之一，尤其是近年来，粮食生产对化肥的依赖程度越来越高。然而，化肥的盲目施用不仅影响肥料利用率的提高，还容易导致土壤质地变差和环境污染，甚至影响作物产量及品质安全（闫湘等，2008）。测土配方施肥能有效提高肥料利用率，特别是可使氮肥、磷肥的利用率提高 5 个百分点以上（毛振荣等，2019）。氮肥与水稻生长发育和产量形成的关系密切，合理施用氮肥，特别是确定最佳氮肥施用量与施用时期，不仅能显著提高水稻的最大库容量，还能有效改善水稻品质，提高氮肥利用率，减少氮肥施用不当造成的环境污染（凌启鸿等，2000；万舰军等，2007；张洪程等，2003；王海候等，2007；张月芳等，2009）。

红壤稻田上的种植模式主要包括双季稻和一季中稻。红壤稻田肥料养分投入发生了由以有机肥为主向以化肥为主、从单一养分投入向氮磷钾等多养分配合、从单一化肥品种向复合品种的转变。通过调查，早稻、晚稻和中稻的施肥情况见表 13-18。主要肥料品种有复合肥、尿素、氯化钾，施钙镁磷和过磷酸钙的较少。复合肥的总养分含量一般在 45% 左右，N、P_2O_5、K_2O 含量 15%、15%、15% 居多。

表 13-18   2019 年红壤稻田施肥量（kg/hm², 进贤）

作物	项目	N	P_2O_5	K_2O
早稻	范围	135~195	60~105	120~165
	平均	163.5	75	144
晚稻	范围	165~225	60~105	120~180
	平均	196.5	78	147
中稻	范围	135~240	90~120	105~330
	平均	172.5	111	228

2. 有机肥料养分投入特点

有机肥包括作物秸秆、绿肥、畜禽粪便等。有机肥养分全面，除了含有氮、磷、钾大量元素外，还含有丰富的有机质及许多中微量元素，在促进微生物繁殖、改善土壤结构和增强保肥能力等方面具有重要作用。目前，我国南方地区的水田有机肥主要为水稻秸秆和紫云英绿肥，畜禽粪便在水田中的应用逐渐减少。

在我国农业生产中，秸秆还田被大力提倡，各地都出台了禁止秸秆焚烧的政策。近年来，秸秆直接还田量持续增加，2010—2015 年我国秸秆直接还田率为 61%（刘晓永等，2017），还田方式主要是机械粉碎直接还田（张国等，2017）。而且，秸秆还田的增产效应会随还田时间的延长而增加（王德建等，2015）。同时，秸秆还田还能在一定程度上实现养分替代，从而降低农田化肥用量（杨晨璐等，2018；曾研华等，2018；高洪军等，2015）。在江西省开展的 6 年双季稻稻草还田定位试验结果表明，水稻秸秆全量还田在早稻和晚稻上分别可替代 30% 和 27% 的化学氮肥，同时显著提高了早稻产量并能保证晚稻产量，且显著增加了早稻和晚稻的氮肥农学效率、回收率和偏生产力（曾研华等，2018）。高利伟等（2009）基于统计数据和农户调研数据分析得出，2006 年我国水稻秸秆产量为 1.8 亿 t，其氮养分资源量为 166 万 t。柴如山等（2019）认为，2013—2017 年我国水稻秸秆年均产量为 2.3 亿 t，所含氮养分资源量为 209 万 t。水稻秸秆氮养分资源主要分布在长江中下游农区。在秸秆全量还田条件下，我国水稻秸秆还田当季化学氮肥可替代总量为 99 万 t，单位耕地面积化学氮肥可替代量为 33.6 kg/hm²。

绿肥是南方稻田重要的有机肥源。长期以来，我国传统的农业生产通过施用有机肥来培肥地力和提高农作物产量。曹卫东等（2009）研究发现 1 hm² 紫云英绿肥可固氮（N）153 kg，活化、吸收钾（K_2O）126 kg，替代化肥的效果明显。绿肥翻压为土壤微生物活动提供了丰富的碳源和氮源，在促进土壤有机质分解矿化、土壤养分循环方面有积极作用。Yu 等（2020）的研究表明，施用紫云英绿肥土壤有机碳提高了 24.5%。高菊生等（2011）连续 26 年翻压 3 种绿肥的研究表明，不同种类的绿肥还田均有利于土壤有机碳的积累，种植紫云英效果最显著，年增加 0.31 g/kg。化肥减施 40% 条件下紫云英不同翻压量对土壤有机碳含量的提高幅度为 11.6%~24.4%，土壤全氮含量增幅为 6.7%~22.2%。紫云英与化肥配施能增加土壤有效氮含量。

3. 大气沉降及灌溉水养分投入特点

大气氮沉降是指大气中活性氮化合物通过湿沉降和干沉降的形式降落到陆地和水体的过程。改革开放以来，排放到空气中的活性氮日益增多，并通过沉降方式进入陆地水生生态系统（陶亚南等，2016）。我国对氮沉降系统的研究从 20 世纪 70 年代开始，20 世纪 80 年代氮沉降速率显著增加（顾峰雪等，

2016），从 20 世纪 60 年代的 0.31 g/m² 增长至 21 世纪初的 1.71 g/m²，年增长率为 0.04%。

研究显示，我国华北平原大气氮总沉降每年为 54.4～103.2 kg/hm²（Luoxs et al.，2013）。太湖水体每年由湿沉降途径带入的氮占其表观干湿沉降总量的 79.5%，雨、露、雾、雪等大气湿沉降是太湖水体受污染的主要途径（杨龙元等，2007）。珠江三角洲地区农田生态系统氮湿沉降量达每年 6～78 kg/hm²（混合沉降）（曾清苹等，2016）。可见，人类活动对氮具有极大的影响。

何园球等（1998）的研究显示，双季稻灌溉水总量约为 13 500 t/hm²。2019 年进贤县抚河灌渠水体氮、磷、钾的多次检测平均值分别为 0.88 mg/kg、0.01 mg/kg 和 3.59 mg/kg。据此推算，双季稻每年的灌溉水氮、磷、钾投入分别为 11.88 kg/hm²、0.14 kg/hm² 和 48.47 kg/hm²。

（二）作物养分吸收及归还特征

水稻在我国的粮食安全保障体系和农业生产中占有重要地位（Zhang，2005）。1980—2010 年，我国水稻种植面积的总体趋势为减少，从 1980 年的 5.08 亿亩降至当前的 4.48 亿亩，最低为 2003 年的 3.98 亿亩。水稻总产量表现为增加趋势，从 1980 年的 1.40 亿 t 增至 1.96 亿 t，最高为 1997 年的 2.0 亿 t。水稻平均单产从 1980 年的 4 134 kg/hm² 增加到 2010 年的 6 535.5 kg/hm²（刘珍环，2013）。水稻单产的增加有品种改良的原因，更有化肥施用量大幅增加的贡献。水稻单产的增加导致作物养分吸收量和相应的根系养分归还量显著增加，养分循环强度显著增加。

1. 作物氮、磷、钾养分吸收特征

作物对养分的吸收能力在一定程度上代表了作物的产量潜力。以江西进贤红壤稻田化肥长期试验结果为例，不同施肥条件下水稻籽粒、秸秆和根茬中氮、磷、钾的吸收量如表 13-19 所示。水稻植株氮吸收量集中在籽粒，占植株总吸氮量的 56%～73%。与氮磷钾肥配施（NPK）处理相比，有机无机肥配施（NPKM）与双倍量氮磷钾肥配施（2NPK）处理水稻的氮吸收量显著提高，分别提高了104.26 kg/hm² 和 59.79 kg/hm²。CK 的水稻氮吸收量明显降低，是 NPK 处理的 56.69%。这表明，配施有机肥可以显著促进植株对氮的吸收，而不施肥处理水稻植株的氮吸收量明显降低。

表 13-19 不同施肥措施下水稻植株及籽粒氮、磷、钾含量对比（2007 年）

项目	养分	CK	NPK	2NPK	NPKM
籽粒	氮	51.79 de	82.71 bc	102.61 b	124.32 a
	磷	18.01 bcd	23.07 bcd	43.42 a	43.73 a
	钾	7.97 c	14.74 ab	18.61 a	18.56 a
秸秆	氮	11.92 c	21.06 c	41.53 b	61.53 a
	磷	2.06 c	4.57 c	9.92 b	15.47 a
	钾	9.58 c	21.14 b	31.33 a	33.68 a
根茬	氮	10.87 bc	16.19 bc	35.60 a	37.46 a
	磷	1.16 bc	2.13 bc	4.27 b	8.47 a
	钾	2.13 a	3.06 a	4.38 a	4.08 a
合计	氮	74.58 ef	119.95 c	179.74 b	223.31 a
	磷	21.23 bc	29.77 bc	57.61 a	67.67 a
	钾	19.67 c	38.93 b	54.32 a	56.32 a

水稻吸收的磷也集中在籽粒中，籽粒吸磷量占植株总吸磷量的比例为 65%～85%。与 NPK 处理相比，NPKM 处理和 2NPK 处理水稻的总吸磷量和籽粒吸磷量均显著提高，不施肥、单施氮、单施磷以及氮钾配施处理的吸磷量没有明显降低，而单施钾和氮钾配施处理水稻籽粒和植株的吸磷量明显降低。这表明，均衡施肥、增施有机肥可以明显提高水稻籽粒和植株的吸磷量，而单施钾和氮钾配施显著降低了水稻籽粒和植株的吸磷量。

与氮、磷在植株不同部位的分布规律不同，水稻植株的钾集中在秸秆中，其次是籽粒。秸秆的吸钾量占水稻植株总吸钾量的比例达 49%～60%，NPKM 处理和 2NPK 处理水稻的吸钾量与 NPK 处理相比显著提高。表明增施有机肥在促进水稻养分吸收上具有重要作用，对维持水稻高产有重要意义。很多研究也证明了这一结论。敖和军等（2008）研究认为，养分吸收量差异主要由单位面积干物质生产量不同引起。在不同施肥措施下，随着产量的升高，氮、磷、钾收获指数呈上升趋势，但生产单位稻谷所需养分量呈下降趋势。而配施有机肥可以促进水稻中后期干物质的累积和养分的吸收（徐明岗等，2008）。

2. 作物吸收养分的归还特征

水稻根茬归还是补充土壤养分库容的重要方式，从而在一定程度上维持了土壤肥力。施肥处理的根茬含氮量均显著高于不施肥处理，但各施肥处理间不存在显著差异。这可能与根茬中的氮向叶片和籽粒中的转运有关。各处理根茬磷钾含量均表现出显著差异，并以有机无机肥配施处理为最高，且其根茬的氮磷钾养分积累量也显著提高。因此，与其他施肥处理相比，有机无机肥配施可以通过根茬归还给土壤较多的氮磷钾养分（要文情等，2010）。然而，有机无机肥配施显著降低根茬氮钾养分占总植株的比例，显著增加了根茬磷的比例。这可能与长期施肥通过影响土壤肥力改变籽粒、秸秆和根茬中氮磷钾的吸收、运移和分配有关（陈兴丽等，2009）。有研究表明，有机无机肥配施可以延缓作物根系活力的下降，从而使较多的氮磷养分向籽粒转移（Jackson et al.，1990）。有机无机肥配施增加根茬磷比例可能与有机肥有较多的磷有关（叶会财等，2015）。

水稻根茬中积累的养分氮和钾较多，磷较少。早稻、晚稻和两季合计的根茬氮积累量规律为 2NPK、NPKM>NPK>CK，而磷钾积累量则为 NPKM>2NPK>NPK>CK。从两季合计来看，长期不施肥的 CK 氮磷钾养分全年积累量分别为 4.14 kg/hm^2、0.52 kg/hm^2 和 3.22 kg/hm^2；化肥与有机肥配施处理氮磷钾养分全年积累量分别为 7.21 kg/hm^2、3.28 kg/hm^2 和 9.16 kg/hm^2；NPKM 处理的氮磷钾养分积累量分别比 CK 增加 74.15%、530.77% 和 184.47%，比 NPK 增加 17.62%、264.44% 和 37.95%。这表明，长期有机无机肥配施可以显著增加根茬氮磷钾养分积累量，即显著增加养分归还量（表 13-20）。

表 13-20　长期化肥和有机肥施用条件下早晚稻的根茬养分积累量

养分	处理	根茬养分积累量（kg/hm^2）		
		早稻	晚稻	两季合计
N	CK	2.08±0.04 c	2.06±0.12 b	4.14±0.21 b
	NPK	3.08±0.09 b	3.05±0.28 a	6.13±0.49 a
	2NPK	3.67±0.12 a	3.72±0.24 a	7.39±0.41 a
	NPKM	3.62±0.02 a	3.59±0.35 a	7.21±0.60 a
P	CK	0.26±0.01 d	0.26±0.02 d	0.52±0.03 d
	NPK	0.45±0.01 c	0.45±0.04 c	0.90±0.07 c
	2NPK	0.94±0.03 b	0.95±0.06 b	1.89±0.10 b
	NPKM	1.65±0.01 a	1.63±0.16 a	3.28±0.27 a
K	CK	1.62±0.03 c	1.60±0.10 c	3.22±0.16 c
	NPK	3.34±0.10 b	3.30±0.31 b	6.64±0.53 c
	2NPK	3.54±0.11 b	3.59±0.23 b	7.13±0.40 b
	NPKM	4.60±0.03 a	4.56±0.44 a	9.16±0.76 a

（三）土壤养分含量变化与平衡特征

养分投入和输出的平衡是评价农田养分管理可持续性的重要指标。养分循环是农田生态系统最基本的功能之一，农田三大养分要素氮、磷、钾的循环与平衡是农田生产力状况的反映（邱德文等，2014）。农业生态养分循环系统在每一个循环周期中都会有养分的损失（邵素秦等，2002）。而农田养分平衡的本质就是养分被作物消耗和施肥投入之间的平衡（杨普云等，2013）。在过去，施肥的依据重点是作物增产效果，忽视了土壤肥力平衡和生态环境安全问题，对土壤持续丰产能力的关注度不高。长期重施氮肥、轻施钾肥和有机肥，导致养分利用率下降、农田生态环境受到破坏。因此，加强对养分循环和平衡的研究，对促进农业的持续健康发展具有重要意义（郑丽敏等，2006）。

1. 土壤有机碳含量变化与平衡特征

有机碳含量是红壤稻田的肥力核心指标，土壤碳储量也是陆地碳库的核心组成部分（Ni et al.，2004；Post et al.，1982；Eswaran et al.，1993）。分析长期施肥对土壤有机碳含量和储量的变化对科学施肥、保护生态环境具有重要意义。研究表明，第四纪红土发育的红壤开垦种植 20 多年水稻和玉米后，水稻土有机碳含量达旱地的 2.2 倍（李吕新等，2009）。平衡施用化肥、单施有机肥、有机肥与化肥配施均能显著提升土壤有机碳含量（Huang et al.，2012；Rui et al.，2010；金琳等，2008）。

江西进贤红壤稻田长期定位施肥试验结果显示，即使长期不施肥，红壤稻田土壤有机碳含量也有上升趋势。所有施肥处理土壤有机碳含量均呈上升趋势。从有机碳储量来看，红壤稻田长期不同施肥处理土壤有机碳储量与累计碳投入的关系见图 13-5，所有处理有机碳储量均随累计碳投入的增加而升高，二者均呈直线显著正相关关系，NPK、2NPK、NPKM 处理和 CK 处理的线性方程分别为：①$y=0.270\,3x+34.228$（y 为有机碳储量，x 为累计碳投入，下同）；②$y=0.220\,5x+35.147$；③$y=0.165\,7x+39.213$；④$y=0.161\,7x+33.975$。NPK、2NP 处理和 NPKM 处理的固碳效率分别为 31.68%、41.88% 和 57.76%。这说明，增加有机碳投入可以显著提高红壤性水稻土的有机碳储量，增加农田生态系统的碳固定，并提高固碳效率。

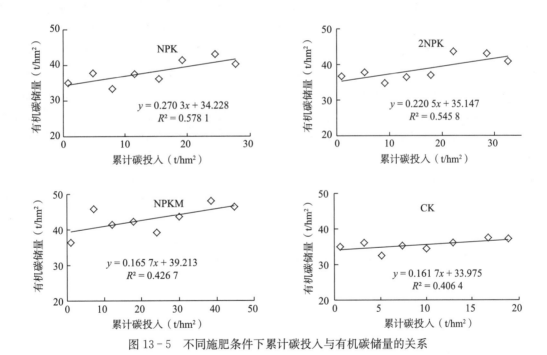

图 13-5　不同施肥条件下累计碳投入与有机碳储量的关系

2. 土壤氮含量变化与平衡特征

高产稻田水稻吸收的氮有 50%～80% 来自土壤（朱兆良等，1985），而土壤中的氮分为有机态和无机态两种。有机态氮的矿化很慢，且只有一小部分可以被当季作物吸收利用；无机态氮仅占土壤全氮的 1%～5%，但这部分无机态氮却是作物主要吸收利用的氮。以江西进贤红壤稻田长期定位施肥试验 2012 年（试验第 31 年）的结果为例，水稻籽实吸氮量占总吸氮量的比例为 56%～73%，说明水稻吸收的氮主要集中在籽粒中。与 NPK 处理相比，NPKM 处理与 2NPK 处理水稻对氮的吸收量显著提高，CK 的水稻对氮的吸收明显降低，仅为 NPK 处理的 62.15%。施肥和不施肥处理土壤全氮均表现出明显的积累，可能与氮沉降和灌溉水投入有关（表 13-21）。

表 13-21　不同施肥条件下的土壤氮平衡

处理	施氮量 （kg/hm²）	年吸收量 （kg/hm²）	盈余量 （kg/hm²）	表观利用率（%）
CK		74.58		
NPK	180.00	120.00	60.01	25.20
2NPK	360.00	179.70	180.12	33.20
NPKM	223.00	243.50	466.00	39.90

3. 土壤磷含量变化与平衡特征

农田生态系统磷盈亏是土壤有效磷水平消长的根本原因（Tang et al.，2008；鲁如坤等，1996），研究长期不同施肥条件下的土壤磷平衡可了解磷肥的效率和土壤培肥情况，对农业可持续发展、节约资源、保护环境和合理施用磷肥具有重要意义。英国洛桑试验站的研究表明，土壤磷盈亏值与有效磷测定值或其增减量直线相关，13% 的累计磷盈余转变为有效磷（Johnston et al.，2008），国际上多数研究者认为这一值约为 10%（Sanginga et al.，2000）。曹宁等（2007）认为，磷盈亏值与有效磷及其增量直线相关，每盈余 100 kg/hm² 磷平均可使我国土壤有效磷提高约 3.1 mg/kg。鲁如坤在浙江、江西红壤性水稻土和河南潮土上 14 年的定位试验研究结果表明，土壤磷盈余 16 kg/hm² 条件下可以使土壤有效磷增加 1 mg/kg（鲁如坤，1980）。

施磷是土壤磷的主要补给途径，高量施磷有利于土壤全磷快速积累，可能与红壤对磷的固持能力强有关。江西进贤红壤稻田长期定位施肥试验结果显示，连续施肥 31 年后，长期不施肥的 CK 土壤有效磷含量显著降低，由试验前（1981 年）的 9.5 mg/kg 降低到 3.8 mg/kg。NPK 处理土壤磷也处于亏缺状态，土壤有效磷含量比试验前降低 39.4%。2NPK、NPKM 处理土壤有效磷含量分别增加到 17.7 mg/kg 和 63.3 mg/kg，比试验前分别提高 85.8% 和 566.4%。表 13-22 为江西进贤红壤稻田长期肥料定位试验不同施肥处理 31 年间水稻吸磷量和土壤磷盈亏状况，CK、NPK、2NPK、NPKM 处理吸磷量分别为 22.7 kg/（hm²·a）、33.3 kg/（hm²·a）、39.0 kg/（hm²·a）、41.0 kg/（hm²·a）。CK 磷携出量呈持平趋势，说明土壤能依靠自身肥力维持低水平下的产量稳定；NPK、2NPK、NPKM 处理磷携出量呈上升趋势。农田土壤施肥以外的磷来源很少，不施磷的 CK 磷持续亏缺；施磷的 NPK、2NPK、NPKM 处理土壤磷持续盈余，盈余速率分别为 5.9 kg/（hm²·a）、39.6 kg/（hm²·a）、65.3 kg/（hm²·a），三者之间均达极显著差异水平。

表 13-22　长期不同施肥作物的吸磷量和磷盈亏（1981—2012 年）

年份	作物吸磷量（kg/hm²）				磷盈亏（kg/hm²）			
	NPK	2NPK	NPKM	CK	NPK	2NPK	NPKM	CK
1981—1985	33.3b	36.1a	38.2a	22.3c	6.0c	42.5b	68.1a	−22.3d
1986—1990	34.1b	41.5a	42.2a	21.2d	5.2c	37.1b	64.1a	−21.2d
1991—1995	29.9b	34.6a	35.5a	19.1d	9.4c	43.9b	70.7a	−19.1d
1996—2000	33.0b	38.6a	41.2a	21.8c	6.3c	40.0b	65.0a	−21.8d
2001—2005	32.5b	37.3a	38.4a	24.6c	6.7c	41.3b	67.8a	−24.6d
2006—2010	37.0b	43.2a	45.4a	25.9c	2.3c	35.4b	60.9a	−25.9d
2011—2012	33.7b	45.8a	52.8a	25.5b	5.6c	32.7b	53.4a	−25.5d
31 年累计	1 066.4	1248.1	1310.1	725.5	190.7	1266.4	2089.8	−725.5
31 年平均	33.3b	39.0a	41.0a	22.7d	5.9c	39.6b	65.3a	−22.7d

4. 土壤钾含量变化与平衡特征

江西进贤红壤稻田长期定位施肥试验结果显示,施钾对红壤性水稻土全钾含量的影响不显著。长期不施肥处理、低量化肥处理、高量化肥处理、化肥和有机肥配施处理的土壤全钾含量均在试验前水平波动,不同处理间差异也不显著。试验第31年的秸秆吸钾量占植株总吸钾量的比例达49%～60%,吸收的钾集中在秸秆中。与CK相比,仅NPKM处理与2NPK处理显著提高水稻对钾的吸收($P<0.05$),水稻对磷、钾的吸收受肥料投入总量的影响较大(表13-23),曲均峰等(2008)、Dawe等(2000)的报道也证实了这一结论。

表 13-23 不同施肥处理的钾平衡(2012 年)

处理	施钾量(kg/hm^2)	年吸收量(kg/hm^2)	盈余量(kg/hm^2)	表观利用率(%)
CK		19.67		
NPK	124.40	38.93	85.16	22.10
2NPK	248.80	54.32	194.34	25.00
NPKM	56.32	165.60	221.00	26.90

三、红壤果茶园养分循环特征与养分利用率提升技术

我国南方红壤丘陵区,北抵大别山,西至巴山、巫山,西南界云贵高原,包括湖南、江西两地的大部分,广东、福建的北部等地区,东南到海并包括我国台湾、海南及南海诸岛,土地面积约118万km^2,约占全国土地总面积的12.3%(徐乃千等,2018)。该区域水热资源丰富、生物物种多样,是我国热带以及亚热带经济林果、茶叶的重要生产基地,盛产铁观音、乌龙茶、武夷岩茶、白茶,以及芦柑、枇杷、锥栗、龙眼、荔枝等名特优和创汇农产品,具有巨大的特色生物产品贡献能力(吴洵,1989)。受成土母质、气候、地形等自然条件的限制以及不合理的人类生产活动的影响,目前红壤退化严重,主要表现为土壤养分贫瘠化与土壤肥力减退、土壤侵蚀与水土流失、土壤酸化以及土壤污染等,当地的生态环境安全受到威胁,农业生产发展受到限制,人民生活水平的提高受到制约(杨甲华,2012)。

(一)养分投入特点

在果茶树生长发育的过程中,为保持其正常生长发育的需要,要从土壤中不断吸取矿质营养元素,特别是氮、磷、钾元素。由于红壤中氮、磷、钾营养元素含量较低,彼此间也不平衡,需要施肥以全面满足果茶树对营养元素的要求。

不同品种和种类的果树耐肥性并不相同,如脐橙需要有机质十分丰富的熟土才可能获得高产,而枳砧脐橙需肥量更高,在生产中如果肥料不足,会出现只开繁花而结果少的现象(钟录元等,2019)。果园初期开发时需施足基肥,以有机肥为主、化肥为辅(张士良等,2004)。在生产中,凡是动物性或植物性的有机物均可作为果园的优质基肥,它不仅含有氮、磷、钾,而且有各种微量元素,施用有机肥(质)多的果园很少出现缺素症。增施有机肥可以改良土壤、提高土壤肥力,十分有利于果树根系的生长(叶荣生等,2013)。有机肥常见的施肥方法是环施法,每年施肥1～2次,施肥点在每株果树冠投影外侧(距树干50～60 cm),向开挖的条形沟(宽约15 cm,深10 cm)均匀撒入肥料后即覆土。有机肥和复合肥每年的施肥量根据果树长势和产果量而定。同一果树不同树龄的养分投入特点有很大差异。在生产中,幼树以营养生长为主,施肥上应以氮肥为主养分,长好树骨架,为以后稳产、丰产打下基础,以磷、钾及微量元素为辅;而结果树则要看树(结果量)施肥,多增加磷、钾肥用量;衰老树宜在重施氮肥的情况下,开天窗更新修剪复壮,恢复树势(陈永兴等,2010)。红壤普遍酸性强,因此果园管理过程中,还应注意控制土壤酸度,常用的控酸剂为石灰,每年亩施石灰约50 kg,既可调节土壤酸性、补充土壤钙,又可起到杀菌防病作用。

长期以来,茶园土壤中的营养元素主要依靠人粪肥和堆积厩肥来补充。20世纪50年代才开始施

用无机化肥，70 年代以后无机化肥的施用量才明显增加，以氮肥为主，磷、钾肥供应不足。20 世纪
90 年代以来，各地研制出了更为细化的茶园专用肥，能满足不同类型茶园土壤和茶树养分元素的需求。茶园施肥分基肥、追肥和叶面施肥。基肥一般适宜采用有机肥如饼肥、农家肥等，必要时添加一些复合肥。为达到优质和高产的目的，应及时补充茶树需要的养分，在茶树生长期间尤其是萌芽前期施用的肥料通常称为追肥。

近年来，为了追求茶叶高产，大量施用化肥的现象日趋严重。在我国红壤茶园施肥普遍存在重化肥、轻有机肥的现象，如江西茶园施用化肥超过 80％，但化肥对茶叶产量的贡献率不足 40％（孙永明等，2016）。江西、湖南、湖北的茶园养分投入较高，氮肥在 600 kg/hm² 以上，磷、钾肥的平均施用量也超过 150 kg/hm²；四川茶园的氮肥投入量也较大，在 450～600 kg/hm²，磷、钾肥投入量在 90～120 kg/hm²；安徽、浙江、江苏茶园氮肥投入量在 300～450 kg/hm²，其中，安徽磷、钾肥投入量较低，在 60～90 kg/hm²，而江苏磷、钾肥投入量较高，普遍超过了 150 kg/hm²；福建茶园氮肥投入量在 150～300 kg/hm²，但磷、钾肥投入量较高，在 150 kg/hm² 以上（倪康等，2019）。茶树树龄不同，施肥量也不同。幼龄茶树由于养分需求较少，施肥量也较低，随着树龄的增大，施肥量应有所增加。一般来说，茶树定植 2～3 年后施肥水平趋于稳定。

（二）作物养分吸收及归还特征

茶叶的产量随着施肥水平的不断提高而逐步提高。近几十年来，我国茶叶品质和产量大幅度提高，施肥技术的进步起到了巨大的作用。施肥是增加茶叶中营养物质积累的重要物质基础，合理施肥是提高茶叶产量和品质的重要途径。提高茶树体内的氮、磷、钾等养分的积累水平是提高茶叶品质的重要物质基础（何孝延等，2005）。茶叶中的许多含氮成分都直接影响茶叶的色、香、味，茶树体内的磷参与许多生理过程（如光合作用、呼吸作用及生长发育等），茶树体内的钾主要是促进和调节各种生理活动过程，茶叶灰分中的钾含量还与茶的级别正相关。

罗文（2007）研究了有机无机肥配施对茶树生物学效应的影响，发现施用 100％有机肥、75％有机肥配施 25％无机肥时茶树地上部分生物量和 0～100 cm 根生物量均显著高于 50％有机肥配施 50％无机肥、25％有机肥配施 75％无机肥以及化肥和间作白三叶草施肥模式，说明增施有机肥能增加吸收根数量，诱导吸收根向下生长，吸收更多的养分和水分。有机无机肥配合施用，由于营养全面，能促使茶树良好生长，形成良好的树冠、叶层厚度及叶面积指数，为茶叶的高产奠定很好的形态学基础。

林新坚等（2012）在福建福安开展试验，研究了不同施肥模式对茶叶养分积累的影响。结果表明，施用茶叶专用化肥、有机肥和绿肥均能在一定程度上提高茶叶对氮、磷和钾的吸收，分别提高了 0.354～2.331 kg/hm²、0.022～0.175 kg/hm² 和 0.386～2.893 kg/hm²。茶树专用化肥配施有机肥且间作豆科绿肥模式下茶叶中养分的积累量最高，钾积累量较不施肥模式增幅大，可能是因为该模式下养分供应均衡，能全面满足茶树各个生长时期对养分的需求（表 13 - 24）。

表 13 - 24　不同施肥模式下茶叶中氮、磷、钾养分的积累量（林新坚等，2012）

施肥模式	氮积累量 (kg/hm²)	增幅 (％)	磷积累量 (kg/hm²)	增幅 (％)	钾积累量 (kg/hm²)	增幅 (％)
不施肥	2.631±1.226a		0.305±0.187a		3.073±1.624bc	
茶树配方化肥	3.437±0.521a	30.62	0.327±0.076a	7.25	3.831±0.311ab	27.71
50％化肥＋50％有机肥	3.285±1.632a	24.85	0.372±0.294a	21.96	3.952±2.307ab	31.74
有机肥	2.985±1.082a	13.44	0.290±0.106a	−4.98	3.459±1.186ab	15.28
化肥＋豆科绿肥	4.562±2.464a	73.39	0.393±0.193a	28.82	5.543±2.678ab	84.77
50％化肥＋50％有机肥＋豆科绿肥	4.962±2.951a	88.60	0.480±0.230a	57.41	5.966±3.117a	98.87

（三）土壤养分含量变化

吴洵等（1989）调查了我国 8 个茶叶主产区茶园土壤的理化性质：低丘红壤茶园的 pH 一般在 3.5～6.5，其中多数在 4.0～5.5；有机质含量变化较大，高的可达 50 g/kg 以上，低的在 5 g/kg 以下；大部分低丘红壤茶园土壤氮、磷的含量还很低，土壤中全氮含量一般在 0.5～3.0 g/kg，多数不超过 2.0 g/kg；全磷含量一般在 0.2～1.6 g/kg；全钾含量相对较高，如第四纪红土茶园全钾含量在 10 g/kg 左右，由花岗岩母质发育而来的红壤茶园全钾含量可达 25 g/kg 以上，但供钾性能仍较差，作为茶叶钾供应源的交换性钾和缓效性钾含量较低，分别为 4.6 g/kg 和 18.8 g/kg。

江西红壤地区是我国茶叶主产区之一，江西茶叶以绿茶为主（金玲莉等，2014；蔡泽江等，2010）。20 世纪 80 年代以来，为了追求茶叶高产，盲目施用化肥的问题比较突出。长期施用化肥，不施或少施有机肥，导致茶园土壤酸化严重，引起土壤肥力退化、茶叶产量和质量下降等一系列问题（任红楼等，2009）。诸多研究表明，施用有机肥可有效改良土壤结构、提高土壤肥力，进而提升茶叶的产量和质量（阮建云等，2001；梁远发等，2000）。但有机肥肥效较长且慢，养分含量低，难以满足茶叶全生育期不同阶段对养分的需求（梁远发等，2000）。研究表明，有机肥和无机肥配合施用可明显提升土壤微生物生物量碳和有效态养分含量，提升土壤肥力和茶叶产量品质，实现茶园的可持续发展。

张昆等（2017）在江西省蚕桑茶叶研究所（江西南昌）生态观光茶园内开展了有机无机肥配施对茶园土壤肥力的影响。由表 13-25 可知，相比于不施有机肥处理，配施有机肥能够提高土壤 pH，调节土壤酸度，但是处理间差异不显著。随着配施有机肥比例的提高，土壤有机质的含量也提高，100％有机肥处理的土壤有机质含量最高，显著高于不施有机肥处理，而其他有机肥配施处理与不施有机肥处理差异不显著。碱解氮含量也随着有机肥配施比例的提高而提高，100％有机肥处理的含量最高，达 188.6 mg/kg，与其他处理间差异显著，而其他配施比例有机肥处理则同不施有机肥处理差异不显著。

表 13-25 不同化肥和有机肥配施条件下茶园土壤 pH、有机质含量和碱解氮含量

处理	pH	有机质（g/kg）	碱解氮（mg/kg）
100％化肥	3.87a	34.8b	120.5b
30％有机肥＋70％化肥	3.96a	38.1ab	145.6b
50％有机肥＋50％化肥	3.94a	40.2ab	147.3b
70％有机肥＋30％化肥	3.91a	41.4ab	154.0b
100％有机肥	4.00a	42.2a	188.6a

（四）土壤养分平衡特征

研究表明，肥料投入量与产量之间呈一元二次方程的关系，适当的肥料投入量对茶叶干物质积累有显著提高，但过量施用肥料也会引起茶叶干物质产量的下降（苏有健等，2011）。

安溪县位于福建省的东南部，土壤以红壤为主，是铁观音乌龙茶的主产区。穆聪等（2019）于 2015—2017 年通过实地调研的方法，对安溪县乌龙茶典型产区的氮平衡状况进行了研究，发现茶园氮盈余量与氮肥用量之间呈现极显著的相关性，说明氮平衡主要受氮肥用量的影响。安溪县茶园氮肥年平均用量为 509.4 kg/hm²，氮主要来源于尿素和复合肥，尿素和复合肥来源的氮分别为 190.9 kg/hm² 和 293.4 kg/hm²，各占氮肥总量的 37.5％ 和 57.6％，仅少部分来源于有机肥（9.2 kg/hm²，占 1.8％）；全年氮盈余量平均为 479.1 kg/hm²；氮养分盈余和氮肥投入呈正相关关系，土壤全氮含量也随之增加（表 13-26）。

表 13 – 26　安溪县茶园土壤氮盈余情况

氮盈余分级	样本量（个）	样本分布频率（%）	盈余量（kg/hm²）
<100	6	5.5	60.1
100~200	19	17.3	158.6
200~300	14	12.7	247.5
300~400	19	17.3	337.9
>400	52	47.3	758.4
总计	110	100	479.1

　　林新坚等（2012）在福建省福安市红壤区的试验表明，红壤茶园氮输入量为 411.6 kg/hm²，磷、钾输入量均为 135.6 kg/hm²。茶树氮、磷、钾输出量分别为 78.75 kg/hm²、8.0 kg/hm² 和 183.25 kg/hm²。可见，红壤茶园氮、磷盈余量很大，分别为 333.1 kg/hm²、127.6 kg/hm²，而钾处于亏缺状态（表 13 – 27）。

表 13 – 27　红壤茶园氮、磷、钾盈余情况（kg/hm²）

养分	投入	输出	盈余
N	411.6	78.75	333.1
P	135.6	8.0	127.6
K	135.6	183.25	−47.65

第四节　不同施肥措施下红壤肥力演变与提升技术

一、不同施肥措施下红壤旱地土壤肥力演变规律

　　以江西省进贤县和湖南省祁阳县的 2 个长期试验为代表，深入分析土壤有机碳和氮磷钾等肥力指标的演变规律，以探明红壤区土壤肥力的演变规律，为合理培肥提供技术指导。

（一）不同施肥措施下红壤旱地耕层土壤肥力演变规律

1. 有机碳变化

　　长期不同施肥管理条件下，红壤旱地土壤有机碳含量变化见图 13 – 6。与不施肥处理（CK）相比，施肥处理的土壤有机碳含量显著提高，其中氮磷钾＋有机肥（NPKM）和有机肥（OM）处理最高；祁阳的试验结果显示，秸秆还田处理和化肥平衡施用处理之间无显著差异。因此，在红壤旱地上，氮磷钾肥与有机肥配合施用可以持续稳定提高土壤有机碳含量。同时，有机肥增加土壤有机碳的效果好于化肥，施用化肥土壤有机碳整体表现为前期缓慢上升（1991—1998 年），后期逐渐趋于稳定。施用有机肥料的土壤有机碳含量持续上升，施用有机肥或有机肥与化肥配合施用是增加土壤有机碳的重要措施。

　　长期施肥可以显著改变红壤有机碳含量（表 13 – 28）。与 CK 相比，进贤的试验结果，NP、NPK 和 NPKM 处理的土壤有机碳含量分别提高了 29.41%、29.56% 和 76.61%；祁阳的试验结果，NP、NPK、NPKM 和 NPKS 处理的土壤有机碳含量的增幅分别为 76.15%、75.09%、142.58% 和 63.96%。在所有处理中，NPKM 处理的土壤有机碳含量最高。

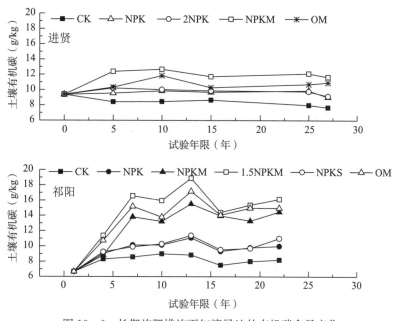

图 13-6　长期施肥措施下红壤旱地的有机碳含量变化

表 13-28　长期施肥措施下土壤的有机碳含量变化（2015 年）

点位	处理	土壤有机碳（g/kg）
进贤	CK	6.97±0.75c
	NP	9.02±0.60b
	NPK	9.03±0.48b
	NPKM	12.31±1.09a
祁阳	CK	5.66±0.15c
	NP	9.97±0.55b
	NPK	9.91±0.14b
	NPKM	13.73±1.57a
	NPKS	9.28±0.23b

注：土壤 pH 和有机碳的数值均用平均值±标准差（$n=3$）表示；不同小写字母表示同一点位不同处理存在显著差异（$P<$ 0.05）。

2. 氮变化

长期不同施肥措施下红壤旱地的氮含量变化见图 13-7，土壤全氮和碱解氮对不同施肥模式的响应存在一定差异。在试验的 27 年中，CK、NPK、2NPK 处理的土壤全氮含量基本保持稳定，NPKM处理的土壤全氮含量则始终高于其他处理，且在 27 年间呈波动性增加趋势，在第 27 年比试验前（1986 年）增加了 25.02%，比 CK、NPK、2NPK 处理分别提高了 30.82%、26.32% 和 26.55%。

土壤碱解氮的变化与土壤全氮明显不同。不施氮肥处理（CK）的土壤碱解氮含量在 27 年的试验中基本保持稳定。NPK、2NPK 处理和 NPKM 处理的土壤碱解氮含量均表现出随施肥时间的延长而逐渐增加，在第 27 年分别比试验前（1986 年）增加 103.25%、84.46% 和 131.46%，且 NPKOM 处理的碱解氮含量最高，分别比 NPK 处理和 2NPK 处理增加 13.88% 和 25.48%。通过线性拟合方程得出表 13-29，除了 CK，施氮处理的土壤碱解氮含量均与施肥年限显著相关（$P<0.05$），NPK、

2NPK 处理和 NPKM 处理的碱解氮年均增幅分别为 1.91 mg/kg、1.55 mg/kg 和 1.91 mg/kg（图 13‑7）。

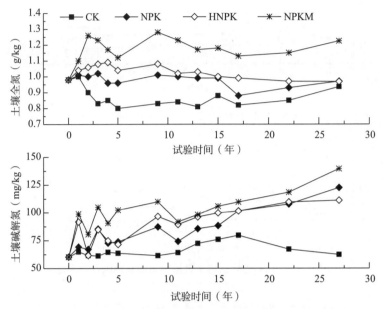

图 13‑7　长期施肥条件下土壤全氮和碱解氮的变化（进贤）

表 13‑29　施肥年限（x）与土壤全氮（y_1）和碱解氮（y_2）的回归方程（进贤）

土壤指标	处理	回归方程	相关系数（R^2）	P	27 年增加量
全氮（g/kg）	CK	$y_1 = -0.0015x + 0.8865$	0.0407	0.5085	−0.04 b
	NPK	$y_1 = -0.002x + 1.0001$	0.1778	0.1513	−0.01 b
	2NPK	$y_1 = -0.0038x + 1.0534$	0.2018	0.1236	−0.01 b
	NPKM	$y_1 = 0.002x + 1.1436$	0.0411	0.5064	0.25 a
碱解氮（mg/kg）	CK	$y_2 = 0.0229x + 70.463$	0.0004	0.9466	2.04 D
	NPK	$y_2 = 1.9145x + 66.825$	0.751	1.2700×10^{-5}	62.26 AB
	2NPK	$y_2 = 1.5519x + 72.201$	0.5353	0.0045	50.93 B
	NPKM	$y_2 = 1.9073x + 85.002$	0.5734	0.0027	79.27 A

注：不同的小写字母表示各处理的土壤全氮增加量存在显著差异（$P<0.05$）；不同的大写字母表示各处理的土壤碱解氮增加量存在显著差异（$P<0.05$）。

在祁阳试验点，施用有机肥处理（NPKM 处理和 M 处理）土壤碱解氮含量显著升高，分别由试验开始时（1991 年）的 79.0 mg/kg 上升到 121.0 mg/kg（NPKM 处理）和 126.8 mg/kg（M 处理），分别升高了 53.2% 和 60.5%。秸秆还田（NPKS 处理）和化肥平衡施用（NPK 处理）土壤碱解氮含量随时间的变化基本持平，两处理分别由初始值上升到 86.7 mg/kg（NPKS 处理）和 86.0 mg/kg（NPK 处理），分别升高了 9.8% 和 8.9%。平衡施肥及秸秆还田能够维持旱地红壤碱解氮的稳定。对照（CK 处理）土壤碱解氮从初始值下降到 62.3 mg/kg，较初始值降低 21.1%，年均下降量为 1.4 mg/kg（表 13‑30）。

表 13-30　长期不同施肥措施下土壤有效氮含量的变化（祁阳）

处理	1991 年含量 （mg/kg）	2010—2012 年均值 （mg/kg）	含量变化 （%）	回归方程	相关系数 （r）	样本数 （个）
NPKM	79.0	121.0	53.2	$y=0.28x+109.8$	0.009	22
M	79.0	126.8	60.5	$y=0.14x+116.1$	0.002	22
NPKS	79.0	86.7	9.8	$y=-1.9x+117.6$	0.13	22
NPK	79.0	86.0	8.9	$y=-2.2x+119.6$	0.20	22
CK	79.0	62.3	-21.1	$y=-1.41x+85.9$	0.350	22

注：1991 年含量为初始值；2010—2012 年含量均值为 3 年的平均值。用后 3 年的平均值与初始值进行比较，以减少气候等因素变化引起的误差。y 为土壤碱解氮含量（mg/kg），x 为时间（试验年数）。

3. 磷变化

磷肥的施用可以显著改变土壤的全磷和有效磷含量，特别是有机无机肥配施（图 13-8）。在进贤 27 年的试验中，不施磷肥处理（CK）的土壤全磷含量在不同年间虽有波动，但与试验前不存在显著差异。NPK 处理和 2NPK 处理的土壤全磷含量在试验开始后逐渐增加，在试验第 15 年时分别比试验前增加了 51.61% 和 112.9%，但在试验第 27 年时没有显著提升。有机无机肥配施可以持续提高土壤全磷含量，NPKM 处理的全磷含量在试验第 27 年时比试验前增加了 145.16%。通过拟合方程的斜率（表 13-31）可以得出，随着磷肥施用年限的增加，2NPK 处理和 NPKM 处理的全磷年均增幅为 0.012 8 g/kg 和 0.037 3 g/kg，其中 NPKM 处理最高。

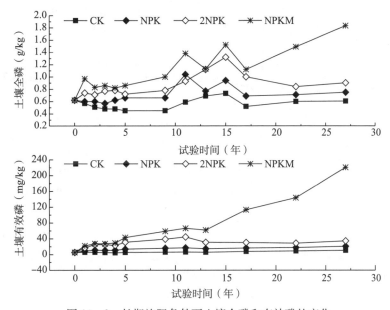

图 13-8　长期施肥条件下土壤全磷和有效磷的变化

表 13-31　施肥年限（x）与土壤全磷（y_1）和有效磷（y_2）的回归方程

土壤指标	处理	回归方程	相关系数（R^2）	P	27 年增加量
全磷（g/kg）	CK	$y_1=0.004\ 2x+0.519\ 4$	0.163 2	0.171 0	-0.01 d
	NPK	$y_1=0.007\ 8x+0.632\ 9$	0.226 0	0.100 6	0.13 c
	2NPK	$y_1=0.012\ 8x+0.736\ 8$	0.325 8	0.041 6	0.28 b
	NPKM	$y_1=0.037\ 3x+0.740\ 1$	0.827 0	$1.640\ 0\times10^{-5}$	1.21 a
有效磷（mg/kg）	CK	$y_2=0.186\ 7x+4.778\ 9$	0.839 8	2.79×10^{-5}	5.10 D
	NPK	$y_2=0.441\ 2x+9.589\ 5$	0.809 5	6.74×10^{-5}	15.50 C
	2NPK	$y_2=0.623\ 9x+22.057$	0.293 9	0.068 6	29.00 B
	NPKM	$y_2=6.874\ 3x+3.052\ 5$	0.938 6	2.21×10^{-5}	215.00 A

注：不同的小写字母表示各处理的土壤全磷增加量存在显著差异（$P<0.05$）；不同的大写字母表示各处理的土壤有效磷增加量存在显著差异（$P<0.05$）。

在祁阳（图 13-9）。不施磷肥的 CK、N、NK、CK$_0$ 处理，由于作物生长受缺磷因子限制、植物生物量较低、吸收土壤磷量较少等原因，土壤全磷含量表现为稳定或缓慢下降的趋势。长期施磷处理，各处理磷的施用量大于作物吸收携出磷量，土壤全磷均有积累，土壤全磷含量与连续施磷时间均极显著正相关（$P<0.01$），随着种植时间的延长表现出上升趋势。施用化学磷肥的 3 种处理（NP、PK、NPK），土壤全磷含量随着时间的延长表现出缓慢上升趋势，NP、PK、NPK 处理土壤全磷含

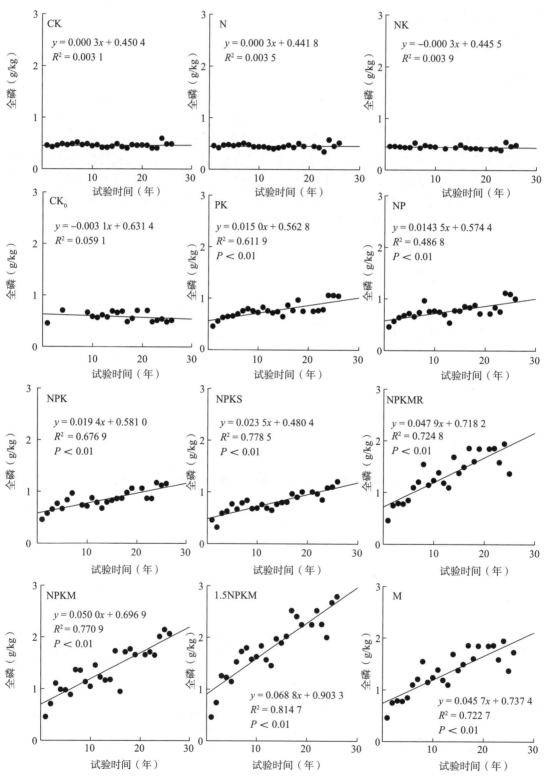

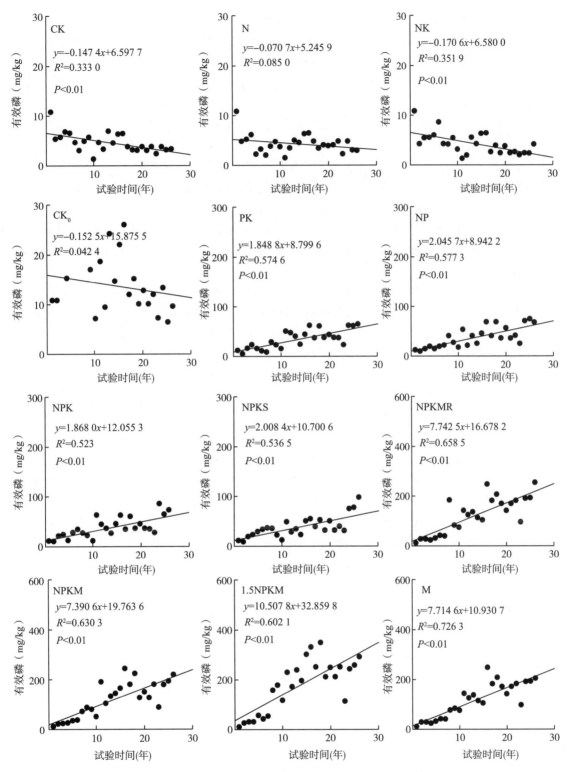

图 13-9　长期不同施肥条件下土壤全磷和有效磷含量的变化（1991—2016 年）

量由试验前（1991 年）的 0.45 g/kg 分别上升为 2016 年的 1.00 g/kg、1.04 g/kg、1.15 g/kg，分别增加了 122.2%、131.1% 和 155.6%。应用线性方程统计，NP、PK、NPK 处理土壤全磷含量年增加速率分别为 0.014 3 g/kg、0.015 0 g/kg 和 0.019 4 g/kg。施用有机肥可加速土壤全磷积累。施用有机肥或化肥配施有机肥的 M、NPKM、1.5NPKM、NPKMR 处理，土壤全磷含量从试验前（1991 年）的 0.45 g/kg 分别上升为 2016 年的 1.72 g/kg、2.06 g/kg、2.79 g/kg 和 1.63 g/kg，分别增加了

282.2%、357.8%、520.0%和236.0%，年增加速率分别为0.046 g/kg、0.050 g/kg、0.069 g/kg和0.048 g/kg。施用化学磷肥配施1/2秸秆的处理（NPKS），土壤全磷增量介于施用化学磷肥（NP、PK、NPK）和有机肥处理以及化学磷肥配施有机肥处理（M、NPKM、1.5NPKM、NPKMR）之间，土壤全磷含量由试验前（1991年）的0.45 g/kg上升为2016年的1.20 g/kg，增加了166.7%，年增加速率为0.024 g/kg。

在进贤，不施磷肥处理（CK）的土壤有效磷含量在低水平范围内波动。NPK处理和2NPK处理的土壤有效磷含量在试验开始后逐渐增加，在试验第13年时分别比试验前增加了162.50%和451.19%，试验13年后呈缓慢下降趋势，而22年后又逐渐增加，在试验第27年时分别比试验前增加了276.79%和517.86%。施用有机肥可以持续提高土壤有效磷含量，NPKM处理的有效磷含量在试验第13年时比试验前增加了10.08倍，试验第27年时的增幅更大（38.39倍）。通过线性拟合方程（表13-31）得出，施磷处理的土壤有效磷含量均与施肥年限呈显著正相关关系（$P<0.05$），NPK、2NPK处理和NPKM处理的有效磷年均增幅分别为0.441 2 mg/kg、0.623 9 mg/kg和6.874 3 mg/kg。

在祁阳，红壤旱地土壤有效磷含量比全磷含量受施肥影响更为显著。长期不施磷肥的CK、N、NK、CK_0处理，由于土壤中磷被作物吸收后得不到补充，土壤磷亏缺程度越来越严重，土壤有效磷表现出显著的下降趋势。从试验前（1991年）的10.8 mg/kg分别下降到2016年的3.3 mg/kg、2.9 mg/kg和4.1 mg/kg，呈极缺状态，土壤有效磷含量的年下降速率分别为0.147 4 mg/kg、0.070 7 mg/kg和0.170 6 mg/kg，土壤的供磷强度显著减弱。CK_0由于处于休耕状态，土壤有效磷含量下降到2016年的9.6 mg/kg，但下降不显著。施用磷肥显著增加了土壤有效磷含量，且土壤有效磷含量随施磷时间的延长而上升，呈极显著正相关关系（$P<0.01$）。其中，施用化学磷肥及化肥配施1/2秸秆还田的NP、PK、NPK、NPKS处理，土壤有效磷含量由试验前（1991年）的10.8 mg/kg分别上升为2016年的67.6 mg/kg、64.1 mg/kg、72.5 mg/kg和97.3 mg/kg，年增量速率分别为2.05 mg/kg、1.85 mg/kg、1.87 mg/kg和2.01 mg/kg。单施有机肥（M）和化学肥料配施有机肥处理（NPKM、1.5NPKM、NPKMR），土壤有效磷含量的增加速率显著高于施用化学磷肥及化肥配施秸秆还田处理。M、NPKM、1.5NPKM、NPKMR各处理土壤有效磷含量的年增长速率分别为7.714 6 mg/kg、7.390 6 mg/kg、10.507 8 mg/kg和7.742 5 mg/kg，土壤有效磷含量由试验前（1991年）的10.8 g/kg分别上升为2016年的202.2 mg/kg（M）、220.0 mg/kg（NPKM）、289.6 mg/kg（1.5NPKM）和253.1 mg/kg（NPKMR），远远超过了磷环境阈值。

4. 钾变化

进贤试验点的结果显示，在红壤旱地上，所有处理的土壤全钾含量在22年间均表现为基本持平或有亏缺，红壤旱地土壤速效钾含量与是否施用钾肥存在密切关系（王伯仁等，2008；王小兵等，2011）。不施钾肥处理（CK）土壤速效钾含量基本稳定（图13-10），22年后，不施钾肥的土壤速效钾含量与试验前基本相同，红壤钾养分的自然供给源是各种含钾矿物，因此仍具有较好的供钾能力（孔宏敏等，2004）；施钾（NPK、2NPK、NPKM）处理土壤速效钾含量均有大幅提高（图13-10）。连续施肥22年后，NPK、2NPK、NPKM处理的土壤速效钾含量比试验前分别提高98%、158%和236%，有机无机肥配施处理的增幅最高。这说明，在红壤旱地上，施用钾肥可以较好地改善土壤的供钾状况，且氮磷钾肥和有机肥配施对土壤速效钾的供应能力有显著提高。

在进贤的红壤旱地上，经过30年的长期施肥后，土壤全钾含量为13.38～13.61 g/kg，缓效钾和速效钾含量分别为156.7～216.7 mg/kg和87.50～304.20 mg/kg。土壤中缓效钾和速效钾含量占土壤全钾含量的1.2%～1.6%和0.6%～2.3%。与初始土壤的全钾含量（15.80 g/kg）相比，所有处理的土壤全钾含量均降低。不同处理下全土缓效钾和速效钾含量和储量存在显著差异（$P<0.05$），但是，CK和NP处理间的全土缓效钾和速效钾含量和储量则不存在显著差异（$P>0.05$）。NPK处理的缓效钾含量和储量分别比CK提高13.2%和16.2%；NPKM处理的缓效钾含量和储量则分别比

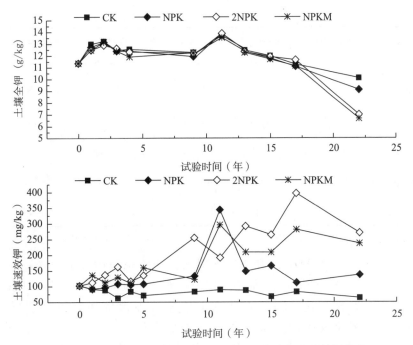

图 13-10　长期不同施肥条件下红壤旱地的全钾和速效钾含量

CK 增加了 36.9% 和 46.0%。此外，NPKM 处理缓效钾含量和储量分别比 NPK 处理提高了 20.9% 和 25.7%。

　　长期施用钾肥（NPK 处理和 NPKM 处理）措施下土壤速效钾含量和储量分别比 CK 增加了 152.4%～247.6% 和 157.8%～269.2%，而不施钾肥处理（CK 和 NP 处理）则无显著差异（$P>$ 0.05）。同时，与 NPK 处理相比，NPKM 处理土壤速效钾含量和储量分别增加了 37.7% 和 43.2%。此外，与 CK 相比，NP 处理的土壤容重增加了 11.0%，而 NPK 处理和 NPKM 处理的土壤容重则与 CK 无显著差异（$P>$0.05）。

　　在祁阳的红壤旱地上，经过 26 年的长期施肥后（表 13-32），土壤全钾含量为 11.68～ 13.40 g/kg，缓效钾和速效钾含量分别为 139.17～212.50 mg/kg 和 65.00～562.50 mg/kg。土壤中缓效钾和速效钾含量占土壤全钾含量的比例分别为 1.0%～1.7% 和 0.5%～4.4%。与初始土壤的全钾含量（13.70 g/kg）相比，所有处理的土壤全钾含量均降低，尤其是 NPKM 处理和 NPKS 处理。不同处理全土缓效钾和速效钾的含量与储量存在显著差异（表 13-32），但是，CK 和 NP 处理则不存在显著差异（$P>$0.05）。与 CK 相比，NPK 处理的土壤缓效钾含量和储量分别提高了 34.7% 和 19.8%；NPKM 处理土壤缓效钾含量和储量分别提高了 52.7% 和 70.9%；NPKS 处理土壤缓效钾含量和储量分别提高了 22.8% 和 13.0%。同时，NPKM 处理缓效钾含量和储量分别比 NPK 处理提高了 20.9% 和 25.7%，但 NPKS 则无显著增加（$P>$0.05）。

表 13-32　长期施肥条件下全土钾含量和储量（2015 年）

点位	处理	全钾含量 (g/kg)	缓效钾含量 (mg/kg)	速效钾含量 (mg/kg)	容重 (g/cm³)	全钾储量 (×10³ kg/hm²)	缓效钾储量 (kg/hm²)	速效钾储量 (kg/hm²)
进贤	CK	13.38±0.06a	158.33±11.27c	87.50±6.61c	1.37±0.07b	36.73±2.09a	433.48±11.01c	240.73±29.77c
	NP	13.61±0.26a	156.67±7.64c	80.83±14.65c	1.52±0.10a	41.50±3.12a	478.04±45.89bc	247.96±58.32c
	NPK	13.40±0.22a	179.17±7.22b	220.83±19.09b	1.41±0.03ab	37.6±1.01a	503.49±19.95b	620.63±54.12b
	NPKM	13.54±0.34a	216.67±14.43a	304.17±19.09a	1.46±0.04ab	39.52±0.74a	632.73±43.36a	888.76±67.38a

（续）

点位	处理	全钾含量 （g/kg）	缓效钾含量 （mg/kg）	速效钾含量 （mg/kg）	容重 （g/cm³）	全钾储量 （×10³ kg/hm²）	缓效钾储量 （kg/hm²）	速效钾储量 （kg/hm²）
祁阳	CK	13.36±0.32ab	139.17±15.28c	65.00±5.00d	1.26±0.05b	33.68±0.79ab	350.70±38.49c	163.80±12.60d
	NP	14.19±0.77a	145.83±9.46c	70.83±7.64d	1.15±0.09b	32.65±1.76b	335.42±21.77c	162.92±17.57d
	NPK	13.40±0.62ab	187.50±12.50b	258.33±26.02c	1.12±0.04b	30.01±1.39c	420.00±28.00b	578.67±58.29c
	NPKM	12.76±0.53b	212.50±12.50a	562.50±25.00a	1.41±0.05a	35.97±1.50a	599.25±35.25a	1586.25±70.50a
	NPKS	11.68±0.51c	170.83±7.22b	354.17±7.22b	1.16±0.09b	27.10±1.19d	396.33±16.74 bc	821.67±16.74b

注：所有数值均用平均值±标准差（$n=3$）表示。不同小写字母表示同一点位不同处理存在显著差异（$P<0.05$）。下同。

长期施用钾肥（NPK、NPKM 处理和 NPKS 处理）土壤速效钾含量和储量分别比 CK 增加了 297.4%～765.4%和 253.3%～868.4%，而不施钾肥条件下（CK 和 NP 处理）则无显著差异（$P>0.05$）。同时，与 NPK 处理相比，NPKM 处理土壤速效钾含量和储量分别增加了 117.7%和 174.1%；NPKS 处理土壤速效钾含量和储量分别增加了 37.1%和 42.0%。此外，与 CK 相比，NPKM 处理的土壤容重增加了 11.9%，而 NP、NPK 处理和 NPKS 处理的土壤容重则与 CK 无显著差异（$P>0.05$）。

5. 长期施肥对红壤旱地 pH 的影响

在红壤旱地上，长期施肥可以显著影响土壤 pH（图 13-11）。化肥配施有机肥料可以维持土壤 pH 的稳定。连续施肥 27 年后，土壤 pH 与试验前保持一致或略有提高，NPKM 处理的 pH 分别比试验前增加了 5.78%，显著高于 CK，而氮磷钾肥配施的土壤 pH 则显著降低。这说明，在红壤旱地上，施用氮磷钾肥可致土壤 pH 下降、土壤酸化加剧，而施用有机肥则可以维持和提高土壤 pH，是阻控红壤酸化的较好施肥措施（王伯仁等，2005）。

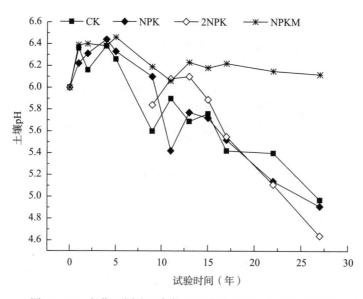

图 13-11　长期不同施肥条件下红壤旱地的土壤 pH（进贤）

长期施肥可以显著改变红壤 pH（表 13-33）。在进贤和祁阳，与 CK 相比，NP 处理和 NPK 处理的土壤 pH 均显著降低，而 NPKM 处理的土壤 pH 则显著高于 NP 处理和 NPK 处理。同时，祁阳 NPKS 处理的土壤 pH 也显著高于 NPK 处理和 NP 处理，但与 NPKM 处理则无显著差异。

表 13 - 33　长期不同施肥条件下的土壤 pH（2015 年）

点位	处理	土壤 pH
进贤	CK	5.07±0.08b
	NP	4.76±0.10c
	NPK	4.68±0.23c
	NPKM	5.98±0.01a
祁阳	CK	5.66±0.17a
	NP	5.26±0.07c
	NPK	5.31±0.16bc
	NPKM	5.83±0.11a
	NPKS	5.58±0.15ab

注：数值均用平均值±标准差（$n=3$）表示。不同小写字母表示同一点位不同处理间存在显著差异（$P<0.05$）。

（二）不同施肥措施下红壤旱地剖面土壤的养分分布特征

1. 长期施肥红壤旱地剖面土壤的 pH 和有机质含量分布特征

红壤旱地连续施肥 28 年后，不同施肥方式下 0～60 cm 土壤的 pH 有明显差异（图 13 - 12）。与不施肥相比，施用有机肥（OM 处理和 NPKM 处理）可以显著提高 0～40 cm 土壤的 pH，而施用化肥（NPK 处理和 2NPK 处理）则显著降低了 0～20 cm 土壤的 pH，加剧了耕层土壤的酸化。随着土壤深度的增加，施肥处理土壤 pH 均表现出先增加后下降的趋势，到 60 cm 深以后，不同施肥处理间土壤 pH 无显著差异，不施肥处理土壤 pH 随土壤深度的增加略有下降，但总体变化不大。

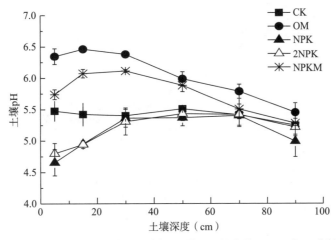

图 13 - 12　长期施肥红壤旱地剖面土壤 pH 的变化（2015 年，进贤）

施肥方式对红壤旱地土壤有机质含量的影响集中在 0～40 cm。与不施肥处理相比，长期施用有机肥显著提高了红壤旱地 0～20 cm 土壤的有机质含量，而长期施用化肥对土壤有机质含量没有明显影响（图 13 - 13）。随着土壤深度的增加，土壤有机质含量呈现逐步下降的趋势，60 cm 以下土壤的有机质含量趋于稳定。

2. 长期施肥红壤旱地剖面土壤的全氮和碱解氮分布特征

红壤旱地土壤全氮和碱解氮含量均表现出随着土壤深度的增加而逐渐下降的趋势。在 60 cm 深度以下，土壤全氮和碱解氮含量趋于稳定。施肥方式对土壤全氮和碱解氮含量的影响集中在 0～20 cm（图 13 - 14、图 13 - 15）。与施用化肥和不施肥相比，长期有机无机肥配施可以显著提高红壤旱地 0～20 cm 土壤的全氮含量，长期单施有机肥可以显著提高红壤旱地 0～10 cm 土壤的全氮含量。长期施用化肥对土壤全氮的积累没有显著影响。土壤碱解氮的含量与施肥密切相关，长期施肥红壤旱地 0～

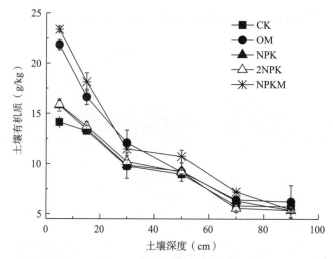

图 13 - 13　长期施肥红壤旱地剖面土壤有机碳含量的变化（2015 年，进贤）

10 cm 土壤碱解氮含量显著高于不施肥处理，而长期有机无机肥配施、2 倍化肥用量及单施有机肥处理 0～10 cm 土壤的碱解氮含量又显著高于长期单倍化肥处理。

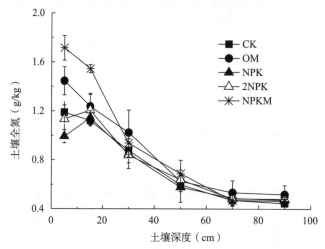

图 13 - 14　长期施肥红壤旱地剖面土壤全氮含量的变化（2015 年，进贤）

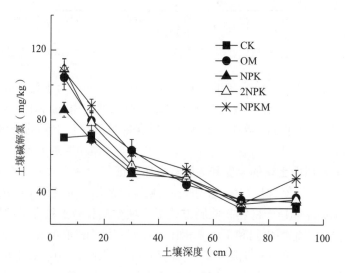

图 13 - 15　长期施肥红壤旱地剖面土壤碱解氮含量的变化（2015 年，进贤）

3. 长期施肥红壤旱地剖面土壤的全磷和有效磷分布特征

红壤旱地土壤全磷和有效磷含量也均表现出随着土壤深度的增加而逐渐下降的趋势。在 60 cm 深度以下，土壤全磷和有效磷含量也趋于稳定。施肥方式对土壤全磷和有效磷含量的影响可达到 40 cm 以下土壤（图 13-16、图 13-17）。与单施化肥相比，长期施用有机肥或有机无机肥配施处理 0～40 cm 土壤的全磷含量提高了 1 倍以上，而有效磷含量则提高了 4 倍以上，土壤磷的积累现象明显，这与本研究中的有机肥是猪粪有关。与不施肥处理相比，施用化肥仅提高了 0～10 cm 土壤的全磷和有效磷含量，对深层土壤全磷和有效磷含量没有明显影响。

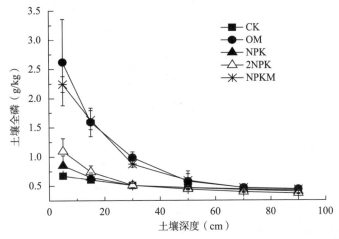

图 13-16　长期施肥红壤旱地剖面土壤全磷含量的变化（2015 年，进贤）

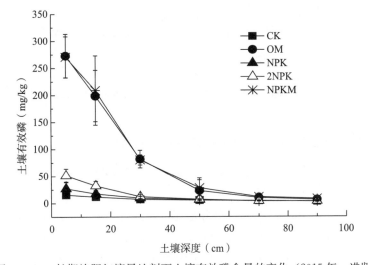

图 13-17　长期施肥红壤旱地剖面土壤有效磷含量的变化（2015 年，进贤）

4. 长期施肥红壤旱地剖面土壤的全钾和速效钾分布特征

与土壤氮、磷养分的分布不同，红壤旱地土壤的全钾含量随着土壤深度的增加基本保持稳定。不同深度土壤全钾含量没有明显差异，不同施肥方式之间土壤全钾含量也没有显著差异，只是长期有机无机肥配施处理的土壤全钾含量略低（图 13-18）。土壤速效钾在土壤剖面的分布则与土壤氮、磷养分的分布一致，表现出随着土壤深度的增加逐渐下降的总体趋势，到 60 cm 深度以下土壤速效钾含量趋于稳定（图 13-19）。施肥方式显著影响红壤旱地 0～40 cm 土壤速效钾的分布，其中长期有机无机肥配施和 2 倍化肥用量处理 0～40 cm 土壤的速效钾含量最高，显著高于单施有机肥和化肥用量处理，而单施有机肥和化肥处理 0～40 cm 土壤的速效钾含量又显著高于不施肥处理。

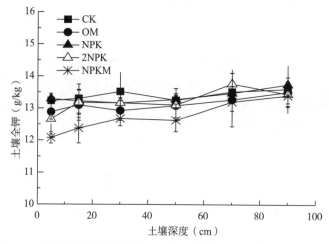

图 13 - 18　长期施肥红壤旱地剖面土壤全钾含量的变化（2015 年，进贤）

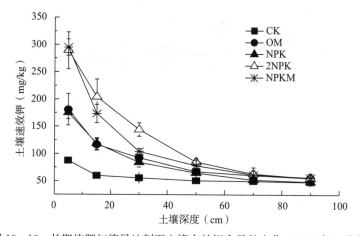

图 13 - 19　长期施肥红壤旱地剖面土壤有效钾含量的变化（2015 年，进贤）

二、不同施肥措施下红壤性水稻土的肥力演变规律

近年来，中国粮食主产区稻田土壤基础地力总体上呈上升趋势，稻田土壤基础地力和稻田土壤生产力均随时间不断提升（李建军等，2016）。20 世纪 80 年代以来，由于化肥的大量施用和水稻品种的改良，稻田水稻产量处于上升趋势，土壤肥力尤其是有机质、磷含量水平显著提高。在本节中，重点以进贤的长期试验为基础，从土壤肥力指标的长期演变出发，系统分析了红壤性水稻土的肥力演变规律。并结合桃源的研究平台，深入探讨了稻田养分流失规律和防治技术要点。

（一）不同施肥措施下红壤性水稻土耕层土壤的肥力演变规律

1. 土壤有机碳的演变

土壤有机碳是红壤稻田土壤肥力以及土壤养分循环的核心物质，人为管理措施如耕作方式、耕作制度和施肥措施等直接影响有机碳的转化和积累。有研究认为（Lal，2004），提高农业土壤碳的固定，不仅能修复退化土壤、增加土壤肥力、提高作物产量，还可作为有效的、具有中长期效益的 CO_2 减排途径。目前，已开展了许多有关农业土壤固碳的研究。人们普遍认为，施用有机肥、秸秆还田和保护性耕作等措施可以显著提高土壤的有机碳含量。邱建军等（2009）利用农田生态系统生物地球化学模型的研究发现，土壤有机碳含量增加 1 g/kg，华东地区双季稻的产量可增加约 266 kg/hm²。Pan 等（2009）认为，在土壤有机碳含量较高时，作物高产的概率较高，产量所受的波动较小。

Bi 等（2009）和 Huang 等（2010）均认为，在红壤地区施用有机肥或有机无机肥配施能够显著提高土壤碳含量和作物产量。因此，有机无机肥配施是值得推广的稻田固碳增产施肥模式。

江西进贤红壤性水稻土长期定位试验中不同施肥模式对土壤有机碳的影响见图 13－20。试验期间，即使长期不施肥，土壤有机碳含量也有上升趋势。所有施肥处理土壤有机碳含量均呈上升趋势，NPKM 处理上升最快，37 年后土壤有机碳含量比 CK 增加了 23.32%，NPK 处理、NPKM 处理、CK 3 个处理间土壤有机碳含量差异不显著。在时间变化上，NPKM 处理土壤有机碳在试验期间的前 10 年迅速增加，第 10～20 年基本稳定，20 年以后则又呈现逐渐增加的趋势；NPK 处理和 2NPK 处理的土壤有机碳缓慢增加。这说明，在红壤性水稻土上氮磷钾肥与有机肥配合施用可以显著提升土壤的有机碳水平，而化肥氮磷钾配合施用土壤有机碳含量没有明显变化。

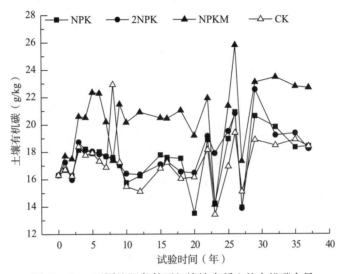

图 13－20　不同施肥条件下红壤性水稻土的有机碳含量

2. 土壤 pH 的演变

土壤 pH 的变化规律：不同施肥措施对红壤性水稻土 pH 的影响见图 13－21。红壤性水稻土的 pH 随化肥施用年限的延长呈持续下降趋势。连续施肥 37 年后，不施肥的 CK，土壤 pH 比试验前降低 1.36 个 pH 单位，NPK 处理、2NPK 处理和 NPKM 处理的土壤 pH 分别比试验前下降了 1.38%、1.42% 和 1.29%，化肥与有机肥配施处理显著减缓了土壤 pH 的下降。37 年后施用化肥处理的土壤 pH 显著低于 CK，化肥与有机肥配施处理土壤 pH 显著高于不施肥的 CK，说明有机肥减缓了土壤 pH 的下降。

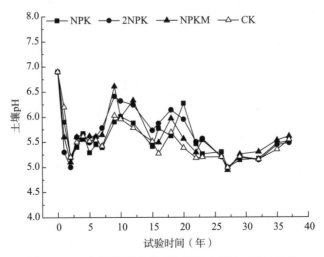

图 13－21　不同施肥条件下红壤性水稻土 pH 的变化

3. 土壤全氮和碱解氮的演变

图 13-22 显示，红壤性水稻土全氮含量表现为积累的趋势。无论是 NPK、2NPK、NPKM 处理还是 CK，土壤全氮均表现出明显的积累，可能与氮沉降和灌溉水投入有关。连续施肥 35 年后，土壤全氮含量分别由试验前的 2.4 g/kg 变化到 2.4 g/kg、2.39 g/kg、2.82 g/kg 和 2.38 g/kg。NPKM 处理的增幅最高，并表现出稳定增加的趋势，有机无机肥配施处理的增幅则显著高于 2 倍氮磷钾肥处理。有研究认为，化肥配合有机肥施用对土壤养分的提高最显著（周卫军等，2003）。袁颖红（2010）的研究也认为，有机肥与无机肥配施能提高全氮、碱解氮、铵态氮、硝态氮和微生物生物量氮含量，即促进了土壤氮库的积累，是提高土壤氮肥力的根本途径。本研究的结果与上述研究的结论基本一致。

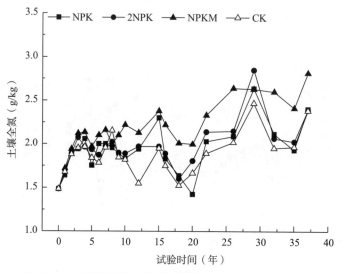

图 13-22　不同施肥条件下红壤性水稻土全氮含量的变化

不同施肥措施对红壤性水稻土碱解氮含量的影响见图 13-23。连续施用化肥，红壤性水稻土碱解氮含量总体表现为在波动中上升，不施氮肥的处理，土壤碱解氮的上升幅度较小，连续施肥 37 年后，土壤碱解氮含量由试验前的 144 mg/kg 增加到 214 mg/kg 左右；NPK 处理、2NPK 处理和 NPKM 处理的土壤碱解氮含量比试验前分别提高了 26.7%、35.3% 和 68.7%。这说明，在红壤性水稻土上，氮磷钾肥和有机肥配合施用提升土壤碱解氮水平的效果要好于仅施用化肥。

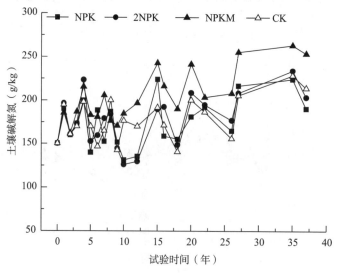

图 13-23　不同施肥条件下红壤性水稻土碱解氮含量的变化

4. 土壤全磷和有效磷的演变

红壤性水稻土全磷含量对磷肥施用量的响应差异较大（图 13 - 24）。不施磷（CK）处理，由于长期对土壤磷的耗竭作用，土壤全磷含量表现出下降的趋势，37 年后下降了 10.5%；所有施磷处理土壤全磷含量表现为上升趋势，NPK、2NPK、NPKM 处理土壤的全磷含量比试验前分别提高了30.9%、68.1% 和 177.3%，NPKM 处理全磷含量显著高于氮磷钾化肥的处理。因此，在红壤性水稻土上，施磷是土壤磷的主要补给途径，高量施磷有利于土壤全磷的快速积累，可能与红壤对磷的固持能力强有关。单艳红等（2005）的研究结果也基本如此。

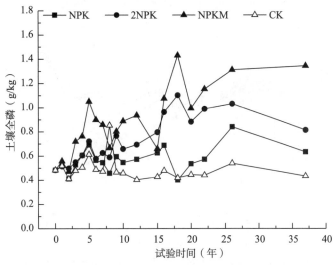

图 13 - 24　不同施肥条件下红壤性水稻土全磷含量的变化

不同施肥措施显著影响水稻土的有效磷含量（图 13 - 25）。连续施肥 37 年后，长期不施肥的 CK，土壤有效磷含量显著降低，由试验前的 9.5 mg/kg 降低到 3.8 mg/kg。NPK 处理土壤磷也处于亏缺状态，土壤有效磷含量比试验前降低了 39.4%。2NPK、NPKM 处理土壤有效磷含量分别增加到 17.7 mg/kg 和63.3 mg/kg。比试验前分别提高了 85.8% 和 566.4%。以上结果说明，施磷是保持和提高红壤性水稻土供磷能力的重要措施。通过回归方程发现，NPK、2NPK 处理和 NPKM 处理的土壤有效磷含量与施肥年限显著相关（R^2 分别为 0.416 7、0.860 4 和 0.819 4），其土壤有效磷年均增速相应为 0.719 0 g/kg、3.076 0 g/kg和 3.779 1 g/kg，说明有机无机肥配施能较好提高红壤性水稻土的供磷能力（黄庆海等，2003）。

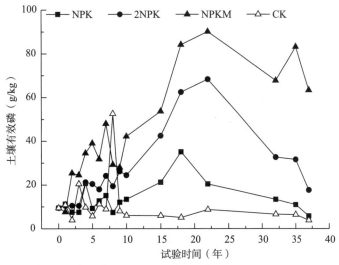

图 13 - 25　不同施肥条件下红壤性水稻土有效磷含量的变化

5. 土壤全钾和速效钾的演变

图 13-26 为不同施肥措施下红壤性水稻土的全钾含量变化规律。施钾对红壤性水稻土全钾含量的影响不显著。长期不施肥处理、低量化肥处理、高量化肥处理、化肥和有机肥配施处理的土壤全钾含量均在试验前水平波动，不同处理间差异也不显著。说明在本试验条件下，施用钾肥尚未对红壤性水稻土全钾含量产生明显影响。而廖育林等（2009）的研究则认为，施用钾肥的处理土壤全钾、缓效钾和速效钾含量均显著提高，这可能与钾肥的用量和施肥措施有关。

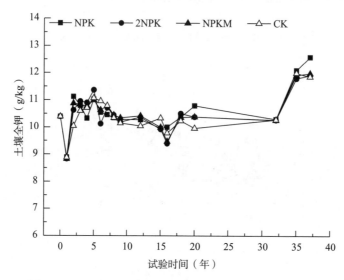

图 13-26　不同施肥条件下红壤性水稻土全钾含量的变化

图 13-27 为不同氮磷钾肥配施条件下红壤性水稻土速效钾含量的变化。在本试验中，所有处理土壤速效钾含量比试验前均有所下降，土壤的供钾能力明显减弱，说明在红壤性水稻土中，本试验施钾量不能维持土壤较好的供钾水平。施钾对土壤速效钾产生影响，连续施肥 37 年后，NPK、2NPK 处理和 NPKM 处理的土壤速效钾含量显著高于 CK。以上结果说明，在现有施肥水平上，钾肥的用量已经不足以维持土壤钾平衡，增加钾肥用量是红壤性水稻土保持土壤良好钾供应的重要措施。

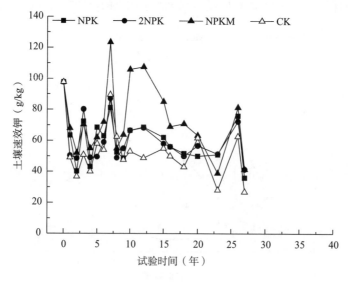

图 13-27　不同施肥条件下红壤性水稻土速效钾含量的变化

（二）不同施肥措施下红壤性水稻土土壤养分的剖面分布特征

1. 土壤氮的剖面分布特征

长期施用氮肥不仅影响土壤中氮养分含量的变化，由于氮养分的向下移动还影响土壤中氮养分的空间分布。这种空间分布主要指氮在土壤剖面的垂直分布特征，垂直分布在生产上有两个方面的意义：①氮养分下移超过根系所能吸收的范围，将造成氮养分的淋失，进而影响水体质量；②氮养分适度下移，可以丰富底土氮养分，这对于提高土壤肥力有利。

从图 13-28 可以看出，2NPK 处理耕层、犁底层和 W1 层土壤全氮含量显著高于 NPK 处理。施用有机肥的 NPKM 处理耕层土壤全氮含量又显著高于 2NPK 处理。施肥主要影响红壤稻田表层土壤氮养分的富集，对 W1 层和 W2 层土壤的全氮影响较小。原因可能是当季施用的肥料集中在耕层，水稻根系活动也集中在耕层，红壤稻田黏重致密的犁底层会阻挡养分的下移。土壤碱解氮在土壤剖面中的分布趋势与全氮类似（图 13-29）。

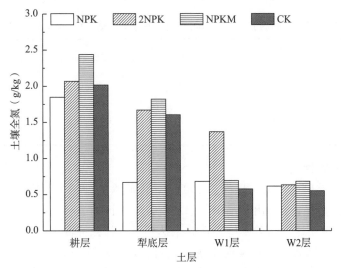

图 13-28　土壤全氮在水稻土不同深度的分布（2013 年）

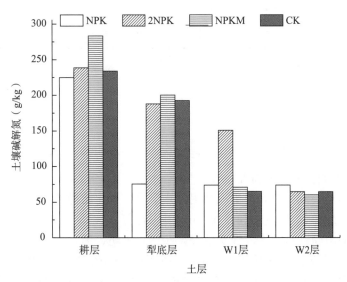

图 13-29　土壤碱解氮在水稻土不同深度的分布（2013 年）

2. 土壤磷的剖面分布特征

施肥对红壤性水稻土耕层以下土壤全磷含量的影响则小得多，表 13-34、表 13-35 是连续施肥

33 年的土壤全磷、有效磷的结果，施磷处理，在 17～26 cm 土层土壤磷含量稍有下降，但 30 cm 以下层次基本稳定不变。不施磷处理，土壤磷耗竭尚没有涉及 17 cm 以下层次。这与梁国庆（1998）、周广业等（1993）的施肥对深层土壤的磷积累与消耗有较大影响的研究结果不太一致。这可能是因为在长期的水耕水耙过程中，由于黏粒的下移和淀积，水稻土形成了结构紧实的犁底层，阻拦或减缓了土壤磷的上下移动及水稻根系的向下生长。

表 13-34　不同施肥条件下水稻土剖面全磷含量（P，g/kg，2013 年）

深度（cm）	NPK	2NPK	NPKM	CK
0～17	0.45	0.84	0.94	0.46
17～26	0.35	0.71	0.89	0.37
30～50	0.22	0.38	0.25	0.32
60～80	0.31	0.29	0.33	0.19

表 13-35　不同施肥条件下水稻土剖面有效磷含量（P，g/kg，2013 年）

深度（cm）	NPK	2NPK	NPKM	CK
0～17	7.7	38.5	74.0	4.7
17～26	2.9	26.4	58.4	5.2
30～50	2.4	7.6	4.9	2.7
60～80	1.8	3.1	2.9	2.6

3. 土壤钾的剖面分布特征

表 13-36 表明，虽然钾的下移可以深达 100 cm，但施入的钾肥主要集中在耕层。连续施肥 33 年的结果说明，在红壤性水稻土上，由于水田下渗水流很弱，钾的下移不明显，甚至在耕层也未出现钾的积累现象。这可能是由于这一试验中施钾量并未达到足以补充钾输出的程度。这种情况在我国南方水稻土上比较普遍。在本试验中，试验前土壤交换钾为 81.5 mg/kg，经过 17 年的试验，施钾处理（NPK）的土壤交换钾含量反而降至 50 mg/kg，证明在 NPK 处理中，钾仍处于轻微的亏缺状态。NPKM 处理土壤速效钾含量略微上升，可能与有机肥对钾的活化作用有关。总的来说，土壤中的钾未出现耕层积累，也未出现明显下移。

表 13-36　不同施肥条件下水稻土剖面速效钾含量（K，g/kg，2013 年）

深度（cm）	NPK	2NPK	NPKM	CK
0～17	50	50	85	45
17～26	50	30	40	30
30～50	40	30	40	45
60～80	45	45	45	65

（三）红壤性水稻土的养分流失特征

由于稻田氮、磷等养分流失较其他土地利用方式严重，且化肥撒施是导致稻田氮、磷流失的重要原因之一（吴敬民等，1999a；吴敬民等，1999b；冯国禄等，2018），中国科学院亚热带农业生态研究所桃源站连续 6 年的田间试验结果（魏文学等，2019）表明，通过将双季稻化肥施用方式由表面撒施改为深施，减少 30% 的氮肥用量不仅可以维持双季稻产量的稳定，还可以增产 5%～10%，且氮肥利用率提高到 44% 左右，每年可减少双季稻田氮肥投入 90 kg/hm²。通过分析发现，该施肥技术可降低稻田表层水中 70%～90% 的铵态和 20%～30% 的总磷，每年减少双季稻田氮流失 9 kg/hm²、磷流失 0.15 kg/hm²。同时，连续 2 年的试验结果显示，与当地的常规抛秧相比，该技术可以显著降低稻田表面水层的氮、磷浓度，进而有效控制氮、磷的损失，显著提高氮肥利用率。因此，通过进一步的技术改进和理论探究，该施肥技术可以在我国南方双季稻田进行推广应用。

近10年来，稻田面临休耕、弃耕等土地利用方式改变的风险。农村劳动力不足和稻作经济收益较低是我国南方传统稻作区弃耕日趋严重的关键驱动因素之一。稻田土壤碳库是在长期人为水耕条件下形成的，其弃耕前后土壤的物理、化学和生物学特征显著改变（彭亿等，2009；田文文等，2014），且有别于其他农田生态系统弃耕后的改变。因此，稻田弃耕后土壤碳库的变化特征应不同于其他弃耕农田。研究表明，弃耕8年后稻田土壤有机碳及碳库分别降低了9.9%~20.9%和10.2%~20.8%，即平均年降低速率为0.30 g/kg~0.60 g/kg和0.50 t/hm²~1.15 t/hm²，碳下降速率是碳积累速率的1.5~1.8倍（Chen et al.，2017）。高碳土壤对弃耕更为敏感，总体表现为弃耕前稻田碳含量越高，弃耕后下降的速度越快，弃耕4年是土壤碳快速下降的时间节点。研究还阐明了土壤有机碳显著下降的关键原因：土壤由稻田的厌氧环境转变为弃耕后的好氧环境，加速了有机物和土壤有机碳的分解，同时也降低了土壤团聚体、土壤矿物及铁氧化还原过程对土壤碳的固持及保护作用，从而导致土壤碳形成量远小于碳分解量。研究还显示，弃耕后植被恢复并没有弥补土壤碳库的损失，稻田土壤从碳库向碳源转变。可见，稻田弃耕与传统意义上的弃耕地力恢复结论不同，稻田土地利用方式的转变应采取配套措施防止土壤的退化，保持土壤的高肥力。

通过连续2年的监测（魏文学等，2019）发现，稻田的地表径流产生次数和养分年均流失量远大于旱地和果园。其中，总氮的年均流失量占整个集水区的60%，总磷的年均流失量占整个集水区的30%。但强降雨条件下的旱地和果园的单次养分流失量远大于稻田。因此，采取有效措施调控稻田生态系统养分循环过程是控制典型丘岗复合农业生态系统养分流失的关键。

三、红壤果茶园土壤肥力的演变规律

（一）红壤果茶园耕层土壤的肥力演变

近30年来，随着果园栽培管理技术和施肥技术的逐步完善，红壤果园土壤基础肥力呈上升的趋势。有机质含量从20世纪80年代的14.31 g/kg提高到26.67 g/kg，提升了86.37%；碱解氮、有效磷、速效钾含量分别提升29.76%、31.08%和6.49%。但可能由于化肥施用量较高，红壤果园酸化现象加重，由20世纪80年代的5.49降低至21世纪的5.1（表13-37）。

表13-37 红壤果园土壤养分状况（易道德等，1995；吴倩等，2017）

时间	pH	有机质（g/kg）	碱解氮（mg/kg）	有效磷（mg/kg）	速效钾（mg/kg）
20世纪80年代	5.49	14.31	101.95	14.8	127.00
21世纪10年代	5.10	26.67	132.29	19.4	135.24

谭秀芳等（1987）调查了红壤茶园pH，平均为4.7；赵其国等（1988）调查了余江和南昌红壤老茶园土壤的肥力状况，茶园土壤有机质含量为16.4~19.2 g/kg，全氮含量为0.94 g/kg，碱解氮含量为98.8 mg/kg，全磷含量为0.98 g/kg，全钾含量为16.7 g/kg。

林小兵等（2020）调查了赣东北婺源、浮梁、上饶、铅山、玉山，赣西北修水、铜鼓、武宁、庐山、靖安、芦溪，赣中资溪、进贤、南昌，赣南井冈山、遂川、上犹、宁都、崇义、会昌、定南四大茶叶重点产区（占江西茶园总面积的86%）21个茶叶生产县（市、区）的土壤养分状况，江西茶园土壤pH变化范围为3.15~6.95，有机质变化范围为0.60~112.60 g/kg，速效氮、有效磷和速效钾养分含量变化范围分别为1.27~579.60 mg/kg、0.13~746.97 mg/kg和12.75~591.29 mg/kg，全氮、全磷和全钾含量变化范围分别为0.09~3.65 g/kg、0.03~3.14 g/kg和3.19~52.47 g/kg。从均值来看，土壤pH均值为4.62，有机质均值为24.53 g/kg，速效氮、有效磷和速效钾养分均值分别为130.82 mg/kg、33.69 mg/kg和103.86 mg/kg，全氮、全磷和全钾含量均值分别为1.35 g/kg、0.54 g/kg和20.99 g/kg。

从茶园土壤pH来看，随着近年来对红壤茶园的开发和利用，茶园的酸化现象也有所加重，基础肥力整体上较 20 世纪 80 年代有提升，有机质含量提高了 37.81%，全氮、全钾含量分别提升了 43.62% 和 25.69%，全磷含量有所降低，平均降低了 44.90%（表 13-38）。

表 13-38　江西茶园土壤养分含量描述性统计

变量	最大值	最小值	中位值	均值	标准差
pH	6.95	3.15	4.57	4.62	0.53
有机质（g/kg）	112.60	0.60	22.63	24.53	14.28
碱解氮（mg/kg）	579.60	1.27	114.29	130.82	91.81
有效磷（mg/kg）	746.97	0.13	6.60	33.69	85.23
速效钾（mg/kg）	591.29	12.75	84.96	103.86	74.15
全氮（g/kg）	3.65	0.09	1.38	1.35	0.74
全磷（g/kg）	3.14	0.03	0.41	0.54	0.44
全钾（g/kg）	52.47	3.19	17.24	20.99	9.92

施肥作为农业土壤管理最为重要的措施之一，对土壤有机碳的积累和分解影响深刻：①农业施肥可改善土壤中的速效养分状况，促进作物根系和地上部的生长，从而增加进入土壤的根系分泌物和有机残体数量；②通过影响土壤微生物的数量和活性影响土壤呼吸作用强度；③施用有机肥直接增加果园土壤的有机碳投入。多数研究（韩晓日等，2008；胡诚等，2007）表明，不均衡施用化肥会导致土壤有机碳减少。因此，应加强长期施肥条件下土壤有机碳的固存机制和潜力研究，因地制宜地制定最佳的农业施肥措施，以提高我国农业土壤的固碳潜力，减缓全球环境变化。

王义祥（2011）基于 2 年的果园定位试验研究了单施化肥、有机无机肥配施、单施有机肥等施肥方式下柑橘园土壤有机碳库的变化，探讨了短期施肥对果园土壤有机碳库的影响，为果园的合理施肥提供了科学依据。试验从 2008 年开始，共设 6 个处理：不施肥（CK）、单施化肥（M1）、75% 化肥＋25% 菌渣有机肥（M2）、50% 化肥＋50% 复合肥（M3）、25% 化肥＋75% 菌渣有机肥（M4）、单施菌渣有机肥（M5），每个处理设 3 个施肥小区，小区面积为 $24m^2$，共 18 个小区，随机排列。施肥量以每 100 kg 脐橙产量年施全氮 1.2 kg（折算为每株年施氮量为 0.42 kg），$N：K_2O：P_2O_5=1：1：1$，菌渣以基肥的形式在秋冬季一次性施入，化肥以基肥和追肥的形式分批施入，具体为基肥 50%、花前肥 20%、壮果肥 30%。

土壤有机碳含量是土壤有机碳输入与输出之间平衡的结果。由图 13-30 可以看出，土壤有机碳含量的变化为施用有机肥处理＞化肥处理＞不施肥处理。就 0～20 cm 土层而言，施用有机肥的处理土壤有机碳含量分别比不施肥处理提高了 5.8%、9.6%、14.5% 和 6.9%，分别比施化肥处理提高了

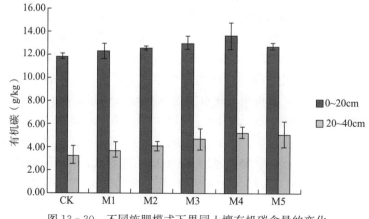

图 13-30　不同施肥模式下果园土壤有机碳含量的变化

2.4％、6.1％、10.8％和3.5％，而有机肥处理中25％化肥＋75％菌渣有机肥施肥模式土壤有机碳含量增幅最大。不同施肥处理间土壤有机碳含量的差异均不显著。就20～40 cm土层而言，25％化肥＋75％菌渣有机肥处理土壤有机碳含量高于其他处理，但未达到显著水平。就不同土层而言，各处理0～20 cm土层的土壤有机碳含量均显著高于20～40 cm土层，表现为随着土层的加深，土壤有机碳含量降低。

（二）红壤果茶园土壤养分的剖面分布特征

茶树是深根作物，根系的垂直分布达1 m以上，其中，吸收根主要分布在10～50 cm土层，因此茶园土壤的土层厚度必须要满足根系正常伸展的要求。朱济成、许允文等（1992）分析了我国南方浙江、安徽、江西、广西、湖南等地低丘红壤茶园的土壤剖面有效土层厚度与产干茶量的相关关系，发现土壤有效土层厚度与产干茶量呈线性正相关关系。因此，茶园的深垦熟化、加厚有效土层可为根系健壮生长创造良好的伸展与吸收肥水的条件。

王峰等（2015）通过测定福建省武夷山市红壤茶园0～20 cm、20～40 cm、40～60 cm、60～80 cm土层土壤的基本理化性质，发现随着土层深度的增加，土壤有机碳、全氮含量明显呈下降趋势。随着土层深度的增加，腐殖质各组分胡敏酸（HA）、富里酸（FA）和胡敏素（HM）的含量也均呈下降趋势，0～20 cm土层显著高于其他土层，40～60 cm和60～80 cm土层之间差异不显著（表13-39）。

表 13 - 39 茶园剖面土壤养分

土层（cm）	pH	有机碳（g/kg）	全氮（g/kg）	腐殖酸（g/kg）	胡敏酸（g/kg）	富里酸（g/kg）	胡敏素（g/kg）
0～20	4.37	7.01	0.65	1.99a	0.87a	1.12a	4.78a
20～40	4.12	4.22	0.5	0.82b	0.32b	0.5b	3.63b
40～60	4.22	3.11	0.34	0.79b	0.36b	0.42b	2.22c
60～80	4.25	2.39	0.28	0.69b	0.3b	0.39b	2.1c

红壤柑橘园土壤有机碳含量取决于有机物料输入与输出之间的平衡，而气候特点、土壤性质以及耕作方式的差异均会影响土层有机碳含量的大小及分布。由图13-31可以看出，20世纪50年代建植的柑橘园不同土层的有机碳含量均高于80年代建植的柑橘园；其中50年代建植柑橘园0～20 cm土层有机碳含量比80年代的高27.19％，且差异达到显著水平。除0～20 cm和80～100 cm土层外，20世纪50年代和80年代柑橘园其他土层间有机碳含量的差异不显著，表明耕作年限的提高可不同程度地促进果园土壤有机碳的积累。

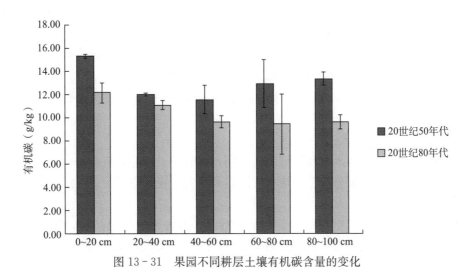

图 13 - 31　果园不同耕层土壤有机碳含量的变化

第五节 红壤农田肥力提升技术

随着国家对绿色农业发展的重视，红壤农田的利用技术已经逐渐从注重产量向注重质量转变。因此，面对绿色农业高质量发展的要求，兼顾优质高产与环境友好就显得十分重要。

针对生态环境的新要求，在维持作物产量和土壤肥力协同发展的同时，在红壤区应重点关注土壤酸化和水土流失问题，并以控氮稳磷增钾为主要农艺措施，重点集成以酸化改良、碳氮协同优化的有机肥替代技术，进而从养分平衡的角度进行红壤农田的改良与培肥。以期进一步实现在利用中熟化和培肥红壤的目的。

红壤农田按其土壤类型和利用方式可分为红壤旱地、红壤性稻田和红壤果茶园，其肥力演变是利用过程中的培肥过程。前人在红壤农田培肥技术方面开展了大量的研究，本节综合近年来红壤农田肥力提升技术方面的最新研究成果，归纳了红壤农田肥力提升技术，主要包括秸秆还田、有机培肥、酸化改良等技术。

一、红壤旱地肥力提升技术

（一）红壤旱地秸秆高效还田技术模式

1. 主要模式及技术要点

（1）直接还田技术　作物收获后使用机械将秸秆粉碎，平铺在地面后进行旋耕或耙地使秸秆均匀分布在 $0\sim20$ cm 土层。

（2）稻草异位覆盖还田技术　将水稻秸秆均匀铺于旱地上，一般稻草用量为 $4\,500\sim6\,750$ kg/hm²，稻草覆盖后起到抗旱保墒的作用，同时有利于除涝和抑制杂草滋生。

（3）间接还田技术　①堆肥还田：将秸秆与畜禽粪便成比例堆沤成有机肥作底肥用。②过腹还田：作物收获后将秸秆收集起来制成饲料，饲养牲畜，牲畜产生的粪便作有机肥还田。③碳化还田：作物收获后，将秸秆收集起来进行高温碳化，制成秸秆生物炭作土壤改良剂还田。

（4）秸秆覆盖提升技术

2. 技术效果

秸秆还田可显著提高土壤有机质和养分含量；与不还田相比，秸秆还田土壤结构显著改善，土壤总孔隙增加 2.0% 左右，$1\sim2$ mm 稳定性大团聚体含量提高 30% 左右；秸秆还田显著提高土壤生物活性，其中土壤蔗糖酶活性最强；秸秆还田可显著提高旱地作物产量（孙惠娟等，2011）。

3. 技术应用实例

在江西省红壤旱地花生（张昆等，2017；成艳红等，2014）、玉米（苏艳红等，2005）、木薯（徐小林等，2013；崔爱花等，2018）等作物上应用相关技术（图 13-32），示范区花生产量均显著高于无秸秆覆盖处理，增幅分别为 $6.7\%\sim10.29\%$、$9.0\%\sim18.21\%$ 和 $38.67\%\sim39.75\%$。稻草覆盖可明显促进土壤速效养分的积累，其中速效钾含量的提高最大，并显著提高了土壤生物活性；稻草覆盖能明显提高土壤含水量，但主要影响 $0\sim20$ cm 土层土壤含水量（朱捍华等，2008；黄伟生等，2006）。

（二）红壤旱地有机培肥技术

红壤旱地常用的有机培肥技术有种植绿肥、施用畜禽粪便或商品有机肥等。近年来，随着化肥零增长战略的提出，有机肥替代部分化肥的培肥方式逐步得到重视和应用。

1. 技术要点

（1）种植绿肥培肥技术　根据不同季节、土壤特征和作物确定绿肥品种。冬季绿肥宜选择紫云英、肥田萝卜、黑麦草等；夏季绿肥宜选择猪屎豆等；间套作模式绿肥宜选抗逆性强、耐阴性好的品种（如竹豆）；利用前后茬间隙种植绿肥，宜选生长迅速、生物量大的品种。绿肥种植期间应补

图 13-32　秸秆综合还田技术

施适量的化肥，促进绿肥生长；适时翻压，一般在盛花期翻压（刘光荣等，2009）。

（2）施用畜禽粪便培肥技术　畜禽粪便来源广、数量大，是很好的有机肥来源，应注意腐熟后施用以避免烧苗；用量适宜，根据不同粪便类型确定用量；施用后与土壤混匀。同时，加强土壤重金属积累监测，防止过量施用导致土壤重金属超标。

（3）施用商品有机肥培肥技术　商品有机肥用量为 1 500～3 000 kg/hm²，施用时均匀抛撒于土壤表面后翻耕。

（4）有机肥替代部分化肥施用培肥技术　在减少化肥用量 20%～30% 的前提下，施用一定量的有机肥，在养分供应不足的情况下，也可以起到培肥土壤的作用。

2. 技术效果

红壤旱地长期施用有机肥可显著提升作物产量和稳定性，改善农产品品质，提升土壤有机碳水平，土壤有机碳增加了 2.74～4.12 g/kg，土壤水溶性有机碳增加 160.8%～246.0%；长期施用有机肥可显著提升土壤速效养分和全量养分含量，其中，全氮增加了 10.7%～13.6%，速效氮增加了 47.8%～62.5%；施用有机肥可明显改善土壤物理结构，使土壤容重降低 13.2%～14.5%，且显著提高了 >2 000 μm 大团聚体的占比，相应降低了 50～250 μm 微团聚体的占比（夏文建等，2017；黄山等，2012；李成亮等，2004）。

3. 技术应用实例

以江西省进贤县旱地化肥长期定位试验为例，长期配施有机肥显著增加了双季玉米的产量和品质，与常规施用氮磷钾肥相比产量增加了 45.1%，玉米籽粒蛋白质含量增加了 16.9%，土壤全氮增加了 26.6%～33.0%，土壤碱解氮显著增加，与不施肥相比土壤全磷与有效磷显著增加，增幅分别为 193.4% 和 436.4%；长期配施有机肥土壤全钾与速效钾显著增加，土壤容重下降 12.1%（李大明等，2018；柳开楼等，2016）。

（三）红壤旱地酸化改良技术模式

1. 技术要点

（1）改良剂选择　常用酸化土壤改良剂有石灰、石灰石粉、白云石粉、石膏等（孟赐福等，1995；孟赐福等，1998；蔡东等，2010）。我国石灰石、白云石等矿物储量丰富，且工业碱性废弃物和副产品产出巨大，为施用碱性改良剂提供了丰富的原材料。

（2）改良剂用量　根据土壤交换 Al^{3+} 的含量确定石灰等碱性改良剂的用量。根据长期定位试验研究结果，红壤旱地石灰合理用量为 1 500～2 250 kg/hm²。

（3）注意事项　① 防止土壤快速反酸：施用石灰等碱性改良剂土壤反酸快，应依据土壤酸化情况隔年施用。② 避免连续施用造成土壤板结。

2. 技术效果

红壤旱地施用石灰等碱性改良剂可显著缓解土壤酸化现象，土壤 pH 提高了 0.8～2.0；红壤旱地施用酸化改良剂显著提高了土壤有效磷含量，增幅为 9.5%～12%，土壤交换性钾增加了 83.9%～129%；同时，施用改良剂土壤交换性铝含量降低了 16.0%～18.7%，降低了对作物的毒害作用，作物增产 15%～21%（冯兆滨等，2017；鲁艳红等，2015）。

3. 技术应用实例

将相关技术应用于红壤旱地花生、芝麻与玉米种植，与不施石灰处理相比，花生、芝麻和玉米分别增产 12%～13%、19%～21% 和 8.2%～43.1%，土壤 pH 提高，土壤交换性铝含量降低（图 13-33）。

图 13-33　红壤旱地改良剂施用技术

二、红壤性水稻土的肥力提升技术

（一）双季稻有机肥周年协同培肥技术

红壤双季稻田是南方重要的农田类型，对双季稻两季的有机肥统筹管理，可以充分利用南方红壤区的光热资源、季节性闲田以及农业废弃物资源，对实现培肥和农田环境控制协调统一具有重要意义。

1. 技术要点

技术主要包括早稻配施绿肥＋晚稻秸秆还田、早稻配施商品有机肥＋晚稻秸秆还田、早稻配施商品有机肥＋晚稻配施商品有机肥和早稻秸秆还田＋晚稻配施鲜猪粪 4 种模式。

（1）早稻配施绿肥＋晚稻秸秆还田　① 绿肥种植：绿肥于 9 月底 10 月初晚稻收获前 10～15 d 撒播，撒播量为紫云英种子 15.0～22.5 kg/hm²、肥田萝卜种子 6.0～7.5 kg/hm²。播种前晾晒 2～3 d。② 田块耕翻：早稻移栽（播种）前 10～15 d 进行第一次耕翻，将田面绿肥翻入田内沤制，加快腐解；在播种前 3～5 d 进行第二次耕翻，使田面软平，同时施加除草剂，减少后期杂草危害。早稻移栽后的管理方法与常规管理模式相同。③ 晚稻秸秆还田：早稻收获后，将早稻秸秆切碎全部就地还田（干稻草还田量一般不超过 4 500 kg/hm²），灌水后耕翻腐解 2～3 d，同时水稻施肥移栽前撒施生石灰 750 kg/hm² 或尿素 45～75 kg/hm² 加快秸秆腐解，随后按常规方法进行整田、施肥、移栽和后期管理。

（2）早稻配施商品有机肥＋晚稻秸秆还田　①早稻有机肥施用：早稻移栽播种前，在稻田均匀撒施商品有机肥 3 000～4 500 kg/hm²，按照常规方法进行耕翻、整田、施肥、移栽和后期管理。②晚稻秸秆还田：早稻收获后，将早稻秸秆切碎全部就地还田（干稻草还田量一般不超过 4 500 kg/hm²），灌水后耕翻腐解 2～3 d，同时水稻施肥移栽前撒施生石灰 750 kg/hm² 或尿素 45～75 kg/hm² 加快秸秆腐解，随后按常规方法进行整田、施肥、移栽和后期管理。

（3）早稻配施商品有机肥＋晚稻配施商品有机肥　①早稻有机肥施用：早稻移栽播种前，在稻田均匀撒施商品有机肥 3 000～4 500 kg/hm²，按照常规方法进行耕翻、整田、施肥、移栽和后期管理。②晚稻有机肥施用：早稻收获后，在稻田均匀撒施商品有机肥 3 000～4 500 kg/hm²，按照常规方法进行耕翻、整田、施肥、移栽和后期管理。

（4）早稻秸秆还田＋晚稻配施鲜猪粪　①早稻秸秆还田：晚稻收割后将秸秆均匀地平铺于稻田，水稻移栽前 7～10 d 翻耕一遍，于移栽前 3～5 d 翻耕第二遍。②晚稻有机肥施用：早稻收获后，均匀撒施鲜猪粪 15 000～22 500 kg/hm²，按照常规方法进行耕翻、整田、施肥、移栽和后期管理。

2. 技术效果

研究表明，长期配施有机肥双季稻田水稻年产量比单施化肥高 6.79 t/hm²，土壤有机碳含量高 3.6 g/kg，稻田生态系统净碳汇效应高 0.6～1.41 t/（hm²·a），提高水稻产量和土壤有机碳含量、增加稻田生态系统的净碳汇效应作用显著。而紫云英、猪粪和秸秆等有机肥源的优化组合效果更好，其中，绿肥＋猪粪模式的水稻产量比绿肥＋秸秆模式高 12.3%（袁颖红等，2004；胡志华等，2017；余喜初等，2011）。

3. 技术应用实例

通过在进贤、崇仁、吉水和芦溪等县市示范区开展试验示范（黄庆海等，2020，余喜初等，2011），结果均表明，有机肥周年管理模式可显著提高水稻产量和系统净碳汇效应，是有效的有机培肥固碳技术模式（表 13-40、表 13-41）。

表 13-40　不同有机培肥模式下稻田生态系统水稻产量（t/hm²）

示范区	有机培肥模式				
	M1	M2	M3	M4	NPK
进贤	14.27	14.70	15.34	14.66	13.54
崇仁	14.96	14.88	13.98	14.08	13.87
吉水	13.72	13.46	14.03	13.94	13.12
芦溪	15.72	14.25	13.48	13.25	13.19

注：M1、M2、M3 和 M4 分别代表早稻配施绿肥＋晚稻秸秆还田、早稻配施绿肥＋晚稻配施鲜猪粪（M2）、早稻配施鲜猪粪＋晚稻秸秆还田（M3）、早稻秸秆还田＋晚稻配施鲜猪粪（M4）等低碳高效有机肥施用技术模式。下同。

表 13-41　不同有机培肥模式下稻田生态系统碳汇效应 [t/（hm²·a）]

示范区	有机肥培肥模式				
	M1	M2	M3	M4	NPK
进贤	9.83	9.67	9.72	9.88	8.87
崇仁	10.03	9.01	9.98	9.99	8.86
吉水	9.72	8.46	9.03	8.94	8.34
芦溪	8.98	8.46	9.29	8.45	8.08

（二）双季稻秸秆高效还田利用技术

水稻品种的改良使得双季稻年产秸秆量接近 1 t，而直接还田仍是水稻秸秆的最主要资源化利用途径。但长期大量秸秆还田也容易导致水稻僵苗、作物与微生物争氮、加剧土壤酸化等问题，生产上主要通过添加腐解菌、配施生石灰、调节 C/N 等促进还田秸秆的腐解。

1. 技术要点

（1）配施生石灰秸秆还田快腐技术　早稻收获后，将早稻秸秆全部就地还田，灌水耕翻后，施用生石灰 750 kg/hm² ［长期秸秆还田后，可将生石灰的用量提高到 1 500 kg/（hm²·a），或 750 kg/（hm²·季）］。

（2）秸秆粉碎还田促腐技术　水稻收割机加装秸秆粉碎装置，将秸秆粉碎后直接还田。

（3）基肥增氮秸秆促腐技术　基肥增施纯氮 2～3 kg/亩或氮肥前移 10%～20% 作基肥施用。

2. 技术效果

水稻秸秆资源量巨大，秸秆焚烧对环境危害极大且造成资源的浪费。秸秆还田稻田通过秸秆粉碎、基肥增施氮肥 30 kg/hm²、撒施秸秆腐解菌 450 kg/hm² 或施用生石灰 750～1 500 kg/hm²，可以加快秸秆的腐解、优化养分供应状况、调节土壤环境、加快土壤有机质的转化积累（黄庆海等，2000；赖兴旺等，1991；胡志华等，2020）。

3. 技术应用实例

将本技术应用于江西红壤性双季稻区，示范区内与直接秸秆还田相比，水稻产量可提高 255～495 kg/hm²；与秸秆不还田相比，水稻产量提高 690～1 080 kg/hm²，土壤有机质含量提高 1.02～1.38 g/kg。可有效地实现秸秆高效综合利用（吕真真等，2019；叶会财等，2015；黄庆海等，2003）。

三、红壤果茶园肥力提升技术

（一）红壤果茶园套种绿肥培肥技术

绿肥是一种营养成分全、肥效持久且生产简便的优质肥料，无论是对提高农作物的产量和品质、减少资金投入、降低生产成本、提高农业生产的经济效益，还是对保护和提高土壤地力、降低水土流失、改善农村生态环境，都具有很大的促进作用（盛良学等，2004；宋莉等，2016；叶菁等，2016，江新凤等，2014）。

1. 技术要点

（1）绿肥品种　红壤果茶园套种绿肥选用白三叶、紫云英、野豌豆等，具备抑制杂草生长、省时、省工、成本低等特点。

（2）播种量　丘陵红壤区果园套种绿肥，适宜播种量根据绿肥品种确定，一般白三叶为 14～15.00 kg/hm²、紫云英为 25～30 kg/hm²（徐小林等，2015；徐小林等，2016）。

（3）播种期　白三叶可以春播和秋播，但春播鲜草产量与越夏率低，因此应选择秋播，播种期为 9 月底至 10 月中旬，紫云英秋播，播种期为 9 月底至 10 月中旬。

（4）种子处理　播种前用磷肥、根瘤菌和保水剂拌种，以促进绿肥生长。

2. 技术效果

与清耕果茶园相比，红壤果茶园间套种绿肥可显著提高土壤有机质含量（增幅达 24.11%）；茶园套种绿肥可抑制杂草生长，提高土壤含水量与果树耐旱抗旱能力，降低土壤容重，增加土壤空隙，使土壤容重下降 3.05%、孔隙度增加 4.39%；茶园套种绿肥减缓了土壤酸化，提高了果茶产量，并提升了产品品质（孙波，2011）。

3. 技术应用实例

将本技术应用于红壤果茶园，果茶园间作绿肥与清耕果茶园相比：降低了田间杂草的总密度，改变了各类杂草相对重要程度，显著地抑制了杂草的生长；显著提高了土壤含水量，提高幅度为 9.18%～14.99%，延长干旱期果茶树抗旱天数 4～7 d；显著降低了土壤容重，提高了土壤孔隙度，减缓了土壤酸化，培肥了地力，使土壤有机质提高了 9.84%～24.11%，可替代肥料 70% 以上；提高柑橘等水果产量 5.21%～16.85%，改善了果品与茶叶品质（图 13-34）。

图 13 - 34　红壤果茶园绿肥套种技术

（二）红壤果茶园稻草覆盖培肥技术

红壤果茶园覆盖可显著改善土壤物理性状，提高土壤养分和有机质含量，提高土壤微生物多样性，并对土壤保水保墒等具有显著效果（中国科学院红壤生态实验站，2001；杨书运等，2010）。

1. 技术要点

（1）覆盖时间　稻草于每年雨季结束后覆盖。

（2）稻草覆盖量　茶园覆盖量为 12 000～18 000 kg/hm²，果园按果树大小每棵围绕覆盖 4～6 kg（盛忠雷等，2015；何志华等，2017）。

2. 技术效果

红壤果茶园稻草覆盖可显著降低土壤径流损失，降幅达 34.70%～34.94%；果茶园稻草覆盖地表径流中的氮、磷浓度显著下降，其中，氮降幅为 24.32%～25.91%、磷降幅为 18.81%～19.23%（何石福等，2017；庹海波等，2015）；同时，果茶园稻草覆盖增加了表层土壤 3—10 月 0～20 cm 土层含水量，增幅为 14.5%，使土壤容重降低了 12.5%、孔隙度提高了 15.3%、土壤结构显著改善，且使土壤生物多样性显著增加（肖润林等，2006；徐华勤等，2009）。

3. 技术应用实例

将本技术应用于红壤丘陵区茶园，与清耕茶园相比，示范区土壤有机质、全氮、碱解氮、有效磷和速效钾显著增加，增幅分别为 32.1%、25.6%、26.7%、5.6% 和 46.8%。稻草覆盖条件下红壤丘陵区茶园土壤容重下降了 12.5%，通气孔隙增加了 15.3%。稻草覆盖可显著提高茶园生产季节的土壤水分含量，提高茶园耐旱能力，其中 0～20 cm 土层水分含量增加 2.3%（黄庆海等，2014）（图 13 - 35）。

（三）农牧结合资源循环利用模式

我国南方红壤丘陵区农村经济相对落后，青壮年劳力进城务工致使农村劳力匮乏，加之丘陵土壤贫瘠，经营粗放，作物收益低下，土地抛荒现象日益严重，农业转方式、调结构迫在眉睫（马历等，2018；侯孟阳等，2018）。2017 年的中央 1 号文件明确提出，扩大饲料作物种植面积，发展苜蓿等优质牧草，大力培育现代饲草料产业体系；大力发展牛羊等草食畜牧业；大力推行高效生态循环的种养模式。南方丘陵坡地分布广泛、水源充足和气候适宜，具备牧草种植条件；肉用草食动物市场需求旺盛，探索种草养羊与农牧资源循环利用的现代种养模式时机成熟且潜力巨大。

针对南方红壤丘陵区农业结构布局不合理的现状，中国科学院亚热带农业生态研究所桃源站初步构建了南方红壤丘陵区坡地种草养羊生态高值技术模式；集成坡地果树林下种草养羊技术，构建了南方红壤丘陵区坡地种养结合型立体农业模式，集成养羊废弃物资源利用技术和坡地果树林下种草养羊

图 13-35　红壤果茶园稻草覆盖技术

技术，开展示范与推广。示范区坡地水土流失减少 50%，水分利用效率提高 30%，经济效益提高 30%。

（四）红壤果区"猪-沼-果"技术模式

"九五"期间，以江西赣州为代表的南方部分地区创立了南方"猪-沼-果"循环农业模式。这一模式以沼气为纽带，将生猪养殖和水果种植紧密结合起来，实现"猪-沼-果"系统内部废弃物、能源、肥料良性利用。该模式在"老、少、边、劣"地区得到广泛推广，成为当时循环农业的一个亮点。

1. 技术要点

（1）猪舍与沼气池规划与建设　猪舍应选择在坐北朝南或坐西北朝东南，向阳、不积水、水源充足、水质好的缓坡地建设；有条件的果园可以将猪舍及沼气池建在果园的较高处，以便通过沼液自流进行灌溉。猪舍与沼气工程的位置布局要充分利用场地内固有的高差，使猪舍的污水靠自流经滤粪柜进入酸化池，再自流进入沼气池，最后发酵后的沼液溢流进入储液池，实现粪便污水处理全过程无动力。猪舍规划要合理，有利于日常管理。确定猪舍建造面积和养猪头数，猪舍可用双排设置。猪舍的建筑施工操作按有关技术规定执行。沼气工程的施工与规划要按照国家标准实施，沼气池容积主要根据每天粪便污水进料量和设计的发酵原料滞留期来确定。储液池容积需根据果园用肥量和每天的污水量综合考虑。

（2）果园建设　以生态果园的标准建设园地。因地制宜选择果树优质品种；在红壤丘陵地或山地建园，应选择在 25°以下的缓坡地或坡地新建果园；根据坡地坡度的大小，可采用等高做埂、挖壕或等高梯田的方式建园，15°以上坡地，以作等高梯田为宜，梯面宽度和梯壁高度由坡度大小和果树品种要求确定，果园梯台边埂高出梯面 15 cm、宽 30 cm，梯面内斜 5°～7°，并实行边埂坡面植草、幼树果园套种等措施。根据果树树种、品种、地势、土质和管理水平等因素确定栽植密度、栽植时期，果树栽植前挖栽植穴，规格为 1 m×1 m×1 m，并分层填埋有机物或沼渣和化肥作基肥，并覆上一层薄土。栽植时，用栽植穴周围的表土覆盖。

2. 技术效果

本技术模式实现了红壤果园物质生态的有机循环，柑橘等水果产量可提高 10%～20%，化肥用量减少了 30%～50%，农药用量减少 30% 左右，可改善土壤生态环境，减少化肥、农药对农产品、土壤和水源的污染，具有明显的经济效益和环保效应。

3. 技术应用实例

本技术模式在东江源头地区得到了广泛推广应用，各地在本模式的基础上延伸发展了"猪-

沼-果-鱼""猪-沼-果-草"等模式。以赣州为例，投资建设户用"猪-沼-果"生态模式实现财务净现值 28 704 万元、财务内部收益率 38.8%、动态投资回收期 6.99 年，单项脐橙生产实现财务净现值 24 998 万元、财务内部收益率 34.77%、动态投资回收期 7.54 年。"猪-沼-果"模式具有较强的盈利能力和抗风险能力。

主要参考文献

阿拉腾希胡日，2010. 典型红壤区农田养分平衡估算及环境影响 [D]. 北京：中国农业科学院.

敖和军，王淑红，邹应斌，等，2008. 不同施肥水平下超级杂交稻对氮、磷、钾的吸收累积 [J]. 中国农业科学（10）：3123-3132.

鲍恩，1986. 元素环境化学 [M]. 崔仙舟，王中柱，译. 北京：科学出版社.

蔡东，肖文芳，李国怀，2010. 施用石灰改良酸性土壤的研究进展 [J]. 中国农学通报，26（9）：206-213.

蔡泽江，2010. 长期施肥下红壤酸化特征及影响因素 [D]. 北京：中国农业科学院.

曹宁，陈新平，张福锁，等，2007. 从土壤肥力变化预测中国未来磷肥需求 [J]. 土壤学报，4（3）：536-543.

柴如山，王擎运，叶新新，等，2019. 我国主要粮食作物秸秆还田替代化学氮肥潜力 [J]. 农业环境科学学报，38（11）：2583-2593.

陈兴丽，周建斌，刘建亮，等，2009. 不同施肥处理对玉米秸秆碳氮比及其矿化特性的影响 [J]. 应用生态学报，20（2）：314-319.

成艳红，武琳，黄欠如，等，2014. 控释肥配施比例对稻草覆盖红壤旱地花生产量的影响 [J]. 土壤通报，45（5）：1213-1217.

崔爱花，杜传莉，黄国勤，等，2018. 秸秆覆盖量对红壤旱地棉花生长及土壤温度的影响 [J]. 生态学报，38（2）：733-740.

范茂攀，郑毅，李少明，等，2005. 保山市农田生态系统养分循环与平衡研究 [J]. 云南农业大学学报，20（30）：415-418.

冯国禄，李书迪，许尤厚，等，2018. 撒施液体复合肥后不同蓄水深度的水分管理对稻田养分流失潜力的影响 [J]. 中国土壤与肥料（1）：83-86.

冯兆滨，王萍，刘秀梅，等，2017. 我国红壤改良利用技术研究现状与展望 [J]. 江西农业学报，29（8）：57-61.

高超，张桃林，孙波，等，2002. 1980 年以来我国农业氮素管理的现状与问题 [J]. 南京大学学报（自然科学版）（5）：716-721.

高洪军，朱平，彭畅，等，2015. 等氮条件下长期有机无机配施对春玉米的氮素吸收利用和土壤无机氮的影响 [J]. 植物营养与肥料学报，21（2）：318-325.

高菊生，曹卫东，李冬初，等，2011. 长期双季稻绿肥轮作对水稻产量及稻田土壤有机质的影响 [J]. 生态学报，31（16）：4542-4548.

高利伟，马林，张卫峰，等，2009. 中国作物秸秆养分资源数量估算及其利用状况 [J]. 农业工程学报，25（7）：173-179.

顾峰雪，黄玫，张远东，等，2016. 1961—2010 年中国区域氮沉降时空格局模拟研究 [J]. 生态学报，36（12）：3591-3600.

韩晓日，苏俊峰，谢芳，等，2008. 长期施肥对棕壤有机碳及各组分的影响 [J]. 土壤通报（4）：730-733.

何石福，荣湘民，李艳，等，2017. 有机肥替代和稻草覆盖对中南丘陵茶园氮磷径流损失的影响 [J]. 水土保持学报，31（5）：120-126.

何孝延，陈泉宾，2005. 优质高效的茶叶施肥原理与应用 [J]. 茶叶科学技术（2）：1-3.

何园球，杨艳生，1998. 红壤生态系统研究：第五集 [M]. 北京：中国农业科技出版社.

何志华，夏燕，张玉龙，等，2017. 有机茶园稻草覆盖效果试验研究 [J]. 福建茶叶，39（12）：4.

侯萌瑶，张丽，王知文，等，2017. 中国主要农作物化肥用量估算 [J]. 农业资源与环境学报，34（4）：360-367.

侯孟阳，姚顺波，2018. 中国农村劳动力转移对农业生态效率影响的空间溢出效应与门槛特征 [J]. 资源科学，40（12）：2475-2486.

胡诚，曹志平，胡婵娟，等，2007. 不同施肥管理措施对土壤碳含量及基础呼吸的影响 [J]. 中国生态农业学报（5）：63-66.

胡振鹏，胡松涛，2006. "猪-沼-果"生态农业模式 [J]. 自然资源学报 (4)：638-644.

胡志华，李大明，徐小林，等，2017. 不同有机培肥模式下双季稻田碳汇效应与收益评估 [J]. 中国生态农业学报，25 (2)：157-165.

胡志华，徐小林，李大明，等，2020. 土壤改良剂对中稻-再生稻产量与氮肥利用的影响 [J]. 华北农学报，35 (1)：114-121.

黄昌勇，徐建明，2010. 土壤学 [M]. 北京：中国农业出版社.

黄庆海，2014. 长期施肥红壤农田地力演变特征 [M]. 北京：中国农业科学出版社.

黄庆海，赖涛，吴强，等，2003. 长期施肥对红壤性水稻土有机磷组分的影响 [J]. 植物营养与肥料学报 (1)：63-66.

黄庆海，李茶苟，赖涛，等，2000. 长期施肥对红壤性水稻土磷素积累与形态分异的影响 [J]. 土壤与环境 (4)：290-293.

黄庆海，李大明，柳开楼，等，2020. 江西水稻清洁生产理论与技术实践 [J]. 江西农业学报，32 (1)：7-12.

黄山，潘晓华，黄欠如，等，2012. 长期不同施肥对南方丘陵红壤旱地生产力和土壤结构的影响 [J]. 江西农业大学学报，34 (2)：403-408.

黄伟生，黄道友，汪立刚，等，2006. 稻草覆盖对坡地红壤培肥及作物增产的效果 [J]. 农业工程学报 (10)：102-104.

黄莹，李雅颖，姚槐应，2013. 强酸性茶园土壤中添加不同肥料氮后 N_2O 释放量变化 [J]. 植物营养与肥料学报 (6)：1533-1538.

江新凤，杨普香，石旭平，等，2014. 幼龄茶园套种绿肥效应分析 [J]. 蚕桑茶叶通讯 (6)：20-22.

金琳，2008. 农田管理对土壤碳储量的影响及模拟研究 [D]. 北京：中国农业科学院.

金玲莉，谢枫，王璠，等，2014. 江西省茶叶产业发展现状及优势分析 [J]. 中国茶叶，36 (10)：9-10.

寇长林，巨晓棠，张福锁，2005. 三种集约化种植体系氮素平衡及其对地下水硝酸盐含量的影响 [J]. 应用生态学报 (4)：660-667.

赖庆旺，黄庆海，李茶苟，1991. 红壤性水稻土钾素平衡与钾肥效应 [J]. 化肥工业 (5)：26-29.

李昌新，黄山，彭现宪，等，2009. 南方红壤稻田与旱地土壤有机碳及其组分的特征差异 [J]. 农业环境科学学报，28 (3)：606-611.

李成亮，孔宏敏，何园球，2004. 施肥结构对旱地红壤有机质和物理性质的影响 [J]. 水土保持学报 (6)：116-119.

李大明，柳开楼，叶会财，等，2018. 长期不同施肥处理红壤旱地剖面养分分布差异 [J]. 植物营养与肥料学报，24 (3)：633-640.

李建军，徐明岗，辛景树，等，2016. 中国稻田土壤基础地力的时空演变特征 [J]. 中国农业科学，49 (8)：1510-1519.

李学军，乔志刚，聂国兴，2001. 稻-鱼-蛙立体农业生态效益的研究 [J]. 生态学杂志 (2)：37-40.

李忠佩，王效举，1998. 红壤丘陵区土地利用方式变更后土壤有机碳动态变化的模拟 [J]. 应用生态学报 (4)：30-35.

梁远发，田永辉，王家伦，等，2000. 优化茶叶自然品质的栽培技术研究报告 [J]. 贵州茶叶 (3)：14-19.

廖育林，郑圣先，鲁艳红，等，2009. 长期施钾对红壤水稻土水稻产量及土壤钾素状况的影响 [J]. 植物营养与肥料学报，15 (6)：1372-1379.

林小兵，孙永明，江新凤，等，2020. 江西省茶园土壤肥力特征及其影响因子 [J]. 应用生态学报，31 (4)：12.

林新坚，黄东风，李卫华，等，2012. 施肥模式对茶叶产量、营养累积及土壤肥力的影响 [J]. 中国生态农业学报，20 (2)：151-157.

凌启鸿，2000. 作物群体质量 [M]. 上海：上海科学技术出版社.

刘光荣，冯兆滨，刘秀梅，等，2009. 不同有机肥源对红壤旱地耕层土壤性质的影响 [J]. 江西农业大学学报，31 (5)：927-932.

刘明庆，席运官，龚丽萍，等，2010. 东江源头区"猪沼果鱼"生态农业模式关键技术与面源污染控制分析 [J]. 生态与农村环境学报，26 (S1)：58-63.

刘晓永，李书田，2017. 中国秸秆养分资源及还田的时空分布特征 [J]. 农业工程学报，33 (21)：1-19.

刘宇锋，苏天明，苏利荣，2019. 我国南方花生产区栽培与施肥现状及对策 [J]. 江西农业学报，31 (10)：1-9.

刘珍环，李正国，唐鹏钦，等，2013. 近 30 年中国水稻种植区域与产量时空变化分析 [J]. 地理学报，68 (5)：680-693.

柳开楼，胡志华，叶会财，等，2016. 双季玉米种植下长期施肥改变红壤氮磷活化能力 [J]. 水土保持学报，30 (2)：

187 - 192.

鲁剑巍，陈防，万运帆，等，1999. 湖北省红薯生产现状及高产平衡施肥研究 [J]. 土壤肥料 (4)：22 - 25.

鲁剑巍，任涛，丛日环，等，2018. 我国油菜施肥状况及施肥技术研究展望 [J]. 中国油料作物学报，40 (5)：712 - 720.

鲁如坤，刘鸿翔，闻大中，等，1996a. 我国典型地区农业生态系统养分循环和平衡研究.Ⅴ. 农田养分平衡和土壤有效磷、钾消长规律 [J]. 土壤通报 (6)：241 - 242.

鲁如坤，刘鸿翔，闻大中，等，1996b. 我国典型地区农业生态系统养分循环和平衡研究.Ⅰ. 农田养分支出参数 [J]. 土壤通报，27 (4)：145 - 151.

鲁如坤，刘鸿翔，闻大中，等，1996c. 我国典型地区农业生态系统养分循环和平衡研究.Ⅱ. 农田养分收入参数 [J]. 土壤通报，27 (4)：151 - 154.

鲁如坤，时正元，钱承梁，1993. 我国农田养分再循环：潜力和问题 [J]. 中国农业科学 (5)：1 - 6.

鲁如坤，时正元，钱承梁，等，1998. 中亚热带低丘红壤农田生态系统养分平衡特征研究：1 农田养分循环 [J]. 红壤生态系统研究（第四辑）：56 - 63.

鲁如坤，时正元，施建平，2000. 我国南方 6 省农田养分平衡现状评价和动态变化研究 [J]. 中国农业科学，33 (2)：63 - 67.

鲁如坤，史陶钧，1980. 土壤磷素在利用过程中的消耗和累积 [J]. 土壤通报 (5)：6 - 8.

鲁艳红，廖育林，聂军，等，2015. 我国南方红壤酸化问题及改良修复技术研究进展 [J]. 湖南农业科学，3：148 - 151.

吕真真，刘秀梅，侯红乾，等，2019. 长期不同施肥对红壤性水稻土磷素及水稻磷营养的影响 [J]. 植物营养与肥料学报，25 (8)：1316 - 1324.

马历，龙花楼，张英男，等，2018. 中国县域农业劳动力变化与农业经济发展的时空耦合及其对乡村振兴的启示 [J]. 地理学报，73 (12)：2364.

毛振荣，王君，2019. 提高水稻肥料利用率的技术探讨 [J]. 中国稻米，25 (1)：100 - 102.

孟赐福，水建国，方承先，1998. 红壤施用石灰对玉米产量和肥料利用率的影响 [J]. 浙江农业学报，10 (1)：23 - 27.

穆聪，2019. 乌龙茶产区氮素供应状况及对茶树镁营养的影响 [D]. 福州：福建农林大学.

倪康，廖万有，伊晓云，等，2019. 我国茶园施肥现状与减施潜力分析 [J]. 植物营养与肥料学报，25 (3)：421 - 432.

彭亿，李裕元，李忠武，等，2009. 亚热带稻田弃耕湿地土壤因子对植物群落结构的影响 [J]. 应用生态学报，20 (7)：1543 - 1550.

邱德文，2014. 植物免疫诱抗剂的研究进展与应用前景 [J]. 中国农业科技导报，16 (1)：39 - 45.

邱建军，王立刚，李虎，2009. 农田土壤有机碳含量对作物产量影响的模拟研究 [J]. 中国农业科学，42 (1)：154 - 161.

曲均峰，李菊梅，徐明岗，等，2008. 长期不施肥条件下几种典型土壤全磷和 Olsen-P 的变化 [J]. 植物营养与肥料学报，14 (1)：90 - 98.

任红楼，肖斌，余有本，等，2009. 生物有机肥对春茶的肥效研究 [J]. 西北农林科技大学学报（自然科学版），37 (9)：105 - 109，116.

单艳红，杨林章，沈明星，等，2005. 长期不同施肥处理水稻土磷素在剖面的分布与移动 [J]. 土壤学报 (6)：970 - 976.

沈善敏，1998. 中国土壤肥力 [M]. 北京：中国农业出版社.

盛良学，黄道友，夏海鳌，等，2004. 红壤橘园间作经济绿肥的生态效应及对柑橘产量和品质的影响 [J]. 植物营养与肥料学报 (6)：677 - 679.

盛忠雷，李中林，杨海滨，等，2015. 茶园绿肥生物产量及其对耕层土壤的影响 [J]. 南方农业，9 (1)：25 - 27.

宋莉，廖万有，王烨军，等，2016. 套种绿肥对茶园土壤理化性状的影响 [J]. 土壤，48 (4)：675 - 679.

苏艳红，黄国勤，刘秀英，等，2005. 红壤旱地不同覆盖方式对玉米产量及生态经济效益的影响 [J]. 中国农学通报 (10)：136 - 139.

苏有健，廖万有，丁勇，等，2011. 不同氮营养水平对茶叶产量和品质的影响 [J]. 植物营养与肥料学报，17 (6)：1430 - 1436.

孙波，2011. 红壤退化阻控与生态修复 [M]. 北京：科学出版社.

孙波，潘贤章，王德建，等，2008. 我国不同区域农田养分平衡对土壤肥力时空演变的影响 [J]. 地球科学进展，23
　　（11）：1201-1208.

孙惠娟，徐小林，余喜初，等，2011. 红壤旱地施用保水剂和稻草覆盖对花生生长和产量的效应 [J]. 江西农业学报，
　　23（4）：83-85.

孙永明，叶川，张昆，等，2016. 江西丘陵红壤茶园有机肥肥效研究 [J]. 蚕桑茶叶通讯（1）：6-9.

谭宏伟，周柳强，谢如林，2000. 广西农田养分循环与平衡分析 [J]. 广西科学院学报，16（2）：82-86.

谭秀芳，云水利，刘树基，1987. 红壤高产茶园土壤理化性质及其培肥措施的研究 [J]. 土壤通报（1）：35-37.

陶亚南，李永庆，2016. 浅析大气氮沉降的基本特征与监测方法 [J]. 资源节约与环保（7）：107.

田文文，王卫，陈安磊，等，2014. 红壤稻田弃耕后植被和土壤有机碳对积水与火烧的早期响应 [J]. 植物生态学报，
　　38（6）：626-634.

庹海波，刘强，彭建伟，等，2015. 有机无机肥配施及稻草覆盖对中南丘陵茶园氮磷径流流失的影响 [J]. 湖南农业科
　　学（1）：56-59.

万舰军，张洪程，霍中洋，等，2007. 氮肥运筹对超级杂交粳稻产量、品质及氮素利用率的影响 [J]. 作物学报，43
　　（2）：175-182.

王伯仁，徐明岗，文石林，2005. 长期不同施肥对旱地红壤性质和作物生长的影响 [J]. 水土保持学报
　　（1）：97-100，144.

王德建，常志州，王灿，等，2015. 稻麦秸秆全量还田的产量与环境效应及其调控 [J]. 中国生态农业学报，23（9）：
　　1073-1082.

王峰，陈玉真，尤志明，等，2015. 不同类型茶园土壤腐殖质剖面分布特征研究 [J]. 茶叶科学，35（3）：263-270.

王海候，沈明星，刘凤军，等，2007. 施氮量对杂交粳稻常优1号产量及氮肥吸收利用的影响 [J]. 江苏农业科学
　　（4）：9-11.

王家玉，李实烨，孔繁根，等，1986. 稻田多熟制适宜施肥量研究 [J]. 土壤通报，17（6）：246-248.

王绍相，2014. 试述果园推广实施"猪-沼-果"模式的技术措施 [J]. 福建热作科技，39（3）：46-49.

王宜伦，任丽，张许，等，2010. 芝麻的营养与施肥研究现状与展望 [J]. 江苏农业科学（5）：126-128.

王义祥，2011. 不同经营措施下果园土壤有机碳库特性及固碳潜力研究 [D]. 福州：福建农林大学.

魏文学，谢小立，秦红灵，等，2019. 促进南方红壤丘陵区农业可持续发展的复合农业生态系统长期观测研究 [J]. 中
　　国科学院院刊，34（2）：231-243.

吴金奖，邢世和，林景亮，1990. 红壤性水稻土的分类及其鉴定指标 [J]. 福建农学院学报，19（1）：23-28.

吴敬民，许学前，姚月明，1999. 基肥不同施用方法对水稻生长及稻田周围水体污染的影响 [J]. 土壤通报，30（5）：
　　232-234.

吴敬民，姚月明，陈永芳，等，1999. 水稻基肥机械深施及肥料运筹方式效果研究 [J]. 土壤通报，30（3）：110-112.

吴倩，2017. 湖南省橘园营养状况与微生物群落研究 [D]. 长沙：湖南农业大学.

吴洵，姚国坤，王晓萍，1989. 低丘红壤茶园氮磷钾平衡施肥的探讨 [J]. 蚕桑茶叶通讯（4）：1-9，13-14.

夏文建，王萍，刘秀梅，等，2017. 长期施肥对红壤旱地有机碳、氮和磷的影响 [J]. 江西农业学报，29（12）：27-31.

肖润林，彭晚霞，宋同清，等，2006. 稻草覆盖对红壤丘陵茶园的生态调控效应 [J]. 生态学杂志（5）：507-511.

谢为民，贺湘逸，1987. 红壤肥力限制因素 [J]. 江西红壤研究（9）：26-36.

熊毅，李庆逵，1987. 中国土壤 [M]. 2版. 北京：科学出版社.

徐华勤，肖润林，向佐湘，等，2009. 稻草覆盖、间作三叶草茶园土壤酶活性与养分的关系 [J]. 生态学杂志，28
　　（8）：1537-1543.

徐明岗，李冬初，李菊梅，等，2008. 化肥有机肥配施对水稻养分吸收和产量的影响 [J]. 中国农业科学（10）：
　　3133-3139.

徐乃千，2018. 赣南红壤丘陵区果园不同开发模式下水土保持效益研究 [D]. 南昌：江西师范大学.

徐小林，2013. 丘陵红壤旱地花生木薯间作和秸秆覆盖种植效应研究 [D]. 南昌：江西农业大学.

徐小林，黄庆海，李大明，等，2015. 不同播种量对白三叶草生长和越夏率的影响 [J]. 中国农学通报，31
　　（36）：109-112.

薛世逵，赵其国，1989. 土壤圈物质循环的研究现状及其发展趋势 [J]. 土壤学进展（5）：8-14.

闫湘，金继运，何萍，等，2008. 提高肥料利用率技术研究进展 [J]. 中国农业科学，41（2）：450-459.

颜雄，2013. 长期施肥对水稻土和旱地红壤的肥力质量、有机碳库与团聚体形成机制的影响 [D]. 长沙：湖南农业

大学．

杨晨璐，刘兰清，王维钰，等，2018. 麦玉复种体系下秸秆还田与施氮对作物水氮利用及产量的效应研究 [J]. 中国农业科学，51（9）：1664-1680.

杨甲华，2012. 红壤丘岗区不同土地利用方式对土壤肥力质量的影响 [D]. 长沙：湖南农业大学．

杨林章，孙波，刘健，2002. 农田生态系统养分迁移转化与优化管理研究 [J]. 地球科学进展，17（3）：441-445.

杨龙元，秦伯强，胡维平，等，2007. 太湖大气氮、磷营养元素干湿沉降率研究 [J]. 海洋与湖沼，38（2）：104-110.

杨普云，李萍，王战鄂，等，2013. 植物免疫诱抗剂氨基寡糖素的应用效果与前景分析 [J]. 中国植保导刊，33（3）：20-21.

杨书运，江昌俊，2010. 稻草和地膜覆盖对冬季茶园保温增温作用的研究 [J]. 中国生态农业学报，18（2）：327-333.

杨亚军，2005. 中国茶树栽培学 [M]. 上海：上海科学技术出版社．

要文倩，秦江涛，张继光，等，2010. 江西进贤水田长期施肥模式对水稻养分吸收利用的影响 [J]. 土壤，42（3）：467-472.

姚贤良，程云生，1986. 土壤物理学 [M]. 北京：农业出版社．

叶会财，李大明，黄庆海，等，2015. 长期不同施肥模式红壤性水稻土磷素变化 [J]. 植物营养与肥料学报，21（6）：1521-1528.

叶会财，李大明，黄庆海，等，2019. 不同有机培肥方式对红壤性水稻土磷素的影响 [J]. 土壤通报，50（2）：374-380.

叶菁，王义祥，王峰，等，2016. 豆科绿肥对茶园土壤有机碳矿化的模拟研究 [J]. 茶叶学报，57（3）：133-137.

叶柳祥，蓝月相，叶国军，等，2015. 南方"猪-沼-果"循环农业模式沼肥施用关键技术 [J]. 现代农业科技（3）：221-225.

叶荣生，2013. 有机肥对柑橘营养及生长的影响 [D]. 重庆：西南大学．

易道德，胡建业，吴小平，1995. 丘陵红壤温州蜜柑园营养状况调查研究 [J]. 江西红壤研究（6）：71-77.

易秀，杨胜科，胡安焱，等，2007. 土壤化学与环境 [M]. 北京：化学工业出版社．

余喜初，黄庆海，李大明，等，2011. 鄱阳湖地区长期施肥双季稻稻田生态系统净碳汇效应变化特征 [J]. 农业环境科学学报，30（5）：1031-1036.

余喜初，李大明，黄庆海，等，2011. 鄱阳湖地区长期施肥双季稻田生态系统净碳汇效应及收益评估 [J]. 农业环境科学学报，30（9）：1777-1782.

袁颖红，2010. 长期施肥对红壤性水稻土氮素形态的影响 [J]. 安徽农业科学（16）：8550-8553.

袁颖红，李辉信，黄欠如，等，2004. 不同施肥处理对红壤性水稻土微团聚体有机碳汇的影响 [J]. 生态学报（12）：2961-2966.

曾清苹，何丙辉，李源，等，2016. 模拟氮沉降对重庆缙云山马尾松林土壤呼吸和酶活性的季节性影响 [J]. 环境科学，37（10）：3971-3978.

曾研华，范呈根，吴建富，等，2017. 等养分条件下稻草还田替代双季早稻氮钾肥比例的研究 [J]. 植物营养与肥料学报，23（3）：658-668.

曾研华，吴建富，曾勇军，等，2018. 机收稻草全量还田减施化肥对双季晚稻养分吸收利用及产量的影响 [J]. 作物学报，44（3）：454-462.

张承元，单志芬，赵连胜，2001. 略论稻田养鱼与农田生态 [J]. 生态学杂志（3）：24-26.

张国，逯非，赵红，等，2017. 我国农作物秸秆资源化利用现状及农户对秸秆还田的认知态度 [J]. 农业环境科学学报，36（5）：981-988.

张洪程，王秀芹，戴其根，等，2003. 施氮量对杂交稻两优培九产量、品质及吸氮特性的影响 [J]. 中国农业科学，36（7）：800-806.

张昆，梅胜芳，成艳红，等，2017. 江西红壤旱地花生降酸调湿增效栽培技术规程 [J]. 现代农业科技（2）：21-24.

张昆，孙永明，万雅静，等，2017. 江西茶园有机肥化肥配施对茶叶产量品质和土壤肥力的影响 [J]. 江西农业学报，29（5）：57-61.

张士良，2004. 南方丘陵山地果园生态工程技术示范推广模式研究 [D]. 杭州：浙江大学．

张玉铭，胡春胜，毛任钊，等，2003. 华北太行山前平原农田生态系统中氮、磷、钾循环与平衡研究 [J]. 应用生态学报（11）：1863-1867.

张月芳，王子臣，陈留根，等，2009. 施氮量对优质粳稻南粳 44 产量及产量构成因素的影响 [J]. 江苏农业科学 （4）：84-86.

赵其国，2015. 开拓资源优势，创新研发潜力，为我国南方红壤地区社会经济发展作贡献：纪念中国科学院红壤生态实验站建站 30 周年 [J]. 土壤，47（2）：197-203.

赵其国，谢为民，何湘逸，等，1988. 江西红壤 [M]. 南昌：江西科学技术出版社.

郑丽敏，牛永锋，孙慧敏，2006. 南繁玉米锈病的发生及防治 [J]. 玉米科学，14（S）：129-130.

中国科学院红壤生态实验站，2001. 红壤生态系统研究：第六集 [M]. 北京：中国农业科技出版社.

中国科学院南京土壤研究所，1980. 中国土壤 [M]. 北京：科学出版社.

周广业，阎龙翔，1993. 长期施用不同肥料对土壤磷素形态转化的影响 [J]. 土壤学报，30（4）：443-446.

周健民，2000. 农田养分平衡与管理 [M]. 南京：河海大学出版社.

周鸣锋，1985. 土壤肥力概论 [M]. 南京：江苏科技出版社.

周卫军，2003. 红壤稻田系统养分循环与 C、N 转化过程 [D]. 武汉：华中农业大学.

周卫军，王凯荣，张光远，2003. 有机无机结合施肥对红壤稻田土壤氮素供应和水稻生产的影响 [J]. 生态学报（5）：914-921.

周昱，谢振华，刘英苓，2004. 户用"猪-沼-果"生态模式经济评价 [J]. 中国生态农业学报，12（4）：201-203.

朱捍华，黄道友，刘守龙，等，2008. 稻草易地还土对丘陵红壤团聚体碳氮分布的影响 [J]. 水土保持学报（2）：135-140.

朱济成，杨金楼，计中孚，等，1992. 我国低丘红壤茶园土壤剖面特性及其改善措施 [J]. 上海农业科技（1）：33-35.

朱自均，郑钦玉，王光明，等，1996. 稻田生态系统的良性循环与稻田高产养鱼 [J]. 生态学杂志（4）：59-62.

Bi L D, Zhang B, Li Z Z, et al., 2009. Long-term effects of organic amendments on the rice yields for double rice cropping systems in subtropical China [J]. Agriculture, Ecosystems and Environment, 129: 534-541.

Cai Z C, Qin S W, 2006. Dynamics of crop yields and soil organic carbon in a long-term fertilization experiment in the Huang-Huai-Hai Plain of China [J]. Geoderma, 136（3）: 708-715.

Chen A L, Xie X L, Ge T D, et al., 2017. Rapid decrease of soil carbon after abandonment of subtropical paddy fields [J]. Plant and Soil, 415: 203-214.

Dawe D, Dobermann A, Moya P, et al., 2000. How widespread are yield declines in long-term rice experiments in Asia [J]. Field Crops Research, 66: 175-193.

Diest A V, 1994. Agrieulutarl sustainability and soil nutrient cycling with emphasis on tropical soils [M]. Mexieo: Transactions of the International Congress of Soil Science.

Eswaran H, Vanden B E, Reich P, 1993. Organic carbon in soils of the world [J]. Soil Science Society of America, 57: 192-194.

Galloway J N, 2005. The global nitrogen cycle: Past, present and future [J]. Science in China Sciences C: Life Sciences, 48（special issue）: 669-677.

Huang S, Sun Y N, Zhang W J, 2012. Changes in soil organic carbon stocks as affected by cropping systems and cropping duration in China's paddy fields: A meta-analysis [J]. Climatic Change, 112（3）: 847-858.

Huang S, Zhang W J, Yu X C, et al., 2010. Effects of long-term fertilization on corn productivity and its sustainability in an Ultisol of Southern China [J]. Agriculture, Ecosystems and Environment, 138: 44-50.

Jackson R B, Manwaring J H, Coldwell M M, 1990. Rapid physiological adjustment of roots to localized soil enrichment [J]. Nature, 344: 58-60.

Johnston A E, 2000. Soil and plant phosphate [M]. Pairs: International Fertilizer Industry Association Press: 27-29.

Kong A Y, Six J, Bryant D C, et al., 2005. The relationship between carbon input, aggregation, and soil organic carbon stabilization in sustainable cropping systems [J]. Soil Science Society of America Journal, 69（4）: 1078-1085.

Lal R, 2004. Soil carbon sequestration impacts on global climate change and food security [J]. Science, 304（11）: 1623-1627.

Liu C, Lu M, Cui J, et al., 2014. Effects of straw carbon input on carbon dynamics in agricultural soils: A meta - analysis [J]. Global Change Biology, 20（5）: 1366-1381.

Luo X S, Liu P, Tang A H, et al., 2013. An evaluation of atmospheric Nr pollution and deposition in North China after the Beijing Olympics [J]. Atmospheric Environment, 74: 209-216.

Macdomald A J, Powlson D S, Poutton P R, et al., 1989. Unused fertiliser nitrogen in arable soils &-mdash, its contribution to nitrate leaching [J]. Journal of the Science of Food and Agriculture, 46 (4): 407 - 419.

Majumder B, Mandal B, Bandyopadhyay P K, et al., 2008. Organic amendments influence soil organic carbon pools and rice-wheat productivity [J]. Soil Science Society of America Journal, 72 (3): 775 - 785.

Ni J Z, Xu J M, Xie Z M, et al., 2004. Changes of labile organic carbon fractions in soils under different rotation systems [J]. Pedosphere, 14 (1): 103 - 109.

Pan G X, Smith P, Pan W, 2009. The role of soil organic matter in maintaining the productivity and yield stability of cereals in China [J]. Agriculture, Ecosystems and Environment, 129: 344 - 348.

Post W M, Emanuel W R, Zinke P J, et al., 1982. Soil carbon pools and world life zones [J]. Nature, 298: 156 - 159.

Rui W Y, Zhang W J, 2010. Effect size and duration of recommended management practices on carbon sequestration in paddy field in Yangtze Delta Plain of China: A meta-analysis [J]. Agriculture Ecosystems and Environment, 135 (3): 199 - 205.

Sanginga N, Lyasse O, Singh B B, 2000. Phosphorus use efficiency and nitrogen balance of cowpea breeding lines in a low P soil of the derived savanna zone in West Africa [J]. Plant and Soil, 220: 119 - 128.

Smil V, 1999. Nitrogen in crop production: An account of global flows [J]. Global Biogeochemical Cycles, 13: 647 - 662.

Tang X, Li J M, Ma Y B, et al., 2008. Phosphorus efficiency in long-term (15 years) wheat-maize cropping systems with various soil and climate conditions [J]. Field Crops Research, 5 (7): 1 - 7.

Wang J W, Tan R X, 2002. Artemisinin production in Artemisia annua hairy root cultures with improved growth by altering the nitrogen source in the medium [J]. Biotechnology Letters, 24 (14): 1153 - 1156.

Watson C A, Atkinson D, 1999. Using nitrogen budgets to indicate nitrogen use efficiency and losses from whole farm systems: Comparison of three methodological approaches [J]. Nutrient Cycling in Agroecosystems, 53: 259 - 267.

Yu Q G, Hu X, Ma J W, et al., 2020. Effects of long-term organic material applications on soil carbon and nitrogen fractions in paddy fields [J]. Soil and Tillage Research, 196: 1 - 7.

Zhang H M, Wang B R, Xu M G, et al., 2009. Crop yield and soil responses to long-term fertilization on a red soil in southern China [J]. Pedosphere, 19 (2): 199 - 207.

Zhang W J, Wang X J, Xu M G, et al., 2010. Soil organic carbon dynamics under long-term fertilizations in arable land of northern China [J]. Biogeosciences, 7: 409 - 425.

Zhang W J, Xu M G, Wang B R, et al., 2009. Soil organic carbon, total nitrogen and grain yields under long-term fertilizations in the upland red soil of Southern China [J]. Nutrient Cycling in Agroecosystems, 84 (1): 59 - 69.

Zhang X, Wang D, Fang F, et al., 2005. Food safety and rice production in China [J]. Resource Agricultural Modernization, 26 (1): 85 - 88.

Zhou H, Peng X, Perfect E, et al., 2013. Effects of organic and inorganic fertilization on soil aggregation in an Ultisol as characterized by synchrotron based X-ray micro-computed tomography [J]. Geoderma, 195: 23 - 30.

第十四章

红壤面源污染与防控 >>>

南方红壤区是我国热带和亚热带经济及粮食作物的重要生产基地。近年来，由于人类不合理的土地资源利用以及降水、地形等自然因素的影响，红壤区的农业面源污染日益严重，农业面源污染加剧了水土流失、土壤酸化、土地肥力下降、水体富营养化、土壤污染等问题，限制了红壤区农业的可持续发展（陈国徽等，2016）。农业面源污染与点源污染是相对的，是指农业污染源（种植业、畜禽养殖业、水产养殖业）产生的如氮、磷、农药、重金属、粪便等污染物从非特定的区域，在降雨和地形的共同驱动作用下，以地表径流或地下渗漏的方式进入自然水体造成水体环境污染（王萌等，2020）。本节主要讨论红壤农业面源污染的环境风险及防控技术。

第一节 红壤农业面源污染特征与评价

一、红壤农业面源污染成因

1. 化肥农药产生的污染

大量的化肥和农药在农业生产过程中流入环境，参与自然循环，严重威胁到生态环境安全、农产品质量安全、人类生命健康安全等。

（1）化肥过量施用造成的污染 红壤区土壤黏粒含量大，通透性差，pH 一般为 5～6，属于微酸性土壤，有机质含量少，保肥能力较差（张丽萍，2019），需施用大量的化肥来提高其肥力。过量的化肥施用会导致土壤板结、耕地质量变差。红壤黏粒中铁铝氧化物含量较高、腐殖酸含量低，使得田间持水量小、有效水少、旱季保水性差，需过量灌溉来保证作物的水分吸收。受施肥方式不当、施肥结构单一、氮磷钾养分比例失调以及过量灌溉等因素影响，化肥利用率很低。施入的化肥除被作物吸收利用和在土壤中残留以外，剩余的化肥在降雨和灌溉的作用下，经地表径流或地下渗滤进入自然水体当中，导致地表水体的富营养化和地下水污染（赵永志，2015）。

（2）过度使用农药造成的污染 红壤地区夏季高温多雨，为保证粮食产量，需喷洒大量农药来防治病虫灾害。而喷施的农药只有 10%～20% 附着在农作物上，其余部分有 40%～60% 降落于地面，5%～30% 会飘散于空气中，落于地面的这部分又会随降雨产生的地表径流进入地表水体污染环境（金涌，2009）。

2. 农业废弃物的污染

农业生产过程中会产生许多废弃物，如畜禽养殖、农作物秸秆以及农用地膜。如果不及时进行无害化处理，这些农业废弃物就会成为污染源，导致生态环境恶化。

（1）畜禽养殖污染 近年来，南方地区畜禽养殖业朝着集约化快速发展，畜禽粪便和养殖废水的排放量逐年增加。其中，中小型畜禽养殖场的养殖数占养殖总量的 70% 以上。这些中小型畜禽养殖场未设立畜禽粪便和废水的无害化处理工艺，直接将相当一部分的养殖废弃物不经处理或进行简单化处理后便排到河流、湖泊中，严重破坏了生态环境（边博，2013）。畜禽养殖废弃物中所含的氮、磷等成分是水体富营养化的主要原因之一。

（2）**农作物秸秆污染**　随着农业生产规模的不断扩大，红壤区每年集中产生大量的秸秆。农作物秸秆已经不再是农村燃料的主要来源，浪费或焚烧的秸秆达到45％以上。秸秆经露天焚烧时会产生大量的二氧化硫、二氧化氮、可吸入颗粒物，严重污染空气。长时间随意堆放在沟渠周边、田埂地头的秸秆堆以及被丢弃到溪流、水渠的秸秆，在高温潮湿的环境下腐烂而使得水体富营养化，污染水体环境。

（3）**农用地膜污染**　地膜对播种时期的保湿、保温起到非常重要的作用，极大地促进农作物早熟、增产，并提高农产品质量。红壤区的主要覆盖作物为草莓、花生、棉花和蔬菜，地膜使用量和覆盖面积都逐年增加。但使用后，只有73.1％的地膜被回收（蔡金洲，2013），滞留在农田土壤中的地膜残片在自然条件下难以降解，影响土壤的通透性和农作物的生长发育，导致作物减产。此外，农用地膜中的增塑剂经挥发会被农作物吸收，对作物有毒害作用，进而通过食物链危害人体健康（刘金军，2009）。

3. 水土流失的污染

红壤主要分布在南方广阔的低山丘陵区，地处热带和亚热带，降水丰沛。由于人类频繁的农事活动，红壤区的低山丘陵生态系统遭到严重破坏，水土流失导致的土壤侵蚀和养分流失问题十分严重。水土流失将坡耕地土壤中大量的氮磷元素、化肥、农药、重金属、有机质等带入江河湖泊，引发水体富营养化，造成水环境污染（杨洁，2017）。水土流失已经成为红壤区农业面源污染不可忽视的一个途径。

二、红壤农业面源污染特征

与点源污染相比，面源污染是由分散的污染源共同造成的。其污染物质来源广，地理边界和发生位置难以确定，具有分散性和不确定性、突发性和随机性、广泛性和难监测性、滞后性和潜伏性、严重危害性和防治困难性等特点。

1. 分散性和不确定性

红壤区的农业面源污染不像点源污染那样排放单一且集中，而是具有分散性的特征。其分散性体现在农业面源污染会因区域内的地形地貌、土地利用方式、土壤性质、水文特征、天气等的差异体现出空间上的异质性和时间上的不连续性。红壤区低丘缓坡地水土流失面积广，类型多样，地貌格局复杂，面源污染空间分布分散。红壤农业面源污染的分散性又导致其污染的地理边界和位置不易确定。

2. 突发性和随机性

从红壤农业面源污染的发生机制和形成过程来看，其与降雨时间、降雨地区、降雨强度有着密切关系，而红壤分布区降雨丰沛，经常突发中大暴雨，所以红壤面源污染也具有突发性。此外，面源污染还与地理位置、地貌形状、农作物类型、温度、湿度等自然条件密切相关，而这些自然条件都具有随机的特性。所以，红壤农业面源污染的产生也具有较高的随机性。

3. 广泛性和难监测性

红壤农业面源污染来源广泛，包括化肥、农药流失和渗漏，农村地表径流，未处理的生活污水排放、暴雨导致的初期生活污水漫流，以及畜禽养殖废水、渔场养殖废水的排放和水土流失等，都是农业面源污染的来源（Chen et al.，2016；Singh et al.，2013）。由于农业面源污染的污染物质来自多个污染源，这些污染源在空间内又存在重叠的现象，且污染物的迁移转化又受不同地理、气候、水文条件的影响，因此难以监测单个或多个污染物的排放量，且监测成本十分高。

4. 滞后性和潜伏性

在未发生降雨和地表径流之前，化肥、农药等污染物可能积累在农田内，并不会对土壤和水体产生污染，化肥、农药等在农田中存在时间的长短决定了农业面源污染具有潜伏期，潜伏时间越长，危害越大。红壤的母质结构性差，土层薄，抗侵蚀的能力差，随时都有发生水土流失的可能性。红壤农业面源污染物从源头产生，到进入土壤、水体、空气中需要一定的时间，且单次产生污染的量是较少的，其对自然环境的污染是一个量变到质变的过程，这就决定了农业面源污染的滞后性。当检测到环境受到污染时，其污染已经持续了相当一段时间，再开始防控十分困难。

5. 严重危害性和防治困难性

红壤农业面源污染会对生态环境和人体健康产生严重危害。氮、磷等营养物质过量输入水体会导致水体的富营养化、水中的溶解氧减少，破坏水生生物的生存环境。近年来，频繁暴发的蓝藻、水华现象就与此有关。重金属、农药残留物等有毒物质会污染地表或地下水源，并通过食物链进入人体，影响人体健康。红壤区受农业面源污染影响后，土壤容易板结、蓄水保肥的能力下降，导致养分容易流失、农作物减产、农作物品质下降。农业面源污染已持续了相当长的时间，污染规模也越来越大，防治成本高、防治周期长、防治见效缓慢。

三、红壤农业面源污染评价方法

为应对日益严重的红壤农业面源污染问题，国内外纷纷开展了农业面源污染的研究。目前，红壤农业面源污染的评价方法要有两种：一种是以模型预测为主；一种是以现场监测为主。

1. 模型预测

利用已有的模型来模拟某个小流域的农业面源污染。建立模型需要提供参数，农田磷径流流失是模型中的重要部分，养分流失监测则为建模提供了参数。目前，GIS与面源模型耦合集成的模型已经成为面源模型的发展趋势，包括InVEST、LOADEST、SWAT、ANNAGNPS、NPSM和LSPC等模型，将其应用到面源污染中的氮、磷负荷模拟，可以有效地了解污染物的空间分布规律，还可以制定最优的管理措施来控制氮、磷污染。但是，模型参数调整难度较大，实际农业生产情况复杂，不同区域要对模型中的参数进行调整以提高模型模拟的准确性。

2. 现场监测

目前，对红壤农业面源污染的研究以现场监测为主，即通过实地调查分析来对污染物开展试验小区监测。根据污染物质产生及迁移转化的途径，农业面源污染现场监测可分为地表径流监测、地下淋溶监测和壤中流监测等（张春雪，2019）。地表径流监测方法主要有径流池法和径流桶法。径流池法是指在田间构建硬化水泥池来收集试验小区产生的径流，该方法能够容纳长时间降雨产生的径流，但建造周期长、成本高，且对田间土层的破坏程度大。径流桶法是将大容量的水桶放置于田边来收集小区径流。该方法工程量小，能够快速开展监测，但在每场降雨后需对每个桶内的水进行排空，试验人员的工作量较大。地下淋溶监测方法有室内模拟法、吸压式土壤溶液采样法、淋溶盘法、渗滤池法等。其中，吸压式土壤溶液采样法应用最为广泛，仪器安装简便，采集溶液快速，基本不破坏土壤层，适用于各种土壤类型的农田，便于长期定位监测。

第二节　红壤农业面源污染田间及流域监测

一、红壤农业面源污染田间监测

1. 试验设计

试验位于广州市增城区典型作物种植区，土壤为黏质，pH为5.69，有机质含量为15.491 g/kg，全氮含量为1.049 g/kg，全磷含量为0.162 g/kg，全钾含量为4.14 g/kg，符合红壤的典型特征。该区设置了60个田间试验小区，种植了水稻、玉米、叶菜3种典型作物，每种作物设计6～7个处理。这些处理围绕水、肥、耕作和轮作等农艺措施展开，每个处理设置3个重复。小区形状为长方形，规格为7 m×5 m。为防止小区之间串水、串肥和侧向渗漏，每个小区之间用60 cm的田埂隔开，并在小区四周插设PE塑料隔板。田间径流采用径流桶法收集，地下淋溶液采用吸压式土壤溶液采样法收集，在每次田间灌溉和发生降雨后采样，当天送回实验室分析水样的主要污染物浓度。试验小区灌溉管道和排水渠道建设齐全，并且配备农业气象站、地下水位观测井以及雨水收集器等装置。

2. 种植区氮流失特征、养分循环和环境归趋

基于广州市主要农业区的田间监测试验结果，农田氮磷的流失浓度普遍随作物生育期的推进呈现逐渐降低的趋势，施用基肥和第一次追肥阶段是氮磷径流流失风险窗口期，这一时期的总氮和总磷径流流失分别占作物生育期内总流失量的 65.07%～87.23% 和 46.61%～96.86%。水稻、玉米、蔬菜和柑橘在各自生育期内的氮流失量分别为 6.89 kg/hm²、11.87 kg/hm²、6.35 kg/hm²、2.70 kg/hm²（平地柑橘）和 4.18 kg/hm²（坡地柑橘）。其中，以玉米为代表的旱地粮食作物的氮流失量相对较大，其次是水田（水稻），而以蔬菜为代表的经济作物及以柑橘为代表的园地氮流失量相对较少。3 种作物的磷流失量分别为 1.86 kg/hm²、0.50 kg/hm² 和 0.78 kg/hm²，且水田（水稻）＞旱地经济作物（蔬菜）＞旱地粮食作物（玉米）。在常规施肥条件下，水稻、玉米和蔬菜的氮流失系数分别为 1.08%、2.66% 和 1.52%，略高于第一次污染普查所得到的全国平均水平（1.08%、1.05% 和 1.46%）。水稻、玉米和蔬菜的磷流失系数分别为 0.59%、0.34% 和 0.36%，其中，广州地区水田的磷流失系数高于全国平均水平（0.26%），而玉米和蔬菜的磷流失系数略低于全国平均水平（0.62% 和 0.87%）。

供试农田土壤中的氮磷流失以径流流失为主，在淋溶过程中氮磷在向下迁移时会与土壤发生物理化学吸附作用以及微生物硝化-反硝化作用，使得氮磷通过淋溶过程流失的总量极低。其中，60 cm 土壤深度下的淋溶流失中总氮和总磷的浓度峰值范围分别为 2.0～3.7 mg/L 和 0.02～0.18 mg/L，显著低于对应作物的径流流失浓度（N：3.6～25.2 mg/L，P：0.22～2.57 mg/L）。通过对径流水样中氮、磷的形态进行分析发现，水田和玉米田的氮流失以铵态氮为主，这一结论与叶玉适等在太湖流域的研究发现相吻合（叶玉适，2014），而蔬菜田氮流失则以硝态氮为主，这可能是因为蔬菜田和柑橘园地土壤系统中微生物的硝化作用更加显著，使得由尿素水解产生的铵态氮更易转化为硝态氮；对于磷而言，农田磷的流失以径流流失为主，这个结论与很多文献报道的结果是一致的。例如，易湘琳（2016）在研究南方红壤条件下蔬菜种植区磷流失时发现，磷的流失以径流流失为主，总磷的径流流失量可以达到淋溶流失量的 1.13～6.96 倍；周怡雯等（2019）在研究南方红壤条件下种植水稻和花生等作物时也得出的 95% 左右的磷随地表径流和侵蚀泥沙流失。各种作物类型下的径流流失以颗粒态的磷为主，张威等（2009）在对广州市白云区某菜地的研究中也发现颗粒态磷是磷径流流失的主要形态。因此，防止颗粒态的磷随泥沙冲蚀对农田化肥中磷流失的防控十分关键。在常规施肥条件下，供试水稻对氮肥和磷肥的利用率分别为 28.2% 和 11.4%，与张福锁院士调查得到的全国水稻氮肥和磷肥利用率平均值相当（水稻氮肥利用率平均范围为 27.1%～35.6%，磷肥利用率平均范围为 11.6%～13.7%）；供试玉米的氮肥和磷肥利用率分别为 37.0% 和 20.0%，高于张福锁院士研究发现的对全国玉米氮肥和磷肥的平均利用率水平（玉米的氮肥利用率平均水平为 25.6%～26.3%，磷肥利用率平均水平为 9.7%～12.6%）；供试蔬菜的氮肥和磷肥利用率分别为 19.1% 和 10.3%，与华南地区蔬菜的氮肥和磷肥平均利用率相当（18.4% 和 17.2%）。综上，水稻、玉米和蔬菜对氮磷的利用率为玉米＞水稻＞蔬菜。在此基础上，通过对农田体系中氮和磷的输入量（施肥、干湿沉降以及土壤本底值）和输出量（氨挥发、植株利用、土壤固持、径流及淋溶流失）的养分循环过程进行全面分析可知，氮的输出以作物利用、土壤固持和氨挥发为主，其中土壤固持和氨挥发过程中氮输出之和占氮总输出量的 58.9%～78.6%，作物利用的氮占 19.0%～36.9%，氮的径流和淋溶流失仅占 1.5%～4.0%（其中氮的淋溶流失量约占径流流失量的 31%）；磷的养分循环过程尚不明确，初步的测算结果显示，土壤固持的磷占磷总输出量的比例最大（41.5%～45.0%），这是由于磷多以颗粒态形式存在，广州地区红壤中富含的铁锰氧化物更易吸附磷，作物利用的磷占比为 10.3%～20.1%，而磷径流及淋溶流失量均小于 1%（其中，磷的淋溶流失量约占径流流失量的 25%）。

二、红壤农业面源污染流域监测

1. 试验方法

本试验采用定时定位监测法，以水稻、玉米、蔬菜和柑橘 4 种典型作物为主要监测作物，识别广州市增城区典型农业小流域各个水体监测流域断面的水质变化。水体监测断面的布设按照进口-出口系统布点原则，为了反映流域的污染特征，根据流域土地利用类型的差异以及各小支流的源汇状况，保证在主要进出口位置设置监测点，能控制增城基地主要进出水量，基地的功能分区见图 14-1。每日使用自动水质采样器进行两次自动采集水样，并拿回实验室分析，采样时间为 12：00 与 24：00。同时，使用巴氏堰压力传感器及数据采集器对流域进出口水位、流速、流量进行持续分析。

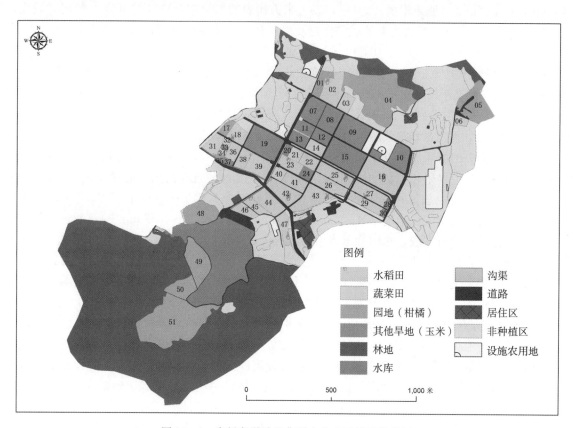

图 14-1　广州市增城区典型农业小流域功能分区

2. InVEST 模型

InVEST（the integrate valuation of ecosystem services and tradeoffs tool）全称为生态系统服务功能综合估价和权衡得失评估模型，由斯坦福大学、自然保护协会（the Nature Conservancy，TNC）和世界自然基金会（World Wildlife Fund，WWF）于 2007 年联合开发。此模型旨在模拟从局部到全球不同土地利用情景下生态服务系统物质量和价值量的变化，为决策者权衡人类活动的效益和影响提供科学依据。目前，InVEST 模型主要由三大生态系统评估模块组成：海洋系统、陆地系统和淡水系统。InVEST 模型中每一种评估模块可以进行不同方向的项目评估。海洋生态系统评估包括海岸保护模块、波能评估模块、叠置分析模块、水产养殖模块、生境风险评估模块等。淡水系统评估包括水源涵养模块、水源供给模块、产水量模块、土壤侵蚀模块、营养物传输比模块等；陆地系统评估包括碳储量模块、授粉模块、生物多样性模块等。相对于生态系统服务功能的评估方法，InVEST 模型可对评估结果进行定量、可视化的表达，更直观地解决了只能用文字抽象表述生态系统服务功能的问题。

NDR（nutrient delivery ratio）全称为营养物传输比，是 InVEST 模型中淡水评估系统里的一个模块。目的是绘制流域的营养物来源及其输送过程，采用质量守恒方法模拟氮、磷营养物在空间上的迁移过程。每个像素 i 的特征在于其养分负荷、负荷 i 及其养分输送比。而养分输送比是上坡面积和下坡流径（特别是下坡流径上不同土地利用类型养分的保持效率）的函数。基于这些因素计算每种像素输出，流域的负荷输出是像素养分输出的总和。将该模块用于模拟不同土地管理下径流中最终的总氮、总磷输出量，以此来反映污染物在研究区域的贡献程度。NDR 模块原理如图 14-2 所示。

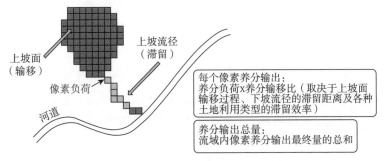

图 14-2　NDR 模块概念表示图

（1）营养负荷　通过地表径流潜力指数获取每个像素 i 氮、磷营养物修正负荷参数及地表、地下营养物输出负荷，公式如下：

$$\text{modified.} L_{xi} = L_{xi} \cdot RPI_i$$

$$RPI_i = \frac{RP_i}{RP_a v}$$

式中：$\text{modified.} L_{xi}$ 为修正的每个栅格像素 i 的营养物负荷；RPI_i 是像素 i 上的径流潜力指数；RP_i 是像素 i 上的径流代理；$RP_a v$ 是栅格上的平均代理参数。

地表径流中的氮、磷营养物通过植被缓冲带后，其中部分氮、磷被作物吸收、微生物固定、硝化反硝化后截留。部分氮、磷营养物通过土壤吸附而渗透到土层中沉积矿化而被截留。对于每个像素，修正后的负载可以分为沉积物约束部分和溶解营养部分。从概念上讲，前者代表通过地表或浅层地下径流输送的养分，而后者代表通过地下水输送的养分，对于像素 i：

$$L_{\text{surf},i} = （1-淋溶比_i) \cdot \text{modified.} L_i$$

$$L_{\text{subsurf},i} = 淋溶比_i \cdot \text{modified.} L_i$$

式中：淋溶比$_i$ 为每像元地下营养物来源占比参数；$L_{\text{surf},i}$ 为每像元地表营养物负荷；$L_{\text{subsurf},i}$ 为每像元地下营养物负荷。

（2）营养输送　NDR 模块的营养输送由两部分组成：一部分是地表径流输送，另一部分是地下潜流输送。

地表径流部分：地表营养物输送是由输送因子和地形指数决定的，前者表示下游像素在没有截留的情况下输送养分的能力，后者表示营养物在景观上的位置。公式如下：

$$NDR_i = NDR_{0,i} \left[1 + \exp\left(\frac{IC_i - IC_0}{k} \right) \right]^{-1}$$

$$NDR_{0,i} = 1 - eff'_i$$

式中：$NDR_{0,i}$ 指未被下游像素保留的营养物传输率（与像素在景观上的位置无关）；IC_i 是地形指数；IC_0 和 k 是校准参数；eff'_i 为地表栅格单元 i 和河流之间的最大截留效率。由于 eff'_i 依赖下游像素，因此在计算上游像素之前，从直接流入流的像素开始递归地进行。如图 14-3 所示，该算法沿着流动路径移动，并考虑到每种土地到河流的总距离，计算了每个像素提供的额外滞留养分。来自同一土地利用类型的每个额外像素将对总滞留率贡献出较小的值，直到达到给定的不同土地利用的最大保留效率为止。总滞留量由沿流动径流的土地类型提供的最大滞留量 $eff_{\text{LULC}i}$ 限制，如下：

$$eff'_i = \begin{cases} eff_{\text{LULC}i} \cdot (1-s_i) & \text{如果 } eff'_{\text{down}i} \text{ 是河流像元} \\ eff'_{\text{down}i} \cdot s_i + eff_{\text{LULC}i} \cdot (1-s_i) & \text{如果 } eff_{\text{LULC}i} > eff'_{\text{down}i} \\ eff'_{\text{down}i} & \text{否则} \end{cases}$$

$$s_i = \exp\left(\frac{-\mathrm{lidown}}{l_{\mathrm{LULC}i}}\right)$$

$$IC = \log_{10}\left(\frac{D_{\mathrm{up}}}{D_{\mathrm{dn}}}\right)$$

$$D_{\mathrm{up}} = \bar{s}\,\sqrt{A}$$

$$D_{\mathrm{dn}} = \sum_i \frac{d_i}{s_i}$$

式中：$eff_{\mathrm{LULC}i}$ 是土地利用类型 i 可到达流的最大滞留效率；$eff'_{\mathrm{down}i}$ 是下游栅格单元 i 上的有效滞留效率；s_i 为步长因子；l_{idown} 是栅格象元 i 到下游相邻栅格的路径长度；$l_{\mathrm{LULC}i}$ 是土地利用类型栅格 i 的滞留长度。

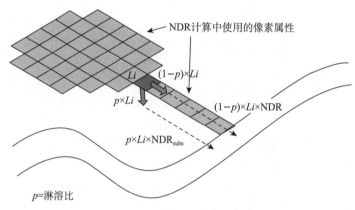

图 14 - 3　NDR 模块营养物输送图

地下潜流部分：地下 NDR 的表达式是随距离增加的指数衰减，稳定在定义的最大地下养分滞留量相对应的值，公式如下：

$$NDR_{\mathrm{subs},i} = 1 - eff_{\mathrm{subs}}\ (1 - \mathrm{e}^{\frac{-5l_i}{t_{\mathrm{subs}}}})$$

式中：eff_{subs} 是能够到达地下流的最大营养物滞留效率（即由于土壤中生物化学降解引起的养分保留）；l_{subs} 是地下水流的滞留长度，即假设土壤保持其最大容量的营养物的距离；l_i 是从像素到流的距离。

（3）营养输出　每个栅格像素 i 的养分输出为负荷与 NDR 的乘积：

$$x_{\mathrm{exp}i} = L_{\mathrm{surf},i} \cdot NDR_{\mathrm{surf},i} + L_{\mathrm{subs},i} \cdot NDR_{\mathrm{subs},i}$$

流域出口处的总养分是该流域内所有像素的输出之和：

$$x_{\mathrm{exptot}} = \sum_t x_{\mathrm{exp}_i}$$

式中：x_{exp_i} 为各栅格单元 i 的营养物输出量；$L_{\mathrm{surf},i}$ 为地表营养物的负荷；$NDR_{\mathrm{surf},i}$ 为地表营养物输出率；$L_{\mathrm{subs},i}$ 为地下营养物的负荷；$NDR_{\mathrm{subs},i}$ 为地下营养物输出率；x_{exptot} 为流域营养物输出量。

3. 基于 InVEST 模型的流域尺度下增城基地氮、磷流失负荷及行为预测

增城基地基于 InVEST 模型的流域尺度下不同种植类型的氮流失总量如图 14 - 4、图 14 - 5 和表 14 - 1 所示。由图 14 - 4 和表 14 - 1 可知，3—8 月水田流域尺度氮流失总量为 17.49～26.29 kg，显著高于 9—11 月的氮流失总量（1.22～7.00 kg）。类似地，3—8 月玉米田流域尺度氮流失总量范围为 1.76～2.51 kg，显著高于 9—11 月的氮流失总量（0.25～0.35 kg）。蔬菜田在 1—6 月的流域尺度氮流失总量范围为 1.25～7.59 kg，其中 3—4 月和 6 月的氮流失总量较大（5.74～7.59 kg）。柑橘田在 3—8 月的流域尺度氮流失总量为 11.53～15.11 kg，明显高于 1—2 月和 9—12 月的氮流失总量（1.04～7.49 kg）。由图 14 - 5 和表 14 - 1 可知，2019 全年增城基地水田流域尺度的氮流失总量最大（130.37 kg），其次是柑橘田（102.36 kg）、蔬菜田（29.11 kg）和玉米田（10.84 kg）。其中，水田流域尺度较高的氮流失总量和田块尺度较高的流失总量是一致的。因此，开展水田田块尺度氮流失的防控是减少流域尺度氮流失的关键。

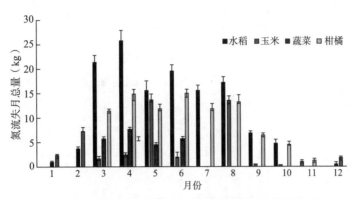

图 14-4　流域尺度增城基地不同种植类型月氮流失量

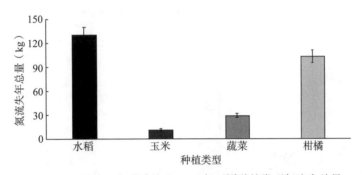

图 14-5　流域尺度增城基地 2019 年不同种植类型氮流失总量

表 14-1　基于流域尺度 InVEST 模型模拟 2019 年增城基地不同种植类型氮磷流失总量

	作物	1月	2月	3月	4月	5月	6月	7月	8月	9月	10月	11月	12月	年总量(kg)	单位面积年总量(kg/hm²)
总氮	水稻	0.00	0.00	21.91	26.29	15.78	19.88	15.90	17.49	7.00	4.90	1.22	0.00	130.37	5.47
	玉米	0.00	0.00	1.93	2.51	1.76	2.21	0.00	1.77	0.35	0.25	0.07	0.00	10.84	0.65
	蔬菜	1.25	3.74	5.84	7.59	4.56	5.74	0.00	0.00	0.00	0.00	0.00	0.40	29.11	6.64
	柑橘	0.42	1.25	1.92	2.50	2.00	2.52	2.02	2.22	1.09	0.76	0.21	0.17	17.06	0.64
	作物	1月	2月	3月	4月	5月	6月	7月	8月	9月	10月	11月	12月	年总量(kg)	单位面积年总量(kg/hm²)
总磷	水稻	0.00	0.00	0.36	0.47	0.33	0.41	0.23	0.27	0.18	0.17	0.00	0.00	2.43	0.10
	玉米	0.00	0.00	1.53	2.28	1.37	1.85	0.00	1.35	0.39	0.27	0.16	0.00	9.21	0.55
	蔬菜	0.10	0.11	0.12	0.10	0.11	0.09	0.00	0.00	0.00	0.00	0.00	0.05	0.68	0.16
	柑橘	0.04	0.04	0.04	0.07	0.05	0.09	0.04	0.04	0.07	0.08	0.05	0.03	0.65	0.02

　　增城基地流域尺度下不同种植类型的磷流失总量如图 14-6、图 14-7 和表 14-1 所示。由图 14-6 和表 14-1 可知，3—8 月水田流域尺度磷流失总量为 0.23～0.41 kg，略高于 9—10 月的磷流失总量（0.17～0.18 kg）。类似地，3—8 月玉米田流域尺度磷流失总量范围为 1.35～2.28 kg，显著高于 9—11 月（0.16～0.36 kg）。蔬菜田在 1—6 月的流域尺度磷流失总量范围为 0.09～0.12 kg，各月之间的磷流失总量差异不大。柑橘田在 1—12 月的流域尺度磷流失总量为 0.19～0.55 kg，其中 4

月、6 月和 9—10 月的磷流失总量相对较大（0.42～0.55 kg）。由图 14-7 和表 14-1 可知，2019 年增城基地玉米田流域尺度的磷流失总量最大（9.21 kg），其次是柑橘田（3.87 kg）、水田（2.43 kg）和蔬菜田（0.68 kg）。其中，玉米田的流域尺度的磷流失总量是其他类型地块磷流失总量的 5.43～22.8 倍。而且，玉米田流域尺度较高的磷流失总量和田块尺度较高的磷流失总量是一致的。因此，开展玉米田块尺度磷流失的防控是减少流域尺度磷流失的关键。

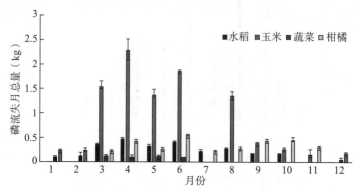

图 14-6　流域尺度增城基地不同种植类型总面积月磷流失总量

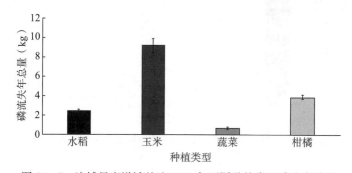

图 14-7　流域尺度增城基地 2019 年不同种植类型磷流失总量

4. 基于 InVEST 模型的流域尺度下增城基地氮磷流失空间分布特征

利用 InVEST 模型中的营养物传输比（NDR）模块，对广州增城区典型农业小流域 2019 年不同作物氮流失情况进行了模拟，基地小流域逐月氮流失空间分布情况如图 14-8 至图 14-10、表 14-1 所示。由图 14-8 至图 14-10 可以明显看出，不同作物氮流失负荷存在明显的空间变化特征。从全年总体上看，水稻种植区氮流失总量最大，年总流失量为 130.37 kg；柑橘种植区次之，为 102.35 kg。两者贡献率之和高达 85%，并与其他作物差异显著。蔬菜、玉米种植区，年总流失量分别为 29.11 kg 和 10.84 kg。以上差异是由于受到地形指数和水田氮滞留效率的影响，基地内水稻种植区水流流动路径周围地势较低，并且水田与河流之间的氮最大截留效率低，而我国南方水稻种植主要受自然环境影响，多分布在靠近河流的平原地区。因此，在小流域范围内进行生态沟渠和植被缓冲带建设对减少小流域中氮的流失具有积极作用。

为进一步分析基地内不同月份、不同作物氮流失的空间特征，运用 ArcGIS 中 ArcToolbox＞Spatial Analyst 工具＞重分类工具，设置 8 个单位面积氮流失总量区间段进行分析。结果显示，全年基地内玉米种植区和柑橘种植区单位面积氮流失总量均在 0.02～0.06 kg/hm²，对基地内氮流失贡献较低，蔬菜种植区上半年单位面积氮流失总量保持在 0.02～0.06 kg/hm²。3—8 月是基地氮流失的主要时期，水稻种植区保持在 0.03～0.06 kg/hm²。由增城基地的降雨数据可知，伴随着降雨的加强，水稻种植区单位面积氮流失总量也在增加，普遍达到 0.06 kg/hm² 水平以上，尤其是在 4 月，在最高段 0.25～0.55 kg/hm² 区间的流失总量约占水稻种植区的一半。综合以上分析可知，基地逐月氮流失空

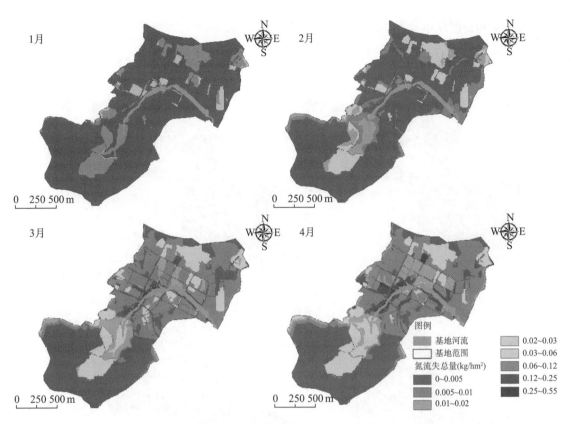

图 14 - 8　基于 InVEST 的增城基地 1—4 月氮流失模拟图

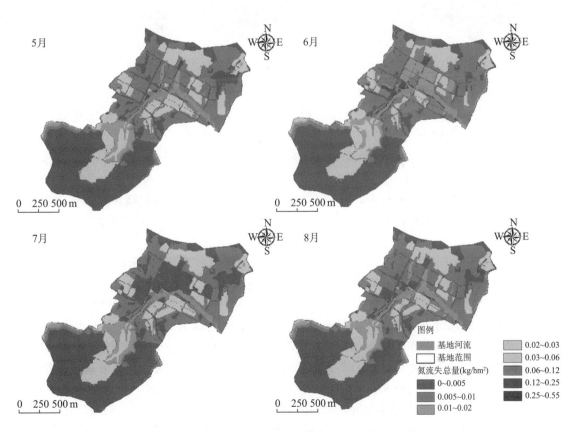

图 14 - 9　基于 InVEST 的增城基地 5—8 月氮流失模拟图

间分布与降水量和径流分布较为一致，具有较强的空间关系。因此，在雨季开展水田氮流失防控具有很强的实际意义。

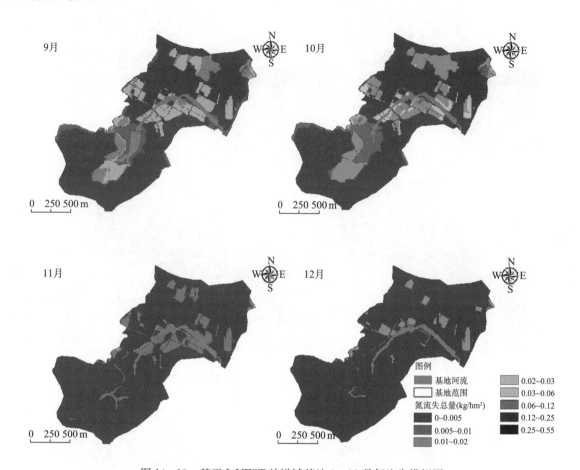

图 14-10 基于 InVEST 的增城基地 9—12 月氮流失模拟图

同样利用 InVEST 模型中的 NDR 模块，对增城 2019 年不同作物的磷流失情况进行了模拟，基地小流域逐月磷流失空间分布情况如图 14-11 至图 14-13、表 14-1 所示。由图 14-11 至图 14-13 可知，增城基地不同作物的磷流失总量也具有明显的空间差异性。从全年来看，玉米种植区磷流失总量最大，为 9.21 kg，贡献率达 71%；水稻种植区磷流失量次之，为 2.43 kg；蔬菜种植区和柑橘种植区磷流失总量较少，分别为 0.68 kg 和 0.58 kg。全年柑橘种植区变化较为平稳，月均磷流失总量在 0.05 kg 上下浮动。1—6 月蔬菜种植区变化幅度最小，月均磷流失总量在 0.11 kg 左右。

为进一步分析基地内不同月份、不同作物磷流失的空间特征，运用的 ArcGIS 中的 ArcToolbox＞Spatial Analyst 工具＞重分类工具，同样设置 8 个单位面积磷流失总量区间段进行分析。结果显示，全年柑橘种植区磷流失总量保持在 0～0.002 kg/hm²。4 月、6 月水稻种植区单位面积磷流失总量可达 0.015～0.02 kg/hm²，是其全年的最高值，其他月份均在 0.015 kg/hm² 之下。蔬菜种植区磷流失主要发生在 1—6 月，其单位面积磷流失总量在 0.015 kg/hm² 以上，1—2 月靠近基地河流的蔬菜田可达最高段 0.1～0.25 kg/hm²。3—6 月玉米种植区单位面积磷流失总量显著高于其他种植区，特别是 4 月、6 月，最高段 0.10～0.25 kg/hm² 基本覆盖了整个玉米种植区。这是因为磷在水环境中多以颗粒态存在，而 4 月、6 月是全年降水量最大的两个月，由于大量的雨水，磷吸附在水中颗粒的量增多，随着径流流出基地。因此，在雨季开展玉米种植区磷流失防控是减少小流域磷流失的关键一步。

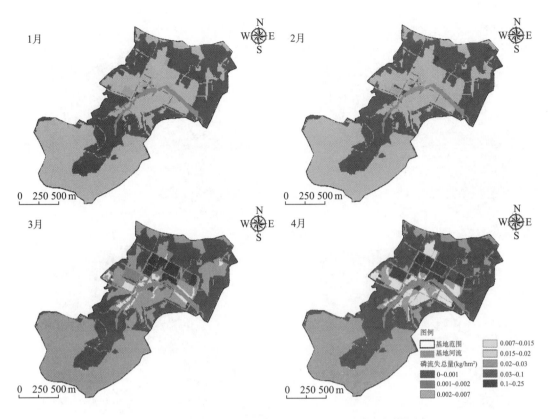

图 14 - 11　基于 InVEST 的增城基地 1—4 月磷流失模拟图

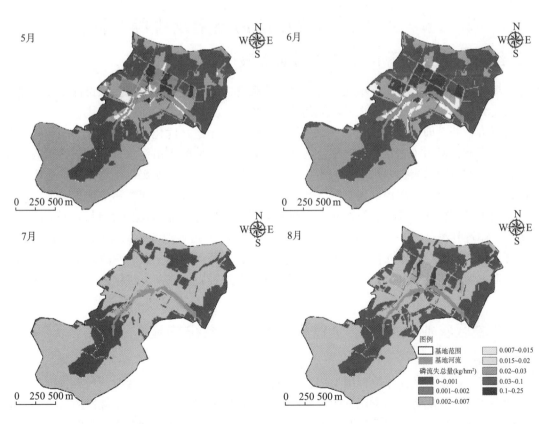

图 14 - 12　基于 InVEST 的增城基地 5—8 月磷流失模拟图

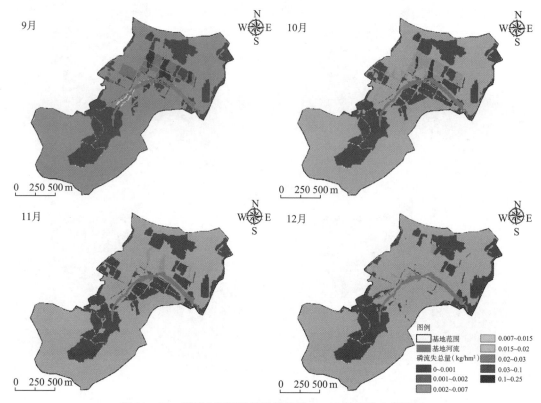

图 14 - 13　基于 InVEST 的增城基地 9—12 月磷流失模拟图

第三节　红壤区农业面源污染全过程综合防控

一、红壤区农业面源污染全过程防控策略

　　南方红壤区农业面源污染使红壤区生态遭到严重破坏，农业生产力下降，农产品受到污染，人类的身体健康受到威胁，所以必须加大对农业面源污染的防控力度。当前防控措施主要是从两个方面入手：①源头污染控制，即通过减少化肥、农药等投入品的施用量，优化灌溉、耕作、轮作等农艺措施来有效控制有机或无机污染物质进入农田。②减少排入流域水体的农田污水量，即减少地表径流和地下淋溶量；通过农田回水来控制污水入河量。这两种措施虽然减少了农田污染物质的产生和进入水体的量，但是方法过于单一，防控效果有限。杨林章等（2013）根据农业面源污染地理分散、发生突然且随机、防治困难等特征，提出了农业面源污染治理的"4R"技术，即源头减量（reduce）、过程阻断（retain）、循环利用（reuse）以及生态修复（restore），实现了"源头减量→过程阻断→末端治理"的全程控制。该防控技术同样适用于降雨充沛、化肥农药等施用量大的南方红壤地区。在此防控技术的基础上，增加"调查分析"和"机制研究"这两个过程，形成南方红壤区面源污染全过程综合防控策略。

二、红壤区农业面源污染全过程综合防控系统构建

1. 研究分析

　　南方红壤区不同地方的农作物种植类型、种植面积、施肥习惯、地理性质、气候特征等存在很大差异，这种空间异质性决定了每个地方的农业面源污染程度不一。通过前期区域性的污染调查能够初步了解该地方的农业面源污染大致情况，为后续的防控技术体系构建提供思路和方向。调查的方式可以是实地考察、查找针对该区域的研究文献、农业部门提供相关统计资料等，国内每 10 年开展一次

的污染源普查可作为重要的参考依据。根据这些调查得到的数据资料，通过相关的计算公式，可以得出氮磷、农药等农业面源污染物质量，进一步了解污染的热点地区和分布特征、污染物的主要类型和来源、污染物对水体污染的贡献率等。熊凡等（2018）根据 2015 年广州市各类统计年鉴、环境质量公报以及相关统计资料和报表，同时收集污染物核算的必需参数，计算了 2014 年广州市农田化肥、畜禽养殖、水产养殖以及农村生活 4 种污染源的氮磷排放负荷以及各个区域的污染物排放量，初步探明广州市最主要的污染源是畜禽养殖，最严重的污染区域是花都区，表明广州市可将花都区作为农业面源污染重点防控区域，将畜禽养殖作为农业面源污染的重点防控来源。

2. 源头减量

源头减量即通过改变农业生产方式来减少农业面源污染产生量。对于种植业，可以通过节水灌溉、配方施肥、有机肥替代、施用土壤调理剂等来降低农田氮磷排放量。节水灌溉条件下，总氮、总磷径流流失量相对于传统灌溉能够降低 22.99% 和 10.91%（黄东风，2013）。韦高玲等（2016）的研究表明，在常规施肥条件下减量 30% 可使菜地总氮地下淋溶流失量降低 58.4%。谢勇等（2018）的研究表明，有机肥配施化肥较常规施单质肥可显著降低氮、磷径流损失 17.5% 和 25.0%。土壤调理剂具有保水、增肥、透气的功能，将其施入土壤中可以增加农田对养分的固持，减少养分流失。红壤丘陵区旱地水土流失严重，可通过以下 3 种水土保持措施来减轻土壤冲刷：①微地形整治，即通过等高耕作、横坡垄作、等高植物篱等技术滞流拦沙。②增加植被覆盖，采用轮作、间作、套种等种植方式，增加地面覆盖，既能减少土壤侵蚀，又能提高土壤肥力。③提高土壤蓄水和抗侵蚀能力，如利用塑料薄膜、稻草等覆盖地表，减少降雨冲刷，增加入渗，提高土壤含水率。针对畜禽养殖，铺设排污管道和建设污水集中处理系统，避免将养殖废水直接排入水体。畜禽粪便可制成有机肥回施农田，从而实现污染物的最少排放。

3. 过程阻断

在农业面源污染物质向自然水体迁移的过程中，利用物理、化学和生物的共同作用对污染物进行拦截阻断和净化去除的技术叫过程阻断。过程阻断可采用建立三级生态沟渠工艺来实现污染物中氮磷的最大化去除。三级生态沟渠的第一级处理为快速沉沙池，通过调节农田污水在沉沙池中的停留时间，以重力分离为基础，使得比重大的泥沙和附着在泥沙上的污染物下沉，而悬浮颗粒则被水带走。第二级处理是利用水生植物对水体氮磷的强吸收能力，初步去除农田出水中的氮磷，并进一步拦截泥沙。余红兵等（2012）以生态沟渠中的水生美人蕉、野天胡荽、狐尾藻、黑三棱和灯芯草为试验植物，对 5 种水生植物的生物量和吸收氮磷量等指标进行测定，发现狐尾藻的生物量大，且在 5 种水生植物中带走氮、磷最多，全年可吸收带走氮 109.12 g/m^2 和磷 17.95 g/m^2。狐尾藻经加工后可作为猪饲料，不会造成二次污染，可作为水生植物在生态沟渠中应用的优势品种。第三级处理为深度脱氮除磷工艺。该段的主要吸附材料是人工改性填料和页岩，这些材料成本低廉，且对氮、磷吸附效果显著。刘梦雪（2020）等通过小试尺度下的吸附试验发现，页岩对 NH_4^+ 的吸附量可达 0.7 mg/g，由工业及建筑废料改性而成的除氮填料和除磷填料对 NO_3^- 和 PO_4^{3-} 的吸附量为 1.0 mg/g（N）和 2.3 mg/g（P）。农田污水经过三级生态沟渠处理后，出水可达到《农田灌溉水质标准》（GB 5084—2021）和《地表水环境质量标准》（GB 3828—2002）的要求。

4. 循环利用

农田污水经过程阻断技术处理后便可达标排放，循环利用技术就是对达标废水中残存的氮、磷等养分进行循环利用，达到资源化利用和减少污染的目的。低污染农田污水和生活尾水回灌农田后，植株和土壤通过吸附固持，对氮、磷养分再利用，能够减少化肥的投入量，环境效益和经济效益并存。通过建设尾水回灌池用以存储降雨后的雨水径流和农田排水，然后在进行农田灌溉的时候用泵或者人工抽取储水回用农田。

5. 生态修复

生态修复是全过程综合防控系统的关键一环。前面的源头减量虽然能够减少污染物的产生，但是仍然会有污染物随径流流出；过程阻断受场地和规模的影响，也不能控制污水从其他渠道流入自然水体。因此，需要在两者的末端构建最后一道防护屏障。生态修复主要指对自然水体进行生态系统修复，通过构建人工湿地进一步净化水质，恢复已经遭受污染的生态系统的结构和功能。人工湿地由土壤、沙砾按一定比例组成的人工填料、浮游动物、水生植物、微生物形成独特的土壤-动物-植物-微生物生态系统，根据水流的方式可分为表面流湿地、潜流湿地、垂直流湿地 3 种，目前工程案例中应用最多的是潜流湿地。水质净化能力取决于占地面积，人工湿地面积大，湿地的滞水时间长，处理速度快；若人工湿地面积小，污水处理效率低。湿地面积占流域面积的 1％～2％时，其改善水质的能力最强（Hammer，1994）。人工湿地能够对污水保持高效稳定的净化效果，对 COD、NH_3-N、总氮和总磷的平均去除率依次可以达到 82％、65％、55％和 94％（柳君侠等，2010）。人工湿地的处理效果也易受植物生长状况的影响，水生植物可能进行大量繁殖或者死亡从而影响水流速度和储水水质，且当污染物的增长率相当于或大于处理效率时，会出现饱和现象，污染物质积累，因此需进行定期维护和间歇运行（谭淑妃，2016）。

6. 机制研究

红壤农业面源污染物从农田产生到进入水体的迁移转化过程极为复杂，涉及土壤吸附、植物吸收、微生物分解等净化机理，对污染物转化机制的研究能够为红壤农业面源的监测和防治提供理论基础，有利于做出更为科学有效的防控举措。

主要参考文献

边博，2013. 江苏省农村地表集中式水源地面源污染防控技术与示范 [M]. 北京：中国环境出版社.

蔡金洲，张富林，范先鹏，等，2013. 南方平原地区地膜使用与残留现状调查分析 [J]. 农业资源与环境学报，30（5）：23-30.

陈国徽，高冰可，2016. 浅析南方红壤退化原因及改良措施 [J]. 安徽农学通报，22（17）：79-80.

黄东风，李卫华，王利民，等，2013. 水肥管理措施对水稻产量、养分吸收及稻田氮磷流失的影响 [J]. 水土保持学报，27（2）：62-66.

刘金军，王环，2009. 农用地膜的污染及其治理对策研究 [J]. 山东工商学院学报，23（6）：9-13.

刘梦雪，曾非凡，文红平，等，2020. 生物滴滤塔/景观滤床工艺高效处理农村污水 [J]. 农业环境科学学报，35（9）：1-15.

刘鹏举，马云倩，郭燕枝，2017. 中国农产品农药残留现状及其对出口贸易的影响 [J]. 中国农业科技导报，19（11）：8-14.

柳君侠，李明月，2010. 浅谈人工湿地在我国农村污水处理中的研究及应用现状 [J]. 能源与环境（2）：64-65.

谭淑妃，2016. 几种富营养化水体生态修复技术的比较 [J]. 中国水运，16（7）：113-116.

王萌，周丽丽，耿润哲，2020. 农业面源污染治理的技术与政策研究进展 [J]. 环境与可持续发展，45（1）：98-103.

韦高玲，卓慕宁，廖义善，等，2016. 不同施肥水平下菜地耕层土壤中氮磷淋溶损失特征 [J]. 生态环境学报（6）：1023-1031.

谢勇，赵易艺，张玉平，等，2018. 南方丘陵地区生物黑炭和有机肥配施化肥的应用研究 [J]. 水土保持学报，32（4）：197-203，215.

熊凡，林晓君，曾经文，等，2018. 广州市农业面源污染概况及特征分析 [J]. 广东农业科学，45（3）：81-87.

杨洁，2017. 江西红壤坡耕地水土流失规律及防治技术研究 [M]. 北京：科学出版社.

杨林章，施卫明，薛利红，等，2013. 农村面源污染治理的"4R"理论与工程实践：总体思路与"4R"治理技术 [J]. 农业环境科学学报，32（1）：1-8.

叶玉适，2014. 水肥耦合管理对稻田生源要素碳氮磷迁移转化的影响 [D]. 杭州：浙江大学.

易湘琳，2016. 南方集约化种植面源污染负荷估算方法研究 [D]. 长沙：湖南农业大学.

余红兵，肖润林，杨知建，等，2012. 五种水生植物生物量及其对生态沟渠氮、磷吸收效果的研究 [J]. 核农学报，26（5）：798-802.

张春雪，2019. 水源地周边种植业面源污染防控技术关键技术研究：以于桥水库流域为例 [D]. 南京：南京农业大学.

张峰，2011. 中国化肥投入面源污染研究 [D]. 南京：南京农业大学.

张丽萍，2019. 红壤坡地侵蚀产沙及养分流失模拟研究 ［M］. 北京：科学出版社.

张威，艾绍英，姚建武，等，2009. 广州郊区菜地氮磷养分径流流失特征初步研究 ［J］. 农业环境与发展，26（3）：73 – 78.

赵永志，2015. 肥料面源污染防控理论、策略和实践 ［M］. 北京：中国农业出版社.

周怡雯，戴翠婷，刘窑军，等，2019. 耕作措施及雨强对南方红壤坡耕地侵蚀的影响 ［J］. 水土保持学报，33（2）：49 – 54.

Chen M，Sun F，Shindo J，2016. China's agricultural nitrogen flows in 2011：Environmental assessment and management scenarios ［J］. Resources，Conservation and Recycling，111：10 – 27.

Hammer D A，Knight R L，1994. Designing constructed wetland for nitrogen removal ［J］. Water Science and Technology，29（4）：15 – 27.

Singh B，Sabir N，2013，Protected cultivation of vegetables in global arena：A review ［J］. The Indian Journal of Agricultural Sciences，83（2）：123 – 135.

第十五章 红壤水土流失与保持 >>>

红壤区位于我国热带、亚热带季风气候区，降水充沛，水系密度大，地表水资源丰富。水土流失是红壤退化的重要原因，人为活动、气候、植被和地形等因素是造成土壤侵蚀强度差异的外在因素，人为活动中不合理的土地利用方式是主要原因，再加上不合理的耕作管理方式，土壤结构被破坏、土地退化、养分流失，制约农业生产的发展。在农业生产过程中，坡耕地是重要的耕地资源，其水土保持措施不是单一的水土流失阻控措施，而是一种综合治理与生产措施。因此，不同区域采取了不同的防治模式和技术体系。

本章共分三节：第一节比较了不同水土流失类型的差异、水土流失的影响因素以及发展趋势。面状侵蚀是南方红壤区最普遍、面积和比例都最大的水土流失方式。水土流失的影响因素主要分为气候、母质、地形地貌、植被覆盖等自然驱动因素，以及高人口压力、不合理开发等人为驱动因素。第二节研究了水土流失对耕地养分流失以及土壤结构的影响，重点分析了水土流失程度以及不同母质下土壤团聚体特性的变化。第三节整理了红壤坡耕地水土流失耕作技术以及水土保持综合治理模式，阐述了不同治理模式的技术特点以及对不同区域坡耕地水土流失治理的效果。

第一节 红壤水土流失的特征

一、红壤水土流失的类型

南方红壤区地域广袤，水热资源丰富，区位条件优越，是热带、亚热带粮食及经济作物生产的重要基地，总面积达 118 万 km^2，约占全国的 12.3%（水利部等，2010）。土壤侵蚀类型复杂多样，以水力侵蚀为主，重力侵蚀以及开发建设、水利水电工程等人为活动引起的工程侵蚀少量分布。按侵蚀发生的形态和方式，可分为面状侵蚀、沟状侵蚀、崩岗侵蚀、滑坡、泥石流、工程侵蚀等，其中面状侵蚀最为普遍。

（一）面状侵蚀

面状侵蚀是指雨滴降落在坡面上，对土壤产生击溅和地表径流冲刷，表层土粒被均匀冲刷的侵蚀现象。面状侵蚀普遍发生在没有植被覆盖的裸露地面，是南方丘陵区面积最大、最普遍的水土流失方式，分为雨滴溅蚀、片状侵蚀和细沟侵蚀。当强降雨的雨滴打击裸露地表土壤时，土壤结构被破坏，土粒受重力、水流拽力等作用向四周溅散，发生分离、破裂和位移，有时能被溅至 0.6～1.5 m（唐克丽等，2004）。与此同时，有些地表形成结皮，导致土壤入渗能力下降，土壤质量和生产性能降低，间接地增加了地表径流。

片状侵蚀由薄的层状地表径流冲刷引起，当降水强度超过地表入渗以及填洼等时，层状径流产生，对地表产生片状冲刷。地表径流产生的方式有超渗产流和蓄满产流两种。当降水量超过植被截留量和地表填洼等损失并且降雨强度超过地表入渗速率时即发生超渗产流；在降雨强度虽小但表层土壤接近饱和的情况下也能产生地表径流，称为蓄满产流。这种薄层径流没有固定的流路，通过冲刷地表细小、中等大小的颗粒，使得表土均匀剥蚀而发生片蚀。片蚀主要发生在大多数红壤的坡耕地地区，径流冲刷带走土壤颗粒，导致土壤土层逐渐变薄、土壤孔隙结构恶化、土壤肥力下降（梁音等，2008）。

细沟侵蚀由成股的地表径流冲刷引起，是片蚀进一步发展的结果。随着降雨的持续，径流量增加，层状径流进一步发展形成股流，将坡面切割成许多平行、放射状和网状交织联通的细小沟道，沟道深度和宽度不大于于犁耕深度（20 cm），即细沟侵蚀。细沟侵蚀经常发生在红壤区顺坡耕种的缓坡耕地、陡坡地，以及植被状况不好的林荒地和管理不当的园地。南方丘陵区林地的森林覆盖率较高，但是林下土壤环境恶劣，林下植被缺失，微生物不足，土壤抗蚀性差，径流集中形成股流，发生细沟侵蚀，存在"远看青山在，近看水土流"的景象。

由花岗岩发育而来的红壤有机质含量低、储水库容较低、透水性差，暴雨季节产生大量地表径流，容易引起严重面状侵蚀。南方红壤区面状侵蚀主要分布在海拔 200～500 m 的台地和丘陵，各种母质发育的土壤均发生面状侵蚀。面状侵蚀程度的差异主要来源于植被类型、植被盖度以及地形地貌。据不完全估计，轻度面蚀主要分布在丘陵山地的阴坡和半阴坡，植被类型以芒萁、灌木、稀树和草被为主，并散生马尾松等乔灌植物，占面状水土流失总面积的 60％左右；中度面蚀占面状流失总面积的 17％左右，主要分布在丘陵阳坡或者分布于大面积轻度面蚀地段；强度面蚀占面状流失面积的 8％左右，零星分布在那些表土层已经被冲刷殆尽后出露的花岗岩、第四纪红土区和变质岩侵蚀区，以及岩性交错沟蚀与面蚀的紫色页岩风化壳和红色砂岩丘陵（图 15-1）。

图 15-1 野外自然坡面面状侵蚀

（二）沟状侵蚀

沟状侵蚀又称沟道侵蚀或者线状侵蚀，是指地表径流汇集成股流后对土壤及其母质切入地表以下的沟状侵蚀（图 15-2）。在我国根据沟状侵蚀的发育程度及表现形态，一般将沟状侵蚀分为浅沟侵蚀、切沟侵蚀和冲沟侵蚀。

一般把发育在斜坡上、纵坡与斜坡坡面一致、横坡面呈宽浅圆滑状态的侵蚀沟谷称为浅沟。浅沟侵蚀是坡耕地土壤侵蚀的主要方式之一，其发生、发展不仅侵蚀耕地、影响耕地质量和作物产量，还为径流泥沙和污染物的运输提供了一定通道。浅沟侵蚀过程包括浅沟沟头的溯源侵蚀、浅沟水流对浅沟沟槽的冲刷下切以及浅沟沟壁的崩塌扩张侵蚀，是 3 种沟蚀类型中最为广泛的类型。浅沟侵蚀是坡面集中股流侵蚀的结果，常发生于陡坡面和具有一定汇水面积的坡面中部和中下部，其形成和发展取决于径流量和径流动能。浅沟侵蚀主要分布在花岗岩地区的低、浅丘陵坡面，在近居民点的斜坡更加严重，一般浅沟侵蚀地区伴生着强度面蚀（王学强，2008）。

在南方红壤区，浅沟侵蚀的特点是沟面宽大而不深，一般沟宽为 1.0～2.5 m，深度小于 1 m，多

图 15-2　野外自然坡面的沟状侵蚀

数浅沟的深度为 0.26～0.60 m。沟的断面呈圆滑形，沟坡较缓，沟缘不很明显，坡面被切割成波浪的断面。雨滴击溅和径流冲刷是水土流失的动力，可以通过植被恢复来削弱，同时增加入渗和土壤的抗冲性。浅沟侵蚀是细沟侵蚀的继续，是向切沟侵蚀的过渡形态，经常在同一个耕作面重复出现（王庚，2017）。

切沟侵蚀是坡地水流在斜坡下部大量汇积进行强烈下切侵蚀的结果。具有一定的集水面积，有许多枝状支沟，汇成一股巨大的径流，进而把浅沟切割成切沟。其发展包括沟道形成和发展稳定两个阶段，切沟一般是在暴雨或积雪融化期间，地表水流大量集中而导致侵蚀形成的沟道，降雨后，随着物质的迁移，沟口出现，切沟形态不稳定，沟道快速形成。而花岗岩上部的红土层结构坚实，抗冲性强，下层的沙土层结构疏松，抗冲性弱。所以花岗岩发育到沙土层时，切沟的下切作用十分强烈，有时候沟的宽度不大但很深，并且这种陡峭的沟壁容易形成崩塌，从而使切沟扩大。其深度一般为 7.0～8.0 m，也有的深达 10～20 m，宽度一般为 3.0～8.0 m。沟壁陡峭，沟缘常出现裂痕。当切沟发展到一定深度时，把沟壁上体切成柱块状，继而出现沟壁崩塌，形成沟床崩积物；若切沟继续扩展，水流更加集中，下切深度越来越大，沟壁向两侧扩展，横断面呈 V 形或者 U 形；沟底纵断面与原坡面有明显差异，上部较陡，下部已日渐接近平衡剖面，这种侵蚀称为冲沟侵蚀。冲沟侵蚀侵蚀量大、速度快，且把完整的坡面切割成沟壑密布、面积零散的小块坡地，使得耕地面积减少，对农业生产危害十分严重。

沟状侵蚀对流域产沙有非常重要的贡献，在我国大多数地区，以切沟为主的沟谷产沙占流域产沙总量的一半以上。沟状侵蚀在南方红壤区的各个省份都有一定的分布，湘赣丘陵区、赣南山地丘陵区以及福建、广东东部沿海山地丘陵区居多。从岩性上来说，花岗岩、紫色页岩、第四纪红土、红色砂岩地区的风化壳土壤上易发生沟蚀。

（三）崩岗侵蚀

崩岗是我国南方热带及亚热带地区侵蚀强度最大、危害最为严重的一种侵蚀类型，侵蚀模数极高，可达 30 万 t/km² 以上，被喻为"生态溃疡"。崩岗多分布在风化壳深厚、颗粒组成较粗或垂直变化较大、水土流失较严重特别是有连片冲沟群发育的地区。成土母质多为花岗岩风化壳，也有部分属红色沙砾岩、红色砾岩、红粉砂岩风化体。花岗岩地区土壤抗剪强度低、压缩性大的岩土力学性质决定了该岩性地区崩岗的大规模发育（Liao et al.，2019）。

崩岗广泛分布于我国南方红壤丘陵区，集中分布于广东、湖南、福建和江西等省份。崩岗侵蚀一般从山麓或山腰开始，进而发展到山坡以上，侵蚀总面积不大，但是产沙量巨大。崩岗典型调查数据显示，崩岗区平均年土壤侵蚀模数为 3.0 万～5.0 万 t/km²，单个崩岗的年土壤侵蚀模数可达到 12 万 t/km²。据调查，湖北、湖南、江西、安徽、福建、广东、广西 7 省份共有崩岗（面积＞60 m²）23.91 万个，总面积为 1 220 km²，崩岗防治总面积为 2 436 km²（冯明汉等，2009；肖胜生等，2014）。其中：广东崩岗分布数量占总数的 45.1%，崩岗面积占总土地面积的 67.8%；广西崩岗分布数量占总数的 11.6%，崩岗面积占总土地面积的 5.4%；福建崩岗分布数量占总数的 10.9%，崩岗面积占总土地面积的 6.0%；江西崩岗分布数量占总数的 20.1%，崩岗面积占总土地面积的 17.0%；湖南崩岗分布数量占总数的 10.8%，崩岗面积占总土地面积的 3.0%；湖北崩岗分布数量占总数的 1.0%，崩岗面积占总土地面积的 0.5%；安徽崩岗分布数量占总数的 0.5%，崩岗面积占总土地面积的 0.3%；崩岗数量最多以及面积最大的均为广东，发育程度大致上为自东南向西北逐渐减少（图 15-3）（邓羽松，2018）。

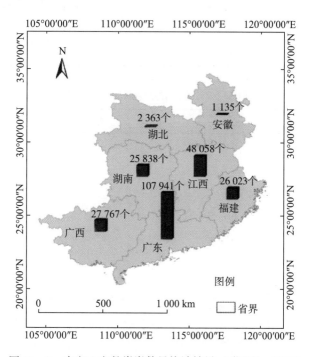

图 15-3　南方 7 省份崩岗数量统计结果（邓羽松，2018）

崩岗的成因可分为花岗岩的岩土特性、松散易腐蚀的土壤结构和降雨带来的水力侵蚀 3 个方面。根据边坡失稳崩塌理论，当土体重力分力的剪切力与土体的抗剪强度相等时，土体处于极限平衡状态；当剪切力大于土体抗剪强度时，即发生崩塌（冯舒悦等，2020）。一般情况下，崩岗侵蚀大多数由面蚀、沟蚀引发，然后由冲沟发展而成，其侵蚀阶段大致经历冲沟沟头后退、崩积堆再侵蚀、沟壁后退、冲出成洪积扇几个阶段（李旭义，2009；张德谦等，2018）。崩岗受到水力侵蚀和重力侵蚀的共同作用，水力侵蚀是崩岗产生的诱因，水力侵蚀先于重力侵蚀发生。雨滴击溅使地面土粒发生位移，造成土粒飞溅，引起土粒沿坡面的迁移，同时增加了薄层径流中的紊动强度，加强了水流搬运泥沙的能力，股流还起着冲刷的作用。在水力侵蚀的作用下，首先出现细沟，细沟中的径流沿着坡面向下流动逐渐归并为一条浅沟。随着径流量的增加和流速的加大，侵蚀力增强并出现侵蚀沟。侵蚀沟逐渐发展到浅沟，浅沟径流进一步集中，具有一定落差的沟壁出现之后，沟壁的重力侵蚀随之发生，而后崩岗在水力、重力侵蚀的共同作用下发育。崩岗水力、重力侵蚀两者既有差异又相互联系，前者受地表径流的影响，纵向下切、侧向横掏和向上溯源，后者的发生需要一定高差的崩壁存在，其侵蚀多发生于沟床之上的崩壁。同时，水力侵蚀和重力侵蚀又相互联系，水力侵蚀通过径流的下切作用，可增大崩壁落差和不稳定性。并在流水侵蚀的作用下，破坏风化壳节理，加大风化壳裂隙的长、宽，诱发或促进重力侵蚀发生。而重力侵蚀所产生的崩积体土质疏松，是崩岗水力侵蚀的主要沙源地。重力侵蚀为水力侵蚀提供了有利的侵蚀条件和被侵蚀物质，部分径流可在重力侵蚀土体上进行二次侵蚀，进而产沙（廖义善等，2018）（图 15-3）。

崩岗侵蚀主要发生在海拔 150～250 m、相对高度为 50～150 m、坡度为 10°～25°的红壤花岗岩风化坡地上，在有连片冲沟群发育的地区更易发生。对赣县崩岗海拔分布进行分析（表 15-1、表 15-2），海拔＜100 m 的平原阶地和＞500 m 的山区崩岗侵蚀很少，几乎可以忽略；海拔 100～500 m 的丘陵区崩岗侵蚀数量和面积百分比都占 97%以上。其中 100～250 m 的低丘区占绝大部分。

表 15-1 不同海拔崩岗分布特征

地貌类型	不同海拔（m）	数量百分比（%）	面积百分比（%）
平原阶地	＜100	1.03	1.10
低丘区	100～250	87.60	72.40
高丘区	250～500	10.90	25.50
山区	＞500	0.47	1.00

表 15-2 不同坡度级崩岗分布特征

坡度级	坡度（°）	数量百分比（%）	面积百分比（%）
平原、微倾斜平原	0～2	5.89	4.20
缓斜坡	2～5	15.05	12.46
斜坡	5～15	46.64	43.33
陡坡	15～25	26.62	29.21
急坡	25～35	5.56	10.24
急陡坡	35～55	0.25	0.57
垂直坡	＞55	0.00	0.00

崩岗既是红壤区的一种侵蚀形态，也是一种地貌类型。通过分析赣县崩岗不同母岩区崩岗侵蚀分布特征（表 15-3），可知花岗岩母质发育的崩岗面积最大，占总面积的 87.03%，其次为红砂岩，其他母岩极少（陈晓安等，2013）。其外形出现条形（巷沟形）、瓢形（围椅形）、爪形（分叉形）、弧形（河岸边）、混合形（连通形）等各种形态（图 15-4），不同形态崩岗的侵蚀强度、趋势特征及崩岗发育过程中形态的演化规律差异明显（廖义善等，2018）。典型的崩岗一般由集水坡面、崩壁、崩积体、沟道和冲洪积堆等几个不同部分组成（图 15-5）（Deng et al.，2017），各区域侵蚀的方式不同，集水区主要为侵蚀过程，表现在土地面积的减少和土壤的沙化；崩积体主要为侵蚀和堆积，表现在崩壁的崩塌物质和土壤养分的流失；洪积扇区主要表现为土壤沙化，不同的区域都对农业产生了严重危害。

表 15 - 3　不同母岩崩岗侵蚀分布特征

母岩类型	花岗岩	红砂岩	紫色页岩、片麻岩
面积（hm²）	1 574	206	29
面积百分比（%）	87.03	11.38	1.59

图 15 - 4　不同形态崩岗（邓羽松，2018）

图 15 - 5　典型崩岗组成部分

崩岗侵蚀造成表土流失，导致土壤贫瘠、植被长势弱，形成了较为恶性的生态循环，使得当地土壤退化严重，土壤质量急速降低，农业粮食安全难以保障，崩岗崩塌后产生的径流泥沙和污染物质为地方生态环境和经济发展带来严重的挑战。

（四）滑坡、泥石流

滑坡为常见的突发性泥沙灾害，是指斜坡上的土、石体在重力和水力的综合作用下，改变坡体内一定部位的软弱带（面）中的应力状态，或因水和其他物理、化学作用降低其强度，以及因震动或其他作用破坏其结构，使该带在应力大于强度下产生剪切破坏，造成带以上的岩土失稳而做整体或几大块沿之向下或向前滑动的侵蚀现象（徐邦栋，2001）。

滑坡受地形条件、斜坡坡度、降雨以及人类工程活动的影响，强烈地形切割、陡峻悬崖、临空高耸的斜坡面是崩塌滑坡发生的最有利地段。降雨是诱发滑坡的主要因素，据统计，安徽滑坡、泥石流等灾害 85％以上发生在 6—8 月的雨季，且随着雨量、雨强的增加，灾情加重（朱玲玲，2019）。

泥石流是一种较常见的地质灾害，引发泥石流的外部因素主要包括陡峭的地形（地貌条件）、大量的松散固体物质（物源条件）和强降水（水源条件）3 个条件，多出现在新构造运动强烈的山区沟谷中。据不完全统计，96％的泥石流灾害是由降雨和人为活动影响所形成的，在发生时间上，降雨激发泥石流先于滑坡，两者相伴而生，迅速转化。近年来，由于部分地区开山筑路和矿山开采等，植被受到严重破坏，土壤松动，废石弃渣堆满河谷，一旦遇到暴雨，极易发生滑坡和泥石流灾害。据统计（表 15 - 4），由滑坡、泥石流等造成的南方各省份农作物受灾和绝收面积中，湖南农作物受灾面积最大、为 99.02 万 hm²，其次是湖北。

表 15 - 4　各省份滑坡、泥石流和台风等受灾、绝收面积（万 hm²）

省份	受灾	绝收
江西	39.49	5.26
浙江	10.53	0.70
福建	3.74	0.37
安徽	15.68	1.74
湖北	69.27	16.04
湖南	99.02	11.96
广东	28.25	1.07
海南	1.08	0.07
广西	19.36	1.61

（五）工程侵蚀

工程侵蚀是指由人类的生产和建设活动扰动或破坏地表、堆置固体废弃物而直接引起的一种土壤侵蚀形式。工程侵蚀不仅发生在山区、丘陵区和风沙区，也可能发生在平原或者盆地以及城市郊区（卢喜平等，2007）。随着社会经济的迅猛发展，红壤区交通及城市开发建设发展也十分迅速。大量无序地开发、建设用地向岗地丘陵扩展，使得原来的林草植被遭到破坏，大面积松散堆积物裸露闲置，从而引发了严重的水土流失。工程侵蚀多发生在开发项目工程的开挖边坡、路堤路堑边坡、堆料场、弃渣场等区域。

南方多为丘陵低山区，在铁路和公路建设开发过程中，若没有及时采取水土保持措施，施工会导致沿线大面积的地表裸露，对自然环境的扰动很大，极易造成山体滑坡、崩塌，加速水土流失。

在道路的修建过程中，对路域土壤扰动频繁，填挖方量大。在采矿、采石等过程中需要采用机械、爆破等方法对原始地形地貌、植被、土壤等进行扰动破坏，从而造成严重的水土流失。

二、红壤水土流失的影响因素

（一）自然驱动因素

1. 气候因素

影响土壤侵蚀的气候因素主要为降雨，它是水土流失的直接驱动力。一方面，通过雨滴的击溅作用使地表发生溅蚀、扰动并剥离土体；另一方面，通过汇流产生地表径流，对地表进行冲刷，造成土壤流失（Kazem，2019）。降雨要素包括降雨量、降雨强度、降雨类型、降雨历时、雨滴大小及其下降速度等，都与土壤侵蚀量及其侵蚀过程有着密切的关系（朱惇，2010）。

梁音等（2008）认为，在红壤区植被破坏的地方，大约有80%的降雨转化为地表径流，而只有不到20%的降雨入渗到土壤中，且一次大的降雨引起的土壤流失量有可能占全年流失量的60%以上，而输沙量可能超过全年的50%，并且大量地表组成物质及土壤中的营养元素随径流迁移，在坡面迁移与再分布。此外，温度是岩石物理风化的重要条件，在化学风化中也能起到催化作用。

红壤区气温高、辐射强、高温和降雨同季的特殊气候特点致使土壤风化作用强烈，地表覆盖松软深厚的风化物，也为侵蚀发生创造了条件。华南丰富的热量条件促使花岗岩母质产生强烈的风化过程，促进岩石的崩解和风化壳的形成。气温的极值不断交替而导致土体的热胀冷缩，岩石内的水分变化、生物活动、固态和液态的交替导致体积膨胀而造成岩石崩解，由此产生裂隙，加快土体的风化，也为降雨条件形成优先流提供了水分通道。

我国南方红壤丘陵区地处热带、亚热带湿润气候区，水热资源丰富，年均降水量为800~2 500 mm，是全国平均降水量的2~3倍。降雨季节分布不均，主要集中在4~9月。南方红壤区水土流失面积为16万km²，占区域土地总面积的12.9%，是我国第二大土壤侵蚀区（水利部等，2010）。南方八省降雨的最主要特征是降雨量大、降雨集中，且多台风暴雨出现。台风往往伴随着强降雨，极易诱发滑坡、泥石流、崩塌、塌陷等与水土流失密切相关的自然灾害。加之区域地形起伏明显，坡度较大，为暴雨侵蚀创造了条件，导致区域水土流失严重。1950—2005年共发生台风245次，共诱发了滑坡、泥石流等234次自然灾害。

在土壤侵蚀过程中，首先是雨滴直接打击土体，引起溅蚀，分散土粒；其次是超渗径流引起冲刷，坡面产生径流以后，雨滴仍继续打击坡面水流，增加径流的紊动性。因此，从降雨过程的动力学来说，降雨强度与土壤侵蚀的程度存在明显的正相关关系。研究表明，在降水量（20.5 mm）和坡度（33°）相同的条件下，降雨强度为82 mm/h时的径流量与冲刷量分别为降雨强度为4.2 mm/h时的32倍和17倍（王玉朝，2013）。对比南方红壤区水力侵蚀面积与水土流失面积可以发现，水土流失较为严重的地区多为水力侵蚀较高的地区（表15-5）。红壤区受水力侵蚀面积达到179 841 km²，占该区土地面积的12.07%。其中，轻度水力侵蚀面积为136 253 km²，中度水力侵蚀面积为21 573 km²，强烈及以上水力侵蚀面积达到22 015 km²。

表15-5 2018年南方红壤区各级强度水力侵蚀面积及占比

省份	水力侵蚀面积（km²）	占土地总面积（%）	轻度 面积（km²）	轻度 占比（%）	中度 面积（km²）	中度 占比（%）	强烈及以上 面积（km²）	强烈及以上 占比（%）
江西	24 464	14.64	20 736	84.76	2 128	8.7	1 600	6.54
浙江	8 316	8.03	7 225	86.88	550	6.61	541	6.51
福建	9 787	7.91	6 618	67.62	1 939	19.81	1 230	12.57
安徽	12 303	8.81	10 317	83.86	966	7.85	1 020	8.29
湖北	32 520	17.51	23 884	73.44	4 246	13.06	4 390	13.5
湖南	30 661	14.47	25 312	82.55	2 903	9.47	2 446	7.98

（续）

| 省份 | 水力侵蚀面积（km²） | 占土地总面积（%） | 各级强度水力侵蚀面积及占比 | | | | | |
| | | | 轻度 | | 中度 | | 强烈及以上 | |
			面积（km²）	占比（%）	面积（km²）	占比（%）	面积（km²）	占比（%）
广东	18 276	10.24	14 769	80.81	2 059	11.27	1 448	7.92
海南	1 918	5.58	1 715	89.42	96	5	107	5.58
广西	39 306	16.55	23 803	60.56	6 464	16.45	9 039	22.99
上海	3	0.05	3	100	0	0	0	0
江苏	2 287	2.23	1 871	81.81	222	9.71	194	8.48
合计	179 841	12.07	136 253	75.7	21 573	12.00	22 015	12.24

降雨侵蚀力 R 值是引起土壤侵蚀的潜在能力，主要来自降雨击溅及其产生的地表径流冲刷。相关研究表明，南方红壤区的降雨侵蚀力 R 值一般是其他地区的 3 倍以上，由于自身的降雨侵蚀力高，一旦影响土壤侵蚀的其他因子也处于恶劣状态，则更容易诱发和加剧水土流失（章文波等，2003；秦伟等，2015）。由表 15-6 可以看出，低降雨侵蚀力区、中降雨侵蚀力区和高降雨侵蚀力区 3 个区域，强度及以上侵蚀面积分别占各自区域流失面积的 18.3%、21.7% 和 34.7%，表明高强度降雨地区更容易发生强度水土流失（表 15-6）。

表 15-6 南方红壤区不同降雨侵蚀力类型区内水土流失面积

| 类型区 | 区内面积（万 hm²） | 流失面积（万 hm²） | 占总流失面积比例（%） | 各级强度侵蚀面积（万 hm²） | | | | |
				微度	轻度	中度	强度	极强度
低降雨侵蚀力区	34.05	9.13	36.8	24.92	4.61	2.85	1.24	0.43
中降雨侵蚀力区	47.25	10.12	40.7	37.13	4.38	3.54	1.45	0.75
高降雨侵蚀力区	34.43	5.59	22.5	28.83	2.24	1.41	1.47	0.47
合计	115.73	24.84	100.0	90.88	11.23	7.80	4.16	1.65

2. 土壤母质

成土母质对土壤形成发育和土壤特性的影响是在母质被风化、侵蚀、搬运和堆积的过程中对成土过程施加影响的。母质的机械组成直接影响土壤的机械组成、矿物成分及化学成分，从而影响土壤的物理化学性质、土壤物质与能量的迁移转化。相比于黏重的土壤，砂质的土壤由于土壤黏结性差而易被径流剥离。

南方红壤母质的岩石类型中，分布面积广、最易发生水土流失的主要有花岗岩、紫色页岩、第四纪红土及石灰岩等。这些母岩自身风化程度高、抗蚀性差，再加上南方地区气温高、辐射热量大、降雨多，且高温和多雨同季，导致土壤母质和基岩的物理风化、化学风化和生物活动过程十分强烈，加速了水土流失的发生（杨松，2016）。土壤形成是一个极为缓慢的过程，一旦发生水土流失，造成的损失不可预估。南方红壤区风化壳厚度在 10～20 m，但真正的土体浅薄，厚度一般在 1～2 m，甚至更浅。一旦暴雨来临，土层浅，蓄水能力低，极易形成较大的地表径流，产生较强的径流冲刷能力。

依据第二次土壤普查结果，江西山地土壤的垂直分布大致是红壤（山地红壤）→山地黄壤→暗黄棕壤→山地灌丛草甸土。其坡耕地成土母质多为第四纪红土，由于风化淋溶作用强烈，土壤中养分流失严重，加上人为活动造成的地表植被受到破坏，土壤的抗冲性能降低，加速了水土流失。表 15-7 是对湖北不同土壤类型的分析，从空间上看，土壤侵蚀面积比例较高的地区多分布在黄棕壤、石灰土、红壤、黄壤和紫色土类型区。这些土壤类型以疏松的壤质土为主，多分布在山地地区，土壤侵蚀的敏感性较高，易发生片蚀和沟蚀（朱悍，2010）。

表 15-7 不同土壤类型的土壤侵蚀综合指数

年份	黄棕壤	水稻土	石灰土	潮土	红壤	黄壤	黄褐土	棕壤	紫色土	其他
2000	161.40	42.10	177.09	77.20	162.26	132.09	63.49	95.56	225.48	12.56
2005	157.13	21.59	136.84	68.25	132.57	119.41	57.57	102.65	172.40	21.33

土壤可蚀性是反映土壤侵蚀强度的重要指标，它可用来描述土壤抗抵分离和移动的能力。在其他条件相似的情况下，相同的降雨侵蚀力落在粉沙地面上和粗沙地面上可以产生不同的侵蚀效果。根据相关计算结果（表 15-8），南方不同类型的土壤可蚀性 K 值，千枚岩的铝制湿润淋溶土最大（0.113），其次是云母片岩的黏淀湿润富铁土（0.096）、花岗岩铝制湿润淋溶土和花岗岩麻岩简育湿润富铁土（分别为 0.057 和 0.074），均属于易侵蚀的土壤（张黎明等，2005；郑海金等，2010）。

表 15-8 不同类型土壤的可蚀性 K 值

成土母质	土壤名称	K 值
第四纪红土	红色湿润新成土	0.036
	黏淀湿润富铁土	0.015
	简育湿润富铁土	0.039
红砂岩	铝制湿润淋溶土	0.018
紫红色砂页岩	紫色湿润雏形土	0.032
花岗岩	铝制湿润淋溶土	0.057
花岗岩麻岩	简育湿润富铁土	0.074
云母片岩	黏淀湿润富铁土	0.096
千枚岩	铝制湿润淋溶土	0.113

3. 地形地貌

地质地貌条件与土壤侵蚀状况有着密切的联系，地质因素对土壤侵蚀的影响主要反映在地质构造背景、底层的结构和地质构造运动方面。地形也是影响土壤侵蚀的重要因素之一，地形变化包括地形起伏度、坡度、坡长、坡形、坡向和沟壑密度等。坡度是影响土壤侵蚀的最主要地形因子。当流量一定时，流速的大小直接决定水土流失量的大小，而流速的大小又与坡度密切相关。不同地形部位常常分布着不同的土壤母质，在热带、亚热带低山区，随着海拔的升高，降水量也随之增加，不同海拔、坡度和方位吸收的太阳辐射与地面散射也不相同。

南方红壤丘陵区低山和丘陵交错，地形破碎，高低悬殊，起伏显著，以山地、丘陵为主，地面坡度一般为 5°~25°。山多坡陡，重力梯度大，为地表径流提供了较大的冲刷势能和携带泥沙的能力，土壤侵蚀的潜在危险高。地形发育不但会影响地表年龄、土壤侵蚀与堆积过程，还会引起植物等一系列自然因素的变化，从而影响土壤的形成过程和土壤类型的演变。坡面上出现细沟以后，水流由面状漫流转为线状集中水流，流速水深都相应增加，流动特性和侵蚀特性都将发生本质的改变，这使得坡面产沙量增加几倍到几十倍。研究表明，5°~15° 范围内，径流输沙量随着坡度的增加而增加；坡度相同时，坡长增加则地表径流增强，土壤侵蚀量增大，坡长与土壤侵蚀量的关系一般为幂函数关系（倪世民等，2019）。此外，坡向的改变也会导致水热条件的再分配，从而也可能影响土壤性能和水土流失（胡小文等，2013）。据统计（表 15-9），福建长汀的水土流失主要分布在陡坡和斜坡地上，分别占水土流失总面积的 34.98% 和 33.88%（陈海滨等，2010）。

表 15 - 9 福建长汀不同坡度水土流失的分布

坡度	<5°	5°～8°	8°～15°	15°～25°	25°～35°	>35°
流失面积（hm²）	5 701.81	6 509.59	19 713.52	20 352.56	5 259.87	650.01
流失率（%）	9.80	11.19	33.88	34.98	9.04	1.12

4. 植被覆盖

植被作为地表生态系统的重要组成部分，是反映全球及区域环境变化的重要指标，一直以来是环境变化研究的焦点。它可以覆盖地面，保护土壤表层，在一定程度上消减降雨的作用，并保护土壤表层不直接遭受雨滴的打击，同时能够增加土壤渗透的时间，加强土壤渗透性、抗蚀性和抗冲性，调节地面径流并降低含沙量。相关研究表明，红壤坡地的植被盖度每增加 10%，土壤侵蚀量成倍递减，当植被盖度达 60% 以上时，年土壤侵蚀可以控制在 200 t/km² 以下（水建国等，2001）。

植被的抗侵蚀作用层面可划分为冠层、枯枝落叶层和植物根系层 3 个方面。植被冠层主要用于截留降水消减降雨动能；枯枝落叶层可以吸收和截留部分透过冠层的降水，同时能够增加地表粗糙度，阻挡并分散水流，枯落物经微生物分解能够增加土壤中的有机质，增加土壤孔隙度，改善土壤理化性状；植被根系层可以改善土壤的渗水储水性，同时根系对土壤的固结以及土壤理化性质也有明显作用，能提高土壤的抗蚀性和土壤的渗水储水能力。相关研究表明，树冠截留作用消减降雨总动能的44.4%，枯枝落叶层不仅因截留作用削减降雨动能的 9%，还可以削弱透过林冠层或灌木草本层的降雨动能（郭新波，2001）。

1949 年后，我国开展了大规模的植树造林活动。自 20 世纪 80 年代末起，南方 8 省份森林覆盖率提高了 2.9%～91.3 %（表 15 - 10），在减轻水土流失方面起到了非常关键的作用，但是森林资源结构差，林种比例不合理，生态公益林面积少，林龄结构不合理，幼林龄和中林龄面积最大，而成熟林所占比例不足 10%。

表 15 - 10 南方 8 省份森林覆盖率变化情况

年份	海南	广东	福建	江西	浙江	湖南	安徽	湖北
1990	39.4	43.6	53.3	43.1	57.7	44.1	15.0	28.3
2004	48.9	46.5	63.0	55.9	54.4	40.6	24.0	26.8
2009	55.4	51.3	66.0	60.0	59.1	47.8	27.5	38.4
2018	57.4	53.5	66.8	61.2	59.4	49.7	28.7	39.6
提高（%）	45.7	22.7	25.3	42.0	2.9	12.7	91.3	39.9

南方红壤区虽然森林覆盖率高但是林下植被覆盖不太好，多在 30% 以下，形成"远看青山在，近看水土流"的现象。林下植被的匮乏使大面积的土壤裸露、林下凋落物减少、林地养分归还量减少、土壤微生物含量和活性不足，进而影响土壤结构稳定性，减弱土壤抗蚀性，加剧土壤侵蚀。林下层植被缺失，雨滴直接降落到地表，使土壤的疏松表面容易被击散，不能有效降低坡面径流流速，林冠截留的降雨通过枝叶汇聚于树干，形成树干流，使坡面径流量增大，地表径流会携带一定的泥沙，加速水土流失（徐晓凤，2017；袁再建等，2020）。有研究指出林地输沙率对林下植被盖度十分敏感，且植被盖度每增加 10%，输沙率则减少 0.001 9～0.002 7（袁正科等，2002）。林下植被盖度低在很大程度上破坏了森林水土保持体系的完整性，制约了林地水土保持效益的发挥（何钟文等，2015）。

（二）人为驱动因素

1. 高人口压力

近 30 年来，红壤区是我国经济发展活跃、城市化水平较高、社会变化明显的地区，社会经济发展对区域环境具有强烈的人为扰动，也是区域土壤侵蚀的重要原因。随着社会经济的发展，除了气候条件的影响，人类活动〔城镇化扩展、农村生产模式改变、生活习惯变化以及退耕还林（还草）、天然林保护等农业政策的实施〕对区域植被的影响也持续存在。人类作为自然界的组成部分，对环境的影响无时不在，人类活动对环境的影响同时伴随着生态经济的变化。

水土流失治理前，人口剧增是南方红壤区严重水土流失问题的根源之一。人类活动对水土流失的影响最典型的表现有两种：①水土流失的发展历史和发展程度与距离居民点的距离成反比，以居民点为中心，距离居民点越近，山林破坏越大，水土流失历史越久，发展程度越高；②人口密度大的地区重于人口密度小的地区。由表 15-11 可以看出，2005—2018 年，南方红壤区总人口增加了 5 972 万，年均增长率为 0.83%，是全国平均水平（0.54%）的 1.59 倍（国家统计局，2018）。

表 15-11　2005—2018 年南方红壤区人口增加情况

省份	2005 年		2010 年		2018 年	
	总人口	乡村人口	总人口	乡村人口	总人口	乡村人口
江西	4 311	2 716	4 462	2 496	4 648	2 044
浙江	4 991	2 195	5 447	2 090	5 737	1 784
福建	3 557	1 800	3 693	1 584	3 941	1 347
安徽	6 120	3 947	5 957	3 395	6 324	2 865
湖北	5 710	3 243	5 728	2 881	5 917	2 349
湖南	6 326	3 985	6 570	3 725	6 899	3 034
广东	9 194	3 615	10 441	3 531	11 346	3 324
海南	828	454	869	436	934	382
广西	4 660	3 093	4 610	2 766	4 926	2 452
上海	1 890	206	2 303	246	2 424	288
江苏	7 588	3 756	7 869	3 102	8 051	2 447
合计	55 175	29 010	57 949	26 252	61 147	22 316

2. 不合理开发

加速土壤侵蚀的人类活动主要有开垦土地、工程建设、城市化建设、围湖围河围海开发等。人类在建设的过程中会破坏原有植被并造成大面积的土地裸露。据测算，红壤区近几年来每年由人为因素造成的水土流失面积达 5 万～8 万 hm^2。

农村人口多，耕地资源少，经常进行陡坡开荒、人为松耕使得坡耕地的土壤表层和地表植被受到破坏，加上多采用顺坡耕作的种植方式，在强降雨的条件下，土壤颗粒多呈分散状态，土壤黏聚力下降，沙粒化严重，加剧了水土流失。相关研究表明，在传统耕作系统下，每年土壤流失量可达 21.23 t/hm^2。森林砍伐是对土壤坡面最直接的破坏方式，坡面土壤大面积裸露，加剧了生态环境的恶化；土石资源的开采缺少水土保持的规划，出现乱挖、乱堆、乱倒的现象；坡耕地的不合理开垦极易造成大面积的水土流失。研究表明，在坡度和降水量相同的情况下，顺坡耕作的土壤侵蚀量要比等高耕作大 3～13 倍。化学肥料在施用过程中存在重氮、滥磷、轻钾现象，过量施用化肥不但难以使农作物产量提高，还易造成水体污染、水体富营养化。

湖北约 82% 的耕地分布在地形平坦的平原，25°以上的坡耕地占耕地总面积的 0.74%。从表 15-10 中可以看出，坡耕地、丘陵区耕地、山区耕地侵蚀面积所占比例较高，以坡度 25°～35°坡耕地侵蚀为主，中度、强度及以上侵蚀主要发生在坡度大于 15°的区域，占其总侵蚀面积的 66.57%。2005 年强度及以上侵蚀面积比 2000 年减少了 22.2%（陈峰云，2009）。

很多地区为了发展工业大量砍伐森林，通过对林木进行加工出售来提高经济收入，导致森林面积不断减小。另外，人们对山体进行开挖，获得石块、沙砾等作为建筑用料，对山体进行爆破，严重破坏了坡体的稳定性。在这种不稳定情况下，一旦有强降雨就易发生泥石流滑坡灾害，导致严重的水土流失（表 15-12）。

表 15-12　湖北不同坡度下耕地侵蚀面积

土壤侵蚀类型	坡度						合计
	0°～5°	5°～8°	8°～15°	15°～25°	25°～35°	＞35°	
轻度侵蚀（hm²）	2 625.86	1 050.42	1 698.01	1 561.05	207.33	17.55	7 160.22
中度侵蚀（hm²）	705.47	478.62	653.8	846.88	476.28	160.64	3 321.69
强度及以上侵蚀（hm²）	94.52	293.77	499.91	817.16	725.39	226.15	2 656.9

三、红壤水土流失现状与趋势

水利部 2010 年的监测结果显示，我国南方红壤区共有水土流失面积 13.12 万 km²，占土地总面积的 15.06%，其中轻度侵蚀和中度侵蚀面积占我国南方红壤区水土流失面积的 83.54%。而强度以上水土流失面积占红壤区总流失面积的 16.46%。其中，江西南部、江西东部、湖南西部、湖南东部、福建东部、广东东部等地的山地丘陵区水土流失更为严重（赵其国，2006；林福兴等，2014）。

红壤区总水土流失面积为 179 854 km²，占红壤区土地总面积的 12.08%。其中，轻度侵蚀面积为 136 225 km²、中度侵蚀面积为 21 575 km²、强烈及以上侵蚀面积为 22 024 km²。根据红壤区水土流失趋势判断（表 15-13），2002—2005 年，红壤考察区内的 2 187 个科考点，21.5% 的科考点的水土流失是加剧的。在浙江，水土流失加剧的点数占 23.1%，水土流失减轻的点数为 25.3%，表明浙江的水土流失是减轻趋势，减轻幅度为 2.2%。

表 15-13　2002—2005 年红壤区典型科考点水土流失强度变化

省份	野外实地考察点总数（个）	程度加剧		程度减轻		程度持平	
		考察点数（个）	占比（%）	考察点数（个）	占比（%）	考察点数（个）	占比（%）
江西	294	22	7.5	126	42.9	146	49.6
浙江	995	230	23.1	252	25.3	513	51.6
福建	744	149	20.0	150	20.2	445	59.8
安徽	32	18	56.3	4	12.5	10	31.3
湖北	26	11	42.3	3	11.5	12	46.2
湖南	51	27	52.9	7	13.7	17	33.3
广东	26	6	22.0	4	15.0	16	63.0
海南	19	7	38.0	2	9.5	10	52.5
合计	2 187	470	21.5	548	25.1	1 169	53.5

从 2018 年各省水土流失面积占其土地总面积的比例来看：湖北最高（17.51%）；其次是广西、江西和湖南，在 15% 左右；江苏最小，为 2.24%；浙江、福建、广东和海南在 5%～15%。从表 15-14 中可以看出，11 省份中有两个省份的水土流失面积占其土地总面积的比例超过了 15%。

表 15-14　2018 年南方红壤区各省份水土流失面积及占比

省份	水土流失面积（km²）	占土地总面积（%）	各级强度水土流失面积及占比					
			轻度		中度		强烈及以上	
			面积（km²）	占比（%）	面积（km²）	占比（%）	面积（km²）	占比（%）
江西	24 464	14.64	20 736	84.76	2 128	8.7	1 600	6.54
浙江	8 316	8.03	7 225	86.88	550	6.61	541	6.51
福建	9 787	7.97	6 618	67.62	1 939	19.81	1 230	12.57
安徽	12 313	8.82	10 318	83.8	968	7.86	1 027	8.34
湖北	32 520	17.51	23 884	73.45	4 245	13.05	4391	13.5

（续）

省份	水土流失面积（km²）	占土地总面积（%）	各级强度水土流失面积及占比					
			轻度		中度		强烈及以上	
			面积（km²）	占比（%）	面积（km²）	占比（%）	面积（km²）	占比（%）
湖南	30 661	14.47	25 312	82.55	2 903	9.47	2 446	7.98
广东	18 276	10.24	14 769	80.81	2 059	11.27	1 448	7.92
海南	1 918	5.58	1 715	89.42	96	5	107	5.58
广西	39 306	16.55	23 803	60.56	6 464	16.44	9 039	23
上海	3	0.05	3	100	0	0	0	0
江苏	2 290	2.24	1 872	81.75	223	9.74	195	8.51
合计	179 854		136 255		21 575		22 024	

总体上，南方红壤区以轻度侵蚀为主，流失面积占红壤区流失总面积的 75.76 %；强烈及以上侵蚀面积大于中度侵蚀面积，占总流失面积的 12.25 %。从区域分布上来看，广西、湖南、湖北、江西、广东是红壤区水土流失较为严重的区域，也是较为典型的水土流失区。

从强烈及以上流失面积的大小来看（图 15-6）：广西最大，为 9 039 km²，占 10 省份强烈及以上流失面积 22 024 km² 的 41.04%；其次是湖北占 19.94%，湖南占 11.11%，其余各省份均在 10%以下。

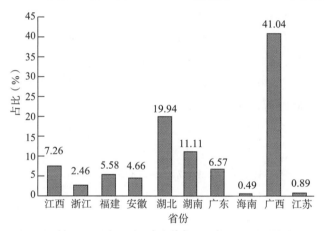

图 15-6 各省份强烈及以上流失面积占总强烈及以上流失面积的占比

从各省强烈及以上流失面积占其流失总面积的比例（图 15-7）来看，红壤区平均为 1.22%，其中，广西最大，占 5.03%，湖北占 2.44%，湖南占 1.36，其余各省份均在 1%以下。

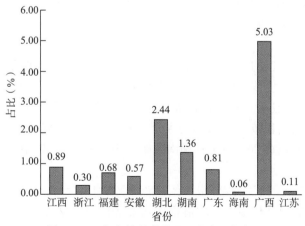

图 15-7 各省份强烈及以上流失面积占比

2002—2011 年南方红壤区土壤侵蚀面积变化结果（表 15-15）显示，除了中度侵蚀面积明显减小外，轻度侵蚀和强烈及以上侵蚀面积均增加了，总体上，2002—2011 年总水土流失面积也呈现增加的趋势。

表 15-15　2002—2011 年南方红壤区土壤侵蚀面积的变化

年份	轻度	中度	强烈及以上	合计
2002	9.6	7.5	3.2	20.3
2011	11.1	5.9	4.0	21.0
变化值	1.5	−1.6	0.8	0.7

从省级行政分布来看，2011—2018 年南方红壤区土壤侵蚀面积有所降低（表 15-16）。江苏减幅最大，由 2011 年的 3 177 km² 降为 2018 年的 2 290 km²，降幅达 27.92%；其次为广西，降为 2018 年的 39 306 km²，降幅达 22.22%；浙江、福建、安徽、湖北、广东 5 省份降幅在 10% 以下。

表 15-16　2011—2018 年南方红壤区各省份水土流失面积的变化

省份	2011 年水土流失面积（km²）				2018 年水土流失面积（km²）				变化情况
	轻度	中度	强烈及以上	合计	轻度	中度	强烈及以上	合计	
江西	14 896	7 558	4 043	26 497	20 736	2 128	1 600	24 464	−2 033
浙江	6 929	2 060	918	9 907	7 225	550	541	8 316	−1 586
福建	6 655	3 215	2 311	12 181	6 618	1 939	1 230	9 787	−2 394
安徽	6 925	4 207	2 767	13 899	10 318	968	1 027	12 313	−1 586
湖北	20 732	10 272	5 899	36 903	23 884	4 245	4 391	32 520	−4 383
湖南	19 615	8 687	3 986	32 288	25 312	2 903	2 446	30 661	−1 627
广东	8 886	6 925	5 494	21 305	14 769	2 059	1 448	18 276	−3 029
海南	1 171	666	279	2 116	1 715	96	107	1 918	−198
广西	22 633	14 395	12 509	50 537	23 803	6 464	9 039	39 306	−11 231
上海	2	2	0	4	3	0	0	3	−1
江苏	2 068	595	514	3 177	1 872	223	195	2 290	−887

从各省份水土流失面积占总水土流失面积的比例（图 15-8）来看，2011 年在 20% 以上的只有广西，10%～20% 有广东、湖北、湖南和江西，5%～10% 的有福建、安徽，5% 以下的有浙江、海南和江苏。广西水土流失面积占比最大，达到 50 537 km²；其次是湖北，水土流失面积为 36 903 km²；湖南位居第三，海南最小。2018 年南方 10 省份总水土流失面积与 2011 年相比减少了 13.87%，占 10 省份总水土流失面积在 20% 以上的只有广西，水土流失面积为 39 306 km²，占 22%；其次为湖北、湖南、江西，海南最小。

从遥感影像上看，这些地区的植被状况良好，森林覆盖率比较高。但是，由于林下缺少灌木或草本植被覆盖，土壤表面裸露程度依然很高，仍然会发生中度甚至强度侵蚀。进入 21 世纪，生态安全问题日益引起人们的重视，经过 20 多年的治理，南方 8 省份（江西、浙江、福建、安徽、湖北、湖南、广东、海南）水土流失面积减少了 11.8 万 km²。其中，湖北、安徽减幅最高，在 75% 以上；其次为福建、浙江和江西，减幅在 25% 以上；湖南减幅在 10% 以上，表明南方 8 省份水土流失面积在总体上呈现减少的趋势。

根据水利部 2018 年中国河流泥沙公报，经过近 30 多年的水土流失治理，南方红壤区主要水系 2018 年泥沙含量、年输沙量与多年平均值相比均显著降低（表 15-17）。珠江水系年输沙量与多年平均值相比减少了 56.7%～98.9%，年平均含沙量减少了 28.6%～98.8%。钱塘江水系年输沙

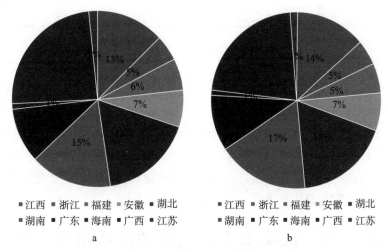

图 15-8　各省份水土流失面积占其总面积的比例

a. 2011 年　　b. 2018 年

量减少了 68.58%～87.19%，年平均含沙量减少了 56.39%～77.31%。闽江水系年输沙量减少了 52.24%～95.48%，年平均含沙量减少了 16.81%～87.25%。

表 15-17　2018 年南方 8 省份主要江河干支流水沙特征值变化

水系	项目	特征值									平均
珠江水系	河流	南盘江	红水河	柳江	郁江	浔江	西江	西江	北江	东江	
	水文控制站名	小龙潭	迁江	柳州	南宁	大湟江口	梧州	高要	石角	博罗	
	年输沙量（万 t）	194.00	39.60	276.00	338.00	672.00	606.00	805.00	125.00	81.20	348.53
	年平均含沙量（kg/m³）	0.590	0.006	0.090	0.081	0.042	0.033	0.040	0.046	0.044	0.108
钱塘江水系	河流	衢江		兰江		曹娥江		浦阳江			
	水文控制站名	衢州		兰溪		上虞东山		诸暨			
	年输沙量（万 t）	21.00		70.70		6.11		2.50			25.08
	年平均含沙量（kg/m³）	0.045		0.058		0.032		0.032			0.042
闽江水系	河流	闽江水系		建溪		富屯溪		沙溪		大樟溪	
	水文控制站名	竹岐		七里街		洋口		沙县（石桥）		永泰（清水墘）	
	年输沙量（万 t）	40.5		17.1		12.6		59.7		8.46	27.67
	年平均含沙量（kg/m³）	0.013		0.021		0.017		0.094		0.035	0.036

根据 2014—2017 年监测区水土流失状况，赣江上游治理区 2017 年轻度侵蚀面积增加了 730.12 km²，强烈及以上面积增加了 63.2 km²，增幅为 62.58%，总体侵蚀面积呈上升趋势。湘资沅澧中游治理区 2017 年土壤侵蚀面积是 2014 年侵蚀面积的 1.82 倍，以轻度和中度侵蚀为主，强烈及以上侵蚀面积增加了 1 倍以上（表 15-18）。

表 15-18　2014—2017 年监测区域水土流失状况对比

土壤侵蚀强度		水土流失状况							
		2014 年				2017 年			
		轻度	中度	强烈及以上	合计	轻度	中度	强烈及以上	合计
赣江上游治理区	面积（km²）	858.53	1 178.46	100.99	2 137.98	1 588.65	1 304.64	164.19	3057.48
	占水土流失总面积比例（%）	40.16	55.12	4.72	100	51.96	42.67	5.37	100

（续）

土壤侵蚀强度		水土流失状况							
		2014 年				2017 年			
		轻度	中度	强烈及以上	合计	轻度	中度	强烈及以上	合计
湘资沅澧	面积（km²）	712.39	1 314.79	260.92	2 288.1	1 765.98	1 814.83	582.33	4163.14
中游治理区	占水土流失总面积比例（%）	31.14	57.46	11.42	100	42.42	43.59	13.99	100

相关资料表明，红壤区水土流失的面积在明显减少，但仍存在自然因素、人为因素导致的新的水土流失面积的增加。当前的发展趋势仍是总体治理、局部破坏、强度减弱、面积减少、边治理、边破坏。因此，红壤区水土流失治理任务仍然十分艰巨。

第二节　红壤水土流失对耕地质量的影响

一、红壤水土流失对耕地养分流失的影响

土壤是农业生产的基础，植被的生长离不开土壤，在自然和人为的作用下不断地发生着变化。土壤侵蚀是一个非常显著的环境问题，威胁着自然生态系统的安全。它会导致土地退化、养分流失，降低土地的农田生产力；同时，侵蚀产生的泥沙及其携带的有机质、养分、重金属、农药和其他污染物会增加河流和水库中泥沙的沉积，污染水质，危害水体生物安全（Dlamini et al.，2011；Glendell，2014）。南方红壤区总面积为 218 万 km²，其中红壤系列面积约为 128 万 km²，占全区总面积的58.7%（江叶枫等，2018）。南方红壤区现有耕地约占全国的四分之一，是我国南方丘陵区重要的耕地资源。人类使用土地不当及水热分布不均等因素导致红壤坡耕地水土流失，进而演化为土壤养分流失、生产力降低等环境问题（金慧芳等，2019）。

土壤养分是由土壤提供的植物生长所必需的营养元素，能在土壤中直接或经转化后被植物根系吸收。细粒泥沙是土壤养分的主要载体，为土壤中质量最高的组分，在水土流失过程中被冲刷，会进一步造成土壤有机质、氮磷钾等养分的流失，导致土壤贫瘠化（Ge et al.，2020；Feng et al.，2019）。坡耕地水土流失受降雨、坡度、土地利用及相关农作物种植措施的影响，降雨是与坡耕地水土流失关系最为密切的因素。暴雨缩短汇流时间，增加产流强度，短时间内夹带了大量的泥沙颗粒，使土壤沙化，加速水土流失的发生，促进了土壤中养分的流失。

红壤区坡耕地养分流失造成的侵蚀区生态环境退化已成为限制这一地区农业持续发展的障碍因素，严重威胁着区域土壤环境和农业可持续发展。养分流失产生的影响主要在两个方面：①随着水土流失，坡耕地养分流入江河湖泊，导致下游湖泊水体富营养化。据统计，我国每年土壤侵蚀造成的表土流失量约为 50 万 t。随水土流失的土壤有效养分折算成氮、磷、钾肥施用量为 6 000 万 t，同时，土壤养分流失还促使湖泊富营养化网的形成。②水土流失严重导致坡耕地土层变薄、养分枯竭，降低土壤生产能力，导致生态系统内土壤质量下降。当耕地遭受严重侵蚀时容易跑水、跑土、跑肥，给当地的生产造成严重的影响，严重阻碍山区农业的可持续发展（杨武德等，1999；史德明等，1996；杨以翠，2010）。坡耕地土壤养分流失途径包括附着在地表径流和土壤颗粒表面的养分的横向迁移及随水分下渗的纵向迁移，即养分淋失（姚娜等，2017）。在坡耕地水土流失过程中，泥沙径流的养分含量是径流养分浓度的若干倍，泥沙中有机质和氮的含量均高于地表土（付斌，2009；Sharpley，1992）。

（一）水土流失对土壤肥力的影响

土壤氮磷养分流失不仅影响粮食作物产量，还容易导致当地河流、湖泊严重富营养化，对山区农业生态的可持续发展形成极大的威胁。根据第三次遥感数据分析，南方 8 省份总的土壤侵蚀面积为12.1 万 km²，年侵蚀量约为 4 亿 t，损失的土壤养分按通常红壤耕层的含量估算（氮 0.2%、磷

0.02%、钾 0.1%），则氮、磷、钾的流失量分别为 80 万 t、8 万 t 和 40 万 t。湖北省竹山县，由于大面积陡坡开垦，每年冲刷损失的土壤相当于 0.1 万 hm² 农田上的耕层土壤，流失的土壤养分相当于 1.4 万 t 硫酸铵和 1.05 万 t 过磷酸钙，分别为该县这两种肥料全年销售量的 1.47 倍和 9.80 倍。据调查，1992—1994 年兰溪市马达镇水土流失面积达 423 hm²，占坡地面积的 40%，每年至少有 40 000 t/km² 表土、24.3 t/km² 氮、8.1 t/km² 磷和 351.6 t/km² 有机质因侵蚀而流失（傅庆林等，1995）。江西省余江县（现余江区）红壤坡耕地水土流失的特点表现为在固体径流中的养分富集，养分富集率顺序为速效钾＞有机质＞全氮＞全磷＞碱解氮＞有效磷＞全钾，其中速效养分损失以地表径流损失为主，水土流失养分损失量为有机碳＞全钾＞速效钾＞全氮＞全磷＞碱解氮＞有效磷；由于地表径流量远大于土壤侵蚀量，速效养分在径流中的损失较大，随地表径流损失的碱解氮、有效磷、速效钾分别是泥沙的 7.5 倍、10.8 倍和 10.6 倍，氮在径流中的损失形式以硝态氮为主。同时，红壤坡耕地渗漏量较大，占总降水量的 26.4%～33.0%，氮具有较高的养分淋失量（王兴祥等，1995）。

土壤有机质对土壤贡献很大，主要以结合态腐殖质的形式存在。有机质中具有植物所需的各种营养元素，能够增强土壤的保肥性能，吸附阳离子，进一步减少土壤中养分的流失（Nie，2019）。土壤有机碳在水力侵蚀影响下重分布，每年全球通过水力侵蚀发生的碳通量迁移有 4 Gt。相关研究表明，活性有机碳在泥沙中呈现明显的富集现象，且随着侵蚀强度与坡度的增大，富集率逐渐减小（贾松伟等，2008；Lal，2004）。大、小雨强降雨条件下随泥沙流失的有机碳总量分别为 56.09 g 和 3.18 g，随径流流失的有机碳总量分别为 13.55 g 和 2.81 g，雨强越大，红壤产沙产流越多，有机碳的富集现象越明显，有机碳流失越快，径流泥沙中有机碳的含量越大（张雪等，2012）。

相关研究（表 15-19）表明，在不同侵蚀程度（无明显侵蚀、轻度侵蚀、中度侵蚀、强烈侵蚀）的红壤中，随着土壤侵蚀程度的增强，红壤中的有机质、全氮、全磷减少。有机质含量在不同侵蚀程度区域的顺序为无明显侵蚀＞轻度侵蚀＞中度侵蚀＞强烈侵蚀，分别为 26.89 g/kg、24.94 g/kg、18.26 g/kg 和 18.23 g/kg；土壤全氮、全磷、有效磷、碱解氮含量变化规律与土壤有机质类似，均随土壤侵蚀程度的增强而逐渐降低。此外，当土层流失超过 8 cm 时，即中度侵蚀，土壤各种养分含量全部下降，尤其是有效磷下降达 65.61%。剧烈侵蚀发生区域 A 土层消失殆尽，全氮和全磷含量减少了约 30%，碱解氮含量减少了近 50%，而有效磷含量则减少了 80% 以上。由此可见，侵蚀程度增加在导致有机质含量减少的同时，还引起土壤氮、磷养分储量的减少（董雪等，2013；左继超等，2017）。

表 15-19　不同侵蚀程度红壤各种养分含量

侵蚀等级	有机质（g/kg）	全氮（g/kg）	全磷（g/kg）	碱解氮（mg/kg）	有效磷（mg/kg）
无明显侵蚀	26.89±11.19	0.72±0.19	0.13±0.01	104.39±30.17	0.84±0.49
轻度侵蚀	24.94±4.81	0.83±0.05	0.13±0.02	106.07±5.95	0.48±0.17
中度侵蚀	18.26±7.90	0.67±0.03	0.11±0.02	89.13±29.32	0.29±0.16
强烈侵蚀	18.23±1.24	0.52±0.11	0.09±0.02	55.30±28.75	0.14±0.04

花岗岩崩岗侵蚀区植被覆盖率由 60%～80% 减小到 10% 时，径流系数由 0.00～0.51 变为 0.02～0.93，平均提高了 1.82 倍。径流增加了 51.43%～91.45%，产沙量增加了 92.90%～99.32%，土壤中有机质含量减少了 30%～63%（吕仕洪等，2003）。湖南省衡阳县旱地土壤以微度和轻度侵蚀为主（表 15-20、表 15-21），土壤肥力主要分布在高、中、低 3 个等级，面积分别为 1 260.86 hm²、1 855.22 hm²、975.45 hm²，随着水土流失程度的加深，土壤肥力逐渐降低，肥力极高的旱地 78.05% 集中分布在微度侵蚀区，21.95% 分布在轻度侵蚀区；强烈及以上侵蚀的土壤其土壤肥力主要为低、极低（姜敏，2016）。不同侵蚀等级下土壤有机质含量平均值的顺序为微度侵蚀＞轻度侵蚀＞中度侵蚀，微度侵蚀土壤有机质含量是中度侵蚀土壤的 1.88 倍；不同侵蚀等级土壤碱解

氮含量平均值为微度侵蚀＞轻度侵蚀＞中度侵蚀，微度侵蚀土壤碱解氮含量是中度侵蚀土壤的 1.63倍，随着侵蚀程度的加深土壤养分逐渐流失。

表 15-20　湖南省衡阳县土壤综合肥力与侵蚀等级的关系（hm²）

侵蚀等级	肥力等级				
	极高	高	中	低	极低
微度	166.40	788.88	1 102.38	548.56	3.17
轻度	46.79	439.72	659.50	365.38	3.91
中度	0.00	31.92	90.80	56.70	0.34
强烈及以上	0.00	0.34	2.54	4.81	1.71

表 15-21　不同侵蚀程度下的土壤养分指标

侵蚀等级	有机质（g/kg）	碱解氮（mg/kg）	有效磷（mg/kg）	速效钾（mg/kg）	缓效钾（mg/kg）
微度	31.59	147.67	9.34	84.09	153.86
轻度	29.37	134.80	8.32	84.14	167.38
中度	16.83	90.58	7.45	73.83	147.00

水土流失使植被结构及其覆盖率降低，植被无法阻挡降雨和雨滴的打击，雨滴直接打击地表土壤，增加地表径流和冲刷强度，降低土壤抗冲性和抗蚀性；水土流失对土壤结构破坏严重，使坡耕地土层变薄、养分耗竭、生产能力低下、土壤质量急剧下降。

随着治理年限的增加，土壤肥力得到不断提高，植被生长朝良性方向发展。在福建长汀朱溪小流域的水土流失治理进程中，非治理区有机质、全氮、全磷、全钾、碱解氮、有效磷、速效钾等养分的含量分别为 6.512 g/kg、0.454 g/kg、0.024 g/kg、0.199 g/kg、39.453 mg/kg、0.088 mg/kg、27.320 mg/kg，各养分含量随治理年限的增加呈先增加后降低再增加的趋势（表 15-22）。同时，各治理年限治理区养分含量均高于非治理区，总体上呈上升趋势。治理 29 年后，有机质从 6.512 g/kg迅速增加到 15.772 g/kg，是原来的 2.42 倍。全氮含量从治理 6 年后随着治理年限的增加逐渐增加，在治理 29 年时达到 0.879 g/kg，是非治理区的 1.94 倍。碱解氮与有机质的变化规律基本一致，碱解氮含量随着有机质含量与熟化程度的增加而增加，治理 29 年时达到 87.883 mg/kg，速效钾含量也随着治理年限的增加呈螺旋式增加趋势。研究表明，治理后土壤各养分含量随着时间的延长都会提高，随着治理年限的增加，水土流失进程减缓，土壤侵蚀程度降低，土壤养分的损失减少，土壤质量得到迅速提高（黄美玲，2014）。

表 15-22　朱溪小流域不同治理年限土壤肥力统计

治理年限（年）	有机质（g/kg）	全氮（g/kg）	全磷（g/kg）	全钾（g/kg）	碱解氮（mg/kg）	有效磷（mg/kg）	速效钾（mg/kg）
非治理区	6.512	0.454	0.024	0.199	39.453	0.088	27.320
1	14.081	0.875	0.091	2.294	82.117	0.990	47.404
6	7.931	0.500	0.083	3.122	58.433	0.629	45.497
12	11.432	0.608	0.153	1.514	52.511	3.847	24.482
29	15.772	0.879	0.227	5.877	87.883	2.164	49.318

（二）水土流失对养分流失的影响

受地形、母质、气候和人为因素的影响，土壤存在着不同程度的侵蚀（Smithp，2008）。相关研究表明，海拔高度与土壤侵蚀程度负相关，海拔较低处土壤的风化和侵蚀作用与高海拔区域相比较为强烈，有机质积累较少，腐殖质层不够明显。位于祁阳文富市镇幸福桥村的采样点在 23 个土壤采样点中海拔最高，达 165.2 m，土壤有机质含量为 84.26 g/kg，在各采样点土壤中最高（魏兰香等，2017）。

不同坡度坡耕地土壤侵蚀强度有明显差异，二者一般为正相关关系（袁树堂等，2015）。在临界坡度范围内，红壤坡面产流率随坡度的增大而增加，坡面土壤侵蚀量和含沙量随坡度的增加而减少。坡面侵蚀产沙量在坡度为 20°时最大，是 5°时的 2.7 倍（张会茹等，2009）。在云南晋宁大春河流域，地表径流中总磷、水溶性磷和颗粒态磷的浓度都随土壤坡度的增加而不断增大（褚素贞等，2015）。以湖南省平江县南江镇为例（表 15 - 23），土壤有机质含量有随地面坡度的增大而降低，在 15°~20° 坡度带上，有机质平均含量为 19.1 g/kg，与 0°~5° 坡度带相比约降低了 0.9 g/kg。全氮含量与有机质一样有随坡度增大而降低的趋势，土壤碱解氮、全磷含量在 0°~5° 的含量显著高于其他 3 个坡度。速效钾含量随坡度的增加而降低，在 0°~5° 最高，达 90.4 mg/kg，在 15°~20° 坡度带上显著低于其他坡度带（陈冲等，2011）。

表 15 - 23 不同坡度下的土壤养分含量

坡度 (°)	有机质（g/kg）		全氮（g/kg）		碱解氮（mg/kg）		全磷（g/kg）		全钾（g/kg）		速效钾（mg/kg）	
	范围	均值	范围	均值	范围	均值	范围	均值	范围	均值	范围	均值
0~5	8.7~33.7	20.0	2.19~0.56	1.30	169.2~42.2	84.6	1.01~0.29	0.56	19.7~11.2	16.6	306.1~28.7	90.4
5~10	9.3~36.1	19.4	2.35~0.61	1.26	143.9~28.1	78.7	0.90~0.33	0.41	21.5~12.8	17.6	220.9~10.2	84.2
10~15	9.0~29.5	19.2	1.92~0.59	1.21	147.3~30.6	74.6	0.64~0.31	0.36	19.8~15.1	16.9	226.2~16.1	81.5
15~20	6.8~24.9	19.1	1.62~0.44	1.23	122.9~17.3	70.8	0.50~0.22	0.35	18.5~16.3	17.5	178.8~23.8	61.2

（三）水土流失对土壤酸化的影响

人类活动的频繁干扰及各种工业化的推进导致我国红壤区土壤酸化进程不断加快、酸化范围进一步扩大。红壤区位于我国季风区，高温高湿、降雨充沛，同时红壤酸、瘦、黏等弱点使得红壤淋溶强度大。水土流失包括土壤流失和土地生产力的破坏，养分一旦流失则造成严重的土壤沙化、盐渍化，进而引起土壤的化学变化，进一步导致土壤酸化（赵其国等，2013）。浙江兰溪市年侵蚀模数大于 8 000 t/km² 时，交换性离子年淋失总量约达 6 438 kg/km²，与年侵蚀模数在 500~2 500 t/km² 的交换性离子淋失量相比，约增加了 5 321 kg/km²。pH 由 6.27 降到 4.37，可见土壤发生明显酸化（傅庆林等，1995）。十堰市 2009 年的水土流失面积为 11 905.13 km²，土壤年侵蚀模数达到 3 528 t/km²，流域内水土流失有明显增强的趋势。十堰市耕地土壤已出现了非常明显的酸化趋势（表 15 - 24），与 1982 年的第二次土壤普查结果相比，pH 为 6.5~7.5 的中性土壤面积占耕地总面积的 28.8%，下降幅度达 31.1 个百分点；pH<5.5 的酸性土壤面积则由 1982 年的 4.2% 上升到 27.6%，上升幅度为 23.4 个百分点（张健等，2011）。

表 15 - 24 土壤 pH 变化情况

年份	各等级样本所占比例（%）			
	<5.5	5.5~6.5	6.5~7.5	7.5~8.5
2009	27.6	40.1	28.8	3.5
1982	4.2	31.1	59.9	4.8
变化幅度	23.4 个百分点	9.0 个百分点	−31.1 个百分点	−1.3 个百分点

年降水量越高、水土流失越强的区域，土壤中盐基物质的淋溶作用也越强烈，越容易导致土壤酸化。据 1985 年的遥感普查资料，长汀县水土流失面积达 100 000 hm²，占其土地总面积的 31.5%；而到 2000 年，长汀县水土流失面积仍然高达 70 364 hm²，占土地总面积的 22.77%。该县境内年最大降水量高达 2 552 mm，较强的集中降雨再加上严重的水土流失，导致土壤盐基离子淋失强烈，耕地土壤酸化也较为严重（徐福祥，2015）。

二、红壤水土流失对土壤结构特征的影响

土壤结构是成土过程或利用过程中由物理、化学和生物多种因素综合作用而形成的，是土壤颗粒的排列与组合方式。土壤自身的性质尤其是团聚体稳定性直接影响土壤侵蚀的发生发展过程（Le B，1996）。土壤结构形成是土壤中很多物理、化学、生物因素及其复杂反馈机理综合作用的结果（Six et al.，2004；Bronick，2005），受土壤自身性质（土壤质地、黏土矿物类型、含水量、有机质等）、生物因素（植物、动物和微生物等）和农业管理措施（耕作类型、程度、轮作模式、地表覆盖等）、气候和地形等诸多因素的影响（Bronick，2005）。水土流失实质是水分、养分和土粒离开原来土体随水迁移到他处的过程，降雨过程中雨滴打击会破坏表层土壤的结构，使土壤颗粒分散并堵塞土壤孔隙，加上雨滴对于表土的打击和压实作用，导致表土结皮的形成，降低坡面土壤的入渗率。此外，雨滴打击还能增加坡面径流紊动性，提高径流的分散能力和搬运能力（Asadi，2007）。

土壤颗粒是土壤结构的主要组分，受植被覆盖、降雨分布等因素的影响。水土流失导致地表土壤颗粒被带走，使表土层变薄、沙化。相关研究表明，红壤受面状侵蚀后，表土 3～0.05 mm 的沙粒含量达57.72%，>3 mm 的砾石含量高达 23.41%，黏粒流失严重（钟继红等，1993）。土壤团聚体即土壤的团粒结构是土壤结构和功能最基本的单元，属于土壤结构的类型之一。土壤团聚体主要在两种过程中形成：①单粒在凝聚和复合等作用下聚合成复粒，复粒在有机物、无机物等物质的胶结作用下形成团聚体，这是一个可逆的过程。②大土块或土体在外力作用下破碎产生（马仁明，2015）。研究表明，在降雨过程中，随着雨滴对团聚体连续的打击作用，机械外力积累能量逐渐克服团聚体中胶结物质胶结作用力的影响，大团聚体逐渐破碎为较小的团聚体。酸雨降低红壤水稳性团聚体的稳定性，表现为水稳性大团聚体的含量随酸雨 pH 的降低、持续时间的延长而减少；酸雨导致团聚体破坏率增高、稳定性降低。据调查研究，江西水保科技园不同侵蚀程度红壤中各粒级团聚体的含量有差异，与无明显侵蚀相比，中度侵蚀和强烈侵蚀中≥10 mm 粒级团聚体的含量分别降低了 41.9%和 65.3%，≥5～10 mm 粒级团聚体含量随着侵蚀程度的加深呈增加趋势，分别提高了 5.5%和 13.0%（左继超等，2019）。

水土流失对不同母质的土壤结构特征的影响不同（图 15-9），湖北省咸宁市第四纪红土和泥质页岩降雨过程中 5～2 mm 团聚体含量逐渐降低，而<2 mm 团聚体颗粒含量逐渐增加，其中<0.25 mm 微团聚体增加明显，且溅蚀量随着团聚体颗粒的减小而增大。母质为第四纪红土的土样表土表现出粗糙和团聚态的特征，在这种地表条件下，雨滴对<0.25 mm 团聚体的迁移能力由于细颗粒随水流的入渗输移而受到限制。而母质为泥质类页岩的土壤，表土大颗粒已基本上破碎完全，表土被雨滴打击较为紧实。

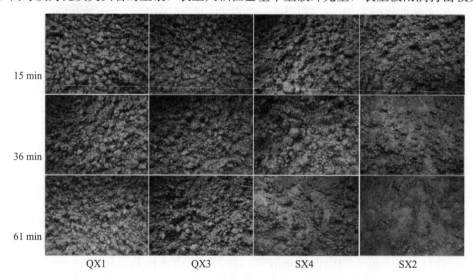

图 15-9　降雨过程中不同土壤表土结构变化（马仁明，2015）

QX1 、QX2. 第四纪红土　SX4、SX2. 泥质页岩

土壤结构由土壤颗粒与孔隙在土壤中的排列形式及其大小、形态构成，决定着土壤的特性及其变化，从而影响土壤侵蚀的发生发展过程。在侵蚀过程中，轻度侵蚀的土壤团聚体的稳定性较差，遇水易崩解成易被径流携带的细小颗粒，中度侵蚀和强烈侵蚀的土壤团聚体稳定性较高。杨武德等（1999）利用定位土芯示踪法的研究结果表明，坡面侵蚀模数与黏粒含量负直线相关，黏粒含量随着表层土壤侵蚀程度的增加而增高。花岗岩红壤的土壤质地因土壤侵蚀程度的不同而略有不同，供试土壤的黏粒含量均较低，但是花岗岩轻度侵蚀的黏粒含量略高，达到 25.87%，中度侵蚀和重度侵蚀土壤的黏粒含量只有 8%左右，粗沙和砾石含量有较大幅度的提高（李朝霞，2005）。土壤侵蚀对第四纪红土红壤团聚体的稳定性有一定的影响，总的趋势是团聚体的稳定性随侵蚀程度的加剧而增强。

土壤团聚体受到湿润过程的消散作用、雨滴的打击外力、各种矿物遇水后产生的不均匀膨胀作用及径流对团聚体搬运过程的机械外力，随着红壤剖面的加深，红壤水稳性团聚体的平均重量直径增加，＞1 mm 的较大粒径的团聚体的破坏率降低、稳定性增强。研究表明，轻度侵蚀的黄褐土、褐土和棕红壤水稳性很差，在降雨初期迅速破碎分散成更小的团聚体。随着降雨的进行，黄褐土和褐土在15 min、棕红壤则在 20 min 时溅蚀盘表面开始出现薄层水流，此时 3 种土壤的平均溅蚀率达到最大（佘立，2017）。随着雨量的增加，径流优先选择携带 0.002～0.02 mm 颗粒，该级别颗粒占泥沙总量的 26.68%～60.33%。团聚体稳定性迅速降低，团聚体破碎形成小颗粒，＞2 mm 的颗粒的质量百分比以指数形式降低；相反，由于＞0.25 mm 的颗粒不断破碎形成＜0.25 mm 的颗粒，＜0.25 mm 的颗粒的百分比随着降雨时间的延长逐渐增加（杨伟等，2016）。

土壤微团聚体颗粒的形态受侵蚀程度影响，轻度侵蚀的微团聚体颗粒外形不规则，呈扁平形或多边形，多含棱角；严重侵蚀的微团聚体颗粒与轻度侵蚀的微团聚体相比，多为圆形或椭圆形，无明显棱角，表面光滑，磨圆度高（刘冬，2007）。对湖北咸宁、赤壁和湖南长沙三地第四纪红土母质发育的不同侵蚀程度红壤的分析发现，红壤淋溶层微团聚体粒径 0.002～0.05 mm 的居多，其百分含量达到 20%以上，轻度侵蚀土壤微团聚体含量平均值为 23.25%，中度侵蚀和严重侵蚀团聚体百分含量平均值为 20.65%、20.49%，随着水土流失的加重，红壤中微团聚体相对减少。从微团聚体的分散度来看，轻度侵蚀土壤微团聚体的分散度为 13.83～51.58，平均为 35.11；中度侵蚀土壤微团聚体的分散度为 21.57～63.90，平均为 41.52；严重侵蚀土壤微团聚体的分散度为 29.88～88.58，平均为54.8（表 15 - 25）。由此可见，随着侵蚀程度增加，红壤微团聚体稳定性降低（于孟生，2007）。

表 15 - 25　不同侵蚀程度土壤微团聚体组成及分散度

侵蚀程度	地区	不同粒径团聚体组成（%）				分散度
		0.25～0.05 mm	0.05～0.02 mm	0.02～0.002 mm	＜0.002 mm	（＜0.05 mm）
轻度	赤壁	3.30	18.48	58.48	27.51	51.58
	长沙	7.26	6.94	46.94	3.00	39.94
	咸宁	3.63	7.61	47.61	5.68	13.83
中度	赤壁	4.18	11.44	51.44	15.09	53.90
	长沙	6.49	5.87	45.87	2.34	39.10
	咸宁	5.94	7.32	47.32	2.34	21.57
严重	赤壁	3.08	10.07	54.07	10.45	88.58
	长沙	5.83	6.38	46.38	2.18	45.96
	咸宁	5.06	6.75	46.75	2.87	29.88

大团聚体可分为水稳性和非水稳性两种。水稳性团聚体大都是钙、镁、腐殖质胶结起来的在水中振荡、浸泡、冲洗而不易崩解仍能维持其原来结构的土壤颗粒（刘秉正等，1998），水稳性团聚体形成过程中有机胶结物质起着十分重要的作用，良好的土壤结构往往依赖于直径 1～10 mm 的水稳性团聚体。大团聚体中有机质含量较高，能赋存更多的有机质、全氮、全磷等养分。不同侵蚀程度、不同

层次的土样在经过湿筛处理后，其水稳性团聚体的分布状况不尽相同（王军光等，2012）。随着侵蚀程度的增加，强烈侵蚀土壤>0.25 mm 水稳性团聚体的含量与无明显侵蚀相比降低了19.3%，平均质量直径和几何平均直径逐渐减小，团聚体分形维数和团聚体破坏率分别增加了0.17%和9.23%（表15-26）。母质层>4 mm 粒径和<0.23 mm 粒径水稳性团聚体含量升高，2~4 mm 粒径水稳性团聚体减少。土壤表层中>0.25 mm 水稳性团聚体数量随着侵蚀程度的增加有所增加；淀积层中红壤水稳性团聚体的含量随侵蚀程度的增强而降低，红壤团聚体中干筛的平均重量直径仍然都大于湿筛，表明随着侵蚀程度的增加，淀积层团聚体的稳定性降低。

表 15-26　不同侵蚀程度土壤团聚体水稳性指标

侵蚀等级	团聚体水稳性指标				
	>0.25 mm 水稳团聚体含量（%）	平均重量直径（mm）	几何平均直径（mm）	团聚体分形维数	团聚体分散度
无明显侵蚀	87.82	1.68	2.10	2.51	5.46
轻度侵蚀	88.27	1.68	2.04	2.50	4.68
中度侵蚀	82.41	1.57	1.86	2.53	5.93
强烈侵蚀	70.83	1.31	0.67	2.68	14.69

　　土壤孔隙是反映土壤结构的重要指标，它对土壤的通气、透水及根系的伸展都有直接影响。随着降雨时间的增加，轻度侵蚀的泥质页岩紧实层孔隙下降大于轻度侵蚀的第四纪红土，轻度侵蚀的泥质页岩表土团聚体破坏的速率和程度均高于第四纪红土，土壤结皮的发育更迅速。在雨滴的打压下，孔隙发生变形，大孔隙容易坍塌，形成不规则的圆形孔隙，小孔隙被压扁、拉长，表现为>500 μm 的不规则孔隙增加，20~200 μm 的孔隙急剧减少。相关研究表明（表15-27），随着水土流失程度的加深，红壤区中度侵蚀的崩岗>0.5 mm 孔隙的贡献率是轻度侵蚀的1.14 倍，降雨形成径流携带大量泥沙，导致沟道处的土壤结构差、土壤中大孔隙多（文慧等，2019）。

表 15-27　不同侵蚀程度崩岗孔隙级别对水流的贡献率

侵蚀程度	部位	孔隙级别对水流的贡献率（%）			
		>0.5 mm	>0.25~0.5 mm	0.1~0.25 mm	<0.1 mm
轻度	集水区	34.38	22.56	14.80	28.26
	边坡	23.37	17.84	13.64	45.15
	沟道	58.18	23.31	9.74	8.77
中度	集水区	28.93	19.45	13.35	38.27
	边坡	39.15	23.80	14.48	22.57
	沟道	63.58	22.75	8.33	5.35

　　在水土流失过程中，有机质是团聚体的主要稳定因子，可以通过有机质的物理胶结和捆绑作用促进矿物颗粒之间的结合，以植物根系和真菌的包裹形式增强团聚体内部的凝聚力；也可以通过增强团聚体的斥水性来降低消散作用对团聚体的破坏程度（杨伟，2013）。随着初始团聚体粒径的增长，破碎后>2 mm 颗粒的百分比增加，而2~0.25 mm 和<0.25 mm 颗粒的百分比下降。但是，这种差异随着累计降水量的增加逐渐减小，不同粒径团聚体破碎后的粒径分布趋于一致，尤其是2~0.25 mm 和<0.25 mm 的颗粒（图15-10、图15-11）。

　　赤壁地区严重侵蚀区域孔隙数量均值约为1 140，孔隙面积百分比为3.80%，轻度侵蚀区域孔隙数量均值约为2 300，孔隙面积百分比为4.54%。随着侵蚀程度的加剧，该地区土壤团聚体的孔隙数量级孔隙面积百分含量皆呈下降的趋势。土壤受到侵蚀后，不稳定团聚体受到破坏，高稳定性团聚体保留下来，水稳性团聚体含量增加，对长沙、咸宁、赤壁3个地区母质为第四纪沉积物的土壤进行分

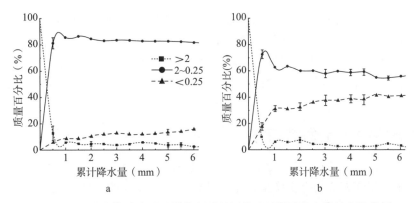

图 15 - 10　团聚体破碎后不同粒径质量百分比随累计降水量的变化特征
a. 第四纪红土发育红壤团聚体　b. 泥质页岩发育红壤团聚体

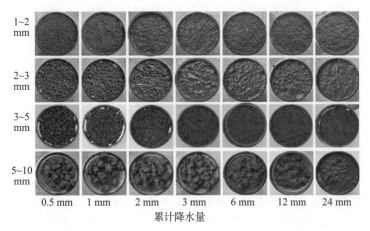

图 15 - 11　模拟降雨条件下第四纪红土发育红壤不同粒径团聚体的破碎过程

析（表 15 - 28），长沙地区轻度和严重侵蚀土壤的水稳性团聚体含量（WSA）平均值分别为 62.7%和 75.7%；从轻度侵蚀到严重侵蚀，咸宁和赤壁地区土壤的水稳性团聚体含量平均值均有不同程度的增加；土壤中＞0.25 mm 水稳性团聚体含量随侵蚀程度的增大呈增加趋势。同时，在长沙地区的土壤中，轻度和严重侵蚀土壤的平均重量直径平均值分别为 2.0 mm 和 2.4 mm。咸宁和赤壁地区土壤平均重量直径平均值从轻度到严重侵蚀也有不同程度的增加（刘冬，2007）。

表 15 - 28　不同侵蚀度土壤稳定性指标平均值

地区	侵蚀程度	WSA（%）	MWD（mm）
长沙	严重	75.7	2.4
	轻度	62.7	2.0
咸宁	严重	69.0	2.3
	轻度	60.3	1.9
赤壁	严重	66.5	2.2
	轻度	56.1	1.6

第三节　坡耕地水土保持技术与模式

坡耕地是我国南方低山丘陵区重要的耕地资源。随着社会经济的发展和人类活动的加剧，人土关系日益紧张，坡耕地的水土保持理论与技术有着不可忽视的重要影响。南方红壤区土壤母质与地形复杂多样、降雨充沛，但年度分配不均，降雨急且雨量大等特性导致红壤区是我国水土流失最严重的区域之一，且防治难度较大，人为耕作开发的坡耕地水土流失更为严重（梁音等，2008）。因此，研究红壤坡耕地水土流失防治技术并建立科学而有效的防治模式，对红壤区坡耕地水土流失防治、土壤肥力提升和水环境质量保障等具有重要的理论和现实意义。

一、红壤坡耕地水土保持技术

红壤坡耕地水土流失防治技术可分为水土保持耕作技术、工程技术和生物技术三大类（王秀茹，2009）。这 3 类技术是相辅相成、有机联系、紧密结合、不可或缺的。在水土保持治理工作中，必须系统了解这些技术的特点及作用才能因地制宜地综合应用。

（一）红壤坡耕地水土保持耕作技术

多山地丘陵的红壤区是我国重要的经济林果、经济作物及粮食生产基地，坡耕地水土流失一直是水土流失防治的重点和难点，加强坡耕地的水土流失防治对当地的生态效益、经济效益和社会效益具有重要意义（胡玉法，2009）。在长期的农业生产中，为有效防治水土流失、提高坡耕地的生产价值、取得较高的经济效益，不同的耕作措施被应用和推广。水土保持耕作技术是治理坡耕地水土流失首先并重点考虑的措施，主要分为两大类：①以改变地面微地形、增加地面糙度为主的耕作措施，如等高耕作、水平沟种植、沟垄种植、横坡种植等；②以增加地面覆盖和改良土壤为主的耕作措施，如秸秆覆盖、少耕免耕、间套复种和草田轮作等（王秀茹，2009）。在南方红壤区，尤其是在治理缓坡坡耕地时，为了节省资源、减轻负担，广泛采用了水土保持耕作措施治理。

1. 微地形整治的水土保持耕作技术

等高耕作（横坡耕作、水平沟垄、水平条播）是相对于顺坡耕作的耕作技术，即沿等高线方向开沟播种，阻滞径流，增大拦蓄和入渗能力，是坡耕地保持水土简便易行的耕作技术。一般情况下，地表径流顺坡而下，尤其是在顺坡耕作中，坡面径流顺犁沟汇聚迅速且量大，极易发生严重的水土流失。若采取横坡耕作，即沿等高线耕作，横垄和种植的作物茎秆形成的篱笆墙能增加地面糙率，拦蓄地表径流和减少土壤流失。袁东海等（2001）研究了 6 种不同农作措施下红壤坡耕地的水土流失特征，结果表明：同顺坡农作措施相比，等高土埂处理能减少 70.20% 的径流量，减少 95.04% 的泥沙流失量；等高耕作能减少 56.33% 的径流量，减少 87.70% 的泥沙流失量。

横坡垄作是在坡面上沿等高线起垄，在垄面上栽种作物，起到减水减沙与防旱抗涝作用的一种耕作方式。垄由高凸的垄台和低凹的垄沟组成，适用于 10°中坡或 5°缓坡，适宜种植的作物有花生、油菜、大豆等。横坡垄作的凸起垄台与地埂相似，将大部分地表径流拦蓄在沟中，减轻了对土壤的冲刷，起到保水、保土、保肥的作用。江西水土保持生态科技园观测的数据表明，随着降雨强度的增大，横坡垄作措施截流减沙优势明显，径流量平均减少率为 69.80%，泥沙量平均减少率为 98.87%（张展羽等，2013）。同时，与裸露对照相比，横坡垄作使土壤含水量、田间持水量和最大持水量依次提高了 16.2%、27.5% 和 30.9%，横坡垄作表层土壤＞0.25 mm 的水稳性团聚体的含量增加了 20.0%。需要注意的是，如果不做水平沟垄或水平沟垄深度不够，等高横坡耕作并不能减少地表径流量。夏岑岭等（2000）的研究结果表明，未做沟垄的横坡耕作与顺坡耕作坡耕地对比，4 年平均径流量没有显著差异，而水平沟垄地横坡种植的径流量显著降低。

2. 增加植被覆盖和改良土壤的水土保持耕作技术

（1）轮作　轮作是指在同一块田地上，有顺序地在一定年限内轮换种植不同作物或复种组合的一种种植方式，也是南方红壤丘陵区常见的保土耕作措施之一。轮作措施既增加了坡耕地的植被覆盖，提高了土地利用率，增加了农民收入，又减少了土壤侵蚀，使表层土壤长期保持质量和效益。合理的轮作措施对改善土壤的理化性质、保持养分平衡、提高土壤肥力水平、维持土地的可持续利用、改善当地的生态环境及促进当地社会经济的发展具有重要的实践意义。南方红壤区坡耕地常用的轮作主要有花生—油菜轮作、大豆—油菜轮作、花生—芝麻轮作等。

（2）间作和套作　在一地块上按照一定行距、株距和占地的宽窄比例种植几种作物，叫间作或套作。几种作物同时期播种称为间作，不同时期播种称为套作（孙波，2011）。间作和套作的两种作物应具备生态群落相互协调、生长环境互补的特点，主要有高秆作物与低秆作物、深耕作物与浅耕作物、早熟作物与晚熟作物、密生作物与疏生作物、喜光作物与喜阴作物、禾本科作物与豆科作物等不同作物的合理配置。间作既可以增加植被盖度，减少水土流失，又可以增加阳光的截取和吸收，减少光能的浪费。此外，不同作物需肥特点不一样，两种作物间作互补，增加了土壤养分的利用率，如豆科与禾本科间作有利于补充土壤氮元素的消耗等。研究表明，相比于柑橘净耕，在柑橘小区内春季横坡套种大豆、秋季横坡套种萝卜后，年均径流量减少 40.73%，年均泥沙量减少 24.42%。

在同一地块上前季作物生长的后期，在其行间或株间播种或移栽后季作物，两种作物播种、收获时间不同，其作物配置和株行距要求与间作相同。根据作物的不同特点，在播种上分别采用以下两种方法：①在第一种作物第一次或第二次中耕以后，套种第二种作物；②在第一种作物收获前，套种第二种作物。研究表明，套种作物在雨季生长最为繁茂，覆盖率达 75% 以上，能取得最大的水土保持效益。南方红壤区常见的间作和套作组合主要有玉米与油菜或红薯间作、小麦与蚕豆间作、洋葱与番茄或冬瓜间作、大豆与玉米间作等，主要有果树套种大豆、花生、西瓜、萝卜等（图 15-12）。

图 15-12　脐橙与西瓜间作

（3）覆盖　地表覆盖（薄膜、草被和秸秆等），尤其是秸秆覆盖，在南方红壤区被广泛采用。一方面，覆盖可以直接削减雨滴对土壤的击溅作用，减轻其对地表结构的破坏，阻止或减少溅蚀的发生和土壤结皮的形成，减少土壤水分的蒸发，促进土壤入渗，提高土壤含水率，有利于蓄水保墒，减少地表径流的产生；另一方面，覆盖增加了地表糙度，直接降低了径流能量，拦截输移的泥沙，减少坡面侵蚀的发生（王秀茹，2009）。其技术实施简单经济，方便易行。在南方红壤区的荒坡坡改梯整治工程中，在坡改梯后的坡面撒播草种（如宽叶雀稗等），并使用尼龙网将裸坡坡面覆盖，雨天减小径流，增加入渗，提高土壤含水量，减少雨滴击溅侵蚀和径流冲刷侵蚀，晴天减少水分蒸发。既能减少植被恢复过程中坡耕地的水土流失，又能固定草种，蓄水保墒，有利于当地植被生态的迅速恢复（图 15-13）。在秸秆覆盖的坡耕地中，秸秆被分解后有利于改善土壤养分和土壤结构状况，又能为作物生长提供良好的养分环境。大量的试验研究表明，覆盖措施具有良好的减流减沙效益（林金石，2005）。江西水土保持生态科技园观测的数据表明，稻草覆盖后坡耕地年均径流量减少了 43.72%，年均土壤侵蚀模数减少了 94.91%；与裸露的地块相比，覆盖后坡耕地 0～30 cm 土壤含水量保持在 22.8%～30.0%，提高了 4.5% 左右。

图 15-13　江西赣县尼龙网覆盖的坡改梯梯田

（二）红壤坡耕地水土保持工程技术

坡耕地坡面防控工程的主要原理是通过改变微地形、就地蓄水、增加土壤水分供给作物或植被生长、防止坡面水土流失，同时，将未被拦蓄的地表径流引入小型蓄水工程，实现降水的再利用。具体内容主要包括梯田、水平阶、截流沟、水平沟以及鱼鳞坑等。在南方红壤区 5°~25° 的坡耕地上，综合考虑蓄水保土和投入产出比等因素，一般采用梯田工程、坡面生态路渠工程等水土保持工程技术。

1. 梯田工程

梯田是在坡地上分段沿等高线建造的阶梯式农田，是治理坡耕地水土流失的有效措施（王秀茹，2009）。梯田不仅历史悠久，而且普遍分布于世界各地，尤其是在地少人多的山丘地区。梯田可以改变地形坡度、拦蓄雨水，增加土壤水分，防治水土流失，达到保水、保肥、保土的目的，同改进农业耕作技术结合能大幅提高产量。因此，梯田是改善农业生产条件、保持水土、增强农业发展后劲的重要手段，是全面发展山区、丘陵区农业生产的一项措施（李小燕等，2008）。

我国规定，25°以下的坡耕地一般可修成梯田，种植农作物，25°以上的坡耕地应退耕植树种草（孙波，2011）。由于各地的自然地理条件、治理程度、土地利用方式、耕作习惯及修建方式不同，梯田按断面形态主要分为水平梯田、坡式梯田、隔坡梯田、反坡梯田等（图 15-14）。

水平梯田是沿等高线修建坡度为零的等高梯田，田面水平，适宜种植水稻和其他旱作物。水平梯田在我国有悠久的历史，秦汉时期就已有水平梯田，是我国最传统、最常见的梯田，适用范围广（王秀茹，2009）。坡式梯田是一种过渡的形式，是顺坡向每隔一定间距沿等高线修筑地埂而成的梯田。依靠逐年耕翻、径流冲刷并加高地埂，使田面坡度逐年变缓，终至水平梯田。隔坡梯田的相邻两水平阶台之间隔一斜坡段，在规划布设时，坡地造林、种草或林粮间作，梯田种农作物。从斜坡流失的水土可被截留于水平阶台，有利于农作物的生长。一般在 25°以下的坡地上修的隔坡梯田可作为水平梯田的过渡。其田间道路难以布设，适用于地广人稀区及边远坡地。反坡梯田指由水平阶整地后田面微向内侧倾斜、坡面外高内低的梯田。梯田反坡一般可达 2°，构成浅三角形。反坡梯田能蓄水保土，增加田面蓄水量，改善立地条件，并使过多的径流由田面内侧安全排走，适用于干旱及水土冲刷较重而坡行平整的山坡地。除此之外，根据修建田坎的材料，可将梯田分为土坎梯田、石坎梯田、植物田坎梯田等。按照土地利用方式可将梯田分为农田梯田、水稻梯田、林木梯田、果园梯田等。根据坡面坡度的不同，可将梯田分为陡坡区梯田和缓坡区梯田（孙波，2011）。

许多学者在不同地点进行了梯田试验，结果表明，梯田相比于坡耕地具有更强的保水保土效果，可以显著改善立地条件，降低地表径流，改善土壤入渗性能，提高土壤含水量，减少土壤流失量，增

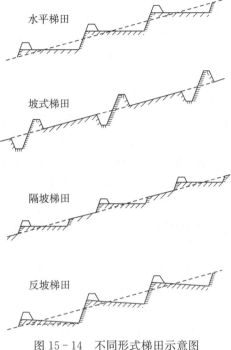

水平梯田

坡式梯田

隔坡梯田

反坡梯田

图 15 - 14　不同形式梯田示意图

强土壤抗蚀能力（张永涛等，2000）。与坡地相比，梯田具有明显的保水保土效果，使地表径流量减少 60.00%～95.22%、泥沙量减少 53.85%～99.95%、土壤抗蚀能力显著增强（左长清等，2004）。因此，坡改梯是坡耕地治理的一项重要措施。

　　当前，我国南方大部分地区的梯田以成本低、修建方便的土料构筑梯壁为主，但其易受水力、重力等侵蚀营力的破坏，导致严重的水土流失，甚至出现垮塌的现象。目前在江西南部地区实施了一种集成梯壁植草、前埂后沟和反坡梯田等单项水土保持技术的坡地生态农业技术（图 15 - 15）。这项技术结合了反坡梯田的内斜式梯面（即梯面外高内低、略呈逆坡）、构筑坎下沟和前地埂、梯壁植草技术的优点。反坡梯田可以降低地面坡度和缩短坡长，而梯面内斜便于蓄水、减少径流。梯面上可种植经济果木林（柑橘、桃、梨等），幼林地可间种大豆、花生、萝卜、瓜类、薯类等农作物。一方面，增加了开发初期梯面植被盖度，减少了水土流失；另一方面，提高了土地利用效率，增加了农民收

图 15 - 15　梯壁植草＋前埂后沟＋反坡梯田技术

入。构筑的坎下沟、前地埂及在地埂、梯壁上种植混合草籽进行防护处理，有利于拦蓄坡面径流，增加入渗，减少径流的冲刷作用。而梯壁植草可维护梯壁的稳定，增加梯壁的抗蚀抗冲性。若考虑培肥地力或增加经济效益因素，也可在梯埂上种植一些经济作物，如黄花菜等。与传统的水平梯田相比，应用该技术后，年均径流量可减少 78.76%，年均泥沙量可减少 98.48%。

2. 坡面生态路渠工程

生态路渠工程包括排水、截水、引水的沟道蓄排水系统和田间道路系统。截排引水沟为横跨坡向、每隔适当间距构筑一系列横沟、将长坡截成短坡的一项措施（一种坡耕地农田生态路渠，2018）。它类似于水平沟又不同于水平沟，可与坡面规划的截排水沟连接而形成坡面蓄排水系统，可与规划的道路相连完善道路交通网络。生态路渠路沟的沟面上可铺设草被层，路沟内侧坡壁方向可种植拦截泥沙的植物篱。其中，植物篱沿生态路沟方向种植，路沟内侧坡壁与水平面存在一定夹角，生态路沟坡壁进行植被生态处理。目前常种植的草为百喜草、狗牙根、假俭草等。

生态路渠工程在坡面上每隔适当间距构筑了一系列等高农路，其目的是将长坡截成短坡，分层排除径流，同时辅以适当的耕作措施。由于路渠路面宽而浅，其功能在于拦截径流，削减径流能量，减少或阻止沟状侵蚀的发生与发展；同时，可为坡地机械化提供作业道路，能够降低田间劳动消耗和工本。在农路内侧修筑浅形草沟，与坡面蓄排水系统连接，涝时排水蓄水，旱时辅助灌溉，充分提高了水资源的利用效率。与传统的坡改梯工程相比，生态路渠建设成本较低，配合植物篱和适当的农耕措施，可以达到增加水土保持效果和提高坡地农业生产效率的目标，具有明显的经济效益和生态效益，便于大面积推广应用。根据江西水土保持生态科技园的观测数据可知，顺坡耕作处理采取生态路渠后，径流深由 32.8 mm 降为 12.5 mm，蓄水效益达到 61.9%，土壤年侵蚀模数由 2 983 t/km² 降到 543 t/km²，保土效益达到 81.8%，具有较好的减流减沙效益。

在农路内侧修筑的浅形草沟是一种在不受长期水淹的沟道（水渠）种植或铺植草类，用以防治水土流失的技术。草沟主要应用于坡度较缓的渠系建设，布置在汇水面积较小、坡度较缓的沟道内。根据沟道的构筑方式，可将其分为简单草沟和复式草沟。简单草沟是指在整个沟道采用种植或铺植草类的方法，适用于土层深厚、坡度平缓、集雨面积较小的沟道上游地区。而复式草沟是指在修筑沟道时，部分种植或铺植草类，并辅以其他材料在沟底或边坡等地方修筑的方法，适用于土层浅、坡度陡、集雨面积较大或常年有地表径流的沟道下游地区。

作物的根系具有固结土壤的功能，同时由于其能改变了径流流态、增加了沟底糙度、减缓了径流速度，从而降低了径流对沟道的冲蚀作用（孙波，2011）。草沟中主要栽种假俭草、狗牙根等，其较长叶长的特性对径流的影响最为明显。通过在江西水土保持生态科技园沟道试验区进行的对比观测试验发现，对于草沟、土沟和混凝土沟的径流参数而言，在流量为 3.11 m³/h、2.82 m³/h 的情况下，草沟的径流流速最小，为 0.14~0.35 m/s，径流深最大，为 15~42 mm，雷诺数和弗汝德数最小，darcy-weisbach 阻力系数值最大。这表明，草沟对减缓径流流速和稳定径流流态具有明显的作用。

（三）红壤坡耕地水土保持生物技术

由于降水量大、侵蚀严重、掠夺性经营等因素的影响，南方红壤区很多坡耕地、马尾松林出现了群落结构单一、土壤贫瘠、肥力下降、水土流失严重的现象。在红壤区分布最广的马尾松林甚至出现了"小老头树"，"表面绿油油，近看水土流"的情况在红壤丘陵区的油茶林、桉树林及各类园地中普遍存在（孙波，2011）。水土保持生物技术是指在山地丘陵以控制水土流失、保护和合理利用水土资源、改良土壤和提供土地生产潜力为主要目的进行的造林种草措施。在南方红壤区，缓坡坡耕地治理水土流失的生物措施主要包括植物篱、梯壁植草和牧草覆盖等。其中，植物篱措施是坡耕地中较好的水土保持植物措施，而在 25° 以上的坡耕地推广实施退耕还林（包括人工造林、经济林和水保林等）、封山育林等技术。生物技术通过增加地面植被覆盖保护坡面土壤不受暴雨径流的冲刷，是治理水土流失的根本性措施。

1. 等高植物篱种植

等高植物篱模式是一种空间农林复合经营模式，是指在坡面上沿等高线每隔一定距离线状或条带状密植生长速度快、萌生力强的多年生灌木或草本植物，形成能挡水、挡土的篱笆墙，以达到防治水土流失和农业面源污染的目的（王秀茹，2009）。与其他水土保持措施相比，等高植物篱种植模式的投入较低，它不仅可以有效地拦沙淤土、控制水土流失，还能提高土壤肥力和水分状况、改善土壤结构、促进养分循环以及抑制杂草生长。同时，植物篱也具有一定的经济效益，对改善生态环境、实现坡耕地持续利用、增加农民收入具有重要意义，是我国南方红壤区一种重要的水土保持和生态建设实践形式。

植物篱按所选植物可分为木本植物篱、草本植物篱和混合植物篱等。近几年，出现了固氮植物篱、牧草植物篱和经济植物篱的概念（蒲玉琳等，2012）。南方红壤区不同的气候区应用了较广类型的植物篱，如热带季风气候区的树种有银合欢、木蓝、尖叶长柄山蚂蟥、黄檀、百喜草、香根草等，亚热带无霜季风气候区有银合欢、黄荆、滇合欢等，亚热带短霜季风气候区有银合欢、白灰毛豆、黄花菜、忍冬、马桑、百喜草、香根草等。目前应用较多的植物篱有香根草、银合欢、黄荆、紫穗槐、黄花菜等。草本植物篱比木本植物篱成本低，且见效快、易推广，因此应用更为普遍。在草本植物篱中，禾本科牧草须根系发达、分蘖能力强，具有很好的水土保持功能，而且还可提供优质饲料，是一种兼具优秀水土保持功能和一定经济效益的理想植物篱。江西水土保持科技园相关的定位试验结果表明，在红壤坡耕地种植黄花菜植物篱，地表径流量减少了 35.7%，土壤侵蚀量减少了 63.5%，土壤年侵蚀模数由 3 932 t/km² 下降到 1 433 t/km²，0～60 cm 平均土壤储水量相应提高了 13.2%，在旱季 7—9 月，土壤储水量也提高了 2.16%～22.53%。王建华等（2008）对赣南水土保持生物措施的研究表明，马尾松低效林中，木荷补植、灌木补植、草本补植措施具有显著的减水减沙效果，其中木荷补植的效果最显著。

尽管植物篱种植模式有很多优势，但是由于前期效益不明显、占用土地多、技术要求高等，推广起来有一定的难度。针对这些问题，应该采取相应的措施，如筛选经济价值高的植物，选取恰当的植物与植物篱间作配套，同时要科学规划、强化管理、积极开展技术培训，与其他水土保持措施配套应用。

2. 梯壁植草技术

在南方红壤区，土筑梯壁最为普遍，在自然状态下，土筑梯壁自然生长有杂草或小灌木。但由于缺乏保护或管理等，崩塌现象较为严重，植被种植是有效治理水土流失的方法之一。鉴于此，一些水土保持专家提出在梯壁植草的方式，认为通过梯壁植草不仅可以增加梯壁稳定性，还利于在梯壁生产覆盖、堆肥材料或饲料。

结合坡地开发的坡改梯工程，在所有梯壁上都种植适生草本进行护壁处理，在稍缓的梯壁采取草种横向撒播、适时浇水管护，在较陡梯壁扦插种植，立地条件较差的采取客土移植的方式。梯壁植草能迅速地覆盖梯壁表面，特别是种植百喜草类固土护坡能力强的草种，能够快速起到蓄水保土的作用（图 15-16）。根据江西水土保持科技生态园柑橘园径流小区多年观测数据，相比于梯壁裸露水平梯田，梯壁植草水平梯田年均径流量减少了 60.38%，年均泥沙量减少了 97.16%。因此，梯壁植草技术能有效防止坡改梯工程造成的水土流失。

3. 退耕还林技术

从保护和改善生态环境的角度出发，对易发生水土流失的坡耕地有计划、有步骤地停止耕种，按照适地适树的原则，因地制宜地植树造林、恢复森林植被有利于保护生态环境。南方水热条件好，植被恢复速度快。在南方红壤区，将 15° 以上的坡耕地或其他不适宜耕作的农地有计划地转换为林地。其中，多数被开发成经济林，如赣南的脐橙果林、秭归的柑橘果林等（图 15-17）。而坡度太陡不宜开发经济林的地区，一般进行封山育林、种植水保林等。红壤区退耕还林的主要树种有湿地松、马尾松、杉木、木荷、枫香树、白花泡桐、江南桤木、栎类、柑橘、脐橙、刺槐、银杏、竹类及粮油类树

图 15-16　梯壁植草

种，主要草种有狗牙根、假俭草、百喜草等。重点营造生态林，以乔木为主，乔、灌、草结合，兼顾用材林和经济林，对开发的经济林进行林下植草和梯壁植草，防治水土流失。

图 15-17　退耕还林（经果林）

在实施退耕还林措施时，应结合整地措施，改善造林地土壤理化性质，增强土壤蓄水保墒和保肥能力，减少杂草和病虫害，有利于保持水土。红壤区为保证苗木的存活和生长，一般沿等高线开挖水平沟和竹节沟。沟的断面形态呈梯形或矩形，一般水平沟宽 0.3～0.5 m，沟长 2～6 m，两水平沟间距为 3～4 m。根据造林材料（种子、苗木、插穗等）的不同，一般可分植苗造林、播种造林和分殖造林。植苗造林是营造水保林最广泛的一种造林方法，突出的优点是不受自然条件的限制。为巩固造林成果、加速林木生长，造林后应加强扶育管理。扶育管理主要是在造林整地的基础上，继续改善土壤条件，使之满足林木生长的需要。对林木进行保护，使其免受各种自然灾害及人畜破坏。调整林木生长过程，使其适应立地条件和人们的需求。

4. 农路植草

田间农路是农业生产中基础设施的重要组成部分。在坡耕地上自然形成的土路，缺乏保护措施，极易受暴雨的影响而形成道路侵蚀，成为坡耕地新的泥沙来源。而硬化的农路如水泥路、卵石路等，不但破坏了农路生物的多样性，增加了经济成本，而且，由于降雨无法入渗极易在道路两旁形成严重的沟蚀，进而破坏道路、农田设施。农路植草措施既能增加土路保护措施，不阻碍通行，又无须投入太多费用，同时维护了坡耕地良好的生态和生产环境。在南方红壤丘陵区坡耕地农路配套设施建设中，对于农用车流量小、人畜践踏少的人行道路，建议采用土质道路或泥结石路，路面种植耐践踏的草本植物形成防护层；若坡度较陡可设计成台阶形，若坡度较缓亦可设计成直线形。郑海金等（2012）以南方红壤区江西水土保持生态科技园为研究区，研究了4种典型农田道路（裸露土路、碎石道路、泥结石路和植草土路）在强降雨条件下的农田道路侵蚀特征。与裸露土路相比，碎石道路、泥结石路和植草土路均可以改变路面径流的水力学特征，使路面糙度和路面阻力增加、径流冲刷能力降低，从而实现面线的减沙效益；几个处理的减沙效益大部分在70%以上，最低也可达40%左右，并以植草土路的水土保持效果为佳。同时，植草土路的修建维护费用在各类型道路中成本最低。坡耕地植草农路与绿色农业融为一体，既能减轻农民经济负担又能达到防治水土流失的良好效果，为农业生产创造了舒适环境，是红壤坡耕地配套的重要措施。

二、红壤坡耕地水土保持综合治理模式

南方红壤区的农用耕地多分布在水土保持区划中的山地丘陵区，降雨资源丰富，但降雨季节性分布不均，坡地农耕作业过程中易出现雨洪资源利用率低、季节性旱涝灾害加剧、水土流失严重、坡地抗旱保墒能力弱等问题。坡耕地水土流失综合治理是低山丘陵区一项重要的基础设施工程。在坡耕地水土流失综合治理实践中，人们逐渐总结积累了一些治理水土流失的经验和有效的治理模式，如：通过作物轮作、间作、套种、混播、合理密植增加地面覆盖，降低雨滴的击溅作用；改顺坡种植为横坡（等高、水平、沟垄）种植，增加坡面粗糙度；改原坡坡地为梯田，修建经济植物篱等。多种多样的水土保持措施都能够蓄水保土，在水土流失的治理中发挥重大的作用，但每种措施都有一定的局限性（王学强等，2007）。大量的坡耕地治理研究表明，在低坡度的坡耕地采取有效的耕作措施能起到很好的水土流失治理效果，但随着坡度的增大，耕作措施的蓄水保土效益也在不断下降。在治理坡耕地时，单独的耕作措施一般在较小的坡度时具有最好的水土流失治理效果。如何在实践中减小各项水土保持措施的局限性，最大化发挥各项治理措施的效益，构建适宜的红壤坡耕地水土流失综合治理模式，一直是水土保持措施研究的重点。

坡度是制约水土保持的主要因素。随着坡度的增加，不同措施的效益会减小，且在不同的坡度条件下，不同的措施能够发挥的水土保持效益也不同（王学强等，2007）。根据《全国坡耕地水土流失综合治理规划》，南方红壤丘陵区有坡耕地867.48万hm²，占该区土地总面积的7.3%，且分布跨度较大。在治理实践中，针对不同地域的地质地貌类型、土地利用方式、植被特征、立地条件等因素，按照因地制宜、经济实用、技术先进的原则，特定的侵蚀劣地需要特定的治理单项技术或多项技术组合，合理布设水土保持工程措施、生物措施和耕作措施，遵循山、水、田、林、路统一规划，以获得最大的经济效益、生态效益和社会效益。

南方红壤区坡耕地的分布以长江中游丘陵平原区、江南山地丘陵区等区域为主。中国农业区划委员会颁发的《土地利用现状调查技术规程》将耕地坡度划分为5级，即<2°、2°~6°、6°~15°、15°~25°和>25°。坡度<2°的坡面一般无水土流失现象；坡度2°~6°的坡面可发生轻度土壤侵蚀，需注意水土保持；坡度6°~15°的坡面可发生中度水土流失，应采取相关措施，加强水土保持；坡度15°~25°的坡面水土流失严重，必须采取工程、生物等综合措施防治水土流失；坡度>25°的坡面为《水土保持法》规定的开荒限制坡度，要逐步退耕还林还草。不同坡度坡耕地的主要目标不同，实施的水土保持技术措施也不同。如缓坡耕地（6°~15°）以耕作措施＋植物篱为主，中等坡度坡耕地（15°~25°）以坡面梯田＋坡面水系工程为主，陡坡耕地（>25°）以水平竹节沟＋退耕还林还草措施为主。

（一）以耕作措施＋植物篱为主的坡耕地水土流失治理模式

大量的坡耕地治理研究表明，在低坡度的坡耕地采取有效的耕作措施能起到很好的水土流失治理效果，而随着坡度的增大，耕作措施的蓄水保土效益也在不断地下降。因此，在坡耕地治理时，耕作措施主要在较小坡度（0°~5°）的坡耕地上具有最好的水土流失治理效益，同时需要辅以合适的其他

措施以达到保土保肥保水的作用。按照"共抓大保护、不搞大开发"的长江大保护要求，在南方红壤区缓坡坡耕地普遍采用耕作措施＋生物措施的水土流失治理模式。

南方红壤区缓坡坡耕地水土流失综合治理模式实施的耕作措施可细分为以下 4 类：①改变微地形的保水保土耕作，主要有等高耕作、沟垄种植、穴状种植和植物篱等；②增加地面植物覆盖的保水保土耕作，主要有间作、套种、带状间作、合理密植、休闲地种植绿肥等；③增加土壤入渗、提高土壤抗蚀性能的保水保土耕作，主要有深耕、增施有机肥和留茬播种等；④减少土壤蒸发的保水保土耕作，主要有地膜覆盖和秸秆覆盖等。在红壤区旱作缓坡坡耕地水土流失综合整治中，生物措施以植物篱模式为主，重点推荐黄花菜植物篱和香根草植物篱两种。

相关研究表明，横坡耕作、稻草覆盖和植物篱 3 种措施在高强度降雨条件下防治土壤侵蚀和养分流失具有较高的效益（周怡雯等，2019）。在红壤缓坡坡耕地上（6°），采用香根草篱措施比顺坡种植的平均径流量和冲刷量分别减少 66.8％和 73.4％，且随着种植年限的增加其作用会越来越大（黄欠如等，2001）。陈一兵等（2002）也发现在坡度为 13°的坡耕地实施香根草植物篱措施后，其保土效益逐年增加。结果表明，在第一年植物篱就具有很高的保土效益，达到 88.7％，第四年后保土效益已达到 98.3％。在江西省红壤研究所进贤县红壤试验站，实施了覆盖、草篱、覆盖＋草篱措施的径流小区比常规耕作径流量分别减少了 33.27％、32.33％和 50.63％，产沙量分别减少了 85.25％、92.34％和 96.06％。

（二）以坡面梯田＋坡面水系工程为主的坡耕地水土流失治理模式

随着坡耕地坡度的增加，单独水土保持耕作措施的水土保持效益逐步降低。因此，对于坡度为 15°～25°的中等坡度的坡耕地，保水保土耕作只能作为一种辅助措施，而不再适合作为主要措施进行治理。改坡地为梯田主要是从水土保持的可持续性角度来考虑的。梯田是我国一种传统的水土保持措施，与水土保持耕作措施和植物篱措施相比，梯田措施具有一次投资长期受益的效果，且其效益稳定，合理管理与维护可以使梯田长期保持很高的水土保持效益，延长土地使用年限，是土地永续利用的基础。但是，梯田措施的修建受到坡度的制约，为了使坡耕地达到预期的水土保持效果，在进行坡耕地作业时，可以依据立地条件对梯田进行改良。据调查测算，在坡度为 15°～20°的坡地上修筑水平梯田时，梯田的梯壁斜度、埂坎和后沟等占原坡面的 20％～36％。所以，修建梯田后，土地利用率一般仅为 64.8％。同时，陡坡梯壁临空面的存在导致坡地的不稳定，在大暴雨的强烈侵蚀作用下极易发生崩坍和滑坍，这种情况在新修的梯田上相当普遍。因此，在坡改梯的基础上须配以坡面水系工程，对坡面径流进行合理调控。

坡面水系统工程也是南方红壤区常见的一种工程措施，主要是根据地形条件和土地利用类型，因地制宜、统筹兼顾、综合治理，选择生态、环保型的水土保持技术。加强集水系统和灌溉系统的一体化建设，把坡面紊乱、无序的径流汇集成有序、可利用的水资源，做到涝能蓄、旱能灌。在通常情况下，三沟（截水沟、排水沟、引水沟）和三池（蓄水池、沉沙池、山塘）是坡面水系统的基础，对坡面径流的控制以及防止坡面被冲刷都能起到滞缓和保护作用。但也要注意，坡面水系统工程的建设要依据实际客观作业环境进行合理施工作业。坡面梯田＋坡面水系工程配套的综合治理模式以前埂后沟＋梯壁植草＋反坡梯田为重点，辅以必要的坡面水系工程（截排水沟、沉沙池、山塘）及生态路渠和田间道路等措施，形成保水、保土、保肥的高产基本农田（图 15－18）。该模式对坡耕地具有良好的蓄排功能和减流减沙作用，适用于土层深厚、土质较好、距村较近、交通便利、坡度适中的坡耕地和"四荒地"。在此基础上，江西水土保持生态科技园根据立地情况将坡面梯田＋坡面水系工程细化为高山集雨异地灌溉模式和低山丘陵集雨自灌模式两种坡面水系工程配置模式。高山集雨异地灌溉模式针对红壤区山地、丘陵分布面积广、林地覆盖度高、地势相对高差大的特点，充分利用当地的林地资源和降雨条件，拦截和汇集高山林地的雨水资源，通过水土保持引蓄水系统为地势相对较低的坡地果园提供灌溉用水。低山丘陵集雨自灌模式针对红壤区坡地果园面积大、分布广以及季节性干旱严重的特点，利用果园自身面积集雨，将先进的水保、农艺措施与雨水集蓄技术相结合，建设坡面水系网引流和蓄积雨水，以便在干旱季节对果园进行灌溉。

图 15-18　坡面梯田＋坡面水系工程治理模式

（三）以水平竹节沟＋退耕还林还草为主的坡耕地水土流失治理模式

当红壤坡耕地坡度达到 25°后，其侵蚀量剧烈增加。坡面一旦发生侵蚀，表土会迅速流失，土壤急剧退化，不利于作物的生长。根据《水土保持法》，红壤丘陵区在 25°以上的坡耕地应当退耕还林，起到绿化荒山、涵养水源、保护环境的作用。但是，在陡坡坡耕地上，单纯的植物措施很难在短时间内取得明显的水土流失防治效果，尤其是在恢复初期不加以保护、管理时。因此，植物措施需要配合工程措施进行优化配置。

陡坡坡耕地的地表径流速度快且流量大，极易造成严重的冲刷侵蚀，需要有效的工程措施以拦蓄和减少径流。因此，可沿等高线修筑水平竹节沟。水平竹节沟是水平沟的一种变化形式，指在水平沟内每隔一定距离培筑横向挡土埂，水平沟被截成竹节样的长方形蓄水坑以减少沟内径流的流动冲刷。同样，水平沟也可以间隔式开挖，每段沟长 5 m 左右，两沟间隔 0.5 m，并上下交错排列，这种方法也可认为是水平竹节沟。水平竹节沟能够缩短坡长和地表径流流程，拦蓄上方降雨径流，增加入渗，排导径流，缓解径流对坡面的冲刷作用。在陡坡坡耕地上，土壤侵蚀严重，水源涵养差，林草成活率低，以水平竹节沟＋退耕还林还草为主的水土流失综合治理模式通过开挖高标准的水平竹节沟，并种植乔、灌、草结合和针、阔叶混交的水土保持林，可以层层拦蓄地表径流、泥沙和养分，增加降雨入渗，有利于植被的生长，提高林草成活率，在退耕恢复早期对外部环境具有更强的适应性。

水平竹节沟由沟与埂组成，沟的横断面为梯形，埂的横断面为四边形。沟半挖半填而成，内侧挖出的土用在外侧做埂。在实际情况中，水平竹节沟的修筑应该依据当地的坡度、土层厚度、土壤性质、降水量及植被立地条件而定。如在红壤区林果园地中，一些宽度达到或超过 1 m 的水平沟被称为撩壕，而在坡地茶果园中小规模的水平沟称为横沟，起蓄水作用。进行退耕还林还草时，应根据适地适树、因地制宜的原则，采用乡土植物种类。水土保持林草应该混交配置，根据林相不同，可将其分为灌草混交、乔灌混交和乔灌草混交。其中：灌草混交适用于坡度较陡、草被稀少、强烈水土流失、暂不适合乔木生长的坡地；乔灌混交适用于坡度较陡、草被较好、乔灌郁闭度小于 0.1、中强烈水土流失的坡地；乔灌草混交适用于坡度较陡、草被稀少、郁闭度小于 0.1 的极强烈水土流失的坡地。乔灌草品种应具备根系发达、根蘖萌发力强、固土能力强等特点，应有较强的适应性和抗逆性，耐瘠耐旱，生长旺盛，郁闭迅速，且最好具有一定的经济价值，兼顾当地群众对燃料、肥料、饲料、木材及开展多种经营的需要。适生于红壤侵蚀区的优良水土保持树种主要有马尾松、湿地松、泡桐、湿地松、木荷、枫香树等，具有较强适应性和抗逆性的灌木主要有胡枝子、黄栀和连翘等，草类品种表现优异的有宽叶雀稗、百喜草、狗牙根、假俭草、画眉草、黑麦草等。

根据江西省水土保持科学研究院在江西省于都县左马小流域的标准径流小区试验，配置油茶＋绿篱水保林的径流小区减流率和减沙率分别为20％和15％，配置油茶＋水平竹节沟的径流小区减流率和减沙率分别达到80％和68％，表明植被结合坡面水保工程能优质高效地实现坡面径流泥沙的调控；而水保林＋水平竹节沟措施对径流携带面源污染的拦截效率为65.68％～79.55％，对泥沙携带全氮、全磷、碱解氮和有效磷的拦截效率在63％以上。

主要参考文献

陈冲，周卫军，郑超，等，2011. 红壤丘陵区坡度与坡向对耕地土壤养分空间差异的影响 [J]. 湖南农业科学（23）：53-56.

陈海滨，2011. 侵蚀红壤小流域土壤养分空间变异与肥力质量评价 [D]. 福州：福建师范大学.

陈海滨，陈志彪，陈志强，2010. 红壤侵蚀区花岗岩地质地貌对水土流失的影响 [J]. 亚热带水土保持，22（4）：7-9，55.

陈晓安，杨洁，肖胜生，等，2013. 崩岗侵蚀分布特征及其成因 [J]. 山地学报，31（6）：716-722.

陈一兵，林超文，朱钟麟，等，2002. 经济植物篱种植模式及其生态经济效益研究 [J]. 水土保持学报，16（2）：80-83.

褚素贞，张乃明，2015. 坡度对云南红壤径流中磷素浓度的影响研究 [J]. 中国农学通报，31（28）：173-178.

楚振刚，栾克超，娄明，等，2018. 一种坡耕地农田生态路渠 201721089216.5 [P]. 2018-06-01.

董雪，王春燕，黄丽，等，2013. 侵蚀程度对不同粒径团聚体中养分含量和红壤有机质稳定性的影响 [J]. 土壤学报，50（3）：525-533.

邓嘉农，徐航，郭甜，等，2019. 长江流域坡耕地"坡式梯田＋坡面水系"治理模式及综合效益探讨 [J]. 中国水土保持科学，33（2）：49-54.

邓羽松，2018. 南方花岗岩区崩岗特性、分布与地理环境因素研究 [D]. 武汉：华中农业大学.

冯明汉，廖纯艳，李双喜，等，2009. 我国南方崩岗侵蚀现状调查 [J]. 人民长江，40（8）：66-68.

冯舒悦，王军光，文慧，等，2020. 赣南崩岗侵蚀区不同部位土壤抗剪强度及影响因素研究 [J]. 土壤学报，57（1）：71-83.

付斌，2009. 不同农作处理对坡耕地水土流失和养分流失的影响研究 [D]. 重庆：西南大学.

傅庆林，罗永进，柴锡周，1995. 低丘红壤生态脆弱区特性的初步研究 [J]. 浙江农业学报（4）：32-34.

郭新波，2001. 红壤小流域土壤侵蚀规律与模型研究 [D]. 杭州：浙江大学.

国家统计局，2018. 中国统计年鉴 [M]. 北京：中国经济出版社.

何钟文，查轩，黄少燕，2015. 南方红壤丘陵区侵蚀退化地成因及生态恢复措施研究 [J]. 亚热带水土保持，27（4）：44-48.

胡小文，侯旭蕾，2013. 湖南省红壤受侵蚀因素及治理对策 [J]. 现代农业科技（5）：269，271.

胡玉法，2009. 长江流域坡耕地治理探讨 [J]. 人民长江，40（8）：72-75.

黄美玲，2014. 南方红壤侵蚀区芒萁的散布特征及土壤肥力响应 [D]. 福州：福建师范大学.

黄欠如，章新亮，李清平，等，2001. 香根草篱防治红壤坡耕地侵蚀效果的研究 [J]. 江西农业学报，13（2）：40-44.

贾松伟，贺秀斌，韦方强，2007. 黄绵土壤活性有机碳的侵蚀和沉积效应 [J]. 水土保持通报（2）：10-13.

姜敏，2016. 衡南县土壤肥力空间变异及对土壤侵蚀的响应 [D]. 武汉：华中农业大学.

江叶枫，孙凯，郭熙，等，2018. 南方红壤区不同侵蚀程度下土壤有机质空间变异的影响因素研究 [J]. 自然资源学报，33（1）：149-160.

金慧芳，史东梅，宋鸽，等，2019. 红壤坡耕地耕层质量特征与障碍类型划分 [J]. 农业机械学报，50（12）：313-321，340.

李小燕，杨永利，2008. 浅谈坡改梯工程在流域治理中的地位和作用 [J]. 陕西水利（Z2）：139-140.

李旭义，2009. 南方红壤区崩岗侵蚀特征及治理范式研究 [D]. 福州：福建师范大学.

李朝霞，2005. 降雨过程中红壤表土结构变化与侵蚀特点 [D]. 武汉：华中农业大学.

梁音，张斌，潘贤章，2008. 南方丘陵红壤区水土流失现状与综合治理对策 [J]. 中国水土保持科学，6（1）：22-27.

廖义善，唐常源，袁再健，等，2018. 南方红壤区崩岗侵蚀及其防治研究进展 [J]. 土壤学报55（6）：1297-1312.

林福兴，黄东风，林敬兰，等，2014. 南方红壤区水土流失现状及防控技术探讨 [J]. 科技创新导报，11（12）：227-

228，230.

林金石，2005. 强度侵蚀地不同治理措施对土壤质量的影响 [D]. 福州：福建农林大学.

刘秉正，吴发启，1998. 生态农业的一种模式：农林复合 [J]. 西北林学院学报，13（2）：83-89.

刘冬，2007. 不同侵蚀度红壤团聚体中黏粒矿物分布特征及其对团聚体稳定性的影响 [D]. 武汉：华中农业大学.

卢喜平，何荣智，2007. 工程侵蚀的成因、特点及防治对策分析 [J]. 四川水利（5）：27-31.

吕仕洪，向悟生，李先琨，等，2003. 红壤侵蚀区植被恢复研究综述 [J]. 广西植物（1）：83-89.

马仁明，2015. 降雨条件下鄂南几个红壤团聚体破碎特征及坡面侵蚀响应研究 [D]. 武汉：华中农业大学.

倪世民，张德谦，冯舒悦，等，2019. 不同质地重塑土坡面水沙定量关系研究 [J]. 土壤学报，56（6）：1336-1346.

蒲玉琳，谢德体，丁恩俊，2012. 坡地植物篱技术的效益及其评价研究综述 [J]. 土壤，44（3）：374-380.

秦伟，左长清，晏清洪，等，2015. 红壤裸露坡地次降雨土壤侵蚀规律 [J]. 农业工程学报，31（2）：124-132.

佘立，2017. 典型地带性土壤团聚体力稳性特征与降雨溅蚀 [D]. 武汉：华中农业大学.

石海霞，梁音，朱绪超，2019. 南方红壤区水土流失治理成效的多尺度趋势分析 [J]. 中国水土保持科学，17（3）：66-74.

史德明，韦启，梁音，1996. 关于侵蚀土壤退化及其机理 [J]. 土壤（3）：140-144，164.

水建国，柴锡周，张如良，2001. 红壤坡地不同生态模式水土流失规律的研究 [J]. 水土保持学报，15（2）：33-36.

水利部，中国科学院，中国工程院，2010. 中国水土流失防治与生态安全（南方红壤区卷）[M]. 北京：科学出版社.

孙波，2011. 红壤退化阻控与生态修复 [M]. 北京：科学出版社.

唐克丽，史立人，史德明，等，2004. 中国水土保持 [J]. 北京：科学出版社.

王春燕，2007. 侵蚀红壤水稳性团聚体中有机质与养分特点 [D]. 武汉：华中农业大学.

王庚，2017. 花岗岩红壤区坡面浅沟侵蚀分异特征研究 [D]. 福州：福建师范大学.

王建华，罗嗣忠，叶冬梅，2008. 赣南山地水土保持生物措施效益研究 [J]. 中国水土保持科学，6（5）：37-43.

王军光，李朝霞，蔡崇法，等，2012. 坡面水流中不同层次红壤团聚体剥蚀程度研究 [J]. 农业工程学报，28（19）：78-84.

王兴祥，张桃林，张斌，1999. 红壤旱坡地农田生态系统养分循环和平衡 [J]. 生态学报（3）：47-53.

王秀茹，2009. 水土保持工程学 [M]. 北京：中国林业出版社.

王学强，2008. 红壤地区水土流失治理模式效益评价及其治理范式的建立 [D]. 武汉：华中农业大学.

王学强，蔡强国，和继军，2007. 红壤丘陵区水保措施在不同坡度坡耕地上优化配置的探讨 [J]. 资源科学，29（6）：68-74.

王玉朝，2013. 红壤侵蚀特征与环境因子的关系 [J]. 云南地理环境研究，25（1）：30-35.

文慧，倪世民，冯舒悦，等，2019. 赣南崩岗的发育阶段及部位对土壤水力性质的影响 [J]. 农业工程学报，35（24）：136-143.

魏兰香，曹广超，曹生奎，等，2017. 基于 USLE 模型的祁连山南坡土壤侵蚀现状评价 [J]. 武汉工程大学学报，39（3）：288-295.

夏岑岭，史志刚，欧岩锋，等，2000. 坡耕地水土保持主要耕作措施研究 [J]. 合肥工业大学学报：自然科学版，23（S1）：769-772.

肖胜生，杨洁，方少文，等，2014. 南方红壤丘陵崩岗不同防治模式探讨 [J]. 长江科学院院报，31（1）：18-22.

徐邦栋，2001. 滑坡分析与防治 [M]. 北京：中国铁道出版社.

徐福祥，2015. 基于 GIS 技术的福建省耕地土壤酸化研究 [D]. 福州：福建农林大学.

徐晓凤，2017. 南方红壤侵蚀原因及对策 [J]. 绿色科技（2）：98，100.

杨松，2016. 中亚热带湿润气候区不同母质土壤发育特征及定量评价 [D]. 武汉：华中农业大学.

杨伟，2013. 典型红壤团聚体力稳性及其与坡面侵蚀的关系 [D]. 武汉：华中农业大学.

杨伟，张琪，李朝霞，等，2016. 几种典型红壤模拟降雨条件下的泥沙特征研究 [J]. 长江流域资源与环境，25（3）：439-444.

杨武德，王兆骞，眭国平，等，1999. 土壤侵蚀对土壤肥力及土地生物生产力的影响 [J]. 应用生态学报（2）：48-51.

杨以翠，2010. 坡耕地养分流失研究进展 [J]. 企业科技与发展（2）：30-31.

姚娜，余冰，蔡崇法，等，2017. 丹江口库区土壤氮磷养分流失特征 [J]. 水土保持通报，37（1）：97-103.

于孟生，2007. 侵蚀红壤团聚体稳定性及其与铁铝氧化物的关系 [D]. 武汉：华中农业大学.

袁东海，王兆骞，陈欣等，2001. 不同农作措施红壤坡耕地水土流失特征的研究 [J]. 水土保持学报，15（4）：66-69.

袁树堂，刘新有，文朝菊，等，2015. 降雨与坡度对滇东坡耕地土壤侵蚀强度的影响 [J]. 安徽农业科学，43（9）：

234-237.

袁再健，马东方，聂小东，等，2020. 南方红壤丘陵区林下水土流失防治研究进展 [J]. 土壤学报，57 (1)：12-21.

袁正科，田育新，李锡泉，等，2002. 缓坡梯土幼林林下植被覆盖与水土流失 [J]. 中南林学院学报，22 (2)：21-24.

张德谦，倪世民，王军光，等，2020. 不同侵蚀程度花岗岩红壤坡面侵蚀泥沙颗粒特征研究 [J]. 土壤学报，57 (6)：
    1-13.

张会茹，郑粉莉，耿晓东，2009. 地面坡度对红壤坡面土壤侵蚀过程的影响研究 [J]. 水土保持研究，16 (4)：52-
    54，59.

张黎明，2005. 我国南方不同类型土壤可蚀性 K 值及相关因子研究 [D]. 海口：华南热带农业大学.

张健，李德智，姚强，等，2011. 十堰市城区耕地土壤养分变化分析 [J]. 江西农业学报，23 (9)：98-100.

张雪，李忠武，申卫平，等，2012. 红壤有机碳流失特征及其与泥沙径流流失量的定量关系 [J]. 土壤学报，49 (3)：
    465-473.

张永涛，杨吉华，高伟，2000. 不同保水措施的保水效果研究 [J]. 水土保持通报 20 (5)：46-48.

张展羽，吴云聪，杨洁，等，2013. 红壤坡耕地不同耕作方式径流及养分流失研究 [J]. 河海大学学报：自然科学版，
    41 (3)：241-246.

章文波，谢云，刘宝元，2003. 中国降雨侵蚀力空间变化特征 [J]. 山地学报，121 (11)：33-40.

赵其国，2006. 我国南方当前水土流失与生态安全中值得重视的问题 [J]. 水土保持通报 (2)：1-8.

赵其国，黄国勤，马艳芹，2013. 中国南方红壤生态系统面临的问题及对策 [J]. 生态学报，33 (24)：7615-7622.

赵佐平，闫莎，同延安，等，2012. 汉江流域上游生态环境现状及治理措施 [J]. 水土保持通报，32 (5)：32-
    36，60.

郑粉莉，王占礼，杨勤科，2008. 我国土壤侵蚀科学研究回顾和展望 [J]. 自然杂志，30 (1)：12-16.

郑海金，杨洁，喻荣岗，等，2010. 红壤坡地土壤可蚀性 K 值研究 [J]. 土壤通报，41 (2)：425-428.

郑海金，杨洁，张洪江，等，2012. 南方红壤区农田道路强降雨侵蚀过程试验 [J]. 农业机械学报，43 (9)：85-
    90，98.

周怡雯，戴翠婷，刘窑军，等，2019. 耕作措施及雨强对南方红壤坡耕地侵蚀的影响 [J]. 水土保持学报，33 (2)：
    49-54.

朱惇，2010. 遥感和 GIS 技术支持下的区域土壤侵蚀评价与时空变化分析 [D]. 武汉：华中农业大学.

朱玲玲，2019. 安徽省崩塌滑坡泥石流灾害影响因素浅析 [J]. 西部探矿工程，31 (12)：9-11.

左长清，李小强，2004. 红壤丘陵区坡改梯的水土保持效果研究 [J]. 水土保持通报，24 (6)：79-81.

左继超，胡建民，王凌云，等，2017. 侵蚀程度对红壤团聚体分布及养分含量的影响 [J]. 水土保持通报，37 (1)：
    112-117.

Asadi H，Ghadiri H，Rose C W，et al.，2007. Interrill soil erosion processes and their interaction on low slopes [J].
    Earth Surface Processes and Landforms，32 (5)：711-724.

Bronick C J，Lal R，2005. Soil structure and management：A review [J]. Geoderma，124：3.

Deng Y S，Cai C F，Xia D，et al.，2017. Fractal features of soil particle size distribution under different land-use pat-
    terns in the alluvial fans of collapsing gullies in the hilly granitic region of Southern China [J]. Public Library of Science
    (PLoS)，12 (3)：e0173555.

Dlamini P，Orchard C，Jewitt G，et al.，2011. Controlling factors of sheet erosion under degraded grasslands in the slop-
    ing lands of KwaZulu-Natal，South Africa [J]. Agricultural Water Management，98：1711-1718.

Feng S Y，Wen H，Ni S M，et al.，2019. Degradation characteristics of soil-quality-related physical and chemical proper-
    ties affected by collapsing gully：the case of subtropical hilly region，China [J]. Sustainability，11 (12)：3369.

Ge J M，Wang S，Fan J，et al.，2020. Soil nutrients of different land-use types and topographic positions in the water-
    wind erosion crisscross region of China's Loess Plateau [J]. Catena，184：104243.

Glendell M，Brazier Rence E，2014. Accelerated export of sediment and carbon from a landscape under intensive agricul-
    ture [J]. Sciof Total Environment，476-477：643-656.

Kazem N，Adrian L，2019. A soil quality index for evaluation of degradation under land use and soil erosion categories in a
    small mountainous catchment，Iran [J]. Journal of Mountain Science，16 (11)：2577-2590.

Lal R，2004. Soil carbon sequestration impacts on global climate change and food security [J]. Science，304 (5677)：
    1623-1627.

Le Bissonnais Y, 1996. Aggregate stability and assessment of soil crustibility: I. Theory and methodology [J]. European Journal of Soil Science, 47: 425 - 437.

Liao Y S, Yuan Z J, Zheng M G, et al., 2019. The spatial distribution of Benggang and the factors that influence it [J]. Land Degradation and Development, 30 (18): 2323 - 2335.

Nie X D, Yuan Z J, Huang B, et al., 2019. Effects of water erosion on soil organic carbon stability in the subtropical China [J]. Springer Berlin Heidelberg, 19 (10): 3546 - 3575.

Sharpley A N, Smith S J, et al., 1992. The transport of bioavailable phosphorous in agricultural runoff [J]. Joural Environment Quality, 21: 30 - 35

Six J, Bossuyt H, Degryze S, et al., 2004. A history of research on the link between (micro) aggregates, soil biota, and soil organic matter dynamics [J]. Soil and Tillage Research, 79: 7 - 31.

Smith P, 2008. Land use change and soil organic carbon dynamics [J]. Nutrient Cycling in Agroecosystems, 81 (2): 169 - 178.

第十六章 红壤耕地质量等级与改良利用 >>>

红壤是我国热带和亚热带地区的地带性土壤，广泛分布在长江以南各省份，红壤区水、光、温资源丰富，是我国重要的农业生产区，适合发展亚热带经济作物、果树、林木和粮食作物。故本章阐述的红壤耕地是指红壤旱耕地，第二次全国土壤普查面积为 $296.69 \times 10^3 \mathrm{hm}^2$（全国土壤普查办公室，1998），占红壤总面积的 5.3% 左右。耕地主要种植作物为蔬菜、玉米、小麦、棉花、甘薯、花生、豆类、油菜等粮油和经济作物，多熟制。红壤土类发育的水稻土在《中国耕地》系列专著《中国水稻土》中有专门叙述，红壤果园茶园等园地属非耕地亦不在此列。

第一节　红壤耕地质量等级的概念

一、耕地质量等级评价的发展

耕地质量评价是对耕地生态环境优劣、农作物种植适宜性、潜在生产力高低进行评价。耕地质量评价是确定耕地质量等级的方法，依据评价结果才能有效地实施耕地质量管理和质量保护，为我国农业的可持续发展奠定基础。我国的耕地质量评价历史悠久，早在 2 000 多年前就有按土壤色泽、性质、水分状况来识别土壤肥力和分类的记载。在民间一定区域内，人们常常以直观的耕地产出量来比较"肥田"或"瘦田""高产田"或"低产田"（辛景树等，2017）。19 世纪，随着土壤学与统计学、经济学的融合发展，有了土壤评价的科学体系，系统性的耕地质量评价发生在20 世纪 50 年代后。1951 年，在全国土壤肥料大会后开始对全国中低产田的区域、类型、改良措施和途径进行研究。中国科学院开展了宜农荒地调查和评价，按水热条件将全国土地分成 11 个区，等级分为 5 等；财政部组织查田定产，对全国耕地进行等级评定；之后，农业部展开第二次全国土壤普查（赵小敏等，2005）。

20 世纪 80 年代的第二次全国土壤普查参考美国农业部土地利用能力分类标准，制定了《全国第二次土壤普查暂行技术规程》中的土壤生产力分级标准，查清了全国土壤的类型、分布和基本性状。各省按《全国第二次土壤普查暂行技术规程》对土壤肥力、土壤理化性状、土壤障碍因素与农用地生产水平等条件进行综合比较，对耕地资源进行评价。一般划分为三～五级，有些省等与级是两个层次。例如湖北是三等九级，安徽是五等十七级。

1997 年，耕地质量等级评价进入标准化发展轨道，《全国耕地类型区、耕地地力等级划分》（NY/T 309—1996）发布，首次在全国建立了十等级耕地地力评价体系，把全国耕地划分为 7 个耕地类型区，南方山地丘陵红、黄壤（含紫色土、石灰土）旱耕地类型区为其中之一，在该类型区设立了红、黄壤旱耕地地力等级划分指标（表 16-1）（王蓉芳等，1996）。《全国耕地类型区、耕地地力等级划分》（NY/T 309—1996）以土种为评价单元，以粮食产量为引导，方法上局限性较大，需要依靠专家经验去修正，故又被称为专家经验法。21 世纪，随着信息技术和计算机技术的应用，耕地地力评价的精度、数据更新、动态评价等方面取得了很大进展。2002 年农业部启动全国耕地地力评价，2008 年发布《耕地地力调查与质量评价技术规程》（NY/T 1634—2008），2013 年完成全国省域和县域耕地地力评价，2014 年农业部首次发布了《关于全国耕地质量等级情况的公报》。2016 年《耕地质量等级》（GB/T 33469—2016）正式发布。

表 16-1　红、黄壤旱地地力等级体系

项目	等级				
	五级	六级	七级	八级	九级
地形部位	沿江、沿河高阶地，盆谷平坝地，低山缓坡地	低山丘陵缓坡地，低岗地，山间盆谷高台地		低山丘陵的岗地顶部、上中部坡面	
地面坡度	<5°	5°～10°		>15°	
土体厚度	>100 cm	>50 cm		<50 cm	
成土母质	老洪、冲积物，少数坡积物，第四纪红土	以第四纪红土为主，少量的坡、残积物		第四纪红土，薄层风化残积物，古风化壳残积物	
剖面构型与障碍层次	A-B-C 型，1m 土体内无障碍层次	A-B-C 型，50 cm 土体内无障碍层次	A-B-C 型和 A-C 型，40 cm 土体内无障碍层次	A-C 型，40 cm 土体内有障碍层次	
水土流失	轻度侵蚀	中度侵蚀		强度侵蚀	
水利情况与抗旱能力	能缓解十年一遇的春旱或伏旱，具有蓄水与灌溉能力，抗 15d 的连续干旱	能缓解五年一遇的春旱或伏旱，有一定的浇灌能力，抗 10d 的连续干旱	无灌溉能力，抗 7d 的连续干旱	无灌溉能力，不能抗 7d 的连续干旱	
耕层厚度	>20 cm	15～20 cm	10～15 cm	<15 cm	
耕层质地	壤土至黏土，以黏土为主	壤土至黏土		以黏土为主，有的有粗沙或沙砾	
有机质（%）	1.4～3.4	1.1～3.0	1.0～3.0	0.8～2.8	
全氮（%）	0.074～0.162	0.06～0.147	0.045～0.093	0.034～0.151	
有效磷（P，mg/kg）	3～13	4～9		2～14	
速效钾（K，mg/kg）	33～76	42～56	63～104	24～83	
pH（水浸）	5.5～6.6	5.1～6.4	4.4～6.5	5.3～6.8	
阳离子交换量（cmol/kg）	9.2～10.8	6.3～6.9	7.7～12.6	3.0～13.4	
产量水平（kg/hm²）	>7 500	6 000～7 500	4 500～6 000	3 000～4 500	<3 000

二、红壤耕地质量等级的概念和内涵

耕地是最宝贵的农业资源和重要的生产要素，耕地地力等级与粮食和农业的产出能力相关，综合生产能力越高的高产田其耕地质量等级越高，反之亦然。开展耕地质量动态监测的研究，掌握耕地质量的动态变化规律，提出科学合理的土壤改良与耕地质量建设的建议，预测耕地质量的演变方向，达到耕地永续利用的目的，对我国农业的持续发展具有十分重要的现实意义和历史意义（全国农业技术推广服务中心，2006）。耕地质量是指耕地所在地的气候、地形地貌、成土母质、土壤理化性状、农田基础设施等要素相互作用表现出的综合特征。红壤耕地质量是指在特定区域的红壤土壤类型上，立足于耕地自身属性，以地力建设和土壤改良为目标确定的地力要素的总和，也就是由耕地土壤的地形和地貌条件、成土母质特征、农田基础设施及培肥水平、土壤理化性状等综合构成的耕地生产力。本书中红壤耕地质量等级的确定是依据《耕地质量等级》（GB/T 33469—2016），在各省份县域耕地质量评价的基础上提取全国各地红壤耕地数据资源，对全国各地域红壤耕地土壤立地条件、理化性状、土壤类型、面积及评定等级等进行分类、归纳、汇总和分析所得。红壤耕地质量等级分十级，一等地耕地质量最高，十等地耕地质量最低，一至三等地为高产田（地），四至六等地为中产田（地），七至十等地为低产田（地）。

在此特别说明 3 点：①由于各地耕地质量评价因素、评价指标有差异，可能会导致不同行政区域内相同属性的红壤耕地等级有差异。按照土壤类型开展耕地质量评价，技术上可行，评价指标一致，评价结果会更为理想，但必要性和可行性都不具备。②按照现行评价标准，实行的是区域评价，这个区域有 4 级，范围顺序为全国级、九大类型区级、省级、县级，有些省份也开展了设区市区域评价。③耕地地力评价、地力等级和耕地质量评价、耕地质量等级属于同一事物不同时期的表达和概念内涵的深化，以《耕地质量等级》发布时间为界，之前是地力评价，之后称为耕地质量评价。

第二节　红壤耕地质量评价方法

一、评价的理论依据

（一）土壤肥力理论

土壤肥力是指作物在生长的过程中，土壤具有持续不断地向之供应营养物质（养分、水分）和协调生长环境（空气、热量）的能力，它是土壤物理、化学和生物性质的综合反映。土壤是集水分、肥力、空气、热量于一体的综合体，土壤肥力使耕地具有养育作物和涵养养分的能力，土壤肥力的变化是耕地质量变化研究的前提和基础，故土壤肥力理论是进行耕地质量评价最基本的理论，对耕地质量的评价具有重要的指导意义。

（二）系统理论

任何系统都是一个有机的整体，系统内各要素都处于特定的位置并起着特定的作用。同时，各要素之间又相互关联，一个或部分要素不能代表整体。科学系统理论源远流长，具有整体性和动态性的特点。影响耕地质量变化的因素有几十种，从系统理论的角度出发，综合考虑各方面因素对耕地质量变化的影响，系统分析解决耕地质量复杂而动态变化的问题，不能仅对耕地质量的某个或某类因素进行变化研究，如耕地土壤有机质含量或养分含量是耕地质量重要的组成，但不能仅用土壤有机质含量或氮、磷、钾养分含量的多少来代表耕地质量等级的高低。

（三）耕地承载理论

随着人类文明和科技水平的不断进步，人地关系由协调而稳定的状态向紧张而复杂的方向发展，人类越来越认识到人类及其社会活动与赖以生存和发展的地球环境和谐发展的重要性，不可过度开垦耕地决定了耕地资源的有限性、稀缺性和永续利用性，耕地的承载极限决定了耕地保护的红线。耕地的可承载量由耕地的数量和质量决定，当数量成为定数时，质量成为耕地承载的唯一变量。耕地质量评价就是认清这个变量的现状、变化规律与趋势，处理好人地关系。

二、评价标准依据

1. 《土地管理法》
2. FAO《土地评价纲要》（联合国粮食及农业组织，1976 年）
3. 各红壤耕地区第二次土壤普查土壤志
4. 《全国耕地类型区、耕地地力等级划分》（NY/T 309—1996）
5. 根据农业部办公厅和财政部办公厅《关于下达 2006 年测土配方施肥资金补贴项目实施的通知》（农办财〔2006〕11 号文件）

6.《农业部办公厅关于做好耕地地力评价工作的通知》(农办农〔2007〕66 号)

7.《耕地地力调查与质量评价技术规程》(NY/T 1634—2008)

8.《农业部办公厅关于进一步规范测土配方施肥数据管理工作的通知》(农办农〔2008〕94 号)

9. 全国农技中心关于印发《省级耕地地力汇总评价工作方案》的通知(农技土肥水函〔2013〕号)

10.《耕地质量等级》(GB/T 33469—2016)

11. 2016 年部长令第 2 号《耕地质量调查监测与评价办法》

12.《第三次国土调查耕地质量等级调查评价工作方案》(国土调查办发〔2018〕18 号)

13.《农业部办公厅关于做好耕地质量等级调查评价工作的通知》(农办农〔2017〕18 号)

三、评价对象与技术路线

(一)评价对象

本章描述的对象是全国红壤耕地,但它并不是耕地质量的评价对象。依据 2017 年各县域耕地质量评价的最新结果,从含有红壤耕地的县域中提取红壤耕地评价结果的所有要素,并对应参考省级评价结果,所以耕地质量评价的对象是有红壤分布的 14 个省、652 个县境内所有耕地,对耕地的立地条件、剖面性状、耕层理化性状、耕层养分状况、土壤管理等因素进行综合分析,最后定级。

(二)评价技术路线

各区域耕地质量评价主要是基于综合评价法,由各级土肥技术推广机构在相应技术单位的支持下,运用农业农村部统一开发的《耕地资源管理信息系统》进行耕地质量评价进行的。以区域内全部耕地为评价对象,运用 GIS 技术对土地利用现状图、行政区划图以及土壤图进行叠加来获取评价单元,并构建耕地质量评价指标体系,采用多因素综合评价法获取各评价单元的耕地质量指数,并得到区域耕地质量等级。耕地质量评价揭示的是耕地综合生产力的高低,在实际工作中,耕地质量评价通常用回归模型,即用耕地自然要素评价的指数来表示,其关系式为

$$IFI = b_1X_1 + b_2X_2 + b_3X_3 + \cdots + b_iX_i$$

式中:IFI 表示耕地质量综合指数;X_i 为参评因子;b_i 为第 i 个参评因子对耕地质量的贡献率,这个值可以采用特尔菲法或者层次分析法求得。

耕地质量评价技术路线如图 16-1 所示。

耕地质量本身就是由评价因素打分得到的,两者的关系实际上就是一种多元线性关系。依据 IFI 的大小可以判别耕地质量的高低,而根据最终耕地质量综合指数的组成可以揭示影响耕地质量的土壤障碍因素。

根据耕地质量等级国家标准,是否存在污染和环境污染风险判断成为评价步骤之一,故如耕地周边有污染源或存在污染,需要加入环境质量要素,技术路线增加耕地清洁程度判断,此过程为独立环节。具体还应根据风险区域大小加密耕地环境质量调查取样点,检测土壤污染物含量,进行耕地清洁程度评价。耕地土壤单项污染指标限值按《土壤环境质量标准》(GB 15618—2018)的规定执行。按照《土壤环境监测技术规范》(HJ/T 166—2004)规定的方法,计算土壤单项污染指数和土壤内梅罗综合污染指数,并按内梅罗综合污染指数将耕地清洁程度划分为清洁、尚清洁、轻度污染、中度污染、重度污染。简要耕地质量评价技术路线如图 16-2 所示。

四、区域耕地质量评价步骤

(一)收集资料,建立属性数据库

1. 野外调查资料

主要包括采样点位置、地形地貌、成土母质、土壤类型、耕层厚度、表层质地、耕地利用现状、排灌条件、施肥水平、气候条件、水文、作物产量及管理措施等。

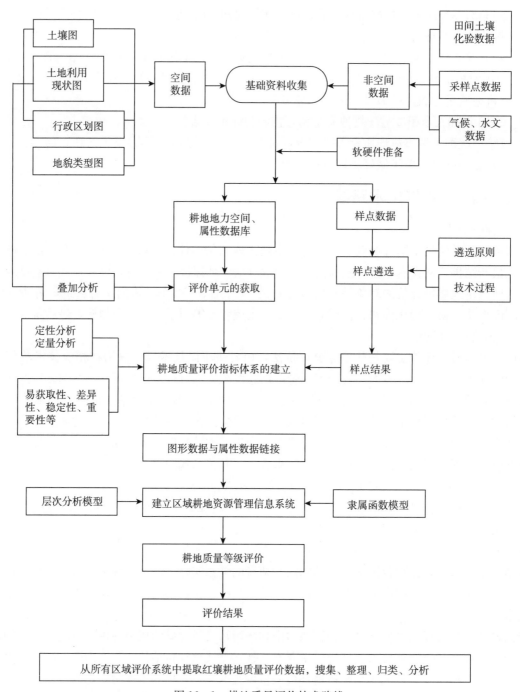

图 16-1　耕地质量评价技术路线

2. 土壤样点分析测试资料

主要包括土壤 pH、有机质、全氮、有效磷、速效钾、缓效钾、有效硫、有效锌、有效硼、有效铁、有效锰以及容重等化验分析数据。

3. 图件资料

主要包括土壤图、土地利用现状图、地貌类型图、行政区划图、年降雨图、有效积温图等。

4. 其他相关资料

第二次土壤普查基础资料；各样点对应耕地种植的作物种类、产量、耕作制度、化肥和有机肥施用量等数据；评价行政区域的人口、土地面积、耕地面积，近 3 年主要作物种植面积、粮食单产、总产，蔬菜和果品种植面积及产量，以及肥料投入等社会经济指标的官方数据；近年来土壤改良试验、

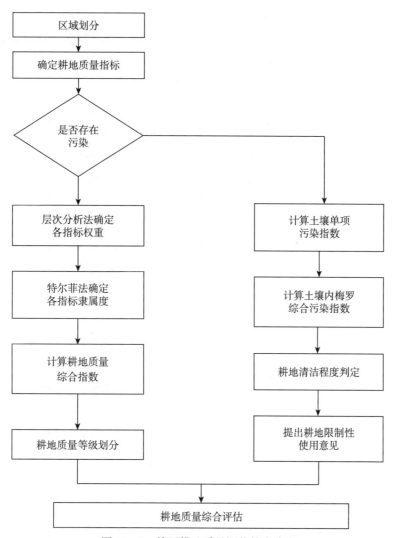

图 16 - 2 简要耕地质量评价技术路线

肥效试验及示范资料；土壤、植株、水样检测资料；土壤水土保持、生态环境建设、农田基础设施建设、水利区划等相关资料。

（二）建立耕地质量汇总评价指标体系

1. 全国耕地质量评价指标体系总集

针对社会经济要素以及耕地的自然要素，从耕地质量的自然环境要素、土壤理化要素、农田基础设施条件出发，广泛征询有关方面专家的意见，通过特尔菲法与层次分析法相结合的方法确定县域或省域耕地质量汇总评价指标、各指标权重及隶属函数。受气候、地形地貌、成土母质等多种因素的影响，不同地区、不同地形地貌类型、不同成土母质发育的土壤耕地质量差异较大，各项指标对地力的贡献也有差异，全国耕地质量指标体系总集用穷尽法收集了 65 种耕地土壤属性、土壤剖面、耕层土壤理化性状及养分含量、土壤障碍因素、农田管理 7 方面的指标，供不同区域耕地质量评价时选用。《耕地质量等级》（GB/T 33469—2016）2016 年发布实施，耕地质量等级国家标准将各省、各县域框定在九大农区内，保证了各区域在一个尺度上开展评价，利于大区域和全国性的比较和汇总。各区域耕地质量指标由基础性指标和区域补充性指标组成，其中，基础性指标包括地形部位、有效土层厚度、有机质含量、耕层质地、质地剖面、土壤养分状况、生物多样性、障碍因素、灌溉能力、排水能力、清洁程度等 11 个指标。区域补充性指标包括耕层厚度、团粒结构、田面坡度、农田林网化程度、盐渍化程度、地下水位、地下水含盐量、酸碱度、海拔、水田氧化还原电位等。国家标准较以前增加了生物多样性、清洁程度、团粒结构等指标，将指标总集增加到 68 项（表 16 - 2）。各省、各县域耕地质量所选取的评价指标在数量和指标名称上都有差异，不利于全国汇总。但对本章影响不大，因为红壤区是同一气候类型区，各地选取的指标差异不大。

表 16 - 2　全国耕地质量评价指标体系总集

序号	指标名称	序号	指标名称	序号	指标名称	序号	指标名称
一	气候	18	林地覆盖率	35	阳离子交换量	52	障碍层深度
1	≥0℃积温	19	地面破碎率	五	耕层养分	53	障碍层类型
2	≥10℃积温	20	地表岩石露头情况	36	有机质	54	耕层含盐量
3	年降水量	21	地表砾石度	37	全氮	55	盐化类型
4	全年日照时数	22	田面坡度	38	有效磷	56	1m 土层含盐量
5	光辐射总量	三	土壤剖面	39	速效钾	57	地下水矿化度
6	无霜期	23	剖面构型	40	缓效钾	七	农田管理
7	干燥期	24	质地构型	41	有效锌	58	种植制度
二	立地条件	25	有效土层厚度	42	水溶性硼	59	抗旱能力
8	经度	26	耕层厚度	43	有效钼	60	排涝能力
9	纬度	27	腐殖层厚度	44	有效铜	61	排涝模数
10	高程	28	田间持水量	45	有效硅	62	灌溉保证率
11	地貌类型	29	旱季地下水位	46	有效锰	63	灌溉模数
12	地形部位	30	潜水埋深	47	有效铁	64	梯田化水平
13	坡度	31	水型	48	交换性钙	65	设施类型
14	坡向	四	耕层理化性状	49	交换性镁	66	农田林网化
15	成土母质	32	质地	50	有效硫	66	生物多样性
16	土壤侵蚀类型	33	容重	六	障碍因素	67	清洁程度
17	土壤侵蚀程度	34	pH	51	障碍出现位置	68	团粒结构

2. 区域地力评价因素的选择原则

按照相关技术标准规范要求，在对耕地质量进行评价时，评价指标的选择至少包含 3 个方面：耕地质量的自然环境要素，包括耕地的地形地貌条件、坡度、成土母质条件等；耕地质量的土壤理化要素，包括土壤剖面与土体构型、耕层厚度、土壤质地等物理性状，有机质、N、P、K 等主要养分含量，pH 等化学性状；耕地质量的农田基础设施条件，包括耕地的排水条件、灌溉条件、培肥管理条件等。结合多元统计分析的特点，从诸多影响耕地质量的因素中选取能真实全面反映耕地质量的评价指标，从数据的重要性、代表性、易获取性、差异性及可比性考虑，选取原则主要有：①显著性原则。因地制宜，选用符合当地实际情况的、对当地主要农作物生长条件和农业可持续发展有显著影响的因素。②可操作性原则。包括指标的易获取性和易量化性评价指标两方面，尽量减少主观性。③相关性小原则。耕地质量的高低取决于土壤、地貌、气候、水文等因素的综合作用，对这些因素进行综合分析，找出相对独立的主导因素，即相关性小的因素。④定性与定量相结合原则。即指标以定量指标为主，但对于某些对耕地质量影响较大且不好定量的指标如土壤质地等也必须将其纳入，科学计量和定量化。

3. 红壤地区耕地质量评价因素

正确地选择评价指标并确定其权重，直接影响评价结果的客观性、精度和科学性。按照选取原则，各地在耕地地力评价时，根据各自的属性和特点，按照《耕地地力调查与质量评价技术规程》

（NY/T 1634—2008）规定的层次分析法，一般排列为目标层（A）、准则层（B）、指标层（C）3 个层次，通过特尔菲法从全国地力评价指标体系中选取 10～15 个指标，构造判断矩阵，经层次单排序及其一致性检验，根据专家对各评价指标重要性的打分结果，计算并确定所有指标对于耕地质量（目标层）相对重要性的排序权重值。对定性指标采用特尔菲法，直接给出相应的隶属度，对定量指标采用特尔菲法与隶属函数相结合的方法确定各指标的隶属函数，将各指标值代入隶属函数计算，即可得到各指标的隶属度。以江西耕地地力评价（邵华等，2006）和长江中游（江西、湖南、湖北）区域耕地地力评价为例，都有江西，但省级指标的三省指标有差异（表 16 - 3、表 16 - 4），后者加入了气象因素积温和降水量两个指标，没有坡度、土壤侵蚀度和速效钾 3 个指标。在较小的区域，如在一个气候区类，同质的气象因素就可以不列入，但在大的区域下，跨越了气候区，光照、积温、降水量就是非常重要的评价因子，缺少不得。评价因子选取的数量一般以 15 个左右为宜，避免影响差异性和评价的准确性，但也非多多益善。指标越多，工作量越大，数据获取的难度也越大，且很多指标间有一定的相关性，相关性紧密的只可选其一。

表 16 - 3　江西耕地地力评价指标体系（2012 年）

B 层	推荐权重	C 层	推荐权重
B1 立地条件	0.250 0	C1 坡度	0.200 0
		C2 地貌类型	0.400 0
		C3 土壤侵蚀度	0.150 0
		C4 成土母质	0.250 0
B2 剖面性状	0.160 0	C5 剖面构型	0.560 2
		C6 耕层厚度	0.439 8
B3 耕层状况	0.400 0	C7 质地	0.307 2
		C8 pH	0.155 5
		C9 有机质	0.280 6
		C10 有效磷	0.105 6
		C11 速效钾	0.151 1
B4 土壤管理	0.190 0	C12 灌溉条件	0.550 0
		C13 排水条件	0.450 0

表 16 - 4　长江中游耕地地力评价指标体系（2014 年）

第二层（B）	第三层（C）
气象	≥10 ℃积温
	降水量
立地条件	地貌类型
	成土母质
	剖面土体构型
土壤理化性状	质地
	耕层厚度
	pH
土壤管理	灌溉能力
	排水能力
土壤养分	有机质
	有效磷

2017年后,《耕地质量等级》(GB/T 33469—2016)全面实施,各地耕地地力评价工作开始,全国一盘棋更加规范,统一按照标准规定,归入九大区域,此为一级区,按照区域划分指标更新各地耕地质量等级评价结果。有红壤耕地的省份有14个,台湾缺少资料暂时留白,其他13省份分别为江西、湖南、福建、广西、广东、云南、浙江、湖北、江苏、安徽、四川、重庆、西藏,13省份辖含红壤耕地县域700多个,这些县域分属九大区中的长江中下游区、华南区、西南区和青藏区。因国家标准各区域指标体系有列表,书中仅以长江中下游区为例(表16-5),并列表比较四大区域指标差异(表16-6)。

表16-5 长江中下游区耕地质量划分指标

指标	等级									
	一等	二等	三等	四等	五等	六等	七等	八等	九等	十等
地形部位	宽谷盆地,平坝、低塝田、下冲垄田、河湖冲积平原、河湖沉积平原、冲积海积平原、滨海平原、河流中下游平缓阶地、山间盆地		山间畈田、缓塝田、缓丘坡田、冲垄下部、下部田、平原湖(圩)田、河湖冲积平原、河湖沉积平原、冲积海积平原、滨海平原、河流上游宽谷阶地、低丘坡田		河湖冲、沉积平原低洼地,滨海平原洼地,新垦滩涂,河谷低阶地,丘陵低谷地,盆谷阶地,江河高阶地,缓岗地,丘陵中部、下部、冲垄上部田			封闭洼地、山间谷地、丘陵谷地、新垦滩涂、河谷阶地、高丘山地、山垄上冲田、丘陵上部		
有效土层厚度(cm)	>100		60~100					<60		
有机质含量(g/kg)	>24		18~40			10~30		<10		
耕层质地	中壤、重壤、轻壤			沙壤、轻壤、中壤、重壤、黏土			沙土、重壤、黏土			
团粒结构(%)	>50		20~50					<30		
质地剖面(%)	上松下紧型、海绵型		松散型、紧实型、夹黏型				夹沙型、上紧下松型、薄层型			
土壤养分状况	最佳水平		潜在缺乏或养分过量				养分贫瘠			
生物多样性	丰富		一般				不丰富			
水田氧化还原电位(mV)	200~400		−100~200				<−100			
障碍因素	100 cm内无障碍因素或障碍层出现		50~100 cm出现障碍层(潜育层、网纹层、白土层、黏化层、盐积层、焦砾层、沙砾层等),或有其他障碍因素				50 cm内出现障碍层(潜育层、白土层、网纹层、盐积层、黏化层、焦砾层、沙砾层、腐泥层、泥炭层等),或有其他障碍因素			
灌溉能力	充分满足		满足			基本满足		不满足		
排水能力	充分满足		满足			基本满足		不满足		
清洁程度	清洁、尚清洁									
酸碱度	6.0~8.0			5.5~8.5		4.5~6.5、8.5~9.0		>9.0、<4.5		
农田林网化程度	高、中				中			低		

表 16-6　四大区域评价指标比较

序号	指标			
	长江中下游区	华南区	西南区	青藏区
1	地形部位	地形部位	地形部位	地形部位
2	有效土层厚度（cm）	有效土层厚度（cm）	有效土层厚度（cm）	有效土层厚度（cm）
3	有机质含量（g/kg）	有机质含量（g/kg）	有机质含量（g/kg）	有机质含量（g/kg）
4	耕层质地	耕层质地	耕层质地	耕层质地
5	质地剖面（%）	质地剖面（%）	质地剖面（%）	质地剖面（%）
6	土壤养分状况	土壤养分状况	土壤养分状况	土壤养分状况
7	生物多样性	生物多样性	生物多样性	生物多样性
8	障碍因素	障碍因素	障碍因素	障碍因素
9	灌溉能力	灌溉能力	灌溉能力	灌溉能力
10	排水能力	排水能力	排水能力	排水能力
11	清洁程度	清洁程度	清洁程度	清洁程度
12	酸碱度	酸碱度	酸碱度	盐渍化程度
13	水田氧化还原电位（mV）	水田氧化还原电位（mV）	水田氧化还原电位（mV）	海拔（m）
14	农田林网化程度	农田林网化程度	农田林网化程度	
15	团粒结构（%）	团粒结构（%）	团粒结构（%）	
16			海拔（m）	

比较表 16-6 中四大区域耕地质量评价指标，长江中下游区、华南区完全一致，西南区较前两区增加了海拔指标项，青藏区与前三者差异更大，指标中于红壤耕地质量评价而言存在不适宜项，会导致红壤耕地质量评价结果偏低，因青藏区仅墨脱县、错那县（现错那市）有红壤耕地零星分布，约2万亩耕地，对整体影响不太大。大区又称一级农区，一级农区内又分若干二级农区，二级农区间相同指标的权重也存在差异，表 16-7 中为华南区耕地质量评价指标权重。华南区下分 3 个二级区：闽南粤中农林水产区、粤西桂南农林区和滇南农林区，3 个二级区耕地质量评价指标一致，但权重各异。由表 16-8 可知，耕地质量区域评价分 3 个层级，最大的区域评价单位是全国耕地质量评价，其次是九大区域耕地质量评价，最小区域评价单位是县域耕地质量评价，虽然不同区域层次评价指标的选取和权重有差异，耕地质量等级分布的规律性和耕地质量等级评价结果总体呈现一致性。

表 16-7　华南区耕地质量评价指标权重

闽南粤中农林水产区		粤西桂南农林区		滇南农林区	
评价指标	权重组合	评价指标	权重组合	评价指标	权重组合
灌溉能力	0.110 6	灌溉能力	0.109 4	地形部位	0.115 4
地形部位	0.109 5	地形部位	0.108 0	排水能力	0.105 3
排水能力	0.093 3	有机质	0.087 6	有机质	0.096 2
有机质	0.084 6	排水能力	0.078 8	灌溉能力	0.094 7
耕层质地	0.073 0	酸碱度	0.072 0	酸碱度	0.083 3
质地构型	0.069 8	耕层质地	0.071 4	速效钾	0.076 9
速效钾	0.065 0	速效钾	0.069 3	有效磷	0.076 9
有效土层厚度	0.063 2	质地构型	0.064 6	质地构型	0.068 2
酸碱度	0.059 0	有效磷	0.059 8	耕层质地	0.066 7

（续）

闽南粤中农林水产区		粤西桂南农林区		滇南农林区	
评价指标	权重组合	评价指标	权重组合	评价指标	权重组合
土壤容重	0.052 6	有效土层厚度	0.052 9	土壤容重	0.050 0
障碍因素	0.051 7	障碍因素	0.051 7	障碍因素	0.040 9
有效磷	0.050 7	土壤容重	0.050 5	有效土层厚度	0.040 9
农田林网化程度	0.045 5	农田林网化程度	0.044 1	农田林网化程度	0.034 6
生物多样性	0.038 3	生物多样性	0.044 1	生物多样性	0.027 8
清洁程度	0.033 2	清洁程度	0.035 8	清洁程度	0.022 2

表 16 - 8　闽南粤中农林水产区评价指标权重

	准则层	权重		指标层	权重	权重组合
B1	土壤管理	0.203 8	C1	灌溉能力	0.542 4	0.110 6
			C2	排水能力	0.457 6	0.093 3
B2	立地条件	0.155 1	C3	地形部位	0.706 5	0.109 5
			C4	农田林网化程度	0.293 5	0.045 5
B3	养分状况	0.200 3	C5	有机质	0.422 1	0.084 6
			C6	速效钾	0.324 7	0.065 0
			C7	有效磷	0.253 2	0.050 7
B4	耕层理化性状	0.184 7	C8	耕层质地	0.395 6	0.073 0
			C9	土壤容重	0.284 8	0.052 6
			C10	酸碱度	0.319 6	0.059 0
B5	剖面性状	0.184 7	C11	有效土层厚度	0.342 0	0.063 2
			C12	质地构型	0.377 9	0.069 8
			C13	障碍因素	0.280 1	0.051 7
B6	健康状况	0.071 4	C14	生物多样性	0.535 9	0.038 3
			C15	清洁程度	0.464 1	0.033 2

4. 建立耕地质量主要性状分级标准

一般耕地质量评价指标分为定量指标和定性指标两种。定量指标一般需要进行无量纲化和标准化处理，然后进行指标的分级；定性指标则需要进行定量化处理，一般使用相对值法进行赋分量化，以减少人为定性的影响。定量指标主要是指有特定度量单位并且以数据的形式表示的指标，主要采用专家打分法和特尔菲法确定其隶属函数，对其进行无量纲化；而定性指标一般指用文字表述，没有单位的指标则主要根据指标的级别赋予其相应的分值。每个指标之间的数据量纲不同，只有每个指标都处于同一量度才能衡量该指标对耕地质量的影响程度。

第二次全国土壤普查时，各省因地制宜均建立了土壤养分分级标准，这是耕地质量（地力）评价指标量化的最早样本。江西和湖南红壤分布最广，在此介绍一下两省当时红壤耕地资源质量评价因素及权值。江西土壤资源质量评价等级是四级，红壤旱地所选评价因素 12 项，各评价因素指标分为四级。湖南土壤资源质量评价等级是三级，所选红壤旱地评价因素为 10 项，各评价因素指标分三级或四级，有机质指标分级为四级，一级是＞2.5%，二级是 2.5%～1.8%，三级是 1.8%～1.0%，四级是＜1.0%；碱解氮指标分级则为＞200 mg/kg、200～120 mg/kg、＜120 mg/kg 三级。所选指标的主要差异是江西将全氮、全磷和土层厚度列入，未将 pH 列入，指标分级临界值相同，如耕层厚度，其他均有差异，详见表 16-9。

表 16-9　湖南、江西两省第二次土壤普查红壤耕地质量评价因素及指标分级

湖南			江西		
评价因素	权值	分级临界值	评价因素	权值	分级临界值
宜种性	20	特宜、宜、不宜	作物单产（kg/亩）	20	400、300、200
pH	8	6~7、5~6 或 7~8、<5 或>8	全氮（%）	5	0.12、0.08、0.05
有机质（%）	20	2.5、1.8、1.0	有机质（%）	10	2.0、1.5、1.0
碱解氮（mg/kg）	4	200、120	碱解氮（mg/kg）	5	120、90、60
有效磷（mg/kg）	4	12、6	有效磷（mg/kg）	5	10、8、5
速效钾（mg/kg）	6	140、80	速效钾（mg/kg）	5	100、70、50
耕层厚度（cm）	10	20、15、10	耕层厚度	10	20、15、10
沙黏比	10	1.5~3.0、0.5~1.5 或 3.0~6.0、<0.5 或>6.0	质地	10	中-重壤、沙-轻壤、轻-重黏、沙砾
抗旱天数（d）	12	50、30、15	水利情况	10	稳定、一般、较缺、缺乏
坡度（°）	6	5、15、25	坡度（°）	10	5、8、15
			土层厚度（cm）	5	80、60、30
			全磷（%）	5	0.10、0.06、0.02

根据《耕地质量等级》（GB/T 33469—2016）国家标准，各区域耕地质量指标由基础性指标和区域补充性指标组成，九大区域耕地质量等级评价指标体系和指标分级按区域特点都已固化，如江西、湖南等省份各县域划入长江中下游区域，按照标准本区 11 个基础性指标加个别区域补充性指标如耕层厚度、坡度等组成本区域指标及分级标准。红壤主要分布在长江中下游区、华南区、西南区三大区，不同的区域相同指标分级有差异，在此对定量指标临界数值或定性最佳指标进行列表比较，见表 16-10。经比较，长江中下游区、华南区、西南区三大区耕地质量评价指标体系和指标分级标准差异不大，评价结果具有一定的可比性，保证评价结果客观、有效。

表 16-10　三大区域耕地质量评价指标分级差异性比较

评价因素	定量指标临界数值或定性描述最佳指标		
	长江中下游区	华南区	西南区
分布省份	江西、湖南、浙江、安徽、湖北、福建、江苏	广东、广西、福建	云南、四川、贵州、重庆、湖北
地形部位	宽谷盆地，平坝，低塝田，下冲垄田，河湖冲沉积平原，冲积海积平原，滨海平原，河流中下游平缓阶地，山间盆地	河口三角洲平原、峰林平原、河流冲积平原、宽谷冲积平原、宽谷阶地、平坝、丘陵缓坡	宽谷盆地、平原阶地、河流阶地、丘陵坝区、台地、丘陵下部
有效土层厚度	100 cm、60 cm	100 cm、60 cm	80 cm、50 cm、30 cm
有机质（g/kg）	40、30、24、18、10	30、25、20、10	30、25、20、15、10
耕层质地	中壤、重壤、轻壤	中壤、重壤	中壤、重壤
质地剖面	上松下紧型、海绵型，松散型、紧实型、夹黏型、夹沙型、上紧下松型、薄层型		
土壤养分状况	最佳水平、潜在缺乏或养分过量、养分贫瘠		
生物多样性	丰富、一般、不丰富		
障碍因素	无障碍、50~100 cm 出现、50 cm 内出现		
灌溉能力	充分满足、满足、基本满足、不满足		

（续）

评价因素	定量指标临界数值或定性描述最佳指标		
	长江中下游区	华南区	西南区
排水能力	充分满足、满足、基本满足、不满足		
清洁程度	清洁、尚清洁		
酸碱度	6.0～7.5	5.5～7.5	6.0～8.0
水田氧化还原电位（mV）		400、200、100	
农田林网化程度		高、中、低	
团粒结构（%）		50、30、20	
海拔（m）	—	—	2 000、1 600、800
盐渍化程度	—	—	—

5. 建立规范化的耕地资源数据库与耕地资源管理信息系统

在农业农村部的支持下，扬州市土壤肥料工作站以 GIS 技术为基础开发了"县域耕地资源管理信息系统"软件和更大区域耕地资源管理信息系统。该软件主要以行政区域内的耕地资源为管理对象，应用 GIS 技术对耕地、土壤、农田水利、农业经济等方面的空间数据与属性数据进行统一管理（表 16-11），对遴选出的数据按照《县域耕地资源管理信息系统数据字典》的要求，进行完整性、规范性与合理性检查，并按照提供的统一格式，录入 Excel 记录表。在此基础上，应用模糊分析、层次分析等数理统计方法进行耕地质量、耕地适宜性、土壤环境质量、土壤养分丰缺状况评价等系列评价以及测土配方施肥方案咨询，为农业生产提供决策支持。应用该软件将当地的有关空间数据、属性数据、多媒体数据输入计算机，并修改模型的相关参数，即可建立所在区域的耕地资源管理信息系统，为当地的农业生产服务。省级以上区域评价都是在县域评价数据遴选、补充调查、图件制作与资料收集工作完成的基础上对数据与图件进行集中审查，建立其耕地质量汇总评价属性与空间数据库，通过图件叠加形成评价单元，并给评价单元赋值，在建立区域耕地资源数据库的基础上应用对应的耕地资源管理信息系统对耕地的空间数据和属性数据进行数字化管理，编制数字化土壤养分分布图、耕地质量等级图、中低产田类型分布图等。

表 16-11　数据汇总

指标分类	字段	说　明
区划与地名	5	统一编号、省（自治区、直辖市）名、地市名、县（区、市）名、乡镇名、村名
气候	3	≥0 ℃积温、≥10 ℃积温、年降水量
土壤分类	4	土类、亚类、土属、土种
设施条件	3	灌溉方式、灌溉能力、排水能力
立地环境	14	经度、纬度、成土母质、海拔、地貌类型、地形部位、剖面土体构型、土壤侵蚀程度、障碍因素、障碍层类型、障碍层深度、障碍层厚度、耕层质地、耕层厚度
理化检测	20	耕层容重、CEC、土壤 pH、有机质、全氮、碱解氮、全磷、有效磷、全钾、速效钾、缓效钾、有效锌、有效硼、有效铜、有效铁、有效锰、有效硫、有效硅、交换性钙、交换性镁
耕作与产量	15	常年耕作制度、水稻产量、小麦产量、玉米产量、油菜产量、棉花产量、化肥 N 用量、化肥 P_2O_5 用量、化肥 K_2O 用量、有机 N 用量、有机 P_2O_5 用量、有机 K_2O 用量、还田方式、还田比例、还田量
耕地健康状况	3	生物多样性、健康程度
合计	67	其他 3 个项目中各省份有所不同，其他 64 项完全相同，但是填充完全程度不同
共同字段	64	字符型 24，数值型 40

本着"边汇总评价边应用"的原则，积极推动国家、省、市、县各级耕地质量汇总评价成果的应用，为政府制定耕地质量保护与农业生产提供决策支持。本章开展红壤耕地质量等级概述，就是在进一步扩大各县域耕地质量评价的成果应用，通过提取全国各地红壤耕地数据资源，对全国各地域红壤耕地土壤立地条件、理化性状、土壤类型、面积及评定等级等进行分类、归纳、汇总和分析，了解全国红壤耕地的现状，分析区域养分平衡状况，分析红壤耕地的地力限制因子，开展优势作物适宜性评价，提出有针对性的改良利用措施，分析当地农业产业需求，提出种植业布局区划建议。

第三节　红壤耕地质量等级分布及其特征

一、县域耕地质量评价中耕地质量等级的划分确定

各区域内耕地质量等级划分时，采用累加法（也称指数和法）计算耕地质量综合指数，再依据相应的耕地质量综合指数确定当地耕地质量最高最低等级范围，再划分耕地质量等级。具体就是按照国家标准，将确定的评价单元空间属性数据图导到耕地资源管理信息系统中，按确定的耕地地力评价层次分析模型和隶属函数模型进行综合计算得到耕地质量综合指数，按指数值从大到小的顺序采用等距法将耕地质量划分为 10 个耕地质量等级。耕地质量综合指数越大，耕地质量水平越高。一等地耕地质量最高，十等地耕地质量最低。以某县域耕地质量等级划分方案为例（表 16 - 12），区域内所有评价单元耕地质量等级综合指数值在 0.700 2～0.885 0，以 0.023 1 为极差分 10 个区间，指数值从高到低各区间对应分一至十级，各评价单元耕地地力等级因此确定。合并同一等级耕地面积，生成该县域耕地质量等级评价结果，表 16 - 13 中为鹰潭市各县域耕地质量等级评价结果汇总。

国家标准中耕地质量综合指数计算公式如下：

$$P = \sum (C_i \times F_i)$$

式中：P 为耕地质量综合指数（integrated fertility index）；C_i 为第 i 个评价指标的组合权重；F_i 为第 i 个评价指标的隶属度。

表 16 - 12　某县域耕地质量等级划分

等级	综合指数	等级	综合指数
一级	＞0.885 0	六级	0.769 5～0.792 6
二级	0.861 9～0.885 0	七级	0.746 4～0.769 5
三级	0.838 8～0.861 9	八级	0.723 3～0.746 4
四级	0.815 7～0.838 8	九级	0.700 2～0.723 3
五级	0.792 6～0.815 7	十级	＜0.700 2

表 16 - 13　鹰潭市各县域耕地质量评价等级汇总（×10³ hm²）

县、市（区）	一等地	二等地	三等地	四等地	五等地	六等地	七等地	八等地	九等地	十等地	总计
贵溪	3 129.85	4 744.81	7 302.28	8 925.63	9 365.06	6 784.42	5 252.30	3 671.00	2 635.26	517.40	52 328.01
余江	2 152.01	3 268.16	6 674.22	6 912.66	3 909.32	4 745.31	3 673.98	2 598.71	1 826.62	373.64	36 134.63
月湖	219.43	326.42	450.20	569.54	598.68	442.68	355.39	249.91	177.94	30.94	3 428.13
汇总	5 501.29	8 339.39	14 426.70	16 407.83	13 873.06	11 972.41	9 281.67	6 519.62	4 639.82	921.98	91 890.77

二、全国红壤耕地质量等级汇总

全国红壤耕地是指红壤旱耕地，第二次全国土壤普查时面积为 $2.9679 \times 10^6 \, hm^2$，主要分布在江

西、湖南、福建、浙江、云南、广西、广东、湖北、安徽、四川、重庆、贵州、江苏、西藏，涉及县域 700 多个，在江西、湖南、浙江三省全省均有分布，在江西、湖南、云南、广西 4 省份的分布面积最大。从全国县域耕地质量评价数据中心（扬州）提取了上述 14 省份 652 个县域耕地质量评价结果及属性数据库，数据库收集了 28 504 个红壤耕地质量评价单元样点，耕地质量相关属性数据主要包含经纬度、行政单位、土壤类型、立地条件、土壤养分、土壤理化性状、土壤清洁、种植制度、产量等，数据多达 1 938 272 条。采用耕地质量国家标准汇总各县域评价结果形成全国耕地质量评价等级示意图，图中信息包含基础单元信息、评价指标、指标得分、评价得分、质量等级和平差面积等，图斑数为 28 503 个。根据图中平差面积和实体面积，用第二次土地资源调查各省实有旱耕地面积和第二次全国土壤普查红壤耕地分布情况校验平差，红壤耕地总面积约为 $3192 \times 10^3 \, hm^2$，各省份的分布情况见表 16 - 14。因各省红壤耕地面积的计算来源受限于各县域耕地质量等级评价红壤耕地样点和评价单元，虽有校正，但难免会存在偏差。

表 16 - 14　各省份含红壤耕地县域相关数据

省份	县域数量（个）	点位数（个）	红壤耕地平差面积（$\times 10^3 \, hm^2$）	面积占比（%）
湖南	114	3 979	709.38	22.22
江西	96	5 008	639.27	20.03
云南	120	10 066	492.39	15.42
浙江	75	3 486	241.47	7.56
广西	58	1 506	323.89	10.15
福建	43	656	238.68	7.48
安徽	39	1 300	101.93	3.19
贵州	35	717	188.97	5.92
广东	28	151	73.8	2.31
四川	23	1 149	61.95	1.94
湖北	8	261	99.48	3.12
重庆	8	161	17.68	0.55
江苏	3	24	2.04	0.06
西藏	2	39	1.43	0.04
合计	652	28 504	3 192.3	100

耕地质量 10 个等级，最好的耕地即最高等级为一等，最差的耕地即最低等级为十等，表 16 - 15 和表 16 - 16 中列出了全国及各省红壤耕地质量等级占比和面积。全国红壤耕地各质量等级分布为：一等地 $25.8 \times 10^3 \, hm^2$，占红壤耕地总面积的 0.81%；二等地 $111.5 \times 10^3 \, hm^2$，占红壤耕地总面积的 3.49%；三等地 $200.9 \times 10^3 \, hm^2$，占红壤耕地总面积的 6.29%；四等地 $339.1 \times 10^3 \, hm^2$，占红壤耕地总面积的 10.62%；五等地 $453.0 \times 10^3 \, hm^2$，占红壤耕地总面积的 14.19%；六等地 $737.1 \times 10^3 \, hm^2$，占红壤耕地总面积的 23.09%；七等地 $611.3 \times 10^3 \, hm^2$，占红壤耕地总面积的 19.15%；八等地 $327.6 \times 10^3 \, hm^2$，占红壤耕地总面积的 10.26%；九等地 $225.6 \times 10^3 \, hm^2$，占红壤耕地总面积的 7.06%；十等地 $160.5 \times 10^3 \, hm^2$，占红壤耕地总面积的 5.03%。如图 16 - 3 所示，红壤耕地中六等地占比最高，其次为七等地，第三为五等地，此三个等级均属于中等等级。全国红壤耕地一至三等高等级耕地占红壤耕地总面积的比例为 10.60%，浙江、湖南、江西、重庆 4 省份一至三等高等级红壤耕地比例分别为 14.84%、13.67%、13.60% 和 11.04%，高于全国平均值 10.60%。但高产红壤耕地面积最大的是湖南、江西，均在 $80 \times 10^3 \, hm^2$ 以上，其次为云南、浙江，在 $33 \times 10^3 \, hm^2$ 以上。全国红壤耕地四至十等中低产耕地占 89.4%，有 $2\ 853.9 \times 10^3 \, hm^2$，其中七至十等低产耕地 $1\ 324.8 \times 10^3 \, hm^2$，占 41.5%，低产耕地占比较高的省份为广东、福建、广西、贵州，占比分别为 74%、58%、55% 和

52%；七至十级低产红壤耕地面积较大的省份同高产耕地类似，是湖南、江西、云南、广西，分别为 $254\times10^3\,hm^2$、$244\times10^3\,hm^2$、$191\times10^3\,hm^2$ 和 $169\times10^3\,hm^2$，福建、浙江分布面积也不小，分别为 $131\times10^3\,hm^2$ 和 $88\times10^3\,hm^2$。全国红壤耕地质量等级加权平均为 6.10 等，浙江红壤耕地质量等级加权平均为 5.63 等，等级最高，其次为江西，平均等级为 5.87 等，湖南为 5.91 等，名列前三。红壤耕地质量低于全国平均水平的省份有 5 个，由低到高分别为广东、福建、贵州、重庆、广西，等级分别为 7.47 等、6.73 等、6.65 等、6.44 等和 6.42 等。江苏、西藏红壤耕地面积太少，在此不进行比较。

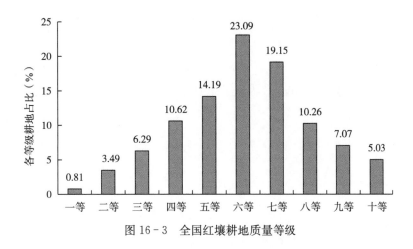

图 16-3　全国红壤耕地质量等级

表 16-15　全国各省份红壤耕地质量等级占比（%）

省份	一等占比	二等占比	三等占比	四等占比	五等占比	六等占比	七等占比	八等占比	九等占比	十等占比	平均等级
浙江	1.49	5.58	7.77	13.24	13.66	21.88	23.09	8.08	3.72	1.49	5.63
湖南	1.08	4.84	7.75	11.66	14.84	24.02	14.44	7.65	7.74	5.98	5.91
江西	0.97	4.31	8.33	12.74	13.87	21.56	18.32	9.16	6.42	4.32	5.87
云南	0.97	3.20	5.81	12.35	15.61	23.29	18.44	10.10	5.55	4.70	5.99
重庆	0.77	4.23	5.77	11.92	22.69	3.85	6.15	18.46	18.08	8.08	6.44
四川	0.88	3.40	3.84	15.15	11.75	25.58	20.31	8.01	7.79	3.29	6.01
广西	0.48	2.63	4.66	8.00	10.20	21.94	25.73	15.37	7.29	3.70	6.42
福建	0.28	2.71	3.30	5.01	12.74	21.05	20.60	14.76	10.23	9.32	6.73
安徽	0.27	1.13	6.47	14.68	17.21	31.15	10.27	6.14	8.34	4.34	5.93
湖北	0.00	0.58	2.33	8.01	29.67	38.07	10.77	2.60	4.30	3.66	6.00
贵州	0.00	0.29	5.00	4.61	11.95	20.51	30.05	15.51	7.23	4.86	6.65
广东	0.00	0.00	0.37	1.38	5.81	18.80	28.20	18.89	14.65	11.89	7.47
江苏	16.67	13.33	6.67	6.67	10.00	30.00	16.67	0.00	0.00	0.00	4.33
西藏	0.00	0.00	9.52	0.00	23.81	47.62	0.00	19.05	0.00	0.00	5.86
全国	0.81	3.49	6.29	10.62	14.19	23.09	19.15	10.26	7.07	5.03	6.10

表 16-16　全国各省份红壤耕地质量等级面积分布（×10³ hm²）

省份	一等	二等	三等	四等	五等	六等	七等	八等	九等	十等	合计
浙江	3.6	13.5	18.8	32.0	33.0	52.8	55.8	19.5	9.0	3.6	241.5
湖南	7.7	34.3	55.0	82.7	105.3	170.4	102.4	54.3	54.9	42.4	709.4
江西	6.2	27.5	53.2	81.5	88.7	137.8	117.1	58.5	41.1	27.6	639.3
云南	4.8	15.8	28.6	60.8	76.8	114.6	90.8	49.7	27.3	23.1	492.4
重庆	0.1	0.7	1.0	2.1	4.0	0.7	1.1	3.3	3.2	1.4	17.7
四川	0.5	2.1	2.4	9.4	7.3	15.8	12.6	5.0	4.8	2.0	61.9
广西	1.6	8.5	15.1	25.9	33.0	71.1	83.3	49.8	23.6	12.0	323.9
福建	0.7	6.5	7.9	12.0	30.4	50.3	49.2	35.2	24.4	22.2	238.7
安徽	0.3	1.2	6.6	15.0	17.5	31.8	10.5	6.3	8.5	4.4	101.9
湖北	0.0	0.6	2.3	8.0	29.5	37.9	10.7	2.6	4.3	3.6	99.5
贵州	0.0	0.5	9.5	8.7	22.6	38.8	56.8	29.3	13.7	9.2	189.0
广东	0.0	0.0	0.3	1.0	4.0	13.9	20.8	13.9	10.8	8.8	73.8
江苏	0.3	0.1	0.1	0.1	0.2	0.4	0.3	0.0	0.0	0.0	2.0
西藏	0.0	0.0	0.1	0.0	0.3	0.7	0.0	0.3	0.0	0.0	1.4
全国	25.8	111.5	200.9	339.0	452.9	737.1	611.3	327.6	225.6	160.5	3192.3

三、红壤耕地不同亚类质量等级分布特征

　　根据土壤发育程度、土壤性质和利用上的差异，将红壤土类分为红壤（典型红壤）、黄红壤、棕红壤、山原红壤和红壤性土五个亚类，典型红壤主要分布在江西、湖南、福建、广东、广西、云南、浙江和贵州，现有耕地总面积约为 1 661×10³ hm²，占红壤耕地总面积的 52%，是红壤土类中耕地面积最大的亚类。黄红壤除江苏外，在各省份均有分布，现有耕地总面积约为 844×10³ hm²，是红壤土类中耕地面积第二大的亚类。山原红壤主要分布在云南、四川的高海拔地区，现有耕地总面积约为 427×10³ hm²。棕红壤主要分布在江西、湖南、湖北、安徽等省份，现有耕地总面积约为 165×10³ hm²。红壤性土分布在典型红壤区的丘陵和山地，现有耕地总面积约为 95×10³ hm²，是红壤土类中耕地面积最小的亚类。

　　典型红壤耕地作为红壤耕地中的最大亚类，十个耕地质量等级的分布比例和全国红壤耕地质量等级的分布比例完全一致，加权平均等级为 6.1 等。在 5 个亚类中，耕地质量等级加权平均等级由小到大为山原红壤 5.4 等、红壤性土 5.7 等、棕红壤 5.8 等、典型红壤 6.1 等、黄红壤 6.5 等。红壤各亚类耕地质量等级情况见表 16-17 和图 16-4。

表 16-17　红壤不同亚类耕地质量等级面积和比例分布

等级	项目	典型红壤	红壤性土	黄红壤	山原红壤	棕红壤	合计
一等	面积（×10³ hm²）	13.3	0.5	5.5	5.8	0.7	25.8
	占比（%）	0.80	0.56	0.65	1.36	0.44	—
二等	面积（×10³ hm²）	59.7	3.3	20.8	23.7	4.1	112.7
	占比（%）	3.59	3.43	2.46	5.56	2.46	—

（续）

等级	项目	典型红壤	红壤性土	黄红壤	山原红壤	棕红壤	合计
三等	面积（$\times 10^3 hm^2$）	106.8	5.5	41.1	35.7	11.9	201.6
	占比（%）	6.43	5.75	4.87	8.36	7.19	—
四等	面积（$\times 10^3 hm^2$）	164.8	13.5	70.2	70.9	19.7	338.7
	占比（%）	9.92	14.16	8.31	16.61	11.95	—
五等	面积（$\times 10^3 hm^2$）	218.7	17.6	103.9	85.7	27.1	445.3
	占比（%）	13.17	18.50	12.30	20.09	16.40	—
六等	面积（$\times 10^3 hm^2$）	374.2	26.1	190.1	101.6	45.1	731.5
	占比（%）	22.53	27.47	22.51	23.81	27.34	—
七等	面积（$\times 10^3 hm^2$）	344.7	16.1	172.9	43.3	34.1	615.5
	占比（%）	20.75	16.96	20.48	10.14	20.68	—
八等	面积（$\times 10^3 hm^2$）	174.1	6.7	97.5	36.3	12.9	334.1
	占比（%）	10.48	7.08	11.55	8.50	7.84	—
九等	面积（$\times 10^3 hm^2$）	127.4	3.2	74.6	13.6	6.7	226.5
	占比（%）	7.67	3.36	8.84	3.19	4.08	—
十等	面积（$\times 10^3 hm^2$）	77.5	2.6	67.7	10.1	2.7	160.3
	占比（%）	4.66	2.73	8.01	2.38	1.62	—
合计	面积（$\times 10^3 hm^2$）	1661.2	95.1	844.2	426.7	165.1	3192
	占比（%）	100	100	100	100	100	
	加权平均	6.1	5.7	6.5	5.4	5.8	6.1

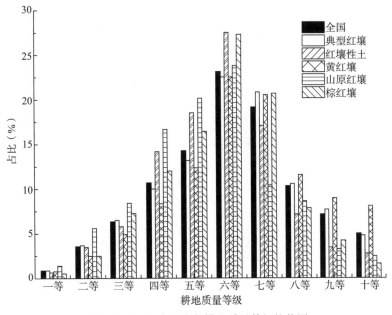

图 16-4　红壤亚类各耕地质量等级柱状图

四、各等级红壤耕地主要质量特征

（一）一等红壤耕地主要属性特征

一等红壤耕地主要分布在丘岗平原和中低丘台地，面积为 $25.8 \times 10^3 hm^2$，典型红壤面积最广，

579

为 $13.3 \times 10^3 hm^2$，占一等地的 51.4%，其次为山原红壤和黄红壤，在一等地中分布都在 20% 以上。一等红壤耕地质地以壤土为主，耕层厚度主要分布在 15～20 cm，有效土层厚度 65.2% 在 100 cm 以上，浇灌和排水充分满足率 70%，pH 主要分布在 5.0～6.0（表 16-18）。土壤全氮平均含量为 1.5 g/kg。土壤速效养分变异度大，存在部分极高值，平均有机质为 25.5 g/kg，变化范围为 12.1～72.3 g/kg；平均有效磷含量为 23.5 mg/kg，变化范围为 8.62～152.30 mg/kg；平均速效钾含量为 112 mg/kg，变化范围为 680～352.3 mg/kg。

表 16-18　一等地主要属性

主要属性指标	指标分级	面积（$\times 10^3 hm^2$）	比例（%）
耕层厚度（cm）	10～15	3.45	13.4
	15～20	12.93	50.1
	20～25	7.79	30.2
	＞25	1.63	6.3
有效土层厚度（cm）	40～60	0.08	0.3
	60～80	2.09	8.1
	80～100	6.81	26.4
	＞100	16.82	65.2
排灌保证率	基本满足，50%～70%	0	0
	满足，70%～90%	7.74	30
	充分满足，＞90%	18.06	70
耕层质地	壤土	6.4	24.8
	沙土	0	0
	黏壤	12.7	49.4
	黏土	6.7	25.8
pH	4.5～5.0	9.62	37.3
	5.0～6.0	12.95	50.2
	＞6.0	3.33	12.9
有机质（g/kg）	15～20	1.52	5.9
	20～30	14.3	55.3
	30～40	9.42	36.5
	＞40	0.6	2.31
有效磷（mg/kg）	10～20	8.64	33.5
	20～30	5.11	19.8
	30～40	8.05	31.2
	＞40	0.62	2.4
速效钾（mg/kg）	50～100	12.0	46.5
	100～150	10.35	40.1
	＞150	3.46	13.4

一等红壤耕地是最优质的旱耕地，地势较为平坦，温度和水分充足，利用方向主要是耕地地力保

育、防止地力下降，在灌溉条件上仍有上升的空间，部分城郊老菜地肥力水平很高，需要减施肥料。土壤有机质含量低于水稻土，存在水土流失风险，需要有针对性地采取调节土壤酸度、增施有机肥和配合磷钾肥等措施维护和提升耕地质量。

（二）二等红壤耕地主要属性特征

二等红壤耕地面积为 $112\times10^3\,hm^2$，分布区域与一等地大致相同，基本属性也相似，但变异更大。典型红壤面积最大，为 $59.67\times10^3\,hm^2$，占二等地的 53%；其次为山原红壤和黄红壤，在二等地中的分布分别为 21% 和 18%。二等红壤耕地质地以黏壤土为主，其余为黏土和壤土，耕层厚度主要分布在 15～20 cm，有效土层厚度 43% 在 100 cm 以上，46.2% 在 80～100 cm，排灌满足率略低于一等地，pH 主要分布在 4.5～6.0（表 16-19）。土壤养分变异较大，有机质含量平均为 25.2 g/kg，与一等地基本相同，60% 的二等地有机质为 20～30 g/kg，31% 处于 30～40 这个区间；有效磷含量平均为 22.4 mg/kg，较一等地略有下降；速效钾含量平均为 108 mg/kg，变化范围仍然很大，最高为 360 mg/kg。

表 16-19　二等地主要属性

主要属性指标	指标分级	面积（$\times10^3\,hm^2$）	比例（%）
耕层厚度（cm）	10～15	21.9	19.4
	15～20	54.2	48.1
	20～25	32.9	29.2
	>25	3.7	3.3
有效土层厚度（cm）	40～60	0.3	0.3
	60～80	11.4	10.1
	80～100	52.3	46.4
	>100	48.7	43.2
排灌保证率	不满足，<50%	0.0	0
	基本满足，50%～90%	50.6	44.9
	充分满足，>90%	62.1	55.1
耕层质地	壤土	26.7	23.7
	沙土	0.2	0.2
	黏壤	58.7	52.1
	黏土	27.0	24
pH	4.5～5.0	40.7	36.1
	5.0～6.0	57.8	51.3
	>6.0	14.2	12.6
有机质（g/kg）	15～20	6.6	5.9
	20～30	67.6	60.0
	30～40	35.5	31.5
	>40	2.6	2.31
有效磷（mg/kg）	10～20	37.7	33.5
	20～30	22.3	19.8
	30～40	35.2	31.2
	>40	2.7	2.4
速效钾（mg/kg）	50～100	55.9	49.6
	100～150	44.1	39.1
	>150	12.7	11.3

二等红壤耕地肥力较高、土地较平整、灌溉有保障，土体团粒结构比较合理，孔隙度较好，水气协调，土地利用基本没有限制，宜种性广，作物大部分都能高产。改良利用方向与一等地基本相同。这类土壤应增施有机肥和配合磷钾肥、调节土壤酸度、防止地力下降。

（三）三等红壤耕地主要属性特征

三等红壤耕地面积为 $201×10^3 hm^2$，在缓坡、低丘、岗地、山前平原均有分布，质地主要为黏壤（表 16-20），在高等级红壤耕地中面积最大。灌溉能力基本满足所占比例最高，比例为 68%，其次为充分满足。排水能力充分满足和基本满足的面积较为接近，所占的比例分别为 48.4% 和 51.9%。土壤有机质平均为 26.4 g/kg，主要分布在 15~30 g/kg；全氮平均 1.47 g/kg，主要分布在 1.25~1.50 g/kg。有效磷平均为 20.1 mg/kg，主要分布在 30~40 mg/kg；速效钾平均为 93 mg/kg，主要分布在 100~150 mg/kg。土壤 pH 平均为 5.2，分布较为广泛。

表 16-20 三等地主要属性

主要属性指标	指标分级	面积（$×10^3 hm^2$）	比例（%）
耕层厚度（cm）	10~15	65.9	15.5
	15~20	163.4	50.6
	20~25	99.2	24.9
	>25	11.2	9.0
有效土层厚度（cm）	40~60	1.0	11.2
	60~80	34.3	31.8
	80~100	157.7	32.5
	>100	146.8	24.5
排灌保证率	不满足，<50%	0.0	2.5
	基本满足，50%~90%	152.6	40.1
	充分满足，>90%	187.2	57.0
耕层质地	壤土	80.5	25.5
	沙土	0.7	0.8
	黏壤	177.0	45.9
	黏土	81.6	27.8
pH	4.0~5.0	122.7	39.1
	5.0~6.0	174.3	51.3
	>6.0	42.8	10.6
有机质（g/kg）	<15	20.0	5.3
	15~20	203.9	35.2
	20~30	107.0	44.7
	30~40	7.8	11.5
	>40	113.8	3.3
有效磷（mg/kg）	<10	67.3	8.5
	10~20	106.0	42.5
	20~30	8.2	34.8
	30~40	168.5	11.2
	>40	132.9	3.0

（续）

主要属性指标	指标分级	面积（$\times 10^3 hm^2$）	比例（%）
速效钾（mg/kg）	<50	38.4	9.7
	50～100	65.9	45.2
	100～150	163.4	32.3
	>150	99.2	12.8

三等红壤耕地地形以丘陵为主，积温和水分较为充足，无明显侵蚀，保肥能力较好，棉油、旱粮、蔬菜种植较为广泛，土壤综合属性良好，耕层厚度较为合适，有较高的增产潜力。此类地的改良利用可应用秸秆还田技术、种植绿肥、综合提高肥料管理技术、推广酸性土壤治理和推广施用有机肥等，维持并提高高产水平耕地生产力，从而提高农业生产效率。

（四）四等红壤耕地主要属性特征

四等红壤耕地面积为 $339 \times 10^3 hm^2$，在缓坡、低丘、岗地、山前平原均有分布。与三等地相比，丘岗平原地貌的比例更低，土壤质地更黏，质地以黏壤土和黏土为主，在中等级红壤耕地中面积最小，肥力最高（表16-21）。灌溉能力以基本满足所占比例61.3%为最高，充分满足和不满足所占的比例分别为23.2%和15.5%。排水能力为充分满足耕地所占比例为53.9%，基本满足和不满足的比例为44.1%和2.0%。土壤有机质平均为20.9 g/kg，分布最多的区间为15～30 g/kg；土壤全氮平均为1.49 g/kg，主要分布在1.0～1.5 g/kg；有效磷平均为18.8 mg/kg，主要分布在10～30 mg/kg；速效钾平均为94 mg/kg，主要分布在50～100 mg/kg。土壤 pH 平均为5.2，分布较为广泛；在4.5～5.5分布广泛，占51.2%。部分存在中轻度侵蚀和障碍层次。

表 16-21　四等地主要属性

主要属性指标	指标分级	面积（$\times 10^3 hm^2$）	比例（%）
耕层厚度（cm）	<10	24.4	7.2
	10～15	71.5	21.1
	15～25	194.8	57.5
	>25	48.1	14.2
有效土层厚度（cm）	<40	22.4	6.6
	40～60	51.5	15.2
	60～80	95.9	28.3
	80～100	113.5	33.5
	>100	55.5	16.4
耕层质地	壤土	87.4	25.8
	沙土	2.4	0.7
	黏壤	155.8	46.0
	黏土	93.1	27.5
pH	<4.5	34.5	10.2
	4.5～5.5	173.4	51.2
	5.5～6.5	100.9	29.8
	>6.5	29.8	8.8

（续）

主要属性指标	指标分级	面积（×10³hm²）	比例（%）
有机质（g/kg）	<15	51.8	15.3
	15~20	139.9	41.3
	20~30	103.6	30.6
	30~40	39.0	11.5
	>40	4.4	1.3
有效磷（mg/kg）	<10	32.2	9.5
	10~20	142.6	42.1
	20~30	114.5	33.8
	30~40	31.2	9.2
	>40	18.3	5.4
速效钾（mg/kg）	<50	43.4	12.8
	50~100	176.5	52.1
	100~150	75.5	22.3
	>150	43.4	12.8
灌溉能力	不满足	54.5	15.5
	基本满足	207.6	61.3
	充分满足	78.6	23.2
排水能力	不满足	6.8	2.0
	基本满足	149.4	44.1
	充分满足	182.2	53.9

　　四等地属于地力水平中等偏高的耕地，增产潜力大，提高地力应根据四等地的主要属性有针对性地采取措施，加强农田基础建设，增加土壤有机质，改良土壤理化性状，推行与豆科作物轮作，种植绿肥，秸秆还田，施用石灰类物质。

（五）五等红壤耕地主要属性特征

　　五等红壤耕地面积为 453×10³hm²，主要分布在丘陵台地、高岗地、中低山区。与四等地相比，土壤质地较为黏重，黏土比例上升，灌溉能力下降近 10%，基本满足耕地所占比例最高（64.6%），充分满足和不满足耕地所占的比例分别为 18.5% 和 16.9%。排水能力为充分满足耕地所占比例为 53.9%，基本满足和不满足耕地的比例为 44.1% 和 2.0%（表 16-22）。土壤有机质平均为 20.5 g/kg，分布最多的区间为 15~30 g/kg；土壤全氮平均为 1.35 g/kg，主要分布在 1.0~1.5 g/kg；有效磷平均为 18.6 mg/kg，主要分布在 10~30 mg/kg；速效钾平均为 81 mg/kg，主要分布在 50~100 mg/kg。土壤 pH 平均为 5.0，主要分布区间 4.5~5.5，占 57.5%。部分坡耕地有较强侵蚀。

表 16-22　五等地主要属性

主要属性指标	指标分级	面积（×10³hm²）	比例（%）
耕层厚度（cm）	<10	45.4	10.2
	10~15	107.3	24.1
	15~25	224.9	50.5
	>25	67.7	15.2

（续）

主要属性指标	指标分级	面积（×10³hm²）	比例（%）
有效土层厚度（cm）	<40	16.0	3.6
	40～60	67.7	15.2
	60～80	148.3	33.3
	80～100	153.6	34.5
	>100	59.7	13.4
耕层质地	壤土	116.2	26.1
	沙土	5.8	1.3
	黏壤	183.9	41.3
	黏土	139.4	31.3
pH	<4.5	45.0	10.1
	4.5～5.5	256.0	57.5
	5.5～6.5	106.4	23.9
	>6.5	37.9	8.5
有机质（g/kg）	<15	66.3	14.9
	15～20	201.7	45.3
	20～30	134.0	30.1
	30～40	37.9	8.5
	>40	5.3	1.2
有效磷（mg/kg）	<10	42.3	9.5
	10～20	187.5	42.1
	20～30	150.5	33.8
	30～40	41.0	9.2
	>40	24.0	5.4
速效钾（mg/kg）	<50	57.0	12.8
	50～100	232.0	52.1
	100～150	99.3	22.3
	>150	57.0	12.8
灌溉能力	不满足	82.4	18.5
	基本满足	287.8	64.6
	充分满足	75.3	16.9
排水能力	不满足	8.9	2.0
	基本满足	196.4	44.1
	充分满足	240	53.9

五等红壤地为典型中产耕地，保肥能力较弱，肥力水平较低，土体结构有待改善，是建成高产稳产田地的后备资源。可针对性采取措施，加强农田基础设施建设，增加土壤有机质，改良土壤理化性状，推行与豆科作物轮作，种植绿肥，秸秆还田，施用石灰类物质，增产潜力高。

（六）六等红壤耕地主要属性特征

六等红壤耕地面积737×10³hm²，分布面积在各等级红壤耕地是最大的，主要分布在丘陵台地、高岗地、中低山区。土壤质地黏重，黏壤与黏土比例为74.1%，耕层较浅，耕层厚度集中在15～20 cm。灌溉能力充分满足、基本满足和不满足耕地面积占比分别为10.5%、53.3%和36.2%，不满足耕地面积较五等地上升。排水能力为充分满足耕地所占的比例为 53.9%，基本满足和不满足耕地的比例为 33.3%和3.9%（表 16-23）。土壤有机质平均为 21.1 g/kg，分布最多的区间为 15～30 g/kg；土壤全氮平均为 1.38 g/kg，主要分布在 1.0～1.5 g/kg；有效磷平均为 16.4 mg/kg，主要分布在 10～30 mg/kg；速效钾平均为 76 mg/kg，主要分布在 50～100 mg/kg；土壤 pH 平均为 4.9，主要分布4.5～5.5，占 58.4%。坡耕地有较强侵蚀。

表 16-23　六等地主要属性

主要属性指标	指标分级	面积（×10³hm²）	比例（%）
耕层厚度（cm）	<10	75.3	10.3
	10～15	154.3	21.1
	15～20	279.4	38.2
	20～25	148.5	20.3
	>25	73.9	10.1
有效土层厚度（cm）	<40	25.6	3.5
	40～60	122.9	16.8
	60～80	220.2	30.1
	80～100	259.7	35.5
	>100	103.1	14.1
耕层质地	壤土	169.0	23.1
	沙土	20.5	2.8
	黏壤	298.5	40.8
	黏土	243.6	33.3
pH	<4.5	133.1	18.2
	4.5～5.5	427.2	58.4
	5.5～6.5	130.2	17.8
	>6.5		5.6
有机质（g/kg）	<15	122.9	16.8
	15～20	316.7	43.3
	20～30	228.2	31.2
	30～40	54.9	7.5
	>40	8.8	1.2
有效磷（mg/kg）	<10	56.3	7.7
	10～20	335.8	45.9
	20～30	262.6	35.9
	30～40	37.3	5.1
	>40	39.5	5.4
速效钾（mg/kg）	<50	106.8	14.6
	50～100	378.9	51.8
	100～150	167.5	22.9
	>150	78.3	10.7
灌溉能力	不满足	264.8	36.2
	基本满足	389.9	53.3
	充分满足	73.2	10.5

（续）

主要属性指标	指标分级	面积（×10³hm²）	比例（%）
	不满足	28.5	3.9
排水能力	基本满足	243.6	33.3
	充分满足	459.4	62.8

六等红壤耕地地势高、土层浅、质地黏，普遍缺水，但量大面广，增产潜力高，迫切需要通过农田工程建设提高耕地保水保肥能力和防止水土流失。针对酸化、贫瘠、黏重等障碍因素，采取合理施肥，与豆科作物轮作，种植绿肥，秸秆还田，施用石灰类物质等，提升土壤肥力，改良土壤理化性状。

（七）七等红壤耕地主要属性特征

七等红壤耕地面积为 611.3×10³hm²，分布面积在各等级红壤耕地中是第二大的，广泛分布在高丘台地及高岗地区。土壤质地黏重，黏壤与黏土的比例为 70.4%，沙土面积和占比显著上升（表 16-24）。耕层厚度主要集中在 15~25 cm，较六等地耕层浅。灌溉能力充分满足、基本满足和不满足耕地面积占比分别为 6.8%、53.1% 和 40.1%，不满足耕地面积较六等地上升。排水能力为充分满足耕地所占的比例为 65.8%，基本满足和不满足耕地占比分别为 27.3% 和 6.9%。土壤有机质平均为 20.3 g/kg，分布最多的区间为 15~30 g/kg；土壤全氮平均为 1.3 g/kg，主要分布在 1.0~1.5 g/kg；有效磷平均为 14.8 mg/kg，主要分布在 10~30 mg/kg；速效钾平均为 73 mg/kg，主要分布在 50~100 mg/kg；土壤 pH 平均为 4.9，主要分布区间为 4.5~5.5，占 60.2%。部分坡耕地有较强侵蚀。

表 16-24　七等地主要属性

主要属性指标	指标分级	面积（×10³hm²）	比例（%）
	<10	56.6	9.2
耕层厚度（cm）	10~15	173.0	28.1
	15~25	317.0	51.5
	>25	68.9	11.2
	<40	26.5	4.3
	40~60	108.3	17.6
有效土层厚度（cm）	60~80	170.5	27.7
	80~100	212.3	34.5
	>100	97.9	15.9
	壤土	138.5	22.5
耕层质地	沙土	43.7	7.1
	黏壤	245.0	39.8
	黏土	188.3	30.6
	<4.5	94.8	15.4
pH	4.5~5.5	370.5	60.2
	5.5~6.5	134.2	21.8
	>6.5	17.2	2.8

（续）

主要属性指标	指标分级	面积（$\times 10^3 hm^2$）	比例（%）
	<15	115.1	18.7
	15~20	269.0	43.7
有机质（g/kg）	20~30	179.1	29.1
	30~40	49.9	8.1
	>40	2.5	0.4
	<10	60.3	9.8
	10~20	292.4	47.5
有效磷（mg/kg）	20~30	237.0	38.5
	30~40	25.9	4.2
	>40	0.0	0.0
	<50	92.9	15.1
速效钾（mg/kg）	50~100	331.1	53.8
	100~150	152.6	24.8
	>150	38.8	6.3
	不满足	246.8	40.1
灌溉能力	基本满足	326.8	53.1
	充分满足	41.9	6.8
	不满足	42.5	6.9
排水能力	基本满足	168.0	27.3
	充分满足	405.0	65.8

七等红壤地属低产等级耕地，存在障碍层次，土壤通透性不好，物理特性差，养分不均衡，肥力水平低，灌溉能力差，田面坡度大，田块缓冲能力弱，土壤侵蚀强，对作物有较强的选择性。要合理地改良方能保证产量，是改造成为中产耕地的后备资源。可通过农田平整和农田水利设施建设提高耕地保水保肥能力，防止水土流失。针对酸化、贫瘠、黏重等障碍因素，采取增施有机肥、测土配方施肥、与豆科作物轮作、种植绿肥、秸秆还田、施用石灰类物质等措施，快速培肥与种地养地相结合，提升土壤肥力，改良土壤理化性状。

（八）八等红壤耕地主要属性特征

八等红壤耕地面积为 $328 \times 10^3 hm^2$，主要分布在高丘台地上。土壤质地黏重，黏壤与黏土的比例为71.7%，还有11.5%为沙土。耕层厚度集中在15~25 cm。灌溉能力充分满足、基本满足和不满足耕地面积占比分别为3.4%、51.1%和45.5%，不满足耕地面积较七等地上升。排水能力充分满足、基本满足和不满足耕地占比分别为49.9%、44.1%和6%（表16-25）。土壤有机质平均为18.7 g/kg，比七等地下降，分布最多的区间为15~20 g/kg；土壤全氮平均为1.27 g/kg，主要分布在1.0~1.5 g/kg；有效磷平均为14.6 mg/kg，主要分布在10~30 mg/kg；速效钾平均为70 mg/kg，主要分布在50~100 mg/kg。土壤 pH 平均为4.9，主要分布区间为4.5~5.5，占77.4%。

表16-25　八等地主要属性

主要属性指标	指标分级	面积（$\times 10^3 hm^2$）	比例（%）
	<10	36.4	10.9
耕层厚度（cm）	10~15	102.2	30.6
	15~25	158.0	47.3
	>25	37.4	11.2

（续）

主要属性指标	指标分级	面积（×10³hm²）	比例（%）
有效土层厚度（cm）	<40	12.0	3.6
	40～60	50.8	15.2
	60～80	111.3	33.3
	80～100	115.3	34.5
	>100	44.8	13.4
耕层质地	壤土	55.8	16.7
	沙土	38.4	11.5
	黏壤	116.6	34.9
	黏土	122.9	36.8
pH	<4.5	7.0	2.1
	4.5～5.5	258.6	77.4
	5.5～6.5	64.1	19.2
	>6.5	4.3	1.3
有机质（g/kg）	<15	49.8	14.9
	15～20	151.3	45.3
	20～30	100.6	30.1
	30～40	28.4	8.5
	>40	4.0	1.2
有效磷（mg/kg）	<10	48.4	14.5
	10～20	107.2	32.1
	20～30	146.3	43.8
	30～40	30.7	9.2
	>40	1.3	0.4
速效钾（mg/kg）	<50	66.2	19.8
	50～100	177.4	53.1
	100～150	81.2	24.3
	>150	9.4	2.8
灌溉能力	不满足	152.0	45.5
	基本满足	170.7	51.1
	充分满足	11.4	3.4
排水能力	不满足	20	6.0
	基本满足	147.3	44.1
	充分满足	166.7	49.9

八等红壤耕地属低产耕地，大多黏重，部分沙砾含量高，均存在障碍层次。土壤通透性不好，物理特性差，缓冲能力弱。养分含量相对较低且不均衡，水源条件差，灌溉能力弱，土壤侵蚀强烈，宜耕性和宜种性均较差。大多数经改造提升后能保证产量，成为中产耕地的后备资源。可通过农田平整和农田水利设施建设提高耕地保水保肥能力，防止水土流失。针对酸化、贫瘠、黏重等障碍因素，可采取增施有机肥、测土配方施肥、与豆科作物轮作、种植绿肥、秸秆还田、施用石灰类物质等技术措

施，快速培肥与种地养地相结合，提升土壤肥力，改良土壤理化性状。

（九）九等红壤耕地主要属性特征

九等红壤耕地面积为 $226 \times 10^3 \mathrm{hm}^2$，主要分布在中低山区和高丘地。58.8%的此类耕地质地黏重，23.2%的质地为沙土，壤土占 18.0%。耕层厚度主要集中在 $10 \sim 15 \mathrm{~cm}$。灌溉能力充分满足、基本满足和不满足耕地面积占比分别为 2.7%、40.6%和 56.7%，不满足耕地面积较八等地增加。排水能力充分满足、基本满足和不满足耕地占比分别为 26.8%、57.9%和 15.3%（表 16-26）。土壤有机质平均为 19.6 g/kg，略高于八等地，主要分布在 $15 \sim 30 \mathrm{~g/kg}$；土壤全氮平均为 1.27 g/kg，主要分布在 $1.0 \sim 1.5 \mathrm{~g/kg}$；有效磷平均为 14.3 mg/kg，主要分布在 $10 \sim 30 \mathrm{~mg/kg}$；速效钾平均为 71 mg/kg，主要分布在 $50 \sim 100 \mathrm{~mg/kg}$；土壤 pH 平均为 5.0，主要分布区间为 $4.5 \sim 5.5$，占 77.8%。

表 16-26 九等地主要属性

主要属性指标	指标分级	面积（$\times 10^3 \mathrm{hm}^2$）	比例（%）
耕层厚度（cm）	<10	7.0	3.1
	10~15	112.6	49.7
	15~25	65.7	29.0
	>25	41.2	18.2
有效土层厚度（cm）	<40	4.8	2.1
	40~60	34.4	15.2
	60~80	29.2	12.9
	80~100	87.2	38.5
	>100	70.9	31.3
耕层质地	壤土	40.8	18.0
	沙土	52.5	23.2
	黏壤	51.6	22.8
	黏土	81.5	36.0
pH	<4.5	1.4	0.6
	4.5~5.5	176.2	77.8
	5.5~6.5	48.9	21.6
	>6.5	0.0	0.0
有机质（g/kg）	<15	17.9	7.9
	15~20	87.9	38.8
	20~30	81.3	35.9
	30~40	37.4	16.5
	>40	2.0	0.9
有效磷（mg/kg）	<10	42.8	18.9
	10~20	82.7	36.5
	20~30	63.6	28.1
	30~40	29.0	12.8
	>40	8.4	3.7
速效钾（mg/kg）	<50	53.2	23.5
	50~100	127.1	56.1
	100~150	34.7	15.3
	>150	11.6	5.1

（续）

主要属性指标	指标分级	面积（×10³hm²）	比例（%）
灌溉能力	不满足	128.4	56.7
	基本满足	92	40.6
	充分满足	6.1	2.7
排水能力	不满足	34.7	15.3
	基本满足	131.1	57.9
	充分满足	60.7	26.8

九等红壤耕地属低产耕地，较多为新开垦补充耕地，存在障碍层次。过黏或过沙耕地占60%以上，保水或保肥能力差，土壤物理性差，缓冲能力弱。养分含量相对较低且不均衡，水源条件差，灌溉能力弱，土壤侵蚀强烈，宜耕性和宜种性均较差。部分田块经改造后能提升地力，部分无水源条件或太过偏远的地方可考虑种植业结构调整，选择宜种作物或发展对耕地肥力要求不高的设施农业。农田平整和农田水利设施建设是提高耕地保水保肥能力、防止水土流失的必要措施。针对酸化、贫瘠、黏重等障碍因素，可采取增施有机肥、测土配方施肥、与豆科作物轮作、种植绿肥、秸秆还田、施用石灰类物质等技术措施，快速培肥与养地相结合，提升土壤肥力，改良土壤理化性状。

（十）十等红壤耕地主要属性特征

十等红壤耕地面积为161×10³hm²，此等级耕地地力最差，主要分布在中低山区和丘陵高台地区。黏、壤、沙占比分别为53.6%、16.4%和29.9%，耕层厚度主要集中在10~25 cm，15~25 cm的最多。灌溉能力充分满足、基本满足和不满足耕地面积占比分别为16.9%、64.6%和18.5%，不满足耕地面积较八等地增加。排水能力充分满足、基本满足和不满足耕地占比分别为53.9%、44.1%和2.0%（表16-27）。土壤有机质平均为19.6 g/kg，略高于八等地，主要分布在15~30 g/kg；土壤全氮平均为1.27 g/kg，主要分布在1.0~1.5 g/kg；有效磷平均为14.3 mg/kg，主要分布在10~30 mg/kg；速效钾平均为71 mg/kg，主要分布在50~100 mg/kg；土壤pH平均为4.9，主要分布区间为4.5~5.5，占69.1%。

表16-27　十等地主要属性

主要属性指标	指标分级	面积（×10³hm²）	比例（%）
耕层厚度（cm）	<10	14.9	9.3
	10~15	43.9	27.4
	15~25	68.4	42.7
	>25	33.0	20.6
有效土层厚度（cm）	<40	1.8	1.1
	40~60	11.5	7.2
	60~80	29.0	18.1
	80~100	66.4	41.4
	>100	51.5	32.1
耕层质地	壤土	26.3	16.4
	沙土	47.9	29.9
	黏壤	20.4	12.7
	黏土	65.6	40.9

（续）

主要属性指标	指标分级	面积（×10³hm²）	比例（%）
pH	<4.5	21.0	13.1
	4.5~5.5	110.8	69.1
	5.5~6.5	30.1	18.8
	>6.5	0.0	0
有机质（g/kg）	<15	23.9	14.9
	15~20	72.6	45.3
	20~30	48.3	30.1
	30~40	13.6	8.5
	>40	1.9	1.2
有效磷（mg/kg）	<10	15.2	9.5
	10~20	67.5	42.1
	20~30	54.2	33.8
	30~40	14.7	9.2
	>40	8.7	5.4
速效钾（mg/kg）	<50	20.5	12.8
	50~100	83.5	52.1
	100~150	35.7	22.3
	>150	20.5	12.8
灌溉能力	不满足	29.7	18.5
	基本满足	103.6	64.6
	充分满足	18	16.9
排水能力	不满足	2.1	2.0
	基本满足	46.9	44.1
	充分满足	86.4	53.9

　　十等红壤耕地较多为新开垦耕地，坡度大，熟化度低，红壤典型障碍明显，质地上或黏重板结，或沙石含量大，土壤物理性状差，缓冲能力弱，养分含量相对较低且不均衡，水源条件较差，灌溉困难，土壤侵蚀强烈，宜耕性和宜种性均不好，小部分田块经改造后能提升地力，大部分无水源条件或太过偏远。此类耕地农业种植限制较大，部分不适合农业利用的耕地是农业设施用地的首选，种植业结构调整、退耕还林也是合理利用的方式。采取防止水土流失和提高耕地保水保肥能力是实现有效耕种的必要措施。针对酸化、贫瘠、黏重等障碍因素，可采取增施有机肥、测土配方施肥、与豆科作物轮作、种植绿肥、秸秆还田、施用石灰类物质等技术措施，快速培肥与养地相结合，提升土壤肥力，改良土壤理化性状。

第四节　红壤耕地质量变化趋势

　　在南方耕地中，红壤耕地在数量上所占的比例小，按2017年全国20.23亿亩耕地统计，红壤耕地占全国耕地总面积的2.37%。在质量上，多为酸、旱、板、黏、瘦、蚀，土壤质量不高，抗灾能力弱，耕地综合生产能力较低。经过人类的不懈努力，红壤资源的农业开发利用和土壤改良水平也在不断提高，大量中低产田得到改造，耕地质量得到提升。同时，由于环境因素、"占优补劣"等人为因素的影响，水土流失加剧，生态平衡遭到破坏，土壤肥力下降，红壤中低产田达一半以上。红壤耕地质量在时空中此消彼长，其变化趋势整体缺乏相应的数据支撑，且红壤资源评价的历史数据较多，而针对红壤耕地的专题评价很少，故无法开展这方面的分析。本节主要根据全国耕地质量长期定位监测年获得的几个耕地质量主要因素进行分析比较。

一、红壤耕地高中低产田的变化趋势

在第一节耕地质量概念的内涵发展中提到，在20世纪，习惯用高产田、中产田、低产田来表述耕地质量（或耕地地力）。第二次全国土壤普查时，部分省份对当时的红壤耕地资源进行了这样的分类。虽然耕地质量评价制度已经相当完善，但为了更通俗地表达，在广义表达耕地综合生产能力的时候仍会沿用高产田、中产田、低产田的概念。一般一至三等地为高产田，四至六等或四至七等地为中产田，剩下的为低产田。以江西和湖南等省份为例（表16-28），本次评价与20世纪80年代第二次全国土壤普查时（表中简称"二普时"）的数据比较，红壤耕地质量高、中、低产水平总体呈上升趋势，因为各省份高产红壤耕地比例都在增加，平均增加7.4个百分点，低产红壤耕地比例大幅降低，平均下降3.5个百分点，面积最大的江西和湖南两省份高产红壤耕地增加和低产红壤耕地减少的数量均为100多万亩。各省份中产红壤耕地变化表现出不平衡，如湖南增加了3个百分点，江西下降了4.5个百分点。

表16-28 红壤耕地高产田、中产田、低产田变化比较

省份	项目	高产田比例（%）	中产田比例（%）	低产田比例（%）	面积（×10³ hm²）
湖南	二普时	8.4	47.5	44.1	547.3
	2017年	13.7	50.5	35.8	710
	变化	+5.3	+3.0	-8.3	—
江西	二普时	4.6	52.7	42.7	486.7
	2017年	13.6	48.2	38.2	639.3
	变化	+9	-4.5	-4.5	—
湖北	二普时	—	—	62.5	138.7
	2017年	3.6	68.1	28.3	94.7
	变化	—	—	-34.2	—
广西	二普时	0	42.3	57.7	209.3
	2017年	8.2	38.7	53.1	328.7
	变化	+8.2	-3.6	-4.6	—
安徽	二普时	0	15.0	85.0	100
	2017年	7.9	63.0	29.1	101.3
	变化	+7.9	+48	-55.9	—
全国平均	二普时	—	—	45.0	2 967.3
	2017年	10.6	47.9	41.5	3 192
	变化	+7.4	—	-3.5	—
全国旱耕地	二普时	19.04	34.81	46.25	105 733

注："—"表示无法获取数据；湖北138.7 hm²包含了部分水田。

二、红壤耕地主要土壤性质和养分的变化

农业农村部自 20 世纪 80 年代起，在红壤典型代表区域 8 个省份设立了 20 个国家级耕地质量长期定位监测点，后各省份陆续加大监测力度，原则上按 10 万亩 1 个点位的密度，完善了耕地质量监测网络建设（全国土壤肥料总站，1991）。每个国家级监测点设空白区（不施肥）、常规区两个处理，涉及红壤区域代表作物。如福建监测点作物为该省第二大作物甘薯，广西监测点作物为该省优势作物甘蔗，湖南监测点作物为油菜、大豆、花生；江西监测点作物为蔬菜等；云南监测点作物为马铃薯、小麦、玉米和绿肥；浙江监测点作物为小麦、油菜等。监测内容广泛，要调查每年种植制度、施肥情况、产出情况、土壤理化性状变化情况等；要采集土壤、作物样品检测，分析红壤生产力及其理化性状变化情况，分析施肥对提高土壤质量、提高生产力的贡献等，为耕地质量管理与建设提供技术支撑。土壤监测是耕地质量调查与评价的基础，也是揭示耕地土壤性质和养分变化的依据。监测显示，经过施肥等农业措施，红壤有机质、全氮含量及 C/N 总体基本保持稳定。土壤磷不参与大气循环，主要靠施肥投入且不断在土壤中积累。分析结果表明，随着磷肥的长期不断投入，土壤有效磷含量呈显著升高趋势。红壤速效钾含量并不是随着施肥年限的增加而增加的，说明监测点常规施肥措施并不能提高有效钾的含量。矿质元素是作物生长所必需的，它与生物分子蛋白质、多糖、核酸、维生素等密切相关。红壤钙、镁、铁、锰、铜、锌、硼、钼含量均大幅度降低。长期耕种条件下的红壤耕地 pH 显著下降。就红壤土地生产力而言，长期不施肥措施下作物（玉米和薯类作物）产量维持在较低水平，常规施肥大幅度提升了作物产量，表明施肥是作物高产稳产的关键措施（徐明岗等，2015）。

红壤耕地主要土壤性质和养分有有机质、全氮、有效磷、速效钾、pH，指标分级参照第二次全国土壤普查时的分级标准划分为 6 个等级，如表 16 - 29 所示。

表 16 - 29　红壤耕地土壤主要属性指标分级标准

项目	一级	二级	三级	四级	五级	六级
有机质（g/kg）	>40	30～40	20～30	15～20	10～15	<10
全氮（g/kg）	>2.00	1.50～2.00	1.25～1.50	1.00～1.25	0.75～1.00	<0.75
有效磷（mg/kg）	>40	30～40	20～30	15～20	10～15	<10
速效钾（mg/kg）	>150	120～150	100～120	80～100	50～80	<50
耕层厚度（cm）	>35	30～35	25～30	20～25	15～20	<15
pH	>8.5	7.5～8.5	6.5～7.5	5.5～6.5	4.5～5.5	<4.5

（一）土壤有机质

土壤有机质是土壤肥力的基础，红壤有机质矿化度高，腐殖化程度低（徐明岗等，2006）。分析 20 个国家级红壤监测点的数据，30 年间，红壤耕地土壤有机质含量呈先增加后降低并趋于稳定的趋势。在前 15 年，有机质含量呈逐渐上升的趋势，由 25.03 g/kg 上升到 30.83 g/kg，比监测初始年份提高了 23%，峰值出现在 2000 年左右。之后，有机质含量开始上下波动并趋于稳定。2012—2016 年红壤耕地监测点年平均有机质含量为 27.41 g/kg。本次共调查评价红壤耕地 28 504 个样点，土壤有机质平均含量为 24.5 g/kg，标准差为 8.53，变异系数为 37.2。按照 6 级分级指标，有机质含量在 15 g/kg 以下的红壤耕地面积为 $124.5×10^3 hm^2$（占 3.9%），有机质含量在 15～20 g/kg 的红壤耕地面积为 $644.8×10^3 hm^2$（占 20.2%），有机质含量在 20～30 g/kg 的红壤耕地面积为 $1 544.9×10^3 hm^2$（占 48.4%），有机质含量在 30 g/kg 以上的红壤耕地面积为 $865×10^3 hm^2$（占 27.1%）。红壤耕地土壤主要性质或养分不同等级所占比例详见表 16 - 30。

表 16 - 30　红壤耕地土壤主要性质或养分不同等级所占比例（%）

项目	一级	二级	三级	四级	五级	六级
有机质（g/kg）	0.5	26.6	48.4	20.2	3.2	0.7
全氮（g/kg）	7.1	42.2	27.4	14.0	8.4	0.9
有效磷（mg/kg）	6.2	12.2	24.6	22.9	22.3	11.8
速效钾（mg/kg）	7.5	15.8	20.3	33.5	10.8	12.1
耕层厚度（cm）	1.3	3.5	4.7	28.6	43.8	18.1
pH	0	0	9.2	21.2	60.1	9.5

（二）土壤全氮

土壤氮和土壤有机质具有较好的耦合关系，土壤全氮的变化趋势与同土壤有机质的变化趋势基本一致。分析 20 个国家级监测点的数据，30 年间，土壤全氮含量呈先增加后降低并趋于稳定的趋势。在前 15 年，土壤全氮含量呈逐渐上升的趋势，由 1.31 g/kg 上升到 1.95 g/kg，比监测初始年份提高了 48.9%，峰值也出现在 2000 年左右。之后，土壤全氮含量开始上下波动并再趋于稳定。2012—2016 年红壤耕地监测点土壤全氮含量年平均为 1.62 g/kg。土壤碱解氮含量呈现前 20 年上升、后趋于稳定的趋势，上升幅度大于全氮含量，平均为 171 mg/kg。

本次共调查评价红壤耕地 28 504 个样点，土壤全氮含量平均为 1.45 g/kg，标准差为 0.53，变异系数为 40.2。参照第二次全国土壤普查时全氮分级标准，土壤全氮含量在 2 g/kg 以上红壤耕地面积为 290.3×10³hm²（占 7.1%），土壤全氮含量在 1.5～2.0 g/kg 的红壤耕地面积为 1 347×10³hm²（占 42.2%），土壤全氮含量在 1.0～1.5 g/kg 的红壤耕地面积为 1 321.5×10³hm²（占 41.4%），土壤全氮含量在 1 g/kg 以下的红壤耕地面积为 233×10³hm²（占 9.3%）。土壤全氮含量整体较高，处于丰富水平。红壤耕地土壤全氮含量分级详见表 16 - 30。

（三）土壤有效磷

红壤是缺磷的土壤，由于磷在土壤中容易固定、移动性小、利用率低、损失少，施用磷肥后，磷容易在土壤中积累。分析 20 个国家级耕地质量监测点 30 年的监测数据，土壤有效磷含量呈逐步升高的趋势，监测起始阶段 20 世纪 80 年代末，土壤有效磷的平均含量为 19.7 mg/kg，2012—2016 年，监测点有效磷平均含量为 45.9 mg/kg，显著高于起始年份的平均水平，增幅为 133 %。

本次调查结果显示，红壤耕地土壤有效磷平均含量为 19.1 mg/kg，标准差为 10.8，变异系数为 64.1。参照第二次全国土壤普查时有效磷的分级标准，土壤有效磷含量为 40 mg/kg 以上的红壤耕地面积为 197.9×10³hm²（占 6.2%），土壤有效磷含量在 20～30 mg/kg 的红壤耕地面积为 785.2×10³hm²（占 24.6%），土壤有效磷含量在 10～20 mg/kg 的红壤耕地面积为 1 516.2×10³hm²（占 47.5%），土壤有效磷含量在 10 mg/kg 以下的红壤耕地面积为 376.7×10³hm²（占 11.8%）。红壤耕地土壤有效磷含量分级详见表 16 - 30。

（四）土壤速效钾

钾在红壤中极易损失。分析 20 个国家级红壤耕地质量监测点 30 年的监测数据，土壤速效钾含量基本保持稳定，监测起始阶段 20 世纪 80 年代末，土壤速效钾的平均含量为 125 mg/kg，2012—2016 年，监测点速效钾平均含量为 134 mg/kg，属同一级别水平。由此可见，长期施钾肥并不能显著提高红壤耕地土壤的速效钾含量。

本次调查结果显示，红壤耕地土壤速效钾平均含量为 91 mg/kg，标准差为 49.1，变异系数为 53.8。参照第二次全国土壤普查时速效钾的分级标准，土壤速效钾含量为 150 mg/kg 以上的红壤耕地面积为 239.4×10³hm²（占 7.5%），土壤速效钾含量在 100～150 mg/kg 的红壤耕地面积为 1 152.3×10³hm²（占 36.1%），土壤速效钾含量在 50～100 mg/kg 的红壤耕地面积为 1 414.1×10³hm²（占 44.3%），土壤有效磷含量在 50 mg/kg 以下的红壤耕地面积为 386.2×10³hm²（占

12.1%）。红壤耕地土壤速效钾含量分级详见表 16-30。

（五）土壤 pH

土壤 pH 是衡量土壤酸碱性强弱的指标。红壤酸化是自然气候条件下的必然结果，也受人类活动的影响。分析 20 个国家级红壤耕地监测点 30 年的监测数据，土壤 pH 的变化呈现稳中下降到下降再到稳定 3 个阶段，在监测的第一个 10 年中呈下降趋势，20 世纪 90 年代末开始出现明显的下降趋势，1997—2001 年土壤 pH 平均值为 5.34，低于监测起始年份（6.5），2005—2016 年，土壤 pH 保持基本稳定的状态。

本次调查结果显示，红壤耕地土壤 pH 平均值为 5.3，标准差为 49.1，变异系数为 53.8。参照第二次全国土壤普查时土壤 pH 分级标准，土壤 pH 在 6.5 以上的红壤耕地面积为 293.7×10³hm²（占9.2%），土壤 pH 在 5.5~6.5 的红壤耕地面积为 676.7×10³hm²（占 21.2%），土壤 pH 在 4.5~5.5的红壤耕地面积为 1 918.4×10³hm²（占 60.1%），土壤 pH 在 4.5 以下的红壤耕地面积为 303.2×10³hm²（占 9.5%）。红壤耕地土壤 pH 分级见表 16-30。

（六）耕层厚度和容重

长期监测结果表明，红壤耕层厚度平均值为 23.1 cm，其范围在 18.00~40.00 cm。土壤容重在0.92~1.50 g/cm³，平均值为 1.22 g/cm³。

本次调查结果显示，红壤耕地耕作层厚度平均值为 20 cm，标准差为 29.1，变异系数为 43.4。参照第二次全国土壤普查时土壤耕层厚度分级标准，耕作层厚度 30 cm 以上的红壤耕地面积为 153.2×10³hm²（占 4.8%），耕作层厚度在 25~30 cm 的红壤耕地面积为 150×10³hm²（占 4.7%），耕作层厚度在 15~25 cm 的红壤耕地面积为 2 311×10³hm²（占 72.4%），耕作层厚度在 15 cm 以下的红壤的耕地面积为 577.8×10³hm²（占 18.1%）。土壤容重总体变幅为 0.80~1.70 g/cm³，均值为 1.21 g/cm³。土壤容重主要集中在 1.10~1.40 g/cm³，累计所占的比例为 66.8%。

第五节　红壤利用状况及存在的问题

一、红壤利用现状

红壤面积占全球土壤面积的近二分之一，它是土壤圈的重要组成部分。我国红壤地处中亚热带，光、温、水、热资源条件优越，生物资源丰富，适合发展亚热带经济作物和农、林、牧业。南方红壤区在全国三分之一的耕地上提供了全国一半的农业产值（赵其国等，2014）。红壤开发利用的历史很长，至今已有三四千年，新中国成立后，红壤利用进入一个崭新的历史阶段。我国红壤开发利用改良成绩较好，积累了丰富的经验。各级政府都很重视南方红壤资源的开发、利用和改良。科研和生产部门通力协作，从总结群众经验入手，紧密结合农业生产，对低丘红壤类型、性质、肥力状况和改良熟化开展调查研究，既揭示了红壤酸、旱、板、黏、瘦、蚀的不良性质，又肯定了红壤农业利用的价值，提出了垦殖利用丘陵红壤的措施，进行了开发利用的示范工作。

（一）耕地利用状况

20 世纪 50—60 年代，全国建立了数以千计的国有农场和林场，开发了近千万亩的红壤荒地。这些农场、林场大都成为综合垦殖利用红壤的样板，成为我国粮食、林业、亚热带经济作物和果树的主要生产基地。20 世纪 60—70 年代起，为了促进粮食增产，红壤利用改良工作进入以改造中低产田（地）为重点的阶段。针对红壤性低产田（地）的主要问题，开展绿肥混播、以磷增氮、兴修水利、合理灌溉、施用化肥等措施，大量红壤性低产田（地）得到不同程度的改造，肥力水平得到提高，推动了双季稻、水稻—绿肥和水稻—油菜耕作制度的迅速发展，涌现了一批高产红壤性耕地。随着农业生产的不断发展，红壤的利用也逐步深化，从单一改土、适应种植发展到注重整个自然生态的综合治理和改造。在研究总结群众治山治水改土经验的同时，开展土地平整、旱地改水田、水旱轮作、旱地轮作、复种、间套用养结合，园林土培肥熟化以及红壤腐殖质组成与调控，多途径开辟有机肥等研究，效果显著。在温饱不能完全得到保障的时期，耕地主要用于粮、棉、油作物的生产。随着人民生活水平的提高，农作物种植品种不断丰富。主要种植了水稻、玉米、甘薯、花生、小麦、豆类、油菜等粮油作物，以及蔬菜、棉、麻、果、茶等经济作物，还有绿肥、饲草，作物一年可两熟或三熟，提供了大量的农副产品。

在广阔的红壤区，耕地的农业利用门类齐全，构成了利用上的多样性和综合性。由于自然条件和社会的需要，水稻种植始终占主导地位（赵其国等，2014），从耕地利用类型上来看，由红壤经过水耕熟化成水稻土的红壤性耕地超过 $3\ 300 \times 10^3\ hm^2$，大于红壤旱耕地的面积；从耕地培育发展的路径上看，水温条件优越的红壤首先发展水田，红壤河谷平原、沟谷平原和山间盆地中的水田对我国水稻生产作出了巨大贡献。红壤旱耕地面积为 $3\ 192 \times 10^3\ hm^2$，占红壤总面积的 5.4%，比第二次全国土壤普查时面积 $2\ 967.9 \times 10^3\ hm^2$ 增加了 $224.1 \times 10^3\ hm^2$。近 20 年在最严格的耕地保护制度下，按照《土地管理法》和《基本农田保护条例》的规定，经批准建设用地须占用耕地的，占用前必须实现"占补平衡"。于是，未利用低丘红壤缓坡地成为实现"占补平衡"的土地开发后备资源。比如，江西平均每年约开发 $7 \times 10^3\ hm^2$ 的新增耕地作为"占补平衡"的补充耕地，这 $7 \times 10^3\ hm^2$ 中有 80% 以上是在红壤低丘上开发的。

（二）经济果林利用状况

红壤区大宗名特优产品主要有茶叶、油茶、油桐、漆树、甘蔗、柑橘、毛竹等亚热带经济林木和水果，经济果林面积较大。油茶林面积约为 $4\ 460 \times 10^3\ hm^2$，占红壤总面积的 7.8%；柑橘面积为 $2\ 587 \times 10^3\ hm^2$，占红壤总面积的 4.5%；茶叶面积约为 $3\ 030 \times 10^3\ hm^2$，占红壤总面积的 5.2%。柑橘和茶叶原产地均为我国，红壤是我国柑橘和名茶产区，柑橘和茶叶均为耐酸作物，适宜在红壤丘陵区种植。20 世纪 70 年代，我国柑橘生产已远远落后于美国和日本，后经大力发展，现在种植面积、柑橘品种及产量已有十倍级的增加，产业发展迅猛。红壤茶园面积（含黄壤）占全国的 80%，较第二次全国土壤普查时增长一倍多。从红壤植茶的土壤条件和单产水平来看，当前发展茶叶的潜力仍然较大。油茶是很好的食用油，原广泛野生于植被较茂密的中亚热带红壤山丘，野生油茶产量很低。现在红壤丘陵广为人工种植高产油茶，现有改造后的高产油茶近 $1\ 500 \times 10^3\ hm^2$。发展木本油料作物既可增加食用油产量，又可减少油料作物占用耕地，有着很好的社会效益和经济效益。桃、梨、李、柿、杨梅等多种水果在红壤上都有栽培传统。葡萄、猕猴桃引种成功，并大面积种植形成产业，成为红壤开发的又一成功实践。油桐、生漆、蚕桑都曾是我国传统出口创汇产业，在红壤丘陵岗地规模种植，后因国际市场变化或产业发展遇到瓶颈，市场萎缩，面积下降。

二、红壤利用存在的问题

（一）红壤耕地开发利用不合理

1. 利用率低

从耕地质量评价结果来看，红壤耕地中高产田占 10.6%、中产田占 47.9%、低产田占 41.5%。中低产地占比近 90%，地力水平低下。红壤发育的水稻土耕地质量等级低于平均水平，有相当一部分种不了双季稻。由于红壤酸、旱、板、黏、瘦和水土流失，红壤耕地多不能建成稳定的旱作粮食生产基地，再加上低产田中的望天田、冷浸（水）田及位置偏远、地块破碎的中低产田利用不便，故红壤耕地的复种指数和利用率偏低。

2. 合理综合利用不够

20 世纪 80 年代以前以林为主，经济林果占比很小，农用地以粮食为主，总产值较低。随着开发利用的深入，经济林、果、茶及经济作物发展迅速，水土保持的压力陡增，生态建园与农、林、牧及丘陵山地涵养水土的生态功能之间出现了不和谐发展的苗头。

（二）红壤耕地利用中的土壤侵蚀

合理利用红壤资源，防止土壤侵蚀，减少水土流失非常重要。红壤类型地的气候特点是雨量充沛，降雨集中在春、夏季。人类在利用红壤时存在一些不合理行为，如大水漫灌、地面坡度过大或缺少水土流失防止措施等（赵其国等，2013）；又如，取柴、放牧、炼山造林种果等破坏了地面植被覆盖。这些行为都加大了土壤侵蚀，如遇暴雨危害更大，在高雨量的冲击下很容易产生严重的水土流失。特别是有深厚花岗岩风化壳的红壤地区，严重者每年土壤侵蚀模数在 1 000 t/km² 以上，使土壤肥力下降，造成大幅度减产。红壤垮田上因长期大水漫灌，大量土壤黏粒分散位移，形成板结低产田。当然，随着合理利用红壤资源水平的提高，近年来红壤水土流失总的现状是面积减少、强度减弱、总体好转、局部破坏。

（三）红壤耕地土壤酸化

红壤的脱硅富铝化过程是一个较缓慢的酸化过程。受酸雨的影响，红壤酸化的进程加速（赵其国等，2013）。本章第四节第四部分的土壤酸度分析也显示了红壤耕地 30 年的酸化特征，pH 平均为 5.3。很多长期定位监测结果和一些学者的分析结果显示，与第二次全国土壤普查时相比，土壤 pH 下降约 0.2~0.5 个单位（曾希柏，2000）。酸化的主要原因：①人口的增长和经济的快速发展增加了化石燃料和化学肥料的消费，由此引起酸沉降；②不合理的农田管理措施，如过量施氮、掠夺性耕种、种地不养地及水土流失等都会加速土壤酸化（徐明岗等，2015）。土壤 pH 降低会导致铝、锰等对作物的毒害及 Ca、Mg 等营养元素的缺乏，从而导致作物减产，严重影响红壤地区农业的可持续发展（周海燕等，2019）。

（四）红壤耕地生态退化

红壤耕地生态系统在长期利用中面临水土流失、土壤酸化、土壤养分不平衡和生物活性下降等风险。另外，随着工业化和城市化进程的发展，红壤优质耕地被占用，非宜农地被强行开发。这些风险会导致耕地生产能力下降，会限制气候生产潜力的发挥，从而制约红壤区域特色作物和经济林果的发展（赵其国等，2013）。由于红壤受长期不合理的开发利用，水土流失严重，特别是农业生态系统中养分循环与平衡的失调，加速了土壤尤其是旱地土壤的贫瘠化及肥力衰减过程（孙波等，2011）。

第六节　红壤可持续利用对策与建议

一、红壤资源合理利用途径

山、水、林、田、湖是生命共同体，人的命脉在田，田的命脉在水，水的命脉在山，山的命脉在土，土的命脉在林。红壤利用的历史经验证明，开发利用红壤必须用农业生态绿色发展的理念，坚持农、林、牧综合利用和山、水、林、田、湖综合治理的原则，以提高耕地质量为中心，用地、保地与养地相结合，走综合发展可持续利用的道路。主要利用方向如下：

（一）防止破坏红壤资源，保护生态环境

红壤开发利用应以维护森林功能、保土养地为前提，开发利用过程中保持地力的稳定增长与平衡。如不考虑水土流失和培肥地力，没有切实可行的防止侵蚀和提升地力措施，这样的利用只会破坏原有资源，并使环境恶化。

（二）合理布局，综合利用

全面规划红壤资源的开发利用，并逐步实施，因土制宜，宜农则农、宜林则林、宜牧则牧、宜果则果，建立林、果、农、牧等有机结合的绿色生态农业体系。处理好粮食生产和种植业结构调整的关系，发展多种经营，促进果茶及经济作物的产业升级。

（三）种草兴牧，发展草食畜禽

南方红壤可充分利用草山草坡资源，建立人工或半人工饲、牧草场，同时利用秸秆作饲料，适度开发兔、鹅、牛、羊草食动物养殖，发展南方农区畜牧业。

（四）用养结合，可持续发展

红壤耕地要持续高产，在农田基础设施建设的基础上，应采取合理的耕作制度，扩大绿肥和豆科

598

作物的种植，合理施肥，保水抗旱，以用为主、用中有养、用养结合，维护地力建设，永续利用土壤资源。

二、红壤耕地可持续利用措施

红壤耕地可持续利用就是要开发与保护相结合，利用与改良相结合，防止水土流失，改善生态条件，稳定协调发展。

（一）改良土壤、培肥地力

改良土壤、培肥地力是确保红壤耕地农业可持续发展最重要的措施之一。针对红壤酸、旱、黏、板、瘦等障碍因素，运用提高土壤有机质及降低土壤酸度的综合改良措施，是历史经验，也是最行之有效的技术。

1. 增施有机肥，提高土壤肥力

红壤耕地土壤有机质含量相对处于较低水平，部分区域有机质含量呈下降趋势。有机肥有养分全、肥效长、有机质含量高、来源广、成本低（商品有机肥除外）的特点。施用有机肥可提高土壤有机质、改善土壤理化性状，是恢复和保持红壤肥力的有效措施（李忠佩等，2003）。有机肥能更快地重建土壤磷库、钾库，达到快速培肥的目的，这是化肥无法实现的。开辟有机肥源是增施有机肥的前提，绿肥、秸秆、养殖废弃物等都是很好的肥源。以紫云英为代表的绿肥是最清洁、最优质、最廉价的有机肥源，在红壤耕地上尤其是园地上连续种植绿肥翻压后地力提升效果显著。作物秸秆中含有糖类、纤维、脂肪、含氮化合物等，经微生物分解后，可形成大量活性有机质并释放矿质营养元素，特别是豆科作物的根系和秸秆，富含氮，肥效尤佳。丘陵红壤旱地（果园）秸秆就地还田是一项投资少、见效快、效果好、易推广的增产培肥措施，也是解决钾肥资源不足的有效途径之一。近年来，规模养殖的发展促进了商品有机肥的产业发展，规模养殖畜禽粪污肥料化利用又为增施有机肥开辟了肥源，但商品有机肥价格较高，在大田作物上的应用很少，各地可通过争取有机肥补贴政策来降低实施成本，或鼓励新型农业经营主体自行堆沤有机肥来扩大养殖废弃物在农田上的利用。

2. 改善肥料投入结构，有机无机肥相结合

施肥是培肥地力的最快速有效的措施。有机肥含有大量碳和少量的养分，肥源有限，可以维持土壤肥力和产量，但难以大幅提高产量；化肥是工业产品，是农业生产的外部新的养分输入，可以让农田养分亏损迅速得到补充，使作物连续高产得以实现，极大地提高农田产出效率，但化肥产品消耗的是能源和资源，农民会因对高产的追求而过量施用，对土壤资源和环境可能产生负作用。有机肥无机肥配合施用能保证作物高产稳产又培肥土壤（徐明岗等，2015），是上述不足的解决方案，能更好地提高社会效益、生态效益和经济效益。有机肥无机肥配合施用的比例一般建议有机肥 $20\%\sim60\%$，具体可根据当地有机肥源和土壤有机质含量而定。有资料表明，红壤玉米有机肥氮配合 $50\%\sim75\%$ 的化肥氮效果最好。改善肥料投入结构，测土配方施肥很关键。测土配方施肥就是在一定目标产量下，根据作物需肥规律和土壤养分供应状况，给出氮、磷、钾等各养分的施入量和施肥方法。红壤缺磷，故红壤利用上应注重磷肥的施用。因磷施入土壤后被固定不易移动，土壤中的磷越积越多。目前，红壤耕地磷平均含量近 20 mg/kg，大部分在 $10\sim30$ mg/kg。总体上，红壤缺磷的"先天不足"已改变。有资料显示，红壤旱地有效磷 60 mg/kg、水田有效磷 40 mg/kg 是水溶性磷流失的临界值（鲁如坤，2001）。故今后磷肥的施用需重视旱地磷流失的环境风险，可少施或不施。从 10 年前的化肥结构来看，氮肥投入量较大，钾肥投入量不足。通过近年来测土配方施肥技术的推广，施肥结构得到优化。但土壤中全氮和碱解氮的平均含量仍处于较高水平，红壤耕地全氮平均为 1.45 g/kg，碱解氮平均为 150 mg/kg，化肥减氮空间依然存在；土壤钾平均含量为 91 mg/kg，始终维持在中量水平。故化肥施用时要遵循"减氮、稳磷、补钾"的原则，合理确定氮、磷、钾投入比例。

（二）改善水利条件，实施节水灌溉

红壤区虽降水充沛，但存在季节性干旱，需要建设蓄水工程与运用现代节水灌溉技术相结合，促

进光、热、水、土资源的有效利用。在开发红壤丘陵岗坡前必须先进行水利设施配套建设，因地制宜兴修小水利，或完善原有设施，增加水资源调度和保障能力（赵其国等，1998）。从小流域治理开发入手，根据当地土壤条件、地形特点、坡度、侵蚀程度、土层厚度等现状，合理确定农、林、草的分布和种植面积，尽量在有水源或可建塘、坝的地方安排种植业，治水与坡改要相结合，以小流域为单位，从沟头到坡麓，节节设防，小水利与生物措施结合厚层红壤的农业利用优势将有效发挥（全国土壤普查办公室，1998）。同时，重视水资源的科学管理，农田水利中，明渠输水、淹灌、漫灌是当前红壤耕地的主要灌溉方式。红壤黏重，渗水力弱，抗旱力弱，每次灌溉或降雨，水分顺坡流失，故灌溉效率低，水资源浪费多，还会造成耕地土壤侵蚀，土壤黏粒和养分流失（梁音等，2008）。所以，推广管道输水、滴灌、喷灌或水肥一体化等节水节肥技术，提高水肥利用率十分必要。丘陵红壤耕地实现蓄水、引水、提水常用的方法有：①层层拦蓄渗水源，修建山塘水库；②洼地集雨筑坝建库，提水灌溉；③坡麓打井提水灌溉。

（三）调整种植结构，合理耕作制度

红壤开发利用规划时就要根据区域现状，最好是以小流域为单位，规划农、林、果、茶、牧、水的合理配置安排，因地制宜合理生产结构，发展各业。造林时，针叶林与阔叶林、用材林与能源林、乔木与灌木等配置要恰当。要长远效益与短期效益相结合，以短养长、林农间作、果农间作、林牧结合，形成山丘立体农业模式。现在，农业已由温饱型转为优质健康型，通过农业结构调整，优化种植业作物结构和布局，大力发展名特优农产品，把增加优质农产品占比作为调整重点，从市场需求和资源禀赋出发，增加旱杂粮、高附加值经济作物占比，推广套、间、混种技术发展多熟种植，提高土地产出率和经济效益。通过规模化、集约化发展优质、高产、高效的特色经济作物，形成产业优势，促进三产融合，提升种植效益。

合理的耕作制度可使土壤水、肥、气、热趋于稳、匀、足、适，使合理利用与改良红壤有机统一。新开垦红壤旱地耕地质量等级低、肥力差、宜种性窄，在快速培肥的同时，适宜种植花生、芝麻、甘薯、土豆等农作物，或肥田萝卜、野豌豆、紫云英、胡枝子等绿肥牧草。熟化的红壤耕地宜种性广泛，可以通过合理安排茬口、合理间作套种促进作物之间的生理协调，增加多样性。在高温多雨的季节，保持多层的植被来缓冲雨水冲刷。红壤性水稻土可采用水旱轮作，水稻—水稻—绿肥（油菜或豆类）、水稻—绿肥（油菜或豆类）、水稻—烟草等，旱地复种轮作形式更多，豆类是自养作物、粮食棉油是耗地作物、绿肥是养地作物，合理轮换搭配种植不同作物，实行深耕、深松和少免耕轮换，能充分平衡土壤中的养分。新垦红壤旱地及果茶园，以培肥为主，用地养地作物比以 1∶1 为宜；红壤熟化度低时，用地养地作物比上升为 1.5（或 2）∶1（赵其国等，2014）。

三、综合治理，防止土壤退化

（一）施用石灰类物质治理酸化

土壤酸化是红壤耕地退化的主要特征，适量施用石灰类物质可中和土壤酸性，提高土温、增加钙镁等碱金属含量，减弱土壤活性铝、锰等的毒害，促进微生物繁殖，增强土壤生物活性，促进土壤呼吸，改善土壤物理性状，是传统而有效改良土壤使作物增产的方法，在红壤旱地和水田上均有显著效果。石灰的改土增产效果与土壤 pH、作物种类、石灰类物质类型等有关。石灰类物质主要是指生石灰、石灰、熟石灰或成分以碳酸钙、氧化钙为主的天然矿物或贝壳类煅烧等。试验显示，在 pH 小于 5.8 时，蔬菜和玉米优先选用熟石灰，用量以 3 000 kg/hm² 为上限；在 pH 为 4.6 的红壤上施用石灰 1 500 kg/hm² 6 年，土壤 pH 达到 7.7，停施石灰 5 年，pH 仍达到 7.0，平均每年下降 0.14，就是说这样施用石灰 6 年后可以停施 8～10 年，仍不会产生酸害。施用石灰的量达到消除铝毒的目的即可，不一定要年年施用。土壤 pH 达到 5.5 时，交换性铝基本消失（曾廷廷等，2017）。一般建议在 pH 为 5.5 以下的耕地上施用石灰类物质，施用量以生石灰计，旱地不超过 1 500 kg/hm²，稻田不超过 750 kg/hm²，连续施用年限最长 5 年，设置施用量上限主要是考虑到土壤环境中其他生物对石灰

的耐受度及钙对土壤磷的固定和土壤板结风险。

土壤防酸治酸仅用石灰类物质是不够的，与培肥地力、科学施肥相结合才是治标又治本的方法。钙镁磷肥产品是低浓度磷肥，也是一种很好的土壤改良剂，在红壤耕地上可广泛作基肥施用。当前市场上有很多土壤调理剂产品也能起到改良酸性土壤的作用。考虑到性价比、施用成效和施用量，还是首推以石灰为代表的这类物质，富含钙、镁、硅的工业废渣应谨慎施用。耕地受法律保护，不是工业废弃物的消纳场地。

（二）建设标准农田，防止水土流失

土壤侵蚀导致水土流失、土壤养分下降、土壤耕性变差，使得耕地质量退化。防侵蚀，对于自然土壤，就是要增加植被盖度，对于耕地，关键是要做好农田基本建设，再合理耕种管理。顺坡种植要改变，进行等高耕作，修建水平梯田、撩壕等，修建生物篱笆。将红壤耕地纳入高标准农田建设，根据红壤旱耕地生产中存在的问题，有针对性地进行建设，改善农田基础设施，有一定水源条件的可旱改水；对缺水、肥力差、土层较薄的地块挖沟引水，挖塘筑渠拦集雨水，开沟筑垄，加厚土层；对低洼地挖深水沟排水。在红壤开发利用时无论是旱地还是果茶林，都要立足生态建园，不可"开天窗"，遵循"山顶戴帽、山腰种果、山脚穿裙"的生态开发模式。即山顶造林，形成水土保持的第一道防线；山坡筑台整地种果形成水果带或药、茶林，在果园空地上套种瓜果、豆类、花生等作物或牧草，可适时间作蔬菜、旱粮，形成立体套种结构，成为水土保持的第二道防线；山脚为农田和蓄水池塘，形成整体的绿色防御体系，向开发与保护相结合的方向发展，增强红壤生态系统的自我调节能力，保障红壤的良性利用和可持续发展。

主要参考文献

安徽省土壤普查办公室，1990. 安徽土壤［M］. 北京：中国农业科学技术出版社.

广西土壤肥料工作站，1992. 广西土壤［M］. 南宁：广西科学技术出版社.

湖北省土壤普查办公室，1990. 湖北土壤［M］. 北京：中国农业科学技术出版社.

湖南省农业厅，1989. 湖南土壤［M］. 北京：农业出版社.

黄庆海，2014. 长期施肥红壤农田地力演变特征［M］. 北京：中国农业科学技术出版社.

江西省土壤普查办公室，1991. 江西土壤［M］. 北京：中国农业科技出版社.

李忠佩，林心雄，程励励，2003. 施肥条件下瘠薄红壤的物理肥力恢复特征［J］. 土壤（2）：112-117.

梁音，杨轩，潘贤章，等，2008. 南方红壤丘陵区水土流特点及防治对策［J］. 中国水土保持（12）：50-53.

鲁如坤，时正元，2000. 退化红壤肥力障碍特征及重建措施Ⅰ. 退化状况评价及酸害纠正措施［J］. 土壤，32（4）：198-209.

农业农村部耕地质量监测保护中心，2019. 30年耕地质量演变规律［M］. 北京：中国农业出版社.

全国农业技术推广服务中心，2006. 耕地地力评价指南［M］. 北京：中国农业科学技术出版社.

全国土壤调查办公室，1998. 中国土壤［M］. 北京：中国农业出版社.

全国土壤肥料总站，1991. 全国土壤监测资料集［M］. 北京：中国劳动出版社.

荣湘民，蒋健容，朱红梅，等，2001. 红壤旱地有机与无机肥料配合施用效果［J］. 湖南农业大学学报（自然科学版），27（6）：454-457.

邵华，郭熙，赵小敏，等，2006. 江西省耕地地力等级评价研究［J］. 江西农业大学学报，28（6）：939-944.

孙波，2011. 红壤退化阻控与生态修复［M］. 北京：中国农业出版社.

孙波，张桃林，赵其国，等，1995. 南方红壤丘陵区养分贫瘠化的综合评价［J］. 土壤（3）：119-118.

王蓉芳，曹富友，彭世琪，等，1996. 中国耕地的基础地力与土壤改良［M］. 北京：中国农业出版社.

辛景树，贺立源，郑磊，2017. 长江中游耕地质量评价［M］. 北京：中国农业出版社.

徐明岗，娄翼来，段英华，等，2015. 中国农田土壤肥力长期试验网络［M］. 北京：中国农业科学技术出版社.

徐明岗，于荣，孙小风，等，2006. 长期施肥对我国典型土壤活性有机质及碳库管理指数影响［J］. 植物营养与肥料学报，12（4）：459-465.

徐明岗，张文菊，黄绍敏，等，2015. 中国土壤肥力演变［M］. 2版. 北京：中国农业科学技术出版社.

云南省土壤普查办公室，1990. 云南土壤 ［M］. 北京：中国农业科学技术出版社.

曾廷廷，蔡泽江，王小利，等，2017. 酸性土壤施用石灰提高作物产量的整合分析 ［J］. 中国农业科学，50（13）：2519 - 2527.

曾希柏，2000. 红壤酸化及其防治 ［J］. 土壤通报，31（3）：111 - 113.

曾希柏，李菊梅，徐明岗，等，2006. 红壤旱地的肥力现状及施肥和利用方式的影响 ［J］. 土壤通报，37（3）：434 - 437.

张桃林，鲁如坤，李忠佩，等，1998. 红壤丘陵区土壤养分退化与养分库重建 ［J］. 长江流域资源与环境 7（1）：20 - 26.

赵其国，黄国勤，2014. 广西红壤 ［M］. 北京：中国环境出版社.

赵其国，黄国勤，马艳芹，等，2013. 中国南方红壤生态系统面临的问题及对策 ［J］. 生态学报，33（24）：7615 - 7622.

赵其国，吴志东，张桃林，1998. 中国南方红壤生态系统面临的问题及对策 ［J］. 土壤（4）：169 - 177.

赵小敏，郭熙，2005. 区域土地质量评价 ［M］. 北京：地质出版社.

中国农业科学院红壤实验站，1995. 红壤丘陵农业发展研究 ［M］. 北京：中国农业科学技术出版社.

周海燕，徐明岗，蔡泽江，等，2019. 湖南祁阳县土壤酸化主要驱动因素贡献解析 ［J］. 中国农业科学（8）：111 - 123.

第十七章 红壤耕地测土配方施肥技术及应用 >>>

测土配方施肥是以土壤测试和肥料田间试验为基础，根据作物需肥规律、土壤供肥能力和肥料效应，在合理施用有机肥的基础上，提出氮、磷、钾及中微量元素肥料的施用量、施用时期和施用方法。我国测土配方施肥始于 20 世纪 70 年代末至 80 年代中期的全国第二次土壤普查，原农牧渔业部结合土壤普查成果，组织 16 个省份开展"土壤养分丰缺指标研究"，随后在全国大规模推广配方施肥技术。1992 年组织实施联合国粮食及农业组织援助的国际平衡施肥项目，随即在部分省份开展土壤养分调查，探索"测-配-产-供-施"一条龙服务经验，在 16 个省份的 70 多个县市建立了 4 000 多个不同层次、代表 20 多种土壤类型的土壤肥力监测点，各种形式的测土配方施肥在全国不断涌现，初步形成了适合当时我国农业生产特点的土壤测试推荐施肥体系。另外，中国农业科学院土壤肥料研究所与加拿大钾磷研究所合作在部分省份开展的"土壤养分系统研究"也取得了明显成效。

但总体而言，我国重化肥轻有机肥的现象仍然存在。特别是南方红壤地区土壤酸化、养分失衡日趋严重，成为影响农产品品质、制约农业可持续发展的重要因素。

一、化肥施用量较大

2004 年全国化肥施用总量（折纯，下同）4 637 万 t，比 1949 年的 1.3 万 t 增加 3 566 倍，比 2003 年的 4 412 万 t 增加 225 万 t，增长 5.1%，占世界同期化肥施用总量的 35%。湖南省 2004 年平均每公顷耕地化肥用量达 532.35 kg，化肥施用总量达 203.18 万 t，其中：氮肥 103.87 万 t，占 51.2%；磷肥 25.07 万 t，占 12.34%；钾肥 34.24 万 t，占 16.85%；复混肥 40.04 万 t，占 19.71%。

二、化肥利用率低、肥效下降

2004 年全国化肥当季利用率为 35%，湖南省氮肥当季利用率为 30%～35%，磷肥为 10%～20%，钾肥为 45%～55%。同时，化肥肥效逐年下降。以湖南省为例，氮肥的增产效应 1981—1985 年为平均每千克氮增产稻谷 12.4 kg，1988—1990 年降为 10.5 kg，1991—1995 年降为 8.9 kg，1997—1999 年降至 6.3 kg，2004 年降至 5 kg 左右，个别地方出现了增肥不增产甚至减产的局面。

三、红壤地区土壤酸化趋势日益严重

根据中国农业科学院在湖南祁阳典型红壤上的小麦—玉米轮作长期肥料试验（1990 年开始），不施肥的对照区土壤 pH 为 5.5，30 年后施用氮肥（尿素）处理土壤 pH 已经降到 4.1 左右，小麦已无法生长，而确保土壤不酸化的有机肥替代化学氮肥比例为 28%～36%（徐明岗等，2015）。湖南省的 86.9 万个可比调查点位测试数据显示，全省耕地土壤 pH 平均为 6.0，比第二次全国土壤普查时的 6.5 下降了 0.5 个单位。pH 小于 5.5 的耕地面积达到 14.93 万 hm²，占全省耕地面积的 39.4%，比第二次全国土壤普查时增加 9.84 万 hm^2。

2005 年，中共中央、国务院《关于进一步加强农村工作提高农业综合生产能力若干政策的意见》（中发〔2005〕1 号）明确提出："推广测土配方施肥，推广有机肥综合利用与无害化处理，引导农民多施有机肥，增加土壤有机肥。"当年，将科学施肥纳入国务院建设节约型社会近期重点工作（国发〔2005〕21 号）。为落实党中央决策部署和中央领导同志重要批示精神，农业部在全国开展了测土配方施肥春季行动和秋季行动，在财政部支持下启动测土配方施肥补贴试点项目。

第一节　测土配方施肥实施概况

一、实施概况

自 2005 年起，在中央财政支持下，农业农村部统一组织在全国稳步实施测土配方施肥补贴项目，连续多年对测土配方施肥实行中央财政补贴，实现了 2 498 个农业县（市、区）测土配方施肥项目全覆盖。将南方红壤地区全部纳入支持范围，其中湖南先后有 113 个县（市、区）实施该项目，共投入中央财政资金 4.4 亿元，技术推广总面积 4 600 万 hm^2。2015 年后，湖南充分利用已有成果，将测土配方施肥技术推广作为化肥施用量零增长行动的重要措施，每年推广面积稳定在 653 万 hm^2 以上，水稻等主要农作物技术覆盖率达 90％以上，为全省化肥施用量负增长发挥了重要作用。广西 98 个县（市、区）全部纳入测土配方施肥补贴范围，到 2009 年实现所有县（市、区）农垦农场项目全覆盖，成为该区实现化肥减量增效的关键技术措施。江西累计采集化验土壤样品 82.8 万个，探索建立了养分丰缺指标调整系数法施肥模型，以县域为单元，采用多年多点田间肥效试验和土壤测试结果，基于养分丰缺指标调整系数法，分别建立了不同作物测土配方施肥参数集，目前已广泛应用于水稻和油菜生产，取得了良好的生态效益和经济效益。

此次大规模测土配方施肥统一采用农业农村部印发的《测土配方施肥技术规程》操作，全部采用 GPS 精确定位，统一调查表格和填报口径，统一采样方法，统一测试方法，采样密度为平均每个采样单元 10 hm^2，其中平原区大田作物每 6.7～33.3 hm^2 采一个样，丘陵区大田园艺作物每 2～5 hm^2 采一个样，温室大棚作物每 2～3 个棚室或 1.3～3.0 hm^2 采一个样。根据工作基础，分别采用地力分区（级）配方法、目标产量配方法（包括养分平衡法、地力差减法）、肥料效应函数法（包括多因子正交回归设计法、养分丰缺指标法、氮磷钾比例法）建立施肥模型。在测土配方施肥技术推广普及上，经过这一时期的实践探索，主要形成了以下 4 种有效模式："按方抓药"模式，通过发放施肥建议卡或推荐施肥信息上墙方式，农户按卡（方）购肥、配肥、施肥；"中成药"模式，分作物、分区域制定配方，通过农企合作，定点生产企业生产配方肥，农户购买施用配方肥；"中草药代煎"模式，由施肥服务组织运用智能配肥设备，为农民提供现配现用服务；"私人医生"模式，肥料企业对接规模农业经营主体，"点对点"开展个性化施肥服务。

各地充分利用测土配方施肥和肥料田间试验基础数据，因土因作物研发施肥软件，极大地提高了测土配方施肥指导信息化水平，如：以江苏省扬州市耕地质量保护站为主研发的基于县域耕地资源信息系统的测土配方施肥专家系统；江西省土壤肥料工作站联合江西农业大学、江西联通公司、北京农信通公司等单位开发的基于移动 GIS 的测土配方施肥服务系统；湖南省土壤肥料工作站联合湖南省农业信息中心、湖南省耒阳市农业农村局、西安田间道软件有限公司开发的湖南省主要农作物测土配方施肥专家系统；广西土壤肥料工作站联合广州海川计算机软件开发有限公司开发了广西测土配方施肥决策系统等。这些专家系统，有的基于台式电脑开发供农业专家辅助决策使用，有的基于触摸屏版电脑或基于 Web 开发供农民自助查询使用；有的基于移动 GIS 技术供广大基层农技人员和拥有智能手机的种植大户随时随地获取测土配方施肥信息，有效打通了测土配方施肥技术服务"最后一公里"，为加快测土配方施肥技术推广普及提供了有效途径，成为新时期我国测土配方施肥的重要里程碑。

二、测土配方施肥主要成效

（一）掌握了土壤养分状况

2005—2016 年，各省（自治区、直辖市）按照农业部《测土配方施肥技术规程》，统一组织、统一布点、统一质控，力求与第二次全国土壤普查采样点对应，采集化验了大量土样，同步开展采样地块农户施肥情况调查，广泛开展了田间肥效试验，基本摸清了耕地养分状况及土壤供肥特性。通过县域耕地地力调查与质量评价，掌握了耕地土壤肥力状况和耕地基础地力等级以及土壤 pH、有机质、全氮、碱解氮、有效磷、速效钾等主要理化指标的变化趋势。例如，湖南省坚持在第二次全国土壤普查点位布点采样，共采集化验土壤样品 86.9 万个。经对比分析：全省耕地土壤 pH 平均为 6.0，比第二次全国土壤普查时的 6.5 下降了 0.5 个单位；土壤有机质平均为 35.6 g/kg，比第二次全国土壤普查时的 32.1 g/kg 增加了 3.5 g/kg，增加了 11.07%，其中 63.9% 的耕地土壤有机质大于 30 g/kg，总体呈上升趋势；土壤全氮平均为 1.87 g/kg，比第二次全国土壤普查时的 1.33 g/kg 增加了 0.55 g/kg，增加了 41.05%，其中 73.2% 的耕地土壤全氮超过 1.5 g/kg；土壤碱解氮平均为 169 mg/kg，比第二次全国土壤普查时的 138 mg/kg 增加了 31 mg/kg，增加了 22.32%；土壤有效磷平均为 18.6 mg/kg，比第二次全国土壤普查时的 9.8 mg/kg 增加了 8.8 mg/kg，增加了 89.77%；土壤速效钾平均为 97 mg/kg，比第二次全国土壤普查时的 80 mg/kg 增加了 17 mg/kg，增加了 21.42%。

（二）建立了科学施肥指标体系

2005 年以来，各地结合测土配方施肥补贴项目的实施，广泛开展取土测土、田间肥效试验，分作物、分区域建立了主要农作物测土配方施肥技术指标体系。2017 年以后，根据全国农业技术推广服务中心统一安排，南方红壤区田间试验重点由粮食作物向经济作物延伸，施肥目标由增产导向转向"增产、经济、环保"并重，更加注重农产品质量和效益，更加注重生态环境保护与可持续发展，持之以恒地开展田间肥效试验和农户施肥情况跟踪调查，及时更新施肥技术参数和测土配方施肥基础数据库，不断完善测土配方施肥技术指标体系，增强测土配方施肥专家咨询系统的服务功能，有力支撑了我国南方红壤区化肥减量增效行动和果菜茶有机肥替代化肥行动。

（三）优化了施肥结构

各地按照农业农村部公布的主要农作物科学施肥指导意见，紧密结合当地实际，细化、实化施肥指导意见和技术方案，加强田间示范与技术指导，坚持与时俱进，不断调整优化施肥结构。据湖南省土壤肥料工作站调查统计，该省早稻氮磷钾肥施用比例由 2004 年的 1∶0.44∶0.42 调整到 2017 年的 1∶0.49∶0.53，中稻氮磷钾肥施用比例由 2004 年的 1∶0.37∶0.27 调整到 2017 年的 1∶0.40∶0.38，晚稻氮磷钾肥施用比例由 2004 年的 1∶0.21∶0.29 调整到 2017 年的 1∶0.19∶0.38。同时，有机肥与无机肥的施用比例逐步趋于合理，有机肥施用量早稻由原来的平均每公顷 5 255 kg 增加到 8 469 kg，增加了 35.4%；中稻由原来的 5 353.5 kg 增加到 10 806 kg，增加了 101.8%；晚稻由原来的 4 891.5 kg 增加到 6 597 kg，增加了 34.8%。

（四）促进了大面积增产增收

根据广西土壤肥料工作站对全区 13 735 个监测点的统计结果，测土配方施肥与农民常规施肥相比，多年多点加权平均，每公顷增产水稻 415.5 kg、玉米 474 kg、甘蔗 4 833 kg，3 种作物加权平均增幅为 7.2%（表 17-1）。

表 17-1　2005—2015 年广西主要作物测土配方施肥增产情况统计

年份	水稻			玉米			甘蔗			加权平均	
	点数（个）	增产（kg/亩）	增幅（%）	点数（个）	增产（kg/亩）	增幅（%）	点数（个）	增产（kg/亩）	增幅（%）	增产（kg/亩）	增幅（%）
2005	13	26.6	7.9	2	25.6	8.5	2	198.2	5.3	46.7	7.7

（续）

年份	水稻			玉米			甘蔗			加权平均	
	点数（个）	增产（kg/亩）	增幅（%）	点数（个）	增产（kg/亩）	增幅（%）	点数（个）	增产（kg/亩）	增幅（%）	增产（kg/亩）	增幅（%）
2006	334	29.3	7.5	58	28.9	8.4	56	236.5	5.6	55.1	7.4
2007	368	28.5	7.2	69	31.8	8.7	69	226.3	5.5	55.9	7.2
2008	423	27.6	6.9	91	32.6	9.4	138	208.8	5.3	66.7	6.9
2009	490	28.8	7.1	96	31.2	8.8	152	200.6	5.2	64.5	6.9
2010	2 188	27.3	6.9	579	32.5	9.3	889	310.2	8.1	96.9	7.6
2011	1 271	27.4	6.9	314	32.6	8.1	570	313.2	6.7	103.8	7
2012	1 131	26.5	6.4	282	29.2	7.6	508	345.9	7.5	111.4	6.9
2013	795	27.7	6.2	198	30.7	9.3	349	367.6	8.1	116.5	7.2
2014	708	28.7	6.0	170	32.5	7.4	318	373.8	8.2	121.0	6.8
2015	661	28.2	6.4	170	31.2	7.1	273	385.7	8.5	116.9	7.0
加权平均	8 382	27.7	6.7	2 029	31.6	8.5	3 324	322.2	7.5	99.5	7.2

（五）减轻了农业面源污染

通过测土配方施肥，减少了不合理的化肥施用，相应降低了过量施肥带来的农业面源污染风险。如湖南 2005—2016 年累计推广测土配方施肥 4 600 万 hm^2，测土配方施肥区与习惯施肥区相比，主要作物每公顷平均减少氮肥 27.6 kg（折纯，下同）、减少磷肥 5.7 kg、增施钾肥 7.65 kg；广西 2005—2019 年累计推广测土配方施肥 47 667 万 hm^2，减少化肥施用 180 多万 t（折纯量），相当于节约燃煤 5 243.1 万 t、减少二氧化碳排放量 1.56 亿 t。不仅获得了明显的节能减排效果，还有效减轻了不合理施肥对农业环境产生的负面影响。

（六）改变了农民施肥观念

①改变了"重化肥、轻有机肥""重氮肥，轻磷钾肥""重大量元素肥料，轻中微量元素肥料""粪大水勤，不用问人"的施肥习惯。通过推广普及稻草还田技术，大幅增加有机肥料施用量，改良了土壤，培肥了地力，同时农民能够根据土肥部门提供的土壤检测结果和施肥建议卡，有针对性地施用中微量元素肥料，实现了向根据目标产量定氮、按丰缺指标施用磷钾肥的根本性转变。②改变了过去不分作物、不依地力、不看长势、不计成本、只凭经验的传统施肥观念，开始朝着看田、看作物、看长势、看有机肥施用量施肥的方向转变。③改变了过去施肥不看肥料品种、不问肥料特性的盲目跟风施肥观念，开始朝着有针对性选肥、用肥的观念转变。

三、发展方向

土壤是具有生命活力的有机无机复合胶体，耕地是土壤的精华，是人类世代耕耘、培育的结果，形成的农田生态系统与土壤圈、水圈、生物圈、岩石圈、大气圈紧密相连，物质循环与能量转换活跃。特别是我国南方红壤地区，温光水热资源丰富。一方面，在土壤微生物特别是各种酶的作用和参与下，土壤有机质矿化和矿质养分转化、淋溶速度相对较快，土体每时每刻都在进行各种复杂的生理生化反应，土壤养分和理化性状处于不断变化之中；另一方面，作物品种更新、耕作制度改革、农田基础设施改善和农艺农机深度融合，作物需肥规律不断变化。因此，测土配方施肥并非一劳永逸，而是永远在路上。随着科学发展、技术进步、农业农村现代化和体制机制创新，测土配方施肥将朝着以下 6 个方面发展。

（一）快速化

农业生产季节性强，只能肥等地，不能地等肥。配方肥生产同样需要及时提供专用配方，以便提前准备原料，组织生产，及时保障专用肥供应。因此，快速判断土壤供肥能力，诊断植株营养状况就显得越来越迫切。在这种现实需求的引导下，快速精准的土肥检测技术将加快研发步伐，与之配套的检测仪器、试剂和数据采集、存储、传输、处理设备将不断完善配套并投入生产，将被广泛应用于测土配方施肥实践。

（二）轻简化

由于南方红壤丘陵山区地面平整度差、田块分散，随着新型工业化、城镇化和农村人口老龄化，必须加快研发适合不同区域农业生产需要的轻简化取样器具、检测设备和施肥机械，并与其他农业机械配套使用，减少重复劳动，提高农业生产效率。如与水稻插秧机配套的水稻插秧侧深施肥一体机及一次性施用的颗粒型专用肥料，与玉米、小麦、棉花等作物播种同步的种肥同播机，与无人机飞防作业相适应的高效叶面肥，与水肥一体化技术及设备相配套的高效水溶肥料，等等。

（三）标准化

为满足广大人民群众对美好生活的个性化、多样化需求，适应农业农村现代化和农产品质量安全新形势，测土配方施肥将围绕绿色高产高效与生态环保，聚焦肥料产品标准化和施肥技术标准化。肥料产品将对标农业全程机械化、农事操作轻简化和农产品质量标准化和环境保护要求，加快更新换代，更加注重低碳环保、高效安全；施肥技术将借助机械化、智能化、信息化翅膀，加快创新，朝着标准化方向不断发展。

（四）精细化

在我国农村土地所有权、承包权和经营权"三权分置"的特定条件下，适度规模经营与农户分散经营将长期存在。为满足不同层次经营主体的施肥需要，将由一般性的宏观指导与办点示范相结合，转向分区域、分作物、分主体提供更加精准的施肥指导服务，更加注重精准施策、精细用肥，针对不同经营主体，制订具体到肥料品种、田块、作物的施肥方案。

（五）智能化

随着我国北斗导航系统精准导航技术在农业上的广泛应用，以智能精准导航定位取样、自动化批量检测、数据自动采集传输、田间试验实时监控、智能精准施肥为主要特点的测土配方施肥智能化，将成为我国未来测土配方施肥的显著特点，从而大幅减少人为干预和操作误差，显著减轻劳动强度，提高测土配方施肥效率和技术水平。

（六）信息化

现代信息技术的发展和智能手机的快速普及将彻底改变测土配方施肥技术推广普及的手段和方式方法，基于县域耕地资源管理信息系统、测土配方施肥专家系统和移动物联网技术，通过手机微信功能，及时搭建基层技术人员、肥料生产企业和农业经营主体之间的桥梁，实现零时差、零距离、零费用的施肥技术指导与产需对接。广大农业生产经营主体可以通过测土配方施肥专家系统的手机操作功能，适时查询自家田块的土壤肥力状况，根据当时当地肥源和作物品种、目标产量，实时制订或修订自己能够接受的施肥方案，并自觉自愿抓好落实，同时与技术指导专家、肥料供应商、产品销售商实现信息共享。

第二节　田间试验与区域施肥建议

一、田间试验设计

按照农业农村部的统一部署和《测土配方施肥技术规程》（NY/T 2911—2016）的要求，各地系统开展了 7 类田间肥效试验，即肥料效应"3414"田间试验、肥料不同施用量田间试验、不同质地土壤的基追肥比例田间试验、蔬菜"2＋X"肥料试验、果树"2＋X"肥料试验、肥料利用率田间试验和配方肥校正试验。

(一) 肥料效应"3414"田间试验

1. "3414"完全试验方案

"3414"方案设计吸收了回归最优设计处理少、效率高的优点,是目前应用较为广泛的肥料效应田间试验方案(表17-2)。"3414"是指氮、磷、钾3个因素4个水平14个处理。4个水平的含义:0水平指不施肥,2水平指当地推荐施肥量,1水平(施肥不足)=2水平×0.5,3水平(过量施肥)=2水平×1.5。如果需要研究有机肥料和中微量元素肥料效应,可在此基础上增加处理。

表 17-2 "3414"完全试验方案处理

试验编号	处理	N	P	K
1	$N_0P_0K_0$	0	0	0
2	$N_0P_2K_2$	0	2	2
3	$N_1P_2K_2$	1	2	2
4	$N_2P_0K_2$	2	0	2
5	$N_2P_1K_2$	2	1	2
6	$N_2P_2K_2$	2	2	2
7	$N_2P_3K_2$	2	3	2
8	$N_2P_2K_0$	2	2	0
9	$N_2P_2K_1$	2	2	1
10	$N_2P_2K_3$	2	2	3
11	$N_3P_2K_2$	3	2	2
12	$N_1P_1K_2$	1	1	2
13	$N_1P_2K_1$	1	2	1
14	$N_2P_1K_1$	2	1	1

该方案可应用14个处理进行氮、磷、钾三元二次效应方程拟合,还可分别进行氮、磷、钾中任意二元或一元效应方程拟合。

2. "3414"部分试验方案

试验氮、磷、钾某一个或两个养分的效应,或因其他原因无法实施"3414"完全实施方案,可在"3414"方案中选择相关处理,即"3414"部分试验方案。这样既保持了测土配方施肥田间试验总体设计的完整性,又考虑到不同区域的土壤养分特点和不同试验的目的要求,满足不同层次的需要。如有些区域重点试验氮、磷效果,可在 K_2 作肥底的基础上进行氮、磷二元肥料效应试验,但应设置3次重复。具体处理及其与"3414"方案处理编号见表17-3。

表 17-3 氮、磷二元二次肥料试验设计与"3414"方案处理编号对应表

处理编号	"3414"方案处理编号	处理	N	P	K
1	1	$N_0P_0K_0$	0	0	0
2	2	$N_0P_2K_2$	0	2	2
3	3	$N_1P_2K_2$	1	2	2
4	4	$N_2P_0K_2$	2	0	2
5	5	$N_2P_1K_2$	2	1	2
6	6	$N_2P_2K_2$	2	2	2

（续）

处理编号	"3414"方案处理编号	处理	N	P	K
7	7	$N_2P_3K_2$	2	3	2
8	11	$N_3P_2K_2$	3	2	2
9	12	$N_1P_1K_2$	1	1	2

上述方案也可分别建立氮、磷一元效应方程。

3. 常规5处理试验设计

在肥料试验中，为了取得土壤养分供应量、作物吸收养分量、土壤养分丰缺指标等参数，一般把试验设计为5个处理：空白对照（CK）、无氮区（PK）、无磷区（NK）、无钾区（NP）和氮磷钾区（NPK）。这5个处理分别是"3414"完全试验方案中的处理1、处理2、处理4、处理8和处理6（表17-4）。如要获得有机肥料的效应，可增加有机肥处理区（M）；试验某种中微量元素的效应，在NPK的基础上，进行加与不加该中（微）量元素处理的比较。试验要求测试土壤养分和植株养分含量，进行考种和计产。试验设计中，氮、磷、钾、有机肥等的用量应接近肥料效应函数计算的最高产量施肥量或用其他方法推荐的合理用量。

表17-4 常规5处理试验设计与"3414"方案处理编号对应表

处理编号	"3414"方案处理编号	处理	N	P	K
空白对照	1	$N_0P_0K_0$	0	0	0
无氮区	2	$N_0P_2K_2$	0	2	2
无磷区	4	$N_2P_0K_2$	2	0	2
无钾区	8	$N_2P_2K_0$	2	2	0
氮磷钾区	6	$N_2P_2K_2$	2	2	2

（二）肥料不同施用量田间试验

选择氮、磷、钾中的一种元素进行单因素5水平6处理田间肥效试验。处理1（CKⅠ）：既不施有机肥，又不施化肥，旨在摸清耕地基础地力产量；处理2（CKⅡ）：按当地习惯施用有机肥，不施化肥；处理3、处理4、处理5、处理6是在有机肥和化肥（试验因子除外）施用品种、用量、时期、方法完全一致的基础上设计的处理，旨在探索不同地区、不同作物的最佳施肥量。试验设3次重复，随机区组排列。区组内土壤肥力、立地条件等应基本一致，区组间允许有差异。

（三）不同质地土壤的基追肥比例田间试验

以有机肥为肥底（有机肥施用量、施用品种均按当地施肥习惯确定），选择当地1～2种主要作物，在县域内有代表性的沙土、沙壤土、壤土、黏壤土、黏土上分别进行以下5个处理的基肥、追肥比例试验。

处理1（CKⅠ）：既不施化肥，又不施有机肥。

处理2（CKⅡ）：不施化肥，按当地习惯施用有机肥。

处理3：按照测土配方施肥建议卡施用化肥和有机肥，基肥、追肥比例为7:3。

处理4：施用与处理3等量的化肥和有机肥，基肥、追肥比例为6:4。

处理5：施用与处理3等量的化肥和有机肥，基肥、追肥比例为5:5。

试验设3次重复，随机区组排列。区组内土壤肥力、立地条件等应基本一致，区组间允许有差异。

（四）蔬菜"2+X"肥料试验

1. 试验设计原则

试验分为基础施肥和动态优化施肥两部分，"2"代表常规施肥和优化施肥2个处理；"X"代表如氮肥总量控制、氮肥分区调控、有机肥当量、肥水优化管理、氮营养规律等试验设计。

2. "X"动态优化施肥试验设计

(1) 氮肥总量控制试验（X_1） 为不断优化蔬菜氮肥适宜用量，设置氮肥总量控制试验，包括3个处理：①优化施氮量；②70％的优化施氮量；③130％的优化施氮量。其中优化施氮量根据蔬菜目标产量、养分吸收特点和土壤养分状况确定，磷钾肥的施用以及其他管理措施一致，详见表17-5。

表 17-5 蔬菜氮肥总量控制试验方案

试验编号	试验内容	处理	N	P	K
1	无氮区	$N_0P_2K_2$	0	2	2
2	70％的优化氮区	$N_1P_2K_2$	1	2	2
3	优化氮区	$N_2P_2K_2$	2	2	2
4	130％的优化氮区	$N_3P_2K_2$	3	2	2

注：0水平指不施该种养分；1水平指适合当地生产条件的推荐值的70％；2水平指适合当地生产条件的推荐值；3水平指过量施肥水平，为2水平氮肥适宜推荐量的1.3倍。

(2) 氮肥分期调控试验（X_2） 设置3个处理：①农民习惯施肥；②考虑基追比（3∶7）分次优化施肥，根据蔬菜营养规律分次施用；③氮肥全部用于追肥，按蔬菜营养规律分次施用。详见表17-6。

表 17-6 不同蔬菜及栽培灌溉模式下推荐追肥次数

蔬菜种类	栽培方式		追肥次数（次）	
			畦灌	滴灌
叶菜类	露地		2～4	5～8
	设施		3～4	6～9
果类蔬菜	露地		5～6	8～10
	设施	一年两茬	5～8	8～12
		一年一茬	10～12	15～18

(3) 有机肥当量试验（X_3） 试验设6个处理（表17-7），分别为有机氮和化学氮的不同配比，所有处理的磷、钾养分投入一致。其中，有机肥选用当地有代表性并完全腐熟的种类。

表 17-7 有机肥当量试验方案处理

试验编号	处理	有机肥提供氮占总氮投入量比例	化肥提供氮占总氮投入量比例	肥料施用方式
1	空白	—	—	—
2	M_1N_0	1	0	有机肥基施
3	M_1N_2	1/3	2/3	有机肥基施、化肥追施
4	M_1N_1	1/2	1/2	有机肥基施、化肥追施
5	M_2N_1	2/3	1/3	有机肥基施、化肥追施
6	M_0N_1	0	1	化肥追施

注：M代表有机肥，氮量以总氮计算；有机肥为基施，化学氮肥采用追施方式。

(4) 肥水优化管理试验（X_4） 试验设置3个处理：①当地传统肥水管理；②优化肥水模式（在当地传统灌溉模式如沟灌或漫灌条件下，依据作物水分需求规律调控节水灌溉量）；③微灌技术管理模式。其中，处理 2 和处理 3 的施肥量和施肥次数要与灌溉模式相匹配。

（5）蔬菜生长和营养规律研究试验（X_5）　根据蔬菜生长和营养规律特点，采用氮肥量级试验设计，包括 4 个处理（表 17-8）。其中，根据各地情况选择施用或者不施有机肥，但是，4 个处理应保持一致。有机肥、磷钾肥用量应接近推荐的合理用量。在蔬菜生长期间，分阶段采样，进行植株养分的测定。

表 17-8　蔬菜氮肥量级试验方案处理

试验编号	处理	M	N	P	K
1	$MN_0P_2K_2 / N_0P_2K_2$	+/-	0	2	2
2	$MN_1P_2K_2 / N_1P_2K_2$	+/-	1	2	2
3	$MN_2P_2K_2 / N_2P_2K_2$	+/-	2	2	2
4	$MN_3P_2K_2 / N_3P_2K_2$	+/-	3	2	2

说明：M 代表有机肥；-指不施有机肥，+指施用有机肥。其中，有机肥的种类在当地应该有代表性，其施用量与菜田种植历史（新老程度）有关。有机肥需要测定全量氮磷钾养分。0 水平指不施该种养分；1 水平指适合当地生产条件的推荐值的一半；2 水平指适合当地生产条件的推荐值；3 水平指过量施肥水平，为 2 水平氮肥适宜推荐量的 1.5 倍。

（五）果树 "2+X" 肥料试验

1. 试验设计原则

"2" 代表常规施肥和优化施肥 2 个处理，"X" 代表氮肥总量控制、氮肥分期调控、果树配方肥料、中微量元素试验等试验设计。

2. "X" 动态优化施肥试验设计

（1）氮肥总量控制试验（X_1）　根据果树目标产量和养分吸收特点来确定氮肥适宜用量，主要设 4 个处理：①不施化学氮肥；②70%的优化施氮量；③优化施氮量；④130%的优化施氮量。其中，优化施肥量根据果树目标产量、养分吸收特点和土壤养分状况确定，磷钾肥按照正常优化施肥量投入，各处理详见表 17-9。

表 17-9　果树氮肥总量控制试验方案

试验编号	试验内容	处理	M	N	P	K
1	无氮区	$MN_0P_2K_2$	+	0	2	2
2	70%的优化氮区	$MN_1P_2K_2$	+	1	2	2
3	优化氮区	$MN_2P_2K_2$	+	2	2	2
4	130%的优化氮区	$MN_3P_2K_2$	+	3	2	2

说明：M 代表有机肥；+为施用有机肥。其中，有机肥的种类在当地应该有代表性，其施用量在当地为中等偏下水平，一般为 15~45 m^3/hm^2。有机肥的氮磷钾养分含量需要测定。0 水平指不施该种养分；1 水平指适合当地生产条件的推荐值的 70%；2 水平指适合当地生产条件的推荐值；3 水平指过量施肥水平，为 2 水平氮肥适宜推荐量的 1.3 倍。

（2）氮肥分期调控技术（X_2）　试验设 3 个处理：①一次性施氮肥，根据当地农民习惯的一次性施氮肥时期（如苹果在 3 月上中旬）；②分次施氮肥，根据果树营养规律分次施用（如苹果分春、夏、秋 3 次施用）；③分次简化施氮肥，根据果树营养规律及土壤特性在处理 2 的基础上进行简化（如苹果可简化为夏秋两次施肥）。在采用优化施氮肥量的基础上，磷钾根据果树需肥规律与氮肥按优化比例投入。

（3）果树配方肥料试验（X_3）　试验设 4 个处理：①农民常规施肥；②区域大配方施肥处理（大区域的氮磷钾配比，包括基肥型和追肥型）；③局部小调整施肥处理（根据当地土壤养分含量进行适当调整）；④新型肥料处理（选择在当地有推广价值且养分配比适合供试果树的新型肥料、如有机-无机复混肥、缓控释肥料等）。

（4）中微量元素试验（X_4）　果树中的微量元素主要包括钙、镁、硫、铁、锌、硼、钼、铜、锰等，按照因缺补缺的原则，在氮磷钾肥优化的基础上进行叶面施肥试验。

试验设 3 个处理：①不施肥处理，即不施中微量元素肥料；②全施肥处理，施入可能缺乏的一种或多种中微量元素肥料；③减素施肥处理，在处理 2 的基础上，减去某一个中微量元素肥料。

可根据区域及土壤背景设置处理 3 的试验处理数量。试验以叶面喷施为主，在果树关键生长时期施用，喷施次数相同，喷施浓度根据肥料种类和养分含量换算成适宜的百分比。

（六）肥料利用率田间试验

在常规施肥、测土配方施肥情况下，主要农作物氮、磷、钾肥利用率验证试验田间试验设计取决于试验目的。在南方红壤区，统一采用大区无重复试验设计（表 17 - 10），即选择 1 个代表当地土壤肥力水平的农户地块，先分成常规施肥和配方施肥 2 个大区（每个大区不少于 1 667 m²）。在 2 个大区中，除相应设置常规施肥和配方施肥小区外，还要划定 20～30 m² 小区设置无氮、无磷和无钾小区（小区间要有明显的边界分隔）。除施肥外，各小区其他田间管理措施相同，各处理布置如图 17 - 1 所示。

表 17 - 10　试验方案处理（推荐处理）

试验编号	处理
1	常规施肥
2	常规施肥无氮
3	常规施肥无磷
4	常规施肥无钾
5	配方施肥
6	配方施肥无氮
7	配方施肥无磷
8	配方施肥无钾

（七）配方肥校正试验

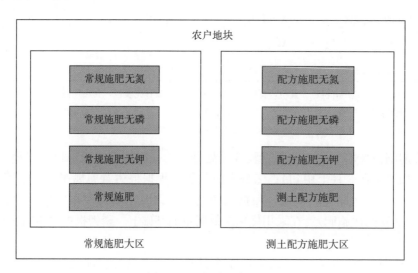

图 17 - 1　各处理布置图

二、田间试验分年分类统计

自 2005 年测土配方施肥中央财政补贴项目实施以来，各地均按照农业农村部《测土配方施肥技术规程》开展了田间肥效试验。湖南省 2005—2019 年共完成各类田间肥效试验 14 113 个，其中，"3414"试验 4 982 个、配方肥校正试验 5 139 个、肥料不同用量试验 984 个、基追肥比例试验 849 个、中微量元素试验 222 个、肥料利用率试验 1 073 个、"2+X"试验 864 个（表 17-11），为及时调整优化施肥参数、提高施肥指导服务的精细化和科学化水平发挥了重要作用。

表 17-11 湖南省 2005—2019 年测土配方施肥田间试验完成情况统计

年份	"3414"试验	配方肥校正试验	肥料不同用量试验	基追肥比例试验	中微量元素试验	肥料利用率试验	"2+X"试验	小计
2005	130	130	26	26				312
2006	330	330	66	66				792
2007	580	580	116	116				1 392
2008	815	815	176	176				1 982
2009	965	965	226	226				2 382
2010	849	840	128	112		16		1 945
2011	593	249	71	46		151		1 110
2012	343	353	70	41	35	110	41	993
2013	347	326	51	40	35	115	52	966
2014	6	120	12		30	108	291	567
2015	24	115	10		30	20	182	381
2016		126	32			52	26	236
2017		76			32	159	88	355
2018		57			30	171	92	350
2019		57			30	171	92	350
小计	4 982	5 139	984	849	222	1 073	864	14 113

三、试验结果分析

对各类田间肥效试验数据进行系统整理，建立供试作物、试验点地理坐标、土壤类型、试验前土壤养分状况、各处理（分小区）施肥水平、作物产量以及收获后植株养分和土壤测试结果之间的对应关系表；然后，分区域综合分析同类试验，确定该区域主要农作物不同肥力水平和一定目标产量下的施肥模型和施肥参数，建立土壤养分丰缺指标和施肥推荐指标。

（一）土壤养分丰缺指标的建立

一是汇总大田土样测试结果，掌握不同区域耕地土壤氮、磷、钾等主要养分含量及分布状况，为划分土壤养分级差提供重要参考依据。二是根据各类"3414"田间肥效试验结果，计算无肥区基础地力产量，为确定目标产量提供依据。三是计算氮、磷、钾缺素区地力相对产量。如缺氮区相对产量＝$MN_0P_2K_2/MN_2P_2K_2$ 或 $N_0P_2K_2/N_2P_2K_2$，用缺素区相对产量百分比表达土壤有效养分的丰缺状况，按照农业农村部《测土配方施肥技术规程》确定的级差合理划分极高、高、中、低、极低 5 个等级，即缺素区相对产量（％）＝缺素区产量/全肥区产量×100％。相对产量低于 50％的土壤养分测定值为极低；50％～60％为低；60％～70％为较低；70％～80％为中；80％～90％为较高；90％以上为高（表 17-12）。四是对多年多点同类试验的计算结果进行算术平均，结合该区域土壤养分测试结果，组织专家组集中评议，综合分析确定某一区域、某种作物的土壤有效养分丰缺指标。五是制成养分丰缺指标及施肥量对照检索表。

表 17 - 12 "3414"试验相对产量表达土壤养分丰缺指标

相对产量	丰缺状况
<50%	极低
50%~60%	低
60%~70%	较低
70%~80%	中
80%~90%	较高
>90%	高

（二）建立农作物施肥推荐指标

1. 建立土壤有效养分、产量与施肥量之间的数学模型

对同一作物在同一土壤类型（最好细化到亚类）上不同肥力水平下 20 个以上的田间试验数据进行分类汇总统计，应用肥料效应函数法得到不同肥力水平下的推荐施肥量，建立土壤测试值与推荐施肥量之间的数学关系，从而确定土壤有效养分不同等级和不同目标产量时的推荐施肥量。其具体步骤为

第一步：对每个试验的产量与施肥量进行回归分析，建立肥料效应函数。

第二步：通过边际分析计算每个试验点的最佳施肥量（即推荐施肥量）。

第三步：汇总每一个土壤肥力水平下相应的氮（磷、钾）肥推荐施用量，作出土壤有效养分含量与推荐施肥量散点图，在此基础上绘制趋势线，拟合推荐施肥量函数，通过函数可以求得不同肥力水平下的推荐施肥量上、下限。

多年多点研究结果明，氮的土壤有效养分与基础产量存在一定相关性，磷、钾土壤有效养分与相对产量之间也存在一定的相关性。寻找这一关系的目的在于，根据土壤分类和养分检测结果指导施肥时建立某种关系式（即函数模型），找到对应目标产量的施肥量。

2. 建立推荐施肥对照表

通过基础地力产量、作物相对产量、最佳施肥产量之间的对应关系，对土壤养分或基础地力产量分组分级，建立养分（基础地力）与推荐产量和推荐施肥量对照表。如果试验数据足够，应从试验数据中找到关系模型。县级普遍试验个数不足，可以结合科学施肥农户调查数据来建立有效养分含量、产量的分组分级及相应的推荐施肥量。

四、主要作物施肥技术参数与区域配方

1. 表征作物需肥特性的参数

（1）作物形成 100 kg 经济产量所需的养分量（养分系数）　作物在生育周期中形成一定的经济产量需要从介质中吸收各种养分的量称为养分系数，养分系数因作物种类、品种、产量水平、气候条件、土壤条件和肥料种类而变化。通过对正常成熟的农作物全株养分进行分析，测定各种作物 100 kg 经济产量所需养分量。

每形成 100 kg 经济产量养分吸收量＝（籽粒产量×籽粒养分含量＋茎叶产量×茎叶养分含量）/籽粒产量×100

（2）作物经济系数　作物经济系数是指作物经济产量与生物学产量之比。经济系数因作物种类、品种、自然条件和栽培措施而不同。

$$经济系数＝经济产量/生物学产量$$

（3）茎叶、籽粒养分含量　通过植株样化验结果直接得出。

（4）目标产量　一般以施肥区前 3 年作物平均单产和年递增率为基础确定目标产量。通常粮食作物的年递增率为 5%~10%、果蔬为 10%~20%。

$$目标产量＝（1＋年递增率）×前 3 年作物平均单产$$

（5）作物需肥量　作物目标产量所需养分量（kg）＝目标产量（kg）/100×100 kg 产量所需养分量（kg）

2. 表征土壤供肥特性的参数

（1）基础地力产量

$$基础地力产量＝空白区产量（不施有机肥也不施化肥）$$

（2）基础地力贡献率

$$基础地力贡献率＝（空白区产量/全肥区产量）×100\%$$

（3）土壤供肥量　土壤供肥量可以通过测定基础产量、土壤有效养分校正系数两种方法估算。

通过基础产量估算：用不施肥区作物所吸收的养分量作为土壤供肥量。

$$土壤供肥量＝不施肥区作物产量/100×100 kg 产量所需养分量$$

通过土壤有效养分校正系数估算：

$$土壤供肥量＝土壤测试值×2.25×有效养分校正系数$$

常数 2.25 是将耕层土壤（0～20 cm 表土）中含有的养分量由以 mg/kg 为单位换算为以 kg/hm^2 为单位表示的换算系数（土壤养分换算系数）。

（4）土壤有效养分校正系数

土壤有效养分校正系数是指作物吸收的养分量占土壤有效养分测定值的比率。根据"3414"试验中缺素区的相关测定值进行计算求得。

土壤有效养分校正系数（%）＝缺素区作物地上部分吸收该元素量/该元素土壤测定值×2.25×100%

（5）相对产量　无肥区相对产量通常叫作依存率，其计算公式为

$$依存率＝无肥区作物产量/完全肥区作物产量×100\%$$

缺素区相对产量计算公式为

$$缺素区相对产量＝缺素区作物产量/完全肥区作物产量×100\%$$

3. 表征肥料营养特性的参数

（1）肥料利用率　一般通过差减法来计算：利用施肥区作物吸收的养分量减去不施肥区作物吸收的养分量，其差值视为肥料供应的养分量，再除以所用肥料养分量就是肥料利用率。

肥料利用率＝（施肥区作物吸收养分量－缺素区作物吸收养分量）/施肥区所施肥料中养分总量×100%

（2）肥料增产效率（肥料农学效率）

肥料增产效率（%）＝（全肥区产量－缺素区产量）/（全肥区施肥量－缺素区施肥量）

（3）肥料偏生产力

$$肥料偏生产力＝施肥区产量/NPK 施肥量$$

（4）有机肥贡献率

$$有机肥贡献率＝（纯有机肥区产量－空白区产量）/空白区产量×100\%$$

（5）肥料养分含量　供施肥料包括无机肥和有机肥。无机肥、商品有机肥养分含量按其标明量。各地有机肥（包括绿肥、秸秆等）种类繁多，养分含量也千差万别，可以选择主要有机肥品种进行养分检测，确定本地有机肥的养分含量参数。

4. 配方的制定与应用

（1）配方制定的方法　按照定量施肥的不同依据，将配方施肥技术归纳为 3 种类型 6 种方法。第一大类型为地力分区配方法：地力分区法；第二大类型为目标产量配方法，主要有以下 2 种方法：养分平衡法和地力差减法；第三大类型为田间试验法，主要有以下 3 种方法：肥料效应函数法、养分丰缺指标法和氮磷钾比例法。以上配方施肥的 3 种类型 6 种方法各有长短，互相补充。在制订具体配方施肥方案时，各地根据当地实际情况，以一种方法为主，参考其他方法，配合起来运用。这样做的好

处是可以吸收各自优点，消除或减少缺陷，在产前能确定更符合实际的肥料用量。建立了县域耕地资源信息管理系统的地方，可以利用该系统进行各种作物的区域配方设计。

（2）配方肥的种类与适应范围　根据测土配方施肥原理，配方应该针对作物需肥规律和土壤供肥能力制定。配方肥适应的区域越小，对作物越专一，针对性越强，但企业生产销售难度越大；反之，则有利于肥料生产企业组织适度规模生产和跨区销售。因此，在实际应用过程中，必须兼顾农业生产对配方个性化、配方肥小批量需求和肥料生产对配方肥适度规模生产销售两个方面，走"大配方、小调整"的路子。以湖南省为例，各县（市、区）按照《湖南省土肥站建立测土配方施肥指标体系技术方案》的要求，及时收集整理田间肥效试验数据，摸索当地主要作物施肥技术参数。同时，按期将数据上传至湖南省土壤肥料工作站审核汇总，分湘北洞庭湖潮土水稻土区、湘西（湘西南）山地红黄壤地区、湘南红壤地区、湘中（湘东）红壤紫色土地区四大区域进行试验数据统计分析，形成了一批适合湘中（湘东）区、湘南区、湘西（湘西南）区和湘北洞庭湖区四大生态区的主要作物专用肥（基肥）配方（表17-13），为指导全省测土配方施肥中标企业按方生产不同生态区作物专用配方肥提供了科学依据。

表 17-13　湖南省主要作物专用肥配方

作物	处理	湘中（湘东）区	湘南区	湘西（湘西南）区	湘北洞庭湖区
早稻	25%低浓度	12-5-8	11-6-8	11-6-8	13-5-7
	推荐施肥量	50	50	50	50
	30%中浓度	14-7-9	13-8-9	12-8-10	15-6-9
	推荐施肥量	40	40	40	40
	45%高浓度	21-10-14	20-10-15	20-11-14	21-10-14
	推荐施肥量	35	35	35	35
中稻	25%低浓度	11-5-9	12-5-8	11-1-9	13-5-7
	推荐施肥量	50	50	50	50
	30%中浓度	14-6-10	15-6-9	12-7-11	15-6-9
	推荐施肥量	40	40	40	40
	45%高浓度	21-9-15	20-9-16	20-10-15	22-10-13
	推荐施肥量	35	35	35	35
晚稻	25%低浓度	12-4-9	12-4-9	13-4-8	13-4-8
	推荐施肥量	50	50	50	50
	30%中浓度	14-4-12	14-4-12	14-5-11	16-4-10
	推荐施肥量	40	40	40	40
	45%高浓度	20-7-18	20-7-18	20-8-17	22-9-14
	推荐施肥量	35	35	35	35
玉米	25%低浓度	12-5-8			
	推荐施肥量	60			
	30%中浓度	14-6-10			
	推荐施肥量	50			
	45%高浓度	22-8-15			
	推荐施肥量	40			

（续）

作物	处理	湘中（湘东）区	湘南区	湘西（湘西南）区	湘北洞庭湖区
甘薯	25%低浓度	10-5-10			
	推荐施肥量	40			
	30%中浓度	12-6-12			
	推荐施肥量	35			
	45%高浓度	17-11-17			
	推荐施肥量	30			
棉花	25%低浓度	10-6-9			
	推荐施肥量	100			
	30%中浓度	12-7-11			
	推荐施肥量	90			
	45%高浓度	17-12-16			
	推荐施肥量	70			
油菜	25%低浓度	9-8-8			
	推荐施肥量	50			
	30%中浓度	11-8-11			
	推荐施肥量	40			
	45%高浓度	16-14-15			
	推荐施肥量	35			
烟草	25%低浓度	8-5-12			
	推荐施肥量	40			
	30%中浓度	10-6-14			
	推荐施肥量	35			
	45%高浓度	14-9-22			
	推荐施肥量	30			
茶叶	25%低浓度	13-5-7			
	推荐施肥量	50			
	30%中浓度	15-6-9			
	推荐施肥量	40			
	45%高浓度	22-9-14			
	推荐施肥量	35			
柑橘	25%低浓度	11-5-9			
	推荐施肥量	60			
	30%中浓度	13-6-11			
	推荐施肥量	50			
	45%高浓度	18-11-16			
	推荐施肥量	40			

（续）

作物	处理	湘中（湘东）区	湘南区	湘西（湘西南）区	湘北洞庭湖区
葡萄	25%低浓度	11 - 5 - 9			
	推荐施肥量	80			
	30%中浓度	14 - 6 - 10			
	推荐施肥量	70			
	45%高浓度	20 - 10 - 15			
	推荐施肥量	50			
西瓜	25%低浓度	9 - 7 - 9			
	推荐施肥量	50			
	30%中浓度	11 - 8 - 11			
	推荐施肥量	40			
	45%高浓度	16 - 13 - 16			
	推荐施肥量	35			
叶菜类蔬菜	25%低浓度	13 - 6 - 6			
	推荐施肥量	60			
	30%中浓度	15 - 8 - 7			
	推荐施肥量	50			
	45%高浓度	23 - 10 - 12			
	推荐施肥量	40			
瓜茄果豆类蔬菜	25%低浓度	12 - 6 - 7			
	推荐施肥量	50			
	30%中浓度	14 - 8 - 8			
	推荐施肥量	40			
	45%高浓度	20 - 12 - 13			
	推荐施肥量	35			
根茎类蔬菜	25%低浓度	12 - 5 - 8			
	推荐施肥量	50			
	30%中浓度	14 - 6 - 10			
	推荐施肥量	40			
	45%高浓度	18 - 9 - 18			
	推荐施肥量	35			

第三节　主要作物区域配方及施肥建议

经过持续多年的田间试验、"三年一轮回"的取土化验和多年多点示范验证，各地按照作物种类提出了一批适合我国南方红壤地区主要作物的区域配方及施肥建议，为促进化肥减量增效和农业持续稳定发展发挥了重要作用。现以湖南、广西、江西为例加以说明。

一、湖南主要作物施肥建议

（一）水稻

1. 湘北洞庭湖双季稻区

（1）早稻

A. 中低浓度配方施肥方案。推荐配方：15-7-8（N-P_2O_5-K_2O）或相近配方。

养分管理及施肥建议：①产量水平＞6 750 kg/hm² 的，配方肥推荐用量为780～900 kg/hm²，分蘖期追施尿素 45～60 kg/hm²。②产量水平在 5 625～6 750 kg/hm² 的，配方肥推荐用量为 720～780 kg/hm²，分蘖期追施尿素 30～45 kg/hm²。③产量水平＜5 625 kg/hm² 的，配方肥推荐用量为675～750 kg/hm²，分蘖期追施尿素 15～30 kg/hm²。对缺锌稻田每公顷基施硫酸锌 15 kg，或用 3.0～4.5 kg/hm² 硫酸锌拌泥浆蘸秧根，或在水稻秧苗期和移栽返青后每公顷分别用硫酸锌 1 500g 兑水675 kg 叶面喷施。有条件的地方，提倡施用农家肥 9 t/hm² 或种植绿肥翻压还田，酌情减少化肥用量。土壤 pH 低于 5.5 的稻田，应于翻耕前酌情施用石灰 750～2 250 kg/hm²，调节土壤酸度（下同）。

B. 高浓度配方施肥方案。推荐配方：20-10-10（N-P_2O_5-K_2O）或相近配方。

养分管理及施肥建议：①产量水平＞6 750 kg/hm² 的，配方肥推荐用量为600～675 kg/hm²，分蘖期追施尿素 45～60 kg/hm²。②产量水平在 5 625～6 750 kg/hm² 的，配方肥推荐用量为525～600 kg/hm²，分蘖期追施尿素 30～45 kg/hm²。③产量水平＜5 625 kg/hm² 的，配方肥推荐用量为 450～525 kg/hm²，分蘖期追施尿素 30 kg/hm²。对缺锌的土壤每公顷基施硫酸锌 15 kg，或用 3.0～4.5 kg/hm² 硫酸锌拌泥浆蘸秧根，或在水稻秧苗期和移栽返青后每公顷分别用硫酸锌 1.5 kg 兑水 675 kg 叶面喷施。施用农家肥 9 t/hm² 或种植绿肥翻压的田块应酌情减少化肥用量。

（2）中稻或一季晚稻

A. 中低浓度配方施肥方案。推荐配方：13-9-8（N-P_2O_5-K_2O）或相近配方。

养分管理及施肥建议：①产量水平＞9 000 kg/hm² 的，配方肥推荐用量为750～825 kg/hm²，分蘖期和抽穗期分别追施尿素 90～105 kg/hm²、60～75 kg/hm²，穗粒肥追施氯化钾 15～30 kg/hm²。②产量水平在 7 500～9 000 kg/hm² 的，配方肥推荐用量为 645～750 kg/hm²，分蘖期和抽穗期分别追施尿素 75～90 kg/hm²、45～60 kg/hm²，穗粒肥追施氯化钾 15～30 kg/hm²。③产量水平＜7 500 kg/hm² 的，配方肥推荐用量为570～645 kg/hm²，分蘖期和抽穗期分别追施尿素 60～75 kg/hm²、30～45 kg/hm²。对缺锌的土壤每公顷基施锌肥 15 kg。在此基础上，在始穗期叶面喷施一次水溶肥料作壮籽肥。施用有机肥 12 t/hm² 或种植绿肥翻压的田块应酌情减少化肥用量。

B. 高浓度配方施肥方案。推荐配方：20-10-10（N-P_2O_5-K_2O）或相近配方。

养分管理及施肥建议：①产量水平＞9 000 kg/hm² 的，配方肥推荐用量为675～750 kg/hm²，分蘖期和抽穗期分别追施尿素 45～60 kg/hm²、30～45 kg/hm²。②产量水平在 7 500～9 000 kg/hm² 的，配方肥推荐用量为570～675 kg/hm²，分蘖期和抽穗期分别追施尿素 30～45 kg/hm²、15～30 kg/hm²。③产量水平＜7 500 kg/hm² 的，配方肥推荐用量为495～570 kg/hm²，分蘖期和抽穗期分别追施尿素15～30 kg/hm²、15 kg/hm²。缺锌的土壤每公顷基施锌肥 15 kg。在此基础上，在始穗期叶面喷施一次水溶肥料作壮籽肥。施用有机肥 12 t/hm² 或种植绿肥翻压的田块应酌情减少化肥用量。

（3）双季晚稻

A. 中低浓度配方施肥方案。推荐配方：13-4-8（N-P_2O_5-K_2O）或相近配方。

养分管理及施肥建议：①产量水平＞7 500 kg/hm² 的，配方肥推荐用量为825～975 kg/hm²，分蘖期和抽穗期分别追施尿素 75～90 kg/hm²、60～75 kg/hm²。②产量水平在 6 000～7 500 kg/hm² 的，配方肥推荐用量为675～825 kg/hm²，分蘖期和抽穗期分别追施尿素 60～75 kg/hm²、45～60 kg/hm²。③产量水平＜6 000 kg/hm² 的，配方肥推荐用量为570～675 kg/hm²，分蘖期和抽穗期分别追施尿素45～60 kg/hm²、30～45 kg/hm²。缺锌土壤每公顷基施锌肥 15 kg。早稻草全量还田的地块，钾肥用量应酌情减少 30% 左右。在此基础上，提倡在始穗期看苗补施水溶肥料作壮籽肥。

B. 高浓度配方施肥方案。推荐配方：21-7-12（$N-P_2O_5-K_2O$）或相近配方。

养分管理及施肥建议：①产量水平＞7 500 kg/hm² 的，配方肥推荐用量为 450～525 kg/hm²，分蘖期和抽穗期分别追施尿素 90～105 kg/hm²、60～75 kg/hm²。②产量水平在 6 000～7 500 kg/hm² 的，配方肥推荐用量为 375～450 kg/hm²，分蘖期和抽穗期分别追施尿素 75～90 kg/hm²、45～60 kg/hm²。③产量水平＜6 000 kg/hm² 的，配方肥推荐用量为 300～375 kg/hm²，分蘖期和抽穗期分别追施尿素 60～75 kg/hm²、30～45 kg/hm²。缺锌土壤每公顷基施硫酸锌肥 15 kg。早稻草全量还田的地块，钾肥用量应酌情减少 30% 左右。在此基础上，提倡在始穗期看苗补施水溶肥料作壮籽肥。

2. 湘中双季稻区

（1）早稻　推荐配方：14-9-7（$N-P_2O_5-K_2O$）或相近配方。

养分管理及施肥建议：①产量水平＞6 750 kg/hm² 的，配方肥推荐用量为 750～855 kg/hm²，分蘖期追施尿素 60～75 kg/hm²，穗粒肥追施氯化钾 15～30 kg/hm²。②产量水平在 5 625～6 750 kg/hm² 的，配方肥推荐用量为 675～750 kg/hm²，分蘖期追施尿素 45～60 kg/hm²，穗粒肥追施氯化钾 15～30 kg/hm²。③产量水平＜5 625 kg/hm² 的，配方肥推荐用量为 570～675 kg/hm²，分蘖期追施尿素 30～45 kg/hm²。缺锌的土壤每公顷基施硫酸锌 15 kg，或用 3.0～4.5 kg/hm² 硫酸锌拌泥浆蘸秧根，或在水稻秧苗期和移栽返青后每公顷分别用硫酸锌 1 500g 兑水 675 kg 叶面喷施。施用农家肥 9 t/hm² 或种植绿肥翻压的田块应酌情减少化肥用量。

（2）中稻或一季晚稻　推荐配方：14-8-8（$N-P_2O_5-K_2O$）或相近配方。

养分管理及施肥建议：①产量水平＞9 000 kg/hm² 的，配方肥推荐用量为 900～1 050 kg/hm²，分蘖期和抽穗期分别追施尿素 90～105 kg/hm²、60～75 kg/hm²。②产量水平在 7 500～9 000 kg/hm² 的，配方肥推荐用量为 825～900 kg/hm²，分蘖期和抽穗期分别追施尿素 75～90 kg/hm²、45～60 kg/hm²。③产量水平＜7 500 kg/hm² 的，配方肥推荐用量为 720～825 kg/hm²，分蘖期和抽穗期分别追施尿素 60～75 kg/hm²、30～45 kg/hm²。缺锌的土壤每公顷基施硫酸锌 15 kg。在此基础上，在始穗期叶面喷施一次水溶肥料作壮籽肥。施用农家肥 12 t/hm² 或种植绿肥翻压的田块应酌情减少化肥用量。

（3）双季晚稻　推荐配方：17-5-8（$N-P_2O_5-K_2O$）或相近配方。

养分管理及施肥建议：①产量水平＞7 500 kg/hm² 的，配方肥推荐用量为 675～825 kg/hm²，分蘖期和抽穗期分别追施尿素 75～90 kg/hm²、60～75 kg/hm²。②产量水平在 6 000～7 500 kg/hm² 的，配方肥推荐用量为 570～675 kg/hm²，分蘖期和抽穗期分别追施尿素 60～75 kg/hm²、45～60 kg/hm²。③产量水平＜6 000 kg/hm² 的，配方肥推荐用量为 495～570 kg/hm²，分蘖期和抽穗期分别追施尿素 45～60 kg/hm²、30～45 kg/hm²。缺锌土壤每公顷基施硫酸锌 15 kg。早稻草全量还田的地块，钾肥用量应酌情减少 30% 左右。在此基础上，提倡在始穗期看苗补施水溶肥料作壮籽肥。

3. 湘南双季稻区

（1）早稻　推荐配方：14-8-8（$N-P_2O_5-K_2O$）或相近配方。

养分管理及施肥建议：①产量水平＞6 750 kg/hm² 的，配方肥推荐用量为 90～1 035 kg/hm²，分蘖肥追施尿素 30～45 kg/hm²。②产量水平为 5 625～6 750 kg/hm² 的，配方肥推荐用量为 825～900 kg/hm²，分蘖肥追施尿素 15～30 kg/hm²。③产量水平＜5 625 kg/hm² 的，配方肥推荐用量为 690～825 kg/hm²。缺锌的土壤每公顷基施硫酸锌 15 kg，或用 3.0～4.5 kg/hm² 硫酸锌拌泥浆蘸秧根，或在水稻秧苗期和移栽返青后每公顷分别用硫酸锌 1 500 g 兑水 675 kg 叶面喷施。施用农家肥 9 t/hm² 或种植绿肥翻压的田块，应酌情减少化肥用量。

（2）中稻或一季晚稻　推荐配方：17-11-12（$N-P_2O_5-K_2O$）或相近配方。

养分管理及施肥建议：①产量水平＞8 250 kg/hm² 的，配方肥推荐用量为 825～855 kg/hm²，分蘖期和抽穗期分别追施尿素 105～120 kg/hm²、60～75 kg/hm²，穗粒肥追施氯化钾 15～30 kg/hm²。

②产量水平为 6 750～8 250 kg/hm² 的，配方肥推荐用量为 500～705 kg/hm²，分蘖期和抽穗期分别追施尿素 90～105 kg/hm²、45～60 kg/hm²，穗粒肥追施氯化钾 15～30 kg/hm²。③产量水平＜6 750 kg/hm² 的，配方肥推荐用量为 480～600 kg/hm²，分蘖期和抽穗期分别追施尿素 75～90 kg/hm²、30～45 kg/hm²。缺锌的土壤每公顷基施锌肥 15 kg。在此基础上，在始穗期叶面喷施一次水溶肥料作壮籽肥。施用农家肥 12 t/hm² 或种植绿肥翻压的田块应酌情减少化肥用量。

（3）双季晚稻

A. 中低浓度配方施肥方案。推荐配方：13-5-7（N-P₂O₅-K₂O）或相近配方。

养分管理及施肥建议：①产量水平＞7 500 kg/hm² 的，配方肥推荐用量为 645～750 kg/hm²，分蘖期和抽穗期分别追施尿素 120～135 kg/hm²、60～75 kg/hm²。②产量水平为 6 750～7 500 kg/hm² 的，配方肥推荐用量为 570～645 kg/hm²，分蘖期和抽穗期分别追施尿素 105～120 kg/hm²、45～60 kg/hm²。③产量水平＜6 750 kg/hm² 的，配方肥推荐用量为 495～570 kg/hm²，分蘖期和抽穗期分别追施尿素 90～105 kg/hm²、30～45 kg/hm²。缺锌的土壤每公顷基施硫酸锌 15 kg。早稻草全量还田的地块，钾肥用量应酌情减少 30% 左右。在此基础上，提倡在始穗期看苗补施水溶肥料作壮籽肥。

B. 高浓度配方施肥方案。推荐配方：20-9-11（N-P₂O₅-K₂O）或相近配方。

养分管理及施肥建议：①产量水平＞7 500 kg/hm² 的，配方肥推荐用量为 375～450 kg/hm²，分蘖期和抽穗期分别追施尿素 105～120 kg/hm²、75～90 kg/hm²。②产量水平为 6 750～7 500 kg/hm² 的，配方肥推荐用量为 300～375 kg/hm²，分蘖期和抽穗期分别追施尿素 120～1 350 kg/hm²、60～75 kg/hm²。③产量水平＜6 750 kg/hm² 的，配方肥推荐用量为 255～300 kg/hm²，分蘖期和抽穗期分别追施尿素 90～105 kg/hm²、45～60 kg/hm²。缺锌的土壤每公顷基施硫酸锌 15 kg。对早稻草全量还田的地块，钾肥用量应酌情减少 30% 左右。在此基础上，提倡在始穗期看苗补施水溶肥料作壮籽肥。

4. 湘西湘东一季稻区

（1）中浓度配方施肥方案　推荐配方：12-9-9（N-P₂O₅-K₂O）或相近配方。

养分管理及施肥建议：①产量水平＞9 750 kg/hm² 的，配方肥推荐用量为 900～975 kg/hm²，分蘖期和抽穗期分别追施尿素 105～120 kg/hm²、60～75 kg/hm²。②产量水平为 8 250～9 750 kg/hm² 的，配方肥推荐用量为 825～900 kg/hm²，分蘖期和抽穗期分别追施尿素 90～105 kg/hm²、45～60 kg/hm²。③产量水平＜8 250 kg/hm² 的，配方肥推荐用量为 750～825 kg/hm²，分蘖期和抽穗期分别追施尿素 75～90 kg/hm²、30～45 kg/hm²。缺锌的土壤每公顷基施硫酸锌 15 kg。在此基础上，在始穗期叶面喷施一次水溶肥料作壮籽肥。施用农家肥 12 t/hm² 或种植绿肥翻压的田块应酌情减少化肥用量。

（2）高浓度配方施肥方案　推荐配方：16-11-13（N-P₂O₅-K₂O）或相近配方。

养分管理及施肥建议：①产量水平＞9 750 kg/hm² 的，配方肥推荐用量为 750～855 kg/hm²，分蘖期和抽穗期分别追施尿素 75～90 kg/hm²、45～60 kg/hm²。②产量水平为 8 250～9 750 kg/hm² 的，配方肥推荐用量为 675～750 kg/hm²，分蘖期和抽穗期分别追施尿素 60～75 kg/hm²、30～45 kg/hm²。③产量水平＜8 250 kg/hm² 的，配方肥推荐用量为 600～6 750 kg/hm²，分蘖期和抽穗期分别追施尿素 45～60 kg/hm²、15～30 kg/hm²。缺锌的土壤每公顷基施硫酸锌 15 kg。在此基础上，在始穗期叶面喷施一次水溶肥料作壮籽肥。施用农家肥 12 t/hm² 或种植绿肥翻压的田块应酌情减少化肥用量。

（二）玉米

推荐配方：18-12-10（N-P₂O₅-K₂O）或相近配方。

养分管理及施肥建议：①产量水平＞7 500 kg/hm² 的，配方肥推荐用量为 645～720 kg/hm²，七叶期和大喇叭口期作苗肥和穗肥再分别追施尿素 135～165 kg/hm²、105～135 kg/hm²，穗肥追施氯化钾 30～60 kg/hm²。②产量水平为 6 000～7 500 kg/hm² 的，配方肥推荐用量为 570～645 kg/hm²，七叶期和大喇叭口期作苗肥和穗肥再分别追施尿素 105～135 kg/hm²、75～105 kg/hm²，穗肥追施氯化钾 30～60 kg/hm²。③产量水平<6 000 kg/hm² 的，配方肥推荐用量为 495～570 kg/hm²，七叶期和大喇叭口期作苗肥和穗肥再分别追施尿素 75～105 kg/hm²、45～75 kg/hm²。苗肥和穗肥结合中耕培土沟施或穴施，深度为 10～20 cm，施后及时覆土。在缺锌地块，每公顷基施硫酸锌 7.5～15.0 kg，或在苗期和抽雄期用 0.1％硫酸锌兑水 675 kg/hm² 叶面喷施。同时，提倡在抽雄期看苗叶面喷施一次水溶肥料。

（三）棉花

1. 施肥分区

根据区域和生产布局将湖南省棉花主产区分为 2 个亚区：洞庭湖棉花种植区和衡阳盆地棉花种植区。

2. 不同区域大配方与施肥建议

（1）洞庭湖棉花种植区

A. 基追结合施肥方案。推荐配方：16-12-17（N-P₂O₅-K₂O）或相近配方。

养分管理及施肥建议：①产量水平（籽棉，下同）>4 500 kg/hm² 的，配方肥推荐用量为 495～570 kg/hm²，在 1～2 个成铃时追施配方肥 330～405 kg/hm² 作花铃肥，打顶后 7d 左右分别追施尿素 225～255 kg/hm²、氯化钾 45～60 kg/hm² 作盖顶肥。②产量水平 3 750～44 500 kg/hm² 的，配方肥推荐用量为 420～495 kg/hm²，在整地时作基肥深施，在 1～2 个成铃时追施配方肥 255～330 kg/hm² 作花铃肥，打顶后 7d 左右追施尿素 150～225 kg/hm²、氯化钾 30～45 kg/hm² 作盖顶肥。③产量水平<3 750 kg/hm² 的，配方肥推荐用量为 330～420 kg/hm²，在 1～2 个成铃时追施配方肥 180～255 kg/hm² 作花铃肥，打顶后 7d 左右追施尿素 105～150 kg/hm²。追肥时，先在两行棉花之间挖深度为 15～20 cm 的施肥沟，然后施肥覆土。已基施有机肥 15 t/hm² 的，化肥用量应相应减少。缺硼的土壤每公顷基施硼肥 7.5～15.0 kg，潜在性缺硼和缺锌土壤应在苗期和始花期用 0.1％的硼砂和硫酸锌溶液叶面喷施。

B. 一次性施肥方案。推荐配方：18-9-18（N-P₂O₅-K₂O）棉花专用缓释配方肥。

养分管理及施肥建议：①产量水平>4 500 kg/hm² 的，配方肥推荐用量为 1 050～1 185 kg/hm²，作为基肥一次性施用。②产量水平为 3 750～4 500 kg/hm² 的，配方肥推荐用量为 915～1 050 kg/hm²，作为基肥一次性施用。③产量水平<3 750 kg/hm² 的，配方肥推荐用量为 780～915 kg/hm²，作为基肥一次性施用。基施有机肥 15 t/hm² 的棉田应酌情减少化肥用量。缺硼的土壤每公顷基施硼肥 7.5～15.0 kg，潜在性缺硼和缺锌的土壤应在苗期和始花期用 0.1％的硼砂和硫酸锌溶液叶面喷施。

（2）衡阳盆地棉花种植区 推荐配方：20-10-10（N-P₂O₅-K₂O）或相近配方。

养分管理及施肥建议：①产量水平>4 500 kg/hm² 的，配方肥推荐用量为 600～675 kg/hm²，在 1～2 个成铃时追施配方肥 375～420 kg/hm² 作花铃肥，打顶后 7d 左右分别追施尿素 120～135 kg/hm²、氯化钾 105～120 kg/hm² 作盖顶肥。②产量水平为 3 750～4 500 kg/hm² 的，配方肥推荐用量为 495～600 kg/hm²，在整地时作基肥深施，在 1～2 个成铃时追施配方肥 330～375 kg/hm² 作花铃肥，打顶后 7d 左右分别追施尿素 105～120 kg/hm²、氯化钾 90～105 kg/hm² 作盖顶肥追施。③产量水平<3 750 kg/hm² 的，配方肥推荐用量为 420～495 kg/hm²，在 1～2 个成铃时追施配方肥 285～330 kg/hm² 作花铃肥，打顶后 7d 左右追施尿素 90～105 kg/hm²、氯化钾 60～90 kg/hm² 作盖顶肥追施。追肥时，先在两行棉花之间挖深度为 15～20 cm 的施肥沟，然后施肥覆土。已基施有机肥 15 t/hm² 的，化肥用量应相应减少。缺硼的土壤每公顷基施硼肥 7.5～15.0 kg，潜在性缺硼和缺锌的土壤应在苗期和始花期用 0.1％的硼砂和硫酸锌溶液叶面喷施。

（四）油菜

1. 施肥分区

根据区域和生产布局将湖南省油菜主产区分为 3 个亚区：棉油轮作区、水田油菜种植区和旱地油菜种植区。

2. 不同区域大配方与施肥建议

（1）棉油轮作区　推荐配方：12-8-5（N-P$_2$O$_5$-K$_2$O）或相近配方。

养分管理及施肥建议：①产量水平＞2 400 kg/hm^2 的，配方肥推荐用量为 465～555 kg/hm^2，苗肥和腊肥分别追施尿素 30～45 kg/hm^2、60～75 kg/hm^2，腊肥追施氯化钾 45～60 kg/hm^2。②产量水平为 1 800～2 400 kg/hm^2 的，配方肥推荐用量为 375～465 kg/hm^2，苗肥和腊肥分别追施尿素 15～30 kg/hm^2、45～60 kg/hm^2，腊肥追施氯化钾 30～45 kg/hm^2。③产量水平＜1 800 kg/hm^2 的，配方肥推荐用量为 285～375 kg/hm^2，腊肥分别追施尿素和氯化钾 30～45 kg/hm^2、15～30 kg/hm^2。缺锌的土壤每公顷基施硫酸锌 15 kg。施用农家肥 9 t/hm^2 作基肥的，应酌情减少化肥用量。在油菜抽薹至始花期，应选晴天看苗喷施一次水溶肥料，确保后期不缺肥。缺硼土壤或潜在性缺硼土壤，应在苗期和始花期用 0.1％的硼砂溶液叶面喷施。

（2）水田油菜种植区

A. 中低浓度配方施肥方案。推荐配方：11-7-7（N-P$_2$O$_5$-K$_2$O）或相近配方。

养分管理及施肥建议：①产量水平＞240 kg/hm^2 的，配方肥推荐用量为 825～900 kg/hm^2，腊肥分别追施尿素和氯化钾 45～60 kg/hm^2、45 kg/hm^2。②产量水平为 1 800～2 400 kg/hm^2 的，配方肥推荐用量为 750～825 kg/hm^2，腊肥分别追施尿素和氯化钾 30～45 kg/hm^2、30 kg/hm^2。③产量水平＜1 800 kg/hm^2 的，配方肥推荐用量为 675～750 kg/hm^2，腊肥分别追施尿素和氯化钾 15～30 kg/hm^2、15 kg/hm^2。缺锌的土壤每公顷基施硫酸锌 15 kg。前茬作物秸秆全量还田、基施 9 t/hm^2 火土灰作基肥的，应酌情减少化肥用量。在油菜抽薹至始花期，应选晴天看苗喷施一次水溶肥料，确保后期不缺肥。缺硼土壤或潜在性缺硼土壤，应在苗期和抽薹至始花期用 0.1％的硼砂溶液叶面喷施。

B. 高浓度配方施肥方案。推荐配方：16-12-12（N-P$_2$O$_5$-K$_2$O）或相近配方。

养分管理及施肥建议：①产量水平＞2 400 kg/hm^2 的，配方肥推荐用量为 495～585 kg/hm^2，苗肥和腊肥分别追施尿素 30～45 kg/hm^2、60～75 kg/hm^2，腊肥追施氯化钾 45～60 kg/hm^2。②产量水平为 1 800～2 400 kg/hm^2 的，配方肥推荐用量为 405～495 kg/hm^2，苗肥和腊肥分别追施尿素 15～30 kg/hm^2、45～60 kg/hm^2，腊肥追施氯化钾 30～45 kg/hm^2。③产量水平＜1 800 kg/hm^2 的，配方肥推荐用量为 315～405 kg/hm^2，腊肥分别追施尿素和氯化钾 30～45 kg/hm^2、15～30 kg/hm^2。缺锌的土壤每公顷基施硫酸锌 15 kg。前茬作物秸秆全量还田、基施 9 t/hm^2 火土灰作基肥的，应酌情减少化肥用量。在油菜抽薹至始花期，应选晴天看苗喷施一次水溶肥料，确保后期不缺肥。缺硼土壤或潜在性缺硼土壤，应在苗期和抽薹至始花期用 0.1％的硼砂溶液叶面喷施。

（3）旱地油菜种植区　推荐配方：14-8-8（N-P$_2$O$_5$-K$_2$O）或相近配方。

养分管理及施肥建议：①产量水平＞2 400 kg/hm^2 的，配方肥推荐用量为 750～840 kg/hm^2，腊肥分别追施尿素和氯化钾 30～45 kg/hm^2、45 kg/hm^2。②产量水平为 1 800～2 400 kg/hm^2 的，配方肥推荐用量为 660～750 kg/hm^2，腊肥分别追施尿素和氯化钾 15～30 kg/hm^2、30 kg/hm^2。③产量水平＜1 800 kg/hm^2 的，配方肥推荐用量为 570～660 kg/hm^2，腊肥分别追施氯化钾 15 kg/hm^2。缺锌的土壤每公顷基施锌肥 15 kg。前茬作物秸秆全量还田，另基施 9 t/hm^2 火土灰，适当减少化肥用量。在油菜抽薹至始花期，应选晴天看苗喷施一次水溶肥料，确保后期不缺肥。缺硼土壤或潜在性缺硼土壤，应在苗期和始花期用 0.1％的硼砂溶液叶面喷施。

（五）柑橘

推荐配方：15-10-10（N-P$_2$O$_5$-K$_2$O，硫酸钾型）或相近配方。

养分管理及施肥建议：①产量水平＞30 t/hm^2 的，在 11 月采果后，配方肥推荐用量为 750～825 kg/hm^2，作基肥一次性深施，施用后覆土，保花肥分别追施尿素和硫酸钾 180～210 kg/hm^2、60～75 kg/hm^2，与适量有机肥混匀后挖沟深施，施后及时覆土，壮果肥追施配方肥 210～240 kg/hm^2，与适量有机肥混匀后挖沟深施,施后及时覆土。②产量水平为 $22.5\sim30.0$ t/hm^2 的,在 11 月采果后,配方肥推荐用量为 $675\sim750$ kg/hm^2,作基肥一次性深施,施用后覆土,保花肥分别追施尿素和硫酸钾 $135\sim180$ kg/hm^2、$45\sim60$ kg/hm^2,与适量有机肥混匀后挖沟深施,施后及时覆土,壮果肥追施配方肥 $180\sim210$ kg/hm^2,与适量有机肥混匀后挖沟深施,施后及时覆土。③产量水平<22.5 t/hm^2 的,在 11 月采果后,配方肥推荐用量为 $600\sim675$ kg/hm^2,作基肥一次性深施,施用后覆土,保花肥分别追施尿素和硫酸钾 $105\sim135$ kg/hm^2、$30\sim45$ kg/hm^2,与适量有机肥混匀后挖沟深施,施后及时覆土,壮果肥追施配方肥 $150\sim180$ kg/hm^2,与适量有机肥混匀后挖沟深施,施后及时覆土。

幼树将肥料兑水浇施在直径为树冠两倍的范围内;成年树将各种肥料混合均匀,沿树冠滴水线挖环状沟施或穴施。成年树叶面施肥从 5 月下旬开始,用 0.5% 的尿素加 0.3% 的磷酸二氢钾,每隔 10 d 喷施 1 次,连续 3 次。缺硫果园应选择含硫肥料如硫酸铵、硫酸钾、过磷酸钙等,也可适当施用硫黄。对于缺锌、硼的土壤,每公顷补施锌、硼肥各 $7.5\sim15.0$ kg,或花蕾期和幼果期用 0.1% 的硼砂和硫酸锌溶液叶面喷施。

(六)茶叶

1. 施肥分区

根据区域和生产布局将湖南省茶叶主产区分为 3 个亚区:湘西茶叶基地、湘中(湘南)茶叶基地和湘北茶叶基地。

2. 不同区域大配方与施肥建议

(1)湘西茶叶基地 推荐配方:13-8-4(N-P$_2$O$_5$-K$_2$O,硫酸钾型)或相近配方。

养分管理及施肥建议:①干茶产量水平$>3\,750$ kg/hm^2 的,在 9—11 月结合深耕,配方肥推荐用量为 $1\,125\sim1\,215$ kg/hm^2,作基肥深施,施用后覆土,在茶树开始萌动和新梢生长期间追施尿素和硫酸钾,其中,春茶分别追施尿素和硫酸钾 $90\sim105$ kg/hm^2、$75\sim90$ kg/hm^2,夏茶分别追施尿素和硫酸钾 $75\sim90$ kg/hm^2、$60\sim75$ kg/hm^2,秋茶分别追施尿素和硫酸钾 $60\sim75$ kg/hm^2、$30\sim45$ kg/hm^2。②干茶产量水平为 $2\,250\sim3\,750$ kg/hm^2 的,在 9—11 月结合深耕,配方肥推荐用量为 $1\,035\sim1\,125$ kg/hm^2,作基肥深施,施用后覆土,在茶树开始萌动和新梢生长期间追施尿素和氯化钾,其中,春茶分别追施尿素和硫酸钾 $75\sim90$ kg/hm^2、$60\sim75$ kg/hm^2,夏茶分别追施尿素和硫酸钾 $60\sim75$ kg/hm^2、$45\sim60$ kg/hm^2,秋茶分别追施尿素和硫酸钾 $45\sim60$ kg/hm^2、30 kg/hm^2。③干茶产量水平$<22\,500$ kg/hm^2 的,在 9—11 月结合深耕,配方肥推荐用量为 $1\,125\sim1\,215$ kg/hm^2,作基肥深施,施用后覆土。在茶树开始萌动和新梢生长期间追施尿素和硫酸钾,其中,春茶分别追施尿素和硫酸钾 $60\sim75$ kg/hm^2、$45\sim60$ kg/hm^2,夏茶分别追施尿素和硫酸钾 $45\sim60$ kg/hm^2、$30\sim45$ kg/hm^2,秋茶分别追施尿素和硫酸钾 $30\sim45$ kg/hm^2、15 kg/hm^2。施肥时,在两行茶树之间挖宽、深均为 $15\sim25$ cm 的施肥沟,将配方肥与适量有机肥拌匀,施后及时覆土。

(2)湘中(湘南)茶叶基地 推荐配方:15-7-6(N-P$_2$O$_5$-K$_2$O)或相近配方。

养分管理及施肥建议:①干茶产量水平$>3\,750$ kg/hm^2 的,在 9—11 月结合深耕,配方肥推荐用量为 $1\,230\sim1\,350$ kg/hm^2,作基肥深施,施用后覆土,在茶树开始萌动和新梢生长期间追施尿素和硫酸钾,其中,春茶分别追施尿素和硫酸钾 $60\sim75$ kg/hm^2、$45\sim60$ kg/hm^2,夏茶分别追施尿素和硫酸钾 $45\sim60$ kg/hm^2、$30\sim45$ kg/hm^2,秋茶分别追施尿素和硫酸钾 $30\sim45$ kg/hm^2、30 kg/hm^2。②干茶产量水平为 $2\,250\sim3750$ kg/hm^2。在 9—11 月结合深耕,配方肥推荐用量为 $1\,200\sim1\,275$ kg/hm^2,作基肥深施,施用后覆土。在茶树开始萌动和新梢生长期间追施尿素和硫酸钾,其中,春茶分别追施尿素和硫酸钾 $45\sim60$ kg/hm^2、$30\sim45$ kg/hm^2,夏茶分别追施尿素和硫酸钾 $30\sim45$ kg/hm^2、30 kg/hm^2,秋茶分别追施尿素和硫酸钾 30 kg/hm^2。③干茶产量水平$<2\,250$ kg/hm^2 的,在 9—11 月结合深耕,配方肥推荐用量为 $1\,125\sim1\,200$ kg/hm^2,作基肥深施,施用后覆土。在茶树开始萌动和新梢生长期间追施尿素和硫酸钾,其中,春茶分别追施尿素和硫酸钾 $30\sim45$ kg/hm^2、30 kg/hm^2,夏茶分别追

施尿素和硫酸钾 30 kg/hm^2，秋茶分别追施尿素和硫酸钾 15 kg/hm^2。施肥时，在两行茶树之间挖宽、深均为 15～25 cm 的施肥沟，将配方肥与适量有机肥拌匀，施后及时覆土。茶叶属忌氯作物，应施用含硫型肥料。

（3）湘北茶叶基地　推荐配方：17-12-11（N-P$_2$O$_5$-K$_2$O）或相近配方。

养分管理及施肥建议：①干茶产量水平＞3 750 kg/hm^2 的，在 9—11 月结合深耕，配方肥推荐用量为 765～855 kg/hm^2，作基肥深施，施用后覆土。在茶树开始萌动和新梢生长期间追施尿素和硫酸钾，其中，春茶分别追施尿素和硫酸钾 105～120 kg/hm^2、45～60 kg/hm^2，夏茶分别追施尿素和硫酸钾 90～105 kg/hm^2、30～45 kg/hm^2，秋茶分别追施尿素和硫酸钾 75～90 kg/hm^2、30 kg/hm^2。②干茶产量水平为 2 250～3 750 kg/hm^2 的，在 9—11 月结合深耕，配方肥推荐用量为 675～765 kg/hm^2，作基肥深施，施用后覆土。在茶树开始萌动和新梢生长期间追施尿素和硫酸钾，其中，春茶分别追施尿素和硫酸钾 90～105 kg/hm^2、30～45 kg/hm^2，夏茶分别追施尿素和硫酸钾 75～90 kg/hm^2、30 kg/hm^2，秋茶分别追施尿素和硫酸钾 60～75 kg/hm^2、15 kg/hm^2。③干茶产量水平＜2 250 kg/hm^2 的，在 9—11 月结合深耕，配方肥推荐用量为 585～675 kg/hm^2，作基肥深施，施用后覆土。在茶树开始萌动和新梢生长期间追施尿素和硫酸钾，其中，春茶分别追施尿素和硫酸钾 75～90 kg/hm^2、30 kg/hm^2，夏茶分别追施尿素和硫酸钾 60～75 kg/hm^2、15 kg/hm^2，秋茶分别追施尿素和硫酸钾 45～60 kg/hm^2、15 kg/hm^2。施肥时，在两行茶树之间挖宽、深均为 15～25 cm 的施肥沟，将配方肥与适量有机肥拌匀，施后及时覆土。

（七）烟草

1. 施肥分区

根据种植方式和生产布局将湖南省烟草主产区分为 2 个大区：稻田烟草区（如桂阳、浏阳等）和旱地烟草区（如湘西永顺、凤凰、龙山等）。

2. 不同区域大配方与施肥建议

（1）稻田烟草区　推荐配方：基肥配方为 9-10-11（N-P$_2$O$_5$-K$_2$O，硝基脲基型）或相近配方；追肥配方为 10-0-30（N-P$_2$O$_5$-K$_2$O，硝基脲基型）或相近配方。

养分管理及施肥建议：①产量水平（烟草，下同）＞2 250 kg/hm^2 的，配方肥推荐用量为 1 050～1 125 kg/hm^2，作基肥，团棵期和旺长期分别追施烟草专用追肥 75～105 kg/hm^2、375～420 kg/hm^2，打顶前追施硫酸钾 105～135 kg/hm^2。②产量水平为 1 500～2 250 kg/hm^2 的，配方肥推荐用量为 975～1 050 kg/hm^2，作基肥，团棵期和旺长期分别追施烟草专用追肥 45～75 kg/hm^2、330～375 kg/hm^2，打顶前追施硫酸钾 75～105 kg/hm^2。③产量水平＜1 500 kg/hm^2 的，配方肥推荐用量为 900～975 kg/hm^2，作基肥，团棵期和旺长期分别追施烟草专用追肥 45 kg/hm^2、270～330 kg/hm^2，打顶前追施硫酸钾 75 kg/hm^2。另外，在烟草生长的旺长期，叶面喷施锌肥和硼肥，以满足烟草对硼、锌营养的需要。

（2）旱地烟草区　推荐配方：基肥配方为 8-15-7（N-P$_2$O$_5$-K$_2$O，硝基脲基型）或相近配方；追肥配方为 10-0-30（N-P$_2$O$_5$-K$_2$O，硝基脲基型）或相近配方。

养分管理及施肥建议：①产量水平＞2 250 kg/hm^2 的，配方肥推荐用量为 780～825 kg/hm^2，作基肥，团棵期和旺长期分别追施烟草专用追肥 60～90 kg/hm^2、330～375 kg/hm^2，打顶前追施硫酸钾 195～240 kg/hm^2。②产量水平为 1 500～2 250 kg/hm^2 的，配方肥推荐用量为 720～780 kg/hm^2，作基肥，团棵期和旺长期分别追施烟草专用追肥 30～60 kg/hm^2、270～330 kg/hm^2，打顶前追施硫酸钾 150～195 kg/hm^2。③产量水平＜1 500 kg/hm^2 的，的，配方肥推荐用量为 675～720 kg/hm^2，作基肥，团棵期和旺长期分别追施烟草专用追肥 45 kg/hm^2、225～270 kg/hm^2，打顶前追施硫酸钾 150 kg/hm^2。另外，在烟草生长的旺长期，叶面喷施锌肥和硼肥，以满足烟草对硼、锌营养的需要。

3. 施肥方法

基肥：翻耕起垄后，挖种植穴，将基肥施入穴内覆土。烟苗移栽靠穴边定植，避免烟根与肥料直接接触。

追肥：在两行烟中间挖施肥穴或施肥沟，将肥均匀施入后覆土。根据土壤墒情酌情浇水，或直接兑水浇施。

二、广西主要作物施肥建议

(一) 水稻

1. 双季早稻

(1) 施肥量　双季早稻施肥量见表 17-14。

表 17-14　不同目标产量下的双季早稻肥料施用量（以纯量计）

目标产量	氮肥（kg/亩）	磷肥（kg/亩）	钾肥（kg/亩）
<350 kg/亩	8～10	2～3	6～8
350～450 kg/亩	9～12	3～4	7～9
450～550 kg/亩	11～13	3～4	8～10
>550 kg/亩	13～15	4～5	10～12

(2) 肥料运筹　双季早稻肥料运筹方案见表 17-15。

表 17-15　双季早稻肥料运筹方案

项目	350 kg/亩以下（kg/亩）			350～450 kg/亩（kg/亩）		
	氮肥（N）	磷肥（P₂O₅）	钾肥（K₂O）	氮肥（N）	磷肥（P₂O₅）	钾肥（K₂O）
基肥	2.5～3.0	2～3	3.0～4.0	3.0～3.5	3～4	3.5～4.5
分蘖肥	3.0～4.0		1.5～2.5	4.0～5.0		2.0～2.5
幼穗分化肥	2.5～3.0		1.5～1.5	2.0～3.5		1.5～2.0
合计	8.0～10	2～3	6.0～8.0	9.0～12.0	3～4	7.0～9.0

项目	450～550 kg/亩（kg/亩）			550 kg/亩以上（kg/亩）		
	氮肥（N）	磷肥（P₂O₅）	钾肥（K₂O）	氮肥（N）	磷肥（P₂O₅）	钾肥（K₂O）
基肥	3.5～4.0	3～4	4.0～5.0	4.0～4.5	4～5	5.0～6.0
分蘖肥	4.5～5.0		2.5～3.0	5.0～6.0		3.0～3.5
幼穗分化肥	3.0～4.0		1.5～2.0	4.0～4.5		2.0～2.5
合计	11.0～13.0	3～4	8.0～10.0	13.0～15.0	4～5	10.0～12.0

2. 双季晚稻

(1) 施肥量（以纯量计）　不同目标产量下的双季晚稻肥料施用量见表 17-16。

表 17 - 16　不同目标产量下的双季晚稻肥料施用量（以纯量计）

目标产量	氮肥（kg/亩）	磷肥（kg/亩）	钾肥（kg/亩）
＜350 kg/亩	8～10	2～3	6～8
350～450 kg/亩	9～12	2～3	7～9
450～550 kg/亩	11～13	2～3	8～10
＞550 kg/亩	13～15	3～4	10～12

（2）肥料运筹（以纯量计）双季晚稻肥料运筹方案见表 17 - 17。

表 17 - 17　双季晚稻肥料运筹方案

项目	不同目标产量下的肥料运筹方案					
	350 kg/亩以下（kg/亩）			350～450 kg/亩（kg/亩）		
	氮肥（N）	磷肥（P_2O_5）	钾肥（K_2O）	氮肥（N）	磷肥（P_2O_5）	钾肥（K_2O）
基肥	3～4	2～3	3.0～4.0	3.5～5.0	2～3	3.5～4.5
分蘖肥	3～4		1.5～2.5	3.5～5.0		2.0～2.5
幼穗分化肥	2～2		1.5～1.5	2.0～2.0		1.5～2.0
合计	8～10	2～3	6.0～8.0	9.0～12.0	2～3	7.0～9.0

项目	不同目标产量下的肥料运筹方案					
	450～550 kg/亩（kg/亩）			550 kg/亩以上（kg/亩）		
	氮肥（N）	磷肥（P_2O_5）	钾肥（K_2O）	氮肥（N）	磷肥（P_2O_5）	钾肥（K_2O）
基肥	4.5～5.0	2～3	4.0～5.0	5～6	3～4	5.0～6.0
分蘖肥	4.5～5.0		2.5～3.0	5～6		3.0～3.5
幼穗分化肥	2.0～3.0		1.5～2.0	3～3		2.0～2.5
合计	11.0～13.0	2～3	8.0～10.0	13～15	3～4	10.0～12.0

3. 施肥方法及注意事项

（1）基肥采取全层施，并在插秧前 1～2d 耙田时施下，碳铵作基肥。

（2）追肥时稻田应有薄水层。

（3）土壤 pH 为 5.5 以下的田块，翻耕前每公顷施用 750～2 250 kg 石灰调酸或提前施用碱性肥料，以免产生氮损失。

（4）根据土壤中微量元素丰缺状况及水稻对中微量元素需求的迫切性，补施增施锌肥、硼肥等含有中微量元素的肥料。

（5）提倡增施有机肥，实行秸秆还田，并注意氮肥前移，调节 C/N，加速稻草腐解。

（6）前茬种植绿肥或蔬菜、马铃薯等经济作物的稻田，施肥量可适当减少。

（7）全生育期不排水晒田管理的稻田、低水位排水不良的稻田应适当减少氮肥用量。

（8）种植生育期较长、高产品种的稻田，应视品种特性适当增加施肥量。

（9）种植常规优质稻的稻田可酌情减少肥料施用量。

4. 分区施肥建议

（1）桂北单双季稻区

①桂北早（晚）稻区。方案一：中低浓度配方肥＋单质肥。

推荐配方（N-P_2O_5-K_2O）：基肥为 11-8-12，追肥为 15-0-15。

建议施肥量见表 17 - 18。

表 17 - 18　桂北早（晚）稻区施肥建议用量

施肥时期	肥料品种		不同产量水平下的施肥建议用量（kg/亩）			
			350kg/亩以下	350～450kg/亩	450～550kg/亩	550kg/亩以上
基肥	配方基肥（11-8-12）		35～40	40～45	45～50	50～55
分蘖肥	尿素		5～6	6～8	8～9	9～10
幼穗分化肥	方案1	配方追肥（15-0-15）	14～16	16～24	24～30	30～33
	方案2	尿素	5～6	6～8	8～10	10～11
		KCl	4～5	5～6	6～7	7～8

方案二：高浓度配方肥＋单质肥。

推荐配方（N-P_2O_5-K_2O）：基肥为 17-13-20，追肥为 22-0-22。

施肥建议用量见表 17 - 19。

表 17 - 19　桂北早（晚）稻区施肥建议用量

施肥时期	肥料品种		不同产量水平下的施肥建议用量（kg/亩）			
			350kg/亩以下	350～450kg/亩	450～550kg/亩	550kg/亩以上
基肥	配方基肥（17-13-20）		22～25	25～29	29～32	32～35
分蘖肥	尿素		5～6	6～8	8～9	9～10
幼穗分化肥	方案1	配方追肥（22-0-22）	10～13	13～17	17～20	20～23
	方案2	尿素	5～6	6～8	8～10	10～11
		KCl	4～5	5～6	6～7	7～8

方案三：终端配肥＋单质肥。

基肥和幼穗分化肥选用单质肥或复混肥按纯量分别计算后现场掺混，施肥建议用量见表 17 - 20。

表 17 - 20　桂北早（晚）稻区施肥建议用量（终端配肥专用）

施肥时期	肥料品种	不同产量水平下的施肥建议用量（kg/亩）			
		350kg/亩以下	350～450kg/亩	450～550kg/亩	550kg/亩以上
基肥	N	3.5～3.8	3.8～4.8	4.8～5.6	5.6～6.2
	P_2O_5	3.0～3.3	3.3～3.7	3.7～4.1	4.1～4.5
	K_2O	4.0～4.7	4.7～5.6	5.6～6.4	6.4～7.1
分蘖肥	尿素	5.5～6.0	6.0～8.0	8.0～9.0	9.0～10.0
幼穗分化肥	尿素	5.5～6.0	6.0～8.0	8.0～9.0	9.0～10.0
	KCl	4～5	5～6	6～7	7～8

方案四：一次性施肥（其中，氮源中要求掺入 30％以上释放期为 30～35 d 的缓控释氮）。

推荐配方（N-P_2O_5-K_2O）：23-7-18。

施肥建议用量见表 17 - 21。

表 17 - 21　桂北早（晚）稻区施肥建议用量（一次性施肥）

肥料品种	不同产量水平下的施肥建议用量（kg/亩）			
	350kg/亩以下	350～450kg/亩	450～550kg/亩	550kg/亩以上
基施配方肥（23-7-18）	41～47	47～53	53～60	60～65

②桂北中稻区。方案一：中低浓度配方肥＋单质肥。

推荐配方（N-P$_2$O$_5$-K$_2$O）：基肥为10-9-12，追肥为15-0-17。

施肥建议用量见表17-22。

表17-22 桂北中稻区施肥建议用量（中浓度）

施肥时期	肥料品种		不同产量水平下的施肥建议用量（kg/亩）			
			400kg/亩以下	400～500kg/亩	500～600kg/亩	600kg/亩以上
基肥	配方基肥（10-9-12）		40～45	45～50	50～55	55～60
分蘗肥	尿素		6～7	7～8	8～9	9～11
幼穗分化肥	方案1	配方追肥（15-0-17）	16～19	19～25	25～28	28～39
	方案2	尿素	5～6	6～8	8～9	9～12
		KCl	3～5	5～7	7～9	9～11

方案二：高浓度配方肥＋单质肥。

推荐配方（N-P$_2$O$_5$-K$_2$O）：基肥为15-14-18，追肥为22-0-24。施肥建议用量见表17-23。

表17-23 桂北中稻区施肥建议用量（高浓度）

施肥时期	肥料品种		不同产量水平下的施肥建议用量（kg/亩）			
			400kg/亩以下	400～500kg/亩	500～600kg/亩	600kg/亩以上
基肥	配方基肥（15-14-18）		26～30	30～33	33～37	37～41
分蘗肥	尿素		6～7	7～8	8～9	9～11
幼穗分化肥	方案1	配方追肥（22-0-24）	11～13	13～17	17～20	20～27
	方案2	尿素	5～6	6～8	8～9	9～12
		KCl	3～5	5～7	7～9	9～11

方案三：终端配肥＋单质肥。

基肥和幼穗分化肥选用单质肥或复混肥按纯量分别计算后现场掺混，施肥建议用量见表17-24。

表17-24 桂北中稻区施肥建议用量（终端配肥专用）

施肥时期	肥料品种	不同产量水平下的施肥建议用量（kg/亩）			
		400kg/亩以下	400～500kg/亩	500～600kg/亩	600kg/亩以上
基肥	N	3.6～4.2	4.2～5.0	5.0～5.6	5.6～6.8
	P$_2$O$_5$	3.5～4.0	4.0～4.5	4.5～5.0	5.0～5.5
	K$_2$O	3.6～4.8	4.8～6.0	6.0～7.2	7.2～8.4
分蘗肥	尿素	6～7	7～8	8～9	9～11
幼穗分化肥	尿素	6～7	7～8	8～9	9～11
	KCl	4～5	5～7	7～8	8～9

方案四：一次性施肥（其中氮源中要求掺入30％以上释放期为30～35 d的缓控释氮）。

推荐配方（N-P$_2$O$_5$-K$_2$O）：23-8-18，施肥建议用量见表17-25。

表17-25 桂北中稻施肥建议用量（终端配肥专用）

肥料品种	不同产量水平下的施肥建议用量（kg/亩）			
	400kg/亩以下	400～500kg/亩	500～600kg/亩	600kg/亩以上
基施配方肥（23-8-18）	45～50	50～56	56～63	63～70

（2）桂西单双季稻区

①桂西早（晚）稻区。

方案一：中低浓度配方肥＋单质肥。

推荐配方（N-P_2O_5-K_2O）：基肥为12-9-13，追肥为17-0-14。施肥建议用量见表17-26。

表17-26　桂西早（晚）稻区施肥建议用量（中浓度）

施肥时期	肥料品种		不同产量水平下的施肥建议用量（kg/亩）			
			350kg/亩以下	350～450kg/亩	450～550kg/亩	550kg/亩以上
基肥	配方基肥（12-9-13）		31～36	36～40	40～44	44～50
分蘖肥	尿素		6～7	7～8	8～9	9～10
幼穗分化肥	方案1	配方追肥（17-0-14）	14～18	18～22	22～24	24～27
	方案2	尿素	5～6	6～8	8～9	9～10
		KCl	3～4	4～5	5～6	6～7

方案二：高浓度配方肥＋单质肥。

推荐配方（N-P_2O_5-K_2O）：基肥为17-13-18，追肥为24-0-21。施肥建议见表17-27。

表17-27　桂西早（晚）稻区施肥建议用量（高浓度）

施肥时期	肥料品种		不同产量水平下的施肥建议用量（kg/亩）			
			350kg/亩以下	350～450kg/亩	450～550kg/亩	550kg/亩以上
基肥	配方基肥（17-13-18）		21～25	25～28	28～31	31～35
分蘖肥	尿素		6～7	7～8	8～9	9～10
幼穗分化肥	方案1	配方追肥（24-0-21）	10～13	13～16	16～17	17～19
	方案2	尿素	5～6	6～8	8～9	9～10
		KCl	3～4	4～5	5～6	6～7

方案三：终端配肥＋单质肥。

基肥和幼穗分化肥选用单质肥或复混肥按纯量分别计算后现场掺混，施肥建议用量见表17-28。

表17-28　桂西早（晚）稻区施肥建议用量（终端配肥）

施肥时期	肥料品种	不同产量水平下的施肥建议用量（kg/亩）			
		350kg/亩以下	350～450kg/亩	450～550kg/亩	550kg/亩以上
基肥	N	3.5～4.0	4.0～4.6	4.6～5.4	5.4～6.0
	P_2O_5	2.8～3.2	3.2～3.6	3.6～4.0	4.0～4.5
	K_2O	3.5～4.3	4.3～4.9	4.9～5.5	5.5～6.1
分蘖肥	尿素	6～7	7～8	8～9	9～10
幼穗分化肥	尿素	6～7	7～8	8～9	9～10
	KCl	4.0～5.0	5.0～5.5	5.5～6.0	6.0～7.0

方案四：一次性施肥（其中，氮源中要求掺入30%以上释放期为30～35 d的缓控释氮）。

推荐配方（N-P_2O_5-K_2O）：23-7-15。施肥建议用量见表17-29。

表17-29　桂西早（晚）稻区施肥建议用量（一次性施肥）

肥料品种	不同产量水平下的施肥建议用量（kg/亩）			
	350kg/亩以下	350～450kg/亩	450～550kg/亩	550kg/亩以上
基施配方肥（23-7-15）	40～45	45～50	50～55	55～60

②桂西中稻区。

方案一：中低浓度配方肥＋单质肥。

推荐配方（N-P$_2$O$_5$-K$_2$O）：基肥为 11-9-13，追肥为 14-0-16。施肥建议用量见表 17－30。

表 17－30　桂西中稻区施肥建议用量（中浓度）

施肥时期		肥料品种	不同产量水平下的施肥建议用量（kg/亩）			
			400kg/亩以下	400～500kg/亩	500～600kg/亩	600kg/亩以上
基肥		配方基肥（11-9-13）	32～37	36～43	43～48	48～53
分蘖肥		尿素	6～7	7～8	8～9	9～10
幼穗分化肥	方案 1	配方追肥（14-0-16）	17～20	21～26	26～29	29～37
	方案 2	尿素	5～6	6～8	8～9	9～11
		KCl	3～4	4～6	6～8	8～10

方案二：高浓度配方肥＋单质肥。

推荐配方（N-P$_2$O$_5$-K$_2$O）：基肥为 15-13-17，追肥为 21-0-24。施肥建议用量见表 17－31。

表 17－31　桂西中稻区施肥建议用量（高浓度）

施肥时期		肥料品种	不同产量水平下的施肥建议用量（kg/亩）			
			400kg/亩以下	400～500kg/亩	500～600kg/亩	600kg/亩以上
基肥		配方基肥（15-13-17）	24～27	27～31	31～35	35～39
分蘖肥		尿素	6～7	7～8	8～9	9～10
幼穗分化肥	方案 1	配方追肥（21-0-24）	11～13	14～17	17～19	19～25
	方案 2	尿素	5～6	6～8	8～9	9～11
		KCl	3～4	4～6	6～8	8～10

方案三：终端配肥＋单质肥。

基肥和幼穗分化肥选用单质肥或复混肥按纯量分别计算后现场掺混，施肥建议用量见表 17－32。

表 17－32　桂西中稻区施肥建议用量（终端配肥）

施肥时期	肥料品种	不同产量水平下的施肥建议用量（kg/亩）			
		400kg/亩以下	400～500kg/亩	500～600kg/亩	600kg/亩以上
基肥	N	3.4～4.0	4.0～4.8	4.8～5.4	5.4～6.4
	P$_2$O$_5$	3.0～3.5	3.4～4.0	4.0～4.5	4.5～5.0
	K$_2$O	3.6～4.2	4.2～5.4	5.4～6.6	6.6～7.8
分蘖肥	尿素	6～7	7～8	8～9	9～10
幼穗分化肥	尿素	6～7	7～8	8～9	9～10
	KCl	4～5	5～6	6～7	7～9

方案四：一次性施肥（其中，氮源中要求掺入 30％以上释放期为 30～35 d 的缓控释氮）。

推荐配方（N-P$_2$O$_5$-K$_2$O）：24-8-19。施肥建议用量见表 17－33。

表 17－33　桂西中稻施肥建议用量（一次性施肥）

肥料品种	不同产量水平下的施肥建议用量（kg/亩）			
	400kg/亩以下	400～500kg/亩	500～600kg/亩	600kg/亩以上
基施配方肥（24-8-19）	38～44	44～50	50～56	56～63

（3）桂中双季稻区

方案一：中低浓度配方肥＋单质肥。

推荐配方（N-P$_2$O$_5$-K$_2$O）：基肥为 11-8-13，追肥为 15-0-16。施肥建议用量见表 17-34。

表 17-34　桂中双季稻区施肥建议用量（中低浓度）

施肥时期	肥料品种		不同产量水平下的施肥建议用量（kg/亩）			
			350kg/亩以下	350～450kg/亩	450～550kg/亩	550kg/亩以上
基肥	配方基肥（11-8-13）		35～39	39～42	42～47	47～50
分蘖肥	尿素		5～6	6～7	7～8	8～9
幼穗分化肥	方案1	配方追肥（15-0-16）	13～17	17～22	22～26	26～32
	方案2	尿素	4～5	5～7	7～9	9～11
		KCl	3～5	5～6	6～7	7～9

方案二：高浓度配方肥＋单质肥。

推荐配方（N-P$_2$O$_5$-K$_2$O）：基肥为 15-13-19，追肥为 23-0-25。施肥建议用量见表 17-35。

表 17-35　桂中双季稻区施肥建议用量（高浓度）

施肥时期	肥料品种		不同产量水平下的施肥建议用量（kg/亩）			
			350kg/亩以下	350～450kg/亩	450～550kg/亩	550kg/亩以上
基肥	配方基肥（15-13-19）		24～27	27～29	29～32	32～35
分蘖肥	尿素		5～6	6～7	7～8	8～9
幼穗分化肥	方案1	配方追肥（23-0-25）	7～10	10～14	14～18	18～22
	方案2	尿素	4～5	5～7	7～9	9～11
		KCl	3～5	5～6	6～7	7～9

方案三：终端配肥＋单质肥。

基肥和幼穗分化肥选用单质肥或复混肥按纯量分别计算后现场掺混，施肥建议用量见表 17-36。

表 17-36　桂中双季稻区施肥建议用量（终端配肥）

施肥时期	肥料品种	不同产量水平下的施肥建议用量（kg/亩）			
		350kg/亩以下	350～450kg/亩	450～550kg/亩	550kg/亩以上
基肥	N	3.0～3.6	3.6～4.4	4.4～5.2	5.2～5.8
	P$_2$O$_5$	3.1～3.5	3.5～3.8	3.8～4.2	4.2～4.5
	K$_2$O	3.9～4.6	4.6～5.4	5.4～6.1	6.1～6.9
分蘖肥	尿素	5～6	6～7	7～8	8～9
幼穗分化肥	尿素	5～6	6～7	7～8	8～9
	KCl	4～5	5～6	6～7	7～8

方案四：一次性施肥（其中，氮源中要求掺入 30% 以上释放期为 30～35 d 的缓控释氮）。

推荐配方（N-P$_2$O$_5$-K$_2$O）：23-8-19。

施肥建议用量见表 17-37。

表 17-37　桂中双季稻区施肥建议用量（一次性施肥）

肥料品种	不同产量水平下的施肥建议用量（kg/亩）			
	350kg/亩以下	350～450kg/亩	450～550kg/亩	550kg/亩以上
基施配方肥（23-8-19）	40～44	44～48	48～53	53～55

（4）桂东双季稻区

方案一：中低浓度配方肥＋单质肥。

推荐配方（N-P$_2$O$_5$-K$_2$O）：基肥为10-8-11，追肥为17-0-15。

施肥建议用量见表17-38。

表17-38 桂东双季稻区施肥建议用量（中低浓度）

施肥时期	肥料品种		不同产量水平下的施肥建议用量（kg/亩）			
			350kg/亩以下	350～450kg/亩	450～550kg/亩	550kg/亩以上
基肥	配方基肥（10-8-11）		38～43	43～46	46～51	51～55
分蘖肥	尿素		5～7	7～8	8～9	9～10
幼穗分化肥	方案1	配方追肥（17-0-15）	13～16	16～21	21～26	26～30
	方案2	尿素	4～6	6～8	8～10	10～11
		KCl	3～4	4～5	5～7	7～8

方案二：高浓度配方肥＋单质肥。

推荐配方（N-P$_2$O$_5$-K$_2$O）：基肥为17-13-18，追肥为25-0-21。

施肥建议用量见表17-39。

表17-39 桂东双季稻区施肥建议用量（高浓度）

施肥时期	肥料品种		不同产量水平下的施肥建议用量（kg/亩）			
			350kg/亩以下	350～450kg/亩	450～550kg/亩	550kg/亩以上
基肥	配方基肥（17-13-18）		24～27	27～29	29～32	32～34
分蘖肥	尿素		5～7	7～8	8～9	9～10
幼穗分化肥	方案1	配方追肥（25-0-21）	8～11	11～14	14～18	18～21
	方案2	尿素	4～6	6～8	8～10	10～11
		KCl	3～4	4～5	5～7	7～8

方案三：终端配肥＋单质肥。

基肥和幼穗分化肥选用单质肥或复混肥按纯量分别计算后现场掺混，施肥建议用量见表17-40。

表17-40 桂东双季稻区施肥建议用量（终端配肥）

施肥时期	肥料品种	不同产量水平下的施肥建议用量（kg/亩）			
		350kg/亩以下	350～450kg/亩	450～550kg/亩	550kg/亩以上
基肥	N	3.2～4.0	4.0～4.8	4.8～5.6	5.6～6.2
	P$_2$O$_5$	3.1～3.5	3.5～3.8	3.8～4.2	4.2～4.5
	K$_2$O	3.6～4.2	4.2～4.9	4.9～5.6	5.6～6.3
分蘖肥	尿素	5～7	7～8	8～9	9～10
幼穗分化肥	尿素	5～7	7～8	8～9	9～10
	KCl	4～5	5～5.5	5.5～6	6～7

方案四：一次性施肥（其中，氮源中要求掺入30％以上释放期为30～35 d的缓控释氮）。

推荐配方（N-P$_2$O$_5$-K$_2$O）：22-7-16。施肥建议用量见表17-41。

表17-41 桂东双季稻区施肥建议用量（一次性施肥）

肥料品种	不同产量水平下的施肥建议用量（kg/亩）			
	350kg/亩以下	350～450kg/亩	450～550kg/亩	550kg/亩以上
基施配方肥（22-7-16）	45～50	50～55	55～60	60～65

（5）桂南双季稻区

方案一：中低浓度配方肥＋单质肥。

推荐配方（N-P_2O_5-K_2O）：基肥为 12-11-13，追肥为 17-0-14。施肥建议用量见表 17-42。

表 17-42　桂南双季稻区施肥建议用量（中低浓度）

施肥时期	肥料品种		不同产量水平下的施肥建议用量（kg/亩）			
			350kg/亩以下	350～450kg/亩	450～550kg/亩	550kg/亩以上
基肥	配方基肥（12-11-13）		32～35	35～37	37～39	39～41
分蘖肥	尿素		5～6	6～8	8～9	9～10
幼穗分化肥	方案1	配方追肥（17-0-14）	10～16	16～20	20～26	26～32
	方案2	尿素	4～5	5～8	8～10	10～11
		KCl	3～4	4～5	5～6	6～7

方案二：高浓度配方肥＋单质肥。

推荐配方（N-P_2O_5-K_2O）：基肥为 16-14-17，追肥为 24-0-20。

施肥建议用量见表 17-43。

表 17-43　桂南双季稻区施肥建议用量（高浓度）

施肥时期	肥料品种		不同产量水平下的施肥建议用量（kg/亩）			
			350kg/亩以下	350～450kg/亩	450～550kg/亩	550kg/亩以上
基肥	配方基肥（16-14-17）		25～27	27～29	29～30	30～32
分蘖肥	尿素		5～6	6～8	8～9	9～10
幼穗分化肥	方案1	配方追肥（24-0-20）	7～11	11～14	14～19	19～23
	方案2	尿素	4～5	5～8	8～10	10～11
		KCl	3～4	4～5	5～6	6～7

方案三：终端配肥＋单质肥。

基肥和幼穗分化肥选用单质肥或复混肥按纯量分别计算后现场掺混，施肥建议用量见表 17-44。

表 17-44　桂南双季稻区施肥建议用量（终端配肥）

施肥时期	肥料品种	不同产量水平下的施肥建议用量（kg/亩）			
		350kg/亩以下	350～450kg/亩	450～550kg/亩	550kg/亩以上
基肥	N	3.0～3.8	3.8～4.6	4.6～5.4	5.4～6.0
	P_2O_5	3.5～3.8	3.8～4.1	4.1～4.3	4.3～4.5
	K_2O	3.4～4.0	4.0～4.6	4.6～5.3	5.3～5.9
分蘖肥	尿素	5～6	6～8	8～9	9～10
幼穗分化肥	尿素	5～6	6～8	8～9	9～10
	KCl	3.5～4	4～5	5～6	6～7

方案四：一次性施肥（其中，氮源中要求掺入 30％以上释放期为 30～35 d 的缓控释氮）。

推荐配方（N-P_2O_5-K_2O）：24-8-17。施肥建议用量见表 17-45。

表 17-45　桂南双季稻区施肥建议用量（终端配肥）

肥料品种	不同产量水平下的施肥建议用量（kg/亩）			
	350kg/亩以下	350～450kg/亩	450～550kg/亩	550kg/亩以上
基施配方肥（24-8-17）	45～48	48～51	51～54	54～55

（二）玉米

1. 施肥总量

施肥总量见表 17-46、表 17-47。

表 17-46 广西春玉米推荐施肥总量（以纯量计）

目标产量	氮肥（kg/亩）	磷肥（kg/亩）	钾肥（kg/亩）
<300 kg/亩	7～10	3～4	6～8
300～400 kg/亩	9～12	3～4	8～9
400～500 kg/亩	12～14	4～5	9～10
>500 kg/亩	13～15	4～5	10～12

表 17-47 广西秋玉米推荐施肥总量（以纯量计）

目标产量	氮肥（kg/亩）	磷肥（kg/亩）	钾肥（kg/亩）
<300 kg/亩	7～10	2～3	5～7
300～400 kg/亩	8～11	2～3	7～8
400～500 kg/亩	11～13	3～4	9～11
>500 kg/亩	13～16	3～4	11～14

2. 肥料运筹（以纯量计）

（1）基肥　农家肥和磷肥以及 30% 的氮肥、40% 的钾肥作基肥施用。

（2）攻秆肥（8～9 叶）　40% 的氮肥、30% 的钾肥。

（3）攻苞肥（抽雄前 10～15 d，大喇叭口期）　30% 的氮肥。

广西玉米各期施肥量见表 17-48。

表 17-48 广西玉米各期施肥量

项目	施肥量（kg/亩）											
	300 kg/亩以下						300～400 kg/亩					
	氮肥（N）		磷肥（P$_2$O$_5$）		钾肥（K$_2$O）		氮肥（N）		磷肥（P$_2$O$_5$）		钾肥（K$_2$O）	
	最低	最高	最低	最高	最低	最高	最低	最高	最低	最高	最低	最高
基肥	2	3			2.5	3	2.5	3.5			3	4
攻秆肥	3	4			3.5	5	4.0	5.0			5	5
攻苞肥	2	3					2.5	3.5				
合计	7	10	3	4	6.0	8	9.0	12.0	3	4	8	9

项目	施肥量（kg/亩）											
	400～500 kg/亩						500 kg/亩以上					
	氮肥（N）		磷肥（P$_2$O$_5$）		钾肥（K$_2$O）		氮肥（N）		磷肥（P$_2$O$_5$）		钾肥（K$_2$O）	
	最低	最高	最低	最高	最低	最高	最低	最高	最低	最高	最低	最高
基肥	3.5	4			4	4	4	4.5			4	5
攻秆肥	5.0	6			5	6	5	6.0			6	7
攻苞肥	3.5	4					4	4.5				
合计	12.0	14	4	5	9	10	13	15.0	4	5	10	12

3. 施肥方法及注意事项

（1）土壤性质　一般土质黏重的土壤对幼苗生长不利，应注意苗期施肥；砂质土壤，保肥性差，施肥应少量多次；石灰性土壤选择过磷酸钙或磷酸一铵、磷酸二铵等酸性或生理酸性肥料，并增施适量硫酸锌肥料；酸性土壤选择钙镁磷肥等碱性肥料。

（2）气候条件　高温多雨季节，作物生长迅速，需养分量大，但应控制氮的施用量，避免贪青晚熟；另外不要施用硝态氮肥，防止降水过多导致养分损失和水质污染。

（3）肥料性质　铵态氮易溶于水、遇碱遇热易分解挥发，应深施并立即覆土；尿素施入土后要经微生物作用水解转化成铵态氮才能被吸收，作追肥要提前施，条施、穴施、沟施，避免撒施。

（4）水旱轮作　改种玉米的田块，应适当减少氮肥用量。

4. 桂西、桂中、桂北玉米区

方案一：中低浓度配方肥＋单质肥。

推荐配方（N-P$_2$O$_5$-K$_2$O）：基肥为 11-9-10，追肥为 20-0-10。施肥建议用量见表 17-49。

表 17-49　桂西、桂中、桂北玉米区施肥建议用量（中低浓度）

施肥时期	肥料品种		不同产量水平下的施肥建议用量（kg/亩）			
			300kg/亩以下	300～400kg/亩	400～500kg/亩	500kg/亩以上
基肥	配方基肥（11-9-10）		36～41	41～45	45～50	50～55
攻苞肥（大喇叭口期施）	方案1	配方追肥（20-0-10）	17～27	27～37	37～46	46～56
	方案2	尿素	7～12	12～16	16～20	20～25
		KCl	5.0～6.0	6.0～6.5	6.5～7.0	7.0～8.0

方案二：高浓度配方肥＋单质肥。

推荐配方（N-P$_2$O$_5$-K$_2$O）：基肥为 16-13-14，追肥为 32-0-16。施肥建议用量见表 17-50。

表 17-50　桂西、桂中、桂北玉米区施肥建议用量（高浓度）

施肥时期	肥料品种		不同产量水平下的施肥建议用量（kg/亩）			
			300kg/亩以下	300～400kg/亩	400～500kg/亩	500kg/亩以上
基肥	配方基肥（16-13-14）		26～29	29～32	32～36	36～40
攻苞肥（大喇叭口期施）	方案1	配方追肥（32-0-16）	11～17	17～23	23～29	29～36
	方案2	尿素	7～12	12～16	16～20	20～25
		KCl	5～6	6～6.5	6.5～7	7～8

方案三：终端配肥＋单质肥。

基肥和攻苞肥选用单质或复混肥按纯量分别计算后现场掺混，施肥建议用量见表 17-51。

表 17-51　桂西、桂中、桂北玉米区施肥建议用量（终端配肥）

施肥时期	肥料品种	不同产量水平下的施肥建议用量（kg/亩）			
		300kg/亩以下	300～400kg/亩	400～500kg/亩	500kg/亩以上
基肥	N	3.8～5.0	5.0～6.3	6.3～7.5	7.5～8.8
	P$_2$O$_5$	3.3～3.7	3.7～4.1	4.1～4.6	4.6～5.0
	K$_2$O	3.2～3.6	3.6～4.1	4.1～4.5	4.5～5.0
攻苞肥（大喇叭口期施）	尿素	8～11	11～14	14～16	16～19
	KCl	5～6	6～7	7～8	8～8

方案四：一次性施肥（其中，氮源中要求掺入 30% 以上释放期为 45～55 d 的缓控释氮）。

推荐配方（N-P$_2$O$_5$-K$_2$O）：25-8-16。施肥建议用量见表 17-52。

表 17-52　桂西、桂中、桂北玉米区施肥建议用量（一次性施肥）

肥料品种	不同产量水平下的施肥建议用量（kg/亩）			
	300kg/亩以下	300～400kg/亩	400～500kg/亩	500kg/亩以上
基施配方肥（25-8-16）	40～45	45～50	50～57	57～65

5. 桂南、桂东玉米区

方案一：中低浓度配方肥＋单质肥。

推荐配方（N-P$_2$O$_5$-K$_2$O）：基肥为 10-8-9，追肥为 21-0-11。施肥建议用量见表 17 - 53。

表 17 - 53　桂南、桂东玉米区施肥建议用量（中低浓度）

施肥时期	肥料品种		不同产量水平下的施肥建议用量（kg/亩）			
			300kg/亩以下	300～400kg/亩	400～500kg/亩	500kg/亩以上
基肥	配方基肥（10-8-9）		43～48	48～53	53～60	60～65
攻苞肥 （大喇叭口期施）	方案1	配方追肥（21-0-11）	20～29	29～38	38～47	47～56
	方案2	尿素	9～13	13～17	17～21	21～26
		KCl	5～6	6～7	7～8	8～9

方案二：高浓度配方肥＋单质肥。

推荐配方（N-P$_2$O$_5$-K$_2$O）：基肥为 18-14-15，追肥为 29-0-16。

施肥建议用量见表 17 - 54。

表 17 - 54　桂南、桂东玉米区施肥建议用量（高浓度）

施肥时期	肥料品种		不同产量水平下的施肥建议用量（kg/亩）			
			300kg/亩以下	300～400kg/亩	400～500kg/亩	500kg/亩以上
基肥	配方基肥（19-14-15）		24～26	26～29	29～33	33～36
攻苞肥 （大喇叭口期施）	方案1	配方追肥（29-0-16）	14～21	21～28	28～34	34～41
	方案2	尿素	9～13	13～17	17～21	21～26
		KCl	5～6	6～7	7～8	8～9

方案三：终端配肥＋单质肥。基肥和攻苞肥选用单质肥或复混肥按纯量分别计算后现场掺混，施肥建议用量见表 17 - 55。

表 17 - 55　桂南、桂东玉米区施肥建议用量（终端配肥）

施肥时期	肥料品种	不同产量水平下的施肥建议用量（kg/亩）			
		300kg/亩以下	300～400kg/亩	400～500kg/亩	500kg/亩以上
基肥	N	4.3～5.5	5.5～6.8	6.8～8.0	8.0～9.3
	P$_2$O$_5$	3.3～3.7	3.7～4.1	4.1～4.6	4.6～5.0
	K$_2$O	3.5～4.0	4.0～4.5	4.5～5.0	5.0～5.5
攻苞肥	尿素	9～12	12～15	15～17	17～20
（大喇叭口期施）	KCl	6～7	7～8	8～8.5	8.5～9

方案四：一次性施肥（其中，氮源中要求掺入 30％以上释放期为 45～55 d 的缓控释氮）。

推荐配方（N-P$_2$O$_5$-K$_2$O）：23-7-15。

施肥建议用量见表 17 - 56。

表 17 - 56　桂南、桂东玉米区施肥建议用量（一次性施肥）

肥料品种	不同产量水平下的施肥建议用量（kg/亩）			
	300kg/亩以下	300～400kg/亩	400～500kg/亩	500kg/亩以上
基施配方肥（23-7-15）	47～53	53～60	60～66	66～70

（三）甘蔗

1. 桂中、桂西甘蔗区

方案一：中低浓度配方肥＋单质肥。

推荐配方（N-P$_2$O$_5$-K$_2$O）：基肥为 11-13-8，追肥为 19-0-14。

施肥建议用量见表 17-57。

表 17-57　桂中、桂西甘蔗区施肥建议用量（中低浓度）

施肥时期	肥料品种		不同产量水平下的施肥建议用量（kg/亩）			
			5 000kg/亩以下	5 000～6 000kg/亩	6 000～7 000kg/亩	7 000kg/亩以上
基肥（破垄肥）	配方基肥（11-13-8）		53～58	58～64	64～73	73～85
攻茎肥（分蘖盛期施）	方案1	配方追肥（19-0-14）	70～78	78～85	85～95	95～104
	方案2	尿素	29～32	32～35	35～39	39～43
		KCl	15～17	17～20	20～23	23～25

方案二：高浓度配方肥＋单质肥。

推荐配方（N-P$_2$O$_5$-K$_2$O）：基肥为 17-21-12，追肥为 27-0-20。

施肥建议用量见表 17-58。

表 17-58　桂中、桂西甘蔗区施肥建议用量（高浓度）

施肥时期	肥料品种		不同产量水平下的施肥建议用量（kg/亩）			
			5 000kg/亩以下	5 000～6 000kg/亩	6 000～7 000kg/亩	7 000kg/亩以上
基肥（破垄肥）	配方基肥（17-21-12）		34～37	37～41	41～47	47～55
攻茎肥（分蘖盛期施）	方案1	配方追肥（27-0-20）	49～54	54～59	59～67	67～73
	方案2	尿素	29～32	32～35	35～39	39～43
		KCl	15～17	17～20	20～23	23～25

方案三：终端配肥＋单质肥。

基肥（破垄肥）和攻茎肥选用单质肥或复混肥按纯量分别计算后现场掺混，施肥建议用量见表 17-59。

表 17-59　桂中、桂西甘蔗区施肥建议用量（终端配肥）

施肥时期	肥料品种	不同产量水平下的施肥建议用量（kg/亩）			
		5 000kg/亩以下	5 000～6 000kg/亩	6 000～7 000kg/亩	7 000kg/亩以上
基肥（破垄肥）	N	5.7～6.3	6.3～6.9	6.9～7.8	7.8～8.7
	P$_2$O$_5$	7.2～7.8	7.8～8.6	8.6～9.8	9.8～11.5
	K$_2$O	3.9～4.5	4.5～5.1	5.1～5.9	5.9～6.6
攻茎肥（分蘖盛期施）	尿素	29～32	32～35	35～40	40～44
	KCl	15～18	18～20	20～23	23～26

方案四：一次性施肥（其中，氮源中要求掺入 40%～50% 释放期为 90～100 d 的缓控释氮）。

推荐配方（N-P$_2$O$_5$-K$_2$O）：24-9-17。施肥建议用量见表 17-60。

表 17-60　桂中、桂西甘蔗区施肥建议用量（一次性施肥）

肥料品种	不同产量水平下的施肥建议用量（kg/亩）			
	5 000kg/亩以下	5 000～6 000kg/亩	6 000～7 000kg/亩	7 000kg/亩以上
基施配方肥（24-9-17）	80～87	87～96	96～109	109～128

2. 桂南甘蔗区

方案一：中低浓度配方肥＋单质肥。

推荐配方（N-P$_2$O$_5$-K$_2$O）：基肥为 12-14-8，追肥为 19-0-12。

施肥建议用量见表 17－61。

表 17－61　桂南甘蔗区施肥建议用量（一次性施肥）

施肥时期		肥料品种	不同产量水平下的施肥建议用量（kg/亩）			
			5 000kg/亩以下	5 000～6 000kg/亩	6 000～7 000kg/亩	7 000kg/亩以上
基肥（破垄肥）		配方基肥（12-14-8）	46～52	52～59	59～67	67～78
攻茎肥（分蘖盛期施）	方案1	配方追肥（19-0-12）	73～79	79～88	88～99	99～108
	方案2	尿素	30～33	33～37	37～41	41～44
		KCl	15～16	16～18	18～20	20～22

方案二：高浓度配方肥＋单质肥。

推荐配方（N-P$_2$O$_5$-K$_2$O）：基肥为 18-20-11，追肥为 28-0-18。

施肥建议用量见表 17－62。

表 17－62　桂南甘蔗区施肥建议用量（一次性施肥）

施肥时期		肥料品种	不同产量水平下的施肥建议用量（kg/亩）			
			5 000kg/亩以下	5 000～6 000kg/亩	6 000～7 000kg/亩	7 000kg/亩以上
基肥（破垄肥）		配方基肥（18-20-11）	32～37	37～41	41～47	47～54
攻茎肥（分蘖盛期施）	方案1	配方追肥（28-0-18）	54～61	61～68	68～74	54～61
	方案2	尿素	30～33	33～37	37～41	41～44
		KCl	15～16	16～18	18～20	20～22

方案三：终端配肥＋单质肥。

基肥（破垄肥）和攻茎肥选用单质肥或复混肥按纯量分别计算后现场掺混，施肥建议用量见表 17－63。

表 17－63　桂南甘蔗区施肥建议用量（终端配肥）

施肥时期	肥料品种	不同产量水平下的施肥建议用量（kg/亩）			
		5 000kg/亩以下	5 000～6 000kg/亩	6 000～7 000kg/亩	7 000kg/亩以上
基肥（破垄肥）	N	5.9～6.5	6.5～7.2	7.2～8.1	8.1～9.0
	P$_2$O$_5$	6.5～7.4	7.4～8.3	8.3～9.5	9.5～11.0
	K$_2$O	3.8～4.2	4.2～4.7	4.7～5.3	5.3～5.9
攻茎肥（分蘖盛期施）	尿素	30～33	33～37	37～41	41～46
	KCl	15～16	16～18	18～20	20～23

方案四：一次性施肥（其中，氮源中要求掺入 40％～50％释放期为 90～100 d 的缓控释氮）。

推荐配方（N-P$_2$O$_5$-K$_2$O）：26-9-16。

施肥建议用量见表 17－64。

表 17－64　桂南甘蔗区施肥建议用量（一次性施肥）

肥料品种	不同产量水平下的施肥建议用量（kg/亩）			
	5 000kg/亩以下	5 000～6 000kg/亩	6 000～7 000kg/亩	7 000kg/亩以上
基施配方肥（26-9-16）	72～82	82～92	92～106	106～122

（四）马铃薯

1. 施肥原则

（1）依据测土结果和目标产量，确定氮、磷、钾肥合理用量；依据土壤肥力条件优化氮、磷、钾化肥用量。

（2）增施有机肥，提倡有机无机肥配合施用；忌用没有充分腐熟的有机肥料。

（3）依据土壤钾状况，适当增施钾肥。

（4）肥料分配上以基、追结合为主，追肥以氮、钾肥为主。

（5）依据土壤中微量元素养分含量状况，在马铃薯旺盛生长期叶面适量喷施中微量元素肥料。

（6）肥料施用应与高产优质栽培技术相结合，尤其需要注意病害防治。

2. 施肥建议

（1）不同目标产量施肥量建议用量见表 17-65。

表 17-65 广西区马铃薯施肥建议用量

肥料种类	不同产量水平下的施肥建议用量（kg/亩）			
	1 500kg/亩以下	1 500～2 000kg/亩	2 000～3 000kg/亩	3 000kg/亩以上
N	7.31～10.45	9.15～15.05	10.45～16.35	16.35～22.25
P	5.25～6.75	5.25～6.75	6.75～8.25	8.25～9.75
K	9.95～12.65	10.95～17.65	15.65～21.35	19.35～26.05

（2）基肥推荐 13-15-17（N-P_2O_5-K_2O）或相近配方，苗期追肥推荐 32-0-16 或相近配方，苗期追肥推荐 15-0-15 或与配方相近。

（3）各时期施肥建议用量见表 17-66。

表 17-66 广西区马铃薯施肥配方建议用量

施肥时期	肥料品种		不同产量水平下的施肥建议用量（kg/亩）			
			1 500kg/亩以下	1 500～2 000kg/亩	2 000～3 000kg/亩	3 000kg/亩以上
基肥	配方基肥（13-15-17）		35～45	35～45	45～55	55～65
苗期	方案1	配方追肥（15-5-20）	8～10	10～15	15～20	20～25
	方案2	尿素	3～5	5～10	5～10	10～15
		硫酸钾	4～5	5～10	8～12	10～15
块茎膨大期	方案1	配方追肥（15-0-15）	8～10	10～15	15～20	20～25
	方案2	尿素	3～5	5～10	5～10	10～15
		硫酸钾	4～5	5～10	8～12	10～15

（4）建议通过有机肥替代部分化肥的方式减少化肥施用量。一般每亩施用有机肥 1 000～1 500 kg，减少化肥施用 20%左右（主要减基肥）。

（5）在常年秸秆还田的地块，钾肥用量可适当减少 20%左右。

（五）糖料蔗

1. 推荐施肥量（以纯量计）

广西糖料蔗推荐施肥量见表 17-67、表 17-68。

表 17-67　广西新植蔗推荐施肥量

目标产量	氮肥（kg/亩）	磷肥（kg/亩）	钾肥（kg/亩）
<5 000 kg/亩	21~23	6~8	13~15
5 000~6 000 kg/亩	23~25	8~9	15~17
6 000~7 000 kg/亩	25~28	8~9	17~20
>7 000 kg/亩	28~31	9~11	20~22

表 17-68　广西宿根蔗推荐施肥量

目标产量	氮肥（kg/亩）	磷肥（kg/亩）	钾肥（kg/亩）
<5 000 kg/亩	19~21	6~8	13~15
5 000~6 000 kg/亩	21~23	8~9	15~17
6 000~7 000 kg/亩	23~26	8~9	17~20
>7 000 kg/亩	26~29	9~11	20~22

2. 各时期肥料施用量（以纯量计）

20%的氮肥、100%的磷肥及 50%的钾肥作基肥施用。30%的氮肥在分蘖始期作分蘖肥施用，50%的氮肥、50%的钾肥在拔节始期施用（表 17-69、表 17-70）。

表 17-69　广西新植蔗各时期肥料施用量

项目	肥料施用量（kg/亩）					
	5 000 kg/亩以下			5 000~6 000 kg/亩		
	氮肥（N）	磷肥（P_2O_5）	钾肥（K_2O）	氮肥（N）	磷肥（P_2O_5）	钾肥（K_2O）
基肥	4.2~4.6	6~8	6.5~7.5	4.6~5.0	8~9	7.5~8.5
分蘖肥	6.3~6.9			6.9~7.5		
拔节肥	10.5~11.5		6.5~7.5	11.5~12.5		7.5~8.5
合计	21.0~23.0	6~8	13.0~15.0	23.0~25.0	8~9	15.0~17.0

项目	肥料施用量（kg/亩）					
	6 000~7 000 kg/亩			7 000 kg/亩以上		
	氮肥（N）	磷肥（P_2O_5）	钾肥（K_2O）	氮肥（N）	磷肥（P_2O_5）	钾肥（K_2O）
基肥	5.0~5.6	8~9	8.5~10	5.6~6.2	9~11	10~11
分蘖肥	7.5~8.4			8.4~9.3		
拔节肥	12.5~14.0		8.5~10	14.0~15.5		10~11
合计	25.0~28.0	8~9	17.0~20	28.0~31.0	9~11	20~22

表 17-70　广西宿根蔗各时期肥料施用量

项目	肥料施用量（kg/亩）					
	5 000 kg/亩以下			5 000~6 000 kg/亩		
	氮肥（N）	磷肥（P_2O_5）	钾肥（K_2O）	氮肥（N）	磷肥（P_2O_5）	钾肥（K_2O）
基肥	3.8~4.2		6.5~7.5	4.2~4.6		7.5~8.5
分蘖肥	5.7~6.3			6.3~6.9		
拔节肥	9.5~10.5		6.5~7.5	10.5~11.5		7.5~8.5
合计	19~21	6~8	13~15	21~23	8~9	15~17

（续）

项目	肥料施用量（kg/亩）					
	6 000～7 000 kg/亩			7 000 kg/亩以上		
	氮肥（N）	磷肥（P_2O_5）	钾肥（K_2O）	氮肥（N）	磷肥（P_2O_5）	钾肥（K_2O）
基肥	4.6～5.2		8.5～10	5.2～5.8		10～11
分蘖肥	6.9～7.8			7.8～8.7		
拔节肥	11.5～13.0		8.5～10	13.0～14.5		10～11
合计	23.0～26.0	8～9	17.0～20	26.0～29.0	9～11	20～22

3. 糖料蔗施肥方法及注意事项

（1）增施腐熟有机肥，农家肥在施用前最好与磷肥进行堆沤。腐熟的农家肥可直接用于盖种。

（2）化肥施于种茎的两侧，但不能接触种茎，以免烧芽。

（3）磷肥全部作基肥施用，一般施于种植沟中。

（4）钾肥应早施，一般作基肥和拔节初肥。

（5）拔节肥不能施用过早，培土应避免压伤分蘖小苗。

（6）加强水肥的融合，肥料尽可能在 5 月底、6 月初施完。

（六）蔬菜

1. 施肥原则

有机肥和无机肥配合施用，多施有机肥；重施基肥，合理追肥；氮、磷、钾合理配比，配施中微量元素肥料；优化施肥时期和比例。

2. 注意事项

蔬菜生长旺期正值气温较高时，可适当增加追肥次数，以提高肥料利用率和产出率。施肥方式一般以覆土深施为主，有条件的也可配合水肥一体化设施。如果遇到干旱，则应采取淋施或叶面喷施方法。在遇到非正常低温时，要进行灌水保墒和淋施追肥，增施有机肥，以提高蔬菜吸收养分的速率。

3. 施肥建议

（1）叶菜类

①非结球叶菜类。生长期 1～2 个月、亩产 1 500～2 000 kg，亩施有机肥或农家肥 1 000～1 500 kg、纯氮 2～3 kg、五氧化二磷 3～4 kg、氧化钾 8～10 kg。全部有机肥、磷肥、钾肥和 20% 的氮肥作基肥，余下的氮肥作追肥于定植后 7d 分期施用，一般每隔 5d 左右追施一次。

广西叶菜类施肥方法见表 17-71。

表 17-71 广西叶菜类施肥方法（生长期 1～2 个月、目标产量为 1 500～2 000 kg/亩，kg/亩）

项目	有机肥	N	P_2O_5	K_2O	备注
基肥	1 000～1 500	2～3	3～4	8～10	全部有机肥、磷肥、钾肥和 20% 的氮肥作基肥
追肥	—	—	—	—	余下的氮肥按剩余生长期分多次施下，建议每隔 5d 追施一次

②结球叶菜类。生长期 3～5 个月、亩产 4 000～6 000 kg，亩施有机肥或农家肥 1 000～1 500 kg、纯氮 25～30 kg、五氧化二磷 3～4 kg、氧化钾 14～16 kg。全部有机肥、磷肥、20% 钾肥和 20% 的氮肥作基肥，余下的氮肥、钾肥作追肥于莲座期、包心期分 2～3 次施用，一般每隔 10～15d 追施一次。

广西结球叶菜类施肥方法见表 17-72。

表 17－72　广西结球叶菜类施肥方法（目标产量为 4 000～6 000 kg/亩，kg/亩）

项目	有机肥	N	P₂O₅	K₂O	备注
基肥	1 000～1 500	5～6	3～4	3～4	全部有机肥、磷肥、20%钾肥和20%的氮肥作基肥
莲座期	—	10～12	—	5～6	建议分 2～3 次施用，每隔 10～15d 追施一次
包心期	—	10～12	—	5～6	建议分 2～3 次施用，每隔 10～15d 追施一次

（2）瓜类

①亩产瓜 4 000～5 000 kg，亩施有机肥 2 000 kg、纯氮 30～40 kg、五氧化二磷 10～12 kg、氧化钾 30～36 kg。

②全部有机肥、磷肥、20％的氮肥和 20％的钾肥作基肥，余下的氮肥、钾肥作追肥分次施用，全期一般共追肥 10 次左右，每隔 7～10 d 追一次。花前氮、钾肥追肥量占总追肥量的 30％～40％，花后占 60％～70％。

③开花结果期喷施微量元素叶面肥。

（3）其他

①番茄。亩产 4 000～5 000 kg，亩施有机肥或农家肥 2 000～2 500 kg、纯氮 18～22 kg、五氧化二磷 15～19 kg、氧化钾 19～23 kg。施用全部有机肥、40％的氮肥、40％的磷肥 40％的钾肥作为基肥，余下的肥料分 4 次追肥施用。

广西番茄施肥方法见表 17－73。

表 17－73　广西番茄施肥方法（目标产量为 4 000～5 000 kg/亩）

项目	有机肥	N	P₂O₅	K₂O	备注
基肥	100%	40%	40%	40%	基肥施用全部有机肥、40%的氮肥、磷肥和钾肥
追肥		15%	15%		种植 7d 后第一次追肥
追肥		15%	15%	20%	在番茄结有 3～4 串果时进行第二次追肥
追肥		15%	15%	20%	在番茄果实开始转色时进行第三次追肥
追肥		15%	15%	20%	在采收 2～3 串实后，进行第四次追肥

②豇豆。亩产 2 000～3 000 kg，亩施有机肥或农家肥 500～1 000 kg、纯氮 17～19 kg、五氧化二磷 11～13 kg、氧化钾 19～21 kg。施用全部有机肥、磷肥和 20％的氮肥、钾肥作为基肥，余下的肥料分别在苗期和结荚期分多次追施。

广西番茄施肥方法见表 17－74。

表 17－74　广西番茄施肥方法（目标产量为 4 000～5 000 kg/亩）

项目	有机肥	N	P₂O₅	K₂O	备注
基肥	100%	20%	100%	20%	基肥施用全部有机肥、氮肥和20%磷肥和钾肥
苗期		15%	15%		20%氮肥和20%钾肥分 2 次施入（每 7d 施 1 次）
结荚期		15%	15%	20%	剩余 60%氮肥和 60%钾肥分多次施入（每 7d 施 1 次）

（七）果树

1. 香蕉

（1）施肥原则　调整施肥结构，合理施用氮磷钾肥，增施有机肥，配施中微量元素肥料。勤施薄施，重点时期重施。

（2）施肥建议

①亩施有机肥 1 500 kg 的基础上，亩施纯氮 40～50 kg、五氧化二磷 13～15 kg、氧化钾 50～60 kg。

②有机肥料用作基肥施下，追肥一般需分 10 次。蕉苗成活至抽出 10 张叶之前，施肥 3 次，每亩每次施尿素 5～6 kg、钙镁磷肥 3～5 kg、氯化钾 5～6 kg；在抽出 10～16 张大叶期间，施肥 3 次，每亩每次施尿素 8～10 kg、钙镁磷肥 8～10 kg、氯化钾 6～8 kg；在抽出 17～23 张大叶期间，施肥 2 次，每亩每次施尿素 13～15 kg、钙镁磷肥 12～14 kg、氯化钾 10～12 kg；抽蕾期追施 1 次，亩施尿素 20 kg、钙镁磷肥 12～14 kg、氯化钾 20 kg；初果期追施 1 次，亩施尿素 10 kg、钙镁磷肥 10 kg、氯化钾 8 kg。

③酸性土壤蕉园易缺镁，建议亩施 20～30 kg 硫酸镁。

④在营养生长期、抽蕾期和幼果期各喷施 0.2% 硼砂、0.2% 硫酸锌溶液 2～3 次。

⑤施肥遇到干旱天气时，应尽可能通过叶面喷施补充养分，有水后及时追施。

2. 荔枝、龙眼

（1）施肥原则　重施有机肥，有机无机肥配施，配施中微量元素肥料。

（2）施肥建议

①在每公顷施用 15 000～30 000 kg 腐熟有机肥的基础上，株产 50 kg 鲜果的树，每株施纯氮 0.8～1.0 kg、五氧化二磷 0.3～0.5 kg、氧化钾 0.8～1.0 kg、硫酸镁 0.25～0.50 kg，因土施用锌、硼肥。

②分采果肥、花前肥、壮果肥 3 次施用。全部有机肥、磷肥、50% 的氮肥、25% 的钾肥作采果肥；20% 的氮肥、30% 的钾肥作花前肥；余下的肥料作壮果肥。肥料宜采用环状沟或放射状沟追施，施后盖土。

③施肥时遇到干旱天气，应尽可能通过叶面喷施补充养分，有水后及时追施。

3. 柑橘

（1）施肥原则　重视有机肥料的施用，大力发展果园绿肥；适量施用石灰，改良土壤；优化氮、磷、钾肥合理用量和时期分配，重视秋季采果肥的施用；适当补充中微量元素。

（2）施肥方法

①砂糖橘。基肥：目标产量为每公顷 37 500～45 000 kg 的柑橘园，每公顷施用商品有机肥（含生物有机肥）4 500～7 500 kg，或牛粪、鸡粪、猪粪等经过充分腐熟的农家肥 30 000～45 000 kg；同时，配合施用 45%（15-15-15 或相近配方）的平衡配方肥 3 450～750 kg。于 12 月至翌年 1 月施用（果实采收后施用），采用条沟施，施肥深度为 20～30 cm 或结合深耕施用。

追肥：以水肥一体化为主，盛果期柑橘园滴灌 13 次，肥料供应量主要依据目标产量和土壤肥力而定。水肥一体化可提高肥料利用率，比常规施肥推荐节约肥料。目标产量为每公顷 37 500～45 000 kg 的柑橘园，每公顷氮、磷、钾肥需求量分别为 375 kg、285 kg 和 450 kg。滴灌施肥各时期氮、磷、钾肥施用量见表 17 - 75。

表 17 - 75　广西柑橘滴灌施肥用量（目标产量为 2 500～3 000 kg）

生育时期	灌溉次数（次）	灌溉量 $[m^3/($亩·次$)]$	每次灌溉加入的纯养分量（kg/亩）			
			N	P_2O_5	K_2O	$N+P_2O_5+K_2O$
花芽分化期	3	3	7.5	4.5	6	18.0
幼果期	3	3	7.5	6.0	6	19.5
生理落果期	3	5	6.0	4.5	9	19.5
果实膨大期	3	5	3.0	3.0	6	12.0
果实成熟期	1	4	1.5	1	3	5.5
合计	13	52	25.5	19	30	74.5

缺钙的果园，在幼果期喷 2～3 次 0.1％的钙肥；缺镁果园，在幼果期每亩施用硫酸镁 20～30 kg。

②沃柑。施肥方法和施肥量。可施用尿素、复合肥、磷酸二氢钾等化肥和花生麸、禽畜粪等腐熟有机肥，以有机肥为主、化肥为辅，不施含氯化肥。果园实行以产计肥，每产 50 kg 果计纯氮 0.5～1.0 kg，N∶P∶K 为 1∶（0.3～0.5）∶0.8，可根据上述比例选用花生麸、复合肥、尿素和硫酸钾，有机氮与无机氮施用比为 4.5∶5.5。

基肥：在冬至前后施基肥，以有机肥为主，结合复合肥。在植株树冠滴水线开挖施肥沟，沟深为 15～40 cm（结果少、树势旺结合断根适当深施，结果少、树势弱避免伤根过多适当浅施）。株施腐熟有机肥 10～20 kg，复合肥 0.5～1.0 kg，绿肥杂草适量（适合生草栽培的果园），石灰 0.5 kg，硼、锌、镁等中微量元素适量（按使用说明书），混合均匀后施入覆土。本次施肥量占当年施肥量的 30％。

春梢肥（萌芽肥）：在萌芽前 10～15 d 施入，促进春梢生长、花果发育。每株施麸粪水肥 10～30 kg，配合平衡型复合肥 0.3～0.5 kg 淋施。如果上年结果过多、树势弱，每株要适量增施尿素 50～150 g。春梢花蕾期可结合防治病虫害进行根外追肥，保花保果。施肥量占全年施肥量的 20％左右。

谢花保果肥。谢花 70％至谢花后一周左右施入。由于开花消耗大量养分，叶色褪绿，常引起大量落花、落果。施复合肥可补充养分损失，一般株产 25 kg 的果树每株施高钾型复合肥 0.2～0.3 kg。注意：结果少、树势过旺的幼龄结果树不宜施肥，以免造成夏梢抽发过多、梢果争肥加剧落果。施肥量占全年的 5％。

壮果、攻秋梢肥：在放梢前 20 d 左右，即 7 月中下旬至 8 月上旬（挂果量大、树势弱、枳壳砧木的可适当提前）施肥。秋梢是翌年优良结果母枝。适宜放秋梢的时间为 8 月上旬至 9 月中旬。攻秋梢肥以有机肥为主，每株施豆饼、麸肥 1.5～3.0 kg、腐熟有机肥 10～15 kg、尿素 0.2～0.5 kg、复合肥 1～2 kg，沿树冠滴水线开沟施入并覆盖。弱树、挂果量大的树适当增施氮肥，促使秋梢量多、整齐、健壮。这次施肥量占全年的 35％左右。

追施壮果肥：秋梢抽生后，每个月结合抗旱施 1～2 次水肥，以高钾型水溶肥料为主。11 月，秋梢老熟后要适当控肥。这几次施肥量占全年的 10％左右。

③沙田柚。（1～3 年树龄）未挂果树建议施用 N∶P₂O₅∶K₂O 为 1∶0.5∶1 的专用肥。1 年生沙田柚全年纯氮、五氧化二磷、氧化钾每株施肥量分别为 100g、50g 和 100g；2 年生沙田柚全年纯氮、五氧化二磷、氧化钾每株施肥量分别为 200g、100g 和 200g；3 年生沙田柚全年纯氮、五氧化二磷、氧化钾每株施肥量分别为 300g、150g 和 300g。亩施 0.5～1.0t 有机肥作基肥，氮肥、磷肥和钾肥按每年放 4 次梢平均分配，每次放梢前 10d 追施。

（4 年以上树龄）已挂果树建议施用 N∶P₂O₅∶K₂O 为 1∶0.5∶1.5 的专用肥。结果树（以每亩产量为 3 000 kg 为标准）每年每亩纯氮、五氧化二磷、氧化钾的施肥量分别为 30 kg、15 kg 和 45 kg。亩施 0.5～1.0t 有机肥作基肥，壮花肥（春梢萌动前 10～15 d）施全年化肥的 30％～50％、稳果肥（谢花 3/4 至幼果期）施全年化肥的 0～20％、壮果肥（放秋梢前 10～15d）施全年化肥的 30％～40％。

三、江西主要作物施肥建议

从 2005 年开始，江西省土壤肥料工作站组织开展了大量的"3414"田间肥效试验，采集并分析了大量的土壤样品。在此基础上，采用多年多点田间肥效试验和土壤测试结果，基于养分丰缺指标调整系数法，分县域建立了水稻和油菜等作物的测土配方施肥参数集。早稻、中稻、晚稻生育期的环境因子存在较大差异，因此分早稻、中稻和晚稻 3 个品类，分别建立施肥参数。部分地形地貌相对复杂的县，还将水稻的施肥单元进一步细分为平原、山地和丘陵 3 种施肥分区。

1. 水稻施肥参数

以万年县为例，该县将水稻分为早稻、中稻、晚稻 3 个品类；将地貌分为丘陵、平原、山地，分别建立了施肥参数。表 17-76 至表 17-80 为该县早稻施肥参数。

表 17 - 76　万年县早稻养分丰缺指标及调整系数

评价项目	分级评价		分级界限		丰缺调整系数	
	序号	评价	下限 (>)	上限 (≤)	调整养分	调整系数
碱解氮 (mg/kg)	1	极缺乏	0	90	氮	1.10
	2	缺乏	90	120		1.05
	3	中等	120	150		1.00
	4	丰富	150	200		0.95
	5	极丰富	200	9 999		0.90
有效磷 (mg/kg)	1	极缺乏	0	5	磷	1.10
	2	缺乏	5	10		1.05
	3	中等	10	20		1.00
	4	丰富	20	40		0.95
	5	极丰富	40	9 999		0.90
速效钾 (mg/kg)	1	极缺乏	0	30	锌	1.10
	2	缺乏	30	50		1.05
	3	中等	50	100		1.00
	4	丰富	100	150		0.95
	5	极丰富	150	9 999		0.90
pH	1	极酸	0	5		
	2	偏酸	5	6		
	3	中性	6	8		
	4	偏碱	7	8		
	5	极碱	8	9 999		
有机质 (g/kg)	1	极缺乏	0	10		
	2	缺乏	10	20		
	3	中等	20	30		
	4	丰富	30	40		
	5	极丰富	40	9 999		

表 17 - 77　万年县早稻基准施肥量 (平原)

产量水平 (kg/亩)		基准施肥量 (kg/亩)		
下限 (>)	上限 (≤)	N	P_2O_5	K_2O
300	400	2.05	1.05	1.6
400	500	2.15	1.15	1.8
500	600	2.3	1.25	2.0
600	700	2.55	1.40	2.1

表 17 - 78　万年县早稻基准施肥量 (丘陵)

产量水平 (kg/亩)		基准施肥量 (kg/亩)		
下限 (>)	上限 (≤)	N	P_2O_5	K_2O
300	400	2	1.15	1.6

（续）

产量水平（kg/亩）		基准施肥量（kg/亩）		
下限（>）	上限（≤）	N	P_2O_5	K_2O
400	500	2.1	1.25	1.8
500	600	2.25	1.35	2.0
600	700	2.5	1.50	2.2

表 17-79　万年县早稻基准施肥量（山地）

产量水平（kg/亩）		基准施肥量（kg/亩）		
下限（>）	上限（≤）	N	P_2O_5	K_2O
300	400	1.90	1.25	1.60
400	500	2.00	1.35	1.80
500	600	2.15	1.45	2.00
600	700	2.4	1.60	2.20

表 17-80　万年县早稻肥料分施方案

土壤质地	序号	施肥时期	化肥分时期施用比例			不计入施肥量估算范畴的其他肥料（如有机肥、中微量元素、叶面肥等）用量及其说明
			N（%）	P_2O_5（%）	K_2O（%）	
沙土	1	基肥	40	40	40	有机肥 1 000～1 500 kg，如未用含锌肥料，可加施硫酸锌 1 kg
	2	分蘖肥	30	30	30	
	3	孕穗肥	20	30	30	
	4	粒肥	10			如后期早衰，用磷酸二氢钾 0.2 kg 加尿素 0.5 kg 兑水 30 kg 喷施
壤土	1	基肥	45	50	50	有机肥 1 000～1 500 kg，如未用含锌肥料，可加施硫酸锌 1 kg
	2	分蘖肥	25	30	30	
	3	孕穗肥	20	20	20	
	4	粒肥	10			如后期早衰，用磷酸二氢钾 0.2 kg 加尿素 0.5 kg 兑水 30 kg 喷施
黏土	1	基肥	50	60	60	有机肥 1 000～1 500 kg，如未用含锌肥料，可加施硫酸锌 1 kg
	2	分蘖肥	30	30	30	
	3	孕穗肥	10	10	10	
	4	粒肥	10			如后期早衰，用磷酸二氢钾 0.2 kg 加尿素 0.5 kg 兑水 30 kg 喷施

2. 油菜施肥参数

以万年县为例，该县油菜施肥参数见表 17-81、表 17-82。

表 17-81 万年县油菜养分丰缺指标及调整系数

测试指标		分级评价				养分调整	
				分级界线			
序号	指标名称	序号	名称	下限（>）	上限（≤）	调整元素	调整系数
1	碱解氮（mg/kg）	1	极缺	0	60.00	氮	1.10
		2	较缺	60.00	90.00		1.05
		3	中等	90.00	120.00		1.00
		4	较丰	120.00	150.00		0.95
		5	极丰	150.00	9 999.00		0.90
2	有效磷（mg/kg）	1	极缺	0	5.00	磷	1.10
		2	较缺	5.00	10.00		1.05
		3	中等	10.00	20.00		1.00
		4	较丰	20.00	40.00		0.95
		5	极丰	40.00	9 999.00		0.90
3	速效钾（mg/kg）	1	极缺	0	30.00	钾	1.10
		2	较缺	30.00	50.00		1.05
		3	中等	50.00	100.00		1.00
		4	较丰	100.00	150.00		0.95
		5	极丰	150.00	9 999.00		0.90
4	有机质（g/kg）	1	极缺	0	10.00		1.00
		2	较缺	10.00	20.00		1.00
		3	中等	20.00	30.00		1.00
		4	较丰	30.00	40.00		1.00
		5	极丰	40.00	9 999.00		0.00
5	有效锌（mg/kg）	1	缺乏	0	1.00	锌	1.00
		2	丰富	1.00	9 999.00		0.00
6		1	缺乏	0	1.00	硼	1.00
		2	丰富	1.00	9 999.00		0.00

表 17-82 万年县油菜基准施肥量

作物产量水平			百千克经济产量养分基准用量（kg/亩）			肥料组合方案	
序号	名称	分级界限（kg/亩）		N	P$_2$O$_5$	K$_2$O	第一套	第二套
		下限（>）	上限（≤）					
1	极低	50.00	80.00	6.00	2.90	4.70	组合01	组合02
2	较低	80.00	110.00	6.30	3.10	5.00	组合01	组合02
3	中等	110.00	140.00	6.60	3.30	5.30	组合01	组合02
4	较高	140.00	170.00	7.20	3.60	5.80	组合01	组合02
5	极高	170.00	200.00	7.80	3.90	6.30	组合01	组合02

第四节　县域测土配方施肥专家系统建立与应用

一、县域测土配方施肥系统设计方案

(一) 总体技术路线

在施肥推荐上，根据各类肥料资源特征，坚持以有机肥为基础，氮肥用量推荐遵循目标产量定氮、区域总量控制、分期精确调控的技术路线，达到氮资源供应与作物氮需求同步，施用总量采用修正后的斯坦福 (Stanford) 公式计算。磷、钾肥和中微量元素肥用量推荐实行实地恒量监控，根据土壤磷、钾丰缺指标法或氮磷钾比例法等进行推荐；中微量元素推荐实行因素补缺法。

针对南方红壤普遍存在的酸、瘦、黏等特点，在肥料运筹上，按照绿色高产优质栽培技术要求，根据周年种植制度、土壤亚类及肥力高低、作物类型与吸肥规律合理确定，除磷肥作基肥一次性全层施用外，其他肥料适量减少基肥用量，提高中后期追肥比重。

(二) 土壤养分丰缺指标的建立

一是汇总大田土样测试结果，掌握不同区域耕地土壤氮磷钾等主要养分含量及分布状况，为划分土壤养分级差提供重要参考依据；二是根据各类 "3414" 田间肥效试验结果，计算无肥区基础地力产量，为确定目标产量提供依据；三是计算氮磷钾缺素区地力相对产量，如缺氮区相对产量 $= N_0P_2K_2/N_2P_2K_2$，用缺素区相对产量百分比表达土壤有效养分的丰缺状况，按照《测土配方施肥技术规程》确定的级差合理划分极高、高、中、低、极低 5 个等级；四是对多年多点同类试验的计算结果进行算术平均，结合该区域土壤养分测试结果，组织专家组集中评议，综合分析确定某一区域、某种作物的土壤有效养分丰缺指标；五是制成养分丰缺指标及施肥量对照检索表。

(三) 施肥推荐方法

1. 函数法

用不同肥力水平下得到的一系列效应方程，求得在每一个土壤肥力水平下相应的氮 (磷、钾) 肥推荐施用量。通过一系列数据，作出土壤有效养分含量与推荐施肥量散点图。在此基础上绘制趋势线，拟合推荐施肥量函数。通过函数，可以求得不同肥力水平下推荐施肥量的上、下限。

2. 目标产量法

(1) 确定目标产量　方法之一：通过耕地地力调查，在土地适宜性和生产潜力评价的基础上合理确定。方法之二：通过作物产量对土壤肥力依存率试验，获得土壤肥力的综合指标 X (空白田产量) 与最高产量 Y 的相关性，即 $Y=X/(a+bX)$ 或 $Y=a+bX$，作为目标产量定产的经验公式。最简单的方法就是把当地某一作物前 3 年的平均产量或前 3 年中产量最高而气候等自然条件比较正常的那一年的产量作为土壤肥力指标，一般粮食作物以增产 10%～15%、蔬菜等经济作物以增产 20% 左右为宜。

(2) 计算肥料施用量　通过 "3414" 试验，获取主要农作物施肥区不同产量级差条件下的 100 kg 籽粒吸肥量、无肥区基础地力产量、无肥区 100 kg 籽粒吸肥量以及肥料当季利用率，然后根据下列公式求出每公顷施肥 (氮、磷、钾) 量。

施肥总量＝(目标产量需肥量－土壤当季供肥量)/该元素肥料当季利用率

其中：

目标产量需肥量＝(目标产量×施肥区 100 kg 籽粒吸肥量)/100

土壤当季供肥量＝无肥区植株地上部该元素肥料积累量＝无肥区产量×无肥区 100 kg 籽粒吸肥量/100

3. 氮磷钾比例法

通过分析整理一定区域的 "3414" 田间肥效试验，获得某一作物不同产量情况下各种养分之间的最佳比例；然后，以其中一种关键养分的施肥量为基础，按各种养分之间的比例关系确定其他养分的肥料施用量，如以氮定磷、以磷定氮、以钾定氮等。

4. 磷钾动态恒量监控法

在一定时空范围内，每隔 3～5 年检测一次土壤有效磷和速效钾的含量，比较推荐施肥前的含量水平。根据养分含量变化情况和产量目标调整推荐施肥量。一般相对产量在 75％ 以下时为提高性施肥阶段，施肥量＝作物带走量×150％；相对产量在 75％～95％ 时为维持性施肥阶段，施肥量＝作物带走量×100％；相对产量在 95％ 以上时为控制性施肥阶段，施肥量＝作物带走量×70％。

5. 中微量元素肥与叶面肥施肥推荐

根据土壤中微量元素临界值或单一因素试验结果确定施与不施。原则上，水稻、玉米等作物要补施适量锌肥，油菜、棉花、柑橘等作物要补施适量硼肥。

叶面施肥即根外追肥，是植物营养诊断施肥的重要内容，是测土配方施肥的重要补充。通过叶面吸收，及时补充作物生长发育所需养分，以促进根系生长、提高吸肥能力，进而提高肥料的生物有效性。特别是遇到异常气候，作物在根系生理机能受到一定影响的情况下往往能起到事半功倍的施肥效果。因此，各地在建立主要农作物推荐施肥指标体系时应该充分考虑叶面肥的推广应用。具体的叶面肥品种应根据作物长势和缺素症状因土、因作物科学确定，一般以优质高效的氨基酸叶面肥和腐殖酸叶面肥为主，并辅以氮、磷、钾大量元素叶面肥和硼、锌等中微量元素水溶肥料。氮肥统一用尿素，磷钾肥以磷酸二氢钾为最好，其次为过磷酸钙和硫酸钾，硼肥采用高效速溶硼肥，锌肥用七水硫酸锌。统一兑清水一次性叶面喷施，喷施浓度：氨基酸叶面肥和腐植酸叶面肥控制在 300～500 倍液，其他叶面肥控制在 700～1 000 倍液。

二、测土配方施肥专家系统主要功能

测土配方施肥专家系统包括四大功能：测土配肥、系统管理、系统设置和用户管理。

(一) 测土配肥

主要功能是对系统内客户信息、测土记录进行查询、统计，以及配肥方案的生成。

(二) 系统管理

主要是定义土壤养分丰缺指标和不同作物、不同养分等级对应的配肥量，再根据配肥量和肥料品种制定对应的施肥方案。

(三) 系统设置

主要功能是设置系统运行的一些基本参数。

(四) 用户管理

主要功能是编辑用户信息，创建超级用户，显示登录次数、测土次数等。

三、系统主要参数建立

参数 1：当地主要推广作物品种（当地种子、栽培专家）。

参数 2：推广品种当地高产水平（当地种子、栽培专家）。

参数 3：目标产量（耕地适宜性评价）。

参数 4：百千克籽粒吸氮量（"3414"肥效试验、无氮空白试验）。

参数 5：土壤供氮量（"3414"肥效试验、无氮空白试验）。

参数 6：氮肥利用率（"3414"肥效试验、无氮空白试验）。

参数 7：磷、钾等元素丰缺指标（"3414"肥效试验、缺素试验）。

参数 8：磷、钾等肥料适宜用量（"3414"肥效试验、缺素试验）。

参数 9：肥料运筹方案（肥料运筹试验）。

四、测土配方施肥专家系统应用效果（以湖南、江西、广西为例）

（一）湖南主要农作物测土配方施肥专家咨询系统

该系统采用湖南 6 大作物"3414"肥效试验和不同质地基/追肥比例试验、配方校正试验结果（其中，早稻 608 个、中稻 789 个、晚稻 565 个、玉米 209 个、油菜 125 个、棉花 111 个、烟草 30 个、甘薯 22 个），分别获得以上作物的氮磷钾肥利用率、土壤有效养分校正系数、农作物产量对土壤养分的依存率、每百千克经济产量养分吸收量、最佳经济施肥量等施肥技术参数，分别确定氮磷钾肥和中微量元素肥料的推荐施用量，对土壤 pH 低于 5.5 的耕地强制推荐酸性土壤改良技术，应用 DPS、Excel 等统计分析工具，分别建立作物施肥量与土壤养分含量和作物产量之间的数学模型，将数学模型置于 Excel 或智能手机之中，实现施肥数学模型与测土数据、试验数据的无缝对接。2012—2014 年，该专家系统在耒阳、桃源、汉寿、赫山、双峰、宁乡、武冈、汨罗、桃江、资阳、东安、芷江、洪江、祁东、吉首 15 个县（市、区）的水稻、玉米、油菜、棉花、柑橘、蔬菜等主要农作物上推广应用，3 年累计推广应用面积为 152.3 万 hm^2，其中，水稻 123.6 万 hm^2、玉米 5.04 万 hm^2、油菜 15.4 万 hm^2、棉花 1.5 万 hm^2、柑橘 2.3 万 hm^2、蔬菜 1.6 万 hm^2、其他作物 2.9 万 hm^2，涉及农户 525.88 万户。与对照相比，平均每公顷增产分别为水稻 335.9 kg、油菜 141 kg、玉米 296.6 kg、蔬菜 1 128.6 kg、柑橘 987.3 kg、棉花 147 kg；共计新增稻谷 39.87 万 t、玉米 1.49 万 t、油菜籽 2.16 万 t、棉花 0.22 万 t、柑橘 2.24 万 t、蔬菜 1.81 万 t、其他作物 2.38 万 t。累计减少不合理化肥施用量 3.56 万 t；累计新增利润 15.51 亿元。通过该项目的推广应用，提升了科学施肥水平和土肥技术服务能力，减少了不合理施肥，促进了农民节本增收，减轻了农业面源污染，保护了生态环境，取得了显著的经济效益、社会效益和生态效益。该成果获得了 2016 年"湖南省科学技术进步奖二等奖"。

（二）江西基于移动 GIS 的测土配方施肥服务系统

2014 年，江西省土壤肥料工作站联合江西农业大学、江西联通公司、北京农信通公司等单位，开发了基于移动 GIS 的测土配方施肥服务系统，为农民提供测土配方施肥手机查询服务。这一系统的开发与应用，有效打通了测土配方施肥技术服务"最后一公里"，为进一步普及测土配方施肥技术提供了便捷途径。该系统的主要功能包括分属用户端和管理端两个方面的八大主要功能：

1. 用户端的三大功能

①用户可通过手机 App，按照"县→乡→村→小组→地块"逐级选择方式查询指定地块土壤养分状况及指定作物的测土配方施肥方案；②用户可通过手机 App 的 GPS 定位查询功能，获取当前地块土壤养分状况及指定作物的测土配方施肥方案；③用户可通过发送"作物名称＋地块编号"的规范格式短信息到指定服务号码，获取指定地块、指定作物的测土配方施肥方案。

2. 管理端的五大功能

①管理人员可以用电脑对后台的空间数据库和属性数据库进行远程管理；②管理人员可以用电脑对后台的知识库进行远程管理；③管理人员可以通过 Web 页面对历史用户查询情况进行远程统计分析；④管理人员可以通过 Web 页面在后台主动批量发送测土配方施肥方案到历史用户或新建用户的手机号码；⑤管理人员可以通过 Web 页面在后台打印任意选择地块的施肥建议卡。该系统 2014 年完成设计开发；2015 年，万年县测土配方施肥数据上线运行；2016 年，奉新县测土配方施肥数据上线运行。覆盖的作物主要包括早稻、中稻、晚稻和油菜。系统推广应用包括"测土、配方、配肥、供应、施肥指导"5 个核心环节，覆盖"野外调查、田间试验、土壤测试、配方设计、校正试验、配方加工、示范推广、宣传培训、数据库建立、效果评价、技术创新"等重点内容。为解决具体地块对配方的个性化需求和企业规模化生产配方肥的矛盾，该县探索建立了"专家配方、省级核准、统一品标、委托加工、网点供应"的配方肥生产供应模式和"大配方、小调整"的推广模式。江西省土壤肥料工作站邀请土肥、栽培等方面的专家学者，对省内各施肥分区的水稻配方进行汇总，制定了 5 个水稻配方肥配方和 1 个油菜配方肥配方。按照"自愿申请、平等参与、公开透明、好中选优"的原则，

公开遴选一批配方肥定点加工企业。入选的配方肥定点加工企业与江西省土壤肥料工作站签订配方肥定点加工协议，按照全省的"大配方"生产配方肥，并无偿使用"玉露"作为配方肥商标。基层农技人员在指导农户施肥时，实行"小调整"，在配方施肥建议卡上推荐配方肥的用量和调整所需单质肥料的用量，单质肥在追肥的时候补施。为保证配方肥质量，各级土肥部门定期或不定期对配方肥进行抽样检测。为打破测土配方施肥技术推广的"瓶颈"，促进测土配方施肥技术落实到田间，江西广泛开展了测土配方施肥技术示范，为农民创建窗口、树立样板，全面展示测土配方施肥技术效果，打造示范区、示范片和示范方 45 个，示范面积达到 6 800hm²。2015 年以来，江西在万年县、奉新县的水稻和油菜作物上推广应用，累计推广水稻测土配方施肥面积 11.65 万 hm²，每公顷节本增收 1 166.55 元，实现总经济效益 8 481.14 万元；累计推广油菜测土配方施肥面积 1.69 万 hm²，每公顷节本增收 948 元，实现总经济效益 992.74 万元。

（三）广西智能化测土配方施肥专家系统

广西土壤肥料工作站以历年测土配方施肥数据成果为基础，利用 3S 技术、现代计算机软件和网络信息技术开发的智能化测土配方施肥专家系统，对 2005 年以来积累的各项测土配方施肥技术成果进行有机整合，丰富和完善了测土配方施肥技术推广手段和方法，让基层农业工作者和农民能够方便地通过台式电脑、触摸屏和智能手机等多种应用终端轻松地查询并获得测土配方施肥技术服务指导，推动测土配方施肥技术物化和配方肥下地，完成测土配方施肥技术普及"最后一公里"任务。该系统的主要功能：

1. 智能手机 App 推荐施肥终端

以广西智能化专家施肥系统（PC 单机版）为基础，依托智能手机 App 软件平台（安卓版）和微信（WeChat）平台两大途径构建测土配方施肥移动施肥系统，基本实现了预期目标，为农作物测土配方和精确施肥决策提供全新的工具和方法，为农业管理部门和农户提供土壤养分管理移动信息服务，提升了工作效率，加大了对农户的服务指导。

2. 智能手机 App 软件平台（安卓版）

智能手机 App 软件平台（安卓版）系统分为前台和后台两部分。前台部分为安装在智能手机上的 App 软件；后台部分在服务器端，只有管理员有权限访问。

3. 微信平台（WeChat）

其优越性体现在智能终端的跨平台兼容性，安装了微信的智能终端（无论是安卓端还是苹果手机端）都可以访问"广西施肥点点通"施肥系统。前台访问只要登录微信，查找微信公众号"广西施肥点点通"，然后关注该公众号即可。进入"广西施肥点点通"公众号，利用手机 GPS 定位模块联网查询、推荐施肥。微信公众号切换到应用菜单可选择区域地块推荐施肥和摇一摇实时定位推荐施肥。对 3046 个结果进行对比，应用该系统施肥与农民习惯性施肥相比，氮肥利用率平均提高 6.5 个百分点，磷肥利用率提高 3.9 个百分点，钾肥利用率提高 3.6 个百分点，平均化肥利用率提高 4.67 个百分点。水稻、玉米、甘蔗 3 种作物加权平均每公顷减少化肥投入 27.75 kg，项目累计减少施用化肥 73.35 万 t。

主要参考文献

黄铁平，2016. 湖南省主要农作物推荐施肥手册 [M]. 北京：中国农业出版社.

李庆逵，1983. 中国红壤 [M]. 北京：科学出版社.

王乃建，2010. 测土配方施肥专家咨询系统研究与开发 [J]. 农业网络信息研究与开发（9）：12-14.

谢卫国，2006. 测土配方施肥理论与实践 [M]. 长沙：湖南科学技术出版社.

徐仁扣，李九玉，周世伟，等，2018. 我国农田土壤酸化调控的科学问题与技术措施 [J]. 中国科学院院刊，33（2）：8.

张秀平，2010. 测土配方施肥技术应用现状与展望 [J]. 宿州教育学院学校，13（2）：4.

第十八章

信息技术在红壤管理中的应用 >>>

农业信息技术是指利用信息技术对农业生产、经营管理、战略决策过程中的自然信息、经济信息和社会信息进行获取、存储、传递、处理及分析，为农业研究者、生产者、经营者和管理者提供资料查询、技术咨询、辅助决策和自动调控等多项服务的技术的总称。它是利用现代高新技术改造传统农业的重要途径（李军，2006）。信息化具有强大的带动性、渗透性和扩散性，"互联网＋"正以前所未有的速度、力度和广度向农业、工业等经济社会领域全面渗透，深刻影响着人类的生产方式、管理方式和生活方式。以物联网、移动互联网、云计算、大数据、空间信息技术、智能装备为代表的新一代信息技术正向传统农业快速渗透，智慧农业应运而生。

本章将简单介绍农业信息技术的发展及其类型，并阐述全球数字土壤制图计划、数字土壤制图的主要发展前景，并以江西省九江市都昌县的红壤耕地为案例，研究典型红壤区域的高精度土壤重金属空间分布预测方法。以江西省宜春市奉新县、江西省吉安市吉安县为例，探讨高光谱遥感技术在土壤理化性状和耕地质量评估中的应用。最后以江西省为例，分析云技术与移动 GIS 技术在红壤管理和测土配方施肥中的具体应用。

第一节 农业信息技术

一、信息技术概况

（一）信息技术的概念

信息是对现实世界事物的存在方式或运动状态的反映。它具有客观真实性、传递性、时效性、可处理性、可共享性及可存储性的特点。狭义的信息是指具有新内容或新知识的信息，即对接受者来说是预先不知道的东西。信息技术（information technology，IT）广义是指能充分利用与扩展人类信息器官功能的各种方法、工具与技能的总和。该定义强调的是从哲学上阐述信息技术与人的本质关系。狭义而言，信息技术是指利用计算机、网络、广播电视等各种硬件设备及软件工具与科学方法，对文、图、声、像各种信息进行获取、加工、存储、传输与使用的技术之和。该定义强调的是信息技术的现代化与高科技含量。由概念可知，现代信息技术包括信息获取技术、信息处理技术、信息传递技术、信息控制技术、信息存储技术 5 个方面（骆耀祖，2011）。

（二）信息技术的发展与现状

因信息的客观存在性，整个宇宙的运行都伴随着信息的产生与消失，并不因人的意志而改变。但信息技术是伴随着人类对世界的认识而产生与发展的，人类文明的发展历程有 5 次重大的信息技术突破，信息技术的突破就是人类认知已知世界的突破：

第一次信息革命的标志是语言的产生，距今 35 000～50 000 年前。人类通过声音信号传达信息。信息依靠感觉在时间和空间维度传递共享的跨度小、时效更新周期长、可处理性弱，语言信号依靠记忆保存，其存储性较弱。

第二次信息革命的标志是文字的产生，距今约 3 500 年。该时期信息的记录与保存不再依靠记忆，信息记录符号有了相对统一的规范，信息记录载体相对稳定。因此，时间传递共享的跨度和信息存储方面有了质的飞跃。在可供分析处理的同时，信息的客观真实性也在增强。

第三次信息革命的标志是印刷术的产生，距今约 1 000 年。这一时期，人类从低效的手抄信息中解放，大量印刷使信息存储量进一步扩大。并且，信息传递共享在时空维度上更加高效，信息的时效更新周期缩短，人类认知真实世界的速度进一步加快。

第四次信息革命的标志是电信号的产生，距今约 175 年。电报、电话、电视、广播得到推广普及，人类可稳定存储的信息在单一的文字信息的基础上发展出了声音、图像影像等丰富形式。高效的时空传递共享速度进一步加强了信息的普及，人类在获取、加工、存储、使用信息方面的高效创新加快了人类认知客观世界的步伐。

第五次信息革命的标志是计算机的产生。计算机、现代通信与传统信息技术的结合，将信息技术推向了新的高度，信息技术较之前有了本质飞跃。该时期信息传递共享突破时空限制，通过一台联网计算机即可实时知晓世界动态，信息更迭速度极快。信息世界无时不在更新，信息存储也发生了本质改变。一张卡片大小的存储设备即可存储一栋大楼的信息，数据处理技术的发展将人类从海量、烦琐、机械的工作中解放，多元化发展的信息技术也促使人类更全面客观地认识真实世界。

第五次信息革命形成了现代信息技术的概念，世界从此真正迈向信息化，各国信息技术竞争逐步上升至国家战略层面。各行业对信息技术的依赖越来越强，信息技术在各领域的角色正由配角转为主角。总结历次信息革命的周期，大约可计为 40 000 年—2 500 年—900 年—100 年。信息技术发展同人类紧密联系，人类信息的积累促进了信息技术的发展，信息积累的量变引起信息技术的质变，信息技术的质变加速信息的量变。距离第五次信息革命已经约 80 年，人类认知世界的程度依然很低，信息挖掘的潜力巨大，生物信息、量子信息技术的突破可能为新一轮信息技术的爆发提供动力。可以预见，第六次信息革命可能很快发生（何传启，2012）。信息技术也由传统的辅助工业、农业、服务业转变为主导工业、农业、服务业，并逐步形成了人工智能、大数据、云技术支撑的信息工业体系。

借用信息论之父香农的信息定义：信息是用来消除随机不定性的东西（Shannon，1948）。反过来思考这一句话，结合人类信息技术的发展，从人类总结和传播语言的第一个音符开始，人类始终在消除认知的随机性和不确定性，从而无限接近世界的本源。

二、农业信息技术的发展

农业信息技术同样随着人类对世界认知的发展而发展。初期阶段，即人力、畜力、手工阶段，我国古代农业在很长时期领先世界，其间传统的单一小农经济经历了漫长的农业经验化时期，经过历朝的总结及发展，农业生产信息技术以《吕氏春秋》《氾胜之书》《齐民要术》《农政全书》等诸多书籍记录传承，指导古代农业生产。虽然我国古代已形成了农业科学理论体系，但也不可避免地产生了水土流失、盐碱化严重等土壤问题。原因在于古代农业依据表象总结经验，受技术水平所限，未能全面认知农业生产问题表象背后所隐藏的信息，且针对发生的问题难以发现本质原因，从而无法提出根本性的解决措施。

19 世纪 60 年代，西方农业技术首次发生了质的飞跃，即机械、良种代替人力手工阶段。微观上，孟德尔发现植物遗传规律，遗传信息成为重要的农业信息，指导作物育种；宏观上，几乎同一时期西方开始了第二次工业革命，制造出大型机械，促进了农业生产规模的扩大，使得传统自给自足的小农经济模式转向大规模产业化。大规模经营者追求利润，控制生产成本，促进了农业信息技术向更深、更广的方向发展。该时期促使自给自足的生产方式转向了追求产出、投入比值最大化。

农业信息的第二次质的飞跃伴随着第三次工业革命，即信息化时代，计算机和生物工程有了质的飞跃。直到今天，农业信息已经发展为以计算机技术为基础和核心，包括微电子技术、通信技术、光电技术、卫星遥测遥感技术及地理信息技术等，形成了多样化的农业信息技术体系，丰富了农业信息的获取、存储、传递、处理及分析手段，其中地理信息技术的发展改进了农业信息传统的获取、分析和存储方式，"3S"技术在农业信息领域的作用越来越大，光学感应技术成熟应用像一把打开农业信息未知领域的钥匙，极大拓展了人类认知农业信息的视野，其间，世界范围已经形成种类丰富、涉及面广的农业信息，包括世界各地不同比例尺的水文、气候、土壤、植被地理信息数据库，并被广泛应用到农业生产领域，丰富的信息制图表达方便了人类直观感受农业信息，强大的信息处理分析技术能够全方位挖掘复杂的农业体系各元素之间的相互作用、影响及时空变化。人类对农业的认知达到了新的高度，对农业生产过程伴随的环境副作用有了新的认识。但受生产力水平（科技）的限制，农业信息获取和分析方式仍然是以点代面地推测，人类还不能从分析、解决农业生产问题中彻底解放出来。

网络信息云端技术与农业的结合又将农业信息的应用方式及应用范围推向了新的高度，适合推广的"智慧农业""精准农业"已初具成效，各类智慧平台已经在局部地区运行使用、指导农业生产。在这些平台上，人类作为信息生产者和信息共享者参与到农业信息化中，享受农业信息化红利。5G技术以及6G技术给农业信息技术注入了新的活力，以中国为主导的新一轮农业信息技术飞跃即将到来，海量数据在云端的高速传输将全方位实现"智慧农业""精准农业"的推广。人工智能与物联网的结合，将实现信息皆可数据、信息皆可感知，进一步将人类从机械收集、存储、处理、分析农业信息中解放出来，获得充足时间的人类可从更多维度感知真实农业世界以及农业周边世界。未来农业学科的多元融合以及信息技术的多元发展，也促使追求产出、投入比值最大化转向新型农业模式，即可持续发展的绿色生态模式。农业信息技术发展到该水平后，农业产出不再以农业生产为首要目标，农业系统则作为生态系统可持续化运转的子系统发挥重要作用，农业信息技术也将成为全方位建立生态可持续发展蓝图的重要技术拼图。

综合以上农业信息技术的发展历程，可以得出，现代通信技术作为未来的发展趋势，势必同传统农业发生更加深入的融合。而农业基础研究依然任重道远，高效、准确获取大量农业信息的新型传感技术的发展潜力巨大。只有强大的农业基础底蕴结合强大的信息技术，才能催生更强大的农业信息技术，从而彻底解放农业生产力，将增产农业推向生态农业。

三、农业信息技术的类型

依据农业信息技术的定义，可将农业信息技术分为农业信息采集技术、农业信息存储技术、农业信息传递技术、农业信息分析技术及农业信息控制技术5个方面。其中，农业信息采集技术是获取农业信息的手段，农业信息分析技术是对采集信息的加工，农业信息存储技术是对加工结果的规范化存储技术，农业信息传递技术和控制技术则是对信息成果的应用过程。

（一）农业信息采集技术

农业信息采集一般包括对土壤肥力、土壤含水量、农业气候、作物苗情、土壤压实度、作物病虫草害及耕作层深度等信息的采集。农业信息采集技术包括传统手工技术和现代技术（杨洪坤，2016）。由于农业生产覆盖面积大、涉及信息广等，只依靠人工来采集数据已远远达不到现代农业的要求。为弥补传统信息采集技术的不足，现代化农业信息采集技术应运而生。现代感测设备的出现极大丰富了农业信息采集手段，包括生命信息传感技术、环境信息传感技术。这些技术通过光谱遥感技术、机器视觉技术、人工听觉技术获取动植物生长发育、土壤水肥气热的动态信息，改变了原有的人工检测识别模式。这些技术丰富了农业信息的类别，并在降低成本的同时满足了高效率、高精度的要求（陈威，2013）。

（二）农业信息存储技术

由于采集方式不同，农业信息的格式呈现多样化现状。其中多数为半结构化（XML、JSON 等）

或者非结构化（视频、音频、图像、文档等）形式。传统的农业信息存储方式存在格式差异大、管理低效、可共享性弱等缺点。随着数据采集手段的现代化发展，数据存储技术也在同步发展，农业大数据和智慧农业对农业信息的存储提出了新要求。数据库以其规范的数据格式、庞大的存储容量、良好的兼容共享性被广泛应用于各行业。数据库技术是当前农业信息存储的主要技术，而数据的空间信息存储需求催生了地理数据库（geodatabase），GIS（地理信息系统）作为主要的地理数据库建库软件，在农业数字化领域作用巨大。目前我国已有农业信息数据库有中国农作物种质资源数据库、中国经济植物资源数据库、中国土壤数据库等。

（三）农业信息传递技术

信息传递技术是通过传输媒介实现信息转移的一项技术，其主要功能是实现信息快速、可靠、安全地转移。在目前的技术条件下，信息传输主要是通过电信网、计算机网、广播电视网等来实现的。目前，农业信息传播的主要途径是互联网，互联网技术是农业信息传递的主要技术。互联网的传递具有实时性、高效性和全球覆盖性。农业政策信息、农作物产品信息、农业环境信息，无不通过互联网在世界范围内传递共享。健全的电商及物流体系保障了农产品在世界范围内东西流通、南北共享，以网络云计算商业模式应用与技术为支撑，统一描述、部署异构分散的大规模农业信息服务，满足千万级农业用户数以十万计的并发请求，满足大规模农业信息传递的要求。目前，各种便民网络云平台为各种农业专家决策系统提供支撑，将土壤养分信息、施肥建议、供肥网点、施肥服务网点等农业信息精准送达农户手机，指导农户生产。

（四）农业信息分析技术

农业信息分析技术是研究农业信息流动及其应用的技术，目前已经形成了专门的农业信息分析学，涉及种植、养殖、食品安全、农产品供需、生产风险、农业生产信息分布等多方面的分析（许世卫，2014）。目前，广泛应用的农业信息分析技术有基于传统统计学方法的文字数据信息分析技术，也有基于 GIS 的空间分析技术、基于遥感的光谱分析技术、基于大数据的人工智能分析技术等新型分析技术。其中 GIS 在农业地理信息数字化、农业信息空间关系分析、农业信息分析结果制图表达方面应用成熟；基于遥感的多光谱技术通过分析多波段组合对不同地表特征的成像差异分析作物类型、作物生长等信息，而高光谱以其对研究物在不同波段的高敏感度特性，在精确研究分析作物生长发育、作物估产、土壤养分、土壤水分、病虫害监测等方面发挥重要作用；大数据源于时间和空间上积累的海量数据，单纯依靠人力挖掘提取数据效率低下，人工智能依托软件及硬件支持，通过算法模拟人脑思维方式，基于海量信息智能分析、应用数据，现在的作物检测、智能灌溉、作物监控等方面均有基于大数据的人工智能技术应用。

（五）农业信息控制技术

信息控制技术也就是"3C（通信 communication、电脑 computer、控制 control）技术"，即计算机信息控制系统。它把组织运行机制的各个部分视为一个系统，将管理的各种行为综合在一起，借助计算机进行处理，依靠信息系统进行管理。农业信息控制是基于农业信息的经营管理，是在农业信息形成一定规模和体系之后的统筹安排，农业信息控制技术的过程是根据输入的指令信息（决策信息）对农业生产状态和方式实施干预，主要包括人机接口技术、遥控技术、自动控制技术、机器人技术等。目前，农业专家系统、精准农业技术在农业信息控制方面已有较成熟的应用，自动滴灌控制系统以其节水、节肥、节地、节劳动力等优点被广泛应用于智慧农业领域。未来的大数据＋云平台＋人工智能技术是促进农业信息控制技术更加智能、更加精准的关键技术。

第二节　数字土壤制图技术

随着人们对世界土壤资源和土壤安全的日益关注，土壤科学家面临进行从地方到全球尺度范围的土壤状况评估的挑战。但是，只有少数几个国家拥有必要的调查手段和监测程序，并且传统的全球土壤数据集已经过时。因此，需要制作一个具有明确的几何形状和土壤功能特性估计值的全域网格。这里的"土壤功能特性"指的是可以用来估算土壤质量或有关土壤功能的土壤特性以及土壤中元素的储量。

一、全球数字土壤制图计划

全球数字土壤制图计划（global digital soil mapping program）是由国际土壤科学联盟（IUSS）数字土壤制图工作组发起的一项倡议，旨在使用最先进的技术制作一张全球数字土壤地图，其网格分辨率为100m×100 m，用于制作精细分辨率的土壤图和预测土壤属性。新制作的全球土壤图将协同在一系列全球问题上作出更好的决策，如粮食生产和消除饥饿、气候变化和环境退化。该项目的非洲部分于2009年1月在内罗毕启动，全球的数字土壤制图项目则于同年的2月在美国纽约启动。

该计划在全球分为多个节点，具体分为北美节点（美国农业部-自然资源保护局）、拉丁美洲节点（EMBRAPA Solos）、欧洲节点（欧盟委员会联合研究中心）、大洋洲节点（CSIRO Land and Water）、东亚节点（中国科学院）。而西亚、北非和南亚的节点仍未建立。在全球数字土壤制图计划的整个开发过程中，一直坚持着6个关键的原则：①最终产品应提供完整的全球覆盖，并以最佳可用数据为基础。②土壤数据的空间分辨率必须与其他有关地形、水文、土地覆盖和土地利用的全球环境数据集匹配并兼容。③与水、碳和养分有关的土壤功能特性是首要任务。④对每个土壤属性的估算都必须附带其不确定性的估算。⑤必须建立一个持久且易于更新的具有在线访问权限的土壤信息系统，而不是一次性的产品。⑥必须使用最佳的土壤和环境数据来生成估计值，并且必须以尊重国家主权的方式进行。

二、数字土壤制图技术应用与展望

（一）数字土壤制图理论基础

数字土壤制图（digital soil mapping）是以土壤-景观模型为理论基础，以空间分析和数学方法为技术手段的土壤调查与制图方法，是有别于传统土壤调查与制图技术的一种现代化技术体系（朱阿兴等，2008）。

1. 土壤成土因子学说

数字土壤制图的第一个理论基础是土壤成土因子学说。该学说认为，土壤是母质、气候、生物、地形和时间5个成土因素综合作用的产物（Jenny，1941）。之后，有学者提出了基于土壤-环境因素关系的一个用于数字土壤制图的通用框架——"scorpan"框架（McBratney et al.，2003）。它是基于汉斯·詹妮提出的5个因素的改编，不是为了解释土壤形成的，而是为了对土壤与其他空间参考因素之间的关系进行经验描述。其具体的函数表现形式为

$$S = f(s, c, o, r, p, a, n) + e$$

式中：S 为土壤属性或类别；f 为土壤预测函数；s 为某一点的其他或先前测量的土壤属性值；c 为气候特性；o 为生物因素（包括土地覆盖、自然植被或动植物和人类活动）；r 为地形因素；p 为土壤的母质材料和岩性；a 为时间因素；n 为空间或地理位置；e 为预测误差。

2. 地理学定律

由于环境因子大多连续分布在空间中，土壤的空间分布规律也表现出空间连续渐变的特征，往往体现在空间距离越近的点，其土壤属性也越类似，即所谓的"地理学第一定律"（Tobler，1970），这是数字土壤制图的第二个理论基础。相邻的几种土壤类型间在空间上一般没有明显的分界线，而是呈现一个缓冲过渡区。在缓冲过渡区内的土壤具有相邻几类土壤的属性特征，也就是说，过渡区的土壤与这两种土壤类型均具有某种程度的相似性（朱阿兴等，2008）。

（二）数字土壤制图技术的应用

1. 环境协变量的获取

代表土壤状态因素的各种环境协变量（如气候、地形因素和遥感图像）已被广泛运用于土壤预测模型（Heung et al.，2016）。其中最容易量化的是地形因素，其可以直接或间接由数字高程模型（DEM）计算而得到（McBratney et al.，2003），如高程、坡度、坡向、地形起伏度、曲率、地形湿度指数等。但是，并非所有的土壤属性因素都具有与其直接相关的代表性协变量，一些土壤状态因子与协变量之间表现出间接或者多因素综合的关系，例如时间因素，一般的预测模型没有对时间的直接估计，不过可以从相对景观位置、基于遥感影像的一些指标（如表面反射率等）来间接估算时间。土壤的母质信息很难直接获取，一般是使用基于专家知识得到的地质图来代表土壤母质信息（Taghiza-deh-Mehrjardi et al.，2015）。

在面临大量协变量的情况下，由于成土过程的复杂性，土壤学家可能无法事先确定最佳协变量（Brungard et al.，2015），这时可以借助递归特征消除等机器学习算法或对变量的统计分析，从协变量集合中选择预测效果较好的协变量组合。许多学者的数字土壤制图研究表明，通过数据挖掘算法和统计预测选择的协变量要优于专家判断（Grove et al.，2000）。

2. 土壤样点的采集

土壤样点数据的获取方式是到野外进行实地采样，而采样的方法大致可分为3类：概率采样法、基于空间自相关的采样法和基于环境辅助因子的采样法。

（1）概率采样法　概率采样法中相对简单的一种是简单随机采样法。该采样方法从采样总体中随机选择样点，且每个样点被选取的概率是相同的。这种采样方法的优势是易于操作，适用于先验知识较少或没有的采样区域。另一种概率采样法是分层采样法，这适用于可以进行明确的地理分区的采样区域，比如由不同土地利用类型或母质材料组成的区域，可在分层的基础上进行随机采样。分层采样的优点在于，可以一定程度上避免样点在区域的某一个地理分层上的空间聚集（Brus，1994），从而避免采样点分类不平衡的问题。系统采样或规则采样也是概率采样法中常用的方式，这两种采样方法将采样区域划分成规则的格网，之后选择每个格网的中心点或随机选择一个样点，优点是可以较好地覆盖采样区域。

（2）基于空间自相关的采样法　基于空间自相关的采样方法就是借助地统计学的知识，以最小预测误差方差为目标设计采样点（Sacks et al.，1988），设计最优的样点空间分布和数量，从而获取采样区域有代表性的样点。该采样方法的效果取决于空间自相关模型对采样区域目标变量空间变化模拟效果的好坏，而建立区域目标变量的空间自相关模型需要有采样点区域目标变量空间变化的先验知识（Webster et al.，1990），同时目标变量要满足空间变化的二阶平稳假设，不过在实际的采样过程中，特别是在大尺度的采样区域，很难获取区域目标变量空间变化的先验知识（Webster et al.，1992），也很难满足二阶平稳假设这个前提条件，因此该方法在实际中的应用存在一定的限制。目前，该采样方法在数字土壤制图领域的运用还不够成熟。

（3）基于环境辅助因子的采样法　土壤与环境因子存在一定的协同作用，因此可以利用环境辅助因子作为参考来进行采样设计，提高采样的效率（Brus et al.，2007；Mulder et al.，2013；Yang et al.，2013）。该采样方法大致可分为3类：基于专家知识的采样法、基于环境辅助因子的拉丁超立方采样法和基于环境辅助因子相似性的代表性采样法。

基于专家知识的采样法是指通过有经验的土壤学专家的专业知识，选择具有代表性的样点（Webster，1977；Webster et al.，1990）。这种采样方式适用于先验知识丰富的采样区域，但该方法依赖专家的主观经验，缺乏客观性。

基于环境辅助因子的拉丁超立方采样法是将设计的样点尽可能地与环境辅助因子的分布重复，通过样点对环境辅助因子属性空间的覆盖，使样点表现出环境因子的多元分布特征。该方法被许多学者认为是一种有效的采样法，应用广泛（Mulder et al.，2013；Clifford et al.，2014；Stumpf et al.，2016）。

基于环境辅助因子相似性的代表性采样法认为，每个采样点都包括了土壤-环境关系的知识，因此，可以通过在环境条件类似的地区采集少量的代表环境因子典型位置的样点来获取采样区域的整体信息。该方法的主要代表包括模糊 C 均值聚类采样（FCMS）（杨琳等，2010）和多等级代表性采样（杨琳等，2011；Yang et al.，2013）。模糊 C 均值聚类采样（FCMS）是将典型样点设置在基于环境因子形成的聚类中心位置上；而多等级代表性采样的基本思路是把基于环境因子形成的聚类分成代表性不同的等级，代表性等级高的聚类代表土壤空间变化的主要特征，代表性较低的聚类代表土壤局域细节特征，在该基础上布设点的先后次序，以合理分配采样资源，从而提高采样效率（Yang et al.，2013）。

3. 土壤制图方法

（1）经典地统计学方法　基于地统计学的土壤制图方法主要是基于地理学定律和空间自相关理论，建立目标变量的空间自相关模型。根据空间自相关分析范围的不同将其分为全局空间自相关分析和局部空间自相关分析。

全局空间自相关分析主要是以采样点的土壤属性为因变量，以目标变量为自变量拟合多项式，得出趋势面函数后进行趋势面分析。这种方法只考虑了样点的全局特征，忽略了其局部特点。

局部空间自相关分析主要包括样条插值法、最邻近法、反距离加权法和克里格插值法。样条插值法、最邻近法和反距离加权法的优点是简单易操作，计算速度也比较快，缺点是预测结果受区域范围和采样点数量的影响较大。因此，在实际的应用中精度往往不是很高。克里格插值法则是局部空间自相关分析中应用相对广泛的一种。该方法基于样本反映的区域化变量的结构信息（变异函数，也称半方差函数），根据待推测点周围或块段有限邻域的样本数据，对待推测点进行的一种无偏最优估计，并且能给出估计每一个推测点的推测方差（Burgess et al.，1980；Webster et al.，1990）。与其他传统插值方法相比，克里格插值法的结果更精确、更符合实际，但是前提是需要分布较均匀、数量较多的样点，且区域变量要满足二阶平稳假设（Isaaks et al.，1989）

（2）基于专家知识的方法　该方法借助土壤学家的专业知识，获取土壤与环境因子之间的关系，再借助地理信息技术来完成土壤制图。比如模糊逻辑推理法（Zhu et al.，1994），该方法首先将土壤与环境条件之间的关系表达为隶属度函数，然后根据多个因子的隶属度函数来综合评价某点的土壤属于某种土壤类型的隶属度值。因此，某点的土壤可与多个土壤类型具有隶属度（相似度），根据这些隶属度可确定该点的土壤的类型和属性。

（3）机器学习算法和数据挖掘方法　该方法是利用机器学习算法和数据挖掘手段，如人工神经网络（ANN）、增强回归树（BRT）、立体主义模型（Cubist）、随机森林（RF）、线性混合模型（LMM）等方法来获取土壤属性和环境因子之间的关系，并推测区域的土壤属性空间分布（Grimm et al.，2008；Gray et al.，2016）。机器学习算法和数据挖掘方法的优点是能反映土壤属性与环境因子之间的非线性关系，但大部分机器学习算法属于黑箱模型，模型内部的机理无法解释，因此需要专家知识作为辅助。

4. 数字土壤图精度的验证与评价

数字土壤图的验证分为定性验证和定量验证。定性验证主要是根据专家的已有经验判断土壤图空间分布的合理性，而定量验证则是通过对比采样点的野外实测值和预测值来评价数字土壤图的预测精度。验证方法主要有 3 种：独立样点验证、留一交叉验证和 k 折交叉验证。独立样点验证就是在制图完成后，选取额外的采样点对土壤图的结果进行验证；留一交叉验证依次将每一个样点作为验证样点，将其余 $n-1$ 个样点作为训练样点来评价制图结果，该方法多用于采样点较少的情况；k 折交叉验证则是将已有样点随机分为训练集与验证集，将训练集用于推测制图，然后通过验证集样点来评价制图结果。

（三）数字土壤制图技术的发展趋势

数字土壤制图在过去的 30 多年间取得了快速发展，国内外许多学者在获取协变量（Ma et al.，2019）、采样方法设计、制图模型方法等方面做了大量的研究，在数字土壤制图技术之后的发展中，

可能会有以下趋势:

1. 获取环境协变量的新技术

获取反映土壤属性空间差异的环境协变量是数字土壤制图中至关重要的内容,随着遥感及其他新技术的发展,可获取的环境因子也会更多。比如,通过不同时间和空间分辨率的遥感影像和高光谱影像分析等技术。在这方面,还需要进行更细致、深入的研究。

2. 历史数据与新数据的结合

近年来,土壤近地传感和遥感技术为获取土壤空间分布信息提供了更多可用的数据。有效利用这些数据,可更好地为土壤制图服务。如何对这些新型数据和历史土壤图、样点数据进行综合利用,也是一个值得探讨和解决的问题。

3. 新的制图模型方法

目前,机器学习、深度学习和数据挖掘等算法在数字土壤制图中得到了广泛的运用,这些方法需要利用大量的训练样点来获取土壤属性与环境协变量的关系,但是过于依赖样点数据可能会导致预测结果有偏差。因此,需要结合土壤学知识进行修正。所以,在采用机器学习和数据挖掘方法时,如何更好地结合土壤学知识也是一个重要的研究方向。

三、数字土壤制图技术应用案例

本案例以南方红壤地区的江西省九江市都昌县为研究区,以稻田土壤砷为研究对象,结合了地形因子、遥感数据和邻近信息等多源辅助数据,采用径向基函数神经网络(RBFNN)结合普通克里格法(OK)模型(radial basis function neural network combined with OK,RBFNN_OK)对稻田土壤砷的空间分布进行预测模拟和制图,并与径向基神经网络模型(RBFNN)、回归克里格模型(RK)和多元逐步线性回归模型(MSLR)进行比较,从而为区域高精度土壤重金属的空间分布预测提供参考。

在江西省九江市都昌县选取了具有代表性的稻田作为采样区,共144个采样点。环境变量选择了地形因子、遥感数据和邻近信息等多源辅助变量,其中地形因子选取了高程(DEM)、坡度(S)、坡向(AS)、曲率(C)、坡度变率(SOS)、坡向变率(SOA)、地形起伏度(QFD)7个因子;遥感数据包括由Landsat 8 OLI影像提取计算的植被覆盖指数(NDVI)和与土壤砷含量显著相关的波段1和波段2;邻近信息借助matlab软件平台,使用四方位搜索法获取采样点附近的土壤砷含量。

为验证以上4种方法的性能,通过ArcGIS 10.2中的地统计模块生成样本数据子集,其中随机均匀选取80%(115个)的土壤样点进入测试集;剩下20%(29个)的土壤样点进入验证集用来验证预测精度。以均方根误差(RMSE)、平均绝对误差(MAE)、平均相对误差(MRE)和测量值标准偏差与均方根误差的比值(RPD)对测试集和验证集预测值与实际测量值进行对比分析,得出精度评价结果(表18-1)。

表18-1 不同模型精度评价结果(江叶枫,2019)

模型	训练				验证			
	RPD	RMSE	MAE	MRE	RPD	RMSE	MAE	MRE
MSLR	1.08	3.40	2.16	27.88	1.97	1.26	0.82	10.56
RK	2.55	1.44	0.99	12.18	2.10	1.18	0.66	8.71
RBFNN	1.37	2.67	1.84	23.61	2.48	1.00	0.53	5.81
RBFNN_OK	3.78	0.97	0.68	8.17	2.85	0.87	0.50	3.31

从空间分布图(图18-1)可以看出,通过4种方法模拟的土壤砷含量空间分布图表现出相似的空间格局,表明土壤砷含量较高的区域在东南部。其中,MSLR与RBFNN预测的空间分布更为接近,而RK与RBFNN_OK预测的空间分布变化更为相似。但4种方法预测的空间局部特征差异明显。首先,MSLR模型模拟的结果在整体上能表达一定的空间异质性信息,但局部的异质性信息不

够，预测图具有一定的平滑效应，且预测土壤砷含量范围为 5.55～17.25 mg/kg，预测范围较小且与样点统计值有一定差距；RBFNN 模拟结果高低值区域明显但也有比较明显的平滑效应，预测范围大部分在 5.99～15.53 mg/kg，与采样点的均值较为接近。其次，RK 与 RBFNN_OK 模拟的结果高低值之间的变化较为突兀，高低值斑块多且分布离散，突出了数据的波动性，能够在尊重原始观测数据的情况下更加客观地描述土壤砷空间分布的异质性，但 RBFNN_OK 的预测范围（1.90～30.16 mg/kg）较 RK 的预测范围（3.95～25.30 mg/kg）更加接近统计分析值（2.61～32.40 mg/kg）。因此，RBFNN_OK 对土壤砷的模拟结果与实际分布最为接近，是该区域预测稻田土壤砷的最优模型。

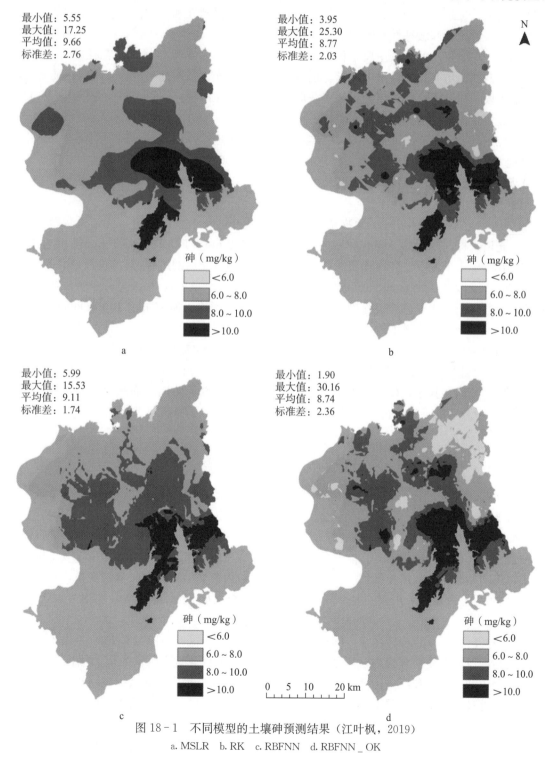

图 18-1　不同模型的土壤砷预测结果（江叶枫，2019）

a. MSLR　b. RK　c. RBFNN　d. RBFNN_OK

第三节　基于高光谱的土壤性状快速诊断技术

一、高光谱技术对红壤有机质估算的反演研究

(一) 研究背景与目的

土壤有机质是指土壤中以任何形式存在的含碳有机化合物。土壤有机质是土壤固相部分的重要组成部分，是植物营养的主要来源之一，能促进植物的生长发育，改善土壤的物理性质，促进微生物和土壤动物的活动，促进土壤中营养元素的分解，提高土壤的保肥性和缓冲性。它与土壤的结构性、通气性、渗透性、吸附性和缓冲性有密切的关系。

传统测量土壤有机质的方法主要是化学分析方法。尽管测定结果可靠，但存在费时费力的问题，难以满足快速监测土壤有机质含量的需求。近些年，土壤高光谱技术的出现为土壤有机质含量的快速检测提供了手段，以其极高的光谱分辨率来获取反映土壤特性的信息，可节省大量的人力、物力，也为精准农业提供了重要的监测手段。

研究区位于江西省奉新县北部，采集样本覆盖园地、林地、水田 3 种土地利用类型。其中，园地 57 个、林地 93 个、水田 98 个；园地、林地的采样深度为 30 cm，水田为 20 cm。

(二) 研究方法

1. 数据预处理

(1) 采用美国 ASD FieldSpec4 地物光谱仪进行土壤光谱反射率的测量　光谱采集范围为 350～2 500 nm，光谱采样间隔为 1.4 nm（350～1 000nm）和 2 nm（1 001～2 500 nm），重采样间隔为 1 nm，共输出 2 151 个波段。环境和仪器自身的影响会对测量光谱的边缘波段造成较大的噪声，因此去除 350～399 nm 及 2 451～2 500 nm 波段。通过 Daubechies6（DB6）小波进行三层分解，采用软阈值法对高频系数进行去噪处理，去除测量过程中产生的噪声影响。研究采用 10 nm 间隔进行重采样，得到由 205 个波段组成的光谱曲线，以降低数据维数，减少数据冗余。

(2) 分数阶微分（fractional order derivative，FOD）　目前被广泛应用于建模、信号分析等领域，有 3 种主要类型的算法，分别是 riemann-liouville（R-L）、grünwald-letnikov（G-L）和 caputo（Benkhettou，2015），其中，G-L 分数阶微分由整数阶微分的定义推广而来（Tasi，1998；Hong，2018）。分数阶微分有助于光谱信息的增强，在一定程度上减小了噪声对数据的干扰。本节采用 G-L 算法求出分数阶微分。

$$\frac{\mathrm{d}^v f(x)}{\mathrm{d}x^v} \approx f(x) + (-v)f(x-1) + \frac{(-v)(-v+1)}{2}f(x-2) + \cdots \frac{\Gamma(-v+1)}{n!\,\Gamma(-v+n+1)}f(x-n)$$

式中：v 为阶数；$\Gamma(x)$ 为 Gamma 函数；n 为导数上下限之差。

2. 建模方法

(1) 偏最小二乘回归　偏最小二乘回归（partial least-squares regression，PLSR）是目前较为常用的一种线性多元回归分析方法，它能够分析预测矩阵 X（即自变量）与响应矩阵 Y（即因变量）之间的关系，将初始输入的数据投影到一个潜在的空间，利用正交结构提取大量潜变量，找出这些新变量与 Y 之间的线性关系。采用留一法（leave-one-out）交叉验证来确定提取的潜变量个数，建立 PLSR 模型。

(2) BP 神经网络　BP 神经网络（back propagation neural network，BPNN）是人工神经网络中一种应用较为广泛的非线性建模方法，适用于数据预测。其网络结构由输入层、输出层和隐含层构成。学习过程由前向传播和反向传播两方面组成。在前向传播过程中，输入数据由输入层经由隐含层向输出层逐步处理。如果输出层得到的数据误差不在允许范围内，则进行误差反向传播，通过梯度下降法逐层调整各神经元的权重，直至误差符合要求。

(3) PLSR-BP 复合模型　采用 PLSR 与 BP 神经网络相结合的方法，将 PLSR 提取的潜变量作为

BP 神经网络的输入层数据，这些新变量能反映原变量的绝大部分信息以达到减少数据量降低维度的目的，从而避免"过拟合"现象的发生。

（三）研究结果

1. 红壤光谱特征

图 18-2 为预处理后的红壤光谱反射率，在可见光部分呈陡坎型。可以发现，在 900 nm 左右处有较明显的氧化铁吸收谷，在 1 400 nm、1 900 nm、2 200 nm 处有明显的受 O—H 影响的吸收谷（赵小敏，2018）。研究将有机质含量按高低划分为 <15 g/kg、15~25 g/kg、25~35 g/kg、35~45 g/kg、45~55 g/kg、>55 g/kg 6 组，每个组别内求取其光谱反射率的平均值。从图中可以看出，随着有机质含量的增加，在可见光波段内，不同含量的样本光谱反射率相差不大，而在近红外波段，可以看出有机质对光谱反射率的影响较为明显，有机质含量与光谱反射率呈负相关关系。500~800 nm 部分数据存在交叉现象，可能是由于在可见光部分土壤光谱反射率数值相近，平均之后相差不大。

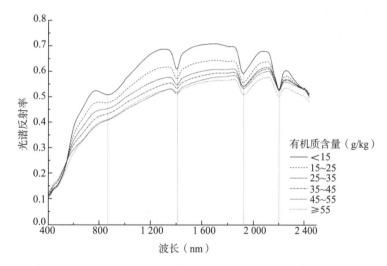

图 18-2 不同有机质含量下的红壤光谱反射率（国佳欣，2020）

2. 预测精度

本研究以 0.5 为阶数间隔对土壤光谱数据进行 0~2 阶的导数变换，经过导数变换后，发现采用 PLSR 模型建模时模型的 RPD，即预测能力 FOD（1.5）＞ FOD（1）＞FOD（0.5）＞ FOD（2）；BPNN 建模时各模型的 RPD，FOD（1）＞ FOD（1.5）＞FOD（0.5）＞ FOD（2）；基于 PLSR-BP 复合模型建模时的 RPD，FOD（1.5）＞ FOD（1）＞FOD（0.5）＞ FOD（2），与 PLSR 模型具有相同的趋势，即在 0~2 的区间上对有机质的预测能力呈现先升高后下降的趋势，在 1.5 阶导数时得到最优预测模型。BPNN 建模时，1 阶导数变换得到了较好的预测模型可能是由于隐藏层神经元等参数设置不同。

土壤光谱的近红外波段往往存在数据冗余，会增加建模的复杂性（Thiele，2016）。PLSR 模型能够很好地提取土壤光谱中的信息，同时使其与有机质含量的相关程度达到最大。非线性的 BPNN 模型较线性的 PLSR 模型有更好的预测能力，其不足之处在于 BPNN 训练集虽然有很高的决定系数，但由于输入变量过多，网络规模过大，影响收敛速度，造成过拟合的现象，这也导致验证集与训练集精度相差较大。因此，使用 PLSR-BP 复合模型进行土壤有机质的预测，采用 PLSR 模型先对土壤光谱数据进行潜变量的提取，减少数据冗余，再对这些潜变量进行 BPNN 建模，这一方法可以有效避免使用单一的 BP 神经网络模型进行全波段拟合时出现共线性现象。结果（表 18-2）表明，PLSR-BP 复合模型的 RPD 较单一模型高出 0.12~1.07，证明了 PLSR-BP 复合模型在对红壤有机质含量预测中的实用性。

表 18-2　不同方法下的红壤有机质含量预测精度（国佳欣，2020）

方法	PLSR			BPNN			PLSR-BPNN		
	R^2	RMSE	RPD	R^2	RMSE	RPD	R^2	RMSE	RPD
R	0.67	8.74	1.75	0.3	17.22	0.89	0.77	7.79	1.96
FOD（0.5）	0.8	6.97	2.19	0.81	6.66	2.29	0.84	6.34	2.41
FOD（1）	0.81	6.86	2.23	0.84	6.55	2.34	0.86	5.81	2.63
FOD（1.5）	0.83	6.62	2.31	0.81	6.57	2.33	0.87	5.55	2.75
FOD（2）	0.76	7.57	1.99	0.8	6.88	2.22	0.81	6.74	2.27
ILR	0.73	8.16	1.87	0.81	6.76	2.26	0.75	7.7	1.98
LDR	0.71	9.23	1.66	0.79	7.11	2.15	0.84	6.2	2.46

注：PLSR 为偏最小二乘回归；BPNN 为 BP 神经网络。R^2 为决定系数；RMSE 为均方根误差；RPD 为相对预测误差。R 为光谱反射率；FOD（0.5）为 0.5 阶导数；FOD（1）为 1 阶导数；FOD（1.5）为 1.5 阶导数；FOD（2）为 2 阶导数；ILR 为倒数的对数；LDR 为对数的导数。

3. 研究结论

分数阶导数是在传统的整数阶导数上的扩展，减少了有用信息的遗漏，有助于土壤有机质含量的预测。对于使用经过分数阶导数变换的红壤光谱而言，在 0~2 阶的区间上，对土壤有机质含量的预测能力呈现先升高后下降的趋势，并在 1.5 阶处能够得到最优模型。在建模方法的选择上，偏最小二乘回归能够在保证土壤光谱与有机质含量相关性最大的基础上进行数据的压缩，减少数据冗余；BP 神经网络预测精度虽然较高，但由于输入变量过多易出现过拟合现象；偏最小二乘回归与 BP 神经网络结合可以综合二者的优点，提高模型的预测精度。

二、基于机器学习的红壤质地类型分类研究

(一) 研究背景与目的

土壤质地是土壤重要的物理性质之一，它与土壤保肥能力、保水状况、通气性及耕作的难易程度有着密切关系（Greve，2012）。不同的土壤质地往往具有明显不同的农业生产性状，了解土壤的质地类型，对农业生产具有指导意义。近年来，土壤高光谱技术以其光谱分辨率高和波段信息丰富的特点，在估测土壤特性上具有强大的优势，可节省大量的人力和物力，对精准农业、数字土壤制图、土壤资源遥感调查等工作起到至关重要的作用（史舟，2014）。本研究以江西省奉新县北部为研究区，以 245 个红壤样本为研究对象，在国际制土壤质地 4 组和 12 级两种分类标准下，采用包含分数阶导数在内的 9 种数学变换方法以及 SVM、RF、MLP 等 5 种机器学习算法相互组合的数据挖掘模型，利用 Vis-NIR 光谱进行土壤质地分类的研究，以明确高光谱数据预测红壤地区土壤质地类型的建模能力，并且寻找最优数学变换和机器学习算法的组合模型，以期为南方红壤地区通过高光谱数据进行土壤质地分类提供参考依据。

(二) 研究方法

选取包括原始光谱反射率（R）、归一化（normalization）、标准化（standardization）、0.5 阶导数〔fractional order derivative，FOD（0.5）〕、1 阶导数〔FOD（1）〕、1.5 阶导数〔FOD（1.5）〕、2 阶导数〔FOD（2）〕、倒数的对数（inverse-log reflectance，ILR）和对数的导数（log-derivative reflectance，LDR）共 9 种土壤光谱数学变换。这些数学变换有助于突出光谱特征，在一定程度上能够提高建模精度，在土壤光谱研究中已经得到广泛应用。

建模方法采用支持向量机（SVM）、决策树（DT）、集成学习方法〔随机森林（RF）和自适应提升算法（AdaBoost）〕、多层感知器（MLP）5 种机器学习模型，一些学者的研究表明集成学习或者深度学习方法也能够从小样本中挖掘数据内部的特征规律，并且在不均衡数据集建模时有一定的优势

（丁世飞，2011；孙志军，2012）。

分别将 9 种光谱数学变换的全谱数据输入模型，对土壤质地的 4 组分类和 12 级分类进行预测，将模型的预测准确度（预测正确的样本个数占样本总数的比例）和混淆矩阵的召回率（预测准确的类别个数占实际该类别总数的比例）作为精度评价指标。

（三）研究结果

1. 土壤质地特征分析

首先随机打乱所有样本的顺序，然后对每一类别的样本按照 1、2、3、4 的顺序重复进行编号，选择编号为 2、3、4 的样本作为训练数据集，选择编号为 1 的样本作为验证数据集，共得到 180 个训练样本、65 个验证样本。对两种分类标准下各质地的原始光谱数据取其平均值进行分析，从图 18-3 中发现，在 600 nm、900 nm、1 100 nm 和 2 100 nm 波长附近存在交叉现象，波长大于 1 600 nm 后黏壤土组和黏土组重叠明显。在图 18-4 中也存在较多的交叉重叠现象，可以看出粉砂质黏壤土的光谱曲线一直低于粉砂质黏土，在 1 400～1 900 nm 处壤土和黏壤土重叠非常明显，砂质壤土、砂质黏壤土和壤质黏土表现得也较为相近，说明土壤质地与光谱反射率之间的规律较为复杂，用光谱反射率区分土壤质地相对困难，但对其进行的研究是有应用价值的。

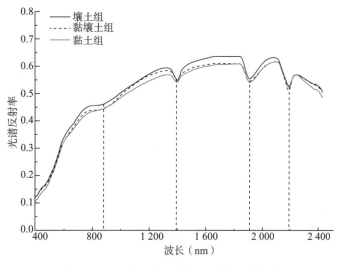

图 18-3　4 组分类土壤质地反射光谱曲线

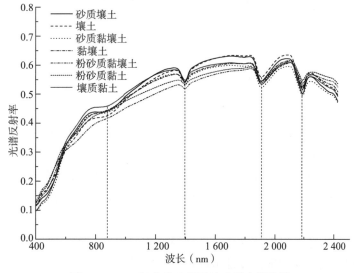

图 18-4　12 级分类土壤质地反射光谱曲线

2.4 组分类建模结果比较

模型在验证集上的分类准确度比较如表 18-3 所示。从表中可以看出，所有模型的准确度都在 0.50 以上，倒数的对数变换在使用 SVM 模型时得到全局最低准确度 0.51，进行归一化处理后使用 MLP 模型达到 0.68 的全局最高准确度。原始数据在 5 种模型中的建模准确度都位于 0.6 以上；除标准化外的其他 8 种数学变换都是 MLP 模型取得最高准确度，建模效果较好；支持向量机和随机森林模型分别在 0.5 阶和 1.5 阶导数变换时达到最高准确度，为 0.65；两种基于树模型的集成学习方法自适应提升法和随机森林法在不同数学变换中建模准确度都大于或者等于单个决策树模型，其中自适应提升法在多种数学变换中都优于随机森林法。

表 18-3 9 种数据处理和 5 种模型进行土壤质地 4 组分类的准确度比较

方法	支持向量机	决策树	自适应提升	随机森林	多层感知器
原始光谱	0.63	0.60	0.63	0.60	0.65
归一化	0.57	0.54	0.63	0.60	0.68
标准化	0.60	0.55	0.63	0.60	0.62
FOD（0.5）	0.65	0.52	0.55	0.58	0.66
FOD（1）	0.52	0.55	0.62	0.55	0.63
FOD（1.5）	0.57	0.57	0.60	0.65	0.65
FOD（2）	0.54	0.57	0.60	0.60	0.63
ILR	0.51	0.58	0.63	0.63	0.63
LDR	0.52	0.58	0.58	0.55	0.62

选取达到 0.68 最高准确度时的模型，建立其混淆矩阵如表 18-4 所示，预测结果分布如图 18-5 所示。矩阵中的每一列代表预测值，每一行代表的是实际的土壤质地类别。从表 18-3 中可以发现，预测错误的样本绝大部分是样本数量多且与实际质地相似的类别。由于黏壤土组同时具有壤土组和黏土组的特性，所以壤土组和黏土组最容易预测错误成黏壤土组，共有 16（7+9）个样本预测错误，占样本总数的 25%。从图 18-5 中可以看出，预测错误的类别容易出现在各类别的分界处，较难通过模型来区分土壤质地分界线附近的类别。

表 18-4 归一化处理和 MLP 模型混淆矩阵

项目	壤土组（个）	黏壤土组（个）	黏土组（个）	合计（个）
壤土组（个）	4	7	0	11
黏壤土组（个）	1	26	4	31
黏土组（个）	0	9	14	23
合计（个）	5	42	18	65

3. 12 级分类建模结果比较

如表 18-5 所示，将 4 组分类的土壤质地再细分到 12 级分类进行建模，模型的准确度都在一定程度上有所降低，较难再用光谱数据对土壤质地进行区分。使用原始数据在 MLP 模型中达到 0.55 的全局最高准确度，0.40 的全局最低准确度来自 SVM 1 阶导数或者对数的导数变换；两种集成学习方法和 MLP 模型使用原始数据建模都取得了最高的准确度；在 5 种导数变换中，1.5 阶导数变换在除 SVM 外的其他 4 种建模方法中准确度都最高；除倒数的对数外的其他 8 种数学变换都是 MLP 模型取得最高准确度，模型表现依然较好。

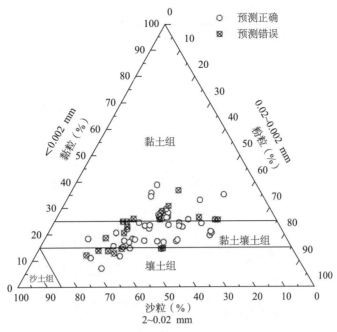

图 18-5　归一化处理和 MLP 模型预测结果分布

表 18-5　9 种数据处理和 5 种模型进行土壤质地 12 级分类的准确度比较

方法	支持向量机	决策树	自适应提升	随机森林	多层感知器
原始光谱	0.48	0.46	0.52	0.51	0.55
归一化	0.49	0.48	0.49	0.51	0.52
标准化	0.46	0.48	0.51	0.51	0.52
FOD（0.5）	0.48	0.46	0.43	0.42	0.51
FOD（1）	0.40	0.42	0.48	0.46	0.49
FOD（1.5）	0.43	0.49	0.49	0.49	0.51
FOD（2）	0.42	0.42	0.46	0.48	0.49
ILR	0.45	0.49	0.51	0.46	0.49
LDR	0.40	0.46	0.49	0.48	0.49

选取原始数据和 MLP 组合的 0.55 最高准确度时的模型，建立其混淆矩阵如表 18-6 所示，预测结果分布如图 18-6 所示。从表 18-6 中可以发现，预测错误的样本除了与实际质地相似的类别外，还容易预测错误成样本数量较多的类别。结合图 18-6，除了仍然在土壤质地划分的边界处容易预测错误外，黏壤土和壤质黏土位于三角坐标图的中心，两种质地同时具有黏土和壤土的特性，最容易被错分。

表 18-6　原始数据和 MLP 模型混淆矩阵

12 级分类	砂质壤土	壤土	砂质黏壤土	黏壤土	粉砂质黏壤土	粉砂质黏土	壤质黏土	合计
砂质壤土	3	0	0	3	0	1	1	8
壤土	1	0	0	2	0	0	0	3
砂质黏壤土	0	0	1	2	0	1	2	6
黏壤土	1	0	0	14	0	3	3	21
粉砂质黏壤土	0	0	0	4	0	0	0	4

（续）

12级分类	砂质壤土	壤土	砂质黏壤土	黏壤土	粉砂质黏壤土	粉砂质黏土	壤质黏土	合计
粉砂质黏土	0	0	0	2	0	1	1	4
壤质黏土	0	0	0	2	0	0	17	19
合计	5	0	1	29	0	6	24	65

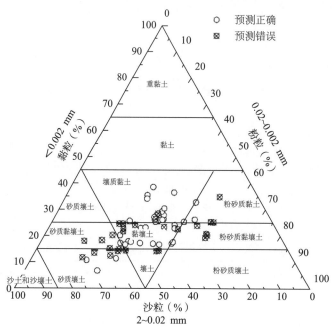

图 18-6　原始数据和 MLP 模型预测结果分布

4. 研究结论

基于 245 个红壤样本的 Vis-NIR 光谱，在国际制土壤质地 4 组和 12 级两种分类标准下，采用 9 种数学变换方法和 5 种机器学习算法相互组合的数据挖掘模型，进行土壤质地的分类研究，结论为：①不同土壤质地之间的光谱反射率存在较多的交叉重叠现象，土壤质地与光谱反射率之间的规律较为复杂；②分数阶导数变换是整数阶导数的扩展，有助于土壤质地的分类，但原始光谱数据具有更加丰富的特征信息，更适合进行土壤质地分类建模；③在对非均衡数据集建模时，集成学习方法和神经网络方法都是不错的选择；④较难通过模型去区分土壤质地分界线附近的类别，其中在 4 组分类标准下最容易被预测错误成黏壤土组，在 12 级分类标准下最容易被错误预测成黏壤土和壤质黏土这两种土壤质地类型；⑤在 4 组分类标准中，进行归一化处理和 MLP 模型组合取得了 0.68 的最高预测准确度，其中黏壤土组的预测准确度能达到 0.84；再细分到 12 级分类后，分类效果最佳的组合来自原始数据和 MLP 模型，其中壤质黏土分类准确度达到 0.89。因此，本研究结果表明光谱分析方法快速进行土壤质地分类的可行，同时为非均衡数据集分类建模在方法和思路上提供一定的参考。

三、基于近红外光谱技术的耕地质量反演研究

（一）研究背景与目的

土壤肥力是影响植物生长、生产力和品质的重要因素。从农业的角度来看，土壤肥力可以定义为土壤为植物提供足够的可用养分以生产植物的能力（Abbott，2007）。我国用世界 9% 的耕地养活了近 20% 的人口，充分了解我国耕地土壤肥力的状况和动态对未来的粮食安全和农业系统的可持续发展至关重要。

建立可靠、准确和具有成本效益的土壤肥力评估方法将大大有助于土壤肥力的管理和监测。一种评价土壤肥力的定量指标是土壤肥力指数（soil fertility index，SFI），它能够在不同尺度和区域使用。该指数是通过将土壤的几种物理和化学性质综合到一个指标而制成的。但是，计算 SFI 要求对多种土壤性质进行实验室测量，这增加了该方法的成本和复杂性。因此，使用更多的时间和成本有效地对 SFI 进行量化非常重要。根据空间异质性和土壤类型选取吉安、九江和兴国 100 块稻田共收集 240 个样点的 0~20 cm 土层土壤进行研究。

（二）研究方法

1. 土壤肥力指数构建

土壤肥力指数 SFI 的计算包括 3 个步骤：①指标的选取；②单一肥力指数（P_i）的计算；③SFI 的计算。计算中使用了土壤 pH、有机质、全氮、有效磷、速效钾、阳离子交换量和质地，以及一些南方地区耕地土壤肥力诊断与评价中给出的一般指标（碱解氮、全磷、全钾）。为了计算单一肥力指数，使用以下公式

$$P_i = \frac{C_i}{S_i}$$

式中：P_i 为单一肥力指数，P_i 越高，土壤肥力越高；C_i 为实测数据，S_i 是 SFI 指标的标准值（表 18-7）。表 18-8 中给出了我国南方的 pH 和质地的 P_i 标准值。

表 18-7　南方地区土壤肥力评价主要理化指标参考标准值

指标	标准值（S_i）
有机质（g/kg）	22.5
全氮（%）	0.12
速效钾（mg/kg）	100
有效磷（mg/kg）	12.5
阳离子交换量（cmol/kg）	15
碱解氮（mg/kg）	105
全磷（%）	0.059
全钾（%）	1.6

表 18-8　南方地区部分土壤肥力评价指标单一肥力指数

指标	单一肥力指数（P_i）
pH	1.0（pH≤5.0） 1.5（5.0<pH<5.5） 2.0（5.5≤pH≤6.0 或 8.0≤pH≤8.5） 2.5（6.0<pH<6.5 或 7.5<pH<8.0） 3.0（6.5≤pH≤7.5）
质地	1.0（沙土、黏土） 2.0（沙壤、重壤） 3.0（轻壤、中壤）

最后一步是计算土壤肥力综合指数：

$$SFI = \sqrt{\frac{P_{ave}^2 + P_{min}^2}{2} \cdot \frac{n-1}{n}}$$

式中：P_{ave} 是土壤所有肥力指数的平均值；P_{min} 是土壤所有指标中单一肥力指数最小值；n 是所选指标的数量（$n \geq 10$）。

2. 建模方法

Bootstrap 方法是现代统计中一种流行的统计方法,适用于小样本。Bootstrap 通过进行 n 次重采样来增加样本量,以更好地反映数据分布。Viscarra Rossel(2007)描述了这个概念和实现方法,Bootstrap-PLSR 也被用于这项研究,以从可见光-近红外光谱数据中预测 SFI 及核心指标。

(三)研究结果

1. 预测精度

表 18-9 为 PLSR 和 Bootstrap-PLSR 两种模型下的预测精度。其中,SFI 的特征波段主要位于 480~500 nm、670~690 nm、790~820 nm、2 050~2 060 nm、2 280~2 320 nm 附近。SOM 的特征波段主要位于 480~500 nm、670~690 nm、790~820 nm、1 480~1 520 nm 附近。TN 的特征波段主要位于 480~500 nm、1 400 nm、1 860~1 890 nm 附近。黏粒的特征波段主要位于 670~690 nm、1 960~1 990 nm、2 340~2 370 nm 附近。粉粒的特征波段主要位于 480~500 nm、610~620 nm、960~990 nm、2 200 nm 附近。沙粒的特征波段主要位于 480~500 nm、2 280~2 320 nm 附近。TK 的特征波段主要位于 480~520 nm、1 550~1 620 nm 附近。建模集中 SFI 光谱敏感波段与 SOM、TN 和黏粒的最为相似,其中 SOM 和 TN 与 SFI 的相关性最强。

表 18-9 PLSR 和 Bootstrap-PLSR 模型预测精度

项目	偏最小二乘回归(PLSR)			自举法结合偏最小二乘回归(Bootstrap-PLSR)		
	RMSE	RPIQ	R^2	RMSE	RPIQ	R^2
SFI	0.03	3.06	0.79	0.02	3.12	0.8
pH	0.05	1.06	0.43	0.04	1.33	0.51
黏粒	0.34	3.26	0.83	0.33	3.36	0.84
粉粒	0.65	2.32	0.73	0.59	2.56	0.75
SOM	0.34	2.8	0.8	0.32	3.1	0.82
TN	0.03	2.53	0.78	0.02	2.99	0.84
AK	0.19	1.48	0.18	0.18	1.61	0.33
AP	0.33	1.78	0.29	0.26	1.94	0.43
CEC	0.22	1.75	0.53	0.21	1.9	0.6
AN	0.98	2.24	0.6	0.83	2.64	0.7
TP	0.27	1.55	0.59	0.26	1.61	0.66
TK	0.13	2.42	0.62	0.11	2.81	0.74
沙粒	0.92	3.76	0.76	0.82	3.81	0.77

注:R^2 为决定系数;RMSE 为均方根误差;RPIQ 为四分位相对预测误差。

2. 研究结论

使用偏最小二乘回归(PLSR)和 Bootstrap-PLSR 模型在可见光和近红外光谱中使用反射光谱法直接预测我国红壤地区的稻田土壤肥力指数。直接使用 vis-NIR 光谱对 SFI 的良好预测能力主要是因为某些关键土壤肥力指标(SOM、TN)的预测准确度高,其中 TN 和 SOM 在 NIR 范围内具有直接光谱响应。由于每种土壤属性的预测误差都会逐步积累,直接从土壤光谱中预测 SFI 比使用土壤属性的光谱预测计算出的 SFI 更准确。

将来,我们的目标之一是创建各个地区当地的光谱库,以经济有效的方式在我国所有稻田中运用 SFI 来预测土壤肥力,能够做到使用光谱在大范围内准确、快速地监测土壤肥力。

第四节　基于云技术与移动 GIS 技术的土壤质量评价与养分管理案例

一、基于农经权数据的土壤质量管理 GIS 数据库规范

(一) 土壤单元数据

1. 空间数据

施肥单元图采用农村土地承包经营权确权登记图为矢量底图，内嵌地块编码、地（市）名称、县名称、乡（镇、街道）名称、村（居）民委员会名称、村民小组名称、地块名称、土地利用类型、实测面积、承包方姓名、联系电话、地貌类型、质地、碱解氮、有效磷、速效钾、pH、有机质、交换性钙、交换性镁、有效铁、有效锰、有效铜、有效锌、水溶态硼、有效钼、有效硫、有效硅、地块色值、县内乡镇编码、分区代码等属性数据。

数据格式：shp 格式。

数据文件命名：gengdiziyuanguanli＿县域 6 位行政区划编码。

投影方式：高斯-克里格投影。

坐标系及椭球参数：2000 国家大地坐标系。

采用的地球椭球参数如下：

长半轴 $a=6\ 378\ 137\text{m}$。

扁率 $f=1/298.257\ 222\ 101$。

地心引力常数 $GM=3.986\ 004\ 418\times10^{14}\text{m}^3/\text{s}^2$。

自转角速度 $\omega=7.292\ 115\times10^{-5}\text{rad/s}$。

2. 属性数据来源

地块编码、地（市）名称、县名称、乡（镇、街道）名称、村（居）民委员会名称、村民小组名称、地块名称、土地利用类型、实测面积、承包方姓名、联系电话等属性值：来自土地确权登记图（农业部门，2015 年编制，1∶2 000 比例尺）。

地貌类型属性值：来源于地貌类型图（测绘部门，1∶50 000 比例尺），根据施肥指标参数要求，属性值统一为山区、丘陵、平原。

质地属性值：来源于土壤图（农业部门，第二次全国土壤普查期间编制，1∶50 000 比例尺），根据施肥指标参数要求，属性值统一为沙土、壤土、黏土。

土壤养分属性数据（包括碱解氮、有效磷、速效钾、pH、有机质、交换性钙、交换性镁、有效铁、有效锰、有效铜、有效锌、水溶态硼、有效钼、有效硫、有效硅等）：来自最近 3～5 年测土配方施肥项目采集数据。

分区代码：施肥分区代码，初始值根据地貌类型进行设置。

3. 属性数据嵌入

地块编码、地（市）名称、县名称、乡（镇、街道）名称、村（居）民委员会名称、村民小组名称、地块名称、土地利用类型、实测面积、承包方姓名、联系电话等属性值：土地确权登记图自带（地块编码前 14 位为行政区划编码，第 1～6 位为县域 6 位行政区划编码，第 7～9 位为县内乡镇编码，第 10～12 位为县内行政村编码，第 13～14 位为县内村民小组编码，第 15～19 位为地块自然编码）。

地貌类型属性值：采用空间分析法，用土地确权登记图直接获取地貌类型图上的属性数据。

质地属性值：采用空间叠加分析法，用土地确权登记图直接获取土壤图的属性数据。

土壤养分属性值：利用土壤养分点位数据，经空间插值，分别生成土壤养分栅格图。采用区域统

计法，分别计算每个施肥单元图斑的土壤养分平均值作为该图斑对应的属性值。

地块色属性值：用 0～9 表示区域不同色值、随机值，也可以取地块编号最后一位数赋值给它。

县内乡镇编码：县内行政编码前 3 位，比如冯川镇赤角村行政编码为 360921100200，其中县内行政编码为 100200，乡镇编码为 100。

分区代码属性值：初始值根据地貌类型设置，山区设置为"003"、丘陵设置为"002"、平原设置为"001"。

4. 数据一致性

土壤养分点位数据应保证每个样点落于村民小组范围之内。实测面积必须与确权登记证面积一致。

(二) 行政村单元数据

1. 空间数据

行政村单元图采用农村土地承包经营权确权登记图为矢量底图，内嵌行政村 id、行政村全称、行政村色值、乡镇编码等属性数据。

数据格式：shp 格式。

数据文件命名：xingzhengquhua_县域 6 位行政区划编码，比如奉新为 xingzhengquhua_360921。

投影方式：高斯-克里格投影。

坐标系及椭球参数：2000 国家大地坐标系。

采用的地球椭球参数如下：

长半轴 $a = 6\ 378\ 137$m。

扁率 $f = 1/298.257\ 222\ 101$。

地心引力常数 $GM = 3.986\ 004\ 418 \times 10^{14}\ \mathrm{m}^3/\mathrm{s}^2$。

自转角速度 $\omega = 7.292\ 115 \times 10^{-5}\ \mathrm{rad/s}$。

2. 属性数据来源

行政村 id：从 1 开始自动顺序编号。

行政村全称：乡镇＋行政村名称。

行政村色值：用 0～9 表示区域不同色值、随机值，也可以取地块编号最后一位数赋值。

县内乡镇编码：县内行政编码前 3 位，比如冯川镇赤角村行政编码为 360921100200，其中县内行政编码为 100200，乡镇编码为 100。

(三) 乡镇单元数据

1. 空间数据

乡镇单元图采用农村土地承包经营权确权登记图为矢量底图，内嵌乡镇 id、乡镇名称、乡镇编码、乡镇级别、乡镇色值等属性数据。

数据格式：shp 格式。

命名：xingzhengjiexian_mian_县域 6 位行政区划编码。

投影方式：高斯-克里格投影。

坐标系及椭球参数：2000 国家大地坐标系。

采用的地球椭球参数如下：

长半轴 $a = 6\ 378\ 137$m。

扁率 $f = 1/298.257\ 222\ 101$。

地心引力常数 $GM = 3.986\ 004\ 418 \times 10^{14}\ \mathrm{m}^3/\mathrm{s}^2$。

自转角速度 $\omega = 7.292\ 115 \times 10^{-5}\ \mathrm{rad/s}$。

2. 属性数据来源

乡镇 id：从 1 开始自动顺序编号。

乡镇名称：乡镇全称。

县内乡镇编码：县内行政编码前 3 位，如冯川镇赤角村行政编码为 360921100200，其中县内行政编码为 100200，乡镇编码为 100。

乡镇级别：默认值都是 3 即可。

乡镇色值：用 0～9 表示区域不同色值、随机值，也可以取地块编号最后一位数赋值。

（四）行政区划字典表

行政区划字典表命名：xzq _ type _ 县域 6 位行政区划编码。

数据应符合《江西省测土配方施肥服务系统数据字典》规范。

行政区划编码严格按照国家统一的行政区划编码（行政区划编码第 1～6 位为县域 6 位行政区划编码，第 7～9 位为县内乡镇编码，第 10～12 位为县内行政村编码，第 13～14 位为县内村民小组编码），从县区→乡镇→行政村→村民小组，逐级全部导入行政区划字典。示例如下：

省级：2 位行政区划编码，如江西省为 36。

地市：4 位行政区划编码，如宜春市为 3609，父级编码为 36。

县区：6 位行政区划编码，如奉新县为 360921，父级编码为 3609。

乡镇：9 位行政区划编码，如冯川镇为 360921100，父级编码为 360921。

行政村：12 位行政区划编码，如赤角村为 360921100200，父级编码为 360921100。

村民小组：14 位行政区划编码，如何家组为 36092110020001，父级编码为 360921100200。

二、基于云技术与移动技术的土壤管理与测土配方施肥信息系统案例

随着移动互联网的兴起、智能移动终端的普及和机器学习＋地统计学空间插值技术的不断完善，基于 GIS＋GPS 的应用不断发展，使得针对江西省田块面积小、施肥地块破碎、测土成本高、小农户作为生产主体情况的精准定位施肥成为可能。自 2015 年开始，江西省鄱阳湖流域农业资源与生态重点实验室联合江西省土壤肥料工作站、江西省煤田地质局测绘大队等单位，开发了基于云技术与移动 GIS 技术的测土配方施肥服务平台，旨在为农民提供方便、快捷、精准的测土配方施肥手机查询服务。系统应用全省农村土地承包经营权和全省测土配方施肥数据库，利用机器学习＋统计方法，实时预测地块养分数据，结合施肥专家模型，实现空间地块精准施肥。这一系统的开发与应用，对于大幅度提高测土配方施肥技术推广效率和效果、打通测土配方施肥技术服务"最后一公里"、促进测土配方施肥技术的进一步普及具有重要意义。

（一）平台的主要功能

1. 用户端的三大功能

①用户可通过手机微信小程序，按照"市→县→乡→村→小组→地块"逐级选择方式查询指定地块的土壤养分状况及指定作物的测土配方施肥方案；②用户可通过手机微信小程序的 GPS 定位查询功能，获取当前空间定位地块的土壤养分状况及指定作物的测土配方施肥方案；③用户可通过发送"作物名称＋地块编号"的规范格式短信息到指定服务号码，获取指定地块、指定作物的测土配方施肥方案；④用户可选择空间地块农作物图片进行缺素专家诊断，调整施肥配方。

2. 管理端的五大功能

①管理人员通过 WebGIS 技术对土地承包经营权、遥感影像、土壤相关矢量数据进行可视化操作；②管理人员可将从用户那里收集到的带有位置的图片精确定位至地图；③管理人员可对从用户那里收集到的已测土壤养分采样点信息进行空间插值，对地块的养分状况进行更新；④管理人员可对微信小程序的调用情况进行管理，掌握省-市-县-乡-村-小组使用情况，为测土配方施肥的推广应用提供空间可视化界面；⑤管理人员可以通过后台打印任意选择地块的带有空间位置的施肥建议卡，以便农户精确查找定位。

（二）平台的设计

1. 平台总体架构

平台以面向服务为宗旨，分析设计了基于 SOA 架构的移动 GIS 开发平台，使用"云＋端"的移动 GIS 开发模型。系统由应用层、服务层、支撑层、数据资源层和核心层组成。应用层以微信小程序为平台，实现 GPS 定位进行空间查询的精准测土施肥服务；同时包括基于开源 WebGIS 的业务应用系统，实现了空间分析、统计分析、空间辅助施肥等功能；服务层由一系列遵循一定规范的应用接口组成，是平台提供给应用层进行集成、扩展的接口；支撑层是平台的核心，采用 B/S 和 C/S 相结合的混合架构，为应用层各类系统提供数据管理、配置等支撑作用；数据资源层为支撑层提供测土养分和土地承包经营权等业务数据库和平台支撑数据库；核心层包括 GIS 核心库、空间插值算法和施肥算法库。

2. 空间插值算法

土壤养分预测的准确性直接影响测土配方施肥的效益，有限的土壤养分数据空间预测最关键的一步是选择合适的空间插值方法。在对比常用的各类克里金、反距离权重和径向基函数插值法后，为提高插值精度，系统实现了基于随机森林机器学习结合残差克里金的空间插值方法，可以实时根据已有的养分采样点生成土壤养分数据，进一步获取农村土地承包经营权地块的土壤养分等级，为施肥模型提供数据支撑。养分采样点更新后，动态更新农村土地承包经营权地块的土壤养分等级。

3. 带位置信息的营养缺素诊断

将收集的全省各类农作物图片，运用人工智能图像识别技术，建立带位置信息的营养缺素图像库。当农户上传缺素图片时，自动识别其经纬度，根据经纬度和图片进行自动化的缺素诊断，模型将考虑其经纬度权重，给出诊断正确率，并给出相应的矫治方案。专家对图片诊断结果进行判断后，调整对应地块的施肥方案。将图片放到图像库中，以不断丰富诊断库、提高诊断精度。

4. 施肥算法

系统基于养分丰缺指标调整系数法施肥模型建立了施肥指标体系，构建了一系列规则。这些规则按内容分为 3 类：第一类是评价规则，包括产量等级评价、养分丰缺评价等；第二类是数值确定规则，包括基准施氮量确定、基准施氮量调整、中微量元素推荐施用量等；第三类是运筹规则，包括大量元素养分运筹，各分期复混肥、单质氮肥、单质磷肥、单质钾肥实物量计算等。

5. 基于 GIS 施肥与监管系统

微信小程序使用高德地图为微信小程序提供的 SDK 包，实现获取定位点周边 POI 数据、获取定位点地址描述信息、获取实时天气信息及路线规划。农户进行 GPS 定位后，系统实现精确查找耕地地块、附近的供肥网点、施肥一条龙服务。系统自动识别农户问诊缺素图片的经纬度与耕作地块匹配，专家人工问诊后，调节地块的施肥配方。

WebGIS 监管系统使用开源 OpenLayers＋GeoServer 技术，实现农村土地承包经营权影像、村级行政区及地块图斑数据的发布可视化，实现土壤养分的空间分布规律的可视化，实现空间分析及统计报表输出，实现带施肥指导单元图的施肥建议卡的生成。

基于 GIS 的测土配方精准施肥服务平台利用"互联网＋GIS＋测土配方施肥"等技术，未来可以接入现场智能混配配方肥机械、行走式智能施肥机械，实现"线上下单订肥、线下智能配肥施肥"的电子商务模式，并最终建立包括农民、土肥技术服务部门、肥料生产供应商等在内的"互联网＋测土配方施肥"生态系统，促进农业的高度信息化。

主要参考文献

陈威，郭书普，2013. 中国农业信息化技术发展现状及存在的问题 [J]. 农业工程学报（22）：204－213.

国佳欣，赵小敏，郭熙，等，2020. 基于 PLSR-BP 复合模型的红壤有机质含量反演研究 [J]. 土壤学报：1－12.

何传启，2012. 第六次科技革命的战略机遇 [M]. 2 版. 北京：科学出版社.

江叶枫，郭熙，2019. 基于多源辅助数据和神经网络模型的稻田土壤砷空间分布预测 [J]. 环境科学学报，39（3）：928-938.

李军，2006. 农业信息技术 [M]. 北京：科学出版社.

骆耀祖，叶丽珠，2011. 信息技术概论 [M]. 北京：机械工业出版社.

史舟，王乾龙，彭杰，等，2014. 中国主要土壤高光谱反射特性分类与有机质光谱预测模型 [J]. 中国科学：地球科学，44（5）：978-988.

吴克宁，赵瑞，2019. 土壤质地分类及其在我国应用探讨 [J]. 土壤学报，56（1）：227-241.

许世卫，2014. 农业信息分析学 [J]. 生命世界（1）：2.

杨洪坤，周保平，王亚明，等，2016. 农业信息采集技术研究综述 [J]. 安徽农学通报，22（22）：109-112.

杨琳，朱阿兴，秦承志，等，2010. 基于典型点的目的性采样设计方法及其在土壤制图中的应用 [J]. 地理科学进展，29（3）：279-286.

杨琳，朱阿兴，秦承志，等，2011. 一种基于样点代表性等级的土壤采样设计方法 [J]. 土壤学报，48（5）：938-946.

赵小敏，杨梅花，2018. 江西省红壤地区主要土壤类型的高光谱特性研究 [J]. 土壤学报，55（1）：31-42.

朱阿兴，李宝林，裴韬，等，2008. 精细数字土壤普查模型与方法 [M]. 北京：科学出版社.

Abbott L K, Murphy D V, 2003. What is soil biological fertility [J]. Soil Biological Fertility (1): 1-15.

Benkhettou N, Britod C A M C, Torres D F M, 2015. A fractional calculus on arbitrary time scales: Fractional differentiation and fractional integration [J]. Signal Processing, 107: 230-237.

Brus D J, 1994. Improving design-based estimation of spatial means by soil map stratification: A case study of phosphate saturation [J]. Geoderma, 62 (1-3): 33-246.

Brus D J, Heuvelink G B M, 2007. Optimization of sample patterns for universal kriging of environmental variables [J]. Geoderma, 138 (1-2): 86-95.

Burgess T M, Webste R, 1980. Optimal interpolation and isarithmic mapping of soil properties [J]. Journal of Soil Science, 31 (2): 333-341.

Burrough P A, 1989. Fuzzy mathematical methods for soil survey and land evaluation [J]. European Journal of Soil Science, 40 (3): 477-492.

Chen J, 2007. Rapid urbanization in China: A real challenge to soil protection and food security [J]. Catena, 69 (1): 1-15.

Clifford D, Payne J E, Pringle M J, et al., 2014. Pragmatic soil survey design using flexible Latin hypercube sampling [J]. Computers and Geosciences, 67: 62-68.

Dent D, Young A, 1981. Soil survey and land evaluation [M]. Luxembourg: Office for Official Publications of the European Communities.

Gray J M, Bishop T F A, Wilford J R, 2016. Lithology and soil relationships for soil modelling and mapping [J]. Catena, 147: 429-440.

Greve M H, Kheir R B, Greve M B, et al., 2012. Quantifying the ability of environmental parameters to predict soil texture fractions using regression-tree model with GIS and LIDAR data: The case study of Denmark [J]. Ecological Indicators, 18: 1-10.

Grimm R, Behrens T, Märker M, et al., 2008. Soil organic carbon concentrations and stocks on Barro Colorado Island: Digital soil mapping using Random Forests analysis [J]. Geoderma, 146 (1-2): 102-113.

Grove W M, Zald D H, Lebow B S, et al., 2000. Clinical versus mechanical prediction: A meta-analysis [J]. Psychological Assessment, 12: 19-30.

Grunwald S, Thompson J A, Boettinger J L, 2011. Digital soil mapping and modeling at continental scales: Finding solutions for global issues [J]. Soil Science of America Journal, 75: 1201-1213.

Heung B, Ho H C, Zhang J, et al., 2016. An overview and comparison of machine-learning techniques for classification purposes in digital soil mapping [J]. Geroderma, 265: 62-77.

Hong Y S, Chen Y Y, Yu L, et al., 2018. Combining fractional order derivative and spectral variable selection for organic matter estimation of homogeneous soil samples by VIS-NIR spectroscopy [J]. Remote Sensing, 10 (3): 479-498.

Isaaks E H, Srivastava R M, 1989. Applied geostatistics [M]. New York: Oxford University Press.

Jenny H, 1941. Factors of soil formation: A system of quantitative pedology [M]. New York: McGraw-Hill.

Liu S, Li X, Niu L, 1998. The degradation of soil fertility in pure larch plantations in the northeastern part of China [J]. Ecological Engineering, 10 (1): 75 - 86.

Loague K, 1992. Soil water content at R-5: Part 1. Spatial and temporal variability [J]. Journal of Hydrology, 139 (1 - 4): 233 - 251.

Ma Y, Minasny B, Malone B P, et al., 2019. Pedology and digital soil mapping (DSM) [J]. European Journal of Soil Science, 70 (2): 216 - 235.

McBratney A B, Mendonca S M L, 2003. On digital soil mapping [J]. Geoderma, 117: 3 - 52.

Mulder V L, de Bruin S, Schaepman M E, 2013. Representing major soil variability at regional scale by constrained Latin Hypercube Sampling of remote sensing data [J]. International Journal of Applied Earth Observation and Geoinformation, 21: 301 - 310.

Park S J, Vlek P L G, 2002. Environmental correlation of three-dimensional soil spatial variability: A comparison of three adaptive techniques [J]. Geoderma, 109 (1 - 2): 117 - 140.

Reza Pahlavan Rad M, Toomanian N, Khormali F, et al., 2014. Updating soil survey maps using random forest and conditioned Latin hypercube sampling in the loess derived soils of northern Iran [J]. Geoderma, 232 - 234: 97 - 106.

Sacks J, Schiller S, 1988. Spatial designs [C]//Gupta S S, Berger J O. Statistical decision theory and related topics IV. New York: Springer Verlag: 385 - 399.

Shannon C E, 1948. A mathematical theory of communication [J]. Bell System Technical Journal, 5 (3): 3 - 55.

Stumpf F, Schmidt K, Behrens T, et al., 2016. Incorporating limited field operability and legacy soil samples in a hypercube sampling design for digital soil mapping [J]. Journal of Plant Nutrition and Soil Science, 179 (4): 499 - 509.

Taghizadeh-Mehrjardi R, Nabiollahi K, Minasny B, 2015. Comparing data mining classifiers to predict spatial distribution of USDA-family soil groups in Baneh region, Iran [J]. Geoderma, 253 - 254: 67 - 77.

Thiele-Bruhn S, Emmerling C, Harbich M, et al., 2016. Using variable selection and wavelets to exploit the full potential of visible-near infrared spectra for predicting soil properties [J]. Journal of Near Infrared Spectroscopy, 24 (3): 255 - 269.

Tobler W R, 1970. A computer movie simulating urban growth in the Detroit region [J]. Economic Geography, 46 (S1): 234 - 240.

Tsai F, Philpot W, 1998. Derivative analysis of hyperspectral data [J]. Remote Sensing of Environment, 66 (1): 41 - 51.

Webster R, 1977. Quantitative and numerical methods in soil classification and survey [M]. Oxford: Oxford University Press.

Webster R, Oliver M A, 1990. Statistical methods in soil and land resource survey [M]. Oxford: Oxford University Press.

Webster R, Oliver M A, 1992. Sample adequately to estimate variograms of soil properties [J]. European Journal of Soil Science, 43 (1): 177 - 192.

Yang L, Zhu A X, Qi F, et al., 2013. An integrative hierarchical stepwise sampling strategy for spatial sampling and its application in digital soil mapping [J]. International Journal of Geographical Information Science, 27 (1): 1 - 23.

Zhu A X, Band L E, 1994. A knowledge-based approach to data integration for soil mapping [J]. Canadian Journal of Remote Sensing, 20 (4): 408 - 418.

图书在版编目（CIP）数据

中国红壤／徐明岗等著. -- 北京：中国农业出版
社，2024.6. --（中国耕地土壤论著系列）. -- ISBN
978-7-109-32060-4

Ⅰ. S155.2

中国国家版本馆 CIP 数据核字第 20249689LN 号

中国红壤
ZHONGGUO HONGRANG

中国农业出版社出版

地址：北京市朝阳区麦子店街 18 号楼

邮编：100125

责任编辑：胡烨芳　刘　伟

版式设计：王　晨　　责任校对：吴丽婷

印刷：北京通州皇家印刷厂

版次：2024 年 6 月第 1 版

印次：2024 年 6 月北京第 1 次印刷

发行：新华书店北京发行所

开本：889mm×1194mm　1/16

印张：43.5　　插页：4

字数：1310 千字

定价：478.00 元

图 1   红泥质红壤剖面图

图 2 砂泥质红壤剖面图

图 3 灰厚层红砂质红土剖面图

图 4 乌中层红泥质红壤剖面图

图 5　厚层砂质红壤剖面图

图 6 灰厚层红砂质红壤剖面图

图 7　乌厚层红砂泥田剖面图

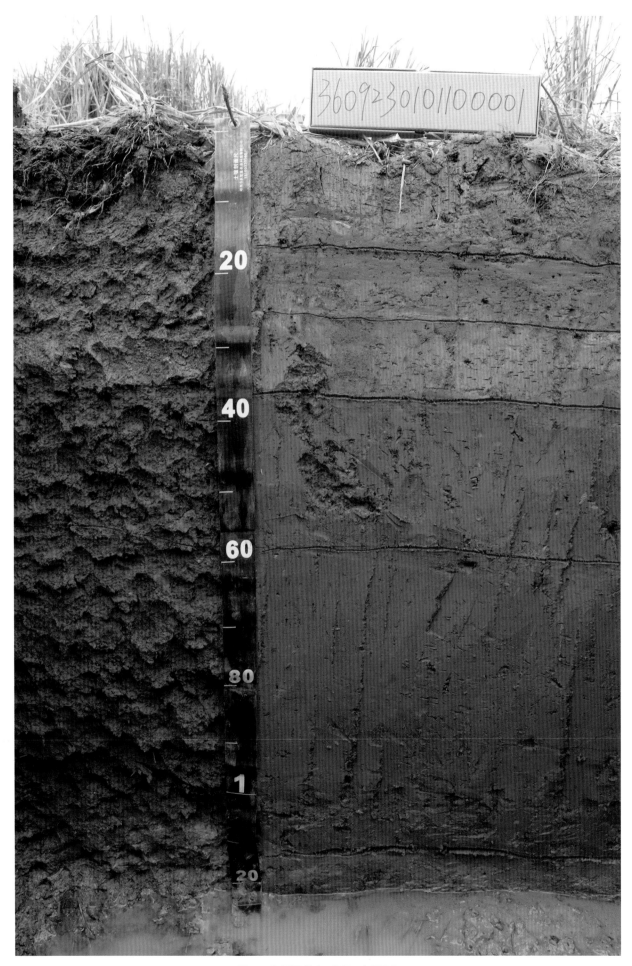

图 8 乌厚层浅红砂泥田剖面图